LA

PLANÈTE MARS

ET SES

CONDITIONS D'HABITABILITÉ.

ENCYCLOPÉDIE GÉNÉRALE DES OBSERVATIONS MARTIENNES,

PAR

CAMILLE FLAMMARION.

TOME II.

ILLUSTRÉ DE 426 DESSINS TÉLESCOPIQUES ET 16 CARTES.

OBSERVATIONS FAITES DE 1890 A 1901.

PARIS,
GAUTHIER-VILLARS, IMPRIMEUR-LIBRAIRE
DE L'OBSERVATOIRE DE PARIS,
Quai des Grands-Augustins, 55

1909.

LA PLANÈTE MARS

ET SES

CONDITIONS D'HABITABILITÉ.

ŒUVRES DE CAMILLE FLAMMARION

Astronomie populaire. Exposition des grandes découvertes de l'Astronomie moderne. Un vol. in-8°, illustré de 400 figures, cartes célestes, etc. Ouvrage couronné par l'Académie française. Nouvelle édition, 1908. 125e mille........ 12fr »
Les Étoiles et les Curiosités du Ciel. Supplément de l'*Astronomie populaire*. Description complète du Ciel, étoile par étoile. Instruments, Catalogues, etc. Un vol. in-8°, illustré de 400 gravures, cartes et chromolithographies. 55e mille. 12 »
L'Atmosphère. Météorologie populaire. Illustrée de 300 figures............... 8 »
Le Monde avant la création de l'Homme. Origines du monde. Origines de la vie. Origines de l'humanité. Un vol. in-8°, illustré de 400 figures, 5 aquarelles. 8 cartes en couleur. 50e mille..................... 12 »
Études sur l'Astronomie. Recherches sur diverses questions. 9 vol. in-18. Le volume.................. 2 50
Uranie. roman sidéral. Un vol. in-12, illustrations de Falero, E. Bayard, etc. 34e mille.................. 3 50
Stella, roman sidéral. Un vol. in-18. 12e mille.................. 3 50
Dans le Ciel et sur la Terre Perspectives et harmonies. Un vol. in-12...... 3 50
La Pluralité des Mondes habités. au point de vue de l'Astronomie, de la Physiologie et de la Philosophie naturelle. 39e édition. Un vol. in-12 avec figures. 3 50
Les Mondes imaginaires et les Mondes réels. Revue des Théories humaines sur les habitants des Astres. 23e édition. Un vol. in-12.................. 3 50
Dieu dans la Nature, ou le Spiritualisme et le Matérialisme devant la Science moderne 29e édition. Un fort volume in-12, avec portrait.................. 3 50
Récits de l'Infini. — Lumen. La Vie universelle et éternelle. Un vol. in-12... 3 50
Les Derniers Jours d'un Philosophe. Entretiens sur la Nature et sur les Sciences de sir Humphry Davy. Traduit de l'anglais et annoté. Un vol. in-12. 3 50
La Fin du Monde. Un vol. in-12, illustré.................. 3 50
Mes Voyages aériens. Journal de bord de douze voyages en ballon, avec plans topographiques. Un vol. in-12.................. 3 50
Contemplations scientifiques. Un vol. in-12.................. 3 50
Les Merveilles celestes. Lectures du soir. Un vol. in-8°, illustré. 57e mille.... 2 60
Astronomie des Dames. Un vol. in-12, illustré.................. 3 50
Initiation astronomique (pour les enfants). Un vol. in-12, illustré............ 2 »
L'Inconnu et les Problemes psychiques. Un vol. in-12. 20e mille.............. 3 50
Les Forces naturelles inconnues. Un fort vol. in-12, avec photogr. 10e mille. 4 »
Les Phénoménes de la Foudre. Un vol. in-8°, illustré.................. 4 50
Éruptions volcaniques et Tremblements de terre. Un vol. in-12.............. 3 50
Lumen. Collection des auteurs célèbres. Petit in-18. 64e mille.............. » 60
Rêves étoilés. Même collection. Petit in-18. 33e mille.................. » 60
Copernic et la decouverte du système du Monde. Petit in-18.............. » 60
Qu'est-ce que le Ciel? Précis d'Astronomie, avec figures. 20e mille........... » 60
Clairs de Lune. Petit in-18. 14e mille.................. » 60
Excursions dans le Ciel. Petit in-18.................. » 60
Curiosités de la Science. In-18.................. » 60
Les Caprices de la Foudre. In-18.................. » 60
Grand Atlas céleste, contenant plus de cent mille étoiles..... .... 45 »
Grande Carte céleste. contenant toutes les étoiles visibles à l'œil nu, étoiles doubles, nébuleuses, etc. Grand format : 1m,20 sur 0m,90.................. 6 »
Planisphère mobile, donnant la position des étoiles visibles tous les jours de l'année à une heure quelconque. Monté sur fort carton.................. 8 »
Carte géographique de la Lune. Grand format : diamètre 0m,64.............. 8 »
Globes géographiques de la Lune et de la planète Mars.................. 7 »
Annuaire astronomique, pour chaque année.................. 1 50

LA

PLANÈTE MARS

ET SES

CONDITIONS D'HABITABILITÉ.

ENCYCLOPÉDIE GÉNÉRALE DES OBSERVATIONS MARTIENNES.

PAR

CAMILLE FLAMMARION.

TOME II

ILLUSTRÉ DE 426 DESSINS TÉLESCOPIQUES ET 16 CARTES.

OBSERVATIONS FAITES DE 1890 A 1901.

PARIS,
GAUTHIER-VILLARS, IMPRIMEUR-LIBRAIRE
DE L'OBSERVATOIRE DE PARIS,
Quai des Grands-Augustins. 55

1909

QUATRIÈME PÉRIODE.

OBSERVATIONS ET ÉTUDES DEPUIS 1892.

QUATRIÈME PÉRIODE.

OBSERVATIONS ET ÉTUDES DEPUIS 1892.

Les travaux discutés dans notre premier Volume sur *la planète Mars*, publié en 1892, s'arrêtent à cette année-là, et plusieurs même antérieurs à cette date n'ont pas été examinés parce qu'ils n'avaient pas encore été publiés ou communiqués. Suivant l'ordre chronologique que nous avons adopté dès les premières pages de cet Ouvrage, nous continuerons notre étude en exposant, comparant et discutant successivement toutes les observations.

Nous devons même, pour commencer, remonter jusqu'à l'année 1883, à propos d'un important Mémoire de M. Schiaparelli, qui n'a été rédigé et publié qu'en 1896.

L'illustre Directeur de l'Observatoire de Milan a présenté cette année-là aux astronomes son quatrième Mémoire sur la planète Mars ([1]), comprenant ses observations faites pendant l'opposition de 1883-1884, du 5 novembre au 9 mai. En voici le résumé :

CXLIV. — Observations de M. Schiaparelli en 1883-1884.

L'opposition avec le Soleil a eu lieu le 31 janvier.

L'hémisphère boréal ou inférieur, incliné vers nous, était au printemps dans les conditions suivantes :

Saisons martiennes

Hémisphère boréal.	Hémisphère austral.	
Équinoxe de printemps.	Équinoxe d'automne.	26 octobre 1883.
Solstice d'été.	Solstice d'hiver.	13 mai 1884.

Il n'y a guère eu que seize bonnes nuits pour les observations, qui ont surtout porté sur les régions comprises entre 10° et 60° de longitude.

On était, disons-nous, au printemps de l'hémisphère boréal, précisément incliné vers nous, de sorte que les investigations ont pu être poussées assez loin du côté du pôle nord.

([1]) *Voir* les trois premiers, t. I, pages 288, 326 et 351.

Des trente et une géminations de canaux observées en 1881-1882, dix-huit seulement ont été revues, celles des canaux Achéron, Ceraunius, Cerbère, Cyclops, Hephæstus, Érèbe, Euphrate, Eunostos, Gigas, Hyblæus, Hydraotes, Nilus,

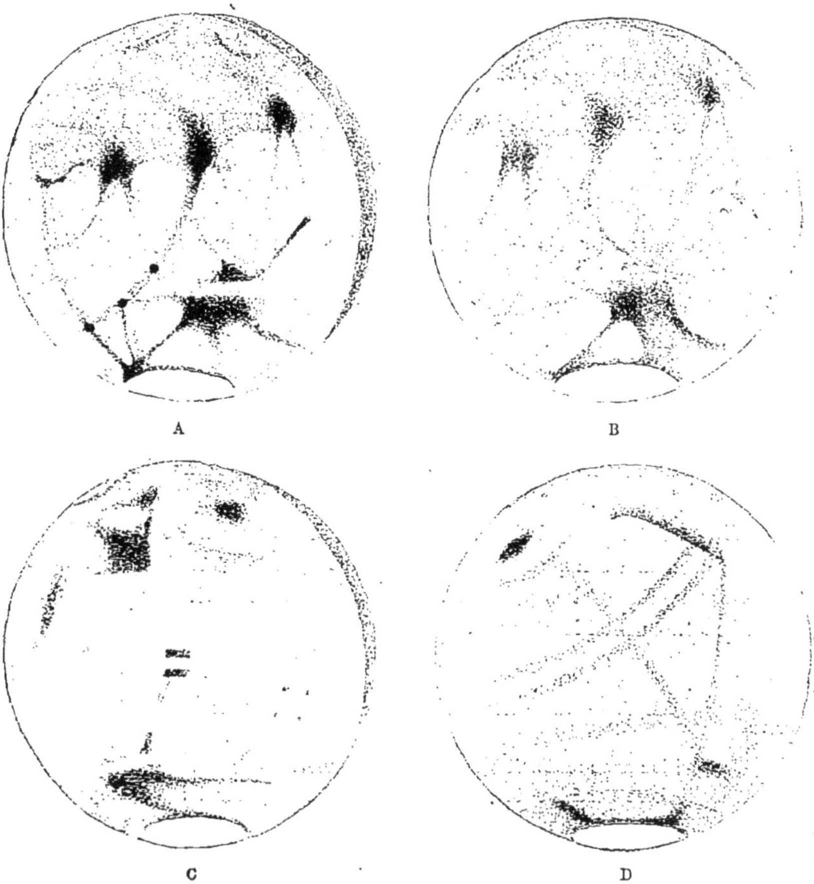

Fig. 1-4. — Observations de Mars faites à l'Observatoire de Milan en 1883-1884.

Orontes, Phison, Thoth, Typhonius, ainsi que des lacs Ismenius et de la Lune. Sept géminations nouvelles ont été constatées : Chrysorrhoas, Isis, Læstrygon, Styx, Uranius, le lac Propontis et Trivium Charontis.

Les lignes ou canaux, simples ou doubles, se sont montrés parfois en si grand nombre qu'ils présentaient une sorte d'inextricable réseau, et que l'identification d'un canal ou d'une branche parallèle était extrêmement difficile. Les changements de positions observés peuvent être dus à ce que tantôt une branche et tantôt une autre a été visible.

Nous sommes heureux de mettre sous les yeux de nos lecteurs les huit figures successives ainsi que la nouvelle Carte d'ensemble qui accompagnent le Mémoire de M. Schiaparelli. On y remarque au premier coup

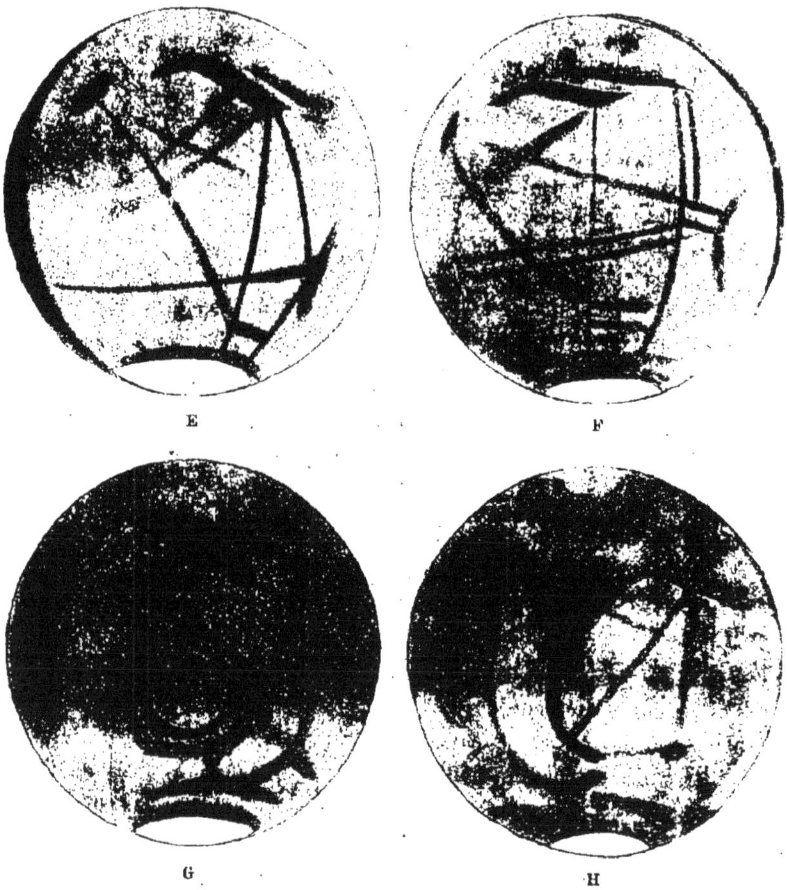

Fig. 5-8. — Suite des observations de Mars faites à Milan en 1883-1884.

d'œil la vaste calotte polaire inférieure, ainsi que l'aspect géométrique régulier d'un certain nombre de canaux doubles parallèles entre eux. Mais, avant de donner une description sommaire de chacun de ces dessins, arrêtons-nous un instant sur les observations qui concernent la direction de l'axe de rotation.

Pendant les mois de novembre, décembre et janvier, la tache polaire boréale (la seule visible) s'est toujours montrée plus ou moins inclinée, avec son côté précédent dans la corne boréale de l'hémisphère obscur, ce qui a empêché de faire des observations précises sur l'angle de position. Le 28 janvier, elle était entièrement dégagée, et elle resta ainsi jusqu'à la fin d'avril, époque à partir de laquelle la phase obscure apparut de l'autre côté. Pendant cet intervalle, 61 mesures de position ont été prises. Elles sont toutes réunies dans un tableau, et les 61 équations qui en résultent ont donné pour résultat :

$$\lambda = 2^\circ,600 \pm 0^\circ,235, \quad \theta = 323^\circ,52 \pm 5^\circ,30.$$

Les observations de 1877 restent les plus précises, à cause de la grande dimension de la planète (25″) et de la petitesse bien limitée de la calotte polaire. Mais celles-ci sont très bonnes également. Le diamètre de la neige polaire a varié de 40° à 20° pendant les observations. Cette tache polaire boréale n'était pas centrée sur le pôle, en février et mars 1884, mais en déviait de 2°,62, dans la direction de la corne d'Ammon. (Il y a 0°,07 à retrancher du nombre λ donné plus haut, parce que le pôle boréal se trouvait à une distance d'environ 13°, en moyenne, du terminateur de l'hémisphère visible.) Un écart analogue avait été observé en 1882, du milieu de février à la fin d'avril. D'avril 1882 à février 1884, il y a 22 mois, c'est-à-dire une révolution entière des saisons martiennes. Le centre de la neige, relativement au pôle, est à peu près le même, avec une différence de 37°, car en 1882 ce centre était vers le méridien 0°. Ce caractère de périodicité mérite attention : il sera intéressant de voir dans les oppositions futures si cette déviation est, sinon permanente, du moins périodique et en rapport avec les saisons.

L'angle de position de l'axe du globe de Mars demanderait une correction de + 0°,70.

Dans ce Mémoire, comme dans les précédents, le savant observateur s'est occupé et préoccupé, avec la plus grande attention, des aspects de la planète et des caractères de sa constitution physique, encore si mystérieuse et d'apparences si contradictoires. Évidemment, le plus important pour notre instruction, ce sont des observations, des dessins, et encore et toujours, des observations et des dessins. Voici une description succincte de chacune des huit représentations qui viennent de passer sous les yeux de nos lecteurs, et de la belle et fine Carte détaillée qui en donne la synthèse jusqu'à 70° de part et d'autre de l'équateur :

Fig. A. — Longitude du centre = 22° (14 mars 1884). On voit, en haut, trois golfes sombres : à gauche, la baie du Méridien, prolongée par l'Hiddekel et le Géhon; au centre, le golfe des Perles, prolongé par l'Oxus; à droite, le golfe de l'Aurore, d'où descendent la Jamuna et le Gange. Dans la région inférieure, le lac Niliacus, coupé par le pont d'Achille. Trois points sombres le long de l'Oxus. Grande tache polaire boréale.

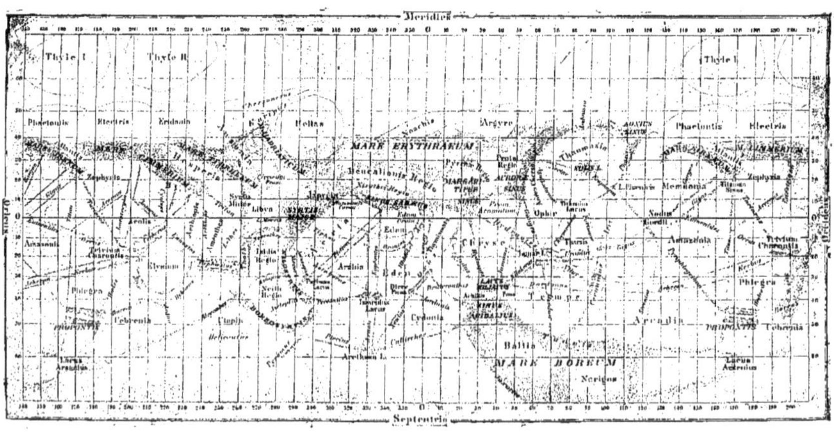

NOUVELLE CARTE GÉNÉRALE DE LA PLANÈTE MARS.

D'APRÈS LES OBSERVATIONS FAITES PAR M. SCHIAPARELLI EN 1883-1884 A L'OBSERVATOIRE DE MILAN.

Fig. B. — Longitude du centre = 24° (4 février). Vue peu différente de la précédente. Elles se confirment mutuellement.

Fig. C. — Longitude du centre = 71° (9 mars). En haut, le lac du Soleil. Vers le centre, le lac de la Lune, séparé en deux, et en forme de parallélogramme. Le Chrysorrhoas se montre géminé.

Fig. D. — Longitude du centre = 130° (25 janvier). Le lac du Soleil, en haut, à gauche. Le Gigas, double, traverse la planète comme une ceinture. Quels singuliers aspects! Quelles largeurs de canaux! Pas de détails.

Fig. E. — Longitude du centre = 139° (22 décembre 1883). Position peu différente de la précédente. De la mer des Sirènes, d'où descend, sur la figure précédente, un seul canal, le Titan, en partent deux : le Titan et le Tartare, qui vont aboutir au Trivium Charontis, dédoublé, où aboutit aussi l'Érèbe.

Fig. F. — Longitude du centre = 160° (27 février 1884). De la mer des Sirènes descend le Titan, comme une ligne droite verticale. Érèbe, double. Trivium Charontis, double. Propontis, double. Entre le Trivium Charontis et la mer Cimmérienne, Læstrygon, double.

Fig. G. — Longitude du centre = 220° (18 janvier). Le dessin n'a pu être terminé. Vers le centre, l'Élysée, entouré d'un anneau double, formé par les canaux géminés, Cerbère, Styx, Hyblæus et Eunostos, et paraissant suspendus à la mer Cimmérienne par le Cyclops, également dédoublé. Mystères sur mystères!

Fig. H. — Longitude du centre = 295° (19 février). La mer du Sablier ou Grande Syrte, singulièrement étroite, est à gauche du méridien central. Libye marécageuse ou couverte de végétaux. Népenthès. Petite Syrte, prolongée par le Thoth et le Boreosyrtis, très foncée. Phison. Euphrate. Lac Ismenius. Pas de lac Mœris.

A ces huit dessins, qui font le tour de la planète, nous avons ajouté la Carte d'ensemble tracée par l'habile astronome de Milan sur toutes ces observations. Que le lecteur en examine avec soin les détails : nulle description ne pourrait remplacer cet examen. Le ton relatif des diverses configurations aréographiques en a été exactement conservé dans cette reproduction en fac-similé. On voit que certaines lignes à peine estompées sont vraiment à la limite de la visibilité.

Ce planisphère martien s'arrête au 70e degré de latitude, au nord comme au sud. Mais nous venons de voir par les huit sphères précédentes que le pôle boréal ou inférieur a été parfaitement observé pendant cette opposition. L'inclinaison de l'axe était de +13° à +17°. Du 18 décembre au 9 mai, c'est-à-dire de 147 à 4 jours avant le solstice d'été de l'hémisphère boréal, la neige polaire a diminué de 40° environ de diamètre à 15°, c'est-à-dire de 2400 à 900 kilomètres. Elle était à peu près centrée sur le pôle nord.

Le 5 février, une observation fort curieuse a été faite sur cette neige polaire. La mer foncée qui entourait la calotte neigeuse pénétrait comme un sillon obscur ayant la forme d'une trombe, semblant séparer la neige en deux parties inégales sans pourtant que la séparation fût complète. Le croquis ci-dessous (*fig.* 10) montre l'aspect observé.

Les observations établissent qu'une cinquantaine de jours après l'équinoxe de printemps, environ cent cinquante jours avant le solstice d'été, la neige polaire atteint un maximum d'éclat et d'étendue, et qu'elle s'entoure d'une zone foncée qui la limite nettement pendant toute la suite des observations. Cette zone est certainement due au liquide provenant de la fonte des neiges polaires à mesure que le Soleil les échauffe.

Ces neiges polaires sont d'autant plus éclatantes qu'elles se présentent à nous moins obliquement. C'est pour cette raison qu'elles ont été mieux vues en 1884

Fig. 10. — La neige polaire boréale de Mars, le 5 février 1884.
Croquis de M. Schiaparelli.

qu'en 1882. C'est le contraire pour certaines régions blanchâtres, telles que Hellas, Argyre, Thulé, Tempé, et d'autres, qui perdent leur blancheur à mesure qu'elles s'éloignent du bord, absolument comme si le Soleil, en s'élevant au-dessus d'elles, faisait diminuer et disparaître le voile blanc. Ces blancheurs indiquent-elles des gelées blanches? Seraient-ce des brumes légères?

Extrait d'une lettre du 19 février 1897 à M. Flammarion.

« ... Comment pouvons-nous nous expliquer les changements de position des canaux, changements qui ont lieu entre des limites assez étroites, mais qui cependant sont encore sensibles à nos moyens d'observation? Dans un article dont vous recevrez un exemplaire avec cette lettre, j'ai essayé d'en rendre compte d'une manière plausible en posant pour base l'hypothèse que ces bandes colorées soient produites par des phénomènes de végétation. Mais c'est là un simple *lusus ingenii*. Il y a d'autres phénomènes qui ne s'accommodent pas de cette théorie, surtout les géminations courtes et larges qui se forment dans les espaces appelés *lacs* : ces géminations peuvent prendre des directions très différentes, ainsi que je l'ai expliqué à la fin du paragraphe 695 de mon Mémoire. Voyez aussi votre propre Ouvrage sur Mars, à la page 453.

» Ces changements ont été observés, non seulement sur le *Lacus Ismenius* et sur le *Lacus Lunæ*, mais aussi sur le *Trivium Charontis* et sur le *Lacus Solis*.

» La duplicité du *Trivium Charontis* dans la direction de l'*Orcus*, observée à votre Observatoire par M. Antoniadi, se maintient toujours : hier, j'ai pu encore la constater avec le grossissement de 650. J'ai vu aussi quelque trace de la queue que vous avez remarquée sur la pointe de la Grande Syrte : je crois que c'est l'*Astapus* ou un double de l'*Astapus*. Mais je n'ai jamais pu la bien voir.

» J.-V. SCHIAPARELLI.

» P. S. — Pour bien constater le changement de direction des canaux, j'ai recueilli un certain nombre de mesures sur leur direction. Mais ces mesures exigent la plus grande perfection des images, et je n'ai pas encore pu en comparer un nombre assez grand pour en tirer des résultats décisifs. »

CXLV. — OBSERVATIONS DE M. SCHIAPARELLI EN 1886.

M. Schiaparelli a publié en 1897 son cinquième Mémoire sur Mars, comprenant ses observations pendant l'année 1886. L'opposition a eu lieu le 6 mars, avec un diamètre maximum de 14",0. La planète s'offrait dans la situation suivante :

SAISONS MARTIENNES

Hémisphère boréal.	Hémisphère austral.	
Équinoxe de printemps.	Équinoxe d'automne.	1885, 12 septembre.
Solstice d'été.	Solstice d'hiver.	1886, 30 mars.
Équinoxe d'automne.	Équinoxe de printemps.	1886, 28 septembre.

Pôle boréal incliné vers la Terre.

Mars est passé à l'aphélie le 8 février 1886, soit 26 jours avant l'opposition avec le Soleil.

Les observations ont été réparties sur 64 nuits, du 3 janvier au 5 juin. Le nombre de bonnes nuits n'a été que de 20. Les instruments qui ont servi à ces travaux ont été le 8 pouces, du 3 janvier au 28 avril, et le 18 pouces du 1er mai au 5 juin.

L'auteur n'a pas donné de planisphère général de la planète cette année ; mais ses observations de 1886 ont heureusement complété nos connaissances aréographiques par un examen rigoureux des régions boréales : nous publions (*fig.* 11) la belle carte qu'il en a donnée.

Voici un résumé succinct du nouveau Mémoire de l'astronome de Milan :

1. De la Grande Syrte à l'Indus.

La vaste région qui s'étend au nord de l'équateur, entre 290° et 20° de longitude, était tout entière traversée par la grande ligne Euphrates-Arnon-Kison, suivant le méridien presque exactement, pour dévier légèrement à l'Est dans le voisinage du pôle. Vers les latitudes de 40° et 65°, cette ligne formait les lacs Ismenius et Arethusa, sorte d'étoiles, ou encore de rendez-vous de plusieurs canaux. L'Euphrate était large, mais non double, ainsi que l'avait observé M. Perrotin; et on ne voyait que le bras droit de la gémination de 1882. Les mêmes remarques s'appliquent au Phison; mais ici c'est le bras gauche de 1882 qui était visible. Typhonius a été observé une seule fois seulement, le 5 avril; l'Oronte était plus évident.

Les deux cornes du golfe Sabæus (baie du Méridien) ont été particulièrement difficiles à dédoubler en 1886, Fastigium Aryn se montrant parfois estompé. Le Gehon était indistinct; l'Hiddekel plus visible; Astaboras très pâle; l'Anubis de 1882 n'a pas été revu.

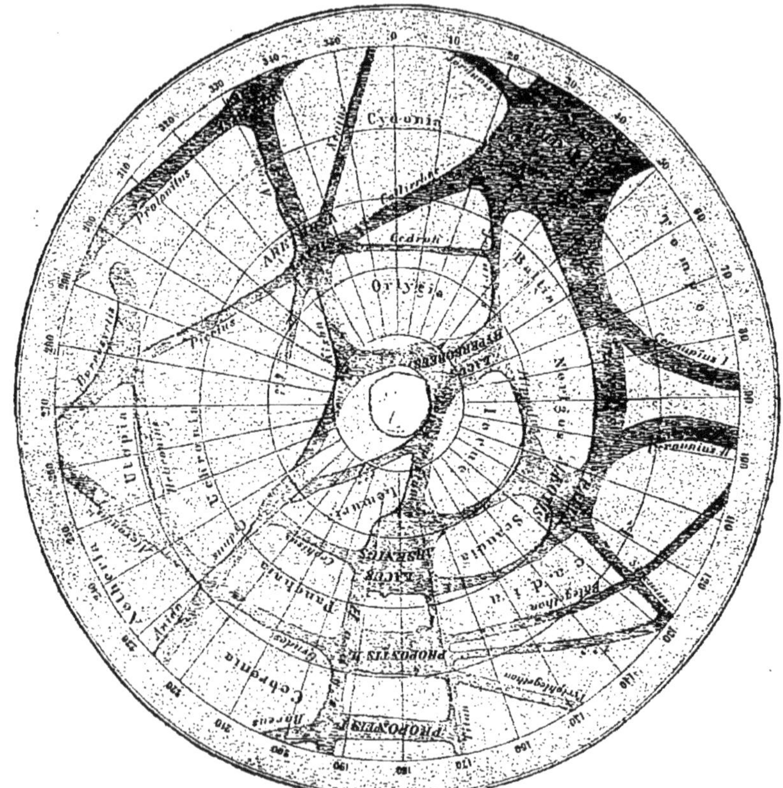

Fig. 11. — L'hémisphère boréal de Mars en 1886. Du pôle Nord au 40e degré de latitude.

Le lac Ismenius était une grosse tache noire circulaire confuse, mesurant 10° dans le sens du méridien. Le lac Aréthuse, aussi très sombre, offrait de moindres dimensions. Ces deux lacs étaient très évidents sur le disque. L'Arnon n'avait guère l'aspect de 1884, ressemblant plutôt à un détroit unissant les deux lacs. Le Kison, découvert le 1er avril, était noir, large et irrégulier, formant, là où il aboutissait à la calotte polaire, un nœud sombre, sorte de troisième lac analogue à Ismenius et Arethuse, et de proportions non négligeables.

Protonilus et Deuteronilus ont été invisibles en avril et en mai. Deuteronilus prolongeait l'Oxus, recourbé de Ismenius Lacus à l'Indus. Le nœud de rencontre (Dirce Fons), vu en 1884 sur l'intersection avec Jordanis, était invisible. Xenius était d'une grande difficulté. Par contre, Callirrhoe s'est montrée avec une évidence extraordinaire, mettant, avec le pâle Cedron, le lac Arethuse en communication avec Mare Acidalium. Pierius, entrevu en 1881 et 1884, a été bien observé en 1886. Enfin le continent vers Aéria était parfois particulièrement blanc.

2. De l'Indus au Gange.

L'Indus n'a rien offert d'anormal en 1886. Il en a été de même de l'Hydaspes. Jamuna était large et formait un arc de grand cercle; elle a paru simple à M. Schiaparelli, double à M. Perrotin avec la grande lunette de $0^{m},38$ de l'Observatoire de Nice. Sa direction ne semble pas avoir été toujours la même.

Le lac de la Lune n'était plus dédoublé comme en 1884. Nilokeras semblait rectiligne. Des 31 géminations de 1881-1882, et des 18 de 1883-1884, il n'en subsistait qu'une seule en 1886, celle de l'Hydraotes-Nilus, mais grandiose et occupant un sixième du rayon en largeur, soit environ 10°.

Ceraunius a été vu sous la forme de deux bandes confuses. Aucune trace de Dardanus ou de l'Issedon.

La traînée blanche traversant le canal Fortuna et le Nil dédoublé en 1879 (¹), a été revue en 1886. Les 27 et 28 mars de cette année, la traînée lumineuse s'étendait du Tanaïs à l'Agathodæmon, et semblait parallèle à la ligne Nilokeras-Chrysorrhoas. La gémination de l'Hydraotes-Nilus la divisait en trois parties, dont la boréale des extrêmes traversait Tempé, l'australe Tharsis. Le 2 avril, elle a été vue seulement sur Tempé, sans prolongement vers la calotte polaire boréale.

Chrysé s'est montrée très blanche parfois vers le limbe.

3. Lacus Niliacus, Mare Acidalium, Lacus Hyperboreus.

Le lac Niliacus n'a pas offert de changement en 1886; bien limité vers le pont d'Achille, il devenait enfumé vers ses limites méridionales, ce qui rendait parfois ses dimensions variables, suggérant des variations périodiques. Le pont d'Achille, très visible, avait une largeur de 3° environ.

La mer Acidalienne s'est montrée pour la première fois dans toute son étendue, avec ses affluents, jusqu'au pôle boréal. On peut comparer la partie septentrionale de cette « mer » soit à un continent coupé de vastes canaux, soit à une mer remplie d'îles nombreuses et très vastes.

La partie supérieure de cette mer était très foncée, comme d'habitude (c'est la partie la plus noire de toute la planète); elle formait un pentagone, ayant une base droite vers le Pons Achillis, deux autres, recourbées vers Cydonia et Tempé, et encore deux vers Ortygia et Baltia-Nerigos, vues comme une seule île en 1886. La petite île Scheria, remarquée dans cette mer en 1882, n'a pas été revue depuis.

Le Tanaïs ressemblait moins à un canal qu'à un bras de mer; il s'étendait du

(¹) *Voir* tome I, p. 335, *fig.* 190. Cette nouvelle observation nous conduit à conclure que c'est vraiment là une sorte de neige et non une bande de nuages ou même de brouillard.

50e au 120e degré de longitude, et était très sombre. A l'endroit où il se rencontrait avec le Sirenius, on remarquait une tache foncée, à laquelle M. Schiaparelli a donné le nom de Palus Mæotis.

L'exploration des régions hyperboréennes a décelé le véritable cours de l'Iaxarte, qui est un canal parallèle au Fretum Tanaïs, mettant en communication

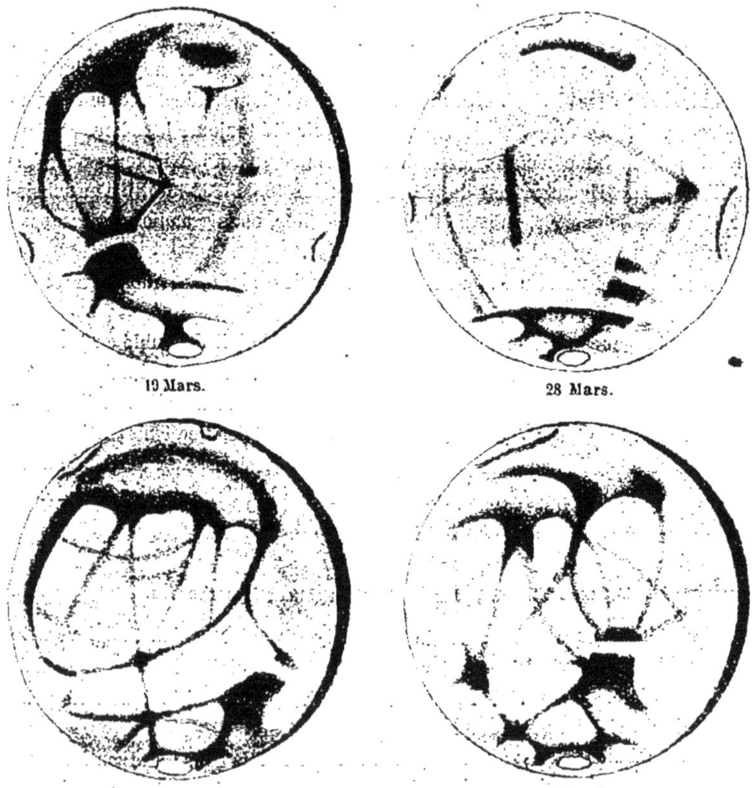

19 Mars. 28 Mars.

1er Avril. 5 Avril.

Fig. 12-15. — Observations de Mars, faites à l'Observatoire de Milan en 1886.

le pentagone austral de Mare Acidalium avec le Lacus Hyperboreus. La partie la plus occidentale (suivante) de l'ancien Iaxarte, entre le Lacus Hyperboreus et le Palus Mæotis séparant Nerigos de la nouvelle île d'Ierne, a été baptisée du nom d'Hippalus.

Le Lacus Hyperboreus était absolument noir en 1886 et contrastait d'une manière frappante avec les régions brillantes d'Ortygia et d'Ierne. Cependant il est moins évident parfois, soit à cause des neiges polaires qui le recouvrent, soit encore probablement par des condensations brumeuses de l'atmosphère martienne en ces régions. Il était invisible en 1884, lorsque les neiges polaires s'étendaient sur un rayon de 15°, et, en effet, il devait se confondre avec la bande sombre qui environnait la calotte boréale; mais M. Schiaparelli soupçonne, avec beaucoup de raison, croyons-nous, que la grande brèche observée dans les neiges inférieures le 5 février 1884 (*voir* plus haut, *fig.* 10) pourrait bien avoir été produite par le Lacus Hyperboreus. La conclusion est importante, comme prouvant que

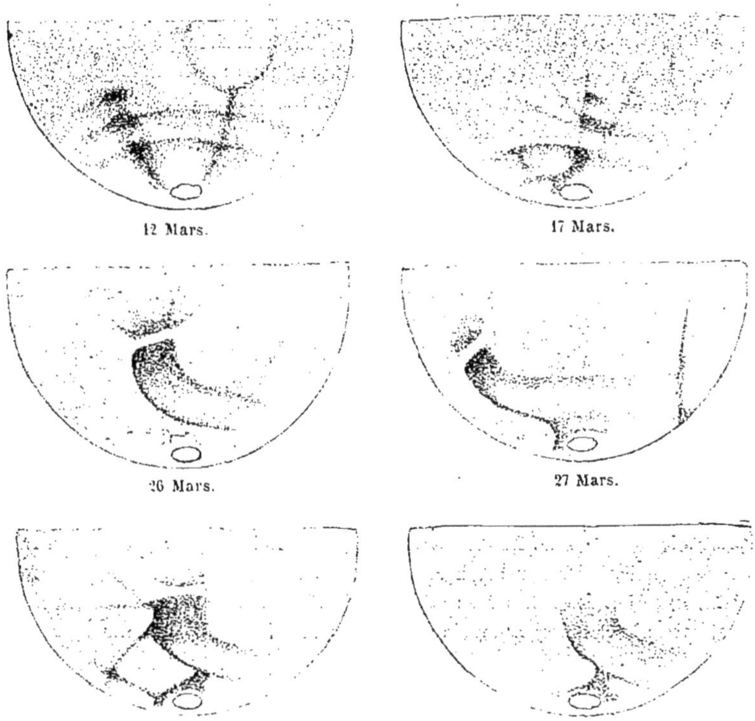

12 Mars. 17 Mars. 26 Mars. 27 Mars. 30 Mars. 1er Avril.

Fig. 16-21. — Aspects du pôle boréal de Mars, en 1886.

les taches sombres de la planète sont moins favorables à la conservation des neiges que les continents jaunes.

M. Schiaparelli a eu, de plus, le bonheur d'assister à la formation du Lacus Hyperboreus. Il n'y avait aucune tache sombre en cet endroit le 26 mars 1886. Le 27, l'Iaxarte présentait un gonflement vers la calotte polaire (*voir* la figure ci-dessus). Le 28, le lac Hyperboreus était complètement formé. Mêmes aspects les 30 (figure ci-dessus) et 31 mars, 1er, 3 et 5 avril. Nous avons ainsi un exemple bien documenté et incontestable de l'apparition, en deux jours, d'une tache noire de 600 kilomètres de diamètre, à l'endroit où, auparavant, on ne distinguait qu'une surface continentale jaune. Il est bien difficile d'offrir une explication satisfaisante de ces phénomènes, — à moins que ce ne soit tout simplement de l'eau provenant de la fusion des neiges polaires.

Ce Lacus Hyperboreus communique avec le Kison par un bras de mer, avec le Lacus Arsenius par l'Arionis Fretum.

4. Du Gange au Phase.

Thaumasia, Solis Lacus, etc., étaient très défavorablement placés pour l'observation en 1886. Rien de remarquable dans Aurea Cherso; la Fontaine de Jeunesse est restée invisible. Les canaux de Fortunæ, Iris et Uranius étaient pâles. Le Gange et le Chrysorrhoas étaient plus distincts.

Tharsis a paru très blanche dans la seconde moitié du mois de mars.

5. Mer Érythrée.

Malgré sa grande obliquité, cette mer était très foncée en 1886. Deucalionis et Pyrrhæ Regiones ont été assez bien vues, mais Protei Regio a été manquée. Argyre brillait d'un éclat fulgurant au limbe supérieur. Noachis aussi paraissait blanche près du bord, ainsi qu'en 1884. Il est à remarquer que cette île n'a pas été vue blanche aux oppositions de 1877, 1879 et 1881-1882. M. Schiaparelli invoque ici, avec raison, la plus grande obliquité des rayons solaires en 1884 et 1886.

6. Du Phase au Titan.

La mer des Sirènes était assez sombre en 1886. Icaria et Phætontis très claires; Memnonia très blanche. Le canal Pyriphlégéthon était très fin; Phlégéthon très visible et noir, le 18 mars; Achéron, difficile, formait une petite tache sombre à son intersection avec Sirenius; Gigas, large, et montrant quelques traces de gémination, le 26 mars; Eumenides, difficile; Sirenius était large au centre, fin vers les bords.

Le Nodus Gordii, formé de l'intersection de l'Eumenides avec le Sirenius, le Gigas et le Pyriphlégéthon, a été vu comme une tache enfumée et indécise.

Il a été difficile de bien voir le Titan en 1886; il formait le bord gauche des deux Propontis, se prolongeant au delà jusqu'au lac Arsenius et l'Arionis Fretum. L'Hadès avait aussi un prolongement semblable. L'Illissus, séparant l'Arcadia de la Scandia, était visible. Ces deux îles étaient assez blanches.

Une petite tache blanche remarquable a été vue sur Icaria par 117° de longitude et 36° de latitude australe, du 19 mars au 5 juin. On était alors là en plein hiver. L'explication par la neige est donc tout indiquée.

7. Elysium et régions comprises entre le Titan et la Petite Syrte.

Le pentagone d'Elysium a été vu uniformément clair sur toute son étendue. Aucune trace du Galaxias. Les canaux déterminant le périmètre d'Elysium étaient faibles, surtout Eunostos et Cerberus; Styx et Hyblæus étaient plus marqués.

Æthiops et Léthé étaient assez visibles. Cyclops droit, noir et simple; il avait une inclinaison de 12° sur le méridien.

Le Trivium Charontis offrait l'aspect d'une tache rectangulaire confuse. Il en a été de même d'Hephæstus, dont la connexité avec le Trivium a été soupçonnée par M. Schiaparelli en 1884.

A l'exception d'Avernus, tous les canaux compris entre le Titan et Elysium ont été revus. L'Orcus était tellement difficile, qu'on pouvait à peine en affirmer l'existence; Tartarus très évident; il en a été de même de Læstrygon. L'Erebus offrait l'aspect d'une ligne légère, faisant suite à l'Achéron; l'Hadès s'est montré toujours très large et très sombre, se dirigeant à droite du pôle, dans le voisinage duquel il rencontrait le Titan vers Arionis Fretum.

Toute la région comprise entre le 40e parallèle et le pôle et les longitudes de 150° et 250° présenta de grandes difficultés à l'examen télescopique. On remarquait, entre autres, deux ombres très allongées, diffuses et compliquées, représentées sur les dessins; l'une de celles-ci comprenait plusieurs nœuds sombres sur les prolongements du Titan et de l'Hadès, jusqu'à la Passe d'Arion; l'autre suivait le cours de l'Anian, prolongé jusqu'au Kison. Il semblait y avoir d'autres lignes en grand nombre, suivant des directions peu différentes des parallèles. Les contours de l'ombre de gauche diminuant lentement d'étendue, l'ombre se concentra autour de trois noyaux qui formèrent plus tard les deux Propontides et le lac Arsenius. La métamorphose était déjà complète le 16 mars, et le 21 mars toutes ces nodosités étaient entièrement noires. Les deux Propontides étaient séparées par un petit intervalle clair, formant une gémination imparfaite, et d'une largeur sans précédent jusqu'ici, car du bord supérieur de Propontis I (australe) au bord inférieur de Propontis II (boréale) on ne comptait pas moins de 12° à 15°. Propontis I était incomplète d'abord, se montrait plus étroite et plus courte que l'autre, ne s'étendant pas jusqu'à l'Hadès, qu'elle a fini par rejoindre. Propontis II s'étendait, dès le début, du Titan à l'Hadès, se montrant en outre plus sombre que sa voisine australe. Elle était large vers l'Ouest, où elle formait le Gynde. L'auteur considère les deux Propontides comme constituant une gémination colossale.

8. Mers intérieures et terres australes de 130° à 310° de longitude.

La mer des Sirènes était trop mal placée pour l'observation en 1886. Cependant, malgré la forte diffusion atmosphérique, elle était très sombre, parfois *noire* dans la région supérieure du disque. De même, les observations de la partie de la mer Cimmérienne comprise entre 170° et 210° étaient gênées par la forte obliquité. Pour la même raison, Atlantis n'a pas été vue. La partie inférieure de la mer Cimmérienne était beaucoup plus facile, et assez sombre; aucune trace de l'île Cimmeria, vue en 1882. Hesperia n'a rien offert d'anormal; elle était toujours très évidente, et coupée, à angle droit, par un prolongement de l'Euripe.

M. Schiaparelli a en outre suivi pendant deux mois une tache blanche située vers 253° de longitude et — 55°,3 de latitude, dans le golfe de Prométhée, à un endroit dépourvu de « terre ». C'est pour la première fois que l'on observe une tache aussi persistante dans des régions grises, ce genre de phénomène montrant une tendance à se former presque exclusivement sur les régions continentales.

9. La Grande Syrte et son entourage.

La mer du Sablier s'est montrée très sombre pendant cette opposition. Cependant l'île d'Œnotria, prolongeant l'extrémité nord-ouest d'Ausonia, était évidente en 1886, tandis qu'on n'avait pu en voir la moindre trace en 1883-1884. Nilosyrtis était moins marquée que d'habitude; le 5 avril elle semblait interrompue vers le 25e parallèle, sous une longitude de 354° : effet de perspective. De pareilles interruptions de la Nilosyrtis ont été notées par Mädler et Kaiser. Parfois la Nilosyrtis paraît interrompue par un effet d'irradiation des régions avoisinantes. Astusapes a été vu dans toutes les circonstances favorables, du 7 mars au 23 mai; il était courbe, comme en 1882, et l'île de Meroë paraissait elliptique.

Népenthès était assez visible sous forme de ligne large et obscure, légèrement recourbée, comme aux oppositions précédentes. Le lac Mœris, examiné les 22 et 23 mai avec un grossissement de 1050, au 18 pouces, s'est montré noir et très voisin de la mer du Sablier. La distance qui le séparait de la Grande Syrte était plus petite que son diamètre. En comparant ses observations, M. Schiaparelli constate (*remarque importante*) que l'envahissement progressif de la Grande Syrte n'avait pas fait beaucoup de progrès en 1886. L'Athyr de 1882 était invisible.

Rien de nouveau vers la Petite Syrte. La Libye était toujours rouge et sombre; son contour semblait moins arrondi que d'habitude, formant un angle assez marqué vers le Sud-Ouest; mais il n'y avait pas de « pont » dirigé vers Hellas.

Les journées des 11 et 12 mars ont montré que la teinte rouge de la Libye s'étendait jusqu'à l'Amenthes et Isidis Regio. Plus tard (22 mai), la région d'Isis parut très blanche. Le 22 mai, M. Schiaparelli crut assister à une résurrection de la Nix Atlantica, vue en 1877, 1879 et 1881-1882; mais cette constatation n'a pas été confirmée le lendemain. Il serait extrêmement intéressant pour nos connaissances sur la constitution physique de Mars de voir reparaître cette curieuse formation.

M. Schiaparelli a constaté, comme en 1884, que la tache polaire inférieure (boréale) était légèrement excentrique au pôle en 1886. Voici ses résultats qui concordent avec ceux obtenus indépendamment par M. O. Lohse, à Potsdam :

1884 Schiaparelli........	Distance au pôle	$= 2°,69 \pm 0°,23$	Longitude	$= 323°,5 \pm 5°,3$
1886 Lohse...............	»	$1,34 \pm 0,43$	»	$285,0 \pm 16,7$
1886 Schiaparelli........	»	$1,27 \pm 0,10$	»	$295,1 \pm 5,7$

Les neiges se sont montrées éloignées du pôle d'une centaine de kilomètres, dans la direction de la Grande Syrte. On sait que pour le pôle austral cette excentricité des neiges polaires est considérable. Le minimum du diamètre des neiges

(3°,5) est arrivé dans la seconde moitié de mai, soit *plus d'un mois et demi après le solstice d'été.*

Le trait caractéristique de l'opposition de 1886 paraît avoir été l'absence de géminations. Laissant de côté le dédoublement de Ceraunius, ainsi que celui de la Propontis, on peut dire qu'il n'y a eu que la grande gémination de Hydraotes-Nilus. Cependant, M. Perrotin croit avoir dédoublé l'Euphrate, le Phison, l'Oronte et la Jamuna.

La calotte polaire boréale, du 60ᵉ degré au pôle, montre des régions d'aspects différents :

1° Surfaces jaunes continentales, s'étendant du 260ᵉ degré de longitude au 40ᵉ, sur une longueur de 140° ;

2° Taches grises comparables aux mers de l'autre hémisphère, telles que la mer Boréale et le lac Hyperboreus ;

3° Demi-teintes analogues aux terres de Mare Erythræum, telles que Baltia-Nerigos, Lemuria, Panchaia, Uchronia et entourées d'estompages plus ou moins larges (Lacus Arsenius, Cephissus, Gyndes). Toutes ces régions sont assujetties à de très grandes variations de tons.

Ces nouvelles études ont apporté un nouveau progrès à notre connaissance de l'hémisphère boréal de la planète. Elles continuent de mettre en évidence les *variations* extraordinaires qui s'accomplissent perpétuellement à la surface de ce monde voisin et confirment absolument les déductions des observations comparées que nous avons affirmées depuis longtemps.

CXLVI. — Observations de M. Schiaparelli en 1888.

Le sixième Mémoire des observations de M. Schiaparelli sur la planète Mars a été publié en 1899 et contient les observations faites pendant l'opposition de 1888 par l'habile Directeur de l'Observatoire de Milan, à l'aide de l'équatorial de Merz-Repsold dont le diamètre est de 18 pouces (485 millimètres) et la distance focale de 7 mètres, installé à Milan en 1886. L'objectif est considéré comme tout à fait excellent. Les grossissements vont jusqu'à 1000 et davantage pour les étoiles. Pour les aspects de Mars, les plus employés ont été ceux de 216, 350, 513 et 674.

Voici les données essentielles de ce Mémoire et leur discussion comparée :

La variation de la mise au point, suivant la fatigue de l'œil, le grossissement de l'oculaire et la lumière du disque ont été l'objet d'une étude constante de la part de l'observateur.

Le diamètre apparent de la planète a varié dans la proportion suivante :

2 avril	14",90	Opposition le 11 avril.
2 mai	14,92	
1er juin	12,25	
1er juillet	9,84	
31 juillet	8,20	

L'inclinaison de l'axe a été de + 20° à + 24°, nous présentant les régions polaires boréales en des conditions exceptionnelles.

SAISONS DE LA PLANÈTE

Hémisphère boréal.	Hémisphère austral.	
Solstice d'été.	Solstice d'hiver.	16 février 1888.
Équinoxe d'automne.	Équinoxe de printemps.	15 août 1888.

Ce Mémoire renferme quatorze dessins de détails obtenus avec les grossissements de 513 et 674 et deux projections polaires stéréographiques, l'une représentant l'hémisphère boréal entier, l'autre, sur une plus grande échelle, les régions voisines du pôle qui n'ont pu être reproduites avec un détail suffisant sur la première.

L'une des grandes difficultés, écrit l'auteur, a été de représenter fidèlement les nombreuses lignes doubles. Comme elles sont parallèles entre elles, elles devraient rester équidistantes sur la représentation graphique. Si on les conserve ainsi, on désobéit aux règles de la projection. C'est le parti que l'auteur avait préféré en 1882 et 1884. Cette fois-ci, il a préféré l'exactitude de la projection, de sorte que ces lignes doubles cessent de paraître parallèles tout en l'étant en réalité.

Cette carte de l'hémisphère boréal (*fig.* 22) est plus complète et plus exacte que celle que nous avons reproduite dans le premier volume de cet Ouvrage, p. 440, parce que, écrit M. Schiaparelli, la première a été construite en 1889 avant la discussion complète des observations de 1888, terminée seulement aujourd'hui, et n'avait qu'un caractère provisoire. Il y a ici plus de détails et un grand nombre d'objets et de noms nouveaux.

De toutes les observations faites pendant cette opposition de 1888, la plus étonnante, la plus extraordinaire, la plus incroyable est certainement celle que nous allons décrire.

Reportons-nous d'abord à l'aspect de la planète en 1886, ou au globe que nous avons publié il y a quelques années (¹). La *fig.* 23 représente l'hémisphère boréal dressé par M. Schiaparelli d'après ses observations de cette époque. Voyez, entre les 330° et 340° de l'équateur, vers 336°, une longue traînée droite qui part de là et vient aboutir à la gauche du pôle. Cette traînée s'appelle l'*Euphrate* depuis l'équateur jusqu'à la première tache, nommée le lac Isménius, ensuite l'*Arnon* jusqu'à

(¹) Librairie Bertaux, à Paris.

la seconde tache, appelée le lac Aréthuse, et en troisième lieu le *Kison* jusqu'au canal voisin du pôle. Cette longue traînée se voit également sur un beau dessin du 5 avril 1886 (*fig.* 24).

Eh bien, en 1888 (*fig.* 22), ce long canal rectiligne à triple désignation, Euphrate-Arnon-Kison, avec ses deux lacs Isménius et Aréthuse, *a changé de place!* Tout en partant du même point, tournant comme une règle autour d'un clou, il s'est écarté

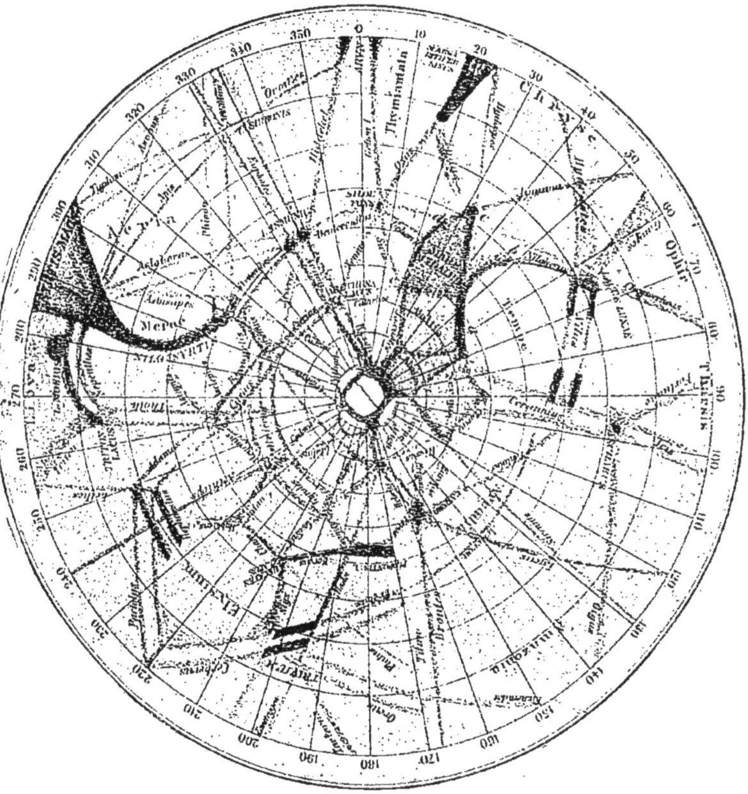

Fig. 22. — Carte générale des observations faites par M. Schiaparelli en 1888 sur l'hémisphère boréal de Mars.

vers la droite, et au lieu d'aboutir à la gauche de la neige polaire, vers la longitude 245°, aboutit à droite, vers la longitude 65°, juste à l'opposé! La *fig.* 25, prise le 2 juin 1888, montre ce changement, absolument incompréhensible, et toutes les observations de mai et juin 1888 le confirment. Comparer aussi les deux cartes de 1888 (*fig.* 22 et 26).

Remarquons que du point d'aboutissement de 1886 à celui de 1888, la distance est de 10°, c'est-à-dire de 600 kilomètres.

Cette même direction se voit sur un dessin fait à Nice par M. Perrotin (*La planète Mars*, I, p. 410).

Ce changement ressemble à ce qui se passerait sur la Terre si le golfe et le canal de Suez, au lieu d'aller aboutir à Alexandrie, tournaient vers l'est et allaient se diriger vers la Palestine !

Fig. 23. — L'hémisphère boréal de Mars en 1886.

C'est comme un tapis de marche qu'on aurait déplacé.

On peut se demander si tout le tapis a été déplacé d'un seul morceau, si toute la bande a tourné d'une pièce. Il pourrait se faire que du point de départ resté fixe (le port Sigée) jusqu'au lac Isménius, il n'y ait pas eu de changement et que l'Arnon et le Kison aient seuls tourné, ou bien que la dernière section (le Kison) seule se soit déplacée. Mais, dans ces deux suppositions, l'Arnon et le Kison auraient fait un angle assez grand avec la direction de l'Euphrate, tandis que l'ensemble est resté droit. C'est donc l'ensemble tout entier qui s'est déplacé.

Le tout s'est montré parfaitement double pendant toute la durée des observations.

Ce n'est pas la calotte polaire qui a quitté le pôle, très certainement.

Ce mouvement incompréhensible et certain du système Euphrate-Arnon-Kison s'est effectué entre le mois d'avril 1886 et le mois de juin 1888, pendant l'absence des observations de Mars.

La gémination du système n'a pas montré son parallélisme habituel : les deux composantes allaient en s'écartant du pôle à l'équateur, comme si la force centrifuge due à la rotation de la planète avait une action sur cette gémination! Nous restons en plein mystère.

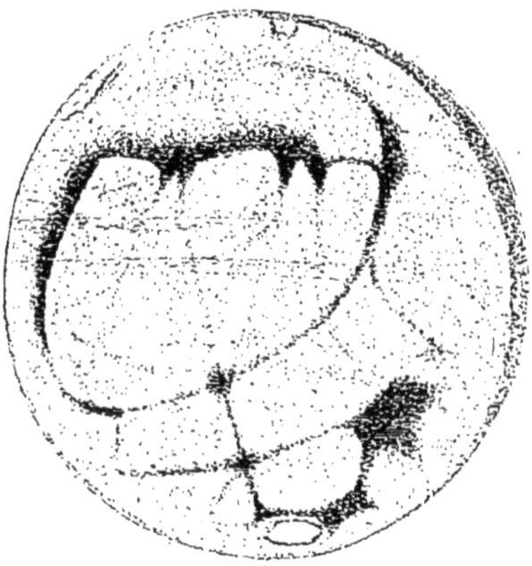

Fig. 24. — Dessin du 5 avril 1886.

Si, au lieu de considérer le sinus Sabæus et le port Sigée comme le point de départ de ce système hydraulique ou végétal Euphrate-Arnon-Kison, nous regardions les neiges polaires et leur fusion comme l'origine, peut-être le changement observé serait-il moins difficile à concevoir. En admettant que ces neiges polaires soient plus élevées, qu'une plaine basse s'étende du pôle à l'équateur, l'eau provenant de ces neiges ne pourrait-elle s'écouler en des directions différentes selon les saisons et les années et donner naissance à des canaux, à des lacs, à des marécages, à des prairies? Toutes les conjectures sont ouvertes.

D'autres variations presque aussi stupéfiantes ont été l'objet d'observations précises. L'une des plus remarquables est celle du canal Pierius qui va du lac Aréthuse au canal Casius (voir *fig.* 26). Tandis que celui-ci s'est montré composé de deux lignes écartées de près de 10°, le Pierius était près de moitié moins large dans sa gémination et le Callirhoe est resté simple. De plus, comparé au Protonilus, le Pierius s'est montré tantôt plus foncé, tantôt plus clair. C'est une nouvelle vérification du fait que les variations rapides d'un jour à l'autre dans la visibilité de certains canaux sont réelles et non pas dues aux conditions atmosphériques changeantes de l'observateur terrestre.

La vaste région qui s'étend à la droite de la mer du Sablier et qui a reçu le nom d'Aeria a paru souvent très blanche, sous des inclinaisons de vues fort diverses. Il en a été de même pour la Cidonia, l'Arabie et d'autres contrées.

Nous ne pouvons présenter ici toutes les observations exposées dans ce volumineux Mémoire de 114 pages in-4°, en petit texte. Ce qui nous frappe le plus, ce sont les variations constatées. Outre la grande ligne Euphrate-Arnon-Kison dont nous avons parlé, remarquons encore, à sa droite, sur les figures de 1886 et 1888, le canal qui descend de la baie fourchue du méridien, celui de droite, le Gehon. En

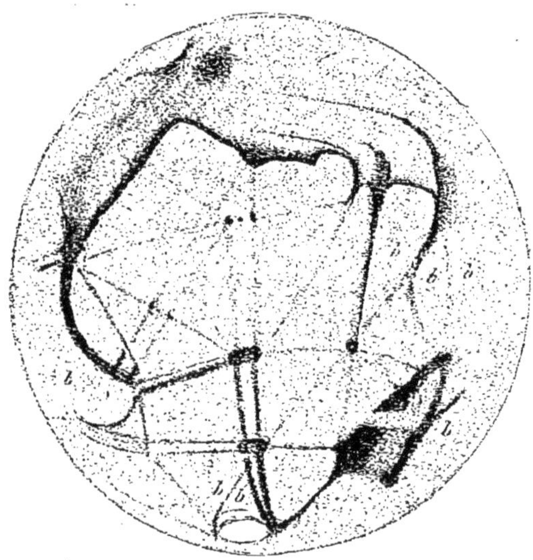

Fig. 25. — Dessin du 2 juin 1888.

1886 (*fig.* 24) il tourne à droite, va couper l'Oxus en décrivant une courbe, et aboutit à la mer Acidalienne. En 1888 (*fig.* 25) au lieu d'être courbe, il est rectiligne, et l'on retrouve, au point où il coupe l'Oxus, la fontaine de Siloë, vue en 1884, disparue en 1886. Si l'on veut, du reste, se donner le plaisir de comparer avec attention les détails de ces deux dessins, on sera stupéfait des différences.

Toutes ces variations de cours d'eau ou de tapis végétaux qui paraissent et disparaissent tour à tour me rappellent ce qui se passe dans un pays de la Terre que j'ai visité plus d'une fois dans mon enfance : la Meuse, entre Bourmont et Neufchâteau, disparaît aussi et reparaît tour à tour, selon la quantité d'eau des pluies. Pendant les sécheresses, elle filtre entièrement à travers un sol poreux, et au lieu d'un cours d'eau on a là un terrain sec et de fertiles prairies sur lesquelles paissent les troupeaux. Son cours est souterrain du moulin de Bazoilles à Noncourt, sur une longueur d'environ 6 kilomètres. Dans les saisons pluvieuses, au contraire, la rivière ne disparaît pas. Il y a, en France seulement, plusieurs exemples analogues de rivières souterraines. Les variations martiennes sont peut-être de cette nature, mais dans des proportions plus vastes et plus générales, et pour des causes différentes puisqu'il n'y a pas de pluies : fusion des neiges et infiltrations ?

La baie du Méridien a offert des aspects vraiment curieux. M. Schiaparelli écrit sur son registre, à la date du 30 mai : « Stupendo il golfo Sabeo ; corni larghi, belli veramente e benissimo separati ». Le lendemain : « Golfo Sabeo doppio bello,

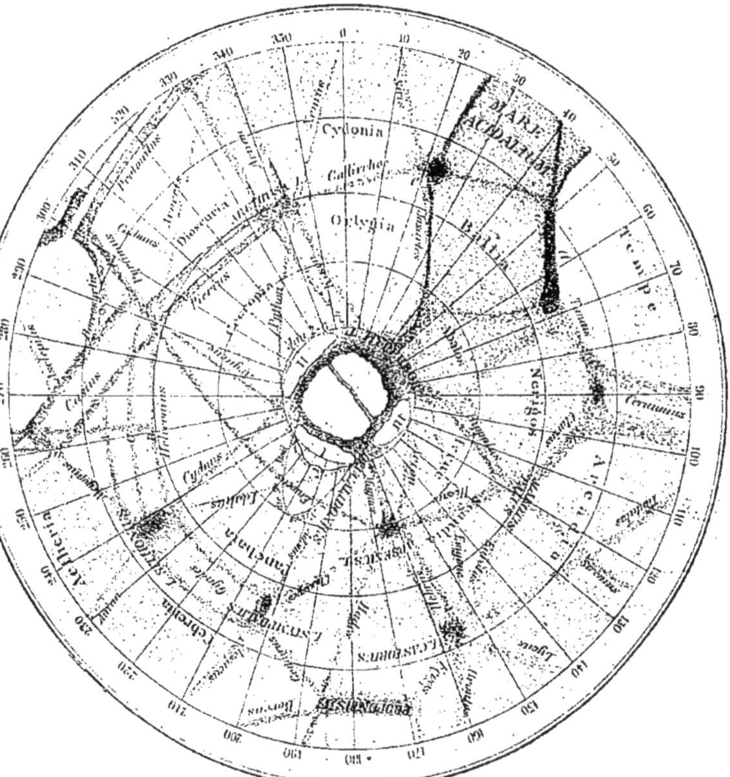

Fig. 26. — Détails de l'hémisphère boréal de Mars jusqu'au 50e degré de distance au pôle (1888).

largo, biforcato e nero ». Le 8 juin : « I due corni nerissimi e grossissimi ». Le 9, l'observation montre non seulement ces pointes noires et fortes, mais s'écartant l'une de l'autre, au lieu de suivre le méridien, et prolongées par l'Hiddekel et le Gehon. La pointe de droite est noire et allongée, et le Gehon est très marqué (*voy.* aussi la *fig.* 25, du 2 juin). Il y a là une région soumise à de perpétuels changements, comme je l'ai montré dès la première édition des *Terres du Ciel* (1877).

L'Arcadie a paru couverte de neige, et la neige olympique de 1879 a été revue.

Dans presque toutes les régions environnant le pôle boréal jusque vers le 30e parallèle s'est manifestée une tendance notable à la formation de taches noires ou de lacs, notamment dans les points où aboutissent les canaux. Cette tendance a étendu ses effets jusqu'aux limites de l'Élysée. Le lac d'Hécate a été l'un des résultats de cette action climatologique.

Le fameux Trivium Charontis (Carrefour de Charon) qui en 1884 s'était montré

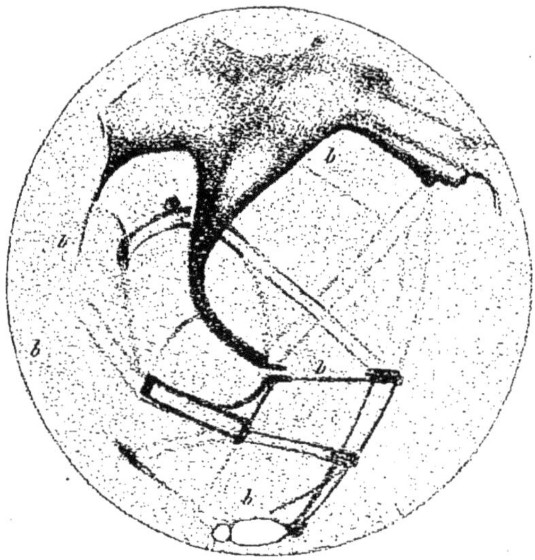

Fig. 27. — Dessin du 5 juin 1888.

géminé dans la direction de l'Orcus, et qui suivait encore cette direction en 1886, a vu en 1888 sa forme déterminée par le cours du Cerbère et de l'Érèbe (voy. *fig*. 22, sur le 200e méridien). En 1884, sa gémination avait la direction de l'Orcus, en 1888 celle de l'Érèbe. L'influence de la direction de cours d'eau ne paraît-elle pas évidente ici? Des variations analogues ont été observées pour le lac Isménius et pour le lac de la Lune. Le Trivium Charontis s'est parfois présenté avec des contours si vagues qu'il était impossible de le dessiner. C'est l'une des régions de la planète les plus variables.

La mer des Sirènes et le lac du Soleil ont paru très noirs, malgré leur obliquité.

La mer du Sablier (Grande Syrte), qui reste toujours pour nous la configuration la plus caractéristique de la planète, a été l'objet d'observations importantes. Examinons un instant ensemble la *fig*. 27, faite le 5 juin 1888. La mer du Sablier nous offre dans son aspect trois tracés noirs bien marqués : son bord gauche, son bord droit, et vers son centre une zone sombre qui la traverse de haut en bas pour aller se confondre avec la partie inférieure très foncée, appelée *Nilo Syrtis* (*fig*. 9). Cette zone médiane, qui semble constituer la Nilo Syrtis à travers la mer du Sablier, a été appelée *Dosaron* par M. Lowell. Que cette mer du Sablier soit de l'eau, des marécages ou des prairies, elle n'est pas homogène et se montre parsemée d'îles. Je disais autrefois que cette ligne foncée centrale indiquait sans doute une plus grande profondeur d'eau. Pourquoi pas?

Son prolongement boréal par la Nilo Syrtis s'est montré parfaitement net et très foncé, d'une largeur de 3° à 4° (180 à 240 kilomètres) qui paraît être son état normal.

A l'extrémité de la Nilo Syrtis, le Protonilus a d'abord montré, le 2 mai, une tache foncée, signe précurseur des géminations qui allaient bientôt se produire. En effet, du 2 au 13 juin on a constamment vu le Protonilus et le Pierus nettement et admirablement dédoublés. L'Arnon y amenait sans doute la fusion des neiges boréales (voy. *fig.* 22 et *fig.* 25).

Des blancheurs éclatantes, de la dimension du lac Mœris (environ 4° ou 240 kilomètres) ont été vues plusieurs fois sur la Népentès.

La neige polaire boréale s'est montrée traversée par une large ligne foncée du 7 au 15 mai, puis du 4 au 13 juin. Le 9 mai et le 4 juin, on la voit même partagée en trois parties. Son diamètre angulaire a augmenté de 8° à 15°, du 2 mai au 6 juin, puis a diminué dans la même proportion. Sa position, d'après les mesures de M. Lohse à l'Observatoire de Potsdam, était à 2°,73 du pôle aréographique, sur la longitude 224°,9. La séparation de la neige polaire en deux parties inégales a été également observée par M. Perrotin à Nice et M. Terby à Louvain.

Le plus gros morceau de cette neige polaire boréale a entièrement disparu le 14 juillet. Cette disparition n'a duré qu'un jour! C'était 149 jours après le solstice d'été. Elle s'est immédiatement reformée.

En terminant l'exposé de ces observations, l'illustre Directeur de l'Observatoire de Milan fait remarquer que « l'un des caractères les plus importants de l'opposition de 1888 a été la réapparition des géminations, restées absentes en 1886. Elles ont été au nombre de 28, dont 2 parfaitement nettes, 14 bien définies, 9 mal définies et 3 imparfaitement formées. Cette réapparition a eu lieu vers le milieu de mai, c'est-à-dire environ trois mois après le solstice d'été boréal, arrivé le 16 février, ou trois mois avant l'équinoxe d'automne, arrivé le 15 août. Elles paraissent durer de quatre à cinq mois. »

Les observations de 1888 ont précisément continué celles de 1886 au point de vue des saisons martiennes :

1886	commencement...	28 février,	ou	32 jours	avant le solstice	
	fin.................	1er juin,	ou	63 —	après	—
1888	commencement...	2 mai,	ou	75 —	après	—
	fin.................	21 juillet,	ou	156 —	après	—

Il s'agit ici des observations utiles, des bonnes images. Or, elles s'accordent pour établir que les aspects aréographiques sont d'abord nébuleux et mal définis, vagues et comme incertains. Ils se précisent ensuite graduellement à mesure que la saison avance, les lignes et les taches deviennent nettes, et « c'est alors l'époque des belles géminations, des petits lacs, des plus minuscules détails ».

Telles sont les principales observations faites par M. Schiaparelli pendant l'opposition de 1888. Nous avons attendu douze ans cet important Mémoire, mais la Science n'y a rien perdu. Nous souhaitons cependant voir des descriptions aussi précises des oppositions de 1890, 1892, 1894, 1896 et 1898 ne pas tarder aussi longtemps à entrer dans le cycle général de l'étude de cette planète voisine, encore si énigmatique pour ceux qui la connaissent le mieux, et nous espérons que le savant astronome, malgré le repos qu'il semble désirer après tant d'années de travaux aussi considérables, voudra bien en donner au moins la substance, la synthèse et les conclusions [1].

CXLVII. — OPPOSITION DE 1892.

OBSERVATIONS FAITES A L'OBSERVATOIRE DE JUVISY.

Opposition	4 août.
Périhélie	7 septembre.
Équinoxe de printemps austral	20 mai.
Solstice d'été austral	13 octobre.

Pôle austral incliné vers la Terre.

Cette période de 1892 était la plus favorable depuis 1877, la planète passant en opposition dans le voisinage de son périhélie, et son diamètre devant atteindre 24″8.

A l'Observatoire de Juvisy, nous avons commencé les observations dès le mois de mai. La planète était encore éloignée, et sa grande déclinaison australe l'empêchait de s'élever un peu haut au-dessus des brumes de notre horizon, ce qui a été le cas, malheureusement, pour toute cette année si favorable à d'autres titres, car cette déclinaison oscilla entre 20° et 24° pendant la période de plus grande proximité, de sorte que son élévation au-dessus de l'horizon n'a pas dépassé 17° à 21°. C'est peu.

Parmi les dessins faits à l'Observatoire de Juvisy (équatorial de $0^m,24$), nous signalerons d'abord les suivants (*fig.* 28-33), commencés dès l'origine de l'apparition, dus à M. Quénisset, et qui montrent déjà des aspects reconnaissables de la planète. Ils sont tracés à l'échelle de 2^{mm} pour 1″. Voici un extrait des observations qui les accompagnent :

1° 7 mai, 2^h40^m matin. — Atmosphère calme, assez bonne image. Oc. 140 et 220. Les mers Maraldi, Hooke et Flammarion sont bien visibles. La dernière est

(1) M. Schiaparelli a pris sa retraite de Directeur de l'Observatoire de Milan au mois d'octobre 1900, et M. Celoria lui a succédé. Nous espérons que les précieuses observations martiennes faites en ce sanctuaire d'Uranie seront bientôt intégralement publiées.

très foncée [1]. Le limbe oriental est très blanc. La calotte polaire australe est bien visible. Elle est très étendue. Au pôle nord, on ne distingue rien de particulier. La région comprise entre les mers Hooke et Maraldi est un peu moins sombre. C'est peut-être la terre de Burckhardt.

2° Même jour, $4^h 30^m$ matin. — Ciel très pur, excellente image. Très bonne définition. Oc. 220 et 300.

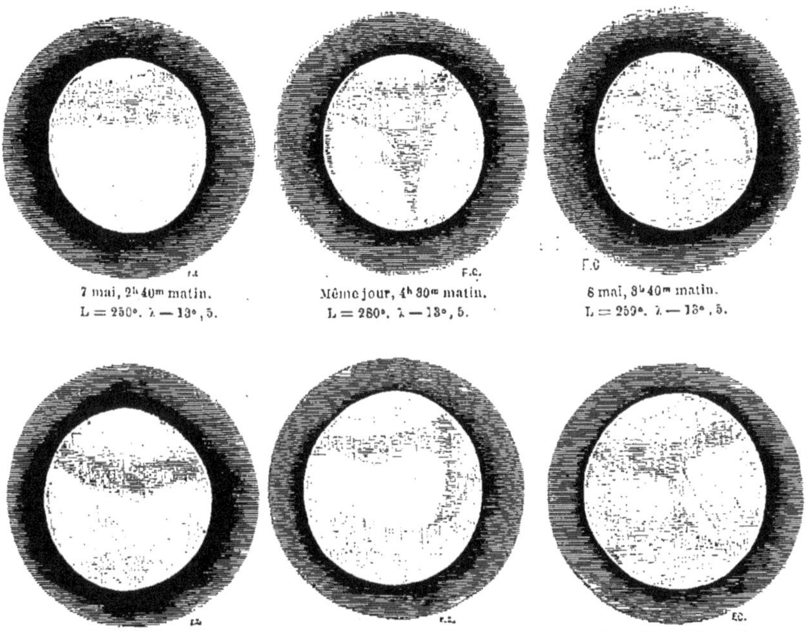

7 mai, $2^h 40^m$ matin. L = 250°. λ — 13°,5.

Même jour, $4^h 30^m$ matin. L = 280°. λ — 13°,5.

8 mai, $8^h 40^m$ matin. L = 259°. λ — 13°,5.

10 mai, 4^h matin. L = 240°. λ — 13°,8.

18 mai, $8^h 20^m$ matin. L = 150°. λ — 14°,7.

Même jour, $4^h 15^m$ matin. L = 163°. λ — 14°,7.

Fig. 28-33. — Aspect de Mars en mai 1892. Observatoire de Juvisy. Équatorial de 0^m,245. Grossissement : 140 à 300.

La mer du Sablier est plus foncée dans sa région centrale. A l'Ouest, la mer Flammarion est bien visible. On y remarque aussi, nettement, la mer Main, à l'ouest de la mer du Sablier.

Au Sud-Est, près de l'océan Dawes, existe un cap certain. Au nord de ce cap, la mer du Sablier s'avance un peu plus vers l'Est, en forme de golfe. La pointe de la mer du Sablier oblique vers l'Est et descend jusqu'au limbe boréal. La calotte polaire australe est très étendue et bien visible.

(1) Les dénominations se rapportent à la 21e carte aréographique (*La planète Mars*, t. I, p. 69), qui était encore, avec celle de Green (7e carte, p. 275), généralement en usage en 1892. Les trois Mémoires de M. Schiaparelli qui précèdent ont été publiés en 1896, 1897 et 1899.

Toute la *côte orientale* (droite) de la mer du Sablier est *très blanche*. Le limbe oriental de la planète est aussi excessivement blanc.

Diamètre = 13″,6. Passage au méridien à 5^h7^m matin. Lever du soleil à 4^h31^m.

3° 8 mai, 3^h40^m matin. — Très bonne définition. Oc. 140, 220 et 300.

Les mers Maraldi, Hooke et Flammarion se voient admirablement. On voit aussi, nettement, la terre de Burckhardt comprise entre les mers Hooke et Maraldi. La mer du Sablier apparaît sur le bord oriental. Le limbe oriental est *très blanc*.

Diamètre = 13″,8. Passage au méridien à 5^h5^m matin. Lever du soleil à 4^h30^m.

4° 10 mai, 4^h matin. — Bonne image. Oc. 140 et 220.

La calotte polaire australe est bien visible. Elle est très étendue. La calotte polaire boréale est un peu visible aujourd'hui. Elle est très petite, mais bien blanche. On remarque une tache très foncée en forme de bande large entrecoupée ici et là par des régions moins sombres. Ce sont probablement les mers Schiaparelli, Maraldi et Hooke; mer Australe (?).

On ne voit pas plus de détails.

Diamètre = 14″,0. Passage au méridien à 5^h1^m matin. Lever du soleil à 4^h27^m.

5° 18 mai 3^h20^m, matin. — Très bonne définition. Oc. 220.

A l'est de la mer Schiaparelli, on remarque un golfe certain. Au nord de la mer Australe, existe une assez longue bande sombre, verticale, qui va rejoindre une tache située dans l'hémisphère boréal.

La calotte polaire australe est très blanche et très étendue.

Diamètre = 15″,2. Passage au méridien à 4^h45^m. Lever du soleil à 4^h16^m.

6° Même jour, 4^h45^m matin. — Atmosphère très pure. Très bonne définition. Image admirablement nette et calme. Oc. 220 et 300.

La calotte polaire australe est très blanche et très étendue. Au pôle nord, on ne distingue rien de particulier.

Les mers Schiaparelli et Australe sont très sombres. Une mer longue et verticale va rejoindre une autre mer au Nord. Elle passe au méridien central. A l'est de cette mer, on remarque une ligne grise, très mince, mais certaine, et inclinée vers l'Est. Serait-ce un canal? La ligne est plus sombre et, par conséquent, mieux visible au Sud qu'au Nord. Pour ne pas être dupe d'une illusion, l'observateur reste à l'oculaire pendant plus d'une heure. (La mer verticale correspondrait au canal des Titans, et le canal oblique de droite au Tartare, mais on ne voit pas ce qui correspond à la mer inférieure.)

Le continent Huygens, à droite, est très rouge. Du reste, aujourd'hui, la teinte générale de Mars est plus rouge que d'habitude.

La planète était encore très éloignée de la Terre, et son disque, de 12″ ou 13″, ne montrait pas encore beaucoup de détails appréciables. Il semble même que les neiges supérieures, australes, qui occupent une vaste étendue, n'avaient pas de limites précises, comme on le voit, au contraire, si souvent : les tons se fondaient insensiblement du blanc au gris. Le solstice d'été de cet hémisphère ne devait arriver que le 13 octobre. On n'était donc qu'au milieu du printemps, et peut-être une brume vague s'étendait-elle sur ces régions et les neiges polaires se confondaient-elles avec des neiges saisonnières plus étendues. La mer du

24 mai, 3^h du matin.

30 mai, 1^h35^m du matin.

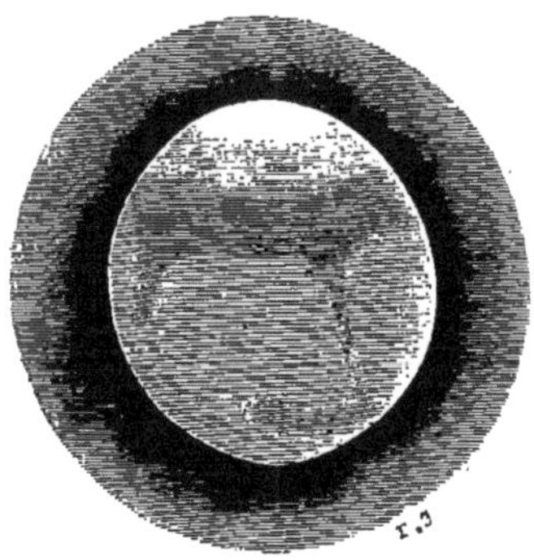

Même jour, 3^h55^m.

31 mai, 2^h du matin.

Fig. 34-37. — Suite des observations faites à Juvisy en 1892.

Sablier était néanmoins très foncée; mais on remarquait une traînée blanche le long de son rivage de droite.

Mars continua de s'approcher de la Terre et brilla de tout son éclat dans notre ciel du soir. Il passa en opposition le 4 août. Voici la suite des observations précédentes (*fig.* 34-37), dues au même observateur :

24 mai, 3^h du matin. — Mer Terby visible non loin du bord occidental, la terre qui l'entoure est grise. Le limbe oriental est très blanc. Grand continent rougeâtre. Calotte polaire blanche éclatante, mais sans limite nette et précise. En bas, blancheurs vers les régions polaires boréales. Passage au méridien à 4^h34^m. Lever du soleil à 4^h9^m.

30 mai, 1h35m du matin. — Image très nette et très calme. La baie du Méridien vient de passer au méridien central; elle est très foncée. Au-dessus, région blanche : Deucalion? Calotte polaire supérieure sans limite précise. Limbe oriental très blanc.

Même jour, 3h55m. — Bonne image. Longitude du centre 45°. On voit très sûrement et très nettement un prolongement gris de l'océan de la Rue, qui doit être la Manche (Gange de Schiaparelli). A l'Ouest, on aperçoit la baie Burton et sans doute l'embouchure de l'Indus. Le limbe oriental est toujours très blanc. La calotte polaire est perpendiculaire à la verticale.

31 mai, 2h du matin. — Excellente image. La baie du Méridien est au centre du disque. Par moments, on croit voir une petite ligne grise partant de l'extrémité de la baie et se dirigeant vers le Nord. La région de Deucalion est bien blanche. Le continent au-dessous de la baie du Méridien est très rougeâtre.

Les observations suivantes ont été faites au même Observatoire par M. Schmoll (voir *fig.* 38-43).

10 juin, 2h40m du matin. — Assez bonne image. « La calotte polaire se détache éclatante de blancheur. Après avoir fait le dessin, je cherche à identifier avec la Carte. On reconnaît la mer du Sablier, puis, à sa droite, un prolongement vers le détroit d'Herschel II et, à sa gauche, une pointe qui occupe l'emplacement de la baie Gruithuisen. Ile Dreyer et terre de Lockyer. » Longitude du méridien central : 280°. Passage au méridien à 3h52m. Lever du soleil à 3h59m.

13 juin, 4h du matin. — Assez bonne image. Calotte polaire très blanche. Longitude du méridien central : 271°. C'est la mer du Sablier que l'on voit, sans doute; sur son rivage gauche, la mer Main (lac Mœris). Mer Flammarion, puis baie de Gruithuisen. Région pâle au-dessus de la mer du Sablier.

16 juin, 3h10m du matin. — Image encore indécise. La calotte blanche du pôle sud a toujours la même extension. Longitude du méridien central : 231°. C'est donc la mer Maraldi, la mer Hooke et la mer du Sablier que l'on croit apercevoir.

24 juin, 3h15m du matin. — Bonne définition. Calotte australe très blanche, nettement limitée par une mer très foncée, au delà de laquelle on voit une région blanche, puis une autre mer foncée. Long. du méridien central : 158°. Sans doute, mer Cottignez, terre de Gill, mer Maunder, mer Maraldi et mer Oudemans.

27 juin, 2h6m du matin. — Très bonne image. Calotte polaire bordée par deux mers sombres que sépare un continent. Longitude du méridien central : 114°. Mer Terby à l'Ouest, non noire.

5 juillet, 2h50m du matin. — Excellente image, définition parfaite. Calotte polaire nettement terminée. Longitude du méridien central : 51°. A droite, mer Terby;

à gauche, sans doute la baie du Méridien. Trois sinus certains près du centre. Océan de la Rue assez foncé. Deux régions claires. Au Nord, quelques taches moins certaines. Passage au méridien à $2^h 31^m$. Lever du soleil à $4^h 5^m$.

En même temps, M. Mabire faisait au même Observatoire les observations suivantes (voir *fig.* 44-49) :

9 juin, $3^h 50^m$ du matin. — Assez bonne définition. On remarque surtout deux allongements en pointe, dont l'une, très foncée, s'avance vers le Nord et l'autre vers le Nord-Est. Longitude du méridien central : 306°. Donc mer du Sablier et détroit d'Herschel. Calotte polaire très blanche.

10 juin, $3^h 20^m$ du matin. — Atmosphère calme. La mer du Sablier est évidente. Détroit d'Herschel, détroit Arago, régions blanchâtres. Calotte polaire très blanche. Mer Flammarion très sombre. Aucune trace de la mer Main.

13 juin, $2^h 50^m$ du matin. — Atmosphère agitée. Néanmoins, une observation attentive permet de constater que la forme générale de la tache sombre a une grande analogie avec celle des jours précédents. Mer du Sablier. Différences dues à la rotation. Calotte polaire australe toujours très étendue et très blanche.

27 juin, $3^h 45^m$ du matin. — Calme, bonne définition. Calotte polaire australe très blanche, bordée nettement par une mer noire, au delà de laquelle se voit une région claire suivie d'une mer sombre. Longitude centrale : 138°. Mer Cottignez, terre de Gill, mer Maunder et au-dessous traces de la mer Schiaparelli. Mer Terby à l'Occident, peu foncée. Autres taches grises au Nord.

5 juillet, 4^h du matin. — Vers le lever du soleil. Atmosphère très calme. Excellente image. Calotte polaire australe d'une parfaite netteté et d'une éclatante blancheur, surtout dans sa partie supérieure. Longitude centrale : 68°. Océan de la Rue très foncé ; rivages très nets. Mer Terby très pâle. Baie Christie double. Baie Burton évidente aussi.

11 juillet, $3^h 30^m$ du matin. — Bonne définition. Calotte polaire toujours très blanche. Long. centrale : 5°. Baie du Méridien. Détroit d'Herschel. Régions blanchâtres au-dessus. En bas, vers la région boréale, légère blancheur.

Nous publions ces croquis tels qu'ils ont été obtenus ; ils ont été ensuite l'objet d'une discussion et d'une identification avec l'aréographie.

Le fait le plus caractéristique signalé par ces observations de 1892 a été la fusion rapide des neiges polaires supérieures australes sous la chaleur du soleil d'été.

L'hémisphère austral de Mars a eu son équinoxe de printemps le 20 mai et son solstice d'été le 13 octobre. Néanmoins, la neige polaire australe avait déjà perdu en août les trois quarts de son étendue. On en jugera en comparant les dessins. On voit au premier coup d'œil combien grande a été la diminution du cap polaire supérieur.

10 juin, 2^h 40^m du matin.

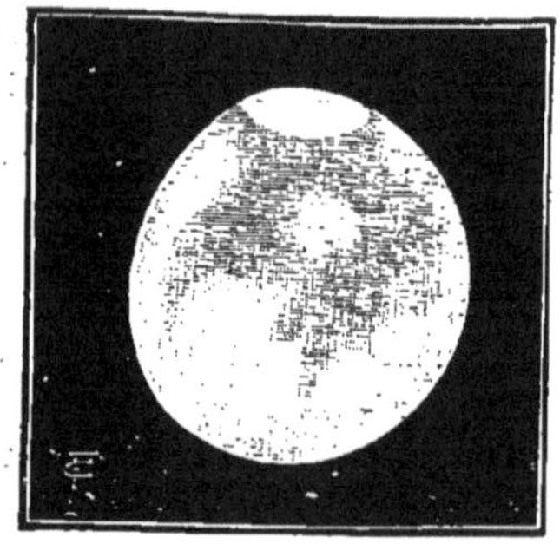

13 juin, 4^h du matin.

16 juin, 3^h 10^m du matin.

24 juin, 3^h 15^m du matin.

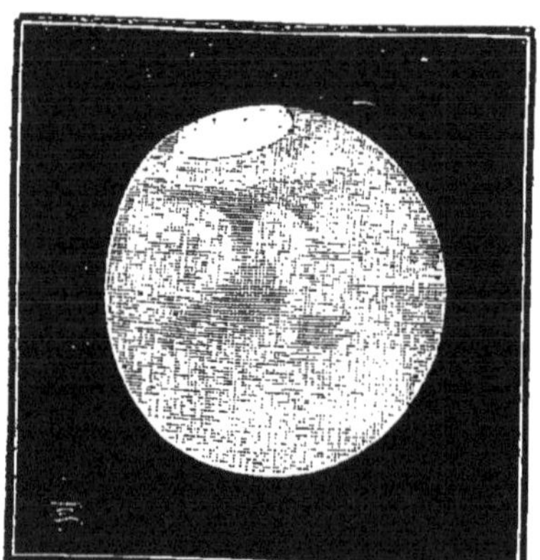

27 juin, 2^h 6^m du matin.

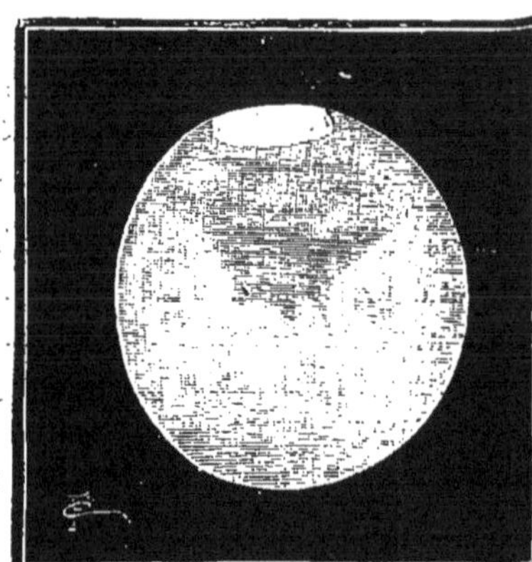

5 juillet, 2^h 50^m du matin.

Fig. 38-43. — Dessins de Mars faits a l'Observatoire de Juvisy en 1892.

9 juin, 3h 50 du matin.

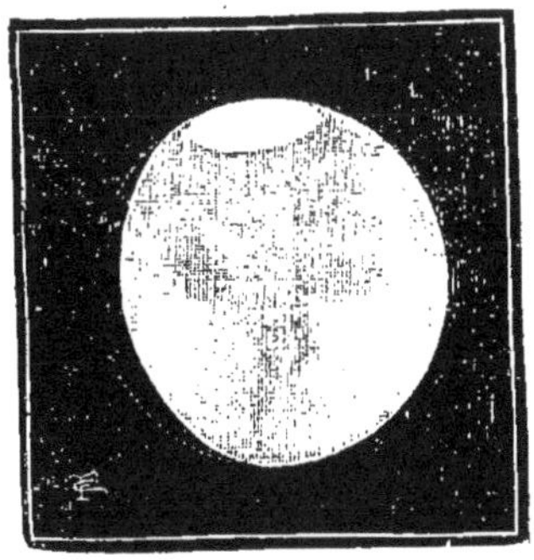

10 juin, 3h 20m du matin.

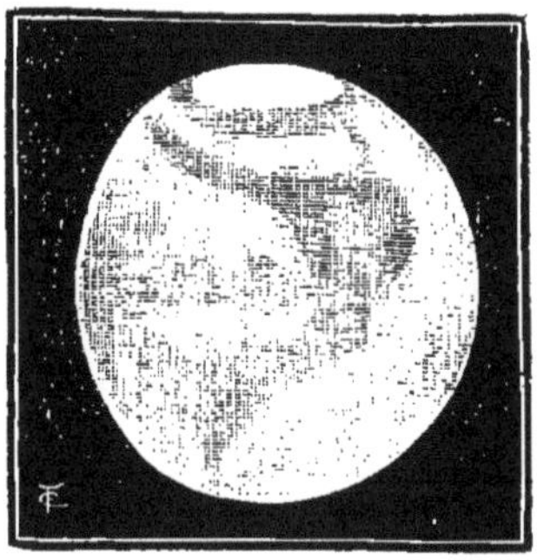

13 juin, 2h 50m du matin.

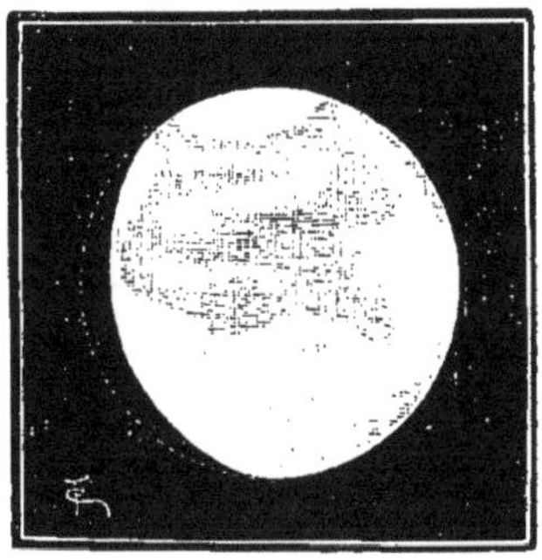

27 juin, 3h 45m du matin.

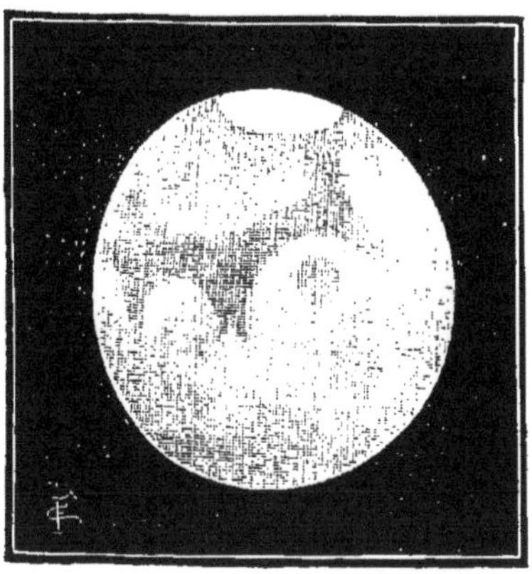

5 juillet, 4h du matin.

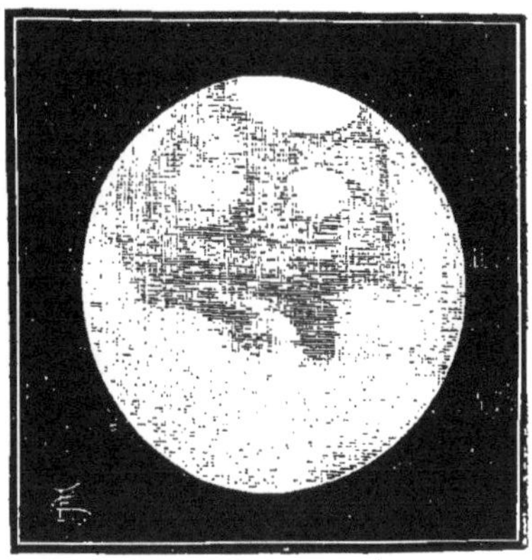

11 juillet, 3h 30m du matin.

Fig. 44-49. — Dessins de Mars faits a l'Observatoire de Juvisy en 1892.

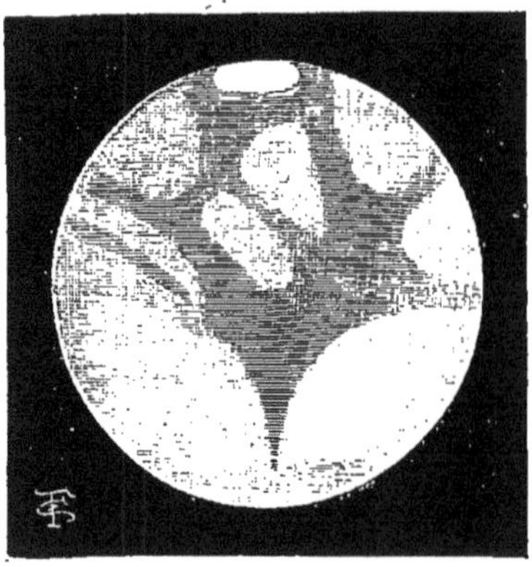

16 juillet, 1ʰ 20ᵐ du matin.

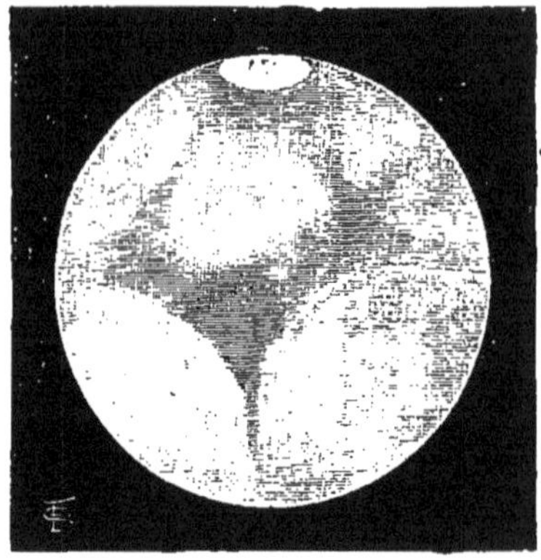

Même jour, 2ʰ 15ᵐ du matin.

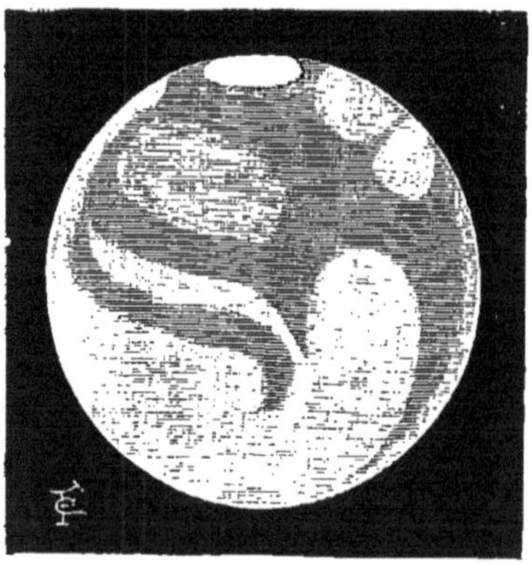

22 juillet, 2ʰ 15ᵐ du matin.

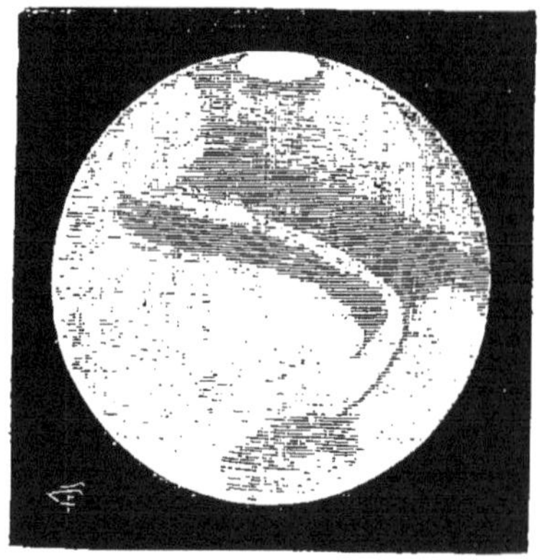

23 juillet, 1ʰ 30ᵐ du matin.

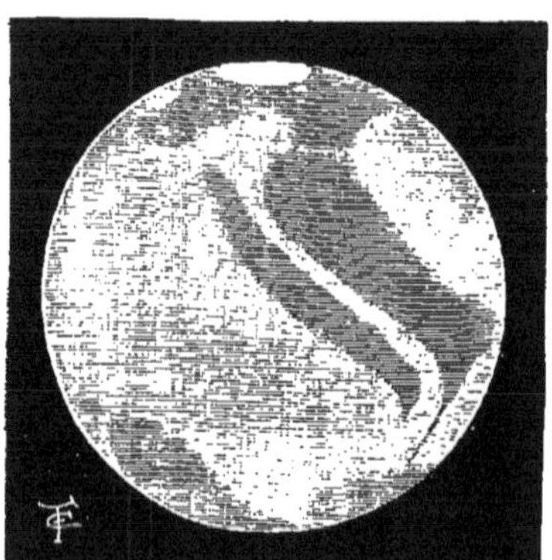

24 juillet, 1ʰ du matin.

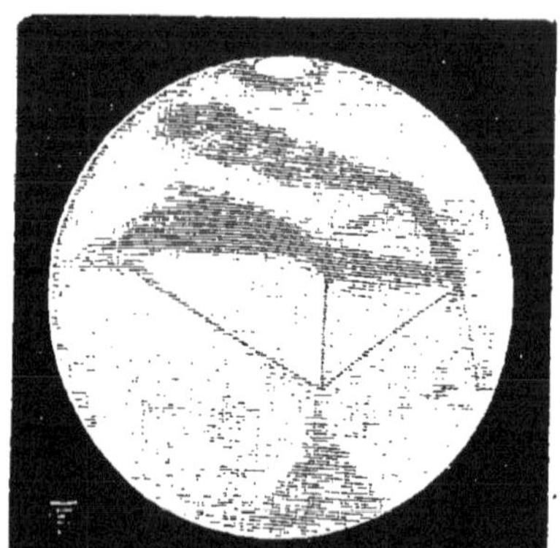

31 juillet, 1ʰ 30ᵐ du matin.

Fig. 50-55. — Suite des observations de Mars faites en 1892 a l'Observatoire de Juvisy.

Les observations ont été continuées à l'observatoire de Juvisy pendant tout l'été. En voici la suite.

16 juillet, 1h20m du matin. *Observateur : M. Léon Guiot.* — La mer du Sablier arrive au méridien central. Au-dessus de cette mer on remarque la terre de Lockyer ou Hellas, coupée par une bande grise. A gauche, le commencement de la mer Maraldi, la terre de Burckhardt, la mer Hooke et la terre de Cassini (*fig.* 50). En haut, neige polaire australe.

Même jour, 2h15m du matin. *Observateur : M. Flammarion.* — Calotte polaire très blanche. Mer du Sablier très foncée en son centre ; on distingue avec certitude son prolongement boréal ou passe de Nasmyth. Continent Beer *jaune orangé.* Continent Herschel *jaune clair.* Au-dessus de la mer du Sablier, région blanchâtre : terre de Lockyer ou Hellas (*fig.* 51).

Ces deux dessins ont été faits séparément, sans correspondance entre les observateurs.

22 juillet, 2h15m du matin. *Observateur : M. L. Guiot.* — On remarque au centre la pointe de la mer Maraldi et celle de la baie Gruithuisen. La mer Maraldi est séparée de la mer Hooke par la terre de Burckhardt (Hespérie). La mer du Sablier arrive par le bord oriental. Au-dessus d'elle la terre de Lockyer ou Hellas traversée par une bande grise. On reconnaît aussi la terre de Cassini, beaucoup plus blanche (*fig.* 52).

23 juillet, 1h30m du matin. *Même observateur.* — On voit la mer Cimmérienne, au-dessus une plage blanche, l'Hespérie, et au-dessus la mer Tyrrhénienne. De celle-ci descend un canal, un peu plus large à son embouchure que dans son cours : c'est le Léthé. Il paraît aboutir à un marais (*fig.* 53).

24 juillet, 1h du matin. *Même observateur.* — Mer Maraldi, terre de Burckhardt, mer Hooke, terre de Cassini. On remarque à la pointe de la baie de Gruithuisen un canal, celui que nous venons de voir dans la figure précédente, le Léthé (*fig.* 54).

31 juillet, 1h30m du matin. *Même observateur.* — On voit la mer Sirenum et l'Atlantis. Quatre canaux étaient visibles : le premier à droite est le Tartare, le second est le Gigas, le troisième le Gorgon ; le quatrième est le canal des Euménides (*fig.* 55).

1er août, 1h du matin. *Même observateur.* — On voit à gauche le lac circulaire du Soleil, assez pâle (il est souvent très foncé, mais cette année nous l'avons toujours vu très pâle). Cinq canaux ont été dessinés. Le premier à droite est le Gigas, le second est le Gorgon, le troisième est le canal des Euménides, le quatrième, qui descend perpendiculairement sur le cinquième, est l'Iris, et le cinquième paraît être le Pyriphlégéton, qui aurait changé de cours (*fig.* 56).

6 août, 11h du soir. *Observateur : M. Flammarion.* — On remarque la mer Terby ou lac du Soleil à droite, assez pâle, entourée par l'océan de la Rue.

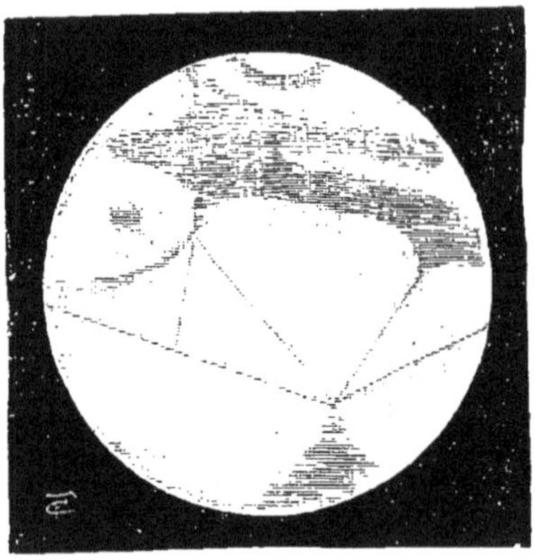

1er août, 1h du matin.

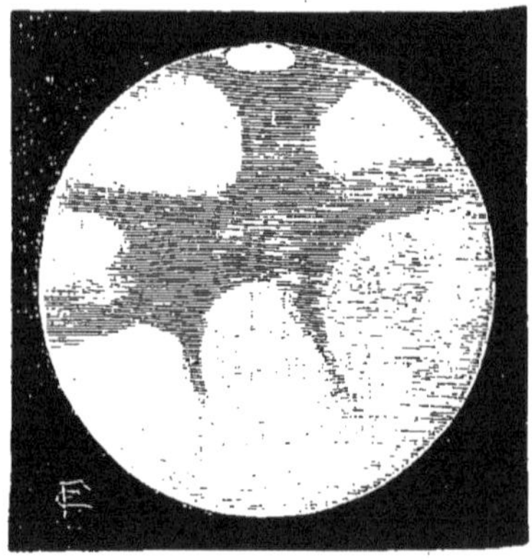

6 août, 11h du soir.

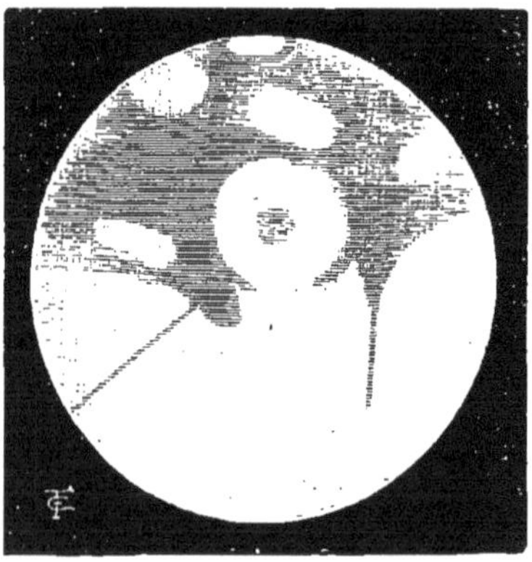

7 août, 0h30m du matin.

7 août, 11h du soir.

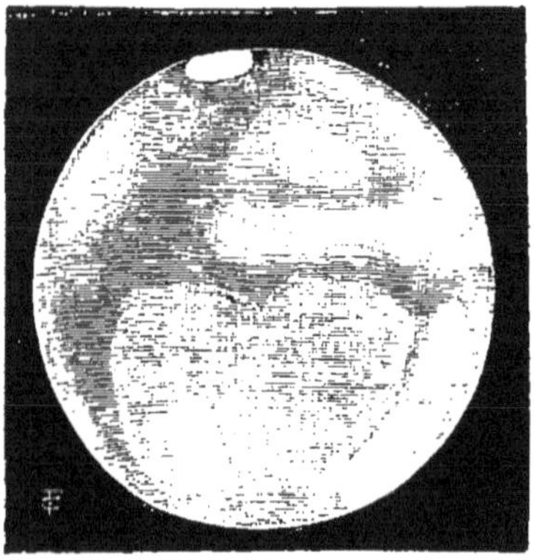

11 août, 9h30m du soir.

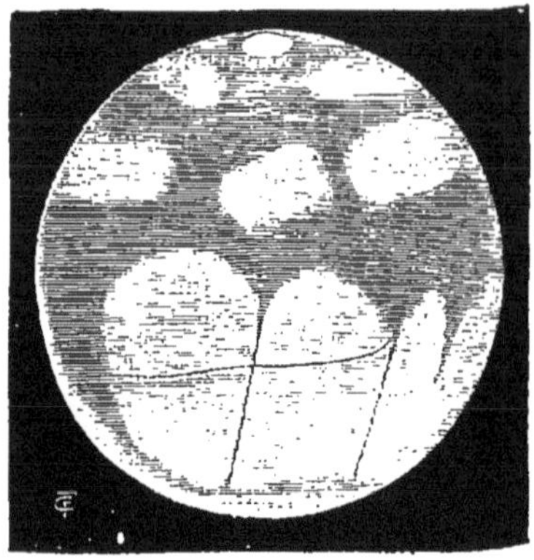

11 août, 10h du soir.

Fig. 56-61. — Suite des observations de Mars faites en 1892 a l'Observatoire de Juvisy.

A gauche, la baie Christie et la Manche (Gange de Schiaparelli). Ensuite la baie Burton, ou Margaritifer Sinus, avec l'embouchure de l'Indus. En haut, à gauche, l'Argyre *très claire,* et à droite Ogygis Regio, moins claire (*fig.* 57).

(Le meilleur oculaire pour l'observation est le 220. Avec le 600 on distingue la calotte polaire et rien de plus. Avec le 400, on distinguait en plus l'Argyre.)

7 août, 0h30m du matin. *Observateur : M. L. Guiot.* — La mer Terby au méridien central, très pâle. Au-dessus, Ogygis et, à gauche, l'Argyre. A gauche de la mer Terby, probablement l'île neigeuse de Hall ou la région de Protée. Deux canaux sont visibles, à droite l'Iris, à gauche le Jamuna.

Le pôle sud est très diminué de grandeur et d'éclat (*fig.* 58).

7 août, 11h du soir. *Même observateur.* — La double pointe à gauche est la baie du Méridien. Le premier canal à gauche est l'Indus et le second à droite est le Jamuna. Ils se rejoignent en un point nommé le lac Niliacus. Il n'y a là, pour le moment, que la pointe d'intersection (*fig.* 59).

11 août, 9h30m du soir. *Observateur : M. Quénisset.* — La mer du Sablier disparaît vers la gauche. Le détroit d'Herschel traverse la planète vers sa région centrale. La première baie vers le centre est la baie de Schmidt ; celle qui est vers le bord, à droite, est la baie du Méridien. Au-dessus du détroit d'Herschel on reconnaît la région de Deucalion et celle de Pyrrha ; à gauche, la terre de Lockyer ou Hellas. Un canal a été dessiné : Oxus (*fig.* 60).

Même jour, 10h du soir. *Observateur : M. L. Guiot.* — Position sensiblement analogue à la précédente. Les trois îles qui traversent le disque dans le sens d'un parallèle paraissent être la Japygie, une partie de Deucalion et de Pyrrha ; les deux supérieures, Hellas et Argyre. Quatre canaux ont été dessinés ; ce sont, de droite à gauche, le Gehon, l'Hiddekel, l'Oronte et le Phison. L'Oronte traverse une partie du disque de l'Est à l'Ouest (*fig.* 61).

Le 12 août, à 9h30m, le disque de Mars était identiquement pareil, *canaux compris*. A ces deux dates, les images ont été excellentes.

13 août, 11h du soir. *Observateur : M. Quénisset.* — La baie du Méridien passe au méridien central. La mer du Sablier disparaît à gauche. La baie Burton arrive vers la droite du disque. On distingue trois canaux qui sont, de gauche à droite : l'Hiddekel, le Gehon et l'Oxus. La région de Deucalion est bien visible, elle est plus blanche à l'Est qu'à l'Ouest. La région Pyrrha est reconnaissable. A gauche, terre de Lockyer ou Hellas (*fig.* 62).

Même jour, 11h45m du soir. *Observateur : M. L. Guiot.* — La baie du Méridien vient de passer par le centre. On distingue au-dessus de cette baie trois îles allongées dans le sens d'un parallèle et qui paraissent correspondre à la région de Deucalion surmontée par celle de Pyrrha. Tout à fait au bord du disque, la terre de Lockyer ou Hellas se couche. Quatre canaux ont été dessinés, ils s'identifient de droite à gauche avec le Gehon, l'Hiddekel, l'Oronte et le Phison (*fig.* 63).

16 août, 10^h du soir. *Observateur : M. L. Guiot.* — On reconnaît à gauche la mer du Sablier, avec vestige de la petite mer Main sur son rivage occidental, la terre de Lockyer *avec sa croisée* si extraordinaire. La passe de Nasmyth était bien visible. Le Phison offre l'aspect d'un trait noir parfaitement rectiligne, très éloigné de la mer du Sablier (peut-être à cause de sa position centrale) (*fig.* 64).

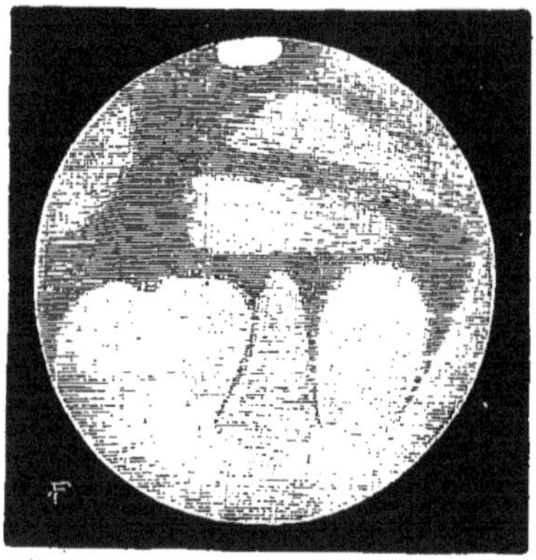

13 août, 11^h du soir.

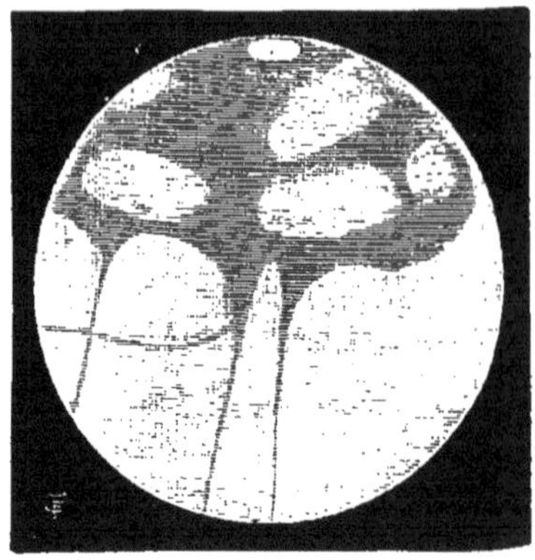

13 août, $11^h 45^m$ du soir.

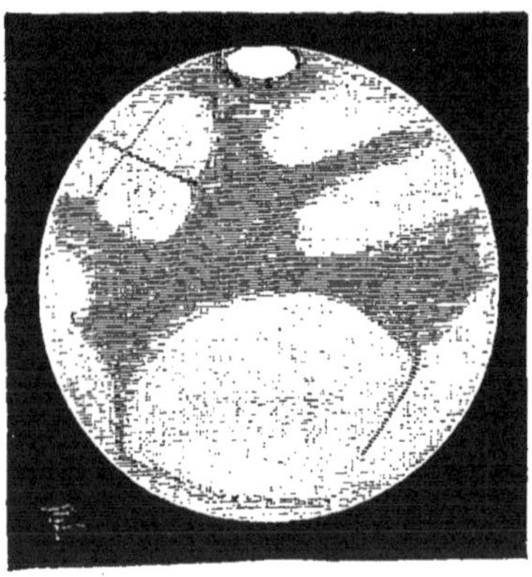

16 août, 10^h du soir.

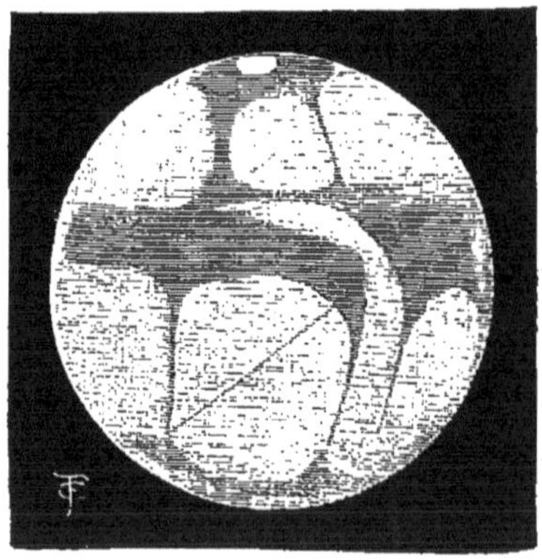

23 août, $9^h 15^m$ du soir.

Fig. 62-65. — Suite des observations de Mars faites en 1892 à l'Observatoire de Juvisy.

23 août, $9^h 15^m$ du soir. *Observateur : M. L. Guiot.* — La mer Maraldi occupe la position centrale ; elle est séparée de la mer Hooke par l'isthme de Niesten. Les canaux sont, de la droite vers la gauche : le Léthé, l'Æthiops, le Cerbère, et le canal à droite de celui des Læstrygons. Les deux canaux supérieurs paraissent être le Xanthus et le Scamandre (*fig.* 65).

(Le meilleur moyen de savoir si les observateurs sont dupes de quelque illusion, dans l'observation comme dans la représentation de détails aussi délicats, c'est évidemment pour chacun d'eux de faire son dessin d'une manière absolument indépendante et sans connaître en aucune façon leurs observations respectives. C'est le soin qu'ils ont toujours pris à Juvisy, et je recevais ces dessins avant toute communication. Comparer, par exemple, ceux du 11 août, ceux du 16 juillet, etc.)

25 août, 10h30m du soir. — Passage au méridien à 10h29m. Diamètre = 23",3. Image très nette, splendide, comme on en voit rarement. Calotte polaire bien diminuée. La mer Maraldi va en se dégradant vers le Sud; elle est séparée de la mer Hooke par un isthme étroit qui se termine en pointe vers la gauche. On distingue avec certitude et précision les canaux. Les deux d'en haut sont : le mince, à droite, le Xanthus, et le large, à gauche, le Scamandre. Au-dessous des

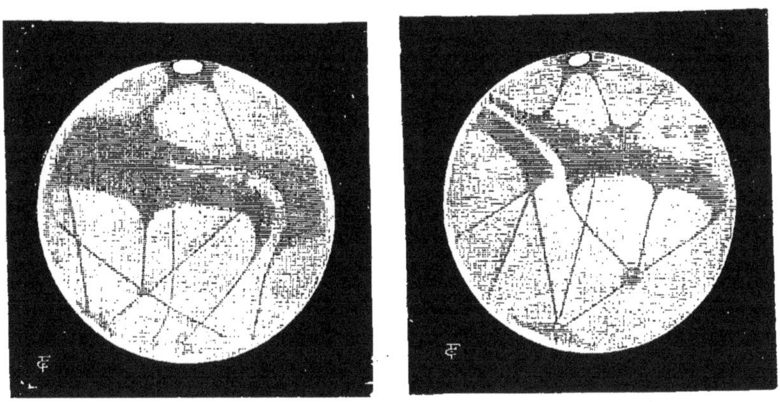

25 août, 10h30m du soir. 27 août, 9h.

Fig. 66 et 67. — Suite des observations de Juvisy.

mers, ce sont, de la droite vers la gauche : le Léthé ou l'Æthiops, le Cerbère, le Galaxia, le Cyclops, l'Antæus et l'Oronte, le Læstrygon. A la jonction du Cerbère et du Cyclops, on voit un lac qui se réduit à un simple point d'intersection quand la vision est parfaitement nette. Plus la vision est nette, plus les mers et les lacs se rétrécissent. Observateur : M. Guiot (*fig.* 66).

27 août, 9h. — Passage au méridien à 10h20m. Diamètre = 23",0. Ciel nuageux, mais images *parfaitement nettes*.

On reconnaît la mer Schiaparelli à gauche, puis, après un isthme, la mer Maraldi dans toute son étendue. On compte dix canaux. Les trois du haut sont, de la droite vers la gauche, le Xanthus, le Scamandre et le Simoïs. Ceux du grand continent sont : l'Antæus, le Cerbère, le Cyclops, le Læstrygon, le Tartare, le Titan et le Gigas. En bas, le lac Trivium Charontis (*fig.* 67).

Nous compléterons ces observations par deux pages de dessins dues, les six figures de la première (22-30 août) à M. Quénisset, et les six de la seconde (30 août-18 septembre) à M. L. Guiot.

22 août, 9^h25^m du soir. — Passage au méridien à 10^h42^m. Diamètre = 23",7. Image excellente; très bonne définition. La calotte polaire australe diminue d'étendue de jour en jour. La mer australe est très foncée. On voit bien les terres de Webb et de Cassini, séparées par une traînée grisâtre qui peut être le Xanthus. La terre de Lockyer ou Hellas apparaît sur le limbe oriental, ainsi que la mer du Sablier. Au méridien central, la baie Gruithuisen ou Syrtis Parva, d'où partent deux canaux; le premier est large et estompé, on le suit jusqu'à une sorte de lac : l'Hephæstus.

Au nord de la mer Cimmérienne, on distingue, de plus, trois canaux : Æthiops, Galaxia et Cyclops; le premier va rejoindre le Léthé; le Cyclops semble aussi finir dans une traînée grise.

25 août, 11^h20^m. — Passage au méridien à 10^h29^m. Diamètre = 23",3. Image assez bonne. Calotte polaire australe légèrement penchée vers l'Ouest. Terres de Webb et de Cassini séparées par le Xanthus; la région australe de la dernière, indiquée par un ponctué, est très blanche. Au méridien central, Syrtis Parva, avec deux canaux, le Léthé et l'Oronte, se rendant à une tache grise, l'Hephæstus. On devine à l'Ouest le Cyclops. La mer du Sablier arrive par le bord est.

26 août, 1^h du matin. — Image parfaitement nette. La mer du Sablier, aperçue il y a deux heures, arrive au centre; elle est très foncée dans sa région centrale; la mer Main ou lac Mœris se voit sûrement. La terre de Lockyer ou Hellas montre sa croix. Les deux grands continents sont d'un beau jaune orange.

27 août, 9^h38^m du soir. — Passage au méridien à 10^h20^m. Diamètre 23",0. Image onduleuse, bonne par moments. Calotte polaire australe très petite et très blanche, mer Australe sombre. Terres de Webb et de Cassini; Scamandre et Xanthus. On voit nettement quatre canaux, qui sont : de gauche à droite, le Tartare, le Cyclops, le Cerbère et l'Æthiops. On reconnaît Trivium Charontis à la rencontre des canaux Tartare, Cyclops et Cerbère.

28 août, 10^h du soir. — Passage au méridien à 10^h15^m. Diamètre = 22",8. Image admirablement nette et calme, excellente définition. Oc. 300. Calotte polaire australe plus petite qu'hier et éclatante de blancheur; mer Australe sombre. Scamandre et Xanthus. Mer Cimmérienne en plein disque, foncée. Atlantis, pâle. Cinq canaux sont bien visibles dans l'hémisphère boréal; ce sont, de gauche à droite : le Titan, courbé probablement par la perspective et visible jusqu'au limbe boréal; le Tartare, qui va rejoindre Trivium Charontis au Nord; le Cyclops et le Cerbère qui se rendent à une sorte de mer boréale, et l'Æthiops. Continents rougeâtres.

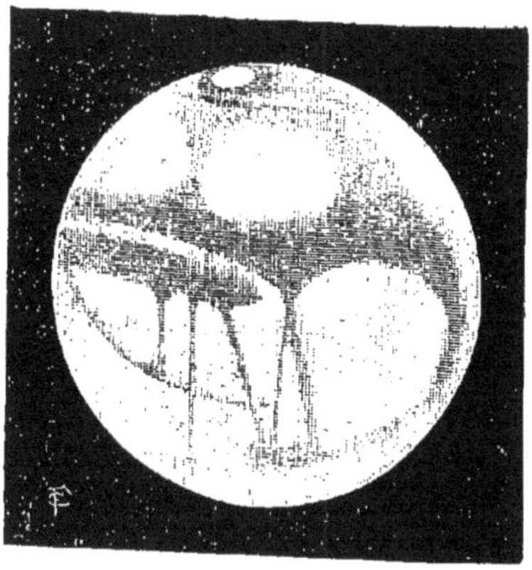

22 août, 9h 25 soir.

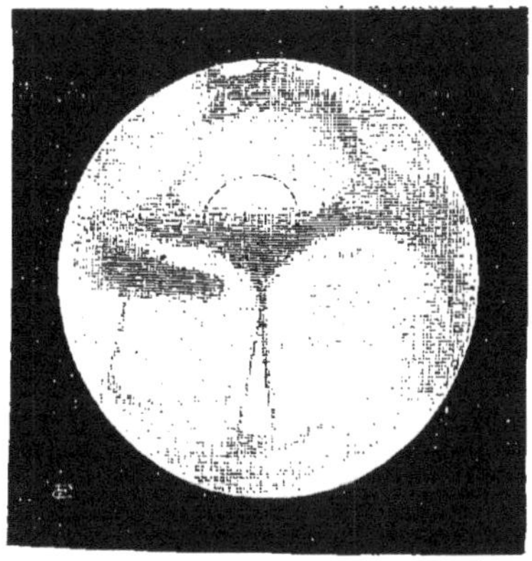

25 août, 11h 20m.

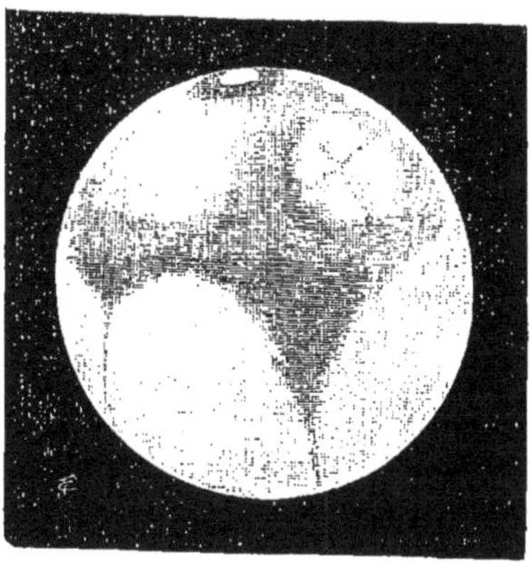

26 août, 1h matin.

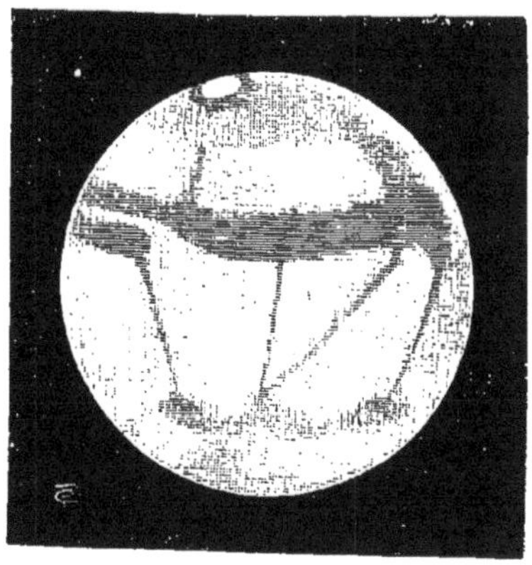

27 août, 9h 38m soir.

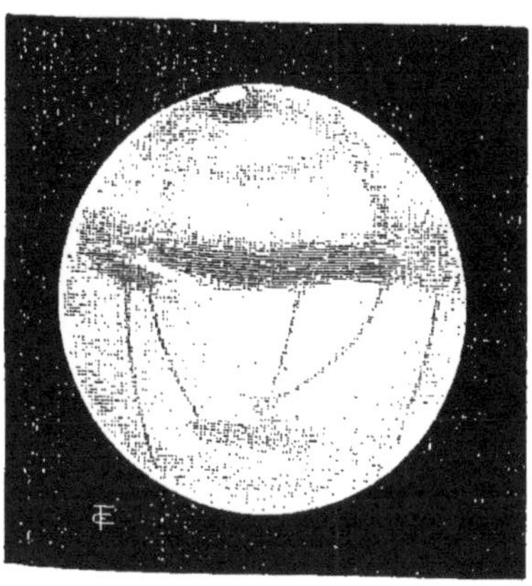

28 août, 10h soir.

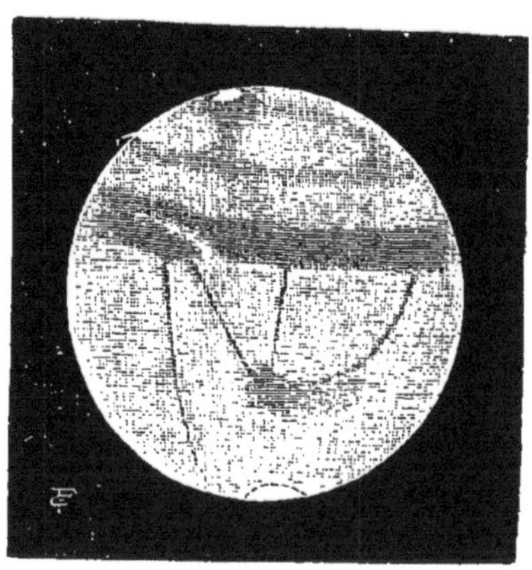

30 août, 10h 49m.

Fig. 68-73. — Suite des observations de Mars faites en 1892 a l'Observatoire de Juvisy.

30 août, 9h 40m. — Passage au méridien à 10h 7m. Diamètre = 22",5.

Grand vent, mais par moment bonnes images. La calotte polaire australe devient de plus en plus petite. On la voit entièrement. Blancheurs vagues aux régions polaires boréales. Au-dessous du pôle sud deux taches blanchâtres, à peine perceptibles, sont sans doute Thyle I et Thyle II. Au-dessous, terre de Webb et Scamandre. Grandes mers centrales : Cimmerium et Sirenum, séparées par Atlantis. Quatre canaux se détachent sur le continent : le Titan, le Tartare, le Læstrygon et le Cyclops; le plus apparent est le Tartare, large et foncé. On reconnaît aussi Trivium Charontis.

30 août, 9h 30m. — Passage au méridien à 10h 7m. Diamètre = 22",5. Vent. Images de moyenne netteté.

Sept canaux sont visibles, mais faiblement, lignes fines et diffuses. Les deux du haut sont, de la droite vers la gauche, le Scamandre et le Simoïs. Les cinq du bas sont le Læstrygon, le Tartare, le Titan, le Gigas et le Gorgon. Le cap polaire continue de diminuer.

1er septembre, 9h 0m. — Passage au méridien à 9h 59m. Diamètre = 22",2.

Assez bonne atmosphère. Même image que le 31 juillet, avec quelques différences. Mers Schiaparelli et Maraldi séparées par un isthme étroit et allongé. Les canaux du grand continent sont le Tartare, le Titan, le Gigas et le Gorgon. Pôle incliné vers la gauche.

6 septembre, 7h 45m. — Passage au méridien à 9h 39m. Diamètre = 21",2.

Très bonne image. On reconnaît une phase à droite du disque. Pôle sud petit et brillant. Mer Terby très pâle. On distingue le canal du Nectar. On ne voit pas l'île neigeuse. Le lac Tithonius est visible. Un point gris indique sans doute la Fontaine de Jeunesse. On peut dessiner quatre canaux qui sont, de droite à gauche, l'Iris, le Gange, le Jamuna et l'Indus. Cette observation rappelle celle des 4 et 7 août derniers. Au bas du disque, deux petits lacs : ce sont le lac de la Lune, au bout du Gange, et le Lacus Niliacus, à la jonction de la Jamuna et de l'Indus, qui paraissent assez larges, et courbes. La terre de Jacob, ou Argyre, en haut et à gauche, est très blanche.

9 septembre, 9h 30m. — Passage au méridien à 9h 27m. — Diamètre = 20",8.

Temps clair, mais images médiocres. Détails difficiles à voir quoique la planète soit en plein méridien. On distingue pourtant la mer Terby, pâle, ainsi que le Gange, l'Indus, le Jamuna et le lac Niliacus. Pas de Fontaine de Jeunesse. Continents très jaunes.

Même jour, à 11h 30m. — Ciel clair, mais vision vague. On revoit le Gange, qui a tourné vers l'Occident.

12 septembre, 7h 20m. — Passage au méridien à 9h 17m. Diamètre = 20",2.

Bonne atmosphère, image très nette. La baie du Méridien vient de passer au centre du disque; l'Hiddekel et le Gehon en descendent. A droite, on voit un troisième canal, l'Oxus. L'île de droite, en haut, est éblouissante de blancheur;

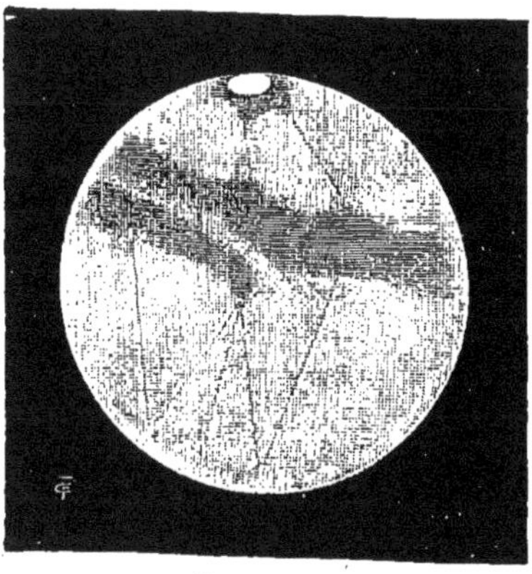

30 août, 9h 30m.

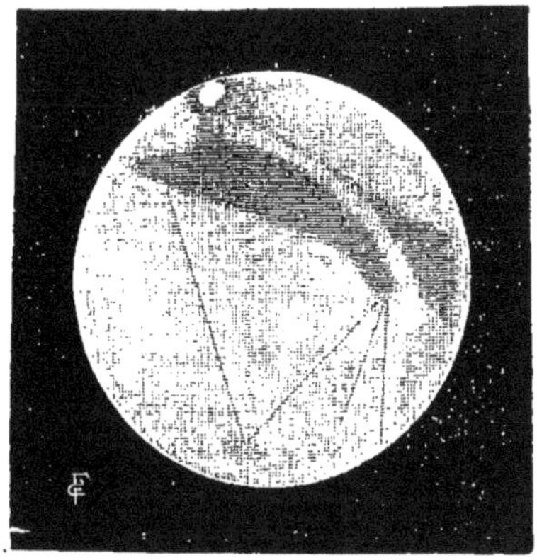

1er septembre, 9h.

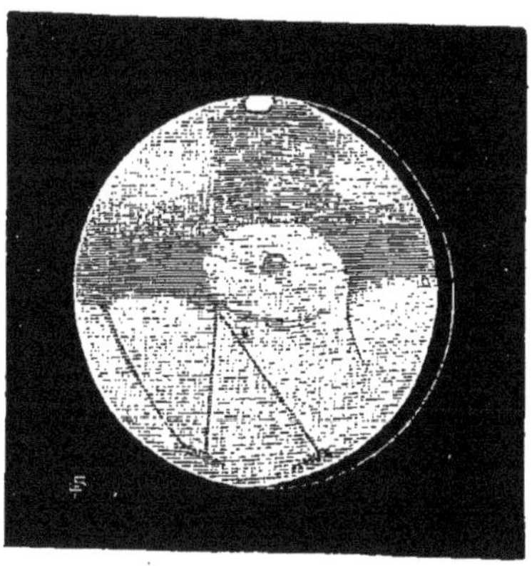

6 septembre, 7h 45m.

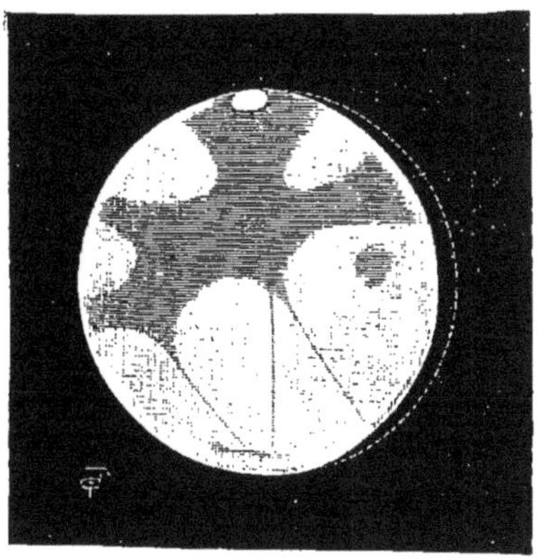

9 septembre, 9h 30m.

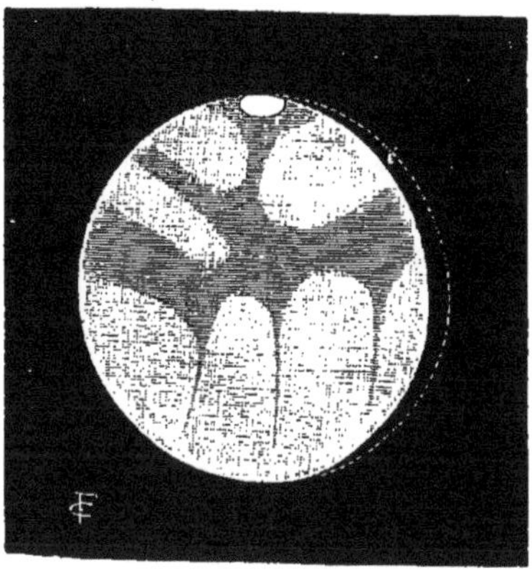

12 septembre, 7h 20m.

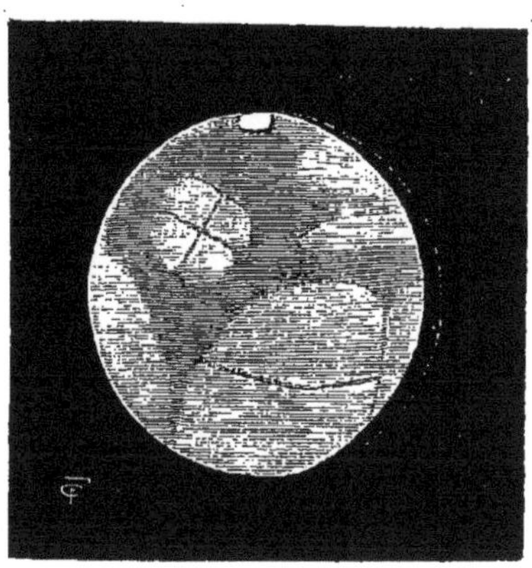

18 septembre, 6h soir.

Fig. 74-79. — Fin des observations de Mars faites en 1892 a l'Observatoire de Juvisy.

c'est l'Argyre. Le pôle est encore plus brillant. Grand continent jaune clair. Phase sensible.

18 septembre, 6^h soir. — Passage au méridien à 8^h57^m. Diamètre = 19",1.

Atmosphère très claire, image splendide. Phase marquée. Mer du Sablier, océan Dawes, détroit d'Herschel. Le canal vertical est le Phison; l'horizontal, courbé, est l'Oronte. Mais le plus curieux de tout est la croix de l'Hellas ou terre de Lockyer, qui se voit nettement. Cette terre devient très blanche quand elle arrive au bord du disque.

Si l'on compare entre eux les dessins des deux observateurs précédents — qui n'ont jamais communiqué entre eux pendant les observations, — on remarque certaines divergences qui s'expliquent par la difficulté même des observations à la limite de la visibilité. N'oublions pas que Mars est toujours resté très bas au-dessus de notre horizon.

Les faits suivants ressortent de ces observations. Variations au nord du lac du Soleil (comparez les *fig.* 48, 57, 58, 76, 77); Hellas vaste et claire (*fig.* 64, 70, 79); baie du Méridien bien marquée, prolongée par l'Hiddekel et le Gehon (*fig.* 61, 62, 63, 65); mer Cimmérienne et mer Tyrrhénienne bien séparées par la blanche Hespérie (*fig.* 52, 53, 54, 65, 66, 67, 68, 69, 71, 74, 75); un certain nombre de canaux parfaitement visibles.

VARIATION DES NEIGES POLAIRES.

J'ai principalement dirigé les observations précédentes (en dehors de la représentation des configurations aréographiques) dans le but de nous rendre compte aussi exactement que possible de la variation des neiges polaires australes, ce pôle étant incliné vers nous de 15°, 16°, 15°, 14°, 13° et 12°, de mai à septembre, c'est-à-dire en d'assez bonnes conditions d'observation. L'équinoxe de printemps austral arrivait le 20 mai et le solstice d'été le 13 octobre. La planète n'a pu être suivie jusqu'à cette dernière date. En mai, le contour du cap polaire est resté vague. A partir de juin, il a été nettement défini. Si l'on compare l'ensemble des dessins, on constate que ces neiges polaires ont diminué dans la proportion suivante :

15 juin	46°	2760km
15 juillet	32°	1920
15 août	19°	1140
15 septembre	12°	720

ce qui représente, comme on le voit, une diminution du diamètre de ces neiges de 2760km à 720km, fusion considérable et rapide qui a précédé de beaucoup le solstice.

C'est là une effroyable quantité d'eau qui doit, évidemment, se placer quelque part, car il est extrêmement probable que ces taches blanches polaires sont constituées par une neige analogue à la nôtre et non par des nuages, par de l'acide carbonique, ou par autre chose. Tout se passe, en effet, comme si c'était de la neige fondant au soleil.

MESURE DU DIAMÈTRE.

Il y a une divergence telle entre les valeurs adoptées, qu'elle m'a paru insoutenable, dans l'état actuel de précision de nos connaissances aréographiques. J'ai pris, à l'Observatoire de Juvisy, de nouvelles mesures qui m'ont donné pour le diamètre équatorial, à la distance I, le nombre **9″39** (*voir* t. I, p. 486).

LES CANAUX.

Les astronomes ne seront sans doute pas de sitôt d'accord sur la nature de ces étranges formations, et il est, en effet, très difficile de se former une idée précise de choses qui n'existent pas sur la Terre et que l'on ne peut observer que de si loin et d'une manière si vague. Que les continents de Mars soient traversés par un réseau de lignes souvent parfaitement droites et d'un aspect géométrique, c'est ce dont ne peuvent douter tous ceux qui ont étudié la question et qui sont au courant des observations astronomiques. Mais quelle est l'origine de ces tracés, c'est ce qu'il est plus difficile de décider. Les embouchures des principaux paraissent être celles d'anciens fleuves. Il y a déjà là une indication. Toutefois ce ne sont pas là de véritables fleuves : 1° parce qu'ils ne commencent pas en terre ferme, 2° parce qu'ils vont d'une mer à une autre, 3° parce qu'ils sont rectilignes, et 4° parce qu'ils s'entrecroisent. On est conduit à penser à des cours d'eau de niveau sur des terrains plats. Or, il se trouve que l'effet des siècles sur le relief orographique des continents (Mars est plus ancien que la Terre) est précisément de les aplanir : il est presque certain que, dans quatre ou cinq millions d'années, tout sera nivelé également sur la Terre. D'autre part, que ce soit là de l'eau, c'est assez probable, attendu qu'ils ont la couleur des mers martiennes, plus ou moins modifiée, qu'ils communiquent avec elles, et qu'ils changent de largeur et même de place. Sont-ils pleins d'eau pour cela? Rien ne le prouve assurément. De la végétation s'y ajoute-t-elle? Probablement. Mais revenons encore à leur explication, et avouons qu'il n'est pas scientifiquement interdit de penser que les habitants de Mars aient pu rectifier les anciens fleuves, dans le but de faire une répartition générale des eaux devenues rares et cependant parfois menaçantes à la surface des continents aplanis par l'usure des siècles. Sans doute, c'est là une hypothèse; mais elle n'est pas antiscientifique, et l'*aspect* géométrique intentionnel de ce réseau de lignes droites l'autorise. Il est à craindre que l'on n'arrive jamais à expliquer les canaux de Mars en éliminant de parti pris la possibilité d'une rectification industrielle des cours d'eau, pas plus que des observateurs placés sur la Lune n'arriveraient à expliquer nos réseaux de chemins de fer en s'obstinant à ne pas vouloir admettre à la surface de la Terre autre chose que les forces aveugles de la nature. Nous ne disons pas : cela est; nous disons : *cela pourrait être,* et si l'on trouve une explication complète et meilleure de tout ce que l'on observe sur Mars, nous sommes prêt à l'accepter, celle-ci n'étant que provisoire, en attendant mieux (septembre 1892).

Il n'est pas douteux non plus qu'en certaines saisons les canaux sont vus doubles, formés de deux lignes parallèles. Ce phénomène extraordinaire, constaté depuis 1881, est d'une explication encore plus difficile que celle des canaux. N'y aurait-il pas là quelque réfraction atmosphérique produite par des nuages de glace, comme il arrive chez nous pour les halos et les parhélies, et rappelant de plus ou moins loin la double réfraction du spath d'Islande ?

Quoi qu'il en soit des problèmes actuellement posés par ce monde voisin, nous pouvons dire que, de toutes les planètes de notre système, Mars est la plus intéressante, par les ressemblances — et aussi par les différences — qu'elle offre avec notre patrie terrestre, et nous pouvons répéter ce que William Herschel disait il y a plus d'un siècle : « *Its inhabitants probably enjoy a situation in many respects similar to ours.* »

Comme Descartes et Pascal, Herschel était plus qu'un savant : c'était un penseur.

CXLVIII. — Observations faites a l'Observatoire Lick en 1892.

Voici les observations qui ont été faites à la plus puissante lunette du monde, au mont Hamilton, pendant la même opposition.

M. Holden, Directeur de l'Observatoire Lick, nous écrivait à la date du 16 octobre, que les quatre observateurs du mont Hamilton (MM. Holden, Barnard, Campbell et Hussey) n'ont pas fait moins de cent dessins. Nous reproduisons d'abord ici deux de ces vues télescopiques. La première (*fig.* 80) est du 17 août et a été prise au grand équatorial par M. Hussey; grossissement 350. Longitude du méridien central = 84°. On reconnaît en haut la tache polaire, puis, vers le méridien central, le lac du Soleil, le Gange dédoublé, la petite « Fontaine de Jeunesse » et une série de petits affluents du lac du Soleil et de petits lacs.

Peut-être n'est-ce pas « Gange dédoublé » qu'il faudrait dire. Voyez, en effet, la Carte générale de Schiaparelli (Tome I, p. 440). A droite du Gange, un filet parallèle rattache la Fontaine de Jeunesse au golfe de l'Aurore. C'est ce filet qui

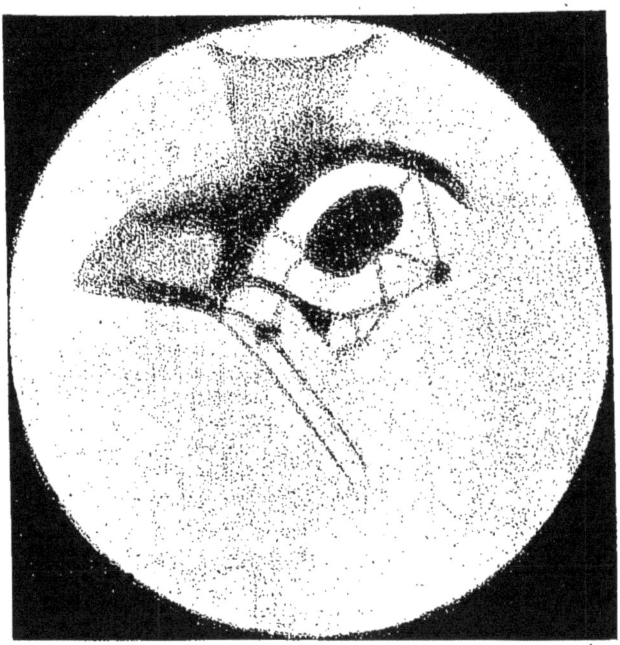

Fig. 80. — Vue télescopique de Mars, au grand équatorial de l'Observatoire Lick. (Dessin de M. Hussey, le 17 août.)

est prolongé. Mais comparez d'autre part avec la Carte de 1877 (p. 293). Quelles métamorphoses !

La seconde figure (*fig.* 81), du 14 août, suit la prédédente comme position : longitude du méridien central, 111°. Elle est de M. Campbell, au même instrument. Le lac du Soleil est plus avancé par la rotation vers la gauche. Son entourage diffère sensiblement du premier. Sont-ce là des différences réelles arrivées en trois jours ou des différences de vues et d'appréciation chez les observateurs ?

Examinons à ce propos une autre observation, non moins intéressante, faite au même instrument par M. Hussey, le 20 août (*fig.* 82). Au-dessous du lac du Soleil nous voyons quatre lacs, et même celui de droite paraissant double. Déjà nous avons appelé l'attention sur cette région comme fertile en surprises (Tome I, p. 570-574). En faisant la plus large part possible aux divergences personnelles, on ne peut vraiment se refuser à voir là des variations réelles. On songe inévitablement à ce qui se passe tous les jours dans la baie du mont Saint-Michel, où l'eau et le sable alternent sans cesse.

Les observations faites au mont Hamilton ont été publiées en partie dans *Publications of the Astronomical Society of the Pacific*, fondées en 1889 à San

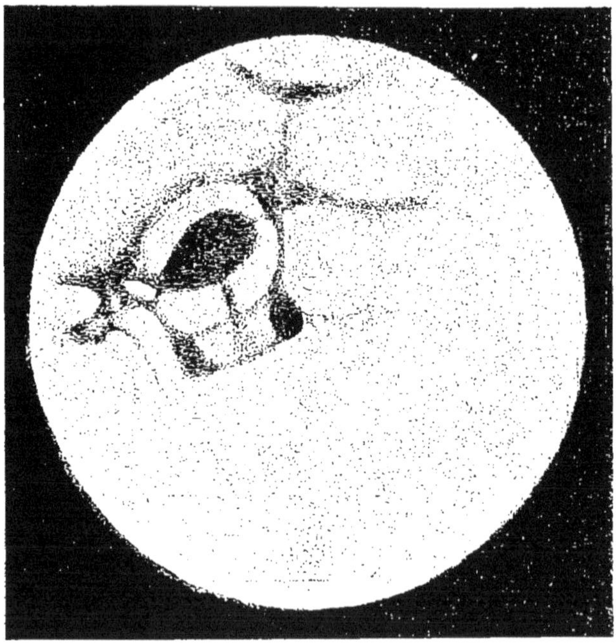

Fig. 81. — Vue télescopique de Mars, au grand équatorial de l'Observatoire Lick. (Dessin de M. Campbell, le 14 août.)

Francisco, en partie dans la revue *Astronomy and Astro-Physics* fondée en 1892 à Chicago et devenue *The Astrophysical Journal* en 1895. Détachons-en ce qui concerne notre étude.

MM. Holden, Barnard, Schaeberle, Campbell et Hussey ont observé la planète au grand équatorial et à la lunette de 12 pouces (¹). MM. Holden et Campbell ont pris des *photographies*, mais elles sont inférieures aux dessins pour tous les détails. Elles peuvent toutefois servir à fixer les longitudes et latitudes.

(¹) *Astronomy and Astro-Physics*, t. I, p. 663; 1892.

Les grossissements employés pour l'observation au grand équatorial ont été en général de 350 diamètres. On n'a pu les porter à 1000 à cause de la faible altitude de la planète.

L'éclat des satellites a été comparé. Phobos est notablement plus brillant que Deimos.

Le cap polaire a diminué considérablement pendant l'été martien. On peut se demander si un cap formé, non de neige, mais de nuages denses, ne présenterait pas des variations analogues à celles que l'on observe.

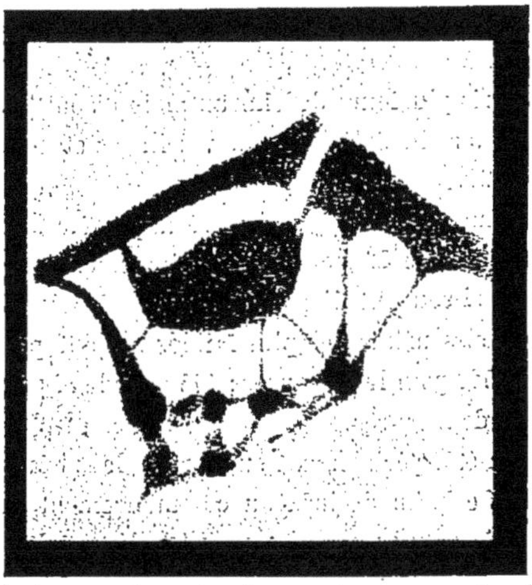

Fig. 82. — Les environs du lac du Soleil. — Dessin de M. Hussey au grand équatorial Lick, le 20 août.

Des points brillants se projetant sur le terminateur de la planète ont été observés en juin et juillet par MM. Holden et Schaeberle. On a déterminé leurs positions. En 1890, des observations analogues paraissaient établir que ces projections étaient la prolongation de traînées brillantes sur la planète, sans doute de nuages; celles de 1892 sont plutôt indécises.

On a revu un grand nombre de canaux; le Gange s'est montré double.

Des changements remarquables ont été constatés, notamment au nord et à l'est du lac du Soleil.

Ces changements observés paraissent inexplicables par les analogies terrestres. Que penser, par exemple, de la Fontaine de Jeunesse, simple en 1877, invisible en 1879, simple et double en 1892, et simple juste au moment où le canal qui la traversait paraissait double?

Les dessins présentés par le Directeur de l'Observatoire Lick (¹) sont singulièrement dissemblables; ceux de M. Schaeberle sont minuscules, faibles, d'un gris pâle, presque impossibles à reproduire. M. Holden annonce que l'on publiera tous les dessins dans un volume spécial in-8°; mais jusqu'à présent (1901), cette publication spéciale n'a pas encore été faite. L'un des points les plus remarquables de ces esquisses martiennes est l'étroitesse de la mer du Sablier et l'éloignement du lac Moeris qui en est complètement détaché, relié seulement par un mince filet.

Pendant que nous parlons de ces dessins de l'Observatoire Lick, signalons ceux qui ont été présentés dans les volumes suivants de la même publication.

M. Campbell a pris plusieurs dessins au mois d'août (²). Ils représentent principalement le lac du Soleil et son voisinage et confirment le dessin reproduit à la *fig.* 81.

L'habile astronome Barnard (³) a observé la planète à l'aide des équatoriaux de 12 pouces et de 36 pouces, principalement avec le premier, le second n'étant pas si souvent disponible.

Ce sont les grossissements les plus faibles qui ont paru les meilleurs : 260, 320 et parfois 520 pour le 36 pouces ; 175 pour le 12 pouces, et davantage lorsqu'il s'agissait de mesures.

Le cap polaire a été spécialement suivi pour les phénomènes singuliers qu'il a présentés. De la fin de juin au commencement de septembre, il a diminué de 10" à 3", ce qui représente, pour le disque de l'opposition, 12",4 à 3",5. L'étendue de ce cap a donc diminué des 9 dixièmes. « Si c'est là de la glace ou de la neige (et tout nous porte à croire qu'il en est ainsi), l'eau est distribuée dans les régions équatoriales, et ce déplacement peut amener une oscillation de l'axe de rotation. »

On a dit que de larges diffusions foncées allant apparemment du cap polaire à l'équateur représentaient l'eau produite par la fonte des neiges polaires. C'est là de la pure fantaisie. Il y a, à vrai dire, de longues aires foncées émanant du cap et tendant vers l'équateur, qui peuvent suggérer cette idée. Mais les variations observées là sont si immenses et si rapides qu'elles ne pourraient être produites par l'action du Soleil sur le cap de glace, à moins que la glace et la neige ne soient sur Mars d'une autre nature que chez nous.

Dans la dernière quinzaine de juin, une aire foncée irrégulière apparut

(¹) *Astronomical Society of the Pacific*, 1893; p. 117, 131, 133, 134, 135.
(²) Tome VI, 1894; p. 169.
(³) *Astronomy and Astro-Physics*, 1892; p. 680.

vers le milieu du cap polaire. Elle sembla, une fois au moins, du ton rougeâtre des espaces appelés *continentaux*.

A la fin de juillet, le cap polaire entier, présenté à la Terre, parut obscurci et assombri, tandis que deux taches brillantes se voyaient sur lui. Cependant, il reprit son éclat habituel la première semaine d'août. En plusieurs circonstances on a vu des parties détachées voisines du cap d'où elles provenaient.

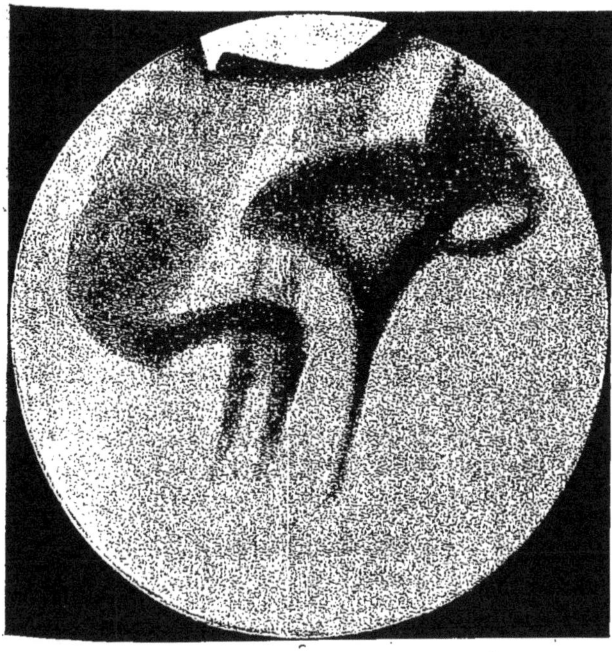

Fig. 83. — Vue prise à l'équatorial de 12 pouces. (Dessin de M. Barnard, le 21 août 1892.)

Vers le 19 août, une portion irrégulière, sorte de baie dans le cap, a été amenée en vue par la rotation de la planète. Le 21, elle se montrait abruptement terminée à son bord précédent par une échancrure aiguë et une projection. Peu à peu cette pointe fut séparée du cap par un espace foncé. C'était le signe avant-coureur de dislocations plus rapides, car à la fin d'août, toute cette partie du cap polaire était dissipée.

En plusieurs circonstances, la netteté du contour et l'éclat du cap polaire ont été vraiment remarquables. En même temps, la coloration de Mars était très vive et d'un riche orange.

Il y a, d'ailleurs, une très grande diversité dans le ton des taches foncées

Plusieurs sont particulièrement sombres, tandis que d'autres sont si claires qu'elles sont à peine marquées, par exemple dans les régions polaires australes. Elles varient, et des changements réels paraissent incontestables. « A une courte distance suivant le Lac du Soleil ou mer Terby on voit une petite tache sombre qui n'existe pas sur les cartes de Schiaparelli. Elle

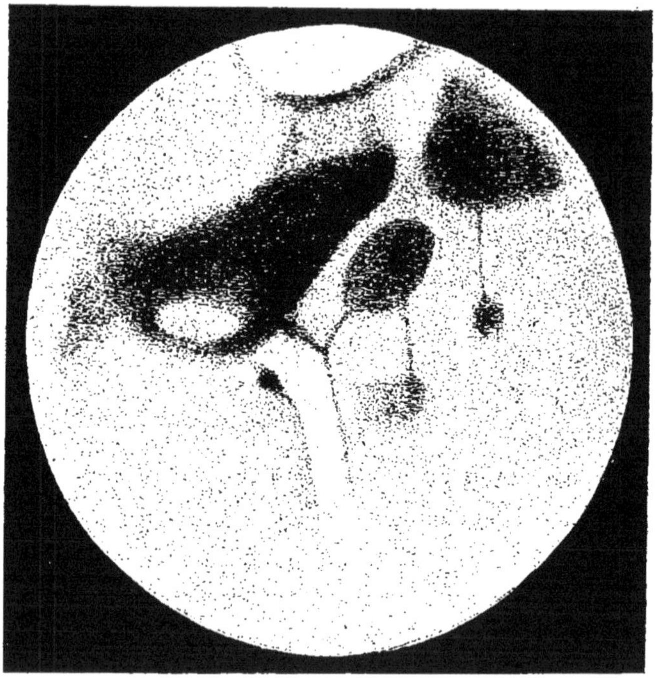

Fig. 84. — Dessin de M. Barnard au grand équatorial Lick, le 19 août 1892.

paraît varier beaucoup comme ton, et elle s'est montrée tour à tour très foncée et très pâle. Un trait mince la rattache à la mer australe. Il y a un petit canal courant au nord du lac du Soleil vers une tache sombre diffuse que l'on ne voit pas non plus sur la carte de Schiaparelli. Toute cette région diffère beaucoup de ses cartes.

» Ces changements si bizarres nous conduisent à nous demander si ce que nous avons là devant nous dans le ciel est réellement un autre monde dans le genre du nôtre, avec des continents et des mers relativement fixes, ou si ce ne serait pas plutôt un monde analogue à ce qu'était la Terre en son jeune âge, aux temps où les continents étaient flottants « *shifting* » et les océans variables « *changing* », avant que la surface de notre planète fût devenue stable et ferme par le refroidissement. Si Mars était en cet état, il ne pourrait être habité par un ordre de vie bien élevé.

» Les soi-disant continents ne sont pas uniformes. On voit des espaces clairs et de longues traînées lumineuses qui sont aussi caractéristiques pour la nature de la planète que les mers. » L'observateur est d'avis que les nuages sont rares et fait remarquer qu'il n'a observé qu'un seul aspect de ce genre, le 3 août, tache blanche nouvelle, petite et allongée, de 2″ à 3″ de diamètre, par la longitude 219° et 30° à 40° de latitude Nord. On ne l'a pas revue depuis, malgré les plus attentives recherches.

Des deux satellites, Phobos est décidément le plus brillant.

Le 8 juillet, Mars a occulté une étoile qui est passée derrière le cap polaire.

L'auteur n'a pu vérifier le dédoublement d'aucun canal.

Les deux dessins présentés par l'auteur sont du 19 août (longitude centrale 79°,5) et du 21 août (longitude centrale 16°,3). Le premier a été pris au 36 pouces, le second au 12 pouces. Ils sont placés ici dans l'ordre de leurs longitudes. On remarque sur celui du 21 août la Baie du Méridien, très noire et très grande, et à sa droite le golfe des Perles prolongé par l'Oxus, et sur celui du 19 août, le lac du Soleil avec les canaux et les taches diffuses dont il vient d'être question.

Telles sont les principales observations faites au mont Hamilton en 1892; mais on y a fait d'autres études, et nous ne quittons pas cet Observatoire.

CXLIX. — Points lumineux sur le terminateur de Mars, par MM. Holden et Keeler [1].

Le 5 juillet 1890, à 10^h du soir, heure du Pacifique, un visiteur à une séance publique de l'Observatoire Lick remarqua une tache blanche elliptique se projetant en dehors du terminateur, comme il arrive pour la Lune. M. Keeler l'examina et la dessina. Elle mesurait de 1″5 à 2″0 de longueur. A $10^h 30^m$ elle était dans l'intérieur du disque, ressortant sur un fond sombre.

Le lendemain 6, le même aspect a été observé par MM. Holden, Keeler et Schaeberle, de $8^h 3^m$ à $8^h 45^m$. Une autre projection voisine se montra pendant plus d'une heure. C'était au nord de Deuteronilus. A $10^h 25^m$, l'aspect, qui avait changé, était à peu près le même que celui de la veille.

Les principaux canaux étaient visibles, surtout le Gehon, très marqué.

Le dessin relatif à cette importante observation n'a été publié

(1) *Astr. Soc. of the Pacific*, t. II, 1890; p. 248.

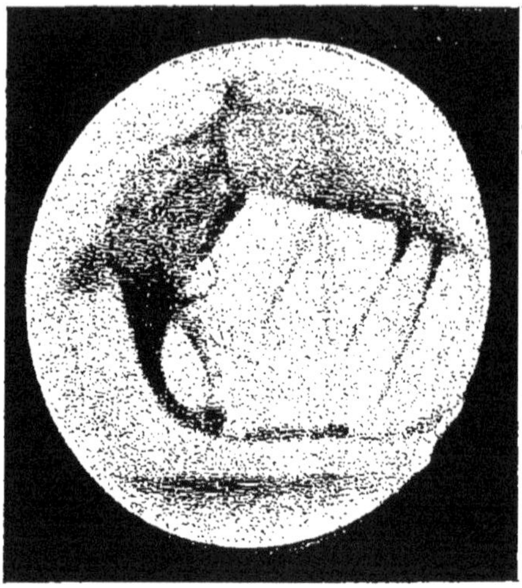

Fig. 85. — Dessin de Mars, du 6 juillet 1890, par M. Keeler, au grand équatorial de l'Observatoire Lick. (Projections.)

qu'en 1895 ([1]). Il est de M. Keeler. Nous le reproduisons ici (*fig.* 85). Les

Fig. 86. — Dessin de Mars, du 21 mai 1890, par M. Holden, au grand équatorial de l'Observatoire Lick.

([1]) *Astr. Soc. of the Pacific*, t. VII, p. 241. Nous avons déjà signalé ces projections (t. I, p. 466).

deux projections brillantes sur le terminateur frappent l'attention, et leur position précise peut être facilement identifiée pour l'étude de ces points lumineux, montagnes ou nuages. La Baie du Méridien est bien nette, prolongée par le Gehon et l'Hiddekel. Au bas de la mer du Sablier, le Nilosyrtis et le Protonilus se présentent dans leur état normal. M. Holden a publié en même temps l'un de ses dessins, du 21 mai, qui représente le lac du Soleil et toute la région qui s'étend au nord et à l'ouest (*fig.* 86). Il eût été regrettable de ne pas posséder ces deux belles représentations dans la collection de documents sur laquelle nous fondons notre connaissance de la planète.

Nous reviendrons plus loin sur les points lumineux du terminateur observés en 1892, 1894, et pendant les diverses oppositions, par plusieurs astronomes. [Il en a déjà été question tout à l'heure (p. 49) et nous les retrouverons même à la page suivante, § 6.] Pour le moment, restons aux États-Unis, et suivons autant que possible l'ordre chronologique.

CL. — Mers et Terres sur Mars, par M. Schaeberle (¹).

L'Auteur propose tout simplement ici un renversement complet de nos idées sur les configurations géographiques de Mars. D'après lui, les taches sombres représenteraient des continents et les taches claires des mers.

« L'opposition de 1892 devrait servir à décider la question des terres et des eaux à la surface de la planète.

» Des changements remarquables ont certainement lieu dans les régions polaires australes. Nous sommes forcés de convenir que de vastes surfaces sont couvertes d'une matière gelée analogue à la neige ou à la glace. Mais il semble qu'il y a des contradictions.

» Schiaparelli et Flammarion s'accordent pour considérer les taches sombres comme des étendues d'eau et les régions claires comme continentales. Le contraire paraît plus probable. Voici les raisons :

1° Si les taches sombres représentent de l'eau, comment expliquer les gradations irrégulières de tons que l'on y observe ?

2° Si les taches sombres sont de la terre ferme, ces différences s'expliquent tout naturellement.

3° La lumière réfléchie d'une surface sphérique d'eau dans un léger état d'agitation devrait varier uniformément d'intensité. A l'époque de l'opposition, le centre de la planète devrait, pour une surface d'eau, paraître le plus brillant. Précisément, les observations montrent qu'en dedans d'une certaine distance du

(¹) *Astr. Soc. of the Pacific*, 1892, p. 196.

bord de Mars il y a un accroissement graduel dans l'éclat régulier des régions claires vers le centre de la planète.

4° Si les régions foncées étaient de l'eau, elles devraient être, d'après ce qui vient d'être dit, moins sombres près du centre. Au contraire, les observations montrent que ces taches y sont plus sombres, plus marquées, en contraste plus fort avec les claires.

5° A certaines époques qui ne peuvent pas être prédites, certaines régions limitées, correspondant à des parties de vastes surfaces claires et ordinairement bordées sur deux ou plusieurs côtés par des taches foncées, se montrent plus brillamment illuminées que d'autres régions du disque, comme si la surface réfléchissante était dans un état d'agitation capable de produire l'effet observé, lequel ressemble à celui qui est produit par le contraste d'une eau calme et d'une eau agitée. J'ai invariablement observé ces aspects sur les régions claires, ajoute l'auteur, à l'exception des caps polaires.

6° Croisant les taches sombres, des raies ou bandes plus foncées encore les traversent en lignes droites le long de centaines de kilomètres. L'une des extrémités de ces lignes se termine ordinairement dans la région équatoriale au point où les taches sombres s'avancent dans les contrées brillantes, et ce qu'on appelle des *canaux* paraît être la continuation de ces raies foncées. Lorsque ces raies intersectent le limbe de Mars, on voit souvent (notamment en juin et juillet derniers) des projections brillantes en dehors du terminateur, indiquant que les raies foncées sont des chaînes de montagnes élevées au-dessus du niveau moyen et devenant brillantes en se projetant sur un fond noir.

7° Dans cette manière de voir, les *canaux* représenteraient des crêtes de chaînes de montagnes presque entièrement immergées dans la mer. Les dédoublements de ces lignes représenteraient des crêtes parallèles, comme on en voit bien des exemples sur notre globe.

8° Comme argument de conclusion en faveur de la théorie que les régions sombres représentent la terre ferme et que les régions claires représentent la mer, l'auteur cite l'observation suivante :

« A 25 milles (40 kilomètres) au nord-ouest du mont Hamilton se trouve l'extrémité inférieure de la baie de San-Francisco. Par le beau temps, la contrée entière du mont Hamilton à San-Francisco, à une distance de 50 milles (80 kilomètres), est parfaitement visible. Or, à toutes les heures du jour, la surface de la baie de San-Francisco vue du sommet du mont Hamilton est beaucoup plus claire que les montagnes et les vallées à la même distance, quoique la ligne de vue fasse un angle de plus de 87° avec la normale à la surface de la baie et que la position de l'observateur varie de toutes façons, depuis l'heure à laquelle il se trouve en ligne droite entre la baie et le Soleil, jusqu'à celle à laquelle le Soleil est presque dans la direction de la baie.

» Les réflexions internes dans une atmosphère non parfaitement transparente doivent tendre à rendre une surface d'eau située au-dessous plus claire qu'une surface de terre dans la même position. »

Cette nouvelle manière de voir mérite assurément toute l'attention des astronomes. Nous rappellerons d'abord que l'idée de considérer les mers comme plus foncées que les terres remonte à l'origine même des observations télescopiques de la Lune : à GALILÉE. Voici notamment ce que le grand astronome fait dire à l'un de ses interlocuteurs, Salviati, dans ses fameux *Dialogues* sur les systèmes du monde, première journée :

« Siccome la superficie del nostro globo è distinta in due massime parti e cioé nella terrestre e nell' aquatica, cosi nel disco lunare veggiamo una distinzion magna di alcuni gran campi più risplendenti, e di altri meno; et sur la Terre vue de loin, ajoute-t-il : apparirebbe la superficie del Mare *più oscura*, e più chiara quella della terra (1). »

Et plus loin, s'étendant davantage sur le sujet (2) :

« Possiamo intender benissimo che la reflession del lume, che vien dal Mare, sia inferiore assai a quella che vien della Terra intendendo pero della reflessione universale : perché quanto alla particolare, che la superficie dell' acqua quieta manda in un luogo determinato, non ha dubbio, che chi si costituirà in tal luogo, vedra nell' acqua un reflesso potentissimo, ma da tutti gli altri luoghi si vedrà la superficie del' acqua più oscura di quella della Terra : e per mostrarlo al senso, andiamo qua in sala, e versiamo un poco di acqua sul pavimento. Ditemi ora, non si mostrí, egli questo mattone bagnato più oscuro assai degli altri asciutti? certo si, e tale si mostrerà egli rimirato da qualsivoglia luogo, eccettuatone un solo, e questo è quello dove arriva il reflesso del lume, che entra per quella finestra : tiratevi adunque indietro pian piano.

» *Simplicio*. Di qui veggo io la parte bagnata più lucida de la retta del resto del pavimento e veggo che cio avviene, perché il reflesso del lume, che entra per la finestra, viene verso di me.

» *Salviati*. Quel bagnare non ha fatta altro, che riempier quelle piccole cavità, che sono nel mattone, e ridur la sua superficie a un piano esquisito, onde poi i raggi reflessi vanno uniti verso un medesimo luogo : ma il resto del pavimento asciutto ha la sua asprezza, cioé una innumerabil varietà di inclinazioni nelle sue minime particelle; onde le reflessioni del lume vanno verso tutte le parti, ma più debili che andasser tutte unite insième ; e pero poco o niente si varia il suo aspetto per riguardarlo da diverse bande ; ma da tutti i luoghi si mostra l'istesso, ma ben men chiaro assai che quella reflession dalla parte bagnata.

» Concludo per tanto, che la superficie del mare veduta dalla Luna, siccome apparirebbe egualissima (trattone le isole, e gli scogli), cosi apparirebbe men chiara che quella della terra, montuosa e ineguala. Vi dirci d'aver osservato nella Luna, quel lume secondario, ch' io dico venirle dalla reflession del globo

(1) *Le opere di Galileo Galilei*, t. I, p. 72. Firenze, 1842.
(2) *Id.*, p. 110.

terrestre, esser notabilmente più chiaro due o tre giorni avanti la congiunzione che dopo, cioé quando noi la veggiamo avanti l'alba in oriente, che quando si vede la sera dopo il tramontar del Sole in occidente; della qual differenza ne è causa, che l'emisferio terrestre, che si oppone alla Luna orientale, ha poco mare e assaisissima terra, avendo tutta l'Asia; dovecchè quando ella è in occidente, riguarda grandissimi mari, cioè tutto l'Oceano Atlantico sino alle Americhe. Argomento assai probabile del mostrarsi meno splendida la superficie del l'acqua che quella della terra. »

Comme on le voit, pour Galilée, l'eau est plus foncée que le sol; il fait l'expérience à son interlocuteur en versant de l'eau sur le pavé, qui s'assombrit à l'endroit mouillé parce que la surface liquide est plus plane et plus unie que la surface sèche, pleine de petites aspérités, et il ajoute que la lumière cendrée de la Lune, due à la réflexion de la lumière terrestre, est plus intense le matin que le soir, au dernier quartier qu'au premier, parce qu'alors c'est le vaste continent d'Asie qui est tourné vers la Lune orientale, tandis que le soir, aux premiers jours de la Lune occidentale, c'est l'Atlantique obscur. Sans décider si les taches sombres de la Lune représentent des mers, l'immortel astronome ajoute plus loin que, dans tous les cas, elles représentent des plaines unies, tandis que les régions claires sont montagneuses et hérissées d'aspérités.

L'opinion de Galilée a été généralement admise par les astronomes, non point en vertu de l'adage *Magister dixit,* mais parce qu'elle est rationnelle et justifiée. L'eau, vue d'un point perpendiculaire au-dessus d'elle, est plus foncée que le sol, même couvert de verdure, à part quelques exceptions. Dans mes voyages en ballon, je l'ai très souvent constaté. Il y a, dis-je, des exceptions. Ainsi, passant un jour en ballon au-dessus de la Loire, je l'ai trouvée plus claire que les prairies avoisinantes et d'un ton jaunâtre accentué. C'est parce qu'il y avait fort peu d'eau et que les bancs de sable jaune illuminés par le Soleil rayonnaient vers nous une vive lumière. Les expériences de Secchi sur les bords de la Méditerranée ont établi, si j'ai bonne mémoire, qu'à plus de 30 mètres d'épaisseur, le fond est invisible et l'absorption de lumière presque totale.

Le cas de la baie de San-Francisco cité par M. Schaeberle n'est pas une preuve, car l'eau, à cette incidence, réfléchit la lumière du ciel. La blancheur de la baie de San-Francisco, comparée au paysage environnant, est due à la réflexion, par les arêtes des vagues, de la lumière solaire, aussi bien que de la lumière bleue du ciel. Sur Mars, cette seconde cause n'existe pas, étant donné que la diffusion lumineuse atmosphérique est à peu près nulle, même au bord du disque, où la couche gazeuse offre, naturellement, une grande épaisseur. Reste donc la réflexion de l'image solaire sur une mer agitée. Or, eu égard au calme de l'atmosphère martienne, il est peu probable que l'intégration de ces petites réflexions donne aux mers un *albedo* supérieur à celui des régions continentales constituant, selon toute probabilité, les étendues orangées de la planète. Il ne faut pas oublier que nous voyons les principales taches grises au centre sous une incidence normale, et que dans ces conditions l'eau ne réfléchit que $\frac{5}{500}$ de la lumière incidente, et que son pouvoir diffusif est très faible, comparé à celui des régions continentales.

D'autre part, les dégradations irrégulières de tons des taches grises ne sont pas inexplicables, ainsi que l'objecte l'astronome américain. Nos mers offrent, en effet, les mêmes phénomènes. Témoin le noir d'encre de l'Atlantique dans ses régions centrales, et le vert vif du banc de Terre-Neuve. La coloration d'une mer d'en haut dépend, en grande partie, de la nature des fonds voisins de la surface s'assombrissant là où il y a de la végétation sous-marine, pour s'éclaircir dans les régions sablonneuses.

L'hypothèse que les canaux représentent des chaînes de montagnes presque submergées paraît improbable. Il serait singulier que ces chaînes conservassent partout la même hauteur apparente et qu'il n'existât pas d'exemple où la chaîne s'abaissât pour disparaître dans l'eau. Et les déplacements?

Voici, d'autre part, l'opinion de M. Schiaparelli [1] :

« L'ensemble de mes études sur la planète me conduit à rejeter l'opinion de M. Schaeberle. Lorsque nous regardons de l'eau profonde, soit la mer, soit un lac, d'une hauteur presque verticale, nous la trouvons invariablement très foncée. C'est là un fait bien connu de tous les touristes alpins. Lorsqu'on observe d'en haut l'un de ces lacs profonds qui abondent dans ces montagnes, il paraît aussi noir que de l'encre, tandis que les terrains environnants éclairés par le Soleil sont beaucoup moins sombres. L'explication en est simple, puisque la surface de l'eau pure réfléchit à peine $\frac{1}{50}$ des rayons lumineux verticaux : les $\frac{49}{50}$ autres pénètrent dans l'eau où ils sont complètement absorbés si la profondeur est de 100 ou 150 mètres. Je conclus de là que, si des mers existent sur Mars et si elles sont composées d'un liquide transparent, il est hors de doute qu'elles se comportent de la même façon et absorbent presque complètement la lumière.... Mais, si ces mers étaient composées de lait ou de soufre fondu, ce serait évidemment tout autre chose.

« Le cap polaire boréal de Mars nous fournit un autre argument. Ce cap est situé dans les régions jaunes de la planète. Lorsqu'il fond, il se montre bordé d'une zone foncée qui se rétrécit à mesure que le cap diminue et qui disparaît

(1) *Astronomical Society of the Pacific*, t. V, 1893; p. 169.

lorsque la neige polaire a disparu. Il me semble que cette bordure sombre, qui envoie tout autour des ramifications en diverses directions, est le résultat de la fusion de ces neiges. Dans cette manière de voir, les divers aspects qu'elle présente s'expliquent fort bien, tandis que l'hypothèse de M. Schaeberle soulève bien des difficultés. »

A cette réponse, M. Schiaparelli ajoute, à propos des dessins pris en 1892 à l'Observatoire Lick, que les canaux doubles qui ont été observés sont le Gange, l'Euphrate et l'Hydaspe. C'est la première fois que ce dernier canal est vu double.

M. Schaeberle a répondu à son tour que les arguments qui précèdent ne le convainquent pas, que l'eau est plus sombre que la terre, et que la bordure des caps polaires ne paraît foncée que par contraste entre l'excessive blancheur des neiges et la surface de la planète.

Nous n'admettons pas, jusqu'à nouvel ordre du moins, le renversement d'opinion aréographique proposé par le savant astronome de l'Observatoire Lick, et nous attendrons des preuves plus convaincantes (¹).

CLI. — Les Couleurs de la planète Mars, par M. William H. Pickering (²).

Alors à Aréquipa, au Pérou, cet astronome écrit à la date du 7 mars 1892, que, pendant l'opposition précédente de la planète, 60 peintures et 66 dessins ont été pris à l'aide du réfracteur de 12 pouces de Harvard College, à Cambridge, sur des disques de 34^{mm} de diamètre, à l'échelle de $\frac{1}{2000000000}$. Les peintures sont tantôt carmin et tantôt jaunes, et satisfaisantes dans les deux cas. La planète est fréquemment appelée *le rouge Mars*, et pourtant sa couleur n'est pas aussi rouge que celle d'une bougie ordinaire. Pour vérifier ce fait, il suffit de mettre en comparaison la planète Mars, une lumière électrique et une bougie ou un bec de gaz, de telle sorte qu'ils aient sensiblement la même intensité. On constate alors que, tandis que la planète est plus rouge que la lumière électrique, elle est plus bleue que la bougie et se trouve à peu près entre les deux comme couleur (³).

Lorsqu'on veut représenter un disque de Mars avec sa couleur normale, il faut faire la peinture à la lumière du jour, car aux lumières artificielles

(¹) Tout récemment (septembre 1901), nous examinions de nouveau la couleur du lac Léman vu d'un point rapproché et élevé (le Signal, au-dessus de Lausanne) : le lac était d'un bleu plus foncé que le vert des rivages, et les régions où il paraissait plus clair étaient influencées par la lumière du ciel.

(²) *Astronomy and Astro-Physics*, t. I, 1892; p. 449.

(³) J'ai fait en 1875 des observations comparatives conduisant à la même conclusion; *voir* t. I, p. 238.

les tons changent et ne sont plus comparables. La couleur qui se rapproche le plus de celle de la planète est celle que l'on obtient en mélangeant par moitié la terre de Sienne et le sang-de-dragon.

Mais le rouge n'est pas la seule couleur visible sur la planète. Près du limbe, les rouges paraissent jaunâtres, indiquant probablement une absorption atmosphérique de la partie rouge du spectre, effet bien différent de l'action de notre propre atmosphère, qui tend à absorber les rayons bleus.

Le vert existe réellement sur la planète et n'est pas dû à un contraste. Des expériences comparatives l'ont établi. On en remarque d'ailleurs entre les neiges blanches du pôle et les régions rougeâtres dites *continentales*. Les diverses couleurs du disque, notamment le vert, s'apprécient mieux la nuit que le jour. Il importe aussi de tenir compte, pour juger des tons, de l'étendue des surfaces; plus la surface est petite, plus le contraste avec les régions voisines est grand, et moins le jugement est sûr.

M. Pickering est revenu sur le même sujet, dans une lettre du 13 mai, publiée à la page 545 du même Recueil. Il rappelle d'abord l'action de notre propre atmosphère pour modifier la véritable couleur des corps célestes. Élevons-nous sur une montagne par un ciel nuageux. Les verts éloignés, moins intenses que les proches, deviennent gris soit lorsque l'ombre d'un nuage les couvre, soit lorsque quelque brume s'interpose entre le paysage et l'œil de l'observateur. Les variations rapides de couleur manifestées par certaines régions de Mars sont parfois aussi frappantes. Récemment, pendant une observation de la planète avant le lever du soleil, la calotte polaire australe neigeuse paraissait d'un vert brillant, égalant en couleur la bande verte étroite qui lui est contiguë. Dès que le Soleil eut paru, la couleur de la neige devint d'un jaune brillant, le reste du disque devenant orange. Ensuite plusieurs canaux devinrent visibles, et la neige du pôle de Mars parut aussi incolore que celle des montagnes voisines. Les deux premiers effets étaient probablement dus à une mauvaise image, les fluctuations de notre atmosphère superposant sur la neige les couleurs des régions environnantes. On en a déduit la règle de ne jamais ajouter pleine confiance aux colorations des diverses régions martiennes que lorsque le cap polaire paraît parfaitement blanc et que le système des canaux est bien défini. Ces conditions concordent toujours avec les meilleures images.

En étudiant les plus petites régions sombres, telles qu'à la partie nord-ouest de la mer du Sablier, l'observateur a noté de grandes différences de couleurs d'une nuit à l'autre, et sur certaines aquarelles il y a du gris, sur d'autres du vert, du bleu, du brun et même du violet. Cette dernière coloration a paru si extraordinaire qu'on a essayé de lui en substituer d'autres, mais sans y réussir.

On peut partager la surface de la planète en six sections ou six fuseaux, de 60 degrés de longitude chacun. Le plus caractéristique de ces fuseaux est celui qui contient la mer du Sablier, Grande Syrte, tache en Y. Lorsque cette configuration est centrale, avant l'équinoxe d'automne de l'hémisphère nord, la région à l'est se montre distinctement plus verte que la région à l'ouest. A mesure que la saison avance, la différence de couleur est moins prononcée et la teinte verte est confinée à la contrée qui borde la mer du Sablier à l'est. En 1890, les deux bras de l'Y étaient à peu près d'égale largeur, comme sur les dessins de Green. En 1892, le bras oriental est le plus large, deux fois plus que l'autre, peut-être. En 1890, la région entre les deux bras était d'un vert clair; le 27 juin, toutefois, ou onze jours avant l'équinoxe de printemps de cet hémisphère, une tache jaune brillante apparut au point nord extrême de ce triangle. Cette tache se développa ensuite jusqu'à couvrir tout cet espace. En 1892, cette région se montra d'abord également verte, mais le 9 mai, c'est-à-dire dix-sept jours avant l'équinoxe de printemps, ce vert fit également place à du jaune. Des changements à l'est de la Grande Syrte ont été observés de même par Schiaparelli, qui les attribue à des inondations (1).

Les variations de couleurs sont certaines, mais encore trop peu observées pour pouvoir rien conclure quant à leurs causes.

CLII. — Changements sur la planète Mars, par M. William H. Pickering (2).

D'Aréquipa, au Pérou, le même astronome écrit, à la date du 1er août, que les changements sur Mars sont si nombreux et si évidents que des lunettes de 6 pouces suffisent pour les constater. Les canaux ont pu être observés régulièrement tous les soirs. Plusieurs concordent avec ceux de Schiaparelli, d'autres non. On en voit qui traversent les « Océans », ce qui est un problème. Lorsque les neiges fondent, il semble qu'il doit réellement exister là des mers, et l'on a étudié spécialement la tache sombre à l'extrémité nord de la Grande Syrte. Elle paraît parfois d'une teinte bleu sombre. Une autre tache de même couleur occupe une partie du *Sinus Sabaeus*.

Ces deux taches se sont montrées, près du limbe, d'une belle couleur bleue. Si ce sont réellement des mers, elles doivent dans ces conditions réfléchir à nos yeux l'atmosphère martienne, comme le ferait l'eau sur la Terre.

(1) *Voir* t. I, *fig.* 171.
(2) *Astronomy and Astro-Physics*, t. I, 1892.

Examinées avec un prisme à double image, ces taches, lorsqu'elles sont voisines du limbe, paraissent présenter de faibles traces de polarisation. Elles sont très foncées et peuvent sans doute être considérées comme de véritables mers, ce qui n'est pas le cas pour toutes les taches sombres.

M. Pickering accompagne son article des six croquis ci-après, qu'il présente avec le nord en haut. Ainsi placés, ils sont d'une lecture difficile. Nous les reproduisons néanmoins tels qu'ils ont été publiés par la Société Astronomique du Pacifique et par la revue *Astro-Physics*. Le meilleur moyen de s'y reconnaître sera donc de retourner cette page, le haut en bas.

Les limites de la *mer équatoriale* (*fig.* 2), écrit l'observateur, sont nettement définies. Elle mesure 1300 milles de longueur, de l'est à l'ouest, et 200 milles de largeur [1], en moyenne, avec deux baies profondes légèrement courbées, dirigées vers le sud, à son extrémité occidentale. La surface totale est de 275000 milles carrés. La forme de la *mer du Nord* (*fig.* 3), est celle d'un quadrilatère irrégulier de 750 milles de long sur 600 de large. Au nord, ses contours sont aussi nettement définis que ceux de l'autre mer, mais au sud elle est bordée d'une zone grise sombre qui ne paraît jamais bleue et qui doit être plutôt continentale. Son aire est presque égale à celle de la mer équatoriale, et d'environ 225000 milles carrés. Ainsi les mers martiennes ne surpassent pas en étendue un demi-million de milles carrés. C'est exactement *la moitié de la surface de la Méditerranée*. C'est extrêmement peu, comparé au globe terrestre. Le climat de la petite planète doit être de ce fait le plus sec des deux et il doit y avoir là plus de déserts qu'ici.

Les régions vertes situées près des pôles disparaissent presque entièrement après l'équinoxe de printemps, d'après les observations de 1890. Celles de 1892 confirment le fait.

L'observation du pôle sud a été fructueuse. Le 23 juin, la limite nord des neiges était à la latitude 65°, ce qui correspondrait pour notre hémisphère boréal aux latitudes de la Sibérie, de l'Islande et de l'Amérique britannique boréale. Comme cette date ne représentait que trente jours après l'équinoxe de printemps, la ligne de fusion des neiges était plus voisine du pôle qu'elle ne l'est sur la Terre. La surface de ce cap neigeux couvrait 2400000 milles carrés. On apercevait un point noir vers le centre. Cette tache noire s'est agrandie rapidement et a formé une ligne coupant le cap en deux. Ce cap neigeux a fondu rapidement, si rapidement même que nous sommes forcés de penser que ce dépôt de neige ou de glace est beaucoup moins épais que les glaces de nos pôles. Mais cela n'implique pas pour cela un climat plus chaud, simplement plus sec. Si la neige tombe sur une moindre épaisseur, une plus grande proportion de la chaleur absorbée dans les hautes latitudes peut être employée à élever la

(1) Nos lecteurs savent que le *mile* anglais = 1609 mètres.

température, et une moindre est absorbée sous forme latente. La température des étés serait un peu plus élevée qu'ici, et les hivers plus longs et plus froids.

A la date du 16 juillet, l'étendue de la neige avait diminué de 800000 milles carrés. Donc 1600000 milles carrés de neige avaient été convertis en eau dans

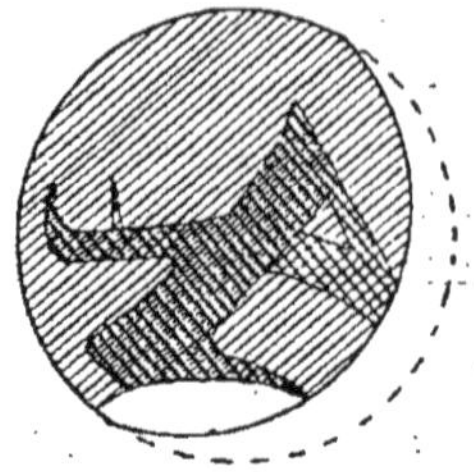

Fig. 1.

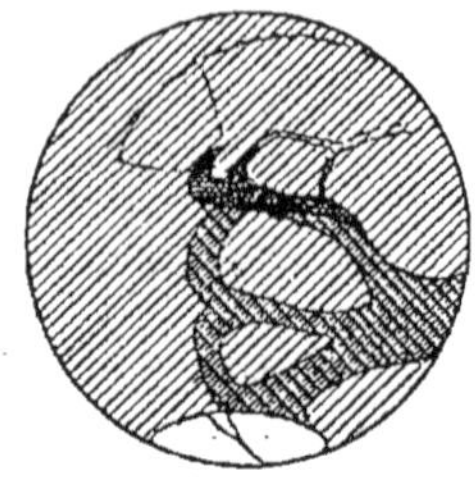

Fig. 2.

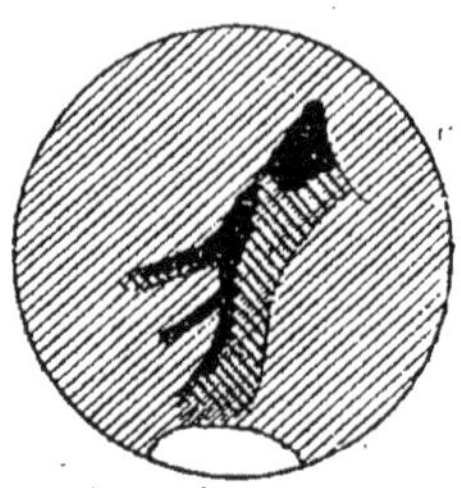

Fig. 3.

Fig. 4.

Fig. 5.

Fig. 6.

Fig. 87-92. — Croquis de Mars pris en 1892, par M. William Pickering, à Aréquipa (Pérou).
1 : 9 mai. — 2 : 14 juillet. — 3 : 16 juillet. — 4 : 17 juillet. — 5 : 23 juillet. — 6 : 25 juillet.

l'espace de trente-trois jours. Avec nos immenses océans, ce fait n'amènerait aucun changement matériel sur la Terre, mais quel ne doit pas être l'effet sur Mars où l'étendue totale des mers ne s'élève qu'au tiers de cette quantité ! Cette eau est transportée sur la surface continentale. Que se passe-t-il ?

A l'est de la mer en Y, c'est-à-dire au sud de la Libye, M. Douglas a observé le 8 mai, et M. Pickering, indépendamment, le lendemain 9, une région triangulaire, avec un triangle clair au centre (*fig.* 1), dont les angles étaient si précis qu'ils ont servi de points micrométriques de mesures. Un mois plus tard, quand la planète présenta de nouveau la même région aux observateurs, le triangle central clair avait entièrement disparu, offrant la même teinte que le triangle extérieur, de sorte qu'il ne put plus servir pour les pointés micrométriques. La contrée entière était pourtant encore moins foncée que l'Y. Le 17 juillet, cette partie de la région au sud-est de la mer du Nord était devenue très sombre (*fig.* 4), presque aussi foncée que la mer elle-même, mais grise, tandis que la mer était bleue.

Le cap polaire austral s'est montré, le 12 mai, bordé d'une fine ligne noire. Le 23 juin, cette ligne était plus épaisse. Le 16 juillet, une large ligne noire bordait le côté occidental de la branche de l'Y (*fig.* 3). A partir de cette époque, il y a eu là des changements incessants. Le 17 juillet, les deux branches de l'Y étaient égales en largeur, comme on les avait vues en 1890. Le 25 juillet, le bras oriental était réduit à un simple filet.

Ces observations s'expliquent en partie en remarquant que ces grandes variations sont arrivées à *l'époque de la fonte si rapide des neiges polaires*, qu'un canal foncé est apparu soudain le 12 juillet, qu'il disparut ensuite et que, quelques jours après cet événement, la mer du Nord prit une extension considérable.

De ces observations de M. W.-H. Pickering nous tirerons de nouveau la conclusion que des *variations certaines* se produisent *à la surface* de Mars, ces variations ne s'expliquant pas par des effets de nuages.

CLIII. — Observations faites a l'Observatoire Halsted, Princeton, par M. C.-A. Young [1].

A l'aide de l'équatorial de 23 pouces [2], armé de grossissements de 500 à 700, M. Young a étudié la planète du 6 au 28 juillet; les nuits du 23 et du 25 ont été particulièrement fines.

L'observation du cap polaire est fort instructive. Le 6 juillet, il mesurait environ 10″ de large, c'est-à-dire 1900 milles; mais il se mit à fondre rapidement, et le 25 juillet il ne mesurait plus que 1200 milles. Sa surface blanche paraissait homogène, mais le 23 une ligne noire se montra, comme si la fusion avait eu lieu au centre également. Cette fusion centrale s'accorde avec l'aspect indiqué sur la carte de Schiaparelli de 1877, qui montre un morceau de neige allongé, coupé droit, restant d'un côté du pôle [3].

Le bord du cap neigeux était séparé de la surface générale de la planète

[1] *Astronomy and Astro-Physics*, t. I, 1892, p. 675.

[2] Rappelons que le pouce anglais = $0^m,0254$. Cet objectif mesure donc $0^m,58$ de diamètre.

[3] *Voir* Tome I, p. 305.

par une bordure sombre irrégulière. Le 25, deux taches blanches se voyaient en dehors, l'une vers la longitude 300° (probablement Novissima Thule), l'autre vers 210° (probablement Thule II).

C'est la carte de Green, faite à Madère en 1877, qui, selon l'observateur, représente le mieux les aspects de la planète.

L'auteur n'a pu découvrir aucun canal. Il a bien aperçu de faibles tracés paraissant correspondre avec la position des canaux, mais des grossissements élevés faisaient évanouir l'identification et, au lieu de lignes fines,

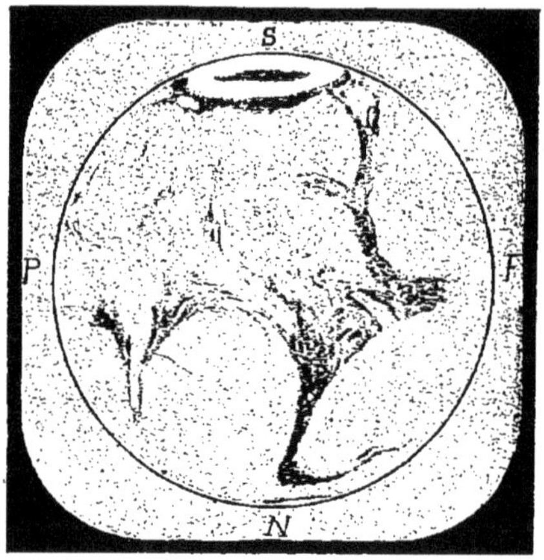

Fig. 93. — Mars à l'Observatoire de Princeton (États-Unis), le 26 juillet 1892. Dessin de M. Young.

on ne distinguait que des ombres vagues, irrégulières, indéfinies et souvent discontinues.

A l'extrémité nord de la mer du Sablier, la Nilo Syrtis et le Nil se montraient clairement, et l'on apercevait aussi quelques traits dans le continent austral, pouvant correspondre aux canaux Xanthus, Scamandre et Simoïs. L'Œnotria était bien nette.

Le 6 juillet, à minuit, la région du lac du Soleil était presque centrale; les images n'étaient pas parfaites, toutefois le dessin correspond bien à celui de Green. Le 14, la baie fourchue du méridien a été parfaitement vue, mais sans aucune trace de canaux, quoique le disque ait paru couvert d'une masse de détails magnifiques. Un dessin pris le 26 (*fig.* 93) montre bien l'aspect d'ensemble, surtout en ce qui concerne le cap polaire. Le limbe précédent était un peu ombré, tandis que le suivant (*Following*, celui de droite) était très clair, surtout près du cap polaire.

Les satellites ont été bien visibles, même avec la planète dans le champ. Deimos cessait d'être visible vers 10" de distance du bord du disque, Phobos vers 5".

Une observation rare a été faite par M. Young, dans la nuit du 23 au 24 juillet : Mars a occulté une petite étoile de 10e grandeur, presque centralement. L'étoile a disparu environ 15 secondes avant d'arriver en contact. La vue était médiocre, de sorte qu'il n'a pas été possible de constater aucune variation de forme ou de couleur due à l'atmosphère de la planète.

CLIV. — Observations de M. Lewis Swift a l'Observatoire Warner, Rochester [1].

Le brillant découvreur de comètes déclare que ses observations de Mars cette année ont été une série de désappointements, à cause de l'agitation de l'atmosphère et de la basse altitude de la planète. Le 16 pouces ne montrait pas plus que le 4 pouces.

A consigner pourtant l'existence d'une petite tache noire ronde, dont la moitié était posée sur le bord suivant de la calotte polaire et la moitié en dehors. Elle était égale à l'ombre du plus petit satellite de Jupiter. L'observateur l'a vue trois fois, et un visiteur l'a aperçue également. Il se demande si ce n'était pas là une dénudation du sol causée par la chaleur de l'été antarctique.

On n'a rien aperçu qui ressemblât à des canaux, simples ou doubles.

CLV. — Observations de M. Comstock a l'Observatoire Washburn, Madison [2].

Deux séries d'observations de notre planète ont été faites à Madison pendant l'opposition de 1892, l'une pour la détermination de sa position relativement aux étoiles voisines, l'autre pour l'examen du pôle. C'est de celle-ci que nous nous occuperons.

L'équatorial de 15 pouces 1/2 a servi à mesurer la position du cap polaire sud. Cinquante-quatre observations ont été faites en vingt-neuf nuits; elles indiquent une correction assez forte (— 2°) à apporter à l'angle de position adopté dans les éphémérides de M. Marth.

La petite distance polaire du centre du cap, comparée aux anciennes déterminations, est particulièrement digne d'attention. Voici les principales :

[1] *Astronomy and Astro-Physics*, t. I, 1892, p. 676.
[2] *Astronomy and Astro-Physics*, 1892, p. 679.

Date.	Observateur.	Distance polaire.	Longitude.
1783....	W. Herschel.	8°,1	
1830....	Bessel.	8°,1	
1837....	Beer et Mädler.	8°,0	
1858....	Secchi.	17°,7	
1862....	Kaiser.	4°,3	192°,3
1877....	Hall.	5°,2	20°,7
1877....	Schiaparelli.	6°,1	29°,5
1892....	Comstock.	1°,6	8°,2

La longitude aréographique du centre de la tache en 1892 diffère assez peu (pour cette latitude) de celle de 1877. Mais cette position est fort éloignée de celle de 1862 : elle est même à l'opposé. Il y aurait donc eu un changement considérable dans la position du cap d'année en année. Mais il faut avouer que cette détermination précise est assez difficile.

CLVI. — Observations faites en 1892 a l'Observatoire Goodsell (Northfield); par M. H.-C. Wilson [1].

Quoique la planète ne se soit pas élevée à plus de 22° au-dessus de l'horizon de Northfield, on a pu faire quelques bonnes observations et reconnaître non seulement les configurations principales mais aussi plusieurs des canaux, bien perceptibles par moments.

Jusqu'au 11 août, les seuls canaux reconnus furent le Titan, le Tartare, Cyclope et Cerbère comme un seul, Hephæstus et Propontide. A cette date, à 11^h, la région du lac du Soleil passait au méridien central. Elle diffère énormément de celle que nous avons l'habitude de voir : l'espace au-dessus et à gauche du lac, où sont dessinés les canaux Nectar et Ambroisie, est presque aussi foncé que les taches appelées mers; le lac du Phénix est si grand que, à première vue, l'observateur l'avait pris pour le lac du Soleil; les canaux Eosphoros, Phasis, Sirenius et Euménides, et un autre qui réunit le lac du Soleil et le lac Tithonius sont visibles. Les mêmes aspects se voient, avec d'autres, sur le dessin du 13 août reproduit ci-après. Ces trois taches doubles fort étonnantes ont été vues par le professeur Crusinberry comme par l'auteur. La première à droite est le lac du Soleil [2]. Mais pourquoi

[1] *Astronomy and Astro-Physics*, 1892, p. 684.

[2] On comparera avec intérêt avec ces trois taches foncées celles de la carte Schiaparelli de 1882 (t. I, p. 355). Ici, ces trois taches sont beaucoup plus marquées que la baie du Méridien. C'était le contraire en 1830, puisque Mädler a signalé alors cette baie comme le point le plus noir de la planète (t. I, p. 103). Les variations sont *certaines*.

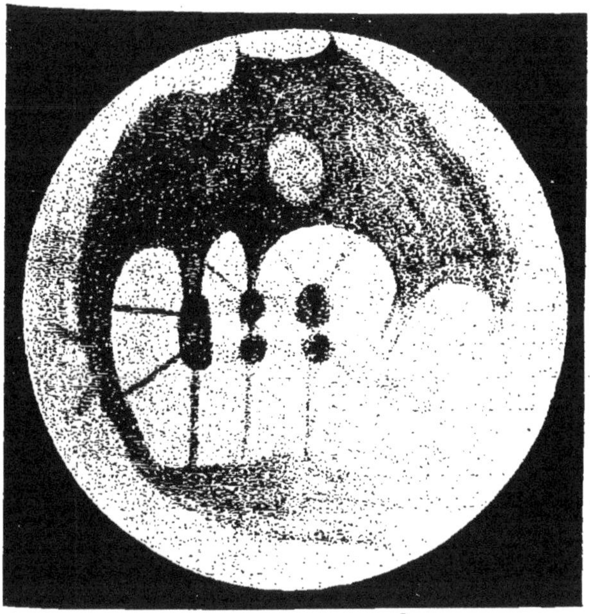

Fig. 94. — Dessin de Mars, le 13 août 1892, à l'Observatoire Goodsell, par M. Wilson.
Long. du centre = 102°.

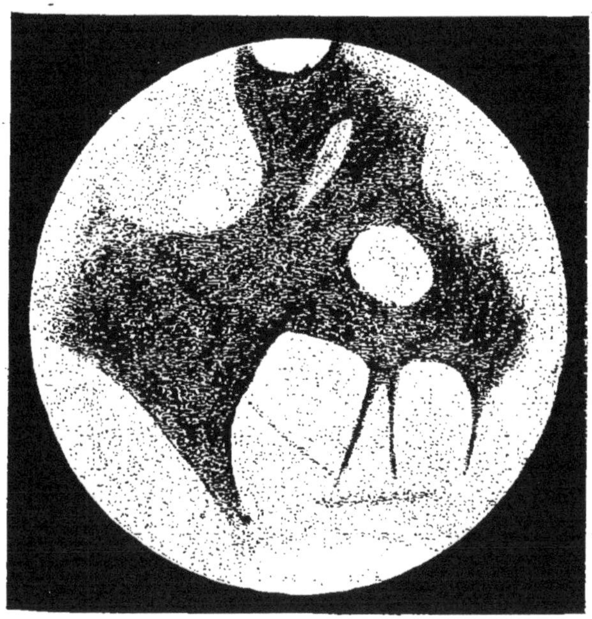

Fig. 95. — Dessin de Mars, le 26 août 1892, à l'Observatoire Goodsell, par M. Wilson.
Long. du centre = 328°.

double, et pourquoi doubles toutes les trois? Ne serait-ce pas une illusion optique? L'auteur remarque que ces dédoublements ne se sont manifestés que par instants et qu'en général ces trois taches rondes paraissaient simples.

Le 24 et le 26, on a vu la planète telle qu'elle est représentée sur la seconde figure. Les canaux sont Typhon, Hiddekel, Gehon, Deuteronilus et Oxus. L'ensemble de la mer du Sablier et de la Libye est foncé. L'auteur remarque que Hellas est plus vaste que sur la carte générale de Schiaparelli (*La Planète Mars*, t. I, p. 440) et qu'une tache blanche se montre à sa région inférieure. Une autre tache blanche se voit aussi sur Deucalionis Regio. En certains moments, la planète a paru parsemée de petits nuages blancs. Noachis Regio se voyait comme une traînée claire, entre Hellas et Deucalion.

Le cap polaire sud a toujours paru parfaitement blanc et rond (elliptique par perspective), excepté le 26 août, où une petite échancrure l'entaillait, comme on le voit sur la figure. Le bord nord du disque a toujours paru blanchâtre.

L'échancrure dont il vient d'être question nous paraît coïncider avec la petite tache noire signalée plus haut par M. Lewis Swift. Celui-ci ne donne pas la date, mais son article est du 1er septembre. Quant aux trois dédoublements, ce doit être une illusion, due peut-être à la variation de la mise au point.

CLVII. — James Keeler. — Observations faites aux monts Allegheny pendant l'opposition de 1892 (1).

Ces observations ont été faites à l'aide d'un réfracteur de treize pouces. Le grossissement généralement employé a été 380, quelquefois poussé jusqu'à 800. L'auteur construisit un globe de Mars de $0^m,15$ de diamètre avec la carte de Schiaparelli publiée t. I, p. 440, et *photographia ce globe* placé et incliné tel que la planète se présentait réellement au ciel d'après les éphémérides. Il savait donc d'avance ce qu'il devait voir, et a cherché surtout à constater si des différences se présenteraient.

La première différence remarquée fut une différence constante de longitude entre les dessins et les photographies, la longitude du méridien central de celles-ci surpassant celle des dessins de 7°. L'équation personnelle de l'observateur ne donne pas l'explication de cette différence.

(1) *Physical observations of Mars* (*Memoirs of the royal astronomical Society*, t. LI; 1893).

Un grand nombre de vues ont été parfaites de définition et identiques d'une nuit à une autre. La carte de Green (t. I, p. 275) paraît à l'auteur la meilleure représentation de la planète.

Douze dessins sont publiés dans ce Mémoire. Nous en choisissons cinq des plus intéressants.

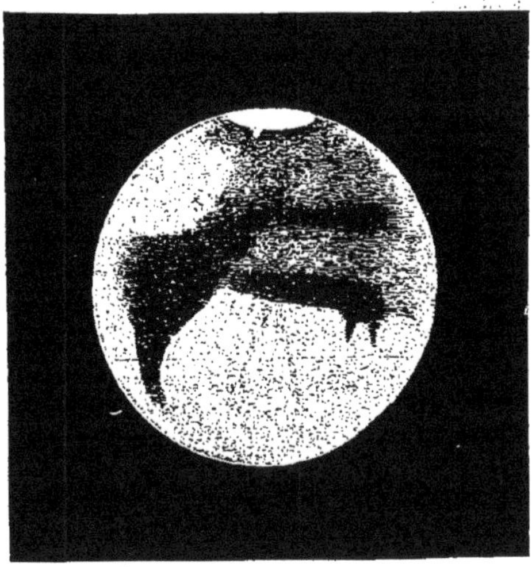

Fig. 96. — 22 août.

I. — 22 août, 9h 46m (eastern standard time, de 5 heures en retard sur Greenwich). Mer du Sablier, baie du Méridien; Hellas, grande et claire. Les canaux Phison et Euphrate se montrent faiblement. Au bord de la neige polaire un cap se détache nettement sur la mer foncée environnante.

II. — 29 août, 11h 24m. La mer du Sablier passe au méridien central. C'est, de beaucoup, la tache la plus foncée du disque. Au-dessus, régions intermédiaires. Plus haut, Hellas, très brillante. L'observateur n'a jamais pu distinguer la pointe inférieure de la mer du Sablier et son retour coudé vers la droite.

III. — 3 septembre, 3h 46m. Mer cimmérienne. « On aperçoit un système de canaux qui rappelle la passe de Huggins des anciennes cartes et qui ne se retrouve pas sur les cartes de Green et Schiaparelli. Cependant dans un petit dessin de la *Planète Mars* de Flammarion, p. 478, dû à M. Giovannozzi, on voit un canal qui concorde presque exactement avec cette vue. »

IV. — 11 septembre, 8h 31m. Curiosité inattendue. A droite du lac du Soleil, un autre lac, presque pareil. Vu le 9, le 11, le 17 et le 18 septembre. C'est tout à fait incompréhensible.

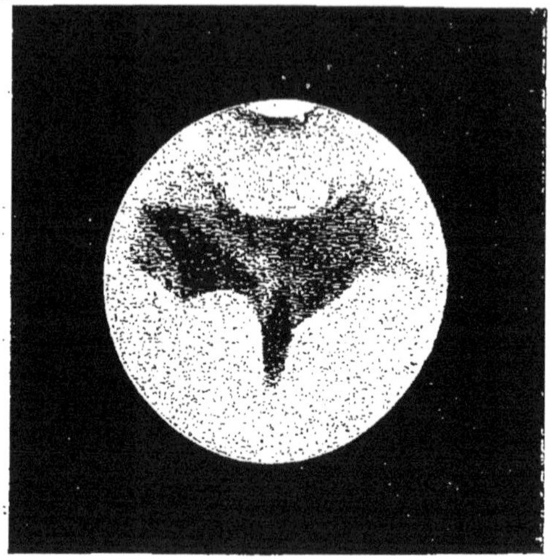

Fig. 97. — 29 août.

V. — 18 septembre, 10h 8m. Ce dessin est, comme le précédent, de ceux qui sont le plus faits pour nous intriguer et pour témoigner des métamorphoses les plus

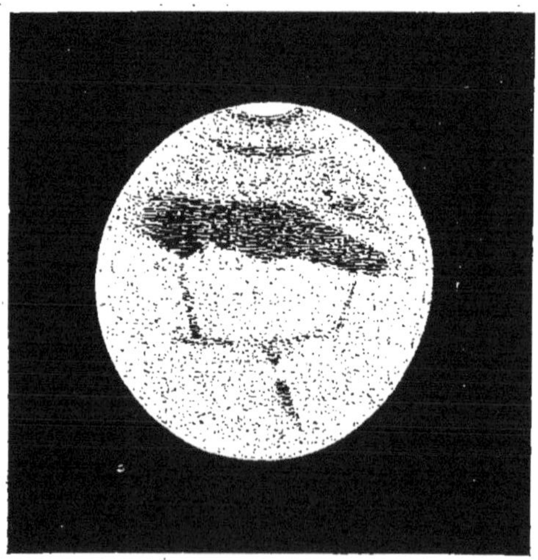

Fig. 98. — 3 septembre.

fantastiques. L'anneau de terre qui entoure le lac du Soleil (Thaumasia) est plus étroit, quoique les dimensions de la tache centrale n'aient pas changé. La mer

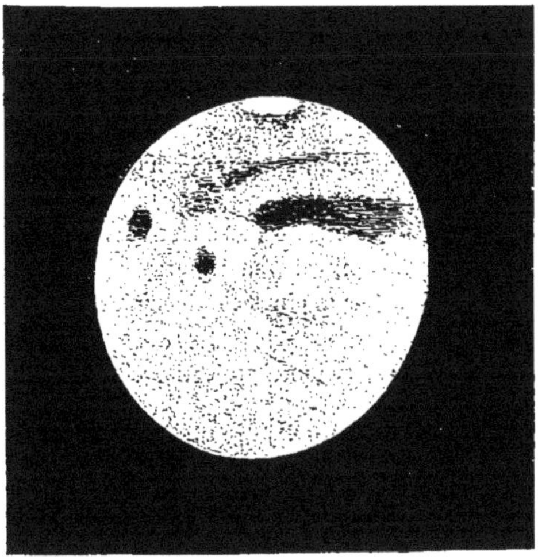

Fig. 99. — 11 septembre.

extérieure s'est rapprochée. Le golfe de l'Aurore est également changé. On a quelquefois cru deviner, mais sans pouvoir l'affirmer, une ouverture de l'anneau

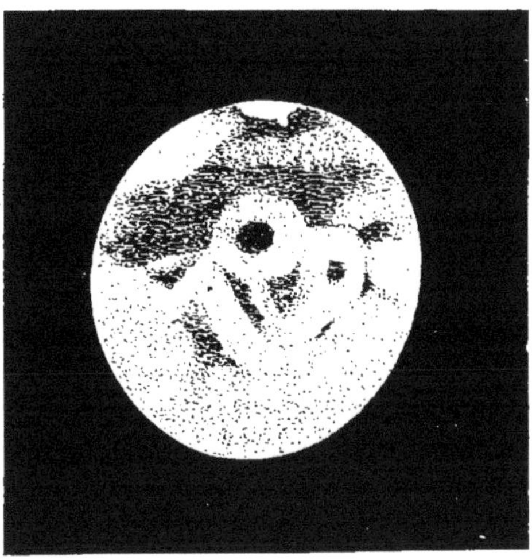

Fig. 100. — 18 septembre.

vers la gauche. Ce qu'il y a eu de plus inattendu, c'est l'existence de la seconde tache ronde, ressemblant au lac du Soleil, mais moins grande, vue à sa droite.

Elle est trop éloignée pour représenter le lac du Phénix, quoiqu'elle soit dans sa direction. Pendant plusieurs soirs, aux environs du 18 septembre, on nota que, lorsque cette tache passait au méridien central, elle occupait juste le centre du disque de Mars et qu'alors la distance entre les centres des deux taches était égale à la moitié du rayon. Sa position serait donc : longitude = 113°, latitude —13°. Encore plus loin à droite, à environ moitié de la distance du lac du Soleil, on apercevait une tache plus petite, de forme irrégulière, située comme un nœud sur une bande étroite s'étendant vers le nord-ouest. Au-dessus du lac du Soleil était une grande tache, mais non pas grise, rougeâtre, traversée par une traînée plus claire. Les régions continentales qui la bordaient étaient brillantes et rouges.

On remarque aussi sur cette vue une projection des neiges polaires, vers 100° de longitude.

Remarquons enfin que l'auteur n'a pu observer aucune gémination, si ce n'est peut-être celle du Gange, extrêmement large.

Bonnes observations et dessins excellents. Mais quelle fantasmagorie! Des lacs qui voyagent! Jusqu'alors personne n'avait vu de lac à cette place. Il n'est pourtant pas probable que le lac du Phénix se soit déplacé de trois ou quatre cents kilomètres en s'agrandissant du triple! Observations à rapprocher de celles de M. Wilson, qui nous ont déjà stupéfiés tout à l'heure.

CLVIII. — Observations faites a l'Observatoire Flammarion de Bogota, États-Unis de Colombie.

(Communication de M. J.-M. Gonzalez, Directeur.)

Le vaste édifice qui constitue aujourd'hui l'Observatoire Flammarion n'étant pas terminé à l'époque la plus favorable pour l'observation de Mars (août-septembre 1892), et les nouveaux instruments n'étant pas encore installés, nous dûmes nous borner à employer les appareils montés dans l'installation provisoire, savoir : une excellente lunette équatoriale Sécretan, de 0^m,108, et une lunette Bardou de 0^m,095; nonobstant, nous pûmes employer avec succès les plus forts grossissements qu'elles supportent, tant à cause de l'altitude considérable de notre Observatoire au-dessus du niveau de la mer (2640^m) que de la grande hauteur de l'astre sur l'horizon, de la limpidité du ciel et du calme de l'atmosphère pendant plusieurs nuits.

Convaincu de la grande difficulté qu'offre l'observation de Mars, et ne disposant point pour le moment d'appareils assez puissants pour prétendre étudier les canaux si discutés et si intéressants, nous nous sommes borné à étudier les configurations et les caractères les plus saillants : nous présentons honnêtement *ce que nous avons réellement vu.*

Dans ces dessins, nous avons adopté l'échelle de 2^{mm} pour 1".

Le 1er août, à 10^h du soir, par un ciel magnifique, l'aspect était réellement admirable; la calotte polaire australe était d'une blancheur éblouissante et encore très étendue, bordée par une ligne sombre assez accentuée poussant une échancrure fortement marquée vers le méridien de 300°. La région boréale était très blanche, ainsi que le contour de l'astre : les parties claires centrales accusaient un blanc

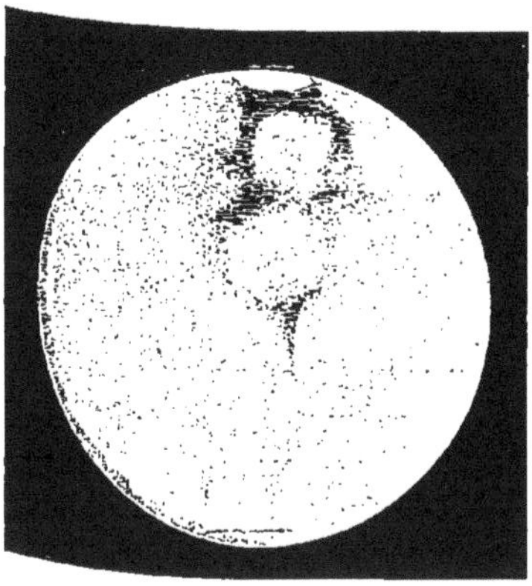

1er août, 10^h.

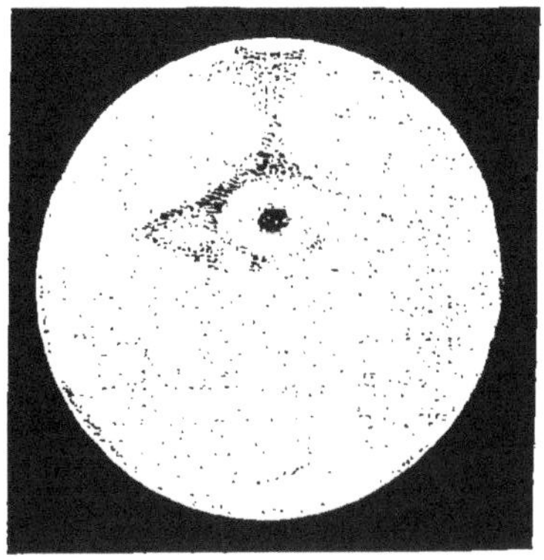

17 août, $7^h 30^m$.

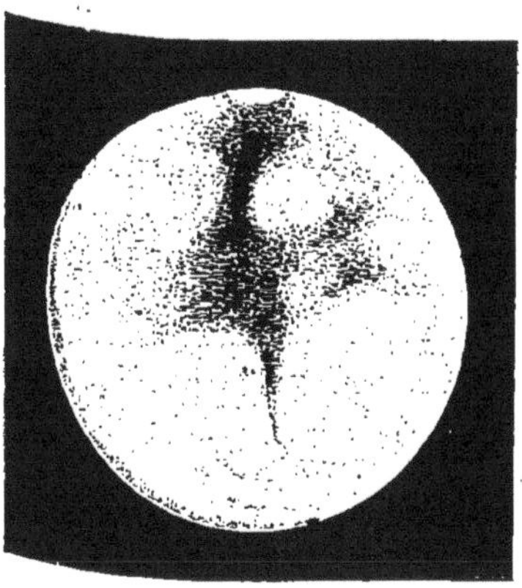

25 août, $9^h 55^m$.

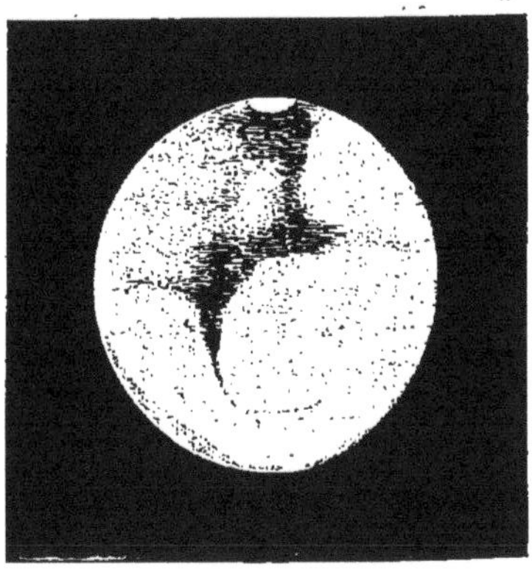

17 septembre, $7^h 10^m$.

Fig. 101-104. — Dessins de Mars, faits à l'Observatoire Flammarion de Bogota, par M. J.-M. González.

mat très pur, et les régions sombres montraient un ton gris verdâtre très doux et légèrement foncé au centre.

Du 7 au 8 août la calotte australe montrait d'une manière assez nette l'échancrure sombre du 300° méridien avec tendance à s'accroître, et qui atteignit son maximum du 14 au 17 août.

Le 25 août, l'aspect était magnifique : on voyait clairement la mer du Sablier et la mer Main, la mer Flammarion, l'océan Dawes, ainsi que la mer polaire australe et celle de Zœllner : la terre de Lockyer se montrait d'un blanc mat; les continents Beer et Herschel I, ainsi que la terre de Burchardt, se montraient clairement. Le cap polaire était éblouissant et les bords de la planète possédaient une teinte plus blanche que les régions centrales.

17 septembre. — Neige éblouissante, contour de la planète plus blanc que les régions du centre; terminateur se fondant graduellement, montrant l'effet de l'atmosphère.

Un fait qui nous a frappé singulièrement, c'est de voir toujours la planète dépourvue de teinte rougeâtre au voisinage du zénith. Ce phénomène s'est reproduit invariablement pendant nos observations dans cet ordre : l'astre possédait une teinte rouge bien accentuée au voisinage de l'horizon; cette teinte prenait ensuite une nuance rose qui se perdait au fur et à mesure qu'elle montait, et prenait une blancheur très marquée au voisinage du zénith. Ce fait nous a montré que les régions sombres, d'un gris verdâtre, possèdent réellement cette couleur. L'effet de contraste n'existe pas dans ce cas, puisque le jaune orange des régions claires faisait place au blanc pur.

Un autre fait digne d'attention est l'échancrure qui se montra si nettement à partir du 1er août dans le cap austral, laquelle arriva du 14 au 17 à son plus grand développement, pour diminuer ensuite et disparaître bientôt avec le dégel.

Nous pouvons résumer ainsi le résultat de nos observations :

1° La couleur de la planète, rouge au voisinage de l'horizon, devient rose à mesure qu'elle s'élève, et au voisinage du zénith elle est complètement blanche.

2° Le contour de l'astre est ordinairement plus blanc que le centre.

3° La diminution de la calotte australe a été plus accentuée après l'apparition de l'échancrure observée le 1er août.

4° La coloration gris verdâtre des taches sombres est réellement gris vert et non pas un effet de contraste.

5° La couleur de la calotte polaire, d'une blancheur argentine, est bien plus brillante que les régions claires du reste de la planète.

6° Le terminateur se montre d'une teinte indécise, témoignant ainsi de l'existence de l'atmosphère.

Nous ne devons point passer sous silence une remarque qui nous a laissé une impression profonde, c'est d'avoir vu d'une manière assez nette des points et des traits nous rappelant les principaux canaux : ce phénomène se répéta à plusieurs reprises, pendant les courts moments où la pureté et l'immobilité de l'atmosphère semblaient être parfaites; mais ils étaient si fugitifs que, bien qu'ils laissassent une impression indélébile dans l'esprit, il était absolument impossible de les reproduire sur les dessins.

Tels sont les faits les plus saillants que nous pouvons tirer de la série de nos observations.

Ces observations sont particulièrement intéressantes, étant donnée l'altitude de cet observatoire établi sur l'équateur (4°35'48"N). A cette hauteur de 2640 mètres, l'atmosphère est d'une heureuse limpidité. M. González est un observateur consciencieux et sincère. Sur les 24 dessins que le savant fondateur de cet établissement équatorial a bien voulu nous adresser, nous en avons choisi quatre pour être annexés ici à notre documentation générale. Il est remarquable que l'échancrure polaire et la mer Main (lac Mœris) aient pu être suivies à l'aide d'un 108mm. Quant à la diminution de la coloration rouge de la planète avec son élévation dans le ciel, il est possible qu'elle soit due en partie à un effet de notre atmosphère — le même que celui qui agit sur les colorations de la lune et du soleil — et en partie à l'objectif, moins achromatisé peut-être pour les rayons bleus et violets [1].

CLIX. — Lettre de M. Schiaparelli.

M. Schiaparelli n'a pas publié ses observations de 1892, si ce n'est en quelques fragments. Voici ce qu'il nous écrivait de Milan, à la date du 29 octobre :

« J'ai revu à peu près la planète comme en 1877, mais en de bien plus mauvaises conditions atmosphériques. Il y a cependant des différences locales consi-

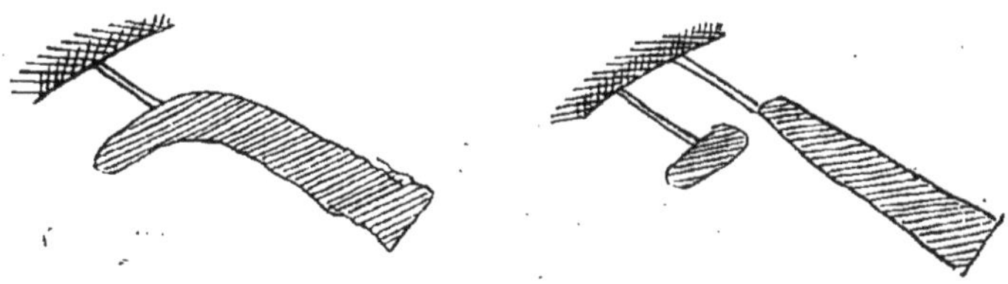

A. 1877 B. 1892

Fig. 105. — La mer des Sirènes en 1877 et en 1892. (*Fac-similé* d'un croquis de M. Schiaparelli.)

dérables. Par exemple, la mer des Sirènes s'est montrée divisée en deux parties fort inégales, chacune des deux ayant son propre débouché dans le Sinus Aonius, comme je vous l'indique dans les esquisses ci-dessus. Le croquis A représente ce que j'ai observé en 1877, et le croquis B ce que j'ai observé cette année. Le détroit des Colonnes d'Hercule paraissait remplacé par deux autres semblables.

(1) M. José Landerer nous écrivait de Tortose (Espagne), à la date du 8 août, qu'en 1892 la lumière de Mars lui a paru moins rouge que lors des dernières oppositions.

Il nous écrivait de nouveau à la date du 14 septembre:

« Les observations que j'ai continuées depuis ma lettre ne font que confirmer le fait que je vous signalais : décidément la coloration de la planète est maintenant moins rouge que lors des dernières oppositions. C'est même un effet facile à saisir, pourvu que l'astre soit suffisamment élevé sur l'horizon. »

» La mer Adriatique se prolongeait aussi tout droit en haut, par un canal très visible, jusqu'au golfe de Prométhée, en coupant la Chersonèse à sa base.

» La grande île Argyre-Noachis se rattachait à la région de Deucalion par un espace clair intermédiaire [x, sur le croquis ci-dessous (*fig.* 106)], en produisant ainsi l'effet d'une presqu'île immense enveloppant toute la mer Érythrée dans sa concavité [1]. Il est certain qu'en 1877 la région marquée x était bien plus sombre

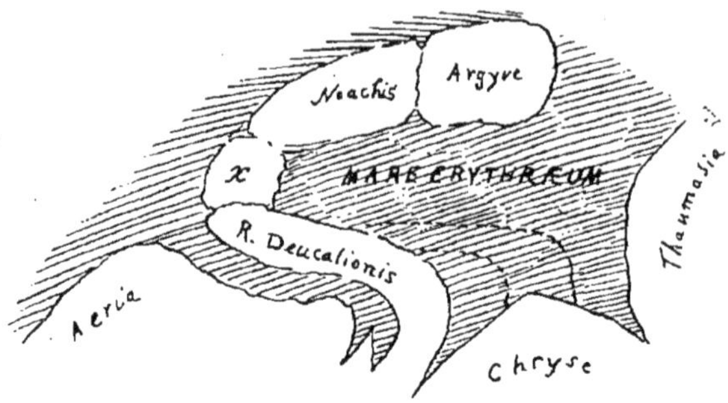

Fig. 106. — Changements observés sur Mars. La région de Deucalion en 1892.
(*Fac-similé* d'un croquis de M. Schiaparelli.)

que Noachis et Deucalionis Regio. Il en a été de même pendant les oppositions suivantes jusqu'en 1890.

» Ne croyez pas que je renonce à toute spéculation sur la cause de tant d'étranges phénomènes. Mais j'ai vu qu'il est bon de séparer nettement les observations des raisonnements techniques. Ma manière de voir sur la constitution physique de Mars a peu changé depuis 1877; seulement, il y a des points sur lesquels la lumière tarde à se faire dans mon esprit. Il faut encore des observations, beaucoup d'observations.

» Il serait important de savoir, par exemple, si les émissaires du lac du Soleil donnent lieu à un nombre déterminé de variantes, ou bien si les changements possibles peuvent varier irrégulièrement et à l'infini. Et il faut aussi être bien sûr de la périodicité de toutes ces variations. »

Ces observations montrent que des *changements perpétuels* se produisent à la surface de la planète, comme il résulte d'ailleurs des faits publiés au premier volume de cet ouvrage. Eau ou végétation? Que ce soit l'une ou l'autre, ces variations sont *réelles*, au moins en partie, et ne sont pas des illusions subjectives de la part des observateurs.

Cela n'empêche pas, sans contredit, qu'il y ait des observations incer-

(1) Cet éclaircissement se voit aussi sur l'un des dessins de M. Keeler, du 17 août, non reproduit ici. On remarque un effet analogue sur le dessin de M. Barnard, du 21 août (p. 51).

taines, insuffisantes, mauvaises même et sans valeur. Ne soyons exclusifs en rien. Discutons tout sans parti pris.

Une autre impression commence à se présenter à notre esprit, en ce qui concerne les canaux, c'est qu'ils pourraient se composer de tracés interrompus (p. 66, Young; p. 76, Gonzalez). Mais ne nous pressons pas de conclure.

CLX. — Observations de M. Perrotin, a Nice. Projections.

M. Perrotin a continué, à Nice, ses belles observations aux équatoriaux de $0^m,76$ et $0^m,38$. Voici son intéressante relation ([1]). Elle concerne surtout les *projections lumineuses* apparues sur le terminateur.

Il s'agit de renflements brillants, de couleur et d'éclat comparables à ceux de la calotte polaire australe, observés à trois reprises différentes, le 10 juin et les 2 et 3 juillet, sur le bord ouest du disque de la planète.

La dernière fois, le 3 juillet, il m'a été possible de noter les diverses phases de cette singulière apparition. Ce jour-là, le point brillant a commencé à émerger sur le bord du disque à $14^h 11^m$ (temps astronomique du lieu), d'abord très faible; puis je l'ai vu croître graduellement, passer par un maximum, diminuer ensuite pour disparaître enfin à $15^h 6^m$ environ. Les faits n'auraient pas été différents s'il s'était agi d'une élévation de la surface de Mars traversant le bord éclairé du disque par le seul effet de la rotation de la planète. La phase qui affectait à ce moment le bord ouest de la planète, où le phénomène se produisait, n'a pu que le modifier dans sa grandeur et sa durée. La veille, 2 juillet, j'étais arrivé à la lunette dans la période voisine du maximum, à $14^h 10^m$, et j'avais pu suivre le point brillant jusqu'à sa complète disparition, jusqu'à $14^h 40^m$.

Les 2 et 3 juillet, les choses se passaient dans la même partie du disque, vers le 50° degré de latitude sud et avec un retard, d'un jour à l'autre, d'une demi-heure, comme il convient à un fait se produisant dans une même région de la planète.

La première observation de ce genre remonte au 10 juin et dura de $15^h 12^m$ à $16^h 17^m$ environ. Cette fois, le point brillant se trouvait dans le voisinage du 30° degré de latitude sud, probablement dans la partie australe de l'isthme *Hesperia*.

J'ajoute que, pendant ces observations, la portion du disque qui avoisinait la petite protubérance m'a toujours paru légèrement déformée et comme soulevée.

Tels sont les faits. Je ne me permettrai pas de les interpréter. Ils se sont présentés avec une netteté si grande, qu'il n'est guère possible de les considérer comme le résultat d'une illusion quelconque.

D'autre part, comme il s'agit ici de projections en dehors du disque d'au moins un ou deux dixièmes de seconde d'arc, c'est-à-dire de phénomènes s'élevant à plus de 30 ou même 60 kilomètres de hauteur, l'esprit se trouve confondu

([1]) *Comptes rendus de l'Académie des Sciences*, 1892, t. CXV, p. 379.

par de pareils nombres, auxquels nous ne sommes pas habitués sur notre globe, et il n'y a sans doute que des phénomènes exclusivement lumineux qui puissent expliquer de semblables hauteurs.

La calotte neigeuse australe a été l'objet de quelques mesures. Cette calotte a notablement diminué depuis deux mois; actuellement (30 août), elle est en train de se disloquer; elle est coupée par deux lignes noires au moins, sortes de crevasses analogues à celle que j'ai signalée en 1888 dans la calotte boréale. La première de ces lignes a été vue dès la fin de juin; la seconde, le 8 du mois d'août.

Le pourtour est maintenant plus irrégulier que dans le passé; on aperçoit notamment, entre le méridien de 300° et de 0°, une échancrure noire profonde qui va sans cesse grandissant.

Bien que les conditions actuelles ne leur soient pas précisément très favorables (au moins en ce qui concerne une partie d'entre eux), plusieurs canaux se voient assez bien; certains sont assez apparents pour convaincre même les observateurs les plus prévenus.

Deux de nos dessins de la Grande Syrte, faits à des dates éloignées, indiquent quelques légers changements dans la portion la plus boréale de cette mer. Ils sont sans doute le fait des brouillards ou des nuages qui, à plusieurs reprises, m'ont paru envahir les régions boréales placées à l'est de cette grande Syrte, au point de cacher les canaux qui les sillonnent, et de ne les laisser voir que dans une partie seulement de leur étendue, celle qui est le plus au sud.

Nos dessins du lac du Soleil, comparés à ceux de M. Schiaparelli, accusent aussi quelques changements de détail dans l'aspect du lac lui-même et dans celui des mers et des canaux qui l'entourent.

L'observation la plus intéressante de ce mois-ci est celle que j'ai faite, le 6 août, d'un point très brillant placé précisément au bord de ce lac du Soleil. Ce point, qui m'avait frappé par son éclat extraordinaire, n'a pu être revu le lendemain; s'il existait encore (les images étaient moins bonnes que la veille), il était certainement bien moins lumineux.

Ce phénomène et les phénomènes analogues que l'on note quelquefois sur la surface de la planète ne sont peut-être pas sans avoir quelque rapport avec les apparences du bord du disque que je viens de signaler. Les observations de l'avenir nous renseigneront sans doute à cet égard.

Ces observations de projections brillantes sur le terminateur de Mars sont aussi importantes que curieuses. Mais elles n'impliquent pas des élévations si prodigieuses (60000^{m} de hauteur!) Trois ou quatre mille mètres suffisent.

Nous anticiperons sur l'ordre chronologique en faisant remarquer que nous en avons observé une de même ordre, à notre Observatoire de Juvisy, le 23 août 1894 à 1^{h} du matin. Le disque ne montrait pas beaucoup de détails : on y reconnaissait le lac du Soleil, le golfe de l'Aurore à sa gauche, et le Gange qui en descend. Le bord du limbe, à droite, était très lumineux; le terminateur, à gauche, était, au contraire, estompé, à l'exception de la région de la protubérance.

Nous avons déjà vu plus haut (p. 53) qu'en 1890, l'opposition ayant eu lieu le 27 mai, on observa le 5 juillet suivant, au grand équatorial du mont Hamilton, une tache blanche en dehors du terminateur, alors à droite ou à l'Est. On la suivit pendant une demi-heure et on la vit arriver sur le disque, par la rotation de la planète. Elle y resta quelque temps visible. Même observation le lendemain par MM. Holden, Schæberle et Keeler. C'était vers 40° de latitude boréale et 45° de longitude, sur la blanche région du Tempé (*voir* plus haut, p. 54).

En 1892, l'opposition ayant eu lieu le 4 août, des observations analogues ont été faites au même observatoire, par les mêmes astronomes, plus MM. Hussey et Campbell, du 2 au 17 juillet, sur le terminateur, alors à gauche ou à l'Ouest. Les projections se trouvaient entre les latitudes australes 30° et 50°, à l'exception d'une ou deux petites vers 25°. C'était la brillante région Noachis qui passait alors au terminateur.

Les projections observées à l'Observatoire de Nice se trouvaient, l'une vers 50° également de latitude australe et 335° de longitude, ce qui n'est pas très éloigné de la Noachis, l'autre vers 30° et 230°, au sud de l'Hespérie.

Celles observées à Juvisy se sont montrées, dans trois observations des 21, 23 et 24 août 1894, vers 350° de longitude et 40° à 45° de latitude sud, ce qui tombe sur la Noachis. Le 24 août, une seconde, moins sûre, se montrait vers 50° à 55° de latitude, au sud de la Noachis.

Ces apparences peuvent être expliquées par des nuages élevés illuminés par le Soleil, soit à l'aurore, soit au crépuscule, et aussi par des neiges sur des cimes alpestres. Mais elles n'impliquent que des hauteurs de 3000 mètres, ce qui n'a rien d'extraordinaire. Nous y reviendrons à propos des observations de 1894.

Déjà, en 1883, j'avais écrit dans la onzième édition des *Terres du Ciel* :

« On a de temps en temps remarqué à la surface de Mars quelques points d'une éclatante blancheur que l'on a à juste titre considérés comme représentant des montagnes couvertes de neige. Les observations sont assez concordantes pour montrer que ces points blancs ont certainement existé. Quelquefois, cependant, c'est en vain qu'on les a cherchés, sans doute précisément parce qu'alors les neiges étaient fondues. Signalons entre autres, dans l'océan Képler, vers le 48e de longitude et le 25e de latitude sud, le district auquel on a donné le nom d'*île Neigeuse*, qui se trouve loin des régions polaires. Tous les faits observés s'accordent pour montrer qu'il y a là une île couverte de hautes montagnes de temps en temps blanchies par les neiges ou par les nuages. L'astronome anglais Dawes a notifié là de curieux changements; il a notamment dessiné une tache blanche parfaitement visible les 21, 22 et 23 janvier 1865 et, au contraire, complètement invisible les 10 et 12 novembre précédents.

» Cette île (1) paraît s'élever au milieu des eaux, cime solitaire, souvent blanchie par les neiges, et peut-être environnée de nuages qui se condensent là comme ceux que l'on voit suspendus aux sommets des Alpes, toutes les fois que l'air humide est un peu rafraîchi. C'est l'île de Ténériffe de Mars, plus élevée sans doute, mais ne plongeant point, comme nos Alpes et nos Pyrénées, jusque dans la région des neiges éternelles.

» Quoique le globe de Mars paraisse plus aplani que la Terre, peut-être possède-t-il encore quelques montagnes. Mais ces blancheurs intermittentes pourraient aussi être produites par des nuages qui se formeraient au-dessus des régions humides et froides, et subsisteraient pendant quelque temps. »

Cette île neigeuse correspond à la région de Protée, des Cartes de Schiaparelli. L'île d'Argyre paraît dans le même cas. Nous parlions de l'existence probable de montagnes sur Mars, en diverses régions de la planète, indépendamment des points lumineux observés le long du terminateur, mais pouvant les expliquer. Écoutons sur ce sujet un très habile observateur, M. Campbell, de l'Observatoire Lick.

CLXI. — Campbell. — Projections observées sur le terminateur de Mars (2).

Nous traduirons textuellement cette étude.

M. Schiaparelli a souvent signalé certaines taches brillantes observées sur la planète, et leur a attribué une très grande importance pour l'étude de la constitution physique de Mars. Cet habile observateur n'a jamais vu ces régions brillantes *projetées au delà du terminateur*, mais il a démontré (3) qu'elles sont beaucoup plus brillantes vers les bords que vers le centre de la planète. Leur caractère permanent montre que ce sont là des phénomènes inhérents à la surface même de l'astre.

M. Terby a observé en huit ou dix nuits, en 1888, trois taches blanches qui, invisibles tant qu'elles n'approchaient pas du bord du disque, devenaient très brillantes, se montrant projetées hors du limbe par irradiation, comme les neiges

(1) Déjà signalée dans la première édition du même Ouvrage (1877), p. 423.
(2) *Publications of the Astronomical Society of the Pacific*, vol. VI, 1894, p. 103.
(3) Voyez Tome I, p. 440-441.

polaires. Je ne sais si toutes les observations de M. Terby se rapportent aux mêmes régions; c'est probable, et, dans tous les cas, ces points semblent offrir un caractère permanent.

Des régions blanches analogues à celles observées par MM. Schiaparelli et Terby ont été fréquemment observées à l'Observatoire Lick, en 1888, 1890 et 1892; mais les projections brillantes sur le terminateur, observées ici pour la première fois en 1890, sont d'une nature plus particulière, et sont peut-être, à part les calottes polaires, les phénomènes les plus intéressants que l'on ait jamais observés sur Mars. Nos observations pour 1890 sont décrites dans les *Publications* de la Société astronomique du Pacifique, vol. II, p. 248-249. Nous disions :

« Le phénomène remarquable de points lumineux se projetant au delà du terminateur de Mars et présentant à peu près l'aspect des montagnes et cirques lunaires vus de profil au bord de la Lune, a été bien constaté à l'aide du grand équatorial, les 5 et 6 juillet. Un dessin fait par M. Keeler montre une tache blanche, étroite et elliptique, longue de 1",5 à 2",0, et paraissant projetée en bas (vers le Nord), en formant un petit angle avec la ligne du terminateur. La définition était alors excellente, et à $10^h 30^m$ la tache était encore sur le disque, visible comme une ellipse blanche ressortant sur un fond plus sombre.

» Le 6 juillet, le même aspect a été observé avec plus de soin par MM. Holden, Schæberle et Keeler. M. Holden a vu à $8^h 3^m$ une tache protubérante qui se recourba vers le haut à $8^h 45^m$ pour en rencontrer une plus petite, 2" environ plus au Sud. M. Schæberle crut saisir une liaison très faible entre ces deux taches.

» La tache inférieure, bien qu'elle eût changé considérablement de forme, resta néanmoins visible pendant plus d'une heure, et parut toujours située à l'extrémité d'un long isthme de la surface de la planète, au nord de Deuteronilus. L'explication la plus simple du phénomène est ainsi que ces taches étaient considérablement plus élevées que la surface générale de la planète. Vers $10^h 25^m$ du 16 juillet, l'aspect était à peu près le même que celui de la tache vue la veille, et se montrait, à n'en pas douter, au même endroit de la planète. »

On a pu prendre des dessins très soignés de ces aspects bizarres.

Il faut dire que la planète n'avait pas été observée les jours précédant et suivant les 5 et 6 juillet, de sorte qu'on ne saurait dire pendant combien de nuits ces projections ont persisté.

Ces phénomènes étaient réels : ils n'étaient pas causés par l'irradiation. Non seulement les points étaient élevés au-dessus du terminateur théorique, mais les plus brillants d'entre eux se recourbaient vers le Nord dans une position parallèle au terminateur, et l'extrémité boréale de cette courbe était séparée de la partie non illuminée du disque par une ligne noire de largeur appréciable.

La latitude de la tache principale était à peu près de + 40°. Nous avons calculé les longitudes du terminateur, à + 40°, et nous les avons trouvées égales à :

5 juillet, 10h 0m	longitude	44°,8
» 10 30	»	52 ,1
6 juillet, 8 4	»	6 ,3
» 8 45	»	18 ,9
» 10 25	»	40 ,7

Ces projections se sont produites vers la région appelée *Tempé*.

Des projections analogues ont été observées sur le terminateur par MM. Holden, Schæberle, Hussey et Campbell, à l'opposition de 1892.

Quant à moi, j'ai observé ces projections les 10, 11, 12, 13 et 17 juillet 1892. Personne n'a vu ici ces projections *après* le 17 juillet. Elles se sont distribuées de —25° à —50° de latitude australe. Celles observées par M. Hussey et par moi étaient toutes comprises entre les longitudes 310° et 95°. Les plus remarquables ont été celles observées les 11 et 13 juillet. Le 11 juillet on voyait deux proéminences, dont la plus importante a été remarquée dès le début des observations, à 12h15m, et est restée constamment en vue pendant deux heures. Sa forme changea considérablement. A 13h 25m elle était extrêmement proéminente, et son extrémité extérieure était distinctement recourbée vers la calotte polaire sud. D'après les mesures de sa position, sa latitude serait de —47°; mais cette latitude augmenta continuellement. Mes notes à ce sujet disent : « 13h25m, la distance entre la proéminence et la calotte polaire est moindre qu'à 12h 55m », et « 13h55m, proéminence plus petite et encore plus rapprochée du pôle ». La longitude de cet objet varia entre 340° et 7°. Je n'avais pas réduit ces observations jusqu'en janvier 1894, lorsqu'une comparaison des résultats avec les Cartes de Schiaparelli montra d'une manière concluante que les projections étaient ou centrales sur la région claire Noachis ou bien vers son bord supérieur ou méridional. L'extrémité suivante de Noachis approche de la calotte polaire, comme les projections. Une projection secondaire et moins importante (latitude —33°) a été visible de 12h45m à 13h55m du 11 juillet.

Le 13, les observations du 11 ont été confirmées. La plus australe des deux projections présentait l'aspect recourbé d'une manière frappante à 14h 35m, offrant exactement le même aspect que celle du 11 à 13h25m. Ainsi, en tenant compte de la durée de rotation de Mars, le même point de la planète a été observé pendant les deux nuits. La position de la base de la proéminence était en —46° de latitude et par 357° de longitude. La même partie de la planète était au terminateur les 10 et 12 juillet, et les projections ont été vues aussi à ces deux dates.

M. Perrotin, à Nice, a observé ces projections le 10 juin.

Je pense qu'elles peuvent être attribuées à des chaînes de montagnes situées sur le terminateur, et probablement couvertes de neiges dans certains cas.

On peut admettre qu'il existe des montagnes sur Mars, et qu'elles peuvent être visibles dans les grands instruments. La distance de la planète à la Terre, le 11 juillet 1892, était d'environ 63 000 000 de kilomètres. Nous pouvions nous servir de grossissements variant de 350 à 520 diamètres. Les distances correspondant à ces rapprochements sont respectivement de 180000 et 121000 kilomètres. La Lune est éloignée de plus de deux fois 180000 et de plus de trois fois 121000 kilomètres. Et cependant nous pouvons observer à *l'œil nu* des projections brillantes sur le *terminateur* lunaire, projections causées par les chaînes de montagnes ou les cirques de notre satellite. Lorsque les montagnes entourant le golfe des Iris sont sur ce terminateur, on se demande ce que peut être cette surélévation brillante que l'on distingue à l'œil nu. On n'a du reste qu'à examiner des photographies de la Lune, à tous les âges de la lunaison, pour voir à quel point les montagnes en relief le long du bord éclairé peuvent devenir évidentes. Ces projections ne peuvent jamais se voir à l'œil nu sur la *circonférence du disque* lunaire. Si donc nous pouvons observer des proéminences sur le terminateur lunaire, à une distance de 384000 kilomètres, *sans la vision télescopique*, on ne peut nier que nous puissions apercevoir des phénomènes semblables sur le terminateur de Mars, lorsque sa distance équivalente au grossissement télescopique est inférieure à la moitié de la distance de notre satellite.

Comme exemple, considérons l'observation de M. Perrotin du 10 juin et donnons à la proéminence sa hauteur maximum, $0'',2$. La distance à la Terre de la planète était alors à peu près égale à 84700000 kilomètres. La longueur apparente de la projection serait donc 84700000 tang $0'',2$ ou 82 kilomètres. En supposant la projection due à une chaîne de montagnes s'étendant jusqu'à la surface non illuminée de Mars, et à une hauteur au-dessus de la surface assez grande pour saisir les rayons du Soleil, tandis que les plaines voisines ne sont pas illuminées, la distance de l'extrémité extérieure de la chaîne de montagnes, illuminée au terminateur, serait égale à la longueur apparente de la projection divisée par le sinus de l'angle à Mars entre la Terre et le Soleil ; c'est-à-dire à

$$\frac{82 \text{ kilom.}}{\sin 35^\circ} = 143 \text{ kilomètres.}$$

La hauteur approchée d'une montagne à une distance de 143 kilomètres du terminateur, pour être juste illuminée, serait (¹)

$$\sqrt{(2,100)^2+(143)^2}-2,100 = 3^{\text{km}},04$$

ou un peu plus de 3000 mètres seulement.

Toutes choses égales d'ailleurs, si les projections sont dues à des montagnes, celles vues en juillet devaient avoir une hauteur d'environ 3000 mètres.

Il paraît ainsi que, pour que les montagnes sur Mars soient visibles dans des conditions favorables, il suffirait qu'elles fussent seulement d'une hauteur ordinaire, et absolument comparables à celles de la Terre ou de la Lune ; et récipro-

(¹) « The approximate height of a moutain at a distance of 89,0 miles (143^{km}) from the terminator, to be just illuminated, would have to be

$$\sqrt{(2100)^2+(89,0)^2}-2100 = 1,89 \text{ miles.} »$$

quement, s'il existe des montagnes sur Mars d'une hauteur analogue à celles de la Terre et de la Lune, nous devrions pouvoir les voir, par un air calme, quand elles sont dans le voisinage du terminateur.

Cette hypothèse des chaînes de montagnes explique bien le caractère plus ou moins permanent de ces projections : elles ont été vues jour par jour, aux mêmes endroits. A l'opposition de 1892, elles ont été comprises dans la zone qui s'étend de 30° à 50° de latitude australe, et il est probable qu'elles étaient alors sous une illumination favorable dans cette région particulière, et défavorable ailleurs.

Objectera-t-on que les montagnes dans cette région devaient être couvertes de neige? Pourquoi pas? Si les calottes polaires sont composées de neige, les cimes élevées de toutes latitudes peuvent l'être aussi à une certaine époque de l'année martienne. Il pourrait se faire que celles situées dans les latitudes australes de 30° à 50° fussent couvertes de neige, se montrant, par suite, excessivement brillantes en juin et en juillet 1892. Celles des projections de juillet qui étaient les plus rapprochées de la calotte polaire australe étaient plus brillantes que les plus éloignées du pôle. Il faut rappeler ici que plusieurs observateurs ont dessiné Mars avec des traînées étroites et brillantes, prenant naissance dans les neiges polaires. Il est bien probable que ce sont là des chaînes de montagnes aux sommets desquelles les neiges fondent plus lentement qu'aux plaines avoisinantes. Il est aussi possible que les montagnes de Mars ne soient pas assez élevées, même pour devenir visibles sur le terminateur, sauf dans le cas où elles deviennent incomparablement plus brillantes que les régions voisines par la présence de la neige sur leurs sommets. Le fait que les projections n'ont pas été également bien visibles avant et après les oppositions de la planète nous fait soupçonner là une relation avec les saisons martiennes, telles que la fonte de la neige sur le sommet des montagnes à l'approche de l'été.

On a dit que ces projections pouvaient représenter des nuages. Cette hypothèse a quelques arguments en sa faveur; mais, en général, elle ne paraît pas satisfaisante. En effet, nous ne sommes pas habitués à attacher aux nuages terrestres une permanence comparable à celle dont ces projections ont fait preuve; elles ont été observées nuit par nuit aux mêmes positions. Celle des 11 et 13 juillet, par exemple, ont été visibles pendant deux heures et probablement plus encore, tandis que pendant ce temps 1300 à 1450 kilomètres de la surface de la planète avaient passé par-dessus le terminateur. Ces projections ont été produites par des objets étroits et allongés, et correspondaient en position à des détails permanents et connus de la surface. M. Schiaparelli a observé des taches brillantes sur la surface, dont quelques-unes avaient un caractère de permanence remarquable, restant visibles pendant des mois entiers sans changements appréciables. Si les taches brillantes de Schiaparelli et les projections que nous avons décrites ont été produites par des nuages, ce pourrait être des nuages formés sur des cimes très froides, comme on le voit très souvent pendant des jours ou des semaines entières, au-dessus des montagnes terrestres. Mais ceci ne ferait que confirmer la théorie des montagnes.

Dans tous les cas, ces points ne sont pas plus élevés au-dessus de la surface du globe de Mars que les montagnes de la Terre et de la Lune au-dessus du niveau moyen de leurs sols.

CLXII. — Campbell et Comstock. — Mesures du diamètre.

A l'aide du grand équatorial de 0^m,91 de l'Observatoire du Mont Hamilton, M. Campbell a mesuré le diamètre pendant la même opposition. Voici les résultats de ces mesures :

Date.	Heure.	Diamètre polaire.	Diamètre équatorial.
20 juillet 1892....	15^{h}2^m	24",36	24",62
24 »	12 8	24 ,79	24 ,95
27 »	12 5	25 ,10	25 ,36
30 »	13 3	25 ,37	25 ,21
31 »	13 4	25 ,22	25 ,34
7 août..........	10 4	25 ,52	25 ,52
7 »	11 8	25 ,59	25 ,70
15 »	13 8	»	24 ,74
16 »	12 4	25 ,18	24 ,77
17 »	12 2	24 ,97	24 ,98

On voit, d'une part, que l'aplatissement polaire est insignifiant, puisque, parfois même, les mesures ont donné un nombre plus petit pour le diamètre équatorial que pour le diamètre polaire.

On voit, d'autre part, que les diamètres mesurés sont tous plus petits que ceux donnés dans la *Connaissance des Temps* ainsi que dans les *Nautical Almanacs* d'Angleterre et des États-Unis.

Ces mesures confirment la déclaration faite plus haut (p. 45).

Autres mesures. — A l'équatorial de 0^m,40 de l'Observatoire Washburn, M. George Comstock a obtenu de son côté les mesures suivantes :

	Diamètre polaire.	Diamètre équatorial.
5 août..........	25",19	26",06
6 »	25 ,36	25 ,80
7 »	25 ,67	26 ,25

L'auteur pense que l'excès du diamètre équatorial sur le diamètre polaire peut être dû à une erreur systématique dépendant de l'angle de position de la distance mesurée.

Ces mesures, comme les précédentes, confirment donc absolument nos propres mesures et notre conclusion que : « Le diamètre des Tables de Le Verrier est certainement beaucoup trop grand [1]. »

CLXIII. — Asaph Hall. — Pole austral et neiges polaires.

A l'équatorial de $0^m,66$ de l'Observatoire de Washington, M. Asaph Hall a pris une série de mesures de la largeur de la tache polaire australe de Mars. En voici les résultats :

	Angle aréocentrique.		
14 juillet 1892........	46°,5	= 1709 milles	= 2750 kilomètres.
12 août........... ..	25 ,8	948 »	1525 »
16 septembre........	20 ,9	768 »	1236 »

L'auteur remarque que pendant la dernière partie des observations, lorsque la tache fut très réduite, son centre offrait l'aspect d'une dépression ou cavité à la surface de la planète. Pareille apparence avait déjà frappé l'observateur en 1877.

M. Comstock, dont nous avons cité tout à l'heure les mesures du diamètre, a trouvé de son côté, pour cette même étendue des neiges polaires :

		Distance du centre au pôle.	Longitude.
26 juillet.........	44°	0°,47	341°
18 août...........	35	2 ,95	11
19 septembre.....	22	2 ,95	36

M. Asaph Hall a trouvé pour la distance du centre du cap polaire au pôle géographique : 2°,45.

En comparant ces valeurs aux principales précédentes, nous avons :

Herschel..............	1783	8° 18
Bessel................	1830	6 36
Beer et Madler........	1837	8 0
Secchi................	1858	17 42
Linsser...............	1862	20 0
Kaiser................	1862	4 16
A. Hall...............	1877	5 11
Schiaparelli..........	1877	6 15
A. Hall...............	1892	2 45
Comstock.............	1892	2 95

La tache polaire est restée très proche du pôle. A l'Observatoire de Juvisy, nous ne sommes pas parvenus à la voir *tourner autour du pôle*, comme plusieurs astronomes l'avaient constaté dans les oppositions antérieures.

(1) *La Planète Mars*, I, p. 486.

CLXIV. — Observations faites a l'Observatoire royal de Belgique, par MM. Niesten et Stuyvaert [1].

Les observateurs se sont bornés aux annotations suivantes :

La faible hauteur de Mars sur notre horizon pendant cette apparition et son éclat excessivement vif, dû à sa grande proximité de la Terre, ont rendu les observations de l'aspect physique de cette planète très difficiles.

Les taches grises étaient très pâles, et les détails faiblement teintés ne s'apercevaient qu'après une attention soutenue.

La teinte ocreuse des continents était très prononcée ; plusieurs taches blanches se montraient dans l'hémisphère austral : elles étaient très brillantes quand elles

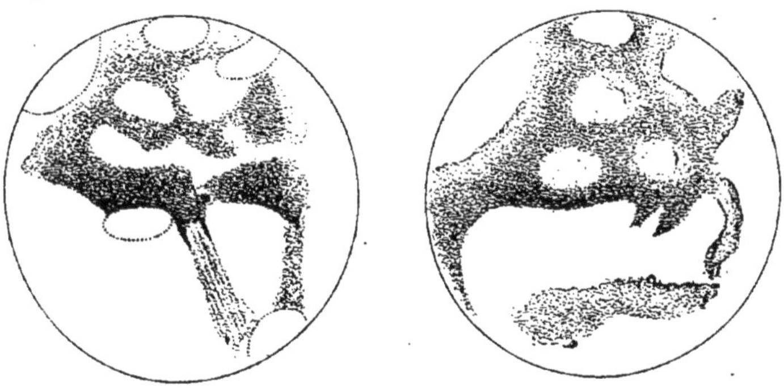

16 septembre, 7h30m. 11 août, 9h30m.

Fig. 107-108. — Dessins faits à l'Observatoire royal de Belgique par MM. Niesten et Stuyvaert.

se trouvaient près des bords de la planète ; elles correspondaient à Hellas, Argyre, Noachis, Yaonis Regio, Deucalionis Regio.

Des taches blanches ovales se sont encore montrées très nettement : 1° aux bords nord de Mare Sirenium et de Mare Cimmerium ; 2° entre Fastigium Aryn et Sabæus Sinus ; 3° à l'est et à l'ouest de l'extrémité boréale de Syrtis Major.

Les canaux (nous leur donnons ce nom sans conclure à leur nature) qui ont pu être observés jusqu'à présent présentent l'aspect de bandes grises très faibles, larges, diffuses ; ceux qui ont pu être identifiés correspondent à Géhon, Indus, Gange, Titan, Gorgon, Protonilus.

La blancheur de la calotte polaire australe était très vive. Une déformation limitant cette calotte s'est montrée très apparente lorsque le méridien central était 48°.

[1] *Bulletins de l'Académie royale de Belgique*, 1892.

Cette Note est accompagnée de quatre esquisses un peu incertaines, à cause des conditions défavorables qui viennent d'être rapportées. L'une des plus complètes de ces esquisses, du 11 août, par M. Stuyvaert, s'accorde avec les deux figures 60 et 61 de Juvisy publiées plus haut, en en supprimant les canaux. Les îles supérieures sont bien marquées. Nous reproduisons deux de ces esquisses, représentant toutes deux la baie du Méridien. Dans la première on remarquera une traînée diffuse partant de cette baie et pouvant indiquer l'espace compris entre les canaux Hiddekel et Gehon, et une autre correspondant sensiblement à l'Indus.

CLXV. — Abetti. — Observations de Mars pendant l'Opposition de 1892 (1).

Ces observations n'ont pas eu pour objet les taches, les aspects, la constitution physique de la planète, mais la mesure de l'angle de position du centre de la calotte polaire australe, la phase et le diamètre. Les résultats sont :

$$\theta = 60°368 \pm 4°287$$
$$\lambda = 4°099 \pm 0°300$$

Phase	16 juillet.	0",46
	24 »	0",20
»	5 août.............	0",05
»	17 »	0",29
»	21 »	0",44
»	25 »	0",60

Diamètre au chronographe (15-18 août)....... 24",19
» au micromètre...................... 27",28
Réduits à l'unité de distance : 9",30 et 10",48

CLXVI. — E. W. Maunder. — Rapport de la Section aréographique de la British Astronomical Association, pour 1892.

M. Maunder, directeur de cette Section, discute les résultats obtenus par lui et ses collaborateurs, MM. E. Antoniadi, G.-L. Brown, Rev. Craig, G.-T. Davis, L.-A. Eddie, H. Ellis, Rev. Freeman, W.-F. Gale, P.-B. Molesworth, Capitaine Noble, Dr Smart, Rev. Waugh, A. Stanley Williams, J. Wykes et MMlles A. Everett et A.-S.-D. Russell. En voici les conclusions :

En 1892, Deucalionis Regio a été un peu plus foncée que le continent au nord. Elle peut varier de couleur et d'intensité aux diverses oppositions; peut-être même en quelques jours. La Carte de Schiaparelli paraît exacte dans ses repré-

(1) *Osservazioni astronomiche su Marte, fatte a Padova.* Br. gr. in-8. Roma; 1893.

sentations de Mare Erythræum. On semble avoir éprouvé une certaine difficulté à bien définir les fourches du Sinus Sabæus. Rien de particulier dans le golfe des Perles ; mais celui de l'Aurore a présenté une sorte de ligament clair à l'emplacement de Protei Regio. Le lac du Soleil se montre assez pâle sur plusieurs dessins, bien que le contour de Thaumasia reste très distinct. Cependant, comme

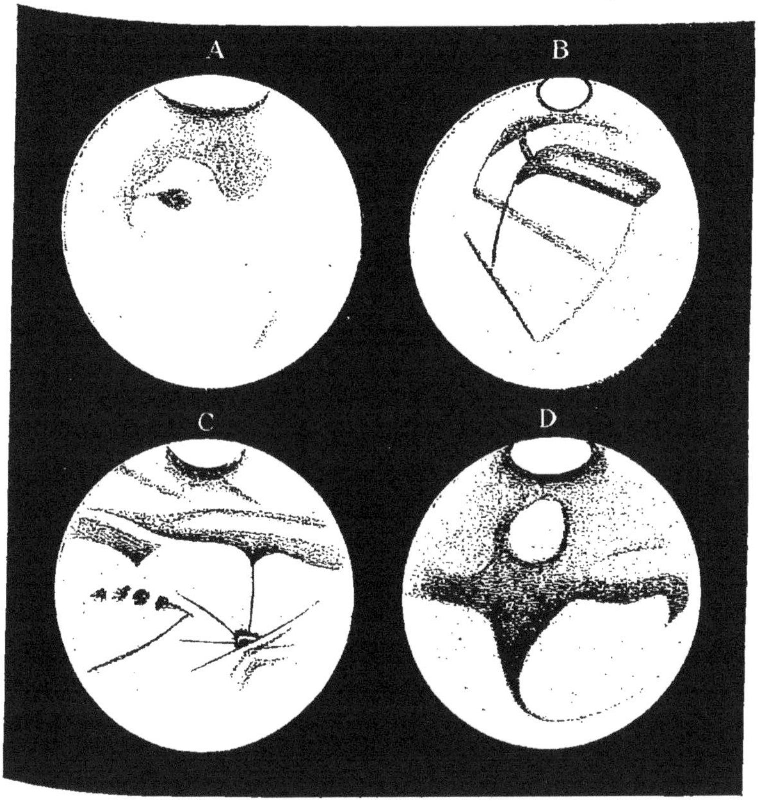

A. 4 août. Long. = 92°. Lat. = 12° (H. Ellis).
B. 4 septembre. Long. = 151°. Lat. = 12° (Stanley Williams).
C. 18 août. Long. = 190°. Lat. = 12° (W. Gale).
D. 18 août. Long. = 304°. Lat. = 12° (E. Antoniadi).

Fig. 109-112. — Dessins de Mars pris en 1892 par les Membres de la *British Astronomical Association*.

discordances entre observateurs, rappelons que M. Keeler, aux monts Allegheny, a trouvé le lac du Soleil toujours très marqué en 1892 (*voir* p. 73). Un curieux phénomène a été observé dans la mer des Sirènes; ses parties centrales se sont montrées beaucoup plus pâles que les bords, aspect analogue à celui qu'a observé M. Schiaparelli dans la mer Cimmérienne en 1882. Elysium n'était pas plus clair que les régions avoisinantes. M. Stanley Williams a soupçonné des traces de gémination du Trivium Charontis dans le sens de l'Orcus.

Les phénomènes observés sur la Grande Syrte étaient encore plus remarquables. Mlle Everett a constaté, le 23 septembre, la présence d'un « pont » coupant la mer du Sablier, vers 10° de latitude boréale, observation que M. Maunder considère comme constituant une « des rares preuves de formations nuageuses sur la planète ».

La Libye s'est présentée dépourvue d'estompages; tandis que le lac Mœris était une tache très faible. Enfin Hellas a été très rouge en 1892; la croix n'y a pas été vue, bien qu'une tache sombre centrale ait pu constituer le lieu de rencontre des deux canaux de l'île.

Les membres de la Commission ont observé les 38 canaux suivants : Protonilus, Tiphon, Oronte, Phison, Euphrate, Hiddekel, Gehon, Oxus, Indus, Jamuna, Nilokeras, Gange (double), Chrysorrhoas, Agathodæmon, Nectar, Phasis, Iris, Serenius, Pyriphlegethon, Herculis Columnæ, Gorgon, Gigas, Titan, Eumenides-Orcus (parsemé de lacs d'après M. Gale), Tartarus, Erebus, Hades, Styx, Læstrygon, Antæus, Eunostos, Cerberus (double), Cyclops (double), Triton, Léthé, Amenthes, Népenthes et Nilosyrtis.

La découverte d'une série de lacs sur le canal Eumenides-Orcus est des plus importantes, et fait honneur à M. Gale. C'est, en effet, pour la première fois que l'on aperçoit tout un chapelet de lacs formant le tracé d'un canal martien. On verra, par les observations de 1894, combien cette représentation de la région à l'ouest (gauche) du Trivium Charontis est justifiée.

On n'a pas pu suivre la disparition de la calotte polaire neigeuse de l'hémisphère sud. Cette calotte a paru fendue par des canaux au début. Une projection analogue aux monts Mitchell de Green, en 1877 (*voyez* Tome I, p. 280) a été observée par M. Gale, vers 330° de longitude et 75° de latitude australe.

Nous reproduisons ici (*fig.* 109-112) quatre vues de la planète, choisies parmi les meilleures du Rapport.

M. Maunder pense qu'il y a une grande analogie entre l'aspect des mers étroites à îles (Mare Cimmerium, Mare Sirenum, Sinus Sabæus) et la gémination des canaux [1].

« Pourrait-on raisonnablement douter, dit-il, que les deux phénomènes ne soient réellement du même ordre? Probablement, l'explication en est qu'il y a une rapide évaporation des grandes étendues d'eau sur Mars, à cause de la faible pression atmosphérique. Un vent léger se lève des terres environnantes, l'air saturé remonte, se condense en partie, et un banc de nuages est formé au-

[1] Cette analogie a été déjà signalée plus haut (*voyez* Tome I, p. 363).

dessus du centre de l'eau en question. Aussi les canaux, que l'on voit simples quand ils sont étroits, paraissent divisés le long du centre par une traînée blanche aussitôt qu'ils se sont élargis.

» Un autre fait remarqué pendant l'opposition, qui nous intéresse au point de vue physique, est que Hellas, l'île la plus rouge de la planète, est vue comme une tache d'un blanc intense près du limbe, et que d'autres régions rougeâtres comme Eden et Eridania montrent la même particularité, quoique dans une mesure moindre. L'explication est difficile. Il est possible que ce soient là des plateaux où les nuages se rassemblent, où la gelée blanche se dépose, tous les matins et les soirs, plus vite que sur les terrains plats. »

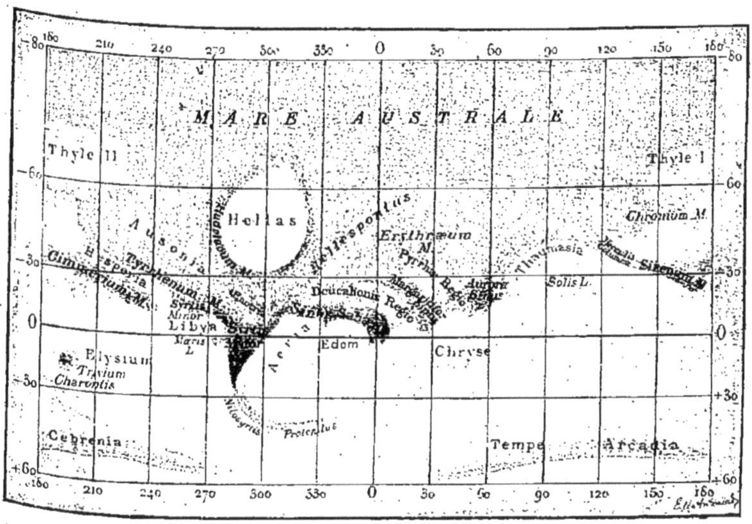

Fig. 113. — Planisphère de Mars dressé en 1892, par M. E. Antoniadi, à l'aide d'une lunette de 108mm.

Dans les quatre dessins qui précèdent, le dernier a été obtenu par M. E. Antoniadi, alors à Prinkipo (mer de Marmara), à l'aide d'une petite lunette de 108mm, construite par Mailhat. En combinant l'ensemble de ses dessins, l'observateur a dressé la petite carte ci-dessus, représentant ces observations. C'est là, croyons-nous, ce que l'on peut obtenir de mieux avec un instrument de cet ordre.

CLXVII. — Observations diverses.

Aux observations si nombreuses qui précèdent nous ajouterons encore les suivantes, succinctement résumées.

M. Herman Fritz, à Chattanooga, Tennesse (États-Unis), à l'aide d'un télescope de 8 pouces $\frac{1}{2}$ monté équatorialement, a remarqué surtout que le cap polaire sud était nettement limité pendant les mois de juin et juillet et que l'atmosphère martienne paraissait plus dense sur le limbe occidental que partout ailleurs. Le 18 juillet, une tache blanche très brillante se détachait du bord boréal du cap polaire sud. Le 26, une longue ligne blanche fort étroite s'en séparait, donnant l'impression d'une bande de glaces flottantes. La baie du Méridien a paru assez foncée.

M. de Moraes Pereira, à Saint-Michel (îles Açores), a fait, à l'aide d'une lunette de 108^{mm} de Bardou, une série de dessins, dans lesquels on reconnaît les principales configurations de la planète. Cette lunette est excellente, dédouble Antarès pendant la nuit, montre cinq satellites de Saturne, etc.

Nous devons signaler aussi dix dessins dus à M. Lucien Rudaux, observateur à Donville (Manche), et obtenus à l'aide d'une lunette de 95^{mm} de Secretan. Résultats remarquables pour un objectif de cette dimension.

M. Norguet, à Tours, à l'aide d'une lunette de 81^{mm}, a surtout constaté la diminution rapide des neiges polaires, à partir du 10 juillet.

M. Marcel Moye, observateur à Bordeaux, nous a adressé la Note suivante :

Lumière de Mars. — Mars vient de passer à l'une de ses plus grandes proximités de la Terre, malheureusement avec une forte déclinaison australe qui a été fort nuisible aux observations. Possesseur d'instruments trop faibles pour étudier avantageusement la configuration géographique de la planète, j'ai porté mon attention sur les caractères physiques de sa lumière.

La lumière de Mars est, comme chacun sait, d'un rouge orangé intense, supérieure comme teinte à celle de son rival Antarès, et rappelant un feu observé de jour. Quand Mars est à l'horizon, il se confond absolument avec la lumière terrestre.

Cette année, Mars m'a paru inférieur en lumière à Vénus ou à Jupiter, mais supérieur aux étoiles de première grandeur, y compris Sirius. Cette intensité m'a donné l'idée de rechercher si l'on pouvait obtenir des ombres sensibles, ce dont, à ma connaissance, nul observateur n'a encore parlé.

J'ai obtenu les résultats suivants.

La planète a été observée par environ 20° de hauteur, un peu avant le passage au méridien. Il n'y avait pas de clarté lunaire, mais les lumières de la ville illuminaient assez l'atmosphère pour reconnaître les principaux objets.

En laissant la fenêtre de la pièce grande ouverte et en s'approchant du mur opposé, on distinguait un espace faiblement lumineux offrant le contour de la fenêtre et sur lequel se détachaient assez bien les ombres de la main et de divers objets. On pouvait même deviner la silhouette des boiseries de la fenêtre, bien que celle-ci fût à plusieurs mètres du mur.

En laissant les volets entre-bâillés, on obtenait sur le mur une fente lumineuse visible de toute la pièce et due à la lumière de Mars. Une feuille de papier blanc, invisible dans l'obscurité de la chambre, se distinguait très bien dans le trajet de cette fente. En approchant la main, on reconnaissait parfaitement les ombres séparées des cinq doigts et la silhouette des objets. Enfin, en présentant un journal à la lumière de Mars, on reconnaissait aisément la place du titre et même le nombre de mots, mais sans pouvoir lire ceux-ci, comme la lumière de Jupiter m'avait permis de le faire.

Je crois donc pouvoir dire qu'au moins dans ses périodes de plus grand éclat, Mars donne des ombres sensibles, assurément moins fortes que celles de Vénus ou Jupiter, mais encore parfaitement appréciables.

Lumière de Vénus. — M. Léon Guiot a fait, d'autre part, à Juvisy, la curieuse observation suivante sur l'intensité de la lumière de Vénus :

« Le 29 août, à 2^h47^m du matin, étant sur le point de me lever pour commencer l'observation de Jupiter, je fus étonné de la vivacité de la lumière qui arrivait par la fenêtre de ma chambre, et, voulant m'assurer du jour qui semblait venir de l'extérieur, je constatai avec surprise que cette lumière était celle de Vénus, située juste en face de ma fenêtre. Voyant mon ombre se mouvoir sur le mur, l'idée me vint de regarder les aiguilles de ma montre. Tout était visible comme au clair de lune. On pouvait lire le journal. Prenant alors ma montre suspendue verticalement à la main, il m'a paru intéressant d'en dessiner l'ombre projetée par les rayons de la planète sur la tapisserie de la chambre, et j'en ai fait le croquis au clair de Vénus.

» Le jour suivant, j'ai constaté que Vénus est restée visible à l'œil nu jusqu'à 2^h du soir. Elle était, du reste, alors constamment visible en plein jour. »

CLXVIII. — Stanislas Meunier. — Le Dédoublement des Canaux (1).

M. Stanislas Meunier, professeur au Muséum d'Histoire naturelle de Paris, a proposé, en 1892, l'explication suivante pour le dédoublement des canaux.

« Je dessine à l'aide d'un vernis noir, sur une surface métallique polie, une série de lignes et de taches représentant plus ou moins exactement la Carte géographique de Mars, puis je fais tomber sur elle un rayon de soleil ou de toute autre source lumineuse. Je place alors, à quelques millimètres devant la surface métallique et parallèlement à elle, une fine mousseline bien transparente, tendue sur un cadre, et je vois aussitôt toutes les lignes et toutes les taches se dédoubler, se *géminer* par suite de l'apparition, à côté de chacune d'elles, de son ombre, dessinée sur la mousseline par la lumière que le métal a réfléchie.

(1) *Comptes rendus de l'Académie des Sciences*, 1892, t. CXV; p. 678.

» La ressemblance de l'effet produit avec la Carte où M. Schiaparelli a synthétisé toutes les géminations observées est des plus saisissantes.

» Or il est facile de reconnaître que les conditions essentielles de notre expérience sont réalisées à la surface de Mars et dans son atmosphère. La lumière solaire frappant le disque planétaire est réfléchie très inégalement suivant les points : beaucoup par les continents ; bien moins par les surfaces sombres, mers et canaux. Quand l'atmosphère martienne est limpide, l'inégalité dont il s'agit ne nous est pas sensible ; mais si l'océan aérien renferme quelque nappe de brume transparente à une hauteur et avec une opalescence convenables, le contraste y apparaît, comme sur la mousseline, par la production d'ombres qui, pour un œil placé ailleurs que sur le prolongement des rayons réfléchis, reproduisent, à côté de chacune des surfaces peu réfléchissantes, une image pareille à elle. Or M. Schiaparelli a noté un *aspect de nébulosité* dans les régions qui vont se géminer.

» Tous les observateurs ont insisté sur le rôle évident des brumes et des brouillards dans les apparences, très changeantes d'un jour à l'autre, du disque de Mars.

» L'extraordinaire simplicité de l'explication que je propose me mettrait en garde contre elle, après les innombrables efforts qu'on a faits pour la trouver, si le contrôle expérimental auquel je l'ai soumise ne me paraissait décisif en sa faveur. »

A la séance de la Société astronomique de France du mois de mai 1898, une discussion s'est élevée à propos de cette explication (géométriquement très contestable, puisque l'écartement des géminations devrait s'accroître avec la distance au centre du disque, ce qui n'est pas) ; M. Quénisset a donné lecture de la lettre suivante de M. Schiaparelli.

La théorie de M. Meunier, sur la gémination des lignes de Mars, est belle, séduisante et ingénieuse, mais elle ne satisfait pas aux phénomènes. Pour s'en convaincre, il suffit d'en faire l'examen à l'aide de la théorie des miroirs sphériques. On verra tout de suite qu'il existe un point sur la surface de Mars pour lequel le rayon, venant du Soleil, est réfléchi directement sur la Terre. Dans ce point, une tache de la surface et son fantôme atmosphérique doivent se superposer pour l'observateur terrestre : de sorte que toute gémination est impossible. Toute ligne qui passe par ce point ne pourra subir de gémination, à moins qu'elle ne soit très longue. Si elle est trop longue, il y aura une divergence des deux côtés du point en question ; la courbe réelle et non son image se toucheront à ce point, comme le montre la figure 114. Lorsque la ligne aura avancé à droite ou à gauche de A, il y aura gémination : mais cette gémination changera la largeur de son intervalle, et sa disposition. Tout cela est contraire à l'observation. Les géminations passent par le point A et dans les environs de A, sans subir le moindre changement : elles

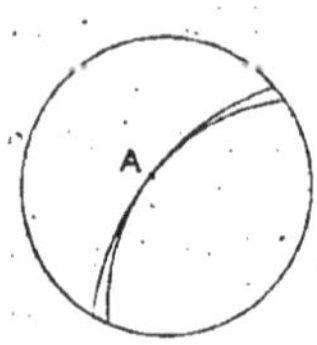

Fig. 114.

existent en A aussi bien que partout ailleurs. Il n'est pas besoin d'expérience pour sentir la vérité de ces conclusions. Mais elles seront confirmées par l'expérience pourvu qu'on l'exécute dans des conditions semblables à celles qu'on suppose sur la planète lorsqu'elle est voisine de l'opposition.

Quant à l'hypothèse de la diplopie monoculaire (¹), c'est la première que j'ai examinée en janvier et février 1882, lorsque j'ai dû constater les géminations *malgré moi, au premier coup d'œil,* et sans les avoir cherchées. Comme alors Mars s'élevait assez près du zénith (déclin. + 27°) et la lunette étant presque verticale, j'ai essayé de déplacer la ligne des yeux par rapport au zéro du cercle de position. Rien ne changeait : les lignes simples restaient simples, les doubles restaient doubles, leur intervalle était toujours le même. Cet intervalle ne changeait que lentement avec la rotation de la planète par l'effet de la perspective. J'ai fait des expériences sur des lignes très fines de certaines gravures, et j'ai cherché si des doublements semblables avaient lieu par les petites étoiles et autres objets célestes. Enfin, je me suis efforcé de ne pas voir double ce qui l'était bien. Ces preuves, la parfaite régularité des images géminées, la facilité et la netteté avec laquelle je les voyais *sans effort*, m'ont convaincu qu'il ne s'agit pas là d'un phénomène subjectif. Au reste, il suffit d'examiner un quelconque de mes dessins pour reconnaître avec la plus grande évidence l'impossibilité de leur appliquer la théorie de la diplopie monoculaire.

La bande qui est entre les deux lignes m'a paru ordinairement de la même couleur que le champ environnant ; quelquefois j'ai cru voir du *blanc*, mais très rarement. Dans les géminations parfaites, les deux traits se montrent tout à fait égaux, tracés l'un et l'autre avec la plus grande netteté : les bords de chaque trait bien définis. Le cas de deux traits inégaux s'est présenté aussi quelquefois, mais comme exception.

En ce qui concerne mes propres observations, je dois donc rejeter l'hypothèse de la diplopie. Mais il est bien possible qu'elle soit applicable à d'autres observateurs, surtout lorsque l'instrument n'est pas assez puissant, l'atmosphère mauvaise, l'œil fatigué, et lorsqu'on ne soigne pas bien la mise au foyer (²).

Sur la nature de ces dédoublements et sur la cause de leurs changements, je ne puis rien dire. Leurs variations énigmatiques rendent plus difficile encore l'étude des changements qui ont lieu dans les configurations permanentes de la planète.

Après cette lecture, M. Antoniadi, astronome adjoint à l'Observatoire de Juvisy, a fait la communication suivante :

On sait en quoi consistent les expériences de M. Stanislas Meunier. Le savant professeur dessine, à l'aide d'un vernis noir, sur une face métallique polie, une

(¹) Proposée par A. de Boë, astronome à Anvers. *Voir* t. I; p. 588.
(²) Hypothèse reprise par M. Antoniadi, et abandonnée ensuite.

série de lignes et de taches représentant plus ou moins exactement la carte géographique de Mars, puis il fait tomber sur elle un rayon de soleil, ou de toute autre source lumineuse. Il place alors, à quelques millimètres devant la surface métallique et parallèlement à elle, une fine mousseline bien transparente, tendue sur un cadre, et il voit aussitôt toutes les lignes et toutes les taches se dédoubler, se *géminer*, par suite de l'apparition, à côté de chacune d'elles, de son ombre, dessinée sur la mousseline par la lumière que le métal a réfléchie.

Mais, d'abord, nous ne nous faisons pas une idée bien nette du point de départ même de la théorie. Si Mars était en quelque sorte un globe périscopique en cuivre poli, nous comprendrions parfaitement que l'ombre d'un canal se peignît par réflexion sur une couche de brume. Or les continents des planètes sont loin d'être doués de semblables propriétés réfléchissantes. En général, ce sont des surfaces rugueuses, mates, réfléchissant fort peu la lumière, mais la *diffusant* incomparablement davantage. Les mesures photométriques de Zöllner ont donné à Mars un *albedo*, ou pouvoir diffusif, comparable à celui de notre grès blanc. Or, en traçant des lignes noires sur un bloc de grès illuminé par les rayons solaires, et en le recouvrant de mousseline, on n'obtient aucune gémination. Pourquoi ? Parce que la lumière diffusée de tous les points de la surface, voisins de la ligne, efface entièrement son ombre réfléchie sur la mousseline.

Une autre difficulté réside dans l'égale intensité des deux branches des canaux doubles. N'est-il pas étrange que l'action diffusive exercée par la brume sur le canal primitif s'arrange neuf fois sur dix pour réduire son intensité très exactement au point de la rendre égale à celle de son ombre ?

Mais laissons ces objections pour d'autres plus directes et plus graves.

Dans sa note publiée en 1892, M. Stanislas Meunier disait : « Si la gémination » résulte, comme je le pense, du phénomène de réflexion qui nous occupe, on » peut prévoir, dans chaque cas, de quel côté d'un canal donné se produira son » ombre. » Mais comme la ligne sur le métal restera fixe, la théorie se trouve ici en opposition directe avec les faits : « En 1888, dit M. Schiaparelli, j'ai pu me convaincre qu'il « peut arriver que ni l'une ni l'autre des nouvelles forma» tions ne coïncident avec l'ancien canal... Toute trace de l'ancien canal dispa» raît pour faire place aux deux lignes nouvelles. » (*La Planète Mars*, t. I, p. 448).

Nous voudrions ensuite savoir si le parallélisme du canal et de son ombre subsiste dans toutes les positions de la sphère, *car il pourrait se faire que la forme sphérique de Mars se prêtât bien moins qu'un disque plat au parallélisme !*

Dans ses derniers essais, M. Stanislas Meunier s'est servi d'une sphère de 90^{mm} de diamètre, recouverte d'une calotte de verre de 0^{mm},67 d'épaisseur en contact immédiat, *ou mieux*, séparée par un intervalle de 1^{mm} à 3^{mm}, et supportant une fine mousseline. Le premier de ces chiffres donne, pour la hauteur de la brume au-dessus de la surface, la valeur de $\frac{1}{67}$ du rayon ; la seconde $\frac{R}{27}$; la troisième $\frac{R}{12}$. Et comme nos cirri les plus élevés ne paraissent pas se former au delà de 12300 mètres, soit $\frac{1}{518}$ de rayon terrestre, on voit que le dernier chiffre de M. Meunier donnerait, pour la hauteur de la couche brumeuse au-dessus de la surface de Mars, une hauteur 43 *fois* plus considérable que celle de nos cirri, toutes choses égales d'ailleurs.

Mais si la pesanteur sur Mars n'est guère qu'un peu plus du tiers de ce qu'elle est ici, la densité de son atmosphère est aussi incomparablement plus faible que celle de la Terre, et nous nous figurons très mal des aiguilles de glace en suspension mécanique à 563 kilomètres de hauteur dans un milieu si raréfié.

Le mystère de la gémination des canaux n'est donc pas encore résolu par cette hypothèse.

CLXIX. — SUR LE DÉDOUBLEMENT DES CANAUX DE MARS.

Un correspondant anonyme, qui s'intitule « UN LECTEUR DE *La planète Mars* », nous a adressé la communication suivante :

Dans l'*hypothèse* d'une construction intentionnelle des canaux de Mars, ne pourrait-on admettre l'existence d'un vaste réseau de canaux creusés : 1° pour mettre en communication entre elles les grandes mers, et les canaux entre eux ; 2° pour assainir les plaines et favoriser l'agriculture ; 3° pour combattre les effets des grandes inondations, périodiques ou non, qui paraissent se produire sur ce monde de Mars ?

Les variations constatées dans l'aspect des canaux simples pourraient être attribuées à des modifications résultant soit des forces naturelles, soit des travaux artificiels dont la rapidité peut nous surprendre mais qui pourtant sont concevables, étant données les circonstances spéciales à la planète.

La fonte des neiges polaires en été peut occasionner, comme sur la Terre, des débâcles, une accumulation subite d'eau dans les mers circumpolaires, leur débordement et des crues subites dans les fleuves et canaux communiquant avec ces mers. J'emploie avec intention le mot *communiquant* et non se jetant dans ces mers, parce que les fleuves semblent plutôt produits par le déversement des mers polaires vers l'équateur que par le mouvement inverse.

Ceci posé, sur une planète où ce vaste réseau de canaux simples a pu être creusé artificiellement, il est facile d'admettre que l'on ait songé aussi à s'opposer aux effets de ces inondations, peut être même à en tirer parti pour l'agriculture, en utilisant l'excès d'eau des crues.

Je suppose donc que, les canaux simples étant sujets à des débordements rapides et périodiques, on a eu l'idée d'en modérer les effets, en creusant parallèlement à ces canaux simples des lits préparés d'avance, prêts à recevoir les eaux des crues et à les empêcher de se propager trop loin.

Le niveau ordinaire d'un canal simple étant par exemple en AB (*fig.* 115) monterait au moment d'une crue jusqu'en CD, l'eau se déverserait alors par une berge en pente douce DE dans le canal latéral, et remplirait pendant quelques heures ou quelques jours l'espace complet entre C, D, E, F. Les eaux baissant, la partie DE

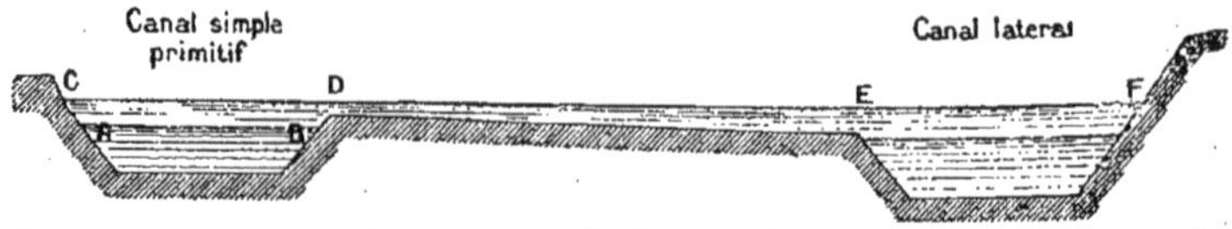

Fig. 115.

serait asséchée de nouveau, et il resterait deux canaux simultanément pleins d'eau, ensuite le canal latéral à son tour se viderait et le canal primitif seul resterait plein d'eau.

Cette hypothèse rendrait compte des diverses circonstances constatées au moment du dédoublement des canaux :

1° Rapidité du dédoublement ;

2° Aspect incertain succédant à la visibilité nette du canal simple (eaux boueuses au moment des crues, couleur analogue à celle des terres voisines) ;

3° Lignes foncées se dessinant après ce phénomène, avec teinte moins foncée entre ces lignes (cette dernière due à la faible épaisseur de l'eau dans la région intermédiaire DE, et à sa couleur boueuse) ;

4° Deux lignes foncées seules visibles (les deux canaux seuls pleins d'eau) ;

5° Retour à un canal unique (assèchement du canal latéral).

On conçoit que, vu la rapidité des crues, ce phénomène se présente tout le long d'un canal et même dans un certain nombre de canaux à la fois.

D'autre part, la grande largeur de la région intermédiaire DE peut se concevoir, soit à cause de la nature meuble des terres, soit encore par l'idée d'utiliser pour l'agriculture les limons déposés sur DE pendant les débordements.

On a constaté une particularité remarquable aux points de croisement de deux

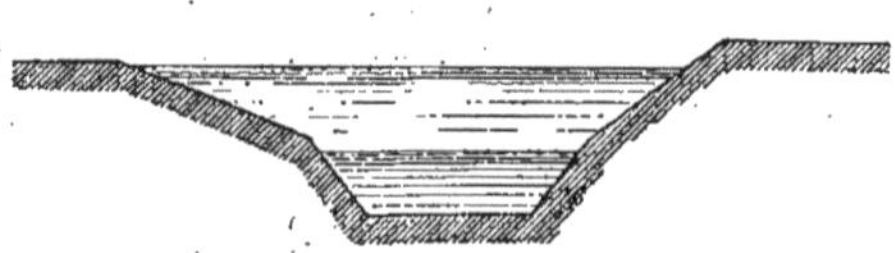

Fig. 116.

canaux simples : « Au moment du dédoublement, les largeurs des canaux dédoublés paraissent plus grandes aux points de croisement. »

L'effet des crues étant plus sensible à ces points, on a pu prévoir, au-dessus du lit normal, un élargissement des berges (*fig.* 116) s'étendant à une certaine longueur de chaque côté du point de croisement, de manière à constituer, dès le premier moment, une réserve disponible pour l'accumulation des eaux.

La largeur uniforme du canal, pour le niveau normal, augmenterait alors aux crues, près des croisements, et ces élargissements se présenteraient aussi logiquement pour le canal latéral correspondant.

La même explication s'applique, me semble-t-il, au dédoublement d'un lac traversé par un canal; il y a lieu évidemment de prévoir à l'endroit correspondant du canal de décharge un lac destiné à recevoir l'excès d'eau de cette partie.

Si ces hypothèses paraissent hardies, on les excusera en pensant que ce singulier réseau de lignes droites n'est pas encore expliqué et que tout le monde peut chercher — sans avoir la prétention de trouver.

Un Lecteur de *La planète Mars*, à Cherbourg (1893).

Nous reviendrons sur ce sujet, à propos d'un article de M. Schiaparelli lui-même.

CLXX. — Lockyer; Maunder. — La Vie sur Mars.

M. Lockyer, l'habile observateur de Mars auquel la Science doit l'une des plus belles séries d'observations qui aient été faites, dès 1862 ([1]), a publié, dans le journal anglais *Nature*, une excellente étude sur notre planète.

Rappelant ses observations anciennes, il les résume en montrant que Mars est entouré d'une atmosphère analogue à la nôtre, que sa température n'est pas très différente de la température terrestre, qu'il y a là des continents et des mers, ainsi que des nuages, et que les neiges polaires fondent avec une merveilleuse rapidité lorsque le Soleil du périhélie darde en plein sur elles. M. Lockyer ajoute que les changements observés spécialement dans le ton des taches dépendent des nuages et de la surface, plus ou moins agitée, des eaux.

Cette dernière conclusion est tirée du fait que les taches sombres considérées comme représentant des eaux sont plus ou moins enfermées dans les terres, et que les changements observés sont plus évidents dans le voisinage des rivages. D'autre part, la fonte si rapide des neiges polaires doit être accompagnée d'inondations considérables.

L'astronome anglais ajoute que, selon lui, les « canaux » sont de véritables canaux d'eau, qui varient d'aspect selon la quantité d'eau qui les remplit, depuis l'apparence d'un maigre fleuve, comme l'une des branches des bouches du Nil par exemple, et s'élevant parfois jusqu'à l'aspect de la vallée du Nil remplie par une inondation.

Les dédoublements observés sur certaines mers, comme par exemple la mer Cimmérienne, le lac du Soleil, le Sinus Sabæus, sont causés, d'après l'auteur, par une bande de nuages étendue au-dessus de ces eaux.

M. Lockyer discute aussi l'hypothèse d'une communication possible entre Mars et la Terre. Les journaux anglais viennent, paraît-il, de mettre en présence deux propositions. La première, due à M. Galton, propose de disposer de grands mi-

([1]) *Voir* t. I, p. 150-163.

roirs, de telle sorte qu'ils puissent renvoyer la lumière solaire, par éclairs et éclipses, dans la direction de Mars. L'absorption de lumière produite par notre atmosphère sur la marche de ses rayons entre la Terre et Mars au méridien ne serait pas supérieure à celle qui est produite par une distance horizontale de 1600 mètres. Ces signaux seraient, par conséquent, faits de jour, quoique Mars ne soit pas visible à l'œil nu pendant le jour.

La seconde proposition, due à M. Haweis, préfère, à la précédente, le côté de la nuit et les signaux électriques. C'est, en effet, son hémisphère non éclairé que la Terre tourne vers Mars, aux périodes d'opposition. Chaque nuit, la ville de Londres montre au ciel une surface d'au moins douze milles carrés brillamment illuminée. Cette lumière pourrait être considérablement accrue par quelques phares électriques. Si l'on pouvait produire des éclipses alternatives dans ce grand foyer de lumière, cela suffirait peut-être pour essayer des signaux nocturnes avec Mars.

M. Lockyer reproduit ces deux propositions, et penche du côté de la dernière (¹). L'observation des satellites de Mars prouve qu'un foyer de lumière, qui mesurerait 12 à 15 kilomètres de diamètre, et qui serait aussi lumineux qu'un objet éclairé par la lumière solaire, et projeté sur l'hémisphère obscur de la Terre, serait visible de Mars, à l'aide d'instruments équivalents aux nôtres. Remarquons toutefois qu'une surface de plusieurs kilomètres composée de points lumineux très séparés les uns des autres serait loin d'égaler en éclat celle d'un corps illuminé par la lumière solaire.

La Revue scientifique anglaise *Knowledge* a publié à la même époque (1893), un fort intéressant article de M. Maunder, astronome à l'Observatoire de Greenwich, sur *le climat de Mars*.

Cette planète ne recevant du Soleil, à surface égale, que les trois septièmes de la chaleur que nous en recevons, et la température de l'espace étant de 273° au-dessous de zéro, l'auteur fait remarquer que la température de Mars devrait être de 130° à 140° au-dessous de zéro. Si aucune cause ne la relevait, telle serait la température moyenne de l'ensemble de la planète!

Toutefois, les zones climatologiques différeraient entre elles, et l'équatoriale serait naturellement la plus chaude. En quelle zone du globe terrestre la lumière et la chaleur reçues du Soleil sont-elles les trois septièmes de ce qu'elles sont à son équateur? C'est à la latitude de 62° que les rayons solaires arrivent assez obliquement pour ne pas en donner davantage. M. Maunder en conclut que

(¹) Dans cet Ouvrage classique, il n'a pas été question des projets de communication entre Mars et la Terre, malgré les 600 pages du premier Volume. Je rappellerai pourtant ici à ce propos l'ingénieux projet d'éclairs alternatifs imaginé en 1869, par mon ami Charles Cros, et que j'ai publié depuis, dans mon petit livre *Excursions dans le Ciel*.

la différence entre le climat d'Arkhangel et celui de Cayenne donne l'indication de celle qui doit exister entre les températures équatoriales des deux planètes.

Mais ce n'est pas tout. L'atmosphère de Mars est beaucoup moins dense que la nôtre. La masse de Mars n'étant que le neuvième de celle de notre globe, et son diamètre étant plus petit, la pesanteur à la surface n'est que les deux cinquièmes de la pesanteur à la surface de la Terre. Si la force de l'attraction terrestre était diminuée jusqu'à la valeur de ce qu'elle est sur Mars, notre atmosphère s'étendrait deux fois et demie plus haut qu'elle ne l'est actuellement, et la pression à la surface du sol serait réduite dans la proportion de 28 à 11. Si nous admettons qu'il y ait la même quantité d'air au-dessus de chaque mètre carré de la surface de Mars et de la Terre, cette atmosphère s'élèverait à une plus grande hauteur et exercerait une moindre pression. L'auteur en conclut que le froid y est par conséquent beaucoup plus vif, analogue, à l'équateur même, à celui que l'on éprouverait au sommet d'une montagne de 6000 ou 7000 mètres de hauteur située au Spitzberg.

On pourrait imaginer, ajoute-t-il, que l'atmosphère de Mars est assez considérable pour exercer à la surface une pression aussi grande que celle qui existe sur la Terre ; il faudrait pour cela, pour chaque unité de surface, cinq fois plus d'air qu'ici ; mais tel n'est pas le cas martien, car alors une telle atmosphère nous voilerait les détails de la surface, que l'on distingue si clairement.

D'ailleurs, si nous comparons Mars, la Terre, Vénus et Jupiter, nous voyons que plus la planète est grande, plus dense et moins transparente est son atmosphère. Pour la Terre, MM. Langley et Pickering ont montré que la perte de lumière d'un rayon qui arrive du zénith est de la moitié, le reste étant partiellement absorbé par notre atmosphère, réfléchi et diffusé par les fines particules qui la remplissent. Un observateur placé sur Vénus aurait par conséquent la plus grande difficulté à apercevoir, même par le plus beau temps, les configurations géographiques de la surface terrestre.

Toutes ces considérations réunies conduisent à penser que Mars est glacé. Si l'atmosphère de Mars est relativement à la masse de la planète dans la même proportion que l'atmosphère terrestre relativement à la masse de la Terre, sa densité à la surface n'est que le $\frac{1}{7}$ de celle que nous respirons. C'est la raréfaction que l'on éprouve en ballon à une hauteur de 15 000 mètres !

Ainsi pense scientifiquement le savant astronome de l'Observatoire de Greenwich. Seulement... l'observation de Mars ne s'accorde pas avec ces conjectures, puisque les neiges de cette planète fondent même plus complètement autour de ses pôles que les neiges terrestres, et que tous les changements observés indiquent un état climatologique général au moins aussi élevé que le nôtre, — à moins d'admettre que ces neiges polaires ne sont pas de même nature que les nôtres, ce qui d'ailleurs est possible, mais n'est pas probable *a priori*.

M. Maunder reconnaît d'ailleurs lui-même, de très bonne grâce, la difficulté.

L'état actuel de Mars est, semble-t-il, au moins aussi chaud que le nôtre. Sans doute la vapeur d'eau joue-t-elle là un rôle considérable dans l'absorption calorifique!

Comment concilier des données si contradictoires?

Le premier point à ne pas perdre de vue est que la chaleur et la lumière qui arrivent sur une planète ne donnent pas la mesure de celles qu'elle possède effectivement. Des quantités qui arrivent sur la Terre, la moitié environ est *renvoyée* dans l'espace par notre atmosphère elle-même, et une autre quantité est réfléchie par les nuages. Toute cette partie est perdue pour l'échauffement de l'air ou du sol. Si nous admettions que *tous* les rayons calorifiques solaires qui arrivent sur Mars soient *utilisés à l'échauffer*, cette seule condition assimilerait ses climats aux climats terrestres. Or, c'est la surface de Mars qui réfléchit la lumière solaire, plutôt que son atmosphère ou ses nuages, comme dans le cas de la Terre, de Vénus et de Jupiter. La température de cette planète peut donc être très supérieure à celle qui résulterait uniquement de sa distance au Soleil. Mais, d'autre part, comme nous n'observons du globe de Mars que le côté éclairé et chauffé par le Soleil, il est possible que ce que nous ne voyons pas, c'est-à-dire le côté de la nuit, soit très froid, et qu'il y ait là toutes les nuits de la neige ou de la gelée blanche, qui fondrait au soleil levant. Le ciel peut aussi facilement s'y couvrir pendant la nuit, par suite de la condensation de la vapeur d'eau.

L'évaporation doit y être facile et rapide; le point d'ébullition y est sans doute vers 46° au lieu de 100°. La condensation nocturne peut servir à conserver la chaleur.

M. Maunder examine ces considérations et conclut qu'en définitive Mars n'est probablement pas aussi froid que l'indiquerait sa distance.

CLXXI. — Mars, par Sir Robert Ball [1].

L'auteur examine d'abord la planète au point de vue de l'atmosphère et de la vie. Les êtres vivants, fait-il remarquer, « utilize the atmosphere by obtaining a proximate source of energy in the union of oxygen with oxidizable materials within their bodies ». Partant de là, M. Ball pose d'abord, en principe, que les atmosphères sont en proportion du volume des corps célestes et cite comme exemples extrêmes dans notre système le Soleil et la Lune, le premier enveloppé d'une atmosphère immense, le second dépourvu d'une atmosphère notable. Épousant ensuite les vues de M. Johnstone Stoney, dont

[1] *Publications of the Astr. Soc. of the Pacific*, t. V, 1893, p. 23.

il sera question plus loin, il admet la théorie cinétique des gaz, d'après laquelle chaque molécule de gaz est animée d'un mouvement rapide qui cause des rencontres et des chocs perpétuels entre elles. L'hydrogène représenterait la plus grande rapidité : ses molécules circuleraient avec la vitesse moyenne de 1600 mètres par seconde, à la température de 64° au-dessous de zéro, qui paraît être celle des régions limitrophes de notre atmosphère, et atteindrait en certaines circonstances une rapidité sept fois plus grande, supérieure à celle qui serait nécessaire pour lancer un projectile hors de l'attraction de la Terre. L'absence d'hydrogène dans l'air terrestre serait due à cette vitesse qui, aux limites de notre atmosphère, lancerait constamment dans l'espace les molécules d'hydrogène qui y arriveraient.

L'absence, ou à peu près, d'atmosphère sur la Lune serait due à ce que la gravité étant très faible à la surface de notre satellite, les vitesses des molécules d'oxygène et d'azote sont suffisantes pour les envoyer dans l'espace.

A la surface de Mars, la vitesse qui serait nécessaire pour envoyer un projectile hors de la planète est d'environ 4800 mètres. Comme la vitesse des molécules d'hydrogène dépasse souvent cette limite, l'hydrogène libre ne peut pas subsister dans l'atmosphère de cette planète. L'oxygène ayant une vitesse moléculaire du quart de celle de l'hydrogène peut exister sur Mars. La vapeur d'eau est animée de vitesses égales au tiers de celles des molécules de l'hydrogène et peut probablement être retenue par la gravité martienne; mais c'est juste à la limite.

Les plus forts grossissements pratiques appliqués à l'étude de Mars, ceux du grand équatorial de l'Observatoire Lick, étant d'environ 1000, et la distance moyenne de Mars étant de 56000000 de kilomètres, il n'est presque jamais rapproché à moins de 56000 kilomètres, soit à douze fois la distance qui sépare les rivages de l'Europe de ceux de l'Amérique. Des aspects de la dimension des Alpes peuvent y être reconnus; la dernière limite serait une tache de la dimension de Londres. On n'y distinguerait ni Liverpool ni Manchester. Les détails des variations des neiges polaires y sont bien visibles et bien suivis. Il n'est pas douteux qu'il y ait là un élément solidifié par le froid et fondu par le Soleil, très probablement de la neige.

Les canaux de Mars plaident aussi en faveur de l'eau. Ils paraissent être des prolongements des mers à travers les continents.

L'astronome anglais termine son étude en concluant que Mars est plus ancien que la Terre et que la vie qui a pu se produire là est probablement beaucoup plus avancée que la nôtre, peut-être à son déclin, peut-être même disparue. Il n'y a pas de raisons pour qu'elle soit contemporaine de la nôtre, qui n'occupe qu'une phase temporaire rapide de l'histoire de notre globe.

CLXXII. — HUSSEY. — LES SATELLITES DE MARS, VUS DE LA PLANÈTE (1).

La parallaxe joue un très grand rôle dans les aspects des lunes martiennes, vues de la planète. La réfraction de l'atmosphère de Mars peut être négligée. Le savant astronome américain admet, pour cette étude, que la planète est sphérique et mesure 6800 kilomètres de diamètre, et que les satellites se meuvent en orbites circulaires dans le plan de l'équateur, Phobos à 9400 kilomètres du centre, Deimos à 23570 kilomètres.

La position apparente des satellites dans le ciel de Mars n'est pas la même, vus du centre de la planète ou de différents points de sa surface. La différence de position est ce qu'on appelle la *parallaxe* du satellite; sa valeur est la plus grande lorsque le satellite est à l'horizon, vu de la surface. La parallaxe horizontale est de 21°,2 pour Phobos et de 8°,3 pour Deimos. On sait que celle de la Lune est de moins de 1° : de 57'.

Aucun des satellites ne peut être vu des régions polaires de la planète, à partir de 68°,8 de latitude pour Phobos et de 81°,7 pour Deimos.

Mars tourne en $24^h 37^m 23^s$, et ses deux satellites en $7^h 39^m 14^s$ et $30^h 17^m 54^s$, le tout dans le même sens, de l'Ouest à l'Est. Le mouvement est de 14°,88 par heure pour Mars, de 47°,04 pour Phobos, de 11°,78 pour Deimos. Comme Phobos tourne plus vite que la planète, il paraît, à un observateur martien, se lever à l'Ouest, courir dans le ciel de l'Ouest à l'Est, et se coucher à l'Est. Deimos, comme tous les autres corps célestes, se lève à l'Orient et se couche à l'Occident. L'intervalle d'un lever au lever suivant, ou d'un coucher au coucher suivant, se calcule en divisant 360 par la différence de la marche horaire de la planète et de ses satellites. Ce calcul donne environ 11 heures pour Phobos et environ 66 pour Deimos. Les intervalles entre les levers et les couchers sont fort inférieurs à la moitié de ces nombres. Au lieu de rester au-dessus de l'horizon pendant une demi-révolution autour du centre de la planète, ou 180°, cette durée est raccourcie de deux fois la parallaxe horizontale, ce qui donne pour Phobos 137°,6 et pour Deimos 163°,4 : les temps employés pour décrire ces arcs sont respectivement 4 heures 18 minutes et 59 heures 36 minutes. Tel est le temps pendant lequel Phobos et Deimos restent au-dessus de l'horizon.

Le diamètre de l'ombre de Mars à la distance de Phobos est d'environ 6750 kilomètres et à la distance de Deimos de 6660; ce diamètre varie avec la distance de la planète au Soleil, mais fort peu, de 8 à 16 kilomètres respectivement.

(1) *Publications of the Astr. Soc. of the Pacific*, 1893.

Ces satellites sont souvent éclipsés, mais non pas à chaque révolution, à cause de l'inclinaison du plan de leurs orbites sur celui de la planète. Phobos n'est pas éclipsé lorsque la pleine lune arrive à plus de 58° des nœuds, ni Deimos lorsqu'elle arrive à plus de 19°. En moyenne, Phobos est éclipsé environ deux fois sur trois pleines lunes et Deimos deux fois sur neuf.

Le maximum de durée d'une éclipse est de 53 minutes pour Phobos et de 84 pour Deimos.

Pendant une nuit sur Mars, un observateur peut parfois observer deux éclipses totales de Phobos, l'une le soir et l'autre le matin suivant, à l'époque des équinoxes, et le satellite se levant vers l'heure du coucher du soleil. Vers 6ʰ du soir, par exemple, sur Mars, on voit, dans ce cas, le satellite se lever à l'Ouest. Près de 3 heures et demie plus tard, ou un peu avant 9ʰ30ᵐ, le soleil se trouve vers 50° au-dessous de l'horizon, et Phobos à 50° à l'est du méridien. L'éclipse est alors en son milieu, la totalité ayant commencé 26 ou 27 minutes auparavant. Une demi-heure après la fin de l'éclipse, Phobos se couche à l'Est. Le matin suivant, il se lève vers 5ʰ, mais totalement éclipsé. Cette éclipse finit un peu plus d'une demi-heure avant le lever du soleil, et alors Phobos plane à 15° ou davantage au-dessus de l'horizon occidental.

OPPOSITION DE 1894.

Cette opposition a été un peu moins favorable que celle de 1892, la planète étant un peu plus éloignée de la Terre. Mais, d'autre part, elle s'élevait plus haut au-dessus de l'horizon et l'observation en était meilleure. Les résultats obtenus sont supérieurs encore aux précédents. Voici dans quelles conditions elle se présentait :

Opposition	20 octobre.
Diamètre à l'opposition	21",7

Distance = 0,4310 ou 64 219 000 kilomètres.

(En 1892, ces mêmes valeurs avaient été 0,3774 et 56 000 000.)

Pôle austral incliné vers la Terre.

Latitude du centre du disque	—16° à —22°.
Equinoxe de printemps austral	7 avril 1894.
Solstice d'été austral	31 août 1894.
Equinoxe d'automne austral	7 février 1895.

La planète était, pendant la période des observations, au printemps et en été de son hémisphère austral.

Elle est passée à son périhélie le 25 juillet 1894.

On voit que c'est encore l'hémisphère austral qui était le mieux placé pour les observations, qui ont eu lieu de mai 1894 à avril 1895. Nous allons examiner les principales études faites pendant cette importante opposition.

CLXXIII. — Observations faites a l'Observatoire Lowell, a Flagstaff (Arizona).

Un savant enthousiaste, esprit indépendant, chercheur persévérant, et auquel une très agréable situation de fortune permet les plus nobles créations scientifiques, a été inspiré par l'idée fort heureuse de consacrer un observatoire à l'étude spéciale de la planète Mars. Sachant déjà par expérience que la principale qualité d'un observatoire est sa condition atmosphérique, M. Percival Lowell se préoccupa, avant tout, de trouver sur notre planète une position où l'air fût aussi calme que possible. Après un grand nombre d'essais, il fixa son choix sur une montagne de l'Arizona, à Flagstaff, aux États-Unis, à 2210 mètres d'altitude (dominant un petit village de 800 habitants), et y construisit un observatoire muni d'un équatorial de 18 pouces ($0^m,45$) de Brashear; distance focale : 8 mètres; grossissements 440 et 617, et pour le micromètre 862 et 1305.

M. Lowell avait pour collaborateurs, dans cette étude spéciale de Mars, deux astronomes américains, MM. W.-H. Pickering et A.-E. Douglass.

Les observations ont commencé le 24 mai 1894 et ont été continuées jusqu'au 3 avril 1895. On a pu faire 917 dessins, sans compter les mesures.

Ces observations ont été publiées, d'abord en résumé, dans un Livre populaire sur Mars [1], ensuite au complet dans un Volume d'Annales [2]. Nous les exposerons ici, avec certaines remarques faites par l'auteur lui-même en diverses circonstances.

M. Lowell est venu en France en 1896, et dans la séance du 8 janvier de la Société Astronomique a présenté lui-même ses vues sur la planète [3].

Rappelant d'abord notre Ouvrage sur Mars, il déclare que, pour lui, il s'est surtout préoccupé de dégager ses observations des troubles produits sur les images par les mouvements de l'atmosphère. Les lunettes actuelles sont assez fortes. Ce qui est plus important désormais que leur puissance c'est *ce qu'il y a aux deux bouts* : l'observateur et l'atmosphère. L'observateur doit avoir une VALEUR PERSONNELLE, un cerveau; l'atmosphère doit être, au contraire, aussi NULLE que possible.

(1) *Mars*, by PERCIVAL LOWELL. 1 vol. in-8°, Boston and New-York, 1895.
(2) *Annals of the Lowell Observatory*, vol. I. Boston and New-York, 1898.
(3) *Bulletin de la Société Astronomique de France*, 1896, p. 48.

Il est facile de remarquer, sur la mer en été, sur une plage chauffée par le soleil, la vibration des vapeurs, vibration beaucoup moindre en hiver. Qu'on se représente ces ondulations grossies trois et quatre cents fois. C'est comme un livre que l'on remue et sur lequel on ne peut rien lire, bien qu'il soit à bonne portée, et si nets que soient ses caractères.

L'orateur a donc pris soin de rechercher l'air le plus pur qui fût aux États-Unis et l'a trouvé dans la région Sud-Ouest, dans l'Arizona, sur le mont Aréquipa.

Il est difficile de donner une idée complète de la limpidité et de l'immobilité de l'air dans ces régions. Les fumées s'y élèvent droites comme des colonnes. Cette heureuse condition a permis à l'observateur de découvrir sur la planète nombre de détails qui n'y avaient pas encore été vus. Dans une série de belles projections, faites d'après ses dessins, il montre d'abord les neiges polaires de la planète, sur lesquelles il signale de longues et larges crevasses, et dont il fait remarquer le décroissement. Il appelle l'attention sur une bordure foncée autour de ces glaces, bordure d'un azur profond, qui a toutes les apparences d'une étendue liquide. Quant aux autres taches sombres, considérées généralement comme des mers, l'observateur fait remarquer qu'elles sont plutôt verdâtres que bleues, et s'appuyant sur leurs changements de couleur ou de forme, suivant les saisons, il croit pouvoir les attribuer à *de la végétation*. Arrivant à la question des canaux, M. Lowell, en raison de leur couleur également verte, croit qu'ils sont accentués par des bandes de végétation. Il en a découvert un grand nombre de nouveaux, remarquant leurs directions toujours rectilignes, leurs croisements géométriques et, à leurs points de jonction, des taches rondes, qu'il nomme oasis, et cette régularité parfaite, évidemment voulue, dénote, selon lui, l'intervention d'êtres animés, sans doute différents de nous, mais d'un degré intellectuel avancé.

La très grande inclinaison du pôle austral a permis d'observer les neiges exceptionnellement bien. On a pu non seulement constater des détails topographiques sur ces neiges, mais encore en étudier les diverses élévations. La calotte polaire s'est montrée constamment bordée d'une bande sombre. Cette bande a fidèlement suivi la calotte dans sa retraite vers le pôle, ce qui conduit à penser que cette tache enveloppante doit être *liquide* et *produite par la fonte des neiges*. Entre 320° et 220° de longitude, elle mesurait 560 kilomètres de largeur; plus à l'Est (¹), elle n'en avait que la moitié, mais vers 290° de longitude, cette mer polaire forma un immense golfe qui, sous les meilleures conditions atmosphériques, s'est montré d'un bleu exquis.

Cette calotte a été presque coupée en deux par une grande brèche qui s'est ouverte insensiblement à travers la neige (²). Le 15 juin, la brèche avait 350 kilomètres de largeur. L'apparition de cette brèche montre que la calotte neigeuse repose sur des terrains d'élévations inégales, puisque des parties rela-

(¹) On suppose l'observateur placé sur Mars.

(²) *Voir* plus loin *fig.* 122, p. 119.

tivement proches du pôle se sont fondues plus rapidement que les parties extérieures.

Mais il y a, sur ce sujet, des preuves encore plus frappantes. Le 8 juin, à 1^h26^m du matin (temps moyen de Paris), on remarqua tout d'un coup des points éblouissants semblables à des étoiles, sur le côté suivant de la calotte polaire. Au bout de quelque temps, ces points avaient disparu. Ils se trouvaient situés vers 291° de longitude et 76° de latitude aréographique, c'est-à-dire entre la brèche et le grand golfe. Le 10, on a vu d'autres points étoilés semblables aux premiers, mais un peu plus à l'Est et moins brillants. Ces observations ont été répétées les 11, 13 et 14 juin. Quelquefois les points brillaient comme des étoiles; en d'autres circonstances, ils apparaissent comme des taches très blanches sur le fond plus jaune de la calotte. Le 12, on a observé des points analogues à l'Est de la calotte, c'est-à-dire de l'autre côté de la grande brèche.

Ces observations conduisent l'auteur à admettre l'existence de deux chaînes de montagnes dans la région polaire. C'est de leurs flancs sud-sud-ouest que sont venus les brillants reflets, comme on le trouve en faisant les calculs nécessaires.

Les contours des continents ont été bien nets, à l'exception de Thaumasia, qui est la partie la plus australe des terres. Au contraire, la région comprise entre les continents et la calotte polaire neigeuse est restée indécise. Les taches sombres étaient, en général, d'une même teinte, plus ou moins foncée, depuis la mer polaire qui était la plus sombre, jusqu'aux îles dont il était impossible de bien marquer les contours, tant les teintes se confondaient. Les péninsules, qui ressortent quand la saison est plus avancée, ne se voyaient pas. Les choses se passaient tout à fait comme si les régions situées entre la calotte et les continents avaient subi une inondation produite par la fonte des neiges polaires australes.

En de bonnes conditions atmosphériques, les couleurs du disque étaient superbes. Quelquefois les continents se montraient d'un rose orange; les mers d'un *vert bleuâtre*. Au lever du soleil, les océans sont devenus bleus (bleu un peu plus faible que le bleu du ciel à 2200 mètres de hauteur, le ciel de l'Observatoire), tandis que les continents et les îles ont revêtu une teinte rose très remarquable. Les couleurs des mers ne proviennent donc pas d'un effet de contraste puisque, du moment que les continents sont devenus moins jaunes, le contraste aurait exigé que les mers fussent devenues plus jaunes, et non pas bleues.

« En général, ajoute M. Lowell, les meilleurs moments d'observation se sont manifestés environ trois quarts d'heure après le lever du soleil. Ce n'est pas que l'air fût plus calme à cette heure, mais la clarté du jour tempérait un peu l'éclat.

» Je n'ai point distingué de nuages, quoique l'atmosphère de Mars offrît l'apparence de contenir beaucoup de vapeur d'eau. Le bord du disque (côté ouest) s'est montré constamment enveloppé d'une lumière jaune très épaisse, mais unie, jusqu'à 30° du limbe. Comme ce bord était à 9h du matin sur Mars, 30° de plus donnent 11h du matin. Il est impossible d'admettre que les nuages proprement dits dureraient également sur toute la zone équatoriale ainsi que sur toute la zone tempérée, jusqu'à cette heure seulement et pas au delà.

» On remarquera que ces observations ont été prises pendant le printemps de l'hémisphère austral de Mars. Or cette étude de printemps conduit à un résultat assez intéressant. C'est que la circulation de l'eau sur Mars, en cette saison, a lieu principalement à travers la surface, non à travers l'atmosphère de la planète; que la fonte des neiges polaires donne lieu à une vaste crue d'eau qui descend vers l'équateur, et que c'est non par pluies mais par inondations que ces régions,

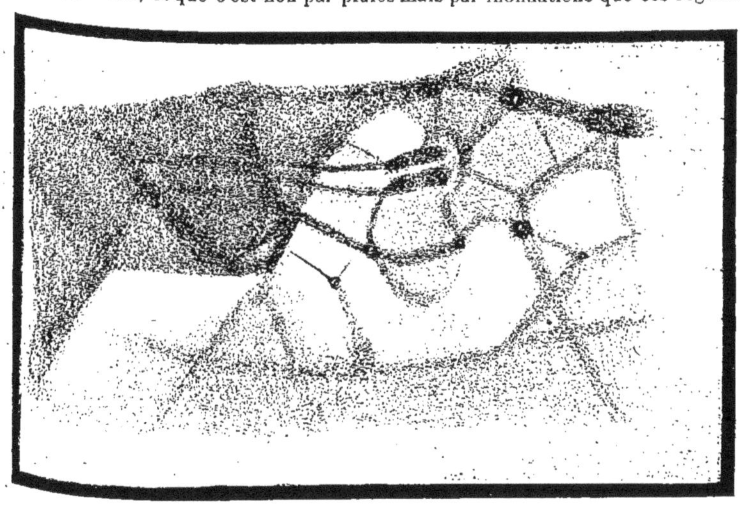

Fig. 117. — La région du lac du Soleil, le 8 octobre 1894, d'après M. Lowell.

apparemment dépourvues d'eau, reçoivent ce qui leur est utile pour les besoins de la vie organique.

» Nous avons quelque raison de penser, dit l'orateur en terminant, que Mars est beaucoup plus avancé en âge que la Terre. Or, une planète doit perdre graduellement l'eau de sa surface se combinant chimiquement en pénétrant dans l'intérieur. Aussi à mesure que les océans se retirent, l'évaporation doit diminuer et les pluies doivent devenir moins abondantes. L'eau disponible devient, par deux causes agissant en commun, de plus en plus rare. Mais l'eau est absolument nécessaire à toute vie organique. Si donc une planète a vu la vie animer sa surface — (et Mars ne diffère apparemment pas assez de la Terre pour le nier) — c'est « le problème de l'eau » qui s'impose absolument. *De l'eau! de l'eau!* serait sans doute le cri suprême d'une humanité aux abois. Les canaux ne répondent-ils pas à cette exigence finale? Nos observations acquièrent d'ailleurs un intérêt tout spécial en ce qu'elles étudient précisément cette circulation de l'eau : neiges, fonte des neiges, mers et canaux. »

Le célèbre opticien américain Alvan Clark, qui, pour la première fois, assistait à nos séances, a pris la parole après M. Lowell. Il se félicite de se trouver au milieu de nos collègues. « Dans les découvertes astronomiques, dit-il, la Science et l'Art se sont mariés. En ce qui concerne la construction des instruments, il y a des courbes très difficiles à obtenir : on n'y réussit pas toujours et il faut souvent demander à l'Instinct de suppléer aux Mathématiques. Il affirme donc la nécessité des « retouches locales » dans les objectifs. L'Optique et l'Astronomie marcheront toujours ensemble. »

La Société Astronomique de France a eu ainsi ce jour-là une sorte de double conférence, fort instructive, sur les observations et les instruments. Parmi les projections qui l'ont illustrée, nous conserverons ici (*fig.* 117) le très curieux et très inattendu dessin de la région du lac du Soleil présenté par M. Lowell [1]. Le lac se montre allongé et double, prolongé par deux canaux jusqu'au Golfe de l'Aurore dans lequel se remarquent des canaux ! C'est de ces observations que les astronomes de Flagstaff sont partis pour conclure, comme nous le verrons tout à l'heure, que les « mers » martiennes sont des plaines végétales, opinion déjà rendue vraisemblable par les remarques de M. Pickering publiées plus haut (p. 62).

Avant d'arriver au détail des observations et aux *Annales* de l'Observatoire Lowell, résumons l'Ouvrage populaire sur Mars que nous avons signalé tout à l'heure.

Le sujet de ce Livre est divisé en six Chapitres et nous ne pouvons mieux faire que de les examiner séparément. Occupons-nous d'abord de la forme de la planète.

Le disque de Mars paraît généralement (en dehors des phases) parfaitement rond. Les mesures faites à l'Observatoire Lowell montrent qu'il est aplati aux pôles. Presque toutes les mesures précédentes donnaient une trop grande valeur à cet aplatissement et la théorie ne pouvait les admettre. La raison de cette apparente différence a été trouvée après une série de mesures soigneuses des diamètres polaires et équatoriaux.

L'explication, qui semble s'accorder très bien avec les faits, est que sur le bord du disque il y a une frange crépusculaire qui affecte inégalement les diamètres équatoriaux et polaires. Le diamètre équatorial paraît toujours trop grand et subit des variations dues aux différentes positions du Soleil; tandis que, dans le cas du diamètre polaire, les variations sont beaucoup moindres. Les diamètres mesurés sont en fonction de la position du Soleil. Le calcul montre que l'arc minimum du crépuscule s'élève sur Mars à 10°.

(1) Ce dessin est extrait de *Astronomy and Astro-Physics*, 1894, p. 740.

On sait depuis longtemps que cette planète possède une atmosphère, et en vérité il serait difficile d'expliquer les changements qui ont eu lieu à sa surface sans l'intervention de cet élément. Cette atmosphère est décrite plus loin comme étant remarquablement libre de nuages, un nuage étant « un phénomène rare et

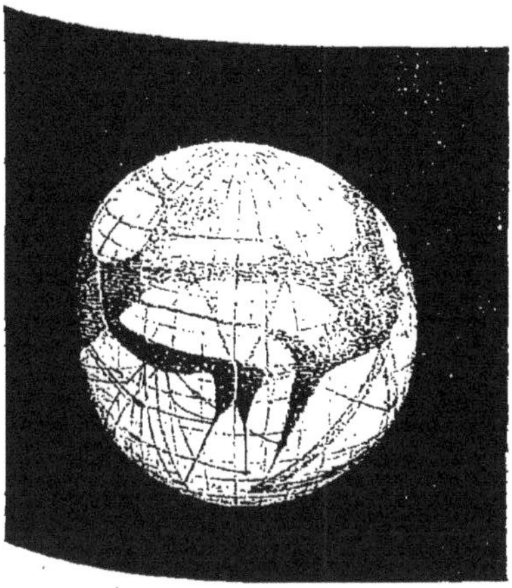

Longitude = 0°.

Longitude = 100°.

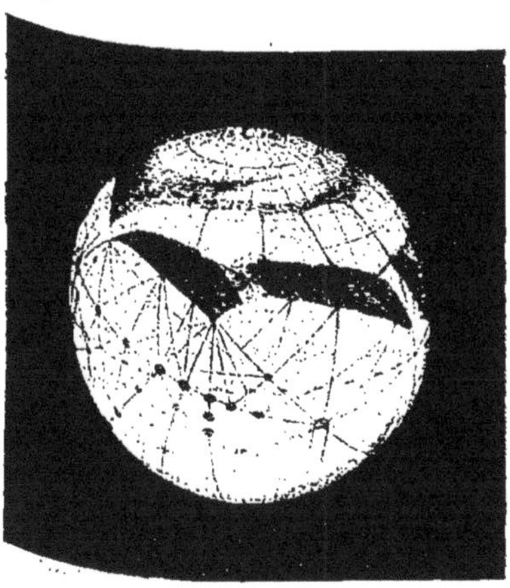

Longitude = 180°.

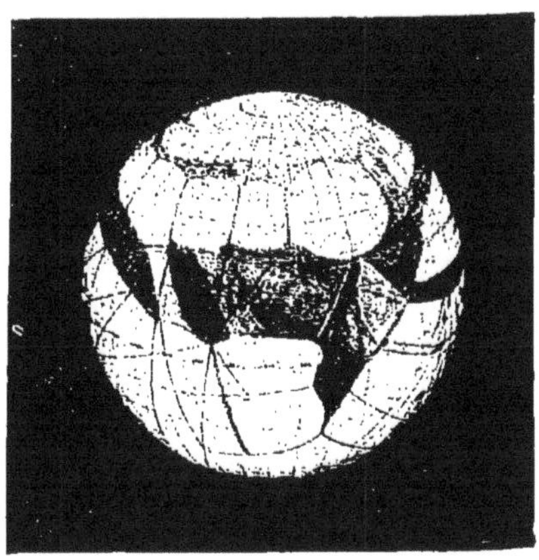

Longitude = 270°.

Fig. 118-121. — Ensemble du globe de Mars, par M. Lowell.

inaccoutumé ». Ce résultat s'accorde, d'ailleurs, avec l'ensemble des observations antérieures que nos lecteurs ont eu ici sous les yeux. D'un autre côté, l'auteur n'affirme pas qu'il n'existe jamais de nuages sur Mars, mais seulement que pendant toute la durée de ses observations ils n'ont jamais effacé aucune configuration.

Il admet cependant que le disque de la planète paraît parfois d'un éclat inexplicable, et que de petits points brillants ont été remarqués, mais il n'a observé aucune forme de masses aériennes mobiles. Qu'il y ait des nuages dans l'atmosphère, il le déduit de certains phénomènes visibles au terminateur et observés par M. Douglass. Pendant l'opposition de 1894, il n'y eut pas moins de 736 irrégularités observées sur le terminateur; quelques-unes ont paru être des projections lumineuses et d'autres des obscurcissements.

« Il est fort improbable qu'elles soient dues à des montagnes, lorsqu'on tient compte de tous les faits concernant la planète; il paraît plus simple de les attribuer à des nuages. » M. Lowell discute ce sujet assez longuement, et finalement considère que ces irrégularités doivent être produites par la présence de ces derniers. Ces points lumineux vus sur le terminateur depuis 1890 paraissent indiquer la présence de montagnes sur la surface martienne, de sorte que les déformations du terminateur sembleraient plus probablement dues à cette cause qu'à des bancs de nuages.

Nous arrivons maintenant au troisième Chapitre du Livre, la question de l'*eau* et des *mers*. Durant ces observations, on vit toujours une bande bleue suivant le cap lorsqu'il se retirait vers le pôle, montrant que l'eau se formait actuellement de la fonte des neiges. Les taches signalées par Green et Mitchell ont été vues aussi; on trouve qu'elles devaient être formées sur un sol à un niveau plus élevé que celui des environs, sortes de talus recouverts de glace qui réfléchissaient brillamment les rayons du Soleil.

M. Lowell a adopté un plan très simple et très ingénieux pour montrer au lecteur les aspects différents de Mars. Il a construit un globe portant tous les détails constatés à son Observatoire, et a ensuite photographié le globe de douze côtés différents. Nous reproduisons ici (*fig.* 118-121) quatre de ces photographies, qui suffisent pour montrer l'ensemble de ce globe. Ainsi le lecteur fait, pour ainsi dire, un voyage autour de la planète. Le merveilleux réseau des canaux est vraiment saisissant, et la quantité de détails observés surpasse tout ce qui avait été obtenu précédemment. Les chapelets d'*oasis* sont d'un aspect extraordinaire.

L'auteur conteste l'existence des mers et soutient que des faits importants conspirent pour jeter de grands doutes sur leur caractère aquatique. Les deux principaux sont, premièrement, que des centaines de mille de kilomètres carrés disparaissent dans un espace de temps étonnamment court; et, deuxièmement, que les observations du polariscope ne donnent aucune indication de polarisation. Deux questions alors se dressent ici : d'abord, que devient l'eau provenant de la fonte des neiges polaires ? Ensuite, que représentent les taches d'un ton bleu vert qui parsèment la surface de la planète ? Ces dernières sont, d'après M. Lowell, des plaines couvertes de végétation; on a observé que leurs tons changent avec les saisons; il insinue cependant qu'autrefois elles ont été des mers, mais que la quantité d'eau a maintenant tellement diminué qu'elle ne circule plus que dans les canaux profonds.

Il définit les mers martiennes comme intermédiaires en évolution entre les mers terrestres et celles de la Lune. Dans un tel état de choses, devant cette diminution et cette rareté de l'eau, « les habitants de Mars ont une raison vitale d'utiliser jusqu'à la moindre goutte toute l'eau disponible qu'ils peuvent se procurer, et paraissent y avoir réussi par de gigantesques et savantes opérations, en établissant sur une vaste échelle un prodigieux système d'irrigation ». « S'il y a des habitants, ajoute M. Lowell, l'irrigation doit être le principal intérêt de leur existence. » Si nous portons maintenant notre attention sur les lignes connues sous le nom de *canaux*, il semble précisément que nous ayons sous les yeux ce qui paraît être *le plus parfait système d'irrigation imaginable*. Ces canaux étendent un véritable réseau sur toute la surface de la planète et passent aussi bien à travers les portions sombres que sur les portions claires du disque, d'après les observations de MM. Douglass et Schæberle. Ces canaux traversent les anciennes mers aussi bien que les continents; leur nombre a été doublé par les observations nouvelles. De plus, aux points où les canaux se rencontrent, on a observé des taches qui ne sont jamais vues isolées : « Il n'y a pas de tache qui ne soit réunie au réseau des canaux, non seulement par un canal, mais par plusieurs ». Les canaux et les taches semblent croître et décroître ensemble.

Ces canaux ne sont pas toujours visibles à la surface de la planète; ils paraissent dépendre des saisons. Les observations prouvent qu'ils subissent un développement marqué, et c'est là qu'on peut chercher à trouver leur origine. Considérons ce « développement » tel que l'a vu et rapporté M. Lowell. Selon lui, les canaux varient en visibilité et non en position, et *leur* visible *développement suit la fonte des neiges polaires*. Ils deviennent distincts lorsque la fusion est déjà avancée, et davantage encore à mesure que les saisons progressent. Ceux qui sont les premiers visibles sont ceux du Sud, c'est-à-dire les plus proches du pôle sud. Mentionnons ici que le pôle sud était incliné vers la Terre pendant cette opposition de 1894. La haute latitude et la proximité des régions sombres sont les deux facteurs principaux pour une précoce visibilité. Les canaux qui se dirigent du Sud au Nord sont généralement visibles avant ceux qui sont tracés de l'Est à l'Ouest.

En ce qui concerne le dédoublement des canaux, les observations de M. Lowell l'ont amené à découvrir que ce phénomène n'arrive pas subitement, comme on le croit généralement, mais qu'il y a un mode de développement dans sa marche.

« Dans le cas du Gange, dit-il, un soupçon de gémination était visible, lorsque j'y regardai pour la première fois, en août.... Dans les moments de visibilité, les deux bords se montraient plus sombres que le milieu; c'était un dédoublement en embryon, avec une bande de terre entre les deux lignes jumelles. En octobre, la gémination était plus évidente, le terrain entre les lignes jumelles s'était éclairci. En novembre, on ne pouvait plus avoir aucun doute sur la séparation des deux lignes. »

Voyons aussi quelle explication l'auteur donne des canaux. L'idée qu'il adopte est celle que nous avons suggérée, à savoir : *de la végétation* de part et d'autre d'un cours d'eau. « L'eau arrivant des régions polaires remplit un canal, irrigue la campagne des deux côtés et arrose les terres. Nous ne distinguons pas d'ici les canaux proprement dits, mais seulement la végétation qui est due aux irrigations et qui s'étend de part et d'autre des canaux. Les lignes les plus sombres représentent une croissance plus avancée de la végétation, causée par une distribution plus abondante des eaux. A travers les grandes taches sombres, ou plaines végétales, prairies, etc., les canaux sont visibles et communiquent toujours avec ceux des régions plus claires. » Voilà pour les canaux et leur origine.

Cette idée est la conséquence naturelle des observations faites en ballon. Lorsqu'on passe en ballon à quelques kilomètres au-dessus d'un fleuve, c'est la vallée de ce fleuve qui le représente; on distingue à peine celui-ci comme un filet marquant le thalweg de ce ruban (1).

Mais comment expliquer leur apparente duplication ? M. Lowell n'en donne pas encore la solution. « Ce qui se passe exactement..., je ne puis prétendre le dire. On a supposé qu'une maturité progressive de la végétation du centre aux bords pouvait donner à une large rangée de vert l'apparence d'être double. Il y a des faits, cependant, qui ne s'accordent pas avec cette explication. »

De l'extrait ci-dessus on peut voir que M. Lowell n'a pas la prétention de tout expliquer. Il semble toutefois probable que, si les canaux sont dus à de la végétation, leurs duplications doivent avoir une origine analogue.

Un des meilleurs exemples que nous ayons sur terre d'une grande étendue fertilisée rapidement par l'inondation d'un grand fleuve, c'est assurément la vallée du Nil. Cependant, en suivant les phases que la campagne subit sur les deux rives, pendant et après l'inondation, il est difficile de se rendre compte des développements observés sur Mars. « Peut-être le système d'irrigation à la surface de cette planète a-t-il été poussé à un extrême degré de développement; de plus petits canaux parallèles de chaque côté et à quelque distance des grands ont peut-être été creusés, afin d'être remplis et éventuellement séparés du canal principal lorsque les eaux commencent à se retirer. De cette façon, la terre serait mieux fertilisée, d'abord sur les bords du canal principal, puis plus tard sur ceux des plus petits canaux. Un canal commencerait alors par paraître simple; avec le temps il s'élargirait, et définitivement deviendrait double, les deux bandes les plus fertilisées étant parallèles, mais à quelque distance du canal principal. Les canaux de communication entre le canal principal et les canaux latéraux, ou plutôt la végétation le long de ces lignes, seraient invisibles à cause de leur exiguïté. »

(1) Le 15 juillet 1867, à cinq heures du matin, je passais en ballon à 2500 mètres de hauteur au-dessus du Rhin, au zénith de Cologne. La vallée du Rhin se déroulait admirablement sous nos yeux, de Bonn à Dusseldorf, et produisait l'effet du fleuve lui-même, qui n'était perceptible que comme un mince filet formant la ligne médiane de ce ruban vert. J'ai souvent exprimé depuis la pensée qu'il pouvait en être de même, à plus forte raison, pour les canaux de Mars, vus de si loin.

Une telle explication triomphe de la difficulté de décider pourquoi certains canaux ne se dédoublent pas. On peut admettre, en effet, que dans ce cas des canaux latéraux n'ont pas été construits, et dans cette hypothèse la duplicité ne peut pas se produire.

Quelle que soit la véritable explication, il est certain, avant que ce problème puisse être véritablement résolu, qu'il faut observer attentivement la manière dont les canaux se développent et disparaissent.

Tel est, brièvement résumé, l'intéressant Ouvrage de M. Lowell sur *Mars*. Examinons maintenant les observations, en suivant le premier Volume des *Annales*.

Elles se divisent essentiellement en cinq Chapitres principaux :

Le cap polaire sud ;

Changements observés a la surface de la planète ;

Canaux ;

Oasis ;

Canaux dans les régions sombres;

Le terminateur.

L'aspect de la planète ne s'est pas présenté le même deux jours de suite. Il change d'heure en heure. D'un mois à l'autre, les changements sont encore plus sensibles. Excepté dans quelques exemples, ces changements ne dépendent pas de nos observations, mais sont réels à la surface de la planète et liés aux saisons.

Les régions polaires australes se présentaient admirablement à l'observation et l'on a pu suivre complètement la désintégration des neiges. Nous reproduisons ici (*fig.* 122) le croquis explicatif dessiné par les observateurs eux-mêmes.

Au commencement, le 3 juin, qui représentait le milieu du printemps, ces neiges étaient fort étendues, dépassant le 60e degré de latitude vers le 35e méridien et le 72e à l'opposé, occupant un diamètre d'environ 50 degrés ou 3 000 kilomètres. Elles ont graduellement diminué, comme le montre ce croquis, jusqu'au mois d'octobre, où elles n'occupaient plus qu'un point de 4 à 5 degrés, ou 240 à 300 kilomètres.

A partir de novembre, les astronomes de l'Observatoire Lowell n'ont plus aperçu ces neiges polaires, à part, cependant, quelques exceptions, car on lit dans le journal :

3 novembre. — Certainly glint as of snow 30° to left of axis.

4 nov. — Glint of glimmer S and N of limb, slightly to left of axis.

12 nov. — Unmistakeable glimmer where snow was, or rather a round doto about 30° longitude.

14 nov. — Suspect excessively small spot of snow cap at S pole.

5 février. — There seems to be a snow cap at each pole.

22 février. — The S polar region looks rather white.

D'après ces notes, il ne nous semble pas certain que les neiges aient entièrement disparu, d'autant plus que, à l'Observatoire Lick, M. Barnard a continué de les reconnaître jusqu'au 11 novembre (¹) et qu'il en a été de même à l'Observatoire de Juvisy. Il nous paraît donc que M. Lowell et ses collaborateurs se sont un peu avancés en affirmant cette disparition et en écrivant (p. 44) : « Since Flammarion gives in *La planète Mars* no instance of the complete disappearance of the snow at either pole, we may consider the present case to be the first recorded ».

Dans tous les cas, qu'elles aient entièrement disparu ou non en décembre et janvier, c'est là un *minimum* dans toutes les observations de Mars.

M. Lowell tire les conclusions suivantes de l'ensemble de ces observations :

1° Le cap polaire diminue à mesure que la saison martienne avance du printemps à l'été.

2° La calotte polaire, en diminuant, se borde d'une bande foncée qui se retire avec elle comme une frange continue.

3° Cette bande était bleue, du bleu le plus marqué du disque.

4° Elle a été le plus large à la saison de Mars où la fusion a été à son maximum.

5° Elle polarisait la lumière incidente.

« Le deuxième point, écrit M. Lowell, a une importance particulière et curieuse, car il nous fait connaître la substance qui compose cette calotte polaire. Il n'y en a qu'une que nous connaissions pour exister à la fois sous les deux états contigus de solide blanc et de liquide bleu. C'est l'*eau*. Ce n'est pas l'acide carbonique, puisque celui-ci passe instantanément de l'état solide à l'état gazeux. A moins donc d'invoquer quelque substance inconnue, nous devons admettre que la bande qui borde la calotte neigeuse est une *mer polaire*. »

6° Cette mer polaire diffère de largeur suivant les longitudes, s'étendant en deux vastes baies aux points où les aires foncées à son bord boréal sont le plus étendues.

7° On remarque, dans la calotte polaire, des crevasses très fortes, comme si cette calotte avait une tendance à se désagréger. Les plus importantes occupent les positions que M. W.-H. Pickering a déjà signalées en 1892, à la même époque de l'année martienne. Ce sont là sans doute des différences de niveau dans la topographie de ces régions.

8° Le 7 juin, et à des dates ultérieures, on a aperçu des points brillants,

(¹) *Voir* plus loin.

pendant quelques minutes, en certaines parties du cap polaire, notamment par les longitudes 280° et 290° et la latitude 76°, s'évanouissant comme ils étaient venus. Glaces réfléchissant la lumière solaire ?

9° En fondant, la tache a été laissée en août comme une île détachée à la place où Mitchell a remarqué en 1846, et Green en 1877, des blancheurs isolées. Il y a là probablement un relief préservateur de la fusion.

10° Le centre du cap n'était pas concentrique avec le pôle. Au commencement des observations, il était situé par 30° de longitude et 83° de latitude, et il

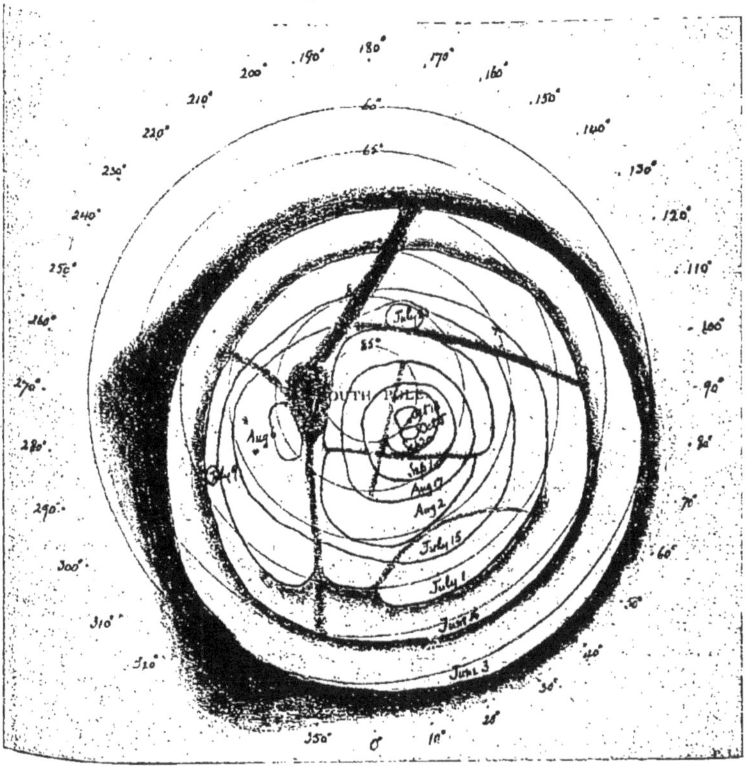

Fig. 122. — Contours de la diminution graduelle des neiges au pôle sud de Mars, du 3 juin au 18 octobre 1894, et grande crevasse de juin-juillet.

s'est lentement déplacé vers le Sud-Ouest, étant à la fin par 54° de longitude et 85° de latitude.

Ce sont là d'importantes constatations.

« Sur la Terre, continue l'auteur, la quantité de glace polaire fondue verticalement chaque été est beaucoup moindre qu'on n'est porté à le croire. Elle est

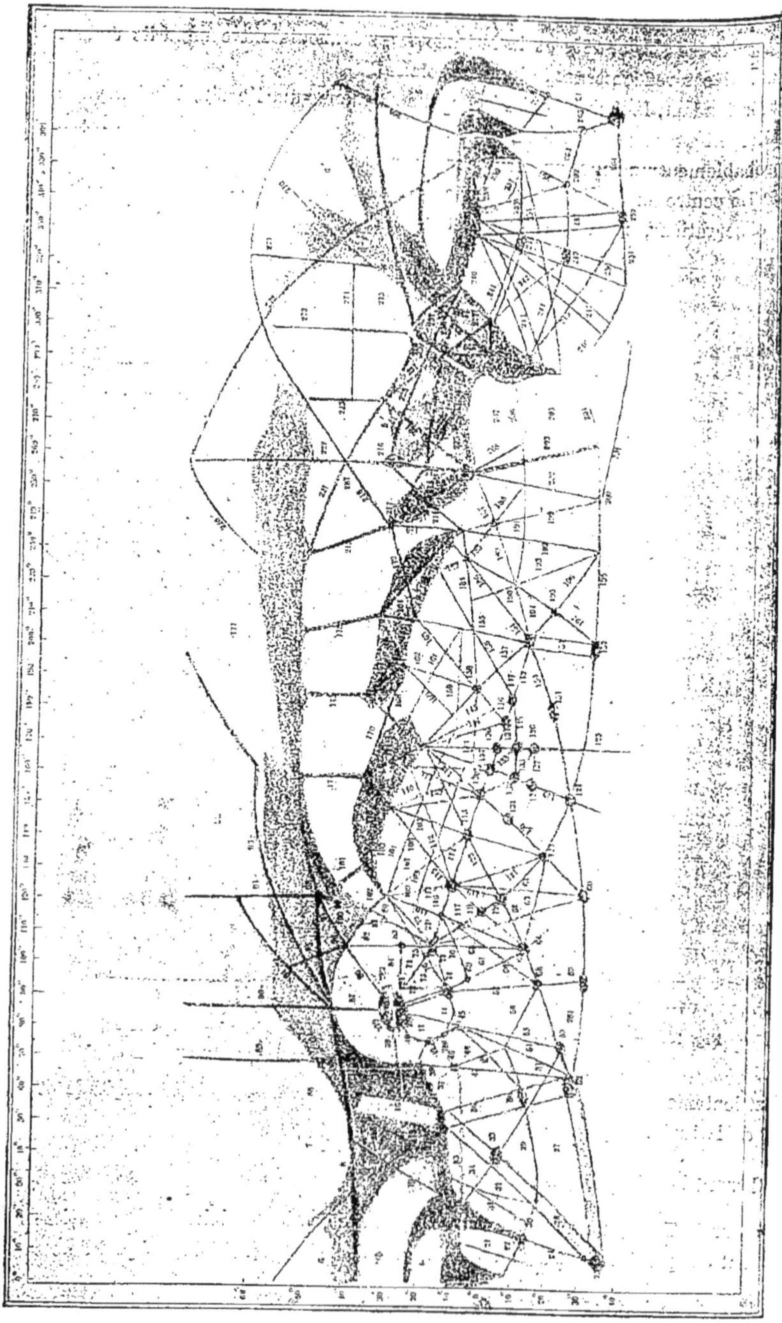

Fig. 123. — Carte de la Planète Mars d'après les observations faites à l'Observatoire Lowell à Flagstaff (États-Unis), en 1894.

Voici les noms correspondant aux numéros de la carte.

1 Fastigium Aryn.
2 Socratis Promontorium.
3 Sabæus Sinus.
4 Deucalionis Regio.
5 Phyrhæ Regio.
6 Noachis.
7 Argyre.
8 Oceanus.
9 Protei Regio.
10 Acesines.
11 Hydriacus.
12 Amphrysus.
13 Garrhuenus.
14 Cestrus.
15 Auroræ Sinus.
16 Caicus.
17 Hipparis.
18 Brannoboas.
19 Dargamanes.
20 Margaritifer Sinus.
21 Ochus.
22 Cantabras.
23 Oxia Palus.
24 Oxus.
25 Pallas Lacus.
26 Dardanus.
27 Tempe.
28 Jamuna.
29 Nilokeras.
30 Indus.
31 Hyphasis.
32 Hydaspes.
33 Lucus Feronia.
34 Hydraotes.
35 Hypsas.
36 Ganges.
37 Bætis.
38 Hebe.
39 Nectar.
40 Corax.
41 Mæisia Silva.
42 Chrysas.
43 Agathodæmon.
44 Coprates.
45 Messeis Fons.
46 Fons Juventæ.
47 Clitumnus.
48 Ganymede.
49 Chrysorrhoas.
50 Lacus Lunæ.
51 Nilus.
52 Labeatis Lacus.
53 Meroe.
54 Amystis.
55 Catarrhactes.
56 Uranius.
57 Bactrus.
58 Hippocrene Fons.
59 Acherusia Palus.
60 Cyane Fons.
61 Anapus.
62 Artanes.
63 Glaucus.
64 Clodianus.
65 Ceraunius.
66 Palamnus.
67 Fortunæ.
68 Iris.
69 Mapharitis.
70 Halys.
71 Tithonius Lacus.
72 Tithonius.
73 Avus.
74 Eosphoros.
75 Lerne.
76 Aesis.
77 Dæmon.
78 Lacus Phœnicis.
79 Araxes.
80 Jaxartes.
81 Mæander.
82 Phasis.
83 Gallinaria Silva.
84 Acampsis.
85 Solis Lacus.
86 Bathys.
87 Ambrosia.
88 Ogygis Regio.
89 Surius.
90 Acis.
91 Cyrus.
92 Thyle I.
93 Drahonus.
94 Cayster.
95 Isis.
96 Astræ Lacus.
97 Malva.
98 Benacus Lacus.
99 Mogrus.
100 Aonius Sinus.
101 Herculis Columnæ.
102 Hyscus.
103 Memnonia.
104 Erynnis.
105 Gorgon.
106 Medusa.
107 Elison.
108 Parcæ.
109 Aganippe Fons.
110 Ulysses.
111 Sirenius.
112 Thermodon.
113 Nodus Gordii.
114 Eumenides.
115 Arduenna.
116 Hercynia Silva.
117 Arsine.
118 Mareotis.
119 Achana.
120 Biblis Fons.
121 Pyriphlegethon.
122 Gigas.
123 Bandusiæ Fons.
124 Ferontinæ Lucus.
125 Titan.
126 Trinythios.
127 Medus.
128 Alcyonia.
129 Brontes.
130 Steropes.
131 Arachoti Fons.
132 Nitriæ.
133 Thyanis.
134 Angila.
135 Neda.
136 Ammonium.
137 Utopia.
138 Lucus Maricæ.
139 Liris.
140 Eurymedon.
141 Erinæus.
142 Evenus.
143 Belus.
144 Arges.
145 Gyes.
146 Castalia Fons.
147 Hibe.
148 Axon.
149 Orcus.
150 Erebus.
151 Hypelæus.
152 Propontis.
153 Hades.
154 Trivium Charontis.
155 Læstrygon.
156 Atax.
157 Tartarus.
158 Aquæ Apollinares.
159 Bantis.
160 Cophen.
161 Antæus.
162 Axius.
163 Avernus.
164 Cyaneus.
165 Mare Cimmerium.
166 Leontes.
167 Nestus.
168 Atlantis.
169 Padargus.
170 Harpasus.
171 Heratemis.
172 Digentia.
173 Mare Sirenum.
174 Simois.
175 Psychrus.
176 Mare Chronium.
177 Thyle II.
178 Scamander.
179 Gæsus.
180 Opharus.
181 Helisson.
182 Chaboras.
183 Nereides.
184 Chretes.
185 Lucus Angitiæ.
186 Cerberus.
187 Clepsydra Fons.
188 Nymphæus.
189 Cambyses.
190 Lucrinus Lacus.
191 Pactolus.
192 Æthiops.
193 Eunostos.
194 Elysium.
195 Aponi Fons.
196 Styx.
197 Galaxias.
198 Boreas.
199 Achelous.
200 Aquæ Calidæ.
201 Boreosyrtis.
202 Lethes.
203 Amenthes.
204 Astapus.
205 Isidis Regio.
206 Nepenthes.
207 Libya.
208 Triton.
209 Syrtis Parva.
210 Mare Tyrrhenum.
211 Hesperia.
212 Cinyphus.
213 Eurypus.
214 Flevo Lacus.
215 Galæsus.
216 Hesperidum Lacus.
217 Cynia Lacus.
218 Cephissus.
219 Xanthus.
220 Rhea.
221 Centrites.
222 Achates.
223 Sesamus.
224 Athesis.
225 Lemuria.
226 Erymanthus.
227 Hylias.
228 Tedanius.
229 Hadriaticum Mare.
230 Orosines.
231 Hippus.
232 Carpis.
233 Syrtis Major.
234 Hyctanis.
235 Dosaron.
236 Japygia.
237 Solis Promontorium
238 Æolus.
239 Casuentus.
240 Hammonis Cornu.
241 Typhon.
242 Anubis.
243 Asopus.
244 Arosis.
245 Astaboras.
246 Nilosyrtis.
247 Phison.
248 Sirbonis Lacus.
249 Hipponitis Lacus.
250 Arsanias.
251 Protonilus.
252 Lacus Ismenius.
253 Euphrates.
254 Sitacus.
255 Orontes.
256 Eulæus.
257 Labotas.
258 Daradax.
259 Solis Fons.
260 Daix.
261 Hiddekel.
262 Arethusa Fons.
263 Margus.
264 Deuteronilus.
265 Serapium.
266 Gehon.
267 Xisuthri.
268 Edom Promontorium.
269 Neudrus.
270 Magron.
271 Acalandrus.
272 Hyllus.
273 Alpheus.
274 Peneus.
275 Hellas.
276 Tyndis.
277 Œnotria.
278 Araia Silva.
279 Palicorum Lacus.
280 Nessonis Lacus.
281 Lausonius Lacus.
282 Nuba Lacus.
283 Mare Icarium.
284 Acheron.
285 Mare Erythræum.
286 Ophir.
287 Ausonia.
288 Daphne.

seulement de quelques pieds. Cette proportion peut se déduire du fait que l'étendue de ces glaces reste la même aux mêmes saisons d'année en année. Il y a donc à peu près équivalence avec la neige tombée annuellement. Celle-ci est d'environ quinze pouces d'eau exprimée en pluie, c'est-à-dire quelques pieds seulement de cette neige compacte.

« Sur Mars, la chaleur reçue du Soleil au solstice d'été de l'hémisphère austral est inférieure à celle que la Terre reçoit.

» La grande ténuité de l'atmosphère martienne ne doit pas affecter le procédé de dissipation d'une manière ou de l'autre, comme nous pouvons en inférer d'après le cas des hautes montagnes, dont les glaciers, plus grands en proportion de leurs lits de neige que ne le sont ceux des régions polaires, montrent que la dissipation sur place est incapable de supprimer la grande quantité de neige qu'ils reçoivent.

» Sur Mars, donc, si la température moyenne est la même que sur la Terre, le Soleil devrait fondre annuellement seulement cinq pieds d'épaisseur de neige polaire, équivalant à cinq pouces de pluie. Une couche plus mince ne serait pas compatible avec la dimension de la mer polaire et la présence des crevasses dont la position reste permanente d'année en année, car plus épaisse sera la couche et plus facilement ces deux faits se produiront, surtout si nous considérons que tout s'accorde à nous montrer la surface de Mars comme très plate. D'autre part, l'absence à peu près complète de neige en dehors des régions polaires est incompatible avec une température moyenne un peu basse. On peut aussi remarquer que, lorsque la calotte polaire a commencé à fondre, l'eau, à ses bords, ne se gèle plus de nouveau. Si elle gèle pendant la nuit, elle dégèle le matin.

» L'observation de ces neiges polaires prouve donc trois faits importants :

» *L'existence d'une atmosphère,*

» *L'existence de l'eau,*

» *Et une température analogue à celle de la Terre.* »

Les mesures du diamètre ont donné :

Diamètre équatorial	9",37
Diamètre polaire	9,32
Aplatissement	$\frac{1}{190}$

et la découverte d'un arc crépusculaire de 10° à 12° produit par l'illumination atmosphérique (¹).

Nous offrons ici à nos lecteurs la carte générale de la planète, dressée à l'Observatoire Lowell, sur l'ensemble de ces observations avec la nomenclature qui l'accompagne.

(¹) *Voir* plus loin, p. 135.

Cette carte (*fig.* 123) ne renferme pas moins de 288 objets, mers, lacs et canaux. Toutes ces configurations représenteraient non pas de l'eau, mais de la *végétation* produite par une eau invisible. L'argument principal de cette nouvelle théorie est que les lignes sombres appelées canaux traversent aussi les régions foncées appelées mers.

Les *mers* martiennes ont été, dans le même Volume, l'objet d'une étude spéciale par M. W.-H. Pickering :

La conclusion la plus importante de notre Travail, écrit-il, est que la planète ne présente pas toujours le même aspect à la même époque de deux années martiennes consécutives. Cette remarque s'applique non seulement à de légers détails, mais encore à des configurations caractéristiques.

Ainsi, on remarque, au nord de Noachis, un tracé en forme de la lettre Y qui était très accentué en 1892 et que l'on n'a pu retrouver en 1894 aux mêmes dates de l'année martienne, 30 juin et 6 juillet 1894, correspondant aux 12 et 18 août 1892.

Un large golfe sombre bordant la neige fondante, au sud de Syrtis Minor, était à peine visible en 1892. Mais en 1894 il était très caractéristique et, examiné au polariscope d'Arago, a montré des traces certaines de polarisation. C'était donc *de l'eau* qui, située non loin du bord, réfléchissait fortement la lumière de l'atmosphère martienne. Sur le reste du disque, la polarisation n'était pas visible. Lorsque cette région revint en vue, le 9 juillet, l'observation a été renouvelée, mais aucune trace de polarisation ne put être perçue. La couleur, du reste, avait changé. Au lieu d'être bleue, elle était d'un ton chocolat, différent du gris bleu de la région plus au nord. Ces régions grises ne montrèrent non plus aucune trace de polarisation. Leur couleur ne doit pas être due à de l'eau. Je suis d'avis, ajoute M. Pickering, que s'il y a de l'eau sur Mars il y en a fort peu.

Ces larges régions grises étaient bien vertes en 1890, juste avant l'équinoxe de printemps. Au commencement de 1892, aussi, de larges surfaces vertes ont été observées sur la planète, mais à mesure que la saison avança ce vert tourna au gris. En 1894, peu de couleur. Il y a là tant de variations en étendue, avec la saison, qu'à moins d'imaginer de formidables inondations accompagnées de nuages dans le régime habituel de Mars, nous sommes forcés de chercher une autre explication. L'hypothèse que ces changements sont dus à de la végétation paraît la plus probable à l'observateur. On voit aussi parfois des dépressions sur le terminateur, paraissant correspondre à des vallées qui pourraient avoir deux milles de profondeur; le Ceraunius s'est présenté dans ces conditions. Ces échancrures ne s'observent pas toujours dans les parties les plus foncées des régions grises, et l'on peut en conclure, ajoute M. Pickering, que ces régions grises ne sont pas d'un niveau uniforme, qu'il y a là des montagnes et des vallées et, par conséquent, que ce ne sont pas des mers.

Les variations dues aux saisons ont été l'objet d'une étude spéciale et attentive de la part de M. Lowell. Même instrument, même observateur, mêmes conditions atmosphériques, autant que possible. *Les changements dus aux saisons sont incontestables*, écrit l'auteur. *Mars est un monde bien vivant.*

On peut partager en deux ordres ces changements, quoique l'une soit la conséquence de l'autre : 1° les variations polaires; 2° celles du reste de la surface. Les premières sont les plus évidentes.

Les *fig.* 124, 125 et 126 indiquent les changements d'aspect de l'Hespérie suivant les saisons martiennes.

Au commencement des observations, en juin, la principale particularité du disque en dehors des régions polaires était le caractère indéfini de toutes les taches sombres de la zone tempérée australe. Ces contours diffus faisaient contraste avec la netteté des régions équatoriales. Ce contraste montrait que la distance de la planète n'était pas la cause de ces aspects, que cette cause était locale, attendu que la chaîne des régions claires australes était de contours mal définis comparée avec son aspect ordinaire, et que les parties claires se fondaient par gradations insensibles dans le bleu vert des régions sombres environnantes. De plus, les péninsules Atlantis, Hespérie, etc., qui rattachent les îles au continent, étaient absentes.

Aussitôt que cette région revint en vue, en juillet, en a retrouvé l'Hespérie. Au retour suivant, en août, elle se montra plus marquée encore, et il en fut de même en septembre, en octobre et en novembre.

On pourrait penser que la distance décroissante et l'agrandissement graduel du diamètre expliquent cette meilleure visibilité, car le disque de Mars mesurait 8″ le 7 juin, 16″ le 24 et 20″ le 30 : c'est à peu près comme si la planète, supposée à la même distance et du même diamètre, avait été observée avec des instruments de diverses dimensions. M. Lowell répond en partie à cette objection en faisant remarquer que ce changement dans la visibilité relative de l'Hespérie n'était pas dû au rapprochement, car cette région a été plus évidente en août, lorsque la planète était encore fort éloignée, qu'en octobre, où elle était beaucoup plus proche.

M. Schiaparelli a signalé aussi de son côté, en octobre 1894, des variations rapides dans cette contrée de la planète (¹).

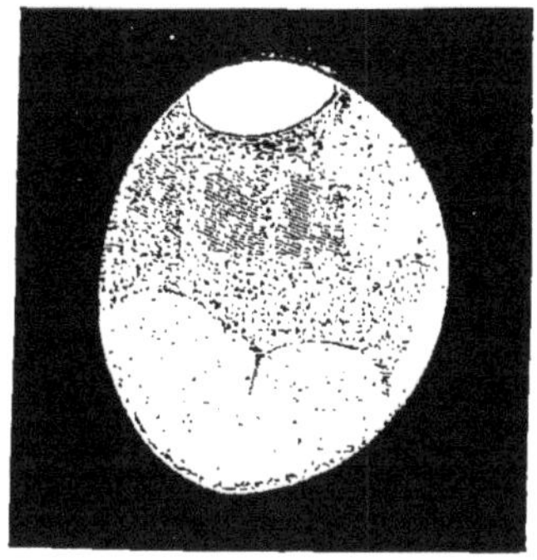

Fig. 124. — L'Hespérie le 7 juin.

L'Atlantis a offert les mêmes apparences. Elle n'était certainement pas visible en juin et juillet, tandis qu'à partir d'octobre elle s'est montrée admirablement nette.

L'auteur signale plusieurs changements du même ordre, constatés avec la même précision.

Certains détails de ces variations sont aussi curieux qu'intéressants. Par exemple, le Fastigium Aryn, le bout du cap triangulaire qui forme la baie fourchue du méridien, ou le Sinus Sabæus, a commencé à subir, en octobre, une étrange métamorphose. Jusqu'au 14 octobre, c'était, comme d'habitude, un cap triangulaire d'un jaune d'ocre s'avançant dans le Sinus Sabæus. Mais le 15 octobre il se prolongeait par un léger ligament vers le Sud. Le 16, cette queue se voyait tout le long de Deucalionis Regio, formant une sorte de pont du continent au Nord, à Deucalion au Sud, et coupant complètement en deux le Sinus Sabæus. On le vit ainsi jusqu'à la fin des observations.

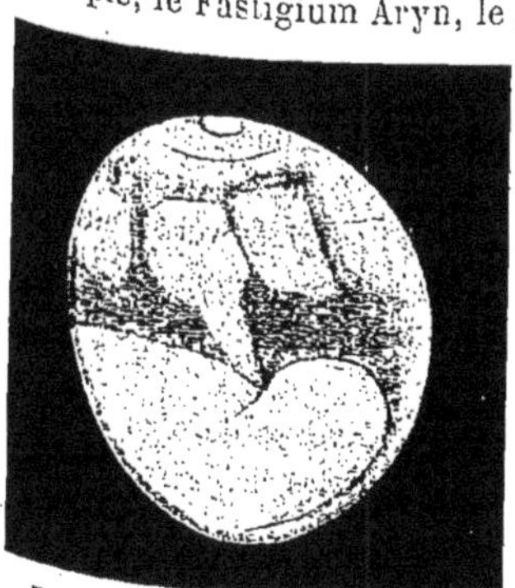

Fig. 125. — L'Hespérie le 24 août.

Une autre chaussée du même genre s'est montrée en novembre, réunissant le promontoire de la Corne d'Hammon avec Hellas.

En novembre également, le Pont de la Lune parut réunir la Libye à l'Hellas.

Enfin, la région du disque qui avait été couverte au mois de juin par le cap polaire austral montra la transformation que voici dans sa teinte. A mesure que la neige disparut, elle fut remplacée par

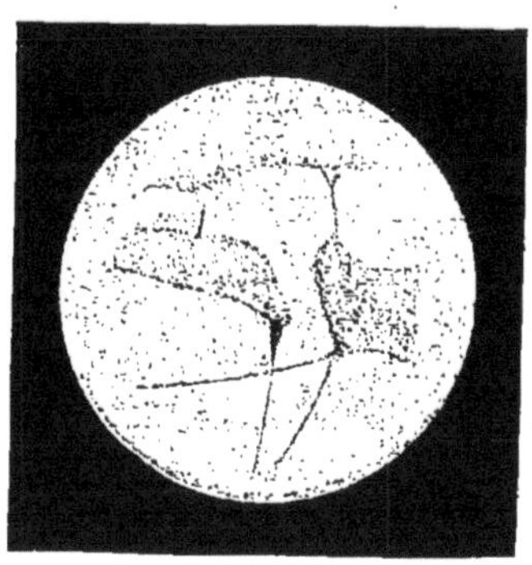

Fig. 126. — L'Hespérie le 30 octobre.

(¹) Voir plus loin.

une teinte bleue, puis par du bleu gris, ensuite par du brun et finalement par un ton d'ocre. La mer Cimmérienne jaunit la première, puis ce fut le tour de la mer des Sirènes, puis de la mer Erythrée vers le lac du Soleil. En somme, la surface entière de la planète subit le même changement. L'observateur pouvait dire que Mars était d'une couleur « plus martiale » en novembre qu'en juin.

En comparant tous ces phénomènes, écrit l'auteur, on sent que l'idée d'attribuer à de l'eau ces taches bleu vert doit être abandonnée. Car, si telle était la cause de cette coloration, qu'est-ce que cette eau serait devenue à la fin de la saison? Elle n'était nulle part sur la planète, et elle n'était pas non plus condensée en neige autour du pôle sud, invisible alors, car ce cap polaire n'avait pas pris d'extension, comme on l'a constaté plus tard. Puisque ces régions teintées ne représentent pas de l'eau et que la végétation offre de loin une couleur analogue, l'auteur conclut en faveur de cette dernière. Lorsque nous considérons, dit-il, l'époque de l'année à laquelle ces changements ont été observés, nous trouvons une confirmation chronologique de l'hypothèse végétale. Au mois de juin 1894, on était au mois de mai sur l'hémisphère austral de Mars, tandis qu'au mois de novembre terrestre on était au mois d'août martien. Si la teinte vert bleu était produite par des feuilles, des plantes, etc., il est tout naturel qu'elle ait été très vive à la première date et fanée à la seconde. Il est donc probable qu'il y a plus de végétation que d'eau dans ce que nous voyons là.

Les canaux, d'abord faibles, clairs, indistincts, sont devenus de plus en plus foncés et mieux visibles avec la saison et après la fonte des neiges. L'eau doit donc être le principe de cette visibilité, non par elle-même, sans doute, mais par la végétation qu'elle détermine et qu'elle développe.

Cette dernière explication est celle que nous avons adoptée depuis longtemps. Il suffit, après certaines semaines sèches et chaudes de l'été, de voir l'influence transformatrice de quelques bonnes journées de pluie sur les pelouses pour apprécier l'influence prépondérante de l'eau dans la transformation des teintes végétales. Les canaux peuvent être des prairies, comme les vallées du Rhin ou du Rhône, vues du haut d'un ballon.

L'ouvrage dont nous faisons ici l'analyse avec tout le soin qui lui est dû ne consacre pas moins de 93 pages (98 à 191) à la description des canaux observés. Il y en a 191, sur lesquels six ont été vus doubles, successivement : l'Hadès, le Gange, le Tithonius, le Nectar, l'Euphrate et le Phison. On lit même à l'observation du 1er septembre cette curieuse note : « Deux Ganges doubles, effet très singulier ».

Plusieurs de ces canaux ont été vus dans les régions sombres, les « mers », et ce n'est pas là l'une des observations les moins étonnantes des astronomes de Flagstaff. Nous en avons déjà dit un mot plus haut (p. 111-112), et M. Pickering les avait déjà signalés en 1892, à Arequipa (*voir* p. 62). Nous y reviendrons plus loin.

Les canaux de Mars présentent pour l'observateur un phénomène aussi étrange qu'antiterrestre. Mieux on les voit et plus ils étonnent.

Par une atmosphère calme et transparente, on est frappé par trois caractères vraiment extraordinaires :

1° La direction singulièrement droite des lignes;

2° Leur largeur uniforme;

3° Leur rayonnement de certains points spéciaux.

Ces trois caractères éliminent plusieurs hypothèses explicatives. « Ces lignes ne sont pas des fleuves, car les fleuves n'ont pas la même largeur de leur source à leur embouchure et ne suivent pas des lignes droites. Ce ne sont pas non plus des crevasses, soit dans la surface du sol, soit dans des champs de glace, et ce ne sont pas non plus des illusions d'optique, car elles ne présentent aucune altération dépendant des diverses parties du disque, excepté celle qui est produite par le raccourcissement des perspectives à la surface d'un globe.

« Si ces lignes ne paraissent pas naturelles, leurs rencontres si nombreuses en certains points spéciaux de rendez-vous le paraît encore moins. »

Mais ce qu'il y a de plus curieux encore, c'est peut-être leurs aspects successifs. Les changements de la surface de la planète, d'une nuit à l'autre, d'un mois à l'autre, se retrouvent dans les plus petits détails des canaux.

A certaines époques, les canaux sont invisibles, et cette invisibilité est réelle, ne dépend pas de notre vision. Ils sont alors absents. La distance n'est pas cause de cette invisibilité. Ce n'est pas toujours lorsque la planète est le plus proche de nous qu'on les distingue le mieux.

Leur visibilité respective varie également. Ainsi, à la fin du mois d'août 1894 et au commencement de septembre, les canaux environnant le lac du Soleil étaient très évidents, tandis que ceux qui sont au Nord étaient presque invisibles. En novembre, c'était le contraire, les canaux du Nord étaient bien marqués. Il en a été de même des canaux au nord du golfe des Titans.

Quant à l'effet de la distance, les canaux à l'est du Gange étaient plus accentués en novembre qu'en octobre, quoique la planète fût alors plus éloignée de nous dans la proportion de 21 à 18.

C'est ce que M. Schiaparelli avait déjà remarqué.

M. Lowell explique leurs changements de place apparents, en disant que les variations dues aux saisons peuvent non seulement affecter la visibilité d'un canal à un moment donné, mais aussi produire l'effet d'un changement de place apparent, par suite de la visibilité d'une ligne et de l'invisibilité d'une autre. L'Araxe nous en offre un exemple. Sur la carte de Schiaparelli, il n'y a qu'un

Phase. Mais on a vu là cinq canaux à Flagstaff, et beaucoup d'autres paraissent exister. Ils se croisent mutuellement en toutes sortes d'angles. Que l'un ou l'autre soit visible tandis que d'autres restent invisibles, et voilà l'explication depuis si longtemps cherchée pourquoi l'Araxe paraît tantôt droit et tantôt courbe.

Le développement des canaux suit la fonte des neiges et marche avec la saison. Leur apparition commence dans les régions polaires et se continue vers l'équateur. En juin 1894, ce sont ceux qui avoisinent le lac du Soleil et le lac du Phénix qui ont été visibles les premiers. C'est la région continentale la plus proche du pôle. L'eau provenant de la fonte des neiges paraît donc *descendre des pôles vers l'équateur.*

A partir de l'époque où ils sont visibles, les canaux deviennent de plus en plus marqués à mesure que la saison avance. En août, ils étaient déjà très foncés dans les régions circumpolaires. En octobre ils étaient visibles sur toute la planète. Leur extension dépend, d'une part, de la latitude; d'autre part aussi, de leur proximité des grandes masses sombres. Ainsi, à l'ouest de la mer du Sablier, les canaux se développent plus tôt que ne l'indiquerait leur latitude. De grandes traînées descendent du pôle à cette « mer », lesquelles, si elles ne sont pas entièrement composées d'eau, sont probablement des terres fertilisées par des filets d'eau les traversant. Elles réunissent la mer polaire avec la Grande Syrte en suivant presque des lignes droites.

Ce qui prouve bien que ce n'est pas de l'eau qui forme ainsi *graduellement* les canaux, mais *de la végétation due à l'eau*, c'est la lenteur de cette formation à partir des neiges polaires fondantes. L'eau circulerait vite, tandis qu'ils mettent des semaines et des mois à prendre toute leur ampleur.

Maintenant, ajoute M. Lowell, « tout nous porte à voir là des campagnes artificiellement irriguées. Le caractère géométrique des lignes et leurs curieuses intersections sont inexplicables par des procédés naturels connus. La rareté de l'eau sur la planète rend cette hypothèse tout à fait vraisemblable. Si nous étions là, c'est ce que nous ferions. C'est une nécessité vitale.

« D'autre part, l'aspect du réseau confirme cette déduction. Les canaux partent des régions foncées précisément aux points que nous choisirions nous-mêmes pour construire ce système d'irrigation. Je ne suppose pas pour cela que ces constructeurs nous ressemblent; mais on doit reconnaître là l'exercice d'intelligences que nous pouvons comprendre.

» Après s'être éloignées des régions sombres, les lignes se continuent, avec la même largeur, jusqu'à un but, lequel est la jonction de rendez-vous des canaux : les *oasis.* »

On le voit, pour le fondateur de l'Observatoire Lowell, les canaux de Mars représentent un système géométrique d'irrigations construit par les habitants de la planète. Il ajoute que les rendez-vous de lignes prouvent un *choix* et n'ont rien de naturel, que les montagnes n'ont pas empêché la construction de ces réseaux et qu'elles sont rares sur la planète.

Revenant aux « canaux doubles », aux géminations, M. Lowell écrit que, pour les voir, trois conditions sont nécessaires : une atmosphère bien calme, une attention suffisante et la saison martienne convenable. C'est une affaire de saisons martiennes, et, par conséquent, toutes les oppositions ne se ressemblent pas. Aux oppositions les plus favorables pour l'observation, aux oppositions périhéliques, la planète penche son pôle sud vers le Soleil et vers la Terre, et c'est l'époque qui précède le solstice d'été de son hémisphère austral. Alors, le système des canaux sud n'est pas encore développé, et celui des canaux nord n'est pas visible. Les meilleures époques pour voir les canaux sont les oppositions défavorables, où la planète est le plus éloignée.

On vient de remarquer que, pendant l'opposition de 1894-95, quelques canaux seulement se sont montrés doubles : le Gange, le Phison, etc. Le dédoublement n'est pas instantané ; il se prépare pendant plusieurs semaines : telle est, du moins, l'impression de l'auteur. Seulement, on ne le voit bien que le jour où notre atmosphère est parfaitement calme au point de l'observation.

« Les canaux diffèrent entre eux non seulement pour l'aspect des dédoublements et des distances qui séparent les composantes, mais aussi pour l'époque à laquelle ce dédoublement s'opère. En général, les canaux nord et sud se dédoublent avant les canaux est et ouest; cependant, de deux lignes nord et sud, l'une peut se dédoubler et non l'autre, synchroniquement avec une gémination est et ouest.

» La gémination n'est pas une illusion optique à ce bout-ci de la ligne visuelle, car, s'il y avait une double réfraction, toutes les lignes allant dans la même direction sur le disque seraient affectées de la même manière, ce qui n'est pas. Au contraire, les dessins montrent qu'il peut coexister deux cas de dédoublements, dans des directions différentes, coïncidant avec des canaux simples.

» Ce n'est pas non plus un cas de double réfraction à l'autre bout de la ligne visuelle, c'est-à-dire dans l'atmosphère de Mars, car, dans ce cas, il serait difficile d'imaginer pourquoi toutes les lignes ne seraient pas affectées. Et puis, nous ne connaissons aucune substance capable d'agir de la sorte sur une pareille échelle (¹). Si le phénomène n'est pas causé par une double réfraction, il a une existence réelle.

» Le mode de développement des géminations a aussi son importance. Ainsi, le Gange parut d'abord être dans une condition protoplasmique intéressante,

(¹) Ce raisonnement n'est pas aussi serré que celui du paragraphe précédent. Il pourrait se faire que toutes les lignes ne fussent pas affectées, parce que les conditions atmosphériques ne sont pas les mêmes partout. Et de ce que nous ne connaissons aucune substance capable d'agir de la sorte, cela ne prouve pas qu'il n'y en ait point.

pendant l'été. Le 30 juillet, M. Pickering suspecta sa duplicité, mais décida ensuite autrement. Lorsque je l'observai en août, des indications (*hints*) de gémination se montraient. Il se présentait comme une rangée très large, mais

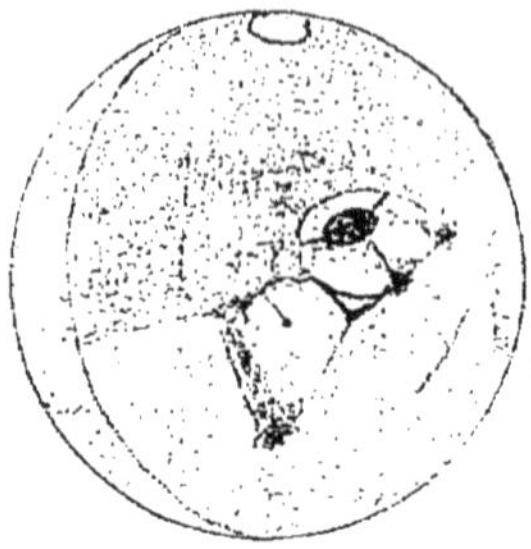

Fig. 127.

Fig. 128.

Les transformations du Gange. Dessins pris le 2 septembre et le 12 octobre.

non foncée, de couleur assez sombre, à peu près d'une largeur uniforme d'une extrémité à l'autre. Par moments, les deux rives paraissaient plus foncées que l'espace intermédiaire. Ce n'était là que l'embryon de la gémination.

» En octobre, elle avait sensiblement progressé, et en novembre elle était complète. Mais, quoique le Gange fût double, la Fontaine de Jeunesse ne l'était pas, ni le canal qui y conduit (*fig.* 127 et 128). »

Le Nectar, l'Euphrate et le Phison furent vus ensuite parfaitement doubles,

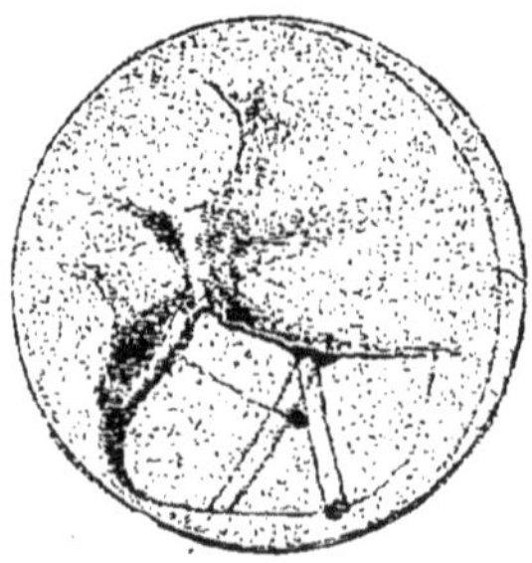

Fig. 129.
Le dédoublement de l'Euphrate et du Phison.
(Dessin du 19 novembre).

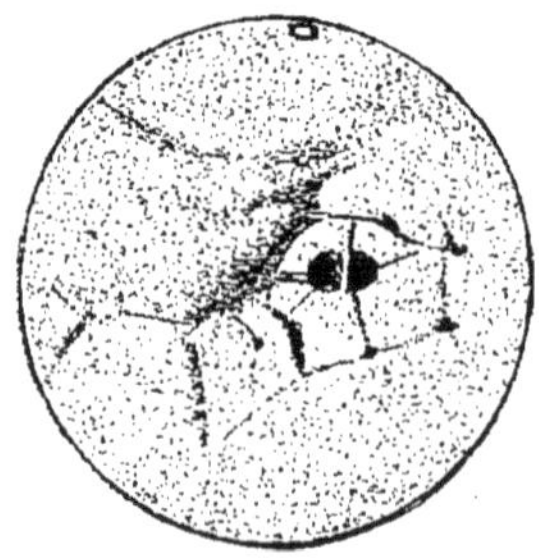

Fig. 130.
Le lac du Soleil fendu en deux.

ces deux derniers depuis le 18 novembre jusqu'à la fin des observations. La figure 129 représente ceux dessinés le 19 novembre par M. Lowell.

Le lac du Soleil a paru fendu en deux les 9 et 12 octobre (*fig.* 130), observation déjà faite antérieurement [1].

[1] Juin 1890 (*voir* Tome I, p. 475 et 573). Le 9 juin 1890 correspond à 24 jours avant l'équinoxe de printemps austral, arrivé le 3 juillet. Le 9 octobre 1894 correspond à 39 jours après le solstice d'été austral, arrivé le 31 août.

Parmi les résultats les plus caractéristiques de cette analyse si complète et si attentive de la surface de Mars par les astronomes de l'Observatoire Lowell, nous devons signaler maintenant la conclusion relative aux *oasis*. Nous tenons à passer en revue ce que chaque observateur de Mars croit pouvoir conclure de ses études, car ce n'est que par la comparaison de ces résultats, quelque discordants qu'ils paraissent parfois, que nous pouvons créer nous-mêmes un ensemble aussi rapproché que possible de la réalité. C'est à l'aide de pierres, de fer, de bois, de verre, d'étoffes, etc., que l'on construit une maison.

Pour M. Lowell, la surface jaune, continentale, saharienne, de la planète est parsemée d'innombrables petites taches rondes ou ovales dont toutes, sans une seule exception, sont en connexion avec les canaux. Nous publions ci-après (*fig.* 131-132) les deux vues principales du globe construit par M. Lowell, dont nous avons parlé plus haut et dont nous avons déjà présenté (*fig.* 118-121) quatre petites réductions. Les oasis circulaires sont des points de rendez-vous. Quand les canaux sont doubles, au lieu d'être rondes, ces taches sont rectangulaires avec des angles arrondis. En général elles ont de 190 à 240 kilomètres de diamètre.

C'est l'observation de l'Euménides-Orcus qui a mis l'auteur sur la voie. Ce long canal ne mesure pas moins de 5700 kilomètres d'une extrémité à l'autre, du lac du Phénix et presque du lac du Soleil au Trivium Charontis. En l'observant attentivement, on pensait à un collier de perles entourant le globe de Mars [1]. Peu à peu, le Pyriphlegethon et le Gigas produisirent un effet analogue. Ces perles se trouvaient à l'intersection de petits canaux traversant le canal principal. Elles devenaient plus visibles, plus foncées, en même temps que les canaux, ou, pour mieux dire, aussitôt après, avec la saison, en novembre, correspondant au mois d'août de l'été martien. Les saisons sont bien plus marquées aux environs de l'équateur de Mars, dans la zone tropicale, que sur la Terre.

Ces taches ne sont pas des lacs, car leur visibilité ne provient pas d'un agrandissement de surface, de l'arrivée des eaux, mais du changement de teinte : celle-ci s'assombrit comme le ferait une teinte végétale. Ce changement de teinte suit la fonte des neiges, comme l'apparition des canaux. Ce sont donc là des régions de végétation, des oasis fertilisées par l'infiltration des eaux, au milieu de vastes déserts, et non sans intention « oases not innocent of design ».

C'est même là le *but* de l'existence des canaux. « Supposer un effet du

[1] Ces lacs de l'Euménides-Orcus avaient déjà été signalés par M. Gale, à Sydney, en 1892. (*Voir* plus haut p. 91, *fig.* 111 et p. 92.)

hasard équivaudrait à dire qu'une collection fortuite de chiffres pourrait former une table de multiplication. L'économie du système est évidente, d'ailleurs, par le fait que les canaux sont tracés en ligne droite, c'est-à dire suivant le plus court chemin. »

Signalons enfin les observations faites sur le terminateur, ou méridien

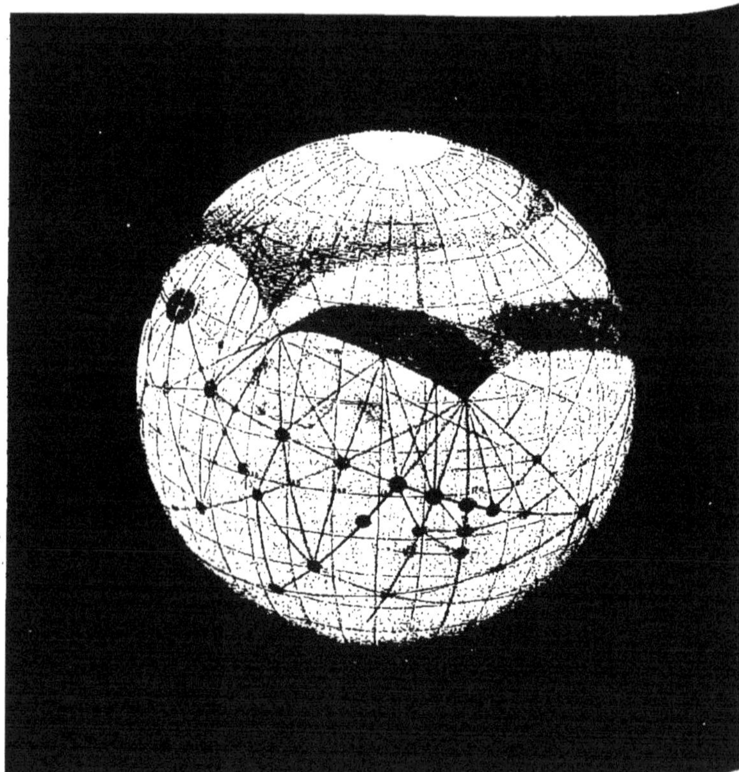

Fig. 131. — Globe de Mars. Côté de la mer des Sirènes et de l'Euménides-Orcus.

limite entre l'hémisphère éclairé et l'hémisphère obscur, le long duquel on a vu, soit des points brillants, soit des dépressions. Ces déformations sont nombreuses et certaines. Les dépressions s'expliquent par le caractère de la surface, plus sombre là qu'ailleurs et sans doute plus humide. L'auteur pense qu'il y a là des brouillards. Les projections ou points lumineux s'expliquent par des nuages élevés, qui se formeraient après le coucher du soleil. Il n'est pas question de signaux adressés par les habitants.

Voici les conclusions de M. Lowell :

1° Les changements que l'on observe sur la planète prouvent l'existence d'une atmosphère ;

2° La lumière du bord, la présence d'un crépuscule, la clarté générale du disque, donnent des indications sur la densité de cette atmosphère. A la surface de la planète, la pression barométrique n'est probablement que de 10 centimètres, mais elle doit diminuer moins rapidement qu'ici avec l'altitude ;

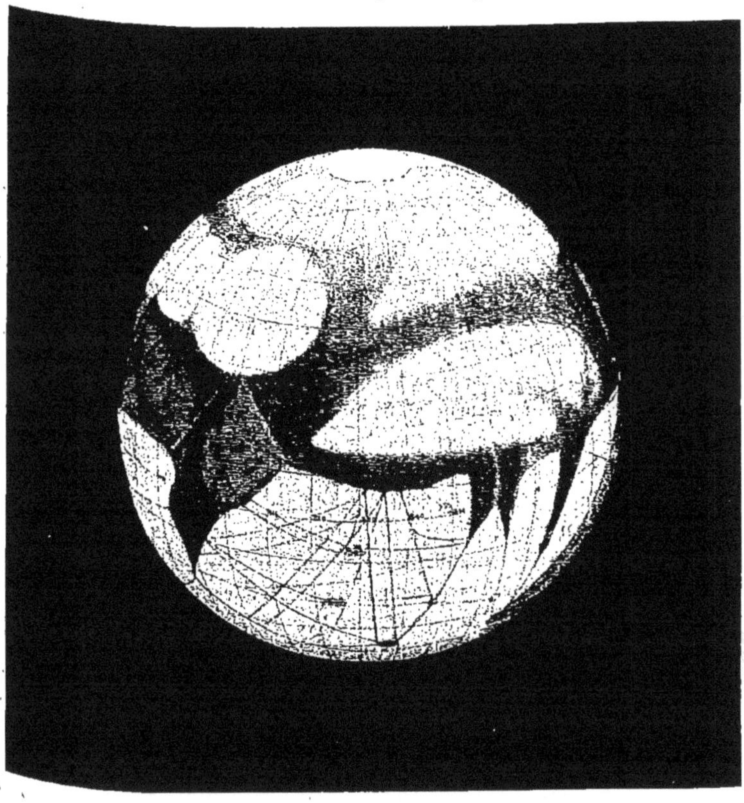

Fig. 132. — Globe de Mars. De la mer du Sablier à la Baie du Méridien.

3° La présence d'une bande sombre bordant le cap polaire pendant sa diminution, montre que ce cap peut être composé de neige d'eau et non de neige d'acide carbonique.

4° Ce cap fond si complètement, qu'après s'être étendu sur toute la zone froide de la planète, il disparaît entièrement un peu après le milieu de l'été ;

5° Du fait que le cap polaire est composé d'eau glacée et que la fonte est si grande, il résulte que la température moyenne de la planète est assez élevée ;

6° Les points brillants observés sur le cap, les crevasses qui le traversent, les parties qui s'en détachent, montrent comment la fusion s'opère et montrent aussi qu'elle s'effectue toujours de la même façon, d'année en année. La topographie polaire est donc permanente;

7° L'association des parties les plus larges de la mer polaire australe avec les régions foncées de la planète implique une association de niveau entre elles;

8° La présence de bandes foncées traversant ces mêmes régions sombres depuis le cap polaire jusqu'aux contrées équatoriales à l'époque de la grande fonte des neiges, et leur disparition consécutive, montrent dans cette association une relation de cause à effet;

9° Les régions appelées mers ne sont pas des étendues d'eau : a, parce que la lumière qu'elles réfléchissent n'est pas polarisée, tandis que la mer polaire l'est; *b*, parce qu'elles s'effacent à mesure que la saison martienne avance, sans que d'autres parties du disque s'assombrissent; *c*, parce qu'à certaines époques on aperçoit sur elles des taches claires ou sombres. Tous ces aspects s'expliquent, si l'on voit là des surfaces de végétation;

10° D'après les observations, il n'y a aucune étendue d'eau sur la planète, ni permanente, ni temporaire, à l'exception de la mer polaire.

11° Les projections et les dépressions vues sur le terminateur montrent que le globe martien est, selon toute probabilité, très uni, et que les points lumineux sont dus à des nuages se formant après le coucher du soleil ou parfois avant son lever, l'hypothèse des montagnes étant incompatible avec les observations;

12° Les surfaces claires paraissent être des déserts, mais on ne s'explique pas encore l'éclat temporaire et périodique de certaines régions;

13° Des *changements progressifs* se produisent à la surface de la planète, d'un pôle à l'autre, dans le cours d'une demi-année martienne. Ces changements commencent avec la fonte des neiges polaires et se développent comme le ferait de la végétation. La *vie végétale se montre là aussi clairement que possible*;

14° Il y a peu d'eau sur la planète, et elle est employée par la circulation météorologique, qui la dépose alternativement à chaque pôle sous forme de neige. S'il y a là un ordre de vie supérieur à la vie végétale, un ordre capable d'agir et de faire servir à un but les forces de la nature, on se sera efforcé d'utiliser pour la vie toute l'eau disponible, car aucun organisme ne peut vivre sans eau.

Par conséquent, *l'irrigation en faveur de l'agriculture* serait la base fondamentale de la vie martienne. Or, que voyons-nous sur Mars? Un réseau de lignes fines couvrant la surface déserte de la planète. Toutes ces lignes sont géométriquement tracées; elles correspondent avec celles qui traversent les régions sombres, et qui viennent du cap polaire : ce système de lignes se développe comme conséquence de la fonte des neiges polaires, commence à se montrer au printemps, est à son maximum en été et s'évanouit ensuite.

Ces lignes quittent les régions foncées à certains points spéciaux et convergent dans les régions claires vers certains points de rendez-vous; aux endroits où elles partent des régions sombres, on voit des taches triangulaires remarquables;

aux points où elles se rencontrent, ce sont des taches rondes. C'est précisément là l'aspect que présenterait un système logique d'irrigation.

D'où l'on conclut :

A. *L'habitabilité générale de la planète « the general habitability of the planet »;*

B. *Son habitation actuelle par quelque forme d'intelligence locale « its actual habitation at the present moment by some form of local intelligence ».*

Telles sont les conclusions que M. Lowell a tirées de ses nombreuses observations et de celles de ses collaborateurs. Elles sont du plus haut intérêt, quoique assurément discutables, et font avancer notre connaissance de la planète lors même qu'on ne les admettrait pas comme définitives.

Les astronomes de Flagstaff se sont aussi occupés des satellites de Mars. Les diamètres probables seraient :

Deimos	= 10 miles	= 16	kilomètres.
Phobos	= 36 —	= 58	—

Ce sont vraiment là de petits départements.

CLXXIV. — LOWELL, PICKERING ET DOUGLASS. — ARC CRÉPUSCULAIRE.

Pendant la même opposition, les observateurs dont nous venons de résumer les travaux en une synthèse générale ont pris une série de mesures spéciales des diamètres polaire et équatorial de Mars, qu'il importe d'exposer ici.

Ces mesures, discutées par M. Lowell, fournissent :

1° De nouvelles valeurs des diamètres polaire et équatorial de Mars;

2° Une nouvelle valeur de l'aplatissement de Mars;

3° La preuve de la présence d'un arc crépusculaire sur Mars, d'environ 10° de large.

Les mesures faites par M. Douglass s'étendent du 6 juillet au 21 novembre 1894; elles ont été, pour la discussion, réunies en deux groupes, du 20 septembre au 5 octobre, et du 12 octobre au 21 novembre :

On s'est servi des éphémérides de M. Marth. On a eu soin de placer le fil longitudinal du micromètre soit parallèlement, soit perpendiculairement à l'axe polaire de la planète; on a eu soin aussi de maintenir la direction joignant les deux yeux parallèle au fil micrométrique ou parallèle au fil transversal.

Du 12 octobre au 21 novembre, il a été fait 275 mesures, dont 140 se rapportent au diamètre équatorial et 135 au diamètre polaire. Chaque mesure se compose en général de cinq pointés. Les Tableaux du Mémoire de M. Lowell contiennent les résultats de ces mesures réduites en secondes d'arc et corrigés :

Des erreurs de la vis,
De la réfraction,
De l'irradiation (du limbe et du terminateur de Mars),
De la phase,
De la distance.

La première série d'observations conduit aux deux remarques suivantes :

1° Mars est aplati aux pôles;

2° Il existe une différence systématique entre les valeurs du diamètre équatorial résultant des observations d'octobre et de novembre.

Les mesures de novembre donnent une valeur plus grande pour le diamètre équatorial que celles d'octobre; une augmentation analogue ne se manifeste pas pour les mesures du diamètre polaire.

Frappé par ce fait, M. Lowell a eu l'idée de grouper les observations en ayant égard à la date de l'opposition.

Les moyennes des valeurs du diamètre équatorial et du diamètre polaire correspondant à ces trois groupes sont les suivantes :

DATES.	Diamètre polaire.	Diamètre équatorial.
15-23 Octobre	9",379	9",420
12-30 —	9 ,378	9 ,440
2-21 Novembre.. ..	9 ,390	9 ,545

Les mesures accusent une augmentation dans les valeurs du diamètre équatorial, tandis que la valeur du diamètre polaire reste à peu près la même.

Or, toutes les mesures ayant été corrigées de la réfraction, de l'irradiation, de la phase, de la distance, de l'inclinaison de l'axe, les moyennes auraient dû s'accorder, comme cela a lieu effectivement pour les valeurs du diamètre polaire; les valeurs du diamètre équatorial, au contraire, diffèrent suivant l'époque des observations. L'auteur fait remarquer que, parmi les corrections appliquées, celle de la phase est la seule qui varie proportionnellement à l'intervalle de temps écoulé depuis l'opposition; or, cette correction est connue avec une grande précision, puisqu'elle dépend des mouvements et des distances de Mars et de la Terre.

L'inclinaison de l'axe polaire de Mars entre aussi dans le calcul du diamètre équatorial.

L'augmentation, d'après M. Lowell, doit être attribuée à un *arc crépusculaire* sur Mars. L'arc crépusculaire, dit-il, est une conséquence de l'atmosphère planétaire; pour un observateur en dehors de Mars, le crépuscule aurait pour effet de prolonger le terminateur au delà de ses limites réelles, d'où résulterait une augmentation dans le diamètre équatorial lorsque la planète passe de la phase polaire à la phase gibbeuse. D'après les calculs de l'auteur, l'arc crépusculaire serait de 10°; cet arc est de 18° sur la Terre (le Mémoire est ici accompagné de formules).

En appliquant aux mesures de M. Douglass la correction de l'arc crépusculaire, M. Lowell obtient les valeurs suivantes pour les diamètres équatorial et polaire :

DATES.	Diamètre polaire.	Diamètre équatorial.
15-22 Octobre........	9",356	9",404
12-30 —	9,354	9,396
2-21 Novembre......	9,353	9,402

Ces valeurs s'accordent maintenant entre elles.

Les observations du 15 au 23 octobre conduisent à la valeur $\frac{1}{196}$ pour l'aplatissement de Mars. L'auteur fait remarquer que cette valeur est probablement trop faible. La comparaison de toutes les mesures équatoriales et polaires conduit à $\frac{1}{191}$, valeur comprise entre les limites extrêmes de l'aplatissement théorique, $\frac{1}{175}$ et $\frac{1}{227}$, indiquées par M. Tisserand.

Les valeurs définitives adoptées par M. Lowell sont :

Diamètre équatorial : 9",40 ± 0",007
Diamètre polaire : 9,35 ± 0,007.

Le diamètre polaire est souvent trop grand.

La cause de cette augmentation, l'auteur la trouve dans la présence des taches polaires à l'époque des observations. La tache polaire australe était alors située excentriquement par rapport au pôle sud, à 5° de latitude et 59° de longitude; et comme le pôle sud était dirigé vers l'observateur, la tache polaire se trouvait, par suite de la rotation de Mars, tantôt sur le disque de la planète, tantôt sur le limbe; l'augmentation apparente du diamètre polaire serait due à l'irradiation.

L'auteur justifie cette assertion par le calcul des positions de la tache polaire pour les dates en question. L'inspection des mesures, dit-il, permet de suivre les modifications subies dans la position de la tache.

Un diagramme donnant la distance angulaire de cette tache au pôle accompagné d'un Tableau des valeurs des diamètres sert à éclaircir ce point.

Les remarques précédentes expliquent pourquoi l'arc crépusculaire a passé inaperçu jusqu'ici. Le crépuscule tendant à augmenter le diamètre équatorial et l'irradiation des taches polaires tendant à augmenter le diamètre polaire, il en résulte une augmentation apparente du disque tout entier : les deux causes se masquent ainsi l'une l'autre. Ces deux causes se sont révélées d'elles-mêmes, écrit l'auteur, dans la discussion d'une nombreuse série de mesures s'étendant sur un intervalle de plusieurs mois. La période de ces deux phénomènes n'est pas la même. Ainsi, l'irradiation produite par les neiges polaires a une période dans laquelle entrent trois facteurs : un intervalle de 37 jours, l'année de Mars, l'inclinaison de l'axe polaire de Mars par rapport à la Terre. L'arc crépusculaire a une période de 13 mois environ. Jusqu'ici les mesures des diamètres de Mars ont été faites sans avoir égard ni à l'arc crépusculaire, ni aux taches polaires, ni à la variation dans la position de ces taches; il en résultait un désaccord dans les valeurs de l'aplatissement déduites de ces observations, désaccord qui a été attribué jusqu'ici aux erreurs d'observations. Ce désaccord disparaît quand on a égard aux deux causes en question.

CLXXV. — Percival Lowell. — Les Longitudes martiennes (¹).

Nous écrivions au Tome I, page 480, à propos des observations de M. Wislicenus, à Strasbourg, en 1890, de ses longitudes martiennes et de sa carte : « Ces positions nous paraissent toutes un peu trop à droite. Le méridien 0° est à peu près à la longitude 7° de cette carte. La pointe boréale de la mer du Sablier devrait être à 283° au lieu de 295°, le lac du Soleil à 89° au lieu de 95°, le lac Niliacus à 33° au lieu de 44°, le golfe des Perles à 18° au lieu de 28°. Les différences varient de + 5° à + 12°. »

Nous avons vu aussi plus haut (p. 70) que M. Keeler, en 1892, a trouvé une différence constante de longitude entre ses observations et les photographies d'un globe de Mars, faites pour les heures de ces observations, les longitudes du méridien central de ces photographies surpassant celles des dessins d'environ 7°. La planète retardait donc de cette quantité.

Souvenons-nous de l'origine du méridien zéro de M. Schiaparelli et de ce que nous avons pris soin de signaler (I, p. 292) : « Si l'on compare, disions-nous, ce méridien zéro à la carte de M. Green, on remarque entre les deux une différence de 7° ; celui de M. Green passe à droite de la baie du Méridien, et cette différence s'étend à toute la carte. A cause des circonstances atmosphériques, ce point zéro des longitudes de M. Schiaparelli n'a pu être l'objet que d'une seule mesure ; il pourrait y avoir une erreur constante dans la numération des degrés, ce qui ne changerait rien, d'ailleurs, à l'exactitude des positions relatives ».

En octobre et novembre 1894, M. Lowell a fait des observations à l'aide de l'excellent objectif de $0^m,45$ dont nous avons parlé, armé d'un grossissement de 440, et a mesuré au micromètre les positions des points principaux. Entre l'œil et l'oculaire il avait interposé avec avantage un verre jaune, comme l'a fait souvent M. Schiaparelli.

Il commença ses observations par le Fastigium Aryn et trouva qu'il arrivait constamment au méridien central *après* l'heure donnée par les éphémérides.

Lorsque le golfe des Titans se présenta ensuite, en novembre, le même retard fut constaté.

Un grand nombre de points furent observés. Pour chacun d'eux il y a un retard d'environ 5°.

(¹) *On martian longitudes. The Astrophysical Journal,* 1895, t. I, p. 393.

C'est comme si la lumière mettait plus de temps que ne l'indique le calcul pour venir de Mars à la Terre, environ 20 minutes. Ce n'est pas admissible.

M. Lowell pense que la période de rotation admise est trop courte. Ce n'est pas acceptable non plus, à cause des anciennes observations concordantes.

On pourrait peut-être penser que l'atmosphère de Mars dévie les images vers la droite, au méridien central. Mais c'est là une idée féconde en difficultés.

Ou bien, tout simplement, les observateurs ne seraient-ils pas influencés par leur observation même, qu'ils auraient une tendance à inscrire à l'heure même de son commencement? Toutefois, vingt minutes c'est beaucoup, même pour Mars. Pour Jupiter, l'idée serait absurde.

Ou, plus simplement encore, on peut se tromper de quelques degrés dans l'estimation des positions, le sens de la rotation et la phase étant des facteurs non négligeables.

L'explication la plus simple nous paraît de penser que cette différence n'est pas bien dégagée des erreurs d'observation. Ainsi, Fastigium Aryn se trouve de 7° *à gauche* du méridien sur la carte de Green (Tome I, *fig.* 167), tandis qu'elle est de 7° *à droite* sur celle de M. Wislicenus (id., *fig.* 251). M. Schiaparelli nous paraît plus près de la vérité, ses observations de 1888 confirmant celles de 1877.

Il serait utile de déterminer plusieurs origines indépendantes de longitudes martiennes, telles que: 1° la baie du Méridien, 2° le lac du Soleil, 3° le golfe des Titans, etc.

CLXXVI. — W.-H. Pickering. — Les Mers de Mars.

L'un des observateurs de l'Observatoire Lowell a fait sur cet important sujet des mers martiennes une communication spéciale (¹) que nous résumerons ici. Nous en avons déjà dit quelques mots plus haut (p. 109, 112 et 123).

La première observation de Mars faite à l'Observatoire Lowell, à l'aide de la lentille de 0m,45, a eu lieu le 1er juin 1894. Depuis cette date, les observations ont été continuées presque chaque nuit. Ce qui me paraît être la plus importante conclusion que l'on puisse déduire de notre travail jusqu'ici, c'est que Mars *ne présente pas toujours le même aspect à des époques correspondantes* de deux années martiennes consécutives. Cette remarque ne s'applique pas seulement aux petits détails, mais aussi aux aspects généraux. De plus, cette diffé-

(¹) *Astronomy and Astro-Physics*, vol. XIII, p. 553.

rence ne paraît pas simplement due au fait qu'une saison arrive quelques semaines plus tard que l'autre, mais à ce que les phénomènes présentés pendant les deux années sont différents.

Ainsi la branche centrale de l'Y, juste au nord de Noachis, qui était si marquée en 1892, n'était pas visible en juin 1894. Il est vrai que M. Lowell a cru la voir faiblement indiquée, mais, bien que je l'eusse examinée le même soir, je n'en suis pas sûr. Cependant la définition était telle que, si elle eût été la même qu'en 1892, on l'aurait reconnue au premier coup d'œil. Je l'ai encore examinée à l'apparition de juillet 1894, mais sans en apercevoir de traces. Deux dessins faits par M. Campbell les 18 et 20 juillet 1892, et publiés par la Société Astronomique du Pacifique (*voir* plus loin, p. 144), la montrent. Un dessin présentant son aspect le 4 septembre 1892 m'a été envoyé par M. Russell, de l'Observatoire de Sydney (Nouvelle-Galles du Sud). Ainsi cette branche serait caractéristique de l'opposition de 1892. Cette même région a été très soigneusement dessinée par M. Douglass et moi-même, plusieurs fois, entre le 30 juin et le 6 juillet 1894, sans que nous ayons pu distinguer de traces de la branche centrale. A ces dates, Mars avait la même position dans son orbite que les 12 et 18 août 1892. Un dessin fait par moi-même le 13 août 1892 montre la branche centrale très clairement. Il serait intéressant de savoir si son aspect a été noté cette année par les observateurs australiens, puisque, pour leur longitude, il devait être visible vers le milieu du mois de juin.

Non seulement la branche centrale de l'Y a été invisible cette année, mais encore la grande tache bleu sombre qu'elle mettait en communication avec la calotte polaire australe, et que nous avons appelée mer du Nord, était bien moins marquée et beaucoup plus petite qu'en 1892 (1).

De même un grand golfe noir, limitant la neige fondante au nord, et situé droit au sud de Syrtis Minor, a été un trait frappant de nos observations de cette

(1) Cette « branche centrale de l'Y » dont parle M. Pickering forme le prolongement gauche de la mer Erythrée, le Sinus Sabæus formant la branche de droite, et l'Hellespont la branche de gauche. Il faut alors supposer la planète très penchée vers la gauche. Dans ce cas, l'aspect normal de 1892 serait à peu près celui de la *fig.* 96, p. 71 de cet ouvrage, sur laquelle cette mer allongée est très foncée. Comparer aussi la *fig.* 89, p. 64, de M. Pickering lui-même, retournée. M. Schiaparelli a signalé, d'autre part (*fig.* 106, p. 78), un changement arrivé là. Sur notre premier globe de Mars, publié en 1884, cette branche est foncée. Sur le second, publié en 1898, elle est d'un gris clair.

Cette région étant le théâtre de variations certaines et fréquentes, il était très incommode de ne pouvoir la nommer qu'en périphrases. Nous avons cru devoir lui donner un nom et l'avons appelée *Pandoræ Fretum* « Détroit de Pandore ». Cette désignation est en rapport avec celle des pays voisins. On n'a pas oublié que Pandore, l'Ève des Grecs, avait été envoyée à Prométhée, comme épouse, par Jupiter.

La même région portait le nom de détroit Arago sur les premières cartes (*voir* Tome I, p. 68 et 205). On la remarque sur le dessin de Green du 10 septembre 1877, sur ceux de Secchi en 1858, et même sur ceux de W. Herschel et de Schroeter.

année. Ce golfe a été observé une fois seulement en 1892, le 27 juillet, et il n'était pas très marqué. Si ces régions très sombres sont de l'eau, comme on le croit, il paraîtrait alors que l'eau, qui n'avait pas atteint les régions boréales cette année, *est apparue en excès au sud.*

Examinant cette région noire, le 4 juin, avec un polariscope d'Arago, préparé pour moi par M. Brashear, j'ai trouvé qu'elle laissait voir des traces claires de *polarisation*, ainsi que le faisait le canal courant au nord. Ceci serait naturellement le cas si c'était là de l'eau, du moment que, située près du limbe, cette tache nous réfléchirait largement la lumière de l'atmosphère de Mars. Sur le reste du disque, la polarisation était à peine indiquée. A l'apparition suivante de cette région, le 9 juillet, l'observation a été répétée, mais ce qui m'a surpris, c'est qu'on ne pouvait plus découvrir de trace de polarisation dans la région sombre. J'ai alors fait un examen rigoureux de cette région, et ai trouvé que sa couleur avait entièrement changé; ainsi, tandis que, le 9 juin, M. Lowell écrivait: « Baie d'un bleu sombre, paraît tout à fait comme de l'eau profonde », on constatait maintenant qu'elle avait une teinte brune chocolat, différant entièrement en couleur des régions grises bleues au nord. Ces régions grises ne montraient pas de signes de polarisation, et, ainsi que je l'ai remarqué déjà, je ne vois pas de raison pour supposer que leur couleur soit due à de l'eau. En ce qui concerne mes observations, il me paraît que la surface d'eau permanente sur Mars, si elle existe, est très limitée dans ses dimensions.

Ces grandes régions grises étaient d'une couleur brillante et franchement verte en 1890, juste avant l'équinoxe vernal. Dans la première partie de 1892 aussi, on voyait de vastes surfaces vertes sur la planète, mais, au fur et à mesure que la saison avançait, les régions vertes ont changé presque complètement au gris. En ce moment, on ne voit que très peu de couleur dans les parties ombrées. Elles sont assujetties aussi à de si grandes variations d'étendue suivant le progrès des saisons, que — à moins que nous ne puissions nous persuader que des inondations gigantesques, non suivies de nuages, constituent la condition normale des choses sur Mars — nous sommes forcés d'adopter quelque autre explication sur leur existence. La théorie qu'elles doivent leur couleur à de la végétation est peut-être la plus plausible, et quelques faits nouveaux touchant cette question ont été dernièrement mis en évidence. Le 30 juin, M. Douglass a noté une dépression distincte sur le terminateur, là où il était traversé par le jambage de l'Y. Au fur et à mesure de la rotation de la planète, la position de la dépression changea, et l'on remarqua qu'elle ne se trouvait pas toujours dans les parties les plus foncées du terminateur. Depuis cette date, de semblables dépressions, plus ou moins marquées, ont été constatées presque chaque soir. En examinant mes observations de 1892, je trouve à la date du 20 septembre, à 8^h6^m, un dessin montrant un terminateur aplati, et une note disant que « la planète paraît quelque peu de cette forme ». Un examen ultérieur a montré que la longue et étroite bande connue sous le nom de Ceraunius se trouvait dans le voisinage du terminateur en ce moment. Ces dépressions du bord du terminateur peuvent être facilement expliquées par de véritables dépressions de la surface de la planète : nous pourrions constater une différence d'élévation de la surface de deux milles (un peu plus de 3^{km}), à la condition que l'élévation ou la dépression soit sur le terminateur. Peut-être sommes-nous à la veille de construire une carte orographique de la planète. Mais ces observations sont très difficiles, et l'on ne doit pas s'attendre à une grande précision.

On peut, semble-t-il, tirer la conclusion suivante:

Du moment que ces dépressions du terminateur ne se montrent pas toujours aux parties les plus sombres des régions foncées, et comme différentes portions de ces cavités sont creusées à des profondeurs différentes, lorsquelles se trouvent sur le terminateur, il s'ensuit que toutes les parties des régions grises ne sont pas au même niveau. En d'autres termes, il y a des collines et des vallées, et, par suite, *les régions foncées ne représentent pas une surface d'océan.*

C'est là une conclusion d'une haute gravité. Enregistrons-la. Mais ne l'adoptons que lorsqu'elle sera bien démontrée, ce qui ne tardera peut-être pas. On voit, d'autre part, d'après ces observations, que les saisons n'amènent pas chaque année les mêmes aspects, et que sur cette planète comme sur la nôtre les années se suivent et ne se ressemblent pas.

CLXXVII. — Observations faites a l'observatoire Lick.

M. W. Campbell, astronome à cet Observatoire, dont il est aujourd'hui Directeur, a publié en 1894 (¹) une étude sur les photographies prises par M. Holden, alors Directeur, en 1890 et 1892.

On sait que le bord du disque de Mars est considérablement plus lumineux que l'intérieur du disque. Le contraste avec le fond noir du ciel doit jouer un grand rôle dans cette appréciation.

En général, les taches disparaissent avant d'arriver au bord.

Les photographies ont une grande valeur pour juger cet éclat relatif, parce qu'elles ne sont pas affectées comme l'œil par l'entourage. Voici l'étude de M. Campbell à ce sujet :

Trois séries de photographies ont été prises : 1° avec la plaque au foyer du grand objectif, donnant de très petites images; 2° avec une lentille intermédiaire grossissant environ 5 fois, et 3° avec une lentille grossissant près de 8 fois.

Lorsque Mars est voisin de son opposition, les photographies nous montrent que son contour est bien plus clair que ses régions centrales. Mais l'éclat est loin d'être uniforme. Lorsque des régions sombres se trouvent au bord du disque, le

(¹) *Publications of the Astronomical Society of the Pacific*, vol. VI, p. 139.

limbe est seulement légèrement illuminé en ces endroits. Lorsque, au contraire, ce sont des régions claires, ces parties du limbe deviennent tout aussi brillantes que les calottes polaires. L'éclat de la périphérie est donc très irrégulier, et varie selon la nature des régions qui y passent.

Lorsque Mars est voisin de son opposition, le bord est nuancé de tons variés, et il en est de même du terminateur, sur une plus petite échelle.

Lorsque Mars se trouve loin de son opposition, de sorte que le terminateur est évident et que la planète paraît gibbeuse, le limbe est brillant comme dans les cas précédents, mais le terminateur ne l'est pas, se montrant très irrégulier de contour, et plus rapproché du centre qu'il ne devrait l'être théoriquement, ainsi qu'il arrive dans les photographies lunaires.

Les photographies montrent les principaux détails de la planète très distinctement.

On a dit que l'accroissement d'éclat vers le limbe de Mars est produit par l'atmosphère de la planète. Il me semble que les irrégularités et les variations d'éclat du limbe rendent cette hypothèse insoutenable. Si l'effet avait une cause entièrement atmosphérique, nous devrions voir le limbe uniformément illuminé.

Plusieurs astronomes ont attribué cet accroissement d'éclat vers les bords à des nuages du matin et du soir. Si cela était correct, le *limbe* ne devrait pas être rendu plus clair lorsque l'angle de Mars entre le Soleil et la Terre est assez grand. Quelques-unes de nos photographies ont été prises lorsque cet angle était de 37°,5, le 31 mai 1892. Nous devions avoir alors les nuages du matin complètement cachés de nous par la planète. Cependant les photographies ne montrent pas de diminution appréciable dans l'éclat ordinaire du limbe. L'*albedo* très faible de la planète est encore une objection à l'hypothèse des nuages.

Les photographies montrent d'une manière concluante que *le limbe est rendu lumineux par les détails mêmes de la planète, les plus brillantes régions donnant les bords les plus brillants*. On retrouve le même effet sur la Lune; le limbe est plus brillant que l'intérieur, parce que les régions montagneuses réfléchissent mieux la lumière que les surfaces planes; au *limbe*, les montagnes forment le fond réfléchissant visible tout entier, les plaines basses et les vallées disparaissant par l'obliquité. Je crois que nous devons chercher une explication analogue pour Mars, bien que, comme d'autres l'ont signalé, toutes choses égales d'ailleurs, des montagnes très escarpées seraient nécessaires.

L'importance de faire une série de photographies à exposition courte en combinaison avec d'autres observations de la planète est donc manifeste.

Le même astronome a publié en 1894 plusieurs dessins pris par lui en 1892. Nous choisissons parmi ces dessins ceux des 18 et 20 juillet dont il vient d'être question (p. 140) à propos de la disparition en 1894 du Détroit de Pandore, si marqué, si évident en 1892. Ces dessins sont pour nous, comme les précédents, un nouveau témoignage des variations martiennes.

Fig. 133.

Fig. 134.

CLXXVIII. — Campbell. Le spectre de Mars (1).

Après avoir passé en revue les observations spectrales de Rutherfurd (*voir* tome I, p. 182), Secchi (p. 201), (Huggins (p. 200), Janssen (p. 413, note), Vogel (p. 212), et Maunder (p. 308), l'auteur s'exprime en ces termes :

Les recherches des spectroscopistes ont conduit à ce résultat : L'atmosphère de Mars est semblable à la nôtre. Leur conclusion a été généralement acceptée par les astronomes. Un examen attentif de toutes les données publiées m'a montré toutefois que plusieurs des observations ont été faites dans des circonstances *extrêmement défavorables*, et que l'on ne saurait trouver l'accord désiré entre les divers résultats. Tandis que je croyais que Mars a une atmosphère et qu'elle contient de la vapeur d'eau, il me parut qu'une répétition des observations spectroscopiques faites dans les circonstances *très favorables* que l'on trouve à l'Observatoire Lick aurait une certaine valeur.

Parmi les avantages de notre installation je citerai :

1° *Un appareil spectroscopique perfectionné*. Les observations que nous allons examiner ont été faites il y a de dix-sept à trente ans, avec des spectroscopes relativement grossiers.

2° *Une lunette de grande distance focale et de grande ouverture*. Les instruments dont on se servait dans les observations primitives étaient petits et courts, de sorte que les images de Mars formées par eux sur les plaques à fente ne pouvaient être que le tiers de celles que nous obtenons à notre 36 pouces. Il y a ici un avantage énorme, et pour estimer les intensités relatives des lignes spectrales, et pour comparer les intensités des centres de lignes (correspondant

(1) *Society of the Pacific*, t. VI, 1894, p. 228. *Astronomy and Astro-Physics*, t. XIII, 1894, p. 752.

au centre du disque) avec les intensités des extrémités des mêmes lignes (correspondant au limbe).

3° L'*altitude de l'Observatoire*, qui élimine du problème l'effet absorbant des 1250 mètres inférieurs de notre atmosphère, avec toutes ses impuretés. La plupart des anciennes observations ont été faites vers le niveau de la mer.

4° La *prépondérance d'un air estival très sec.* L'humidité relative moyenne est très basse au mont Hamilton pendant les mois de juillet et août. En plusieurs années, elle est inférieure à 35 pour 100. Il n'y a pas de difficulté de choisir des nuits pour l'observation du spectre de Mars, lorsque notre humidité relative est souvent inférieure à 20. C'est là un facteur important, attendu qu'il est indispensable pour nos recherches sur la vapeur d'eau dans l'atmosphère de Mars, d'éliminer, autant que possible, ainsi que l'a fait remarquer Janssen en 1867 l'effet de la vapeur d'eau dans notre propre atmosphère. Les observateurs ne paraissent pas avoir pris ce facteur en considération. En examinant les données contemporaines de l'état du temps, je trouve que plusieurs des observations ont été faites par une humidité relative de 80, 85, ou même 90.

5° La situation méridionale de l'Observatoire et la déclinaison boréale de Mars ont permis de faire des observations par une altitude de la planète de 59°. A une hauteur de 59°, la lumière venant de Mars passe par une épaisseur atmosphérique 1,17 fois plus grande seulement qu'au zénith. Les plus importantes des observations publiées ont été faites lorsque la hauteur de la planète était de 21° à 26°. Ces hauteurs équivalent à des épaisseurs atmosphériques respectives de 2,75 et 2,28 fois plus grandes que si la planète eût été au zénith! Tandis que les observateurs cherchaient à éliminer l'effet de notre atmosphère et de sa vapeur aqueuse en observant le spectre de la Lune, à des hauteurs égales, il doit être évident que le spectre de Mars a été observé dans des conditions extrêmement désavantageuses. Ainsi une observation a été faite lorsque l'altitude de Mars était seulement de 24°, avec une humidité relative de 85. Les effets de toute atmosphère martienne possible seraient certainement noyés dans l'effet énorme de la grande épaisseur de notre atmosphère à travers laquelle les observations ont été faites, atmosphère presque saturée d'humidité.

6° Enfin, nous pouvons dire que nos connaissances du spectre de notre propre atmosphère ont été largement accrues dans ces dernières années. Les excellentes cartes de Thollon, par exemple, sont très utiles pour l'élucidation du problème.

En raison de toutes ces circonstances favorables, je m'attendais à une confirmation évidente des résultats précédents.

Voici les éléments qui entrent dans ce problème.

Nous savons par l'observation que l'hémisphère de Mars tourné vers le Soleil est brillant, et que l'hémisphère opposé au Soleil est sombre. La planète brille donc par la lumière solaire réfléchie. Le spectre de Mars doit être identique à celui du Soleil, excepté les modifications qui peuvent provenir de l'atmosphère supposée de la planète.

L'intérieur incandescent du Soleil, qui constitue ses parties les plus denses, rayonne de la lumière de toutes les longueurs d'onde possibles. En d'autres termes, son spectre est une bande *continue*, sans raies sombres. Les parties extérieures du Soleil sont gazeuses, d'une température beaucoup plus basse que les parties intérieures, et constituées des vapeurs des éléments chimiques contenus dans le Soleil. Ces vapeurs, celles de l'hydrogène et des métaux particulièrement, constituent une sorte d'*atmosphère solaire*. La lumière rayonnée de l'intérieur plus chaud de l'astre ne passe pas librement à travers l'atmosphère enveloppante. Celle-ci absorbe quelques-uns des rayons de toutes les longueurs d'onde (mais, plus particulièrement, les rayons bleus et violets). C'est là une *absorption générale*. Elle choisit aussi de la lumière de longueurs d'onde particulières, et absorbe cette lumière très fortement, produisant les raies noires. L'absorption qui produit les lignes sombres est *sélective*, et les lignes sont appelées *lignes métalliques*. Le spectre solaire est formé par le *spectre continu* de l'*intérieur du Soleil*, modifié ou interrompu par des milliers de *lignes métalliques* (sombres) produites par l'atmosphère solaire.

Notre propre atmosphère modifie, elle aussi, la lumière qui la traverse. Elle exerce une absorption *générale* qui affaiblit le spectre continu, et une absorption sélective qui introduit au moins 1200 lignes sombres additionnelles. Ces lignes sombres — appelées *lignes telluriques* — constituent ce que nous pouvons nommer le spectre de notre atmosphère.

Si la planète Mars est entourée d'une atmosphère, celle-ci doit exercer aussi une absorption sur la lumière solaire qui la pénètre. Les rayons de lumière qui nous viennent de la planète ont leur origine dans le Soleil; ils passent une fois à travers l'atmosphère solaire; ils entrent dans l'atmosphère de Mars, sont réfléchis en partie par la surface de la planète, et en partie par les couches inférieures de son atmosphère, et ensuite nous arrivent en traversant enfin notre atmosphère. Le spectre de Mars est donc la combinaison des spectres des atmosphères solaire, martienne et terrestre. Si cette planète n'a pas d'atmosphère appréciable, le spectre de la planète sera simplement la combinaison des spectres solaire et terrestre.

Ce problème serait pratiquement insoluble si nous n'avions un moyen commode d'éliminer les spectres de l'atmosphère solaire et de l'atmosphère terrestre, en laissant seulement le *spectre de Mars*. Notre Lune n'a pas d'atmosphère sensible. Par conséquent, son spectre est le spectre combiné des atmosphères solaire et terrestre. Si nous comparons les spectres de Mars et de la Lune lorsque ces astres sont aux mêmes hauteurs au-dessus de notre horizon, — c'est-à-dire lorsque leur lumière traverse la même épaisseur d'atmosphère terrestre, — et si nous trouvons qu'ils diffèrent en quelque point, si insignifiant qu'il soit, la différence serait produite par l'atmosphère de Mars. S'il n'y a pas de différence, alors le spectroscope ne décèle pas la présence d'une semblable atmosphère. Ainsi, le problème se réduit à une comparaison des spectres martien et lunaire.

Thollon a, de plus, trouvé que dans les spectres solaire et terrestre combinés, il y a trois lignes très fortes produites par quelques éléments *constants* de notre atmosphère, probablement par l'oxygène. Ce sont les groupes A, B et α de Fraunhofer, contenant environ 130 lignes distinctes. La présence de ces lignes indique la présence d'une atmosphère. Si elles sont *plus fortes* dans le spectre martien que dans celui de la Lune, cette planète devrait posséder une atmosphère.

Thollon a, de plus, trouvé d'autres groupes de lignes, comprenant au moins 1100 lignes séparées, produites par la vapeur d'eau dans notre atmosphère. Ces lignes ont été divisées par Thollon dans les sept groupes qui suivent :

1. Longueurs d'onde = 745 à 716 (a de Fraunhofer).
2. » » 716 687 (au-dessous de B).
3. » » 660 646 (autour de Hα).
4. » » 635 628 (près de α).
5. » » 597 585 (autour de D).
6. » » 578 567 (δ de Brewster).
7. » » 548 542

La présence de ces groupes de lignes implique l'existence de la *vapeur d'eau*. Si elles sont plus fortes dans le spectre de Mars que dans le spectre lunaire, il y a de la vapeur d'eau dans l'atmosphère de Mars.

Maintenant, tandis que toutes ces lignes peuvent être vues *individuellement* dans le spectre solaire, en vertu de la grande dispersion que l'on peut employer, elles ne peuvent être observées que comme des groupes ou des bandes dans les spectres martien et lunaire, à cause de la faiblesse de ces spectres, et de la faible dispersion que l'on est forcé d'employer.

On ne peut pas observer les groupes A, 745-716 et 716-687, qui sont à l'extrême rouge du spectre, et c'est pour cela que nous n'allons plus les considérer. Les bandes atmosphériques B et α sont faciles à obtenir dans les deux spectres. Les groupes de lignes de vapeur demandent beaucoup d'attention dans l'observation, pour la raison que, en vertu de la faible dispersion dont on doit se servir, les lignes individuelles ne sont pas seulement confondues ensemble, mais même avec les lignes solaires métalliques qui sont situées dans leur voisinage. Ainsi, dans le 7e groupe, les lignes de vapeur sont à un tel point plus faibles que les lignes métalliques voisines que nous pourrions ne pas considérer cette bande dans le problème qui nous occupe. De même, le 6e groupe, 578-567, n'est pas une épreuve suffisamment sensible pour la vapeur d'eau, excepté dans l'atmosphère de la Terre, lorsque l'astre observé est près de l'horizon. Cependant ce 6e groupe a été reconnu dans les spectres martien et lunaire pendant plusieurs nuits.

Le 4e groupe, 635-628, est inutile comme preuve de vapeur d'eau, car les lignes faibles qui le composent sont toujours effacées par les lignes évidentes du groupe atmosphérique α. Il n'y a que les 3e et 5e groupes qui puissent nous être utiles. Pour le 3e groupe, j'ai trouvé négligeable la partie comprise entre 660 et 653, à cause de la présence des fortes lignes solaires Hα, et de celles d'autres lignes solaires existant parmi les raies faibles des vapeurs. Pour ma part, j'ai divisé le reste du 3e groupe en trois parties, dont chacune a été trouvée utile. La première partie couvre les longueurs d'onde 651,5 à 652,0 et renferme environ huit lignes assez fortes dont la majorité sont produites par la vapeur d'eau. Avec toutes les dispersions dont je me suis servi, cette partie s'est présentée comme une ligne ou bande très étroite, que j'appellerai c'. La deuxième partie couvre la région 649,1-650,0; elle renferme une demi-douzaine de lignes métalliques fortes, et quelques fortes lignes de vapeurs, mais toutes se superposant pour former une bande que nous appellerons c''. La troisième partie est renfermée entre 646,3 et 649,0, qui contient une grande quantité de lignes de vapeur d'eau et quelques lignes métalliques; elle forme une large bande que nous nommerons c'''.

Le 5e groupe, s'étendant de 597 à 585, a été divisé en quatre parties. La première couvre les longueurs d'onde 594,1-595,9; elle contient un nombre de lignes aqueuses fortes et quelques lignes métalliques, formant une bande que j'ai appelée d'. La seconde s'étend de 592,8 à 593,5; elle n'est forte ni en lignes métalliques ni en raies de vapeurs; elle constitue une bande noire que j'ai appelée d''. La troisième partie couvre 591,2 à 592,5; elle contient quelques lignes métalliques et beaucoup de fortes raies de vapeurs; j'ai nommé cette région d'''. La quatrième couvre 588,4-590,6; elle contient les deux très fortes raies solaires D_1 et D_2, plusieurs lignes solaires faibles, et un grand nombre de raies de vapeurs. Cette dernière partie serait une bande très utile si les lignes D n'y étaient pas contenues; mais j'ai trouvé leur présence très gênante. Appelons cette région d^{IV}.

Pour les raisons exposées ci-dessus, j'ai appliqué mes observations presque entièrement aux groupes B, α, c', c'', c''', d', d'', d''' et d^{IV}, et ai trouvé que α se prêtait mieux aux observations que les autres lignes.

J'ai observé le spectre de Mars pendant dix nuits, entre le 29 juin et le 10 août 1894, en portant mon attention particulièrement sur les neuf groupes de raies que je viens de mentionner. En huit nuits j'ai comparé son spectre à celui de la Lune, lorsque ces deux astres étaient à des hauteurs égales au-dessus de l'horizon. Pendant deux nuits, les 24 et 25 juillet, lorsque la Lune était près de la planète, j'ai passé à plusieurs reprises d'un spectre à l'autre, tandis qu'à la première nuit la planète s'est élevée de 18° à 50°, et à la seconde d'une hauteur de 45° à 55°. Les deux spectres ont été comparés lorsque l'humidité relative de notre atmosphère n'était que de 15° et lorsqu'elle s'élevait à 55°. Les observations ont été faites principalement avec un prisme de flint dense de 60°, et parfois avec un prisme de 30°. Grossissement = 13.

Lorsqu'on examinait le spectre lunaire, la fente du spectroscope était toujours rétrécie, de sorte que le spectre de la Lune avait constamment la même largeur que le spectre de Mars. La fente était constamment dirigée vers la partie la plus éclatante de la Lune, de façon à rendre l'éclat des deux spectres semblable, ce qui est une condition très importante. En un mot, les spectres ont été comparés dans une variété de conditions, mais dans des circonstances toujours identiques pour les deux astres. Les raies atmosphériques et de la vapeur d'eau ont été vues et sur Mars et sur la Lune, décroissant d'intensité au fur et à mesure que ces astres s'élevaient dans le ciel, et les raies de la vapeur aqueuse variant d'intensité avec la quantité d'humidité présente dans notre atmosphère. Le spectre de Mars a paru identique à celui de la Lune sous tous les points de vue.

De plus, plusieurs fois, lorsque la hauteur de la planète était grande, j'ai examiné les groupes de lignes en question, surtout α, afin de déterminer si les extrémités des lignes qui correspondent au limbe de la planète étaient plus marquées que leur milieu, correspondant au centre du disque. Les lignes paraissaient toujours être d'une intensité uniforme, du moins en ce qui nous permettait d'estimer l'intensité variable des différentes parties du disque.

L'intensité des bandes principales, α par exemple, était considérablement plus grande lorsque la Lune ou Mars étaient à 30° au-dessus de l'horizon que lorsqu'ils étaient à 55°. L'épaisseur relative de notre atmosphère traversée par les rayons, lorsque les astres étaient à des hauteurs de 30° et 55°, était comme 2 : à 1,22. Si les rayons de lumière de l'un des astres, Mars par exemple, passent à travers une épaisseur *unité* de notre atmosphère, et les rayons de la Lune à travers une unité et demie, l'intensité de α dans le spectre du second est certainement plus grande que dans le spectre du premier. Une différence de 25 pour 100 dans la longueur des trajectoires traversées par les rayons des deux astres amenait une différence appréciable dans l'intensité de leurs bandes α. La précision de l'observation est grandement accrue par la présence de plusieurs lignes métalliques voisines, que l'on peut prendre comme points de comparaison. Les résultats de ces observations peuvent être énoncés ainsi qu'il suit :

Les spectres de Mars et de la Lune, observés avec tous ces soins minutieux, se montrent identiques à tous les points de vue. Les bandes atmosphériques et de la vapeur d'eau observées dans les deux spectres paraissent produites entièrement par les éléments de l'atmosphère de la Terre. Ainsi ces observations ne donnent *aucune indication d'une atmosphère martienne contenant de la vapeur d'eau.*

Le même astronome est revenu sur le même sujet dans l'étude suivante.

CLXXIX. — Campbell. L'Atmosphère de Mars ([1]).

M. Campbell discute les conditions de cette atmosphère.

Pour étudier l'atmosphère de la planète Mars, il importe de considérer plusieurs faits importants et de les coordonner.

([1]) *Publications of the Astronomical Society of the Pacific*, t. VI, 1894, p. 273.

1° *La petite masse de la planète.* — Il est raisonnable de supposer que la masse d'une atmosphère est proportionnelle à la masse de la planète elle-même. Les plus grandes planètes doivent avoir les atmosphères les plus étendues. Cette règle paraît exister en effet. Il n'y a pas trace d'atmosphère sur la Lune, pas plus que sur aucun des satellites de notre Système. De plus, il ne paraît pas exister d'atmosphère sur la petite planète Mercure. Mais nous avons l'évidence d'atmosphères étendues sur les grosses planètes Jupiter, Saturne, Uranus et Neptune.

Or, la masse de Mars n'est que 0,11 de celle de la Terre. L'aire de sa surface n'est que 0,28 de celle de la Terre. Si les atmosphères des deux planètes sont proportionnelles à leurs masses, la quantité d'air au-dessus d'un kilomètre carré sur Mars (¹) ne serait que 0,39 de l'atmosphère au-dessus d'un kilomètre carré sur la Terre.

2° *La couleur de la planète.* — Beaucoup d'observateurs croient que la couleur rouge orangé de Mars est produite par l'action de son atmosphère absorbant les rayons à l'extrémité violette du spectre plus fortement qu'à l'extrémité rouge. On a même dit que la Terre présenterait la même teinte si l'on pouvait la voir du dehors. La couleur rouge du Soleil près de son coucher et la teinte cuivrée de la Lune près de l'horizon sont des cas bien connus de la forte absorption des rayons bleus et violets par l'épaisse couche d'atmosphère à travers laquelle la lumière doit voyager. D'après les comparaisons récentes des couleurs de Mars vu au télescope et de la Lune à l'horizon, telle qu'elle nous apparaît à l'œil nu, M. Campbell a estimé que les couleurs des deux corps célestes approchaient le plus de l'égalité lorsque la planète était au méridien à une altitude de 60°, et quand la Lune était élevée de 3 à 5 degrés au-dessus de l'horizon. A ces altitudes, la lumière lunaire traversait notre atmosphère sur un parcours 9 à 16 fois plus long que la lumière venant de Mars. Par suite, si la teinte orangée de Mars était produite par une atmosphère analogue à la nôtre, cette atmosphère devrait être plusieurs fois plus étendue que la nôtre. Une partie de la lumière solaire réfléchie vers nous par la planète a passé deux fois par son atmosphère, mais une grande partie passerait en partie seulement avant d'avoir été réfléchie. Il paraîtrait ainsi que cette explication de la couleur rouge de la planète demanderait une atmosphère 6 à 12 fois aussi élevée que la nôtre. C'est-à-dire qu'au-dessus de toute surface sur Mars (un kilomètre carré par exemple) il devrait exister de 6 à 12 fois autant de molécules d'atmosphère qu'il y en a au-dessus de la Terre.

Nous allons voir plus loin que tous les autres phénomènes observés sont en désaccord avec cette hypothèse.

(¹) La densité de l'atmosphère à la surface de Mars est également digne d'attention, fait remarquer l'auteur. La pesanteur n'est là que 0,38 de la nôtre, et la densité de l'atmosphère à la surface de Mars ne serait que 0,15 de celle à la surface de la Terre, ce qui correspond à une densité inférieure de moitié à celle de notre atmosphère au sommet de l'Himalaya.

(a). Le bord du disque est toujours *plus blanc* que le centre. C'est là une observation facile à faire, et le fait a été noté par plusieurs observateurs. Entre autres, il a été remarqué par Dawes, qui a écrit en 1864: « Rien, à ce qu'il me paraît, ne saurait prouver plus complètement que les teintes rougeâtres de Mars ne sont pas dues à une particularité de coloration de l'atmosphère de la planète, que le fait que la rougeur est toujours le plus intense près du centre, là où la couche atmosphérique est le plus mince. » En d'autres termes, si la rougeur au centre est produite par l'atmosphère, la plus grande épaisseur de la couche gazeuse au bord devrait produire une augmentation de la teinte rouge. Mais l'observation montre que c'est juste le contraire qui est observé.

(b) Il n'y a pas de traces d'absorption de l'atmosphère au-dessus des calottes polaires. Tous les observateurs leur ont assigné la blancheur de la neige, même au bord de la planète. Si la couleur rouge du centre de la planète était due à l'absorption atmosphérique, l'absorption au bord du disque serait incomparablement plus grande, et les calottes polaires ne seraient pas d'un blanc pur. Elles tendraient au jaune ou au rouge, ainsi que le fait le reste de la planète.

(c) Les spectres des grosses planètes Jupiter, Saturne, Uranus et Neptune contiennent des bandes atmosphériques marquées, montrant ainsi que ces mondes sont entourés de vastes atmosphères. Sur Mars, l'évidence spectroscopique, ainsi que nous allons le voir dans la section suivante, est à peu près nulle. Et cependant Mars est incomparablement plus rouge que les quatre planètes extérieures. Ainsi, l'évidence spectroscopique est incontestablement opposée à l'hypothèse que la couleur rouge de Mars soit produite par une atmosphère.

Eu égard aux faits que le limbe de la planète est plus blanc que les régions centrales, que la calotte polaire blanche ne montre pas de traces d'absorption, même au bord du disque, et que les plus grosses planètes, pourvues d'atmosphères plus élevées que Mars, sont plus blanches que cette planète, en vertu, disons-nous, de ces faits, nous devons accepter comme satisfaisante l'explication offerte par Sir John Herschel, il y a un demi-siècle, que la couleur rouge « indique, sans doute, une teinte d'ocre pour le sol en général, à peu près comme les régions de grès jaune de la Terre pourraient offrir aux habitants de Mars, mais un peu plus accusée ».

3° *Résultats spectroscopiques.* — Les recherches de Janssen en 1867, Huggins en 1867, Secchi vers 1872, Vogel en 1872 et Maunder en 1877 ont conduit à des résultats identiques, c'est-à-dire que *l'atmosphère de Mars est semblable à la nôtre*. On doit remarquer qu'aucun des observateurs n'a formé, de ses recherches spectroscopiques, d'estimation de l'*étendue* de l'atmosphère martienne, comparée à la nôtre. L'un des observateurs a remarqué que les lignes et bandes critiques étaient plus fortes dans le spectre de la planète que dans le spectre lunaire lorsque ces objets étaient à la même altitude au-dessus de l'horizon; un autre a dit que les bandes critiques étaient plus larges dans le spectre de Mars que dans celui de la Lune, tandis qu'un troisième observateur n'a pas aperçu du tout les lignes critiques dans le spectre lunaire, tout en les ayant vues dans le spectre de la planète. Maintenant, si l'atmosphère de Mars est semblable à la nôtre, et si, à hauteur égale, les lignes critiques sont plus fortes dans le spectre de la planète que dans celui de la Lune, il devrait exister quelque hauteur *plus basse* de la Lune donnant des intensités égales des lignes critiques. Par cette méthode on pourrait se faire une idée de l'étendue de l'atmosphère martienne. On y trouverait en outre un moyen de contrôle de la subtilité de la méthode spectroscopique. Il semblerait qu'aucun observateur n'a cherché ces altitudes inégales de Mars et de la Lune pour lesquelles les lignes critiques dans les deux spectres seraient d'égale intensité. C'est regrettable.

Il est aussi notoire que les observateurs n'ont pas trouvé d'évidence certaine de l'absorption croissante aux bords de Mars, là où l'épaisseur atmosphérique est la plus grande.

Les observations spectroscopiques faites au mont Hamilton cet été, dans des conditions particulièrement favorables, ont montré que les spectres de la Lune et de Mars sont identiques en apparence. La méthode employée aurait décelé l'existence d'une atmosphère martienne quatre fois plus faible que la nôtre.

4° *Netteté des taches de la surface.* — Si Mars était entouré d'une atmosphère aussi étendue que la nôtre, il serait impossible de voir les taches aussi clairement que nous les voyons. Langley a trouvé que près de 40 pour 100 de la lumière arrivant à la surface de la Terre d'un astre voisin du zénith est absorbée par notre atmosphère. Si le pouvoir réflecteur de la surface de la Terre est égal à celui de la Lune, qui est de 0,17, alors, des 60 centièmes de la lumière primitive parvenant à la surface terrestre, il n'y aurait que 0,17 ou bien 10 pour 100 de réfléchis, et encore 40 pour 100 de cette quantité seraient absorbés dans la sortie de notre atmosphère. Ainsi il n'y aurait que 6 pour 100 de la lumière tombant primitivement sur l'atmosphère de la Terre qui en sortiraient. Sa surface serait cependant illuminée par la lumière diffuse du ciel, et la lumière sortant dans l'espace pourrait peut-être s'estimer à 9 ou 10 pour 100. La lumière par laquelle un observateur éloigné, comme de la planète Mars, verrait la Terre, proviendrait en grande partie de l'atmosphère brillante, et très peu seulement de la véritable surface de la Terre. Il est douteux que quelques-unes des taches géographiques de la Terre puissent être vues dans ces conditions, même dans le cas où notre ciel serait dépourvu de nuages.

On a dit que le peu de visibilité des taches au bord de Mars est dû au fait que nous voyons cette partie du disque à travers une plus grande couche atmosphérique. Je ne crois pas que cette hypothèse soit nécessaire. Si nous examinons la surface lunaire à l'œil nu, nous trouverons que les taches sont distinctes au centre, mais indistinctes au bord. La Lune à l'œil nu est comparable en grandeur à Mars vu au télescope. Si nous tenons compte de l'effet, grandement amplifié, des mauvaises images en examinant le bord confus et indistinct de Mars, nous trouverons, je crois, que le bord de Mars n'est pas beaucoup plus indistinct que celui de la Lune. La raison pour laquelle nous ne pouvons pas suivre les taches jusqu'au bord de la Lune ou de Mars est en grande partie le raccourcissement de la perspective.

5° *Les calottes polaires.* — L'éclat extraordinaire des calottes polaires, comparé aux surfaces centrales, rend l'hypothèse d'une atmosphère épaisse insoutenable. S'il y avait une atmosphère épaisse, elle serait particulièrement épaisse au bord, là où se trouvent les calottes polaires. Il n'y aurait que comparativement peu de rayons solaires capables de pénétrer assez loin pour parvenir jusqu'aux pôles. Ceux qui y arriveraient seraient largement réfléchis; mais très peu de ces rayons parviendraient à retraverser l'atmosphère. Les parties des caps polaires les plus rapprochées du bord du disque n'auraient plus leur éclat remarquable. Cet éclat ne peut s'expliquer que dans l'hypothèse d'une atmosphère très mince.

L'augmentation et la diminution des calottes polaires, suivant les saisons, combinées avec leur couleur blanche, ont conduit la plupart des observateurs à supposer qu'elles sont composées de neige et de glace. Cette manière de voir suggère immédiatement l'idée que Mars a une atmosphère contenant de la vapeur d'eau. Les calottes sont certainement analogues à celles de la Terre, mais seulement en ce qui concerne leur variation d'étendue et leur coloration blanche. En réalité, l'analogie ne s'étend pas plus loin.

Un observateur placé sur la Lune ou sur Mars et regardant la Terre serait contrarié dans ses observations non seulement par notre atmosphère, mais aussi par les nuages. L'hémisphère tourné de son côté ne serait jamais entièrement pur. Nous savons que parfois presque tout le centre et les régions orientales de l'Amérique du Nord sont recouverts de nuages qui s'étendent, en même temps, loin dans la mer. Pour un observateur en dehors de la Terre, les surfaces nuageuses seraient plus brillantes que les pures. Le contraste entre les régions nuageuses et les régions pures de tout nuage serait plus grand qu'entre les terres et les mers. Il n'est pas probable que nos limites permanentes entre les continents et les océans soient visibles de loin, même par un ciel serein, à cause du ciel bien plus brillant qui les recouvre. Mais supposons que ces limites soient réellement visibles. Elles seraient certainement compliquées et perdues par un ciel nuageux. Il est probable que nos régions polaires sont enveloppées de nuages plus de la moitié du temps; dans la zone tempérée, la proportion est inférieure à la moitié du temps; dans certaines régions équatoriales, il y a nébulosité presque perpétuelle.

Sur Mars, les conditions sont bien différentes. On n'a probablement jamais vu de nuages sur cette planète. Les calottes polaires augmentent et diminuent. Si ces calottes étaient composées de neige, nous devrions nous attendre à voir, à l'époque de leur fusion, des nuages sur les régions polaires. Nous n'avons aucune preuve que des nuages apparaissent en ces régions. Au contraire, les bords de la calotte polaire sont dépourvus de nuages pendant des semaines et des mois. Des projections brillantes ressortent du bord de la calotte polaire sur les régions avoisinantes plus sombres du disque. Ces projections et les parties détachées analogues de la calotte restent constamment visibles pendant des semaines, sans changement important de forme ou de netteté de contour. Ce ne sont pas des nuages. Pour un observateur éloigné, la présence de nuages sur la Terre doit être incontestable. Un Martien ne sait pas, sans doute, ce que c'est qu'un nuage. Si les conditions de notre propre atmosphère sont bonnes, les contours principaux des taches de Mars sont toujours visibles. En commençant les observations, la nuit, nous ne demandons pas : « Est-ce que Mars est clair ce soir ? » Mais toujours : « Notre propre atmosphère est-elle tranquille ? » Nous n'arrêterons pas notre travail parce que Mars s'est couvert de nuages, mais parce que notre atmosphère est nuageuse. Mars paraît être toujours pur.

La conclusion à tirer de cette argumentation est que, du moment qu'il n'y a pas trace de nuages, les calottes polaires ne nous donnent pas de preuves qu'il existe de la vapeur d'eau dans une atmosphère, ou qu'une circulation des matériaux formant les calottes polaires ait lieu dans une atmosphère ([1]).

Il y a une autre preuve importante que l'on ne saurait négliger. La planète Mars est beaucoup plus éloignée du Soleil que nous. L'intensité de la chaleur et de la lumière du Soleil n'est égale sur Mars qu'aux trois septièmes de la quantité reçue par la Terre ; et, cependant, le climat de Mars paraît plus doux que le nôtre. Non seulement les calottes polaires ne s'étendent pas sur Mars aussi près de l'équateur que sur la Terre, mais encore elles disparaissent complètement sous l'influence du soleil estival. La calotte polaire australe a disparu entièrement vers le milieu d'octobre dernier ([2]). Il semblerait être, en effet, facile à un explorateur arctique d'atteindre les pôles de Mars. Tandis que cet état de choses peut être expliqué par le fait que leurs étés sont très longs ; nous ne devons pas oublier que leurs hivers sont également très longs, et l'accumulation de neige pendant leurs hivers devrait être proportionnellement grande. Si les calottes polaires représentent de la neige, nous devons considérer que le climat martien est plus doux que le nôtre. Mais, dans ce cas, comment pourrions-nous expliquer l'absence de nuages ?

Plusieurs observateurs ont fait remarquer que les calottes polaires peuvent consister en cristaux d'acide carbonique congelé. Cette théorie ([3]) peut être

([1]) Cette conclusion nous semble trop absolue. On voit *quelquefois* des nuages ou des brumes. D'un autre côté, la vapeur d'eau peut être à l'état invisible.

([2]) Ceci est contredit par les observations faites en novembre 1894, par M. Barnard, à l'Observatoire Lick, et par nous-mêmes à Juvisy. Les neiges polaires ne paraissent pas fondre entièrement.

([3]) L'idée que les calottes polaires blanches de Mars pourraient être autre chose que de la neige a été énoncée en septembre 1892 par M. RANYARD. En réponse à une Note de M. Monck, M. Ranyard disait entre autres : « Je ne suis pas aussi sûr que M. Monck ou mon ami M. Maunder que la lumière du Soleil soit absorbée par de la vapeur d'eau dans l'atmosphère de Mars, et je suis tout à fait préparé à croire que les calottes polaires sont dues à des cristaux blancs (semblables à ceux de la neige) d'*acide carbonique*, ou même d'*air atmosphérique condensé*. » (*Knowledge*, octobre 1892, p. 193.)

soutenue. L'acide carbonique se liquéfie et se congèle lorsqu'on le soumet à un froid intense. Il peut être congelé en une masse transparente semblable à de la glace, ou bien en flocons aussi blancs que la neige. Les flocons blancs garderaient leur forme et leur couleur aussi longtemps que la température serait inférieure à 78° 4 au-dessous du zéro centigrade. Lorsque la température s'élèverait au-dessus de —78° 4, les flocons blancs seraient transformés en une vapeur sans couleur. Si les calottes étaient composées de flocons blancs d'acide carbonique, elles augmenteraient ou diminueraient sous l'influence de la chaleur du Soleil, exactement comme nous l'observons. Nous serions alors débarrassés de la nécessité de considérer Mars comme jouissant d'un climat plus doux que la Terre. L'absence de nuages s'expliquerait facilement alors. L'absence spectroscopique d'atmosphère et de vapeur d'eau serait également expliquée. On expliquerait ensuite la netteté d'aspect et la couleur blanche des calottes polaires. Le gaz acide carbonique est un constituant important de notre atmosphère.

M. Stoney a énoncé une ingénieuse théorie pour expliquer l'absence d'atmosphère sur la Lune, et comment une petite planète peut perdre petit à petit son atmosphère. Sa théorie est basée sur la théorie dynamique des gaz, acceptée par tout le monde [1]. D'après cette théorie, tous les atomes ou molécules formant un gaz sont en mouvement constant et violent. Les petites particules volent avec une rapidité formidable, dépassant, en certains cas, la vitesse de balles de fusil. S'il n'y avait pas d'empêchement, les particules voleraient toujours, et le gaz serait en conséquence dissipé et perdu. Dans le cas de l'atmosphère d'une planète, la pesanteur est la force qui contrôle les vitesses des particules et les empêche de s'enfuir dans l'espace. Les plus grosses planètes attirent leurs atmosphères plus fortement que les petites planètes, et les gaz lourds sont plus fortement attirés que les gaz légers. M. Stoney a supposé que les vitesses maxima des atomes d'hydrogène, azote et oxygène sont si grandes que, si ces gaz ont jamais existé sur la Lune, la pesanteur de la Lune serait trop faible pour vaincre ces vitesses. Les particules s'envoleraient une à une dans l'espace extérieur pour ne jamais revenir. Il admet que l'on peut ainsi expliquer l'absence d'atmosphère sur la Lune. De tous les gaz, l'hydrogène est le plus léger, et ses atomes volent avec une vitesse supérieure à celle de tous les autres. M. Stoney a trouvé que, s'il existait de l'hydrogène libre dans notre atmosphère, l'attraction ne serait pas capable de l'y maintenir. L'hydrogène libre se serait enfui, atome par atome, dans l'espace extérieur. Il est ensuite arrivé à la conclusion que notre oxygène et notre azote sont trop lourds pour s'enfuir. Maintenant, Mars est intermédiaire en masse entre la Terre et la Lune. Si tous les constituants de l'atmosphère lunaire ont pu échapper à son attraction, et si de l'hydrogène libre a pu échapper à la pesanteur terrestre, il est probable que

[1] La théorie cinétique des gaz n'est encore qu'une ingénieuse *hypothèse*, non démontrée, et à laquelle de savants physiciens refusent la valeur d'une réalité.

tous les gaz légers se seraient émancipés de l'attraction de cette planète. Dans notre atmosphère, la vapeur d'eau est la plus légère; la combinaison d'azote et d'oxygène vient ensuite, comme poids; et le gaz acide carbonique est le plus lourd de tous. Il pourrait arriver à une certaine époque sur Mars — aujourd'hui peut-être — que l'acide carbonique constituât la majeure partie de son atmosphère. Dans ce cas, la température de la surface de la planète serait probablement très basse, assez basse pour geler l'acide carbonique en flocons semblables à ceux de la neige.

Mais il n'est pas nécessaire que nous renvoyions l'atmosphère dans l'espace. Elle pourrait facilement aller dans l'autre direction. Cette planète est beaucoup plus petite que la Terre. Elle est probablement plus âgée, mais, dans tous les cas, étant plus petite, elle s'est refroidie plus vite. Au fur et à mesure qu'une planète vieillit, une quantité de plus en plus grande de l'oxygène de son atmosphère est absorbée par son écorce. Sur la Terre, une certaine quantité d'oxygène est absorbée par le fer et les autres éléments de l'écorce terrestre pour former des oxydes. Il est également possible que d'autres éléments de notre atmosphère passent graduellement dans l'écorce terrestre. Il pourrait ainsi se faire que l'acide carbonique restât en arrière, devenant ainsi plus abondant. Si Mars a possédé à l'origine une atmosphère étendue, il a pu arriver qu'il n'en reste actuellement qu'un faible résidu, et que son caractère primitif en soit radicalement changé. Il est aussi possible que d'autres éléments de l'atmosphère de Mars puissent prendre, sous l'influence d'un froid extrême, la forme et la couleur de la neige. L'hypothèse qui considère les calottes polaires comme composées de neige obligeant à la présence de la vapeur d'eau dans l'atmosphère de Mars, nous conduit à de grandes difficultés. De plus, cette hypothèse n'est pas *nécessaire*. Les calottes peuvent être formées d'acide carbonique ou de quelque autre substance très différente de notre neige. [Si je donne une place considérable à la théorie de l'acide carbonique, ce n'est pas que je croie à l'exactitude de cette théorie, mais plutôt pour faire voir que nous ne sommes pas limités à la théorie unique que les calottes représentent de la neige ou de la glace.] Les caractères des atmosphères martienne et terrestre peuvent être différents.

6° Sous plusieurs rapports, Mars ressemble à la Lune qui n'a pas d'atmosphère appréciable. En premier lieu, le pouvoir réfléchissant lumineux diffusif de Mars est très faible, étant un peu plus grand seulement que celui de notre Lune ou bien de Mercure, qui ne présente aucune trace certaine d'atmosphère. Il est beaucoup plus faible que celui des quatre grandes planètes qui sont recouvertes, nous le savons, de très lourdes atmosphères. Ensuite, le bord de Mars est beaucoup plus brillant que les parties intérieures du disque, exactement comme sur la Lune, et probablement pour les mêmes raisons, c'est-à-dire que les surfaces montagneuses des deux globes réfléchissent la lumière plus fortement que les plaines. La surface réfléchissante au centre du disque, dans chaque cas, est composée de montagnes et de plaines; tandis qu'au bord du disque la surface réfléchissante est composée presque entièrement de montagnes, les vallées ayant disparu par la perspective. Que l'accroissement d'éclat soit dû aux détails topographiques et non à une atmosphère, c'est prouvé par le fait que cet accroissement d'éclat au bord de Mars n'est pas uniforme, de même que sur la Lune. De plus, sur les planètes entourées de hautes atmosphères, Jupiter et Saturne, par exemple, les bords sont, en effet, beaucoup plus faibles que le centre du disque.

Zöllner a estimé que si le plus grand éclat du bord de Mars est dû à des montagnes, elles devraient être très escarpées — leurs talus faisant un angle de 76° avec l'horizon. Cette estimation me paraît excessive. Je ne crois pas que le bord de Mars soit relativement plus brillant que celui de la Lune, et que nous ayons besoin de pentes extrêmement escarpées. Une partie de l'éclat apparent de Mars n'est pas réelle, mais due au contraste avec le fond du ciel noir (¹), ainsi que M. Ormond Stone et d'autres l'ont fait remarquer. Mais une autre partie de l'éclat est réelle, et probablement due au plus grand pouvoir réflecteur des régions montagneuses formant le bord visible de Mars.

7° Pendant les trois dernières oppositions, nous avons vu des projections brillantes émergeant du terminateur de la planète. Ces projections étaient probablement des pics de montagnes élevées. Si elles étaient des montagnes, elles ne sauraient pas être vues au fond d'une atmosphère épaisse. Ou les projections ne sont pas des montagnes, ou l'atmosphère est mince.

Il y a des surfaces claires et des surfaces sombres sur Mars. Eu égard à un choix judicieux des pouvoirs amplificateurs de nos instruments sur Mars, les contrastes entre les parties claires et les ombres foncées paraissent analogues aux contrastes entre les taches blanches et grises de la Lune. Les parties claires et sombres sur la Lune sont solides, non liquides. La plupart des astronomes considèrent que les taches claires sur Mars représentent le sol, et que les taches sombres représentent de l'eau. Mais d'autres astronomes se sont formés une idée diamétralement opposée. Du moment que nous n'avons presque pas de preuves de l'existence de la vapeur d'eau ou de nuages sur Mars, il semble qu'il n'y a pas d'objection à l'hypothèse que les parties sombres, comme les parties claires, représentent des terres, de même que sur la Lune.

Il peut être vrai que des changements se produisent de temps en temps dans les contours des *continents* et des *canaux*. Mais, pour se former une opinion sur ce sujet, on devrait observer la planète systématiquement pendant plusieurs oppositions. Cependant, plus j'observe la planète, plus se fortifie l'opinion que les conditions changeantes de notre propre atmosphère et les

(¹) On s'aperçoit de ce contraste en faisant des observations de jour où le fond du ciel est clair.

différentes distances et positions de la planète sont seules en cause dans la plupart de ces variations (1).

Comme conclusion, il me paraît qu'en ce qui concerne l'atmosphère de la planète, les conditions approchent plus de celles de la Lune que des nôtres.

On le voit, pour l'éminent astronome de l'Observatoire Lick, Mars n'aurait pas d'atmosphère, ou à peu près; l'éclat du limbe serait dû à la réflexion de la lumière solaire par des montagnes, et les calottes polaires pourraient être formées de cristaux d'acide carbonique. Il y a, nous semble-t-il, quelques objections à ces hypothèses. Si, comme l'admet M. Campbell, Mars est très vieux, ses montagnes doivent être usées, à moins d'admettre qu'il n'y a jamais eu là d'agents atmosphériques un peu dissolvants, ni air, ni pluies, ni vents, ni neiges, ni dégels. D'autre part, le réseau géométrique des canaux *rectilignes* (quels qu'ils soient) semble indiquer l'absence de chaînes de montagnes quelque peu importantes. D'autre part encore, l'acide carbonique ne se transforme pas en liquide permanent: alors, d'où proviennent les taches foncées contiguës à la rétraction des neiges polaires qui viennent de fondre? Et puis aussi, s'il y a vraiment là de l'acide carbonique, ce sont ses vapeurs qui se condensent aux pôles. Pourquoi l'analyse spectrale si perfectionnée de M. Campbell n'en décèle-t-elle aucune trace?

La basse température martienne qui serait causée par sa distance du Soleil paraît à l'auteur difficile à écarter. C'est peut-être ici le lieu de rappeler ce qu'a écrit Tyndall sur les propriétés de certains gaz.

J'ai constaté, écrivait-il, que le gaz oléfiant (gaz des marais) contenu dans un tube de $1^m,21$ de long absorbe environ 80 pour 100 de la radiation provenant d'une source obscure. Une couche du même gaz de $0^m,5$ d'épaisseur absorbe 33 pour 100; une couche de $2^{cm},5$, 26 pour 100; tandis qu'une couche de $0^{cm},05$ n'absorbe que 2 pour 100 de la radiation. Ainsi l'absorption augmente et la quantité transmise diminue à mesure que l'épaisseur de la couche gazeuse augmente. Envisageons, pour un instant, l'effet qui serait produit sur la température de la Terre par une enveloppe de gaz oléfiant qui entourerait notre planète sur une faible épaisseur. Le gaz serait transparent aux rayons solaires et leur permettrait, sans obstacle sensible, de parvenir à la Terre. Ici, toutefois, la chaleur lumineuse du Soleil serait convertie en chaleur terrestre non lumineuse; au moins 26 pour 100 de cette chaleur serait interceptée par une couche de gaz de $2^{cm},5$ d'épaisseur, et une grande partie arriverait à la Terre. Sous cette

(1) L'auteur se trompe certainement ici, s'il n'admet pas la réalité de certaines variations, telles que celles de la largeur de la mer du Sablier, du lac du Soleil et de son entourage, de l'aspect des canaux, de l'Hespérie, du détroit de Pandore, de l'éclaircissement variable de la ligne médiane du Sinus Sabæus, etc.

enveloppe si mince et complètement transparente pour l'œil, la surface de la Terre resterait à une température étouffante.

Il y a quelques années, on a publié un livre remarquable par le charme du style et l'ingéniosité des raisonnements pour prouver que les planètes les plus éloignées de notre système sont inhabitables. En appliquant la loi de la raison inverse des carrés de leurs distances du Soleil, on trouve que la diminution de température doit être si grande que la vie humaine serait impossible dans celles qui sont les plus éloignées; mais, dans ces calculs, on a omis l'influence de l'enveloppe atmosphérique, et cette omission fausse tout le raisonnement. Il est très possible d'imaginer une atmosphère qui jouerait, pour les rayons solaires, le rôle de *barbes de plume,* leur permettant d'arriver à la planète sans leur permettre de la quitter. Par exemple, une couche d'air de 2 pouces d'épaisseur, saturée de vapeur d'éther sulfurique, offrirait une très faible résistance au passage des rayons solaires; mais j'ai trouvé qu'elle intercepterait 35 pour 100 de la radiation planétaire. Il n'y aurait pas besoin d'une couche d'une épaisseur démesurée pour doubler cette absorption; et il est bien évident qu'avec une enveloppe protectrice de ce genre, qui permettrait à la chaleur d'entrer, et l'empêcherait de sortir, on aurait des climats tempérés à la surface des planètes les plus éloignées (1).

C'est, du reste, comme on le sait depuis longtemps, ce qui existe dans notre atmosphère terrestre, en vertu des propriétés de la vapeur d'eau. L'atmosphère agit comme une serre. Elle laisse arriver les rayons du Soleil jusqu'à la surface du sol, mais ensuite elle les retient et s'oppose à ce que la chaleur emmagasinée s'échappe dans l'espace. Sans l'atmosphère, toute la chaleur solaire reçue pendant le jour fuirait pendant la nuit, et la surface du sol serait gelée chaque nuit, en été comme en hiver. Les molécules d'oxygène et d'azote, c'est-à-dire l'air proprement dit, sont à peu près indifférentes et laissent tranquillement perdre cette précieuse chaleur. Mais il y a dans l'air de la vapeur d'eau en suspension, à l'état de gaz invisible. C'est cet élément qui est le plus efficace. Le pouvoir absorbant d'une molécule de vapeur aqueuse est 16 000 fois supérieur à celui d'une molécule d'air sec ! Cette vapeur est une couverture plus salutaire pour la vie végétale que nos vêtements ne le sont dans les plus grands froids. Supprimez pendant une seule nuit la vapeur aqueuse contenue dans l'air qui couvre la France, et vous détruirez, par ce seul fait, toutes les plantes que le froid fait mourir, la chaleur de nos champs et de nos jardins se répandra sans retour dans l'espace, et, lorsque le Soleil se lèvera, il n'éclairera plus qu'un champ de glace.

(1) TYNDALL, *La Chaleur, mode de mouvement,* 2e édition française, p. 401-403.

La vapeur d'eau n'est pas la seule qui jouisse de ce privilège. Les expériences de Tyndall ont montré que les vapeurs de l'éther sulfurique, de l'éther formique, de l'éther acétique, de l'amylène, du gaz oléfiant, de l'iodure d'éthyle, du chloroforme, du bisulfure de carbone, exercent la même influence à des degrés divers. Les parfums que les fleurs répandent le soir autour d'elles leur servent, pendant la nuit, d'un voile protecteur contre les atteintes de la gelée.

Ce problème de l'atmosphère de la planète Mars commence à entrer dans sa période, sinon de solution, du moins de discussion technique contradictoire qui ne peut manquer d'apporter d'heureux fruits, et nous ne saurions mieux faire ici que de mettre en présence tous les arguments. Nous venons de remonter jusqu'à Tyndall, c'est-à-dire à un tiers de siècle pour rappeler ses expériences sur les propriétés des gaz. Nous resterons un instant à la même époque pour rappeler un ingénieux Ouvrage fort peu connu (même de ses compatriotes) d'un savant anglais, Matthieu Williams, dans lequel un Chapitre fort remarquable est consacré à notre planète (¹).

Voici ce Chapitre, abrégé.

CLXXX. — Matthieu Williams. — Météorologie martienne.

La masse de Mars est à celle de la Terre comme 0,1324 : à 1, et son diamètre comme 0,519 à 1. Donc $\sqrt{0,1324} = 0,363$ et $0,519^2 = 0,269361$. L'atmosphère totale de Mars devrait être ainsi de $0,1324 \times 0,364 = 0,0482285 = \frac{1}{20}$ environ. Et la pression atmosphérique à la surface de la planète $\frac{0,0482285}{0,26936} = 0,179 = \frac{1}{5,5}$ d'atmosphère environ. Le baromètre mercuriel se maintiendrait dans ces conditions à 136^{mm} au niveau de la mer. La pression atmosphérique devrait être d'environ 194^{gr} par centimètre carré, et l'eau devrait y bouillir à 59° centigrades.

La quantité totale d'atmosphère sur Mars serait ainsi plus de deux fois supérieure à celle de Mercure; mais sa densité ou sa pression superficielle ne serait que d'un quart plus grande, par suite de l'étendue de surface relativement plus considérable, due à la faible gravité spécifique de Mars. Mais les effets météorologiques et hydrographiques de ces deux atmosphères doivent être bien différents en réalité, en vertu de la grande diversité dans la quantité de chaleur solaire à laquelle ces mondes sont exposés. L'intensité moyenne de la radiation solaire sur Mercure est 16 fois plus grande que sur Mars. Ainsi, tandis que l'eau atmosphérique de Mercure existerait d'habitude à l'état gazeux, la plus grande partie de celle de Mars doit être gelée.

La quantité d'eau à la surface de Mars devrait être à celle de la Terre dans le

(¹) *The fuel of the Sun*. Londres, 1870.

même rapport environ que celle de son atmosphère. Elle devrait ainsi n'en constituer qu'environ le cinquième; et si les profondeurs moyennes relatives des océans des deux planètes sont à peu près égales, la proportion de terre et d'eau à la surface de Mars devrait être cinq fois plus grande que celle observée à la surface de la Terre. Ce rapport étant, pour la Terre, d'environ un quart, ou une unité de terre pour trois unités d'eau, il devrait y avoir, sur Mars, cinq unités de terre pour trois unités d'eau.

L'intensité de la chaleur solaire sur Mars étant à celle de la Terre dans le rapport de 0,431 à 1, c'est-à-dire moins de la moitié, la température moyenne de Mars doit être considérablement inférieure à celle de la glace fondante; la faible atmosphère et la petite quantité de vapeur d'eau qu'elle doit contenir doivent exagérer les écarts de température du jour et de la nuit, surtout dans les régions polaires, où, en vertu de l'inclinaison de l'axe de la planète, une si grande partie de chaque hémisphère est alternativement exposée à plusieurs mois de radiation solaire continue et plusieurs mois d'obscurité prolongée.

Comment ces conditions doivent-elles affecter les océans ou les mers de Mars? La température *moyenne* étant inférieure au zéro centigrade, ces mers doivent être gelées jusqu'au fond; mais la surface de l'eau dans toutes les parties de la planète exposées, avec une obliquité moyenne seulement, aux rayons solaires, serait dégelée à une profondeur variant avec la durée et la verticalité de cette exposition. Sa surface serait ainsi fondue pendant le jour et regelée la nuit, comme la surface de nos propres glaciers alpins, mais les changements seraient beaucoup plus marqués sur les océans martiens.

Une légère rosée de gelée blanche commencerait à tomber avant le coucher du Soleil, c'est-à-dire aussitôt que l'obliquité des rayons solaires permettrait à la surface de se refroidir au-dessous du point de congélation. Il devrait y avoir un courant continu, dirigé hors des régions où le jour brille à midi, — où la mince atmosphère serait grandement augmentée par la vapeur d'eau, — vers le vide relatif du côté sombre de la planète. Il y aurait le même genre d'action que celle décrite par sir John Herschel comme devant nécessairement avoir lieu sur la Lune s'il y avait de l'eau sur notre satellite, action qu'il compare à l'expérience du cryophore. Il devrait cependant exister quelque différence entre Mars et la Lune. Le vide de Mars étant seulement relatif, l'action serait beaucoup plus lente et bien moins marquée que dans le cas hypothétique de John Herschel. Et la température moyenne de Mars étant tellement inférieure, le point de congélation et la chute subséquente d'une brume de gelée blanche doivent commencer bien avant la séparation effective entre la lumière et l'obscurité, — à cette distance angulaire de la verticalité solaire, où les influences réfrigérantes de la radiation planétaire, aidées par celles de la glace superficielle, doivent réduire la température du sol au point de congélation.

Il n'y aurait pas ainsi de grandes masses, bien définies, de vapeur d'eau flottant irrégulièrement, comme nos nuages, dans l'atmosphère de Mars; pas de cumulus, pas de cumulo-stratus, pas même de cirrus, et, à l'exception des bords de la glace polaire, rien de plus dense qu'un mince voile de stratus, ou cirro-stratus, formé de cristaux de glace, cette sorte de nuage ou de brume qui, dans notre atmosphère, produit des halos autour de la Lune et ne cache suffisamment sa face que pour en accroître la beauté, voile de coquetterie. La région du jour, à midi, ainsi que toute la partie avoisinante, seraient rarement soumises à ce faible obscurcissement, parce que la chaleur solaire devrait y maintenir, dans les circonstances ordinaires, toutes les vapeurs qu'elle a soulevées dans un état de transparence absolue.

Il s'ensuit qu'un dépôt de gelée blanche doit continuellement se former dans le tour du disque de la planète, et que le phénomène doit commencer à une certaine distance angulaire du centre du disque, et croître graduellement vers la circonférence. La rotation de la planète devra, cependant, produire une différence considérable dans les résultats de ce dépôt. Tout ce qui se forme sur les côtés est et ouest de la planète doit être dégelé et évaporé par le Soleil du lendemain, de sorte que l'accumulation maximum dans ces deux directions ne saurait être que celle du dépôt d'une seule nuit; mais, au nord et au sud, il y aura une accumulation continuelle qui ne sera dégelée que jusqu'à une certaine latitude par la présentation estivale annuelle de chaque hémisphère au Soleil.

L'observateur terrestre devrait ainsi apercevoir, sur le cercle de brume du bord, une augmentation d'éclat due à ce dépôt quotidien de gelée blanche. Cet éclat devrait être faible aux limbes est et ouest, parce qu'il serait produit par le léger dépôt de rosée gelée d'une nuit seulement; mais, vers les régions polaires, l'accumulation devrait être considérable et très marquée. Elle devrait former une masse circulaire dont le contour reculerait et avancerait avec le retour annuel des pôles des deux hémisphères vers le Soleil. La circonférence de cette tache devrait être limitée par une zone de brouillard ou de brume produite par la condensation qui doit toujours s'effectuer lorsque l'air chauffé, et chargé de vapeurs, des régions méridiennes, entre dans la région de la gelée et de la précipitation. Cette zone devrait être plus dense et plus définie que la zone correspondante des limites est et ouest de la ligne isotherme de 0° C., en vertu de ce que la brusque variation de température est nécessairement plus grande à la ligne limite nord et sud, entre l'été et l'hiver, qu'aux limites est et ouest du jour et de la nuit.

La distance entre les limites moyennes des taches nord et sud de gelée blanche accumulée peut être prise comme une mesure approximative du diamètre du cercle au-dessus duquel les rayons solaires sont capables d'élever la température du jour au-dessus du point de congélation. La circonférence de ce cercle formerait la ligne quotidienne, isotherme, fugitive de 0° C. Cette distance angulaire permettrait ainsi aux observateurs de déterminer les limites où il faudrait chercher le commencement du dépôt de gelée blanche le soir et la ligne du dégel matinal. Cette dernière devrait être plus tranchée et mieux définie que la précédente.

Aux pôles, et à une certaine distance autour, la quantité annuelle de dépôt doit dépasser la quantité annuelle de dégel et d'évaporation ; de sorte qu'une montagne glaciale gigantesque devrait s'y accumuler, avec un accroissement continuel et une tendance à prendre la forme conique. Comme le dépôt de cristaux de glace commencerait avant le coucher du Soleil et atteindrait probablement son maximum, ou même serait terminé, avant la nuit polaire (par suite du peu de profondeur de l'atmosphère de cette planète et du rapide rayonnement qui en résulte), la construction de cette montagne polaire devrait être très irrégulière. Au milieu de l'hiver, les pentes inférieures de ses talus recevraient le gros des additions.

Avec l'avance de la ligne du jour, l'élévation de la zone de dépôt maximum croîtrait jusqu'à ce qu'elle eût atteint le sommet. Cette coïncidence du plus grand dépôt avec le sommet aurait lieu deux fois par an, avant et après le milieu de l'été. En été, les seules régions recevant quelque dépôt seraient le sommet et son voisinage immédiat, tandis qu'en même temps les côtés dégèleraient par la puissante action du soleil continuel de l'unique et long jour arctique. A cette époque, les talus de la montagne polaire seraient déchirés par des torrents de glace et d'eau gigantesques : avalanches, glaciers et torrents.

La tendance de cet accroissement estival du sommet et de ce dépérissement des côtés serait d'amener des catastrophes périodiques, par la chute, plus ou moins complète, du cône montagneux sous forme d'avalanche colossale. Pareille catastrophe serait indiquée avec le plus d'évidence à l'observateur terrestre, par une extension irrégulière et temporaire des blancheurs polaires, où les débris d'une grande avalanche joncheraient les régions avoisinant le contour général du glacier, c'est-à-dire la zone du dégel estival. Si la glace possède la viscosité que lui a attribuée le professeur Forbes, cette tendance à la chute soudaine du pic polaire serait en grande partie contre-balancée par le grossissement et l'avance de la base ; mais, si les phénomènes attribués à la viscosité ne sont que des produits de regel, la tendance supérieure de l'accroissement polaire ne serait que faiblement contrecarrée par cette action, et les catastrophes doivent être d'une grandeur immense.

Les rochers à la base de ce grand pic de glace doivent présenter sur une échelle grandiose tous les effets d'érosion glaciaire. Ils doivent être polis, évidés et creusés de façon à former de grandes vallées circulaires entourant chacun des pôles de la planète; et, au delà de ces sillons circumpolaires, vers les cercles arctiques ou antartiques de Mars, il doit exister des bourrelets correspondants de moraine consistant en matériaux que le glacier polaire avançant a creusés et poussés devant lui. Cette poussée extérieure perpétuelle du grand glacier polaire, cette érosion continue des régions polaires de la planète toujours à l'œuvre depuis sa consolidation d'origine, doivent avoir produit une modification sensible de la forme du globe de Mars en l'aplatissant dans le voisinage immédiat de ses pôles pour le surélever dans les régions des moraines entourantes.

Voyons maintenant comment ces déductions théoriques s'accordent avec les faits observés. Ceux qui sont familiarisés avec l'aspect télescopique de Mars peuvent être induits peut-être, en lisant ce qui précède, à supposer que je n'ai fait qu'adapter ma théorie aux faits connus. Ma réponse est simplement que je ne puis guère éviter cette *apparence*, qui résulte nécessairement de ma théorie si elle est exacte; mais je vais plus loin.

Plusieurs hypothèses ont été présentées pour expliquer les phénomènes martiens; elles diffèrent toutes de la mienne. Elles supposent une plus grande quantité d'atmosphère que mes calculs ne l'indiquent; elles disent que le climat et la météorologie de Mars correspondent d'une manière très satisfaisante à ceux de la Terre. Je maintiens que ces conditions diffèrent tellement qu'aucune des créatures de notre monde ne saurait vivre sur Mars. Ces théories parlent de neige et de pluie, tandis que la mienne infirme l'existence de ces météores aqueux. Elles ont beaucoup de mal à expliquer le climat, qui donne à ces prétendues taches *neigeuses* d'hiver une étendue moindre que celle de notre Terre. Mon calcul de la densité atmosphérique fait table rase de cette difficulté et explique tous les phénomènes comme n'en étant que des conséquences inévitables sans hypothèse de chaleur interne, ou autre particularité, en dehors naturellement de la densité atmosphérique calculée.

Les paragraphes suivants d'un Mémoire du professeur Phillips dans les *Proceedings of the Royal Society*, du 26 janvier 1865, éclaircissent quelques-unes de ces différences. L'auteur dit :

« Les distances relatives au Soleil de Mars et de la Terre étant prises comme 100 et 152, l'influence solaire relative doit être sur Mars comme 100 et 231 sur la Terre; de sorte que l'on doit s'attendre à ce que la surface de la planète soit dans un état de gelée perpétuelle et non à une température agréable de 4° à 10°, ou même de 10°C., *analogue à celle que possède la Terre prise dans son ensemble*. Comment nous expliquer ce phénomène? De deux influences concevables auxquelles on pourrait avoir recours, c'est-à-dire une chaleur interne très élevée de la planète, et quelque particularité de l'atmosphère, nous pouvons, tout en assignant une valeur à chacune, adopter sans hésitation la dernière, comme étant plus immédiate et effective.... Tracer les effets en détail serait impraticable; mais, en général, nous pouvons remarquer que, comme une diminution de la masse d'atmosphère vaporeuse autour de la Terre exagérerait beaucoup la différence de température diurne et nocturne, estivale et hivernale, l'effet contraire s'ensuivrait comme corollaire de l'argumentation. Appliquant ce raisonnement à Mars, nous verrons que *son atmosphère étendue* réduirait l'écart de température entre l'été et l'hiver comme entre le jour et la nuit. Elle augmenterait, en outre, la température moyenne, cette atmosphère donnant libre accès aux rayons solaires, s'opposant au retour de la chaleur obscure de la surface terrestre et empêchant sa radiation dans l'espace. Cet effet a lieu actuellement sur la Terre, qui est rendue plus chaude et plus égale en température par l'atmosphère que si cette atmosphère n'existait pas. Il est concevable qu'il puisse avoir lieu sur Mars à *un degré supérieur*, même sans supposer l'atmosphère matériellement différente de la nôtre dans sa constitution, ou ayant quelques caractères spécialement favorables ou exceptionnels pour l'absorption et la radiation de la chaleur. Il semble, cependant, nécessaire de supposer une plus grande communication de chaleur de l'intérieur de la planète; car, autrement, la vapeur additionnelle, à laquelle l'effet réchauffant doit être particulièrement attribué, ne pourrait probablement pas être supportée dans l'atmosphère. Somme toute, nous pourrions, peut-être, en conclure que Mars est habitable. »

Ce passage est un énoncé des déductions des aspects observés de Mars auxquels les astronomes ont été conduits. Les obligations impérieuses de mon hypothèse m'ont éloigné du chemin habituel d'explications a *posteriori*, en me conduisant en contradiction directe avec la « température agréable » et l'« atmosphère étendue », réduisant l'« écart de température entre l'été et l'hiver, entre le jour et la nuit, » etc., en me faisant admettre une atmosphère de 136^{mm} de pression barométrique et une série de conditions météorologiques diamétralement opposées à celles qui ont été généralement supposées comme nécessaires pour expliquer les taches polaires et les autres détails de cette planète; mais, ayant fait le premier pas dans cette voie non autorisée, j'ai suivi la traînée de conséquences nécessaires suggérées, et j'ai trouvé qu'elle m'a conduit là où j'avais peu de chances d'atterrir d'abord, c'est-à-dire sur un terrain supérieur qui m'a permis de voir, bien plus clairement et logiquement qu'on ne l'avait fait auparavant, les causes dont peuvent dépendre les phénomènes superficiels de la mieux observée et de la plus exactement connue de toutes les planètes.

Je vais maintenant comparer quelques-uns des détails d'observation avec mes conclusions a *priori*. Au début, je dirai que je ne connais guère d'observation directe, par réfraction ou autrement, fournissant quelque base pour l'estimation quantitative de l'atmosphère de Mars. L'« atmosphère étendue » communément décrite est purement hypothétique; elle a été supposée afin d'expliquer les « calottes neigeuses » et d'autres taches de la surface. Je dois, par conséquent, faire appel à l'évidence indirecte et déterminer si elle est plus favorable à l'hypothèse d'une atmosphère n'ayant que le cinquième de la densité de la nôtre, ou à l'atmosphère ordinairement supposée d'une densité égale ou supérieure à la nôtre.

Si Mars avait l'atmosphère vaporeuse dense qu'on lui attribue, cette atmosphère serait nuageuse, comme celle de la Terre, et ses nuages, comme les nôtres, devraient être suffisamment opaques pour *cacher entièrement* le corps de la planète partout où ils se trouveraient.

Sir John Herschel nous dit que « des observations attentives, continuées pendant dix ans, nous ont enseigné que les taches sombres de Mars *conservent constamment leurs formes et leurs positions relatives sur la planète* ». Ceci ne saurait exister pour une planète recouverte de nuages, sujette à des chutes de pluie et de neige. Des surfaces considérables devraient parfois être voilées de nuages qui oblitéreraient complètement les taches de la surface, en leur substituant une configuration très différente. Les taches nuageuses seraient aussi variables que les bandes de Jupiter, ou les taches nuageuses de Vénus, qui ont donné tant d'embarras et qui ont conduit les observateurs à des descriptions contradictoires. Les circonstances très favorables sous lesquelles les meilleures observations de Mars ont été faites permettraient aux observateurs d'observer et d'enregistrer la variation diurne des zones ou régions de nuages de la planète, de décrire leurs occasions intermittentes de voir les taches vertes et rougeâtres bien connues attribuées à des mers et à des terres, enfin de nous dire quelque chose des obscurcissements dus au mauvais temps sur Mars, obscurcissements qui cacheraient ces taches *complètement* à leur vue.

Eh bien ! on n'a rien vu de semblable. Il est vrai que M. Lockyer parle de « nuages »; mais de quels nuages? Exactement le genre de nuages qu'une atmosphère de 136^{mm} ou 140^{mm} et dont la température est au-dessous de 0° serait capable de supporter. Il dit: « En 1862, la planète était plus dépourvue de nuages *et plus rougeâtre* qu'en 1864. L'explication est que, lorsque Mars est nuageux, la lumière réfléchie des nuages éprouve moins d'absorption que celle réfléchie par la planète elle-même. »

A propos de ses observations de 1862, M. Lockyer fait remarquer que, « quoique la fixité complète des taches principales de la planète ait été mise hors de doute, il s'y effectue des changements quotidiens, voire horaires, des détails et des *tons* des diverses parties de la planète, claires et sombres. Ces changements sont produits, sans doute, par le passage de nuages pardessus les diverses taches. »

Il est parfaitement d'accord avec les conditions que j'ai décrites que l'atmosphère de Mars puisse être soumise à cette sorte de variabilité vaporeuse, car la terre *sèche* exposée à l'éclat continu du Soleil, à travers une atmosphère si mince, doit être très considérablement échauffée, parfois peut-être jusqu'au point d'ébullition, tandis que les mers de glace ne sauraient se dégeler qu'à la surface seulement, en y élevant leur température au point de fusion de la glace. Ainsi l'air, en passant de la Terre vers l'eau, serait soumis à un refroidissement qui produirait une brume proportionnelle au degré de saturation de la vapeur d'eau. Avec une atmosphère si mince, ceci ne pourrait jamais équivaloir à quoi que ce soit de ressemblant à un nuage opaque ou à du brouillard. L'avance graduelle du soleil estival continu sur les régions glaciaires arctiques et antarctiques doit produire des écarts extrêmes de température, et une brume consécutive analogue à celle qui se rencontre dans la Norvège septentrionale, pendant les mois de mai et juin, jusqu'à ce que les neiges de l'hiver aient disparu; mais cette brume serait, sur Mars, beaucoup plus transparente. Cette tendance atteindrait son maximum lorsqu'une grande avalanche de la montagne de glace polaire aurait rejeté un groupe de blocs de glace bien au delà des limites normales de la glace polaire, en les laissant épars sur la région qui, durant le long jour estival arctique, peut être chauffée par les rayons solaires libres au-dessus du point d'ébullition martien de 59°. Ainsi, les torrents provenant de la glace fondue bouilliraient en traversant les terres, et une couche de brume, telle que l'a décrite M. Lockyer, prévaudrait sur une partie considérable de la planète.

J'ai déjà dit que la distribution normale de cette brume ou nuage de stratus mince devrait être tout autour des bords extérieurs du disque, tandis que les parties centrales de la planète devraient ordinairement rester claires en vertu de la radiation solaire et planétaire et de la convection qui doivent y être suffisantes pour retenir à l'état gazeux la plus grande partie, sinon la totalité des vapeurs soulevées par ces agents. M. Phillips rapporte qu' « une certaine brume a été constatée les 18 et 20 novembre 1862, telle que l'on n'en voit pas d'habitude sur Jupiter ou Saturne ; et que cette brume *est devenue de plus en plus faible au fur et à mesure que les régions observées approchaient du méridien.* » Cette frange de brume, produisant une disparition graduelle des taches en approchant du bord du disque, est un phénomène constant, noté par tous les observateurs. Cet aspect, aussi bien que les taches polaires blanches, les ont amenés à spéculer sur la base d'une atmosphère *dense*. Mon hypothèse d'une mince précipitation de gelée blanche dans une atmosphère légère s'accorde beaucoup mieux avec *tous* les faits, surtout avec l'absence de toutes masses nuageuses opaques et définies dans les régions centrales de la planète.

Si Mars n'a pas d'atmosphère, la luminosité de son disque devrait être égale partout. S'il a une atmosphère capable de réfléchir plus de lumière qu'il n'en est réfléchi du corps de la planète, elle doit avoir un degré d'opacité bien suffisant pour cacher toutes les différences entre les tons verdâtres et orangés des mers et des surfaces continentales, quel que soit l'angle sous lequel on les verrait à travers cet écran. Attendu que la luminosité de la planète est due à la lumière solaire réfléchie, et que son atmosphère ne peut recevoir sa lumière que de la même source, ou de la planète elle-même, je ne puis guère concevoir de conditions de densité, d'absorption et de réflexion, ou de ces trois causes réunies, embrassant *toute* l'atmosphère planétaire et capables d'expliquer les phénomènes combinés de luminosité croissant vers les bords du disque, et de transparence croissant vers les régions centrales. D'autre part, mon explication lève la difficulté de la manière la plus simple et la plus naturelle : parce que les pouvoirs réflecteurs de l'atmosphère et de la surface de la planète doivent être accrus aux bords du disque par la précipitation de la gelée blanche que j'ai décrite ; et, par le même agent, les taches aux bords seraient obscurcies (¹), tandis que les régions centrales continueraient à rester claires.

Il ne m'est pas nécessaire de citer les observations concernant les « neiges » circumpolaires de Mars. Leur développement régulier autour de chaque pôle non dirigé vers le Soleil, et leur diminution au fur et à mesure que le pôle se retourne vers l'astre central, sont en si parfaite harmonie avec la description

(¹) L'auteur veut dire ici *oblitérées par la blancheur.*

théorique que j'ai donnée, qu'il me serait inutile d'ajouter de nouveaux commentaires sur les faits les plus saillants, bien que je puisse noter quelques détails suggestifs sur certains phénomènes de moindre importance.

Si je suis dans le vrai, nous pouvons affirmer qu'aux périodes des équinoxes de printemps et d'automne la rosée congelée commencera à tomber, dans les régions équatoriales de Mars, vers $4^h 20^m$ de l'après-midi, et que la surface du sol commencera à dégeler vers $7^h 40^m$ du soir.

J'ai dit que la chute périodique du cône de glace polaire serait le plus sensible à l'observateur terrestre par les étendues irrégulières du cercle polaire blanc causé par les débris d'avalanches, qui seraient ainsi précipitées au delà d'une partie de ses limites normales. De pareilles extensions ont été observées par M. Phillips, et elles paraissent l'avoir intrigué tellement qu'il a été amené à les considérer comme des illusions d'optique. « Des surfaces neigeuses, dit-il, à peine moins définies, mais beaucoup plus étendues, ont été observées dans certaines parties de l'hémisphère nord, non pas entourant immédiatement le pôle (qui était invisible), mais rangées en deux traînées principales et séparées, estimées arrivant jusqu'à 40° ou 50° du pôle. Une fois (le 30 novembre) deux observateurs expérimentés ont remarqué avec moi une de ces masses neigeuses claires, qui était tellement distincte et brillante qu'elle semblait, comme la calotte polaire sud en 1862, *se projeter au delà du contour circulaire* : effet optique dû assurément à l'irradiation brillante. Cette masse blanche s'étendait jusqu'à environ 40° ou 45° du pôle, suivant le méridien de 30° du globe de Mars. Une autre masse a été notée du 14 au 18 novembre, vers 225° de longitude, et s'étendant jusqu'à 50° de latitude. Dans les deux cas, les masses atteignaient le limbe visible (¹). » J'ai souligné les observations concernant la projection apparente au delà du contour circulaire, observée dans ces deux cas. M. Phillips attribue cet aspect à l'irradiation; mais, si je ne me trompe, il peut être dû à l'entassement des matériaux des avalanches provenant de la chute du cône polaire de glace.

Avant d'abandonner cette partie du sujet, je dois hasarder une conception plutôt risquée à propos des grandes différences des mesures de l'aplatissement polaire de Mars (²).

La conception à laquelle je fais allusion est que la chute de quelques milles du cône de neige polaire peut produire une variation sensible dans le diamètre polaire de Mars. Je ne suppose pas que cela puisse s'accomplir sur une échelle assez grande pour rendre compte de variations si extrêmes, telles que celles de Schrœter et de Kaiser; mais, en comparant les diverses mesures faites par le même observateur, avec le même instrument, à diverses époques, les divergences des mesures d'Arago (qui me paraissent les plus remarquables) rentrent tout à fait dans le cadre d'une semblable explication. La différence totale entre

(¹) *Voir* Tome I, p. 189.
(²) *Voir* Tome I, p. 504.

sa mesure de 1824 et celle de 1827 n'est que de 34 kilomètres. L'extrême différence entre Herschel et Arago s'élève à environ 80 kilomètres. D'autre part, la base hivernale du cône de neige polaire a un diamètre d'environ 3200 kilomètres, et même sa base estivale restreinte est encore d'environ 800 kilomètres. Cette construction perpétuelle de glace doit nécessairement, tôt ou tard, amener quelque catastrophe, soit un écrasement, soit une débâcle, lorsque la chaleur de l'été a miné la base; ainsi une réduction de l'élévation du cône de 32, 48 ou même de 80 kilomètres n'est pas une supposition extravagante eu égard aux dimensions de l'accumulation. S'il arrivait que tous les deux cônes cédassent pendant deux étés consécutifs, la réduction du diamètre polaire au moment de la deuxième catastrophe serait égale à la somme de la réduction des cônes nord et sud, moins l'épaisseur du dépôt d'une année. Une catastrophe de la grandeur la plus élevée de celles que nous venons d'exposer est nécessaire pour expliquer la grandeur des phénomènes observés par M. Phillips.

Je me suis étendu ainsi longuement sur cette planète, parce que l'avancement de nos connaissances sur ses détails physiques permettra de contrôler mon hypothèse.

En résumé, d'après cet auteur, la masse totale de l'atmosphère martienne ne surpasserait pas le 20e de celle de notre atmosphère; la pression atmosphérique y serait le 0,179 de la nôtre et le « baromètre » se tiendrait à 136mm au lieu de 760mm; l'eau y devrait bouillir à 59°; la température moyenne de la surface de la planète serait *au-dessous* de 0°; les mers seraient gelées jusqu'au fond, et leur superficie seule dégèlerait pendant les heures chaudes du jour; une couche de gelée blanche couvrirait le sol pendant toutes les nuits, dès le soir, et fondrait le matin après le lever du soleil; il n'y aurait pas de nuages épais, mais seulement des brumes de cristaux de glace, dans le genre de celles qui produisent nos halos; aux pôles et dans les régions circompolaires, la gelée persisterait pendant l'hiver, s'épaissirait, s'accumulerait en glaces énormes et fondrait en débâcles au printemps, ce qui expliquerait les différences énormes observées dans les diamètres polaires. Cette théorie, publiée en 1870, est extrêmement curieuse et mérite d'être prise en considération par tous les aréographes.

Cette question si importante de l'atmosphère de Mars, sujet sur lequel nous reviendrons dans le cours de cet Ouvrage, a été l'objet d'une discussion à la séance de la Société Astronomique de France du 7 novembre 1894, à propos des affirmations de M. Campbell, publiées plus haut, sur l'analyse spectrale. M. Janssen, Directeur de l'Observatoire de Meudon, s'est exprimé dans les termes suivants (1) :

(1) *Bulletin de la Société Astronomique de France*, 1895, p. 10.

CLXXXI. — Janssen. — Sur le Spectre de Mars.

Les observations de M. Campbell me paraissent faites avec soin, avec talent et avec d'excellents instruments. Elles doivent être prises en très sérieuse considération.

Cependant peuvent-elles être considérées comme tranchant définitivement la question? Je ne le pense pas.

L'analyse spectrale des atmosphères planétaires présente, en effet, des difficultés considérables.

La lumière qui nous est envoyée par les planètes n'a, en général, traversé qu'une faible épaisseur de leurs atmosphères et les couches les moins denses. Surtout cette lumière n'a pas traversé leurs atmosphères suivant ces directions obliques qui, par exemple, font franchir aux rayons solaires, au lever et au coucher, ces énormes épaisseurs de notre atmosphère et, par là, ont accusé son action spectrale.

Si nous n'avions eu, pour découvrir les raies telluriques du spectre solaire, que les observations méridiennes, il est très probable que nous serions encore dans l'ignorance de leur existence.

Cela est si vrai, que l'illustre Brewster, qui, comme on sait, avait découvert, dès 1833, les bandes sombres dont se charge le spectre solaire au lever et au coucher de cet astre, n'avait jamais pu conclure à une action normale des gaz de notre atmosphère, parce que ces bandes s'évanouissent dès que le Soleil s'élève sensiblement.

Ayant été amené à découvrir ces bandes en 1862, sans connaître, du reste, les observations de Brewster, j'ai dû employer des spectroscopes très puissants et prendre des précautions toutes spéciales pour constater la présence, dans le spectre méridien, des raies fines dans lesquelles les bandes sombres de Brewster se résolvaient dans mes instruments.

J'ajoute que, pendant l'hiver, dans nos climats, tous les groupes telluriques de la vapeur d'eau s'évanouissent dans le spectre solaire dès que l'astre est un peu élevé.

Il résulte de ceci que si, de la planète Mars, on analysait la lumière solaire réfléchie normalement à la surface de la Terre, il serait très difficile d'y constater les groupes telluriques de la vapeur d'eau, et s'il s'agissait de la lumière réfléchie dans les hautes régions de notre atmosphère à la surface de nos cirrus glacés, cela serait à peu près impossible.

Si l'on considère maintenant que l'atmosphère de Mars doit être beaucoup moins importante que la nôtre, qu'elle doit être plus transparente et moins riche en vapeurs, on concevra toute la difficulté de son analyse au point de vue de la vapeur d'eau.

Je suis porté néanmoins à maintenir les conclusions de l'étude du spectre de

Mars que j'ai faite en 1867 sur l'Etna ([1]), peu de temps après la découverte du spectre de la vapeur d'eau.

En effet, ces observations ont été faites à une grande altitude et pendant des nuits très froides, c'est-à-dire que les rayons réfléchis par la planète Mars n'avaient à traverser que des parties de notre atmosphère très rares et presque entièrement dépouillées de vapeur d'eau. En outre, l'examen porta sur les groupes aqueux de la partie la moins réfrangible du spectre, pour laquelle les groupes se produisent avec une très faible quantité de vapeur. J'ajoute que, dans ces observations sur les atmosphères planétaires dont la découverte des raies telluriques et de leur signification nous ouvrait le champ, je me suis toujours préoccupé de l'état hygrométrique de l'atmosphère terrestre, de la hauteur de l'astre et des effets qui pouvaient en résulter.

Les expériences que j'avais faites à l'usine de la Villette sur les rapports qui existent entre l'intensité des groupes de raies du spectre de la vapeur d'eau et la longueur et la densité des colonnes de vapeur qui leur donnent naissance m'avaient fourni les bases de cette connaissance.

Je suis donc, comme je viens de le dire, conduit à maintenir les conclusions de mes observations. Je les ai reprises à Meudon depuis deux années, avec le télescope de 1 mètre d'ouverture de l'Observatoire; elles seront continuées avec notre grand équatorial, dans des conditions plus décisives encore, je l'espère, et j'aurai l'honneur d'en entretenir la Société.

M. Huggins a répondu de son côté ([2]) :

CLXXXII. — Huggins. — Sur le Spectre de Mars.

Le professeur Campbell est dans l'erreur en supposant que les précautions n'ont pas été prises pour éliminer les effets de la présence de la vapeur d'eau dans notre atmosphère. En 1867, j'ai observé la Lune en même temps que Mars. A propos des lignes faibles vues des deux côtés de la ligne D, et qui paraissaient indiquer des gaz ou vapeurs terrestres dans l'atmosphère de la planète, j'ai dit expressément :

« Que ces lignes ne soient pas produites par la partie de l'atmosphère terrestre traversée par la lumière de Mars, c'est ce qui est démontré par l'absence de ces mêmes lignes dans le spectre de la Lune, laquelle, au moment de l'observation, avait une altitude inférieure à celle de Mars. » (*Monthly Notices of the Roy. Astr. Soc.*, t. XXVII, p. 178).

([1]) Ce sont précisément ces observations dans l'Himalaya, sur l'Etna, dans les Alpes, qui ont conduit M. Janssen à recommander l'emploi des stations élevées et l'ont déterminé à en établir une au sommet du mont Blanc.

([2]) *Astronomy and Astrophysics*, t. XIII, 1894, p. 771; *The Observatory*, 1894, p. 353.

En 1879, j'ai pris des photographies des spectres de Mars et de plusieurs autres planètes pendant le crépuscule, en même temps que des spectres de la lumière du ciel dans le voisinage immédiat des planètes. Dans ces spectres s'étendant de la raie *b* à la raie S, dans l'ultra-violet, aucune raie ou modification du spectre solaire ne se montre qui soit particulière au spectre de la planète.

Sans doute, mes appareils de 1862-1867 étaient fort imparfaits comparativement aux appareils actuels, mais je n'ai aucune raison de douter de l'exactitude substantielle des observations, faites avec le plus grand soin.

M. Huggins a recommencé ces comparaisons entre le spectre de Mars et celui de la Lune au mois de novembre 1894 (¹).

La méthode employée en 1867 pour éliminer du spectre de la planète l'effet de l'absorption de notre propre atmosphère était de lui comparer le spectre de la Lune observé à une altitude égale ou plus basse. En 1879, l'auteur a adopté un autre plan, qui était de photographier ce spectre de Mars pendant le crépuscule, de manière à obtenir sur la même plaque le spectre du ciel environnant la planète. On avait ainsi les deux spectres (atmosphère terrestre et Mars) voisins et faciles à comparer.

Le 8 novembre 1894, six photographies du spectre de la Lune et quatre de celui de Mars ont été prises avec différentes poses donnant des longueurs de spectres de la raie F à la raie S dans l'ultra-violet. Elles furent ensuite comparées en plaçant un spectre martien sur un spectre lunaire, mais, comme en 1879, on n'a trouvé aucune bande, aucune modification qui différât du spectre lunaire et fût particulière à celui de Mars.

Mais, à l'œil, les observations faites les 8, 10 et 15 novembre montrèrent dans le spectre de Mars, des deux côtés de la raie D, les bandes atmosphériques plus fortes que dans le spectre de la Lune. On doit signaler surtout les groupes telluriques de λ 5928 à λ 5935 et de λ 5920 à λ 5925, ainsi que le grand groupe D, de λ 5885 à λ 5905, comme plus marqués sur Mars.

La même constatation a été faite plusieurs nuits de suite par M. et Mme Huggins, même lorsque la Lune était plus basse dans l'atmosphère.

Les deux spectres étaient, autant que possible, amenés à la même grandeur et au même éclat.

On ne peut pas encore affirmer qu'il y ait dans le spectre de Mars des bandes d'absorption qui ne correspondent pas avec celles de notre propre atmosphère; mais il reste peu de doutes qu'il y ait là une bande d'absorption du côté le plus réfrangible (bleu) de la raie D, s'étendant de λ 5860 à λ 5840, qui n'a pas encore été vue sur la Terre et semble bien particulière au monde de Mars. La visibilité

(¹) *The Astrophysical Journal*, 1895, t. I, p. 193.

de cette bande varie sans doute suivant l'état de l'atmosphère de la planète. On la voyait distinctement le 10 novembre.

Pendant que nous sommes sur cette intéressante question de l'analyse spectrale de la planète, nous donnerons la parole à un autre spectroscopiste éminent, M. Vogel, sauf à revenir ensuite à l'Observatoire Lick pour les observations télescopiques. Il y a certainement avantage, pour éclairer notre esprit en ces discussions assez compliquées, de rapprocher autant que possible les travaux faits sur les mêmes sujets, afin d'en faciliter la comparaison et l'enseignement. L'atmosphère martienne reste ainsi en ce moment l'objet principal de notre attention. Le problème en est posé désormais avec une rigueur mathématique. Nous avons sous les yeux toutes les pièces du procès et nous pouvons juger.

CLXXXIII. — Vogel. — Spectre de l'atmosphère de Mars photographié pendant les oppositions de 1892 et 1894 (¹).

M. Vogel, directeur de l'Observatoire d'Astronomie physique de Potsdam, a repris ses recherches spectrales sur les planètes. Voici les résultats obtenus en ce qui concerne Mars.

Trois bonnes photographies ont été prises au spectrographe les 27 et 29 juillet 1892. Entre les raies F et K on a pu identifier exactement 75 raies avec celles du spectre solaire, et l'on n'y a découvert *aucune* différence. L'auteur donne la liste des longueurs d'onde des principales de ces lignes, depuis 4199 jusqu'à 4384.

Le 1er novembre 1894, trois nouvelles photographies ont été obtenues, sur lesquelles 50 raies ont été reconnues depuis F jusqu'au delà de H. Sur l'une de ces photographies, d'une durée de pose de 5 minutes, un grand nombre de détails se voient jusqu'à la longueur d'onde 3730.

M. Huggins a informé M. Vogel à cette époque que, dans ce même mois de novembre 1894, il a obtenu également plusieurs photographies s'étendant loin au delà du violet et ne présentant non plus aucune différence avec le spectre solaire.

A ce propos, M. Huggins a abandonné l'opinion qu'il avait tirée de ses premières observations de 1867, que la couleur rouge de Mars serait due à l'absorption des groupes de raies du bleu et du violet. Les photographies lèvent également les doutes qui restaient, après ces observations, de savoir si les lignes qu'il avait observées dans la région la plus réfrangible du spectre étaient des raies spéciales caractéristiques du spectre de Mars ou simplement les raies de Fraunhofer, et prouvent en faveur de cette dernière interprétation.

(¹) *The Astrophysical Journal*, 1895, t. I, p. 203.

En 1877, M. Maunder a fait également des observations sur la partie visible du spectre de Mars, principalement dans le but de découvrir toute trace d'absorption de son atmosphère et de chercher aussi s'il se présenterait des différences aux diverses régions de sa surface (1). Le spectre de la planète fut comparé avec celui de la Lune à une heure où les deux astres étaient à la même élévation au-dessus de l'horizon. Mais cette élévation était assez défavorable, n'étant que de 24° à 26°, et il était difficile de faire la part des lignes d'absorption produites par notre propre atmosphère et celle des lignes dues à l'atmosphère de Mars. Néanmoins, ces observations montrèrent que plusieurs de ces raies étaient plus larges et plus fortes dans le spectre de Mars que dans celui de la Lune.

« Mes premières observations, écrit M. Vogel, s'accordent avec celles de Huggins pour montrer que Mars possède une atmosphère de constitution analogue à la nôtre, prouvée par certains groupes de lignes dans le voisinage de C et D et par les groupes telluriques α et δ. C'est par des observations comparatives spéciales avec la Lune et les étoiles que j'ai pu m'assurer que les groupes de lignes telluriques dont il s'agit sont vraiment renforcées dans le spectre de Mars.

» En 1894, M. Campbell a observé le spectre de Mars en de très favorables conditions atmosphériques, la planète se trouvant à une grande altitude. Comme il n'a réussi à découvrir aucune différence entre les spectres de Mars et de la Lune, ces astres étant observés à la même hauteur, il en conclut que l'existence d'une atmosphère sur Mars ne peut pas être démontrée par le spectroscope. Les recherches de cet observateur zélé, conduites avec les puissants instruments de l'Observatoire Lick, méritent certainement considération, quoique, dans mon opinion, elles n'aient pas plus de poids que les anciennes observations qui viennent d'être rappelées, l'avantage d'un grand instrument n'étant pas de nature à faire mettre en doute ici les résultats obtenus à l'aide de plus petits. »

Pour vérifier les conclusions de M. Campbell, M. Vogel a pris en 1894, le 15 novembre, en d'excellentes conditions atmosphériques, à l'aide d'un spectrographe appliqué au réfracteur photographique de treize pouces, de nouvelles photographies du même spectre. Le rapport de l'ouverture à la distance focale est de 1 à 10; l'instrument est donc, de ce chef, considérablement supérieur en pouvoir lumineux à l'équatorial de l'Observatoire Lick. La hauteur de la planète était de 43°, celle de la Lune de 25°. Voici les résultats obtenus :

Groupe δ..............	Très distinct dans le spectre de Mars; faible dans celui de la Lune.
Groupe α..............	Évident dans le spectre de Mars; difficile à voir dans celui de la Lune.
Groupe λ 5945 et λ 5920.	Très distinct dans le spectre de Mars; également bien visible dans celui de la Lune.

(1) *Monthly Notices*, t. XXXVIII, p. 34.

Avec une faible dispersion, une bande claire assez étroite, un peu plus réfrangible que D, se voit dans le spectre de notre atmosphère, produisant presque l'effet d'une ligne brillante, quoiqu'elle ait pour cause simplement un espace vide parmi les fines raies d'absorption voisines de D. Cette bande brillante est bien visible dans le spectre de Mars, et elle l'est à peine dans celui de la Lune.

Le 12 décembre 1894, les observations ont été reprises par MM. Scheiner et Wilsing, également en d'excellentes conditions, et elles établirent de nouveau que les raies telluriques du spectre solaire, c'est-à-dire celles qui sont produites par l'atmosphère terrestre, *se montrent bien plus distinctement dans le spectre de Mars que dans celui de la Lune*, même lorsque celle-ci est beaucoup plus basse.

Dans toutes ces opérations, on a eu soin de réduire le spectre lunaire au même éclat et à la même largeur que celui de Mars.

M. Campbell a fait remarquer que les lignes d'absorption du spectre de Mars ne sont pas plus marquées au bord de la planète qu'au centre du disque. M. Vogel répond que l'accroissement vers le bord ne peut être que graduel et qu'une grande différence ne pourrait être constatée qu'au bord extrême, en une région si étroite que les détails n'y seraient plus reconnaissables.

Les 8, 10 et 15 novembre de cette même année 1894, M. et Mme Huggins comparèrent de nouveau les spectres de Mars et de la Lune et constatèrent que les groupes λ 593 $\mu\mu$ et λ 592 $\mu\mu$ se montraient constamment plus forts dans le spectre de Mars. Il en fut de même du large groupe atmosphérique des lignes D (λ 5887 à λ 5903).

L'existence d'une atmosphère autour de Mars est indiquée avec évidence, d'autre part, par les observations photométriques de Müller [1]. Ce fait est en contradiction avec les anciennes idées, basées sur quelques observations de Zöllner, que cette atmosphère doit être extrêmement ténue parce que les phases de Mars se comporteraient comme celles de la Lune. Les observations de Müller montrent que Mars est, à ce point de vue, intermédiaire entre Mercure et la Lune d'une part, Jupiter et Vénus d'autre part, et que, sous le rapport de la densité, son atmosphère se rapproche tout à fait de celle de la Terre. Il est donc rationnel de penser que l'existence de cette enveloppe gazeuse doit aussi se révéler au spectroscope.

Ces observations spectrales de MM. Vogel, Scheiner et Wilsing contredisent, comme on le voit, celles de M. Campbell.

[1] *Publ. der Astroph. Obs.*, Bd IX, p. 330.

CLXXXIV. — Henry-H. Bates. — La constitution chimique de l'atmosphère de Mars (¹).

Le Mémoire de M. Campbell, publié plus haut, a été l'objet des remarques suivantes par ce chimiste, membre de la Société Astronomique du Pacifique :

J'ai été fortement frappé par les déclarations de M. Campbell sur le spectre de Mars. Ce Mémoire semble contredire entièrement les impressions admises jusqu'ici sur la présence de la vapeur d'eau dans l'atmosphère de cette planète; M. Campbell lui-même paraît avoir travaillé en vertu d'une idée préconçue, mais opposée à ses résultats, ce qui rend son travail d'une très grande valeur. Il y a, à la fin de son article, une remarque que je voudrais mettre en évidence. Il considérait, avec beaucoup d'autres, que « les calottes polaires de Mars prouvaient l'existence de l'atmosphère *et de la vapeur d'eau* ». Ne serait-ce pas là aller trop loin, en l'absence de toute évidence positive et en présence de l'évidence négative opposée ?

La seule raison de croire en la présence de la vapeur d'eau sur Mars est l'augmentation et la diminution des calottes polaires blanches sous l'influence apparente du Soleil, en analogie avec celles de notre planète.

Mais pourquoi supposer de la neige ou de la glace ? Il paraît inadmissible, eu égard à la petitesse de Mars, à sa grande distance du Soleil, à son atmosphère raréfiée, qu'il puisse y avoir là une chaleur suffisante pour liquéfier la glace, même dans le cas où il y aurait une atmosphère de vapeur d'eau. La quantité de chaleur reçue est calculable et trouvée insuffisante. La température de Mars aux pôles ne peut pas être fort au-dessus du zéro absolu. La planète paraît refroidie jusqu'au centre et fendillée dans tous les sens, comme les cañons immenses, absurdement nommés *canaux*, nous le montrent. La planète se disloquerait en morceaux sous l'influence de la moindre force venant rompre l'équilibre, un peu dans le genre de sa voisine extérieure dont les débris ont formé les astéroïdes. Il n'y a pas de raison pour supposer que des calottes blanches impliquent nécessairement de la glace. Je considère qu'au lieu de protoxyde d'hydrogène, ces calottes sont plus vraisemblablement composées de dioxyde de carbone, ou, du moins, de quelque oxyde ou sel dont l'état solide, liquide ou gazeux soit en rapport avec les conditions actuelles de température sur Mars, calottes d'acide carbonique qui ressemblant à de la neige croîtraient et décroîtraient avec la très faible arrivée de chaleur sur Mars, de même que nous le constatons dans nos glaces polaires sous nos conditions de température beaucoup plus élevée. D'où les flots de dioxyde de carbone liquide qui

(¹) *Publications of the Astronomical Society of the Pacific*, t. VI, 1894, p. 300-302.

paraissent remplir les cañons et dépressions en quantité variable, et qui peuvent aussi être la source d'une atmosphère basse et dense de vapeur d'acide carbonique, suffisante pour expliquer les indications atmosphériques aperçues sur Mars, surtout la gémination réfractive des lignes de cañons [1].

Une autre considération infirme la probabilité antécédente de l'existence de la vapeur d'eau sur Mars. La masse de Mars est beaucoup trop petite pour avoir pu retenir une enveloppe gazeuse constituée comme notre atmosphère — certainement en ce qui concerne l'hydrogène libre, et, probablement aussi l'oxygène libre, ainsi que l'a montré M. J.-G. Stoney. Les constituants de l'eau étant par suite absents *dès l'origine*, la présence de l'eau ne peut pas être soutenue. Mars est sans doute dans une condition plus sénile et plus décrépite que notre Lune. La Lune, il est vrai, est entièrement morte, mais elle n'est pas crevassée et prête pour la désagrégation, selon toute apparence. Pendant longtemps elle a eu une influence considérable sur la Terre, en retardant son refroidissement. Mars, malgré son volume, se porte bien plus mal, à cause de son isolement, quoique, par ce fait même, il ait pu, contrairement à la Lune, retenir une certaine atmosphère de gaz assez lourds, épais et denses, pour expliquer les aspects observés de précipitation blanche aux régions du froid absolu. Il dépend des observateurs d'identifier cette substance chimiquement. J'aimerais beaucoup voir M. Campbell essayer ses spectroscopes sur Mars pour y découvrir les raies du carbone, ou bien les raies de tout autre élément capable de se solidifier à des températures extrêmement basses, et de se liquéfier ou de se transformer en gaz aux températures que l'on doit rationnellement attribuer à cette planète, eu égard à sa distance du Soleil.

C'est aussi ce que nous souhaiterions. L'analyse spectrale de M. Campbell n'a pas encore découvert sur Mars le carbone ou ses composés. En attendant, et pour le moment, nous nous en tenons aux raisonnements de Tyndall (p. 158).

CLXXXV. — Lewis Jewell. — Le spectre de Mars [2].

M. Jewell, de l'Université John Hopkins, a fait une nouvelle étude spectroscopique de la vapeur d'eau dans l'atmosphère terrestre à l'aide de prismes à grande dispersion. Il examine d'abord les quantités de vapeur d'eau répandues dans l'air selon les saisons et trouve la Table suivante pour le climat de Baltimore, en exprimant la quantité de vapeur d'eau par l'épaisseur de la couche d'eau qui lui correspondrait :

(1) *Voir* Tome I, p. 488, § 33, notre hypothèse provisoire.
(2) *The Astrophysical Journal*, 1895, t. I, p. 311.

	mm		mm
Janvier	18,54	Septembre	39,62
Février	21,84	Octobre	37,08
Mars	24,13	Novembre	26,42
Avril	32,51	Décembre	19,56
Mai	55,22	10 janvier 1893	7,87
Juin	82,55	14, 15, 16, 17, 18 juillet 1893 (moyenne)	137,16
Juillet	62,23		
Août	55,12		

A ces moyennes mensuelles l'auteur a ajouté le minimum de janvier et le maximum de juillet. Les différences sont grandes et influent certainement sur les observations. Moins il y a de vapeur d'eau dans l'air et meilleures seront les conditions de l'observation spectrale de Mars. Janvier et décembre sont les meilleurs mois. L'auteur pense que l'on ne peut arriver à rien de sûr avec tous les spectrocopes construits jusqu'à ce jour. Il remarque que le professeur Campbell reproche aux autres observateurs d'avoir fait leurs observations sur Mars lorsque l'altitude de la planète était faible et l'humidité de l'air considérable, mais qu'il a fait lui-même les siennes pendant les mois où l'air contient le plus de vapeur d'eau. Il ajoute que M. Campbell considère l'humidité relative comme étant le facteur principal, tandis que c'est le point de rosée qui est le plus important. On peut avoir une faible humidité relative en un temps chaud et cependant en réalité une très grande quantité de vapeur d'eau dans l'air, et l'on peut avoir également une forte humidité relative pendant un temps froid en même temps que très peu de vapeur d'eau dans l'air. La question d'altitude n'est pas non plus aussi simple qu'elle le paraît. La distribution de la vapeur d'eau dans l'atmosphère n'est pas égale à celle de l'oxygène et de l'azote. Par un temps très froid et un baromètre élevé il y a quelque analogie, mais par un temps chaud et les mois humides la quantité de vapeur d'eau dans l'air augmente avec l'altitude jusqu'à la hauteur des nuages inférieurs et ensuite va en diminuant [1]. Il faut tenir compte de cette loi dans la considération de l'altitude.

Au point de vue de la découverte de l'oxygène dans l'atmosphère de Mars, l'auteur espère davantage par l'observation du groupe B.

Il pense même que ce que l'on arrivera le plus vite à reconnaître c'est la présence de la chlorophylle, attendu qu'elle fournit une bande très forte à l'extrémité rouge du spectre de la végétation, et que si les contrées vertes de la planète sont dues à des végétaux, cette bande doit être visible dans le spectre de ces taches et invisible dans celui des régions jaunes.

[1] *Voir* Flammarion, *Mes Voyages aériens*, p. 317, ascensions de 1867, et *Comptes rendus de l'Académie des Sciences* du 25 mai 1868.

CLXXXVI. — W. CAMPBELL. — RÉPONSE AUX CRITIQUES PRÉCÉDENTES [1].

M. Campbell a répondu aux critiques précédentes en passant en revue toutes les observations spectrales de Mars :

RUTHERFURD, 1862;
HUGGINS et MILLER, 1862;
HUGGINS et MILLER, 1864;
SECCHI, 1867;
HUGGINS, 1867;
JANSSEN, 1867;
VOGEL, 1873;
MAUNDER, 1877,

ainsi que celles qui viennent d'être exposées.

« Rutherfurd a vu la ligne D, ainsi que Hα, E, b, Hβ, G et une autre vers λ 5330. Huggins et Miller ont cru voir des lignes atmosphériques, mais c'étaient simplement celles du spectre solaire. Les observations de Secchi ne sont pas détaillées. Celles de Huggins en 1867 paraissent discutables quant à la position précise des raies. Celles de Janssen n'ont pas été publiées du tout. Celles de Vogel en 1873 concluent en faveur d'une atmosphère analogue à la nôtre et particulièrement riche en vapeur d'eau, mais M. Campbell pense que c'est la vapeur d'eau de notre propre atmosphère qui s'est montrée. » Etc., etc.

En somme, M. Campbell conserve son opinion que les observations spectrales faites jusqu'à présent sur Mars conduisent à penser qu'il n'y a pas d'eau sur la planète.

CLXXXVII. — LEWIS JEWELL. — LE SPECTRE DE MARS [2].

M. Campbell ayant, dans l'article précédent, critiqué les méthodes spectrales employées, M. Jewell a répondu à son tour dans les termes suivants pour déclarer que les négations de l'astronome américain ne sont pas suffisamment fondées, précisément parce que *toutes* les méthodes employées (y compris celles de M. Campbell) sont insuffisantes pour donner un résultat certain.

Pendant plusieurs années, M. Jewell a pris de soigneuses mesures de l'intensité

[1] *A review of the spectroscopic observations of Mars.* (*The Astrophysical Journal*, 1895, t. II, p. 28.)
[2] *The Astrophysical Journal*, 1896, t. I, p. 255.

des lignes du spectre de l'atmosphère terrestre produites par l'oxygène et la vapeur d'eau. La méthode employée était assez précise pour déterminer avec certitude si une ligne donnée était due à l'oxygène ou à la vapeur d'eau, en faisant trois ou quatre observations soigneuses de midi au coucher de soleil, à moins que l'air ne fût exceptionnellement sec, comme il arrive quelquefois pendant les temps très froids.

Ces expériences ont été faites au laboratoire de l'Université John Hopkins.

Il serait impossible de découvrir de la vapeur d'eau dans l'atmosphère de Mars, à moins que la quantité de cette vapeur ne fût beaucoup plus considérable que celle qui existe dans l'atmosphère terrestre.

On ne sait donc, et même on ne peut rien savoir actuellement sur ce point, avec nos spectroscopes actuels.

Mais il ne serait pas impossible de découvrir la présence de l'oxygène, lors même que l'atmosphère de Mars ne posséderait que le quart de ce qui existe dans la nôtre.

Les observations faites au sommet des montagnes ne sont pas aussi exemptes d'erreurs que le prétend M. Campbell. Après le coucher du Soleil, le rayonnement rapide refroidit l'air près du sommet et fait couler un courant d'air froid le long des pentes, ce qui amène le brouillard dans les vallées inférieures, et, comme conséquence, la température et le point de rosée au sommet de la montagne peuvent être beaucoup plus bas que ceux de l'air à la même altitude, en dehors de l'influence de la montagne. La quantité de vapeur d'eau sur les côtes de la Californie, pendant juillet et août, est à peu près la même qu'à Baltimore en mai. Mais, encore une fois, les observations spectrales ne peuvent rien donner de certain actuellement.

CLXXXVIII. — Campbell. — La diminution irrégulière de la calotte polaire sud de Mars (¹).

Nous venons de passer en revue toutes les observations et discussions relatives à la constitution de l'atmosphère martienne faites à propos de l'opposition de 1894, et dans cette étude comparative notre quartier général a été l'Observatoire Lick. Nous y restons encore à propos des neiges polaires.

Tous les observateurs de Mars savent, écrit M. Campbell, que les taches polaires ne diminuent pas en conservant une forme parfaitement circulaire et ne sont pas partout de la même intensité. Le bord de ces taches est quelquefois très irrégulier, ce qui est dû à de sombres dentelures et à des caps brillants. Il arrive même parfois que des portions s'en détachent complètement et se comportent, pendant plusieurs semaines, comme des points

(¹) *Astr. Soc. of the Pacific*, t. VII, 1895, p. 40.

brillants isolés. D'ailleurs, les régions sombres et les régions excessivement brillantes à l'intérieur des calottes polaires sont des faits courants d'observation. Il est certain que la fusion des taches polaires est affectée par des circonstances locales, et il est de la plus haute importance de savoir si ces circonstances accélèrent ou retardent la fusion, quel que soit le point où elles se rencontrent.

J'ai soigneusement examiné les plus importants dessins récemment faits de la calotte polaire sud, afin de trouver une réponse aux questions suivantes :

1° Les régions excessivement brillantes, intérieures à la tache polaire, la projection brillante sur le bord de la calotte, ainsi que les points brillants isolés qui s'y remarquent juste à l'entour, se montrent-ils toujours aux mêmes endroits lors des différentes oppositions?

2° Sont-ils supportés par les parties sombres ou par les parties claires de la planète ?

Jusqu'en 1892, on n'a publié qu'un petit nombre de dessins du pôle Sud relatant ces particularités. Les cartes de Schiaparelli montrent plusieurs projections proéminentes se détachant du pôle Nord, mais aucune du pôle Sud. Il est probable qu'il a dû en observer plusieurs, mais ses croquis personnels ne sont pas accessibles. Ses cartes et quelques-uns de ses dessins montrent la calotte polaire sud comme étant essentiellement triangulaire.

Les observations de Green en 1877 montrent le bord de la calotte polaire comme très irrégulier, mais sans aucune projection particulièrement frappante. Des points isolés se voient par 267°, 282°, 293° de longitude et —73° de latitude; Green les a appelés *Montagnes de Mitchel*, en l'honneur de leur découverte qui fut faite en 1845 par Mitchel, de Cincinnati.

Un dessin du professeur Young, du 25 juillet 1892, contient un point brillant isolé situé à 210° de longitude et —65° de latitude.

Les dessins faits par le professeur Schœberle, les 24, 27 et 29 août 1892, laissent voir une région isolée et étroite au bord de la tache polaire; sa position est : longitude 310°; latitude —75°. Les dessins des 7 et 8 août contiennent une large projection émergeant de la calotte polaire à 150° de longitude et à —61° de latitude. On y remarquait aussi, le 20 août, une petite projection à la longitude 50° et par —65° de latitude.

Le professeur Keller nota, les 17, 22 et 29 août, une petite projection vers 320° de longitude et —71° de latitude.

M. Barnard a dessiné, le 21 août, une projection proéminente à 320° de longitude et —69° de latitude.

Le professeur Hussey observa, le 23 juillet, une petite projection par 335° de longitude et —65° de latitude; une autre fut observée le 20 août par 40° de longitude et —62° de latitude; enfin une grande projection était visible les 5, 7, 9 et 11 du même mois par 155° de longitude et —60° de latitude.

M. Campbell, dont les observations s'étendent du 13 juillet au 17 août, avec une position des deux soirées antérieures, observa, les 17, 18, 19, 20, 26, 27 juillet, une région très brillante juste à l'intérieur de la calotte polaire, vers 330° de longitude et —65° de latitude. Une tache analogue fut observée les 17, 18, 19, 20 juillet par 35° de longitude et —65° de latitude. Une autre, à cheval sur la ligne de démarcation de la calotte polaire, existait les 7, 8, 9 août par 156° de longitude et —61° de latitude. Enfin, le 27 août, M. Campbell observa, vers 325° de longitude et —75° de latitude, une large zone brillante, allongée et presque complètement détachée de la tache polaire.

Les 20 juin 1894 il y avait, au bord de la calotte polaire sud, une tache très brillante, par 150° de longitude et —66° de latitude. Les 26 et 28 juin, une autre tache, également très brillante, était située vers 40° de longitude et —70° de latitude, à cheval sur la limite de la calotte.

Le 10 juin, vers 320° de longitude et —71° de latitude, il y avait une large surface, très brillante, au bord de la calotte et se projetant un peu au delà de sa limite.

Le 3 août suivant, lorsque, par l'effet de la combinaison de la rotation de la planète avec celle de notre globe, le même hémisphère redevint visible, la large surface brillante s'était détachée de la partie principale de la tache polaire; elle diminua de plus en plus durant les 7, 8, 14, 15 août; puis elle disparut à nouveau derrière le corps de la planète, pour ne plus reparaître lorsque la région qui la portait se représenta à nous.

En comparant toutes ces observations de 1892 et de 1894, on constate que les phénomènes observés ont été localisés en quatre régions de la planète dont les coordonnées sont à peu près :

Longitudes.	Latitudes.
40°	—66°
155°	—62°
210°	—60°
325°	—70°

Les trois points isolés observés en 1877 par Green, à 267°, 282°, 293° de longitude respectivement et à —73° de latitude, ne correspondent à aucune de ces régions. Les magnifiques dessins de cet observateur représentent le centre de la calotte brillante coïncidant avec le pôle de rotation de la planète. Les observations de Bessel, Hall, Schiaparelli ont établi, au contraire, que le centre de la tache polaire était situé par 30° de longitude et —84° de latitude. Si donc nous

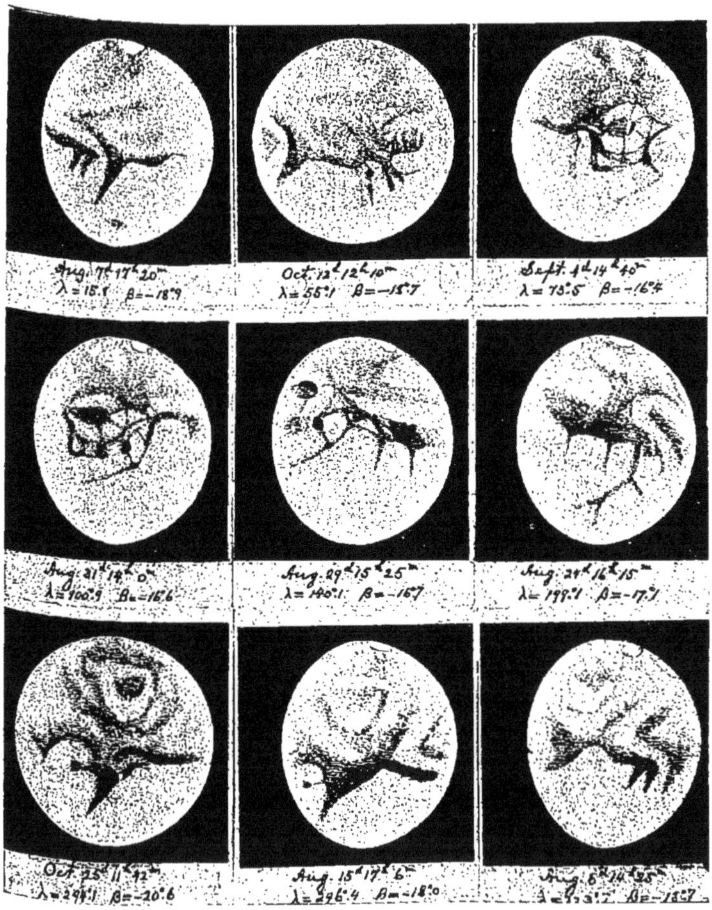

Fig. 135. — Dessins de Mars, en 1894, par M. Campbell, à l'Observatoire Lick.

traçons, sur les dessins de Green, les méridiens issus du pôle vrai et non du centre de la calotte, les longitudes des trois taches brillantes seront augmentées chacune de 15° à 20° et sembleront ainsi situées au voisinage de la tache observée en 1892 et 1894 par 325° de longitude.

Comparons maintenant les régions brillantes observées au cours des deux dernières oppositions avec la carte de Schiaparelli. Au voisinage du pôle Sud, cet astronome a noté seulement quatre régions claires dont trois sont teintées en orange comme les autres parties claires de la planète ; la quatrième est blanche comme la tache polaire. Voici les positions de ces quatre régions :

	Longitudes.	Latitudes.
Argyre II	48° à 70°	—64° à —72°
Thyle I	140° à 186°	—55° à —71°
Thyle II	194° à 243°	—56° à —73°
Novissima Thyle	315° à 332°	—68° à —75°

La comparaison des deux Tableaux montre que les taches et les projections brillantes observées en 1892 et 1894 sont situées dans les quatre zones brillantes de Schiaparelli ; à leur surface, ou tout au moins sur une partie de celle-ci, l'évanouissement des blancheurs polaires est le plus retardé. Sur notre terre, nous sommes habitués à voir la neige s'attarder de préférence dans les régions montagneuses. S'il est permis de raisonner par analogie, ce qui n'est peut-être pas autorisé, on est conduit à penser que les quatre régions brillantes indiquées par Schiaparelli sont *montagneuses*, au moins sur une partie de leur surface.

Cet article est accompagné de neuf dessins de la planète reproduits ci-dessus (*fig.* 135). Ils sont placés dans l'ordre des longitudes. On voit que la calotte de neige se présente sur une longitude voisine de celle de la Baie du Méridien. Sur celle de la mer du Sablier elle est invisible.

CLXXXIX. — Dessins de Mars en 1894 a l'Observatoire Lick.

Restons encore à l'Observatoire Lick.

M. Holden a publié, sans explications, au Bulletin de la Société astronomique du Pacifique de 1895, p. 130, les quatre croquis reproduits ici (*fig.* 136), représentant la calotte polaire et les protubérances qui se détachent du terminateur, plus un dessin du *Lac du Soleil*, pris dans d'excellentes conditions le 3 octobre 1894, revisé et complété le 11 du même mois. On trouvera ce dessin du Lac du Soleil un peu plus loin, au Chapitre CXCI, consacré spécialement à cette région, et on le comparera avec intérêt à celui que nous avons publié plus haut, p. 111, de la même époque à peu près, par M. Lowell. Quant aux croquis du pôle, les deux premiers nous intéressent par le sillon *a* qui traversait la neige le 12 juin, et les deux derniers par la position de la projection ressortant du terminateur le 26 juin. L'auteur a traité spécialement ce sujet dans l'article suivant.

CXC. — HOLDEN. — PROJECTIONS BRILLANTES SUR LE TERMINATEUR DE MARS (1).

Les projections brillantes que l'on observe sur le terminateur de Mars sont de deux sortes. D'abord celles qui sont produites par l'irradiation des régions très éclairées du terminateur, contrastant avec les régions obscures

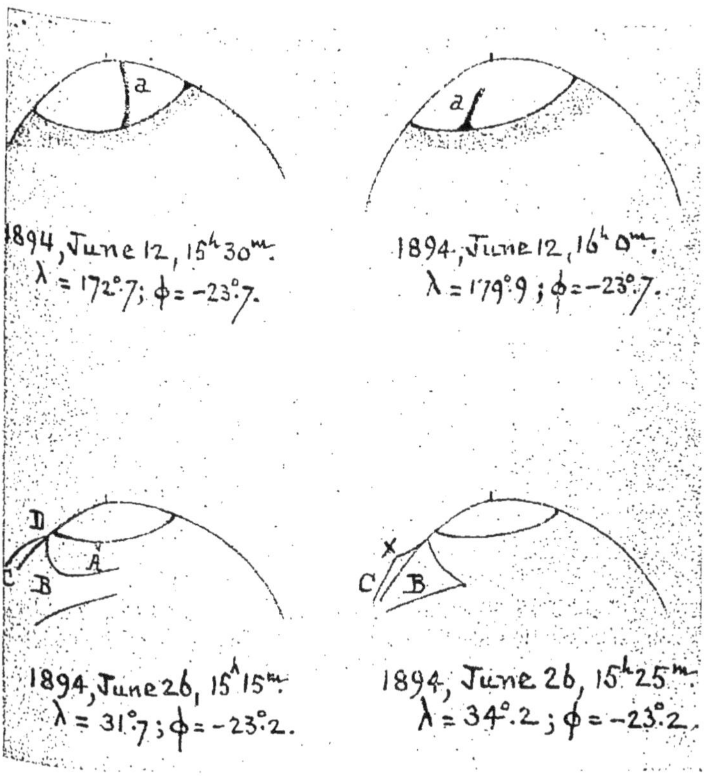

Fig. 136. — Croquis et dessin de Mars, par M. Holden, à l'Observatoire Lick, en 1894.

voisines et dont l'origine est par conséquent purement optique. M. Terby a décrit, en 1888, de telles apparences, qui avaient été d'ailleurs remarquées depuis longtemps déjà au voisinage des calottes polaires. En second lieu, il y a à considérer les proéminences produites par les régions élevées et fortement illuminées de la surface de la planète qui se projette au delà

(1) *Astronomical Society of the Pacific*, t. VI, 1894, p. 285.

du terminateur. On peut imaginer qu'elles sont dues soit à des nuages, soit à des montagnes; les observations faites en 1890 au mont Hamilton peuvent fort bien être expliquées par la présence d'une traînée de nuages située à une grande altitude (¹).

Toutes les récentes observations faites ici par les Professeurs Schaeberlé, Campbell et autres semblent indiquer que ces véritables proéminences sont causées par des *chaînes de montagnes* étendues au travers du terminateur: elles apparaissent en effet toujours aux mêmes longitudes et latitudes de la planète pendant plusieurs nuits et même plusieurs mois de suite; une carte de quelques-unes d'entre elles est actuellement en préparation.

M. Campbell a montré que quelques-unes de ces élévations ne dépassent pas 3000 mètres et que les autres sont du même ordre d'importance. Aucune observation n'en a été faite lorsque la planète ne présentait pas de phase.

Il n'y a pas le moindre doute en ce qui concerne la réalité du phénomène et je crois que l'exactitude de l'explication précédente est hors de doute.

L'auteur de l'article paru dans *Nature* (2 août 1894) n'était évidemment pas au courant de la question. Ces remarques ont été présentées sous le titre alléchant de « Étrange lumière sur Mars ». Après avoir rappelé les termes d'un télégramme sensationnel de l'Observatoire de Nice, il concluait que ces nouvelles devaient être tenues pour sérieuses et de plus amples renseignements étaient anxieusement attendus. Il ajoutait : « La cause de cette lumière est ou physique ou humaine, et l'on doit s'attendre à voir ressusciter la vieille idée des signaux adressés par les Martiens à la Terre. » Il mentionne trois causes physiques possibles : une aurore, une longue chaîne de montagnes couvertes de neige, ou bien encore un violent incendie de forêts. L'irradiation n'est point mentionnée. « Sans vouloir opiner pour l'idée des signaux avant que nous fussions mieux renseignés par les observations, on ne peut néanmoins s'empêcher de remarquer qu'il eût été difficile de trouver une époque plus favorable pour les faire. »

« Ceux qui ont observé le phénomène en question, nuit après nuit, ainsi que nous l'avons fait au mont Hamilton, ajoute l'auteur, considèrent l'idée que ces proéminences soient des signaux des (problématiques) Martiens comme simplement absurde. Je ne puis trouver d'expression plus modérée. »

Cet article est accompagné de deux planches contenant 15 croquis de la planète montrant des projections lumineuses (²) un peu partout. Ces esquisses trop légères sont malheureusement d'une reproduction presque impossible.

(¹) *Voir* plus haut pages 53, 56, 79, 81, 82.

(²) Ces projections sur le terminateur ont été signalées pour la première fois par Knobel en 1873. *Voir* Tome I, p. 221 et 222. L'effet était produit par une région blanche

Mais revenons un instant aux curieuses représentations du Lac du Soleil.

CXCI. — Dessins divers du Lac du Soleil.

Nous commencerons par remarquer (*fig.* 137) le dessin de M. Holden, du mois d'octobre 1894, dont il a été question tout à l'heure. Voici maintenant

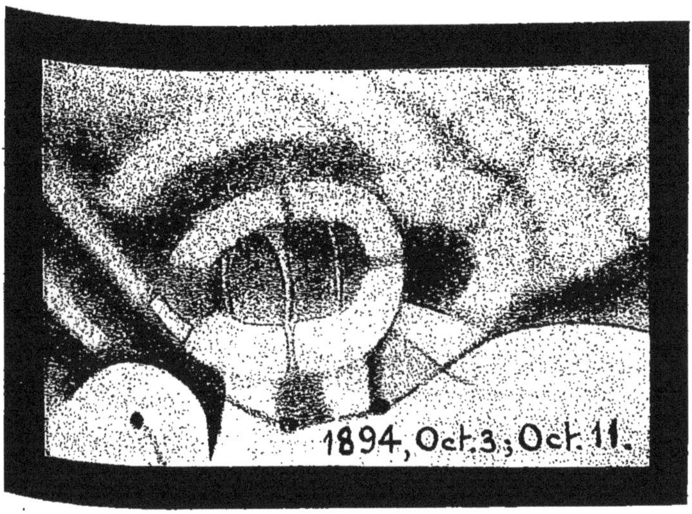

Fig. 137. — Le Lac du Soleil, dessin par M. Holden, à l'Observatoire Lick.

un groupe de dessins pris à l'Observatoire Lick par M. Schæberle, parmi lesquels un cadre carré enferme la région environnante du Lac du Soleil.

Ce dessin (*fig.* 142) a été pris le 1er septembre 1894 à 14^h5^m, ou, si l'on préfère, le 2 septembre, à 2^h du matin. Sa particularité est qu'il présentait trois taches noires dont les deux premières étaient allongées dans le sens nord-sud et dont la troisième était à peu près ronde, enveloppées par une pénombre affectant la forme habituelle du Lac du Soleil, allongée de l'est à l'ouest. Au-dessous, c'est-à-dire au nord (image renversée) vers l'équateur, on distinguait parfaitement six petits lacs réunis entre eux par une ligne noire qui passait par leurs centres.

Le petit lac de droite, à l'extrémité de la ligne, d'où irradient six canaux, est le Lac du Phénix. Celui qui est juste au-dessous du Lac du Soleil est le Lac Tithonius.

de la mer Acidalienne assez voisine de l'île Scheria, arrivant au bord et paraissant (par irradiation sans doute) se projeter en dehors, par un effet analogue à celui que j'ai décrit cette même année 1873 pour la neige polaire boréale (t. I, p. 213). C. F.

Il est impossible de regarder ce dessin et de le comparer à ceux que nous avons publiés précédemment, sans en tirer la conclusion que des *changements certains* s'opèrent presque constamment sur la planète voisine.

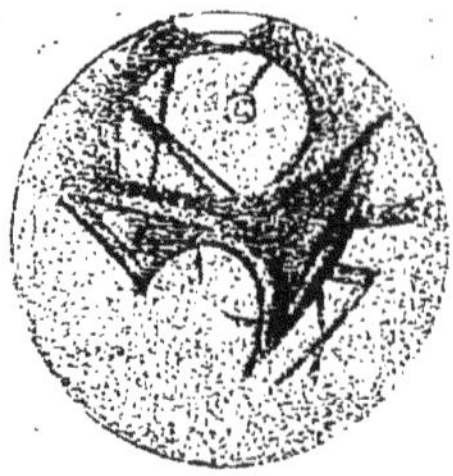

Longitude 290°
29 août 1892, 8h 0m.

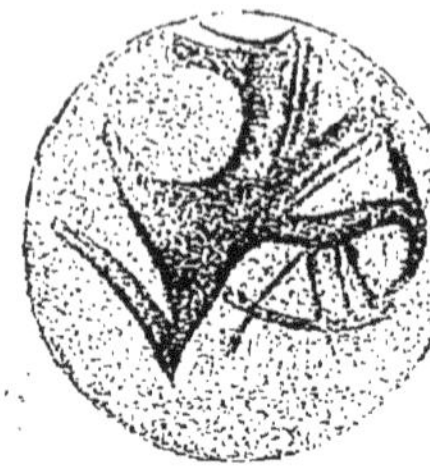

Long. 339°
27 août 1892, 10h 10m.

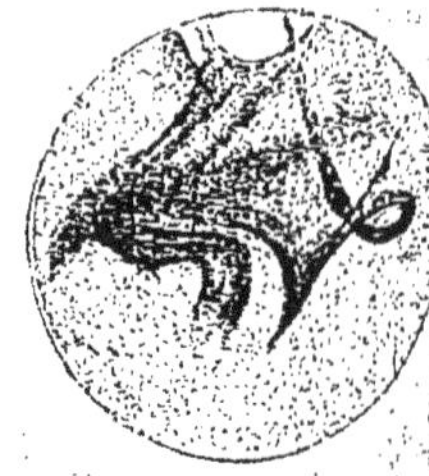

Long. 18°
24 août 1892, 11h 0m.

Long. 54°
20 août 1892, 11h 0m.

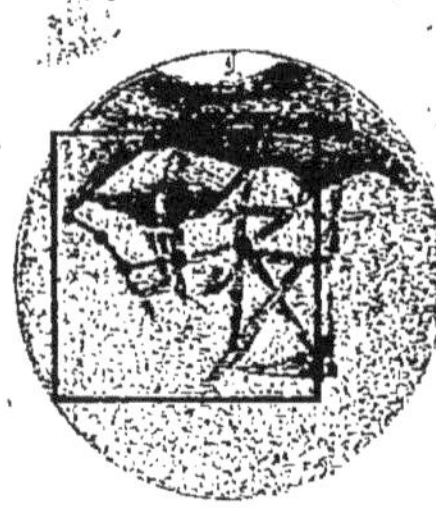

Long. 120°
Lac du Soleil le 1er sept. 1894,
11h 5m (14 août 1892, à 11h 50m).

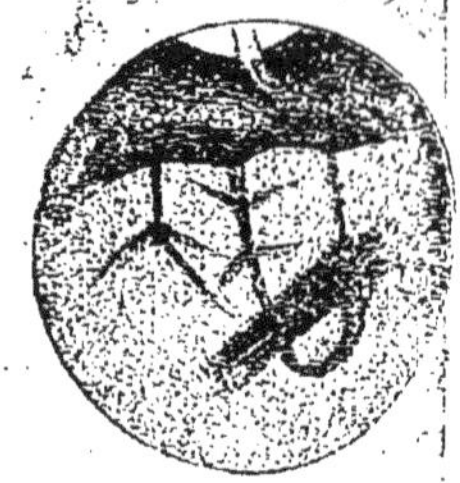

Long. 139°
8 août 1892, 9h 45m.

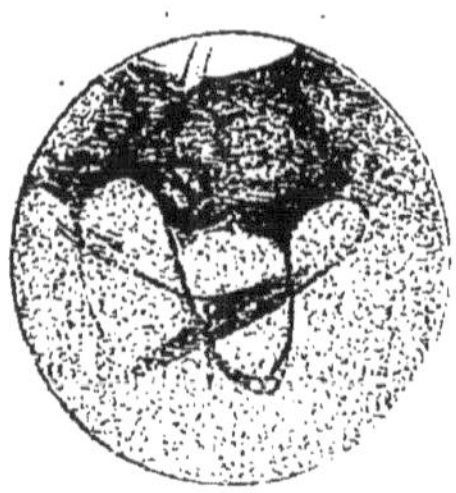

Long. 170°
7 août 1892, 11h 0m.

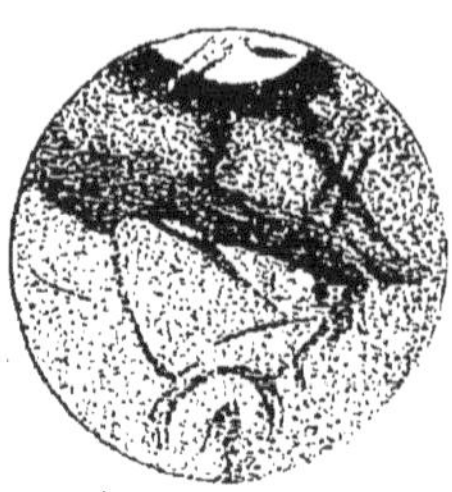

Long. 189°
7 août 1892, 13h 0m.

Long. 208°
1 juillet 1892, 13h 30m.

Fig. 138-146. — 9 dessins de Mars, par M. Schæberle à l'Observatoire Lick.

Par la même circonstance, nous mettrons sous les yeux de nos lecteurs les 9 dessins pris en 1892 (1) par M. Schæberle au grand équatorial de l'Observatoire Lick, car, ce qu'il y a de curieux, c'est que c'est sur une

(1) *Astronomy and Astro-Physics*, 1894, p. 644.

collection de dessins de 1892 que cet astronome a, en quelque sorte, superposé celui dont nous venons de parler, de 1894. La vue de Mars de 1892 correspondant à celle du 1er septembre 1894 est celle du 14 août à 11^{h}50^m. Les heures employées ici sont les heures américaines du Pacifique.

On remarquera sur ces dessins le cap polaire, traversé sur plusieurs

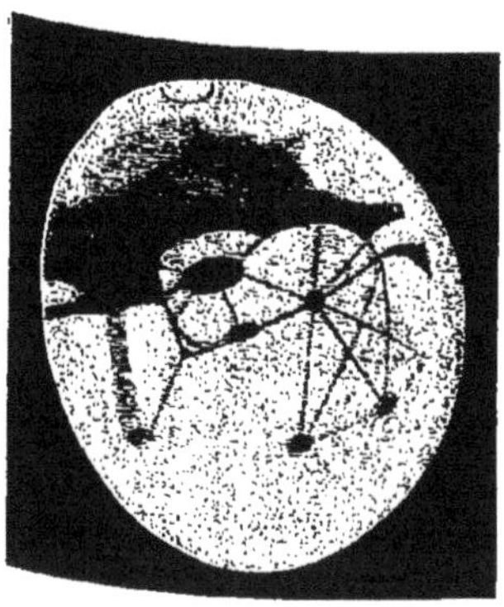

27 août et 2 septembre 1894.

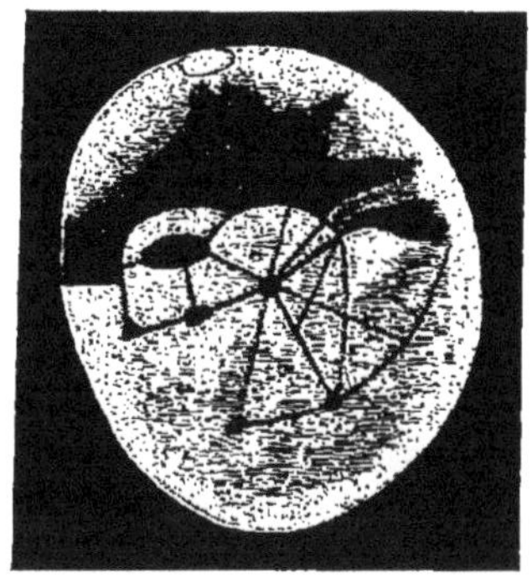

29 août 1894, 13^{h}40^m.

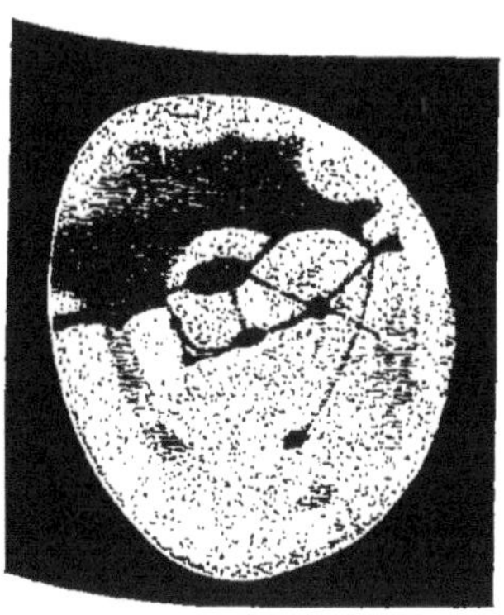

31 août 1894, 13^{h}45^m.

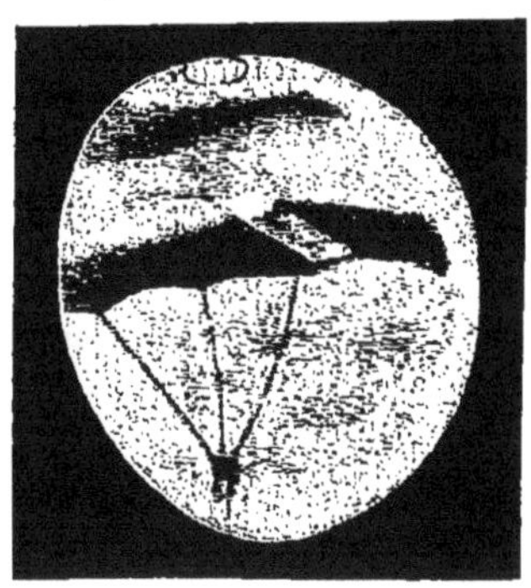

20 août 1894, 15^{h}25^m.

Fig. 147-150. — 4 dessins de Mars par M. Lowell.

d'entre eux par une sorte de large chaussée et montrant sur divers points des taches de neige fondue.

Ces dessins sont placés ici dans l'ordre des longitudes, en commençant par notre vieille connaissance (depuis 1659!) la mer du Sablier. L'inclinaison du globe est — 12°.

Sur ce même sujet du Lac du Soleil, nous trouvons également dans les observations de 1894, non encore publiées ici, les dessins ci-dessus de M. Lowell. Il n'y a pas une vue du 1er septembre, et celle qui s'en rapproche le plus comme date est celle du 31 août à 13h 45m. On n'y remarque pas les trois assombrissements intérieurs de M. Schæberle, et la position des petits lacs diffère, surtout à gauche. Mais sur deux de ces figures, le Lac du

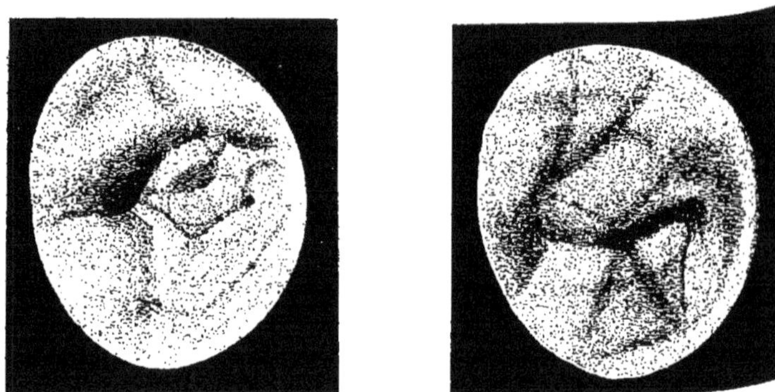

29 juillet 1894, 16h 7m. 11 août 1894, 18h 22m.

Fig. 151-152. — 2 dessins de Mars par M. Douglass.

Phénix est remarquable également par les nombreux canaux qui en irradient. On sent qu'on est là à la limite de la visibilité. Il ne faut pas être trop exigeant, d'autant plus que les conditions atmosphériques diffèrent toujours plus ou moins et que, d'autre part, l'attention des observateurs n'est jamais également portée sur tous les points (par exemple ici sur les neiges polaires). Mais les variations du Lac du Soleil sont d'autant plus certaines qu'elles ne sont pas rares et ont déjà été constatées avec évidence. Sur deux de ces vues le Gange se montre remarquablement large.

Le quatrième de ces croquis est intéressant par la réapparition de l'Hespéric à la date du 20 août 1894. Trois canaux, le Cerbère, le Læstrigon et le Tartare descendent de la Mer Cimmérienne pour se réunir au Carrefour de Charron.

Un dessin qui s'accorde mieux avec celui de M. Schæberle pour les petits lacs de gauche est celui de M. Douglass, à l'Observatoire Lowell, du 29 juillet 1894, à 16h 7m (*fig.* 151). Il y a là, comme dans le premier, une ligne courbe, et de plus l'arc descendant du Lac Tithonius pour retourner vers la gauche. Même ressemblance en ce qui concerne la chaussée polaire.

A côté de ce dessin, nous avons reproduit, du même astronome, celui du 11 août 1894, à 18h 22m, qui montre en sa région centrale le Sinus Sabæus, terminé par la baie du méridien. Cet aspect de Mars est remarquable par la *projection légère* que l'on voit à gauche, sur le terminateur.

CXCII. — BARNARD. — VARIATION DE LA NEIGE POLAIRE AUSTRALE.

A l'Observatoire Lick, l'astronome Barnard a pris au grand équatorial de 0m,91 un grand nombre de mesures dont il donne le résumé suivant [1]:

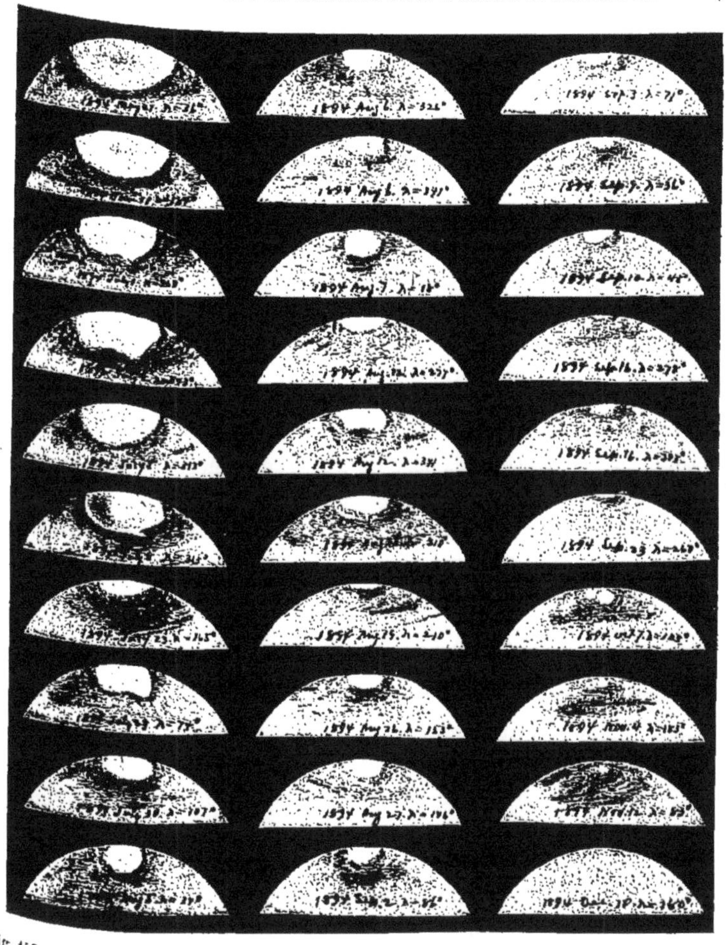

Fig. 153. — Variation de la neige polaire australe de Mars, observée au grand équatorial de 0m,91 de l'Observatoire Lick.

24 Mai	51°, 6	3096km
19 Juin	42 , 8	2568
14 Juillet	30 , 5	1830
15 Août	17 , 2	1032
15 Septembre	9 , 9	594
8 Octobre	7 , 6	456
11 Novembre	1 , 8	108

(1) *Popular Astronomy*, juin 1895.

La diminution des neiges est évidente et considérable dans ces mesures, qui établissent en même temps qu'elles n'ont pas disparu au mois d'octobre, comme on l'avait annoncé.

M. Barnard a publié avec ses observations les deux séries de figures que nous mettons sous les yeux de nos lecteurs (*fig.* 153 et 154) et qui donnent une image très exacte de cette variation.

L'irradiation de la neige polaire est de beaucoup diminuée dans les grands instruments et donne des diamètres moindres à la calotte polaire. Dans tous

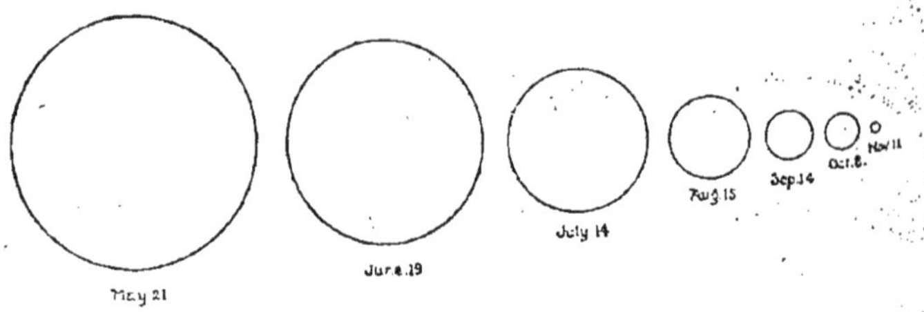

Fig. 154. — Surface de la calotte polaire de Mars.

les cas, on voit que, à la date du 11 novembre, la largeur de la calotte polaire était encore de plus de 100 kilomètres.

Le 12 novembre, M. Barnard écrivait encore : « *Can easily see the cap, definitively outlined.* »

Le 19 novembre, le cap polaire est « *pale and faint, seen only at intervals* ». C'est la dernière fois qu'il a été visible, ajoute l'auteur.

Cette calotte polaire australe est à 6° environ, ou 360 kilomètres, de distance du pôle géographique, vers le 30° degré de longitude. A son minimum, on ne peut la voir sûrement que lorsque la rotation de la planète amène ce méridien de face pour l'observateur.

L'éminent astronome américain ajoute que, dans la dernière partie du mois d'octobre, l'atmosphère de Mars a paru voilée au-dessus du pôle, et que ce n'est pas seulement la position excentrique de la tache, mais encore l'état de l'atmosphère martienne qui empêchait de la bien distinguer. Mais elle n'a disparu réellement qu'après le 19 novembre.

CXCIII. — Flammarion et Antoniadi. — Observations faites à l'Observatoire de Juvisy [1].

Nous avons anticipé sur l'ordre chronologique pour réunir comparativement les documents concernant l'analyse spectrale de l'atmosphère de Mars

[1] *Bulletin de la Société astronomique de France*, séances des 3 octobre et 7 novembre 1894.

et les observations faites aux Observatoires Lowell et Lick, quoique plusieurs de ces documents n'aient été publiés qu'en 1895 et plus tard. Revenons à 1894. Voici maintenant nos propres observations, faites à Juvisy. Elles font suite à celles de 1892, 1890, 1888, etc.

Les observations de la planète Mars ont été continuées avec assiduité à l'Observatoire de Juvisy, malgré de fort mauvais temps. Sans atteindre la grande proximité quindécennale de 1892, la planète était en de bonnes conditions et rachetait par sa plus grande élévation dans notre ciel boréal ce que sa proximité un peu moins grande aurait eu de défavorable. M. Antoniadi, mon astronome adjoint, n'a pas laissé échapper une seule heure, pour ainsi dire, sans observer les aspects si curieux de ce monde voisin. Pour moi, j'ai continué surtout d'étudier la variation des neiges polaires. Le solstice d'été de l'hémisphère austral, penché vers nous, est arrivé le 31 juillet, l'opposition le 20 octobre : diamètre maximum le 12 octobre.

Voici le sommaire des principales observations (équatorial de 0m,24 ; grossissements de 220, 300, 400 et 600).

En juin et juillet, les observations sont peu importantes. On les trouvera cependant au *Bulletin de la Société astronomique de France* de l'année 1894. En voici la suite :

5 août 1894, 13h à 15h. Diamètre = 14"0. Longitude du méridien central = 213°, 228° et 242°. Excellente définition. Mer Cimmérienne et mer Tyrrhénienne bien nettes, avec l'Hespérie les séparant. On distingue parfaitement le Cyclope, le Cerbère et le Lœstrigon. La calotte polaire = 27°.

11 août, 13h30m. Diamètre = 14",6. Longitude = 163°. Image très agitée. — Le golfe des Titans de la mer des Sirènes, prolongé par le Titan, passe au méridien central. Plus à l'Est, la mer Chronium est indistincte, et il en est de même du reste des détails de la planète.

20 août, 12h0m. Diamètre = 15",7. Long. = 56°. Assez bonne définition. — La calotte polaire est bien réduite (= 15°). Le golfe de l'Aurore, où se jette le Gange, est sombre sur le méridien central, contrastant avec la pâleur du lac du Soleil. Ogygis Regio, Argyre et Noachis paraissent comme une seule terre allongée, colorée en rouge-brique sombre.

Dès le commencement de l'observation, on soupçonne une tache blanche projetée au delà du terminateur et située vers — 40° de latitude, sur la Noachis. Elle mesure de 1" à 1",5 de longueur et 0",2 environ de hauteur.

22 août, 13h0m. Diamètre = 16",0. Long. = 52°. Image calme. — La calotte neigeuse du pôle austral est très petite et nettement bordée d'une bande sombre. Le Gange est très net. Le golfe de l'Aurore est sombre, mais le lac du Soleil est indistinct. Les terres d'Ogygis, d'Argyre et de Noachis forment une bande légère-

ment claire qui se prolonge jusqu'au terminateur, où l'on aperçoit, sans difficulté, une projection blanche brillante remarquable, vers — 40° de latitude. Ce point se trouve sur Noachis, et paraît identique à celui observé le 20. Cette constatation a été faite par les deux observateurs (*fig.* 155).

23 août, 12ʰ0ᵐ. Diamètre = 16″,1. Long. = 28°. Bonne image. — La calotte polaire, très réduite, est nettement définie par une bordure assez sombre. Le promontoire des Aromes va passer au méridien central. A droite on aperçoit le golfe de l'Aurore ; à gauche, celui des Perles. Le Gange est beaucoup plus sombre que l'Indus, qui se recourbe jusqu'au lac Niliaque. Grand estompage près du bord inférieur de la planète. Ogygis Regio, Argyre et Noachis restent vagues.

Même jour, 13ʰ0ᵐ. Long. = 42°. — Le golfe de l'Aurore est sombre ; il est prolongé par le Gange qui est très large. Le lac du Soleil ne se voit pas tout à fait bien. Toute la région située à l'ouest de Thaumasia est d'un rouge-brique très sombre.

Fig. 155. — Projection observée sur le terminateur de Mars les 20 et 22 août 1894, par MM. Flammarion et Antoniadi.

Même jour, 14ʰ0ᵐ. Long. = 57°. Très bonne image. — Le golfe de l'Aurore est toujours sombre. Le Gange, qui passe au méridien central, est très net, aboutissant au lac de la Lune. Le lac du Soleil est maintenant mieux défini, et Thaumasia, assez vague, se termine en pointe émoussée vers l'Occident. Au-dessous, on remarque le lac Tithonius, relié au lac de la Lune par le Chrysorrhoas. Le terminateur, surveillé depuis 12ʰ, n'avait rien présenté d'anormal jusqu'à 13ʰ45ᵐ, lorsqu'une petite projection brillante située, comme les précédentes, sur Noachis, mais plus au Sud (latitude vers — 50°), commença à faire son apparition. Une autre projection minuscule, située à une dizaine de degrés au nord de la baie du Méridien, se remarque sur Edom.

27 août, 12ʰ0ᵐ. Diamètre = 16″,7. Long. = 350°. Image assez nette. — La baie du

Méridien est un peu à l'est du méridien central; son prolongement vers l'Ouest (détroit Herschel II) est excessivement sombre, tandis qu'elle se termine au Nord par deux pointes, où l'on entrevoit le promontoire d'Aryn. Les pointes sont prolongées par le Gehon et l'Hiddekel, que l'on voit assez bien dans les rares instants de calme de l'image. La région de Deucalion est nette, mais elle est un peu plus sombre que les continents. Celle de Pyrrha est très indistincte. Le golfe des Perles arrive du côté de l'Est; il est bien moins foncé que la baie du Méridien. On entrevoit de temps en temps l'Euphrate comme une fine ligne noire.

Même jour, 13h0m. Long. = 5°. Mauvaise définition. — On remarque que les neiges du pôle austral sont bien réduites. La baie du Méridien est très sombre, offrant en général beaucoup d'analogie avec le « ruban ondulé » observé par Mädler en 1830; ses fourches sont nettement prolongées par le Gehon et l'Hiddekel qui divergent vers le Nord. On distingue l'Euphrate, avec beaucoup de difficulté, près du terminateur. Le golfe des Perles, prolongé par l'Indus, est plus clair que la baie du Méridien. Deucalionis Regio se reconnaît facilement dans la mer Erythrée.

Même jour, 14h0m. Long. = 19°. Image agitée, mais assez nette de temps en temps. — La baie du Méridien est maintenant voisine du terminateur, ce qui

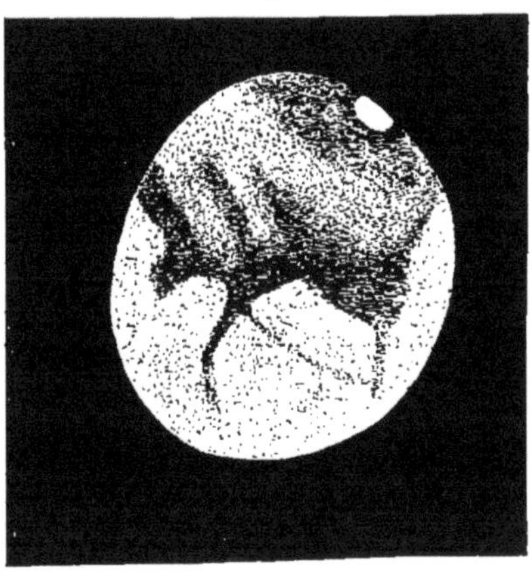

Fig. 156. — 27 août à 14h0m.

rend les canaux qui prolongent ses pointes, ainsi que ces pointes elles-mêmes, invisibles. Le golfe des Perles est au centre, se montrant constamment plus clair que la baie du Méridien. L'Indus est net. Plus loin, le continent (Chryse) s'avance vers le Sud, en culminant au promontoire des Arômes pour redescendre jusqu'au golfe de l'Aurore. Le Gange est très large, et l'on entrevoit l'Hydraotes (*fig.* 156).

Même jour, 15h0m. Long. = 34°. L'image est maintenant très belle. — La calotte polaire australe est examinée avec un grossissement de 600 fois : elle se montre légèrement triangulaire, ses dimensions atteignant à peine 900 kilomètres (elle en mesurait 2500 le 1er juillet). Ogygis Regio, Argyre et Noachis forment une seule terre allongée. Dans la partie inférieure du disque, on voit un estompage : c'est le lac Niliaque. Le Gange est très net, mais pas double, aboutissant au lac de la Lune, qui n'en est qu'un léger renflement. On voit encore l'Hydraotes et le Jamuna, ce dernier se dirigeant vers le lac Niliaque. Dans les rares instants de calme absolu, la partie inférieure du limbe est extraordinairement blanche : ce sont très certainement *les neiges du pôle nord qui s'étendent maintenant jusqu'à 50° de latitude boréale*, dans les pays de Cydonia et de Tempé.

Même jour, 16h 0m. Long. = 49°. Bonne image. — L'Indus avec le golfe des Perles se couche au terminateur. Le golfe de l'Aurore est maintenant central ; il est très sombre. Le Gange est toujours d'une grande évidence, tandis que Jamuna se montre nettement double. Une ligne grise relie le lac de la Lune au lac Niliaque ; c'est Nilokeras. Les neiges de l'hémisphère boréal sont brillantes sur Tempé, bien que réduites par la perspective à un simple arc lumineux (*fig.* 157).

28 août, 11h 0m. Diamètre = 16",8. Long. = 326°. Bonne image. — La mer du Sablier est à l'Ouest, la baie du Méridien à l'Est. Ce sont là les parties les plus sombres de la planète. Le long bras qui relie la mer du Sablier à la baie du Méridien est très sombre. Il y a un ruban foncé qui rattache la Corne d'Ammon à la calotte polaire australe. La région de Deucalion est nette dans la mer Rouge, mais Pyrrha est invisible. Une ligne grise recourbée relie la mer du Sablier à la fourche précédente de la baie du Méridien : ce sont les canaux Typhonius et Oronte, qui font suite l'un à l'autre.

Même jour, 12h 0m. Long. = 341°. Bonne image. — La baie du Méridien se bifurque, en se recourbant fortement vers le Nord. Les canaux Hiddekel, Gehon, Typhonius et Oronte sont nets. Deucalionis Regio est bien définie, mais celle de Pyrrha est presque invisible.

Même jour, 13h 0m. Long. = 5°. Bonne définition. — La baie du Méridien est au méridien central. Elle est très sombre, ainsi que son prolongement occidental, et se montre nettement fourchue, Fastigium Aryn (estompé?) s'avançant au milieu des fourches que prolongent l'Hiddekel et le Gehon. L'embouchure triangulaire de l'Euphrate est très sombre, bien que l'on ne voie pas ce canal lui-même. La région de Deucalion est d'un rouge-brique remarquable. Quant à celle de Pyrrha, on ne la voit que comme une tache un peu plus claire que le fond de l'Océan. Le golfe des Perles, prolongé par l'Indus, est bien moins foncé que la baie du Méridien. Aéria est très claire au terminateur (*fig.* 158).

29 août, 11h 0m. Diamètre = 17",0. Long. = 317°. Très belle définition. — La mer du Sablier est à l'Ouest, la baie du Méridien à l'Est. Hellas est légèrement estompée. La Corne d'Ammon est au méridien central ; elle est assez proéminente.

La baie du Méridien est nettement fourchue, mais des lignes qui prolongent ces fourches on ne voit que l'Hiddekel, et non sans difficulté. L'Euphrate, le Typhonius et l'Oronte sont assez faciles à reconnaître.

Même jour, 12h 0m. Long. = 331°. Bonne image. — Le bras de mer qui relie la Corne d'Ammon à la calotte neigeuse australe est très sombre. L'Hiddekel et le Gehon sont bien visibles maintenant, l'Euphrate aussi, et l'on reconnaît que le Typhonius et l'Oronte ne sont pas parallèles aux rivages d'Aéria et d'Edom (*fig.* 159).

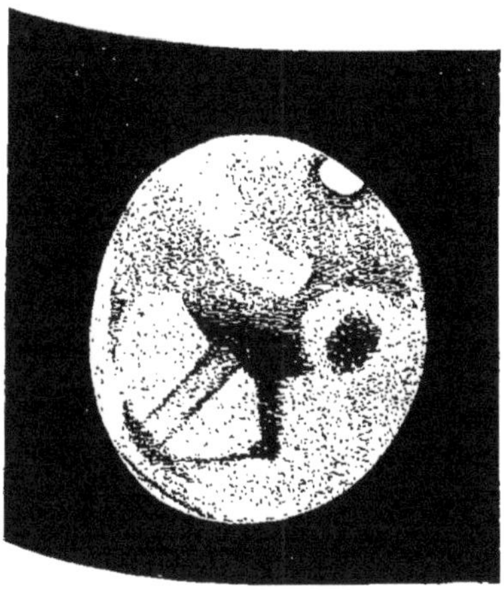

Fig. 157. — 27 août à 16h 0m.

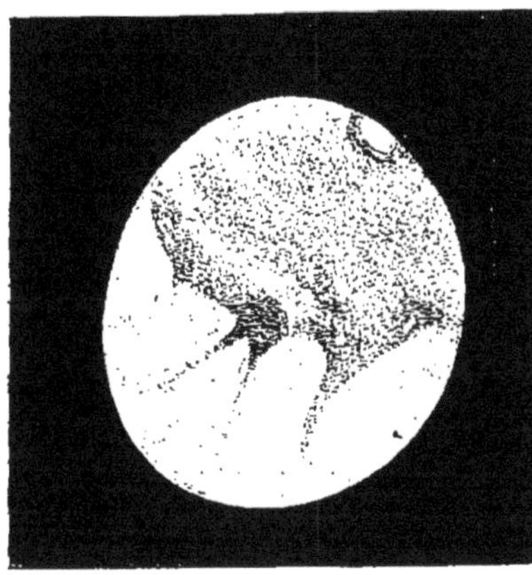

Fig. 158. — 28 août à 13h 0m.

Même jour, 13h 0m. Long. = 346°. Magnifique image. — La baie du Méridien est très sombre, fortement recourbée vers le Nord, et fourchue. Malgré la belle définition, les canaux sont très difficiles à distinguer; on devine cependant encore le Typhonius, l'Oronte, l'Euphrate, le Gehon et l'Hiddekel, réduits à des lignes très fines. Hellas est voisine du terminateur. Deucalionis Regio est très nette, se montrant en outre colorée en rouge-brique sombre.

Même jour, 14h 0m. Long. = 1°. Excellente image. — Fastigium Aryn passe au méridien central. La baie du Méridien est très foncée, ainsi que l'embouchure de l'Euphrate. On ne distingue presque pas le Gehon et l'Hiddekel, pas du tout l'Euphrate, et vaguement l'Indus, qui se recourbe vers l'Est. La région de Deucalion est d'une évidence extraordinaire, et l'on peut la suivre jusqu'à Thymiamata. Le limbe oriental est très brillant au-dessus du promontoire des Aromes : c'est le lever d'Argyre.

30 août, 14h 0m. Diamètre = 17",1. Long. = 349°. La définition est très bonne. — La calotte polaire neigeuse du pôle austral est exceptionnellement réduite. La baie

du Méridien va bientôt passer au méridien central; elle est très sombre depuis la Corne d'Ammon jusqu'à Fastigium Aryn, mais principalement vers l'embouchure de l'Euphrate et son extrémité suivante. L'Oronte, l'Hiddekel et le Gehon sont très visibles, tandis que l'Indus se dégage à peine des brumes du limbe oriental. La région de Deucalion est rouge sombre; celle de Pyrrha est très difficile. Argyre se lève à l'Est. Enfin, on remarque toujours la bande sombre qui relie la Corne d'Ammon à la calotte polaire australe.

31 août, 12h30m. Diamètre = 17",3. Long. = 320°. Bonne définition. — La mer du Sablier est à l'Ouest, la baie du Méridien à l'Est. Ces mers sont très sombres. La Corne d'Ammon est pointue, et l'on remarque toujours la bande foncée qui la relie à la calotte polaire. Hellas est bissectée dans sa longueur par l'Alphée, et très indistinctement dans sa largeur par le Pénée. La région de Deucalion est d'un rouge-brique foncé. L'embouchure de l'Euphrate est très sombre; ce canal est cependant très difficile à voir, tandis que Typhonius et Oronte sont d'une évidence remarquable.

Même jour, 14h0m. Long. = 342°. — Bonne image. La calotte polaire australe est très petite et nettement définie. La mer du Sablier est couchée au terminateur, et il en est presque de même d'Hellas. La baie du Méridien est foncée, surtout vers son extrémité orientale et l'embouchure de l'Euphrate. Les régions de Deucalion et de Pyrrha sont bien nettes, la première surtout. Argyre apparaît au limbe oriental comme une tache blanche éclatante. La Corne d'Ammon est toujours reliée à la mer Polaire par la bande sombre. Malgré la bonne définition et le calme absolu de l'air, on ne voit pas bien les canaux, qui se rétrécissent à des lignes d'une finesse extrême. Cependant, Typhonius, Oronte, Euphrate et Hiddekel s'entrevoient de temps en temps.

Même jour, 15h0m. Long. = 357°. La définition devient moins bonne. — La baie du Méridien est très sombre; ses deux fourches ainsi que l'embouchure de l'Euphrate sont très foncées. Les régions de Deucalion et de Pyrrha sont bien visibles, tandis qu'Argyre est toujours très blanche. Le golfe des Perles, prolongé par l'Indus, arrive du côté de l'Est; il est assez clair. Comme canaux, on remarque l'Hiddekel (recourbé vers l'Ouest), le Gehon, et en partie l'Oronte et l'Euphrate (*fig.* 160).

Même jour, 16h0m. Long. = 11°. La définition est mauvaise, et le ciel se couvre à 16h30m. — La baie du Méridien est sombre, le golfe des Perles est clair. Argyre est maintenant bien moins lumineuse que dans les deux observations précédentes.

6 septembre, 13h0m. Diam. = 18",1. Long. = 272°. Mauvaise définition, nuit très froide. — La calotte neigeuse du pôle austral est excessivement petite. La Libye passe au méridien central. On voit la mer du Sablier à l'Est, très sombre vers

son extrémité inférieure, puis la mer Tyrrhénienne, Ausonia et Hellas. Le lac Mœris est bien visible, ainsi que le Népenthès.

Même jour, 14h 0m. Long. = 286°. Définition un peu meilleure. — La mer du Sablier est au centre ; elle est très foncée au Nord ; c'est là un immense triangle au milieu de la planète. La Petite Syrte va disparaître au terminateur. On aperçoit le lac Mœris comme une petite tache sombre. Dans la partie supérieure de la mer du Sablier on remarque deux taches claires indistinctes : ce sont Œnotria et Japygia. Ausonia est confuse, Hellas un peu moins ; on y voit l'Alphée. Il y a un canal qui se rend dans la mer du Sablier, du côté de l'Est : c'est Typhonius.

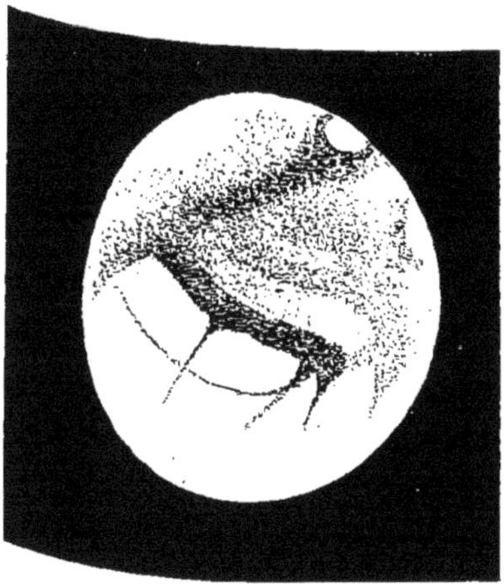

Fig. 159. — 29 août à minuit.

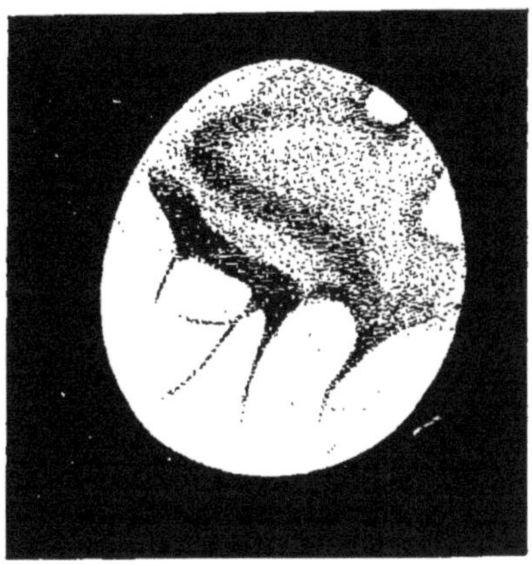

Fig. 160. — 31 août à 15h 0m.

Même jour, 15h 0m. Long. = 301°. Assez bonne définition. — La mer du Sablier est à l'Ouest. Dans le continent, à droite, on distingue Typhonius, Oronte et l'Euphrate. La baie du Méridien est foncée. On croit parfois apercevoir la croix d'Hellas. Argyre se lève au limbe oriental.

7 septembre, 12h 0m. Diam. = 18″, 3. Long. = 248°. Bonne définition. Nuit très froide. — La calotte polaire australe est excessivement réduite. La mer Tyrrhénienne passe au méridien central. La mer Cimmérienne est à l'Ouest, la mer du Sablier à l'Est. Hellas est claire près du limbe. Ausonia, assez confuse, est divisée par l'Euripe. Le golfe de Prométhée est assez net, mais la mer Adriatique est faible. On voit le lac Mœris, l'Hephæstus et les canaux Æthiops et Léthé. Æolis est blanche au terminateur (*fig.* 161).

Même jour, 13h 0m. Long. = 262°. Image satisfaisante. — La mer du Sablier approche du centre, tandis que les mers Cimmérienne et Tyrrhénienne disparaissent au terminateur. Ausonia et Hellas sont mal définies. L'extrémité inférieure de la mer du Sablier est fortement recourbée vers l'Est. On distingue fort bien le lac Mœris et les canaux Léthé et Astapus.

Même jour, 14h 0m. Long. = 277°. La définition est bonne. — La mer du Sablier est très sombre vers la Nilosyrtis. Ausonia et Hellas sont estompées; cette dernière est bissectée par l'Alphée du Nord au Sud. Astapus, Typhonius et Phison

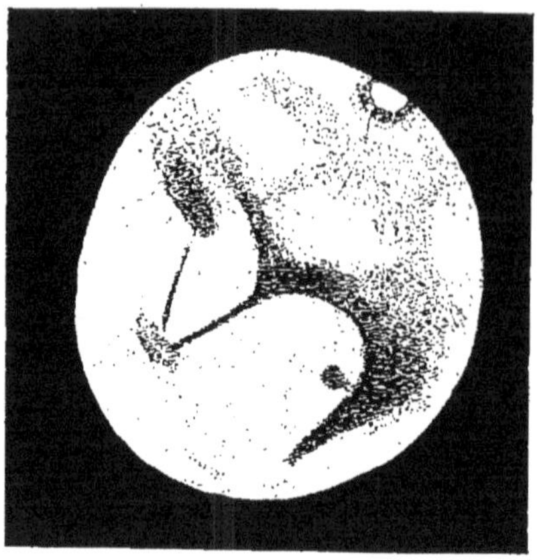

Fig. 161. — 7 septembre, minuit.

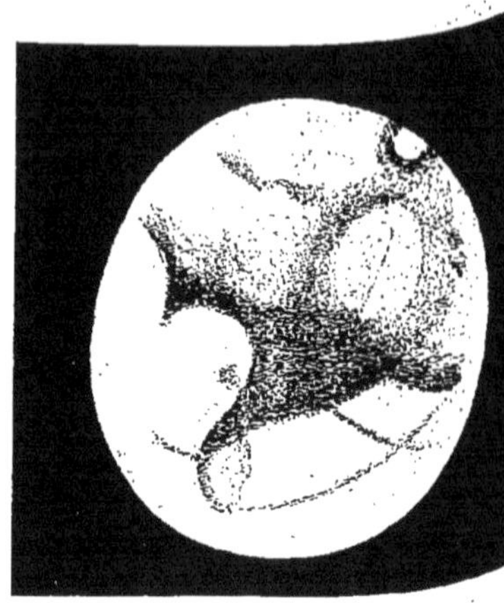

Fig. 162. — Même jour, 2 heures plus tard.

son bien visibles. Astusapes, au contraire, est indistinct, son embouchure étant estompée et très vague (*fig.* 162).

Nous intercalerons ici quelques observations faites par M. l'abbé Th. Moreux, professeur de mathématiques au petit séminaire de Bourges, membre de la Société astronomique de France, de passage à l'Observatoire de Juvisy:

6 septembre 1894, de 13h à 15h. Définition assez bonne par instants. — Les continents rougeâtres prennent une teinte brillante sur le limbe de la planète. La mer du Sablier dessine un immense triangle. Elle se termine par la Nilosyrtis, qui se recourbe fortement vers l'Est. Sur les bords du continent Aéria on distingue nettement l'embouchure de l'Astusapes et du Typhonius. A l'Est, sur le limbe, Deucalionis Regio apparaît d'une blancheur extraordinaire, séparée d'Aéria par la baie du Méridien. Puis, en allant vers l'Ouest, se remarquent successivement Yaonis Regio, l'Hellas, avec un des canaux (Alphée) qui forment la croix si connue, les mers Adriatique et Tyrrhénienne, une partie d'Ausonia; enfin, en bas, vers l'Ouest, Libya avec le lac Mœris et la Petite Syrte. La calotte polaire australe se remarque, entourée d'une petite bande sombre qui semble la séparer de la mer qui l'environne (*fig.* 163).

7 septembre, 12h 0m. Bonne définition. — A l'Est, mer du Sablier avec le lac Mœris. En bas, on voit nettement l'Astapus, qui se jette dans la Nilosyrtis. A la Petite Syrte aboutit le Léthé, qui vient se réunir, en bas, à l'Æthiops et à

l'Hephæstus. Le Cyclope apparaît à l'Ouest, se jetant par une embouchure bien marquée dans la mer Cimmérienne. Au-dessus se dessinent : la mer Tyrrhé-

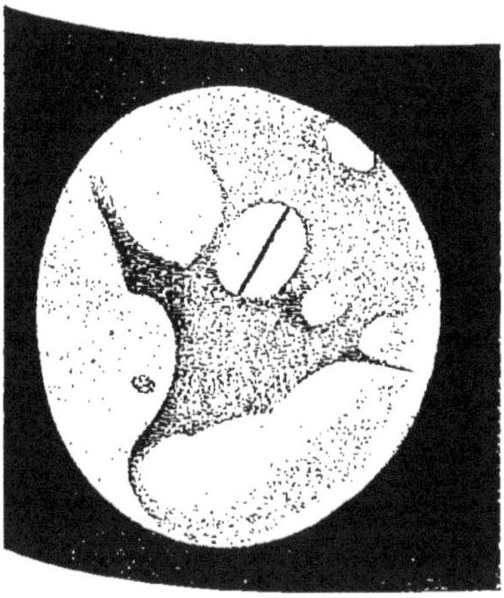

Fig. 163. — 6 septembre, 14h.

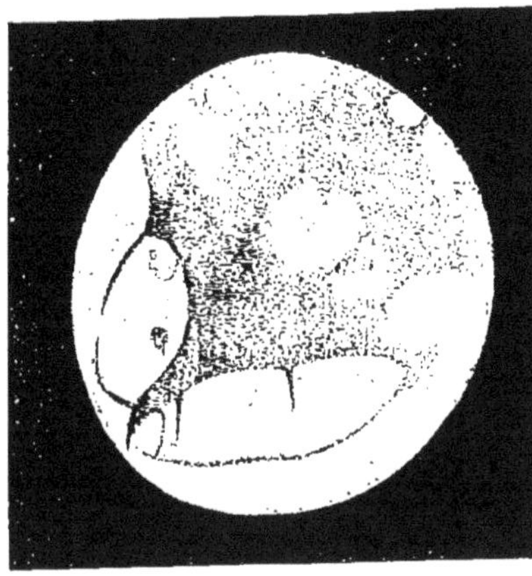

Fig. 164. — 7 septembre, minuit.

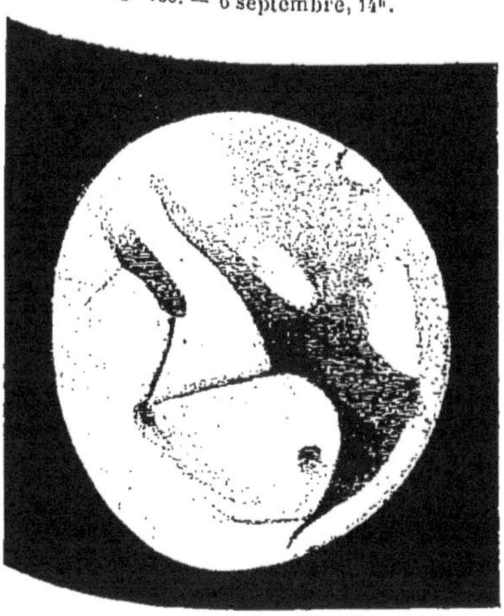

Fig. 165. — 7 septembre, 14h.

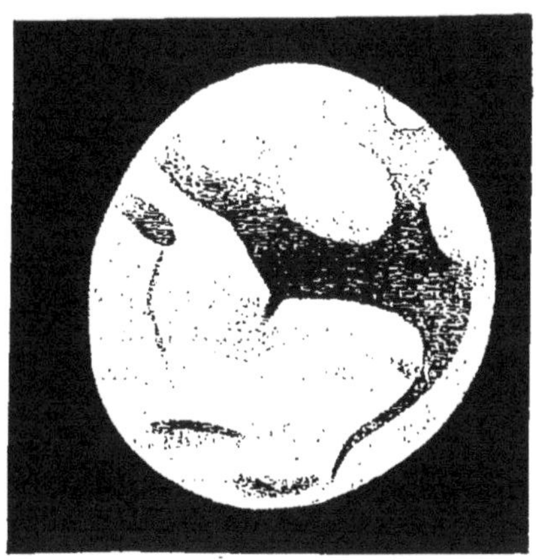

Fig. 166. — 9 septembre, 13h.

nienne, Ausonia ; à droite, la mer Adriatique, l'Hellas et enfin la calotte polaire australe (*fig.* 164).

7 septembre, 14h. Bonne définition. — Les bords de la mer du Sablier sont très nets par instants. A droite, à partir de la Nilosyrtis, on remarque Astusapes, Astaboras, Typhonius, puis le Phison, qui semble couper transversalement les canaux précédents ; à gauche, l'Astapus paraît rejoindre un canal qui se jette dans la mer du Sablier, peut-être le Léthé. La croix d'Hellas reste absolument invisible (*fig.* 165).

9 septembre, 13h. — Une partie de la calotte polaire semble limitée par une ligne droite. On distingue nettement l'embouchure du Léthé, l'Æthiops, et au Nord on soupçonne l'Hephæstus ainsi que l'Astapus (*fig.* 166).

Même jour, 14h 0m. — La calotte polaire est à peine visible, mais Hellas est sur le bord occidental, d'une blancheur éclatante et nettement coupée en ligne droite. On remarque le Triton, qui semble rejoindre le lac Mœris.

Nous reprenons maintenant la suite de nos observations :

15 septembre 1894, 10h 30m. Diamètre = 19",3. Long. = 153°. Bonne image. — La calotte neigeuse du pôle austral n'est visible qu'avec la plus grande attention. La mer des Sirènes passe au méridien central : elle est fortement recourbée, la convexité étant tournée vers le Sud. En haut, les terres de Thulé, la mer Chronium et le Palinari Fretum sont indistincts, tandis qu'à gauche le golfe Aonius reste invisible. On voit bien le Tartare et le Titan qui se jettent dans le golfe des Titans de la mer des Sirènes. Puis le Gorgon, au méridien central, et, à l'Ouest, le Sirenius avec l'Araxe. Ces canaux, qui se voient comme des lignes très fines, semblent aboutir au Nord presque perpendiculairement à une large bande estompée correspondant à l'Euménides, prolongé par l'Orcus, probablement double. Electris et Eridania sont blanches dans le voisinage du limbe oriental (*fig.* 167).

Même jour, 11h 30m. Long. = 167°. Bonne définition. — La calotte polaire est très difficile à distinguer. Le golfe des Titans de la mer des Sirènes, assez sombre, atteint le méridien central. Ici convergent les canaux Gigas, Titan et Tartare, très nets. On voit encore le Sirenius à l'Ouest, et le Læstrygon à l'Est. L'Orcus est toujours très large et estompé. La mer Chronium est maintenant assez bien définie, et il en est de même de la mer Cimmérienne, qui arrive de l'Orient. Atlantis est presque complètement invisible, de sorte que les mers Cimmérienne et des Sirènes paraissent se toucher. Eridania est toujours très blanche.

Même jour, 12h 30m. Long. = 182°. Mauvaise image. — On ne peut plus que soupçonner la calotte polaire australe. La mer des Sirènes avance vers l'Ouest, tandis que la mer Cimmérienne s'étend maintenant du limbe oriental jusqu'au delà du méridien central. La mer Chronium est nette, mais les pays de Phaethontis, Electris, Eridania, ainsi que les îles de Thulé, sont très mal définis. Atlantis n'est pas absolument invisible, car tandis qu'on ne la voit pas comme une ligne fine brillante, on l'aperçoit cependant comme une traînée un peu plus claire que les mers qu'elle sépare. Cela tient probablement à la mauvaise définition. Comme canaux, on aperçoit le Titan, le Tartare et le Læstrygon, ainsi que le long estompage de l'Orcus. Les trois derniers canaux aboutissent au Trivium Charontis, grosse tache grise de l'hémisphère inférieur (*fig.* 168).

27 septembre, 11h 0m. Diamètre = 20",8. Long. = 52°. Excellente définition. — La calotte polaire australe est bien plus étendue qu'elle ne l'était le 15, ce qui

prouve qu'elle doit être *excentrique par rapport au pôle de rotation*. Le golfe de l'Aurore, assez foncé, passe au centre. Le golfe des Perles se couche à l'Ouest, tandis que le lac du Soleil arrive du côté de l'Orient. Ogygis Regio, Argyre et

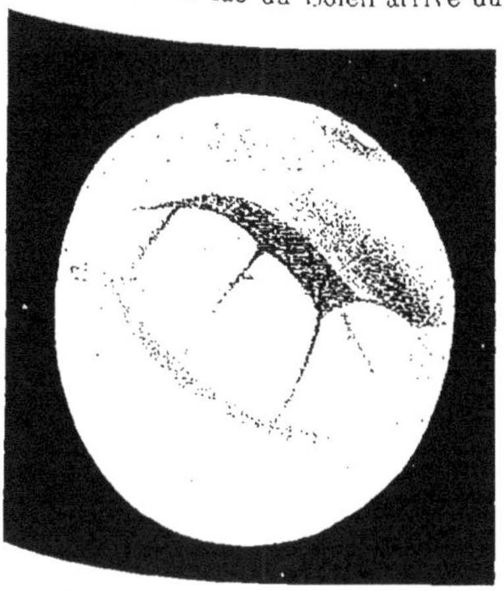

Fig. 167. — 15 septembre à $10^h 30^m$.

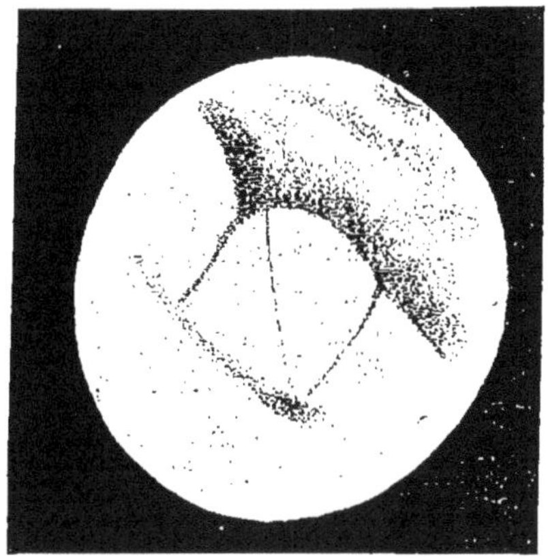

Fig. 168. — Même jour à $12^h 30^m$.

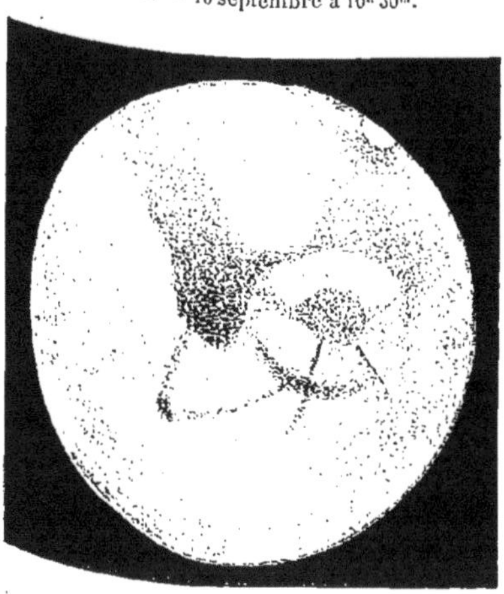

Fig. 169. — 27 septembre à minuit.

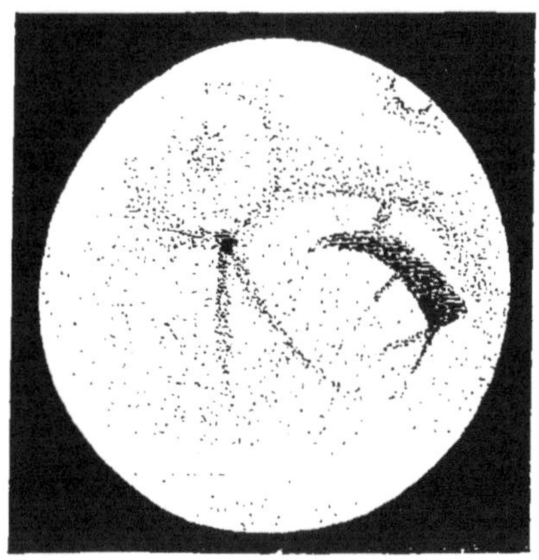

Fig. 170. — 27 septembre à $15^h 0^m$.

Noachis apparaissent comme une seule terre. Thaumasia est certainement estompée. Le lac Niliaque forme un grand estompage près du bord inférieur. Le Gange est très net, ainsi que le lac de la Lune. On voit encore facilement le Chrysorrhoas, en partie l'Hydraotes, et très indistinctement le Jamuna et l'Agathodæmon.

Même jour, $12^h 0^m$. Long. $= 66°$. Image par instants parfaite.— Les neiges *boréales* sont bien visibles dans Tempé, vers $+ 45°$ de latitude. Le golfe de l'Aurore est sombre, tandis que la mer qui entoure Thaumasia est peu foncée. Thaumasia est estompée, présentant la couleur rouge-brique sombre, caractéristique de Deucalionis Regio, Noachis, etc. Le lac du Soleil, bien concentrique à Thaumasia, est *allongé de l'Est à l'Ouest* en forme de poire, dont la queue, très nette, constitue le Nectar. Ambrosia reste invisible, malgré tous les efforts. Par contre, Eosphoros apparaît de temps en temps comme une fine ligne noire, tandis que Fortunæ s'étend au delà du lac Tithonius, pour aller rejoindre le lac du Soleil au Nord. Le lac Tithonius et l'Agathodæmon affectent absolument la forme donnée par M. Schiaparelli; mais on ne parvient pas à voir de traces de l'Aurea Cherso (*fig.* 169).

Même jour, $13^h\ 0^m$. Long. = 81°. Mauvaise image.— Le lac du Soleil va atteindre le méridien central. Il est plutôt clair, un peu plus sombre peut-être que la mer entourant Thaumasia, mais l'air agité masque les détails. On aperçoit cependant encore le Nectar (assez large et estompé), puis l'Eosphoros, prolongé par le Pyriphlegethon, également large et vaporeux. Le lac Tithonius est relié d'une part au golfe de l'Aurore par l'Agathodæmon, d'autre part au golfe Aonius par le Phase. Le Gange est très net, ainsi que le Fortunæ. Le golfe de l'Aurore est sombre, et contraste avec la pâleur du golfe Aonius.

Même jour $14^h\ 0^m$. Long. = 95°. Mauvaise image.— Les lacs du Soleil et Tithonius deviennent très difficiles. Le golfe Aonius, qui va atteindre le méridien central, est presque invisible, ce qui conduit à penser que cette région est actuellement *couverte de nuages ou de brumes*. La mer des Sirènes arrive de l'Orient; le détroit des Colonnes d'Hercule la relie à la mer Australe. Le Gorgon est très facile à voir, tandis que du lac du Phénix divergent deux traînées estompées qui paraissent correspondre aux canaux Euménides et Pyriphlegethon, probablement doubles. Le voisinage du Nœud Gordien, vers le lac du Phénix, paraît estompé.

Même jour, $15^h\ 0^m$. Long. = 110°. Image meilleure. — Le golfe Aonius est toujours très vaporeux (presque invisible). Le lac du Soleil va disparaître dans les brumes du couchant, mais apparaît de temps en temps comme un cercle noir. La mer des Sirènes paraît très sombre au milieu des vagues estompages du golfe Aonius et de la mer Australe. Euménides et Pyriphlegethon forment les branches d'un compas gigantesque ayant le lac du Phénix pour sommet, tandis que l'on aperçoit sans difficulté le Gorgon, le Gigas, le Titan et les Colonnes d'Hercule (*fig.* 170).

Je n'aperçois personnellement les canaux que lorsqu'ils sont très larges, mais M. Antoniadi a pu identifier les 39 canaux suivants : Cyclops, Indus, Gange, Cerbère, Laestrygon, Xanthus, Æthiops, Euripe, Titan, Chrysorrhoas, Gehon, Hiddekel, Euphrate, Hydraotes, Jamuna (double), Nilokeras, Typhonius, Oronte, Alphée, Pénée, Léthé, Népenthès, Astapus, Phison, Astusapes, Sirenius, Orcus, Araxe, Gorgon, Tartare, Gigas, Nectar, Agathodæmon, Fortunæ, Eosphoros, Pyriphlegeton, Euménides, Phase et Colonnes d'Hercule. *Le Jamuna seul a été dédoublé*. Euménides-Orcus était large et estompé.

Nous arrivions au voisinage de l'opposition, la plus grande proximité de la planète ayant lieu le 12 octobre, avec un diamètre de 27",7 et l'opposition ayant lieu le 20 ; mais le mois d'octobre a encore été, en général, moins beau que les précédents au point de vue des conditions météorologiques de notre atmosphère, et les images ont été la plupart du temps diffuses et agitées. Cependant, le 10 octobre et les soirées suivantes, nous avons remarqué qu'un voile de nuages ou de brumes s'étendait sur la région à l'est ou à gauche de la mer du Sablier, phénomène extrêmement rare. D'autre part, un fait évident a continué à se manifester avec certitude, c'est la diminution des neiges polaires australes. Voici ce qui résulte de la comparaison des observations faites à Juvisy :

Dates.	Arc aréocentrique.	En kilomètres.
1er juin............	65°	3800
15 »	50	3000
1er juillet..........	42	2520
15 »	35	2100
1er août............	30	1800
15 »	17	1020
1er septembre......	10	600
15 »	8	480

Il importe de faire ici une distinction.

A la dernière date du Tableau précédent, la longitude centrale de l'hémisphère martien tourné vers nous aux heures d'observation, le 15 septembre, était de 153° à 182° : mer des Sirènes, mer Cimmérienne. Or, la mesure de la tache polaire ne peut pas être suffisante en cette position, parce que le pôle du froid ne correspond pas au pôle géographique et se trouve sur un méridien presque opposé, par 30° de longitude et 5° à 6° de distance polaire : ce que l'on voit alors de la calotte polaire n'en est que la moindre partie. Il convient donc d'interpréter cette dernière observation, ainsi que celle du 1er septembre, et, s'il est possible, de leur substituer des observations faites lorsque le méridien est tourné vers nous. Nous le pouvons.

Le 27 septembre, par exemple, le pôle du froid étant alors tourné vers nous, la calotte polaire entière s'est montrée encore assez étendue, et d'environ 11 degrés. Si nous ne considérons que les observations faites aux environs de ce méridien, entre 0° et 90°, nous avons les valeurs suivantes :

23 août...........	15°	900 kilomètres
27 septembre.....	11	660 —

Un savant astronome de l'Observatoire de Paris n'a-t-il pas un instant oublié cette importante considération lorsqu'il écrivait [*Comptes rendus de l'Académie des Sciences*, séance du 15 octobre (*voir* plus loin, CXCIV)] : « La tache polaire australe de Mars, facilement visible jusqu'à ces derniers jours, vient de disparaitre, car le 13 octobre 1894, par de très belles images, on en soupçonnait à peine les dernières traces, avec l'équatorial de la tour de l'Ouest de l'Observatoire de Paris ».

A cette date du 13 octobre, nous observions également l'intéressante planète. La définition était excellente. Le méridien central, de 10ʰ à 11ʰ du soir, était 265°, à 10ʰ 30ᵐ. On voyait fort bien la Petite Syrte prolongée par le Léthé, très élargi à son embouchure, et toutes les rives gauches de la mer du Sablier. (M. Desrivières, membre de la Société astronomique de France, observait avec moi à l'équatorial.) De neiges polaires, point en effet. Mais ce n'est pas qu'elles eussent disparu : elles pouvaient être de l'autre côté du pôle.

Ce trentième méridien ne s'est montré de face que quinze jours plus tard. Et alors, avec une attention très minutieuse, nous sommes parvenus, le 29 octobre, à 8ʰ, à distinguer, M. Antoniadi et moi, un point blanc minuscule, malgré une définition assez mauvaise. Nous avons eu encore :

1ᵉʳ novembre...... 5° 300 kilomètres

Cette grandeur est très exagérée par l'irradiation. Mais l'existence d'un point blanc lumineux nous a paru incontestable. Le disque de la planète offrait l'aspect

Fig. 171. — Dernière trace des neiges polaires australes aperçues le 1ᵉʳ novembre. (Observatoire de Juvisy.)

représenté *fig.* 171. Un grand nombre de canaux semblaient irradier du lac du Soleil.

Le solstice d'été de l'hémisphère austral de Mars est arrivé le 31 août. On voit que les neiges ont commencé à diminuer longtemps avant cette époque.

Nous reviendrons tout à l'heure sur ces neiges polaires. Pour le moment résumons par une petite Carte et par un abrégé sommaire les observations précédentes de Juvisy.

Les taches sombres de la planète sont, en général, représentées sur les Cartes d'un ton beaucoup trop uniforme. Un simple coup d'œil jeté sur Mars, à l'aide d'un bon instrument, par une nuit de beau temps, suffit pour montrer qu'elles sont, au contraire, de tons très variés.

Telles qu'elles nous ont paru en 1894, les taches les plus foncées ont été

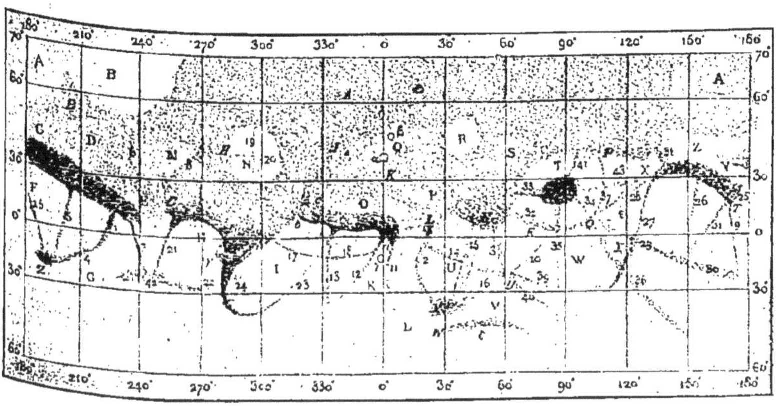

Fig. 172. — Planisphère exposant les observations faites à l'Observatoire de Juvisy pendant l'opposition de 1894.

I. — TERRES.

A Thulé I.
B Thulé II.
C Electris.
D Tridanie.
E Hespérie.
F Zéphyrie.
G Elysium.
H Libye.
I Aéria.
K Eden.
L Cydonie.
M Ausonie.
N Hellas.
O Région de Deucalion.
P Région de Pyrrha.
Q Noachis.
R Argyre.
S Région d'Ogygis.
T Thaumasie.
U Chryse.
V Tempé.
W Tharsis.
X Icarie.
Y Atlantis.
Z Phaethontis.

II. — MERS.

A Mer Australe.
B Mer Chronium.
C Mer Tyrrhénienne.
D Mer Cimmérienne.
E Petite Syrte.
F Grande Syrte.
G Nilosyrtis.
H Mer Adriatique.
I Hellespont.
K Mer Erythrée.
L Golfe des Perles.
M Baie du Méridien (Sinus Sabæus).
N Golfe de l'Aurore.
O Lac du Soleil.
P Golfe Aonius.
Q Lac du Phénix.
R Lac Tithonius.
S Mer des Sirènes.
T Golfe des Titans.
U Lac de la Lune.
V Lac Niliaque.
W Mer Acidalienne.
X Nœud Gordien.
Y Lac Mœris.
Z Trivium Charontis.

III. — CAPS REMARQUABLES.

a Fastigium Aryn.
b Corne d'Ammon.
c Carybde et Scylla.

IV. — RÉGIONS BLANCHES.

α } β } Projections sur Noachis.
γ Projections sur Edom.
δ Neiges du solstice d'hiver de l'hémisphère boréal.
ε Curieuse région, apparemment coupée par des canaux dans tous les sens.

V. — CANAUX.

1 Cyclope.
2 Indus.
3 Gange.
4 Cerbère.
5 Læstrygon.
6 Xanthus.
7 Æthiops.
8 Euripe.
9 Titan.
10 Chrysorrhoas.
11 Gehon.
12 Hiddekel.
13 Euphrate.
14 Hydraotes.
15 Jamuna (double).
16 Nilokeras.
17 Typhonius.
18 Oronte.
19 Alphée.
20 Penée.
21 Léthé.
22 Astapus.
23 Phison.
24 Astusapes.
25 Tartare.
26 Gorgon.
27 Sirenius.
28 Araxe.
29 Euménides.
30 Orcus.
31 Gigas.
32 Agathodæmon.
33 Nectar.
34 Eosphoros.
35 Fortunæ.
36 Pyriphlegethon.
37 Phasis.
38 Colonnes d'Hercule.
39 Uranius.
40 Nilus.
41 Ambrosia.
42 Hephæstus.
43 *Canal inconnu.*

d'abord la baie du Méridien, bordée, vers l'équateur, d'un filet blanchâtre; puis la mer du Sablier ou Grande Syrte, avec son prolongement inférieur, la mer des Sirènes, le lac du Soleil et le bras de mer reliant la Corne d'Ammon à la calotte polaire. Il y a, dans ce dernier cas aussi, me semble-t-il, une preuve de variation. Les mers Cimmérienne et Tyrrhénienne ont paru moins sombres que d'habitude. Il en a été de même du golfe des Perles, toujours mal défini à la dernière opposition, ainsi que la mer Chronium, à peine plus foncée que les terres avoisinantes. Enfin la mer Australe n'était qu'un vaste estompage légèrement grisâtre.

Dans ses grandes lignes, notre Carte n'est qu'une nouvelle confirmation de celles de Schiaparelli. Il y a cependant un point en désaccord : l'aspect du *golfe Aonius,* dans le voisinage du lac du Soleil.

Cette région paraît variable, car elle a été représentée de différentes manières à diverses reprises. Ainsi, tandis que ce golfe est à peine indiqué sur la carte de Beer et Mädler (1840), et sur les dessins de Lockyer, en 1862, Kayser en 1864 et Dreyer en 1877 (¹), MM. Paul et Prosper Henry, Green, Schiaparelli et moi avons dessiné le même golfe, en 1877 et 1879, comme une baie pénétrant profondément dans les terres (²).

En 1894, depuis le commencement des observations jusqu'à la fin de septembre, nous ne sommes jamais parvenus à voir distinctement le golfe Aonius. Le 27 septembre, nous constations que cette région était presque invisible, ce que nous avons cherché à expliquer par la présence de nuages couvrant cette région de la planète. Enfin, le 1er novembre, par des images splendides, la forme même du littoral était changée, et le golfe Aonius était *remplacé par une terre en forme d'éventail.*

Les terres de Phaethontis, Electris, Eridania, et les îles de Thulé I et Thulé II, Noachis et Ogygis Regio ont été vues avec des contours très vagues. Parfois, Ogygis Regio, Argyre et Noachis apparaissaient comme une seule terre. D'autre part, Novissima Thulé, Argyre II, Yaonis et Protei Regiones avec l'Aurea Cherso, nous ont tout à fait échappé.

Il y a des régions claires *dont l'éclat augmente en raison directe de leur rapprochement du limbe :* par exemple, en première ligne, Argyre, dont l'éclatante blancheur rivalisait très souvent avec la calotte polaire elle-même, surtout lorsque cette île se levait au bord oriental de la planète. Les terres de Phaethontis, Electris, Eridania et Zephiria, ainsi que la grande île d'Hellas, augmentaient aussi d'éclat, mais à un degré bien moindre, dans le voisinage, soit du limbe, soit du terminateur.

(¹) *La planète Mars*, t. I., p. 107, 162, 174, 177, 181 et 270. Le dessin de Kaiser, du 10 décembre 1864 (*fig.* 114, p. 177), offre la plus grande analogie avec les aspects observés à Juvisy en octobre et novembre 1894.

(²) *Ibid.*, p. 253, 255, 274, 275, 292, 295, 305, 333 et 334.

Deux projections brillantes ont été vues sur Noachis les 20, 22 et 23 août. Une autre, plus faible, a été observée, à la dernière date, sur Edom, non loin de Fastigium Aryn, vers 15° de latitude boréale. Ces projections sur Noachis, déjà observées en 1892 (*voir* plus haut, p. 84), indiquent une position spéciale, probablement une chaîne de montagnes, plutôt que des nuages. C'est sans doute quelque chose d'analogue à la Nix Atlantica, observée par M. Schiaparelli le 14 septembre 1877 (¹).

La calotte polaire australe n'a pas disparu le 13 octobre, comme on l'a dit, mais a continué d'être visible jusqu'en novembre. Elle était alors difficile à distinguer, non seulement par son exiguïté, mais aussi par le fait qu'elle n'était plus entourée par l'anneau sombre qui l'enveloppe dans les circonstances ordinaires, et qu'elle se détachait à peine du fond clair de la mer Australe.

Les neiges de l'hémisphère boréal atteignaient, au mois d'août, le 50ᵉ degré de latitude boréale.

Les observations faites à Juvisy ont constaté l'existence de 43 canaux, dont un double : le Jamuna (nº 15) dédoublé le 27 août. Le Gange, très large aussi, a résisté à tous les efforts faits pour le dédoubler. La duplicité du Jamuna a été confirmée par M. Cammell, à Wokingham (Angleterre), et par M. Lowell, à Flagstaff, dans l'Arizona. L'espace compris entre les deux bras du canal double était, comme d'habitude, faiblement estompé et de couleur rouge-brique sombre. Enfin, l'aspect exceptionnellement large et estompé des canaux Euménides-Orcus, sur les dessins des 15 et 27 septembre, qui pouvait être attribué à une gémination probable de ces lignes, a trouvé son explication toute naturelle depuis la découverte si inattendue de ces lacs symétriques et équidistants qui parsèment les canaux en question sur toute leur étendue.

Enfin, observation rare, le 10 octobre et les soirées suivantes, nous avons remarqué qu'un voile de nuages ou de brumes s'étendait sur toute la région à l'est de la mer du Sablier, oblitérant une partie de la mer Tyrrhénienne et toute la mer Cimmérienne. Déjà, le 27 septembre, nous avions eu une impression analogue pour une autre région, le golfe Aonius.

M. Léon Guiot a pris aussi à l'Observatoire de Juvisy un certain nombre de dessins qui, en général, s'accordent avec les précédents.

(¹) Les *Astronomische Nachrichten* du 2 août 1894 publiaient les dépêches suivantes :

« Nice, 30 juillet. — Projection lumineuse dans région australe du terminateur de Mars, observée par Javelle, 28 juillet, 16 heures. — PERROTIN. »

« Boston, 31 juillet. — Projection was discovered by Douglas, Lowell Observatory, Arizona, July 19, on several nights. — PICKERING. »

Le 31 août, l'Observatoire de Teramo envoyait une dépêche publiée dans les termes suivants par les *Astronomische Nachrichten* :

« Weissgrüner Fleck am Nördlichen Rande von Mars, Länge 30°—40°. Nix borea deckt Wahrscheinlich Mare Acidalium. — CERULLI. »

Tel est l'ensemble des observations martiennes faites à Juvisy pendant l'opposition de 1894. Nous les compléterons par un extrait du procès-verbal de la séance de la Société astronomique du 7 novembre 1894 :

M. Flammarion fait une conférence-causerie sur **les neiges polaires** de cette planète, dans laquelle il discute d'abord les témoignages de l'existence de l'eau, ou du protoxyde d'hydrogène, sur ce monde voisin. Les récents travaux de l'Observatoire Lick, au moyen de l'analyse spectrale, tendraient à établir qu'il n'existe pas d'eau sur cette planète. Les astronomes du Mont Hamilton croient avoir démontré que le spectre de Mars est semblable à celui de la Lune et n'est qu'un reflet du spectre solaire.

MM. Janssen, Huggins et Vogel se seraient-ils trompés? La question mérite une attention spéciale; mais l'étude des calottes polaires de Mars n'en devient que plus intéressante. Depuis deux cents ans on les observe. Huygens en 1672, Maraldi en 1704 et 1719, Herschel en 1781 et 1783, Schrœter en 1798 et 1808, Beer Mædler en 1830, et tous les observateurs suivants les ont signalées. Leur éclat saute aux yeux, pour ainsi dire. Elles se sont toujours comportées comme des neiges; et, chaque année martienne, on les voit grandir à l'époque de l'hiver, fondre pendant l'été, sous l'action de la chaleur solaire. Cette année encore, à l'Observatoire de Juvisy, on a suivi, avec le plus grand soin, la diminution graduelle de la calotte polaire australe, en même temps que l'on constatait l'étendue des neiges boréales, visibles au bord inférieur.

On pourrait donc croire que ce sont vraiment là des neiges identiques aux nôtres. Comment donc n'y aurait-il pas de vapeur d'eau? L'atmosphère de Mars étant moins dense que celle de la Terre, puisque la pesanteur sur Mars = 0.37, les conditions sont tout autres, et l'eau qui forme ces neiges pourrait être d'une autre matière chimique. Cela peut n'être pas du protoxyde d'hydrogène. On sait que, sur la Terre, la question des climats est due à la présence de la vapeur d'eau, qui conserve la chaleur comme le vitrage d'une serre, étant 16.000 fois plus efficace à ce point de vue que l'air sec. Mais l'eau n'est pas le seul corps qui jouisse de cette propriété. Il en est de même des vapeurs d'éther sulfurique, formique, acétique, d'iodure d'éthyle, de chloroforme, de bisulfure de carbone, etc. Les neiges de Mars pourraient être aussi des cristaux blancs d'acide carbonique qui s'évaporeraient à une température très basse. Enfin il peut y avoir sur cette planète des corps inconnus à la Terre. On voit que plus on avance dans cette étude, plus on y trouve de mystères.

Quoi qu'il en soit, la calotte polaire, si diminuée soit-elle, est encore perceptible. Quelques observateurs ont cru dernièrement qu'elle avait entièrement disparu. Cela tient à ce que le pôle du froid ne coïncide pas avec le pôle géographique. La calotte blanche a pu s'effacer le long du bord du disque, de l'autre côté du pôle, mais elle a reparu depuis, grâce à la rotation du globe, par 30° de longitude et à environ 5° ½ du pôle. Déjà, au commencement de septembre, elle semblait avoir beaucoup diminué, parce que nous ne la voyions alors qu'en raccourci, mais le 27 septembre elle est revenue de face et paraissait avoir subi une augmentation, uniquement due à la perspective.

CXCIV. — Bigourdan. — Observations faites a l'Observatoire de Paris [1].

I.

« La tache polaire australe de Mars, facilement visible jusqu'à ces derniers jours, vient de disparaître, écrit l'auteur, car le 13 octobre 1894, par de très belles images, on en soupçonnait à peine les dernières traces, avec l'équatorial de la tour de l'ouest de l'Observatoire de Paris.

» Mesurée le 4 octobre, cette tache avait encore 1",2 de diamètre, ce qui, sur la surface de Mars, répondait alors à 300^{km}, et le 10 octobre il a été possible de mesurer sans peine son angle de position.

» Voici d'ailleurs les valeurs individuelles obtenues pour cet angle de position p, mises en parallèle avec la longitude aréographique ω du centre de la planète, et de l'angle de position P de l'axe de rotation; ces deux derniers éléments sont tirés des éphémérides de M. Marth.

	Temps moy. Paris.	p.	P.	ω.	Remarques.
1894. Octobre 9.........	10.37 (h m)	139,4 (°)	143,7 (°)	293,0 (°)	Im. médiocres.
» 9.........	10.38	137,7	143,7	293,3	Id.
» 9.........	10.45	138,9	143,7	293,4	Id.
» 9.........	10.47	138,2	143,7	293,4	Id.
» 9.........	10.49	139,6	143,7	293,4	Id.
» 9.........	10.56	139,2	143,7	293,5	Id.
» 10.........	10.10	138,4	143,7	284,3	Im. médiocres; obs. coupées par les nuages.
» 10.........	10.17	137,7	143,7	284,3	

» La position de l'axe de rotation de la planète est assez bien connue pour que l'erreur de P soit très faible; la tache n'était donc pas exactement centrée sur l'axe de rotation de la planète, fait qui a déjà été observé. »

II.

« Dans une Note présentée à l'Académie dans la séance du 15 octobre dernier, et insérée à la page 633 de ce Volume, continue M. Bigourdan, j'ai

(1) *Comptes rendus des séances de l'Académie des Sciences*, 1894, séances des 15 octobre et 12 novembre, p. 633 et 840.

signalé la disparition de la tache polaire australe de Mars, d'ailleurs sans donner aucune explication de l'invisibilité actuelle de cette tache.

» Abstraction faite des mesures qu'elle renferme, cette Note peut être ainsi résumée :

» Le 9 et le 10 octobre 1894, *par des images médiocres*, cette tache était encore un objet mesurable (et j'ajoute ici qu'elle était de beaucoup le détail le plus saillant de la surface de Mars), tandis que trois ou quatre jours après, le 13 octobre, et *par des images très belles*, on en soupçonnait à peine quelques traces, dont on ne pouvait pas même affirmer l'existence.

» L'observation de cette disparition ayant donné lieu à quelques critiques [1], j'ajouterai ici des détails complémentaires sur l'observation du 13 octobre, avec la suite des observations faites depuis cette époque, aux moments où l'état de notre atmosphère donnait des images bonnes ou assez bonnes.

Dates 1894.	Temps moyen de Paris.	ω.	α	Images.	Remarques.
	h m	°	°		
Oct. 10	10.10	284	−106	Médiocres.	Tache bien visible.
10	10.17	284	−106	Id.	
13	10.30	262	−128	Très belles.	On voit de nombreux détails sur la planète, mais on ne peut apercevoir aucune trace certaine de la tache polaire.
13	11. 0	270	−120	Id.	
13	12.15	288	−102	Id.	
19	9.39	197	+167	Belles.	Aucune trace de tache polaire; on examine la planète avec divers oculaires.
19	10.16	206	+176	Assez ondulantes.	
21	9.33	90	+ 60	Très belles.	Non seulement on n'aperçoit pas de tache polaire, mais aucun détail n'est visible à la surface de la planète, quoique les images soient belles.
Nov. 1	8.19	63	+ 33	Assez ondulantes.	
1	10.56	102	+ 72	Belles.	
1	11.15	106	+ 76	Id.	
6	6.36	355	− 35	Assez belles.	A 6h36m, on voit bien *Syrtis magna, Hammonis Cornu;* le *sinus Sabæus* tranche bien en sombre sur la teinte du continent voisin; mais on ne peut apercevoir aucune trace de tache polaire australe.
6	7.59	15	− 14	Belles.	
6	9. 3	29	− 1	Id.	

Dans ce Tableau, ω, tiré des éphémérides de M. Marth, désigne comme précédemment la longitude du méridien qui passe par le centre du disque de la planète

[1] *Voir* le Chapitre suivant.

au moment de l'observation; et α est l'angle de ce méridien central avec le méridien de la tache polaire australe, supposée placée par 30° de longitude aréographique. Les valeurs de α, comptées de $-180°$ à $+180°$, sont affectées du signe — quand le méridien de la tache n'a pas encore atteint le centre du disque, du signe + quand il l'a dépassé.

La visibilité de la tache dépend de la valeur absolue de α, toutes les autres circonstances restant les mêmes; plus cette valeur absolue est petite, plus les conditions de visibilité de la tache sont favorables; mais rien n'autorise à dire que cette tache doive être invisible, même quand α atteint son maximum 180°, car, alors, la tache est encore à plus de 10° en avant du bord extrême.

Si nous revenons au Tableau précédent, on voit que, le 13 octobre, à 12^h15^m et par de *très belles* images, la tache était invisible, tandis que, trois jours avant, la tache étant un peu moins favorablement placée sur le disque apparent de Mars, et les images étant *médiocres*, elle était non seulement visible mais mesurable.

Les observations suivantes ont confirmé cette invisibilité, notamment celles du 6 novembre à 9^h3^m faites par de belles images et au moment où la tache passait par le méridien central ($\alpha = -1°$).

D'après ces observations, on voit que pour M. Bigourdan la neige polaire australe avait disparu entièrement à la date du 13 octobre. Cette conclusion me paraissant contestable, j'ai adressé les remarques suivantes à l'Académie des Sciences.

CXCV. — Flammarion. — La neige polaire australe de Mars (¹).

I.

Voici la Note que j'ai présentée à la séance du 5 novembre 1894 :

« La tache polaire australe de Mars a suivi la décroissance normale de sa fusion estivale sous l'action des rayons solaires, mais elle n'a pas entièrement disparu. Le pôle du froid de l'hémisphère austral de ce monde voisin ne coïncide pas avec le pôle géographique, mais se trouve vers le 30° degré de longitude et vers $5°\frac{1}{2}$ de distance polaire, c'est-à-dire à environ 330 kilomètres du pôle géographique. Cette région n'était pas en vue à la date du 13 octobre, car alors, à 10^h30^m du soir, c'était le 263° degré qui passait au méridien central de l'hémisphère martien tourné vers la Terre. L'inclinaison actuelle du pôle austral vers nous fait qu'en cette position la minuscule tache neigeuse, étant de l'autre côté du pôle, s'efface dans le bord de la planète.

» La région de la Baie du méridien au Lac du Soleil, au-dessus de laquelle

(¹) *Comptes rendus*, 1894, t. II, p. 786, et 1895, t. II, p. 761.

la calotte polaire neigeuse est toujours visible, extrêmement réduite, car elle approche de son minimum, est revenue de face et a pu être observée le 29 octobre dernier à l'Observatoire de Juvisy, aux premières heures de la soirée, ainsi que le 31 octobre et le 1er novembre, par d'assez bonnes conditions atmosphériques, surtout à cette dernière date. La fusion des neiges polaires (quelle que soit d'ailleurs la nature de ces neiges, qui ne sont peut-être pas composées d'une eau chimiquement identique à l'eau terrestre) avait continué régulièrement. Elles sont actuellement en grande partie fondues et ne mesurent guère que 5° d'arc aérocentrique. J'ai l'honneur de présenter à l'Académie quelques-uns des dessins faits à l'Observatoire de Juvisy, qui mettent bien en évidence la diminution lente de ces neiges depuis la saison d'été de cet hémisphère de Mars dont le solstice a eu lieu le 31 août dernier. »

Cette Note était accompagnée des dessins des 2 et 26 juillet, 23, 28 et 29 août, 15 septembre, 27 septembre et 1er novembre.

II.

A la séance du 25 novembre 1895, j'ai complété la Note précédente en présentant à l'Académie un résumé des Observations de M. Barnard reproduites plus haut, qui confirment celles de Juvisy sur la persistance de la neige polaire au mois de novembre 1894 : à la date du 11 novembre, la largeur de la calotte polaire surpassait encore 100 kilomètres, d'après les mesures prises au grand équatorial de l'Observatoire Lick.

On a vu, en effet (p. 191), que la neige polaire a persisté jusqu'au milieu de novembre au moins. Dans ces observations si délicates, il convient de n'être pas trop affirmatif.

CXCVI. — Schiaparelli. — Quelques changements observés (1).

L'illustre Directeur de l'Observatoire de Milan expose que ses observations de l'année 1894 n'ont pas été très nombreuses, que l'aspect de la planète correspondait assez avec celui de 1877 et aux dessins de Green à Madère, que les mers ont paru cependant moins foncées qu'en 1877 et que les canaux y étaient plus nombreux et mieux marqués. On ne les a pas vus doubles avec certitude, malgré la largeur du Gange, du Læstrigon, du Titan, de l'Euphrate et du Phison.

(1) *Astronomische Nachrichten*, 3271, 15 janvier 1895.

La tache polaire australe est devenue invisible à la fin d'octobre. (Il y a un désaccord curieux et rare sur ce point entre les divers observateurs : le respect de la vérité nous oblige à le mentionner). Le 10 octobre, étant pourtant bien située pour l'observation, elle était déjà extrêmement petite. Le 21 elle était presque invisible. Les 29, 30 et 31 on n'a pu la distinguer, quoique sur le méridien. Le 21 novembre il y avait là une région plus claire, mais qui n'était probablement pas la tache polaire.

(Si la tache polaire a disparu le 29 octobre, ce serait 59 jours après le

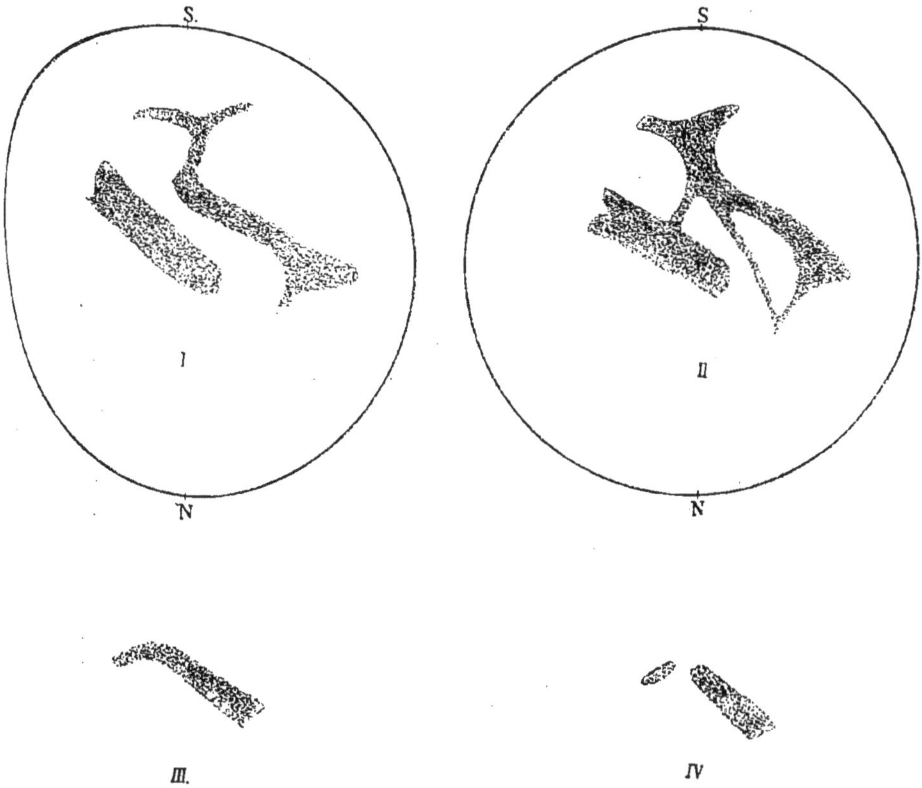

Fig. 173-176. — Changements observés sur Mars en 1894, par M. Schiaparelli.

solstice austral. En 1877, elle était encore visible 98 jours après ce solstice. En 1879, on la voyait encore 144 jours après. En 1892, elle existait encore 78 jours après. Cette disparition de 1894 serait donc singulièrement précoce.)

Une des formations les plus caractéristiques de la planète est l'isthme ou péninsule, désignée sous le nom d'*Hespérie,* qui sépare la mer Tyrrhénienne de la mer Cimmérienne. Lors des observations précédentes de 1877 à 1892, cet isthme s'était toujours présenté sous la forme, ou à peu près, de celle qui est dessinée *fig.* I. Cet isthme a même été observé par Bianchini, avec un télescope de Campani, du 19 au 24 septembre 1719 (¹). On le retrouve également sur la carte de Mædler en 1830. Or, *le soir du* 10 *octobre* 1894, à $8^h 30^m$, l'Hespérie se présentait sous l'aspect entièrement anormal dessiné *fig.* II. Le Xanthus descendait du golfe de Prométhée, large et enfumé; à la latitude de 40°, il se divisait en trois branches, la plus large, celle de droite, étant la mer Tyrrhénienne, la plus courte, celle de gauche, allant rejoindre la mer Cimmérienne, et la branche du milieu descendant rejoindre la petite Syrte. C'est là un exemple remarquable de *variation certaine* dans cette région de la planète.

Ce changement a été observé d'autre part par M. Leo Brenner, le 6 octobre, à Lussinpiccolo.

La *fig.* III, faite à la même échelle que les deux précédentes, représente l'aspect de la tache sombre désignée sous le nom de *Mer des Sirènes*. Elle a été dessinée sous cette forme par Kaiser le 10 décembre 1864 et depuis par l'auteur un très grand nombre de fois. Le 8 octobre 1892, on remarquait sur le coude de cette mer une solution de continuité, comme on le voit *fig.* IV.

Cependant il n'est pas douteux que, depuis le mois d'octobre 1892 jusqu'au mois d'octobre 1894, l'aspect normal de la *fig.* III soit revenu et ait été maintes fois observé, notamment par M. Holden à l'Observatoire Lick, le 3 octobre 1894. Or la séparation dont il s'agit a été revue à Milan par M. Schiaparelli, le 21 novembre 1894, et elle a été revue également par M. Brenner le 10 août et le 21 septembre.

Ces faits et d'autres analogues conduisent l'auteur à conclure que les variations anormales des configurations martiennes ne se succèdent pas par hasard et sans règle, et que les mêmes variations peuvent se produire avec un aspect identique après un long intervalle de temps. La forme et l'étendue de ces variations sont déterminées par quelque élément stable ou au moins périodique.

CXCVII. — Leo Brenner. — Observations faites a l'Observatoire Manora, a Lussinpiccolo (Istrie).

Mme Manora a fondé, en 1894, dans l'île de Lussinpiccolo, en Istrie, en d'excellentes conditions météorologiques, un observatoire principalement

(¹) *Voir* t. I, p. 46.

consacré à l'Astronomie physique. M. Leo Brenner en est le directeur, et l'observation assidue de la planète Mars a été, dès les premiers jours, l'objet chéri de ses études.

C'est le climat de Nice et de Naples, et les observations y sont des plus agréables. L'équatorial de 7 pouces allemands, construit par Reinfelder et Hertel, de Munich, donne des images parfaites avec des oculaires de 400, 500 et davantage. Les études de Mars, faites du 6 août au 16 octobre, ont été adressées par l'auteur à la Société astronomique de France au journal scientifique *English Mechanic*, aux *Astronomische Nachrichten*, et publiées avec un grand nombre de dessins (¹). En 1895, l'habile observateur a condensé l'ensemble de ses croquis sur un même planisphère que nous reproduisons plus loin (*fig.* 177).

Les détails nous paraissent un peu trop nets, un peu trop précis. L'œil de l'astronome, la manière d'observer, la méthode de dessin, l'instrument sont autant de facteurs augmentant assurément l'équation personnelle, sans compter le cerveau, qui n'est jamais une quantité négligeable. C'est précisément à cause de ces variétés que la comparaison des diverses observations est absolument nécessaire.

Voici quelques extraits des lettres qui nous ont été adressées par cet astronome.

28 août 1894.

Je me fais un devoir de vous présenter un dessin d'aujourd'hui qui me paraît intéressant, parce que j'ai vu une île entre Koumasia et la tache polaire — une île qui ne se trouve pas sur les cartes de Schiaparelli, mais qui est peut-être identique avec le cercle marqué sur sa carte de 1882, par 120° et —63°. C'était une tache plus claire que la mer environnante. Argyre II et Thyle I apparurent au limbe; le Nodus Gordii était visible; le Lacus Phœnicis excessivement grand et de la forme d'une étoile rectangulaire; le Lacus Tithonius plus large que jamais; les canaux Nectar (*le plus large parmi tous*), Ambrosia, Phasis, Agathodæmon, Araxes, Pyriphlegethon, Iris et Ceraunius étaient bien visibles.

9 septembre 1894.

Pour vous donner une idée de la définition de notre équatorial, même quand l'air est médiocre, je vous adresse mes dessins montrant les canaux Cyclops, Læstrygon, Hades, Phlegethon, Herculis Columnæ, Simois, Xanthus, Sca-

(¹) Voir notamment *Astronomische Nachrichten*, nº 3268, 27 déc. 1894, et nº 3288, 18 mars 1895.

mander et Euripus; mais, à mon étonnement, pas *Atlantis!* Il est vrai qu'il me sembla parfois distinguer un trait lumineux entre Phaetontis et Zéphyria; mais je n'étais pas sûr que ce n'était pas peut-être une illusion causée par mon espoir de trouver Atlantis; et puisque c'est une maxime de ne dessiner que des choses que je vois avec *parfaite définition*, je n'ai pas dessiné cette presqu'île. Je puis vous affirmer que notre équatorial ne montre *jamais des contours diffus*, mais toujours bien limités comme sur mes dessins. Le grand défaut de ceux-ci c'est que je ne suis pas bon dessinateur et qu'à cause de cela je n'ai pu imiter les limites entre mers et terres avec l'exactitude d'une photographie. Cela veut dire que mes contours sont défectueux dans les détails, bien qu'ils donnent l'image *générale* assez exacte.

Jusqu'à présent, nous avons vu 23 canaux en 15 observations dont 2 seules dans de bonnes circonstances atmosphériques.

4 novembre 1894.

Conformément à votre désir, j'ai cherché la tache polaire avec soin, mais je n'ai pas réussi à la découvrir. Plusieurs fois il me sembla la voir, mais je suis incliné à supposer que ce n'était qu'une illusion. Pourtant je ne veux pas vous cacher que, hier soir, vers 11^h, je vis un point lumineux à la place où Schiaparelli a dessiné « Nix » en 1877 (voir page 305 de votre *Mars*), mais ce n'était qu'un *point*. L'objectif de notre équatorial a souffert par l'humidité et ne donne plus des images aussi parfaites qu'auparavant. Nous l'expédierons à Munich pour être nettoyé. Nous en sommes désolés parce que depuis quatre jours nous avons « air 1 » si transparent que nous pouvons distinguer à l'œil nu les maisons en Croatie, et qu'on aperçoit Ancone en Italie et Zara en Dalmatie.

La direction de l'Observatoire de Vienne ne voulant pas croire en nos observations, qu'elle déclarait « impossibles », a envoyé M. Palisa pour s'en convaincre. Il resta ici cinq jours — justement quand le temps était *le plus mauvais* (air 4-5) — et néanmoins il vit Deimos *à la première vue* (nous autres aussi Phobos) et trois jours consécutifs il vit des étoiles exactement dans les positions que les satellites devaient avoir, mais les circonstances ne permirent pas de vérifier si c'étaient les satellites ou des étoiles fixes. M. Palisa partit en déclarant qu'il a *appris chez nous* l'observation de Mars, car personne ne peut rien distinguer sur Mars à Vienne avec les équatoriaux de 12, 15 et 27 *pouces*. Ici, malgré l'air si *mauvais*, il put voir deux canaux (Indus, Gange), Argyre, le lac du Soleil et le golfe de l'Aurore.

Je vous adresse deux dessins remarquables qui montrent des révolutions dans les environs de Hesperia. Vous possédez mes dessins des 12 et 14 octobre. Or, notre dessin du 16 octobre vous montre un aspect tout à fait différent. Je ne pouvais pas m'expliquer la différence parce que, l'air étant 1 ce jour, il était inexplicable que j'aie vu *moins bien* que le 14 (air 2) et le 12 (air 3).

17 décembre 1894.

Je vous adresse trois dessins de Mars que je crois d'un intérêt particulier. La mer Cimmérienne, qui était très sombre en août, plus claire en septembre et assez claire en octobre, a donné naissance à l'île Cimmeria le 13 de ce mois, attendu qu'elle n'existait pas encore le 12. Outre cela, c'est le doublement de l'Orcus qui est intéressant, et le réseau des canaux. Nous avons vu **50** canaux jusqu'aujourd'hui.

Mais encore plus intéressante est la circonstance que l'aspect a changé en deux jours, comme vous voyez, des dessins nos 18 et 19. Hier, l'air était si transparent que je m'attendais à voir des miracles; et au contraire c'est la première fois que l'aspect n'a pas été d'accord avec la carte de Schiaparelli. Vous voyez que la mer Cimmérienne était, ou couverte de *nuages* (qui laissaient voir seulement la partie méridionale), ou que l'apparition de l'île Cimmeria a été le commencement d'une catastrophe qui a *desséché* la mer. Inexplicable est pour moi le fait que je ne pouvais pas voir le réseau des canaux avec un air si pur, tandis

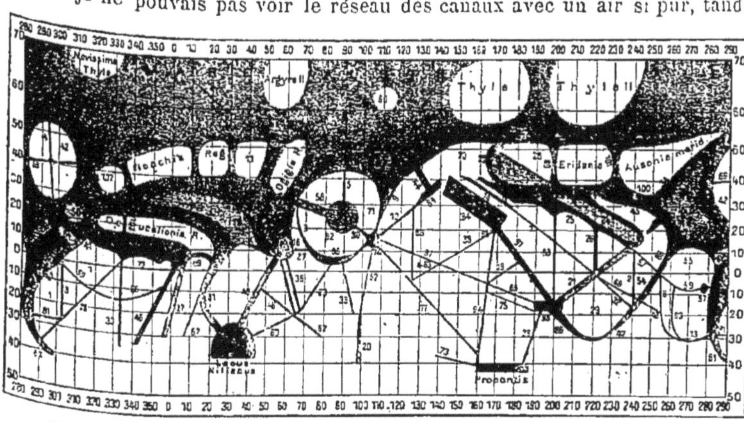

Fig. 177. — Planisphère de Mars, par M. Leo Brenner (Lussinpiccolo, Istrie) (¹).

1 Aeria
2* Aethiops
3* Agathodaemon
4* Alpheus
5* Ambrosia
6* Amenthes
7* Antaeus
8* Arabis
9* Aonius Sinus
10* Araxes
11 Argyre I
12* Ascanius
13* Astapus
14 Atlantis I
15 Atlantis II
16 Aurea Cherso
17 Aurorae Sinus
18 Ausonia Septentr.
19* Avernus
20* Cerannius
21* Cerberus
22 Chronium Mare
23* Chrysorrhoas
24 Cimmeria Insula
25 Cimmerium Mare
26* Cyclops
27* Deuteronilus
28 Electris
29 Elysium
30* Eunostos
31* Eumenides
32* Eunostos
33* Euphrates
34* Euripus
35* Fortuna
36* Ganges
37* Gehon
38* Gigas
39* Hades
40 Hadriaticum Mare
41 Hammonis Cornu
42 Hellas
43* Hephaestus
44* Herculis Columnae
45 Hesperia
46* Hiddekel
47* Hydaspes
48* Hydraotes
49* Jamuna
50 Japygia
51* Indus
52* Iris
53* Laestrygon
54* Lethes
55 Lybia
56 Margaritifer Sinus
57 Moeris Lacus
58* Nectar
59* Nepenthes
60* Nilokeras
61* Nilosyrtis
62* Nilus
63 Nodus Gordii
64 Oenotria
65* Orcus
66* Orontes
67* Oxus
68* Pactolus
69* Peneus
70 Phaethontis Regio
71* Phasis
72* Phison
73* Phlegethon
74 Phoenicis Lacus
75* Pierius
76* Promethei Sinus
77* Pyriphlegethon
78 Pyrrhae Regio
79 Sabaeus Sinus
80* Scamander
81* Serapis
82* Simois
83* Sirenius
84 Sirenum Mare
85 Solis Lacus
86* Styx
87 Syrtis Major
88 Syrtis Minor
89* Taphros
90 Taprobane
91* Tartarus
92 Thaumasia
93* Thoth
94* Titan
95 Titanum Sinus
96 Tithonius Lacus
97* Triton
98 Trivium Charontis
99* Typhon
100 Tyrrhenum Mare
101* Xanthus
102 Yaonis Regio
103* Canal | ohne
104 Halbinsel | Namen

(¹) Les noms marqués d'un * sont les canaux.

que je le voyais en de bonnes conditions. Inexplicable est aussi le détroit large et sombre partant de la petite Syrte; est-ce le Léthé avec l'Hyblæus? La tache au Nord-Ouest est probablement le Trivium Charontis. Et encore plus inexplicable est la tache presque noire avec un allongement comme d'un canal au nord de l'Hespérie ([1]).

L'auteur s'est occupé spécialement des variations de la neige polaire. Voici ses conclusions ([2]) :

La tache polaire australe de Mars s'était montrée avec certitude le 12 octobre pour la dernière fois (grossissement 560) avant l'opposition. La longitude n'étant pas favorable, il fallut attendre le mois de novembre pour se convaincre si la neige était complètement fondue ou non. Le 3 novembre, il me sembla voir un point brillant là où la tache polaire devait être. Le lendemain on n'aperçut rien. Le 5 novembre, la tache fut invisible avec l'oculaire de 672, mais en employant l'oculaire de 830 je crus parfois revoir le point brillant. *La même observation fut faite le lendemain.*

Les jours suivants, je ne pus distinguer la tache polaire, mais le 8 décembre il me sembla, avec l'oculaire 313, qu'il y avait un point brillant, tandis qu'avec les oculaires 480 et 600 je ne vis qu'une petite tache claire dans la mer. Ce devait être la neige polaire.

Le 7 janvier j'aperçus encore vers le pôle une tache qui me donna l'impression de la neige; je fis la même observation les 12, 14 et 17 janvier. J'en fis part à M. Schiaparelli, en ajoutant que la neige n'avait pas le brillant de la tache polaire d'autrefois, mais que son aspect évoquait plutôt l'idée d'une neige tombée sur des régions marécageuses. M. Schiaparelli me répondit (le 11 janvier) : « Anch'io ho veduto due volte un bagliore bianco nel luogo del polo di Marte, e credo come lei che non sia la neve stabile consueta, ma qualche cosa di transitorio, simile a quanto avviene spesso sopra altre parti del lembo di Marte, e più spesso in certi luoghi vicini ai due poli. » Selon une communication ultérieure, le savant astronome de Milan vit la neige « moins brillante qu'auparavant » les 11 et 18 janvier. Le 27 janvier, j'écrivis dans mon journal « Mer polaire très claire. »

Le 14 février, je crus revoir la neige polaire, mais, en employant les oculaires 560 et 830, je trouvai que la mer polaire était très claire, sans tache certaine. Cela correspond avec l'observation de M. Schiaparelli, qui écrivait le 16 février dans son journal : « Un po' di bianco pare vi sia in alto, molto dubbio pero. » Le 23 février, j'eus la conviction qu'il n'y avait plus de neige polaire. Le 1er mars, l'air étant bon, l'image excellente et la longitude favorable, je cherchai avec les oculaires 410 et 830 assidûment, et j'arrivai à la conclusion qu'il n'y avait cer-

([1]) Ces dessins étant en couleur n'ont pu être reproduits ici par la photogravure. Sur ces variations de l'Hespérie on peut s'en rapporter d'ailleurs à ce qui a été dit plus haut par M. Schiaparelli.

([2]) *Bulletin de la Société astronomique de France*, 1895, p. 184.

tainement pas de neige polaire, car autrement j'aurais *dû* la voir. Les 8, 9 et 14 mars, j'aperçus au pôle une tache brillante qui me parut être la neige polaire; mais le 15, le 16, le 18, le 21 et le 23 mars, rien n'était plus visible. Le 31 mars, je trouvai, à ma grande surprise, *que les deux pôles étaient brillants*, et les observations des jours suivants mirent *hors de doute* pour moi que *la neige polaire australe s'était reformée* et que la *neige polaire boréale était en même temps très visible*. Je crus d'abord que le point brillant au pôle austral n'était autre que Novissima Thule, mais, le 4 avril, je vis la tache polaire australe *à côté* de Novissima Thule; donc plus de doute sur ce point. Le 5, le 6, le 8, le 10, le 11 et le 12 avril, *je revis toujours les deux taches polaires avec la plus grande facilité*, et Mme Manora fit la même constatation.

Pendant ces jours-là, l'air était si transparent que nous pûmes distinguer non-seulement les côtes, *mais aussi trois nouveaux canaux:* Protonilus, Deuteronilus et Boreosyrtis. (Avec ceux-ci, le nombre de canaux vus par moi pendant cette opposition s'élève à 67.)

Il faut remarquer que j'obtiens les meilleures images au moment où le Soleil se couche, avec la pleine ouverture de mon objectif et sans verres colorés. Les grossissements dont je me suis servi varièrent de 410 à 830 fois (le plus souvent, 480). Comme le diamètre apparent de la planète est réduit maintenant à 5", M. le professeur Schiaparelli en concluait que « le osservazioni che ella mi communica dimostrana sempro più l'excellenza del suo clima, del suo strumento, del suo occhio. » Malheureusement, l'illustre astronome de Milan n'avait plus observé la planète et manqua, de cette façon, l'occasion de voir, avec moi, la réapparition définitive de la neige polaire australe. Je dis « définitive », parce qu'il n'y a plus de doute à cet égard; bien que le pôle austral se dérobât chaque jour davantage à nos regards, je pouvais voir l'*agrandissement* journalier de la tache polaire australe. D'abord celle-ci était la moins brillante, tandis que, depuis le 6 avril, elle est déjà plus brillante que la tache polaire boréale.

Comme on le voit par ce rapport, la tache polaire australe, encore visible en novembre, décembre et janvier, *n'a définitivement disparu qu'après le 14 février*, et a commencé à se reformer à la fin de mars. Le mérite de cette constatation revient à M. Schiaparelli, car c'est lui qui m'a engagé à continuer mes observations jusqu'à la réapparition définitive de la tache polaire australe; sans cela j'aurais cessé mes observations dès janvier.

CXCVIII. — A. Stanley Williams. Observations faites a Brighton (Angleterre) [1].

Nous résumerons, en les traduisant, ces observations fort intéressantes. Elles ont été commencées à la fin d'août et continuées jusqu'au 1er novembre. Télescope Calver de 0m,165; gr. 320.

[1] *The Observatory*, 1894, oct., nov. et déc.

L'observateur remarque que tout d'abord les canaux ont été admirablement visibles, beaucoup mieux qu'il ne s'y attendait. Le Gange a été vu double, et probablement aussi le lac de la Lune en continuation du Gange ; Oronte-Typhonius étroit mais bien noir, Phison soupçonné double en plusieurs nuits, Eunostos dédoublé les 9 et 11 septembre, non noir, mais gris ; Cyclope dans le même cas, Cerbère parfaitement double également. Ainsi, cinq canaux ont été observés doubles presque exactement à la date du solstice d'été de l'hémisphère austral, qui a eu lieu le 31 août.

Le 1er septembre, l'auteur a été surpris de voir, au point où les canaux Typhonius et Phison se croisent, une petite tache *noire*. C'est le lac Sirbonis de M. Schiaparelli. Son degré de visibilité paraît varier beaucoup. Il ressemble à la Fontaine de Jeunesse.

La Libye a paru blanchâtre cette année.

M. Stanley Williams a observé 51 canaux, tous marqués, à l'exception de trois, sur les cartes de M. Schiaparelli.

Le 7 octobre, le soupçon de la génération du Phison a été expliqué par l'existence d'une faible ligne fine courant parallèlement à lui, vers le milieu de la distance entre ce canal et le rivage de la mer du Sablier. Le Phison lui-même est resté simple, comme une ligne noire parfaitement nette.

L'Agathodæmon et l'Araxes ont été nettement dédoublés en septembre. Il en a été de même de Chrysorrhoas, mais moins clairement.

Un changement remarquable s'est produit dans l'aspect de l'Amenthès. En septembre, il était étroit, indistinct, et apparemment simple. Le 12 octobre, l'observation le montra très large, très noir et double. Et il a continué ensuite de se montrer ainsi (ce qui modifiait sensiblement l'aspect de cette partie de la planète) jusqu'au commencement de novembre, où il disparut à peu près.

La gémination du Gange a été permanente.

Un grand nombre de petits lacs ont été observés : le lac du Phénix, comme un petit cercle noir rappelant l'ombre des satellites de Jupiter, le lac Tithonius, le lac Mœris, le lac Triton. Le lac de la Lune a causé plus d'une perplexité, jusqu'à ce qu'on eût constaté, le 29 septembre, qu'il était double, à angle droit avec la direction de l'Hydraotes.

Observation plus rare : de la brume ou des nuages ont couvert une partie de la région au nord de la mer Cimmérienne. Tandis que le Cyclope, le Cerbère et l'Eunostos avaient été parfaitement visibles, le 14 et le 15 octobre, on ne put les retrouver. Toute la contrée présentait une teinte jaunâtre monotone.

Il en fut encore de même les deux jours suivants. Le 19, on revit la partie sud du Cyclope, mais assez indistinctement. Ce voile doit être attribué à du brouillard, de la brume ou des nuages qui, du reste, oblitéraient aussi une partie de la mer Cimmérienne. En confirmation de cette observation rare et importante pour la météorologie martienne, M. Stanley Williams cite les notations suivantes :

« 10 octobre. Un voile de nuages ou de brumes s'étend sur toute la région à l'est de la mer du Sablier, masquant la partie orientale de la mer Tyrrhénienne et toute la mer Cimmérienne. » (FLAMMARION.)

« La mer Cimmérienne est pâle, comparée à la mer Tyrrhénienne, et l'Hespérie est anormale. » (SCHIAPARELLI.)

« 12 octobre. La mer Cimmérienne, qui était très foncée en août, et moins en septembre, est maintenant la plus pâle de toutes les mers. Les canaux du continent sont bien visibles. » (BRENNER.)

« 16 octobre. La mer Cimmérienne n'est visible que le long de la côte de l'Hespérie; le reste est plus blanc que le continent, comme s'il était couvert de nuages. » (BRENNER.)

Cette oblitération nuageuse dura jusqu'au milieu de novembre. Il est assez remarquable qu'elle ait coïncidé avec la variation de l'Hespérie observée par M. Schiaparelli, qu'elle n'explique pas d'ailleurs.

A propos de ces observations de détails sur Mars, nous reproduisons ici un dessin de M. Stanley Williams du 7 octobre, et un autre, du même jour, de M. Leo Brenner, en Istrie. Ils m'ont été envoyés chacun séparément.

Voilà bien deux dessins d'une indépendance absolue. Comparons-les, et nous ne pourrons nous empêcher de reconnaître qu'ils se confirment mutuellement. En Istrie comme en Angleterre, les observateurs ont vu :

La calotte polaire neigeuse;
Au-dessous, Novissima Thule;
Au-dessous, à droite, Noachis, traversée par une large traînée sombre;
A gauche, Hellas, traversée par l'Alphée;
La région de Deucalion;
Le Sinus Sabæus et la baie du Méridien;
L'Ausonie;
La Japygie;
La mer du Sablier;
Le lac Mœris avec le Nepenthès;
L'Hiddekel descendant de la baie du Méridien;
Le Phison et l'Euphrate bifurquant du Sinus Sabæus;
L'Oronte traversant le tout, de l'Est à l'Ouest;
Etc., etc.

Il y a des différences d'appréciation. Ici un peu plus de détails, là un peu moins. Ni les yeux, ni les instruments, ni la manière de dessiner ne sont

Fig. 178. — Mars, le 7 octobre 1894. — Dessin de M. Stanley Williams, en Angleterre.

Fig. 179. — Dessin fait le même jour, en Istrie, par M. Leo Brenner.

les mêmes. Mais on sent qu'en Angleterre, comme en Autriche, les deux astronomes avaient le même objet devant les yeux.

Dira-t-on qu'ils avaient tous les deux aussi sous les yeux l'ouvrage *la Planète Mars* et les cartes de Schiaparelli, et qu'ils ont copié sans s'en douter.

Mais non, car ce n'est pas identique. Et puis, les observateurs se défient de toute influence de ce genre, la surface de Mars étant fort variable, et précisément nous venons de voir qu'à cette époque M. Schiaparelli a signalé lui-même de nouveaux changements. Ainsi donc, il convient de n'être pas trop sceptique.

CXCIX. — Observations de M. J. Comas a Barcelone. (lettre de l'auteur). résumé.

J'ai l'honneur de vous communiquer les principales observations que j'ai pu faire de la planète Mars. J'ai employé mon excellente lunette de 108^{mm} de Bardou avec un grossissement de 270 fois.

Ma première observation est du 5 juin. De ce jour jusqu'au 8 juillet, la seule observation intéressante que j'aie pu faire est d'avoir constaté que la calotte blanche australe a diminué très sensiblement pendant ce temps; d'autre part, elle est devenue moins brillante et irrégulière. Je n'ai jamais pu voir avec sûreté aucune bordure foncée entourant la calotte neigeuse, et les bords de celle-ci n'ont pas toujours été bien définis.

8 juillet. — De 13^{h}30^m à 14^{h}45^m. Diamètre = 11",3. Bonne définition. On voit les mers des Sirènes et Cimmérienne assez foncées; sont visibles aussi l'Atlantide et Phaetontis; cette dernière terre est très pâle. Les bords de la Memnonia et de la Zephyria sont clairs. Les canaux Titan et Tartare sont difficiles à voir, mais certains; ils apparaissent comme deux ombres estompées. En bas, on voit faiblement Trivium Charontis.

5 août. — De 11^h à 12^h. Diamètre = 14",0. Mauvaise définition. Même face que le 8 juillet. Aucune observation nouvelle à ajouter, excepté en ce qui concerne les neiges polaires, qui ont diminué extraordinairement de grandeur et sont maintenant très petites et assez brillantes.

31 août. — De 10^{h}30^m à 11^{h}30^m. Diamètre = 17",2. Assez bonne définition. La grande Syrte est foncée, surtout vers sa pointe. La Libye est cendrée. L'Hellas est sombre et jaunâtre, sauf sa région boréale, qui est blanche. Une faible bande claire relie l'Ausonia avec le bord boréal de l'Hellas. La région de Deucalion se termine en pointe aiguë; les bords de l'Aeria sont très blancs. Je ne vois pas de coloration rouge proprement dite dans tout le disque; le ton général des terres est jaune, légèrement teinté de rouge. Neiges polaires très petites et assez brillantes. Mars apparaît, à l'œil nu, moins rouge que d'habitude.

18 septembre. — De 10^h à 12^h. Diamètre = 19",7. Excellente définition. L'attention est premièrement attirée par deux masses blanches : le Phaetontis et Icaria, séparées par les colonnes d'Hercule. Les bords austraux de ces terres sont faciles à bien observer, mais les boréaux sont difficiles à distinguer, moins blancs, et

se détachent sur un fond (*mer des Sirènes*) moins sombre. Cette mer est très claire. L'Electris apparaît comme une île pointue, parfaitement séparée de l'Eridania par le Scamandre. Le Titan est visible en partie, et le Gigas est très faible et très estompé; il en est de même de Sirénius. La région continentale comprise entre le Gigas et le Sirénius a une couleur rouge sombre très frappante, qui contraste vivement avec la coloration jaune très peu rougeâtre de ses environs. L'Atlantis est invisible. Les neiges polaires sont plus petites.

Le lendemain, j'ai fait des observations identiques.

23 septembre. — De 9^h30^m à 15^h30^m. Diamètre = 20″,4. Excellente définition. Le Gange est bien visible; le lac de la Lune apparaît comme une tache ronde estompée. Le lac du Soleil, assez foncé, est allongé dans le sens d'un parallèle aréographique. Le ton général de la Thaumasia est assez sombre; le Nectar se distingue facilement. On voit ce canal dans la position primitive, c'est-à-dire comme il se montrait toujours avant 1890, année dans laquelle M. Schiaparelli le vit pour la première fois suivant une direction toute différente. L'aspect qu'offre cette région de la Thaumasia me rappelle les dessins de M. Lockyer faits pendant l'opposition de 1862 et publiés dans votre ouvrage *la Planète Mars*. Les lacs Tithonius et du Phénix sont très facilement visibles. Le Tithonius est très grand, mais faible; celui du Phénix est plus petit, mais plus foncé. Ce lac se présente comme une tache ronde presque aussi foncée que le lac du Soleil, mais la coloration du lac du Phénix est rougeâtre et celle du Soleil bleuâtre. Du lac du Phénix sort une bande grise, probablement l'Euménides, qui arrive à une grande masse sombre (*Nodus Gordii, Gigas*). La partie boréale de la Thaumasia, le lac du Phénix, l'Euménides et la masse sombre du Nodus Gordii et du Gigas sont plus rougeâtres que le reste des terres. On voit à la place du Sirénius une ombre extrêmement faible. L'Araxe est sûr, mais très difficile à bien voir; l'Icaria, sombre; le Phase, difficile. Près du bord, on voit bien les Colonnes d'Hercule; le Phaetontis, clair; la mer des Sirènes, très foncée. Les bords du Tharsis et d'Ophir, clairs. A gauche on voit Ogygis Regio, blanche; une trace de la Région de Pyrrha, puis une petite île blanche d'observation difficile, Argyre II, laquelle, quand elle fut arrivée près du terminateur, vers 14^h, se détachait comme un point brillant. Neiges polaires environnées d'une ombre faible.

Vers 13^h et jusqu'à la fin de l'observation, les neiges polaires sont bien plus petites qu'au commencement. Variation due sûrement à la rotation de la planète.

Vers 14^h, j'ai observé Jupiter; puis je suis retourné à l'observation de Mars, à 14^h20^m, pour reviser la région dessinée le 18 septembre. *Je n'en croyais pas mes yeux*, tant étaient grandes les variations subies par cette partie de la planète! J'avais observé des variations notables dans ces mêmes régions en 1892, mais jamais à un tel degré. La mer des Sirènes, alors si claire, est aujourd'hui très foncée (je n'avais vu jamais cette mer si sombre); le golfe du Titan se termine en une pointe très foncée et aiguë; les bords de la Memnonia et de la Zéphyria, qui étaient très sombres, sont maintenant très clairs. On ne voit trace du Titan, du Gigas et du Siréuius; la couleur rouge intense qu'avait alors la région comprise par ces deux derniers canaux a disparu. Les îles et terres des mers australes ont changé complètement de forme, couleur et éclat : elles ont fait place à une sorte de tache jaune rougeâtre et à des ombres compliquées impossibles à bien démêler. On ne peut invoquer ici aucune différence d'appréciation, puisque les observations ont été faites dans les mêmes conditions.

25, 26 et 27 septembre. — Diamètre = 20″,7. Très bonne définition. Le Gange est très visible, très large, et son embouchure assez foncée. Le lac de la Lune apparaît comme une ombre estompée; quand l'image est parfaite, dans son centre on voit un noyau très foncé. L'Indus, l'Agathodæmon et le Nectar sont très faciles. Des ombres plus ou moins vagues marquent la place du Chrysorrhoas, Lacus Niliacus et Nilokéras, ces deux derniers près du bord de la planète. Les rivages des continents sont clairs. Le golfe de l'Aurore est assez foncé; la région de Pyrrha, faible. En haut, on voit blanchir Argyre et Ogygis Regio. Les neiges polaires sont très petites et sans bordure foncée; tangentes au bord.

2 et 6 octobre. — Diamètre = 21″,4. Définition excellente, par moments tout à fait idéale. La région de Deucalion est orangée comme les continents; son bord boréal est plus clair que l'austral. On voit bien Hellas, blanche, près du bord; Noachis et Argyre sont blanchâtres; Iaonis Regio est rouge sombre quand elle passe par le méridien central; près du bord, elle est plus claire. La baie du Méridien est relativement peu foncée; par moments, j'ai pu la voir fourchue et se prolongeant vaguement par l'Hiddekel et le Gehon, ce dernier dans une très petite extension. L'embouchure de l'Euphrate est très foncée; on voit bien ce canal jusqu'au Typhonius, mais, plus en bas, il est très faible et estompé. La baie du Typhonius est bien visible, de même que ce canal et l'Oronte; mais dans sa partie plus interne ils sont faibles, larges et estompés (cette sorte de renflement est peut-être un effet du lac Sirbonis?).

L'embouchure de l'Oronte, dans le fond de la baie du Méridien, est très nette, foncée et étroite. L'Indus n'est pas très foncé, mais il est facilement visible.

7 et 9 octobre. — Diamètre = 21″,6 en moyenne. Très bonnes images (*voir* le dessin du 7 octobre). La Grande Syrte plus foncée vers sa pointe; l'Ausonia est estompée et peu claire. L'Hellas, orangée; sa partie boréale est plus claire; sa forme est, en quelque sorte, polygonale. Iaonis Regio, rougeâtre foncée; Deucalionis Regio, aussi rougeâtre, même près du bord oriental. La Petite Syrte est assez foncée; dans une certaine extension on voit le Léthé estompé. Le lac Mœris et le Népenthès sont très difficiles à distinguer. La Libye est sombre. On voit bien le Typhonius et la partie supérieure de l'Euphrate. La baie du Typhonius est très prononcée; les rivages de l'Aéria sont clairs. En haut, on voit la Chersonèse, blanche, toucher avec sa pointe, près du bord, la côte australe

de l'Hellas; à droite apparaît faiblement une tache blanchâtre (Novissima Thyle?). Les neiges polaires sont segmentées par le bord de la planète. Ces neiges polaires, qui, avec toute évidence, sont excentriques au pôle, se trouvent, il me semble, vers 40° de longitude aréographique.

J'appellerai l'attention ici sur des variations qui certainement s'accomplissent dans le bord oriental (droit) de la Grande Syrte et qui, je crois, n'ont pas été

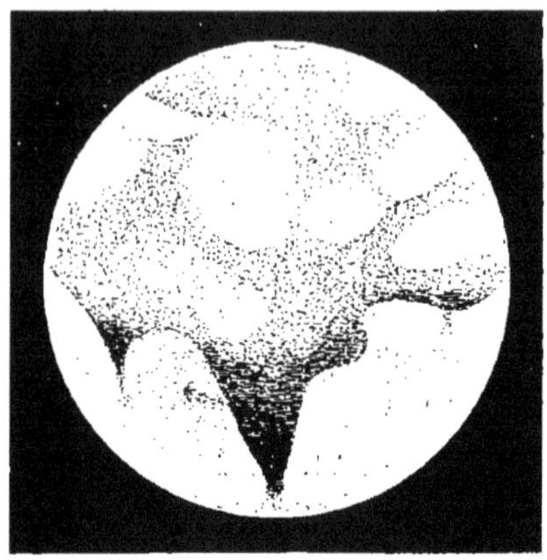

Fig. 180. — Dessin de M. J. Comás, à Barcelone. 7 octobre à 0^h15^m.

signalées. J'ai pu constater avec toute sûreté que, actuellement, les côtes occidentales de l'Aéria offrent la forme représentée dans mon dessin du 7 octobre, c'est-à-dire qu'elles offrent deux fortes proéminences (une d'elles est la Corne d'Ammon) laissant entre elles un golfe profond (baie du Typhonius). Cette forme, on la trouve bien représentée dans les dessins de Secchi faits en 1858 et 1862, et aussi dans ceux de Dawes faits en 1864. Green, dans ses beaux dessins de 1877, montre une forme à peu près semblable, et j'ajouterai que, dans un dessin fait par moi le 23 mai 1890, je trouve dans ces côtes de l'Aéria le même aspect que j'ai observé récemment. Mais, chose étonnante, dans la majorité des dessins on voit ces côtes tracées en ligne droite, ou tout au plus formant une légère inflexion. On ne peut admettre qu'un grand nombre d'observateurs, M. Schiaparelli inclusivement, aient mal vu pendant d'innombrables fois une des lignes les plus faciles et les plus importantes de la planète. Je crois donc que les côtes occidentales de l'Aéria ont subi d'*importants changements*.

11 octobre. — Diamètre = 21",7. De 9^h15^m à 11^h15^m. Bonne définition. Aussitôt que j'ai appliqué l'œil à la lunette, j'ai vu avec surprise une tache très foncée, presque noire, dans une latitude élevée. C'était le golfe de Prométhée, à l'embouchure australe du Xanthus. Jamais je n'avais vu une tache aussi foncée sur le disque de Mars. Elle se termine en pointe effilée dans le canal, en dessinant

nettement les côtes de l'Ausonia et de l'Eridania. On voyait facilement le Xanthus; à droite de ce canal était visible une grande masse claire, divisée en trois parties : la région australe de l'Ausonia; l'Hellas, parfaitement séparée de l'Ausonia par l'Euripe, et, à la partie supérieure, une île allongée. L'Hellas et l'Ausonia étaient orangées; l'île, blanchâtre. Cette île n'est pas représentée dans les cartes de Mars. C'est peut-être une masse de nuages ([1])?

Le disque était, en général, très pauvre de détails. L'Hespérie était, néanmoins, bien visible; la mer Cimmérienne, très faible. Neiges polaires très peu brillantes; toujours sans bordure foncée.

Le lendemain, j'ai pu profiter des éclaircies pour observer le golfe de Prométhée. L'image était meilleure que le 11. On voyait les côtes australes de l'Eridania bordées par une étroite bande assez foncée, mais le golfe de Prométhée était retourné à son état normal ou à peu près. L'île signalée hier au sud de l'Hellade est remplacée aujourd'hui par une masse plus grande, moins claire et diffuse.

13 octobre. — De $9^h 15^m$ à $11^h, 30^m$. Diamètre = 21",7. Image absolument parfaite. Le golfe de Prométhée est de nouveau très foncé, mais seulement à la

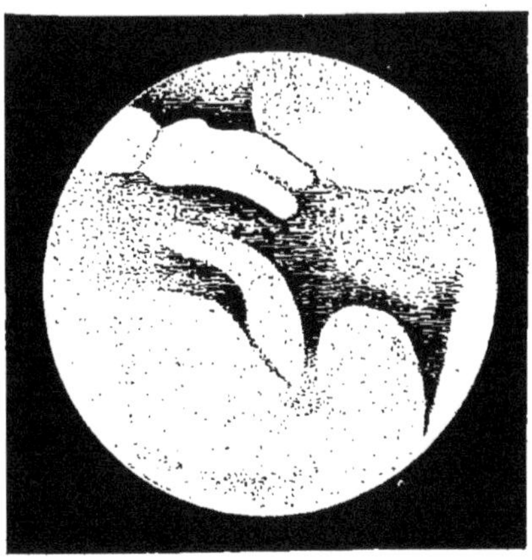

Fig. 181. — Dessin de M. J. Comás, à Barcelone. 13 octobre à $9^h 35^m$.

pointe. Grands changements dans ces régions méridionales. L'examen du dessin d'aujourd'hui m'évitera de longues descriptions. Ces taches blanches d'aspect bizarre qu'on voit dans l'hémisphère austral sont sûrement des masses nuageuses qui couvrent une partie de l'Ausonia, l'Electris et l'Eridania. Les bords de ces taches sont très foncés, surtout les austraux. A gauche on voit le Scamandre; le Xanthus est invisible. Je n'ai pu apercevoir la moindre tache polaire pendant mon observation.

([1]) Nous avons fait la même observation à Juvisy, le 10 octobre et les soirées suivantes. *Voir* plus haut, p. 205.

Près du pôle étaient visibles seulement quelques petites taches blanchâtres, probablement les îles de Thulé ou bien de légers nuages. La mer Chronium est assez foncée, de même que la mer Tyrrhénienne; la mer Cimmérienne est plus pâle, mais plus foncée qu'hier. A droite, la Grande Syrte; on distingue le lac Mœris et le Népenthès. Vers 11^h étaient visibles Œnotria et Japygia. La Libye est foncée et aussi l'Hespérie quand elles passent vers le méridien central; mais, près du bord, elles sont plus brillantes, surtout l'Hespérie.

La partie supérieure du Léthé est très visible; elle est large et estompée. A l'intersection du Léthé et du Triton il y a une tache foncée et diffuse.

En bas on voit des ombres vagues, la plus forte produite sûrement par l'Hephæstus.

On voit qu'entre des mains habiles et expérimentées, pour un observateur méthodique et attentif, un instrument de 108^{mm} peut donner d'excellents résultats. Les nuages des 11, 12 et 13 octobre sont confirmés par nos observations et par celles de M. Stanley Williams; le lac du Phénix, si petit (¹), a été remarqué également à l'Observatoire de la Société Astronomique de France par MM. Quénisset et Jarson (*voir* plus loin); le lac Mœris et le Népenthès ont été vus le 13 octobre. Les variations de la transparence atmosphérique terrestre n'expliquent rien du tout. Il est vraiment singulier que l'on aperçoive, en de petits instruments, des détails qui passent parfois inaperçus dans les grands.

Les contrastes de tons sont certainement très variables dans la géographie martienne.

Les yeux sont diversement affectés. Comparons le dessin du 7 octobre avec les *fig.* 178 et 179 prises le même jour : sur la rive droite de la mer du Sablier, M. Stanley Williams n'a vu aucune boursouflure; M. Brenner en a dessiné une légère, et M. Comas une très *forte*. Sont-ce vraiment là des variations?

CC. — Observations de Mars, faites en mai et juin 1894, au grand télescope de Melbourne (²).

Ce colossal instrument (1^m,20 de diamètre), armé d'un grossissement de 280, n'a vraiment rien donné de remarquable.

M. Ellery, directeur de l'Observatoire de Melbourne, a publié cinq des-

(¹) Le petit lac du Phénix se montre également très noir sur deux dessins des 15 et 17 août 1892 de M. Campbell, à l'Observatoire Lick (*Publications of the Astr. Society of Pacific,* 1894, p. 169). *Voir* aussi plus haut, p. 48 et 73.

(²) *The Astronomical Journal*, 1895, p. 47.

sins, faits par M. Pietro Baracchi. Ils sont tous très vagues. Nous reproduisons les deux sur lesquels on distingue quelque chose, ceux du 29 mai, à 5h50m du matin (heure de Melbourne), et du 30 mai, à 6h15m. La phase est très prononcée. La planète était alors très éloignée et très petite. Ce sont, du reste, les premières observations que l'on ait faites cette année-là.

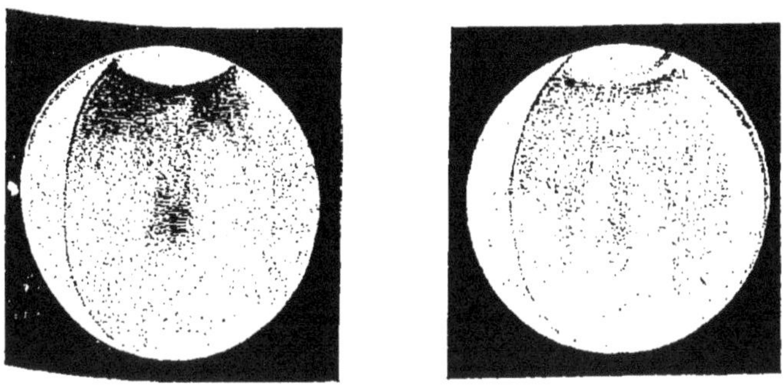

29 mai, à 5h50m matin. Long. = 87°. — 30 mai, à 6h15m matin. Long. = 83°.

Fig. 182-183. — Vues de Mars prises au grand télescope de l'Observatoire de Melbourne par M. Baracchi.

La calotte polaire australe est très étendue. Sur le second dessin, elle semble avoir une double bordure.

Ces observations ne sont pas faites pour prouver la supériorité des grands instruments.

Toutefois, elles montrent deux aspects importants : 1° la neige polaire est toujours bordée d'une zone foncée ; 2° le terminateur, du côté de la phase, est moins lumineux que le bord opposé.

CCI. — A.-E. Douglass. — Nuages sur Mars (¹).

Nous avons déjà signalé plus d'une fois dans cet Ouvrage les observations faites sur des projections brillantes apparues au bord du terminateur de la planète. M. Douglass est revenu sur ce sujet à propos d'observations nouvelles.

Les 25 et 26 novembre 1894, on a observé une tache brillante sur la partie non illuminée du globe de Mars, qui ne paraît pas avoir d'autre explication que la

(¹) *A cloud-like spot on the terminator of Mars* (*The astrophysical Journal*, 1895, t. 1, p. 127).

présence d'un grand nuage. Sa haute élévation et les singulières fluctuations qui se sont présentées le second soir lui donnent une certaine importance pour la connaissance de la météorologie martienne.

Il était 16h35m, en temps de Greenwich, lorsque M. Douglass l'aperçut, et il brilla jusqu'à 17h6m après s'être étendu dans une direction parallèle au terminateur. Il offrait l'aspect d'une bande de 225 kilomètres de longueur sur 64 kilomètres de largeur vers le milieu, et était séparé du terminateur par un intervalle d'environ 160 kilomètres. Sa coloration était jaunâtre, comme celle du limbe, mais il était moins éclatant que le centre du disque, quoique plus brillant que le terminateur adjacent, à peu près de l'intensité des aires lumineuses situées à 9° du terminateur.

A 16h54m, M. Pickering l'observa de son côté.

Il disparut à 17h6m et ne reparut plus.

Ce n'était pas un sommet de montagne, car une montagne située au delà du cercle du lever du Soleil doit ou décroître constamment en hauteur ou se réunir assez vite à la région illuminée.

Ce phénomène s'est présenté au-dessus de la contrée australe de l'île Regio Protei de Schiaparelli, que M. Douglass croit placée 5° trop au sud.

Le lendemain 26 novembre, le nuage reparut à 17h15m, à 9° plus au nord. Au lieu de rester constamment visible, il disparut et reparut à des intervalles irréguliers. On l'observa d'abord pendant 16 minutes. Il devint invisible pendant 4 minutes, reparut un instant, disparut pendant 6 minutes et fut encore revu pendant 2 minutes. On nota ensuite 3 minutes d'invisibilité, 2 minutes de visibilité, 3 minutes d'obscur, 1 minute de présence, et une disparition finale 8 minutes plus tard, à 18h1m. On crut encore le revoir à 18h11m.

Etait-ce bien un nuage?

Le 27 novembre, on le rechercha sans pouvoir en découvrir aucune trace.

Les mesures micrométriques indiquent 32 kilomètres pour la hauteur de cet objet au-dessus du sol, si c'était un nuage éclairé par le soleil.

S'il s'agit là d'un nuage visible ces deux jours de suite, il se serait mû vers le nord au taux de 21 kilomètres à l'heure.

Observatoire Lowell, 10 décembre 1894.

CCII. — B.-E. Cammell. — Rapport de la Section aréographique de la British Astronomical Association.

Ce Mémoire contient le résultat des observations faites par MM. E. Antoniadi, J. Baikie, G.-L. Brown, B.-E. Cammell, A. Cottam, G.-T. Davis, H. Ellis, A. Henderson, P.-M. Kempthorne, E.-W. Maunder, J.-W. Meares, Arthur Mee, Capitaine Noble, Dr Patterson, C. Roberts, B. Saul, Dr Smart, W.-C. Stewart, C.-A. Taylor, W.-R. Waugh, Stanley Williams et J.-T. Wood.

La comparaison des divers dessins obtenus par ces observateurs fait ressortir la grande exactitude des cartes de M. Schiaparelli. Il y a eu, cependant, plusieurs changements remarquables. Ainsi, la Petite Syrte s'est montrée d'une évidence extraordinaire, grâce surtout à l'intensité du canal Amenthès. D'après M. Stanley Williams, ce canal était double, à gémination dite anomale, les deux traits ne s'étant pas montrés parallèles, mais bien convergents dans la direction du Nord. Toutefois, le dessin qu'en a donné M. Williams (*fig.* 184) nous paraît

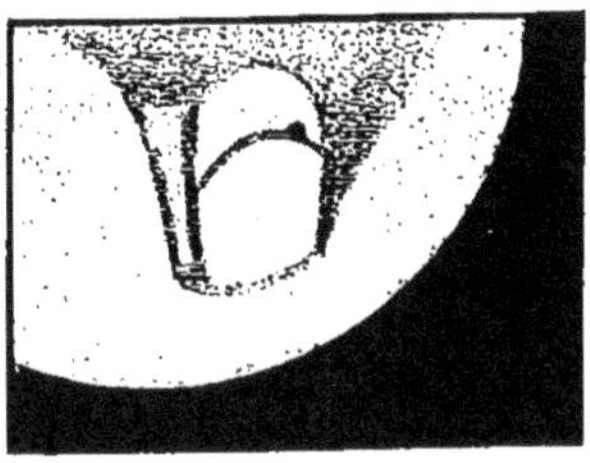

Fig. 184. — Gémination irrégulière du canal Amenthès en octobre 1894, d'après M. Stanley Williams.

fortement exagérer l'intensité de l'Amenthès, qui, certes, quoique considérable (nous avons observé en ce moment-là cette région de la planète avec M. Trouvelot dans des conditions très avantageuses), était loin de dépasser en noirceur la Grande Syrte elle-même.

A la présentation suivante de la Petite Syrte, en novembre, l'Amenthès était retombé dans sa pâleur habituelle, tout en conservant encore des traces de

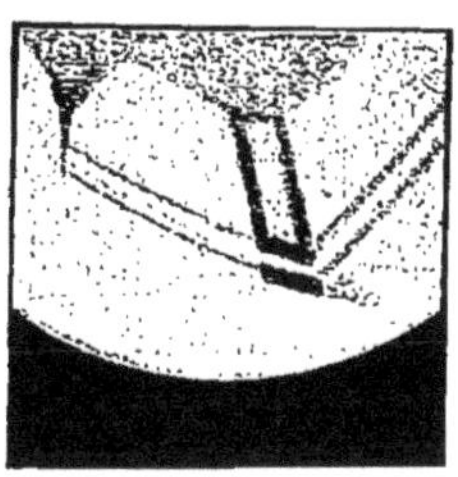

Fig. 185. — Gémination du lac de la Lune le 5 novembre 1894. Dessin de M. Stanley Williams.

dédoublement. « En considérant la cause probable de changements aussi extraordinaires, écrit M. Williams, il est important de considérer qu'en octobre, au moment des modifications, toute la région à l'est de la Petite Syrte était évidemment plus ou moins obscurcie par des nuages. Et, ainsi que l'a fait remarquer M. Maunder, la présence de nuages peut facilement amener des changements *apparents*, par la seule modification des contrastes, tandis qu'en novembre, au moment de la disparition des nuages de cette partie de la planète, la région avoisinant la Petite Syrte avait aussi repris en grande mesure son aspect habituel. »

M. Williams décrit ensuite le dédoublement du Gange, de l'Hydraotes et du Chrysorrhoas. On sait que ces trois canaux aboutissent au lac de la Lune; or, eu égard à cette triple gémination, il était intéressant de constater quel serait l'aspect de ce dernier. Bien que le Gange fût de beaucoup le plus intense de ces trois lignes, le lac de la Lune était double suivant la direction de l'Hydraotes-Nilus, ainsi qu'on le voit sur la figure 185.

Les canaux Agathodæmon, Araxe, Cyclops et Cerbère, Eumenides-Orcus, Eunostos, Gehon et Titan ont été aussi vus doublés par M. Stanley Williams pendant cette opposition.

M. Henderson a cru constater des changements rapides dans l'aspect du lac du Soleil, changements dont la réalité, cependant, est loin d'être établie. Une modification plus sûre a été signalée par M. Antoniadi dans le golfe Aonius (*voir* p. 208), terre en forme d'éventail. De même, la Péninsule, autrefois si belle, l'Aurea Chersonesus avait presque disparu dans les sombres plages du golfe de l'Aurore.

Un grand nombre d'observateurs attirent l'attention sur la pâleur de la mer Cimmérienne en octobre 1894. Nous avons déjà fait allusion à ce phénomène.

Enfin, les membres de la Commission ont observé, en 1894, les 51 canaux suivants : Æthiops, Agathodæmon, Alphée, Ambrosia, Amenthès, Anubis, Araxe, Astaboras, Astapus, Astusapes, Cerbère, Chrysorrhoas, Cyclops, Dardanus, Deuteronilus, Eosphoros, Eumenides, Eunostos, Euphrate, Euripe, Fortunæ, Gange, Gehon, Gigas, Herculis-Columnæ, Hiddekel, Hydaspes, Hydraotes, Indus, Iris, Jamuna, Lethes, Læstrygon, Nectar, Nepenthes, Orcus, Oronte, Oxus, Penée, Phase, Phison, Phlegethon, Pyriphlegethon, Sirenius, Tartare, Thoth, Titan, Triton, Typhon, Uranius et Xanthus.

M. Waugh a remarqué que l'embouchure du Typhonius sur la Grande Syrte était très marquée, et le même fait est signalé par M. Wood.

Le phénomène des terres qui blanchissent avec l'obliquité des rayons solaires a été vu admirablement par plusieurs membres de la Commission. Les terres de Noachis, Argyre I et Hellas ont été particulièrement remarquables à cet égard.

M. Waugh a observé plusieurs taches blanches sur la surface de Mars : 1° vers l'extrémité suivante d'Argyre; 2° vers les confins septentrionaux de Chryse; 3° deux taches brillantes observées vers 65° et 50° de latitude sud dans la soirée du 1er janvier 1895; et 4° une tache blanche située vers l'extrémité suivante de Thyle I. D'autre part, M. Henderson a cru revoir la Neige atlantique de M. Schiaparelli (*voir* Vol. I, p. 306, 329, 332 et 441), le 4 septembre 1894. Le même observateur a constaté que parfois des taches blanchâtres voilent les détails de la surface de la planète.

La calotte polaire australe a fondu régulièrement depuis le commencement des observations jusqu'en novembre. Elle n'a plus été visible, à partir d'octobre, que dans des circonstances exceptionnelles.

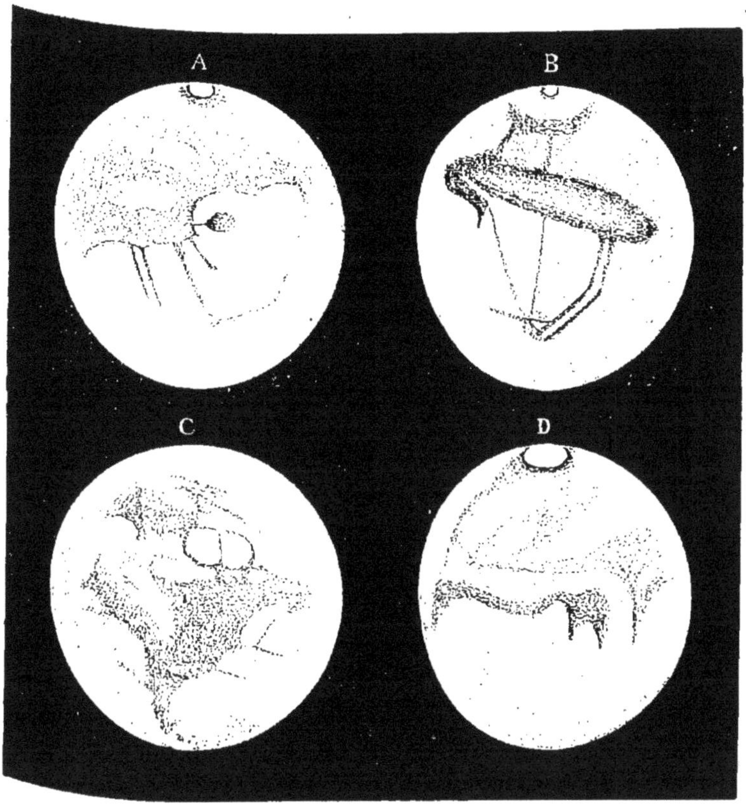

A. 27 septembre, Long. = 76° (B.-E. Cammell).
B. 19 septembre. Long. = 194° (Stanley Williams).
C. 9 octobre... Long. = 305° (G.-L. Brown).
D. 30 août...... Long. = 248° (E.-W. Maunder).

Fig. 186-189. — Dessins de Mars en 1894 par les Membres de la *British Astronomical Association.*

Comme pour 1892, nous choisissons ici quatre des principaux dessins de la section aréographique obtenus par divers observateurs.

CCIII. — Observations diverses.

Un certain nombre d'autres observations ont été faites en 1894. A l'Observatoire de la Société astronomique de France, MM. Jarson et Quénisset ont pu prendre plusieurs dessins fort intéressants à l'aide de la lunette de 0^m17

d'ouverture. Sur les dessins de M. Jarson on reconnaît le Tartare, le Titan, le lac Mœris. Hellas très blanche (28 juillet).

M. Quénisset a pu reconnaître, en outre, Agathodæmon, Phasis, Sirenius, Euménides, Pyriphlégéton, les colonnes d'Hercule, Gigas et Arax. Le 20 septembre, par une excellente définition, le lac du Soleil et le lac du Phénix étaient remarquablement noirs.

M. Rudaux, à Donville (Manche), a pris un certain nombre de dessins qui s'accordent avec les précédents.

Nous avons déjà appelé plus haut l'attention sur la visibilité remarquable du petit lac du Phénix dans les observations de M. Comas faites avec une simple lunette de 108. M. Lowell rapporte, d'autre part (*Astrophysical Journal*, 1895, p. 399), que ce lac était beaucoup plus foncé à la fin d'août, à l'époque du solstice d'été austral, qu'au mois de novembre.

A Teramo (Italie), M. Cerulli a remarqué le 30 août une région extrêmement blanche au bord boréal, correspondant à la partie la plus septentrionale

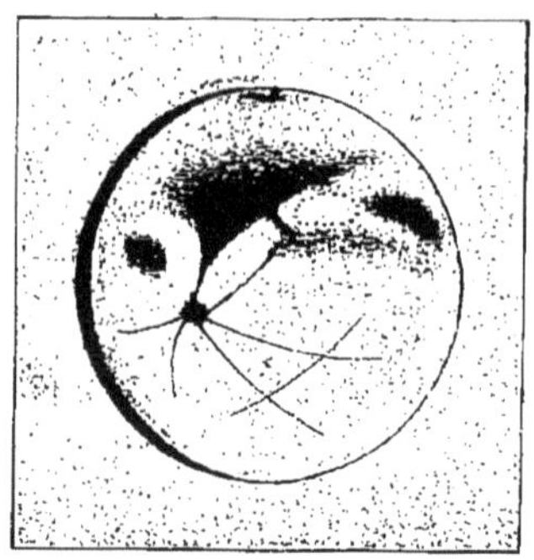

Fig. 190. — Mars le 20 septembre 1894, à 11h20m soir (Dessin de M. Quénisset).

de la mer Acidalienne, alors invisible. Cette blancheur a été vue trois jours de suite, puis a disparu. L'observateur l'attribue à des neiges qui se seraient formées en hiver jusqu'au 50e degré de latitude nord, entre 30 et 40 degrés de longitude.

A l'Observatoire de Poulkowo, M. A. Iwanow a profité de l'opposition de 1894 pour prendre de nouvelles mesures du diamètre de la planète. Il a trouvé pour ce diamètre, réduit à l'unité de distance, la valeur 10″0 (¹).

On a vu plus haut (CXCII) les observations de M. Barnard, au grand équatorial de l'Observatoire Lick, sur les neiges polaires. Ajoutons ici que, dans une Note postérieure (²), il a donné son impression sur les *mers martiennes*,

(¹) *Beobachtungen des Mars* (*Astr. Nachr.*, 3284, 29 avril 1895).

(²) *Monthly Notices of the royal Astronomical Society*, janvier 1896, p. 166.

vues dans ce colossal instrument. Elles ressemblent pour lui à des paysages vus de très haut, par exemple à la vue dont on jouit du haut du mont Hamilton. Au lieu d'être des surfaces unies, ces « mers » paraissent sillonnées d'innombrables détails impossibles à rendre par le dessin, tons divers provenant des forêts, des vallées, des rochers, des ravins, des prairies. « These views, dit-il, were extremely suggestive and impressive. »

Le plus curieux est que l'éminent observateur déclare n'avoir pu reconnaître un seul canal. « No straight hard sharp lines were seen on the continents, such as have been shown in the average drawings of recent years. »

CCIV. — E.-W. Maunder. — Les canaux de Mars [1].

L'auteur commence par rappeler qu'il y a dix-sept ans nos connaissances aréographiques semblaient être dans un état des plus satisfaisants, car, avec ses glaces polaires, ses mers et ses nuages, Mars nous offrait l'aspect d'une miniature de la Terre. Cependant, cette quiétude a été complètement dérangée par la découverte des canaux, faite par M. Schiaparelli en 1877. Les résultats de l'astronome italien ont d'abord été révoqués en doute; mais, depuis cette époque, ils ont reçu des confirmations si solides qu'on ne saurait aujourd'hui nier le fait que Mars offre bien l'aspect sous lequel il a été représenté par l'observateur de Milan.

Néanmoins, l'évidence positive n'a pas démoli l'évidence négative, de sorte qu'elles se maintiennent toujours toutes deux. On pourrait donc dresser contre la réalité objective des canaux le réquisitoire suivant :

1° Leur extrême étroitesse, qui approche les limites de la visibilité théorique, même lorsque Mars est à sa distance minimum de la Terre. Ainsi, certains canaux ne mesurent pas plus de 0",04 ou 0",05 de largeur;

2° La distance ne semble pas nuire à la visibilité des lignes. En 1877, l'Indus a été vu *le mieux* lorsque la planète ne sous-tendait plus que 5",7 de diamètre;

3° L'immense différence entre les descriptions des divers observateurs. Lorsque, en 1890, M. Schiaparelli voyait des canaux de 0",05, MM. Holden et Keeler apercevaient ces lignes comme si elles étaient larges et diffuses. Il ne saurait donc exister de comparaison entre ces deux représentations de formes qui devraient être les mêmes;

4° La grandeur et la soudaineté des changements remarqués dans le systène de canaux et leurs géminations;

5° Dans le voisinage du bord du disque, on a une tendance à représenter les canaux trop droits;

[1] *Knowledge*, novembre 1894; Résumé.

6° Enfin, on pourrait ajouter que, lorsque les canaux étaient très visibles pour certains observateurs, la planète n'offrait rien de particulier à d'autres astronomes.

Ces divergences sont imputables, en partie, aux différences de calme et de transparence atmosphérique, à la puissance des instruments et à la vue des observateurs. En 1892, par exemple, la mer Erythrée paraissait dépourvue de détails avec de faibles instruments, et parsemée de tons et demi-tons, lorsque les conditions optiques étaient bonnes.

« Ainsi, dans l'Ouvrage sur Mars de Flammarion, on trouve une série de représentations du détroit Herschel II. En premier lieu, par ordre de date, viennent les dessins de Beer et Mædler de 1830, où nous voyons le détroit (*fig.* 1), non pas comme un détroit, mais comme un chenal en forme de serpent et se terminant par une tache ronde sombre. En 1862, Lockyer (*la Planète Mars*, p. 155) dessine la tache terminus comme un rectangle. Pendant cette même année, Kaiser donne au bord septentrional de cette tache rectangulaire un aspect estompé, comme s'il soupçonnait la présence des deux « estuaires » (*ibid.*, p. 174). En 1864 (premier dessin de la *fig.* 2), Dawes résout cette tache en la baie aujourd'hui bien connue sous le nom de *Fourchue* ou *Baie du Méridien*. En 1879, Schiaparelli (Flammarion, *Mars*, p. 336) retrouve les canaux dirigés vers les deux bras de la baie Fourchue. »

Ce sont bien là des différences dues à l'amélioration de la vision. Ces intéressantes comparaisons ont amené M. Maunder à expérimenter sur la visibilité de lignes très fines et de petites taches circulaires. Il a ainsi trouvé, pour sa vue, que la limite de vision d'une tache ronde était de 30" à 36" d'arc. Une tache de 20" était invisible; une de 40", distincte. Mais, ce qui est très intéressant, c'est que la limite pour une ligne droite était aussi basse que 7" ou 8", 12" étant facile. De plus, une paire de lignes, dont chacune n'avait que 4", et dont la distance séparatrice n'était que de 20", était visible comme une faible ligne simple; deux lignes, même de 3", se rencontrant sous un angle très aigu, étaient visibles après que leur séparation eut été diminuée au-dessous de 25". Dans chaque cas, l'objet était incontestablement *distingué* et paraissait comme une ligne ou un point; il n'était, certes, pas *défini*, de façon à montrer réellement sa véritable forme.

D'autre part, un chapelet, composé de points de 20" chacun, disposés irrégulièrement le long d'une droite, la distance moyenne entre deux points étant trois fois supérieure au diamètre de l'un d'eux, le chapelet, disons-nous, a été facilement vu comme une ligne droite continue, tandis qu'un double chapelet de points plus petits, chacun de 4" de diamètre, et les chapelets étant distants de 40", a été aperçu comme une faible ligne continue.

Ces expériences paraissent à M. Maunder avoir une application directe aux changements observés sur Mars.

« Si ce que nous voyons, dit-il, n'est pas la structure réelle détaillée de la surface de la planète; si, surtout dans la région des demi-tons, nous avons un mélange de petites surfaces sombres et claires (eaux et terres, forêts et rochers arides, prairies ou déserts de sable), il est facile de voir comment d'immenses changements peuvent se produire dans un intervalle de temps très court. Ce que nous voyons est une tache grisâtre, en contraste avec des taches sombres un peu plus foncées qu'elle-même, et avec des taches claires un peu plus claires. Ce qu'il faut à l'observateur n'est donc pas tellement l'acuité de vue pour percevoir des détails délicats que la faculté d'apprécier de faibles différences de tons. Et la formation ou la dissipation de légers cirrus au-dessus d'un demi-ton de ce genre le rendrait semblable aux « continents » ou aux « mers », suivant le cas. »

M. Maunder pense avec raison que ses expériences jettent une nouvelle lumière sur le système des canaux. « Ainsi *l'on verra* une ligne sombre étroite lorsque sa largeur est bien inférieure au diamètre de la plus petite tache visible. De plus, une série de points détachés donnera l'impression d'une ligne continue, si les points sont trop petits ou trop rapprochés pour être vus séparément. Il y a quelques indications nous montrant que la question des canaux pourrait bien entrer dans cette phase, depuis que M. Gale, à Paddington (Nouvelle-Galles du Sud), a résolu un canal en une chaîne de lacs pendant une nuit de bonne définition, Mars étant voisin du zénith, et que M. W.-H. Pickering (à Aréquipa) a, dans des conditions également favorables, découvert un grand nombre de petits « lacs » dans la structure générale du réseau canaliforme. »

« La disparition, la réapparition et la gémination des « canaux » s'expliqueraient ainsi sans effort. Si ma théorie est exacte, « canaux » et géminations sont toujours là, mais étant si près de la limite de la vision, une circonstance insignifiante nous les fera voir ou les fera disparaître. Si nous admettons que les « canaux » sont des cours d'eau, alors un accroissement de largeur non supérieur à celui de nos propres fleuves, un accroissement de turbidité ou une plus grande transparence atmosphérique au-dessus d'un « canal » montrera nettement une ligne ordinairement invisible. »

M. Maunder termine son article en insistant sur ce fait que ce que nous voyons des planètes ne peut pas être considéré comme représentant la structure détaillée de la réalité.

CCV. — Holt. — Les canaux de Mars.

La Note suivante, que nous avons reçue pendant l'opposition de 1894, mérite considération.

Une opinion très répandue sur les canaux de Mars est que ce sont des crevasses à la surface de la planète, produites dans la croûte à l'époque où Mars passait de l'état liquide à l'état solide; ils seraient par conséquent plus anciens que les mers. D'un autre côté, quelques astronomes les considèrent comme artificiels, les habitants ayant pu rectifier les rivières et creuser d'autres canaux, probablement dans un but d'irrigation. Les autres hypothèses émises sont encore que ce pourraient être des sillons tracés : 1° par des aérolithes, ou 2° par des marées. Discutons ces hypothèses.

Si les canaux étaient des failles préexistantes aux mers actuelles, nous devrions nous attendre à ce que quelques-uns des plus longs se continuent jusque dans les mers : ils seraient en général invisibles en traversant les mers, mais devraient reparaître sur des îles ou des surfaces continentales. Sur ces dernières, ils devraient se montrer comme faisant suite aux failles originales. Il devrait même être possible, en des circonstances très favorables, de suivre les canaux sur le fond des mers les moins profondes. D'autre part, s'ils résultaient de la rectification des fleuves, tout prolongement de ce genre devrait être simplement accidentel.

Par suite, si l'on observe de pareils prolongements en trop grand nombre pour qu'on puisse les attribuer à une coïncidence fortuite, ce fait constituera une évidence en faveur de l'hypothèse des crevasses géologiques.

Or, en examinant avec attention la Carte de Schiaparelli publiée à la page 440 de *la Planète Mars*, je suis arrivé à la conclusion que de pareils prolongements existent réellement. Les cas suivants semblent frappants :

1° Euménides-Nectar, 2° Pyriphlégéton-Ambrosia, 3° Triton-Ascanius, 4° Gigas-Scamandre, 5° Galaxias-Xanthus, et 6° Astaboras-Népenthès.

Les prolongements suivants, bien que douteux, semblent cependant probables : 1° Anubis-Alphée, 2° Cerbère-Penée, et 3° Tartare-Colonnes d'Hercule.

Ces failles ont pu être produites par des affaissements de la croûte et avoir, par suite, une grande influence sur la délimitation des terres et des eaux. Ainsi la mer Cimmérienne semble avoir eu quelque communication avec le Triton; la mer Tyrrhénienne avec le Typhon; la mer des Sirènes probablement avec le Tartare; et le détroit Herschel II, et encore la mer Adriatique avec l'Hydraotes. M. Pickering a suivi quelques-uns des canaux à travers les mers. Ceci n'en est qu'une confirmation de plus.

Tous ces arguments sont en faveur de la théorie des crevasses.

La théorie des marées exigerait que l'eau eût pu se faire jour d'un océan à l'autre à travers la terre ferme. Si les canaux étaient des lignes droites parallèles, ne se rencontrant pas, cette opinion pourrait être admissible; mais il est difficile de voir comment des lignes droites qui se croisent dans tous les sens pourraient se former ainsi. Il en est de même de l'hypothèse des aérolithes. On peut dire que l'atmosphère raréfiée de Mars ne serait pas un obstacle à cette rencontre; mais, d'autre part, la pesanteur est très faible. Même dans le cas où la densité de l'air à la surface ne serait que le dixième de la nôtre, l'atmosphère constituerait encore une barrière puissante contre l'action des météorites.

En admettant que les canaux soient des failles dans la croûte, nous pouvons nous demander quel a été leur mode de formation. L'idée qui se présente à l'esprit au premier abord est qu'ils ont été produits par la contraction de la croûte pendant le refroidissement; mais il n'est pas certain que de pareilles failles aient pu se former ainsi. A la suite de conversations avec M. Flammarion, M. Daubrée, l'éminent géologue, a essayé de produire un aspect analogue en recouvrant un globe en caoutchouc creux d'une couche de paraffine et en soumettant ce globe à une forte pression. Rien de semblable aux canaux n'en est résulté, quoique d'ailleurs nos montagnes terrestres y aient été bien imitées; mais, au contraire, en comprimant de l'eau dans l'intérieur de ce petit globe de caoutchouc, il s'est formé des failles comparables à celles de Mars. M. Lebour a mis en évidence l'analogie qui existe entre les canaux et les fissures du verre éclaté par la torsion. Une autre considération se présente ici : lorsqu'un corps en état de fusion commence à se solidifier, la croûte se contracte d'abord plus rapidement que le noyau encore en fusion; par conséquent, la croûte se resserre sur le noyau en le comprimant, de sorte que la matière en fusion est poussée vers la surface à travers les fissures. C'est ce qui s'est produit selon toute vraisemblance sur la Lune. La grande différence d'aspect entre les failles de la Lune et celles de Mars nous montre qu'il y a une différence fondamentale dans les causes qui les ont produites. Ces diverses considérations m'ont conduit à l'hypothèse suivante :

Une masse en fusion, d'une matière mauvaise conductrice, se refroidissant librement, devra bientôt se recouvrir d'une croûte mince, tandis que la matière au-dessous de la surface restera en état de fusion. Cette formation d'une croûte mince est en général empêchée par les dégagements de gaz de la matière en fusion, qui brisent la croûte avant que celle-ci ait une épaisseur suffisante pour résister à la force expansive des gaz et vapeurs.

Je suppose maintenant que, dans le cas de Mars, il y ait eu, pour une raison ou pour une autre, un arrêt temporaire dans l'émission des gaz, assez long pour permettre la formation d'une mince croûte dont la résistance n'aura pu être rompue par le gaz lorsque l'émission eut repris son essor primitif, mais pas assez forte pour comprimer le gaz lorsque la contraction se continua. Celle-ci aurait donc été empêchée, combattue, par la force expansive du gaz emprisonné, et se serait ridée latéralement en formant de longues fissures. Il est même possible que, placées ainsi entre la force expansive dirigée vers l'extérieur et la pesanteur dirigée vers l'intérieur, certaines parties de la croûte aient été assujetties à une torsion, donnant ainsi lieu à quelques-uns des canaux; mais, en général, nous pensons que les canaux sont, à proprement parler, des fissures produites par une contraction latérale. Aussitôt que ces fissures ont été formées, le gaz emprisonné s'est échappé et la croûte rompue est tombée sur le noyau; mais, en même temps, ce dernier s'est refroidi dans une certaine mesure à la surface, de sorte qu'il ne s'est pas échappé facilement à travers les fissures. La seule cause, d'ailleurs, tendant à tirer le noyau vers la surface serait la pression produite par la pesanteur, résultant des fragments refroidis de la croûte qui serait un peu plus dense que la matière encore en fusion; il n'y aurait pas d'action de compression. Dans ces circonstances, la matière fondue ne se serait pas forcée à travers les fissures, ou seulement incomplètement, de manière à ne pas les remplir.

La différence fondamentale qui existe entre la Terre et Mars peut être résumée comme il suit : Sur Mars, il s'est formé de bonne heure une croûte légère qui s'est aussitôt rompue. Les gaz intérieurs s'échappèrent alors et les fissures devinrent des cheminées pour l'énergie volcanique intérieure, de sorte que la croûte est restée depuis presque à son état primordial. Sur la Terre, la croûte n'a pas été formée aussitôt; elle ne s'est pas rompue et a été en mesure de comprimer les gaz intérieurs.

Après la question de l'origine, se présente celle de l'état actuel. On admet assez souvent que les canaux soient des fleuves. Nous avons, en faveur de cette théorie : 1° leur couleur sombre, analogue à celle de l'eau; 2° le fait qu'on n'a pas observé d'autres fleuves; 3° la considération que l'eau trouverait certainement son chemin dans ces ravins, et 4° la manière dont ils se terminent en baies près des rivages. Nous avons à opposer à cette théorie : 1° la manière dont ces canaux courent d'un océan à l'autre; 2° leur largeur presque uniforme; 3° la considération que si tous les canaux étaient des fleuves, Mars serait bien plus richement doté de fleuves que la Terre.

Ici, nous pourrions être aidés, en examinant ce qui se passerait, si la Terre était parsemée de ravins d'une manière analogue.

Naturellement, les eaux de la surface devraient tôt ou tard trouver leur chemin dans ces ravins, et nous verrions ainsi se former des fleuves; il est évident aussi que les eaux ne seraient pas suffisantes en général pour les remplir complètement, de sorte que nous aurions des ravins avec des fleuves coulant au milieu. De même, bien qu'un ravin puisse s'étendre d'un océan à l'autre, il n'en serait pas de même du fleuve y contenu. En effet, un ravin peut contenir deux fleuves coulant dans des sens opposés, l'un se jetant dans l'un des océans, l'autre dans l'autre. Mais pour que ceci fût le cas avec les canaux, il serait nécessaire de supposer que la partie sèche de tout ravin, de part et d'autre du fleuve, ne se distingue pas de l'eau, ou à cause du terrain dont la couleur serait sombre, ou bien parce qu'il serait recouvert d'une sombre végétation.

Dans cette hypothèse que l'axe seulement de chaque canal contiendrait de l'eau, nous trouvons une explication possible d'une observation faite par Schiaparelli, le 26 décembre 1879. Ce grand observateur a remarqué une traînée large et blanche s'étendant du lac du Phénix dans une direction N.-N.-E., passant par le Fortuna et le Nil double, et paraissant rejoindre une extension des neiges polaires. Cette traînée blanche a été considérée par l'auteur comme de la neige (c'était probablement la trajectoire d'une grande tempête de neige), et il a examiné avec attention l'endroit où elle traversait le Nil; si ce dernier eût été de l'eau, la neige s'y serait fondue, ce qui eût amené l'interruption de la traînée en ce point; tandis que si le Nil représentait de la terre ferme, la traînée eût dû passer par-dessus sans altération. En effet, l'observation a montré que le Nil n'a pas été complètement interrompu, mais qu'il a été réduit à un simple fil traversant la traînée blanche. Eh bien! dans l'hypothèse que le milieu du Nil seulement contiendrait de l'eau, on ne pourrait s'attendre à un autre aspect. On peut penser que le Nil était alors gelé, sauf dans le milieu; et la saison de l'année (un peu avant l'équinoxe de printemps) ne contredirait pas cette explication.

Les bords d'un canal sont-ils revêtus de végétation, ou bien ont-ils simplement une couleur plus sombre que le reste de la surface? En premier lieu, s'il y a de la végétation sur Mars, on devrait naturellement s'attendre à ce qu'elle s'étendît surtout le long des rives des fleuves; les changements d'aspects des canaux semblent aussi avoir une cause analogue.

Pour ne citer qu'un seul exemple, prenons l'Ambrosie; le 26 septembre 1877, un jour avant le solstice d'été, on a vu ce canal large et grisâtre; au contraire, en novembre et décembre 1879, il se présenta comme une fine ligne noire. C'est là exactement ce qui devrait se produire si la ligne fine et noire représentait le fleuve Ambrosie lui-même, bordé par une végétation changeante. A l'époque de la première observation, au solstice d'été, les arbres étaient en pleines feuilles; tandis qu'à la seconde, qui a eu lieu un peu avant l'équinoxe d'automne, les feuilles avaient changé de couleur ou étaient tombées, de sorte que l'on ne voyait que le fleuve seulement. Cette idée paraît attribuer un degré d'analogie entre la végétation de Mars et celle de la Terre, peu probable au premier abord; mais en parcourant toutes les observations publiées dans *La Planète Mars*, je suis arrivé à la conclusion que, s'il existe de la végétation sur Mars, et si les changements de teintes observés sont attribuables à cette cause, cette végétation doit offrir une analogie très étroite avec celle de la Terre, principalement dans ses changements dus aux saisons.

On voit que nous considérons les canaux comme les caractères les plus anciens de la planète. J'ajouterai même qu'ils constituent la clef de tous les autres. Ils ont déterminé la distribution des eaux et des terres et fixé le cours des fleuves dès l'origine, de sorte que, dans la suite, il ne s'est produit que des variations insignifiantes, ce qui a laissé aux canaux toutes les traces d'action fluviale.

En outre, en agissant comme des cheminées pour l'énergie souterraine, il est probable que l'action volcanique a été insignifiante sur Mars et confinée seulement aux canaux. Les montagnes se seront formées presque exclusivement le long des côtes de ces derniers, et, bien que quelques-unes puissent être de nature volcanique, il nous paraît plus probable que la majorité résulte simplement de la poussée verticale des fragments de la croûte. Dans ce cas, leur forme serait absolument différente des montagnes terrestres : d'un côté il y aurait un talus presque à pic et de l'autre une pente légère.

Comme il ne s'est pas produit de soulèvements, ni de transformations causées par l'érosion fluviale, les seuls changements importants que la surface de Mars a subis dans la suite des siècles auront été ceux produits par la rétrocession graduelle de la mer. Il paraît probable que les continents les plus âgés sont en grande partie déserts et que la vie, si elle existe, est reléguée aux terres récemment mises à sec par le retrait des eaux (telles que Hesperia, Atlantis, Libye, Thaumasia, etc.) et les canaux. L'érosion fluviale dans ceux-ci devrait être énorme, si les fleuves ont coulé pendant des millions d'années dans les mêmes lits, pour ainsi dire (¹).

J.-R. Holt,
Astronome à Dublin.

CCVI. — Taylor. — Preuve optique de l'absence de mers sur Mars (Résumé).

On a lu dans le premier Volume l'exposé d'un calcul de l'astronome Phillips, d'Oxford, sur la possibilité pour les mers martiennes de réfléchir l'image du Soleil comme un point lumineux qui serait visible d'ici. D'après ce calcul, l'image du Soleil ainsi réfléchie mesurerait $\frac{1}{20}$ de seconde, et, dans un instrument grossissant 300 fois, atteindrait 15 secondes. Phillips pensait que si les taches grises étaient des mers, nous devrions de temps en temps apercevoir une image de ce genre.

Dans le même Volume, on trouve une discussion de la même question par M. Schiaparelli, qui conclut pour ladite image du Soleil réfléchie par les eaux martiennes un diamètre de $\frac{1}{24}$ de seconde, lequel ne diffère pas beaucoup du précédent. Cet éclat serait celui d'une brillante étoile de troisième grandeur. Elle serait moins éclatante, mais toujours assez lumineuse, dans le cas d'une mer agitée.

J'ai adopté, par un calcul complémentaire, la conclusion que cet éclat suffirait largement pour la visibilité dans une mer calme, dont la position varie selon l'opposition.

Un astronome du comté d'York, M. Taylor, est récemment revenu sur le même sujet à la Société astronomique de Londres et l'a soumis à un nouveau calcul.

« Je pense, écrit-il, que le calcul de M. Flammarion doit être un peu modifié à cause du double passage de la lumière dans l'atmosphère de Mars, et que l'éclat serait plutôt celui d'une étoile de quatrième grandeur.

(¹) Dans une autre Note, intitulée *The Cross of Hellas* « La Croix de l'Hellas », M. Holt nous laissait entendre que cette formation si régulière et si caractéristique *pourrait* bien avoir été tracée par les Martiens comme signal aux habitants de la Terre, d'autant plus que ses variations ne correspondent pas aux saisons. Les quatre points blancs vus en 1881 (Tome 1, p. 355) lui paraissent ajouter un argument en faveur de cette hypothèse.

» D'après M. Pickering, le pouvoir réfléchissant de la planète Mars n'est que le quart de celui de Saturne. Si l'on admet que celui de Saturne soit égal à celui de la neige fraîchement tombée, c'est-à-dire à 0,78, celui de Mars peut être évalué à 0,17. »

M. Taylor admet 0,21.

Une formule lui donne $\frac{1}{40}$ pour le rapport entre l'intensité de la réflexion solaire par une surface d'eau sur Mars et l'éclat total de tout le disque martien.

Cette image solaire mesurerait 10 kilomètres de diamètre, et devrait être parfaitement visible d'ici, même dans les canaux, s'ils étaient entièrement formés d'eau.

M. Taylor ajoute que depuis la mer Cimmérienne jusqu'au golfe de l'Aurore il y a une série de mers qui sont parfaitement placées pour réfléchir vers nous l'image du Soleil à midi. On n'a jamais rien aperçu de ce genre.

L'auteur conclut aussi que c'est là une preuve de la non-existence des mers martiennes. Il ajoute que l'ensemble des considérations est en faveur de plaines de végétation, dont le ton varie selon la quantité d'humidité qui y arrive après la fonte estivale des neiges polaires.

Il termine en adoptant l'opinion émise par M. Ledger que les canaux ne sont pas pleins d'eau, et que ces lignes indiquent des terrains cultivés par les habitants de Mars, principalement dans les districts qui avoisinent les grands centres de population (les oasis). En résumé, nous ne *verrions* en aucun point du globe de Mars l'eau qui pourtant le fertilise [1].

CCVII. — FLAMMARION. — LA CIRCULATION DE L'EAU DANS L'ATMOSPHÈRE DE MARS [2].

La circulation de l'eau à la surface de la Terre est l'agent principal de la vie terrestre. Tous les êtres sont essentiellement composés d'eau (le corps de l'homme lui-même en renferme encore 70 pour 100); tous ont besoin d'eau pour vivre. Nous n'avons pas le droit d'affirmer, pourtant, qu'il en soit de même sur tous les autres mondes de l'univers. L'étude de la nature nous apprend à être réservés dans nos affirmations, car elle nous montre que cette nature est infinie dans la variété de ses productions. De ce qu'un monde serait absolument dépourvu d'eau, ce ne serait pas une raison suffisante pour nous de le déclarer inhabité. N'enfermons pas nos conceptions dans une coquille de noix. L'homme privé d'oxygène meurt. Il y a sur notre petite planète même des êtres que l'oxygène tue.

Cependant, les mondes d'un même système planétaire ont entre eux des affi-

(1) *Astronomy and Astro-Physics*, 1894, p. 257. — *Monthly Notices of the royal astronomical Society*, LV, 1895, p. 462-474.

(2) *Société Astronomique de France*, séance du 1er mai 1895. *Bulletin* du 1er mai, p. 169-178.

nités d'origine, surtout quand ils sont voisins, comme Mars et la Terre. Nous observons sur Mars des neiges polaires qui sont très étendues à la fin de chaque hiver et sont presque entièrement fondues à la fin de chaque été. Ces neiges sont-elles formées de la même eau chimique que la nôtre? C'est possible, et c'est même probable.

Qu'est-ce que l'eau? Du protoxyde d'hydrogène. Or, l'oxygène et l'hydrogène sont partout répandus et se présentent en quelque sorte comme des éléments primordiaux. Nous pouvons penser que la combinaison de ces deux éléments s'est produite sur Mars et sur Vénus comme sur la Terre, car toutes les observations concordent en faveur de cette conclusion.

Mais les *états* de l'eau diffèrent d'un monde à l'autre, suivant la température, la pression atmosphérique, la dimension de la planète, la distribution de ses climats, son état géologique et géographique, sa densité, etc. L'observation nous conduit à la conclusion que la circulation de l'eau ne s'opère pas du tout à la surface de Mars suivant les lois qui la régissent à la surface de la Terre.

Ici, le mécanisme est assez simple. Les trois quarts du globe sont couverts d'eau, l'évaporation est considérable, l'atmosphère est dense, la chaleur solaire enlève perpétuellement une grande quantité d'eau à la surface des mers, l'élève à l'état de vapeur invisible jusqu'à une certaine hauteur où elle se condense en nuages et où des vents assez puissants, dus précisément à la densité de notre atmosphère, transportent ces nuages au-dessus des continents. En se résolvant en pluies, ou en neiges, la vapeur d'eau ainsi transportée donne naissance aux sources, aux ruisseaux, aux rivières et aux fleuves, et ramène à la mer l'eau qui en avait été enlevée.

On peut évaluer à 721 trillions (721×10^{12}) de mètres cubes le volume d'eau transporté ainsi annuellement par l'atmosphère. C'est environ la 4400e partie de la quantité d'eau totale des mers, laquelle est évaluée à 3200 quatrillions de mètres cubes. Il faudrait quarante-quatre mille ans à tous les fleuves du monde pour remplir l'Océan s'il était à sec. La chaleur solaire employée à produire ce travail de l'évaporation de la vapeur d'eau ainsi élevée à la hauteur moyenne des nuages pourrait fondre par an 11 milliards de mètres cubes de fer, c'est-à-dire une masse beaucoup plus considérable que le massif entier des Alpes! En une année, chaque mètre carré de la surface de la Terre reçoit 2318157 calories; c'est plus de 23 milliards de calories par hectare, c'est-à-dire 9852200000000 de kilogrammètres. La radiation calorifique du Soleil, en s'exerçant sur un de nos hectares, y développe, sous mille formes diverses, une puissance qui équivaut au travail continu de 4163 chevaux-vapeur. Sur la Terre entière, c'est un travail de 510 sextillions de kilogrammètres ou de 217316000000000 de chevaux-vapeur!

Les conditions sont très différentes à la surface de Mars. En admettant qu'il y ait de l'eau, il y en a beaucoup moins que chez nous. La chaleur reçue du Soleil y est moindre, la distance étant 1,52, c'est-à-dire d'environ moitié plus grande que celle de la Terre, et la quantité de chaleur étant de 0,43, soit plus de moitié moindre qu'ici. Mais, d'autre part, l'année est près de deux fois plus longue : 1,88, ou de 687 jours. La chaleur accumulée sur un hémisphère pendant l'été peut fort bien suffire pour fondre une couche de neige assez épaisse, quoique sur la Terre, plus rapprochée du Soleil, les six mois de saison estivale n'y suffisent pas. Quand la neige commence à fondre, une petite quantité de chaleur nouvelle suffit souvent pour compléter la fusion.

Nous devons maintenant considérer un second point de la plus haute importance.

Notre atmosphère terrestre est très dense. Au niveau de la mer, la pression atmosphérique fait équilibre à une colonne de mercure de 0m,760. Elle est de 1033 grammes par centimètre carré, ou de 103 kilogrammes par décimètre carré, ou de 10330 kilogrammes par mètre carré. Or la surface totale du globe est d'environ 510 millions de kilomètres carrés. L'atmosphère entière pèse donc 5 quintillions 268 quatrillions de kilogrammes. C'est un peu moins de la millionième partie du poids du globe terrestre.

L'atmosphère martienne est incomparablement plus légère. La pesanteur à la surface de Mars étant beaucoup plus faible qu'à la surface de la Terre (0,376), tous les corps y pèsent moins dans la même proportion, et l'atmosphère est dans ce cas. Si chaque mètre carré de la surface de Mars supportait la même atmosphère que la nôtre, la pression de cette atmosphère serait réduite dans la proportion précédente, c'est-à-dire que le baromètre, au lieu d'être à 760 millimètres au niveau de la mer, ne serait qu'à 286 millimètres. C'est la pression que nous trouvons en ballon à 8000 mètres de hauteur, et c'est celle des montagnes les plus élevées. Au sommet du mont Blanc, la pression est de 424 millimètres.

Il est bien certain que l'atmosphère de Mars n'est pas analogue à la nôtre et que l'eau n'y est pas dans les mêmes conditions, car la surface de la planète se trouverait ainsi au-dessous de la ligne du zéro de température, même sans tenir compte de la plus grande distance au Soleil, et nous aurions devant les yeux un globe de glace, ce qui n'est pas. Nous voyons, au contraire, sur Mars les neiges parfaitement limitées, et ces limites varier avec la température, et, si l'on considère un hémisphère martien pendant son été, il a moins de neiges que nous à son pôle. Celles que l'on aperçoit de temps à autre en certains points des régions tempérées sont également fondues.

Nous devons donc penser, d'après les observations comme d'après le calcul, que l'atmosphère de Mars est moins dense que la nôtre, qu'il s'y forme moins de nuages, que les courants y ont moins d'intensité, que le vent n'y est jamais très fort, que les tempêtes en sont absentes. Les conditions de densité, de pression et de température sont très différentes de ce qu'elles sont ici. L'évaporation doit y être facile et rapide; le point d'ébullition y est sans doute vers 46° au lieu de 100°. Le point 0°, auquel l'eau se solidifie, est-il le même qu'ici? Non, sans doute, car elle ne doit pas être identique à la nôtre. L'eau de mer ne gèle qu'à

— 2°5, l'eau privée d'air qu'à — 5°, l'eau sous une faible pression atmosphérique qu'à — 10° et 12°. L'atmosphère ne doit pas être, chimiquement ni physiquement, la même. La rareté des nuages s'explique facilement, car les vapeurs atmosphériques ne peuvent guère s'y condenser que sous la forme solide des particules glacées de nos cirrri. Pas de nuages, cumuli ou nimbi; pas de pluies.

On sait que notre atmosphère agit comme une serre pour conserver la chaleur reçue du Soleil et empêcher sa déperdition dans l'espace; mais ce n'est pas l'air proprement dit, le mélange d'oxygène et d'azote qui possède cette propriété: c'est la vapeur d'eau. Une molécule de vapeur d'eau est 16000 fois plus efficace qu'une molécule d'air sec pour conserver la chaleur solaire reçue. L'eau n'est pas le seul corps qui jouisse de cette propriété. Les vapeurs des éthers sulfurique, formique, acétique, de l'amylène, de l'iodure d'éthyle, du chloroforme, du bisulfure de carbone, de l'acide carbonique, etc., sont dans le même cas. L'atmosphère de Mars, toute raréfiée qu'elle est, certainement, peut tenir en suspension des vapeurs de ce genre et conserver à la surface de la planète une température égale ou même supérieure à la température moyenne de la Terre.

Mais il est à peine nécessaire d'imaginer autre chose que de l'eau analogue à l'eau terrestre, puisque les neiges ressemblent tellement aux nôtres dans leur envahissement hivernal, dans leur fusion estivale, et dans les inondations dont cette fusion paraît suivie, que nous pouvons les regarder comme à peu près semblables aux nôtres.

Ce qui diffère, c'est *le mode de circulation.*

Sur Mars, l'évaporation des mers ne donne pas naissance, comme chez nous, à des nuages, des pluies, des sources et des rivières.

Aucun des grands cours d'eau que nous connaissons sur Mars ne commence en terre ferme. On ne voit que des canaux allant d'une mer à l'autre. Chaque canal commence et finit ou dans une mer, ou dans un lac, ou dans un autre canal, ou enfin à l'intersection de plusieurs autres canaux; mais aucun d'eux n'a jamais été vu arrêté au milieu des terres, ce qui est de la plus haute importance. De plus, ils se croisent sous tous les angles possibles.

D'autre part, les nuages sont excessivement rares à la surface de Mars, et peut-être ne sont-ce que des brumes, ou de légers cirris. Ce ne sont pas des nuages de pluie ou d'orage. Lors de la dernière opposition de 1894, à l'Observatoire de Juvisy, où nous avons pour ainsi dire constamment les yeux fixés sur Mars, la planète s'est montrée, comme d'habitude, perpétuellement claire, à l'exception de quelques jours en septembre et en octobre, pendant lesquels j'ai constaté que la mer Cimmérienne et la mer Tyrrhénienne sont restées masquées par un voile de nuages. Ces voiles sont fort rares, tandis qu'ils sont perpétuels sur la Terre. Il n'y a certainement pas un seul jour par an où la surface entière de la Terre soit découverte et puisse être vue nettement de l'espace. Ce sont donc là deux régimes météorologiques absolument contraires.

De plus, dans l'atmosphère si raréfiée de Mars il n'y a pas de vents intenses.

Rien d'analogue à nos vents alisés, ni aux régimes de vents prédominants qui régissent les climats terrestres. Quelquefois on a observé des traînées de neige fort longues paraissant produites par des courants dans une atmosphère tranquille (par exemple, M. Schiaparelli en novembre et décembre 1881), autour du pôle boréal, s'étendant très loin (*Voir* t. I, p. 541, *fig.* 263). Mais ce sont là des exceptions. *L'état normal sur Mars, c'est le beau temps.*

Sans doute, il ne faut pas nous abuser sur la précision de nos connaissances martiennes. Nous ne voyons pas tout; nous n'avons jamais vu les fines ramifications que peuvent avoir les canaux; nous ne connaissons pas la largeur des plus minces, ni le mécanisme de leurs dédoublements périodiques, et ce n'est que d'hier que nous sommes à peu près sûrs qu'ils transportent l'eau des neiges fondues, des mers, des lacs ou des marécages d'un point à un autre. De plus, comme je l'ai déjà fait remarquer, la bordure de prairies qui accompagne sur la Terre les cours d'eau de chaque côté, paraît les élargir pour un observateur placé dans la nacelle d'un ballon, qui pourrait facilement prendre ce ruban de prairie pour le cours d'eau lui-même ([1]). Il est possible que de la végétation suive immédiatement l'arrivée des eaux. L'ignorance dans laquelle nous sommes de ces détails peut cacher tout un monde de réalités inconnues.

Peut-être, cependant, pouvons-nous essayer de nous former une idée de ce qui se passe là dans la circulation des eaux.

La fonte des neiges polaires donne presque toujours naissance à des inondations, ou à des assombrissements de ton des plaines végétales, sur d'immenses étendues, sur des centaines de milliers de kilomètres carrés. Les rivages des mers s'avancent au loin dans l'intérieur des terres, les canaux s'élargissent, de nouveaux canaux, souvent très larges, apparaissent, des îles, des presqu'îles, des portions de continents sont submergées. Tout nous prouve que la surface de la planète n'est qu'une immense plaine et que les montagnes y sont rares.

Les canaux peuvent être des rainures naturelles dues à l'évolution même de la planète, comme sur la Terre la Manche et le canal du Mozambique, ou des sillons creusés par les habitants pour la répartition des eaux, ou peut-être les deux, c'est-à-dire des formations naturelles rectifiées par l'intelligence. Nous n'essayerons pas de calculer, comme on l'a fait, le travail que représenterait la construction de ce réseau géométrique, car les conditions de la surface de Mars, nature des matériaux, densité, pesanteur, force musculaire, machines, état de l'humanité, sont tellement différentes des conditions terrestres, qu'il n'y a aucune analogie possible. Mais ce qu'il y a de certain, c'est que ces canaux servent à faire circuler les eaux et constituent un système hydrographique des plus ingénieux. On peut objecter que ce beau système n'empêche pas les inondations. Mais ces inondations apparentes ne sont peut-être que des fertilisations, des transformations végétales.

([1]) *Voir* plus haut, p. 116, note.

L'inondation périodique causée à chaque été martien par la fonte des neiges est distribuée au loin par ce réseau de canaux, qui constitue le principal mécanisme, si ce n'est le seul, par lequel l'eau et avec elle la vie organique peut être répandue à la surface de la planète. A cette époque, les canaux paraissent entourés d'une zone foncée, due sans doute à quelque genre de végétation. Les canaux de la région environnante deviennent en même temps plus sombres et plus larges et couvrent de vastes étendues. Les choses restent en cet état jusqu'au moment du minimum de la neige polaire. La fusion a cessé. La largeur des canaux diminue, les régions foncées s'éclaircissent et les continents redeviennent jaunes. Ce grand phénomène se produit dans toute la région comprise entre le pôle et le 60e degré de latitude et se renouvelle à chaque saison. Sur tout l'ensemble de la planète, le système des canaux n'est pas constant. Quand ils se troublent, que leurs contours deviennent douteux et mal définis, il semble que les eaux soient très basses ou même aient entièrement disparu. Il ne reste rien à la place du canal, ou plutôt nous voyons une raie jaunâtre différant très peu du terrain environnant. Dans les mois qui précèdent et dans ceux qui suivent la grande inondation boréale, vers l'époque des équinoxes, les canaux se dédoublent. Par suite d'une modification rapide, qui s'effectue en quelques jours, peut-être même en quelques heures, tel ou tel canal se transforme sur toute sa longueur en deux lignes parallèles qui courent avec la précision géométrique de deux rails de chemin de fer, et suivent exactement la direction du canal primitif. Ces nouveaux canaux ont, comme les primitifs, des largeurs de 50 à 100 kilomètres et davantage, et sont séparés par un intervalle de 50 à 500 et 600 kilomètres. Y a-t-il là autre chose que de l'eau, par exemple une végétation rapide produite par l'humidité? C'est possible. La couleur de ces lignes varie du noir au rouge et se distingue facilement du ton jaune des continents. L'espace intermédiaire est généralement jaune, parfois blanchâtre. La gémination se produit aussi dans les lacs, qui se fendent en deux.

Peut-être n'y a-t-il pas, à la lettre, des inondations, mais seulement des augmentations d'eaux fertilisant des oasis semées en chapelets et rendant plus foncées les plaines végétales.

Quelle que soit l'explication de ces faits inconnus à la Terre, nous pouvons conclure qu'à la surface de la planète Mars l'eau circule, *non par un système vertical d'évaporation et de précipitation*, comme ici, mais *par un système horizontal de fusion des neiges polaires* et *par ces canaux* entrecroisés, qui la distribuent sur l'ensemble des continents. Puis elle s'évapore pour aller *invisiblement et sans nuages* se condenser presque uniquement sur les zones polaires plus froides, qui la recueillent à l'état de neige.

C'est là tout un autre monde, bien différent de celui que nous habitons, mais non moins vivant; plus mouvementé, plus agité à certains égards, mais d'un climat sans doute fort agréable par sa pureté constante et par l'absence de ces intempéries, pluies et tempêtes qui caractérisent si tristement la grande majorité des climats terrestres. Les jours y sont un peu plus longs que chez nous, les années y sont près de deux fois plus longues. Ce sont là des pays qui ne doivent pas manquer de charme.

Ce n'est pas ici le lieu de nous occuper de la question des habitants, non plus que de leur nature possible ou probable. Il semble, à première vue, que ces inondations périodiques doivent être fort gênantes, mais un naturaliste répondra que ces êtres inconnus peuvent être amphibies, ou bien vivre dans les airs et ne pas tenir à la surface du sol aussi lourdement que nous. Il serait facile à l'imagination de créer mille hypothèses. Tel n'est pas mon but. J'ai voulu ne présenter à la Société Astronomique que des faits d'observation sur la climatologie martienne. En résumé, cette évaporation sous forme de vapeur d'eau invisible, cette condensation et cette fonte des neiges, ces canaux et leur rôle dans la distribution des eaux nous montrent que les continents sont de vastes plaines, que les montagnes sont rares, que les sources, les torrents, les rivières sont remplacés par un système tout particulier. La rareté des nuages et des pluies s'accorde avec cet ordre de choses. Quoique très voisin, ce monde diffère considérablement du nôtre, mais paraît, à certains égards, plus agréable à habiter.

CCVIII. — Schiaparelli. — La vie sur Mars.

Nous réunirons ici deux dissertations importantes de l'illustre Directeur de l'Observatoire de Milan. La première est une discussion philosophique et littéraire sur les conditions d'habitabilité de la planète. La seconde continue la même question surtout au point de vue des canaux (¹).

L'auteur commence par rappeler fort délicatement et très généreusement les travaux publiés en France sur la doctrine de la pluralité des mondes, en une appréciation très flatteuse pour laquelle nous lui adressons nos plus vifs remercîments (²). Passant aussitôt en revue les corps célestes de notre système, y compris la Lune, il montre que l'observation télescopique est plutôt décourageante et qu'il n'est pas surprenant que toute l'attention scientifique se fixe pour le moment sur la planète Mars, le seul globe qui nous offre à cet égard un véritable intérêt d'actualité.

En ses oppositions périhéliques, la planète s'approche à 57 millions de kilo-

(¹) *Il pianeta Marte*, br. in-8°, Milano, 1893. — *La vita sul pianeta Marte*, br. in-8°, Milan, 1895. — *Bulletin de la Société astronomique de France*, 1898.

(²) Je me permettrai une seule citation : « Flammarion si è proposto di sottrarre questo tema (della pluralità di mondi abitati) alla fantasia dei poeti et all' arbitrario dei novellieri, e di circondare l'ipotesi con tutto l'apparato scientifico che oggi à possibile chiamare in suo soccorso : « Faire converger toutes les lumières de la Science » vers ce grand point : la Vie universelle... » Questo è lo splendido programma al quale il cosmologo francese ha consacrato il suo ingegno e la sua varia cultura. »

mètres de la Terre; c'est 146 fois la distance de la Lune. On peut distinguer sur la Lune des objets de 500 mètres de diamètre et des lignes de 200 mètres de largeur. Sur Mars on ne peut distinguer que des objets de 60 à 70 kilomètres de diamètre ou des lignes de 30 kilomètres de largeur. Le cours d'un fleuve comme le Pô serait facile à distinguer sur la Lune dans toute sa longueur, mais aucun des plus grands fleuves de la Terre ne serait visible sur Mars. Tandis qu'une petite ville pourrait être vue sur la Lune, il faudrait au moins une île arrondie de la grandeur de Majorque, ou allongée de la grandeur de Chypre ou Candie pour être visible sur Mars.

Les configurations géographiques de Mars sont stables dans leur forme générale, car les dessins de Huygens montrent, en 1659, la Grande Syrte, ceux de Maraldi en 1704, la mer Cimmérienne et la mer des Sirènes, ceux de Bianchini en 1719, la mer Tyrrhénienne et la péninsule Hespérie, etc. Mais cette stabilité ne s'étend pas à certains détails. Les observations ont mis hors de doute qu'un grand nombre de régions changent de couleur selon la saison et selon l'inclinaison des rayons solaires. Ces variations se présentent sur la Terre, mais un fait qui n'arrive pas ici est que les contours des grandes taches subissent parfois des variations, petites si l'on a égard aux dimensions des taches, mais cependant assez grandes pour être visibles d'ici. De plus, ces contours ne sont pas toujours également bien définis. De très minutieux détails se voient mieux à certaines époques et moins bien à d'autres, et, de plus, peuvent d'un temps à un autre varier d'aspect et de forme sans que toutefois on puisse avoir aucun doute sur leur identité. Notons aussi que Mars a une atmosphère assez dense « abbastanza densa » et une météorologie individuelle. Toutes ces variations indiquent un système grandiose d'événements naturels qui donnent à l'étude de Mars un intérêt bien supérieur à celui qui dérive de l'observation topographique d'une surface immuable et inerte comme paraît être celle de la Lune. La planète Mars n'est pas un désert aride : elle vit, et sa vie se manifeste avec un ensemble très compliqué de phénomènes, dont une partie se développe sur une échelle assez vaste pour être observable des habitants de la Terre. Il y a là un monde entier de choses nouvelles à étudier, éminemment propres à exciter la curiosité des observateurs et des philosophes, et qui offriront, pendant longtemps, des sujets d'étude astronomique et continueront de pousser au perfectionnement continu des instruments d'optique. Telles sont la variété et la complication des phénomènes qu'une analyse complète et patiente pourra seule conduire à la découverte des lois qui les produisent et à la connaissance de la constitution physique d'un monde si semblable au nôtre sous certains rapports et si différent à d'autres égards.

Au nombre des sujets d'observation les plus intéressants on doit signaler les variations périodiques des neiges polaires correspondant aux saisons. Nos saisons terrestres durent trois mois chacune : celles de Mars ont une durée presque double, 172 jours en moyenne, l'année étant de 687 jours. On a pour l'hémisphère boréal des deux planètes :

	La Terre.	Mars.
Printemps................	93 jours.	199 jours.
Été......................	93 »	182 »
Automne..................	90 »	146 »
Hiver....................	89 »	160 »

Ces neiges polaires s'étendaient en 1892, par exemple, pour le pôle austral de Mars, alors incliné vers nous et bien visible, jusqu'au 70° degré de latitude, au mois de juillet, formant une calotte de 2000 kilomètres de diamètre. Six mois plus tard, elles étaient réduites à leur minimum, à un point blanc, de 300 kilomètres à peine. C'était l'été de l'hémisphère austral de Mars, le solstice ayant eu lieu le 13 octobre.

L'observation des accroissements et diminutions des neiges polaires, qui peut être faite, même à l'aide d'instruments modestes, devient d'autant plus intéressante et instructive qu'on en suit plus attentivement les détails à l'aide d'instruments plus puissants. On voit alors la couche de neige fondre graduellement le long de ses bords, des trous noirs et de larges crevasses se former, de grands lambeaux isolés se détacher de la masse principale et disparaître en fondant peu à peu. C'est absolument ce qui se présente autour de nos pôles pendant l'été d'après les descriptions des explorateurs.

Les neiges polaires australes se trouvent au milieu d'une grande tache sombre qui occupe, avec ses ramifications, environ un tiers de la surface de Mars. Les boréales, au contraire, se trouvent sur une région claire ou continentale, où leur fusion produit une sorte d'inondation qui convertit en mer temporaire un très vaste espace de terre. En remplissant toutes les régions plus basses, cette inondation a fait parfois supposer la présence d'une mer qui n'existe pas. La zone obscure suit le périmètre des neiges à mesure que leur étendue diminue par la fusion et se rétrécit sur une circonférence de plus en plus étroite. Cette zone se ramifie extérieurement en traînées sombres qui occupent toute la région environnante et paraissent être des sortes de canaux distributeurs par lesquels les masses liquides retournent à leurs réservoirs naturels. Des lacs très étendus naissent en ces régions, tels, par exemple, que le lac Hyperboreus; la mer Acidalienne, voisine, devient plus noire et plus marquée. C'est l'écoulement de ces neiges liquéfiées qui, sans aucun doute, a déterminé l'état hydrographique de la planète et les changements que l'on observe périodiquement dans ses aspects. Quelque chose d'analogue se produirait sur la Terre si l'un de nos pôles venait à être transporté subitement au centre de l'Afrique. Les gonflements que l'on observe dans nos torrents à la fonte des neiges des Alpes en donnent aussi une petite image.

C'est au mois de septembre que les glaces polaires terrestres sont le plus réduites, et c'est aussi le meilleur mois pour les excursions sur les glaciers. Si nos mois avaient 60 jours au lieu de 30 jours, si l'action solaire durait deux fois plus longtemps, il n'est pas douteux que les glaces polaires seraient beaucoup plus fondues, peut-être même entièrement. C'est ce qui arrive sur Mars. Les neiges s'amoncellent durant la longue nuit polaire de 10 ou 12 mois et descendent jusqu'au delà du 70e degré de latitude; mais, pendant les 10 ou 12 mois suivants, le soleil d'été a le temps de fondre presque toute la neige.

Remarquons aussi, dans la zone torride de Mars, un point situé par 268° de longitude et 16° de latitude boréale, où la neige a été vue pendant trois oppositions successives (1877-1882). Il y a sans doute là une montagne couverte de glaciers ([1]).

Ces neiges polaires sont des précipitations de vapeur condensée par le froid. Est-ce de la vapeur d'eau? Les recherches d'analyse spectrale, principalement celles de Vogel, semblent bien l'indiquer. Si ce fait était incontestable, il s'ensuivrait que la température de cette planète serait peu différente de la nôtre, et non pas de 50 ou 60 degrés au-dessous de zéro, comme on l'a supposé, car dans ce cas la vapeur d'eau ne serait pas un des éléments principaux de l'atmosphère de Mars et il faudrait plutôt songer à l'acide carbonique ou à d'autres liquides dont le point de congélation serait très bas.

Les nuages sont très rares sur Mars. Tandis que la géographie terrestre serait si rarement et si difficilement reconnaissable pour un observateur situé dans l'espace, par exemple sur la Lune, à cause des nuages qui s'étendent presque constamment dans notre atmosphère, il n'en est pas de même sur Mars, toujours nettement visible. Çà et là, on aperçoit parfois des voiles blanchâtres, notamment sur les îles de la mer australe, sur l'Elysium et le Tempé. Leur blancheur est généralement plus grande le matin et le soir qu'à midi. Ce pourraient être des brouillards, ou de la rosée, ou de la gelée blanche.

Tout conduit à penser que le climat de Mars est celui de nos hautes montagnes, très chaud en plein soleil de jour, très froid pendant la nuit. Pas de nuages en général, pas de pluies, des cirri et de la neige.

Certaines régions paraissent intermédiaires entre l'eau et la terre. Telles sont les îles éparses dans la mer australe et la mer Erythrée, les péninsules de Deucalion et de Pyrrha, ainsi que Baltia et Nerigos. L'idée la plus naturelle et la plus conforme à l'analogie est de supposer là de vastes lagunes, dont le ton varie selon la profondeur d'eau. Plus il y a d'eau, plus le ton est foncé.

L'aspect de la planète varie constamment: « Une carte générale ne peut jamais représenter ce qui est, mais un ensemble de ce qui a été vu. Le meilleur moyen de se rendre compte des vrais aspects de la planète est d'examiner les centaines de dessins réunis dans l'ouvrage de Flammarion. Voici un exemple : Le 15 septembre 1892, le disque de Mars se présentait tel que le montre la figure suivante (191) : la côte de la mer Erythrée, le Phison, l'Euphrate probablement double, la double corne du golfe Sabæus avec l'Oronte et le Gehon, le golfe des Perles, avec l'Indus, l'Hydaspe et la Jamuna. Ce qui est le plus remarquable sur ce dessin, c'est la grande île blanche qui s'élève en tournant presque jusqu'au

([1]) *Nix atlantica*, à gauche de la mer du Sablier, au-dessous du Népenthès.

pôle et qui réunissait en un même tracé clair les îles de Deucalion, de Noachis et d'Argyre, formant un tout d'une longueur de 6000 kilomètres, d'un ton mêlé de jaune et de gris. C'était là un aspect tout particulier (¹). Le disque offrait une phase légère, analogue à celle de la Lune deux jours avant la pleine-Lune. En haut, neige polaire australe ».

Si l'on admet, ce qui est le plus probable, que les mers martiennes soient vraiment formées d'eau, on ne peut douter que les canaux en soient le prolongement à travers les continents. Cette conclusion est confirmée par le fait qu'aux époques de la fonte des neiges polaires les canaux deviennent plus foncés et plus larges,

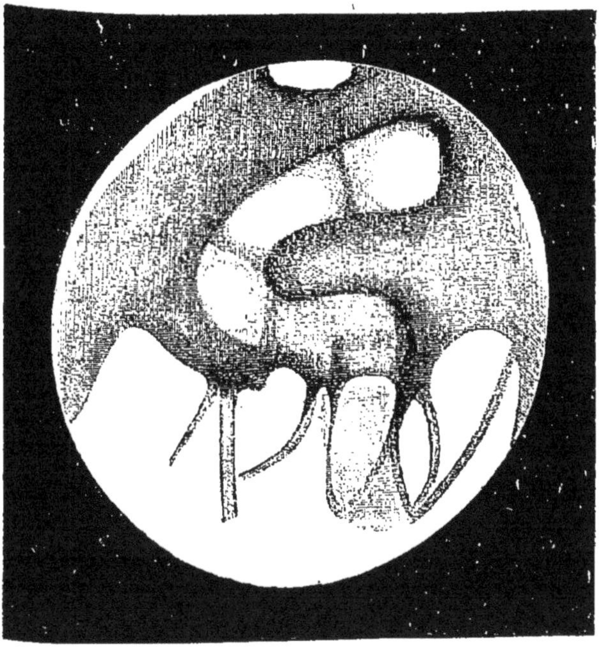

Fig. 191. — Mars le soir du 15 septembre 1892. (Dessin de M. Schiaparelli.)

se développant au point de réduire en certains moments à d'étroites îles toute la surface continentale comprise entre leur parcours. Quand les neiges ont cessé de fondre, les canaux se rétrécissent et les aires jaunes reprennent leur étendue primitive. Ce curieux réseau des canaux a sans doute pour cause première la constitution géologique de la planète et les siècles l'auront entièrement formé. Il n'est pas nécessaire d'y supposer l'action d'êtres intelligents, et malgré l'aspect géométrique de ce système, on peut admettre qu'il est le produit de l'évolution de la planète, comme sur la Terre le canal de Manica et du Mozambique.

(¹) *Voir aussi plus haut*, p. 78.

Ce serait un problème non moins curieux que compliqué d'étudier le régime de ces immenses cours d'eau d'où dépend, sans doute, principalement la vie organique de la planète, étant donné que cette vie existe. Les variations d'aspect montrent que ce régime n'est pas constant. Parfois ces canaux sont d'une largeur considérable, qui peut s'étendre à 100 et 200 kilomètres, ce qui est arrivé, notamment, pour l'Hydaspe en 1864, pour le Simœnte en 1879, pour l'Achéron en 1884, pour le Triton en 1888. Il y a là des variations énormes.

Les saisons font varier considérablement les taches foncées, parmi lesquelles on en peut citer de fort petites, telles que la Fontaine de Jeunesse et le lac Mœris, qui ne dépassent jamais 100 à 150 kilomètres de diamètre.

Mais le phénomène le plus surprenant des canaux de Mars est encore leur gémination, laquelle semble se produire principalement dans les mois qui précèdent ou dans ceux qui suivent la grande inondation boréale, c'est-à-dire l'époque des équinoxes. En conséquence d'un rapide progrès qui, certainement, dure peu de jours, et parfois même quelques heures seulement, et dont nous ne connaissons pas encore les détails, un canal change d'aspect, et d'un trait se trouve transformé dans toute sa longueur en deux lignes parallèles uniformes. La distance entre les deux nouveaux canaux s'étend parfois jusqu'à 600 kilomètres; leur ton varie du jaune roux au noir. Non seulement des canaux, mais des lacs se dédoublent

Ces géminations ne se manifestent pas toutes ensemble, mais commencent à se produire çà et là à leur saison, sans ordre apparent. Certains canaux ne se dédoublent pas, par exemple le Nilosyrtis. Au bout de quelques mois, elles s'effacent, généralement vers le solstice austral de la planète. Les variations de largeur, d'intervalles, de position et de tons observés montrent que ces géminations ne peuvent pas être des fonctions stables, géographiques, comme les canaux.

L'observation en est d'une extrême difficulté et ne peut être faite que par un œil bien exercé ayant à sa disposition un instrument d'une grande puissance et d'une construction soignée.

Leur aspect singulier, leur dessin géométrique, qui rappelle les travaux faits à la règle et au compas, ont conduit à y voir l'œuvre d'êtres intelligents habitant cette planète voisine. « Je me garderai bien, ajoute l'auteur, de combattre cette opinion, qui n'a rien d'irrationnel; mais, en tout cas, ce ne sont pas des travaux de caractère permanent, puisqu'une même gémination peut changer d'aspect et de grandeur d'une saison à l'autre. — On peut imaginer des œuvres qui n'excluent pas la variabilité, comme des travaux de culture et d'irrigation sur une grande échelle. Remarquons aussi que si l'intervention d'êtres intelligents peut expliquer l'aspect géométrique des géminations, elle n'est pas indispensable, néanmoins, car la nature agit souvent géométriquement : les sphéroïdes parfaits des corps célestes et l'anneau de Saturne n'ont pas été travaillés au tour, et ce n'est pas avec le compas que l'arc-en-ciel aux splendides couleurs est tracé dans les nues. Et que dirons-nous des polyèdres si réguliers du monde des cristaux! Et dans le monde organique, n'avons-nous pas les feuilles symétriques des plantes, les fleurs étoilées des prairies, les animaux de la mer, les spirales des coquilles aussi élégantes que les plus beaux dessins de l'architecture gothique? Dans toutes ces choses, les formes géométriques sont des conséquences simples et nécessaires des lois qui gouvernent le monde physique et physiologique.

Le plus simple est donc d'abord de supposer que les géminations martiennes ont pour cause les forces de la nature inorganique. Elles peuvent être des effets de lumière dans l'atmosphère de Mars, ou des illusions d'optique produites par la vapeur, ou des phénomènes de glace d'un hiver perpétuel auquel toute la planète serait condamnée, ou des crevasses doubles à la surface de cette glace, ou des crevasses simples dont l'image se doublerait par l'effet de fumées vomies sur de longues lignes et déplacées latéralement par le vent. L'examen de ces explications conduit toutefois à conclure qu'aucune d'elles n'est satisfaisante, ni pour l'ensemble des faits observés, ni pour les détails. Il est difficile de s'arrêter à aucune.

Il serait plus facile de se satisfaire en introduisant l'action des forces organiques. Ici le champ des hypothèses s'agrandit et des combinaisons infinies se présentent. Des changements de végétation sur des espaces étendus et des générations de petits animaux en nombre immense pourraient fort bien être visibles à cette distance. Un observateur placé sur la Lune pourrait constater l'époque de nos labours et celle de nos moissons. L'herbe des steppes de l'Europe et de l'Asie serait indiquée, à la distance de Mars, par le changement de la coloration. Mais combien difficilement les Lunariens ou les Martiens pourraient imaginer les véritables causes des changements de tons observés sur la Terre sans avoir aucune connaissance de la nature terrestre! Nous sommes dans le même cas pour Mars, et tous nos essais d'explication sont arbitraires. Un rayon subit de lumière pourra briller un jour ou l'autre, comme l'invention inattendue de l'analyse spectrale. Espérons, et continuons d'étudier.

La Vie sur la planète Mars.

Deux ans après l'étude précédente, M. Schiaparelli revenait sur le même sujet dans un nouvel article non moins intéressant et peut-être plus curieux encore, que nous allons également résumer.

Pendant l'opposition de 1894, on a vu les glaces polaires australes diminuer, du 25 mai au 15 août, de 2800 à 600 kilomètres de diamètre. A la première date, elles s'étendaient jusqu'à 67° de latitude. Cette diminution en 80 jours correspond à 13 kilomètres par jour. Ensuite elles restèrent stationnaires. Le solstice d'été arriva le 31 août, et avec lui la plus grande irradiation solaire sur cette région.

Cependant le 24 septembre cette calotte polaire était encore juste telle qu'au milieu d'août. A la fin de septembre, la fonte des neiges reprit et la calotte polaire continua à se retrécir, si bien que, vers le 25 octobre, M. Schiaparelli n'en distinguait plus du tout. (Cependant, à Juvisy, nous avons continué à apercevoir encore un petit point blanc minuscule, et il en a été de même pour M. Barnard, au mont Hamilton, et pour M. Brenner, en Istrie.)

Cette rapide fusion d'une aussi grande quantité de neiges ne peut être sans conséquence sur les conditions hydrographiques de la planète. Sur la Terre, la fusion des neiges arctiques et antarctiques n'a pas une grande importance, parce que les calottes polaires glacées sont toutes les deux environnées d'un océan, qui va d'un pôle à l'autre : si son niveau s'élève par la fusion d'une partie des neiges polaires, d'autre part il décroît par la congélation des neiges de l'autre pôle. Une semblable compensation ne peut avoir lieu sur Mars, la grande mer qui entoure le pôle sud étant entièrement séparée des autres mers beaucoup plus petites qui sont voisines du pôle nord. L'équilibre des masses liquides des deux hémisphères ne peut s'établir que par le moyen de l'écoulement à travers les continents qui occupent les régions intermédiaires, et telle est la cause pour laquelle les variations que l'on observe dans le système hydrographique de la planète *doivent être attribuées en grande partie à cette alternative de congélation et de fusion des neiges autour des deux pôles*.

Les canaux sont sans doute des dépressions du sol, d'une largeur de 100 à 200 kilomètres et plus, peu profondes, allant en lignes droites de long de milliers de kilomètres. L'absence de pluie fait qu'ils constituent le mécanisme principal par lequel l'eau et la vie se répandent à la surface aride de la planète.

Sur la Terre, les changements de saisons se correspondent dans les deux hémisphères avec des effets presque entièrement symétriques. Les périodes de froid et de chaleur, de sécheresse et de pluie, se succèdent alternativement à des intervalles de six mois et à peu près symétriquement sur chaque hémisphère. Sur Mars, les différences de saisons sont beaucoup plus marquées pour chaque hémisphère. Comme on peut le voir à l'inspection d'une carte, tout l'Océan est concentré autour du pôle austral, auquel, par conséquent, ainsi qu'aux régions circonvoisines, doit correspondre une *vaste dépression du sol de la planète*. L'hémisphère boréal, au contraire, étant presque entièrement occupé par un grand continent, nous sommes raisonnablement portés à penser qu'il y a là *des terres élevées*, surtout aux environs du pôle nord. Il doit en résulter pour les climats et la vie organique des conséquences bien diverses suivant qu'il s'agit de la fonte des neiges boréales ou australes. Et c'est là un point qui mérite de nous arrêter un instant.

Considérons d'abord la calotte des glaces polaires australes, qui se forme entièrement sur l'océan martien et en occupe parfois le tiers ou le quart. La fusion de ces glaces a pour résultat une élévation du niveau général de l'Océan et des petites mers intérieures qui l'environnent comme appendices. Cette élévation de niveau peut suffire à inonder toutes les parties basses des continents et spécialement celles qui sont voisines de l'Océan. En effet, dans cette saison de l'inondation, nous voyons beaucoup plus foncées et plus marquées non seulement les mers intérieures, Adriatique, Tyrrhénienne, Cimmérienne, des Sirènes, etc., mais encore les détroits plus ou moins vastes qui les unissent à l'Océan, et l'Océan lui-même. Les golfes qui découpent le continent deviennent plus visibles, et avec eux plusieurs des grands canaux qui, de l'Océan, directement se poussent dans les terres ; par exemple la grande Syrte et la Nilosyrtis qui en procède. Cette grande extension de l'Océan, pourtant, n'arrive pas jusqu'aux contrées plus intérieures des continents et aux régions boréales plus élevées.

La fonte des neiges australes a pour effet de faire sortir les mers de leur lit et d'occasionner çà et là des inondations partielles vers les rivages. Il est douteux que ce fait puisse être favorable à la vie organique et aux habitants de la planète. De telles usurpations périodiques de la mer sur les continents ressemblent en grand au flux et au reflux de nos marées, qui n'est pas une bénédiction pour la Hollande et le littoral nord-ouest de l'Allemagne, dont les habitants se défendent comme ils peuvent à l'aide de digues. Pour Mars, la nature chimique de la substance dissoute dans l'Océan devrait être prise en considération. Si, par exemple, cette eau est *salée* comme celle de nos mers, la zone envahie à chaque retour de l'été (tous les 23 mois) pourrait servir à la formation de vastes salines ou donner lieu à une végétation d'un caractère spécial. En aucun cas cette eau ne pourrait servir à la culture et aux travaux agricoles tels que nous les pratiquons.

Tout différent est l'état de choses résultant de la fusion des neiges boréales. Situées au centre du continent, les masses liquides produites par cette fusion se répandent à la circonférence de la région neigeuse et convertissent en mer temporaire une large zone de terre, et, descendant vers les régions plus basses, produisent une immense inondation parfaitement observable d'ici. Cette inondation s'étend en ramifications nombreuses et donne naissance à de vastes lacs, au lac Hyperborée, à la mer Acidalienne. De grandes traînées d'eau se dirigent vers l'hémisphère austral et vers l'Océan, bassin naturel des eaux martiennes.

La neige est le produit d'une distillation atmosphérique, dans laquelle l'eau est à son maximum de pureté. Autrement, l'évaporation de nos mers conduirait à la formation de pluies d'eau salée et de neige salée. Mais le sel ne s'évapore pas. L'eau des pluies et des neiges est douce et pure. La grande inondation boréale de Mars résultant de la fonte des neiges sur le sol est donc de l'eau *douce*. S'il y a là une vie organique, son entretien est dû surtout à cette eau. Et s'il y a sur Mars une population d'êtres raisonnables capables de combattre la nature et de la contraindre à servir ses besoins, la distribution régulière de cette eau douce sur les régions aptes à la culture doit constituer le problème principal et les préoccupations continuelle des ingénieurs et des statisticiens.

Nous sommes très privilégiés sur la Terre. La pluie tombe gratuitement, et gratuitement aussi la neige se condense au sommet des montagnes. Les ruisseaux et les rivières nous apportent l'eau sans fatigue pour nous. Les pauvres Martiens ont des conditions d'existence beaucoup plus dures. Rares sont les nuages, nulles les pluies. Ni fontaines, ni cours d'eau. Toute la ressource est la grande inondation boréale dont il vient d'être question. Il faut à tout prix utiliser cette eau avant qu'elle aille se perdre dans la mer australe, sans compter les pertes inévitables dues à l'évaporation, aux infiltrations, aux erreurs de distribution, etc. La vie des citoyens en dépend.

On va croire que nous entrons dans le roman. Moins peut-être que certaines publications audacieuses et non inoffensives qui, sous le nom sacré de la Science, s'impriment dans les livres et se prêchent dans les assemblées et à l'Université même.

Les canaux ne sont pas aussi larges qu'ils le paraissent, autrement ils donneraient passage en peu d'heures à toute l'eau de l'inondation. Non seulement les eaux ne pourraient être appliquées pendant plusieurs mois à la culture, mais encore elles seraient revenues à la mer avant qu'on ait pu en tirer aucun service. Ce sont là des zones de végétation à gauche et à droite des canaux, lesquels ne sont pas assez larges pour être perceptibles d'ici. Le reste des continents, d'une couleur jaune, est, sans doute, complètement aride et désert.

Quoique la pesanteur soit plus faible sur Mars qu'ici, l'eau a toujours une tendance à descendre et à se répandre dans les bas sillons de la végétation, sillons qui ont les dimensions de la mer Rouge, et auxquels le nom de vallées conviendrait entièrement. Les plateaux supérieurs restent secs. Ces larges vallées aboutissent à des lacs, à des mers, ou à d'autres vallées.

Comme le ton foncé, effet de la végétation ou de l'irrigation, occupe toute la largeur apparente de ces vallées, les deux pentes latérales sont accessibles à l'eau aussi bien que le fond. Leur énorme largeur nous fait penser qu'elles ont été creusées par la nature et non par un travail humain.

Si pourtant on arrête son attention sur certains détails et surtout sur les mystérieuses géminations et leur extraordinaire régularité, l'idée que certaines parties secondaires peuvent être dues à des êtres intelligents ne doit pas être rejetée comme une absurdité, au contraire.

Supposons, un instant, que tout cela soit naturel, sans intervention de pensée directrice. Les neiges du pôle boréal, à mesure qu'elles sont fondues, courent à l'Océan en suivant les vallées qui leur offrent le chemin le plus facile. Si le fond des vallées est concave, l'eau se rassemble en un courant assez étroit et ne s'étend pas sur les pentes latérales; elle n'y détermine pas non plus la végétation qui nous rend visibles ces vallées. Le cours d'eau existe, mais ne sera pas visible à nos télescopes. Pour que l'eau et la végétation s'étendent sur une largeur de 100 ou 200 kilomètres, il faut que le fond de la vallée soit plat et uniforme. Nous aurons alors quelque chose de semblable à un vaste marais dans lequel pourront se développer une flore et une faune analogues à celles de notre époque carbonifère. Cette hypothèse rend compte des stries obscures simples; mais le fait des géminations temporaires reste inexpliqué. On n'arrive pas à comprendre pourquoi en une même vallée l'arrosement et la végétation se font quelquefois sur une seule ligne, quelquefois sur deux lignes parallèles de largeur et d'intervalles inégaux, entre lesquelles reste un espace stérile ou dépourvu d'eau. Ici l'intervention d'une pensée intelligente semble bien indiquée.

Que le lecteur veuille bien considérer la figure suivante, qui a pour objet de représenter une section transversale d'une grande vallée martienne. Soient AA les bords extérieurs de la vallée et B le fond. Si à l'arrivée de l'inondation l'eau

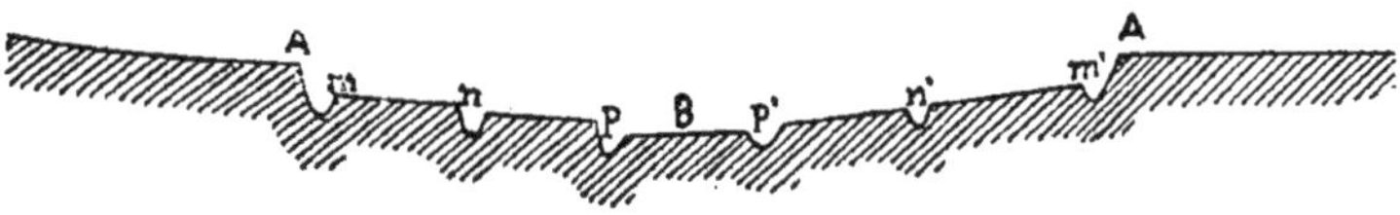

Fig. 192. — Coupe *imaginaire* d'un canal de Mars, par M. Schiaparelli.

pénètre dans la vallée sans aucun arrangement, elle suivra le fond comme un torrent. Pour donner à toute la vallée l'irrigation nécessaire comme quantité et comme durée, les ingénieurs auront dû creuser le long des pentes des canaux étagés à diverses hauteurs, m, n, p, m', n', p'. Entre ces canaux longitudinaux parallèles le terrain suit sa pente naturelle. L'eau du canal le plus élevé (m, m') peut arriver au canal inférieur (n, n') arrosant toute la zone cultivée intermédiaire m, n, m', n', et ainsi de suite. A l'extrémité boréale, de robustes digues maintiennent l'eau, qu'on laisse arriver aux époques convenables, tandis qu'à l'extrémité australe et plus basse d'autres portes de canaux laissent s'écouler l'eau, après les besoins réalisés. On dirige l'irrigation à volonté.

Imaginons qu'en plein été de l'hémisphère nord la grande inondation boréale arrive à sa hauteur maximum. Le ministre de l'Agriculture ordonne d'ouvrir les écluses les plus élevées et d'emplir d'eau les deux canaux supérieurs m et m'. L'irrigation s'étend alors sur les deux zones latérales supérieures m, n, m', n', la vallée change de couleur en ces deux zones, et l'astronome terrestre voit une gémination. Lorsque le temps nécessaire pour assurer le cycle végétatif le long de ces deux premières zones est accompli, on ouvre les écluses des canaux inférieurs. Les variétés et changements de géminations et de largeur de canaux selon la fusion estivale des neiges s'expliqueraient parfaitement ainsi. Il va sans dire que les ingénieurs n'oublieraient pas de conserver des réservoirs pleins, pour l'arrosage des jardins et l'usage quotidien des habitants, et n'ouvriraient les écluses inférieures que lorsque l'on n'aurait plus besoin de rien. Sans entrer dans plus de détails, il serait facile de faire varier toute cette organisation hydrographique et d'expliquer par là toutes nos observations.

L'institution d'un socialisme collectif semble bien devoir résulter d'une pareille communauté d'intérêts et d'une solidarité universelle entre les citoyens, véritable phalanstère qui pourrait être considéré comme le paradis des socialistes. On peut aussi imaginer une grande fédération de l'humanité dans laquelle chaque vallée constituerait un Etat indépendant. L'intérêt de chacun et l'intérêt de tous ne se distinguent pas l'un de l'autre; les sciences mathématiques, la météorologie, la physique, l'hydrographie et l'art des constructions y sont sans doute élevés à un haut degré de perfection; les dissidences internationales et les guerres y sont inconnues : tous les efforts intellectuels qui, chez les habitants insensés d'un monde voisin sont consumés à se nuire réciproquement, sont unanimement dirigés à combattre l'ennemi commun, la difficulté que l'avare Nature oppose à chaque pas.

Je laisse maintenant, au lecteur, le soin de continuer ces considérations, et, pour moi, je descends de l'hippogryphe.

Telles sont les ingénieuses et originales considérations que l'illustre directeur de l'Observatoire de Milan a exposées dans cette curieuse étude sur Mars, en ayant pris la liberté de sortir un instant de l'austérité du savant et du mathématicien à laquelle ses profonds travaux nous ont accoutumés. En nous adressant cet article, il écrivit, en tête de la première page, en manière d'excuse : « *Semel in anno licet insanire* », mots que nous traduirions volontiers par : *Il est permis de dire des folies deux fois par an.* Si l'on n'en disait que de cette sorte, le monde serait plus sage.

De ces études, nous garderons certains arguments applicables au progrès de notre connaissance générale de la planète : variations des aspects de la surface dues à l'eau produite par la fonte des neiges, eau douce dans les régions boréales et pouvant être salée dans les régions australes; origine naturelle des canaux et leur arrangement possible par l'industrie des habitants. Ce sont là des pierres pour notre édifice. Très certainement on peut discuter tout cela, non sans plaisir d'ailleurs. Nous avons vu plus haut, par exemple, que les irrégularités de tons, les traînées sombres observées dans les mers martiennes ont conduit plusieurs astronomes à penser que ce ne sont pas là de véritables mers. Cependant ces irrégularités de tons pourraient fort bien s'expliquer, dans l'hypothèse des mers, en admettant qu'elles ne sont pas profondes et qu'on en distingue les fonds, plus ou moins variés. On pourrait également admettre que ce sont des marais plus ou moins peuplés de plantes. Comparons les observations les plus contradictoires. Cherchons.

Les « canaux » ne pourraient-ils être produits par des successions de vallées plus ou moins rectilignes que l'œil réunirait ?

CCIX. — J. ORR. LES CANAUX DE MARS NE PEUVENT PAS ÊTRE ARTIFICIELS ([1]).

Les considérations suivantes, aux antipodes des précédentes, sont extraites du *Journal of the British Astronomical Association,* vol. V, 1895.

M. J. Orr, membre de la Section de l'Ecosse occidentale, se propose de montrer l'*impossibilité absolue* que les soi-disant canaux soient d'une origine artificielle, le travail d'une prétendue population martienne.

« En traçant des rainures sur un globe fortement éclairé, M. Orr a calculé que la largeur minimum que doivent avoir les canaux de Mars pour être visibles est de 53 kilomètres. La longueur d'un canal moyen, mesurée sur les cartes de Schiaparelli, est d'environ 3200 kilomètres. Et puisque, sur la Terre, les fuites dans le sol, l'évaporation, etc. déterminent la profondeur minimum à donner au canal pour assurer l'approvisionnement d'eau nécessaire au centre, on est conduit à attribuer à un canal de Mars, tel que le Tartare, par exemple, une profondeur d'au moins 110 mètres. En tenant compte de l'intensité de la pesanteur, c'est-à-dire en admettant que l'excavation d'un fossé martien de 70 mètres de profondeur représente le même travail que celui que nécessite un canal terrestre de 26 mètres, on trouve que les canaux de Mars équivalent à environ 1634000 fois le canal de Suez et exigeraient pour leur construction une armée de 200 millions d'hommes travaillant 1000 de nos années. Admettant encore que la population soit proportionnelle à la surface, puisque la surface de la Terre est 3 fois $\frac{1}{2}$ plus grande que celle de Mars, nous pouvons disposer d'une population martienne de 409 millions d'individus. Tous les hommes adultes et une grande partie des femmes ont dû être embauchés dans cette grande entreprise.

» L'auteur suppose donc que les *canaux* n'ont rien d'artificiel, et sont de grandes crevasses causées par la contraction de la surface sous l'action du refroidissement, la planète étant dans une phase vitale considérablement plus avancée que celle de la Terre.

» Après la projection d'un tableau représentant le système général des canaux tel qu'il a été donné par Schiaparelli, le président de la Section, M. E.-W. Maunder, de l'Observatoire de Greenwich, ajoute que « la note statis» tique, mais néanmoins amusante, de M. Orr est « un clou de plus dans le cer» cueil de l'absurde idée » qui attribue les canaux de Mars à un travail d'agents » humains. Le simple fait que les ressources entières d'une des plus grandes » nations de l'Europe n'ont pas suffi à creuser un petit fossé de 42 kilomètres » de longueur et de quelques pieds de profondeur peut nous convaincre que » les habitants de Mars, à supposer qu'ils existent, n'auraient pu creuser » 130,000 à 160,000 kilomètres de canaux de 50 kilomètres de large! »

Notre devoir est de tout publier ici. M. Orr aurait offert un travail de sta-

([1]) *Astr. Soc. of the Pacific*, 1895, VII, p. 122, et *Journ. of the Br. Astr. Ass.* V.

tistique plus complet encore, s'il avait essayé d'évaluer le prix de revient de la construction du réseau des canaux martiens. Mais c'est plus difficile. Un mètre cube de sable pèse là beaucoup moins qu'ici ; la main-d'œuvre y est peut-être bon marché, si les ouvriers ne mangent que les figues du désert, etc. Néanmoins, la somme serait trop forte aussi pour être acceptable par des citoyens aussi raisonnables que nous.

Quant à la population actuelle de Mars, il faudrait aussi pouvoir déterminer la fécondité des femmes martiennes. Nous n'avons encore aucun spectroscope pour cela.

Sérieusement, nous pouvons avouer que ces aspects sont parfaitement énigmatiques et que toutes les hypothèses sont permises. A la limite de la visibilité, les canaux ne sont probablement pas ce qu'ils paraissent être.

CCX. — Marsden Manson. — Les Climats de Mars (1).

Voici maintenant une discussion d'un autre ordre sur les climats probables de la planète.

Le fait que Mars présente des phénomènes indiquant que les climats de ses régions polaires sont plus doux que ceux de la Terre semble intriguer bien des étudiants en astronomie. Au lieu d'essayer d'expliquer ces phénomènes par des déductions logiques, tirées de faits admis et de lois connues, quelques-uns semblent prendre plaisir à exercer leur imagination en les attribuant à des conditions d'une possibilité très douteuse, dont ils établissent l'existence par une série d'arguments qui dépassent la limite de crédulité que peuvent raisonnablement leur octroyer leurs collègues.

Nous nous proposons de montrer que les conditions climatériques dont l'existence sur Mars est généralement admise peuvent être expliquées au moyen de suppositions et d'hypothèses restant dans le domaine du sens commun ; les arguments seront simples et fondamentaux, et, jusqu'à ce qu'on ait établi qu'ils reposent sur des prémisses incorrectes ou que des conclusions erronées en ont été déduites, l'imagination scientifique sera restreinte à ses limites raisonnables.

La planète Mars est environ une fois et demie plus éloignée du Soleil que la Terre et son volume est à peu près le septième de celui de notre globe. Contrairement au reste des autres corps du système solaire, planètes et satellites, Mars réfléchit une superbe lumière rougeâtre, ce qui est un point important dans l'interprétation des conditions climatériques. A surface égale, la lumière et la chaleur reçues par Mars n'atteignent pas la moitié de ce que reçoit la Terre ; mais *il n'en résulte aucunement que ses climats soient proportionnellement*

(1) *Astr. Soc. of the Pacific*, 1895, VII.

plus froids, car la quantité de chaleur qu'une planète reçoit du Soleil n'est pas le seul facteur primaire qui détermine la température de sa surface ; il y en a d'autres qui jouent un rôle considérable et dont l'omission rendrait les raisonnements illusoires. C'est cet oubli qui a rendu difficile l'interprétation des conditions climatériques qui prévalent sur Mars et a fait douter certains astronomes que les climats y pouvaient être plus doux qu'ici. D'autres, pour expliquer la formation et la fusion des neiges polaires, ont imaginé de substituer à la vapeur d'eau quelque autre substance.

Alors que chaque pôle de Mars sort de son hiver, on observe, en effet, des taches comparativement blanches qui l'entourent. Elles sont généralement situées aux latitudes de 84° à 82°, c'est-à-dire à 6 ou 8 degrés du pôle, bien qu'elles puissent s'étendre quelquefois jusqu'à 60° et même 55° de latitude, sur un arc de 60 à 70 degrés ; elles disparaissent en totalité ou en partie, l'été suivant, lorsque le pôle est resté tourné vers le Soleil. Les bords s'évanouissent rapidement, mais les taches voisines du pôle persistent pendant plusieurs mois. Ces phénomènes admettent la très simple interprétation suivante, qui est d'ailleurs généralement acceptée : ces taches sont des neiges polaires qui se forment ou qui fondent selon les saisons ; mais l'entreprise d'expliquer comment une planète, recevant moitié moins de lumière et de chaleur que la Terre, puisse jouir à ses hautes latitudes d'un hiver si doux et d'un été si chaud a toujours été jusqu'ici considérée comme difficile.

Le Dr Bates avance (¹) que ces taches polaires pourraient bien être des plages d'acide carbonique (CO^2) et sa théorie a pour elle d'avoir trouvé quelque crédit auprès du Prof. Campbell, de la Section astronomique de Lick, à l'Université de Californie.

Mais aucune autorité ne nous explique ni ce que serait devenue l'eau qui a pu exister sur la planète et qui aurait été condensée avant l'anhydride carbonique, ni pourquoi, après l'évaporation de ce dernier, nous n'apercevons pas la neige et la glace, blanches également, qui ont dû être formées et précipitées bien avant que la planète eût atteint la température extrêmement basse à laquelle se congèle l'anhydride carbonique. Avant que cette interprétation remarquable soit l'objet d'une discussion, il faudrait établir que l'eau n'a jamais existé sur Mars, car elle eût été congelée d'abord et eût recouvert la planète d'une couche blanche sur laquelle la condensation et la fusion de l'anhydride carbonique, également blanc, seraient invisibles. Et la même objection peut évidemment être opposée à toute autre substance ayant un point de fusion compris entre ceux de l'eau et de l'anhydride carbonique. Quel que soit le point de fusion de la substance qui cause les calottes polaires de Mars, il est nécessairement le plus élevé qui puisse se rencontrer dans la série des constituants de l'atmosphère de la planète, car aussitôt après sa fusion nous observons la surface générale de l'astre.

(¹) *Publications A. S. P.*, vol. VI, p. 300. — *Voyez plus haut, p. 176.*

Les facteurs omis. — Au cours de la vie d'une planète il y a, entre l'épuisement total de sa chaleur propre utile et le règne de la chaleur solaire, une période durant laquelle les conditions glaciaires sont étendues et persistent fort longtemps. Cette période, la Terre l'a manifestement franchie, comme l'indique l'existence des glaciers des continents aux latitudes tropicales, tempérées et même polaires, qui ont presque complètement disparu et dont les restes se retirent sur les hauteurs et vers les pôles. Cette retraite, quoique très lente, est néanmoins appréciable partout où existent encore des glaciers. Il s'ensuit donc que depuis la période où ils furent le plus étendus, il y a eu augmentation générale de la température et, comme cet accroissement subsiste encore, on en doit chercher la cause dans les phénomènes actuels.

Il a été rappelé précédemment que la quantité de chaleur qu'une planète reçoit actuellement n'est pas le seul facteur influençant la température de sa surface; d'autres sont également importants, peut-être même davantage. Leur existence et leur influence sont rendues apparentes par un accroissement général dans les températures terrestres depuis l'extension de la période glaciaire sur ces régions maintenant tempérées et tropicales. Un de ces facteurs est l'aptitude de l'atmosphère à capter la chaleur. Tyndall et Buff ont montré, en effet, qu'au contact de la surface du globe, les rayons lumineux et calorifiques solaires sont convertis en rayons calorifiques obscurs retenus par l'atmosphère et que ce pouvoir appartient individuellement à ses divers constituants; quelques gaz, et particulièrement les parfums des fleurs, le possèdent à un très haut degré. Maintenant, quand cette période d'emmagasinement calorifique est commencée sur une planète, celle-ci cesse non seulement de se refroidir, mais elle voit même sa température augmenter, car la vitesse de refroidissement est moindre que celle d'échauffement. L'opération est néanmoins limitée par l'évaporation de l'eau, laquelle, quand elle est excessive, ferme la route à l'énergie solaire par la formation des nuages [1]. La température moyenne de la surface de la Terre semble s'être ainsi élevée depuis les plus basses températures de la période glaciaire. Comme le progrès de cette élévation est encore marqué par le retrait des glaciers dans les deux hémisphères et à toutes les latitudes, et comme il a commencé à une époque relativement éloignée, un troisième facteur, le temps, entre ainsi dans le résultat comme une cause importante.

Les climats d'une planète sont donc déterminés par trois causes principales : 1° la quantité de chaleur et de lumière qu'elle reçoit du Soleil; 2° le pouvoir de son atmosphère à emmagasiner la chaleur et qui détermine *l'excès* de la chaleur reçue sur la chaleur rayonnée; 3° enfin le temps pendant lequel ces facteurs ont agi.

Appliquons ce raisonnement à Mars. Nous pouvons fixer en termes généraux la valeur relative de chaque cause, le résultat logique de cette combinaison étant que Mars jouit d'un climat général plus doux que celui de la Terre.

[1] Le climat de Vénus semble être aujourd'hui dans cet état.

Pour le premier point, la quantité de chaleur et de lumière reçue par l'unité de surface de Mars est environ les $\frac{43}{100}$ de la quantité correspondante relative à notre globe.

L'existence et l'efficacité du second facteur sont rendues manifestes par le manque de rayons bleus et l'excès de rayons rouges ou oranges qui existent dans la lumière solaire réfléchie par Mars, établissant ainsi que l'atmosphère martienne a le pouvoir d'extraire et de retenir ces mêmes rayons qui sont le plus aisément retenus par l'atmosphère terrestre. Ce déficit montre que l'excès de la chaleur reçue sur la chaleur rayonnée est une quantité positive, ou, en d'autres termes, que Mars, comme la Terre, est, ou bien un corps accumulant de la chaleur, et que la température de sa surface augmente encore graduellement, ou bien que la température de la surface est constante, l'excès de l'énergie solaire étant employée à y maintenir ces conditions et à agir à sa surface.

Quant à la troisième cause, le temps, elle est manifestement plus influente sur Mars que sur la Terre; la masse de Mars est, en effet, égale à la neuvième partie de celle de la Terre, et cette planète a dû perdre sa chaleur interne en un temps plus court et devenir, bien plus tôt que la Terre, capable de recevoir la chaleur de l'extérieur.

Les trois causes principales que nous venons d'envisager sont donc positives dans leurs effets, indépendantes de la constance ou de la diminution de la source de chaleur et ne tiennent aucun compte de la chaleur stellaire, inconnue il est vrai, mais dont l'effet est positif et constant.

Il est donc rationnel de conclure que *les phénomènes observés seront correctement interprétés en disant que Mars jouit d'un climat général plus doux que celui de la Terre.*

Ce raisonnement est applicable à une planète quelconque de n'importe quel système, et l'on doit penser que des conditions climatériques similaires peuvent se réaliser avec le temps sur toute planète possédant une atmosphère capable d'emmagasiner la chaleur solaire.

CCXI. — CAMPBELL. — SUR LA FUSION DES CALOTTES POLAIRES DE MARS (1).

Le savant astronome de l'Observatoire Lick continue de combattre tous les arguments tirés des observations en faveur d'une atmosphère martienne.

Aucun fait concernant Mars n'a été mieux établi que celui du décroissement graduel des calottes polaires après que le solstice d'été a passé sur l'hémisphère correspondant. On a prétendu récemment, tant dans les revues astronomiques spéciales que dans la presse quotidienne, que cette continuelle diminution des taches polaires après le solstice prouve que le maximum de température de la

(1) *Astr. Soc. of the Pacific*, 1895, VII, p. 292.

planète arrive aussi plusieurs mois après cette époque et que Mars possède une atmosphère capable d'emmagasiner la chaleur (*heat storing atmosphere*).

Je suis convaincu que les astronomes ont toujours considéré Mars comme pourvu de quelque enveloppe gazeuse, qu'une atmosphère plus ou moins étendue est nécessairement *heat storing*, et que le maximum de température y arrive après le solstice d'été. Mais je ne pense pas que, réciproquement, la fusion continuelle des calottes polaires après le solstice suffise à le prouver.

Supposons qu'avant le solstice une aire donnée A de la calotte disparaisse, laissant une aire B couvrir les régions polaires. L'aire B reçoit après le solstice la même quantité de chaleur qu'avant; si cette chaleur était sans effet sur B jusqu'à ce moment, le point serait bien établi. Mais ce n'est pas le cas : on a de nombreuses preuves qu'une fusion intense de l'étendue B se produit avant le solstice, et le fait qu'elle se prolonge après ne prouve pas que le maximum de température y ait alors lieu, puisque la même quantité de chaleur directe doit être encore reçue.

La fusion sur l'aire B avant le solstice est mise en évidence par la formation de régions sombres que l'on a observées à l'intérieur des calottes polaires. Un examen des dessins du pôle sud pris à l'opposition de 1894 montre que de grandes régions sombres existaient à l'intérieur de la tache polaire au voisinage immédiat du pôle, plusieurs mois avant le solstice, qui eut lieu le 1er septembre 1894, alors qu'il ne restait plus qu'une petite aire B. Même au mois de mai, c'est-à-dire trois mois avant le solstice, il y avait tout près du pôle une région sombre presque aussi étendue que la partie restante de l'aire B, le 1er septembre. Si des taches sombres, formées probablement par la fusion, apparaissent dans les régions polaires plusieurs mois avant le solstice d'été, nous devons nous attendre à voir cette fusion se continuer sur les mêmes endroits durant au moins un nombre égal de mois après le solstice, et le fait qu'il en est ainsi n'indique en aucune façon la position du maximum de température.

Et même, parce qu'une petite aire B subsiste le 1er septembre, devons-nous croire que la neige ou toute autre substance formant la calotte polaire y est encore sous son épaisseur primitive? Il est probable que la moitié, les deux tiers ou presque toute la neige couvrant B a disparu avant le 1er septembre, de façon qu'il n'en reste plus qu'une mince couche à fondre après le solstice.

Il est bon de remarquer encore une fois que, quelle que soit la nature de l'atmosphère de Mars, les astronomes l'ont toujours tenue pour capable d'emmagasiner la chaleur solaire, et ont toujours pensé que le maximum de température arrivait après le solstice d'été; mais la fusion des neiges polaires après la culmination du soleil sur leur horizon ne prouve ni cette assertion ni l'assertion contraire.

OPPOSITION DE 1896.

CCXII. — Flammarion. — Dates des saisons sur Mars.

Au moment de comparer entre elles les observations faites pendant l'opposition de 1896, il m'a paru nécessaire d'examiner avec un soin particulier les époques des saisons à la surface de la planète. A mesure que l'on avance dans l'étude d'un sujet, on exige plus de précision dans les détails. Jusqu'à présent, dans l'établissement des dates des équinoxes et des solstices martiens, nous ne nous sommes pas assez préoccupés, peut-être, de la variation due à la précession des équinoxes terrestres. Elle n'est pourtant pas sans valeur.

Les premières déterminations un peu précises de la direction de l'axe de rotation de la planète ont été faites par William Herschel en 1783 et par Schrœter en 1798. Le premier trouva :

Longitude céleste où pointe le pôle nord	347° 47′
Latitude	+ 59 42

Le second :

Longitude	352° 55
Latitude	+ 60 33

De 1830 à 1837, Bessel a fait une série de mesures et a trouvé :

Longitude	349° 1′
Latitude	+ 61 9

ou

Ascension droite	317° 34′
Déclinaison	+ 50 5

En 1877, M. Schiaparelli, adoptant cette dernière détermination pour 1834, et la corrigeant de la variation annuelle causée par la précession terrestre, de + 0′,485 et + 0′,247, obtint pour 1877 :

Ascension droite	317° 55′
Déclinaison	+ 50 16

En 1879, les observations de la tache polaire australe ont donné au même astronome les valeurs suivantes pour la direction du pôle boréal sur la sphère céleste :

Ascension droite	318° 7′,8	équinoxe
Déclinaison	+ 53 37,1	1880, 0

L'inclinaison de l'équateur de Mars sur son orbite, résultant de cette position, est :

24° 52′,0

Dans le premier Volume de cet Ouvrage, nous avons adopté que la planète passe à son solstice austral quand sa longitude héliocentrique est de 356°48'.

En 1895, M. Herman Struve a déterminé les éléments uranographiques de la planète par l'analyse du mouvement des orbites des satellites et a trouvé pour le nœud ou l'intersection du plan de l'équateur martien avec le plan de l'orbite :

Longitude............. 80° 47',5

et pour l'inclinaison de l'équateur de Mars sur son orbite ou l'obliquité de l'écliptique pour Mars :

25° 12',7

Ce qui conduit pour les coordonnées du pôle nord :

Ascension droite.......	317° 0',6	équinoxe
Déclinaison	52 30,1	1880, 0

Dans ses éphémérides pour l'opposition de 1896-1897, M. Marth a adopté, non sans hésitation, ces dernières déterminations. L'inclinaison de l'équateur sur l'orbite est augmentée de 0",344, mais le nœud de l'orbite est reculé de 2°,973 [1].

[1] En 1898, M. Crommelin a construit son éphéméride avec les constantes de M. Struve, la position du pôle nord pour 1898,0 étant :

Ascension droite........... ..	317° 15
et Distance polaire............	37 43
ou Déclinaison................	52 17

quoique ces données diffèrent très sensiblement de celles déduites des taches qui, rapportées à 1898, sont :

	Æ	D. P.
Schiaparelli.........	318°,27	36°,31
Lohse, 1883...........	318,34	36,63
Lohse, 1893...........	318,45	36,16

Moyennes.

318°,35 36°,37

En 1902, dans les éphémérides pour l'opposition de 1902-1903, M. Crommelin a pris pour coordonnées (1903,0) :

Ascension droite....	317°,27
Distance polaire....	37,36

D'après ces éphémérides, la date de l'équinoxe de printemps de l'hémisphère boréal ou la longitude aréocentrique du Soleil rapportée au plan de l'orbite de Mars (⊙ = 0°, correspondant au 20 mars terrestre) est le 13 août 1902, le solstice d'été le 27 février 1903 et l'équinoxe d'automne le 29 août suivant.

La longitude héliocentrique de Mars au moment de l'équinoxe vernal est pour 1902 : 84° 17'.

La variation annuelle de la longitude héliocentrique de Mars par suite de la précession terrestre est de $+50'',25$ et de $-7'',07$ par suite de la précession de Mars (l'inclinaison de l'orbite de Mars sur l'écliptique terrestre [$1°51'$] est négligeable) $= 43'',18$ pour l'époque actuelle.

Les époques du commencement des saisons d'une planète sont déterminées par les positions respectives du plan de son équateur et du plan de son orbite.

Soient S [1] le centre du Soleil; SΠ une demi-droite dirigée perpendiculairement au plan de l'orbite de la planète considérée et menée dans un sens tel qu'un observateur couché sur cette ligne les pieds en S voie l'astre tourner dans le sens direct; SP une parallèle à l'axe de rotation de la planète et dirigée selon des considérations analogues.

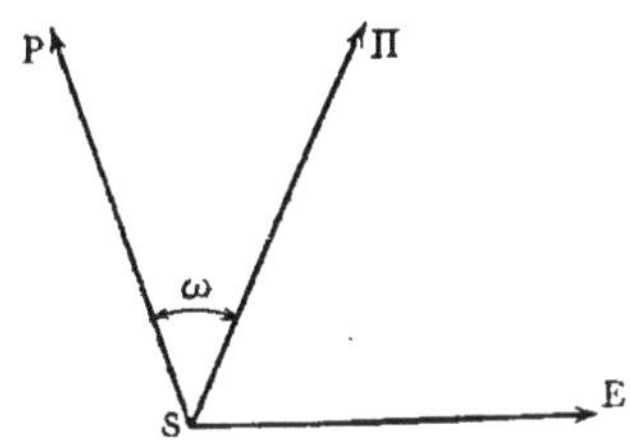

Fig. 193.

L'équinoxe de printemps, dont la connaissance suffit à fixer toutes les dates relatives aux saisons, s'obtient en menant une demi-droite SE perpendiculairement au plan ΠSP dans un sens tel que, pour un observateur couché sur cette ligne, les pieds en S, une rotation dans le sens direct amène l'axe SΠ à coïncider avec l'axe SP.

Soient L et l les coordonnées longitude et latitude du point Π; L' et l' celles du point P; on calculera d'abord la longitude Λ de l'équinoxe E par la formule

(1)
$$\operatorname{tang}\left(\Lambda - \frac{L+L'}{2}\right) = \frac{\sin(l-l')}{\sin(l+l')} \operatorname{cotang} \frac{L-L'}{2}$$

puis sa latitude λ par l'une ou l'autre des formules

(2)
$$\begin{aligned} \operatorname{tang} \lambda &= \sin(L-\Lambda) \operatorname{cotang} l \\ &= \sin(L'-\Lambda) \operatorname{cotang} l'. \end{aligned}$$

Les coordonnées du point Π se déduisent de la longitude du nœud ascendant ☊ de l'orbite de la planète et de son inclinaison i, telles qu'on les trouve dans la *Connaissance des Temps* :

$$\begin{aligned} L &= ☊ - 90° \\ l &= 90° - i. \end{aligned}$$

La position du point P est connue avec moins de précision.

Nous avons, d'après H. Struve, les valeurs suivantes rapportées à l'équinoxe moyen de 1903, 0 :

$$\begin{aligned} Æ &= 317°\,16'\,12'' \\ Ⓓ &= 52°\,38'\,24'', \end{aligned}$$

(1) Nous avons confié cet intéressant calcul à l'obligeance de M. H. Chrétien, l'un de nos jeunes et savants collègues de la Société Astronomique de France.

soit, en coordonnées écliptiques,

$$L' = 352^\circ\, 9'\, 19''$$
$$l' = 63^\circ\, 15'\, 33''.$$

On trouve, d'autre part, dans la *Connaissance des Temps* pour la même époque :

$$\Omega = 48^\circ\, 49'\, 43'',4$$
$$i = 1^\circ\, 51'\, 1'',1.$$

En portant ces éléments dans les formules (1) et (2) on trouve pour 1903,0

$$\Lambda = 84^\circ\, 17'\, 14''$$
$$\lambda = 1^\circ\, 4'\, 26'',$$

et pour l'inclinaison de l'axe de Mars sur celui de son orbite

$$\widehat{HSP} = \omega = 25^\circ\, 13'.$$

La longitude héliocentrique moyenne pour une année t, voisine de 1903, sera

$$\Lambda_t = \Lambda + 43'',19\,(t - 1903,0).$$

Nous adopterons 84° 17′ 13″ pour la longitude de Mars à l'équinoxe de printemps de 1903, et nous trouverons pour les oppositions antérieures :

	° ′
1901,0...	84 16
1899,0...	84 14
1897,0...	84 13
1894,0...	84 11
1892,0...	84 9

Nous avons donc maintenant pour les longitudes héliocentriques de Mars au commencement de chacune de ses saisons :

	° ′		h m
Équinoxe de printemps boréal......	84 17	13 août 1902..	à 2 22
Solstice d'été boréal..................	174 17	27 février 1903	à 20 1
Équinoxe d'automne boréal.........	264 17	29 août 1903..	à 20 46
Solstice d'hiver boréal..............	354 17	23 janvier 1904	à 7 34

Durée des saisons et de l'année tropique en jours terrestres.

	j	h
De l'équinoxe de printemps boréal au solstice d'été...	198	17
Du solstice d'été à l'équinoxe d'automne...............	183	1
De l'équinoxe d'automne au solstice d'hiver...........	146	11
Du solstice d'hiver à l'équinoxe de printemps.........	158	18
Année tropique.....	686	23

D'après ces données, nous continuerons comme il suit le tableau des saisons martiennes publié pour la première fois à la page 524 de notre premier Volume et qui n'était qu'approximatif.

DATES DES SAISONS SUR MARS.

Hémisphère austral.		Hémisphère boréal.		Dates.		Longitudes héliocentriques		Intervalles en jours.	Dates des oppositions.
						°	′		
Equinoxe	printemps	Equinoxe	automne	16 mai	1892	264	10	146	4 août 1892
Solstice	été	Solstice	hiver	9 octobre	1892	354	10	159	
Equinoxe	automne	Equinoxe	printemps	17 mars	1893	84	10	199	
Solstice	hiver	Solstice	été	2 octobre	1893	174	11	183	
Equinoxe	printemps	Equinoxe	automne	3 avril	1894	264	11	146	
Solstice	été	Solstice	hiver	27 août	1894	354	11	159	20 octobre 1894
Equinoxe	automne	Equinoxe	printemps	2 février	1895	84	12	198	
Solstice	hiver	Solstice	été	19 août	1895	174	12	184	
Equinoxe	printemps	Equinoxe	automne	10 février	1896	264	12	146	
Solstice	été	Solstice	hiver	14 juillet	1896	354	13	159	11 décembre 1896
Equinoxe	automne	Equinoxe	printemps	20 décemb.	1896	84	13	198	
Solstice	hiver	Solstice	été	6 juillet	1897	174	13	183	
Equinoxe	printemps	Equinoxe	automne	5 janvier	1898	264	14	147	
Solstice	été	Solstice	hiver	1 juin	1898	354	14	159	
Equinoxe	automne	Equinoxe	printemps	7 novemb.	1898	84	14	198	18 janvier 1899
Solstice	hiver	Solstice	été	24 mai	1899	174	15	183	
Equinoxe	printemps	Equinoxe	automne	23 novemb.	1899	264	15	147	
Solstice	été	Solstice	hiver	19 avril	1900	354	15	159	
Equinoxe	automne	Equinoxe	printemps	25 sept.	1900	84	16	198	22 février 1901
Solstice	hiver	Solstice	été	11 avril	1901	174	16	183	
Equinoxe	printemps	Equinoxe	automne	11 octobre	1901	264	16	147	
Solstice	été	Solstice	hiver	7 mars	1902	354	17	159	
Equinoxe	automne	Equinoxe	printemps	13 août	1902	84	17	198	
Solstice	hiver	Solstice	été	27 février	1903	174	17	183	29 mars 1903
Equinoxe	printemps	Equinoxe	automne	29 août	1903	264	18	147	
Solstice	été	Solstice	hiver	23 janvier	1904	354	18	159	
Equinoxe	automne	Equinoxe	printemps	30 juin	1904	84	18		

CCXIII. — Observations faites a l'Observatoire de Juvisy pendant l'opposition de 1896.

M. Flammarion, Directeur; M. Antoniadi, astronome-adjoint.

Opposition.................................. 11 décembre
Diamètre à l'opposition.................... 16″,9
Distance = 0,5608 ou 83559000 kilomètres

Légèrement incliné du pôle boréal; équateur un peu plus haut que le centre.

Solstice d'hiver boréal.............. 14 juillet 1896
Equinoxe de printemps boréal...... 20 décembre 1896
Solstice d'été boréal................ 6 juillet 1897

Les observations ont été commencées dès les premiers jours du mois de mai. Voici l'ensemble de celles que nous avons faites (¹).

17 mai : 15ʰ45ᵐ à 16ʰ25ᵐ. Diamètre = 6″, 0. Longitude du centre, λ = 115° ±. Bonne image. — La calotte polaire australe embrasse un angle de 45° ±, et est bordée d'une bande gris sombre. Les détails du globe sont indistincts (*fig.* A).

12 juin : 16ʰ15ᵐ. Diam. = 6″, 67. λ = 215°. Excellente image. — La calotte polaire

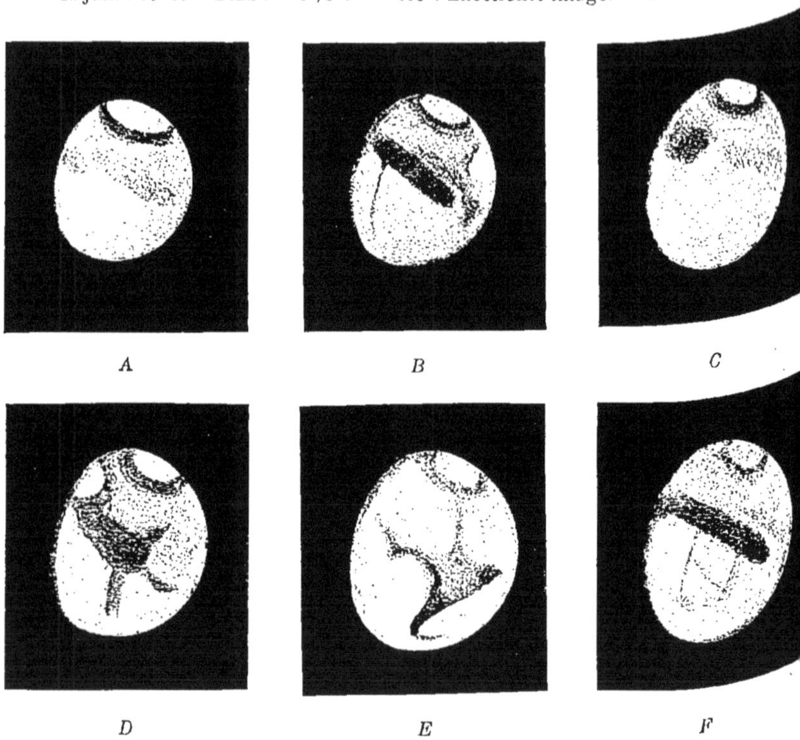

Fig. 194. — Mars en 1896.

A. — 17 mai. 15ʰ45ᵐ à 16ʰ25ᵐ. Long. 115° ±.
B. — 12 juin. 16ʰ15ᵐ. Long. 215°.
C. — 23 juin. 15ʰ30ᵐ. Long. 96°.
D. — 27 juin. 15ʰ0ᵐ. Long. 34°
E. — 12 juillet. 15ʰ45ᵐ. Long. 272°.
F. — 19 juillet. 15ʰ45ᵐ. Long. 205°.

neigeuse australe est très réduite depuis un mois. La mer Cimmérienne passe au centre. Son extrémité orientale est très foncée. La Petite Syrte est indistincte. On voit bien le Læstrygon. Ausonia est très brillante sur le limbe oriental (*fig.* B).

23 juin : 15ʰ30ᵐ. Diam. = 6″, 93. λ = 96°. Image mauvaise. — L'arc sous-tendu par la calotte polaire est 36° ±. On voit le golfe de l'Aurore, à l'Ouest, assez sombre. Le lac du Soleil et la mer des Sirènes sont invisibles (*fig.* C).

(¹) *Bulletin de la Société Astronomique de France*, 1897.

27 juin : 15h0m. Diam. = 7″, 12. λ = 34°. Bonne définition. — Noachis est blanche au terminateur. Le golfe de l'Aurore est au centre. On voit le Gange large (double?) et Agathodæmon (*fig*. D).

10 juillet : 15h45m. Diam. = 7″, 41. λ = 292°. Image brillante, mais bonne. — La calotte polaire est très réduite, et le ruban foncé qui l'entoure a perdu son intensité. La Grande Syrte est au centre. Le littoral vers Sinus Sabæus et Libya est très blanc. On ne voit que la partie inférieure de Hellas.

11 juillet : 14h30m. Diam. = 7″, 43. λ = 264°. Détails pâles. — On voit vaguement le canal Léthé.

12 juillet : 15h45m. Diam. = 7″, 46. λ = 272°. Bonne image. — La partie inférieure de la Grande Syrte est très foncée. La région du lac Mœris paraît être estompée, et le lac lui-même est invisible. La mer Adriatique est nette (*fig*. E).

19 juillet : 15h45m. Diam. = 7″, 68. λ = 205°. Bonne image vers le lever du soleil. — La calotte polaire est indistincte. La mer Cimmérienne traverse tout le disque. On voit quatre canaux : Læstrygon, Cyclops, Cerbère et Antée (*fig*. F). Sept canaux ont pu être identifiés : Læstrygon, Gange, Agathodæmon, Léthé, Cyclope, Cerbère et Antée en partie.

17 septembre, à 11h30m. Diam. = 10″, 58; longitude du centre = 284°; latitude du centre — 1°, 2. — Bonne image. — Mars est dépouvu de calottes polaires neigeuses. La mer du Sablier ou Grande Syrte est traversée dans sa partie supérieure par un pont brillant venant d'Ausonia : c'est un aspect anormal de l'île d'Œnotria, prolongée selon toute apparence à l'Ouest (pour Mars) par des nuages. On voit le Typhonius, ainsi qu'un canal très marqué un peu au nord d'Astapus.

Même jour, 12h30m. On aperçoit le Phison, très vague.

26 septembre, 17h0m. Diamètre 11″, 27; longitude du centre = 279°; latitude du centre + 0°, 3. Bonne image; de légers nuages passant devant la planète améliorent la définition. — Réapparition de la calotte polaire boréale. La Grande Syrte est très sombre vers son extrémité inférieure. La Libye est d'une couleur rouge brique foncée. Les terres au Sud sont indistinctes. Dans les instants de mauvaise définition, la planète se présente avec sa tache grise triangulaire, comme elle a été dessinée par Maraldi en 1719. On voit toujours le canal du 17 septembre au nord-est de la Grande Syrte, ainsi que le Phison, large et vague.

28 septembre, 16h30m. Diamètre = 11″, 43; longitude du centre = 259°; latitude du centre + 0°, 5. Mauvaise définition. — La calotte polaire nord est très brillante. La Petite Syrte est pâle, la Lybie et Ausonia estompées. Hellas est brillante près du limbe supérieur. Comme canaux, on aperçoit le Léthé vaguement, l'Amenthès et le Népenthès. D'autre part, on voit bien que le canal si évident au nord-est de la Grande Syrte, vers Boréosyrtis, n'est ni l'Astapus, ni l'Asclepius de M. Schiaparelli, et paraît nouveau. On le rencontre cependant antérieurement

sur les dessins de Lowell, en 1894, et mieux sur ceux de Burton et Bœddicker, en 1882.

Même jour, 17h 30m. Longitude du centre = 267°. — La région d'Isis est brillante. Le canal unissant la Grande Syrte à la Boréosyrtis, par-dessus Neith Regio, est d'une évidence indubitable (*fig.* 195).

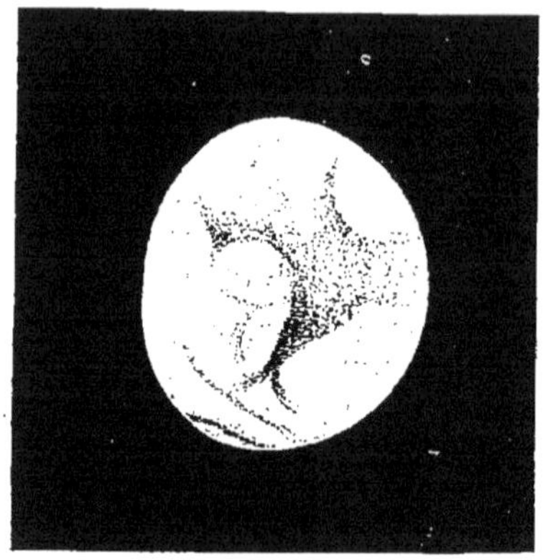

Fig. 195. — 28 septembre, 17h, 30m.

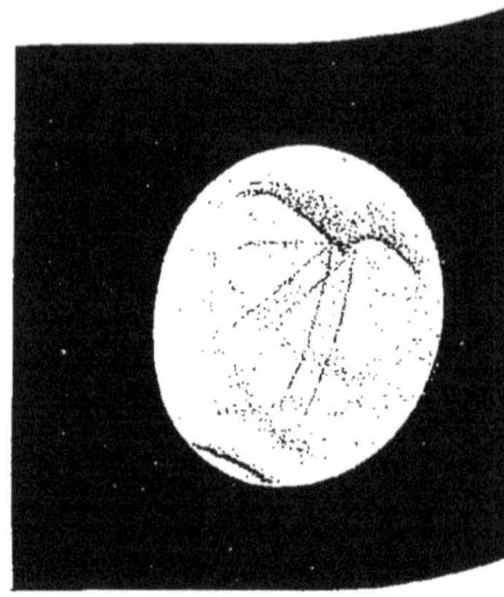

Fig. 196. — 2 octobre, 12h

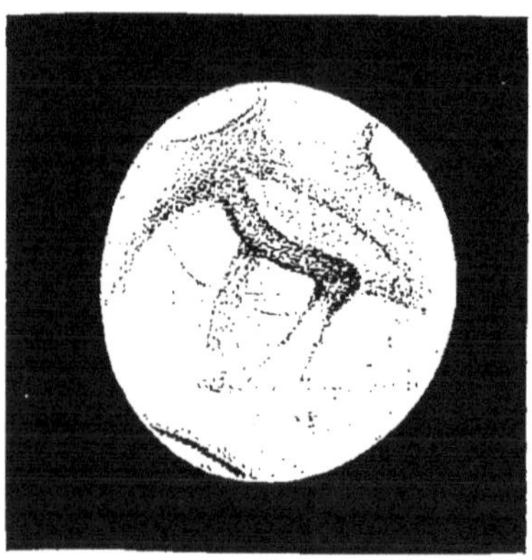

Fig. 197. — 23 octobre, 14h.

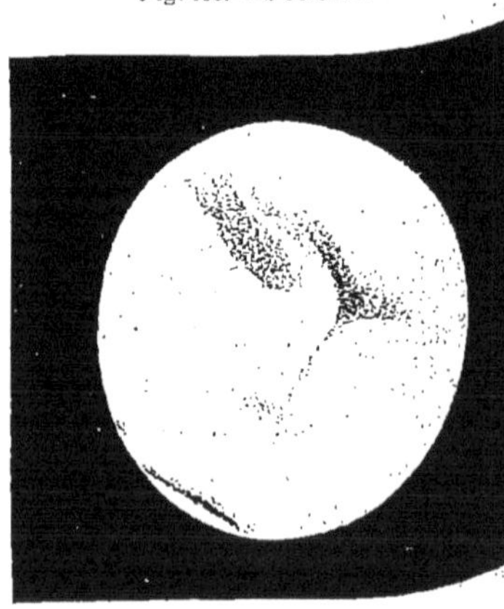

Fig. 198. — 29 octobre, 10h 30m.

30 septembre, 12h ±. Diamètre = 11",59; longitude du centre = 168°; latitude du centre + 0°,8. Image médiocre. — Aucun détail. Les mers des Sirènes et Cimmérienne seraient-elles recouvertes de brumes ou de nuages?

2 octobre, 12h ±. Diamètre = 11",75; longitude du centre = 149° ±; latitude du centre + 1°,0. Image d'abord mauvaise, puis satisfaisante. — La calotte polaire boréale est très brillante. Le golfe des Titans est à l'ouest du centre. Les

mers des Sirènes et Cimmérienne sont sombres, la première surtout. La Propontide est plus pâle. Cinq canaux se voient à la fois, dont deux doubles, le Titan et le *Steropes* ou *Brontès* de Lowell, deux très larges, l'Orcus et le Pyriphlégéthon et le dernier, Gigas, simple (*fig.* 196).

Même jour, $13^h \pm$. Longitude du centre $= 164° \pm$. Moins bonne définition. — Les

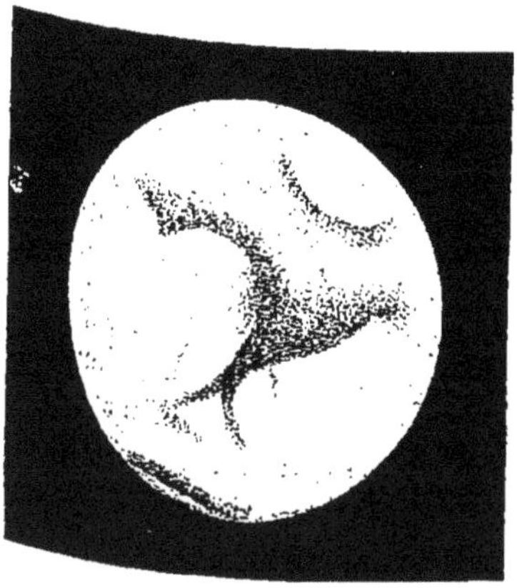

Fig. 199. — 30 octobre, $13^h 15^m$.

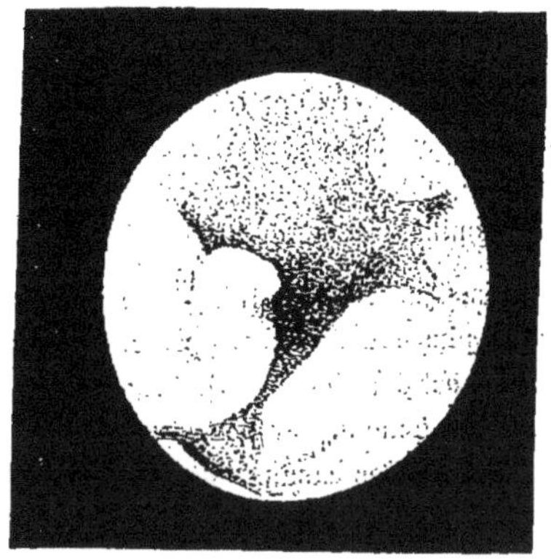

Fig. 200. — 30 octobre, $13^h 45^m$.

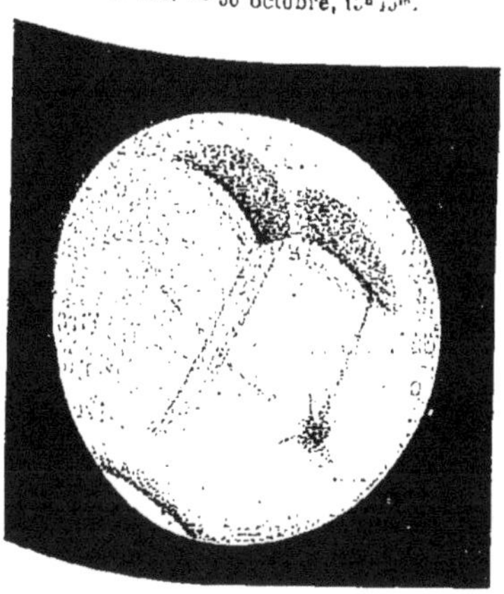

Fig. 201. — 5 novembre, 11^h.

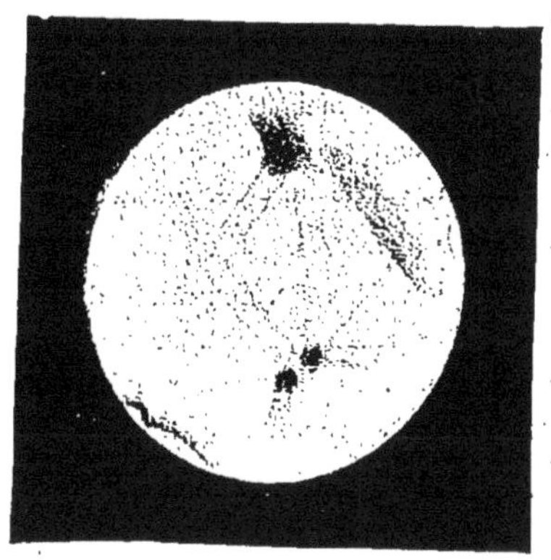

Fig. 202. — 10 novembre, $13^h 38^m$.

mers Cimmérienne et des Sirènes présentent l'aspect du « vol d'oiseau » observé par moi en 1877. Outre les détails énumérés dans l'observation précédente, on voit encore le Tartare, simple peut-être, mais large.

13 octobre, $18^h 0^m$. Diamètre $= 12'',80$; longitude du centre $= 134°$; latitude du centre $+ 2°,2$. Très mauvaise image. — Calotte polaire éclatante. La mer des Sirènes est mal définie, surtout à l'Est, et Phaethontis paraît brillante dans le

voisinage du limbe. Le Gigas est simple, mais le Sirenius, l'Orcus et le Pyriphlégéthon sont très élargis,

23 octobre, 12h0m. Diamètre = 13",80; longitude du centre = 313°; latitude du centre + 2°,7. Belle définition. — La calotte polaire nord est assez étendue. La Grande Syrte est au milieu du disque. Elle est très sombre vers la Nilosyrtis. On voit la baie du Méridien sombre, venant de l'Ouest. Le littoral d'Aéria et d'Edom paraît brillant par contraste. Deucalionis Regio est très pointue à l'Est et paraît séparée de la terre au Sud par un étroit canal assez sombre. On ne voit que l'hémicycle inférieur de Hellas, et vaguement l'île d'Œnotria, dont l'aspect a bien changé depuis l'observation du 17 septembre. L'Euphrate est large et très probablement double. Le nouveau canal, au bout de la Grande Syrte, ainsi que Protonilus, Typhonius, Oronte et Hiddekel, sont très marqués.

Même jour, 14h0m. Longitude du centre = 342°. La baie du Méridien est beaucoup plus foncée que le prolongement oriental de Sinus Sabæus. Deucalionis Regio est d'un beau rouge-brique sombre et plus foncée que le continent opposé. Les lacs Ismenius et celui du Nil au limbe sont pâles. Argyre brille vers le limbe supérieur. Les canaux de Protonilus, Typhonius, Oronte, Euphrate, Hiddekel et Gehon ne se voient que par instants (*fig.* 197).

29 octobre, 10h30m. Diamètre = 14",45; longitude du centre = 236°; latitude du centre + 2°,7. — Je remarque que le centre de la planète est très jaune. La calotte polaire boréale petite, mais très blanche, se montre mieux avec un faible éclairage de la lampe qu'avec l'éclairage complet ou dans l'obscurité. On voit les mers Cimmérienne et Tyrrhénienne, dont les rives sont blanches, puis un estompage allongé et vertical, descendant de la Petite Syrte, et correspondant au Léthé ou à l'Amenthès. Ce canal aboutit à l'estompage d'Hephæstus (*fig.* 198).

Même jour, 12h45m. Longitude du centre = 269°. Mauvaise image. La Grande Syrte est sombre au Nord. On voit l'hémicycle boréal de Hellas. La région d'Isis est brillante. Le nouveau canal au nord de la Grande Syrte est excessivement large et peut-être double. L'Amenthès est très évident.

30 octobre, 12h45m. Diamètre 14",56; longitude du centre = 260°; latitude du centre + 2°,7. Brouillard intense. MM. Flammarion, Antoniadi et Moreux observent et étudient sur la terrasse le curieux phénomène du spectre de Brocken (¹). Après le brouillard, le ciel éclairci permet les observations astronomiques. — La calotte polaire boréale est très nette. La Petite Syrte est un peu à l'est (précédant) du méridien central. L'extrémité suivante de la mer Cimmérienne se voit à gauche. La Grande Syrte est à droite. La Libye paraît estompée. Le segment inférieur de Hellas est net. On voit le nouveau canal si évident entre Astapus et Asclepius, le Léthé, l'Amenthès, le Népenthès et le Thoth.

(¹) Voir *Bulletin de la Société Astronomique de France,* 1898, p. 164.

Même jour 13h45m. Longitude du centre = 275°. — Médiocre image. — La calotte inférieure paraît bordée d'un estompage bleuâtre. La Grande Syrte qui va passer au centre affecte plutôt la forme dessinée par Schiaparelli que celle de Green ou de Lowell. Hellas et Deucalion sont brillantes au limbe. Les canaux Amenthes, Thoth, Astusapes, et le nouveau sur Neith Regio sont très distincts (*fig.* 199).

Même jour, même heure. Observateur *M. l'abbé Moreux.* — Grossissement de 300. Bonne définition. — La mer du Sablier passe au méridien central. La Libye est d'une blancheur éclatante et un estompage très prononcé continue sur ce continent la teinte noire de la Grande Syrte, à la place occupée autrefois par le lac Mœris. La Petite Syrte apparait sur la gauche avec le Léthé qui la continue. Au sud, à droite, on remarque Deucalionis Regio. Le pôle boréal est nettement visible et présente, peut-être en raison de sa blancheur plus accentuée à gauche, une dissymétrie frappante. Toute une région grise sépare la calotte polaire de la Nilosyrtis qui se montre plus avancée vers le pôle que dans les aspects habituels de la planète. A noter encore une large bande grise partant du pôle boréal et courant suivant un méridien sur la droite (*fig.* 200).

3 novembre, 11h0m. Diamètre = 15",0; longitude du centre = 200°; latitude + 2°,6. — Assez bonnes images. — Je remarque que Mars est précédé par un riche champ d'étoiles, amas des Gémeaux, environné d'une sorte de désert. Mers Cimmérienne et Tyrrhénienne, bordées de blanc. Calotte polaire boréale. Régions blanches au Nord-Est et au Nord-Ouest. Un estompage descend de la mer Cimmérienne au Trivium Charontis : Læstrygon.

4 novembre, 14h30m. Diamètre = 15",11; longitude du centre = 240°; latitude du centre + 2°,5. — Bonne image; détails très pâles. — La calotte polaire est petite. On ne distingue pas bien la forme de la mer Cimmérienne qui est très faible. Le Cyclope paraît double, ainsi que son prolongement inférieur, Galaxias. Cette constatation n'est pas sûre. Le Fretum Anian est un estompage très petit et très vague. Æthiops et Léthé ou Amenthès se voient par instants. Zéphyrie est blanche au terminateur.

5 novembre, 11h0m. Diamètre = 15",20; longitude du centre = 179°; latitude du centre + 2°,4. — Bonne image; la calotte polaire est très blanche. Les mers Cimmérienne et Tyrrhénienne sont bien marquées; leurs bords sont blancs. On dédouble le Titan; on voit aussi le Læstrygon et l'Orcus, convergeant au Trivium Charontis, *remarquablement assombri et élargi* (*fig.* 201).

7 novembre, 10h0m. Diamètre = 15",40; longitude du centre = 147°; latitude du centre + 2°,3. — Image très calme et belle, mais détails très indistincts. — On ne voit presque pas la calotte polaire boréale. La mer des Sirènes est mal définie. Le golfe Aonius est presque invisible. On soupçonne par instants l'existence du Sirenius et de l'Orcus; mais cette constatation n'est pas bien sûre.

10 novembre, 12h38m. Diamètre = 15",72; longitude du centre = 158°; latitude

du centre + 2°,0. — Magnifique image; calme absolu. — La calotte polaire inférieure est très petite. La mer des Sirènes passe au méridien central. Atlantis est très nette. La mer Cimmérienne est plus pâle. Le Trivium Charontis est très sombre près du limbe occidental. On voit plusieurs canaux, dont Titan, *Steropes* ou *Brontes* de Lowell, et Eumenides-Orcus nettement doubles. Le Læstrygon et le Tartare sont simples. L'Erebus est très sombre. La presque invisibilité de la Propontide est remarquable.

Même jour, 13h38m. Longitude du centre = 173°. — Image exceptionnellement calme et détaillée. — *Le Trivium Charontis est nettement double*, composé de deux taches noires circulaires, voisines. Cette duplication est frappante et, contrairement à ce qui a lieu pour la visibilité fugitive des autres détails de la planète, se voit presque continuellement. Outre les canaux énumérés plus haut, on aperçoit encore le Styx, noir et large (*fig.* 202).

Même jour, 14h38m. Longitude du centre = 188°. — Confirmation sur toute la ligne des détails précédents. La duplication du Trivium Charontis est incontestable. La calotte polaire inférieure est composée d'un point brillant à gauche, suivi, à droite, d'une tache plus grande, mais moins éclatante.

Ces observations nous montrent que des changements incontestables continuent de s'opérer rapidement à la surface de la planète. L'un des plus importants est le nouveau canal au bas de la mer du Sablier, qui la prolonge vers la gauche en décrivant une courbe légère (*fig.* 195 et 199). Ce canal n'est ni l'Astapus, ni l'Asclepius des cartes de Schiaparelli, mais il correspond assez bien avec l'Astapus de la carte de Lowell; on le retrouve sur un dessin de Burton, du 12 mars 1882 (*voir* t. I, p. 365). Comparer aussi un dessin de Stanley Williams, du 27 juin 1890 (p. 472) et les diverses cartes de Schiaparelli. Les comparaisons nous conduisent à penser qu'un certain nombre des changements observés sont des retours d'observations déjà faites antérieurement. Et comme nous sommes encore loin d'enregistrer régulièrement tout ce qui se passe sur Mars, nous devons penser que ces retours, renouvellements d'aspects antérieurs, sont beaucoup plus fréquents qu'ils ne le paraissent. Ainsi, ces variations, tout en étant réelles, incontestables, nous amènent aujourd'hui à une seconde conclusion :

1° *Des changements s'accomplissent actuellement à la surface de la planète Mars;*

2° *Certaines régions de la surface de Mars sont soumises à des variations périodiques;*

Et nous pouvons même ajouter :

3° *Ces variations sont causées par la circulation des eaux et probablement dues à de la végétation.*

Il serait inexact de dire que l'Astapus a changé de place. En des régions voisines, des aspects analogues se produisent, dus sans doute à une variation dans la distribution des eaux.

Outre cette variation observée au nord-est de la mer du Sablier, les observations de Juvisy en mettent en évidence une autre plus importante encore peut-être. Le 5 novembre, j'observais un élargissement et un assombrissement du Trivium Charontis (*fig.* 201), lac ou oasis auquel aboutissent neuf canaux, et représentant l'une des régions les plus importantes de la géographie martienne. Cinq jours après, mon astronome-adjoint observait la duplication de cette tache sombre (*fig.* 202). Eh bien, ce n'est pas non plus la première fois que ce phénomène est observé. M. Schiaparelli a constaté le même dédoublement le 9 mars 1884, mais avec un aspect différent. On a vu également le lac du Soleil, le lac Isménius, offrir des dislocations analogues. Tout cela est bien étrange, bien fantastique, bien extraordinaire; mais ne soyons pas trop sceptiques.

Brouillards sur Mars. — Les régions circompolaires boréales de la planète nous ont présenté en ces dernières semaines le phénomène, très rare sur cette planète, de brouillards s'étendant à des distances variables autour de la calotte neigeuse. Cette zone blanchâtre, moins éclatante que la neige polaire, s'est étendue jusqu'à une grande distance du pôle et a ensuite diminué. On aurait pu facilement la prendre pour une extension de la calotte polaire elle-même, et c'est ce qui a dû avoir lieu dans les anciennes observations [1].

25 novembre 1896, 14^h15^m. Diamètre $= 16'',90$. Longitude du centre $= 48°$. Latitude du centre $-0°,1$. — Une grande calotte brumeuse couvre la région polaire boréale de Mars sur un arc aréocentrique d'environ 45°, soit sur une surface au moins quatre fois aussi considérable que celle des neiges polaires. La couleur du météore est d'un blanc mat caractéristique, sans limites bien définies. Le golfe de l'Aurore paraît par moments présenter deux taches sombres rondes et voisines, situées sur le prolongement du Gange. Le Sinus Acidalius est d'un noir d'encre extraordinaire, malgré sa proximité du terminateur, ce qui donne à la planète un aspect peu naturel. Le lac Niliaque est indiqué par un vague estompage. Les canaux du Gange et de la Jamuna sont doubles; Chrysorrhoas et Agathodæmon paraissent élargis; Nilokeras ne présente rien d'anormal; enfin Hydraotes se voit comme une ligne très déliée (*fig.* A).

28 novembre, 12^h0^m. Diamètre $= 17'',03$. Longitude $= 349°$. Latitude $-0°,7$. — Le brouillard du pôle inférieur est légèrement réduit depuis le 25. Sinus Sabæus est assez foncé, la baie du Méridien l'est davantage. On remarque l'étroit canal séparant la région de Deucalion de la Noachide, signalé pour la première fois pendant cette opposition, au mois d'août, par M. Stanley Williams. Le lac Ismenius est pâle, celui du Nil un peu plus sombre. L'Euphrate et l'Hiddekel paraissent doubles, Oronte et Gehon simples. Le Nil est large (*fig.* B).

30 novembre, 12^h15^m. Diamètre $= 17'',08$. Longitude $= 335°$. Latitude $-1°,1$.

(1) J'ai adressé cette Note le 25 décembre 1896 aux *Astronomische Nachrichten*, qui l'ont publiée dans le numéro suivant (3394) du 4 janvier 1897.

Bonne définition. — Le brouillard polaire se réduit de plus en plus. La baie du Méridien est très sombre; Sinus Sabæus l'est moins, surtout au milieu, laissant voir ainsi Xisuthri Regio qui est du rouge brique caractéristique des demi-teintes sur Mars. Les rivages septentrionaux du Sinus Sabæus sont blancs. Argyre est

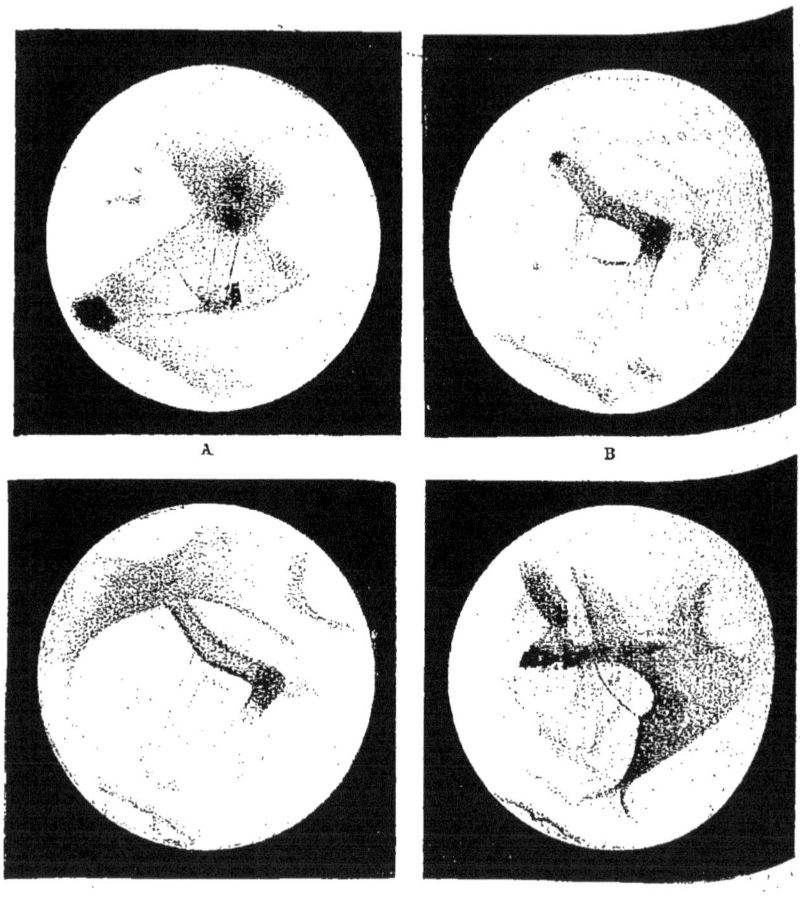

Fig. 203. — Observations de Mars faites à l'Observatoire de Juvisy. Novembre et décembre 1896.

très blanche au limbe supérieur. Deucalionis Regio parait nettement définie vers l'Est (pour Mars) où elle se termine en pointe. Euphrate, Phison et Hiddekel se voient doubles dans les moments calmes de l'image. Le Gehon est légèrement élargi (*fig.* C).

7 décembre, 10h 45m. Diamètre = 17",08. Longitude = 252°. Latitude — 2°,6. Image médiocre. — Le brouillard a disparu des régions polaires boréales, et l'on

ne voit pas de calotte polaire. La Petite Syrte passe au centre. Mers Cimmérienne et Tyrrhénienne avec Trivium Charontis, à gauche, Grande Syrte, à droite. Celle-ci offre la forme de Lowell en 1894, sans lac Mœris et avec une Libye brillante. Hespéria est estompée, surtout à l'Est. Comme canaux, on aperçoit le Cy-

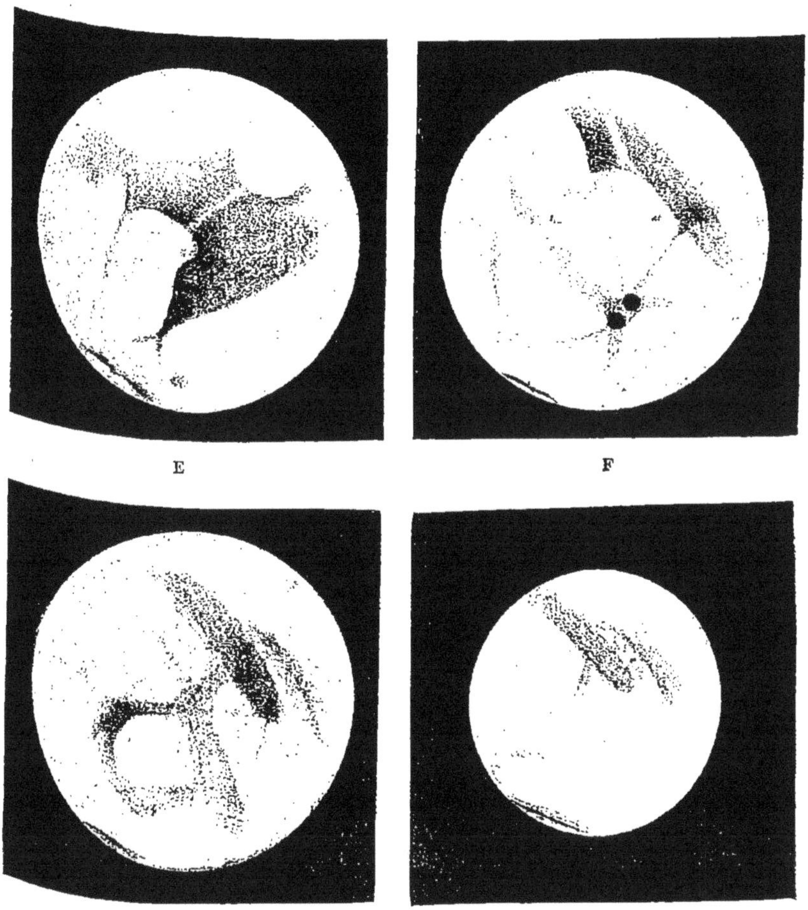

E F

G H

Fig. 204. — Observations de Mars faites à l'Observatoire de Juvisy. Décembre 1896 ; janvier 1897.

clope et le Cerbère, puis le Triton, très mince, et finalement un nouveau canal unissant la Petite Syrte à l'emplacement de l'ancien lac Mœris, ne correspondant pas au Népenthès, mais marqué sur des dessins des 24 et 27 juin 1890 par Stanley Williams.

Même jour, $11^h 30^m$. Longitude = 262°. Excellente image. — La calotte polaire nord réapparaît, dégagée des brumes. La Grande Syrte se présente telle qu'elle a été dessinée par Lowell en 1894. On aperçoit l'hémicycle inférieur de Hellas. Ausonia est on ne peut plus distincte. On voit onze canaux, tous simples (à l'exception de Cyclops), Æthiops, Triton, Amenthès, Thoth, Pactole, Nilosyrtis, Boreosyrtis, le canal unissant l'extrémité inférieure de la Grande Syrte à la Boreosyrtis, le canal de Stanley Williams sur Libya, enfin un autre unissant l'embouchure de l'Astapus à l'Hephæstus, et qui ne paraît pas correspondre à l'Astapus de Schiaparelli (*fig.* D). Les rivages orientaux (précédents) de la Grande Syrte paraissent être le siège de grands bouleversements.

Même jour, 12h30m. Longitude = 277°. Bonne image. — Les canaux disparaissent comme par enchantement. La Grande Syrte qui va passer au centre affecte bien la forme de Lowell, tandis que des régions plus sombres que l'on remarque à sa surface rappellent le « pays montagneux », de M. Barnard, à la dernière opposition. Aucune trace du lac Mœris, envahi par l'invasion graduelle de la mer du Sablier; son emplacement est actuellement marqué par un golfe arrondi. La Libye est blanche et paraît réunie à Hellas par un vague pont gris clair. Dans le bas du disque, on remarque un estompage qui pourrait bien être Coloe Palus de Schiaparelli (1879) (*fig.* E).

8 décembre, 13h40m. Diamètre = 17",06. Longitude = 285°. Latitude — 2°,8. Bonne image, mais par les moments d'air agité on croit avoir devant soi le dessin de Maraldi : pas de canaux. — On ne voit pas la calotte polaire. La forme lowellienne de la Grande Syrte est manifeste. Les canaux Astaboras, Nilosyrtis et celui de la Grande Syrte-Boreosyrtis se soupçonnent par instants.

10 décembre, 7h40m. Diamètre = 17",00. Longitude = 180°. Latitude — 3°,2. Air agité. — La calotte polaire est petite dans le bas du disque. La mer des Sirènes est sombre, la mer Cimmérienne plus pâle. Atlantis est nette. Le Trivium Charontis est double, composé de deux taches rondes et sombres, dirigées presque du Nord au Sud pour Mars, et à angle droit de l'Orcus, large, et probablement double. Le Titan est double; Cerbère et Styx très larges, formant avec le Trivium Charontis la moitié orientale de la figure hexagonale d'Elysium. On voit encore le Læstrygon, le Tartare, l'Erebus et le Pyriphlegeton (*fig.* F).

Même jour, 9h10m. Longitude = 202°. Assez bonne image. — La calotte polaire est petite, brillante et convexe vers l'équateur. Le Trivium Charontis double passe au centre. La partie d'Elysium qui le suit à l'Ouest est brillante. Orcus est un vague estompage. Titan disparaît à l'Est. La Propontide est pâle. On voit encore le Læstrygon, l'Erebus (ou Hades), le Cerbère, le Styx, l'Eunostos et l'Hyblæus.

Même jour, 10h20m. Longitude = 219°. Bonne image. — La calotte polaire nord est à peine marquée. La mer Cimmérienne est grise; au lieu de l'île Cimmeria on remarque deux taches sombres, situées vers l'embouchure du Cyclops et du Cerbère prolongés respectivement. Hespérie est nette, mais peut-être estompée. La forme pentagonale circulaire d'Elysium est nette, et les canaux qui entourent cette région sont élargis : Cerbère, Styx, Eunostos, Hyblæus. Cyclops est aussi très large. Le Pactole descend de l'Est jusqu'à l'estompage de Hephæstus, faisant avec Eunostos un angle d'environ 20°. Æthiops est très mince (*fig.* G).

15 décembre, 7h15m. Diamètre = 16",73. Longitude = 120°. Latitude — 4°,3. Image assez calme; vue à travers une éclaircie. — La calotte polaire boréale est petite, mais très brillante. Le lac du Soleil est d'un gris pâle à gauche; taudis que la mer des Sirènes est un peu plus sombre à droite. Aonius Sinus indistinct, mais la convexité du littoral Icaria-Phæthontis est très marquée. Le lac Tithonius se voit par instants; Sirenius et Pyriphlegethon sont élargis; Phasis très indistinct, mais les Colonnes d'Hercule s'aperçoivent sans beaucoup de difficulté. Le centre de la planète est sillonné de canaux nombreux et dirigés dans tous les sens : c'est la région du Nœud Gordien.

27 décembre, 9h25m. Diamètre = 15",58. Longitude = 56°. Latitude — C°. On voit encore la calotte polaire boréale. Je revois les deux taches sombres du golfe de l'Aurore vues ici le 25 novembre. La séparation de ces taches formerait-elle Protei Regio? Le Sinus Acidalius est noir dans le bas du disque, moins toutefois que le 25 novembre, à cause de la plus forte latitude australe du centre sans doute, et la position plus avancée vers le limbe de cette tache remarquable, masquée par la densité croissante de l'atmosphère vers le limbe. Le lac du Soleil doit être très pâle, car bien qu'à 34° du méridien central seulement, il reste invisible. Le lac Niliaque est estompé; celui de la Lune est mieux marqué. Enfin l'Indus se recourbe en arc gracieux s'étendant du golfe des Perles à la mer Acidalienne, non loin du limbe. On remarque encore le Nilus et le Nilokeras, simples, puis la Jamuna et le Gange doubles.

10 janvier 1897, 5h30m. Diamètre = 13",78. Longitude = 235°. Latitude — 7°,3. Je remarque que la mer Cimmérienne se montre assez foncée, ainsi que la mer Tyrrhénienne. Hespérie les sépare. Le Cyclops est large et estompé. Elysium et Hephæstus ne se voient pas avec certitude. En bas, la neige polaire boréale est mince, mais certaine et très blanche (*fig.* H).

Dans plusieurs lettres qui nous ont été adressées par M. Schiaparelli, l'illustre Directeur de l'Observatoire de Milan constate que, pendant cette opposition, les bonnes images de la planète ont été excessivement rares.

Le soir du 10 décembre, M. Schiaparelli a pu voir Mars par une atmosphère assez tranquille. Un brouillard épais absorbait cependant trop de lumière, et la vision était assez imparfaite. La configuration était presque identique à celle du dessin ci-dessus du 10 décembre (F). *Cyclops*, très visible, suivait le méridien de la planète; *Cerbère*, également bien marqué, se prolongeait, par un trait extrêmement délié, jusqu'à la mer Cimmérienne, sous une inclinaison de 45° à peu près. Le *Styx* était très large. Le *Trivium Charontis*, doublé, comme il a été vu à Juvisy : seulement, les deux taches étaient sensiblement allongées dans la direction de l'*Orcus*. Celui-ci était visible sous forme de bande large et très estompée. Le *Læstrygon* était assez facile, quoique moins large que Cyclops ; il touchait à l'extrémité gauche des deux taches sombres du *Trivium*. En bas du disque, le *Boreas*, le *Gynde* et l'*Æsacus*, avec une partie de la Propontis, étaient marqués par des bandes sombres et faciles à constater.

» La mer Acidalienne, tout près du Pont d'Achille, ajoute M. Schiaparelli, était très sombre aussi en 1884 ; alors j'ai écrit que cet espace *était le plus noir de toute la planète* (voyez le § 620 de mon Mémoire IV). »

De ces observations, la plus importante me paraît être celle de la variation constatée en novembre sur l'aspect du *Trivium Charontis*. C'est du reste une de celles qui ont le plus frappé l'attention des astronomes pendant cette opposition.

La carte ci-contre (*fig.* 205), dressée sur la projection de Mercator, résume les dessins faits à Juvisy pendant l'apparition de 1896-97.

EXPLICATION DE LA CARTE.

I. Régions jaunes et demi-teintes.

A Hellas.
B Ausonia,
C Œnotria.
D Yaonis Regio.
E Deucalionis Regio.
F Noachis, Pyrrhæ Regio, Ogygis Regio et Argyre.
G Thaumasia.
H Icarie.
I Phæthontis.
K Atlantis.
L Hespérie.
M Libye.
N Isidis Regio.
O Elysium.

II. Taches sombres et estompages.

A Grande Syrte.
B Sinus Sabæus.
C Mer Australe.
D Mer Tyrrhénienne.
E Petite Syrte.
F Mer Adriatique.
G Mer Cimmérienne.
H Mer des Sirènes.
I Mer Erythrée.
K Golfe des Perles.
L Golfe de l'Aurore.
M Golfe Aonius.
N Sinus Acidalius.
O Lac du Soleil.
P Lac de la Lune.
Q Lac Niliaque.
R Lac Ismenius.
S Hephæstus.
T Trivium Charontis
U Colœ Palus.
V Sirbonis Palus.
W Lacus Tithonius.
X Nœud Gordien.
Y Ceraunius.
Z Propontis.

g^1, g^2 Taches sombres vers l'extrémité suivante de la mer Cimmérienne.

l^1, l^2 Taches sombres dans le golfe de l'Aurore.

III. Taches blanches.

α Tache brillante sur la moitié précédente de Elysium.
β Littoral brillant du Sinus Sabæus.
γ Argyre.
δ Brumes du pôle inférieur.
ε Pont unissant Libya à Hellas.

IV. Canaux.

1 Læstrygon.
2 Gange (double).
3 Agathodæmon
4 Lethé.
5 Cyclops (large).
6 Cerbère (large).
7 Antæus.
8 Typhon (double??).
9 *Nouveau, a.*
10 Phison (large).
11 Amenthès.
12 Nepenthès?
13 Titan (double).
14 Steropes ou Brontès de M. Lowell (double).
15 Gigas?
16 Eumenides.
16 *bis* Orcus.
17 Pyriphlégéthon.
18 Tartare.
19 Sirenius (élargi).
20 Protonilus.
21 Oronte (double?).
22 Euphrate (double?).
23 Hiddekel (double??).
24 Gehon.
25 Thoth ou Athyr.
26 Astusapes.
27 Æthiops.
28 Erèbe.
29 Styx.
30 Jamuna (double?).
31 Nilokeras.
32 Chrysorrhoas.
33 Hydraotes.
34 Indus.
35 Triton.
36 *Nouveau, b.*
37 Pactole.
38 *Nouveau, c.*
39 Astaboras.
40 Eunostos.
41 Hyblæus.
42 Colonnes d'Hercule.
43 Phlégéthon.
44 Nil.
45 Phase.

Comme celle de 1894 (¹), notre carte actuelle confirme les admirables travaux de M. Schiaparelli, tout en nous montrant cependant d'importantes

(¹) *Voir* plus haut, p. 207.

Fig. 205

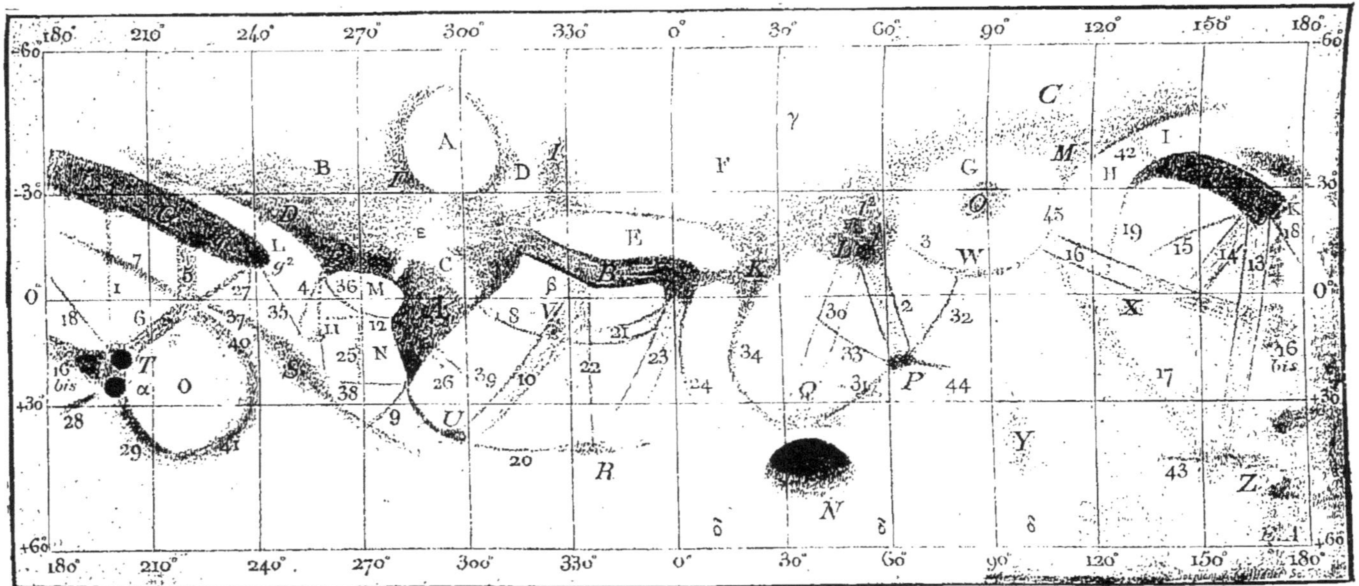

ENSEMBLE DES OBSERVATIONS DE LA PLANÈTE MARS FAITES A L'OBSERVATOIRE DE JUVISY PENDANT L'OPPOSITION DE 1896.

variations dues à ces fabuleuses métamorphoses dont la surface de Mars est incontestablement le siège, et qu'aucune analogie terrestre ne saurait nous expliquer d'une manière tant soit peu satisfaisante.

Nos observations de 1896-97 peuvent se résumer ainsi :

Les régions de Pyrrha et d'Ogygis, avec les îles de Noachis et Argyre, ont été vues comme une seule masse de terre ([1]). Deucalion a paru très pointue vers son extrémité précédente, tandis que la Xisuthri Regio apparaissait de temps en temps dans les sombres plages du Sinus Sabæus.

Le golfe des Perles a été, comme d'habitude, assez pâle. Par contre, le Sinus Acidalius de la mer Boréale était tellement noir qu'il constituait la partie la plus foncée de la surface de la planète. Le lac Niliaque est apparu sous la forme d'un vaste estompage, peu intense.

Deux taches sombres nouvelles ont été vues dans le golfe de l'Aurore, alignées dans la direction du Gange prolongé. Il ne paraît pas probable que ce soit là un aspect exceptionnel de l'île de Protée qui serait incluse entre ces estompages.

Le lac de la Lune était très foncé, tandis que le lac du Soleil s'est montré en 1896-1897 d'une pâleur rare. Il en a été de même du golfe Aonius, si sombre en 1877, mais remplacé en 1892 par une terre légèrement grisâtre en forme d'éventail.

Céraunius est un estompage très enfumé. On peut en dire autant du Nœud Gordien. La Propontide n'a jamais été bien vue à Juvisy pendant cette opposition.

Rien d'anormal dans la mer des Sirènes; mais deux taches sombres ont fait leur apparition dans la mer Cimmérienne, l'une (g^2) située à son extrémité suivante, l'autre (g^1) un peu à droite de l'embouchure du Cyclops. La gémination de cette mer a paru fort incertaine pendant cette apparition.

Le Trivium Charontis mérite une plus longue description. Jusqu'en 1883-1884 ce « lac » ou « oasis » a, en général, offert l'aspect d'un estompage allongé de l'Est à l'Ouest. En 1884, M. Schiaparelli constata, non sans surprise, que le lac était transformé en deux bandes parallèles à l'Orcus dédoublé. En 1888, cette gémination persistait encore, mais dirigée cette fois-ci vers l'Érèbe, comme si les deux bandes de 1884 avaient pivoté autour d'elles-mêmes, en tournant *sinistrorsum* de 40° ! Mais ce qu'il y a de plus énigmatique encore, et ce qui donne à ces métamorphoses un caractère grotesque et presque ridicule, c'est la réunion, en 1896, de la matière composant le Trivium Charontis en deux taches rondes voisines, d'une intensité de noir d'encre, et alignées perpendiculairement à l'Orcus en faisant un angle de 18° avec le méridien. Un estompage triangulaire précédait les deux taches noires du Trivium, lesquelles étaient situées à l'extrémité suivante du « lac », vers l'Elysium, à 200° de longitude.

L'Elysium est une région plus blanche que la surface générale de Mars. Cette

([1]) Probablement à cause de l'obliquité sous laquelle ces régions australes étaient vues par une latitude du centre du disque égale à 0°

blancheur était surtout frappante vers le sombre Trivium Charontis où, par contraste peut-être, on a aperçu une tache brillante, rappelant la blancheur d'Aristarque sur la Lune.

Hephæstus n'est qu'un faible estompage.

De vastes changements ont eu lieu dans la région de la Libye, où le lac Mœris a été envahi par la Grande Syrte *qui, depuis 1877, a graduellement poussé son rivage vers la gauche*. En même temps, la Libye a perdu sa teinte enfumée habituelle et est devenue très claire.

Les estompages de Colœ Palus, Sirbonis Palus et Ismenius Lacus étaient tous assez faibles.

Un pont clair a été vu, le 7 décembre 1896, unissant Libya à Hellas, à l'ouest de la région variable d'Œnotria.

Parmi les 45 canaux observés à Juvisy, il convient de citer tout particulièrement un grand canal (vu par M. Lowell en 1894), unissant l'embouchure de l'ancien Astapus à la Boreosyrtis, et qui ne correspond certainement ni à l'Astapus ni à l'Asclepius de Schiaparelli; un autre canal unissant l'embouchure de l'Astapus à Hephæstus, ainsi qu'une ligne courbe allant de la Petite Syrte à l'emplacement du lac Mœris, signalée par M. Stanley Williams en 1890.

Plusieurs canaux ont été vus ou soupçonnés doubles, tels que Titan, Steropes ou Brontès de Lowell, Gange, Jamuna, Phison, Euphrate et Eumenides-Orcus. L'Hiddekel a semblé montrer vaguement une branche parallèle partant de l'embouchure du Gehon, pour se diriger vers la Fontaine de Circé, tandis que certaines traces de gémination ont été également présentées par Typhonius-Oronte.

Telles sont nos observations. On peut y ajouter un phénomène assez rare sur Mars : la formation, pendant la seconde moitié de novembre 1896, d'une vaste étendue de brouillards ou nuages polaires, sur un rayon de 30° autour du pôle nord de la planète. La persistance de ces blancheurs pendant plus de quinze jours s'oppose à l'explication du passage possible, aux longitudes de 0° à 60°, de régions brillantes près du limbe, comme Argyre et Hellas de l'autre hémisphère, tandis que la durée du météore a été beaucoup trop courte pour permettre de l'attribuer à une vaste chute de neige. Aussi l'explication que nous donnons nous paraît-elle seule admissible.

CCXIV. — Observations faites a l'Observatoire de Meudon.

M. Janssen, Directeur; M. Perrotin, astronome.

M. Perrotin, Directeur de l'Observatoire de Nice, a eu momentanément la pensée de quitter Nice pour Meudon, et M. Janssen s'était empressé de se l'adjoindre comme astronome. Dès son arrivée, il dirigea le grand équatorial de cet Observatoire (¹) vers la planète Mars. Voici le résumé des observations faites. L'observateur y a joint quatre croquis complétant les descriptions (²).

La Note se termine par l'exposé succinct des résultats nouveaux, ou précédemment obtenus dans le cours des dix dernières années, et dont quelques-uns trouvent une vérification précieuse dans l'étude de cette opposition.

7 décembre 1896 (de 8^h30^m à minuit) :

Ce qui frappe, au premier abord, c'est l'aspect du continent *Libya*. Contrairement à ce qui a lieu le plus souvent, la couleur de cette portion du disque est très claire; nous l'avons rarement vue ainsi. On aperçoit le canal *Æthiops*; *Thoth* se voit aussi, mais on ne peut savoir s'il est simple ou double. Les canaux *Hephæstus*, *Eunostos*, *Cerbère* sont des taches mal définies. Le continent *Hesperia* est très net.

La mer *Syrtis minor* est très noire; la longue mer *Boreosyrtis* pourrait bien être interrompue en deux points de son parcours, tandis que la Carte de Schiaparelli n'en indique qu'un.

9 décembre. — On observe Mars de 9^h à minuit; mais les images sont souvent agitées. Dans les instants de calme, on voit nettement le continent *Elysium* avec son contour pentagonal bien caractérisé. Sa couleur blanc rosé tranche sur la couleur rougeâtre des continents voisins. Ce continent *semble se détacher en relief* sur le fond du disque. Lorsque les images sont bonnes, on dirait que cette partie de la planète est comme boursouflée et soulevée au-dessus de la surface.

10 décembre (de 10^h à 13^h) :

Elysium possède un maximum d'éclat dans le voisinage de *Trivium Charontis*, point de concours des canaux *Styx* et *Cerbère*. L'éclat est particulièrement vif vers le Styx et diminue graduellement dans la portion opposée.

12 décembre (de 13^h à 16^h). Les images sont assez bonnes. On voit bien le canal circulaire *Nepenthès* qui borde la *Libye* vers le Nord. Par moments, la Grande Syrte paraît presque complètement séparée de la mer Adriatique et bien plus que ne l'indique la Carte. La *Libye* est toujours claire, surtout du côté de la mer de la Petite Syrte.

15 décembre (de 10^h à 14^h). La figure suivante représente *Elysium* à 1^h du matin. Le carnet d'observations reproduit les remarques déjà faites hier.

Ce continent donne toujours l'impression d'un vaste plateau s'étendant au-dessus de la surface du disque et légèrement incliné vers le Sud-Ouest.

(¹) L'objectif mesure $0^m,83$ de diamètre. Sa distance focale est de 16 mètres.
(²) *Comptes rendus de l'Académie des Sciences*, t. CXXIV, 15 février 1897, p. 310.

Orcus est double comme le montre la figure (à gauche).

Cyclops se voit très bien au-dessus, à gauche; *Æthiops*, qui est parallèle à ce

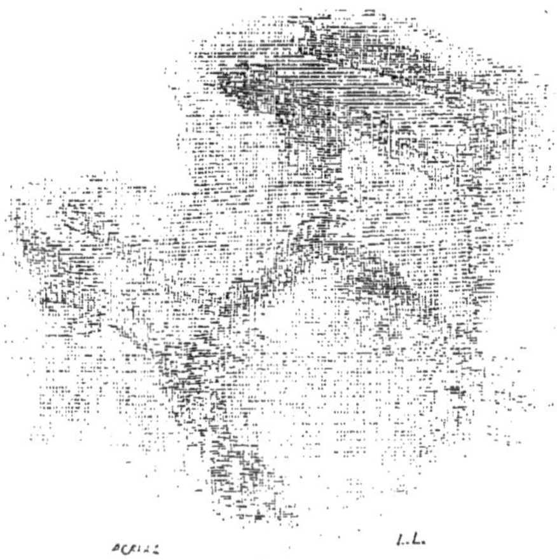

Fig. 206. — Région de l'*Elysium* le 15 décembre 1896.

dernier, est plus faible. Ce sont deux lignes droites. Vers 2^h, on soupçonne *Hephæstus* à droite.

25 décembre (de 10^h30^m à 13^h) :

Vers 1^h3^m, on reconnaît et l'on dessine le lac du Soleil et les régions voisines.

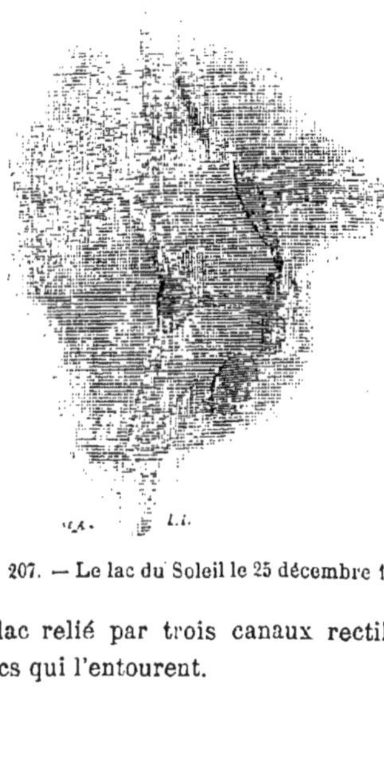

Fig. 207. — Le lac du Soleil le 25 décembre 1896.

La *fig.* 207 montre le lac relié par trois canaux rectilignes bien caractérisés, avec les mers ou les lacs qui l'entourent.

3 janvier 1897 (de 9^h à 11^h30^m) :

La figure ci-dessous représente la surface de la planète pendant la soirée du 3, elle a été complétée le 4 et le 5. On y voit une série de canaux qu'il est facile d'identifier avec ceux de Schiaparelli. Ce sont (en allant de droite à gauche) : *Hydaspes, Indus, Oxus, Gehon, Euphrate, Oronte.*

Le continent de couleur blanche, de forme arrondie, que l'on aperçoit en haut et à gauche est *Hellas;* à sa droite, on note une mer qui n'est pas marquée sur la carte.

4 janvier (de 10^h à 12^h30^m) :

La teinte de la surface de la planète est nettement rougeâtre dans la vaste zone

Fig. 208. — Aspect de la planète Mars le 3 janvier 1897.

comprise entre l'équateur et la mer boréale. A gauche de cette dernière et au-dessous, il existe une région blanche bien accusée. Ce sont peut-être des neiges.

La couleur de l'*Elysium*, qui nous a tant frappé récemment, est intermédiaire entre ces deux teintes, mais plutôt blanche.

On constate que les canaux *Oronte* et *Euphrate* sont doubles et se coupent à angle droit. Le premier se prolonge jusqu'à la Grande Syrte, à laquelle il se trouve relié par une portion de mer qui rappelle assez exactement l'embouchure d'un grand fleuve.

J'ajoute que c'est souvent de cette manière que les canaux se rattachent aux mers, à celles de l'hémisphère austral, plus particulièrement.

10 janvier :

La figure suivante montre une portion de la surface du disque de la planète dessinée entre $9^h 30^m$ et $10^h 30^m$. Ce qui frappe le plus, ce sont les deux mers de gauche qui se croisent et conservent après leur rencontre les teintes individuelles qu'elles avaient auparavant.

A l'occasion de cette étude, qui nous a permis, ajoute M. Perrotin, de constater sur Mars quelques particularités nouvelles et de vérifier dans des conditions différentes plusieurs des résultats obtenus soit à Nice, soit, plus récemment sur

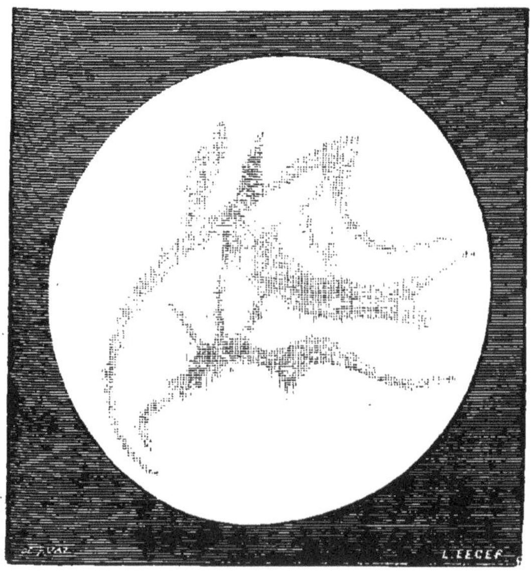

Fig. 209. — Aspect de la planète Mars le 10 janvier 1897.

le mont Mounier, pendant les six dernières oppositions, il n'est pas inutile de préciser, en quelques mots, les faits d'observation qui nous semblent maintenant hors de doute :

1° Considéré au point de vue de l'aspect et de la couleur des régions qu'on y observe, le globe de Mars nous semble devoir se diviser en quatre zones distinctes.

Ces zones, d'inégale hauteur et qui empiètent les unes sur les autres quand elles sont contiguës, font le tour de la planète en restant sensiblement parallèles à l'équateur.

Deux d'entre elles comprennent les régions équatoriales. La première, de beaucoup la plus large (de 60° à 80° en moyenne), s'étend surtout dans l'hémisphère boréal : c'est plus spécialement la zone des singuliers canaux, dont on doit la découverte à Schiaparelli, et sur lesquels nous avons nous-même, par nos publications et dès 1886, appelé l'attention du monde savant.

C'est aussi la portion de la surface dont la teinte, uniformément rougeâtre, tranche d'une manière saisissante sur la couleur des autres parties et donne surtout à la planète la couleur caractéristique qu'on lui connaît.

La deuxième zone ne dépasse pas 40° à 45° dans sa plus grande largeur; elle est située en presque totalité dans l'hémisphère austral et comprend la majeure partie des mers. La teinte y va du gris clair au gris très sombre, presque noir. Les continents de cette partie du disque ([1]), non traversés par des canaux, sont d'ordinaire moins colorés, moins rougeâtres, plus clairs et plus blancs que les continents de même latitude, situés dans les régions des canaux. Certains, l'*Hespérie* et *Hellas* par exemple, sont d'un blanc très accusé.

Les troisième et quatrième zones, qui s'étendent respectivement au delà du 60e degré de latitude boréale et du 50e ou même du 60e degré de latitude australe, présentent des continents de couleur blanche ou grisâtre, à proximité des mers. Elles aboutissent, l'une et l'autre, aux régions neigeuses ou glacées des pôles.

2° Pour une même distance au centre du disque, les détails de la surface n'apparaissent pas avec *la même facilité* dans les quatre zones.

Le plus souvent, les canaux ne se voient avec netteté que vers le milieu du disque, et la visibilité va plus loin dans le sens du méridien que dans celui des parallèles. Les détails des mers continuent à bien se distinguer à une assez grande distance du centre, et, pour les deux autres zones, la visibilité est encore relativement facile tout près du bord, comme on peut en juger par nos dessins de 1888. Elle est *notamment* plus grande dans le voisinage des pôles ([2]).

3° En dehors des changements réguliers qui suivent le cours des saisons et qui affectent surtout les glaces polaires, la configuration de la surface de Mars reste invariable dans ses grandes lignes, et les modifications de détail, passagères suivant nous, le plus sûrement constatées, se produisent dans la zone des canaux et dans celle des mers.

Dans le cours de notre longue étude sur cette planète, deux régions ont été plus spécialement le siège de semblables changements, ce sont : la *Libye*, le *lac du Soleil* et les environs. Les modifications quelquefois survenues dans les canaux n'ont pas eu, pour nous, le caractère de régularité admis par d'autres observateurs.

4° A ces faits, d'ordre général, nous en ajouterons deux autres particuliers qui ressortent de notre étude de cette année. Le premier concerne l'*Elysium*. Ce

([1]) « On ne peut considérer comme tels les espaces, de couleur grisâtre, resserrés entre des mers à teinte claire et contours incertains, et qui sont dans un état intermédiaire entre celui des mers et celui des continents. »

([2]) « Cela est vrai également pour Vénus, ainsi que le prouvent nos dessins et nos observations sur cette planète, avec cette différence que, dans ce cas, les conditions physiques des régions polaires s'étendent à toute la zone qui avoisine le terminateur, puisque, comme M. Schiaparelli l'a découvert et comme nous l'avons montré nous-même, Vénus tourne constamment la même face vers le Soleil. » « PERROTIN. »

continent, situé dans la zone des canaux, nous a toujours paru plus blanc que les parties environnantes et nous a constamment produit l'effet de se détacher en relief sur la surface du disque. Ceci n'est sans doute qu'une impression, mais elle a été si persistante et si souvent renouvelée que nous sommes porté à croire qu'elle répond à quelque chose de réel. C'est un phénomène de contraste, pourrait-on dire : nous ne le pensons pas.

Le deuxième fait est relatif à deux mers figurées dans notre quatrième dessin et qui se croisent, sans se modifier pour cela dans leurs teintes réciproques.

Avec les protubérances lumineuses du terminateur, les points brillants du disque signalés par nous en 1892, ces apparences constituent le côté énigmatique de Mars.

Néanmoins, et malgré l'ignorance où nous sommes des causes qui produisent certains de ces phénomènes, nous espérons que le résumé précédent fournit un ensemble de renseignements, dont plusieurs nouveaux, qui sont de nature à étendre nos connaissances sur la configuration de la planète et sur le rôle joué par son atmosphère dans les observations.

Remarques sur la Communication précédente, par M. J. Janssen.

Le grand intérêt de la communication de M. Perrotin réside surtout dans ce fait que les résultats qu'elle contient résultent d'observations comparées faites à Nice, au mont Mounier et à Meudon.

Nous pensons, en effet, que, lorsqu'il s'agit de phénomènes très délicats et d'une visibilité difficile, il est indispensable de contrôler les résultats des observations en répétant celles-ci dans des conditions très différentes, tant au point de vue du ciel que des instruments. C'est par là seulement qu'on peut atteindre au plus haut degré de certitude que comportent les observations.

Sous ce rapport, la fondation du magnifique Observatoire de Nice et celle du mont Mounier, muni d'instruments si puissants, et placés tous deux dans une région très favorable aux observations, constitue un service de premier ordre rendu à la Science par la libéralité éclairée de notre confrère, M. Bischoffsheim. En effet, indépendamment de toutes les observations ordinaires qu'ils permettent, ces Observatoires offrent, dans certains cas spéciaux, très importants pour l'Astronomie, des éléments de comparaison et de contrôle avec nos Observatoires du nord de la France, contrôle que rien ne saurait remplacer. C'est ce qui arrive dans la circonstance présente.

Nous possédons, en effet, à Meudon, un équatorial double, astronomique et photographique, le plus puissant des instruments de ce genre en Europe. Il était donc possible de comparer les observations si délicates faites sur Mars, à Nice et au mont Mounier, avec celles qu'on instituerait à Meudon.

Aussi, en présence de l'opposition favorable de Mars en décembre dernier, et bien que j'eusse commencé sur Jupiter une importante série d'observations, je n'hésitai pas à mettre notre grand instrument entre les mains de M. Perrotin qui venait d'entrer à l'Observatoire.

On voit, par la Note ci-dessus, que cet habile observateur a pu, non seulement confirmer ses observations de Nice et du mont Mounier, ce qui donne un grand poids à celles-ci, mais encore constater des faits nouveaux très délicats. Il y a là, comme on voit, des résultats très importants pour la Science et aussi en faveur de la puissance et des qualités optiques de notre grand instrument, ainsi qu'à l'égard du ciel de Meudon.

La distinction des zones, établie par M. Perrotin, est importante, et le fait que la couleur si connue de la planète proviendrait uniquement de la zone des canaux, est très remarquable et conduira sans doute à d'importantes conséquences. Enfin, la constatation de la plus grande visibilité des détails de la surface, quand on s'approche des régions polaires, est encore d'un très haut intérêt.

Qu'il me soit permis de faire remarquer que ces résultats, qui tendent à montrer que l'atmosphère de Mars contiendrait des corps pouvant se condenser à la surface du sol et augmenter ainsi la transparence atmosphérique vers les régions polaires paraissent en accord avec nos observations sur la présence de la vapeur d'eau dans l'atmosphère de cette planète.

L'intérêt de ces observations faites en 1867 sur le sommet de l'Etna réside :

1° Dans la connaissance précise du spectre de la vapeur d'eau, spectre découvert l'année précédente (août 1866) dans les expériences exécutées à l'usine de la Villette avec un tube de vapeur de 37^m de long à 7 atmosphères;

2° Dans l'élévation de la station qui mettait hors cause les couches les plus denses de l'atmosphère;

3° Dans la température, laquelle étant la nuit, au moment des observations, de 10° à 15° sous zéro, ne laissait dans l'atmosphère supérieure qu'une quantité tout à fait insignifiante de vapeur d'eau;

4° Dans l'emploi, pour la recherche de la présence de la vapeur d'eau dans la planète Mars, de groupes du spectre ne pouvant être produits par l'azur terrestre dans les circonstances où l'on était placé;

5° Enfin dans les comparaisons qui furent faites du spectre de Mars avec celui de la Lune, placée alors à une hauteur presque égale.

Dans ces conditions, les conclusions acquirent une valeur très grande et je suis heureux que les observations de M. Perrotin tendent à les confirmer.

CCXV. — Observations faites a l'Observatoire Lowell [1].

M. Lowell, Directeur; M. Douglass, astronome adjoint.

Ces observations ont été publiées en 1900 dans le second volume des *Annales de l'Observatoire Lowell* et occupent plus de trois cents pages de ce magnifique in-quarto. Nous allons en extraire la substance pour notre étude comparée.

Elles ont été faites de juillet à novembre 1896, à Flagstaff, État de l'Arizona, altitude de 7250 pieds (2200^m), latitude nord 35° 11′, et ensuite, jusqu'à la fin de mars 1897, à Tacubaya, près de Mexico, altitude 7600 pieds, latitude nord 19°24′. L'Observatoire a été ensuite réinstallé à Flagstaff. L'instrument est un équatorial de 24 pouces (0^m,61) avec une distance focale de 386 pouces (9^m,80), construit par Alvan Clark, et qui peut être considéré comme excellent et à peu près parfait. Grossissements employés : 163, 370, 528 et 728, parfois 1012, 1580, 2104 et 2818.

Le diamètre de la planète, de 8″ en août 1896, écrit M. Lowell, augmenta jusqu'à 17″ en décembre, pour redescendre à 8″ en mars. Le pôle sud était d'abord incliné vers nous de 12°, ensuite la planète se présenta droite, avec son équateur au milieu du disque (septembre à décembre), puis le pôle sud s'inclina de nouveau vers la Terre, en janvier et février; de mars à juin, ce fut le tour du pôle nord de se présenter à nous, jusqu'à 19°.

Le solstice d'hiver boréal était arrivé le 17 juillet [2] 1896; l'équinoxe de printemps arriva le 24 décembre [3], et le solstice d'été le 12 juillet [4] 1897. Si nous voulons, pour les apprécier plus facilement, assimiler les saisons martiennes en dates terrestres, nous avons les équivalences que voici :

Correspondance des observations de Mars avec les saisons terrestres.

17 Juillet 1896 (solstice d'hiver).....	équivaut au	21 Décembre.
10 Août..........................	—	3 Janvier.
10 Septembre......................	—	22 Janvier.
10 Octobre........................	—	9 Février.
10 Novembre.......................	—	25 Février.
10 Décembre.......................	—	13 Mars.
24 Décembre (équinoxe de printemps).	—	21 Mars.
10 Janvier 1897...................	—	28 Mars.
10 Février........................	—	12 Avril.
10 Mars...........................	—	24 Avril.
10 Avril..........................	—	8 Mai.

(1) *Annals of the Lowell Observatory*. Vol. II. Cambridge, 1900.
(2) Le 14 juillet. *Voy.* p. 273. — (3) Le 20 décembre. *Id.* — (4) Le 6 juillet. *Id.* — Les dates du tableau de M. Lowell doivent être corrigées dans ce sens.

10 Mai .... équivaut au 21 Mai.
10 Juin .... — 6 Juin.
12 Juillet (solstice d'été) .... — 21 Juin.

Il est très utile d'avoir ces correspondances présentes à l'esprit pour la conception des phénomènes observés sur la planète.

Les caps polaires de Mars ont été découverts il y a plus de deux cents ans, et l'on sait depuis plus de cent ans qu'ils sont en connexion avec les saisons de la planète. Aujourd'hui, ils sont associés : 1° à la position de l'axe de rotation; 2° à la température; 3° aux irrégularités du contour des régions polaires; 4° à la succession des saisons; 5° à la densité et à la couleur des canaux, et 6° aux phénomènes atmosphériques représentés par les projections du terminateur.

Si l'on considère les phénomènes généraux des changements de saisons, les nuages du terminateur, les variations de couleur et de toutes les taches de la planète correspondant à la diminution des caps polaires, il paraît très probable que ces caps sont formés de glace et ces nuages de vapeur d'eau. S'il en est ainsi, la température doit être *supérieure* à celle qui résulterait de la distance de Mars au Soleil. Deux causes favorisent ce degré de chaleur : des nuages se forment au coucher du soleil et restent pendant la nuit, s'opposant au rayonnement nocturne et au refroidissement du sol; et en second lieu, les immenses étendues permanentes de neige et de nuages qui existent sur la Terre renvoient dans l'espace une grande quantité de chaleur solaire, ce qui n'arrive pas sur Mars. On est autorisé à considérer les caps polaires martiens comme formés de *glace* et de *neige analogues aux nôtres*.

Le cap polaire austral, observé du 23 juillet au 29 janvier, se comporta comme le veulent les lois de la réception de la chaleur du Soleil. A l'époque qui correspond à décembre, au milieu de son été, il était confiné en des régions situées en latitude 70° à 90°, et en longitude 270° et 0° à 60°, régions où on l'avait déjà observé en 1894. Ces deux baies indiquent donc là certaines productions aqueuses. La tache blanche augmenta ensuite.

Le cap polaire boréal a été observé, à l'opposé du précédent, du milieu de son printemps et presque à son été. Il était également trop voisin du terminateur et du bord de la planète. La première observation a eu lieu le 22 août 1896, à 6h 19m du matin, après le lever du soleil; il apparaissait comme une tache très brillante, admirablement définie, d'environ 2° $\frac{1}{2}$ de largeur. Cette date correspond au 11 janvier.

Comme la planète inclinait vers nous son pôle sud, l'auteur admet que, presque tout le cap polaire nord nous étant caché, les neiges devaient mesurer environ 50° de diamètre. Les observations suivantes montrèrent que les contours étaient irréguliers. On peut résumer comme il suit les observations rapportées aux saisons terrestres.

En « janvier » martien, lorsque le pôle était de 24° à 16° au delà du bord, la partie boréale du terminateur paraissait blanche ou d'un bleu pâle, ou d'un vert pâle sur les régions Lucus Acidalius et de Serenius à Aethiops, et le cap était parfois large et blanc, avec une sombre bordure verte, dans les longitudes de la Mer du Sablier, du golfe de l'Aurore et du Titan. C'étaient certainement là des aspects dus à des nuages, et peut-être à de la végétation.

En « février », le pôle étant encore bien caché du Soleil, le cap était vaste, variable, et de contours vagues. Il s'étendait jusqu'à 50° et 60° de latitude boréale. Sans doute zone nuageuse et neiges. Les teintes bleues et vertes avaient disparu, mais on remarquait une bordure foncée sur les longitudes de Trivium Charontis à Margaritifer Sinus.

En « mars », à l'équinoxe du printemps, le cap blanc se montre plus nettement défini, avec une bordure colorée donnant l'impression d'une *humidité sur les terres* causée par la fusion de la neige et produisant une *végétation verte*. Des crevasses se manifestent.

En « avril », le soleil éclaire de mieux en mieux le cap polaire, qui se comporte exactement comme une masse de glace, fond à ses bords, montre des crevasses et diminue. Il avance encore jusqu'à la latitude de 60°, sa partie la plus large étant près de la Mer du Sablier, réservoir d'humidité, et sa plus étroite au nord d'Issedon et d'Amystis [1]. Remarque frappante, les taches sombres de ces régions de minimum, notamment le Golfe de l'Aurore, étaient presque invisibles, comme s'il se fût agi de plaines végétales privées d'eau.

En « mai » et « juin », le cap polaire se réduit progressivement à une très petite tache entourée par une large zone moyenne due probablement à la fonte rapide des neiges. Les canaux du nord, dont quelques-uns ont commencé par des fentes ou crevasses dans le cap polaire, se développent rapidement.

Comparées entre elles, les variations polaires martiennes offrent un intérêt particulier. Les neiges australes deviennent presque invisibles après le milieu de l'été, et ne redeviennent visibles qu'à une époque correspondant au mois d'avril. Alors, un mois et demi avant le solstice d'hiver et après, les blancheurs se font remarquer par le terminateur adjacent. Au pôle nord, ces blancheurs sont plus lentes à paraître. On ne les voit qu'après le milieu de l'hiver, et alors elles deviennent permanentes. Ces aspects indiquent une *moindre quantité d'eau au pôle nord qu'au pôle sud*, ce qui s'accorde avec la présence de vastes régions claires ou continentales de l'hémisphère boréal.

D'autre part, lorsque le pôle nord commence à se montrer, c'est dans le voisinage des vastes régions continentales. A cette époque de l'année martienne, l'équateur de chaleur est loin dans l'hémisphère austral, forçant les vents et l'humidité à se réfugier dans les régions du nord. Dans les latitudes boréales extrêmes, les courants les plus forts, pour charrier cette humidité aérienne vers le pôle, dominent sur les longitudes où les contrastes de température sont les plus grands. Ce doit être sur les grands déserts. C'est donc là que nous devons

(1) Pour la nomenclature, *voy.* plus haut, p. 121.

nous attendre à voir les premiers signes de l'accroissement de l'humidité. Plus tard, lorsqu'elle a fait son chemin dans les plaines foncées, celles-ci agissent comme réservoirs et élargissent le cap dans leur voisinage. Nous arrivons ici à certaines questions intéressantes sur la climatologie martienne.

Quelle est l'époque du milieu de l'hiver météorologique ou climatérique? — En « janvier » on aperçoit des tons verts ou bleus aux environs du cap polaire, indiquant que la température de ces latitudes entre + 40° et + 70° n'est pas trop froide pour supprimer l'eau ou la végétation. En « février », le seul signe de taches sombres a été vu sur le bord austral, vers + 40°. L'espace entre cette latitude et le bord septentrional est souvent jaune, donnant l'idée d'une surface stérile. A la fin de « mars », le cap fond et laisse apercevoir de la coloration, même dans les fentes ou crevasses, indiquant de l'eau ou des végétaux.

Il est donc très probable que l'époque du plus grand froid arrive au mois de « février ».

Quel rapport existe entre l'étendue du cap polaire et les grandes taches foncées? — En « janvier » et « février » le cap paraît souvent très large entre le Trivium Charontis et le golfe de l'Aurore, et c'est aussi là la région de son plus grand développement, jusqu'en « avril » au moins. Comme ce développement précède de beaucoup celui des autres parties, et que les canaux se développent aussi là plus tôt que dans les vastes surfaces claires, nous pouvons penser que la Grande Syrte sert de quelque façon à transporter l'humidité loin du sud. Elle doit donc être classée au nombre des régions productrices d'humidité.

Tout porte à croire que des nuages s'ajoutent aux neiges pour former les aspects des caps polaires. Les différences de niveau ne sont pas accusées par les observations, si ce n'est dans les fentes ou crevasses, puisque c'est là que la fusion commence.

La visibilité maximum des canaux se manifeste dans les régions claires de l'hémisphère boréal. Les régions sombres de cet hémisphère en montrent environ les deux tiers et l'hémisphère austral, le plus foncé des deux, environ le tiers. Dans cet hémisphère, la plus grande visibilité se montre dans la moitié sombre.

Si l'on considère l'hémisphère austral, à 40° de latitude et plus, la visibilité décroît entre janvier et avril (martiens), c'est-à-dire dans la seconde moitié de l'été. Dans les régions équatoriales, de — 30° à + 10° de latitude, on n'observe pas de variation importante. Aux latitudes boréales de + 10° à + 40° on remarque un léger accroissement de visibilité dans les canaux qui traversent les régions sombres et un très fort dans les régions claires. De + 40° à + 60° cet accroissement est évident pour toutes les longitudes. Toutes ces variations confirment l'hypothèse qui attribue les canaux à de la *végétation* et à *l'humidité qui la produit*. Cette humidité peut être transportée par les courants atmosphériques du sud vers le nord.

A mesure que les taches foncées de l'hémisphère austral approchent du milieu de l'été, d'octobre à janvier, leur couleur change du vert au brun, puis au jaune. Les contrées claires de cet hémisphère ont un fond orangé ou jaune auquel s'ajoute un peu de vert en novembre, à l'époque de la fusion du cap polaire, puis un peu de brun en décembre, de rouge en février, et de blanc en mars. Cette transition du vert au brun et au jaune *ressemble à celle de notre végétation pendant les étés secs et en automne.*

Les grandes taches sombres de la zone torride australe sont d'un vert bleuâtre tout l'été et tournent au jaune en avril. Les grandes aires claires ont une couleur jaune ou rose orange, avec un peu de rouge en janvier, février et avril. Les taches sombres septentrionales sont vertes ou vertes-bleues en décembre et janvier. Il n'est pas démontré pour cela que cette coloration rouge soit un effet des saisons, quoique sur Hellas elle atteigne son maximum en février, immédiatement après que toute végétation possible se serait fanée dans un ton jaune.

Comme exemple des variations dues aux saisons, on peut citer entre autres le fait suivant. Vers le 2 février 1897, l'aspect de la mer des Sirènes était normal, et le 17 il en était à peu près de même du golfe de l'Aurore. En cinq semaines la première était effacée, et en quatre semaines le second avait également disparu. L'étendue totale de ces régions devenues invisibles s'élève à deux millions de milles carrés. Cela se passait au mois d'avril martien.

Les observateurs ont fait 175 observations du limbe et du terminateur et ont mesuré et dessiné un grand nombre de *projections* ou proéminences dues à des nuages élevés éclairés par le soleil, ainsi que des dépressions apparentes dues à des régions foncées. Ils tirent les conclusions suivantes de l'ensemble de leurs études pendant cette apparition :

En 1894, la distribution des projections près de la latitude australe —40°, en décembre martien, avait fait soupçonner que l'équateur de chaleur se trouvait vers cette latitude. En 1896, cette même distribution porterait cet équateur, en février martien, vers —30°.

Un courant atmosphérique supérieur paraît souffler de l'équateur de chaleur vers les pôles. Les 25 et 26 novembre 1894, en février martien, aux latitudes de —20° à —30°, les nuages se déplaçaient du sud au nord, partant de l'équateur de chaleur, à une altitude de 8 à 15 milles et au taux de 18,7 milles à l'heure.

Divers cas de cyclones extra-tropicaux chargés d'eau paraissent avoir été constatés, écrivent les astronomes de l'Observatoire Lowell, la Nix Atlantica de 1877 et 1882 et la Nix Olympica de 1879 avaient probablement cette origine (1).

La polarisation observée en 1894 sur la baie polaire australe indique une *sur-*

(1) « *La planète Mars*, p. 441 ». — Je pense, pour ma part, qu'il ne s'agit pas là de cyclones ni de tempêtes, mais de régions spéciales fixes, probablement montagneuses, qui peuvent se couvrir de neige. C. F.

face liquide. L'acide carbonique n'existe pas à l'état de liquide permanent sous de faibles pressions, et par conséquent ne doit pas être la substance composant les nuages et les caps polaires de Mars.

Il y a peu d'humidité dans l'atmosphère de Mars. Les mers sont rares. Le Soleil n'a jamais été vu s'y reflétant, et les caps polaires disparaissent presque complètement. Cette humidité est, d'après les projections du terminateur, en grande proportion à l'équateur de chaleur, minimum dans les zones tempérées et maximum dans les régions polaires.

Les aspects polaires correspondent aux saisons. En automne, les régions visibles les plus proches du pôle nord deviennent souvent blanches. On y remarque aussi des teintes bleues ou vertes. En février martien, le cap polaire est blanchâtre; en mars il fond lentement et montre du vert; en mai il fond rapidement; en juin et juillet il est à son minimum.

Quelles sont les causes de condensation? La pesanteur est faible à la surface de Mars. Il en résulte que les changements de densité et par conséquent les changements de température suivant l'altitude sont moins rapides là qu'ici. Des condensations se forment au coucher du soleil par le rayonnement, *des nuages brillent comme des projections*. Les basses températures polaires expliquent les nuages qui s'y produisent.

L'humidité paraît se transporter par les courants aériens qui la charrient vers les caps polaires, et aussi par les canaux à la surface.

La coloration des taches sombres montre du *vert au printemps* et du *brun à la fin de l'été*.

La surface de la planète paraît être sensiblement de niveau; mais de vastes étendues assez élevées existent dans les régions polaires et sans doute aussi ailleurs, et certaines dépressions sont indiquées par les crevasses dans les caps polaires, par les plaines foncées et les canaux.

Telles sont les conclusions tirées de ces observations de 1896-1897 par MM. Lowell et Douglass. Nous ne pouvons mieux faire, pour compléter ce résumé d'un magnifique travail, que de reproduire et de présenter ici à nos lecteurs la carte générale qu'ils en ont déduite. Cette carte a été construite exclusivement à l'aide de ces observations. Elle ne contient pas moins de 335 noms de régions, canaux ou oasis.

On voit que notre connaissance de la planète Mars s'accroît graduellement de documents nouveaux. Ce second volume de l'Observatoire Lowell est peut-être moins sensationnel que le premier, dont nous avons donné les conclusions plus haut relativement à l'habitation actuelle de la planète par une race intelligente au moins égale à la nôtre; mais ces nouvelles observations nous apportent des documents à comparer et à discuter sur les variations dues aux saisons, sur la température des diverses zones, sur les époques de

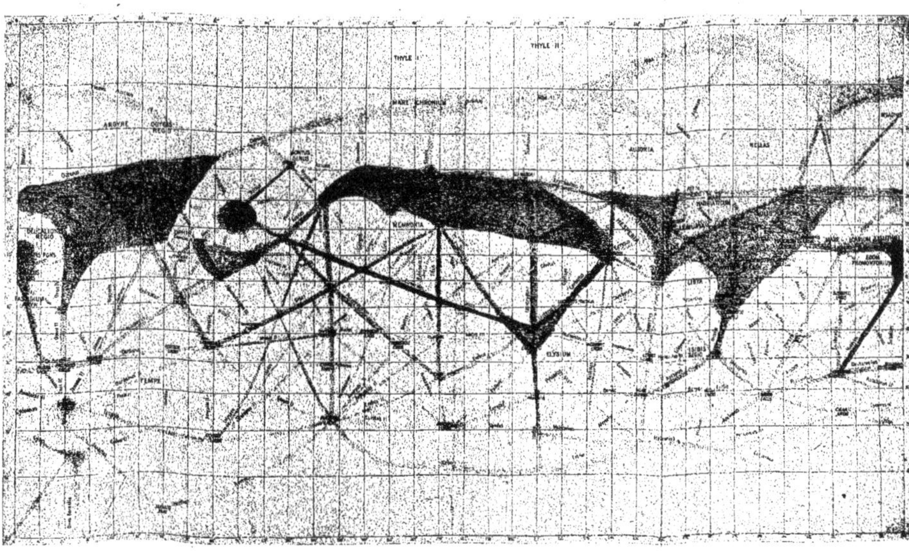

CARTE DE LA PLANÈTE MARS, CONSTRUITE PAR MM. LOWELL ET DOUGLASS SUR LEURS OBSERVATIONS DE 1896-1897.
(Voir l'explication complémentaire, p. 479.)

Fig. 210.

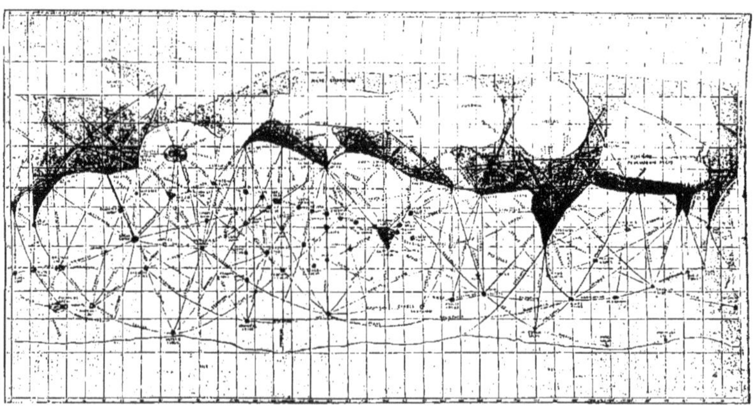

Carte générale de la planète Mars, d'après l'Observatoire Lowell, en 1896-1897.

plus grand froid, sur les contrées les plus humides, sur les courants atmosphériques de l'équateur de chaleur aux régions polaires, sur les projections lumineuses dues à des nuages élevés éclairés par le soleil couchant. Nous avançons peu à peu et sûrement. Ce monde voisin a cessé de nous être étranger. Observons, comparons, jugeons, et ne désespérons pas du progrès.

CCXVI. — Lowell. — Observations faites dans la mer du Sablier ou Grande Syrte.

Le même astronome a publié l'importante Notice suivante au *Bulletin de la Société astronomique de France* du mois de juin 1897 :

Depuis l'époque déjà lointaine où Huygens découvrit la période de rotation de la planète, par le déplacement et le retour de la « mer du Sablier », cette configuration martienne a été l'une des mieux observées et des mieux déterminées C'est grâce à cette tache permanente que cet astronome put fixer la longueur du jour sur la planète, — ce que fit un peu plus tard Cassini d'une manière plus concluante encore. On supposa, tout d'abord, que c'était une mer, et d'après sa forme on lui donna le nom de *mer du Sablier*, nom d'une signification doublement heureuse, puisque, comme l'a montré Flammarion dans *la Planète Mars*, elle a servi de sablier, ou de compteur du temps martien, aux astronomes de la Terre. Schiaparelli lui a donné le nom de *Grande Syrte*, dans sa nouvelle nomenclature. Cette tache a été considérée comme une mer par plusieurs générations d'astronomes. Pendant plus de deux siècles, on ne douta pas de son caractère aquatique, et cette appréciation paraissait des mieux fondées. En fait, sa couleur correspond à cette interprétation naturelle. Dans les meilleures conditions d'observation, elle paraît d'un bleu vert foncé; juste de la nuance correspondant à l'aspect lointain d'une mer. Ce caractère aquatique était si bien établi, que lorsque W.-H. Pickering conçut une autre explication de ces taches sombres, qui jusqu'alors avaient passé pour des mers, il s'abstint de la comprendre dans la liste et la laissa jouir de cette prérogative marine consacrée par le temps.

Mais *tempora mutantur*, et nous *mutamur in illis*. Notre conception du caractère de la mer du Sablier a suivi le sort commun. Malheureusement pour ceux qui aiment l'eau, le caractère de cette mer, ainsi que d'autres mythes charmants, doit s'évanouir dans les brumes du passé, car cette grande aire bleu vert n'est ni un océan, ni une mer, ni rien d'analogue, mais quelque chose qui en est fort éloigné : une grande étendue de végétation.

Le véritable caractère de la Grande Syrte se révéla à nos observations dès l'opposition de 1894 : 1° Les recherches polariscopiques que fit ici W.-H. Pickering, en 1894, ne montrent pas de polarisation de cette surface, tandis qu'elles montrent celle de la mer polaire australe qui, pour d'autres raisons, doit être considérée comme une étendue d'eau; 2° Au fur et à mesure que la saison martienne avançait, des configurations claires et sombres apparurent dans la Grande Syrte et restèrent sans changer de position; 3° Plus tard, toute la surface bleu vert diminua d'étendue sans produire d'aires sombres correspondantes en d'autres régions de la planète. Ces trois phénomènes sont incompatibles avec une surface d'eau, tandis que c'est justement ce qu'une surface de végétation produirait par sa croissance et décroissance à mesure que les saisons martiennes avançaient.

J'ai l'intention dans cet article d'examiner en détail les changements qui se présentent dans la Grande Syrte selon les époques de l'année martienne. Ces changements sont toutefois si singuliers que leur examen, tout en confirmant l'hypothèse que la végétation est leur cause, introduit de nouvelles énigmes dans notre tentative d'expliquer ces aspects.

En premier lieu, l'apparition des configurations est une question de saisons. Comme tout lecteur intelligent demande non seulement des faits, mais sur quelle base fondamentale reposent ces faits, nous allons donner les raisons sur lesquelles nous nous appuyons. Nous allons donc prendre comme exemple les faits observés en 1894 et ensuite ceux de 1896.

Pendant la première partie de l'opposition, en juin 1894, lorsque les conditions d'observation étaient en général semblables à celles du mois d'août de cette année, la Grande Syrte présentait un aspect foncé d'un ton presque uniforme. Mais on y remarquait trois particularités dignes d'attention : la première était une teinte plus foncée à son extrémité nord; la seconde était une bande étroite et sombre qui la réunissait à la mer polaire du Sud et passait entre Noachis et Hellas et ensuite parallèlement, quoique un peu plus loin de la frontière d'Aéria; la troisième était une bande étroite semblable, la réunissant à la mer polaire entre Hellas et Ausonia. On était alors au mois de mai de l'hémisphère sud de Mars.

A mesure que la saison avança, il se produisit des changements dans l'aspect de la Grande Syrte. Elle perdit son ton uniforme et l'on distingua graduellement sur sa surface des parties claires et des lignes sombres. Avec le temps, ces configurations s'accentuèrent de plus en plus jusqu'à octobre et novembre (août de l'année martienne). La Grande Syrte offrait l'aspect d'un échiquier.

Un tel effet me paraît correspondre aux *changements que la végétation subirait* en passant du vert au jaune et à l'ocre *à mesure que l'automne succéderait à l'été.*

Or, en août 1896, la planète se présenta à la Terre dans les mêmes conditions à peu près qu'en juin 1894, avec cette différence importante, que l'année de la planète était plus avancée d'un mois et deux tiers. Remarquons à ce propos et souvenons-nous que le retour des mêmes dates entre les oppositions marque exactement l'avance des saisons martiennes, puisque alors la Terre et Mars, étant à la même longitude vues du Soleil, sont nécessairement aux mêmes saisons correspondantes de leur année. La seule réserve qu'on pourrait faire sur cette concordance est celle qui dépend des excentricités de leurs orbites, mais on peut la négliger ici.

Le solstice d'été de l'hémisphère sud de la planète eut lieu en 1894 le 31 août, et en 1896 le 13 juillet (¹). Eh bien, la Grande Syrte a présenté la même apparence moutonnée en août 1896 et en octobre 1894; et ceci en dépit de l'éloignement qui aurait pu amoindrir ces détails. L'aspect de la planète confirma donc ce qui avait été vu aux observations précédentes : que le changement dans l'aspect de la planète n'est pas une question de distance, c'est-à-dire de visibilité, mais une question d'époque de l'année martienne, autrement dit une affaire de *végétation plus ou moins avancée selon la saison.*

TRACÉS.

Nous allons maintenant examiner les configurations en détail.

Les tracés qui apparaissent sur la Grande Syrte à mesure que les saisons avancent sont de deux espèces : les uns plus clairs que leur entourage, et les autres plus foncés.

Parlons d'abord des premiers, sortes de chaussées traversant ces prétendues mers. Ces tracés clairs sont au nombre de quatre :

Solis Pons, Lunæ Pons, Pons Cometarum et *Pons Stellarum.*

Les dessins que je vous adresse n'en montrent que trois avec précision : *Solis Pons* sur la droite, *Lunæ Pons* sur la gauche et *Pons Stellarum* entre les deux. *Pons Cometarum* n'est pas souvent visible. Il se trouve au centre de la mer du Sablier, à moitié chemin de Pons Stellarum à Lunæ Pons, le long de la ligne sombre se dirigeant presque droit au sud vers Hellas.

Le pont du Soleil (*Solis Pons*) est relativement connu depuis longtemps. Il y a au moins 34 ans qu'on l'a observé pour la première fois, comme on le voit par les dessins faits en 1862 avec le réflecteur géant de Lord Rosse (²). Il apparaît encore partiellement dans les dessins de Kaiser de 1864, et on l'a plus ou moins vu depuis. Il réunit Hammonis Cornu à l'extrémité nord de Hellas, légèrement à l'ouest du point extrême nord. C'est le plus remarquable de tous les « ponts ».

En 1894, nous l'aperçûmes pour la première fois à l'Observatoire Lowell, vers le 10 août martien : et en 1896 nous le reconnûmes aussitôt que les observations commencèrent, le 23 juillet terrestre, ce qui correspond à peu près au 1er juillet martien.

(¹) *Voir* notre tableau, p. 273. Les différences, d'ailleurs, sont sans importance ici.

(²) *La Planète Mars*, p. 167, *fig.* 108 (6°) du 6 novembre 1862.

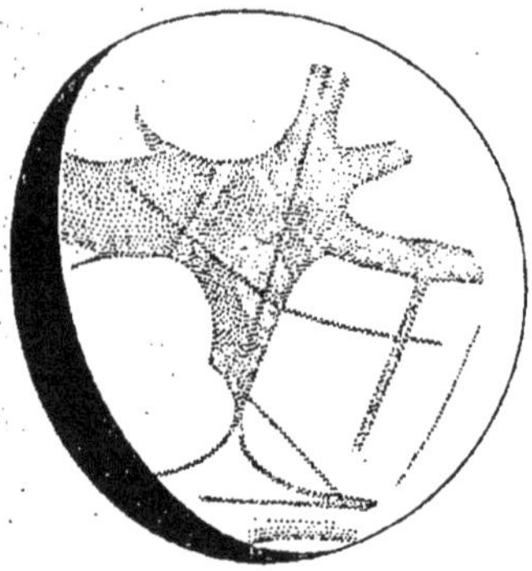

A. — 2 octobre 1896, à $14^h 25^m$.

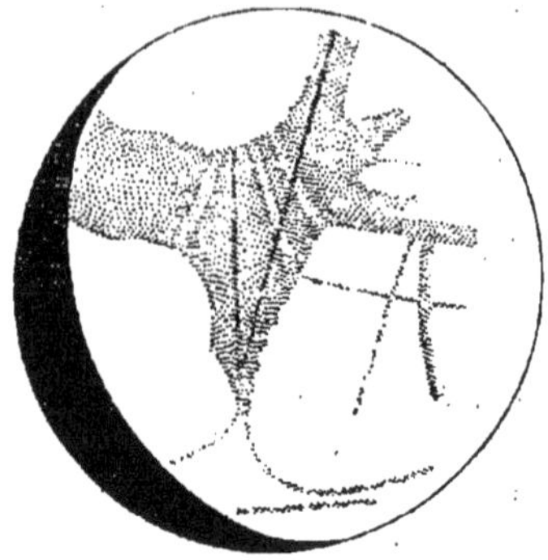

B. — 2 octobre 1896, à $15^h 7^m$.

C. — 9 octobre 1896, à $17^h 22^m$.

D. — 9 octobre 1896, à $18^h 49^m$.

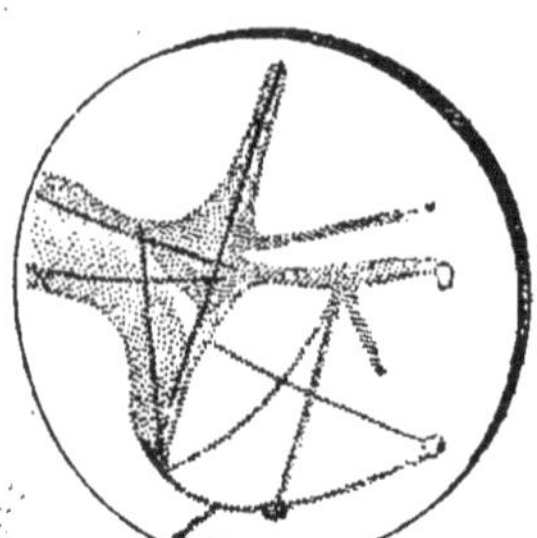

E. — 11 janvier 1897, à $5^h 1^m$.

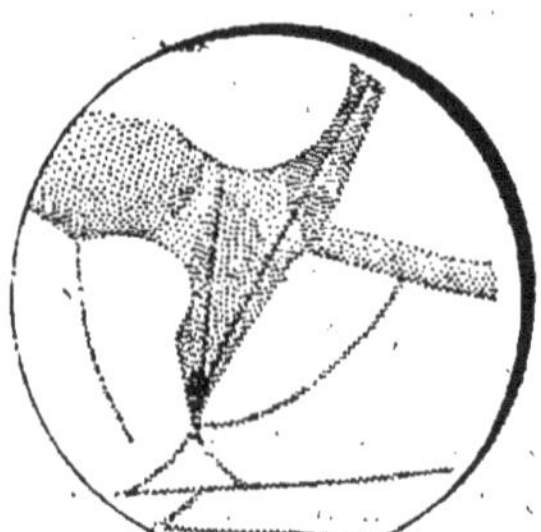

F. — 12 janvier 1897, à $4^h 41^m$.

Fig. 210. — Curieux aspects observés sur Mars, à l'Observatoire Lowell.

Pour l'explication claire du texte, remarquer la *fig.* B. Les trois lignes blanches qui traversent en haut la mer du Sablier sont, à partir de la droite : le pont du Soleil (*Solis Pons*), le pont des Étoiles (*Pons Stellarum*) et le pont de la Lune (*Lunæ Pons*); les deux lignes foncées sont : la grande à droite, le *Dosaron*, et la verticale du centre, l'*Orosines*.

Le pont de la Lune (*Lunæ Pons*) a été représenté (imparfaitement) pour la première fois en 1862, dans ces mêmes dessins où Lord Rosse révéla le Solis Pons. Toutefois, il ne fut vu d'une manière bien déterminée qu'en 1873, par le Dr Terby, et dans un de ses dessins de cette année, celui du 24 mai, il apparaît très distinctement. Il est possible de le reconnaître ensuite en partie dans un dessin de Trouvelot de 1884. On ne le vit plus distinctement jusqu'au jour où on le découvrit de nouveau à cet Observatoire en 1894, vers le 10 août martien.

M. Leo Brenner le vit en Istrie le premier en 1896, le 1er juillet martien. Ici il fut bien visible dès le commencement des observations (1).

Le pont des Comètes ou *Pons Cometarum* a été vu ici en même temps que les autres ponts en 1894, quoique d'une façon moins évidente. On le revit encore avec eux cette année.

Le pont des Étoiles ou *Pons Stellarum* n'a pas été visible avant la date des dessins qui accompagnent cet article. C'est le plus difficile à observer de tous.

Maintenant, que sont ces chaussées?

C'est la question qui se pose tout naturellement. Il n'est pas facile de donner une réponse rationnelle : ces phénomènes ne ressemblant à rien de ce qui se passe sur notre Terre. Certaines choses cependant peuvent nous aider à trouver une explication.

L'éclaircissement de la surface qui les rend visibles peut être dû au dessèchement de la partie de cette contrée; ce qui était d'une végétation verte est devenu sec et jaune et donne au sol un ton ocre. Le difficile à expliquer est la forme si bien définie de ces dessèchements. Mais ici les canaux viennent à notre aide. Car il semble, d'après la position relative des chaussées et des canaux, que les uns sont à côté des autres et que, par conséquent, ce n'est pas la chaussée qui est réellement la cause de son aspect rectiligne, mais le canal qui le borde sans doute. Autrement dit, l'aire desséchée prend une forme régulière comme les canaux, parce que le dessèchement ne peut pas s'étendre plus loin.

Ceci nous ramène à l'examen des *tracés sombres* observés dans la Grande Syrte. Ils sont de deux espèces, les lignes et les taches. Les lignes sont des canaux dans les régions sombres. M. Douglass les a découverts le premier en 1894.

Le plus long et le plus apparent de ceux-ci est le *Dosaron*. C'est la longue ligne qui, partant du fond de la Grande Syrte, remonte tout droit entre Hellas et Noachis et file presque jusqu'au bord du disque.

Le lecteur ne peut manquer d'être frappé instantanément par sa direction droite et sa largeur absolument uniforme ou, en d'autres termes, par son apparence artificielle.

Mais ce n'est pas tout. Après réflexion, il se souviendra que, lorsque la saison martienne était moins avancée, il existait à cette même place une région plus

(1) Nous l'avons observé et dessiné à Juvisy en décembre 1896. *V.* p. 284 et *fig.* 204 E.

sombre que ses alentours réunissant la Grande Syrte à la mer polaire du Sud. Cette région n'était ni droite ni uniforme dans sa largeur. Bref, elle ne ressemblait à rien d'artificiel. Plus tard sa teinte s'effaça tellement que, dans sa portion sud, après l'évanouissement de la mer polaire, elle disparut entièrement. Lorsque cette teinte fut en partie effacée, il apparut au centre cette ligne étroite, longue et droite, le Dosaron, partant aussi du fond de la Grande Syrte et passant au centre de cette bande de terre en suivant directement le même parcours. Il serait difficile de concevoir une preuve plus certaine de *son caractère artificiel*.

Sans aucun doute, voici ce qui s'est passé. Par une cause naturelle, il existait une bande de terre plus basse que ses environs, qui réunissait les régions polaires à la Grande Syrte. Cette bande de terre était naturellement fertilisée par de l'eau venant de la mer polaire, tandis que le terrain adjacent, se trouvant plus élevé, échappait à l'humidité et restait stérile, ce qui lui donnait en conséquence un ton ocre, tandis que la bande en question paraissait verte. Dès qu'il devint nécessaire d'amener l'eau artificiellement de la mer polaire aux régions équatoriales de la planète, la chose la plus simple n'a-t-elle pas été de créer un canal dans ce passage naturel?

Sur ce même dessin, on remarquera une seconde ligne noire, droite comme la précédente, mais moins longue, partant du même point inférieur de la Grande Syrte, et se dirigeant presque droit au Sud, au milieu de Hellas. C'est l'*Orosines*. De même que le Dosaron, elle est parfaitement droite et de largeur uniforme. Qui plus est, sa largeur est la même que celle du Dosaron, environ un degré martien ou 60 kilomètres. Il ne faut pas supposer que tout soit canal; c'est probablement, comme je l'ai déjà dit ailleurs, une surface fertilisée bordant le canal trop étroit lui-même pour être visible.

Maintenant, si définie que soit la direction de l'Orosines, il y a encore plus dans ce but apparent que ce qui se voit sur nos dessins. C'est ceci : le canal le plus important de cette région, l'Alphée qui traverse l'Hellas, débouche juste au point où aboutit l'Orosines et, ce qui est plus significatif encore, il se dirige directement au Sud, vers les régions circumpolaires australes. L'Orosines donc, ainsi que le Dosaron, fait partie d'une chaîne de relations *organisée entre la Grande Syrte et la mer polaire du Sud*.

Parlons maintenant des canaux latéraux. On verra sur le dessin du 2 octobre, à 14^h25^m, une grande ligne qui circule à travers la mer du Sablier à peu près à moitié chemin entre Libya et Hellas. Comme on peut s'en rendre compte, elle a été construite dans un but, car elle rejoint l'embouchure du Typhon, qui arrive vers la droite, à l'embouchure de l'Achates, à gauche, qui descend du Sud à travers le milieu d'Ausonia où Lemuria rencontre ce dernier.

De cette même embouchure du Typhon un autre canal part de Sesamus, à l'extrémité ouest d'Ausonia. Celui-ci est généralement parallèle au Solis Pons et à l'Æolus bordant la lisière sud. En fait, les canaux des régions sombres montrent une tendance au parallélisme.

Sans entrer dans une multitude de détails, je prie les lecteurs d'examiner avec soin les dessins qui représentent ces curieux canaux et tracés des anciennes mers martiennes. C'est toute une révolution dans notre conception de l'aréographie.

Nous arrivons maintenant à d'autres configurations, non moins intéressantes, de ces mêmes régions. On verra sur les dessins C et D, de M. Douglass, quatre taches sombres sur des points différents.

Une de ces taches se trouve tout à fait au centre, à l'endroit où le Dosaron et l'Orosines se réunissent. Une autre se trouve à la jonction de l'Erymanthes et de l'Oceanus. Une troisième apparaît plus loin sur l'Erymanthes au point où il se rencontre avec Galesus, tandis qu'une quatrième se trouve au point où le Dosaron est traversé par l'Oceanus.

Ces taches sont tout à fait semblables aux oasis des régions claires. On les trouve, comme ces dernières, aux intersections des canaux et jamais ailleurs. Il est plus que probable que ce sont aussi des *oasis*, ainsi que leurs similaires du désert; à ces intersections de canaux, le sol est spécialement fertile. L'eau qu'elles reçoivent leur permet de rester vertes longtemps après que les régions qui les entourent se sont desséchées, et c'est grâce à cette continuité de couleur verte qu'elles sont visibles pour nous.

Quoique les changements dont nous parlons soient dus aux saisons, les saisons néanmoins ne jouent pas le même rôle sur Mars que sur la Terre, quant à la question végétale. Les conditions météorologiques diffèrent d'une manière très marquée. Sur Mars, l'eau est très rare, et l'eau disponible a beaucoup plus d'action que sur la Terre, à cause des conditions climatériques de cette planète. Pour des raisons que nous ne comprenons pas encore complètement, *la température moyenne de Mars est beaucoup plus élevée que la température moyenne de la Terre*. La présence de l'eau agit donc avec beaucoup plus d'effet là où elle se rencontre. Nous pouvons comparer Mars à un vaste désert équatorial où l'eau est indispensable pour produire des plantes et des fleurs.

Remarquons encore certaines taches qui ne sont ni dans les régions sombres, ni dans les régions claires, mais pour ainsi dire dans les deux. Ces taches, contrairement aux autres, ne semblent pas rondes, mais anguleuses; elles se trouvent toutes aux points où les canaux des régions claires débouchent dans les sombres. Deux de ces dernières apparaissent dans les deux dessins de M. Douglass, une à l'embouchure du Typhon, l'autre à celle du Phison dans la mer Icarienne. Toutes deux, sans aucun doute, ressemblent à des oasis, mais elles peuvent être considérées aussi comme des sortes de stations, de réservoirs, pour le cours des eaux dans leur circulation à travers les diverses régions de la planète.

Je ne m'occuperai pas aujourd'hui des régions claires. J'ai voulu surtout, par l'exemple de nos observations faites dans la mer du Sablier ou Grande Syrte, montrer que nos idées sur les mers martiennes doivent être modifiées; que la mer australe est une véritable mer, comme le prouvent le polariscope et les observations, mais que la mer du Sablier et les autres régions foncées intérieures représentent désormais pour nous des aires végétales traversées par des canaux et des chaussées ou lignes de dessèchement. Ainsi s'accroît graduellement notre connaissance de ce monde habité.

On voit par cette étude que, pour le célèbre astronome américain, les canaux sont de véritables cours d'eau entretenus par les habitants de Mars et bordés de vastes prairies; qu'ils traversent certaines « mers » aussi bien que les continents, et que, comme conséquence, ces « mers » représentent non des eaux, mais des plaines végétales. Les « ponts » ou chaussées blanches qui traversent la mer du Sablier seraient des bandes de terre plus élevées, non fertilisées par les eaux et dépourvues de végétation.

CCXVII. — Douglass. — Projections sur le terminateur et météorologie martienne.

Au même observatoire Lowell, des observations nombreuses ont été faites sur les projections lumineuses qui brillent assez souvent au bord de l'hémisphère éclairé, le long du méridien du lever ou du coucher du Soleil, et dont il a déjà été question plus haut (p. 49, 53, 56, 79, 82, 132, 194, 231). M. Douglass, astronome à cet observatoire, en a fait une étude nouvelle à propos des observations continuées en 1896. La voici [1] :

Pendant l'opposition de 1894, le pôle sud de la planète était fort incliné vers nous, et nous avons enregistré presque 800 irrégularités dont 350 étaient des projections. Le nombre de fois que ces projections ont duré plusieurs heures et leur disparition totale pendant la nuit nous conduisent à penser qu'elles sont dues à des nuages se formant à des altitudes très variées, au moment (ou très près du moment) du coucher du soleil. Leur forme alors est celle d'un banc dont la surface inférieure touche le sol à la longitude du couchant et qui s'étend vers le côté de la nuit, en se développant dans une direction presque horizontale, s'éloignant directement du Soleil et s'élevant de plus en plus en dehors du terminateur.

D'après certaines observations spéciales, il semble probable qu'à des altitudes très basses cette condensation peut se produire au moins une demi-heure avant le coucher du Soleil, et quelquefois les nuages durent toute la nuit et apparaissent sur le terminateur au lever de l'astre, en amas, à une altitude considérable, et séparés de la surface, comme si les masses inférieures de vapeur avaient été précipitées. Dans le cas spécial auquel je fais allusion, nous avons observé ces nuages sur le terminateur au lever du Soleil deux matins de suite. Le premier matin, ils étaient à une hauteur de 24 kilomètres au-dessus de la surface et le matin suivant à 13 seulement, après avoir varié d'une dizaine de degrés en lati-

[1] *Bulletin de la Société Astronomique de France*, 1897, p. 290.

tude et s'être étendus en longitude. La hauteur verticale moyenne du banc de nuage au coucher du Soleil observée aux mois de juillet et août 1894 a été de 7 kilomètres. Aux mois de décembre, janvier et février suivants, sur le terminateur du lever du Soleil, elle était de 6 kilomètres. Ces observations sont d'autant plus curieuses que les nuages sont plus rares sur ce monde voisin.

En examinant la distribution des projections en latitude, nous en trouvâmes une accumulation très marquée entre les latitudes 40° et 50° Sud. Il semble préférable, du moins pour le moment, de les associer jusqu'à un certain point avec la chaleur équatoriale de la planète. La saison martienne était alors avant le milieu de l'été de l'hémisphère sud, et sur une planète qui n'a plus d'océans et possède probablement de vastes déserts, la chaleur équatoriale doit s'exercer beaucoup plus loin de l'équateur géographique que sur la Terre et atteindre beaucoup plus rapidement une plus grande distance en latitude. Le parallèle —43° correspond à notre ceinture de nuages tropicaux qui voyage du Nord au Sud avec le Soleil. La concentration des nuages à ces latitudes, pendant les mois de juillet et août 1894, a été suffisante pour couvrir la zone entre —40° et —50°.

Le terminateur du lever du Soleil a été moins observé; on y a fait environ le tiers des constatations précédentes.

Une certaine catégorie de projections d'une grande hauteur et semblant s'étendre au delà du véritable bord a été observée sur le terminateur, dans le voisinage de chaque corne.

Les dépressions qui constituaient le reste des huit cents irrégularités et qui se trouvaient habituellement, mais pas toujours, sur les taches sombres de la planète, s'expliquent mieux si on les attribue au caractère de la surface, c'est-à-dire à son manque de pouvoir réfléchissant sous certaines conditions. L'absence fréquente des dépressions a pu être due à la présence de brumes dans l'air, ou de vapeurs se condensant vers la tombée de nuit, provenant de l'humidité qui peut exister en plus grande quantité dans les régions foncées que dans les claires.

Voici dans quelles conditions ces observations ont été faites : Premièrement, une atmosphère à travers laquelle le bord et le terminateur pouvaient se voir comme des lignes bien nettes. Le plus grand nombre a été observé avec une lunette de 0m,45 d'ouverture et un foyer de 8 mètres et presque entièrement avec un oculaire donnant un grossissement de 617. Quelques-unes furent vues avec un grossissement de 420. Pendant la majeure partie des observations, le diamètre de la planète a été entre 11" et 17"; et l'angle entre Mars, la Terre et le Soleil, de 37° à 47°. La phase était donc très sensible. Lorsque cet angle a été au-dessus de 37° le nombre des irrégularités a décru très rapidement.

A l'opposition de 1896, le pôle nord a été légèrement tourné vers nous, et nous avons observé une ligne de projections bien visibles sur le bord sud de la zone blanche polaire du Nord, c'est-à-dire, en général, entre les latitudes + 40° et + 50°. La calotte polaire se voyait comme une petite tache sur le bord sud de cette zone blanche. La zone blanche en elle-même n'était pas la calotte polaire. Les projections observées sur son bord sud indiquent la présence de vapeur d'eau condensée en nuages. Il est probable que cette zone blanche indiquait une région assez froide pour que les nuages pussent se former en grande quantité pendant le jour, mais que, le long de sa limite nord, la vapeur aqueuse avait besoin du coucher du Soleil et de la fraîcheur du soir pour se condenser.

Dans cette vue générale de la météorologie martienne, la chaleur solaire élève comme ici la vapeur d'eau dans l'air, mais sans pouvoir produire les nuages sur une grande échelle pendant le jour, comme sur la Terre. Nous pouvions nous y attendre en considérant que sur Mars l'atmosphère décroît en densité à mesure qu'on s'élève, *un tiers moins vite que sur la Terre*. La vapeur d'eau qui, pendant l'été de l'hémisphère austral, dérive de la fonte de la calotte polaire australe, est attirée vers les régions équatoriales ardentes et s'élève dans l'atmosphère.

En 1896, vers la fin de l'automne austral, ces aspects n'ont pas été observés sur une si grande étendue, peut-être à cause d'un décroissement de la provision d'eau; tandis que, d'autre part, nous avons observé une couche de nuages s'étendant vers le nord de la latitude + 50° et sur la bordure sud de celle-ci où il y avait assez d'humidité et de chaleur pour produire de la vapeur d'eau, et ensuite assez de fraîcheur pour la condenser aux heures du coucher du Soleil et du froid nocturne.

Voilà, me semble-t-il, la meilleure explication des irrégularités observées sur le terminateur de Mars. Nous espérons que leur importance dans l'investigation climatologique d'une planète voisine conduira d'autres observateurs à les continuer.

CCXVIII. — Cerulli. — Observations faites pendant l'opposition de 1896-1897.

M. Cerulli, dont il a déjà été question ici (p. 236), s'est construit en 1890 un observatoire particulier au sommet d'une colline voisine de Teramo (Abruzzes), colline à laquelle il donna le nom de Collurania (colline d'Uranie). Cet observatoire est installé à 400^{m} au-dessus du niveau de la mer. Son instrument principal est un équatorial de Cooke de 0^{m},41 de diamètre (0^{m},39 d'ouverture) et de 6^{m},15 de foyer [1]. Cet astronome nous a souvent fait part de ses observations dont plusieurs ont été publiées par la Société Astronomique de France. Ses travaux relatifs à l'opposition de Mars en 1896

(1) Dans ces observations, l'instrument a été généralement muni d'un grossissement de 500. L'objectif a été quelquefois diaphragmé, quand l'atmosphère n'était pas très bonne, pour donner plus de netteté aux images; mais l'auteur est porté à « ne voir là qu'un avantage illusoire, les détails plus vagues et aussi plus vrais, se fondant alors en une image plus nette, il est vrai, et cependant moins complète et moins sûre ».

ont été réunis en un volume [1] dont nous allons extraire la substance.

L'auteur s'est d'abord consacré à l'utile travail de prendre les positions précises en longitude et latitude de 60 points de l'aréographie. C'est là une triangulation nouvelle qu'il a comparée à celle de Schiaparelli et qui confirme la stabilité topographique des principales taches de Mars dans l'intervalle de 1877 à 1897.

Le centre de la calotte polaire australe a été trouvé de :

Longitude d'Aryn	31°,8
Distance au pôle sud	7°,0

Précédemment, de 1830 à 1894, le centre de cette même calotte polaire avait été déterminé par 11 séries de mesures différentes à

Longitude d'Aryn	34°,4
Distance au pôle sud	5°,0

La différence est insignifiante.

Parmi les changements observés par M. Cerulli dans l'aréographie, nous signalerons d'abord les aspects de la région de la mer Erythrée. Les cartes de Schiaparelli indiquent là une vaste mer; une vaste région grise, dans laquelle se détachent des contrées plus pâles, Argyre, Noachis, Pyrrha, Deucalion. M. Cerulli a observé là, au contraire, une région assez pâle entourée d'un cadre ovale foncé dont la partie supérieure paraît nouvelle et a été nommée par lui *Prasodes Mare*. En examinant son planisphère, on verra que la région Erythrée s'y présente comme un vaste continent traversé d'une dizaine de mers ou détroits. Cette longue mer Prasodes, en forme d'arc, a été vue pendant toute la durée des observations (juin 1896 à février 1897), tantôt plus sombre, tantôt plus claire.

L'observation la plus curieuse peut-être encore de cette région est celle du Sinus Sabæus. Prolongé par l'Hellespont, il offrit l'aspect du ruban ondulé dessiné par Beer et Mädler en 1830 (*La Planète Mars*, I, p. 105) et Kaiser en 1862 (*Id.*, p. 174) et que j'ai indiqué en 1879 (*Id.*, p. 322) comme un des exemples des variations opérées sur Mars. La nouvelle transformation de 1896 est bien certaine aussi, et l'auteur l'a pour ainsi dire vue se produire sous ses yeux. Pendant les trois premiers mois d'observation, c'est-à-dire jusqu'au milieu de septembre, le lac d'Yao faisait partie du Pharos, alors très foncé. Le lac d'Yao, le Pharos et le Sinus Sabæus ne formaient qu'une seule tache. Mais à partir de septembre, tout cela prit forme, le lac d'Yao devint une tache ovale foncée, le Pharos une région blanche, et le ruban ondulé se détacha. La baie fourchue du méridien commença à se montrer très nettement au mois d'août, et sa gémination, de part et d'autre d'Aryn, fut évidente pendant toute la durée des observations. La distance entre les deux pointes était de 10°.

[1] *Marte nel* 1896-1897. Collurania, 1898.

Ces aspects, ces variations correspondent bien à ceux que l'eau pourrait produire. Il est bien difficile de ne pas voir là des embouchures de fleuves ou canaux.

Que la topographie martienne soit précisément telle que la montre la nouvelle carte de M. Cerulli, nous ne l'admettrons pas plus que l'auteur ne l'admet certainement lui-même. La comparaison des observations prouve qu'il faut faire la part d'une équation personnelle considérable. Jamais, à aucun moment, on ne voit la planète telle qu'elle est. Mais ces énormes différences ne peuvent pas être entièrement attribuées aux observateurs : elles sont l'indice de variations réelles perpétuelles dont chaque observateur est témoin, d'ailleurs, pour peu qu'il suive attentivement la planète plusieurs années de suite.

Voici encore une observation curieuse. L'Atlantide fut entrevue comme une langue très blanche à droite de la mer des Sirènes, le 21 juin. Le 23 juillet, on ne la voyait plus et l'on ne réussissait pas à séparer la mer des Sirènes de la mer Tyrrhénienne. Le 11 décembre, l'Atlantide apparaissait de nouveau, d'un ton plombé, comme la Fétontide. En janvier, Fétontide est d'un blanc d'argent et Atlantide d'un gris de plomb qui va en s'éclaircissant. En février, Atlantide gagne encore plus de clarté et devient aussi brillante qu'en juin. Voilà des faits qu'il serait facile de multiplier d'après les seules observations de M. Cerulli.

Le 5 novembre 1896, à l'Observatoire de Juvisy, j'ai été frappé, pendant une observation de Mars, de la facilité avec laquelle le Trivium Charontis se présentait à la vue : il était beaucoup plus foncé et plus étendu que les mois précédents (¹). M. Cerulli fait remarquer de son côté que cette tache était à peine reconnaissable en juin et qu'il en fut de même jusqu'en septembre. En novembre, au contraire, elle se montrait sombre et irrégulière, et, à dater de cette époque, son augmentation de ton fut permanente.

L'auteur ajoute : « Cette région triangulaire du Trivium est sujette à varier de ton comme les trois principaux canaux qui y aboutissent, l'Orcus, le Cerbère et le Styx. »

Il a vu également les lignes foncées découvertes par M. Lowell à travers la mer du Sablier et ailleurs.

La carte de M. Cerulli est très riche en canaux. Il a revu la plus grande partie de ceux de M. Schiaparelli, plusieurs de M. Lowell, et d'autres nouveaux. Néanmoins, l'auteur ne croit pas à l'existence réelle de ces canaux. Voici ses objections principales :

Si les canaux étaient de véritables lignes tracées à la surface de Mars, telles que des cours d'eau, des crevasses, des vallées revêtues de végétation, ou des courants marins légèrement teintés, etc., on devrait d'autant mieux les voir que la planète se rapproche davantage de nous, et leur maximum de visibilité

(¹) *Voir* plus haut, p. 279.

devrait correspondre aux époques de minimum de distance, c'est-à-dire aux oppositions. Or, de juillet 1896 à février 1897, ces lignes n'ont, en général, ni gagné ni perdu de leur visibilité. Lorsqu'en décembre la planète mesurait 17" de diamètre, elles n'étaient ni plus larges ni mieux visibles qu'en juillet, où le diamètre n'était que de 7". Plusieurs canaux qui, même en décembre, étaient d'une extrême finesse, paraissaient plutôt élargis en février, quoique le disque fût réduit de moitié. L'impression que l'observateur a gardée est que la largeur angulaire de ces lignes est la même pour un disque de 7" que pour un de 17". Ce ne sont donc pas là, selon lui, des lignes matérielles d'une grandeur définie.

Peut-être pourrait-on riposter à ce raisonnement que si ces lignes sont d'une extrême finesse, à la limite de la visibilité, au-dessous de toute mesure, elles ne sont vues que dans les instants de parfaite transparence atmosphérique, et toujours comme simples impressions sur la rétine, beaucoup plus larges qu'elles le sont en réalité, et que, dans ce cas, leur largeur ne doit pas augmenter en raison géométrique du rapprochement.

L'auteur objecte en second lieu que si les lignes existaient réellement sur la planète on devrait les voir d'autant mieux que la rotation de la planète les amènerait plus près du méridien central. Ce fait ne se produit pas. Ainsi, entre autres, le Titan paraît très fin au méridien central, tandis qu'il se montre fort large à 30° de distance. Il en est de même des fragments que l'on distingue mieux loin du centre que tout près.

Comme conclusion théorique, M. Cerulli propose d'admettre que les canaux de Mars ne sont autre chose que des lignes de plus grande ombre perçues par l'œil à travers des régions parsemées de taches obscures, c'est-à-dire que l'œil relierait artificiellement entre elles des taches existant à la surface de la planète, mais invisibles pour nous dans leur vraie forme.

L'auteur nous avait déjà adressé l'explication suivante des canaux de Mars comparés à certaines lignes lunaires (¹) :

Alors que le disque de Mars nous paraît le plus riche en lignes (quelques mois après l'opposition), la distance de cette planète à la Terre n'est guère inférieure à 300 fois celle de la Lune. Si nous employons alors, à l'examen de Mars, un télescope grossissant 600 fois — limite extrême que les aréographes n'atteignent presque jamais — la distance de Mars nous paraîtra réduite à $\frac{300}{600}$, soit la moitié de la distance de la Lune. L'étude de Mars, à l'aide du télescope le plus puissant, se fera donc dans des conditions identiques à celles où a lieu l'étude de la Lune, observée avec une simple jumelle de théâtre, qui grossit seulement deux fois.

Cela posé, si nous dirigeons une jumelle sur la Lune, un phénomène curieux

(¹) *Bulletin de la Société Astronomique de France*, 1898, p. 270.

viendra immédiatement émerveiller nos regards. Ce globe nous apparaît sillonné de lignes droites en grand nombre, parsemées de noyaux, et ayant, avec les canaux de Mars, la plus grande ressemblance (*voir* la figure ci-contre, où je n'ai tracé que les lignes principales).

En dehors donc des canaux de Mars, nous avons aussi des *canaux de la Lune*, et rien ne semble plus plausible que d'admettre, pour ces deux catégories de lignes, des origines communes, et une signification identique, vu que leur apparition se fait dans des circonstances analogues.

Or, les canaux lunaires de la jumelle (qui n'ont — cela s'entend — rien de commun avec les raies brillantes que le télescope nous révèle sur la Lune) peuvent être parfaitement interprétés.

Il suffit, pour cela, de recourir à une carte de la Lune, ou bien de substituer le télescope à la jumelle. On voit alors que les lignes lunaires ne sont en réalité que de purs et simples *alignements* de taches isolées, que la jumelle nous présentait d'abord comme reliées entre elles et formant ainsi une ligne continue. En vertu de notre analogie, nous sommes donc amenés à supposer que les canaux de Mars ne sont, eux-mêmes, que de simples alignements de taches semblables à celles que nous montre le télescope sur la Lune. La même analogie nous induit aussi à croire que sitôt que les progrès de l'optique nous permettront de substituer aux télescopes actuels des instruments plus puissants, les canaux de Mars perdront aussi la figure des lignes qui les rend aujourd'hui si mystérieux et si intéressants, tout comme la perdent les canaux de la Lune, observés dans la jumelle, canaux qui disparaissent sous l'action du télescope.

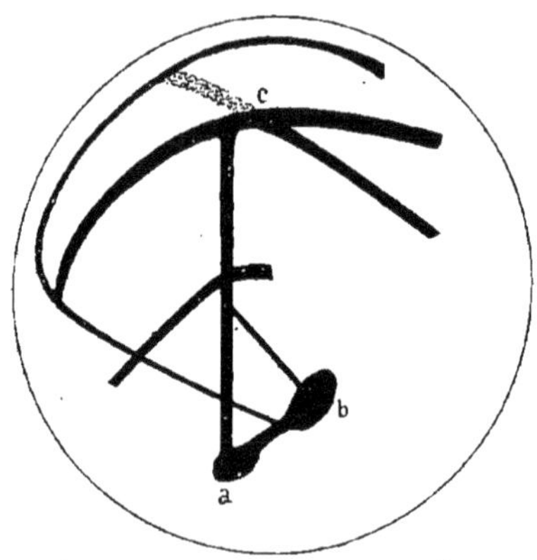

Fig. 211. — Lignes lunaires vues à la jumelle :

a. Extrémité inférieure de l'Océan des Tempêtes.
b. Extrémité inférieure de la Mer des Nuées.
c. Extrémité supérieure de la Mer de la Sérénité.

M. Cerulli adopte également cette assimilation dans son Ouvrage. Il rappelle que dans ses premiers dessins de la Lune (1645), Fontana donnait le nom de fontaines aux grands cratères de Tycho, Copernic, Aristarque, etc., et de rivières aux rayons qui en émanent. Il ajoute : « E notevole come il fenomeno reale delle strisce chiare si mescoli col fenomeno illusorio delle strisce oscure, dando origine ad immagini assai bizarre ». Nous avons ces dessins de Fontana sous les yeux et nous n'y retrouvons pas facilement les lignes sombres auxquelles M. Cerulli fait allusion (¹). Il nous semble aussi qu'en appelant fontaines ces cratères, Fontana s'est un peu souvenu de son propre nom. Nous ne retrouvons pas non plus sur la Lune les lignes du croquis de M. Cerulli. Mais son raisonnement reste incontestable : nous ne voyons pas encore Mars avec plus d'avantages que nous ne voyons la Lune dans la plus modeste jumelle, et très certainement ses véritables détails nous échappent. Nous n'en avons encore qu'une esquisse optique.

Entrons maintenant dans quelques détails sur les importantes et soigneuses observations de M. Cerulli. A la date du 1er septembre 1896, il résumait comme il suit ses observations du mois d'août (²) :

Neige australe. — L'extrémité sud du disque a été vue blanchie par le voisinage de ces neiges, entre les îles de Thulé; mais de la calotte australe proprement dite, rien de sûr. Un tel fait ne peut être attribué entièrement à la difficulté de la perspective. Il semble, au contraire, que les neiges polaires australes, déjà en diminution en juin et juillet, sont presque arrivées à leur fusion complète. Le solstice austral a eu lieu le 13 juillet.

Neige boréale. — Quelques ramifications du noyau polaire sont apparues le 25 août, jour où j'ai observé pour la première fois une traînée lumineuse au nord, sous l'Élysée ($\omega = 215°$), et cette apparition s'est maintenue plusieurs jours successifs.

Mers et Continents. — La couleur des mers, au sud du Grand Diaphragme, n'a pas paru plus accusée que celle des continents au nord de cette région. Seulement, le détroit de la mer Erythrée, qui, partant de la Corne d'Ammon, court au sud entre l'Hellas et la Noachide, et appelé Hellespont sur la première carte de Schiaparelli, s'est montré assez foncé en juin et juillet, au point d'offrir l'aspect d'un beau panache élargi vers le haut et interrompu certainement par un espace court sous la latitude — 30° (terre de Yao). En août, l'Hellespont ne s'est plus distingué de la mer australe, peut-être à cause de l'obliquité visuelle. De l'Hespérie, on a eu une vue splendide le 24 août. Elle présentait un ton à peu près uniforme sur tout son parcours, jusqu'à l'Eridan, et l'on pouvait conclure que la division observée en 1894 par le prolongement du Xantus n'existait plus (Disque de 9″; agrandissement de 500 fois.) Mais l'Hellas ne s'est pas montrée aussi nette qu'en 1894. Son contour était diffus et incertain pendant les mois de juin et juillet; en août, la limite droite (orientale) paraissait mieux définie que l'orientale.

Canaux. — Outre les canaux vus en juin et juillet (Cerbère, Læstrigon, Titan,

(¹) Nous avons reproduit l'un d'eux au Tome I de cet Ouvrage, p. 10. — Comparer aussi les 58 dessins de la Lune vue à l'œil nu que j'ai publiés au *Bulletin de la Société Astronomique de France* de l'année 1900. Ils ne confirment pas l'assimilation imaginée par M. Cerulli, et il en est de même des petites photographies de la Lune.

(²) *Astr. Nach.* 3384, 23 octobre 1896.

Fig. 212.

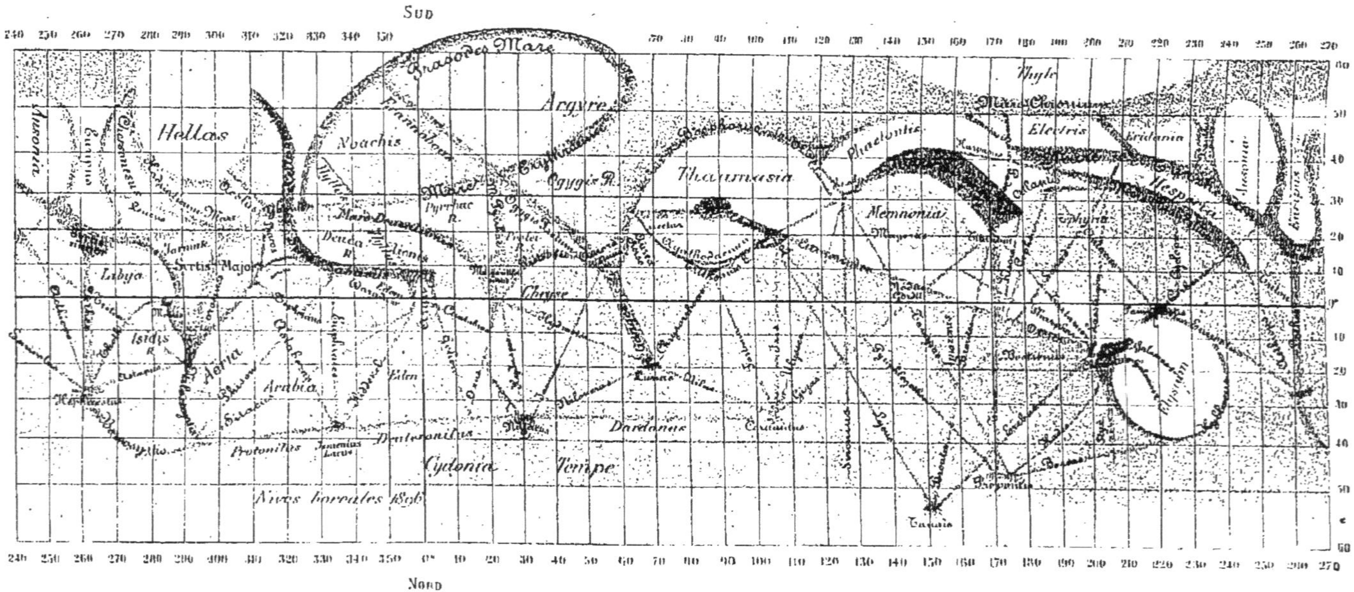

Carte générale de la planète Mars, construite par M. Cerulli d'après ses observations de 1896-1897.

Gigas, Sirène, Araxe, Ceraunius, Agathodæmon, Gange, Indus), j'ai pu identifier l'Hiddekel, le Géhon, l'Euphrate, le Phison, le Léthé, l'Astaboras, l'Astusape, l'Astapus, le Xanthus, la Boreosyrtis et la Nilosyrtis; cette dernière, pâle, et comme un prolongement de la Grande Syrte, qui se trouvait sans doute à son maximum d'étendue. Le Cerbère, très droit, large et foncé, a peut-être montré quelque indice de gémination.

Le même astronome résumait, à la date du 1er octobre, les observations suivantes faites en septembre (¹) :

Il y a eu ce mois, à Teramo, dix-neuf nuits claires favorables aux études aréographiques.

Neige boréale. — Une subtile calotte blanche a été vue constamment émergeant au nord de l'extrémité de la phase obscure. Dans les derniers jours de septembre, un petit *archetto* noir marquait la limite australe de cette calotte, ce qui montrait que la liquéfaction de cette neige boréale était déjà commencée.

Les îles de Thulé I et II, Novissima et Argyre II ont été bien vues.

Le *Sinus Aonius* a été vainement cherché de juin à septembre. Toute interruption entre Icarie et Thaumasia est effacée. Le phénomène n'est pas nouveau. Il s'est déjà manifesté dans les oppositions observées par Kaiser, et également en 1885. Ainsi, *le Golfe Aonius est parfois visible et parfois invisible.*

Le *Lac du Soleil* a paru très pâle cette année et rapetissé. De plus, sa forme ovale ne se montrait pas en largeur dans le sens des latitudes, mais en hauteur dans le sens du méridien. C'est encore là un nouveau changement.

Grande Syrte. — L'auteur a déjà remarqué, dans sa Note précédente, que cette vue avait présenté, en 1894, un maximum d'étendue. Cette remarque est confirmée par la suite des observations. Alors que culminait la pointe de la Grande Syrte ($\omega = 285°$), la rive gauche se montrait parfaitement symétrique de la rive droite. Donc, cette partie de la Libye avait temporairement cessé d'exister à l'état de continent.

Le lac Mœris offrait l'aspect d'un petit bouton attaché au littoral est de la Grande Syrte qui, par conséquent, avait envahi toute la région occupée par le bras du Nepenthès.

Couleur des Continents. — Les continents, au nord du Grand Diaphragme, ne sont pas tous de la même couleur et présentent divers contrastes de teintes.

Lorsque la Grande Syrte passe au méridien, on remarque un fort contraste entre le blanc sale des continents à gauche et le jaune granulé de roux des continents à droite.

Des canaux tels que celui des Euménides et le Gigas séparent des régions de tons différents, la contrée au nord des canaux étant légèrement plus foncée que celle au sud.

(¹) *Astr. Nach.* 3394, 4 janvier 1897.

A leur contact immédiat avec le Grand Diaphragme, les continents boréaux se montrent plus blancs, d'où il résulte que les régions foncées de la mer des Sirènes, de la Grande Syrte, du golfe Sabæus, du golfe des Perles et du golfe de l'Aurore présentent vers le nord une légère bordure argentée de largeur uniforme.

Au voisinage du limbe ou du terminateur, non seulement certaines îles ont la propriété de blanchir, telles que Thulé, Argyre, Hellas, mais on peut dire que le phénomène est commun à tous les continents, dans une mesure plus ou moins grande. L'observateur a vu resplendir, près du terminateur, la terre d'Isis, l'Amazone, et surtout Edom. Ce dernier offrait nettement l'impression d'être comparable à la neige polaire. De plus, le lac du Soleil, la pointe orientale de la mer des Sirènes se distinguaient facilement au bord du limbe. Ainsi, *les terres martiennes ont la propriété de paraître plus blanches avec une forte obliquité.*

Les Canaux. — Les plus faciles à voir en septembre, même en forte obliquité, ont été le Gange, l'Agathodæmon, le Nectar, l'Iris, le Ceraunius, le Gigas, le Titan, le Cerbère, l'Hephæstus, le Boreosyrtis, le Nilosyrtis, l'Hiddekel, le Gehon, l'Oxus et l'Indus.

Un peu moins faciles, mais toutefois évidents, se sont montrés le Dardanus, le Chrisorrhoas, le Fortune, l'Eosphorus, le Pyriphlegeton, l'Euménides, l'Araxe, les Sirènes, le Gorgon, le Laestrigon, le Triton, le Léthé, le Thoth, le Protonilus, l'Astaboras, le Phison, l'Euphrate (peut-être double), le Deuteronilus, l'Hydraotes, la Jamuna, le Nilokeras.

Très difficiles à reconnaître : l'Oronte, le Typhon et la Croix de l'Hellas.

Outre les canaux décrits ci-dessus, trois autres ont été observés et identifiés avec la Carte Lowell de 1894 :

1° Ulysse, qui va de la pointe orientale de la mer des Sirènes au Ceraunius, bissequant l'angle entre l'Araxe et le Sirenius ;

2° Sitacus, qui réunit la première corne du golfe Sabæus avec la pointe de la Grande Syrte ;

3° Daradax, qui réunit la bouche de l'Euphrate avec celle de l'Hiddekel.

Enfin, le même observateur nous faisait part dans les termes suivants de ses dernières observations (¹) :

I. — Les ramifications de la neige boréale ou, si l'on préfère, « les brouillards » de l'hémisphère nord, ont présenté, vers la fin de novembre, un des aspects les plus remarquables du disque. On a vu alors ces brouillards — des taches d'un blanc jaunâtre — arriver presque en contact avec la ligne très foncée du Proto - et du Deutero-Nilus, et nous cacher, en s'y superposant, la partie la plus boréale de la Mer Acidalienne. A la droite de cette dernière région — sous le Dardanus — on voyait les neiges se retirer brusquement au Nord. Il est

(¹) *Société Astronomique de France*, 1897, p. 233.

bon de rappeler qu'en 1894 aussi, ce fut dans le méridien de cette mer que les neiges boréales commencèrent à faire leur apparition sur le disque.

II. — La mer Erythrée n'a pu être bien résolue dans ses lignes composantes qu'en décembre. On a constaté que cette région consiste en cinq larges canaux, tous, à l'exception d'un seul, très peu foncés. Le canal foncé n'est autre chose que le golfe Sabæus qui, se raccordant avec la partie la plus boréale de l'Hellespont, reconstitue nouvellement le « Ruban ondulé » de Mädler. (Voir votre Ouvrage, *Mars*, p. 105.) Mais plus encore qu'aux dessins de Mädler, Mars ressemble dans cet endroit-là à ceux de Lockyer et à la carte de Kaiser (1864). Je trouve aussi une ressemblance avec la carte de Kaiser dans la forme coudée

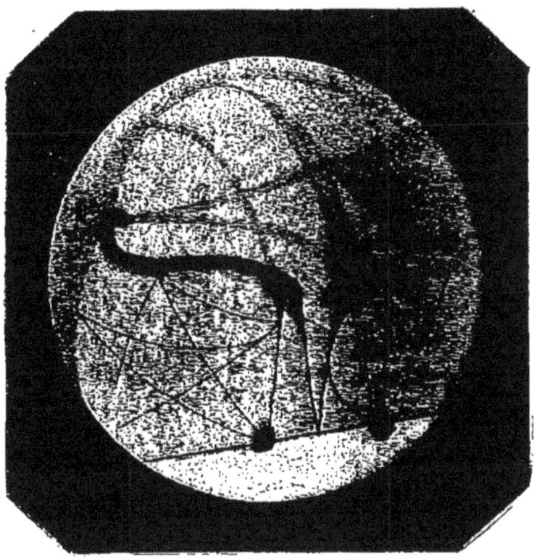

Fig. 213. — Mars, le 2 janvier 1897, à 10h :
Le ruban ondulé de Mädler. Golfes Sabæus et du Méridien.

de la Nilosyrtis, quoique ce canal ne montre plus, dans son milieu, l'interruption, observée par l'astronome de Leyde.

III. — La résolution de la mer Erythrée en des canaux est une première confirmation de la découverte de lignes dans les régions sombres, faite par MM. Douglass et Lowell, en 1894. Mais il y a bien d'autres régions obscures sillonnées par des lignes, et l'on a vu, par exemple, deux lignes en croix relier transversalement le Sinus Titanum avec Mare Cimmerium (Padargus et Harpasus de Lowell). Un autre canal, identique peut-être avec l'Heratemis, de Lowell, marque le prolongement du Titan à travers la mer des Sirènes, etc., etc. Sur la Grande Syrte aussi, il y a des lignes d'ombre très larges et foncées.

IV. — Vers la fin d'octobre s'élargirent rapidement les canaux aboutissant au Trivium Charontis et ceux qui définissent le blanc ovale d'Elysium. Ces lignes atteignirent un tel degré d'évidence que leur région devint tout de suite une des plus faciles de Mars.

Le Trivium apparut nettement défini comme le point de rencontre de huit canaux, dont trois très larges et parfois doubles (voir *fig.* 214). Ces canaux doubles, j'ai pu les examiner plusieurs fois et j'ai constaté que leur fond est plus foncé que le reste des terres boréales, de manière que je serais amené à envisager les canaux doubles comme de larges canaux aux bords bien marqués.

NOUVEAUX CANAUX (¹). — J'ai le plaisir de vous annoncer que, parmi les nombreux canaux que je viens d'observer, il y en a deux qui semblent nous promettre un nouveau pas dans la connaissance de ce monde voisin. Ces deux canaux, dont,

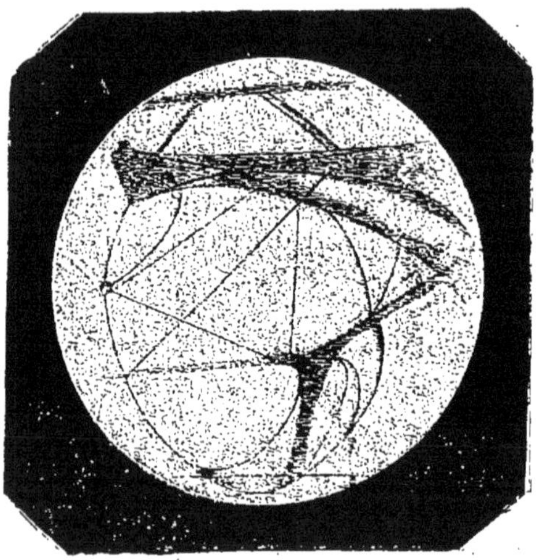

Fig. 214. — Mars, le 19 janvier 1897, à 10h30m :
Les mers des Sirènes et Cimmérienne. Le Trivium Charontis.

jusqu'au moment de les apercevoir, je ne soupçonnais pas l'existence, ne figurent pas sur la Carte de Schiaparelli; ils ont été découverts, il y a deux ans, par M. Lowell, à Flagstaff, et ils s'appellent Ulysse et Sitacus. L'Ulysse prend son origine à la pointe orientale de la mer des Sirènes et court en ligne droite jusqu'au Ceraunius; le Sitacus relie — en ligne droite aussi — la première corne du golfe Sabæus avec la pointe de la Syrtis major (²).

Ce qu'il y a d'étonnant en ceci, c'est que ces canaux sont très évidents, Ulysse n'étant pas moins visible que les canaux environnants, Sirenius et Araxe, et le Sitacus surpassant en visibilité l'Euphrate et le Phison.

(¹) Voir la Carte aréographique de M. Lowell (p. 120) : le canal Ulysse porte le n° 110 et le Sitacus le n° 254.
(²) *Société Astronomique de France*, 1896, p. 308.

Je vous soumets la question de savoir comment des lignes pareilles aient pu rester cachées pendant sept ou huit oppositions (parmi lesquelles il y en a eu de très favorables, soit pour la direction de l'axe, soit pour l'amplitude du disque) à un observateur tel que M. Schiaparelli ?

Ne pensez-vous pas que nous sommes ici en présence d'une intéressante catégorie de phénomènes martiens? Des lignes nouvelles apparaissent sur la planète, le mot « nouvelles » n'ayant pas ici le sens qu'on lui donne ordinairement en Astronomie. Ce ne sont pas tout simplement des canaux que l'on a aperçu en 1894 pour la première fois, mais ce sont bien des canaux qui jusqu'à 1894 n'existaient pas.

Je soumets ces questions à l'auteur de *La Planète Mars*.

Cet exposé, plus long que de coutume, des observations du savant astronome de Teramo, nous montre en quelque sorte la genèse de ses travaux et des conclusions qu'il en a tirées. Nous pourrions encore, en parcourant son Mémoire de 1898, faire quelques remarques intéressantes, et nous croyons même devoir les ajouter ici. Pour tout ce qui suit, nous engageons le lecteur à confronter les descriptions avec la carte publiée plus haut (p. 319).

La région comprise entre le Prasodes et l'Hellespont jouit de la propriété d'être claire lorsqu'elle se présente de face et foncée lorsqu'elle se présente obliquement. Cette modification de ton a d'autres exemples.

A gauche du Sinus Sabæus, le Pharos a changé réellement de ton. D'abord foncé, en juin 1896, il réunissait le Sinus Sabæus au littoral droit de la Grande Syrte. Il en était de même en juillet et en août. Mais en septembre il était blanc et formait la séparation indiquée sur la carte. Ainsi s'explique le changement d'aspect du Sinus Sabæus.

La duplicité de la Corne d'Aryn était bien visible en août, au méridien central. Mais, lorsque la rotation emportait ce point à 30° ou 40° de distance de ce méridien, on ne la distinguait plus guère, non pas seulement à cause de l'obliquité, mais parce que le promontoire entre les deux cornes s'assombrissait.

Le lac d'Yao ne s'est détaché comme pays foncé qu'à partir du milieu de septembre : jusqu'alors il était réuni au Pharos. En novembre et décembre, c'était une belle tache foncée, nettement définie.

Le golfe de l'Aurore varie avec l'obliquité : il paraît d'autant plus foncé qu'on le voit plus obliquement.

Les mers Erythrée et de Deucalion n'ont été séparées qu'à partir du 20 novembre. La terre de Pyrrha, qui les sépare, n'a été visible qu'à partir de cette date. Changement réel.

De 1877 à 1896, la région Erythrée s'est graduellement affaiblie de ton. En 1877, elle était très foncée (Green, Schiaparelli, etc.). C'était une « mer » incontestable d'aspect. Aujourd'hui, l'aspect est continental; il ne reste que quelques traînées grises. Variation réelle.

Observé du 13 août au 11 février, l'Euphrate s'est montré mieux visible dans l'obliquité qu'en culmination. En obliquité, large et foncé; au méridien, clair en son milieu et dédoublé.

L'Hiddekel et le Gehon très faciles en août et septembre, à ce point que l'on pouvait se demander comment ils n'ont pas été vus avant Schiaparelli. Le 18 septembre, en obliquité, Ammon étant au méridien, ils paraissaient plus foncés, mais confondus en une seule traînée, l'Eden qui les sépare étant devenu sombre en vision oblique.

Le Gange s'est montré plus clair au méridien qu'en obliquité, et ses bords se détachaient alors en deux lignes parallèles, comme l'Euphrate.

Le Phasis s'assombrit aussi en obliquité, s'éclaircit au méridien.

Le lac du Soleil a été très difficile à voir en position centrale, trop éclairci, et, au contraire, sombre et facile en grande obliquité. Il a donc la même constitution physique que le Phasis, les colonnes d'Hercule, etc.

Le 17 novembre, le lac de la Lune passant au méridien central, le Gange et le Chrysorrhoas se présentaient avec le même angle : les deux canaux offraient la même largeur et le même aspect, et doubles tous les deux. En décembre et janvier, le Chrysorrhoas diminue de largeur, offrant l'aspect dessiné sur la carte.

Le Sirenius ne reste pas identique à lui-même pendant la rotation de la planète, plus large en obliquité, plus fin en culmination.

La mer des Sirènes est une des régions martiennes les plus faciles à bien voir, même quand le disque n'a que 7". Elle n'est pas uniforme de ton; c'est plutôt une agglomération de taches qui varient avec l'obliquité.

Les variations de l'Hespérie dépendent en grande partie de celles des mers Tyrrhénéenne et Cimmérienne.

Dans la soirée du 4 janvier, par une atmosphère de calme absolu et d'admirable transparence où Mars, affranchi de toute vibration, semblait comme enchanté « *incantato* », le Léthé parut perdre son aspect linéaire et se métamorphoser en un système compliqué et indéchiffrable de minuscules petites taches.

L'Euripe s'est montré pour la première fois le 13 juin, un peu avant sa culmination, comme une grande tache foncée orientée du nord au sud et plantée en forme de drapeau sur la petite Syrte. Le drapeau était nettement terminé à gauche, mais se perdait à droite en un ton indécis. Le 10 juillet on le revit séparant deux régions claires d'égal ton et nettement défini des deux côtés. En septembre il était bien défini à droite et nébuleux à gauche. En décembre il se montra formé de deux lignes courtes parfaitement symétriques par rapport au méridien de la petite Syrte et offrant la figure de la lettre O. Transformation remarquable et absolument certaine.

L'Hellas, qui était rose en 1894, est devenue blanche en 1895, et est restée blanche en 1896 et 1897. On a cru apercevoir, mais difficilement, des traces de l'Alphée et du Pénée.

Nous avons tenu à détacher ici ces observations remarquables parce qu'elles mettent en évidence les *changements réels* qui s'effectuent constamment sur la planète, ainsi que les variations apparentes dues à l'obliquité et à la rotation, lesquelles consistent en *assombrissements* de certaines régions, et en *éclaircissements* de certaines autres, peut-être un peu par contraste.

Quant à la nouvelle interprétation des canaux présentée par M. Cerulli, elle n'est pas sans offrir, elle aussi, plus d'une difficulté, et c'est ce que M. Schiaparelli a tenu à discuter, de son côté, dans un intéressant article sur ce sujet (1).

L'illustre astronome de Milan montre d'abord qu'en ce qui concerne la mer Tyrrhénienne, M. Cerulli a réuni à cette mer la région foncée qui constitue l'isthme supérieur de l'Hespérie, ce qui n'est qu'une interprétation et non une modification physique. Il montre ensuite qu'en 1896-1897 le Léthé n'a pas été vu, ou très faiblement, et que ce que M. Cerulli appelle le Léthé est le Thoth, tandis que ce qu'il appelle Thoth est l'Athyr, etc. De même, le Kison de Cerulli n'est pas celui des cartes de Milan. Ces confusions sont assurément regrettables; car l'aréographie commence à être un peu compliquée.

Arrivant à l'observation que les canaux et certains détails de la planète sont moins évidents à leur passage au méridien central que vus obliquement, M. Schiaparelli déclare qu'il l'a faite plusieurs fois lui-même, notamment en ce qui concerne le Nœud Gordien et le lac du Soleil. Mais, pour lui, ce fait ne contredit pas l'existence des canaux, car il se présente lorsque les régions environnant les taches deviennent plus claires en approchant du bord, de sorte que la plus grande visibilité des lignes foncées s'accroît ainsi *par contraste,* et non par suite de la constitution intrinsèque de ces lignes.

La théorie de M. Cerulli est, en effet, que les canaux ne sont que des impressions optiques de notre vue réunissant entre elles des taches sombres alignées séparées par des régions claires. Quand ils passent au méridien central, les régions claires dominent, s'élargissent un peu par irradiation, et diminuent le ton foncé apparent des canaux.

Il resterait encore à expliquer pourquoi les taches en question sont ainsi alignées.

Que la visibilité des canaux soit la même pour un grand éloignement que

(1) *Vierteljahrsschr. d. Astronom. Gesellschaft,* t. XXXIV, p. 39-51.

pour un petit, pour un disque de 7″ que pour un de 17″, c'est une difficulté que M. Cerulli élève contre l'existence réelle des lignes, et cherche à résoudre en disant que l'œil réunit tant bien que mal, dans les deux cas, des choses incomplètement visibles. M. Schiaparelli assure que, pour lui aussi, ce ne sont pas les époques d'opposition et de plus grande proximité qui ont été les meilleures, mais celles où la planète est plus éloignée et plus petite; mais il attribue ce paradoxe à ce que les observations faites au crépuscule du matin ou du soir, dans une demi-lumière, et même de jour, sont préférables aux observations du milieu de la nuit, non seulement à cause de cette clarté diffuse qui calme l'irradiation de la planète, mais encore parce que l'atmosphère est plus tranquille et les images meilleures. Il en est de même pour les étoiles doubles, telles que ζ Hercule, τ du Cygne, δ du Cygne, etc.

M. Schiaparelli déclare donc que ces deux grandes objections de M. Cerulli reçoivent par là une explication satisfaisante; que, d'autre part, l'assimilation des aspects de Mars à des lignes lunaires imaginaires n'est pas soutenable, et que les déductions de l'auteur sont très hypothétiques. Le « réseau trigonométrique » des lignes martiennes n'est pas encore expliqué.

Quant aux régions qui blanchissent avec l'obliquité, s'il se forme là des étendues de gelée blanche (*La Planète Mars*, t. I, p. 100), l'explication serait toute trouvée.

CCXIX. — Léo Brenner. Observatoire de Lussinpiccolo (Istrie) 1896-1897.

M. Léo Brenner nous a adressé de l'Observatoire de Lussinpiccolo (Istrie) les descriptions et les dessins qui suivent, résumant l'ensemble de ses observations pendant la même opposition [1].

Le premier, pris le 7 octobre 1896, à $15^h 45^m$ (temps moyen de l'Europe centrale), et avec un grossissement de 242 fois, représente la planète au moment où son 145e degré de longitude passe au centre du disque (phase assez prononcée, diamètre = 12″). On y distingue nettement, de gauche à droite, un segment de la Thaumasia, l'Aonius Sinus, les mers des Sirènes et Cimmérienne, plus bas le circulaire Trivium Charontis, plus bas encore le parallélogramme de la Propontide (*fig.* 215).

Dans le second, pris le 30 novembre à 10^h, avec des grossissements de 310 et de 410, la phase n'est plus visible, la planète, mieux en opposition et plus rapprochée de nous, a un diamètre de 17″. On la voit par le 290e degré; en haut les terres Ausonia, Hellas, Noachis et de Deucalion; au-dessous, les mers Tyrrhénienne,

[1] *Société Astronomique de France*, 1897, p. 441.

Adriatique et Erythrée et le Sinus Sabæus, puis la Grande Syrte traversée par les ponts dont il a été question, entre les terres Libye, d'Isis et Aeria. (*fig.* 216).

Dans le troisième, pris le 9 décembre, à 9h, par un grossissement de 310, le

Fig. 215. — Aonius Sinus et mer des Sirènes.

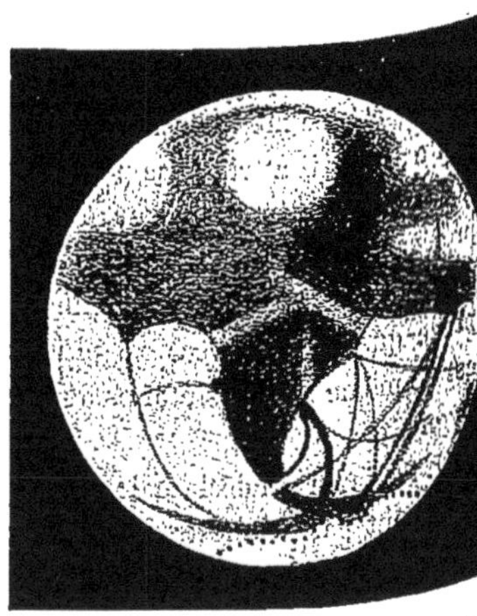

Fig. 216. — Grande Syrte et mer Erythrée.

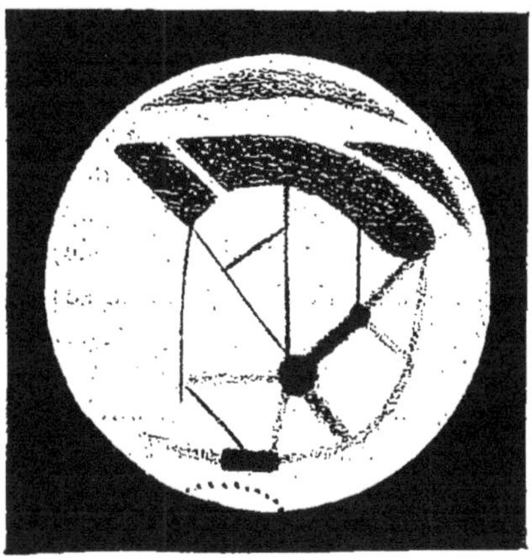

Fig. 217 — Mer Cimmérienne, Trivium Charontis et Propontide

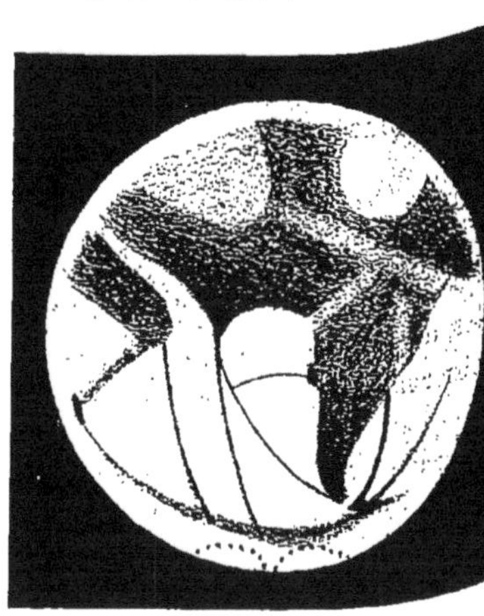

Fig. 218. — Petite Syrte et Grande Syrte.

diamètre est de 17″, la longitude est de 195°, sensiblement celle du Trivium Charontis et de la Propontide. On y voit en entier la mer Cimmérienne avec les deux isthmes Atlantis et Hesperia qui la séparent des mers des Sirènes et Tyrrhénienne (*fig.* 217).

Dans le quatrième, pris le 5 janvier 1897, à 5h45m, avec un grossissement de 410, la planète s'éloigne. Sa phase commence à s'indiquer du côté opposé. Son diamètre n'est plus que de 14". Elle se présente à son 269e de longitude. On retrouve la Grande Syrte avec ses trois ponts et la terre d'Hellas, mais avec des régions plus orientales : la Petite Syrte, la mer Thyrrénienne presque en entier, l'Hespérie, le commencement de la mer Cimmérienne (*fig.* 218).

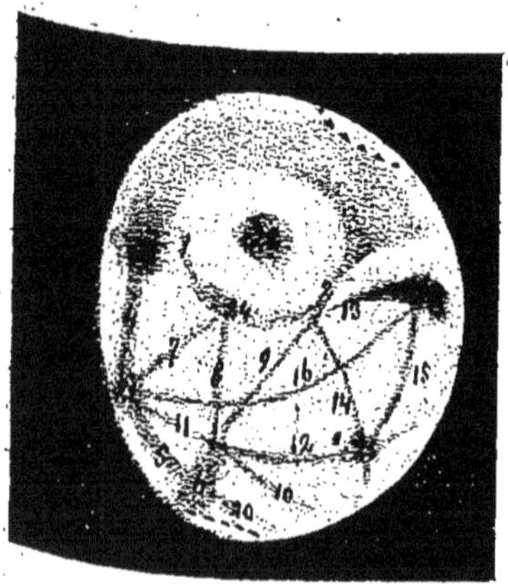

Fig. 219. — 1er août 1896. λ = 120°.

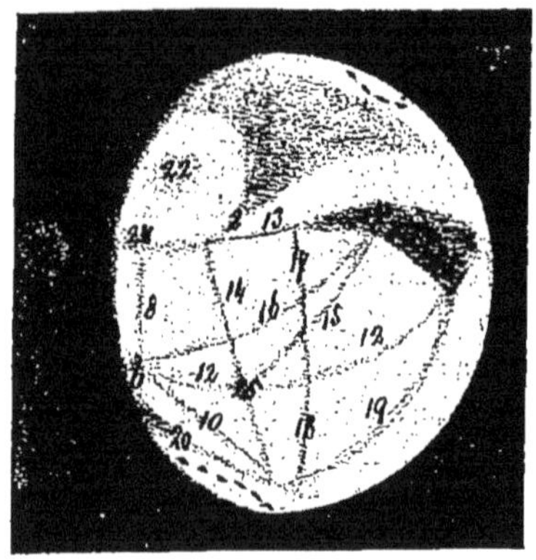

Fig. 220. — 1er septembre. λ = 196°.

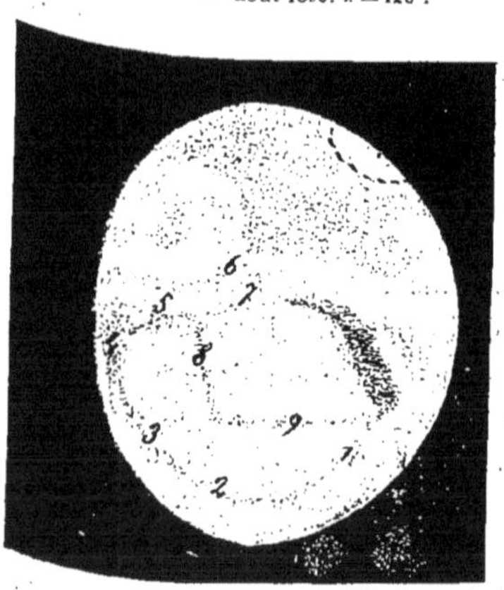

Fig. 221. — 8 septembre 1896, 16h40m.

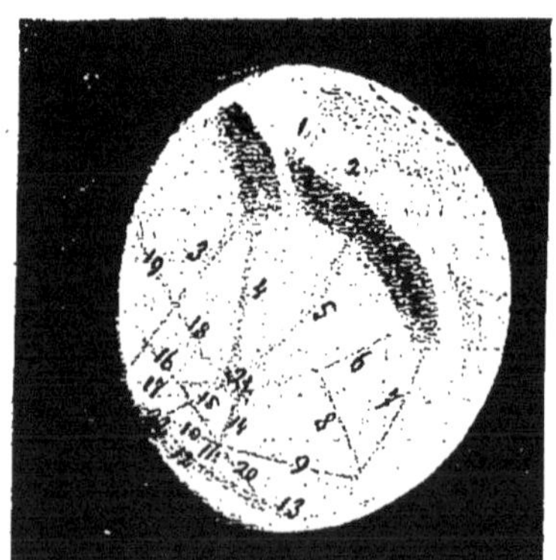

Fig. 222. — 8 septembre 1896, 19h.

Toutes ces régions sur les quatre dessins sont traversées par des canaux qu'il est facile d'identifier avec les cartes de MM. Schiaparelli.

A ces dessins, M. Brenner a ajouté les deux suivants pour certains détails d'ensemble :

Sur le premier (*fig.* 219), fait le 1er août, à 18h30m (heure de Greenwich), on voit les canaux suivants : 1 Steropes; 2 Glaucus; 3 Phlegethon (?) 4 Ceraunius;

5 Iris (?); 6 Phasis; 7 Araxe (?); 8 Eumenides; 9 Gigas. Au premier moment, l'auteur avait identifié 1 avec *Titan* et 2 avec *Achéron*, mais leurs positions ne correspondaient pas avec celles de la Carte de Schiaparelli, non plus que celle de 5 et 7. Il a eu recours alors à la Carte de Lowell et a trouvé que 1 et 2 correspondaient beaucoup mieux avec les canaux *Steropes* et *Glaucus* de Lowell. « De même 5 et 7 pourraient être plutôt le canal *Ulysse* de Lowell. Mais alors 3 devrait être un *nouveau canal*, car la Carte de Lowell ne marque pas une communication directe à cette place. Au reste, il est intéressant de voir le Ceraunius étendu comme une mer! »

Sur un autre dessin, pris le 2 août, on voit les canaux : Erinnæus, Steropes, Glaucus, Ceraunius, Iris, Fortuna, Gorgon (?) et un *nouveau canal*, situé entre Eumenides et Pyriphlegethon. Le septième canal serait aussi plutôt un *nouveau canal*, situé entre *Gorgon* et *Sirenius*, que le *Gorgon* lui-même.

Un autre dessin montre les canaux : Herculis Columnæ, Simoïs, Læstrygon, Tartarus, Orcus, Erebus, Propontis, Titan, Acheron, Pyriphlegethon, Gigas, Eumenides, Araxe; la Propontis est aussi sombre que le Trivium Charontis; Læstrygon, Tartare et Erèbe paraissent doubles.

Le second dessin ci-dessus (*fig.* 220), pris le 1er septembre, à 19h30m, temps moyen de Greenwich, contient les canaux : 1 Simoïs; 2 Scamander; 3 Titan; 4 Tartare; 5 Læstrygon; 6 Cerbère; 7 Æthiops; 8 Eunostos (?); 9 Hyblæus (?); 10 Boreas (?); 11 Æsacus; 12 Gynde (?); 13 Alcyonius (?); 14 Styx; 15 Hadès; 16 Plutus; 17 Erebus; 18 Orcus; 19 Eumenides; 20 un *nouveau canal* unissant Plutus avec Alcyonius. 4, 5, 12 et 13 paraissent être doubles. « Or, les positions de 9, 10, 12 et 13 ne correspondent pas parfaitement avec celles de la Carte Schiaparelli (et non plus avec celles de Lowell), de façon qu'il n'est pas impossible que ces canaux soient de *nouvelles* formations. Mais la question ne se laisse pas encore trancher, parce que ces canaux sont très voisins du limbe. Néanmoins ce réseau de canaux était *plus distinct* que les environs du pôle austral, où il ne m'était pas possible de voir avec *certitude* si la partie brillante était encore la calotte, ou plutôt une partie blanche de la planète. Car déjà, le 25 août, la calotte était invisible. Je pense donc que les taches marquées sur les deux derniers dessins ne sont qu'une blancheur plus intense du limbe. Le Trivium (21) et Propontis (22) sont très intenses, eux aussi, dans le dernier dessin. »

Note additionnelle de M. Brenner :

« Le 8 septembre, je fis trois dessins de Mars, dont l'examen me montra les canaux suivants : 1 Agathodæmon; 2 Phasis; 3 Nilokeras; 4 Gange (très large, sans doute double); 5 Nil (de même); 6 Ceraunius (ressemblant à une mer); 7 Chrysorrhoas; 8 Fortuna; 9 Iris; 10 Glaucus (canal de Lowel); 11 Uranius; 12 Gigas; 13 Araxe; 14 Pyriphlegeton; 15 un *nouveau canal*, unissant le lac « Biblis Fons » avec l'embouchure d'un autre nouveau canal (16) dans la mer des Sirènes; 16 ce *nouveau canal*, unissant l'embouchure de 15 avec le lac de la

Fig. 223.

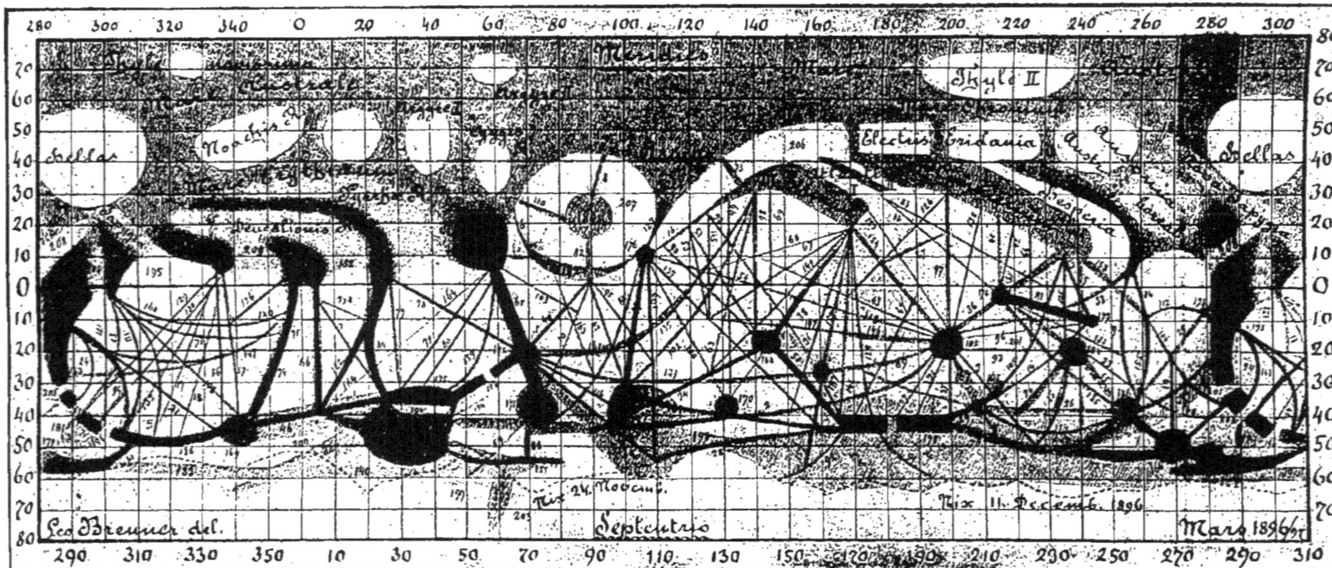

PLANISPHÈRE MARTIEN DE L'OPPOSITION DE 1896-1897, SUIVANT M. LÉO BRENNER.

Lune (21); 17 Elison (un des canaux de M. Lowell); 18 un *nouveau canal*, formant la continuation de l'Elison; 19 Titan; 21 Acheron ou Phlegethon. On voit aussi les lacs du Soleil (22), Tithonius et l'île Argyre I (23). Les calottes polaires étaient très brillantes, bien que je ne sache si c'était vraiment la neige ou si la blancheur du limbe m'a trompé; car je doute qu'on ait pu voir encore la neige australe, et la neige boréale doit avoir été cachée dans la partie sombre du globe. A cause de cela, les lignes ponctuées sur les dessins ne marquent que les parties les *plus brillantes* du limbe [1].

Dans ces canaux si multipliés, n'y aurait-il pas quelque illusion d'optique?

L'astronome de Lussinpiccolo a réuni, en un planisphère, toutes ses observations de l'opposition 1896-1897. Nous avons hésité à publier ici ce planisphère, parce qu'il nous paraît avoir laissé trop de part à la subjectivité personnelle, et montrer, notamment, des canaux si nombreux qu'ils donnent l'impression de n'avoir pas le caractère d'objectivité réelle. Il nous semble que M. Léo Brenner a enregistré là toutes les lignes apparues à ses yeux en des dates différentes, et dont un grand nombre peuvent avoir reçu double emploi à cause de la difficulté de l'orientation exacte et précise. Le Trivium Charontis, par exemple, se rencontre au-dessous de la mer Cimmérienne, comme un centre d'irradiation de 17 canaux; de la pointe de la mer des Sirènes irradie un éventail de 9 autres; un autre éventail de 7 canaux part de l'origine du Phison et de l'Euphrate au Sinus Sabæus, etc.: c'est beaucoup! Les illusions sont faciles, et M. Lowell en a donné un autre exemple dans ses observations de Vénus et des satellites de Jupiter. Nous n'insérons pas moins ce planisphère dans notre étude générale comparée, afin de ne rien omettre, et même au point de vue spécial de la discussion.

Quelle différence frappante entre ce planisphère et celui de M. Cerulli!

Décidément, tous ces aspects sont à la limite de la visibilité, — et plusieurs même un peu au delà!

En complément des observations de M. Brenner, M. Fauth écrit de son observatoire de Landstuhl que, le 2 novembre 1896, il a reconnu l'extrémité droite du Phlegra, l'Aeolis et l'Eridan, le 4 novembre l'Aeolis et probablement l'Aethiops. Oculaire muni d'un verre rouge pour tempérer l'éclat. On a pu identifier 70 détails de la Carte de Mars, y compris 34 canaux. L'auteur croit avoir dédoublé le Phison. La région de Deucalion a paru rattachée à gauche avec celles de Xisuthrus et de Japet [2].

[1] *Mars-Beobachtungen* 1896-1897, *auf der Manora Sternwarte*, in Lussin Piccolo. Berlin, 1898.

[2] *Astr. Nachr.*, n° 3418, 29 avril 1897.

CCXX. — José Comas Sola. — Observations faites a Barcelone.

M. Coma Sola nous a adressé de Barcelone les observations suivantes :

Bien que pendant cette opposition le temps ait été peu favorable, j'ai pu profiter d'un certain nombre de nuits pour obtenir des résultats qui offrent, je crois, quelque intérêt scientifique. J'ai employé mon excellente lunette Bardou de 108^{mm}, armée d'un grossissement de 270 fois. Comme toujours, je ne représente dans mes dessins que ce que j'ai vu en *toute sûreté*, en faisant toujours des efforts pour n'avoir à tenir aucun compte, dans mes observations, de ce que je savais de

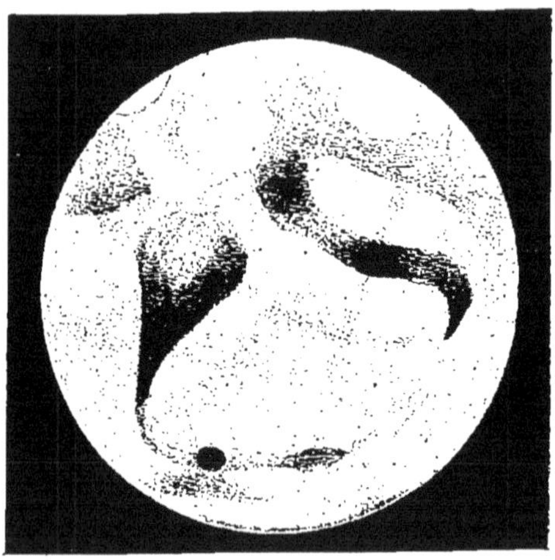

Fig. 224. — Mars, le 1er janvier 1897. La mer du Sablier. Le Ruban ondulé de Mädler. Golfes Sabæus et du Méridien.

la planète, afin d'éviter tout préjugé, chose que je regarde comme essentielle pour l'avancement de nos connaissances sur Mars. Une partie de ces observations a été faite en compagnie de mon ami M. L. Rudaux, qui a pu les confirmer.

Dans le récit suivant, je rendrai compte brièvement de mes principales observations :

Commençant par la Grande Syrte, je dirai seulement que cette mer a présenté son aspect habituel, c'est-à-dire assez foncé, surtout vers les baies des canaux (circonstance qu'on observe dans toutes les mers), notamment dans celle du Nilo-Syrtis, qui paraissait noire quelquefois. Ce canal a été faible (*voyez* le dessin du 1er janvier) dans son extrémité inférieure; j'ai constaté, le 1er janvier, un point noir qui pourrait bien s'identifier avec le Palus Colœ de M. Schiaparelli (1879) ou avec la tache noire observée en 1881-1882 par le Dr Otto Bœddicker. La Boreo-Syrtis est apparue confuse par sa proximité du bord de la planète. Le lac

Mœris, quoique très difficile, a été parfois bien visible. (*Voyez* le dessin du 10 décembre, 1h du matin.)] L'Ausonia très vague, réduite presque à une terre gri-

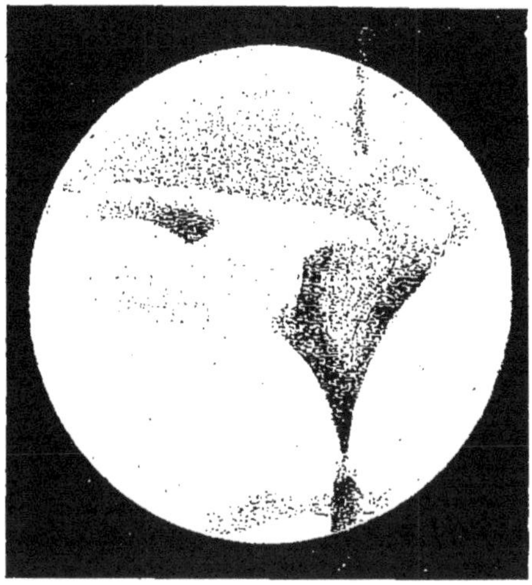

Fig. 225. — Mars, le 10 décembre 1896, à 1h du matin : Partie occidentale de la mer du Sablier. Région d'Isis.

sâtre, tantôt paraissant une pointe de la Libye, tantôt une île entre celle-ci et Hellas, tantôt un isthme reliant ces deux terres. On voyait aussi, d'ordinaire,

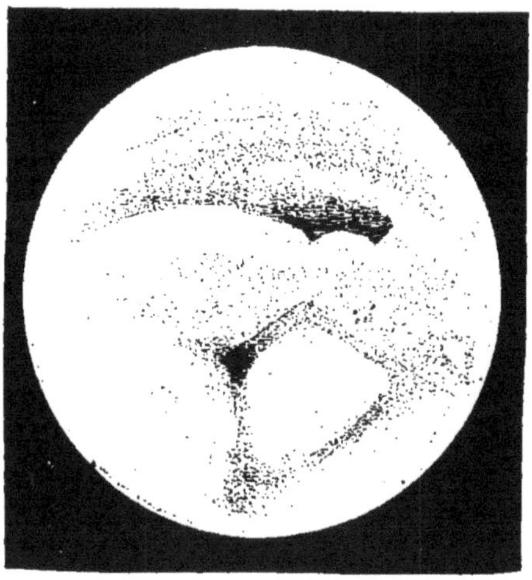

Fig. 226. — Mars, le 10 décembre 1896, à 9h 50m soir : Trivium Charontis.

une autre île ou isthme entre Hellas et Hammonis Cornu (Japygia ?). La région d'Isis a été généralement très blanche, surtout près du bord de la planète, position dans laquelle cette terre faisait l'effet d'un point aussi brillant que les taches polaires. Mais ce qui a été le plus notable, c'est l'éclat de la Libye, région généralement très grise, comme on sait; elle a toujours été blanche, presque autant que la région d'Isis. (*Voyez* le dessin du 10 décembre, 1h du matin, qui représente une forme très curieuse de cette partie de la planète.) Le récent changement de ton de la Libye est, à mon avis, une preuve de plus que les régions foncées de Mars ne sont pas des mers, au moins en général, parce qu'il paraît difficile d'admettre que des régions aussi étendues que la Libye puissent être assujetties à de telles inondations et immersions. Ce phénomène ne pourrait-il être dû à un effet de végétation ?

Les bords de l'Aeria et de l'Edom, très clairs, comme presque tous les bords continentaux; l'Arabie quelquefois très rosée. L'Euphrate, le Protonilus et le Typhonius sont des lignes estompées; le lac Ismenius, elliptique par perspective et assez foncé. Deucalonis Regio jaunâtre et plus claire vers son extrémité occidentale; le 1er janvier, cette région était traversée par un canal qui paraissait la continuation de l'Euphrate. Hellas, très blanche, surtout vers sa partie boréale : Noachis, Argyre et Ogygis blanches, et difficiles à bien observer; la mer Erythrée forme une bordure foncée au nord d'Argyre, semblable à la bordure qui limite les taches polaires. La région de Pyrrha a été également bien visible, blanche et aussi accusée que la région de Deucalion.

Sinus Sabæus a présenté l'aspect ordinaire; la baie du Méridien, foncée, se voyait très difficilement fourchue. Hiddekel, Gehon et Deuteronilus sont des estompages; l'Indus très visible, assez net et large, communiquant avec le Lac Niliacus, qui est extrêmement foncé, même très près du bord de la planète. Hydaspes et Jamuna, vagues, mais faciles à voir. Nilokeras diffus, et le Gange très facile, de même que le lac de la Lune, visible comme une tache ronde. La Thaumasia se confond presque avec la mer, surtout dans sa partie australe. Le lac du Soleil est resté presque toujours invisible ou difficile; rarement il a été assez foncé pour être facilement observé. Agathodæmon et les lacs Tithonius et Phœnicis. comme d'habitude. Les terres de Mare Chronium forment des bandes claires dans la partie australe du disque de la planète. Dans la région continentale on soupçonne souvent grand nombre de détails, mais ce sont des images tellement pâles et fugitives qu'il est impossible de les préciser. Gigas, Titan, Tartare et Læstrygon apparaissent comme des bandes larges et pas toujours visibles; ils pourraient bien être doubles. Le Trivium Charontis a été d'une visibilité remarquable (*voyez* le dessin du 10 décembre, 9h50m soir); dans son centre on voyait un noyau noir. L'Orcus était très estompé; mais le Cerbère, le Styx, l'Hyblæus et l'Eunostos, assez nets et foncés, fermaient bien le polygone qui limite l'Elysium, région qui a paru toujours très claire. En bas, on voit Propontis, et à droite l'Hephæstus, peu foncés l'un et l'autre. Les mers des Sirènes et Cimmérienne ne présentent aucune particularité notable. L'Hespérie est assez blanche et étroite (*voyez* le premier dessin).

Les neiges polaires australes ont été très évidentes dès ma première observation (5 juillet), quoique petites; leur diamètre avait environ 20°. Elles ont été visibles, en diminuant toujours, jusqu'au 13 septembre; le 16 de ce mois je n'ai pas pu les apercevoir. La bordure foncée n'était pas aussi accusée que d'autres années.

Quant aux neiges polaires boréales, jamais je n'ai pu les voir d'une manière certaine; souvent j'ai constaté des régions claires vers le pôle boréal, mais elles n'avaient pas l'aspect frappant et caractéristique des taches polaires. Ce fait rare et important indiquerait que le refroidissement et la condensation polaires n'auraient pas été suffisants cette année pour produire des neiges ou nuages abondants, ceux-ci entrant pour une bonne partie, à mon avis, dans les effets que nous observons sur les taches polaires de Mars.

CCXXI. — R. Patxot Jubert. — Observations faites a San Feliu de Guixols. Gerona (Espagne).

Nous avons reçu, d'autre part, d'Espagne, les observations suivantes de M. Patxot Jubert.

2 janvier 1897, à 10h; longitude 10° (*fig.* 227). — Équatorial Secrétan-Mailhat, de 0m20:

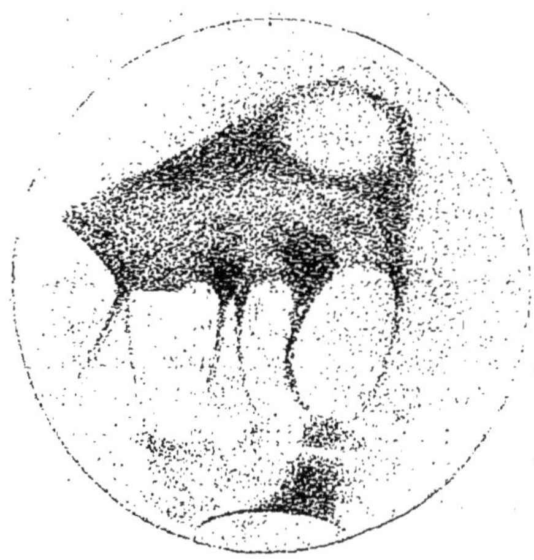

Fig. 227. — Mars, le 2 janvier, à 10h:
La mer Érythrée, les golfes Sabæus, du Méridien, des Perles et de l'Aurore.

Image excellente; couleur rouge-brique d'autant plus claire que l'image est plus calme. Les mers sont plutôt bleues que verdâtres.

La calotte polaire est d'un blanc éclatant.

La baie du Méridien est très sombre; le promontoire Edom semble plus brillant que le reste.

Le lac Niliacus et la mer Acidalienne sont très foncés et séparés par le pont d'Achille que l'on distingue parfaitement.

La mer Erythrée présente des variations de ton fort difficiles à saisir : très sombre près des continents et de Noachis, elle l'est moins près d'Argyre, vers l'occident. Les régions de Deucalion et de Pyrrha sont à peine moins sombres que la mer et séparées du continent par une bande plus foncée. La région de Pyrrha est la plus visible, quoique les deux soient fort difficiles.

Canaux : Phison, large et sombre; Euphrate, mince et plus difficile; Hiddekel

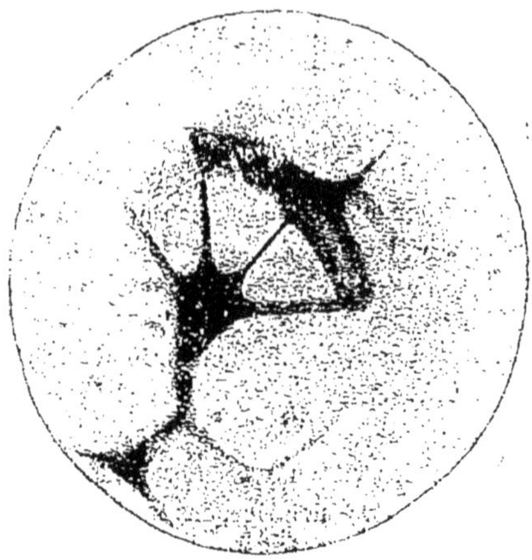

Fig. 228. — Mars, le 19 janvier, à 10h30m :
Le Trivium Charontis et la mer Cimmérienne.

et Gehon, larges et sombres, surtout ce dernier; Oronte ne se voit pas; Indus, très foncé et large; Jamuna, large et estompé vers l'occident.

Remarque : le long de Noachis s'étend une bande sombre en forme de canal, traversant la mer Erythrée. Il ne s'agit pas d'un effet de contraste dû à Noachis, car cette bande s'étend au delà dans les deux sens; serait-ce l'*Oceanus* de Lowell?

19 janvier, à 10h30m; longitude 212° (*fig.* 228) : Bonne image et de teinte excellente par instants.

La mer des Sirènes et le golfe des Titans sont fort sombres.... L'Atlantis se voit par moments. La mer Cimmérienne est très foncée, surtout dans son littoral nord, car vers le Sud elle devient estompée et semble s'étendre sur Electris et Eridania, que l'on ne distingue que vaguement. Le Trivium Charontis est très étendu et donne l'idée d'une mer : il est tout aussi sombre. Son aspect est fort remarquable et semble formé d'un *noyau* très foncé produit par la rencontre des canaux, enveloppé dans une sorte de *pénombre* un peu plus claire et qui donne à l'ensemble l'aspect de la patte d'un palmipède avec ses membranes réunissant les doigts.

Canaux : Tartare très large, paraît double par moments ; Læstrygon, très mince, mais foncé ; Cerbère, double ; Styx, excessivement large et enveloppé dans la *pénombre ;* Hyblæus, fort difficile. Le *Xanthus* est très large et presque noir ; il semble traverser l'Hespérie et se jeter dans la mer Cimmérienne qui, par instants, laisse voir une région *assez claire* correspondant à Cimmeria.

La calotte polaire est brillante, quoique perdue dans l'éclat du limbe.

Précédemment, le même astronome nous avait écrit, à la date du 20 novembre 1896 :

Je viens de lire dans les *Astr. Nach.*, n° 3386, votre dépêche du 11 annonçant la grande étendue et le dédoublement, observé à Juvisy, du *Trivium Charontis.*

Le 2 courant, je fus également frappé par son étendue et sa visibilité ; je rentrais de voyage et n'étais nullement préparé à l'aspect que Mars devait m'offrir.

Voici un résumé de mon registre :

« Novembre 2, à $10^h 30^m$; long., 200°, oculaires, 100 et 200.

» Image relativement tranquille.

» La mer des Sirènes est très sombre, et son littoral nord tranche nettement sur la Memnonia. Le golfe des Titans est sombre et bien marqué.

» L'Atlantis ne se voit pas et, à sa place, les mers paraissent moins foncées, sans toutefois être claires.

» La mer Cimmérienne vers l'occident est aussi fort sombre, quoique moins que la mer des Sirènes ; son littoral nord-est net et bien défini.

» La mer Chronienne se voit difficilement, et les deux Thulé sont brillantes.

» Près du centre de l'image, on remarque le *Trivium Charontis*, très étendu, fort sombre et ayant un *aspect étoilé.* Du centre partent quatre larges rayons qu'on ne peut tracer guère plus loin du point de départ, et qu'on pourrait identifier comme position avec les canaux Styx, Cerberus, Tartare et Orcus. Le *Trivium Charontis* est aussi évident et aussi foncé que les mers, et l'oculaire 100 le montre parfaitement.

» J'ajouterai aussi que je fus étonné de voir le littoral nord des mers trancher si nettement sur l'image, lorsque le littoral sud était vague, estompé et semblait envahir le Phaetontis et l'Eridania. Or, environ un mois auparavant, le 6 octobre, j'avais remarqué juste le contraire : la mer Cimmérienne, très sombre au sud, tranchait nettement sur l'Eridania, tandis qu'au nord elle devenait vague et à peine estompée.

» Je vous adresse inclus un croquis de l'observation en question [1]. »

[1] Ce croquis montre le *Trivium Charontis* à peu près tel qu'on l'a vu plus haut, sur mon dessin du 5 novembre.

A propos de cette même région martienne du *Trivium Charontis*, M. A.-A. Wonaszer nous adressait aussi les observations suivantes de l'Observatoire de Kis-Kartal :

Le dessin ci-dessous a été fait le 14 novembre dernier, de 9h à 10h du soir (temps moyen de Kis-Kartal) avec un réfracteur de 7 pouces $\frac{1}{2}$ et un grossissement de 200 à 300 fois.

L'air était d'une grande pureté, ce qui est rare. On distinguait nettement le

Fig. 229. — Mars, le 14 novembre, de 9h à 10h : Le golfe des Titans et le Trivium Charontis (¹).

golfe des Titans (A) sur la mer des Sirènes, à l'embouchure du Tartare, qui un instant s'est montré parfaitement double, l'embouchure du Læstrygon (B) sur la mer Cimmérienne, et enfin le Trivium Charontis (C).

Le pôle nord était d'une blancheur très vive.

CCXXII. — Peyra. Societa degli spettroscopisti.

Les Mémoires de cette Société ont publié (Vol. XXVI, Rome, 1897) des observations signées D. Peyra, faites à l'aide d'un équatorial de 0m,24 de Merz (sans indication de lieu), et accompagnées de 16 dessins. Oculaires positifs du micromètre à fils, grossissant 300 et 400 fois, et munis d'un verre jaune quand l'astre était trop brillant. En voici le résumé :

L'observateur constate que la plupart, « *la maggior parte* » des configurations des Cartes de Schiaparelli, ont été vues sans difficulté, ainsi que les canaux

(¹) Comparer ce dessin avec celui que j'ai pris le 5 novembre (p. 277).

principaux. Pas de géminations certaines, si ce n'est celle du Trivium Charontis, formée de deux noyaux noirs bien marqués.

La rive gauche de la mer du Sablier *s'étendait jusqu'au lac Mœris*, qui n'en était qu'une sorte de renflement.

L'Hellas, très blanche. Des deux canaux en croix, on n'a aperçu que l'Alphée, et une seule fois, le 2 janvier.

L'Hellespont, et son raccordement avec la partie sud-est du golfe Sabæus, a toujours été vu comme un objet parfaitement défini. Le *Serpentin* a été vu comme prolongement de la terre de Deucalion, qui parfois s'est montrée blanche comme la Noachide, Argyre et la terre d'Ogygie.

Sans difficulté ont été reconnus le Gehon, l'Hiddekel, l'Oxus, l'Indus, la Jamuna, le Gange, le Nilokeras, le Jourdain et le Callirhoe.

Le lac du Soleil est resté très pâle, et on le distinguait mieux dans le voisinage du bord qu'au méridien central.

Le lac de la Lune et le Chrysorrhoas ont toujours été facilement vus.

Quant à l'Elysium, la gradation de ton qui des bords lumineux s'assombrissait vers le centre, donnait l'illusion d'un pays en relief sur le niveau général de la planète (¹). Styx et Cerbère larges; Hybleus et Eunostus moins foncés.

Bien marqué, le Cyclope traçait exactement un méridien de la planète partant de l'intersection d'Eunostus et du Cerbère.

Trivium Charontis, formé de deux noyaux dans la direction de l'Orcus.

Pas d'île Cimmérienne. Hespérie et Ausonie très évidentes, au contraire.

La neige polaire boréale a été observée sous l'aspect d'un subtil segment lumineux au bord du disque. Vers la fin de février et en mars, le pôle boréal s'inclinant davantage vers nous, elle se montra mieux définie, sous la forme d'une calotte entourée d'une bordure foncée.

Comme on le voit, ces observations s'accordent avec les précédentes. Plusieurs configurations, le lac du Soleil, le golfe Aonius, le Phasis, l'Araxe, le Nœud Gordien étaient plus marqués en vision oblique qu'au méridien central. L'Elysium paraissait en relief (¹). Le rivage gauche de la mer du Sablier s'étendait jusqu'au lac Mœris adjacent. Plusieurs variations bien constatées. Dédoublement du Trivium, etc.

Nous croyons utile de compléter cette description par quelques-uns des dessins de l'auteur, placés dans l'ordre des longitudes aréographiques. Remarquer sur le troisième du premier rang la forme de la mer du Sablier, dont nous venons de parler; sur les deux premiers du second rang, l'aspect de l'Elysium; sur les deux premiers du troisième rang, le lac du Soleil voisin du limbe; sur le dernier, la neige boréale.

(¹) *Voir* plus haut (p. 295) l'observation analogue de M. Perrotin.

Fig. 230.

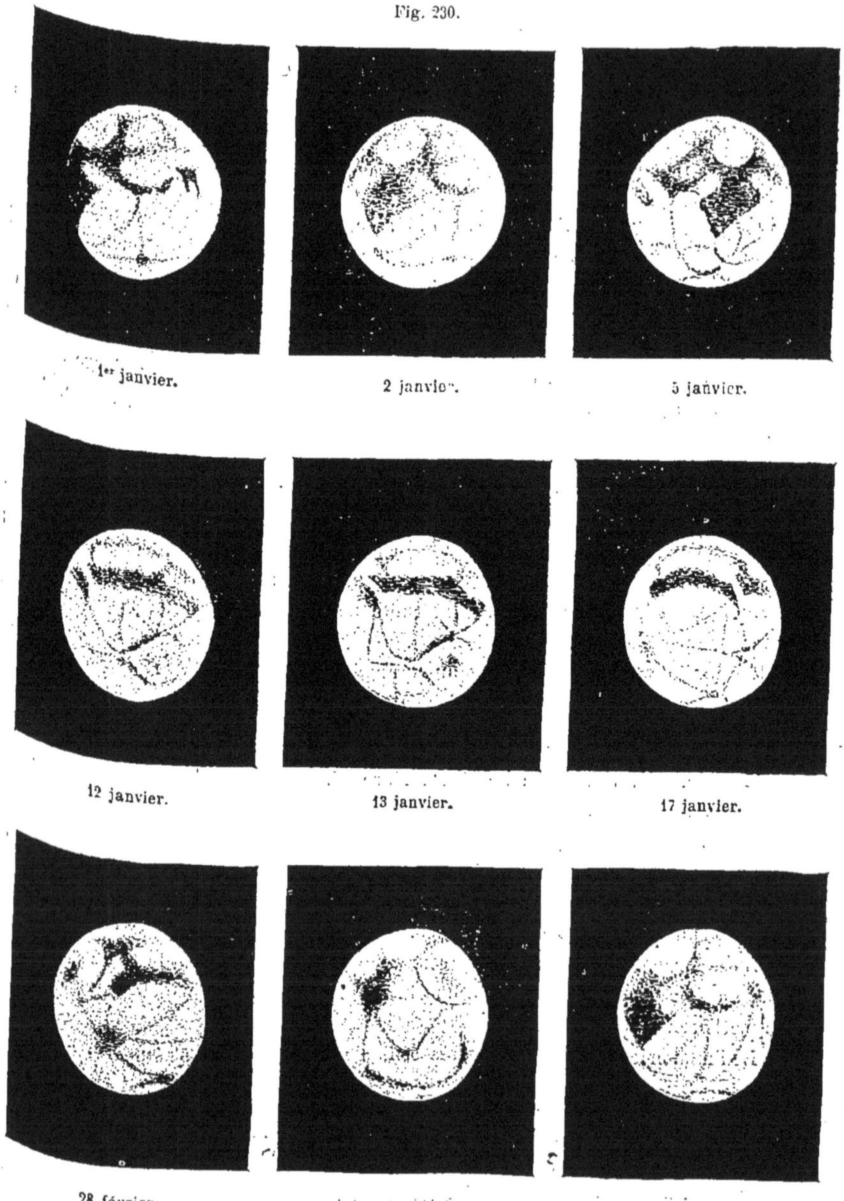

CROQUIS DE MARS EN 1897, PAR D. PEYRA.

CCXXIII. — Quénisset. — Observations faites a l'Observatoire de la Société astronomique de France.

Ces observations ont été faites à l'aide de la lunette de 162^{mm}, objectif excellent de M. Mailhat. Grossissements employés : 220 et 300. En voici le résumé.

10 novembre 1896, à $11^h 25^m$; $\lambda = 140°$. La mer des Sirènes, au méridien central, est très foncée. A son extrémité occidentale, on remarque l'embouchure de l'Araxe; à l'Est, les canaux Gigas et Titan, mais surtout le premier. Tout contre la mer des Sirènes, au Nord, on observe une région très blanche.

Vers le centre du disque, on voit une longue traînée grisâtre perpendiculairement au méridien central, l'Euménides et l'Orcus probablement, assez larges.

La calotte polaire boréale est très brillante, quoique assez petite, ainsi que tout le limbe oriental.

10 novembre, à $12^h 20^m$; $\lambda = 154°$: On aperçoit très nettement sur le limbe oriental une tache assez foncée : Trivium Charontis, et un nouveau canal, le Tartare, qui se rend de Mare Sirenum à Trivium Charontis. Un peu plus bas et non loin de la calotte polaire on voit une tache plus faible : Propontis sans doute.

Au sud, on commence à voir l'extrémité de Mare Cimmerium, mais on ne remarque pas encore sûrement Atlantis.

Les continents sont d'un beau jaune orangé, excepté au sud de Mare Sirenum, où, comme je l'ai dit dans la précédente observation, on observe une région blanche.

12 novembre, à $12^h 40^m$; $\lambda = 141°$: Mare Sirenum est au méridien central. Cette mer est assez sombre. On remarque toujours au Nord une tache assez blanche.

Les canaux Araxe, Sirenius et *surtout* le *Titan*, à l'Est, sont bien visibles.

Vers le centre, l'Orcus et l'Euménides (ces deux canaux sont le prolongement l'un de l'autre) très larges et grisâtres.

La tache polaire boréale ne se remarque pas aussi bien que le 10 novembre, mais à l'Ouest, on voit très bien une tache grise, vague, qui doit être le Lacus Hyperboreus.

Le limbe oriental est toujours très brillant; le terminateur est sombre.

12 novembre, à $17^h 35^m$, $\lambda = 213°$: Mare Cimmerium passe au méridien central, assez foncée, à peu près comme Mare Sirenum. A l'Est, on commence à voir l'Hespérie, assez pâle, et au-dessus, le commencement de Mare Tyrrhenum.

Vers le centre, parfaitement bien visible, Trivium Charontis, et un peu plus au Nord, Propontis. On voit sûrement le Cerbère.

Les deux lacs Trivium Charontis et Propontis semblent reliés, quand la vision est absolument nette, par une faible traînée : Hadès ? mais l'observation n'en étant pas certaine, je ne l'ai pas indiquée sur mon dessin.

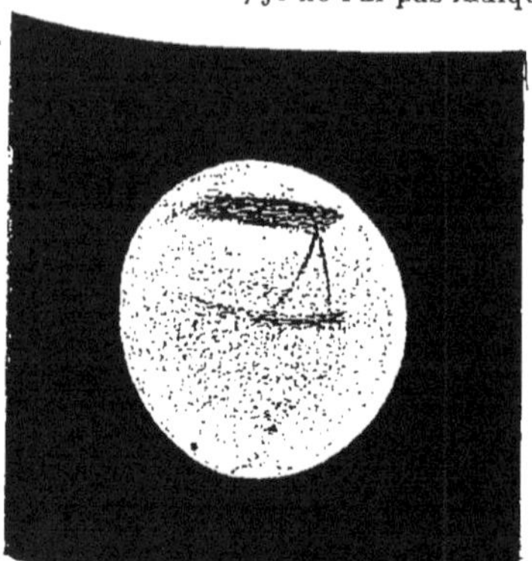

10 novembre 1896, à $11^h 25^m$.

10 novembre 1896, à $12^h 20^m$.

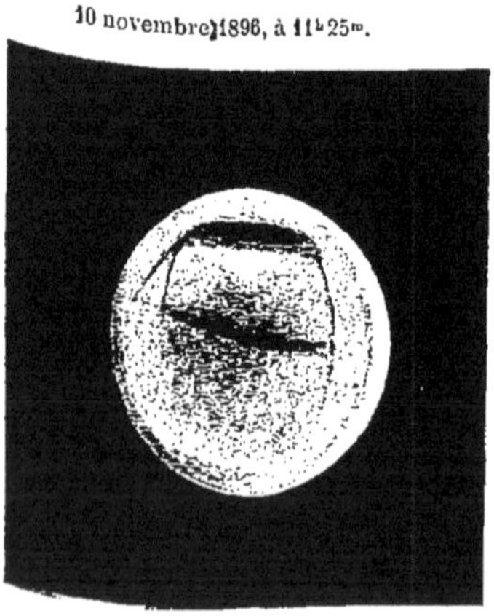

12 novembre 1896, à $12^h 40^m$.

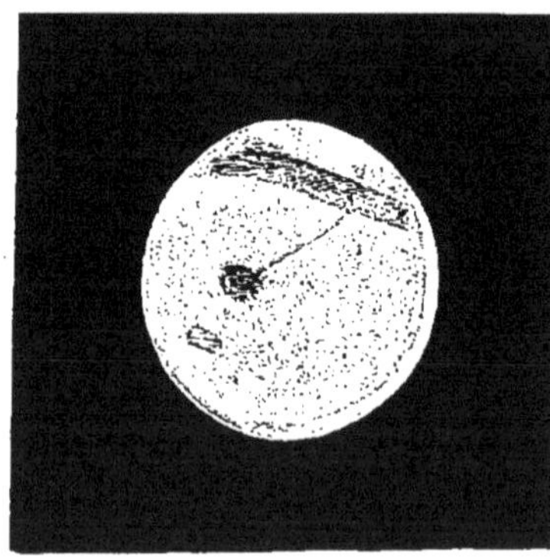

12 novembre 1896, à $17^h 35^m$

Fig. 231. — Observations de M. Quénisset à la Société astronomique de France.

Au pôle nord on voit une légère tache grisâtre, Lacus Hyperboreus probablement. La calotte polaire n'est pas bien distincte.

CCXXIV. — Observateurs de la British astronomical Association (1896-1897) (¹).

Les observateurs inscrits dans cette Commission étaient, par ordre alphabétique, MM. E.-M. Antoniadi, G.-T. Davis, W.-F. Gale, H.-F. Griffiths, W.-J. Hall, P.-H. Kempthorne, W.-H. Maw, J.-W. Meares, A. Mee, P.-B. Moles-

(¹) *Report of the Section*. Published february 1898.

worth, l'abbé Moreux, J.-M. Offord, T.-E.-R. Phillips, J. Rheden, C. Roberts, H.-J. Townshend et Stanley Williams. Le Rapport suivant est dû au premier de ces observateurs, directeur de la Section.

La description de la surface martienne pendant la durée de ces observations peut être résumée de la façon suivante.

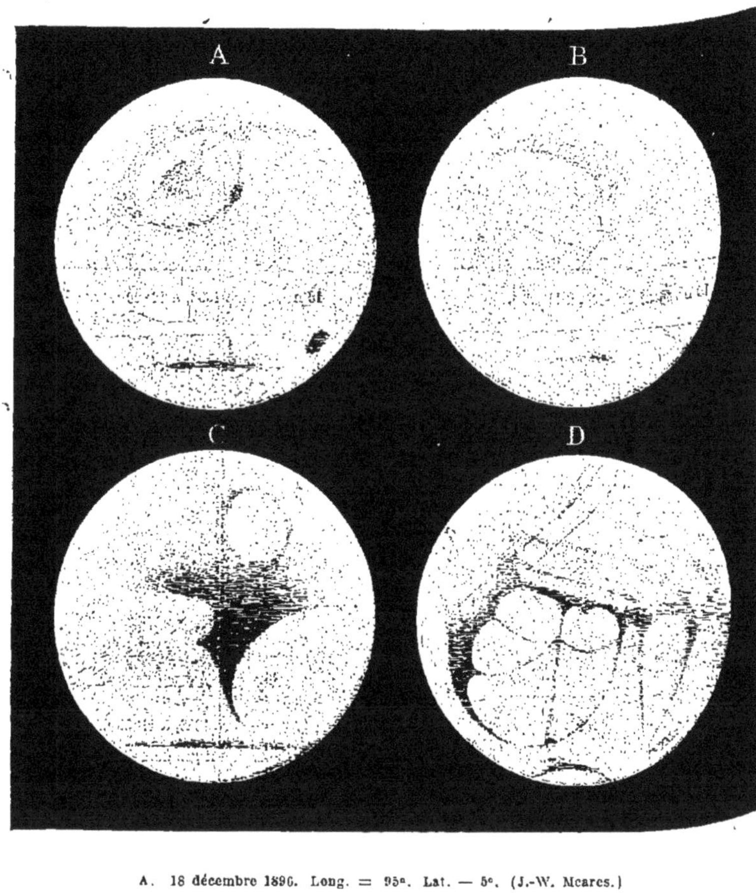

A. 18 décembre 1896. Long. = 95°. Lat. — 5°. (J.-W. Meares.)
B. 27 janvier 1897. Long. = 156°. Lat. — 7°. (T.-E.-R. Phillips.).
C. 3 décembre 1896. Long. = 285°. Lat. — 2°. (A. Mee.)
D. 23 décembre 1896. Long. = 345°. Lat. — 6°. (P.-B. Molesworth.).

Fig. 232. — Dessins de Mars pris en 1896-1897 par les membres de la *British Astronomical Association*.

La baie du Méridien a offert son aspect habituel. En général, le *ruban* était sombre, mais lorsque les images étaient très calmes on voyait apparaître le faible demi-ton connu sous le nom de Xisuthri Regio. Une tache blanche très brillante marquait l'emplacement du promontoire d'Edom, d'après les observations de MM. Molesworth, Kempthorne, Phillips et Meares. Un faible canal (le Daradax de M. Lowell) séparait cette région du reste d'Edom. Les trois principaux lacs au nord du Sinus Sabæus ont été vus par plusieurs observateurs ; ces estompages sont : Ismenius Lacus, Dirce Fons et Sirbonis Palus. Aucun changement notable sur la région de Deucalion. Yaonis Regio est à peine indiquée sur les dessins, tandis que Noachis, Argyre et Ogygis Regio ont souvent paru réunies ensemble. Une teinte gris pâle caractérisait la coloration de la mer Erythrée.

Le golfe des Perles s'est montré pâle, le golfe de l'Aurore un peu plus foncé peut-être. Il a été difficile de séparer clairement Niliacus Lacus de Mare Acidalium. Cette dernière mer était d'un noir d'encre au-dessus de la calotte polaire, se montrant de beaucoup *la tache la plus foncée de la planète.* Pyrrhæ Regio et Protei Regio étaient très vagues, mais le blanchiment d'Argyre avec l'obliquité a frappé tous les observateurs.

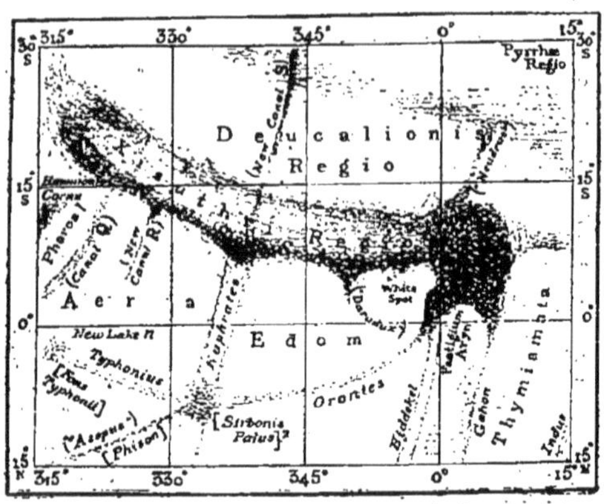

Fig. 233. — La baie du Méridien en 1896-1897, d'après M. Molesworth, à Ceylan.

M. Molesworth a constaté que le lac Tithonius a semblé doublé par l'Agathodæmon. Rien de particulier sur le lac de la Lune, si ce n'est sa couleur foncée, plus foncée en réalité que le lac du Soleil. C'est M. Meares qui a eu le plus de succès avec ce dernier; ses dessins le montrent allongé de l'est-nord-est à l'ouest-sud-ouest. M. Molesworth constate que *le lac du Soleil,* dont la coloration était d'un gris bleu sombre en décembre 1896 et janvier 1897, *a pâli en février, pour disparaître presque au mois d'avril.* « Cet affaiblissement du lac, dit l'observateur, a été accompagné » d'un assombrissement progressif de Thaumasia, rendant cette dernière confuse » et presque invisible. » On n'a pas vu la belle Péninsule Dorée, disparue depuis 1894. Il en a été de même du golfe Aonius, disparu d'une manière si étrange depuis 1892. Le lac du Phénix a été vu sans difficulté par MM. Meares et Molesworth.

En général, le golfe Aonius est une tache peu accusée; son extension sombre dans Dædalia en 1877-1879 a été un phénomène en quelque sorte exceptionnel.

M. Meares a dessiné, le 12 décembre 1896, la mer des Sirènes comme s'ouvrant entièrement dans la mer Australe. Ce curieux aspect a été souvent représenté par les observateurs et constitue un exemple frappant de la facilité avec laquelle on peut se tromper dans les observations de Mars. Atlantis a offert son aspect habituel. On a remarqué que la région connue sous le nom de Nœud Gordien, qui, dans les circonstances ordinaires, se présente sous la forme d'un vague estompage, paraît, dans des conditions plus avantageuses, résoluble en un réseau de canaux très fins. Amazonis, Phaethontis et les îles de Thulé ont été vues blanches près du limbe.

La mer Cimmérienne a présenté quelques changements remarquables, car, après avoir offert l'aspect que lui a donné M. Schiaparelli, avec la longue île Cimmeria, on ne voyait, le 14 décembre 1896, que deux taches très sombres, dont l'une était située à l'embouchure du canal des Læstrygons, l'autre à l'extrémité suivante de la mer Cimmérienne. M. Molesworth a cru diviser l'île Cimmeria longitudinalement en trois longues bandes de terre. Hesperia a été vue avec la plus grande facilité pendant toute l'opposition ; mais Mare Chronium par un nombre restreint d'observateurs. Comme d'habitude, Electris et Eridania paraissaient blanches dans le voisinage du limbe. Elysium a été noté comme plus éclatant que les régions environnantes, surtout vers le Trivium Charontis, où l'œil était frappé par une tache brillante. Quant au Trivium Charontis, MM. Griffith et Molesworth semblent bien confirmer la duplicité en taches rondes signalée plus haut.

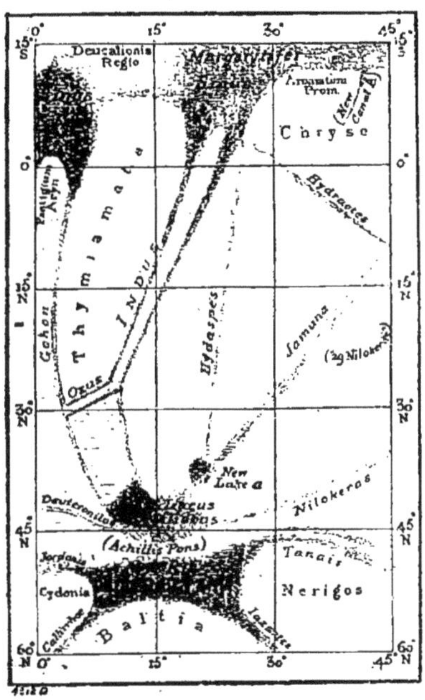

Fig. 234 — Le golfe des Perles et l'Indus en 1896-1897, d'après M. Molesworth, à Ceylan.

Syrtis Parva n'a rien présenté de bien remarquable, et l'on n'a pas pu reconnaître d'estompage sur la Libye, qui était très jaune. Aucune trace de la fameuse neige atlantique. Le lac Mœris n'existait pas à cette opposition autrement que comme une *simple baie de la mer du Sablier*, M. Townshend a remarqué que la pointe septentrionale de la Grande Syrte était dédoublée. Coloe Palus a été entrevu par quelques observateurs. Œnotria paraît être une tache soumise à des variations rapides. M. Molesworth a esquissé vaguement la Iapygie. Enfin, les deux ponts de M. Lowell, réunissant Hellas ou une terre au-dessous, à la Corne d'Ammon et à la Libye respectivement, ont été vus par la grande majorité des observateurs. Hellas blanchissait toujours avec l'obliquité.

Le Rapport contient en outre quelques observations de taches blanches.

Ainsi, M. Meares en a signalé une sur Cydonia, vers 20° de longitude et 53° de latitude boréale. M. Molesworth a vu, de plus, une toute petite tache blanche dans le golfe de l'Aurore, qui ne correspondait pas avec Protei Regio. M. Phillips en signale une troisième sur Neith Regio, *aussi brillante que les neiges polaires*. Enfin, M. Offord a remarqué un point *scintillant comme une étoile* sur Hellas, ce qui nous rappelle les taches analogues vues par M. Schiaparelli en 1881-1882 sur la même île (*La Planète Mars*, t. I, p. 355.)

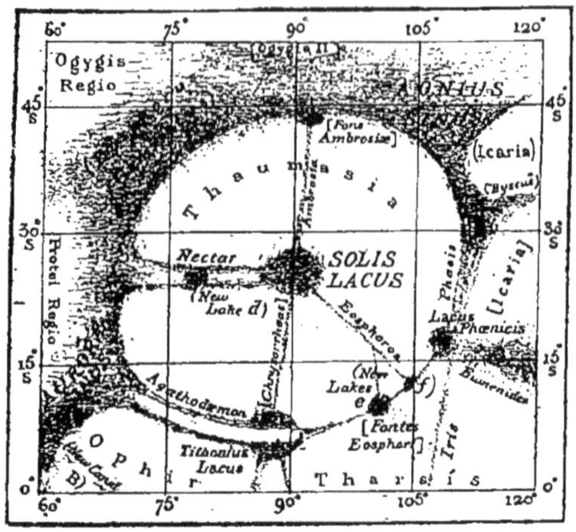

Fig. 235. — Le lac du Soleil en 1896-1897, d'après M. Molesworth, à Ceylan.

On a également aperçu des projections brillantes sur le terminateur. Ainsi, le 3 novembre 1896, M. Phillips en a remarqué une *au sud-ouest*. Le 22 novembre, M. Maw en a vu une autre vers 305° de longitude et 60° de latitude boréale. Le 1er février 1897, M. Molesworth en a aperçu une incontestable sur Noachis ou Argyre. Enfin, M. Maw en signale une autre vers 75° de longitude et 35° de latitude australe, observée le 7 février 1897.

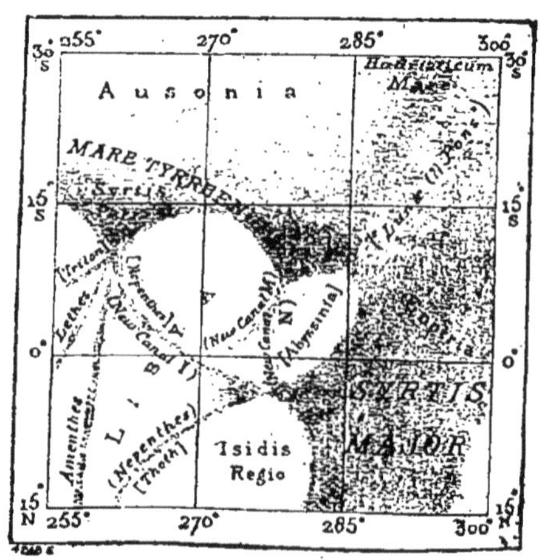

Fig. 236. — La Libye en 1896-1897, d'après M. Molesworth, à Ceylan.

Les membres de la Commission ont observé en tout 106 canaux :

Æsacus, Æthiops, Agathodæmon, Alcyonius, Alpheus, Ambrosia, Amenthes, Antæus, Anubis, Araxes, Ascanius, Astaboras, Astapus, Astusapes, Avernus, Boreas, Callirrhoe, Ceraunius, Cerberus, Chrysorrhoas, Cyclops, Dardanus, Deuteronilus, Eosphoros, Erebus, Eumenides-Orcus, Eunostos, Euphrates, Euripus, Fortuna, Galaxias, Ganges, Gehon, Gigas, Gorgon, Hades, Herculis-Columnæ, Hiddekel, Hyblæus, Hydaspes, Hydraotes, Jamuna, Iaxartes, Indus, Jordanis, Iris, Issedon, Læstrygon, Lethes, Nectar, Nepenthes, Nilokeras, Nilus, Orontes, Oxus, Pactolus, Peneus, Phasis, Phison, Phlegethon, Plutus, Protonilus, Pyriphlegethon, Scamander, Simois, Sirenius, Styx, Tanais, Tartarus, Thoth, Titan, Triton, Typhonius, Uranius, Xanthus, un autre canal sur Aeria, Asopus, Bætis, Brontes, Daradax, Dargamanes, Élison, Helisson, Hypsas, Hyscus, Nendrus, Thyanis, et un autre Nilokeras, plus 18 canaux inédits que l'on ne peut pas identifier avec les Cartes.

On a de même signalé 12 nouveaux lacs.

Ce rapport est accompagné de plusieurs dessins, dont notre *fig.* 232 représente les quatre principaux, faisant le tour de la planète.

Parmi les dessins de détails, ceux du capitaine Molesworth sont particulièrement suggestifs. Son instrument est un télescope de 0^m,23. Il observe à Ceylan, sous un ciel admirable. C'était pour l'historien de la planète Mars un devoir de les reproduire ici.

Tout en faisant la plus large part aux illusions possibles, ces dessins manifestent une fois de plus les variations réelles qui se produisent actuellement à la surface de la planète. Les environs du lac du Soleil continuent à en montrer un remarquable exemple, et le dernier dessin confirme bien l'extension de la rive gauche de la mer du Sablier jusqu'au lac Mœris envahi, ainsi que le cap qui s'avance en coin et qui, sur cette petite carte, a reçu le nom d'Abyssinie.

Nous consacrerons, à la fin de ce Volume, un chapitre spécial à ces variations aussi curieuses qu'incontestables.

CCXXV. — J. Gledhill. — Observations faites a l'Observatoire Crossley-Bermerside, Halifax [1].

Ces observations ont été faites à l'aide d'un *triple* objectif de 9 pouces (0^m,23) construit par les opticiens Cooke and Sons, d'York, remplaçant « avec de grands avantages » l'objectif de 9 pouces $\frac{1}{3}$ du même observatoire. Grossissements : 240, 300 et 330.

Elles s'étendent du 19 décembre 1896 au 16 mars 1897.

Nous n'y trouvons rien qui s'ajoute notablement aux précédentes. Une remarque très souvent inscrite par M. Gledhill dans ses notes est que le

(1) *Monthly Notices of the Royal Astronomical Society*, 1897, p. 633.

bord précédent lui a paru plus blanc, plus brillant que le bord suivant. Cette supériorité s'étendait parfois jusqu'au cinquième du demi-diamètre de la planète. L'observateur signale, d'autre part, que par la longitude centrale 230°, le disque ne présentait aucune trace de coloration rougeâtre (13 janvier). On lit aussi, à la date du 17 janvier ($\lambda = 267°$), que la mer du Sablier est très foncée et que nulle coloration rouge ne se montre sur le disque. Le 18 janvier ($\lambda = 184°$) : région centrale rouge pâle. Le 26 janvier ($\lambda = 82°$) : aucune couleur rouge.

Le cap polaire nord s'est montré très brillant le 23 janvier ($\lambda = 173°$), ainsi que le 7 février ($\lambda = 351°$) et le 9 ($\lambda = 91°$).

« Nasmyth Inlet has not yet been seen this opposition », écrit l'auteur à la date du 20 janvier. M. Gledhill continue de suivre les dénominations de la carte Green (t. I, p. 275); cette « passe de Nasmyth » correspond à Protonilus et Ismenius-Lacus. Même remarque le 16 février, ainsi que pour Lassel Sea, la mer du Sablier étant au méridien central.

CCXXVI. — W. J. Hussey. — Projection sur le terminateur de Mars.

Les *Astronomische Nachrichten* ont publié la dépêche suivante adressée du mont Hamilton le 28 août 1896 :

Ce matin (août 27, 16h45m, heure du Pacifique), j'ai observé une brillante projection sur le terminateur de Mars, vers 50° de latitude sud et 275° de longitude. Cette position place la projection très près de la région appelée Chersonèse, ou sur elle-même. Des projections analogues ont été observées ici en 1890, 1892 et 1894. C'est la première notée pendant cette opposition-ci. W. J. Hussey.

A rapprocher des observations exposées plus haut, de MM. Lowell et Douglass (p. 311), ainsi que de celles de MM. Phillips, Maw et Molesworth (p. 347).

CCXXVII. — O. Lohse. — La tache polaire australe de Mars [1].

Comme on l'a vu plus haut, M. Cerulli a obtenu pour la position du centre de la neige polaire de Mars en juin et juillet 1896 :

Longitude	$27°,6 \pm 5°,6$
Distance polaire	$5°,9 \pm 0°,6$

M. Lohse a conclu comme position moyenne de la même tache polaire :

[1] *Astr. Nachr.*, 3394, 4 janvier 1897, et Publication 34 des *Astrophysikalischen Observatoriums zu Potsdam*.

Longitude	21°,13 ± 3°,20
Distance polaire	5°,66 ± 0°,18

D'où il résulte que depuis cent ans la position est restée invariable.

La disparition à la fin d'octobre 1894, ajoute l'auteur, et sa réapparition subséquente montrent que la neige, après avoir été fondue, se reforme précisément au même endroit. Cette constatation a son importance.

CCXXVIII. — James E. Keeler. — Observations spectroscopiques de Mars en 1896-1897 (1).

Nous avons assisté, dans l'exposé des observations de 1894, à une longue discussion sur la valeur de l'analyse spectrale en ce qui concerne la démonstration de l'existence de la vapeur d'eau dans l'atmosphère de Mars. Cette discussion s'est continuée depuis, notamment entre MM. Campbell et Jewell, mais sans apporter aucun argument nouveau, pour ou contre, et il nous a paru superflu d'y revenir.

Pendant l'opposition de 1896-1897, des observations nouvelles ont été faites par M. Keeler, aux monts Allegheny. En voici le résumé :

Des photographies satisfaisantes ont été obtenues pendant les nuits des 13 et 16 décembre 1896 et 13 février 1897, par un ciel considéré comme très pur. Les spectres de Mars et de la Lune ont été comparés avec la plus grande précision possible. Le 16 décembre, les durées de l'exposition ont été : Lune 16 minutes, Mars 27 minutes, les deux astres étant à une très grande hauteur. Température 27°; humidité relative 77 pour 100. Plusieurs plaques ont été obtenues, sur lesquelles les spectres de Mars et de la Lune sont presque exactement égaux comme dimension et comme intensité.

Les spectres obtenus dans ces expériences s'étendent jusqu'aux régions des bandes de la vapeur d'eau. Aucune différence ne peut être trouvée entre les deux spectres. Le résultat est donc négatif.

Il est juste d'ajouter que les conditions atmosphériques de l'est des Etats-Unis sont loin d'être parfaites. Les expériences sont à continuer.

CCXXIX. — Mesures du diamètre et aplatissement (2).

A l'héliomètre de Repsold de l'Observatoire de Gottingue, le professeur Wilhem Schur a pris des mesures du diamètre les 2, 11, 16 et 17 décembre 1896. Le résultat est, pour l'unité de distance :

(1) *The astrophysical Journal*, n° 328, mai 1897.

(2) *Monthly Notices*, janvier 1897. *Astr. Nachr.*, 3405, février 1897.

Diamètre équatorial	9",53
Diamètre polaire	9",32
Aplatissement	$\frac{1}{47}$

Cet aplatissement nous paraît bien élevé pour la rotation de la planète. D'autre part, M. C. A. Young avait obtenu les valeurs suivantes en 1894 à l'équatorial de $0^m,58$ de l'Observatoire Halsted :

Diamètre polaire	9",748	9",757
Diamètre équatorial	9",765	

L'irradiation peut augmenter le diamètre de 0",1.

CCXXX. — Satellites.

Le 6 décembre 1896, à $10^h\,29^m$ du soir et à $13^h\,7^m$ (temps de Poulkovo), M. Kostinsky a réussi à obtenir, au réfracteur photographique de $0^m,33$ de cet observatoire, de bonnes photographies du satellite extérieur de Mars, *Deimos*, qui ont permis de déterminer exactement sa position, concordante d'ailleurs avec celle que M. Renz mesurait en même temps au grand équatorial de $0^m,76$. La distance du satellite au centre de la planète a été, pour les deux positions, de 48",89 et 57",18. Durée de pose : 15 et 25 minutes (1).

Les observations faites du 25 octobre au 15 novembre 1896 sur les positions du premier satellite, *Phobos*, ont montré à M. Campbell qu'il est beaucoup plus éloigné de la planète à son élongation orientale qu'à son élongation occidentale. C'était le contraire en 1877, lorsqu'il fut découvert par M. Asaph Hall. La ligne des apsides de cette orbite tourne donc assez vite.

Il paraît en être de même pour l'orbite du second satellite *Deimos;* mais le fait est moins facile à déterminer, parce que cette orbite est presque circulaire, tandis que la première est assez elliptique.

CCXXXI. — C.-A. Young. — Mars est-il habité (2).

Au mois d'août 1894, M. Holden, Directeur de l'Observatoire Lick, m'a fait l'honneur de traduire dans les *Publications of the Astronomical Society of the Pacific* (VI, 37), un article que j'avais adressé à cette Association en réponse

(1) *Astr. Nachr.*, 3469, 5 nov. 1897. Le même astronome a photographié le satellite de Neptune le 4 février 1899. Ce satellite est de 13e grandeur et la distance était de 15". Durée de pose de 30 à 45 minutes.

(2) *Publications of the Astr. Society of the Pacific*, déc. 1896, from *Boston Herald* of 18 october.

à celui qu'elle avait publié contre la thèse générale de la pluralité des mondes habités. J'avais imaginé là une lettre d'un citoyen de Mars trouvée dans un aérolithe tombé sur le bureau de la Société Astronomique du Pacifique, démontrant par $a + b$ que Mars est le seul monde habitable (¹). Toujours le raisonnement du poisson auquel j'ai plus d'une fois fait allusion. Cette discussion s'est continuée d'année en année dans les revues scientifiques américaines.

Le professeur Young, aussi connu en Europe qu'en Amérique pour ses grands travaux astronomiques, discute dans cet article les diverses conclusions que j'ai publiées sur les conditions d'habitabilité de la planète Mars, ainsi que celles de M. Lowell. Le point qui lui paraît le plus embarrassant est la question de la température, qu'il paraît considérer comme nécessairement très basse. Il admet pourtant l'existence d'une végétation étendue, expliquant les aspects des mers et des canaux. L'article ne conclut pas. Mars pourrait être habité par des êtres absolument différents de nous. C'est ce que nous disons depuis longtemps.

M. Young paraît un peu sceptique, sans l'être cependant tout à fait. Au fond, il ne nie rien. Cette étude laisse l'impression qu'il n'est pas ridicule de chercher.

CCXXXII. — J. Joly. — Sur l'origine des canaux de Mars (²).

M. le professeur Joly, membre de la Société Royale de Londres, Secrétaire honoraire de la Société Royale de Dublin, propose d'admettre, dans cette étude, que les canaux de Mars ont pour origine le passage de petites planètes capturées par l'attraction de Mars à l'état de satellites et graduellement tombés à sa surface. La longueur de la courbure de ces lignes, leurs dédoublements, les taches foncées ou oasis marquant leurs points d'intersection, ont conduit l'auteur à l'hypothèse suivante :

La planète Mars, à diverses époques de son histoire passée, aurait capturé de petits satellites, de dimensions comprises entre Phobos et Cérès. Pour expliquer les différentes courbures des lignes, l'auteur suppose que la rotation de Mars a été autrefois beaucoup plus courte que de nos jours et que la circulation des satellites a pu être, la plupart du temps, rétrograde relativement à la rotation de la planète.

(¹) Ces deux articles ont été publiés dans mon petit livre *Rêves étoilés*, 33ᵉ édition, 1901.

(²) *The scientific Transactions of the Royal Dublin Society*, août 1897.

Il faudrait admettre l'existence de 125,000 astéroïdes pour former une masse égale à celle de la Terre, en supposant ces astéroïdes de la valeur de Cérès. Il y en aurait dans l'espace une quantité considérable. Plusieurs peuvent avoir une

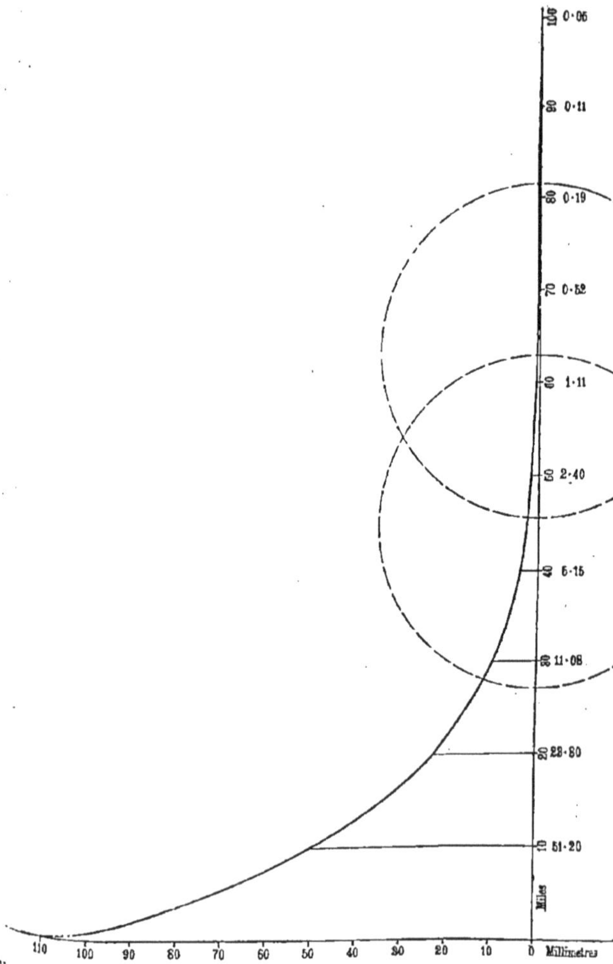

Fig. 237. — Distribution de la pression atmosphérique au-dessus de la surface de Mars (¹).

excentricité assez forte pour les jeter sur Mars, et il ne serait pas impossible que les deux satellites eussent cette origine.

Un petit satellite solide se mouvant près de la surface agira sur elle par attraction et l'affectera par une sorte de perturbation de marée. Immédiatement au-

(¹) Le mile = 1609^m.

dessous du satellite, l'action est verticale et tend à élever légèrement la croûte solide de la planète.

Tout satellite circulant lentement autour de Mars exerce une attraction qui peut déterminer un soulèvement de la croûte, la masse de la planète n'étant pas complètement refroidie. Il a donc pu se former un cône de soulèvement dont l'axe rencontrait le satellite et dont la base était un cercle limité par un contour produisant des crevasses sur le sol de la planète. En admettant un satellite d'un diamètre double de *Phobos*, la plus rapprochée des deux lunes de Mars, situé à une distance de 100 kilomètres, sa force de soulèvement était d'à peu près 300 tonnes par mètre carré, exerçant une attraction capable de déplacer une croûte circulaire de 350 kilomètres de diamètre, soit 1100 kilomètres de tour environ. Ce circuit peut produire une et même deux fentes parallèles qui, se répétant un grand nombre de fois, et dans des régions fort diverses, déterminent un système de craquelures ou de failles circulaires terminées par une ou même par deux fentes parallèles.

L'atmosphère a une action comme milieu résistant, même en admettant que sa densité ne soit égale qu'au septième de celle de l'atmosphère terrestre. La figure précédente montre la distribution de la pression au-dessus de la surface de Mars. Les pressions sont indiquées en millimètres de mercure pour la pesanteur terrestre (supposed to be under terrestrial gravity). La température de l'atmosphère de Mars est supposée à 0° C. Les cercles montrent les hauteurs de Phobos à deux altitudes au-dessus de la surface. A la hauteur de 65 miles (105 kilomètres), on voit que la pression du milieu résistant est de $0^{mm},8$.

L'auteur a fait l'expérience de lancer horizontalement des balles de revolver au-dessus d'une couche de poussière de lycopode répandue à la surface d'une plaque de verre. La vitesse de la balle était d'environ 230 mètres par seconde. La balle passait au-dessus de la poussière à une distance un peu supérieure à son demi-diamètre. L'effet produit par ce passage était un canal égal à deux fois et demie le diamètre de la balle, bordé par deux talus. On peut imaginer par là quels seraient les effets produits dans une atmosphère même moins dense par un boulet de 80 kilomètres de diamètre animé d'une vitesse de 6000 mètres par seconde. Le sable et la terre désagrégée seraient séparés en tranchées bordées de talus écartés à 240 kilomètres.

Il se serait donc produit sur la planète deux influences contraires : une élévation de la croûte causée par l'attraction des satellites, et un double talus séparé par une tranchée. Dans cette hypothèse, les « canaux » de Mars seraient des lignes de hauteur. L'auteur cherche ensuite à expliquer le ton foncé variable de ces lignes par la variation des précipitations atmosphériques en une atmosphère rare et froide, et pauvre en vapeur d'eau.

M. Joly discute ensuite l'effet combiné de la rotation de la planète et de la révolution des satellites pour produire la courbure des lignes, qui font une partie du tour du globe de Mars. Ses courbes théoriques présentent, en effet, une analogie remarquable avec les canaux des cartes de M. Lowell.

Cette hypothèse est originale et savante; mais elle nous paraît la moins probable de toutes pour l'explication du problème de ces fameux canaux. Elle méritait toutefois d'avoir sa place ici.

CCXXXIII. — R. du Ligondès. — L'Age de Mars ([1]).

M. le Vicomte du Ligondès, colonel d'artillerie et mathématicien distingué, non satisfait des hypothèses cosmogoniques de Kant, de Laplace et de Faye, qui, en effet, laissent beaucoup à désirer, en a émis une nouvelle sensiblement différente. Dans cette nouvelle hypothèse, la planète Mars, au lieu de s'être formée avant la Terre, se serait formée en même temps qu'elle, ou peut-être même après. Nous résumerons le travail du savant colonel en extrayant de son Ouvrage les points les plus essentiels.

Hypothèse de Kant. — Kant est le premier auteur qui, à notre connaissance, ait cherché à expliquer mécaniquement la formation du système solaire suivant les lois de la gravitation universelle. Son point de départ est des plus simples; le voici, d'après la traduction qu'en donne M. Faye dans son livre : *Sur l'Origine du Monde*, p. 134 :

« Admettons qu'à l'origine la matière du Soleil et des planètes ait été répandue » dans tout l'espace interplanétaire et qu'il se soit trouvé quelque part, là où » le Soleil s'est formé, une légère prépondérance de densité et par suite d'at- » traction. Aussitôt une tendance générale s'est prononcée vers ce point; les » matériaux y ont afflué et, peu à peu, cette masse première a grandi. Bien que » des matériaux de densité différente se trouvassent partout, cependant les plus » lourds ont dû particulièrement se presser dans cette région centrale; car, » seuls, ils ont réussi à pénétrer à travers ce chaos de matériaux plus légers et » à s'approcher du centre de la gravitation générale. Or, dans les mouvements » qui devaient résulter de la chute inégale de ces corps, les résistances pro- » duites entre les particules se gênant les unes les autres n'ont pu être si faci- » lement les mêmes, en tous sens, qu'il n'en soit résulté, çà ou là, des déviations » latérales. En pareil cas s'applique une loi générale des réactions mutuelles des » corps, à savoir que ces corps se détournent en tâtonnant, pour ainsi dire, » jusqu'à ce qu'ils aient trouvé le chemin de la moindre résistance. Ces dévia- » tions latérales aboutissent donc forcément à une circulation commune dans le » même sens et dans la même région. Et même les particules dont le Soleil a » été formé lui sont parvenues affectées déjà par ce genre de déviation, en sorte » que le corps résultant, le Soleil, s'est trouvé animé d'une rotation dans le » même sens. »

([1]) *Formation mécanique du Système du Monde*, Paris, 1897.

M. Faye fait suivre cet exposé des réflexions suivantes :

« C'est ici qu'est l'erreur... En rejetant toute idée d'un tourbillonnement pri-
» mitif, en ne tenant compte que de l'attraction et des actions mutuelles des
» corpuscules de la nébuleuse, les mouvements de circulation, possibles éga-
» lement dans les deux sens, se produiront également dans les deux sens à la
» fois. Parmi les molécules de cette vaste nébuleuse, les unes prendront leur
» droite, les autres leur gauche ; mais alors si vous considérez les aires décrites
» par les rayons vecteurs de toutes ces nébuleuses et projetées sur un plan
» quelconque, ces projections, les unes positives, les autres négatives, parce
» qu'elles sont décrites en sens contraire, auront une somme rigoureusement
» nulle. Ainsi le veut la Mécanique ; or cela ne ressemble pas du tout au système
» solaire. »

Ces observations sont justes, mais nous ferons voir qu'il n'est pas nécessaire de recourir à un tourbillonnement initial pour arriver à l'état actuel du système. Il faudrait, d'ailleurs, trouver l'explication de ce mouvement tourbillonnaire qui peut avoir lui-même une cause mécanique. Il est infiniment plus simple de ne rien préjuger sur les mouvements initiaux ; cela dispense de toute hypothèse autre que l'intervention divine à laquelle on est toujours obligé d'avoir recours.

Hypothèse de Laplace. — Ce grand géomètre, frappé de cette circonstance que, dans le système solaire, tous les mouvements connus de son temps étaient de même sens, a cru pouvoir en attribuer l'origine à la condensation progressive d'une nébuleuse animée d'une véritable rotation. Il suppose que, dans l'état primitif, l'atmosphère du Soleil, dilatée par une chaleur excessive, s'étendait au delà des orbes de toutes les planètes et qu'elle s'est resserrée ensuite jusqu'à ses limites actuelles. La force centrifuge développée par la rotation empêche cette atmosphère de s'étendre indéfiniment. A mesure que le refroidissement resserre toute la masse et condense à la surface de l'astre les molécules qui en sont voisines, le mouvement de rotation augmente ; la force centrifuge équatoriale, devenant ainsi plus grande, balance la pesanteur, et l'atmosphère, en se retirant, abandonne successivement des zones de vapeurs dans le plan de l'équateur. Ces zones forment des anneaux concentriques qui donnent ensuite naissance aux planètes.

Cette hypothèse a été acceptée avec enthousiasme et enseignée pendant longtemps presque à l'égal d'une vérité démontrée. Les découvertes récentes sont venues la contredire. M. Faye en a fait une juste critique.

Hypothèse de M. Faye. — Elle se différencie de la précédente en ceci : M. Faye étend sa théorie à l'Univers entier qu'il suppose dépourvu de chaleur d'origine. L'incandescence du Soleil et des étoiles résulte de la concentration de la matière primitivement disséminée dans l'espace sous forme de chaos. Les comètes et les étoiles filantes proviennent comme le Soleil et les planètes d'un même lambeau de ce chaos. Ces divers lambeaux, composés de particules plus ou moins ténues, mais indépendantes dans leurs mouvements, n'ont rien de commun avec la nébuleuse de Laplace composée de gaz ou de vapeurs élastiques.

Au surplus, voici le point de départ de toute la théorie, tel qu'il est donné par l'auteur lui-même :

« A l'origine, l'Univers se réduisait à un chaos général excessivement rare, » formé de tous les éléments de la chimie terrestre plus ou moins mêlés et con- » fondus. Ces matériaux, soumis d'ailleurs à leurs attractions mutuelles, étaient » dès le commencement animés de mouvements divers qui en ont provoqué la » séparation en lambeaux ou nuées. Ceux-ci ont conservé une translation rapide » et des girations intestines extrêmement lentes. Ces myriades de lambeaux » chaotiques ont donné naissance, par voie de condensation progressive, aux » divers Mondes de l'Univers. »

Ces deux dernières hypothèses ont donc ceci de commun qu'elles font dériver le système solaire d'une nébuleuse possédant à l'origine un mouvement tourbillonnaire plus ou moins régulier, soit une rotation, soit des girations intestines dirigées dans le même sens et dans le même plan. Il semble, en effet, qu'il ne puisse en être autrement, étant donné le mouvement actuel, circulaire, direct, de toutes les planètes. Nous ferons remarquer cependant que cette conception, résultant d'une idée préconçue, nuit à la vraisemblance de l'une ou l'autre hypothèse. Que demande-t-on à une théorie cosmogonique? C'est de nous faire remonter jusqu'à un état initial de la matière tel qu'on ne puisse concevoir un état antérieur ni même plus simple.

Toutefois, le point de départ admis par M. Faye, si on en excepte les girations intestines, doit être celui de toutes les théories cosmogoniques ayant pour base la communauté d'origine des Mondes de l'Univers. Cette communauté d'origine paraît d'ailleurs suffisamment attestée par l'incandescence des étoiles et la presque identité de leur composition chimique. Si l'on veut remonter jusqu'au commencement, avant que les forces qui régissent la matière aient pu modifier la répartition initiale, il faut bien prendre pour point de départ la diffusion de cette matière dans l'espace et pousser cette diffusion jusqu'à ses dernières limites, puisque la principale des forces naturelles, l'attraction universelle, est, comme le fait observer M. Faye, l'opposé de toute tendance à la diffusion. D'autre part, l'Univers étant composé d'une multitude innombrable de corps qui se meuvent dans tous les sens, suivant les lois de l'attraction, il est nécessaire de faire remonter la source du mouvement jusqu'à l'origine ; mais on doit s'abstenir de faire aucune hypothèse sur la grandeur et le sens des mouvements initiaux. Si l'on astreint quelques-uns d'entre eux à suivre une loi systématique, on admet implicitement qu'ils peuvent être dus à une cause antérieure, ce qui oblige à remonter plus haut.

Hypothèse proposée. — C'est donc un point définitivement acquis qu'il faut prendre la matière en mouvement et la diffuser sans limite dans l'espace actuellement occupé par les corps célestes, et nous devons poser en principe que :

A l'origine, l'Univers se réduisait à un chaos général extrêmement rare, formé d'éléments divers mus en tous sens et soumis à leurs attractions mutuelles.

Puis nous ajoutons immédiatement, comme conséquence de cet état initial :

Ce chaos s'est partagé en lambeaux qui ont donné naissance, par voie de condensation progressive, à tous les Mondes de l'Univers.

Comme on le voit, cette hypothèse ne diffère de celle de M. Faye que par la suppression des girations intestines. Nous voilà revenus aux idées de Kant, avec le mouvement en plus, non pas le mouvement régulier de la rotation ou des tourbillons, mais le mouvement sans ordre apparent.

Supposons qu'il ait existé dans l'immensité de ce chaos une région relativement peu agitée, dans laquelle la matière ait été répartie d'une façon sensiblement uniforme, et où la circulation, presque égale en tous sens, se soit faite, en outre, sans trop changer la disposition générale des éléments. Nous avons tout lieu de croire que les premiers rudiments du monde solaire se sont formés dans une telle région. Cette probabilité deviendra une quasi-certitude, si nous parvenons à montrer que dans la même région les déchirures du chaos ont donné naissance à un lambeau de forme à *peu près ronde*. Il semble bien prouvé, en effet, que le système solaire ne peut provenir que d'une nébuleuse ayant eu autrefois la figure d'un sphéroïde plus ou moins aplati ; c'est la seule manière d'expliquer les mouvements circulaires des planètes. Or, dans la région que nous considérons, où tout est à peu près symétrique en tous sens, matière et mouvements, il est certain que la surface de rupture présentera la même symétrie et se rapprochera de la forme sphérique. De plus, cette figure sera relativement stable, puisque, par hypothèse, la circulation interne ne change guère la disposition générale des éléments.

On conçoit aisément que la condensation de cette masse ait pu produire un monde assez semblable au nôtre, comprenant une étoile centrale prépondérante animée d'une rotation lente et entourée de satellites ayant, pour la plupart, des orbites circulaires. Mais ce qu'on s'explique moins facilement, — si on ne peut pas faire intervenir une rotation initiale, — c'est le passage de la forme sphérique du début à la figure plate qui est la caractéristique du système actuel. Cette difficulté disparaîtra immédiatement si l'on admet le moindre défaut de sphéricité, tel qu'un aplatissement primordial à peine sensible de toute la masse. On verra que la coexistence de cet aplatissement avec les chocs intérieurs suffit pour produire la déformation cherchée. Ces chocs paraissent d'ailleurs inévitables entre molécules dont les plans de circulation passent tous par le centre et dont les orbites se croisent en tous sens dans chaque plan.

Leur premier effet sera de précipiter une partie de la matière vers le centre ; la densité diminuera indéfiniment jusqu'à devenir nulle dans les régions supérieures en commençant par les plus éloignées; elle augmentera d'une façon continue dans les régions centrales, sans dépasser une limite finie. Le sphéroïde se partagera ainsi en couches de densité décroissante depuis le centre jusqu'aux extrémités du rayon. A cause de la régularité approchée de la masse à l'origine, les chocs se produiront à peu près symétriquement autour du centre, et les couches d'égale densité devront présenter une certaine symétrie par rapport à ce même centre. Mais la masse ayant perdu son homogénéité, les orbites des molécules vont se déformer et il arrivera que :

Le sphéroïde s'aplatira jusqu'à prendre la forme lenticulaire ;

Le plan de symétrie de cette lentille deviendra le lieu de rassemblement des matériaux qui circulent à proximité ;

Cette agglomération de matière sous forme de disque mince provoquera, entre les circulations de sens opposé, une collision qui amènera la disparition de l'une d'elles dans le plan de symétrie ou équateur, et l'établissement d'une rotation dans ce même plan ;

En même temps, le disque équatorial se rompra suivant des lignes circulaires de moindre densité. Les anneaux ainsi formés, dans lesquels la circulation n'est pas encore uniformisée, se résoudront en planètes séparées.

La masse des planètes, leur âge, l'inclinaison de leur axe, le sens et la durée de leur rotation, et, en général, tous leurs éléments seront déterminés d'après leur distance au Soleil, comme conséquence mécanique de la figure initiale du lambeau chaotique.

Grâce à la conservation des mouvements circulaires et à leur symétrie par rapport à l'équateur, une grande partie des matériaux ayant échappé à la concentration générale ont pu se rassembler en un petit nombre de grosses masses, les *planètes;* alors que l'autre partie était dispersée en un grand nombre de petites masses, les *comètes*.

Il est bien certain que le rassemblement, dans un même plan, de tous ces éléments animés de mouvements divers et même opposés, engendrera un conflit entre les circulations de sens contraire. La plupart des matériaux du disque équatorial sont distribués en amas qui se meuvent sur des circonférences, mais il existe aussi de petites agglomérations et des molécules isolées dont les mouvements sont absolument quelconques. Il y aura des chocs violents, soit entre les amas d'une même circonférence, soit entre les amas et les masses plus petites dont les orbites allongées coupent ces circonférences. Un des premiers effets de ces chocs sera de provoquer une poussée générale de toute la matière du disque équatorial vers le centre. Le résultat final sera de faire disparaître du plan de l'équateur tous les mouvements autres que les mouvements circulaires et de même sens. L'équilibre ne peut évidemment subsister entre molécules animées, dans un même plan, de mouvements divers dont la somme des aires n'est pas nulle, que s'il s'établit dans ce plan une rotation unique dirigée dans le sens de la circulation prépondérante. Ici, cette rotation affecte une forme spiraloïde, tant à cause des chocs intérieurs qui font converger la matière vers le centre, que par l'accroissement lent, mais continu, de la pesanteur interne.

C'est encore au conflit des circulations de sens opposés, joint aux variations de la densité, qu'est due la rupture du disque équatorial et sa transformation en planètes séparées.

Ce disque se contracte par suite des chocs qui font converger les amas vers son centre. Il en est de même du reste de la nébuleuse; toutefois la concentration de celle-ci est plus lente, parce que la matière, étant moins agglomérée, s'y meut plus librement. Dans ce mouvement qui pousse toute la masse vers l'intérieur, la densité diminue indéfiniment jusqu'à devenir nulle dans les régions supérieures, et augmente constamment vers le centre.

Ainsi, *le premier gros rassemblement de matière*, à l'intérieur de la nébuleuse, *prend naissance sur la circonférence du maximum de densité*. Ce globe planétaire, grâce à sa formation hâtive et à sa position rapprochée du centre, s'accroîtra encore en attirant à lui une partie des matériaux voisins; il pourra donc acquérir une masse prépondérante parmi tous les autres globes du système. Il paraît inutile d'ajouter que la planète qui en sortira s'appellera Jupiter.

Le second rassemblement un peu important devra se former *aux confins du même système*.

En résumé, le disque équatorial se rompra nécessairement et donnera naissance à un certain nombre de grosses planètes extérieures, dont la plus volumineuse et probablement la plus ancienne sera la plus rapprochée du centre; pour les autres, plus éloignées, la formation sera successive de l'extérieur à l'intérieur. Entre ces grosses planètes et le Soleil, il s'en formera également d'autres, plus petites, et même, dans le voisinage rapproché de la planète principale, il n'y aura que des corpuscules planétaires se mouvant obliquement sur des orbites excentriques. Pour ces petites planètes, la formation devra, comme pour les autres, débuter par l'extérieur; toutefois, il pourra arriver que celle de Mars soit retardée par l'influence de Jupiter.

D'après cela, les planètes seraient rangées au point de vue de leur âge dans l'ordre suivant :

Jupiter ou Neptune.
Uranus,
Saturne,
La Terre,
Mars ?
Vénus,
Mercure.

Telle est la remarquable hypothèse nouvelle de M. Du Ligondès. Elle nous intéresse ici en ce qui concerne l'âge de Mars, et voici sur ce point spécial la conclusion qui en a été déduite par M. l'abbé Moreux :

Pour évaluer l'âge de Mars, on s'est toujours appuyé sur l'hypothèse de Laplace. Or, celle-ci n'a pas été corroborée et a été même contredite par les découvertes modernes. Il a donc fallu abandonner et l'hypothèse et ses conséquences.

La nouvelle théorie cosmogonique de M. le colonel Du Ligondès rend assez bien compte de la plupart des particularités connues du système solaire. Rejetant *a priori* tout mouvement systématique initial — rotation ou tourbillons — comme contraire au principe même de l'hypothèse, M. Du Ligondès admet simplement que les planètes proviennent de la condensation d'une nébuleuse à peu près ronde, quoique légèrement aplatie, à l'intérieur de laquelle les mouvements auraient eu lieu presque également et en tous sens. C'est même à cette égalité approchée que la nébuleuse doit sa figure initiale.

M. Du Ligondès démontre ensuite que la nébuleuse s'aplatit de plus en plus, en même temps que se forment dans son intérieur des condensations locales. Par suite de l'aplatissement progressif, la plupart de ces condensations vont se réunir dans le plan de l'équateur pour donner naissance d'abord à des anneaux, puis aux globes planétaires. Or, il est clair, d'après le principe même de l'attraction universelle, que, toutes choses égales d'ailleurs, l'importance de ces globes augmentera avec l'ancienneté des agglomérations qui leur auront donné naissance. Les premiers globes en formation deviendront aussi les plus volumineux. Jupiter, la plus grosse de toutes les planètes, serait en même temps la plus ancienne. Entre ce géant du monde planétaire et le Soleil, c'est le système Terre-Lune qui est prépondérant ; ce doit être également le plus ancien de tous les systèmes inférieurs. Dans la zone intermédiaire occupée par Mars et la multitude des petites planètes, les matériaux tiraillés en sens divers ont eu quelque peine à se réunir : la dispersion des petites planètes sur des orbites excentriques et fortement inclinées en est la preuve.

Mars a donc eu à la fois sa formation ralentie et sa masse amoindrie par les actions opposées de Jupiter et de la Terre : c'est une planète de formation relativement récente. Elle est venue bien après la Terre, à l'époque de la naissance des planètes inférieures, Vénus et Mercure, sans toutefois qu'il soit possible de dire si elle est plus jeune ou plus âgée qu'elles. Comparée à Vénus qui semble entourée d'une épaisse couche de nuages et de vapeurs, la planète Mars avec son atmosphère raréfiée presque toujours limpide nous paraît plus avancée dans son évolution, plus *vieille* en un mot. Mais la durée d'évolution d'une planète dépend à la fois de la masse de cette planète et de la quantité de chaleur qu'elle a emmagasinée au cours de sa formation. Or, d'après la théorie de M. Du Ligondès, à égalité de masse, cette quantité varie à peu près en raison inverse de la distance de la planète au Soleil. Par unité de masse, elle serait donc environ moitié moindre pour Mars que pour Vénus ; de plus, à cause de la petitesse relative de Mars et de son éloignement du Soleil, elle doit se dissiper plus vite. Toutes ces raisons s'ajoutent pour hâter la marche vers le refroidissement final.

Ainsi Mars, astre à évolution courte, est moins ancien que la Terre et peut-être aussi que Vénus dont la provision de chaleur d'origine plus grande se dissipe en outre plus lentement. Sans préciser l'époque à laquelle remonte sa formation, on peut supposer, en s'appuyant sur la dernière théorie cosmogonique, que la plupart des éléments dont il est composé étaient encore disséminés dans la région qu'occupe aujourd'hui son orbite, alors que d'un côté le globe terrestre commençait déjà à prendre figure, pendant que de l'autre, le grand Jupiter, depuis longtemps formé, brillait d'un vif éclat.

M. Du Ligondès a ajouté à cette étude un essai sur la constitution physique de Mars [1] qui peut être résumé comme il suit :

Plus que toutes les autres planètes, Mars a certainement le privilège d'éveiller la curiosité du public qui s'intéresse à l'astronomie. Ce Monde voisin, que la plupart des savants considèrent comme plus ancien que la Terre et servant peut-être de demeure à des êtres doués de raison, dont la surface nous apparaît sillonnée de mystérieux canaux destinés suivant quelques-uns à répartir avec une sage économie sur un sol menacé de rester à l'état de désert aride l'eau provenant de la fonte des neiges, nous attire invinciblement à cause de la ressemblance que nous lui supposons avec notre propre Monde. Les astronomes de tous les pays, favorisés d'ailleurs par la proximité relative de Mars, aiment à diriger leurs instruments vers cette petite planète, espérant toujours y surprendre quelque manifestation de la vie, certains, en outre, que le résultat de leurs observations sera accueilli avec empressement par tous ceux qui ne disposent pas d'instruments assez puissants pour faire eux-mêmes d'utiles recherches. Ainsi s'expliquent la faveur dont jouissent auprès du public certains Ouvrages tels que *La Planète Mars* de M. Flammarion, devenu à juste titre un livre classique, et plus récemment *Mars* de M. Lowell, qui résume les observations faites à l'Observatoire de Flagstaff (Arizona).

Toutefois, il faut avouer que nombre de questions relatives à la constitution physique de Mars attendent encore une solution satisfaisante; la climatologie, en particulier, est restée à l'état de mystère inexpliqué. Sur Mars, les neiges polaires s'étendent en hiver moins que sur la Terre; en été, elles fondent avec plus de facilité que les nôtres, aux rayons du Soleil. En dehors des calottes polaires dont le diamètre, à leur maximum, ne dépasse guère 50°, on ne voit pas, comme ici, des régions dites *tempérées* dont les hauts plateaux sont couverts de neiges éternelles. Ce fait doit paraître absolument extraordinaire, car, en raison de sa plus grande distance au Soleil, Mars reçoit à peine les $\frac{4}{9}$ de la chaleur que cet astre nous envoie, et nous avons tout lieu de croire que la densité de son

(1) *Bulletin de la Société belge d'Astronomie*, 1898.

atmosphère au niveau du sol atteint à peine la moitié de celle de l'air au sommet de l'Himalaya. S'il est vrai que Mars emprunte au Soleil toute sa chaleur de surface, l'eau ne semble pas pouvoir y subsister autrement qu'à l'état de glace.

On a tenté, il est vrai, d'expliquer la douce température qui règne sur Mars par la présence dans son atmosphère de substances douées de la propriété d'absorber les rayons calorifiques solaires. On a voulu d'abord faire intervenir la vapeur d'eau qui possède, à un haut degré, ce pouvoir absorbant. La conséquence immédiate d'une grande quantité de vapeur d'eau dans son atmosphère serait la formation constante de nuages. Or, nous n'en voyons presque jamais.

En vain voudrait-on remplacer la vapeur d'eau absente par d'autres gaz jouissant des mêmes propriétés absorbantes. Outre que l'existence de ces gaz dans l'atmosphère de Mars est très problématique, leur principal effet serait de faire bénéficier la planète d'un climat analogue à celui de nos contrées maritimes. Or, dans les régions du globe terrestre où l'atmosphère est chargée d'humidité, la différence de température entre le jour et la nuit est presque insensible. Sur Mars, au contraire, les variations diurnes de la température d'un lieu déterminé semblent nettement accusées, et elles dépendent de la hauteur du Soleil au-dessus de l'horizon. La preuve de cette assertion résulte des apparences mêmes de la planète, dont le disque présente une gradation lumineuse allant du centre vers le contour.

La blancheur circulaire qui limite l'hémisphère éclairé, tourné vers nous pendant les périodes d'opposition, est due vraisemblablement au dépôt, pendant la nuit, d'une abondante rosée ou gelée blanche qui fond presque entièrement vers le milieu de la journée.

L'atmosphère transparente de Mars ne remplit donc pas, autour de la planète, l'office d'enveloppe protectrice contre le rayonnement nocturne, comme le fait pour nous, par exemple, une mince couche de nuages.

En résumé, les régions martiennes qui correspondent à nos zones torride et tempérées, paraissent jouir du même climat que le nord de la France pendant les beaux jours de novembre ou de février. Le peu d'étendue des neiges polaires à la fin de l'hiver qui, pour l'hémisphère austral, dure 381 jours, leur fonte facile aux rayons du Soleil d'été, prouvent que le climat de la zone glaciale est relativement doux. Par comparaison avec la Terre, la différence de température est généralement plus sensible entre le jour et la nuit, et moins tranchée en latitude.

La preuve que le rayonnement nocturne agit sur Mars autant que sur la Terre étant faite, il reste à trouver la source de chaleur capable d'empêcher les eaux de passer à l'état de neiges éternelles. Le Soleil est manifestement insuffisant. Si l'on désigne par le nombre 100 la quantité totale de chaleur reçue par Mars dans le cours d'une année de 687 jours de 24 heures, cette somme se partage ainsi pour chaque hémisphère :

63 pendant la période d'été (d'un équinoxe à l'autre).
37 » » d'hiver » »

Pour l'hémisphère boréal, dont l'été dure 381 jours et l'hiver 306, la moyenne diurne est de :

$$\frac{63}{381} = 0{,}165 \text{ pour l'été;}$$

$$\frac{37}{306} = 0{,}121 \text{ pour l'hiver.}$$

Sur la Terre, la quantité de chaleur reçue en un temps donné est 2,32 fois plus grande que sur Mars. Pour une année de $365^j{,}25$, elle est de :

$$\frac{2{,}32 \times 100 \times 365{,}25}{687} = 123.$$

Cette somme se répartit entre l'hiver et l'été, sur chaque hémisphère, à peu près de la même manière que sur Mars.

On a donc pour l'été :

$$\frac{123 \times 63}{100} = 77{,}49,$$

et pour l'hiver :

$$\frac{123 \times 37}{100} = 45{,}51.$$

Sur notre hémisphère, dont l'été dure 186 jours et l'hiver 179, la moyenne diurne est :

$$\frac{77{,}49}{186} = 0{,}416 \text{ pour l'été,}$$

et

$$\frac{45{,}51}{179} = 0{,}254 \text{ pour l'hiver.}$$

Ainsi nous recevons, sur notre hémisphère, pendant une journée *d'hiver*, une quantité de chaleur représentée par 0,254, contre 0,165 seulement que le Soleil envoie à l'hémisphère boréal de Mars pour un jour *d'été*, soit plus des $\frac{3}{5}$. Cependant, sur Terre, les neiges d'hiver descendent au-dessous du 45me parallèle, et sur Mars la calotte polaire disparaît presque complètement après le solstice d'été. *Il faut* absolument *que le supplément de chaleur* qui empêche la surface de la planète de rester constamment glacée, été comme hiver, *vienne de l'intérieur.*

Notons d'abord que cette hypothèse rend parfaitement compte de la faible différence de la température qui paraît régner entre les latitudes à la surface de Mars. *La chaleur de fond est fournie par la planète;* le supplément, variable avec les saisons et l'heure du jour, vient du soleil.

Que sont les canaux?

Les canaux sont le résultat de fissures produites par le retrait de la couche superficielle de Mars sous l'action du refroidissement extérieur (1).

Nous entendons déjà les géologues protester contre une théorie diamétralement opposée à celle des phénomènes qu'ils ont coutume d'observer à la surface du

(1) *Voir* déjà cette hypothèse des crevasses, t. I, p. 577 et 580.

globe terrestre. Sur notre planète, les grandes inégalités du sol sont généralement dues à des plissements de l'écorce occasionnés par le retrait du noyau sur lequel cette écorce s'appuie. Comment supposer que, sur Mars, l'enveloppe solide puisse devenir trop étroite pour recouvrir entièrement son noyau? La raison de cette apparente contradiction se trouve dans la diversité des circonstances qui ont présidé à la naissance des deux planètes.

D'après notre théorie, la Terre, planète à formation rapide, a dû passer par l'état gazeux avant d'être le bloc liquide, incandescent, mais sur le point de se solidifier intérieurement, dont l'histoire appartient à la Géologie. En se solidifiant, l'écorce emprisonna à son intérieur un noyau liquide à très haute température, destiné à diminuer beaucoup de volume, soit par refroidissement, soit par les éruptions volcaniques. Le mode de formation de cette écorce devait la préserver de toute contraction ultérieure. De même que les glaçons charriés par un fleuve finissent par se prendre en une seule masse sous l'action persistante du froid, ainsi les premières scories flottant à la surface du globe terrestre ont dû former d'abord une mince enveloppe à peu près continue et encore chaude. Puis, le refroidissement, ou toute autre cause, venant à crevasser la surface, aussitôt les matières demeurées fluides au-dessous de cette pellicule, s'échappant à travers les fissures, en ont garni les vides. La continuité de l'écorce a pu ainsi rester assurée jusqu'au moment où son épaisseur est devenue suffisante pour lui procurer une stabilité relative; sa température était alors assez basse pour que sa surface, protégée contre le rayonnement extérieur par une épaisse couche de gaz ou de vapeurs, fût à l'abri d'un refroidissement rapide. Par contre, le noyau, composé de liquides extrêmement chauds et de gaz comprimés retenus en dissolution, n'a pas tardé à se contracter dans son enveloppe, obligeant celle-ci à se doubler pour se maintenir au contact. Telle est la cause générale de la formation des chaînes de montagnes.

Mais pour Mars, notre théorie de la formation lente conduit à un mode de contraction tout opposé. C'est à M. l'abbé Moreux que revient l'honneur d'avoir, le premier, mis en lumière cette divergence.

Si Mars s'est formé lentement, on peut dire qu'à toutes les phases de sa vie astrale les matériaux qui venaient s'ajouter au noyau déjà formé ont opéré leur condensation d'une façon plus régulière; la chaleur développée devait, en effet, être moins intense que dans le cas d'une agglomération rapide, et la contraction avait le temps de se faire au fur et à mesure de la formation.

Les derniers amas, ceux de la couche superficielle, se réunissaient donc à un noyau qui devait fort peu se contracter par la suite.

Considérons maintenant cette dernière couche au moment où, se refroidissant à son tour, elle est prête à se solidifier. Si rien ne la protège contre le rayonnement extérieur, elle perdra vite sa chaleur d'origine et celle qu'elle a pu acquérir au contact de la couche sous-jacente; en se refroidissant, elle tendra à se resserrer, et bientôt elle deviendra trop petite pour envelopper le noyau qu'elle recouvrait. Elle sera donc obligée de se fendiller absolument comme une argile qui, en séchant, perd de son volume, et ne peut plus garnir la surface sur laquelle elle repose.

Les premières cassures ont dû former ces réseaux si fins, à l'apparence fugitive, dont les observations récentes, celles de M. Schiaparelli et de M. Lowell en particulier, nous ont appris l'existence. Les réseaux plus apparents, les canaux plus larges et d'aspect plus durable proviennent sans doute des cassures formées postérieurement dans un milieu plus résistant. Cela nous expliquerait pourquoi ils sont plus stables et mieux définis.

Température. — La même théorie de la formation lente et de la jeunesse de Mars, après nous avoir donné l'explication des canaux, va nous faire connaître comment la température douce et assez égale qui règne à la surface de la planète peut être entretenue, en partie, par la chaleur interne. Nous savons que des géologues éminents, s'appuyant sur la mauvaise conductibilité des roches terrestres, contestent la possibilité de faire intervenir, dans l'explication du phénomène paléothermal, la chaleur emmagasinée à l'intérieur de la Terre. D'après eux, il a suffi d'une épaisseur assez faible de l'écorce solide pour empêcher le passage de la chaleur à travers cette écorce. Toute discussion sur ce sujet serait ici superflue, car il n'est pas permis d'attribuer *a priori* aux roches martiennes une constitution physique semblable à celle de nos terrains. Tout fait croire, au contraire, que d'une planète à l'autre il y a des différences essentielles. C'est du moins ce qui ressort de la comparaison des densités.

Pour la Terre, la densité, voisine de 2,5 à la surface, augmente progressivement jusqu'au centre où elle s'élève à 10, et la moyenne est 5,5. Cette variation se trouve assez bien représentée par la formule

$$\rho = \rho_0 \left(1 - \frac{3}{4} R^2\right)$$

dans laquelle ρ est la densité de la couche du rayon R et ρ_0 la densité centrale.

Il est naturel d'appliquer à la planète Mars, dont les éléments, peu différents de ceux du globe terrestre, paraissent, en outre, arrivés au même degré de condensation, la formule trouvée pour la Terre. Il faudra seulement changer le coefficient de R^2. Si l'aplatissement de Mars était bien connu, la valeur de ce coefficient serait facile à calculer. Malheureusement les anciennes mesures sont très discordantes et donnent, pour la plupart, un chiffre incompatible avec la théorie de la gravitation. D'après M. Lowell, ces divergences doivent être attribuées à la frange crépusculaire qui affecte inégalement les deux diamètres, polaire et équatorial, et l'aplatissement réel peut être fixé à $\frac{1}{195}$. En adoptant ce chiffre, on trouve pour la variation de densité à l'intérieur

$$\rho = \rho_0 \left(1 - \frac{R^2}{2}\right).$$

La densité moyenne, 3,91, est celle de la couche qui a pour carré de son rayon $\frac{3}{5}$. On a donc, pour déterminer les densités au centre et à la surface, les deux équations

$$3,91 = \frac{7}{10} \rho_0,$$

et

$$\rho_1 = \frac{1}{2} \rho_0,$$

d'où

$$\rho_0 = 5,6$$

et

$$\rho_1 = 2,8.$$

On voit que la densité du sol de Mars est au moins égale à celle de nos terrains et que la variation de densité de la surface au centre est moitié moindre qu'à l'intérieur de la Terre.

Ce résultat n'est pas fait pour nous surprendre. A moins d'admettre, en effet, que les planètes soient composées de matériaux absolument incompressibles, la densité centrale doit augmenter avec le nombre des couches qui pèsent les unes sur les autres. Toutes choses égales, d'ailleurs, la densité moyenne des planètes et les variations de densité à leur intérieur ne peuvent que s'accroître avec leur masse. Or, on sait que la Terre est près de 7 fois plus volumineuse que Mars, et que sa masse est environ 9 fois et demie plus grande.

En outre, par suite de la lenteur qui a présidé à leur réunion, les matériaux de la planète Mars sont répartis d'une façon plus uniforme à son intérieur. Chacune des couches successives du globe en voie de formation a pu, avant l'arrivée de la couche suivante, perdre, avec une partie de sa chaleur d'origine, un peu de sa fluidité première.

Le mélange de tous ces matériaux, dont la consistance visqueuse était encore accrue par la pression, se prêtait mal à une séparation complète de tous les éléments dans l'ordre décroissant de leur densité depuis le centre jusqu'à la surface. D'une couche à l'autre, la composition a peu varié et il est permis de croire, en raison de l'origine commune de toutes les planètes, que le fer, qui prédomine à l'intérieur du globe terrestre, se trouve répandu en abondance dans toute l'étendue du globe de Mars, et contribue, pour une large part, à accroître la densité des roches superficielles. Cette opinion emprunte une grande vraisemblance à la couleur rougeâtre des régions claires de Mars que M. Lowell assimile à des déserts, couleur qui paraît due à la présence d'une grande quantité d'oxyde de fer dans le sol de la planète.

La croûte solide de Mars est donc, selon toute probabilité, composée d'éléments parmi lesquels les composés ferrugineux occupent une large place. Mais si, à la surface du globe terrestre, les roches ferrugineuses, d'apparence compacte, atteignent des densités voisines de 5, sur Mars, les roches similaires, formées sous l'influence d'une attraction beaucoup plus faible, doivent se présenter avec une structure toute différente, analogue à celle de la pierre ponce, et il n'est pas surprenant de voir leur densité rester inférieure à 3. Leur structure poreuse les rend évidemment perméables à l'eau. Cette perméabilité du sol martien, jointe à sa constitution métallique, lui permet de se laisser facilement traverser par la chaleur venant de l'intérieur. Les couches superficielles de Mars ne forment pas, comme l'écorce terrestre, une enveloppe compacte, à peu près impénétrable pour les liquides, isolant presque entièrement de l'extérieur le noyau métallique en fusion. Sur Mars, l'eau peut descendre jusqu'à une grande profondeur dans le sous-sol et permet un échange continu de calorique entre l'intérieur et la surface. Ces échanges se font naturellement par les anciennes fissures de l'écorce, aujourd'hui, sans doute, comblées par les éboulis, mais restées néanmoins plus perméables que les autres parties. La chaleur de surface, qui se dissipe incessamment par l'effet du rayonnement nocturne, peut donc se renouveler, en partie, aux dépens du noyau central. Grâce à l'appoint diurne fourni par le Soleil, la température de la planète se maintient encore à un degré assez élevé pour permettre, au moins dans certaines régions, le développement de la végétation. En vain voudrait-on chercher ailleurs la cause pour laquelle la planète Mars n'est pas, comme le croyait l'illustre physicien Fizeau, un désert de glace.

D'après ces données et ce que nous savons d'autre part sur les divers aspects de la surface de Mars, il devient possible de trouver une explication plausible des phénomènes observés. Les régions sombres, désignées sous le nom de *canaux* et de *mers*, sont les parties de la surface où vient affleurer l'humidité tiède montant de l'intérieur à travers les fissures de l'écorce. Le sol meuble, échauffé en même temps par les rayons d'un Soleil que ne voile aucun nuage, se prête merveilleusement au développement d'une riche végétation. Ces végétaux, quels qu'ils soient, dont les racines plongent dans le sous-sol humide, et dont les parties aériennes absorbent les rayons solaires, entretiennent constamment au-dessous d'eux une température douce qui permet à l'eau de rester à l'état de vapeur. Pendant le jour, la vapeur qui enveloppe ces « forêts », échauffée par le Soleil, peut demeurer invisible; mais aussitôt que le Soleil s'abaisse sur l'horizon, l'humidité qui s'élève au-dessus des hautes cimes se condense en givre ou en brouillard. Les régions qui nous apparaissent sombres à leur passage au milieu du disque doivent donc devenir blanchâtres quand elles se trouvent près des bords.

Ce qui caractérise surtout les taches sombres de Mars, c'est leur variabilité d'aspect. D'une opposition à l'autre, elles peuvent passer du gris clair à la teinte vert foncé. Beaucoup de canaux disparaissent à certaines époques et ils ne sont jamais visibles tous à la fois. Cette atténuation, ou même cette disparition complète des taches et des lignes qui sillonnent la planète Mars, semble coïncider avec la saison d'hiver. En général, les oppositions de teintes sont plus tranchées et les contours sont mieux définis dans celui des deux hémisphères qui est en été. D'après M. Flammarion, « le froid voile la surface de Mars, la chaleur la clarifie... L'atmosphère paraît claire au-dessus des mers intérieures pendant les mois qui suivent immédiatement le solstice austral ». Or, les « mers intérieures » sont presque toutes dans l'hémisphère austral, et c'est précisément après le solstice d'été de cet hémisphère que le sol doit y être le plus échauffé par les rayons du Soleil.

Tous ces changements s'accordent parfaitement avec notre hypothèse que les taches sombres de Mars sont produites *par une végétation puissamment développée, grâce à l'humidité tiède montant du sol meuble.* Il est d'ailleurs un phénomène qui vient confirmer notre théorie de l'origine souterraine, ou pour mieux dire *sous-martienne*, des brumes qui voilent quelquefois les régions sombres de Mars. Nous voulons parler du prolongement, par une demi-teinte gris clair, des canaux à travers ces mêmes régions. Ces prolongements sont surtout visibles lorsque les canaux apparaissent élargis ou dédoublés, c'est-à-dire lorsqu'ils doivent être enveloppés d'une buée qui rend leur observation difficile et leur mise au point très incertaine. Si, comme nous le croyons, les « mers » correspondent aux régions de la surface sillonnées par les fines cassures du début, et si les canaux nous montrent l'emplacement des crevasses plus récentes, formées après l'épaississement de l'écorce, ces crevasses se prolongent nécessairement à travers les « mers », et l'humidité qui s'en échappe doit se condenser au-dessus de ces prolongements, comme elle le fait le long des canaux proprement dits.

Un autre caractère de certaines taches de Mars est l'instabilité des contours. Plusieurs changements, tels que le glissement du lac Mœris vers la grande Syrte, et la disparition lente de l'Aurea Cherso dans le golfe de l'Aurore, ont été observés d'une façon indubitable depuis quelques années. D'aussi grandes déformations dans ce qu'on appelle les « rivages » prouvent que le sol de Mars manque de consistance, qu'il est apparemment sablonneux comme le Sahara, sur les plateaux, et marécageux dans les vallées. Toutes ces constatations tendent à nous confirmer dans l'idée que la surface de la planète est composée de matériaux plus ou moins spongieux.

N'avons-nous pas d'ailleurs, plus près de nous, dans la Lune, un exemple frappant de la perméabilité des matériaux de certains corps célestes? Suivant MM. Lœwy et Puiseux, dont la compétence sur les questions lunaires est indiscutable, quelle que soit la théorie cosmogonique à laquelle on se rallie, on ne peut voir dans la Lune autre chose qu'une sorte d'extrait de la Terre. Les éléments qui ont contribué à la formation de la Terre doivent donc se retrouver aussi sur la Lune; mais, en raison de la pesanteur plus faible là qu'ici, l'agglomération des matériaux est moindre, leur densité moyenne est plus faible (3,38 au lieu de 5,55) et ils ne forment pas des roches aussi compactes que celles de l'écorce terrestre. La preuve de ce fait géologique se voit dans la configuration de la surface lunaire. Il est probable, il est même certain qu'il y a eu autrefois de l'eau sur la Lune; cependant, nulle part on ne voit trace de ces érosions avec lesquelles nous a familiarisés l'aspect des montagnes terrestres. Les eaux paraissent avoir pénétré peu à peu à l'intérieur, absolument comme les pluies qui, tombant sur un terrain très perméable, s'infiltrent dans le sous-sol sans raviner la surface.

Or la densité moyenne de Mars, 3,91, se rapproche beaucoup de celle de la Lune, 3,38. Il est donc excessivement vraisemblable d'admettre, comme nous l'avons fait, que les matériaux n'y forment pas des roches très compactes, et que ces roches sont, au contraire, facilement traversées par les eaux. La surface de Mars, dépourvue en apparence de reliefs hauts et escarpés, répond tout à fait à l'idée que nous nous faisons d'un *sol poreux et friable*.

Un phénomène qui peut, à juste titre, être qualifié d'inexplicable, c'est l'existence de « neiges polaires » à la surface de Mars, en l'absence presque complète de nuages dans son atmosphère. La neige résulte, en effet, de la condensation cristalline de l'eau passée d'abord à l'état de vapeur. Ce passage ne peut avoir lieu sans l'intermédiaire de la chaleur. Or, d'une part, il n'existe pas à la surface de Mars de grandes nappes d'eau susceptibles d'être transformées en vapeurs, et, d'autre part, la faible chaleur reçue du Soleil par la planète serait incapable d'opérer cette transformation. On ne voit d'ailleurs sur Mars aucun indice de cette circulation aéro-tellurique de l'eau qui fait que sur la Terre l'eau des mers s'élève sous forme de vapeurs et de nuages dans les hauteurs de l'atmosphère et se porte vers des régions froides, où elle est convertie en pluie ou en neige, pour revenir à l'océan par les fleuves. Aussi les astronomes qui prétendent que les canaux sont alimentés par l'eau provenant de la fonte des neiges polaires restent-ils fort embarrassés lorsqu'il s'agit d'expliquer comment cette eau retourne aux pôles.

Proctor est, je crois, le premier [1] qui ait substitué à l'hypothèse des neiges martiennes celle de la gelée blanche; et encore fait-il une exception pour les régions polaires. Du reste, sa théorie basée sur la supposition, démontrée maintenant fausse, que toute la chaleur de surface de Mars vient du Soleil, n'est plus admissible. Le rayonnement solaire occasionnerait nécessairement sur Mars, comme sur la Terre, une circulation aéro-tellurique de l'eau, et, dès l'instant qu'il est bien prouvé que cette circulation n'existe pas, il faut en arriver à cette conclusion obligée que les « neiges » se forment sur place. Ce ne sont pas, à proprement parler, des « neiges », mais des dépôts plus ou moins abondants de givre ou de gelée blanche produits par l'humidité qui s'échappe du sol. Sur Mars, la circulation aqueuse est exclusivement tellurique. En vertu de son poids, *l'eau pénètre*, comme elle a dû le faire à l'intérieur de la Lune, *dans les profondeurs du sous-sol poreux; elle se réchauffe au contact du noyau central, remonte à la surface, où elle se transforme en vapeur*. Puis, cette vapeur, incapable de se maintenir dans une atmosphère glacée, *se condense immédiatement et retombe sur le sol*. Si celui-ci est réchauffé par les rayons du Soleil, l'eau ne se congèle pas; elle retourne dans le sous-sol pour être remplacée à la surface par de l'eau plus

[1] Ou plutôt Matthieu Williams (*voir* p. 161).

chaude venant de l'intérieur, et ainsi de suite. Mais, pendant les longues nuits polaires, les produits de la condensation se déposent sur le sol en cristaux de glace. Ils ne peuvent toutefois s'accumuler en masses épaisses; car les couches successives forment, les unes pour les autres, un manteau protecteur, et l'équilibre s'établit entre le refroidissement de la partie supérieure et l'échauffement de la couche qui repose directement sur le sol de la planète. Grâce à cet échauffement, aussitôt que le Soleil reparaît à l'horizon de l'un ou de l'autre pôle, les neiges prises, pour ainsi dire, *entre deux feux*, fondent avec la plus grande facilité. Ainsi nous voyons dans nos climats, même pendant les plus rudes hivers, les neiges accumulées sur les toits des maisons habitées, fondre sur le versant exposé au midi.

En résumé, on peut dire que la théorie de *la jeunesse relative de Mars* rend compte, d'une façon très satisfaisante, de tous les phénomènes observés sur la planète. Nous croyons surtout devoir protester contre la théorie qui, s'appuyant sur l'absence probable de montagnes à la surface, voudrait en conclure que cette planète est plus ancienne que la Terre, parce que son sol est déjà nivelé par les eaux. Pour soutenir cette thèse, il faudrait d'abord prouver que la nature du sol se prête au ruissellement des eaux. Or le contraire nous semble plus près de la vérité. Là-bas, les eaux doivent s'infiltrer à l'intérieur sans ruisseler, et elles n'ont pas l'action érosive que nous leur prêtons par comparaison avec ce qui se passe sur la Terre.

Dans cette hypothèse, Mars serait plus jeune que la Terre; sa surface serait poreuse; sa chaleur intérieure serait encore assez intense pour agir à la surface en pénétrant ce sol poreux; les canaux seraient des crevasses; les « mers » seraient des forêts entretenues par la chaleur et les vapeurs souterraines; les neiges polaires proviendraient de la vapeur d'eau montée de l'intérieur et fondraient en été, simples gelées blanches, sous la double influence de la chaleur intérieure et des rayons solaires. Cette hypothèse est remarquablement ingénieuse. Il importe ici de tout étudier, de tout comparer. Nous avançons ainsi graduellement dans l'élucidation de notre problème martien.

La théorie cosmogonique de Laplace n'est assurément pas démontrée. Ce que nous devons reconnaître avec certitude, c'est l'unité d'origine des planètes du système solaire; elles font partie d'un même ensemble régi par le Soleil. Mais quant au mode de formation, on peut le discuter.

Tout d'abord, au lieu d'admettre avec Faye que le chaos primordial était formé « de tous les éléments de la Chimie terrestre plus ou moins mêlés et confondus » (*Origine du Monde*, p. 357), on peut penser, au contraire, qu'à l'origine la substance était une, et que les corps que nous qualifions de *simples* sont des condensations, sous divers modes, de cette substance primitive. L'hydrogène, l'oxygène, l'azote, le carbone, le fer, le nickel, le sodium, le plomb, etc., sont des espèces minérales issues de la substance simple primordiale, des associations d'atomes combinés, arrangés sur divers modes, de même que plus tard se sont formées les espèces végétales et les espèces animales.

D'autre part, il est assez difficile d'admettre que des anneaux se soient détachés de la nébuleuse solaire en rotation, par suite de la prépondérance de la force centrifuge sur l'attraction centrale, si l'on réfléchit aux faibles masses des planètes (à l'exception de Jupiter) et si l'on dissémine par la pensée ces masses le long de l'anneau dont elles seraient la représentation.

La masse de la Terre, par exemple, qui est de 5957930 quintillions de kilogrammes, devrait être répartie le long d'un anneau de 936 millions de kilomètres, ce qui représente 6360 trillions de kilogrammes par kilomètre linéaire ou 6360 milliards de kilogrammes par mètre de longueur. Ce n'est pas insignifiant assurément, mais c'est peu. (La Lune y ajouterait $\frac{1}{81}$). En donnant à cet anneau le diamètre de la Terre, nous formons un cylindre comprenant 70000 Terres juxtaposées, plus les vides séparateurs, dont la densité serait

$$\frac{5,5 \times 2}{3 \times 70000} = \frac{11}{210000} = \frac{1}{20000}.$$

Or, 1 litre d'air pèse 1gr,3 et 1 litre d'eau 1000 grammes La densité de cet anneau, par rapport à l'air, sera donc

$$\frac{1}{20000} : \frac{1,3}{1000} = \frac{1}{26},$$

c'est à peu près la moitié de la densité de l'hydrogène.

Pour la planète Mars, dont la masse n'est que le dixième du globe terrestre et qui devrait être répartie sur une longueur de 1426 millions de kilomètres, on a 439 trillions de kilogrammes par kilomètre linéaire de l'anneau, et un cylindre du diamètre de Mars aurait pour densité $\frac{1}{105}$ de la densité de l'air.

Pour Neptune on aurait 3487 trillions de kilogrammes par kilomètre et une densité de $\frac{1}{681}$ pour la composition du cylindre d'un diamètre égal à celui de Neptune.

Ces quantités sont faibles proportionnellement à la grandeur de la nébuleuse solaire primitive, et ces détachements d'anneaux ne sont pas vraisemblables.

D'autre part, il aurait fallu qu'après la formation du premier anneau, celui de Neptune, par exemple, si singulièrement faible, la nébuleuse se fût contractée, sans nouvelle perte de matière, jusqu'à l'orbite d'Uranus, c'est-à-dire presque de moitié (de 30 à 19), et d'Uranus à Saturne, de moitié juste, ou à peu près (de 19,2 à 9,5). Pourquoi un pareil état d'équilibre, persistant pendant un temps immense, et ces brusques renversements du rapport de la gravité à la force centrifuge? La nébuleuse en contraction aurait dû abandonner une série d'anneaux successifs extrêmement nombreux.

D'éminents géomètres, notamment Roche, de Montpellier, ont savamment discuté la question sans la résoudre. Pour moi, il me semble que le plus simple est de considérer les planètes comme le résultat de condensations formées *dans l'intérieur* de la nébuleuse primitive. C'était l'hypothèse de Kant (¹).

Les nébuleuses de l'univers sidéral nous offrent, d'ailleurs, des exemples confirmatifs de cette conception. On n'en voit pas montrant un ou plusieurs anneaux détachés; on en connaît plusieurs, au contraire, dans l'intérieur desquelles des condensations évidentes se manifestent. La forme en spirale du grand nombre indique le mouvement séculaire.

Dans l'hypothèse de Laplace, la planète Mars est nécessairement antérieure à la Terre et de beaucoup plus ancienne. Etant donnée l'infériorité de sa masse et de son volume, elle aurait, d'autre part, parcouru plus vite les phases de son évolution et se serait refroidie rapidement. Absolument et relativement, elle serait donc incomparablement plus âgée que la Terre.

Dans la seconde hypothèse, les plus fortes condensations et les plus éloignées du noyau central seraient les plus anciennes (Jupiter, Neptune, Uranus, Saturne), et Mars pourrait être plus jeune que la Terre. Toutefois, en raison de sa faible masse et de son petit volume, il pourrait être *relativement* plus âgé. La Lune est une fille plus vieille que sa mère.

Cette hypothèse des condensations intérieures me paraît depuis bien des années déjà devoir l'emporter sur celle des anneaux détachés par l'excès de la force centrifuge. Parmi les objections présentées à la théorie de Laplace, nous pouvons remarquer ici celle que M. Maurice Fouché, astronome adjoint à l'Observatoire de Paris, a signalée à l'Académie des Sciences il y a plus de vingt ans. Voici cette note substantielle (²).

J'ai cru intéressant de faire ressortir une conséquence de la théorie de Laplace qui m'est venue à l'idée à la suite d'une conversation avec M. Flammarion.

En 1864, David Trowbridge avait déjà appelé l'attention sur la condensation centrale très forte que devait posséder vers son centre la nébuleuse primitive, mais les résultats que nous allons développer paraissent lui avoir échappé.

(¹) Voyez Wolf, *Les hypothèses cosmogoniques*, p. 153.
(²) *Comptes rendus de l'Académie des Sciences*, 24 novembre 1884.

Si la nébuleuse solaire s'était condensée de manière à rester semblable à elle-même, son moment d'inertie $I = \Sigma mr^2$ aurait varié proportionnellement au carré du rayon équatorial, et, le moment des quantités de mouvement ωI devant rester constant, on aurait eu aux deux époques d'abandon de deux anneaux successifs :

$$\omega' a'^2 = \omega a^2 \qquad \text{ou} \qquad \omega' = \omega \frac{a^2}{a'^2}.$$

Mais, d'après la troisième loi de Kepler, on a, au contraire,

$$\omega' = \omega \left(\frac{a}{a'}\right)^{\frac{3}{2}}.$$

Cette valeur étant plus petite que la précédente, et le produit ωI restant constant dans tous les cas, il faut que I soit plus grand que si la distribution des densités était restée la même. Or il est bien évident que, pour une même masse et un même rayon, I sera d'autant plus petit que la condensation vers le centre sera plus prononcée. Il faudrait donc que dans la nébuleuse de Laplace, non seulement la condensation centrale n'eût pas fait de progrès depuis la formation de la première planète, mais qu'au contraire la distribution des densités y fût devenue de plus en plus uniforme. On remarquera que cettte marche des phénomènes est exactement l'opposé de celle qu'admet M. Faye.

En prenant pour unités le rayon de l'orbite terrestre, la masse du Soleil et le jour moyen, le moment total des quantités de mouvement du Soleil supposé homogène (ce qui en exagère la valeur) est égal à

$$\omega I = \frac{2\pi}{25,19} \times \frac{2}{5}\left(\frac{108,56}{23\,000}\right)^2 = 2\pi \times 0,0000003538.$$

Celui de l'ensemble des planètes $\Sigma m \omega a^2$ est

$$2\pi \times 0,0000096116.$$

Le moment total pour tout le système est alors

$$2\pi \times 0,0000099654.$$

Or, celui d'un ellipsoïde homogène de même masse que le Soleil, s'étendant jusqu'à l'orbite de Neptune et tournant avec la vitesse angulaire actuelle de cette planète, serait

$$\frac{2\pi}{60\,181} \times \frac{2}{5} \times \overline{30,06}^2 = 2\pi \times 0,00604,$$

résultat de plus de six cents fois plus grand que le précédent. On voit quelle énorme condensation il faut accepter pour réduire le moment d'inertie à la six-centième partie de ce qu'il eût été dans le cas d'homogénéité.

Mais il y a plus : imaginons, comme l'hypothèse la plus simple, que la nébuleuse ait été composée de deux parties homogènes ellipsoïdales, concentriques et semblables; un noyau condensé de rayon équatorial b et de densité ρ, et une atmosphère de rayon extérieur a et de densité σ. Pour le calcul des moments d'inertie, on peut remplacer les couches ellipsoïdales par des couches sphériques de même masse et de même équateur, de sorte que ρ et σ représenteront non les densités réelles, mais celles qu'aurait la matière si elle était dilatée uniformément dans les sphères correspondantes. La masse du système étant connue, on a

$$M = \frac{4}{3}\pi[\rho b^3 + \sigma(a^3 - b^3)] = \frac{4}{3}\pi N.$$

Le moment total des quantités de mouvement $\mathfrak{M}$ est aussi connu :

$$\frac{\mathfrak{M}}{\omega} = I = \frac{8}{15}\pi[\rho b^5 + \sigma(a^5 - b^5)] = \frac{8}{15}\pi K.$$

On déduit de ces équations, en posant $\rho - \sigma = \rho'$,

$$(1) \qquad \left\{ \begin{aligned} \rho' b^3 + \sigma a^3 &= N, \\ \rho' b^5 + \sigma a^5 &= K. \end{aligned} \right.$$

Si l'on suppose a connu, il reste trois quantités b, ρ', σ à déterminer, et l'on n'a que deux équations. Nous profiterons de l'indétermination pour rendre σ maximum. Le maximum de σ correspond au minimum de $\rho' b^3$ qui représente, au facteur $\frac{4}{3}\pi$ près, la masse qui s'est condensée dans le noyau en plus de la masse de même densité que l'atmosphère. Or on tire des équations :

$$\rho' b^3 = \frac{Na^2 - K}{a^2 - b^2}.$$

Le minimum a lieu pour $b = 0$, le noyau est de dimension infiniment petite; mais la densité y est infiniment grande, et la masse condensée est

$$\frac{4}{3}\pi\rho' b^3 = \frac{4}{3}\pi N - \frac{4}{3}\pi\frac{K}{a^2} = M - \frac{4}{3}\pi\frac{K}{a^2}.$$

Le rapport de la masse atmosphérique à la masse totale serait donc

$$\frac{4}{3}\pi\frac{1}{a^2}\frac{K}{M}.$$

Or K peut être facilement calculé, à l'époque d'émission de l'anneau qui a formé Neptune, d'après la valeur numérique déjà trouvée pour $\mathfrak{M}$,

$$2\pi K = \frac{15}{4}\mathfrak{M}\frac{\pi}{\omega} = \frac{15}{4}\frac{2\pi}{\omega} \times 0,00001 = \frac{15}{4} \times 0,60181.$$

A l'origine, la masse de l'atmosphère de la nébuleuse aurait été au plus

$$\frac{4}{3}\pi\frac{K}{a^2} = 0,00166.$$

Ce résultat dépasse à peine la masse de toutes les planètes réunies, et c'est une limite supérieure. Il faudrait donc que toute l'atmosphère de la nébuleuse se fût successivement réduite en planètes, ce qui est bien difficile à admettre. Il y a là une difficulté très sérieuse contre la théorie de Laplace.

D'après tout ce qui précède, il nous semble que l'on doit admettre comme très probable la formation des planètes dans l'intérieur de la nébuleuse solaire, et ne plus considérer Mars comme nécessairement antérieur à la Terre.

CCXXXIV. — Abbé Moreux et Du Ligondès. — Les Canaux de Mars.

On a vu au premier volume (p. 581) les expériences essayées en 1890, sur mon invitation, par le géologue Daubrée, directeur de l'École des Mines, vice-président de la Société Astronomique de France, pour reproduire des cassures analogues aux canaux de Mars sur des globes de

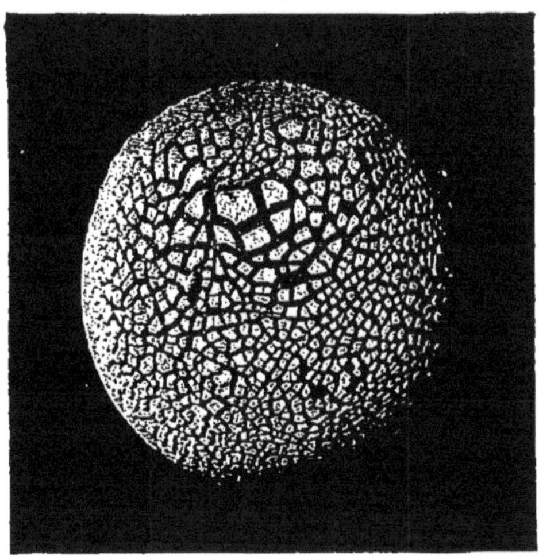

Fig. 238.

métal ou de caoutchouc dont on faisait varier le volume. Malgré toutes les précautions prises, malgré tous les essais, Daubrée ne put obtenir par contraction rien qui ressemblât aux canaux de Mars, en supposant que ces canaux eussent été à l'origine des cassures de la planète. Mais, en introduisant dans les ballons de l'eau sous une pression qui croissait graduellement, ces globes finirent par présenter des brisures rectilignes dont l'entrecroisement géométrique reproduisait assez bien l'apparence du réseau martien.

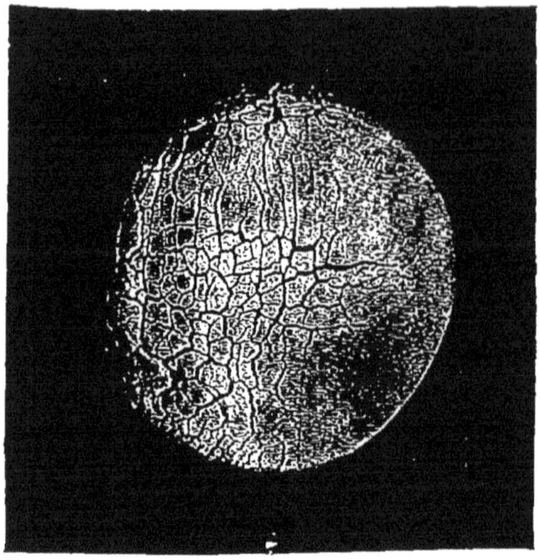

Fig. 239.

M. l'abbé Moreux a repris les expériences de Daubrée, en modifiant le mode opératoire et en faisant varier l'épaisseur de la couche enveloppe de

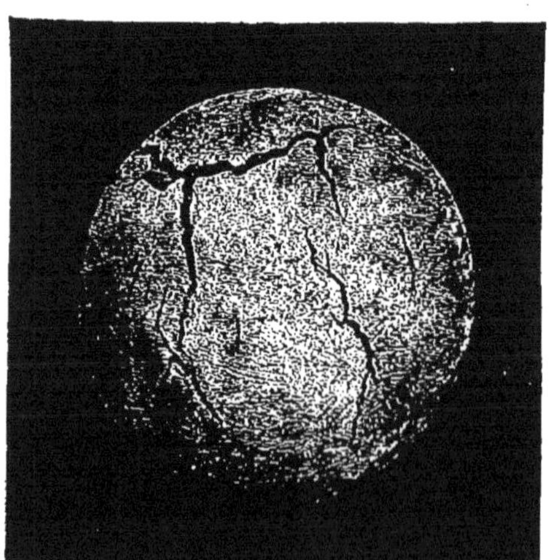

Fig. 240.

ses ballons. Ceux-ci, préalablement gonflés à l'air et enduits de plâtre humide, étaient ensuite suspendus sous la cloche d'une machine pneumatique. Dès que la pression commençait à diminuer, le volume des ballons augmentait graduellement, on voyait l'enveloppe se fendiller, et l'on arrêtait au moment voulu pour photographier.

Les *fig.* 238 et 239 représentent ces expériences.

M. Du Ligondès a essayé de compléter ces expériences en se plaçant dans des conditions qui se rapprochaient, autant que possible, de la réalité. A cet effet, il a recouvert d'une couche uniforme de terre à mouler, ayant 12 à 13 millimètres d'épaisseur, un globe de plâtre de 175 millimètres de diamètre environ. Il a ainsi obtenu une sphère ayant à peu près 20 centimètres de diamètre, composée d'un noyau incompressible et d'une enveloppe susceptible de se rétrécir par dessiccation. Au bout de vingt-quatre heures d'exposition dans un local chauffé, la dessiccation ayant paru complète, on a photographié le globe crevassé sur plus de la moitié de sa surface (*fig.* 240). Ici, l'enveloppe étant plus épaisse que celle des ballons, les fentes sont beaucoup plus larges et moins nombreuses.

On observe une analogie apparente entre ces cassures et celles qui sillonnent la planète Mars. « La différence essentielle proviendrait de ce que la surface des globes en expérience n'ayant subi aucun remaniement extérieur, les cassures sont restées intactes, tandis que les crevasses de Mars, dégradées par les agents d'érosion, auraient perdu leurs arêtes vives, une partie des matériaux se serait éboulée à l'intérieur, formant ainsi des vallées plus ou moins larges et peu profondes. »

CCXXXV. — Flammarion. — Variations certaines sur Mars (1).

L'existence de variations certaines arrivant actuellement à la surface de Mars est d'une grande importance pour notre connaissance de cette planète. A celles que j'ai déjà signalées, il me paraît utile d'ajouter un dessin résumant les observations faites sur le rivage de gauche de la mer du Sablier.

D'après les observations comparées, faites depuis 1877, notamment par MM. Schiaparelli à Milan, Green à Madère, Stanley Williams à Brighton, Lowell à Flagstaff, Brenner à Lussinpicolo, Walter Gale à Sydney, Molesworth à Ceylan, Phillips à Yesoil, Meares à Calcutta, Kempthorne à Berkshire, ainsi que par les nôtres à Juvisy, etc., ce rivage s'est déplacé d'année en année, comme on le voit sur le plan ci-dessous (*fig.* 241). De 1864 à 1877, cette « mer » était fort étroite et à sa gauche se détachait, assez loin, un lac, le lac Mœris, réuni à elle par une traînée sombre. Puis, ce rivage oriental alla en s'élargissant. En 1879 ...

(1) *Annuaire Astronomique* pour l'an 1898 (novembre 1897).

1882, il atteignait déjà la moitié de la distance primitive qui séparait la mer du lac. En 1884, en 1890, il touchait presque le lac. Enfin, à l'opposition de décembre 1896, le lac a été entièrement envahi ! Et même, en fait, ce n'est pas seulement la mer qui s'est déplacée, c'est aussi le lac qui a marché vers la droite : ils paraissent avoir fait chacun une partie du chemin ! Et ce n'est pas là un léger mouvement. Sur cette carte 1 millimètre représente 37 kilomètres. La variation

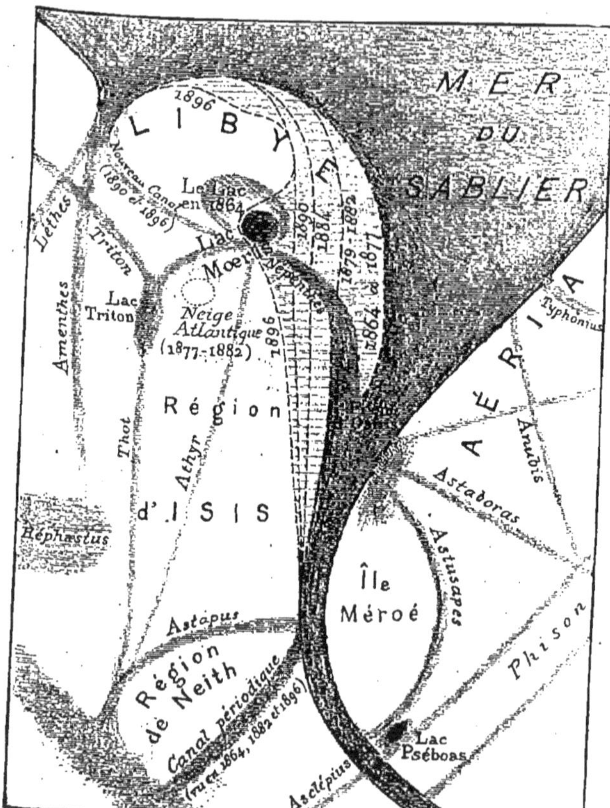

Fig. 241. — Carte montrant les variations observées dans la région de la mer du Sablier et du lac Mœris. (Echelle : 1 millimètre = 37 kilomètres.)

dont il s'agit s'étend donc sur 690 kilomètres de l'Est à l'Ouest et sur 2400 du Nord au Sud. C'est plus du double de l'étendue de la France. Que penser de pareilles transformations !

Inondations ? Végétation ? Mais n'oublions pas que la nature martienne diffère de la nature terrestre, malgré l'analogie des jours, des saisons et des climats. Et puis, nous ne voyons pas exactement ce qui s'y passe. — Voilà une planète qui nous donnera encore bien des soucis avant d'être entièrement connue.

Déjà, M. Schiaparelli a signalé à l'attention cette curieuse variation du rivage oriental de la mer du Sablier (*voy.* tome I, Observations de 1888, p. 439).

CCXXXVI. — Arrhénius. — Influence de l'acide carbonique sur la température des planètes (1).

Résumant une savante communication faite à l'Académie royale des Sciences de Suède, par le professeur Arrhénius, M. Holden expose ici l'influence de l'acide carbonique sur la température de l'atmosphère.

L'importance de la constitution de l'atmosphère sur le climat a été établie par Tyndall (2). Fourier, Pouillet, Arago, Langley ont montré que l'atmosphère terrestre agit à la façon d'une serre pour conserver à la surface de la Terre la chaleur venant du Soleil. Toutefois, dans un récent mémoire, Langley admet que, même dépourvue d'atmosphère sensible, la Lune peut avoir une température moyenne de 45°.

Dans l'atmosphère terrestre, c'est la vapeur d'eau et l'acide carbonique qui agissent avec le plus d'efficacité pour conserver la chaleur solaire.

La température s'accroît en progression arithmétique quand la quantité d'acide carbonique s'accroît en progression géométrique. C'est-à-dire qu'elle devient 2, 4, 6, 8 fois plus élevée si la quantité d'acide carbonique devient 4, 8, 16, 32 fois plus grande.

On n'a encore trouvé aucune explication certaine de l'époque glaciaire. La Terre s'est refroidie, puis s'est réchauffée. La température des zones polaires a été supérieure de 8° C. à 9° C. à la température actuelle. Ensuite la glace est revenue, et l'on constate même la succession de plusieurs périodes glaciaires. L'Irlande, l'Angleterre, la Hollande, le Danemark, la Suède, la Norvège, une partie de la Russie, de l'Allemagne et de l'Autriche ont été sous la neige. En même temps, les glaciers des Alpes descendaient sur toute la Suisse et sur une partie de la France et de l'Autriche. Il en était de même en d'autres contrées, notamment dans l'Amérique du Nord. La température moyenne devait être de 4° à 5° inférieure à la température actuelle. L'humanité existait déjà lors de la dernière époque glaciaire.

Le calcul montre que la température des régions s'élèverait de 8° à 9° si l'acide carbonique augmentait de 2 fois et demie ou 3 fois sa valeur actuelle. Pour amener la température de l'âge glaciaire entre le 40e et le 50e degré de latitude, il suffirait que la quantité d'acide carbonique répandue dans l'atmosphère descendît à 0,62, 0,59, 0,55 de sa valeur actuelle.

(1) *Astronomical Society of the Pacific*, 1897, p. 14.

(2) *Voir* plus haut, p. 158, 160, 266.

Comment cette variation dans la quantité d'acide carbonique aurait-elle pu se produire?

Le professeur Högbom l'a calculé. En admettant que la quantité moyenne d'acide carbonique répandue dans l'atmosphère représente, en volume, 0,03 pour 100, on trouve, en poids, 0,045 pour 100, ou 0,342 millimètre de pression, ou 0,466 gramme d'acide carbonique par centimètre carré de la surface de la Terre. Réduite en carbone, cette quantité donnerait une couche d'environ 1 millimètre d'épaisseur sur la surface du globe.

Les roches terrestres contiennent, à l'état de carbonates, au moins 25000 fois plus de carbone qu'il n'y en a dans l'air, car, si toutes ces roches étaient à la surface du sol, elles s'élèveraient à plusieurs centaines de mètres. Chaque molécule d'acide carbonique de cette masse de roches, aujourd'hui fixée minéralement, a existé autrefois dans l'atmosphère. Il y faudrait ajouter le carbone aujourd'hui fixé dans la houille.

La quantité d'acide carbonique atmosphérique a considérablement varié. Actuellement elle est produite par les exhalaisons volcaniques, — la combustion des météores, la décomposition des organismes, les végétaux, etc. La mer agit aussi, suivant les températures.

M. Arrhénius pense que les variations séculaires dans la quantité d'acide carbonique atmosphérique sont une meilleure explication des variations de la température terrestre que celle des variations possibles de la quantité de vapeur d'eau atmosphérique et que l'hypothèse de Croll, établie sur les variations séculaires de l'excentricité de l'orbite terrestre.

Il nous a paru important de résumer ici ce curieux Mémoire du savant suédois, à cause de l'application possible de ses conclusions à la température de Mars. Il suffirait d'admettre, en effet, que l'atmosphère martienne fût plus riche que la nôtre en acide carbonique [1] pour admettre, en même

[1] Nos lecteurs savent que l'acide carbonique (CO^2) (l'oxyde de carbone = CO) est un gaz incolore, transparent, élastique, d'une saveur aigrelette et d'une odeur légèrement piquante. Sa densité est de 1,529. L'eau en dissout environ son volume sous la pression ordinaire et davantage sous une pression plus forte (exemple : l'eau de Seltz).

Il se liquéfie sous la pression de 36 atmosphères, à la température de 0°. C'est un liquide incolore, très fluide, soluble dans l'alcool et dans l'éther, insoluble dans l'eau. Ce liquide, en passant à l'état gazeux, produit un froid considérable : 70° au-dessous de zéro.

Lorsqu'on dirige un jet d'acide carbonique liquide sur une capsule de verre ou dans une boîte métallique, une portion du liquide se condense sur les parois de la capsule ou de la boîte, et l'on obtient ainsi de l'acide carbonique solide sous la forme de flocons neigeux. La température de ce corps est d'environ 78° au-dessous de zéro; mais on peut l'abaisser davantage encore en le mélangeant avec de l'éther. L'intensité du froid produit par ce mélange est telle que des masses considérables de mercure peuvent temps, que ses climats fussent assez chauds — et même la présence de l'acide carbonique pourrait elle-même combattre l'hypothèse de la calotte polaire carbonique.

CCXXXVII. — Johnstone Stoney. — L'atmosphère de Mars [1]

M. Johnstone Stoney, membre de la Société royale de Londres, vice-président de la Société physique, s'est spécialement appliqué à l'étude mathématique des atmosphères planétaires par la théorie cinétique des gaz, étude commencée par lui dès l'année 1867 (Société royale de Londres), continuée en 1870 (Société royale de Dublin) et poursuivie depuis en maintes circonstances. Dans le Mémoire de 1897, il pose les loi fondamentales de la théorie cinétique des gaz et, en l'appliquant à la Lune et à Mars, notamment, conclut que notre satellite ne peut pas posséder d'atmosphère parce qu'il ne peut pas retenir de molécules animées d'une vitesse de 2380 mètres par seconde et que les molécules de l'air ont une vitesse supérieure à celle-là. Pour la planète Mars, dont il considère avec raison le cas comme présentant un intérêt exceptionnel « one of exceptional interest », il conclut que toute molécule animée d'une vitesse de 4803 mètres par seconde s'échapperait de son attraction; que, par conséquent, l'atmosphère de cette planète ne peut pas contenir de vapeur d'eau; que sans eau, il n'y a pas de végétation possible; que sans végétation, il n'y a pas d'oxygène libre; et que l'atmosphère martienne doit être composée d'azote, d'argon, et de dioxyde de carbone (acide carbonique).

L'acide carbonique pourrait se condenser à la surface du sol sous forme

être congelées en quelques secondes; c'est ainsi que l'on est parvenu à reproduire avec du mercure solidifié des pièces de monnaie, des médailles, des statuettes, etc.

A la pression de 760mm, l'acide carbonique, sous forme de flocons blancs, marque — 78°; c'est de l'acide carbonique à l'état liquide.

On peut obtenir de l'acide carbonique liquide à la pression de 493mm. et à la température de — 80°; sous la pression de 239mm à la température de — 85°

»	188	»	— 87
»	137	»	— 91
»	86	»	— 95
»	61	»	— 99
»	35	»	— 107
»	30	»	— 110

A la surface de Mars, la pression est extrêmement faible. Elle serait de 136mm si les masses étaient proportionnelles (*voir* p. 160).

(1) *Of atmospheres upon planets and Satellites* (*The scientific Transactions of the Royal Dublin Society*, novembre 1897).

de neige, de gelée blanche ou de glace, et, lorsqu'il s'évaporerait ensuite, s'écoulerait, à cause de sa densité, le long des vallées, occupant les plaines et poussant son chemin au-dessous de l'azote. Les brumes, les neiges, les gelées en seraient les manifestations, et son écoulement de part et d'autre des chaînes de montagnes expliquerait les aspects que l'on a pris pour des canaux. Ceux-ci seraient des chaînes dominant le brouillard d'acide carbonique.

Nous allons examiner en détail la savante théorie du physicien anglais.

CCXXXVIII. — La théorie cinétique de la conservation des atmosphères.

La théorie développée par M. Johnstone Stoney semble permettre, à première vue, de résoudre par le calcul toutes les questions relatives à la conservation et à la composition des atmosphères planétaires, si l'on connaît seulement l'intensité de la pesanteur à leur surface et les températures qu'elles ont traversées dans le cours du temps. Elle est basée en entier sur la théorie cinétique des gaz et sur la connaissance de la vitesse que devrait posséder un corps se mouvant librement dans l'espace, pour sortir de la sphère d'attraction de la planète et l'abandonner définitivement.

Or, la théorie cinétique des gaz nous donne, pour chacun d'eux, la vitesse moyenne de leurs molécules et la loi suivant laquelle les diverses vitesses se répartissent entre l'ensemble de leurs ultimes particules. Elle établit des relations entre la vitesse moyenne et la température, ou la masse moléculaire, la valeur du chemin parcouru en moyenne par une molécule entre deux chocs consécutifs ; bref elle nous fournit, en apparence, tous les éléments du problème que M. Johnstone Stoney s'est proposé de résoudre. Cette considération individuelle de la molécule transforme le problème de Laplace en un simple problème de mécanique particulaire, dont la solution apparaît, à première vue, comme facile à découvrir. Nous verrons cependant que ce problème cache encore des difficultés très grandes, et que la théorie cinétique, qui n'est pas démontrée, mais qui est acceptable par le grand nombre de faits qu'elle permet d'expliquer, devient douteuse précisément pour son application au problème qui nous intéresse ici. Nous allons en résumer les principes.

Théorie cinétique des gaz. — Cette théorie envisage les gaz comme constitués par des sphères élastiques se mouvant en tous sens avec une grande vitesse, s'entrechoquant et rebondissant les unes sur les autres, frappant les parois des vases qui limitent la masse gazeuse, et produisant ainsi, par ces chocs multiples et sans cesse répétés, la pression que les gaz exercent sur leur enveloppe, et dont on mesure la valeur globale. Les vitesses individuelles des molécules diffèrent de l'une à l'autre, et leur ensemble est régi par les lois de la probabilité dont la forme a été indiquée par Maxwell. Ces vitesses se groupent autour d'une valeur déterminée, qui est leur valeur la plus probable, valeur différente de la moyenne, par la raison que la plus petite vitesse ne peut pas être inférieure à zéro, tandis que la plus grande peut croître théoriquement au delà de toute limite.

L'énergie thermique d'un gaz étant considérée comme représentée par la somme des énergies cinétiques de ses molécules, c'est-à-dire par la somme des produits $\frac{mv^2}{2}$, la vitesse moyenne est proportionnelle à la racine carrée de la température ; et, l'énergie moyenne dans un mélange étant supposée également répartie entre les divers gaz qui le constituent, la vitesse moyenne des molécules est, pour chaque gaz, inversement proportionnelle à la racine carrée de la masse moléculaire.

La répartition des vitesses entre les diverses molécules d'un même gaz est donnée par la formule

$$y = \frac{4\,v^2}{\sqrt{\pi}\,\alpha^3}\, e^{-\frac{v^2}{\alpha^2}}.$$

Cette expression donne la probabilité de l'existence d'une vitesse comprise entre v et $v + dv$, en fonction de la vitesse la plus probable α, et de constantes numé-

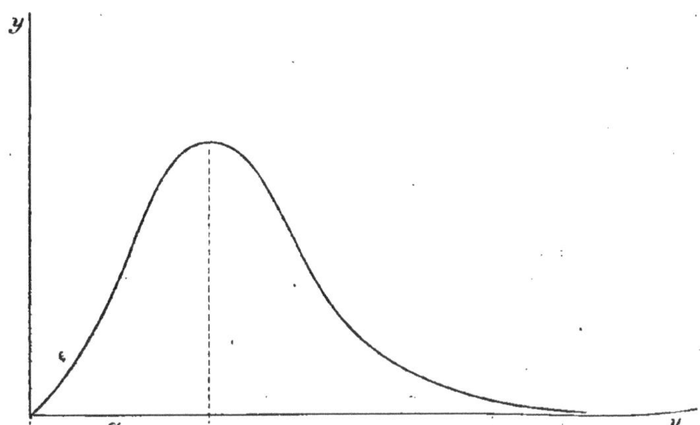

Fig. 242.

riques. En d'autres termes, considérons un nombre N très grand de molécules d'un même gaz constituant un mélange visiblement homogène ; il existera, à un moment donné, $N\,y\,dv$ ou $\frac{4\,N}{\sqrt{\pi}}\left(\frac{v}{\alpha}\right)^2 e^{-\left(\frac{v}{\alpha}\right)^2} \frac{dv}{\alpha}$ molécules possédant des vitesses comprises entre v et $v + dv$.

La représentation numérique de cette formule est donnée par une courbe de l'aspect représenté dans la figure 242. L'abscisse du maximum est α, son ordonnée $\frac{4\,N}{e\alpha\sqrt{\pi}}$. A partir du maximum, la probabilité tombe rapidement de chaque côté; elle est nulle à zéro, mais ne retrouve une seconde valeur nulle qu'à l'infini. En d'autres termes, toutes les vitesses sont théoriquement possibles, sinon probables. L'ordre de probabilité, pour diverses valeurs de v, est donné dans le Tableau suivant :

$\frac{v}{\alpha}$,	$\frac{\text{Probabilité de } v}{\text{Probabilité de } \alpha}$.
1......	$1 = 1$
2......	$0{,}2 = 0{,}2$
3......	$3.10^{-3} = 0{,}003$
4......	$5.10^{-6} = 0{,}000\,005$
5......	$1.10^{-9} = 0{,}000\,000\,001$
6......	$3.10^{-14} = 0{,}000\,000\,000\,000\,03$
7......	7.10^{-20} . . . .
8......	3.10^{-26} . . . .
9......	1.10^{-33} . . . .
10......	1.10^{-41} . . . .

On voit que cette probabilité diminue avec une extrême rapidité lorsque la vitesse devient très grande. Ainsi, on ne rencontrerait pas toujours une molécule sur un milliard possédant une vitesse quintuple de la moyenne; il faudra réunir 10^{41} molécules pour en rencontrer une possédant une vitesse égale à $10\,\frac{v}{\alpha}$.

Le chemin moyen des molécules est régi aussi par les lois des probabilités; la probabilité pour qu'une molécule décrive un libre parcours au moins égal à x est $e^{-\frac{x}{l}}$, l étant le chemin moyen décrit par un grand nombre de molécules du même gaz à la même pression. Sur 100 molécules, 37 décriront au moins le chemin moyen; 2 feront le quadruple; mais il faudra considérer un milliard de molécules pour en trouver deux qui fassent d'une seule traite vingt fois le chemin moyen.

Les valeurs absolues des vitesses et des parcours libres ont pu être déterminées. Trois vitesses caractéristiques peuvent être envisagées pour un gaz donné à une température déterminée : la première est la vitesse la plus probable α, correspondant au maximum de la courbe de répartition des vitesses; la seconde est la vitesse moyenne, ou moyenne des vitesses de toutes les molécules considérées; la troisième, enfin, est la vitesse correspondant à l'énergie moyenne, désignée aussi sous le nom de *vitesse du carré moyen*. Pour l'oxygène à 0°, ces trois vitesses sont respectivement 377, 425 et 461 mètres par seconde. Le parcours moyen, inversement proportionnel, pour un même gaz à une température donnée, à la pression à laquelle ce gaz est soumis, est de l'ordre de 0μ,1 pour l'oxygène à 0° et sous la pression atmosphérique normale.

Le nombre des chocs qu'une molécule subit par seconde est, dans les mêmes conditions, de l'ordre de quelques milliards.

Ces nombres doivent être rapprochés de celui qui exprime les grandeurs moléculaires ou plutôt les distances des molécules, d'où se déduit immédiatement le nombre des molécules contenues dans l'unité de volume d'un gaz. A 0°, et sous la pression atmosphérique normale, ce nombre est de l'ordre de 10^{23} pour tous les gaz.

Pour l'hydrogène et l'hélium, dont la molécule est respectivement 16 et 8 fois moins lourde que celle de l'oxygène, les vitesses sont plus grandes dans la proportion des racines carrées de ces nombres. Aux températures élevées, les vitesses augmentent aussi, de telle sorte que l'on peut établir le Tableau suivant pour les vitesses du carré moyen en mètres par seconde :

GAZ.	TEMPÉRATURES. 0°	500°	1000°	2000°	3000°	4000°
1. Hydrogène......	1844	3103	3982	3321	6387	7295
2. Hélium..........	1305	2196	2818	3766	4520	5163
16. Oxygène........	461	776	995	1330	1597	1824
22. Acide carbonique	393	661	849	1134	1361	1545

Critique de la théorie cinétique appliquée aux cas présentant une probabilité très faible. — Dans l'établissement des formules régissant la probabilité d'une vitesse ou d'un chemin moyen, on est parti de la considération d'un nombre très grand de molécules réunies dans un espace clos et susceptibles de venir, à un moment donné, au contact l'une de l'autre. On a trouvé ainsi la forme mathématique d'une loi indiquant le nombre relatif de molécules dont la vitesse est comprise entre deux limites données, ou dont le parcours libre excède une vitesse donnée. Mais, de même que toutes les formules de la théorie des probabilités, ces formules ne peuvent être considérées comme rigoureuses ou tout ou moins suffisamment approchées que lorsqu'elles s'appliquent, d'une part, à un nombre immense de cas et lorsque, d'autre part, les probabilités partielles qu'elles révèlent ne tombent pas au-dessous d'une certaine limite. La théorie suppose que chaque molécule peut arriver, à un moment donné, à agir sur chacune de celles qui sont enfermées avec elle dans la même enceinte ; elle suppose donc, entre les diverses molécules considérées, une certaine dépendance telle que chacune d'entre elles soit susceptible de commander à un moment donné la vitesse ou le libre parcours de chacune des autres.

Or, si nous considérons des vitesses très grandes ou des parcours libres très étendus, nous arrivons à des chiffres de probabilité si faibles qu'ils correspondraient, par exemple, à une molécule dans plusieurs kilomètres cubes de gaz à la pression atmosphérique. Une telle probabilité est sans aucune signification physique. Une molécule qui, par accident, possède une vitesse extrême, ne peut pas être considérée comme agissant réellement sur l'équilibre d'une masse gazeuse éloignée, et dont toutes les particules resteront toujours soustraites à son influence directe ou indirecte.

S'il est vrai que cette vitesse est encore contenue dans la formule, bien qu'avec une probabilité infime, on peut légitimement se demander si elle se trouvait déjà dans les idées sur lesquelles la formule a été établie. La réponse correcte à cette question semble être négative. En effet, la formule a été établie pour représenter le mieux possible la répartition des vitesses ou des libres parcours au voisinage des valeurs les plus probables de ces éléments, et elles s'appliquent avec une parfaite rigueur aux états qui ne s'en éloignent pas beaucoup. Mais les cas extrêmes peuvent fort bien n'exister que dans la formule elle-même qui, par sa forme, n'admet que deux impossibilités, zéro et l'infini.

Un exemple familier aux astronomes fera mieux connaître le sens de cette restriction : Supposons qu'un bon observateur pointe, au micromètre, un objet situé dans le champ d'une lunette ou d'un microscope. Ses pointés successifs s'écarteront les uns des autres, tout en se groupant autour d'un pointé moyen qui sera considéré comme donnant la valeur la plus probable de la position du point observé. Considérant l'ensemble des observations, on pourra déterminer les constantes de la formule de Laplace appliquée à ce cas particulier, et l'on en déduira la valeur numérique de la probabilité que présente une observation donnée. Or la formule de Laplace, dont la forme est très semblable à celle de Maxwell, conduit à admettre la possibilité, très improbable il est vrai, d'observations quelconques faites, par exemple, en dehors de l'intervalle des fils du micromètre, ou même en dehors du champ de la lunette ou du microscope.

Malgré la formule, l'observateur est bien persuadé que ces pointés ne sont pas seulement très peu probables, mais *rigoureusement impossibles*; qu'après des millions ou des milliards de mesures, il n'aura jamais dépassé certaines limites, pour lesquelles la formule donne une probabilité faible, mais non pas nulle.

Dans le cas des molécules gazeuses, nous serons naturellement conduits à admettre que, si des vitesses extrêmes sont parfois atteintes, elles le sont indépendamment des conditions indiquées par la formule, et nous nous garderons d'appliquer cette dernière aux probabilités trop faibles. Pour celles-ci, ou bien nous considérerons les vitesses correspondantes comme n'existant pas, et nous n'en tiendrons pas compte pour le calcul de la possibilité de conservation ou de dissémination des atmosphères, ou bien nous trouverons à ces vitesses des causes indépendantes de la simple probabilité indiquée par la théorie cinétique.

Les actions électriques, les effets de la lumière ultraviolette et diverses causes extérieures à la planète considérée peuvent communiquer momentanément à un groupe de molécules des vitesses très grandes.

Nous connaissons des vitesses de particules matérielles très supérieures à celles qu'il serait nécessaire de considérer pour expliquer l'éloignement indéfini d'un corps céleste. Les particules échappées des substances radioactives, les rayons cathodiques, qui jouent certainement un rôle important dans les aurores polaires, font intervenir des vitesses qui se chiffrent par mille et centaines de mille kilomètres par seconde ; mais ces phénomènes sont complètement indépendants de ceux que considère la théorie cinétique et doivent être traités à part.

Cela dit, reprenons l'étude des Mémoires de M. Johnstone Stoney.

Malgré les restrictions que nous avons été conduit à faire pour les cas extrêmes, il paraît certain que la théorie cinétique reste applicable à la conservation des atmosphères si l'on reste dans les conditions auxquelles répondent les hypothèses sur lesquelles repose cette théorie, c'est-à-dire si l'on considère des vitesses dont la probabilité donnée par les formules ne descend pas au-dessous d'une certaine valeur, que l'on peut admettre petite sans cependant aller jusqu'à des nombres qui ne semblent plus avoir de sens, appliqués à des phénomènes naturels. Cette restriction laisse encore une large place à l'appréciation personnelle, c'est-à-dire à l'arbitraire. Espérons que nos idées là-dessus pourront un jour se mieux préciser. Pour le moment, nous pourrons admettre, par exemple, que la théorie cinétique ne s'applique plus à des probabilités inférieures au milliardième, ce qui exclurait la considération de vitesses supérieures au quintuple de la vitesse la plus probable. Si de telles vitesses existent réellement pour un nombre appréciable de molécules, nous considérerons qu'elles sont dues à des causes étrangères au mouvement thermique, et nous les écarterons de ces considérations.

L'état actuel des atmosphères planétaires dépend non seulement des conditions qui règnent aujourd'hui à leur surface, mais plus encore des conditions passées. L'application de la théorie cinétique devra donc tenir compte des températures antérieures de la surface des planètes et de la durée du refroidissement ; il ne faut pas oublier, en effet, que ces considérations se fondent sur des probabilités, c'est-à-dire sur des phénomènes qui, dans le nombre immense de ceux qui se produisent, sont souvent en infime minorité. Pour que la succession de ces phénomènes rares puisse engendrer des effets appréciables, il faut les faire agir pendant de longues périodes où ils s'accumulent ; et, comme la probabilité absolue d'une vitesse donnée diminue en même temps que le nombre total des molécules présentes, l'évasion graduelle des molécules doit se ralentir d'autant plus que le départ des plus rapides abaisse constamment la proportion des molécules animées de grandes vitesses.

Soit B une planète ou un satellite, l'accélération de la pesanteur à sa surface, due à l'attraction, sera, écrit M. Johnstone Stoney (1),

$$a = \frac{M}{R^2}.$$

M étant la masse de la planète ou du satellite et R son rayon.

Le potentiel de la gravitation à cette même surface sera

$$K = \frac{M}{R}.$$

Ce potentiel, K, exprime l'énergie cinétique accumulée par unité de masse par un petit corps tombant de l'infini à la surface du globe considéré. De là

$$K = \frac{v^2}{2},$$

v étant la vitesse acquise par un petit corps tombant de l'infini. Si un projectile est lancé avec cette vitesse, il partira dans l'infini, s'éloignera pour ne jamais revenir.

Appliquons ces considérations à la Terre.

Le rayon équatorial de la Terre...	$R = 6378$ kilomètres.
La hauteur de l'atmosphère........	$h = 200$ »
La pesanteur à l'équateur, à la limite de l'atmosphère............	$g = 9^m,781$
La vitesse à l'équateur due à la rotation de la Terre................	$u = 464^m$ par seconde.

La vitesse dont il faudrait animer un corps pour le lancer hors de la Terre est 11015 mètres par seconde.

La rotation du globe meut un point E (sur l'équateur, à la limite de l'atmo-

(1) *The Astrophysical Journal*, janvier 1898, p. 25-55.

sphère) au taux de 478 mètres par seconde. De là une vitesse de 11015 — 478,

= 10537 mètres.

Cette vitesse suffira si la molécule est lancée dans la direction dans laquelle elle était entraînée par la rotation. Et, finalement, « si un fort vent d'ouest souffle là, ajoute-t-il, cette vitesse critique pourra être réduite à 10500 mètres ».

Telle est, d'après M. Johnstone Stoney, la vitesse minimum dont une molécule doit être animée, à la limite de l'atmosphère, pour s'échapper de l'espace.

Cette théorie conduit l'auteur aux résultats suivants pour les différents corps du système solaire.

I.

SUR LA LUNE.

Le rayon $r = 1738$ kilomètres.

Le rapport de sa masse à celle de la Terre $\frac{m}{M} = 0{,}01235$.

Sa période de rotation P = 2360591 secondes.

En calculant v^1, la vitesse minimum nécessaire pour envoyer un projectile hors de l'attraction de la Lune, on trouve 2380 mètres par seconde, tandis que sur la Terre ce chiffre est de 11015 mètres, lequel même, par le mouvement de rotation et les tempêtes, peut descendre à 10500 mètres. Par conséquent, ajoute l'auteur, des gaz plus denses peuvent s'échapper du globe lunaire avec la même facilité que l'hélium de la Terre si ρ^1, leur masse moléculaire, est plus grande que celle de l'hélium, dans le rapport du carré de 10,5 au carré de 2,38, c'est-à-dire si les molécules sont 19,5 fois plus lourdes que celles de l'hélium, ou, ce qui est la même chose, 39 fois plus lourdes que celles de l'hydrogène. Donc l'hydrogène, l'oxygène, l'azote et la vapeur d'eau doivent s'échapper, et il en est de même de l'acide carbonique, de l'argon, etc., puisque tous ces gaz sont moins de 39 fois plus lourds que l'hydrogène. Et c'est d'autant plus sûr, que la température du sol lunaire est certainement inférieure à 66° au-dessous de zéro. Les expériences de lord Rosse faisaient même descendre le minimum jusqu'à —280°.

Il en résulterait que les gaz et vapeurs qui ont pu se produire sur la Lune aux temps primitifs, lorsqu'elle était voisine de la Terre, doivent avoir été pour la plus grande partie transportés sur la Terre, si celle-ci était déjà assez froide pour les retenir. Les molécules échappées de la Lune depuis que sa distance est plus considérable sont en général devenues indépendantes et circulent en anneau autour du Soleil, anneau dont l'orbite terrestre est la ligne centrale. Il y a là aussi les molécules d'hydrogène et d'hélium échappées du globe terrestre. Plusieurs de celles-ci peuvent même s'être affranchies du système solaire.

II.

SUR MERCURE.

$$r = 2406 \text{ kilomètres},$$

$$\frac{m}{M} = 0,065.$$

Rotation inconnue.

Si la rotation est égale à l'année, soit de 88 jours, $u = 2$ mètres; si elle est de 24 heures, $u = 175$ mètres.

La vitesse minimum d'échappement des gaz v, serait sur Mercure de 4643 mètres par seconde, si la planète était immobile; elle est de 4641 mètres si la période de rotation est de 88 jours; elle est de 4468 mètres si la rotation s'effectue en 24 heures.

Il en résulte que ρ (la densité du gaz qui s'échappera de la planète comme l'hélium de la Terre) = 10,25 dans l'hypothèse de 88 jours et 11 dans l'hypothèse de 24 heures, en admettant toujours — 66° pour la température.

Si la température est plus élevée, ce qui est probable, les valeurs précédentes de ρ doivent être augmentées dans le rapport $\frac{T}{207}$.

La conclusion est que « l'eau, dont la densité est 9, ne peut certainement pas exister sur Mercure. Ses molécules s'envoleraient immédiatement ».

Il est même probable que « l'azote et l'oxygène, avec leurs densités de 15 et 16, disparaîtraient graduellement ».

Quelle que soit donc l'atmosphère que Mercure ait pu retenir, « elle n'a dû garder aucun des éléments de l'atmosphère terrestre, excepté peut-être l'argon et l'acide carbonique ».

III.

SUR VÉNUS.

Cette planète est si semblable à la nôtre, comme masse et comme volume, et aussi comme atmosphère apparente, qu'elle n'en diffère pas non plus au point de vue du sujet qui nous occupe. Probablement plus jeune que la Terre, elle possède encore, sans doute, la chaleur des temps primitifs, et la vapeur d'eau doit y dominer.

IV.

SUR MARS.

L'application de ces théories à la planète Mars est d'un intérêt exceptionnel. Nous avons pour cette planète :

$$r = 3372 \text{ kilomètres},$$
$$\frac{m}{u} = 0{,}1074,$$

u (vitesse à l'équateur due à la rotation) $= 239^{\text{m}}$ par seconde. D'où l'on tire

$$v = 5042^{\text{m}}$$

pour la vitesse minimum suffisante pour envoyer un projectile hors de l'attraction de Mars, en cas d'immobilité de la planète, et

$$v' = v - u = 4803^{\text{m}},$$

pour la vitesse relative suffisante dans le cas de la rotation, certaine d'ailleurs, de 88643 secondes.

Il en résulte que

$$\rho = 9{,}57$$

pour la densité du gaz qui s'échapperait de Mars, à la température de $-66°$ avec la même facilité que l'hélium le fait pour la Terre.

Comme

$$\frac{9{,}57}{9} = \frac{207}{194{,}7},$$

il s'ensuit que la vapeur d'eau doit s'échapper de Mars à la température absolue de 194°,7, c'est-à-dire à $-78°{,}3$ centigrades, aussi librement que l'hélium s'échappe de la Terre à la température de $-66°$.

L'eau, dans laquelle $\rho = 9$, ne peut pas, d'après M. Johnstone Stoney, exister à la surface de Mars.

Les gaz dont les densités sont de 14 ou 16 restent peut-être adhérents. Les neiges polaires de la planète conduisent à penser que l'acide carbonique, pour lequel $\rho = 22$, existe là en grande quantité.

L'atmosphère de Mars serait principalement composée d'azote, d'acide carbonique et d'argon. Sans eau, il ne peut exister de végétation, au moins telle que celle de la Terre, et, dans l'absence de végétation, il n'est pas probable qu'il reste de l'oxygène libre.

L'acide carbonique, le gaz le plus condensable d'une telle atmosphère, se comporterait d'une manière bien différente de celle dont l'eau se comporte sur notre planète. L'eau, à l'état de vapeur, est plus légère que les autres constituants de notre atmosphère et tend à s'élever; sa condensation en nuages, soit sous forme de gouttelettes d'eau, soit sous forme d'aiguilles de glace, se produit à des altitudes plus ou moins grandes. C'est ce que ne pourrait faire l'acide carbonique. Au contraire, sa densité le conduirait à se répandre au fond d'une atmosphère d'azote. Il formerait sur le sol de la neige ou de la glace, car il ne produirait probablement pas de pluie et dans son évaporation subséquente glisserait le long du sol, descendant à travers les vallées, occupant les plaines, au-dessous de l'azote, avec lequel il se mélangerait peu. Les brumes, les neiges, les gelées blanches et les évaporations consécutives rendraient bien compte des divers aspects présentés au télescope par cette planète, encore si imparfaitement vue d'ailleurs. A ses plus grands rapprochements, assez rares, elle reste encore 140 fois plus loin de nous que la Lune. Des brouillards le long des plaines basses, correspondant aux lits de nos océans, et des chaînes de montagnes ressortant au-dessus de ces couches, une bordure de brumes le long des flancs de ces chaînes, correspondraient assez bien à ce qu'on entrevoit. De grands déplacements de vapeurs, résultant de la distillation vers chaque pôle alternativement, s'accorderaient aussi avec le reste des observations.

Cet exposé, que j'ai traduit aussi fidèlement que possible, est tout à fait digne de notre attention, car cette hypothèse expliquerait, en effet, un certain nombre des aspects martiens. Mais n'oublions pas qu'il y a à la base de ce raisonnement une pétition de principe. L'auteur pose ces prémisses : « Puisque l'hydrogène s'échappe de la Terre, ses molécules doivent en nombre suffisant atteindre la vitesse de 10500 mètres, qui est 6,55 fois plus grande que la vitesse du carré moyen (1603) de ce gaz à la température de 66° au-dessous de zéro; et puisque l'hélium s'échappe aussi, ses molécules doivent atteindre cette même vitesse qui est 9,27 fois supérieure à celle du carré moyen dans l'hélium ».

Nous ne contestons pas la valeur de la formule. C'est encore là une autre question. Mais même en l'admettant, la *théorie* cinétique des gaz a-t-elle cessé d'être une hypothèse! Qui est-ce qui prouve que l'hydrogène et l'hélium sont animés de ces vitesses? Qui est-ce qui prouve que ce sont ces vitesses qui sont causes de leur absence dans l'atmosphère terrestre? Et dans l'application de cette théorie à la planète Mars, qui est-ce qui prouve que sur cette planète les molécules de la vapeur d'eau atteignent la vitesse de 4803 mètres?

Mais continuons.

V.

SUR JUPITER.

Nous avons pour cette planète :

$$\text{Rayon équatorial, } r = \frac{97''36}{8''848} 6378 = 70170 \text{ kilomètres,}$$

$$\text{Rotation, P} = 35728 \text{ secondes,}$$

$$\frac{\text{masse } ♃}{\text{masse } ♀} = 311,9.$$

D'après ces données, la vitesse à l'équateur (u) due au mouvement de rotation = 12337 kilomètres par seconde.

La vitesse minimum (v) dont un projectile devrait être animé pour s'échapper de la planète, si celle-ci était en repos, est de 59570 kilomètres par seconde.

La même vitesse, en tenant compte de la rotation ($v' = v - u$), est de 47233 kilomètres par seconde.

La densité du gaz (ρ_1) qui s'échapperait de Jupiter à la température de $-66°$ C. avec la même facilité que l'hélium s'échappe de la Terre = 0,099 de la densité de l'hydrogène.

La densité d'un gaz (ρ_2) qui resterait attaché à Jupiter comme l'eau à Vénus serait = 0,373 de la densité de l'hydrogène.

L'auteur en conclut que des gaz d'une densité inférieure à $\frac{1}{10}$ de celle de l'hydrogène s'échapperaient de Jupiter, et que cette planète peut conserver des gaz dont la densité serait supérieure au tiers de celle de l'hydrogène. Elle peut donc conserver tous les gaz connus des chimistes, notamment tous ceux qui existent dans l'atmosphère terrestre, et de plus l'hélium et l'hydrogène, et tous les éléments entre l'hydrogène et le lithium, que la Terre peut avoir perdus. L'oxygène doit avoir été entièrement employé à la production de l'eau.

M. Johnstone Stoney n'a pas tenu compte de la haute température probable actuelle de la planète.

VI.

SUR SATURNE, URANUS ET NEPTUNE.

r = 61 060 kilomètres pour Saturne.
24 700 » » Uranus.
26 340 » » Neptune.

Les masses = 93.328 pour Saturne.
14.760 pour Uranus.
16.863 pour Neptune.

Pour les rotations admettons

36864	secondes	pour	Saturne,
36 000	»	»	Uranus,
36 000	»	»	Neptune.

On trouve alors pour les notations qui précèdent :

Vitesse de l'équateur

$(u) =$ 10,412	kilomètres	pour	Saturne,
4,311	»	»	Uranus,
4,598	»	»	Neptune.

Et

$(v) =$ 34,92	kilomètres	pour	Saturne	en repos.
21,61	»	»	Uranus	
22,60	»	»	Neptune	

Et

$v'(= v - u) =$ 24,508	kilomètres	pour	Saturne	en mouvement.
17,299	»	»	Uranus	
18,002	»	»	Neptune	

En divisant ces derniers nombres par 9,27, on trouve la vitesse du carré moyen des gaz qui peuvent s'échapper aussi librement que l'hélium de la Terre, et, par la formule de Clausius, la densité (ρ_1) :

= 0,37	de la densité	de l'hydrogène	pour	Saturne,
= 0,74	»	»	»	Uranus,
= 0,68	»	»	»	Neptune.

Et pour ρ_2 :

= 1,39	fois	la densité	de l'hydrogène	pour	Saturne,
= 2,78	»	»	»	»	Uranus,
= 2,57	»	»	»	»	Neptune.

VII.

SATELLITES ET PETITES PLANÈTES.

Ces corps sont si petits, que si leur densité atteignait même celle du platine, dit l'auteur, ils ne pourraient retenir aucune atmosphère.

VIII.

QUE DEVIENNENT LES MOLÉCULES ÉCHAPPÉES DES PLANÈTES?

La vitesse de la Terre sur son orbite est d'environ 30 kilomètres par seconde. Le potentiel du Soleil à la distance de la Terre est représenté par le carré de ce nombre si l'on exprime la masse du Soleil en unités de gravitation.

$$K = \frac{m}{r} = 900,$$

m étant la masse du Soleil et r le rayon de l'orbite terrestre.

Nous avons déjà trouvé, pour le potentiel de la Terre à la limite de l'atmosphère,

$$K = \frac{M}{R+h} = \frac{v'^2}{2} = \frac{121}{2} = 60,5.$$

Par conséquent, le potentiel du Soleil et de la Terre est égal à 960,5.

Ce nombre est égal à $\frac{v^2}{2}$, v étant la vitesse minimum qui enverrait un projectile dans l'infini si le Soleil et la Terre étaient immobiles. Donc

$$v = \sqrt{(2 \times 960,5)} = 43,83 \text{ kilomètres par seconde.}$$

Si le projectile est envoyé dans la direction vers laquelle la Terre voyage, il est déjà animé d'une vitesse de 30 kilomètres par seconde (celle de notre planète), de sorte qu'il lui suffira d'une vitesse de 13 k. 83 dans cette direction pour s'échapper.

Comme une vitesse de 11 kilomètres suffit pour envoyer une molécule hors de notre atmosphère, il ne peut arriver que rarement qu'une molécule la quitte avec une vitesse supérieure à 13 k. 83, et par conséquent toutes les molécules qui ont quitté la Terre sont restées dans le système solaire et circulent comme des planètes indépendantes autour du Soleil. La même conclusion s'applique au cas des autres planètes.

Telle est la théorie de M. Johnstone Stoney. C'est, en quelque sorte, une théorie mathématique de la composition chimique des atmosphères planétaires. Il était impossible de ne pas l'étudier ici avec toute l'attention qu'elle mérite; mais elle est loin d'être indiscutable et nous ne pensons pas que l'on puisse l'accepter comme démontrée.

L'auteur a cherché à déterminer, par l'observation directe, le multiple de la vitesse du carré moyen assez fréquent pour qu'il intervienne de manière appréciable dans la dissipation des atmosphères. Il constate que la Lune n'a pas d'atmosphère, alors qu'une vitesse de 2380 mètres par seconde est nécessaire pour qu'un projectile s'en échappe.

L'hélium est rare sur la Terre, bien que des sources radioactives en déversent des quantités appréciables provenant de la décomposition de l'émanation du radium. L'hydrogène s'y trouve aussi en quantité extrêmement minime. Mais la présence simultanée dans l'atmosphère terrestre de grandes quantités d'hydrogène libre et d'oxygène est difficilement admissible, en raison de leur tendance extrême à se combiner. Quant à l'hélium, si faible qu'en soit la proportion dans l'air, l'atmosphère entière en contient environ dix milliards de tonnes, quantité que les sources radioactives emploieraient probablement, au taux actuel, des milliards d'années à produire.

Si la proportion d'hélium à la surface de la Terre a été un jour plus forte, ce que rien ne prouve, il se peut que la majeure partie du gaz se soit échappée à une époque où la température de la Terre était très supérieure à sa valeur actuelle. A 1000° par exemple, une vitesse égale à 4 fois celle du carré moyen serait suffisante pour permettre à une molécule située à la limite de l'atmosphère de s'échapper.

La faible proportion de l'hélium dans l'atmosphère ne prouve donc en aucune façon qu'il s'en échappe à l'époque actuelle, et n'autorise nullement à admettre qu'une vitesse égale à 9,27 fois celle du carré moyen doive être considérée comme fréquemment réalisée.

Quant à notre planète Mars et à la vapeur d'eau, à la température de 66° supposée par M. Johnstone Stoney, la pression de l'eau gazeuse qui enveloppe les cristaux est d'environ $0^{mm},02$ de mercure. La masse relative est donc, sous la pression atmosphérique normale, égale à $\frac{1}{10000}$ environ de la masse de l'air dans lequel elle se trouve répandue.

Mais, à mesure qu'on s'éloigne des cristaux de glace, sa densité relative diminue, parce que la saturation n'existe nécessairement qu'au voisinage immédiat de ces derniers. En fait, des observations recueillies dans la haute atmosphère ont souvent révélé une assez grande sécheresse relative, qui s'explique par la précipitation de l'eau solide ou liquide dès que la saturation est dépassée.

Pour pouvoir quitter l'atmosphère martienne, la vapeur d'eau, entourant les cristaux de glace en suspension dans un air encore suffisamment dense, et dont elle ne constitue guère plus de $\frac{1}{10000}$ de la masse, aurait donc à s'élever sans pouvoir jamais dépasser beaucoup cette proportion, puisqu'à partir du moment ou l'on s'est éloigné des derniers cristaux de glace, les lois régissant les mélanges gazeux subsistent seules.

Les molécules d'eau sont donc extrêmement disséminées dans les couches supérieures de l'atmosphère, et leur vitesse moyenne étant à celle des molécules d'azote dans la proportion de 1,25 à 1, on n'en trouvera guère plus que de molécules d'azote qui soient dans des conditions leur permettant de s'échapper. Remarquons enfin que, si la répartition des corps à la surface de Mars est sensiblement la même que sur la Terre, l'eau s'y est trouvée à l'origine en quantité très supérieure à celle de l'azote.

Il serait admissible qu'elle se fût échappée en notable proportion à une température élevée, où la pression de sa vapeur était considérable. Mais, dans les conditions actuelles de la température, sa conservation indéfinie est à peu près certaine.

Cette théorie a d'ailleurs été déjà l'objet de plusieurs discussions importantes. A l'université de Vebraska, aux États-Unis, M. S. R. Cook en a fait l'objet d'une analyse critique [1] que nous allons parcourir.

L'auteur reproche à M. Stoney d'avoir oublié de déterminer par la théorie cinétique le nombre relatif de molécules qui auraient une vitesse suffisante pour s'échapper de la Terre ou des autres planètes, en ayant à vaincre l'influence d'un milieu résistant. Tout milieu résistant oppose une influence retardataire.

Les calculs de M. Cook le conduisent à des résultats tout différents des précédents. Nous ne reproduisons pas ici ces formules un peu compliquées, mais voici les nombres obtenus :

			Hydrogène		Air		Acide carbonique	
	V.	v.	t.	r.	t.	r.	t.	r.
	km	km						
Sur la Lune	2,380	0,476	— 256°	1,24	— 10°	4,7	274°	6,6
» Mercure....	4,468	0,891	— 209	2,4	894	9,2	1371	12,4
» Vénus	9,456	1,909	+ 20,5	5,18	5031	19,3	7403	26,5
» Mars.......	4,803	0,960	— 195	2,66	1139	9,9	1807	13,3
» la Terre....	10,5	2,100	+ 291	5,7	9937	21,7	14447	29,2

V est la vitesse critique en kilomètres par seconde; v est la vitesse moyenne de la molécule $\left(=\frac{V}{5}\right)$; t est la température de la couche extérieure de l'atmosphère en degrés centigrades, et r le rapport de la vitesse critique à la vitesse moyenne.

Ce tableau montre que sur la Lune une atmosphère d'hydrogène s'échapperait avec sa couche extérieure à la température de — 256°, une atmosphère d'air à la température de — 10°, et une d'acide carbonique à la température de + 274°.

[1] On the escape of gases from planetary atmospheres according to the kinetic theory (*The Astrophysical Journal*, January 1900).

Pour Mercure, la couche extérieure serait à — 209° pour l'hydrogène, à + 894° pour l'air et à + 1371° pour l'acide carbonique. Les mêmes limites seraient + 20°,5, + 5051° et + 7403° pour Vénus; et pour la Terre elles seraient + 291°, + 9937, + 14447°. Pour la planète Mars, ces mêmes limites seraient — 195° pour l'hydrogène, + 1139° pour l'air et + 1807° pour l'acide carbonique.

Des conclusions précises ne pourraient être déduites pour la composition réelle des atmosphères planétaires que si nous connaissions la température des planètes et le gradient de leurs atmosphères. « Il semble néanmoins, écrit l'auteur, qu'une atmosphère analogue à celle de la Terre ne pourrait pas subsister à la surface de la Lune, mais le pourrait à la surface des planètes. La Terre et les grosses planètes pourraient non seulement conserver des atmosphères d'azote et d'oxygène, mais même d'hydrogène et d'hélium. »

Ces résultats sont bien différents de ceux des calculs de M. Johnstone Stoney (¹).

Aussi, comme on pouvait s'y attendre, celui-ci a répondu (²).

« M. Cook, écrit-il, me reproche de n'avoir pas établi mon argument sur la détermination par la théorie cinétique du nombre relatif des molécules qui auraient une vitesse suffisante pour les faire s'échapper des atmosphères planétaires. C'est vrai. La raison en est que nulle détermination de ce genre n'existe, excepté celle que j'ai produite, dans laquelle les données étrangères à la théorie cinétique sont employées pour compléter les enseignements de cette théorie. Ces données auxiliaires sont : 1° que la Lune n'a pas conservé d'atmosphère, et 2° que la Terre et Vénus ont conservé la vapeur d'eau dans leurs atmosphères. »

Nous allons résumer cette réponse.

L'auteur déclare d'abord que lorsqu'il s'est occupé pour la première fois du problème il espérait en trouver la solution dans la loi de Maxwell sur la distribution des vitesses des molécules dans les gaz sous les conditions normales, mais que lorsqu'il vint à considérer le vrai sens physique de cette loi et ses limites il trouva qu'il s'arrête juste où l'on aurait besoin de l'appliquer, c'est-à-dire dans cette région extérieure d'une atmosphère de laquelle seule les molécules peuvent s'échapper.

De longues considérations sur les difficultés de l'observation des oscillations et des vitesses des molécules, dans les expériences de laboratoire, dans le radiomètre de Crookes, dans la fumée de tabac, dans les mouvements browniens, etc., conduisent l'auteur à être moins affirmatif, semble-t-il, que dans son premier travail.

Il revint sur le même sujet, discuté d'autre part en Angleterre par le pro-

(¹) M. Bryan a publié, d'autre part, une série d'objections analogues dans la revue anglaise *Nature*.

(²) *The astrophysical Journal*, May 1900.

fesseur Bryan [1] et le soumit à une nouvelle analyse [2]. La question paraît d'autant plus compliquée qu'elle est étudiée avec plus de soins.

D'après les calculs de Maxwell et de Boltzmann, les molécules de l'air se mouvraient si rapidement qu'au fond de notre atmosphère les rencontres, les chocs de ces molécules entre elles s'élèveraient pour chacune d'elles à sept ou huit millions par chaque millième de seconde! Mais quelle infinie variété dans les chocs des molécules gazeuses! Exposons un mélange d'égal volume d'hydrogène et de chlore à la lumière diffuse et un autre à la lumière solaire. Dans la première condition, les gaz se combineront lentement et formeront de l'acide chlorhydrique. En d'autres termes, l'échange des atomes chimiques entre deux molécules qui se rencontrent dépend, en lumière diffuse, de quelque procédé inusuel de rencontre qui n'arrive que très rarement au point de vue moléculaire. En lumière intense, cette sorte de rencontre est encore rare au point de vue moléculaire, mais la combinaison des gaz s'opère avec une rapidité explosive. Dans les deux cas, après un laps de temps suffisant, la réaction est complète. Chaque molécule est maintenant de l'acide chlorhydrique, c'est-à-dire que ce genre très rare de rencontre a atteint *chaque* molécule d'hydrogène et de chlore existant dans le mélange.

La marche des molécules est donc, en fait, le résultat d'une action inextricable de causes diverses.

Les estimations et les déterminations du nombre des molécules existant dans un gaz à la température et à la pression normales diffèrent beaucoup les unes des autres, mais peuvent toutes être résumées dans l'énoncé suivant :

Dans un centimètre cube de gaz, à la température et à la pression normales, il y a *plusieurs* trillions de molécules, le mot « plusieurs » restant assez vague, mais compris, cependant, entre 10 et 1000.

Pour l'air, en particulier, ce nombre est compris entre 8 et 1100. Dans un dixième de millimètre cube, le nombre des molécules d'air est de plusieurs billions. Et comme, d'après Maxwell, chaque molécule d'air éprouve de 7000 à 8000 millions de rencontres par seconde, en un vingt-cinquième de seconde, chaque molécule d'air, au fond de notre atmosphère, éprouve environ 300 millions de rencontres.

Les molécules d'air ne peuvent pas abandonner l'atmosphère, à moins qu'elles n'appartiennent à des régions supérieures, car elles seraient arrêtées par l'armée des autres molécules. Pour mettre un peu de clarté dans son examen — que l'auteur a peut-être tort de considérer comme pouvant être d'ordre mathématique — l'atmosphère est supposée partagée en autant de couches qu'il y a de lettres dans l'alphabet, A étant l'inférieure, où nous vivons, et Z l'extérieure, Y la seconde à partir du haut, X la troisième, etc. La couche extrême Z, à la limite même de l'atmosphère, est caractérisée par une absence presque totale de ren-

[1] *Proceedings of the royal Society* for April 1900.
[2] *The astrophysical Journal*, June 1900.

contres gazeuses, les molécules qui l'occupent arrivent du dessous et sont si séparées qu'elles peuvent à peine se rencontrer. Un grand nombre d'entre elles décrivent des trajectoires elliptiques et redescendent dans la couche Y. Si quelques-unes décrivent des trajectoires hyperboliques, elles quittent l'atmosphère terrestre, et plusieurs de celles qui circulent elliptiquement peuvent aussi s'en affranchir si elles s'éloignent assez pour subir l'influence perturbatrice du Soleil ou de la Lune.

Il peut s'en échapper aussi des couches Y et X, mais incomparablement moins. Ces trois couches sont toutes d'une grande profondeur, à cause de la raréfaction de l'air aux altitudes supérieures. Elles passent insensiblement l'une dans l'autre, mais peuvent, néanmoins, être aussi distinctes dans l'atmosphère que le sont le menton, les joues, les tempes et le front dans la figure humaine, quoiqu'il n'y ait aucune ligne de démarcation définie.

D'après cet exposé, presque toutes les molécules qui s'échappent de l'atmosphère terrestre proviennent des couches extérieures, de 10 à 20 kilomètres à partir d'en haut. La loi de Maxwell ne s'applique plus à ces régions. La loi de cet échappement, si nous pouvions la découvrir, écrit l'auteur « would doubtless be utterly unlike Maxwell's law or either of its successors ».

Il ajoute qu'il faudrait aussi tenir compte de l'exposition de ces molécules extérieures à l'action directe de l'énergie lumineuse et calorifique du Soleil, qui n'est plus modérée par son passage à travers l'atmosphère.

M. Johnstone Stoney conclut que : 1° c'est une erreur de supposer que la loi de Maxwell gouverne la distribution des vitesses dans cette zone extérieure de l'atmosphère, de laquelle seule les molécules s'échappent; 2° que la vraie loi de distribution, quelle qu'elle soit, n'a qu'une connexion partielle avec le taux d'émigration, à cause des conditions et des circonstances variables de la position des molécules.

Finalement, l'auteur ne se flatte pas d'avoir trouvé une loi. Il déclare seulement qu'il raisonne *a posteriori* sur ces deux faits d'observation :

1° Que la Lune est actuellement sans atmosphère;

2° Que la Terre a été capable de retenir la vapeur d'eau dans son atmosphère.

Et que l'état actuel de nos connaissances en Physique moléculaire ne permet pas d'établir de loi *a priori*.

Un appendice sur « la manière d'être de l'hélium dans l'atmosphère terrestre » est ajouté aux considérations précédentes, dans le but de déterminer si nous devons attribuer les neiges polaires de Mars à l'eau ou à l'acide carbonique. Il ne nous paraît guère plus sûrement fondé que tout ce qui précède, mais notre devoir est de ne rien négliger.

L'hélium s'échappe-t-il de la Terre? L'essai de réponse à cette question par la théorie cinétique des gaz n'apporte aucune lumière, avoue l'auteur. On peut choisir une autre méthode, *a posteriori*, basée sur l'expérience, en observant les conditions actuelles de l'existence de l'hélium sur notre planète. Les faits apportés à notre connaissance paraissent indiquer que l'hélium s'échappe encore lentement de la Terre et que, *a fortiori*, il a dû s'échapper plus librement pendant les premiers âges cosmiques. Les données sur lesquelles cette conclusion repose sont maintenant plus pleinement et plus définitivement connues qu'elles ne l'étaient lorsque l'auteur a présenté cette opinion comme probable. Elles changent presque, dit-il, la probabilité en certitude.

Voici ces données.

1° La proportion en volume de l'argon dans l'air sec est d'environ 1 pour 100. Le volume du néon représente environ un millième de celui de l'argon, et le volume de l'hélium environ un dixième ou un vingtième de celui du néon. Par conséquent, le volume de l'hélium dans l'air sec se trouve entre $\frac{1}{10000}$ et $\frac{1}{20000}$ du volume de l'argon.

2° L'argon et l'hélium sont fournis à l'atmosphère par les sources chaudes; l'argon, en général, par toutes les sources chaudes qui contiennent des gaz atmosphériques, et l'hélium par quelques-unes d'entre elles (sources radioactives).

3° Dans ces sources, l'argon, comme l'oxygène et l'azote, peut être simplement du gaz qui arrive à l'atmosphère par les eaux. Un litre d'eau, dans les conditions normales, absorbe :

Environ 45^{cm^3} d'oxygène de l'air en contact,
— 15^{cm^3} d'azote,
— 40^{cm^3} d'argon,
— 14^{cm^3} d'hélium.

Nous pouvons donc nous attendre à trouver dans la pluie les proportions suivantes :

$$\frac{20,9}{100} \times 4,5 \text{ d'oxygène,}$$

$$\frac{78,1}{100} \times 1,5 \text{ d'azote,}$$

$$\frac{1}{100} \times 4 \quad \text{d'argon,}$$

et de 1 à 2 millionièmes $\times$ 1,4 d'hélium.

Ces proportions se retrouvent à peu près dans les gaz des sources chaudes, pour l'oxygène, l'azote et l'argon. Mais l'hélium s'y trouve dans la proportion de $\frac{1}{10}$ de l'argon, c'est-à-dire 3000 à 6000 fois plus qu'on ne devrait en trouver s'il provenait de l'atmosphère.

4° Ce grand excès de l'hélium dans quelques sources a sans doute une origine minérale. L'uranium, entre autres, renferme de l'hélium. On n'en pourrait dire autant pour l'argon.

5° L'argon qui est fourni à l'atmosphère par les sources chaudes paraît provenir en principe de l'atmosphère et lui être restitué. Au contraire, il semble qu'il y ait une addition continuelle d'hélium de la terre solide à l'atmosphère qui le perd.

En conséquence, on peut conclure que l'excessivement petite quantité d'hélium qui existe dans l'atmosphère est de l'hélium qui s'en va, et qu'il y en aurait davantage s'il ne s'en échappait pas.

Donc, conclut l'auteur, l'argon ne s'échappe pas de notre planète, mais l'hélium s'en échappe, et, par conséquent, la vapeur d'eau doit s'échapper de la planète Mars, et ainsi nous en déduisons que *les neiges polaires de ce monde sont probablement formées d'acide carbonique.*

Telle est, dans son ensemble, l'argumentation de M. Johnstone Stoney. Nous avons voulu l'exposer tout entière, sans en rien céler, quoique ce long travail soit plutôt aride — pour nous, traducteur, comme pour le lecteur. Mais il importait d'avoir sous les yeux ce raisonnement, plus ou moins mathématique, afin d'éclairer notre recherche indépendante.

Il nous semble que ces arguments ne suffisent pas encore pour nous convaincre que les neiges martiennes sont formées d'acide carbonique. C'est longuement travaillé, assurément, mais en fait de *preuves*, nous sommes encore plus exigeants. Prendre pour base de raisonnement que l'hélium s'échappe de notre atmosphère, c'est audacieux, puisqu'elle en contient quelque chose comme dix milliards de tonnes. Rien ne prouve, non plus, que si la Lune a perdu son atmosphère, c'est parce que celle-ci s'est envolée; elle a pu être absorbée, au contraire. Enfin, examinée en elle-même, la théorie cinétique des gaz reste toujours une *hypothèse*.

Nous anticiperons un peu sur l'ordre chronologique de cet exposé en ajoutant ici l'objection à la même théorie qui nous a été adressée par M. le colonel du Ligondès.

CCXXXIX. — Du Ligondès. — Les atmosphères des planètes (¹).

On a souvent cherché à expliquer, en s'appuyant sur la théorie cinétique, l'absence de gaz légers dans les atmosphères planétaires. Suivant cette hypothèse, les molécules gazeuses sont animées de vitesses dirigées dans tous les sens, variables d'une molécule à l'autre, mais présentant la même valeur moyenne dans

(¹) *Bulletin de la Société Astronomique de France*, juin 1903.

toute l'étendue de la masse, si la température est constante. C'est au choc des molécules extrêmes qu'est attribuée la pression exercée par le gaz sur les parois de son enceinte. La pression et le nombre de molécules contenues dans un volume donné étant connus, on peut calculer la vitesse moyenne. Pour l'hydrogène à la température zéro, elle est d'environ 1840 mètres par seconde. Elle est d'autant moindre pour les autres gaz que leur densité est plus grande. Mais il y a des molécules dont la vitesse est bien supérieure à la moyenne, et, si elles se trouvent à la limite de l'atmosphère, elles peuvent sortir de la sphère d'attraction de leur planète et se diffuser dans l'espace. Il ne serait donc pas surprenant que l'hydrogène ait quitté l'atmosphère terrestre et qu'aucun gaz ne soit resté autour de la Lune.

A ce compte, on peut se demander pourquoi les comètes, à la surface desquelles la vitesse critique est excessivement faible, ne sont pas déjà et depuis longtemps toutes dispersées; comment aussi les planètes, qui ont été formées par des agglomérations successives de vapeurs et de gaz portés à une haute température, n'ont pas vu leurs matériaux se dissiper avant même d'être réunis. Cette contradiction a sans doute échappé à ceux qui s'appuient sur la théorie cinétique pour dire que les astres ne peuvent pas conserver d'atmosphère. En voici l'explication :

La loi de Mariotte est une conséquence de la théorie cinétique des gaz. Si le volume est réduit de moitié, le nombre des molécules venant frapper les parois sur une surface donnée est doublé et la pression aussi. En appelant p la pression, ρ la densité et h une constante, on a

$$p = h\rho.$$

Imaginons une sphère gazeuse de rayon a, en équilibre, et soit x le rayon d'une couche sphérique d'épaisseur infiniment petite dx prise à son intérieur. Un petit cylindre droit de base S et de hauteur dx découpé dans cette couche a pour masse

$$\rho S dx.$$

La masse de la petite sphère de rayon x sur laquelle il repose est

$$4\pi \int_0^x \rho x^2 dx.$$

L'attraction mutuelle est égale au produit de ces deux masses divisé par le carré de la distance au centre x [1]

$$\frac{4\pi\rho S dx}{x^2} \int_0^x \rho x^2 dx.$$

[1] La sphère de rayon x agit comme si toute sa masse était transportée au centre; quant à la partie extérieure au cylindre, elle n'exerce aucune action sur lui.

L'accroissement de la pression à l'intérieur de la sphère ou la différentielle de la pression est donc

$$dp = -\frac{4\pi\rho\, dx}{x^2}\int_0^x \rho x^2 dx,$$

avec le signe — puisque la pression varie à l'inverse du rayon.

Si l'on fait, d'après la loi de Mariotte, $p = k\rho$, l'équation précédente est satisfaite en posant

$$2\pi\rho x^2 = k.$$

Pour déterminer la constante k, on écrira que la somme des masses élémentaires de toutes les couches de rayon x, depuis $x = 0$ jusqu'à $x = a$, c'est-à-dire :

$$4\pi\int_0^a \rho x^2 dx,$$

est égale à la masse totale M supposée connue :

$$M = 4\pi\int_0^a \rho x^2 dx = 2ka.$$

D'où

$$k = \frac{M}{2a},$$

et

$$p = \frac{M}{2a}\rho.$$

Or, dans notre sphère gazeuse, à la distance a, l'accélération de la gravité est

$$g = \frac{M}{a^2}.$$

On a donc

$$\frac{p}{\rho} = \frac{ga}{2} = \frac{2ga}{4}.$$

Mais $2ga$ est précisément le carré de la vitesse critique à la surface de la sphère; d'autre part, la pression p est proportionnelle au carré de la vitesse moyenne des molécules gazeuses. Il en résulte que, d'une planète à l'autre, les vitesses moléculaires à l'intérieur d'une couche atmosphérique de même densité varient exactement comme les vitesses critiques. *La tendance à la dispersion des atmosphères est indépendante de la masse.*

Ce résultat pouvait être prévu. L'intensité de la pression, au moyen de laquelle on calcule les vitesses des molécules, n'est pas autre chose que le poids sur l'unité de surface, et comme à l'intérieur d'une petite masse de gaz la pression est à peu près la même en tous sens, elle doit, ainsi que le poids, suivre les variations de la gravité. D'ailleurs les mouvements moléculaires étant sans doute une des conséquences de l'attraction universelle, obéissent à la loi de la chute des graves : $v^2 = 2gh$; le carré de la vitesse est proportionnel à l'intensité de la pesanteur à la surface de chaque planète.

C'est donc une erreur manifeste d'attribuer à la faiblesse de l'attraction lunaire l'absence d'atmosphère autour de notre satellite; il faut plutôt croire que la porosité du sol, attestée par le relief de la surface, a déterminé l'absorption rapide de l'eau d'abord, ensuite celle des gaz.

Il est non moins faux de dire que l'hydrogène, l'hélium et autres gaz légers ont quitté la Terre pour se concentrer autour du Soleil. Si ces gaz avaient le pouvoir de diffusion qu'on leur prête, aucun astre ne serait capable de les retenir. La théorie cinétique repose sur l'exactitude de la loi de Mariotte. Or, au delà d'un certain degré de raréfaction, la diminution de la pression est plus rapide que celle de la densité; c'est une preuve que les vitesses moléculaires décroissent aussi. Aux limites de notre atmosphère, où la température est très basse, ces vitesses sont donc loin d'atteindre les chiffres que la théorie donne pour les couches inférieures.

En résumé, les calculs et raisonnements sur lesquels on s'appuie pour expliquer, d'après la théorie cinétique, l'absence de gaz légers, ou même l'absence totale d'atmosphère autour des planètes et de leurs satellites, paraissent dénués de tout fondement.

Ces objections faites à la conservation des agglomérations cométaires sont sérieuses; il ne faut pas oublier cependant :

1° Que les comètes peuvent être constituées par des gaz de forte densité; leur étude spectroscopique révèle, en effet, les raies propres aux hydrocarbures;

2° Que, dans la théorie de la dissipation, le facteur *temps* joue un rôle très prépondérant si l'on ne se trouve pas dans les conditions où une forte fraction des molécules possède la vitesse d'échappement. Or, les comètes sont, dans la majeure partie de leur parcours, tellement éloignées du Soleil, que leur température est *extrêmement basse* et, aux époques où leur température s'élève, par exemple au voisinage de celle de la Terre, la durée en est trop courte pour que l'on puisse envisager une sérieuse tendance à la dissipation.

L'ensemble des objections s'ajoute, néanmoins, à celles que nous avons précédemment exposées.

CCXL. — Le dédoublement des canaux de Mars.

Nous avons vu, par les observations de M. Schiaparelli et d'autres astronomes, que parfois, et pendant des temps assez longs, les canaux de Mars se montrent doubles. Les deux nouveaux canaux, toujours parallèles entre eux comme des rails de chemin de fer, offrent des écartements et des largeurs variables, et il arrive que l'un des deux n'occupe pas exactement l'emplacement du canal antérieur au dédoublement.

Ce fait est si extraordinaire, si incompréhensible, que la première idée qui se présente à notre jugement est qu'il n'est pas réel, qu'il doit y avoir là quelque illusion d'optique. Comment admettre, en effet, qu'un canal de plusieurs centaines et même de plusieurs milliers de kilomètres de longueur s'efface pour produire à sa place deux canaux plus ou moins analogues éloignés à des centaines de kilomètres l'un de l'autre? que la Seine cesse de couler à Paris, pour être remplacée par deux cours d'eau coulant aussi de l'est à l'ouest, l'un passant par Nancy, Reims et Amiens, l'autre par Mâcon, Tours et Saint-Malo?

En admettant que les canaux existent, c'est-à-dire que la surface de Mars soit vraiment recouverte d'un réseau de lignes fines (quelle que soit, d'ailleurs, la nature de ces lignes), on est porté à penser que leur dédoublement est une apparence et non une réalité.

J'ai proposé d'admettre [1] que ces dédoublements, ces géminations pouvaient être des effets causés par l'atmosphère de Mars, comme il arrive chez nous pour les parhélies et les parasélènes, images secondaires du Soleil et de la Lune produites par de la vapeur d'eau cristallisée en petits prismes de neige dans les hauteurs de l'atmosphère. Il peut se faire que dans l'atmosphère de Mars certains gaz, certaines vapeurs, certains états de l'air produisent une double réfraction rappelant, par exemple, celle du spath d'Islande.

Les canaux ne se dédoublent pas tous dans la même région : quelques-uns restent simples, tandis que leurs voisins se dédoublent. Les effets observés peuvent dépendre de la température des régions aériennes. Ces géminations, d'autre part, se manifestent en certaines saisons et non en d'autres. Les nouveaux canaux sont parfois très larges, parfois très étroits. Toutes ces variations peuvent avoir pour cause l'état de l'atmosphère.

Il y aurait une autre cause encore plus simple, c'est que les observateurs seraient tout simplement dupes d'une illusion d'optique due à une mise au point défectueuse, ce défaut de mise au point faisant réellement paraître doubles des lignes simples observées soit à l'œil nu, soit à l'aide d'instruments. Nous allons passer en revue cette explication, en en suivant autant que possible l'ordre chronologique.

Au mois de juin 1891, mon savant ami Adolphe de Boë, astronome à

[1] Tome I, p. 488 et 588.

Anvers, m'adressait la lettre suivante, que je publiai dans l'*Astronomie* du 1er juillet :

« MON CHER AMI,

» *Le dédoublement des canaux de Mars* ne résulterait-il pas d'images secondaires qui, dans certaines conditions, se forment dans notre œil ?

» Voici une expérience d'une inexprimable simplicité. Regardez *d'un œil* une ligne droite tracée à l'encre sur une feuille de carton ou de papier blanc (au dos d'une carte de visite), en tenant cette feuille en deçà ou au delà de la vision distincte, verticalement, horizontalement, etc. ; puis épinglez cette carte contre le mur, faites de même en la regardant d'un œil, à travers une jumelle, ou à l'aide d'une lunette ; mettez hors du point, approchez, éloignez-vous ; faites toutes les épreuves, *vous trouverez toujours des conditions où cette ligne sera vue double.*

» Si je prends un instrument muni de fils, en les mettant hors du foyer de l'oculaire, je trouve de nouveau des conditions où ces fils présentent une image secondaire.

» Il résulte de cette observation qu'une ligne simple PEUT se voir double.

» On me dira peut-être : « Mais vous forcez les choses ; vous *voulez* quand même voir double. » Je réponds : « Les géminations sont-elles autre chose ? Vous souvenez-vous de notre visite à l'Observatoire de Louvain ? M. Terby ne nous a-t-il pas assuré que ce n'était qu'après une heure (je crois) d'essais, qu'il était parvenu à voir une gémination ? Ne peut-on en conclure que la fatigue de l'œil, qui altère momentanément la distance de la vision distincte, joue aussi un grand rôle dans toute cette fantasmagorie ? »

» Je livre cette idée pour ce qu'elle vaut à la tribune indépendante et toujours progressiste de l'*Astronomie*. » AD. DE BOË. »

Cette explication était à peine publiée que je recevais la lettre suivante :

« Au sujet de la Note de M. de Boë, insérée au dernier numéro de la Revue, permettez-moi de faire connaître à ses lecteurs que le phénomène du dédoublement qui s'opère dans l'œil lorsqu'on regarde attentivement un point ou une ligne a été décrit par moi, le premier, dans des Notes communiquées à l'Académie des Sciences (¹) et dans mon Introduction à la *Mineralogia Micrografica*.

» Quant à chercher dans ce phénomène la raison du dédoublement des canaux de Mars, j'ai émis également cette idée dans une première étude sur *la Cause de l'équation personnelle*, publiée en 1885 (²) ; mais, pour arriver à des conclusions certaines sur un tel problème, il faudrait connaître bien des détails concernant

(¹) Voir *Comptes rendus* des 4 février et 8 juillet 1889.
(²) Voir *Cronica cientifica* de Barcelone.

les heures auxquelles l'illustre Directeur de l'Observatoire de Milan a observé ces dédoublements, l'inclinaison des lignes par rapport à la verticale jouant un rôle décisif dans la production du phénomène.

» Je profite de cette circonstance pour appeler sur ce point l'attention des astronomes, car le fait que plusieurs autres observateurs exercés et pourvus d'instruments puissants n'ont point vu les choses comme M. Schiaparelli donne lieu à penser que peut-être il ne s'agirait là que d'un effet purement subjectif.

» J.-J. LANDERER,
« Astronome à Tortose (Espagne). »

Cette lettre renvoie aux *Comptes rendus de l'Académie des Sciences* des 4 février et 8 juillet 1889. Voici ce que nous lisons dans le premier :

« La Note que j'ai l'honneur de communiquer aujourd'hui à l'Académie a pour but de montrer que, entre des limites assez étendues, l'équation personnelle tient à un effet de diplopie aisément mesurable.

» On pratique au milieu d'un écran noir assez mince un petit trou rond d'un demi-millimètre de diamètre environ, on le place à la distance de la vue distincte ou un peu au delà, en le projetant en même temps sur un fond éclairé ; on le regarde de l'un des yeux, l'autre restant fermé, et au bout de quelques instants on saisit le dédoublement plus ou moins complet de l'image du trou.

» Chez moi, ainsi que chez un grand nombre de personnes, ce dédoublement s'opère dans le sens horizontal, de gauche à droite pour l'œil droit, de droite à gauche pour l'œil gauche. Chez d'autres personnes, c'est dans un sens vertical ou même incliné. Une seule, parmi celles qui ont essayé l'expérience (1), ne s'en aperçoit aucunement. L'intensité de l'*image diplopique* est un peu moindre que celle de l'*image normale*.

» En faisant varier la distance de l'écran à l'œil et aussi, si besoin est, le diamètre du trou, on parvient à obtenir par tâtonnement la tangence des deux images. En désignant alors par D cette distance, par d le diamètre du trou, soit l'intervalle allant du centre du trou réel à celui du trou apparent, par e_p la moitié de l'angle que cet intervalle sous-tend, on a, en vertu de la petitesse de l'angle :

$$e_p = \frac{d}{2\,\mathrm{D}}.$$

» Si l'on examine le trou à l'aide d'une loupe achromatique, le dédoublement disparaît par suite du rapprochement ; mais, en y regardant attentivement, on s'aperçoit que l'un des bords de l'image est légèrement estompé. C'est évidemment de ce côté que se trouve l'image diplopique.

» Ces faits prouvent que le pointé d'un petit disque lumineux, d'une étoile, se

(1) Elles sont au nombre de 26, parmi lesquelles je citerai MM. Jofre et Aguilera, commandants de l'État-Major, Hidalgo, Garcia, J. Miquel, officiers au même corps, M. Miquel, capitaine du Génie, le Dr Boned, médecin à l'hôpital de Valence.

fait non pas sur son centre, mais à droite ou à gauche, en haut ou en bas, selon le sens de la diplopie, l'œil visant tout naturellement le centre de l'ensemble que les deux images constituent. Il s'ensuit donc que la cause efficiente de l'équation personnelle proprement dite réside dans cet effet physiologique, ou du moins que celui-ci y joue un rôle prépondérant.

» Envisagée au point de vue qui vient d'être exposé, l'équation personnelle permet d'expliquer des faits comme les suivants, dont la cause semblait fort obscure. D'après Fœrster et Littrow, le sens du mouvement de l'étoile a une influence marquée sur la grandeur de l'équation personnelle, et M. Flammarion a fait remarquer que l'œil ne juge pas de la même façon les lignes inclinées et les lignes verticales ou horizontales. En examinant les faits signalés par M. Rayet dans son intéressante Note sur les erreurs accidentelles des observations de passage (*Comptes rendus*, 18 juin 1888), on est frappé d'y découvrir le rôle que joue, dans ce genre de recherches, la déviation e_p.

» L'emploi de l'oculaire coudé permet de s'affranchir presque totalement de la susdite déviation. »

On voit que, dans cette Note, il s'agit du dédoublement d'un point. Dans celle du 8 juillet, qui complète la précédente, l'auteur signale le dédoublement d'une ligne. Dans les deux cas, ces illusions d'optique peuvent évidemment être appliquées à l'explication de la gémination des canaux de Mars, *si ces canaux existent*, comme lignes visibles, ou comme points alignés.

On peut lire, dans la publication belge *Ciel et Terre* (1891, p. 223, 257, 285 et 307), une discussion sur le même sujet entre MM. de Boë, Dierckx, Schleusner et Terby. Ce dernier ne croit pas qu'un astronome exercé puisse être victime de cette illusion, parce que, lorsque les lignes fines sont vues doubles par suite du manque d'accommodation de l'œil, les grandes taches perdent de leur netteté. M. Schleusner croit, au contraire, que l'aspect des grandes taches n'indique rien d'anormal dans la vision.

Cette même théorie optique du dédoublement de ces lignes énigmatiques a été reprise en 1898 par M. Antoniadi, alors mon astronome-adjoint à l'Observatoire de Juvisy. Cet observateur a fait sur ce point la communication suivante à la séance du 2 mars 1898 de la Société Astronomique de France :

Je voudrais exposer en quelques mots les expériences entreprises à l'Observatoire de Juvisy dans le but de reproduire artificiellement les dédoublements des canaux de Mars, expériences qui tendent à montrer le caractère optique du phénomène.

Malgré tout le scepticisme de plusieurs autorités éminentes, nous ne pouvons nous empêcher de considérer les fameux canaux de Mars comme ayant une véritable existence objective.

En effet, ces lignes énigmatiques sont reconnaissables sur les dessins des premiers observateurs, et déjà, en 1666, Hooke, rival de Newton, en a dessiné les deux plus marquées (la Nilosyrtis et la Boréosyrtis de M. Schiaparelli). Un examen attentif des dessins publiés dans le grand ouvrage, devenu classique, *La Planète Mars*, nous a convaincu que 45 des canaux actuellement connus ont été dessinés avant 1877. Ainsi, W. Herschel en a observé 5, Schrœter 7, Mædler 4, Galle 11, Warren de La Rue 6, Secchi, 12, Lockyer 7, Kaiser 10, Dawes 19, Green 14 et Flammarion 7.

En comparant la position des canaux dessinés par ces observateurs avec les cartes de M. Schiaparelli, nous trouvons, en tenant compte de l'équation personnelle, une concordance remarquable. L'écorce de la planète serait donc assez stable dans ses grandes lignes. L'examen des contours des « Mers » nous conduit d'ailleurs à la même conclusion. Cependant cette stabilité est probablement loin d'être absolue, et certains changements de rivages, changements incontestables, tels que le glissement actuel du lac Mœris vers la Grande Syrte, ou la disparition lente et progressive de l'Aurea Cherso dans le golfe de l'Aurore, pourraient bien être dus à l'abaissement des côtes en ces régions. Cette hypothèse, assez risquée au premier abord, ne paraît pas invraisemblable quand on songe que la densité de Mars est faible, et que, par suite, la surface de la planète pourrait bien se trouver dans une position d'instabilité intermédiaire entre la stabilité relative de nos terrains et l'instabilité absolue de la surface d'une planète (telle que Jupiter ou Saturne) dont la densité moyenne approche de celle de l'eau.

Quoi qu'il en soit, les changements dont nous venons de parler s'accomplissent *lentement*, ce qui nous montre que l'écorce de Mars se trouve dans un état de solidification assez avancée.

En 1877, M. Schiaparelli revit presque tous les canaux observés avant lui, tout en en découvrant plusieurs nouveaux. Il a, depuis, continué ses persévérantes recherches avec les admirables résultats que tout le monde connaît. La planète s'est montrée recouverte d'un réseau de lignes, dirigées pour la plupart en arcs de grands cercles s'entrecroisant dans tous les sens.

« Ce n'est pas tout, dit M. Schiaparelli, en certaines saisons ces canaux se dédoublent, ou pour mieux dire se doublent. »

Pendant l'apparition de 1877, on n'a pas observé de dédoublements ou *géminations* des canaux. Le 26 décembre 1879, M. Schiaparelli constata, non sans quelque surprise, que le canal du Nil était composé de deux lignes parallèles, réunissant le Lacus Lunæ au Ceraunius. L'observateur passa de surprise en surprise en 1881-1882 : en quelques semaines la moitié des canaux étaient doubles, et la planète était remplie de géminations, de sorte que, du 19 décembre 1881 au 22 février 1882, il n'en constata pas moins d'une trentaine. En 1883-1884, il constata encore 18 canaux doubles. En 1886, M. Schiaparelli en a vu un seul. En 1888, on en remarqua plusieurs. Enfin, les apparitions de 1890, 1892, 1894 et 1896-1897 ont encore montré un certain nombre de ces dédoublements énigmatiques.

La gémination n'attaque pas seulement les canaux, mais bien aussi leurs points d'intersection, appelés *lacs* par M. Schiaparelli et *oasis* par M. Lowell. Si le lac est rond, on voit apparaître à côté de lui un simulacre circulaire de lui-même. S'il est allongé, il se dédouble en bandes parallèles, dirigées dans le sens de l'allongement.

Tels sont les faits. Essayons de les interpréter. La distance entre les deux bras d'un canal double variant, d'une gémination à l'autre, entre 3° et 10° ou 12° ou même 15° aréocentriques, et la valeur d'un degré sur Mars étant de 60 kilomètres, on voit que les deux lignes sont espacées de 180 à 600, 720 ou même 900 kilomètres. Et, comme le dédoublement est parfois complet en 24 heures, il faut nécessairement que la ligne parasite lancée par le canal primitif franchisse au plus vite ces distances, en allant se ranger dans une direction rigoureusement parallèle à celle de son sosie. En plus, il arrive souvent qu'aucune des deux lignes ne paraît correspondre avec le canal simple primitif. Or, si nous imaginions pour un instant la Seine disparaissant subitement pour donner lieu à deux bandes dirigées de Nantes à Marseille et de Dunkerque à Strasbourg, en laissant le pays intermédiaire dans un état d'estompage confus; nous aurions une idée des dédoublements des canaux de Mars.

Nous allons voir bientôt que cette disparition du canal primitif amenant la formation de deux bandes de part et d'autre est *un principe fondamental* des géminations optiques.

Nous ne pouvons certainement point admettre ces phénomènes comme ayant lieu vraiment sur cette planète, à moins d'obéir au goût, parfaitement humain, pour les prodiges. Mais il serait regrettable que cette soif du merveilleux nous entraînât à des interprétations irrationnelles des phénomènes observés. Lorsque nous assistons au dédoublement d'une tache solaire par l'invasion photosphérique, ou quand nous observons des taches doubles sur Saturne ou Jupiter, nous ne sommes guère émerveillés, car c'est là précisément ce que nous pouvons attendre des surfaces gazeuses de ces globes à densité voisine de celle de l'eau, surfaces où l'instabilité règne en souveraine. Mais nous venons de voir que l'écorce de Mars est bien autrement solidifiée, partant tout à fait réfractaire à la réalité objective des dédoublements.

Quant aux explications déjà énoncées de la gémination, elles sont peu satisfaisantes. M. Schiaparelli, qui croit que les canaux se dédoublent réellement sur Mars, disait en 1888 que « l'ensemble des observations donne quelque poids à l'idée que le phénomène doit être réglé par la période des saisons de Mars; qu'il se produit principalement *un peu après l'équinoxe de printemps et un peu avant l'équinoxe d'automne*; qu'après avoir duré quelques mois, les géminations s'effacent en grande partie à l'époque du solstice boréal, et disparaissent toutes à l'époque du solstice austral. La vérification de ces conjectures, ajoutait-il, ne se fera pas longtemps attendre, et une première occasion de la faire se présentera en 1892. L'opposition de cette année aura lieu dans les mêmes conditions à peu près que celle de 1877, et il faudra s'attendre à une absence complète de géminations. »

L'apparition de 1892 est venue, et l'on a vu plusieurs dédoublements. Il en a été de même en 1894. Ainsi l'hypothèse qui subordonne ces géminations aux saisons de Mars est non seulement loin d'être satisfaisante, mais paraît contredite par les faits eux-mêmes.

Un trait caractéristique de l'observation des géminations est que, tandis qu'un observateur consciencieux voit un canal nettement double, un autre, non moins digne de foi, le voit nettement simple. En 1886, M. Perrotin a vu doubles plusieurs canaux que M. Schiaparelli voyait simples. Ce phénomène s'est répété souvent depuis, et, pour ne citer que les dernières observations, nous ajouterons que, tandis que les principaux Membres de la Commission aréographique de la British astronomical Association voyaient, en 1896-1897, l'Orcus double, M. Lowell le décrivait comme « sûrement simple ». Ces faits sont de la plus haute importance, car, en écartant toute idée de réalité attachée aux géminations, ils nous mettent sur la voie de l'origine optique du phénomène.

En 1891, M. A. de Boë a attribué ces dédoublements à des images secondaires qui se formeraient dans l'œil de l'observateur, comme il arrive, en effet, en regardant une ligne droite tracée à l'encre sur un carton blanc placé en deçà ou au delà de la vision précise.

Le principe du dédoublement optique d'une ligne repose sur le fait, signalé par M. l'abbé Moreux, de Bourges, que la vue hors du foyer d'un point (*fig.* 243)

Fig. 243.

Fig. 244.

donne lieu à un *anneau* de diffusion (*fig.* 244). « D'où, conclut le savant professeur, une succession de points — une ligne — donnera une succession de ces anneaux empiétant les uns sur les autres, c'est-à-dire deux lignes parallèles avec estompage inclus. » M. l'abbé Moreux trouve l'explication de ce fait dans la structure du cristallin de l'œil.

En vertu de ces anneaux, il est facile de voir qu'en doublant, une ligne devrait disparaître pour donner lieu à la formation de deux bandes parallèles, équidistantes de la ligne primitive, et avec estompage inclus. C'est là, en effet, ce qui arrive en réalité (*fig.* 245 et 246). Le dédoublement des canaux de Mars paraît

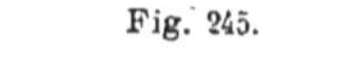

Fig. 245.

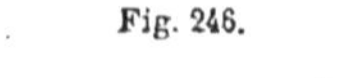

Fig. 246.

obéir à la même loi : « En 1888, dit M. Schiaparelli, j'ai pu me convaincre qu'...*il peut arriver que ni l'une ni l'autre des nouvelles formations ne coïncident avec l'ancien canal*... Toute trace de l'ancien canal disparaît pour faire place aux deux lignes nouvelles » (*La Planète Mars*, p. 448). De même, l'estompage inclus entre les deux lignes est un trait caractéristique, et des dédoublements optiques et de ceux de Mars. « J'ai vu assez fréquemment les deux lignes se dégager simultanément d'une nébulosité grise plus ou moins intense, allongée dans la direction du canal; j'incline même à conclure que cet état de nébulosité est un phénomène essentiel dans la production des géminations » (p. 451).

Des taches rondes ou ovales se géminent d'une manière semblable aux phénomènes martiens. Si la tache est ronde (*fig.* 247) elle se dédouble par la vision indistincte en deux taches rondes (*fig.* 248), tandis qu'une plus grande différence

Fig. 247.

Fig. 248.

focale nous ramène au cercle de diffusion de la figure 244. La gémination en taches rondes a été observée par M. Schiaparelli sur le Lac Ismenius en 1888. D'autre part, si le lac est allongé (*fig.* 249), il se gémine en bandes parallèles (*fig.* 250). De semblables phénomènes ont été observés par l'astronome de Milan

Fig. 249.

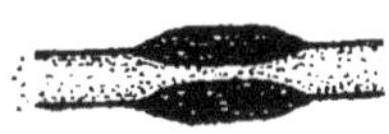

Fig. 250.

sur le Lac Ismenius en 1881-1882 et sur le Trivium Charontis en 1884 et 1888.

Si une ligne présente des irrégularités (*fig.* 251), celles-ci disparaissent après le dédoublement optique. Or, M. Schiaparelli écrit: « S'il existait quelque trace

Fig. 251.

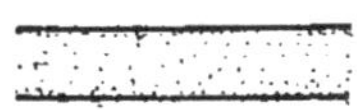

Fig. 252.

d'anomalie dans le canal simple primitif, elle disparaît complètement après la gémination.... Il y a, en un mot, une tendance prononcée à l'uniformité plus absolue et à la suppression de tout élément irrégulier » (p. 450).

On remarque parfois dans les géminations optiques que les deux bandes sont d'une intensité inégale (*fig.* 253 et 254). Les mêmes phénomènes ont lieu sur

Fig. 253.

Fig. 254.

Mars : En 1882, la nouvelle bande du Gange « ressemblait au Gange, quoiqu'elle fût un peu plus faible » (p. 451).

Un télescope de 16 centimètres de Foucault, de l'Observatoire de Juvisy, dont nous nous sommes servi pour ces expériences, montre que des lignes dirigées dans tous les sens ne se dédoublent pas avec leurs branches équidistantes. Il y a une direction de prépondérance géminatoire pour ainsi dire, à angle droit de laquelle les lignes ne se dédoublent qu'avec une plus grande erreur focale. Ceci proviendrait d'une sorte d'astigmatisme. Ainsi, dans les figures 255 et 256, la

Fig. 255.

Fig. 256.

ligne horizontale est largement doublée, la verticale reste simple, tandis que l'oblique a ses branches moins espacées que l'horizontale.

La vision indistincte de deux lignes qui se croisent (*fig.* 257) donne lieu à une

Fig. 257.

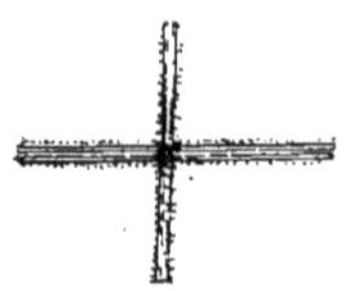

Fig. 258.

tache plus sombre sur leur intersection (*fig.* 258). « Lorsqu'une bande s'élargit, on voit apparaître une tache sombre sur son intersection avec un autre canal simple. »

Si une ligne simple en rencontre une double, on voit *deux* taches : « Parfois

Fig. 259.

Fig. 260.

un canal nettement doublé donne lieu à *deux* très petites taches par ses intersections avec un troisième canal simple ». Enfin deux lignes doubles donnent

Fig. 261.

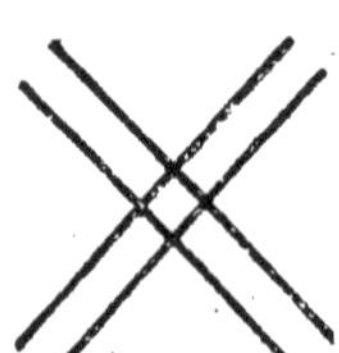

Fig. 262.

naissance à *quatre* taches : « Un canal nettement doublé donne lieu à *quatre* taches par ses intersections avec un autre doublé » (Schiaparelli).

Il ne reste maintenant qu'à rendre compte d'une dernière particularité, le *dédoublement partiel* de quelques canaux, simples sur une partie de leur cours, doubles sur l'autre. C'est probablement là un cas de *gémination inégale*. En effet, nous trouvons que, dans des cas semblables, la branche manquante appartient toujours à une ligne très fine. Ainsi sur la figure 235, p. 457 de *La Planète Mars*, le segment de l'Hydraotes compris entre le Margaritifer Sinus et la Jamuna

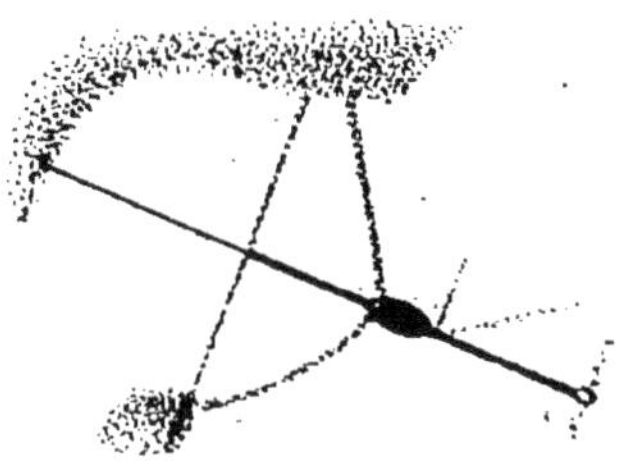

Fig. 263.

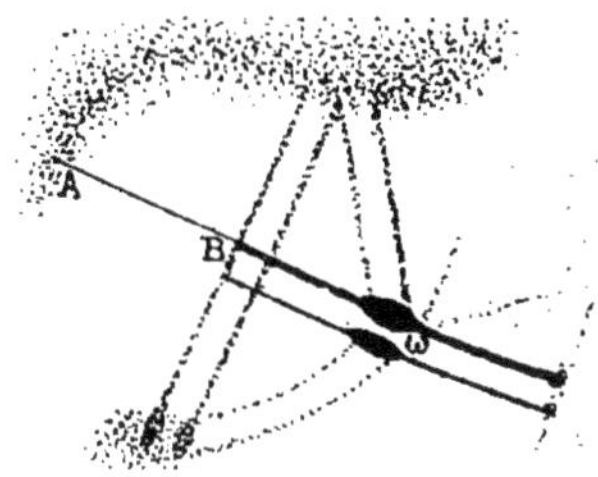

Fig. 264.

(AB, sur la *fig.* 264) est plus étroit que celui à droite, entre la Jamuna et le Lacus Lunæ (Bω).

On conçoit alors que si la gémination inégale réduisait la branche supérieure du segment AB à la limite de la visibilité, la plus faible deviendrait invisible. Essayant l'expérience, nous avons trouvé cette explication confirmée d'une manière satisfaisante.

Plusieurs causes concourent à ce que *tous* les canaux ne se dédoublent pas à la fois. Nous venons de voir que la gémination inégale est déjà une cause de « gémination sélective ». D'autre part, la distance entre les deux branches variant avec la différence focale, nous voyons que, dans le cas d'une ligne très large, le dédoublement ne serait obtenu qu'avec une très grande erreur focale, autrement les deux images se superposeraient simplement, sans se dédoubler. Ce fait explique pourquoi M. Schiaparelli n'a jamais dédoublé le plus large des canaux, la Nilosyrtis. De même, l'intensité des deux lignes variant inversement avec la différence focale, si un canal est à la limite de la visibilité au foyer, son image dédoublée et affaiblie n'impressionnera plus la rétine. Donc les apparences présentées par les canaux très fins devraient osciller entre la visibilité sous la forme simple et l'invisibilité sous la forme double. C'est pour cela, croyons-nous, que M. Schiaparelli n'a jamais dédoublé les canaux très fins.

La présence d'une direction de prépondérance géminatoire à angle droit de laquelle les lignes ne se dédoublent qu'avec une grande différence focale, ainsi que nous l'avons dit plus haut, est une autre source de gémination sélective.

De plus, les canaux ne sont pas tous visibles simultanément. On ne les aperçoit que par moments fugitifs pendant lesquels on ne voit bien qu'une petite région du disque seulement. Mais cette visibilité passagère peut être plus ou moins distincte. Ainsi que l'a fait remarquer M. Rendell, c'est là la cause principale de la gémination sélective, car des dessins détaillés de Mars ne peuvent guère prétendre représenter la planète à un instant donné, étant plutôt des groupements d'impressions isolées. Si le foyer se forme sur la rétine, le canal devrait paraître simple; un foyer dans l'humeur vitrée donnerait lieu à un dédoublement très confus; tandis qu'au delà de la rétine nous avons un dédoublement très net. Et, si nous ajoutons que M. Schiaparelli parle d'*intermittences* dans les phénomènes de la gémination (le même canal paraissant alternativement simple et double), et que tel observateur consommé voit un canal simple tandis que tel autre le voit double (ces cas sont légion), nous concluons que le caractère optique de ces dédoublements est manifeste.

Nous avons vu que la théorie qui subordonne la gémination aux saisons de Mars a été réfutée par le fait qu'on a observé des canaux doubles aux solstices martiens (Perrotin et Thollon en 1886, Stanley Williams et les astronomes de l'Observatoire Lick en 1892). Mais ce n'est pas là le seul côté faible de cette hypothèse. Si les canaux se dédoublaient réellement à une certaine époque, ils devraient tout aussi bien *se simplifier* à une autre, et comme depuis 1877 la planète s'est présentée à nous dans *toutes* ses saisons, nous aurions dû assister à cette seconde phase du phénomène. Mais il n'en a rien été. Au commencement des oppositions, les canaux paraissent d'abord comme des traînées larges sans limites, puis ils semblent s'amincir, pour se dédoubler ensuite et restent doubles jusqu'à la fin de l'opposition. Voilà des faits que l'hypothèse des saisons n'explique pas, mais dont la théorie optique rend compte par une accommodation de l'œil qui d'abord ne percevrait point ces détails qu'une pratique de quelques semaines finirait par déceler.

Ces résultats sont éloquents. Ainsi, pour moi, ces canaux et lacs doubles *n'ont pas d'existence objective.* Au lieu de chercher dans la constitution physique de Mars l'interprétation de lignes sautant sous l'impulsion d'une scissiparité magique de 500 kilomètres en 24 heures, ne ferions-nous pas mieux d'examiner ce qui se passe dans nos propres instruments et même dans nos yeux? La différence focale nécessaire pour dédoubler des lignes fines est minime dans un instrument de moyenne puissance, et nous avons obtenu des résultats incroyables en enfonçant le tube oculaire d'un huitième de millimètre seulement.

Cette quantité est parfaitement admissible, pour des observateurs même expérimentés, car il y a toujours une certaine latitude dans la mise au point d'objets célestes, et l'on ne saurait guère prétendre mettre au point sur Mars à un micron près. D'autre part, notre œil, ainsi que l'a remarqué Helmholtz, est loin d'être un organe parfait. Le Dr Lloyd Andriegen a constaté dans ses études microscopiques que, lorsqu'il examinait de très petits objets à la limite de la visibilité sous de forts grossissements, les images se dédoublaient au bout d'un certain temps. Dans ce cas, l'œil n'avait plus son mécanisme accommodateur dans un état d'activité invariable et continue, mais bien d'oscillation ou d'intermittence. Parfois les efforts des muscles extérieurs de l'œil donnent lieu à un autre genre de diplopie unioculaire, transitoire.

Lorsque la différence focale n'est pas très grande, les deux lignes sont d'une remarquable netteté, et *c'est là précisément le côté dangereusement fallacieux du phénomène.*

Ainsi, si Mars est couvert de « canaux », la vision imparfaite devra dédoubler ces lignes. Pareille vision indistincte peut provenir, ainsi que nous venons de le voir : 1° d'une minime erreur de mise au point; 2° d'oscillations diplopiques (fatigue) de l'œil. Voilà ce qui doit fatalement arriver, et ce qui arrive en réalité.

Remontant maintenant de l'effet à la cause productrice, nous trouvons qu'il existe sûrement des traînées linéaires grises ou canaux sur Mars, car, sans lignes préexistantes, on ne peut pas obtenir de géminations. Mars, couvert de canaux qui se doublaient en quelques heures, était un sphinx inintelligible pour nous. Sans géminations, la planète rentre dans la sphère de notre conception. Mars sillonné de cassures géologiques ne serait pas un monde extraordinaire.

Dans cette explication, *les canaux existent à la surface de Mars comme des lignes bien visibles,* et leurs dédoublements sont des *illusions d'optique* produites par une mise au point défectueuse de l'oculaire, comme l'avait imaginé Ad. de Boë.

M. l'abbé Moreux, de Bourges, adoptant la même explication, y a ajouté les erreurs provenant de la construction du cristallin de notre œil et des diverses couches atmosphériques de densités diverses ([1]).

Aux deux hypothèses que nous venons de passer en revue, la première météorologique, la seconde optique, s'en adjoignent plusieurs autres s'y rattachant plus ou moins. M. Ferdinand Meisel, astronome à Halle, nous avait adressé en 1889 la Note suivante qui réunit les deux ([2]) :

Si l'on veut considérer l'apparition ou la disparition d'une ligne nouvelle à côté d'une ligne existant déjà et parallèlement à celle-ci (phénomène souvent observé par M. Schiaparelli), comme la formation ou la destruction d'un objet réel à la surface de la planète, il est, sans aucun doute, fort difficile de trouver une explication, attendu que toute analogie avec les phénomènes terrestres nous fait défaut. On est alors amené à se demander s'il ne serait pas possible de se rendre compte du dédoublement des lignes de Mars par des considérations purement optiques, c'est-à-dire de ramener le problème à la formation d'une image double. Je crois pouvoir répondre ici à cette question par l'affirmative, et je soumets aux savants cette tentative d'explication, en les priant toutefois d'avance de ne la considérer que comme un simple essai. Je suis loin de penser que j'aie fourni une théorie complète des phénomènes en question pour lesquels, du reste, les données manquent tout à fait.

([1]) Voy. *Bulletin de la Société astronomique de France,* juillet 1898.
([2]) Voy. l'*Astronomie,* 1889, p. 461.

Les recherches spectroscopiques de Vogel ayant établi que Mars possède une atmosphère très riche en vapeur d'eau, ce n'est pas s'avancer trop que de prendre, au point de vue physique, les expressions *mers, canaux* que M. Schiaparelli n'ose prendre qu'au point de vue purement topographique, et d'admettre ainsi que ces *mers* sont vraiment des accumulations d'eau et que les *canaux* sont de véritables rainures remplies d'eau. La surface de ces puissants cours d'eau doit être le siège d'une évaporation excessivement considérable, bien plus que si elle avait lieu sur la Terre dans les mêmes circonstances. L'intensité des rayons solaires tombant normalement sur la surface de Mars est dans le rapport de 0,4308 à 1 avec l'intensité reçue par la Terre, et, d'autre part, la masse de Mars n'est guère que le neuvième de la masse de la Terre. Cette masse moindre exerce une attraction proportionnellement plus faible, et par conséquent la densité correspondante de l'atmosphère est moindre aussi que notre pression atmosphérique. Mais on sait que, plus la pression atmosphérique est faible, plus le point d'ébullition de l'eau s'abaisse et plus intense est l'évaporation à une température donnée. Il en résulte que, même à la température basse qui règne probablement sur Mars, il doit y avoir une évaporation très intense au-dessus des eaux.

La masse transparente de vapeur qui s'élève au-dessus de la surface d'un canal se répand lentement dans l'atmosphère et, puisqu'une nouvelle quantité de vapeur se forme, s'étend vers le haut et par les côtés. Cette masse prend donc, avec plus ou moins de régularité, la forme d'un demi-cylindre dont l'axe coïncide à

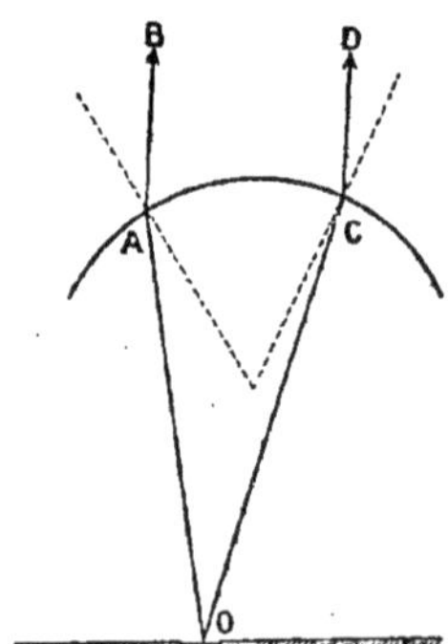

Fig. 265. — Essai d'explication du dédoublement des canaux de Mars.

peu près avec la ligne médiane du cours d'eau. Si maintenant nous admettons que, par une cause quelconque ayant son siège dans l'atmosphère, il s'opère une surélévation de ce demi-cylindre, ou, en des termes plus exacts, si le rayon de courbure de la section droite du cylindre est plus petit au sommet que la hauteur du sommet au-dessus de la surface de l'eau, nous réalisons les conditions qui donnent lieu à une image double. Ainsi que le montre la figure ci-dessus, les rayons émanant de l'objet O — la section droite du canal — peuvent parvenir dans la lunette de l'observateur terrestre par les chemins différents OAB et OCD.

La distance des deux images, ainsi que leur position relative à l'objet, dépendra non seulement de l'indice de réfraction de la vapeur, mais aussi de celui de l'air environnant, du rayon de courbure de la surface de séparation, de sa hauteur au-dessus de la surface de Mars et du déplacement latéral du sommet de la surface de séparation par rapport à l'objet, de manière que les différentes positions des lignes doublées se trouvent dans la prolongation du canal lui-même non doublé. Si le déplacement dépasse certaines limites, un seul rayon peut prendre la direction de la Terre et le dédoublement disparaît. Si, par suite de grands mouvements dans l'atmosphère de Mars, la masse de vapeur est éloignée davantage de la ligne médiane du canal, il peut arriver que l'ensemble des rayons partant du point O, à peu près dans la direction de la Terre, rencontre la surface de séparation sous un angle si aigu qu'ils subissent la réflexion totale. Dans ce cas, la ligne disparaît complètement : c'est justement ce qu'a observé M. Schiaparelli.

Si la ligne du sommet de la surface de séparation se trouve exactement au-dessus de l'axe du canal dans la direction de la Terre, nous devrons alors, puisqu'un certain rayon traverse la surface réfringente sans être dévié, avoir trois images, qui se fondront probablement en une seule image, large et floue. Il est probable, du reste, que ces conditions géométriques exactes ne se trouvent presque jamais remplies dans la réalité.

Mais puisque, d'autre part, il ne saurait y avoir une séparation nette entre l'amas de vapeur et l'atmosphère environnante, et qu'au contraire la vapeur d'eau doit se diffuser d'une manière continue, et que la densité doit aussi décroître depuis la surface de séparation, la déviation doit aussi se faire d'une manière continue. Nous aurons donc, à la place des droites AB et CD, des courbes qui les toucheront en A et C. Mais cela ne change en rien l'essence du phénomène.

De plus, plusieurs observations de M. Schiaparelli rendent encore très probable l'hypothèse que *le dédoublement des canaux de Mars n'est qu'un phénomène optique.* Ce savant écrit que la couleur des deux traits est la même comme teinte et comme intensité, mais qu'elle peut cependant changer d'un dédoublement à l'autre. De plus, lorsqu'un canal double est divisé en deux segments par un autre, et qu'un des traits est plus large et plus brillant d'un côté du point d'intersection que de l'autre, l'autre trait est dans le même cas. Plus encore, l'apparence d'un dédoublement peut changer avec le temps et s'effectuer en un temps relativement court, avec des changements rapides. Les deux canaux semblent souvent se dégager simultanément d'une masse nébuleuse. Il a même paru que cet état nébuleux est un phénomène fondamental initial dans le dédoublement.

Il est facile de voir que, si l'on admet les hypothèses précédentes, le seul effet que la rotation de Mars autour de son axe produira, sur l'apparence des lignes dédoublées, sera de raccourcir en perspective la distance des deux traits, ainsi que M. Schiaparelli me l'a communiqué par lettre. Quant à la section de la masse de vapeur dont le rayon de courbure au sommet est plus petit que la distance de ce dernier à la surface de Mars, on pourra la considérer comme à peu près parabolique, de sorte que la masse aura la forme d'un cylindre parabolique ayant un plan de symétrie perpendiculaire à la surface de la planète. Si maintenant la masse, ayant cette forme, tourne vers le côté en s'éloignant du centre du disque, le spectateur terrestre se trouve en vue de points dont le rayon de courbure va en croissant, de telle sorte que la distance des deux images va continuellement en décroissant d'une manière correspondante. Il se produit donc, par la rotation de la planète autour de son axe, un changement dans la distance des deux images tout à fait semblable au raccourcissement que produirait la perspective. Cela rend encore plus frappante l'illusion qui donne à ces lignes l'aspect de véritables objets à la surface de Mars.

On peut maintenant se demander pourquoi il n'y a que les canaux qui se dédoublent, et pourquoi les bords des continents et des îles ne paraissent jamais doubles. Je crois que l'on peut facilement en donner une raison.

L'énorme masse de vapeur qui doit se rassembler au-dessus d'une mer martienne doit avoir une surface à peu près horizontale. En général, cette surface doit s'abaisser vers le continent, et, comme ici il n'y a plus ce flux intense venant d'une ligne étroite, comme dans le cas d'un canal, l'abaissement est plus graduel, de sorte qu'une courbure brusque de la surface juste au-dessus ou presque au-dessus de la ligne de côte doit être fort peu probable.

Si cet essai d'explication ne répond pas encore à toutes les questions — c'est ainsi, par exemple, que je ne puis encore donner aucune raison pour expliquer la disparition des irrégularités lors du dédoublement, — je crois cependant que la partie essentielle de ces phénomènes remarquables s'explique de la manière indiquée par les lois naturelles connues. Tant que nous ne connaîtrons pas exactement la hauteur et la densité de l'atmosphère de Mars, nous ne pourrons pas traiter plus complètement ce problème par le calcul.

FERDINAND MEISEL,
Astronome à Halle.

On peut objecter à cette hypothèse que, s'il y avait autant de vapeur d'eau dans l'atmosphère de Mars, nous devrions y voir des nuages fréquents, ce qui n'est pas. Mais il pourrait exister sur ce monde voisin d'autres gaz ou vapeurs produisant un effet analogue.

M. J. Schneider, astronome à l'Observatoire de Potsdam, a présenté, d'autre part, la réfutation suivante (1) :

M. Meisel suppose que la partie de l'atmosphère de Mars qui se trouve au-dessus d'un canal et qui est saturée de vapeur d'eau possède un indice de réfraction plus grand que la partie environnante moins humide.

Il est vrai que la vapeur d'eau a un indice de réfraction plus grand que notre

(1) L'*Astronomie*, 1890, p. 49.

air, mais sa densité est plus faible et à peu près dans le même rapport, de sorte que, sous la même pression, l'indice de réfraction de l'air saturé d'humidité et celui de l'air sec sont à peu près égaux. Ils sont si voisins que l'on peut négliger de tenir compte de l'état hygrométrique de l'air dans l'étude de ses propriétés optiques et notamment dans le calcul des réfractions, ainsi que Laplace l'a montré. Plus la pression et la température sont basses, plus la différence des deux indices est faible; or, ces deux conditions sont probablement réalisées sur Mars, ainsi que M. Meisel le fait remarquer.

Même dans le cas tout à fait invraisemblable d'une véritable ébullition de l'eau (une telle évaporation produirait inévitablement dans les couches supérieures et plus froides de l'atmosphère de Mars une formation de nuages si intense, qu'il nous serait impossible de voir la surface de la planète), l'indice de réfraction au-dessus du canal ne dépasserait que très peu celui de l'atmosphère ambiante. Des différences considérables dans les indices de réfraction ne pourraient être amenées que par de grandes différences de pression, mais celles-ci ne pourraient pas se maintenir assez longtemps pour rendre compte du dédoublement tel qu'on l'a observé. Il reste encore un cas auquel l'explication de M. Meisel pourrait s'adapter : ce serait d'admettre que la majeure partie de l'atmosphère de Mars est composée de gaz ayant des indices de réfraction bien plus faibles que l'oxygène et l'azote. Mais cela n'est pas probable d'après l'examen spectroscopique de la lumière de Mars, et surtout d'après nos observations sur l'atmosphère de cette planète.

Il me semble donc que, toute singularité à part, l'essai d'explication de M. Meisel ne repose pas sur une base bien solide, d'autant plus qu'il conduirait à admettre implicitement un état de tranquillité de l'atmosphère de Mars que l'on ne saurait concevoir comme pratiquement possible.

J. Schneider,
Observatoire de Potsdam.

Nous avons vu plus haut (p. 95), une autre hypothèse, celle de M. Stanislas Meunier, qui attribue également les géminations à un phénomène atmosphérique.

Les recherches d'explication de ce curieux phénomène ne se sont pas arrêtées là. M. Proctor a émis l'idée que les canaux de Mars pourraient être des fleuves gelés, couverts de neige, et que celle-ci fondrait au printemps le long des bords, ce qui leur donnerait un aspect foncé de part et d'autre de la ligne médiane restant blanche.

M. Lockyer explique, de son côté, le dédoublement en supposant que des rangées de nuages se disposeraient de part et d'autre de la ligne centrale des régions liquides.

M. Schæberle, astronome à l'Observatoire Lick, suppose que les lignes foncées appelées *canaux* représentent des crêtes de chaînes de montagnes noires émergeant de la surface de mers claires. Pour cet astronome, les taches sombres de la planète seraient des continents et les régions jaunes seraient des mers, hypothèse contraire à ce que nous observons en général de la nacelle d'un ballon ou du haut des montagnes. Les dédoublements de canaux seraient dus à des crêtes parallèles émergeant des mers.

D'autre part encore, M. Cecil Dolmage, astronome anglais, a repris l'hypothèse que j'ai émise autrefois du dédoublement des canaux par l'effet d'une double réfraction atmosphérique. Voici sa théorie [1] :

Par suite de la disparition de la calotte polaire pendant l'été martien, un élément de nature gazeuse ou vaporeuse, ou une collection de cristaux minuscules, se dégagent dans l'atmosphère et se répandent sur la surface de la planète. Cet élément peut posséder par lui-même le pouvoir de causer une réfraction double; ou bien la différence entre le pouvoir réfracteur d'une couche d'un tel élément — en le supposant dense et très bas — et celui de l'atmosphère plus légère au-dessus peut causer le phénomène.

Un élément, tel que je l'ai supposé, émané de la calotte polaire, pourrait se répandre graduellement, et sans doute avec une grande irrégularité, jusqu'aux régions équatoriales de la planète. Les particularités des dédoublements paraissent venir à l'appui de cette théorie, de même que le fait que les dédoublements commencent à être signalés peu de temps après la fusion de la calotte et à croître en nombre (irrégulièrement) en proportion de sa diminution.

Je ne prétends pas, en supposant le dégagement de cet élément hypothétique, nier en aucune sorte la théorie du liquide émis par la calotte polaire (pendant sa décroissance graduelle), lequel, se répandant à travers les canaux, leur cause au premier abord un commencement de visibilité. La transmission subséquente de mon élément hypothétique à travers les régions équatoriales peut expliquer le fait que les géminations se produisent à une date un peu ultérieure.

La double réfraction ne pourrait-elle être causée par des vapeurs inférieures dégagées des canaux par le Soleil? Ceci sous-entend que ces derniers sont remplis d'un liquide de quelque valeur.

Comme les dédoublements n'apparaissent pas tant que les calottes polaires demeurent intactes, quelque chose, par suite de leur disparition, s'ajoute à l'atmosphère martienne et donne à cette dernière un double pouvoir de réfraction. Puis, avec le retour de l'hiver martien et la réapparition de la calotte, le milieu qui produit cette double réfraction ne reste pas longtemps dans l'atmosphère de la planète.

Des recherches devraient donc être faites sur les pouvoirs réfracteurs des milieux gazeux et similaires — par exemple du bioxyde de carbone — à des températures et à des pressions différentes; et de même sur les effets des images de

[1] *Société astronomique de France*, 1898, p. 396.

lignes fortement marquées, vues à travers deux bandes de gaz séparées, de densités très différentes.

Mais avant de nous décider pour une explication définitive du *dédoublement* des canaux, revenons aux canaux eux-mêmes. Existent-ils ?

Voici une Note de M. Brenner qui tente à la fois d'expliquer les canaux et leurs dédoublements par le génie des ingénieurs de Mars.

CCXLI. — Léo Brenner. — Explication des phénomènes de Mars (¹).

L'hypothèse Pickering-Lowell, qui considère les mers martiennes comme de vastes plaines végétales, est en contradiction complète avec les observations, et l'on peut se demander s'il n'y aurait pas une explication meilleure des phénomènes observés sur la surface de la planète Mars. Je le crois.

Avant d'essayer d'expliquer l'énigme martienne, il est bon de remémorer ce que nous savons avec certitude sur la nature de la surface de cette planète.

Nous savons que Mars a une atmosphère très légère contenant de la vapeur d'eau, et que, en hiver, ses pôles sont entourés par des calottes fort étendues qui en été disparaissent ou à peu près, et qui correspondent par conséquent sûrement à nos zones de neige. Les cartes de la surface de Mars nous montrent entre les parties claires et les parties sombres une ligne de séparation qui correspond tout à fait à nos lignes de côtes. Au lieu de fleuves, nous voyons un réseau de lignes généralement droites, exceptionnellement infléchies, qui sillonnent la terre ferme dans tous les sens. Un simple regard sur ce réseau suffit pour reconnaître qu'*il ne peut être le résultat d'actions naturelles*, mais bien d'une intervention artificielle, et tout de suite l'idée de CANAUX se présente à l'esprit. En fait, si des êtres pensants avaient eu l'intention de faciliter l'accès d'une masse compacte de terre ferme au moyen de voies navigables artificielles, utilisables à la fois par la navigation et par l'agriculture, ils n'auraient pu choisir un tracé plus judicieux. Les canaux assurent en effet les communications entre tous les points de la planète et prennent toujours le plus court chemin.

Mais deux questions importantes se posent : d'abord, comment se fait-il qu'aucune montagne n'arrête le cours des canaux ? et ensuite pourquoi les Martiens ont-ils construit des canaux de 50 à 300 kilomètres de large et, subséquemment, comment ont-ils pu réaliser cette œuvre gigantesque ?

Il est facile de répondre sur le premier point. Mars est de centaines de millions d'années plus âgé que la Terre ; le processus de refroidissement a d'ailleurs dû être considérablement plus rapide sur ce globe plus petit, de sorte que Mars se trouve arrivé à un stade de développement qui ne sera atteint par notre planète que dans des centaines de millions d'années. Or, on sait que, sous l'action

(¹) *Bulletin de la Société astronomique de France* du 1ᵉʳ janvier 899.

des intempéries, les montagnes diminuent sans cesse et que, au contraire, les vallées tendent à se combler; on conçoit qu'avec le temps ce double phénomène ait eu pour conséquence le nivellement général de la planète, ce qui explique qu'aucun obstacle n'entrave le développement rectiligne des canaux.

La réponse à la deuxième question m'a été suggérée par M. Holtzhey, d'Erfurt, qui appela mon attention sur les digues de Hollande dans lesquelles je crois, en effet, avoir trouvé l'œuf de Colomb. Mon hypothèse serait la suivante :

Par suite du nivellement de Mars, les terres de cette planète ont été exposées aux envahissements de la mer, *contre lesquels les Martiens se sont protégés à la façon des Hollandais, par l'établissement de digues.* Ils ont d'abord protégé leurs côtes de la sorte, puis ils ont vu qu'il convenait de donner un écoulement aux eaux à travers des canaux. Ces canaux ont ainsi un triple but : ils doivent servir de dérivation pour les eaux de la mer, permettre la navigation dans tous les sens et arroser la planète dépourvue d'eau ([1]). Par suite du grand éloignement de Mars, nous ne voyons jamais que les principaux canaux; les millions de petits canaux secondaires, et les petits canaux d'irrigation qui conduisent l'eau partout et permettent la navigation sur tous les points, échappent à notre vue en raison de leur petitesse relative.

Tous les canaux sont encaissés entre deux digues qui n'ont pas besoin d'avoir une grande hauteur : quelques mètres doivent suffire pour les plus grandes, moins encore pour les petites. Le travail reste d'ailleurs le même, que les digues soient écartées de 5 mètres ou de 300 kilomètres, et la largeur des canaux s'explique par suite le plus naturellement du monde. L'intensité de la pesanteur à la surface de Mars n'est d'ailleurs que 0,376 de ce qu'elle est sur la Terre; il ne faut pas non plus oublier que les canaux ne sont pas l'œuvre de milliers, mais de millions d'années, et que nous sommes tout à fait hors d'état de concevoir ce que peuvent être les moyens techniques dont disposent les Martiens ([2]). Qui pourrait dire jusqu'où ira l'esprit humain en matière de découvertes et d'inventions dans des millions d'années?

L'établissement d'un réseau de canaux tel que nous l'observons sur Mars n'a donc rien d'impossible ou d'invraisemblable. Quant à la duplication des canaux, je suis convaincu qu'elle peut s'expliquer aussi d'une façon toute naturelle. La duplication n'est pas temporaire, elle existe toujours; c'est-à-dire qu'il y a une quantité de canaux courant parallèlement l'un près de l'autre, qui parfois donnent ensemble l'impression d'un large canal unique, mais parfois aussi apparaissent séparés. Souvent aussi un seul des canaux jumeaux est visible; pourquoi? Pour les mêmes raisons qui font que nous ne voyons jamais tous les canaux à la fois,

([1]) Il n'est pas absolument nécessaire que l'eau des mers martiennes soit salée; d'ailleurs, le fusse-t-elle, qu'il ne serait pas impossible que l'eau salée fût une condition de vie pour les organismes martiens comme pour nos poissons de l'Océan. L. B.

([2]) On peut penser que les canaux principaux ont été construits aussi larges pour éviter les débordements; de petits canaux n'auraient pas suffi pour recevoir les eaux de la mer; du reste ces grands canaux en ont une quantité de petits à alimenter. L. B.

mais tantôt les uns, tantôt les autres. (Il faut chercher la cause de cette particularité dans une propriété spéciale, qui nous est encore inconnue, de l'atmosphère de Mars.) Ma carte (p. 331) indique une douzaine de paires de canaux jumeaux courant parallèlement, et pourtant je n'ai cru voir qu'une fois deux de ces canaux simultanément. Les autres n'en existent pas moins comme je les ai indiqués, ainsi que l'établissent non seulement mes propres observations, mais aussi en partie celles de M. Schiaparelli et de M. Lowell.

Le Gange, par exemple, est un canal double que j'ai vu tel moi-même en 1894, alors que cette fois je ne l'ai jamais vu qu'aussi large qu'il est indiqué sur ma carte (les deux bras réunis me donnant l'impression d'un canal unique), et cependant je l'ai vu dès le 20 mai, plusieurs mois par conséquent avant que, d'après les idées admises jusqu'ici, dût commencer la duplication! Il n'y a donc aucun doute à cet égard; les canaux dits « doubles » existent constamment; ce sont des canaux voisins parallèles dont nous ne voyons pas toujours simultanément les deux bras. *L'idée que la duplication doit être attribuée à une mise au point défectueuse n'est pas soutenable,* car ce serait admettre l'inadmissible qu'un observateur tel que Schiaparelli ne saurait pas mettre son oculaire au point.

Mon hypothèse des digues explique aussi d'autres particularités : à diverses reprises, on a remarqué que certaines régions (par exemple Lybia, Hesperia, Electris) apparaissaient parfois entièrement ou partiellement obscures; il est probable que cette teinte est due à la rupture des digues et à l'inondation de certaines parties de territoire, comme cela arrive souvent en Hollande. Les îles et presqu'îles de la mer australe et d'Erythræum montrent rarement des lignes de côtes aussi nettes que les terres fermes; cela peut s'expliquer par la circonstance que ces territoires ne sont pas protégés par des digues et sont par suite exposés à des inondations qui couvrent des étendues de territoires tantôt plus grandes, tantôt plus petites.

Le fait que beaucoup de canaux ressemblent à de larges bras de mer peut être également expliqué par des ruptures de digues ayant pour conséquence la submersion des territoires environnants. Comme le Zuiderzée, les lacs intérieurs peuvent être attribués à de grandes catastrophes aux digues, qu'il n'a pas été possible de réparer, de sorte que les riverains ont dû se contenter de construire des digues autour de la partie envahie pour éviter de nouvelles inondations. Cette inondation est confirmée par les faits : le Trivium et le Propontis ont habituellement une configuration quadrangulaire; or, cette année, le Trivium m'est apparu circulaire, avec une telle étendue que l'on peut admettre qu'il s'est produit une grande rupture de digue amenant une vaste submersion.

Les petits lacs aux points de croisement des canaux doivent être considérés comme des élargissements voulus (grands réservoirs). La duplication présumable de certains lacs peut s'expliquer par la circonstance que, en temps de basses eaux, les parties les plus hautes du fond du lac (des barrages artificiels peut-être) font saillie hors de l'eau, prennent l'aspect de ponts et donnent l'apparence d'une duplication du lac.

Enfin le changement d'intensité de la coloration des canaux s'explique aussi par l'hypothèse des digues. Quand l'eau d'un grand canal coule dans les canaux secondaires, le canal principal s'appauvrit et devient, par conséquent, plus clair; il peut même devenir assez clair pour cesser d'être visible pour nous. Il redevient visible quand les canaux secondaires sont barrés ou qu'il a reçu lui-même un nouvel afflux de la mer.

Quelque hostile que je sois en général aux hypothèses, je livre la mienne à la publicité, parce qu'elle permet d'expliquer d'une façon toute naturelle et toute simple les phénomènes en apparence énigmatiques et incompréhensibles que nous observons sur Mars. Cette explication n'est pas contredite par les observations, elle n'est basée sur aucune idée inadmissible : on ne saurait demander davantage à une hypothèse.

Ainsi, pour l'auteur, les canaux de Mars ont été construits par d'habiles ingénieurs.

A cette communication, qui avait été même plus agressive que ne le montre l'extrait précédent, envers MM. Lowell et William Pickering (et que nous n'avons pas entièrement reproduite), celui-ci a répondu, de l'Observatoire de Harvard College, dans les termes suivants [1] :

J'ai pris beaucoup d'intérêt à ce que M. Brenner avait à dire en ce qui concerne mon hypothèse. Il expose sa manière de voir avec vigueur, en tirant le meilleur parti possible de ses observations. De plus, sa théorie, due aussi à M. Holtzhey, que les canaux ont été endigués et non creusés me frappe par son ingéniosité. Il y a quelques faits, cependant, que M. Brenner semble ignorer, et sur lesquels je voudrais attirer l'attention.

M. Brenner trouve que la teinte des mers est grise ou brune. En 1894, vers l'époque du solstice d'été de l'hémisphère austral de Mars, M. Lowell les a trouvées d'une couleur vert bleu brillante. A mes yeux, elles n'ont jamais offert cette teinte, bien que nous nous soyons servis du même instrument, à la même époque ; elles m'ont paru, la plupart du temps, d'une couleur gris neutre, caractérisée. Cependant, en 1890, à l'époque de l'équinoxe de printemps de l'hémisphère austral, ces prétendues mers m'ont semblé d'un vert brillant, analogues à celui des jeunes feuilles du printemps. En 1892, à Arequipa, les premières observations ont révélé le même phénomène. Mais au fur et à mesure que la saison avançait sur la planète, le vert s'est lentement changé en un gris monotone, analogue à celui que j'avais remarqué en 1904 à Flagstaff. Vers la fin de nos observations en 1894, la teinte grise a lentement passé au jaune, et la plupart des taches au sud de 50° de latitude australe ont disparu pour cette raison. Des

[1] *Bulletin de la Société astronomique de France* du 1er avril 1899, p. 171.

observations récentes, faites peu après l'équinoxe d'automne de l'hémisphère austral, accusent une teinte verdâtre dans les régions comprises entre 10° et 20° de latitude australe. Mais cette teinte n'est pas aussi marquée que le beau vert de la zone tempérée australe pendant les observations de 1890.

En ce qui concerne le prolongement des canaux dans les « mers », M. Brenner semble être sous l'impression que ce phénomène n'a été vu que par M. Douglass. Cette erreur est due, sans doute, en partie à M. Lowell, qui a supposé que ces canaux ont été découverts à Flagstaff. Mais, en réalité, ils ont été découverts par moi deux ans auparavant, à Aréquipa, où ils ont été vus aussi par M. Douglass. Au mois d'août 1892, j'avais écrit que « quelques canaux très bien développés traversent les océans ». Si ces aspects sont réellement dus à des canaux aquatiques et à des océans d'eau, il semblerait exister quelque contradiction ici. Ces canaux étaient étroits et nettement définis, et facilement visibles pour les deux observateurs.

Si maintenant les prétendues mers sont de faibles dépressions, peut-être les lits d'anciens océans, il n'y a pas de raison pour que la séparation entre les régions fertiles et arides sur Mars ne soit pas définie avec une netteté absolue. Dans le cas des déserts de l'Amérique méridionale, la délimitation entre les vallées fertiles et les collines arides n'a souvent pas 50 mètres. Il ne me paraît pas que l'objection de M. Brenner que les prétendues « mers » sont sombres en hiver et que, par conséquent, elles ne sauraient être dues à de la végétation, ait un grand poids. Nos forêts de pins sont aussi sombres en hiver qu'en été, et l'on peut en dire autant de la plupart des régions fertiles comprises dans des latitudes intertropicales. Comme nous ne savons absolument rien de la végétation sur Mars, je ne serais guère surpris si quelque astronome nous montrait un jour qu'en certaines régions elle est permanente, en d'autres, changeante avec les saisons, tandis qu'en d'autres on recueille deux ou trois moissons dans la même année. Ce serait très intéressant, mais ne rendrait pas à mon esprit l'hypothèse moins probable : au contraire, ce serait plutôt ce que j'attendrais.

Laissant ici les objections de M. Brenner, je voudrais maintenant attirer l'attention sur un ou deux points. Il est presque certain, et c'est, je crois, une opinion généralement acceptée, que l'atmosphère de Mars est très raréfiée. Du moment que la neige fond, même aux pôles, *il doit faire assez chaud à l'équateur*. Dans ces conditions, on devrait s'attendre à une vaporisation extrêmement rapide le jour, et à une condensation également rapide la nuit. En réalité, c'est à ce fait qu'est probablement due la circulation de l'eau sur la planète, ainsi que le constate la présence de neiges aux deux pôles. Maintenant, s'il y a une grande surface liquide sur Mars, ainsi qu'on le croyait en général jusqu'ici, pourquoi l'atmosphère du côté du jour de la planète ne se saturerait-elle pas plus souvent, formant des nuages ? Cependant, à part au terminateur et au limbe, *les nuages sont extrêmement rares*.

De plus, s'il y a sur Mars une aussi grande quantité d'eau, comment se fait-il que la planète ne soit pas munie d'épaisses calottes polaires, comme les nôtres ? A une pareille distance du Soleil, n'est-il pas surprenant que la neige disparaisse entièrement en été, tandis que la nôtre reste avec une telle persistance ? Si, d'après mon hypothèse, l'eau ne s'y trouve qu'en faible quantité, et surtout distribuée par évaporation et par condensation, nous aurions un climat à grands écarts de température sur la planète, avec des journées chaudes et des nuits froides. Les calottes polaires ne seraient ainsi pas réellement de la neige, mais de la *gelée blanche*, dont la profondeur, au lieu d'être de plusieurs mètres, ne serait, en général, que *d'une fraction de mètre.*

Examinant enfin la question à un autre point de vue, si Mars a une atmosphère, son ciel doit être plus ou moins brillant dans la journée et doit, par suite, être réfléchi par les surfaces de ses mers. Lorsque la lumière est réfléchie de la surface de l'eau, elle est en partie polarisée dans toutes les directions, sauf la verticale. J'ai examiné plusieurs fois, à Aréquipa, la surface des prétendues « mers » avec un prisme à double image, et à Flagstaff avec le polariscope Arago, qui est plus sensible. Une fois ou deux, à Aréquipa, j'ai cru trouver quelques traces de polarisation dans une partie exceptionnellement sombre de la Grande Syrte. Comme ce phénomène a été constaté juste après la fonte de la calotte polaire, il est possible qu'il y ait eu quelques marais en cet endroit. Cependant, je n'en ai jamais été sûr, et à Flagstaff, à l'aide d'un instrument beaucoup plus sensible, je n'ai pu trouver la moindre trace de polarisation dans n'importe laquelle des prétendues « mers ». Mais, en même temps, la surface bleu noir entourant la calotte polaire au moment de la plus rapide diminution d'étendue a montré une polarisation très marquée, ce qui confirme mon impression que le phénomène était dû à la présence de l'eau dans cette région.

Je suis amené à croire que les prétendues « mers » ne sont autre chose que des *surfaces étendues de végétation*, que les canaux sont également des surfaces de végétation, mais beaucoup plus restreinte, qui se développe de part et d'autre de cours d'eau comparativement étroits et invisibles, et que les surfaces rougeâtres sont des déserts, qui, en vertu du manque d'eau, sont beaucoup plus étendus que ceux que nous rencontrons sur notre Terre.

Les stations d'Aréquipa et de Flagstaff sont, toutes les deux, situées sur des régions désertes élevées et ont, par conséquent, en vertu de leur situation près des tropiques, une atmosphère extrêmement favorable aux investigations astronomiques. Dans ce cas, je crois que mes confrères et moi, nous avons vu la planète dans des circonstances plus favorables que celles de n'importe quel autre observateur. Je fais cette constatation parce que je tiens à rappeler ici le fait que *je n'ai jamais vu les canaux doubles*, et je crois que M. Douglass, qui était avec moi et à Aréquipa et à Flagstaff, est de la même opinion, bien que je ne puisse pas parler avec autorité sur son compte.

D'autre part, l'article de M. Brenner a également reçu la réponse suivante :

CCXLII. — Th. Moreux et du Ligondès. — Les canaux de Mars [1].

M. Brenner croit pouvoir écrire : « Quelque hostile que je sois en général aux hypothèses, je livre la mienne à la publicité, parce qu'elle permet d'expliquer d'une façon toute naturelle et toute simple les phénomènes en apparence énigmatiques et incompréhensibles que nous observons sur Mars. Cette explication n'est pas contredite par les observations, elle n'est basée sur aucune idée inadmissible; on ne saurait en demander davantage à une hypothèse. »

Discutons donc cette hypothèse.

Tout d'abord, il s'agit de préciser la question et de ne pas oublier les conditions que doit réaliser l'hypothèse scientifique. On l'a parfois comparée à une courbe qui serait astreinte à passer par certains points. Tout fait dûment constaté détermine un nouveau point de la courbe. L'allure de celle-ci se précise donc chaque fois davantage, jusqu'au moment où elle est tracée presque complètement. L'hypothèse scientifique doit s'appuyer sur des faits certains et, si l'on emploie les analogies, ce doit toujours être dans les limites permises par l'induction. Elle deviendra ainsi un levier puissant de l'esprit humain et un moyen d'investigation de premier ordre. Mais on oublie trop souvent ces qualités et, faute de réaliser ces conditions, bien des hypothèses n'ont pas le droit d'être introduites dans la Science.

Nous en avons une preuve dans un certain nombre de théories émises pour expliquer « l'énigme martienne » et, nous aurons le courage de le dire, l'argumentation de M. Brenner sur le même sujet est très faible en bien des points.

Dans le paragraphe où l'auteur veut nous résumer ce que nous savons de certain sur Mars, nous trouvons cette phrase : « Un simple regard sur ce réseau (de lignes généralement droites — les canaux —) suffit pour reconnaître qu'il ne peut être le résultat d'actions naturelles, mais bien d'une intervention artificielle ». Or là est précisément la question. Si un simple regard suffit, n'allons pas plus loin : tout dans la science devient une affaire de sentiment. Une comparaison va nous faire comprendre. Supposons qu'un homme, ignorant les merveilles de la cristallisation, pénètre dans un laboratoire où est installé un microscope solaire. Une goutte d'eau salée est déposée sur une mince lame de verre. O stupeur! A mesure que s'écoulent les minutes, tout dans cette petite masse d'eau se met en mouvement. Les molécules, mues par l'attraction, accourent de tous côtés, se précipitent les unes vers les autres et se groupent en cristaux multiples, véritables édifices d'une symétrie extraordinaire. Le pauvre homme se demande quels ressorts cachés, quel préparateur, disons le mot, quel compère est dissimulé derrière l'écran transparent, dessinant à mesure ces merveilleuses configurations, pendant que le savant contemple avec un sourire malicieux son hôte, trop ignorant des lois de la nature.

[1] *Bulletin de la Société astronomique de France*, avril 1899.

Et, dans un même ordre d'idées, le géologue, devant ces coulées basaltiques, se demande-t-il si une intelligence humaine a contribué à cet arrangement? Est-ce que ces prismes hexagonaux si réguliers dont les axes sont toujours perpendiculaires aux surfaces de refroidissement manifestent autre chose que la présence d'une loi constante présidant aux phénomènes du retrait? Non, encore une fois, il n'est pas permis de penser que la régularité dérive toujours de l'intervention directe d'une intelligence.

M. Brenner soutient sa thèse en s'appuyant sur deux arguments qui se résument ainsi :

1° Mars est plus âgé que la Terre;

2° La dynamique externe a dû faire son œuvre et le niveler presque complètement.

L'hypothèse cosmogonique de Laplace a servi de base à cette opinion, fort répandue d'ailleurs. Mais cette hypothèse est à peu près abandonnée. Nous avons toutes les raisons, au contraire, de croire que Mars figure parmi les plus jeunes planètes du système solaire. Les découvertes de nouveaux astéroïdes entre Mars et Jupiter, celle toute récente d'une petite planète circulant entre Mars et la Terre, tendent à prouver de plus en plus, et cela en dehors de toute hypothèse cosmogonique, que dans cette région l'agglomération des matériaux planétaires a été entravée par des actions opposées de Jupiter et de la Terre; Mars aurait été formé des débris ayant pu échapper à ces attractions. Sa faible masse, sa position au milieu de la grande déchirure du disque planétaire, indiquent suffisamment que la concentration de ses éléments, retardée longtemps, est de date relativement récente. D'ailleurs, s'il en était autrement, Mars qui, pour ses dimensions, tient le milieu entre la Terre et la Lune et se rapproche de cette dernière par sa densité, serait depuis longtemps figé comme notre satellite.

Ensuite, si M. Léo Brenner, qui est certes un astronome habile, voulait considérer la Lune quelques instants, il verrait que « l'action des intempéries » n'a pas eu pour conséquence un nivellement général de la surface.

Et quelles sont ces intempéries dont parle M. Brenner? Tous les observateurs s'accordent à dire qu'on ne voit presque jamais de nuages sur Mars; l'atmosphère y est au contraire d'une pureté et d'un calme remarquables.

M. Léo Brenner devrait aussi nous expliquer comment, dans son hypothèse, l'eau provenant de la fonte des neiges polaires retourne au pôle sous forme de neige nouvelle, puisqu'il n'y a jamais de nuages dans l'atmosphère martienne.

Quant à l'aspect régulier des canaux, il suffit d'admettre une formation lente de Mars favorisant une grande homogénéité. Des cassures ont pu se former sur cette planète comme il s'en est formé sur la Lune, et ces cassures ont dû se montrer d'autant plus régulières dans leur distribution que les couches superficielles étaient plus homogènes.

Quant à la gémination, quoi qu'en dise M. Brenner, nous continuerons à lui attribuer un caractère optique.

Nous demanderons, en terminant, de commenter sommairement une phrase tirée encore du même article : « L'idée avancée par trois observateurs que la duplication doit être attribuée à une mise au point défectueuse n'est pas soutenable, car ce serait admettre l'inadmissible que de penser qu'un observateur tel que Schiaparelli ne saurait mettre son oculaire au point. »

Si M. Brenner n'a que des objections de ce genre à opposer à la théorie du caractère optique de la gémination, il peut être sûr que cette hypothèse fera son chemin. C'est sans doute une fine politique de laisser croire au public que l'habileté et l'autorité de M. Schiaparelli entrent en jeu dans l'affaire, mais il suffit de lire ce que l'un de nous écrivait il y a quelques mois à ce sujet pour être édifié sur notre pensée intime :

« Ce que nous avons vu suffit pour montrer à quel point doivent être fréquentes les causes d'erreur dans les observations astronomiques. L'observateur le plus consciencieux peut s'y laisser prendre, et je serai le dernier à faire un reproche à M. Schiaparelli de la découverte de la *Gémination apparente* des canaux de Mars. Tout au contraire, cette constatation montre à tous jusqu'où l'éminent astronome a poussé l'honnêteté scientifique, en signalant des phénomènes aussi fugitifs et aussi difficiles à observer. »

A l'encontre de M. Brenner, nous ne ferons pas à M. Schiaparelli l'injure de lui croire cette puissance presque divine de pouvoir mettre au point à *un dixième de millimètre près* l'oculaire d'une lunette de 18 ou 24 centimètres, et de déterminer avec autant d'exactitude l'endroit où se forme l'image d'une planète, surtout quand l'atmosphère est agitée.

C'est de la discussion que jaillit la lumière, dit un vieux proverbe. Décidément, *adhuc sub judice lis est*.

CCXLIII. — Flammarion. — Nouveau globe de la planète Mars.

A la séance de la Société astronomique de France du 4 mai 1898, le président a présenté à la Société un nouveau globe de la planète Mars, publié à la librairie scientifique Bertaux. Nous extrayons du procès-verbal de cette séance les lignes qui concernent cette présentation :

M. Flammarion offre à la Société le nouveau globe de la planète Mars qu'il vient de publier. Son premier globe était paru, comme on s'en souvient, en 1884. Depuis cette époque, nos connaissances ont été avancées et modifiées, et la géographie de Mars ou aréographie s'est considérablement développée. Il devenait nécessaire de construire une nouvelle sphère représentant l'état actuel des découvertes. Le dessin en a été fait avec le plus grand soin, sous la direction de

M. Flammarion, par M. Antoniadi, astronome-adjoint à son Observatoire. On y a représenté tous les détails qui ont été vus et vérifiés par trois observateurs au moins.

Le globe de 1884 mesurait 0m,35 de circonférence. Celui de 1898 mesure 0m,47. Il est du même format que le globe de la Lune publié, il y a une dizaine d'années,

Fig. 266. — Nouveau globe de la planète Mars, publié par M. Flammarion en 1898.

par M. Flammarion. On aura idée de son aspect général, très documenté, par la petite photographie ci-contre (1).

Il est difficile d'identifier aucun dessin sans avoir ce globe sous les yeux.

*
* *

En terminant cet exposé relatif aux études de la période 1897-1898, je dois ajouter que, sous l'obligation d'autres travaux urgents, je me suis

(1) Ce globe de Mars se trouve à la Librairie Bertaux (Thomas, successeur), rue du Sommerard, 11, à Paris.

trouvé arrêté dans la rédaction de cet Ouvrage, lorsqu'il était déjà imprimé et tiré jusqu'à cette feuille. Cet arrêt n'a pas duré moins de trois ans (juillet 1904-juin 1907).

Ces arrêts et ces retards sont parfois utiles, parce que souvent les observations ne sont publiées qu'après plusieurs années. C'est ainsi qu'avant d'ouvrir la période de 1898-1899, je dois signaler ici les observations faites à l'Observatoire de Moscou par M. S. Blajko, en 1896-1897, que je n'ai reçues qu'en 1903 (¹). Elles ont été faites à l'aide d'un réfracteur de Merz de $0^m,27$ d'ouverture, armé d'un grossissement de 380. Avant chaque dessin, l'auteur a pris soin de ne pas prendre connaissance de la position de la planète et de ce qu'il devait probablement avoir devant les yeux. Il a trouvé ensuite, par la comparaison, ses dessins plus conformes aux Cartes de Schiaparelli qu'à celles de Lowell.

Les observations s'étendent du 17 novembre 1896 au 12 janvier 1897. En général, les canaux ont été vus s'accordant avec ceux de Schiaparelli. Dans les dessins du 2 décembre, on remarque au nord de Trivium Charontis un canal qui descend à peu près verticalement, et dont la position se trouverait entre le Styx et l'Hadès. C'est probablement l'un ou l'autre, l'inclinaison du disque faisant, comme on le sait, varier considérablement les directions apparentes.

Ce même soir, 2 décembre, l'observateur ainsi que le professeur Ceraski ont remarqué un segment très blanc dans la région boréale. « Tout porte à croire, écrit-il, que ce sont les brouillards signalés par une dépêche de M. Flammarion, publiée dans les *Astr. Nachr.*, n° 3394. » Sur ce même dessin le Lac Mœris est net et bien détaché de la Mer du Sablier.

Le 8 décembre, outre le segment blanc boréal, dont il vient d'être question, l'observateur a dessiné une éclatante tache blanche au centre d'Elysium. Elle était encore visible 16 jours plus tard.

Le canal Héphaestus n'a pas été vu, quoiqu'il soit plus prononcé que les canaux voisins sur les Cartes de Schiaparelli.

Remarquons enfin qu'aucun canal ne s'y montre double.

Je dois aussi revenir sur les travaux de M. Lowell, à propos de la publication de son Ouvrage sur Mars, qui s'est trouvé éclipsé plus haut par l'éclat et l'importance des observations de l'auteur (p. 297-311). L'intérêt principal de ce Livre, publié en 1896, est d'exposer les conclusions de l'habile astronome américain.

Nous ne pouvons mieux faire, pour résumer ces observations, que de

(¹) *Annales de l'Observatoire de Moscou*, publiées par CERASKI, 2ᵉ série, vol. IV.

traduire ici le savant article qui leur a été consacré dans la revue anglaise *Nature* par M. J.-S. Lockyer. Voici cet article :

Il y a environ trois ans, nous avons signalé dans ces colonnes (*Nature*, vol. XVII, p. 553), l'Ouvrage devenu si rapidement classique de Camille Flammarion sur *La planète Mars*. Cet Ouvrage est l'exposé de toutes les observations faites depuis les plus anciennes jusqu'à nos jours. Tout y est discuté de main de maître, comme on devait s'y attendre. Depuis cette époque, la surface de la planète a été étudiée par les observateurs des diverses parties du Globe, et leurs observations ont été publiées en des journaux variés et en un grand nombre de langues. Les observations les plus importantes, ou tout au moins les séries les plus suivies, émanent de Flagstaff (Arizona), M. Percival Lowell s'étant à grands frais muni de bons instruments et établi dans cette région pour faire une étude systématique des configurations de la surface durant l'opposition de la planète en l'année 1894.

On peut d'abord se demander pourquoi un observateur a choisi un endroit si éloigné, lorsque tant d'excellents instruments existent et fonctionnent en des régions beaucoup plus proches. Or, pour une étude des détails planétaires, il faut, avant tout, une atmosphère calme et pure, la dimension des instruments, comme le dit M. Lowell, étant tout à fait de seconde importance. Pour nous en convaincre, il nous suffit de nous rappeler comment Schiaparelli, avec un instrument de dimension moyenne, fit ses belles découvertes des canaux et de leurs dédoublements, lorsque nul observateur, même avec des instruments deux fois plus forts que le sien, n'avait pu distinguer ces lignes délicates. Il est bien reconnu, parmi les astronomes, que cet observateur est doué d'une excellente vue, mais ce ne serait pas là une raison suffisante pour expliquer ces grandes différences.

M. Lowell désirait installer ses instruments dans les meilleures conditions possibles; c'est pourquoi il se fixa définitivement dans l'Arizona; non seulement la planète pouvait y être observée près du zénith, mais l'observation prouva que l'atmosphère est en cette région plus pure et plus tranquille que partout ailleurs.

L'astronome américain a résumé ses observations et leurs conclusions dans son Livre [1]. Ces observations ont été faites par lui et par ses associés, M. W.-H. Pickering et M. A.-E. Douglass.

On pourrait penser tout d'abord qu'un Livre sur Mars, pour prendre un rang élevé dans la littérature sur l'astronomie planétaire, doit tenir compte dans une grande mesure des travaux antérieurs faits par d'autres observateurs. Il peut y avoir des exceptions à cette règle normale, et c'est le cas de l'observateur américain. M. Lowell a voulu présenter sa magnifique série d'observations (série tout à fait unique sous le rapport du nombre de jours consécutifs d'observation) et en tirer, si possible, des conclusions plausibles. L'équation personnelle

(1) *Mars*, by Percival Lowell, Boston et New York, 1896.

semble jouer un très grand rôle dans l'observation des détails planétaires, si bien que plus cet élément sera éliminé, en procédant par les observations faites par un seul astronome avec un seul instrument, plus notre savoir avancera sur les changements réels qui peuvent se produire à la surface de la planète.

Le sujet de ce Livre est divisé en six Chapitres et nous ne pouvons faire mieux que de les examiner séparément.

Occupons-nous d'abord de la forme de la planète.

Le disque de Mars paraît généralement (en dehors des phases) parfaitement rond. Les mesures faites à l'Observatoire Lowell montrent qu'il est aplati aux pôles. Presque toutes les mesures précédentes donnaient une trop grande valeur à cet aplatissement et la théorie ne pouvait les admettre. La raison de cette apparente différence a été trouvée après une série de mesures soigneuses des diamètres polaires et équatoriaux.

L'explication qui semble s'accorder le mieux avec les faits est que sur le bord du disque il y a une frange crépusculaire qui affecte inégalement les diamètres équatoriaux et polaires. Le diamètre équatorial paraît toujours trop grand et subit des variations dues aux différentes positions du Soleil; tandis que, dans le cas du diamètre polaire, les variations sont beaucoup moindres. Les diamètres mesurés sont en fonction de la position du Soleil. Le calcul montre que l'arc minimum du crépuscule s'élève sur Mars à 10°.

On sait depuis longtemps que cette planète possède une atmosphère, et en vérité il serait difficile d'expliquer les changements qui ont lieu à sa surface sans l'intervention de cet élément. Cette atmosphère est décrite plus loin comme étant remarquablement libre de nuages, un nuage étant « un phénomène rare et inaccoutumé ». Ce résultat est un peu en désaccord avec certaines observations antérieures, d'après lesquelles des nuages ou voiles atmosphériques paraissent avoir été vus masquant les configurations géographiques. Du reste, M. Lowell n'affirme pas qu'il n'existe jamais de nuages sur Mars, mais seulement que pendant toute la durée de ses observations ils n'ont jamais effacé aucune configuration.

Il admet toutefois que le disque de la planète était parfois d'un éclat inexplicable, et que de petits points brillants ont été observés, mais il n'a observé aucune forme de masses aériennes mobiles. Qu'il y ait des nuages dans l'atmosphère, il le déduit de certains phénomènes visibles au terminateur et observés par M. Douglass. Pendant l'opposition de 1894, il n'y eut pas moins de 736 irrégularités observées sur le terminateur; quelques-unes ont paru être des projections lumineuses et d'autres des obscurcissements.

« Il est fort improbable qu'elles soient dues à des montagnes, lorsqu'on tient compte de tous les faits concernant la planète; il paraît plus simple de les attribuer à des nuages. » M. Lowell discute ce sujet assez longuement et finalement considère que ces irrégularités doivent être produites par la présence de ces derniers. C'est peut-être sur ce point que M. Lowell diffère le plus des autres observateurs de Mars. Ces points lumineux vus sur le terminateur depuis 1890 paraissent indiquer la présence de montagnes sur la surface martienne, de sorte que les déformations du terminateur sembleraient plus probablement dues à cette cause qu'à des bancs de nuages.

Nous arrivons maintenant au troisième Chapitre du Livre, la question de l'*eau et des mers*. Toute la surface polaire blanche a été surveillée minutieusement et paraît avoir entièrement disparu au cœur de l'été [1], fait qui n'avait pas encore été observé. Durant ces observations, on vit toujours une bande bleue suivant le cap lorsqu'il se retirait vers le pôle, montrant que l'eau se formait actuellement de la fonte des neiges. Les taches signalées par Green et Mitchell ont été vues aussi; on trouve qu'elles devaient être formées sur un sol à un niveau plus élevé que celui des environs, sortes de talus recouverts de glace qui réfléchissaient brillamment les rayons du Soleil.

L'auteur a adopté un plan très simple et très ingénieux pour montrer au lecteur les aspects différents de Mars. Il a construit un globe portant tous les détails constatés à son Observatoire, et ensuite photographié le globe de douze côtés différents [2]. Ainsi le lecteur fait, pour ainsi dire, un voyage autour de la planète, chaque ligne importante étant décrite dans le texte. Le merveilleux réseau des canaux est vraiment saisissant, et la quantité de détails observés surpasse tout ce qui avait été obtenu précédemment.

M. Lowell conteste l'existence des mers et nous apprend que des faits importants conspirent pour jeter de grands doutes sur leur caractère aquatique. Les deux principaux sont, premièrement, que des centaines de milliers de kilomètres carrés disparaissent dans un espace de temps étonnamment court, et, deuxièmement, que les observations du polariscope ne donnent aucune indication de polarisation. Deux questions alors se dressent ici : d'abord, que devient l'eau provenant de la fonte des neiges polaires ? Ensuite, que représentent les taches d'un ton bleu-vert qui parsèment la surface de la planète ? Ces dernières sont, d'après M. Lowell, des plaines couvertes de végétation; on a observé que leurs tons changent avec les saisons de la planète; il insinue cependant qu'autrefois elles ont été des mers, mais que la quantité d'eau a maintenant tellement diminué qu'elle ne circule plus que dans les canaux profonds.

Il définit les mers martiennes comme intermédiaires en évolution entre les mers terrestres et celles de la Lune. Dans un tel état de choses, devant cette diminution et cette rareté de l'eau, « les habitants de Mars ont une raison vitale d'utiliser jusqu'à la moindre goutte toute l'eau disponible qu'ils peuvent se procurer, et paraissent y avoir réussi par de gigantesques et savantes opérations, en établissant sur une vaste échelle un prodigieux système d'irrigation ». « S'il y a des habitants, ajoute M. Lowell, l'irrigation doit être le principal intérêt de leur existence ». Si nous portons maintenant notre attention sur les lignes connues sous le nom de canaux, il semble précisément que nous ayons sous les yeux ce qui paraît être le plus parfait système d'irrigation imaginable. Ces canaux

[1] *Voir* plus haut, p. 213, notre discussion à cet égard.

[2] *Voir* plus haut, p. 132.

étendent un véritable réseau sur toute la surface de la planète et passent aussi bien à travers les portions sombres que sur les portions claires du disque, d'après les observations de MM. Douglass et Schaeberlé. Ces canaux traversent les anciennes mers aussi bien que les continents; leur nombre a été doublé par les observations nouvelles. De plus, aux points où les canaux se rencontrent, on a observé des taches qui ne sont jamais vues isolées. « Il n'y a pas de tache qui ne soit réunie au réseau des canaux, non seulement par un canal, mais par plusieurs. » Les canaux et les taches semblent croître et décroître ensemble.

Ces canaux ne sont pas toujours visibles sur la surface de la planète; ils paraissent dépendre des saisons. Les observations prouvent qu'ils subissent un développement marqué, et c'est là qu'on peut chercher à trouver leur origine. Considérons ce « développement » tel que l'a vu et rapporté M. Lowell. Selon lui, les canaux varient en visibilité et non en position, et leur visible développement suit la fonte des neiges polaires. Ils deviennent distincts lorsque la fonte est déjà avancée, et davantage encore à mesure que les saisons progressent. Ceux qui sont les premiers visibles sont ceux du Sud, c'est-à-dire les plus proches du pôle sud. Mentionnons ici que le pôle sud était incliné vers la Terre pendant cette opposition de 1894. La haute latitude et la proximité des régions sombres sont les deux facteurs principaux pour une précoce visibilité. Les canaux qui se dirigent du Sud au Nord sont généralement visibles avant ceux qui sont tracés de l'Est à l'Ouest.

En ce qui concerne le dédoublement des canaux, les observations de M. Lowell l'ont amené à découvrir que ce phénomène n'arrive pas subitement, comme on le croit généralement, mais qu'il y a un mode de développement dans sa marche.

« Dans le cas du Gange, dit-il, un soupçon de gémination était visible, lorsque j'y regardai pour la première fois, en août.... Dans les moments de visibilité, les deux bords se montraient plus sombres que le milieu; c'était un dédoublement en embryon, avec une bande de terre entre les deux lignes jumelles. En octobre, la gémination était beaucoup plus évidente, le terrain entre les lignes jumelles s'était éclairci. En novembre, on ne pouvait plus avoir aucun doute sur la séparation des deux lignes. »

Voyons aussi quelle explication l'auteur donne de l'origine et de la duplication des canaux. L'idée qu'il adopte est celle déjà suggérée par Schiaparelli, Flammarion et Pickering, à savoir : *de la végétation.* « L'eau arrivant des régions polaires remplit un canal, irrigue la campagne des deux côtés et arrose les terres cultivées. Nous ne distinguons pas d'ici les canaux proprement dits, mais seulement la végétation qui est due aux irrigations et qui s'étend de part et d'autre des canaux. Les lignes les plus sombres représentent une croissance plus avancée de la végétation, causée par une distribution plus abondante des eaux. A travers les grandes taches sombres, ou plaines végétales, prairies, etc., les canaux sont visibles et communiquent toujours avec ceux des régions plus claires. » Voilà pour les canaux et leur origine.

Mais comment expliquer leur apparente duplication ? M. Lowell n'en donne pas encore la solution. « Ce qui se passe exactement... je ne puis prétendre le dire. On a supposé qu'une maturité progressive de la végétation du centre aux bords pouvait donner à une large rangée de vert l'apparence d'être double. Il y a des faits, cependant, qui ne s'accordent pas avec cette explication. »

De l'extrait ci-dessus, on peut voir que M. Lowell n'a pas la prétention de tout expliquer. Il semble toutefois probable que, si les canaux sont dus à de la végétation, leurs duplications doivent avoir une origine analogue.

Un des meilleurs exemples que nous ayons sur terre d'une grande étendue fertilisée rapidement par l'inondation d'un grand fleuve, c'est assurément la vallée du Nil. Cependant, en suivant les phases que la campagne subit sur les deux rives, pendant et après l'inondation, il est difficile de se rendre compte des développements observés sur Mars. Peut-être le système d'irrigation à la surface de cette planète a-t-il été poussé à un extrême degré de développement ; de plus petits canaux parallèles de chaque côté et à quelque distance des grands ont peut-être été creusés, afin d'être remplis et éventuellement séparés du canal principal, lorsque les eaux commencent à se retirer. De cette façon, la Terre serait mieux fertilisée d'abord sur les bords du canal principal, puis plus tard sur ceux des plus petits canaux. Un canal commencerait alors par paraître simple ; avec le temps il s'élargirait, et définitivement deviendrait double, les deux bandes les plus fertilisées étant parallèles, mais à quelque distance du canal principal. Les canaux de communication entre le canal principal et les canaux latéraux, ou plutôt la végétation le long de ces lignes, seraient invisibles à cause de leur exiguïté.

Une telle explication triomphe de la difficulté de décider pourquoi certains canaux ne se dédoublent pas. On peut admettre, en effet, que, dans ce cas, des canaux latéraux n'ont pas été construits, et dans cette hypothèse la gémination ne peut pas se produire.

Quelle que puisse être la véritable explication, il est certain, avant que ce problème puisse être véritablement résolu, qu'il faut observer attentivement la manière dont les canaux se développent et disparaissent.

Pour conclure, nous ne pouvons nous empêcher de reconnaître l'ordre logique de cet Ouvrage. L'auteur établit sur un très bon terrain l'hypothèse de la « végétation ». Il lui semble toutefois prématuré de déduire dès aujourd'hui des conclusions définitives, et il remet ses espérances aux prochaines oppositions.

Ces observations ont beaucoup ajouté à notre connaissance des lignes énigmatiques qui parsèment la surface de la planète, et la Science doit à M. Lowell une dette de reconnaissance pour l'énergie dont il a fait preuve en établissant et en conduisant l'organisation de son Observatoire.

Son Ouvrage ne s'adresse pas uniquement aux astronomes de profession, mais encore à tous ceux qui s'intéressent aux observations de la planète Mars, car il est écrit sous une forme tout à fait populaire. Les figures qui l'illustrent rehaussent encore la valeur du Livre.

Ce résumé bibliographique de M. William Lockyer expose exactement les données essentielles de l'Ouvrage de M. Lowell. Remarquons sa théorie de l'utilisation de l'eau par les habitants de Mars et du gigantesque système d'irrigation constitué par les canaux. C'était l'hypothèse présentée, un peu en plaisantant, par M. Schiaparelli, dans sa dissertation de 1895 (*voir plus haut, p. 251-262*).

OPPOSITION DE 1898-1899.

Depuis 1892, la planète s'est d'autant moins rapprochée de nous en chacune de ses oppositions. Celle de 1899 représente la position la plus éloignée. Il n'est pas sans intérêt de nous rendre compte de ces diverses situations par une figure appropriée. C'est ce que l'on peut faire à l'aide du diagramme ci-dessous.

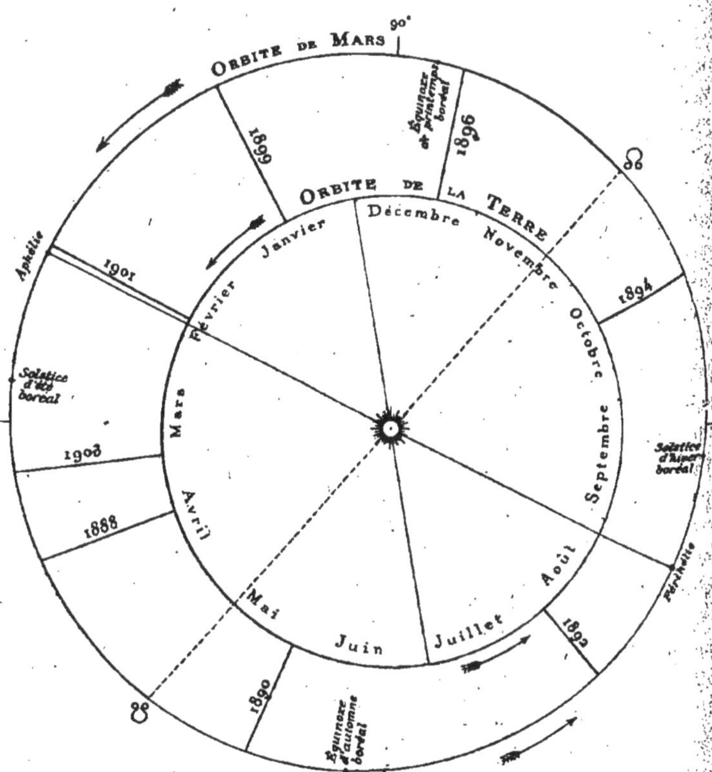

Fig. 267. — Relations entre Mars et la Terre, de 1888 à 1903.

Voici les principaux éléments relatifs à l'opposition de 1899 :

Opposition........................ 18 janvier.
Diamètre à l'opposition.......... 14",8
Distance = 0,6507 ou 96960000km.
Incliné du pôle boréal : latitude du centre + 11°,6.

Solstice d'hiver boréal.................	1er juin 1898.	(Voir p. 273.)
Équinoxe de printemps boréal.........	7 nov. 1898.	
Solstice d'été boréal	24 mai 1899.	
Aphélie....................................	9 avril 1899.	

CCXLIV. — Observations faites a l'Observatoire de Juvisy (1).
M. Flammarion, Directeur; M. Antoniadi, Astronome-adjoint.

Les observations faites à l'Observatoire de Juvisy se sont étendues du 8 juillet 1898 jusqu'au 30 juillet 1899.

La planète s'est présentée, à partir de septembre, avec une légère inclinaison du pôle boréal ou inférieur vers nous, la latitude du centre du disque étant de + 12° à l'époque de l'opposition. Au commencement des observations, cette latitude était de — 12°, de sorte que c'était le pôle sud qui était incliné vers la Terre. Le plan de l'équateur est passé par notre rayon visuel le 20 août.

Les images ont été, en général, satisfaisantes; mais, toutes les fois que le vent soufflait de l'Est, la planète se montrait absolument dépourvue de détails. Aussi, la belle période de soirées sans nuages que nous avons eue dans la seconde moitié de février, mais qu'accompagnait le vent d'Est, a-t-elle été pratiquement inutilisable au point de vue de l'étendue physique de notre intéressante voisine.

Pour ces observations, l'objectif Bardou, de 0m,24 et 3m,705 de foyer, a été remplacé par un nouvel objectif Mailhat, de 0m,26 d'ouverture et de 3m,810 de distance focale. Les grossissements employés ont été de 145, 224, 308, 411 et 617 diamètres, les oculaires étant du type négatif, ou de Huygens. C'est le grossissement de 308 qui nous a donné les meilleures images.

Voici nos observations principales. Nous avons désigné par ω la longitude du centre du disque et par φ sa latitude.

8 juillet 1898, 14h0m. Diamètre = 5",5 (2). $\omega = 99°$. $\varphi = -11°,9$. Image assez bonne. — On ne voit pas de calottes neigeuses aux pôles.

(1) *Bulletin de la Société astronomique de France*, année 1899, et *Astronomische Nachrichten*, juillet 1899.

(2) Tous les diamètres de Mars publiés par la *Connaissance des Temps* sont inexacts, parce qu'ils prennent pour base la valeur 11",10 donnée par Le Verrier, au lieu de 9",35, résultant de la discussion générale de Hartwig [*voir* t. I, p. 505].

14 juillet, 14^h35^m. Diamètre = 5″,6. $\omega = 49°$. $\varphi = -10°,5$. Bonne image. — On soupçonne quelques vagues estompages dus à la présence des Golfes des Perles et de l'Aurore.

19 août, 14^h0^m. Diamètre = 6″,2. $\omega = 51°$. $\varphi = -0°,2$. Assez bonne image. Le disque de Mars n'offre *aucun* détail.

13 septembre, 13^h15^m. Diamètre = 6″,8. $\omega = 159°$. $\varphi = +6°,2$. Rien de sûr. « Parfois, écrit l'observateur, M. Antoniadi, le disque paraît traversé de lignes noires, analogues aux canaux vus par les astronomes de Flagstaff sur Vénus, sur Mercure et sur les satellites de Jupiter. Mais ces apparences sont manifestement illusoires. »

22 octobre, 11^h45^m. Diamètre = 8″,5. $\omega = 123°$. $\varphi = +13°,7$. Apparition des neiges polaires boréales. A part cela, aucun détail. — A 12^h45^m, $\omega = 131°$, le centre du disque présente de temps en temps une tache grise subjective, comparable à la « Pilule » de Fontana en 1636. (Voy. *La Planète Mars*, t. I, p. 7.)

11 novembre, 12^h0^m. Diamètre = 9″,8. $\omega = 297°$. $\varphi = +15°,8$. Bonne image. — La neige du pôle boréal est très évidente. Hellas est blanche au bord supérieur. La Grande Syrte passe au méridien central, mais elle est peu intense.

18 novembre, 11^h0^m. Diamètre = 10″,3. $\omega = 217°$. $\varphi = +16°,3$. Bonne image, mais détails incertains. — La calotte inférieure est très blanche et paraît, comme d'habitude, limitée par une bande sombre. La Mer Cimmérienne se reconnaît.

20 décembre, 10^h0^m. Diamètre = 13″,3. $\omega = 269°$. $\varphi = +15°,6$. Très bonne image. — La calotte polaire inférieure est très éclatante; elle est entourée d'une bande estompée, qui devient particulièrement sombre vers 280° de longitude, non loin du lac découvert en 1896 sur la Boréosyrtis par M. Théodore Phillips. Les régions de Neith et Utopia paraissent estompées, ce qui donne à la Grande Syrte tout à fait la forme d'un *sablier*. Les contours de cette mer ne sont pas bien définis, de sorte que l'on ne saurait les tracer vers la Libye et le Lac Mœris avec précision. Hellas est brillante au limbe austral.

10^h40^m. $\omega = 278°$. La Mer du Sablier paraît maintenant plus foncée. A gauche on aperçoit un estompage excessivement vague, qui pourrait correspondre au canal Amenthès (*fig.* 268) [1].

21 décembre, 9^h15^m. Diamètre = 13″,5. $\omega = 249°$. $\varphi = +15°,5$. Bonne image. — Calotte boréale très blanche. Le lac au sud des neiges est très frappant. La Mer Cimmérienne se couche à gauche, tandis que la Grande Syrte arrive par la droite. Hesperia confuse, peut-être par la vision indistincte. Hellas est blanche près du limbe. Boréosyrtis est très développée et très foncée, se continuant vaguement jusqu'à la Petite Syrte par le canal Amenthès. Un estompage descend de la pointe de la Grande Syrte, très foncée, jusqu'au lac de Phillips. On voit Cyclops près du terminateur (*fig.* 269).

9^h45^m. $\omega = 257°$. Temps de brouillard; excellentes images. — La Grande Syrte est très foncée vers sa pointe inférieure; on voit bien maintenant son contour

(1) Toutes nos figures sont proportionnelles à la grandeur du disque : 3mm = 1″.

oriental ou de gauche : la Libye est claire et *le Lac Mœris ne forme plus qu'une baie de la Mer du Sablier*. Au sud-ouest de la Libye, la Mer Tyrrhénienne s'éclaircit pour former le « Lunæ Pons » de M. Lowell, jusqu'à la brillante Hellas. La Petite Syrte est peu intense. La noirceur du lac boréal est considérable. Indépendamment de la Boréosyrtis, ce lac envoie un autre canal à gauche, qui ne paraît pas correspondre à Heliconius-Anian.

10^h30^m, $\omega = 268°$. — Le grand canal unissant la pointe de la Mer du Sablier à

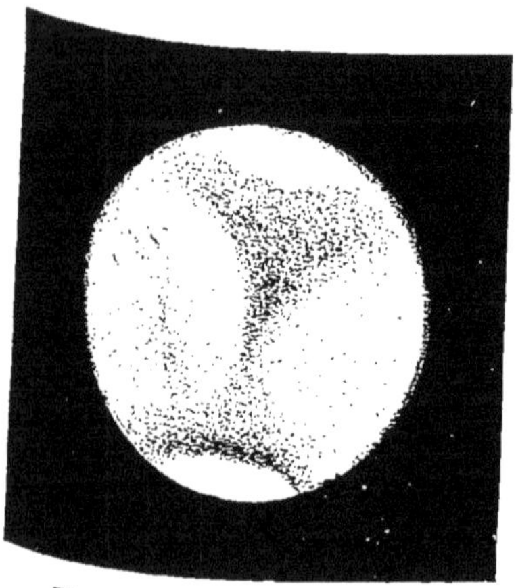

Fig. 268. — 20 décembre 1898, 10^h40^m.

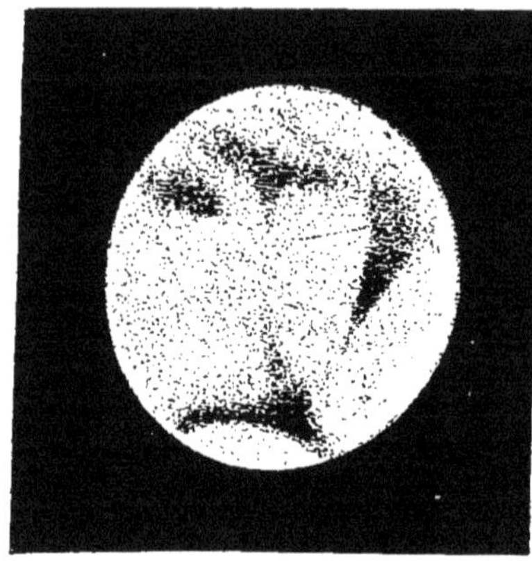

Fig. 269. — 21 décembre 1898, 9^h15^m.

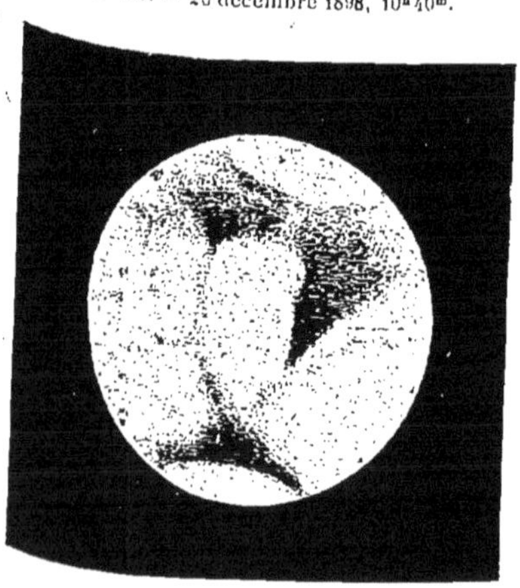

Fig. 270. — 21 décembre 1898, 10^h30^m.

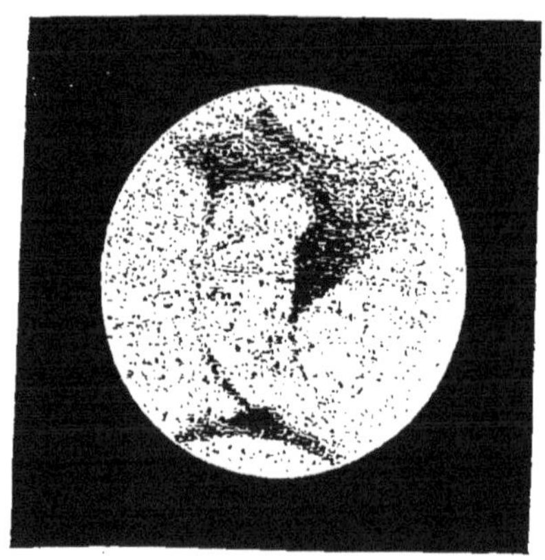

Fig. 271. — 22 décembre 1898, 11^h45^m.

DESSINS DE MARS PRIS A L'OBSERVATOIRE DE JUVISY EN 1898-1899

la Boréosyrtis, qui était si évident en 1896-1897 (1), se voit sans difficulté (*fig.* 270).

22 décembre, 11^h15^m. Diamètre = 13",5. $\omega = 270°$. $\varphi = +15°,4$. Bonne image. —

(1) C'est le canal marqué 9 sur la Carte pour 1896-1897 de la page 287.

La calotte polaire boréale est très blanche. Hellas est blanchâtre au limbe supérieur. La Grande Syrte présente la forme de Lowell, avec une Libye claire et sans le Lac Mœris. On voit également Amenthès, ainsi que le canal.

11h45m. ω = 277°. Très bonne définition. — La Grande Syrte est admirablement définie, et se montre plus sombre vers sa pointe inférieure. L'estompage de la Neith Regio complète la forme du Sablier. Le lac de la Boréosyrtis est très frappant. On entrevoit Phison et Amenthès, larges et vagues, puis de temps en temps un trait recourbé partant d'Amenthès pour se diriger vers l'emplacement du Lac Mœris et qui paraît correspondre à Népenthès (*fig.* 271).

8 janvier 1899, 10h0m. Diamètre = 14",6. ω = 101°. φ = + 13°,3. Excellente image. — A part les neiges boréales, le disque ne montre aucun détail. De très vagues estompages, à peine perceptibles au Sud, marquent peut-être le Lac du Soleil et le Golfe de l'Aurore.

11h0m. ω = 115°. — On soupçonne, à gauche, une tache ovale d'une faiblesse extrême et correspondant au Lac du Soleil. Aucune trace du Golfe Aonius. Cependant, à droite, apparait la Mer des Sirènes, assez faible, et surmontée de Phaethontis brillante. Ceraunius, bien qu'admirablement placé pour l'observation, ne se voit presque point. Un trait vague apparaît parfois dans le bas du disque, à droite : c'est probablement Phlegethon (*fig.* 272).

9 janvier, 9h30m. Diamètre = 14",7. ω = 85°. φ = + 13°,0. Excellente image, mais presque pas de détails. — Un estompage d'une intensité très faible marque la région du Lac du Soleil au Sud, tandis que la Mer Acidalienne est assez sombre près du terminateur (*fig.* 273).

10h0m. ω = 92°. — Un trait gris à gauche indique la présence du Gange, aboutissant au Lac de la Lune. Ce dernier paraît réuni à la Mer Acidalienne par le Nilokeras, très vague.

25 janvier, 9h45m. Diamètre = 14",5. ω = 309°. φ = + 10°,6. Air agité. Les détails sont très confus.

10h30m. ω = 320°. Image plus calme. — On voit un lac au-dessus des estompages entourant la calotte boréale : c'est Colœ Palus, réuni à la Mer du Sablier par la Nilosyrtis. Celle-ci paraît peut-être plus droite que ne l'exigerait la perspective. Le Sinus Sabæus ne présente rien d'anormal; Xisuthri Regio y est à peine visible, mais la baie triangulaire de l'Euphrate est très remarquable, et il en est de même de la noirceur de la baie Fourchue. Deucalion et les terres au Sud sont enfumées, mais Hellas est blanche à gauche et l'on peut en dire autant de Pyrrhæ Regio ou Noachis. La Mer du Sablier présente bien la forme de Lowell. Un point sombre apparait entre Aeria et Edom; c'est le Sirbonis Palus de Schiaparelli. On voit encore l'Hiddekel, comme une traînée confuse et très pâle. La Libye est très brillante au limbe occidental, où *la Mer Tyrrhénienne reste visible, très foncée, jusqu'au bord du disque.* Cette observation est fort intéressante pour nos idées sur la constitution physique de Mars, car, en nous faisant voir que le pouvoir lumineux diffusif de son enveloppe gazeuse peut devenir très faible, ou presque nul, elle nous indique que cette atmosphère est d'une raréfaction extrême.

$11^h 0^m$. $\omega = 328°$. — La noirceur de la Mer Tyrrhénienne jusqu'au limbe est toujours frappante. De plus, de la Baie du Méridien partent trois canaux vagues et diffus : Gehon, Hiddekel et Sitacus de la Carte de M. Cerulli (*fig.* 274).

28 janvier, $6^h 0^m$. Diamètre = 14″.3. $\omega = 228°$. $\varphi = + 10°$.1. Bonne image. — La

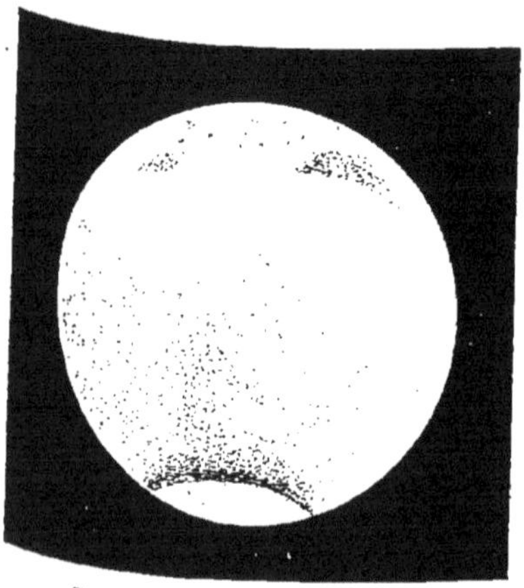

Fig. 272. — 8 janvier 1899, $11^h 0^m$.

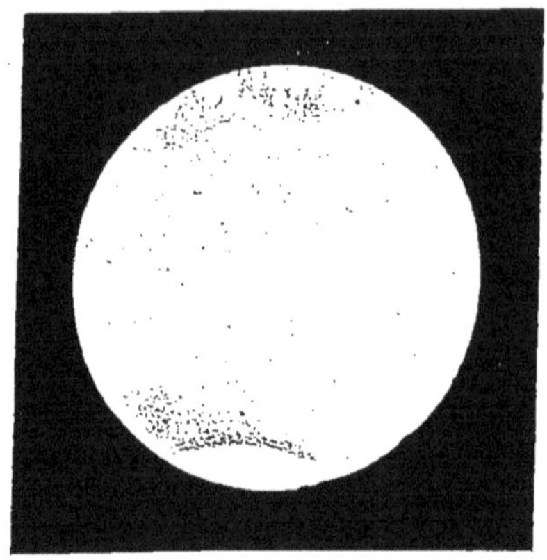

Fig. 273. — 9 janvier 1899, $9^h 30^m$.

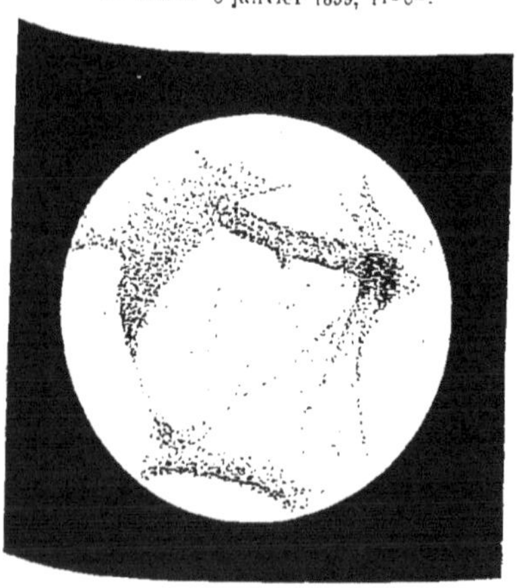

Fig. 274. — 25 janvier 1899, $11^h 0^m$.

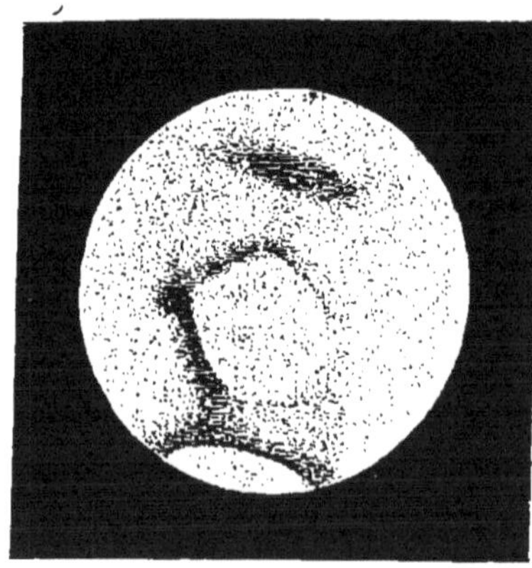

Fig. 275. — 28 janvier 1899, $6^h 0^m$.

DESSINS DE MARS PRIS A L'OBSERVATOIRE DE JUVISY EN 1898-1899.

calotte polaire est blanche; de vastes estompages l'entourent de tous côtés. La région « continentale » d'Ætheria est très grise, particulièrement foncée vers les extensions de la Boréosyrtis. Mais ces noirceurs près du limbe impliquent, comme l'observation du 25 janvier, une incroyable raréfaction atmosphérique. Hephæstus est invisible, mais Trivium Charontis paraît très foncé. Les canaux orientaux d'Elysium (Cerberus et Styx) sont noirs, tandis que les occidentaux (Eunostos et Hyblæus) sont beaucoup plus pâles. On voit, de plus, Læstrygon, Hadès, Orcus et Cyclops, tous confus. La Mer Cimmérienne ne présente rien d'anormal, et l'estompage d'Hesperia pourrait être attribué à la vision indistincte. Eridania est d'un blanc bleuâtre près du limbe supérieur (*fig.* 275).

6h30m. ω = 235°. — Le Trivium Charontis se dédouble optiquement de temps en temps, dans le sens de Læstrygon-Hadès, probablement par le passage de courants d'air de différentes températures devant l'objectif, courants dont la densité variable agit sur le foyer. Mais, en vertu de la mauvaise définition du lac, ces dédoublements sont très vagues, et échapperaient certainement sans la plus rigoureuse attention (*fig.* 276).

2 février, 10h0m. Diamètre = 14",0. ω = 242°. φ = + 9°,6. Bonne image. — La Mer Cimmérienne se couche à gauche. Hesperia paraît blanche. La Petite Syrte est faible, mais la Mer du Sablier est foncée au terminateur. On voit bien Trivium Charontis avec les canaux occidentaux d'Elysium. Mais ce qui attire particulièrement l'attention, c'est incontestablement le développement remarquable de la Boréosyrtis et les estompages adjacents.

11h0m. ω = 257°. — La blancheur des neiges contraste avec l'intensité des estompages avoisinants. Le lac de la Boréosyrtis est très étendu et très foncé. Deux canaux viennent converger vers l'extrémité supérieure de la Boréosyrtis; l'un est Amenthès; l'autre part de la Mer Cimmérienne, et ne s'identifie pas sur les cartes de Schiaparelli.

4 février, 9h15m. Diamètre = 13",8. ω = 214°. φ = + 9°,4. Bonne image. — On aperçoit le Golfe des Titans en haut et à gauche, puis, vaguement, Atlantis. La Mer Cimmérienne est grise, tandis qu'Eridania est blanchâtre au-dessus. Le Trivium Charontis est à gauche du centre et les canaux Orcus, Tartarus, Cerberus et Styx en rayonnent, le dernier très foncé, paraissant, par moments, double. Cerberus se prolonge jusqu'à la Mer Cimmérienne, et l'on reconnaît encore Cyclops, Eunostos et Hyblæus. La moitié gauche d'Elysium est blanchâtre. Les estompages de la Boréosyrtis sont très accentués au limbe inférieur.

10h0m. ω = 225°. — Indépendamment des détails énumérés ci-dessus, on voit encore Læstrygon et Æsacus. Ætheria et Cebrenia sont estompées (*fig.* 277) (1).

10 février, 8h45m. Diamètre = 13",3. ω = 153°. φ = + 8°,9. Air calme. — La Mer des Sirènes est mal définie; un canal très large la rencontre vers 150° de longitude, mais paraît plutôt être Arduenna, de M. Lowell, que Gorgon, de M. Schiaparelli. Le disque ne montre pas d'autres détails, excepté Propontis, en bas et à droite, émergeant des estompages avoisinant la calotte polaire inférieure (*fig.* 278).

9h45m. ω = 168°. — Electris se montre blanche au limbe supérieur. Le Trivium Charontis apparaît à droite. Titanum Sinus presque au méridien central.

(1) Voir aussi plus loin, p. 459, la Carte de la planète pendant cette opposition.

11h30m. ω = 194°. — Atlantis est vague. La région avoisinant Elysium est estompée, surtout au Nord. Du Trivium Charontis, très noir, rayonnent les canaux Orcus, Cerberus, Styx et Hadès, ce dernier dirigé vers Propontis. Toutes ces bandes sont larges et confuses (*fig.* 279).

17 février, 8h0m. Diamètre = 12",6. ω = 79°. φ = + 8°,6. Assez bonne image. —

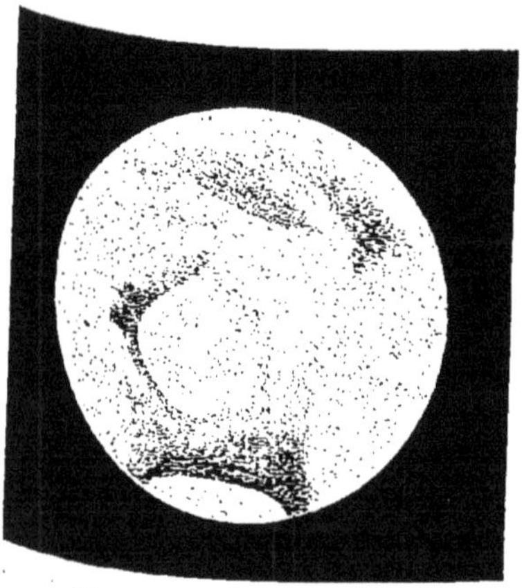

Fig. 276. — 28 janvier 1899, 6h30m.

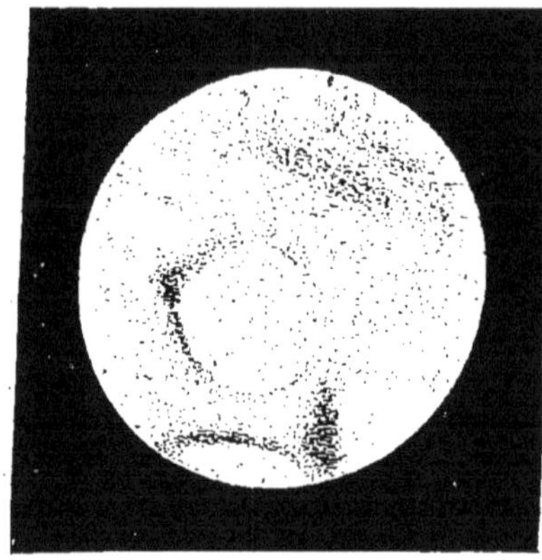

Fig. 277. — 4 février 1899, 10h0m.

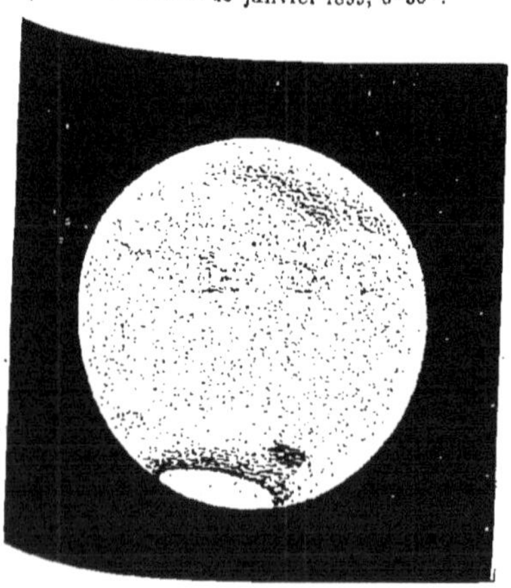

Fig. 278. — 10 février 1899, 8h45m.

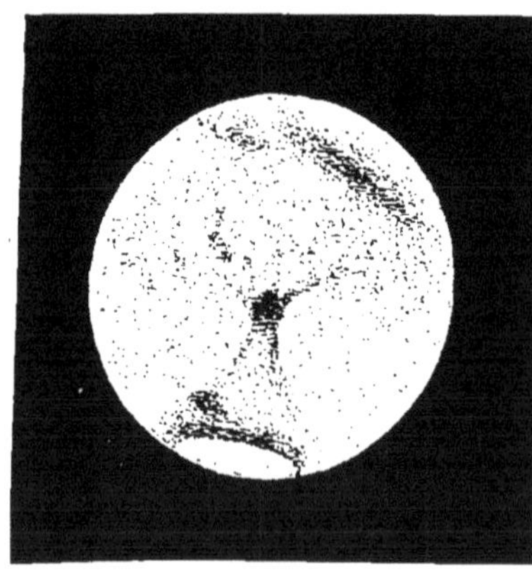

Fig. 279. — 10 février 1899, 11h30m.

Dessins de Mars faits en 1898-1899.

La calotte polaire est toujours assez étendue et paraît entourée d'une bande grisâtre. Le Golfe de l'Aurore approche du limbe occidental; son intensité est peu accusée. Le Lac du Soleil, assez visible, est à droite du méridien central, auquel il touche par son extrémité précédente. On ne saurait tracer avec précision le contour de l'Aurea Cherso; on se rappelle que cette région, qui était si développée de 1864 à 1877, s'est montrée réduite à des proportions très restreintes en 1894. Le Lac Tithonius s'entrevoit de temps en temps, bien que l'on ne puisse pas le tracer jusqu'à Auroræ Sinus. Le Lac de la Lune, plus évident que ceux du Soleil et Tithonius, paraît très foncé; c'est du reste là l'aspect qu'il a offert aux deux dernières oppositions. On voit assez bien la Jamuna, très confuse, réunissant le Golfe de l'Aurore au Sinus Acidalius, puis le Gange et Nilokeras, diffus tous les deux, et formant les deux côtés égaux d'un triangle isoscèle ayant le Lacus Lunæ pour sommet et la Jamuna pour base (*fig.* 280).

A certains moments, les détails deviennent subitement confus, le bord de la planète perd sa netteté, et le Gange et le Nil se dédoublent pendant $\frac{1}{4}$ de seconde.

9^h30^m. $\omega = 101°$. — Il n'y a presque pas de détails. Le Golfe de l'Aurore et le Lac du Soleil sont excessivement pâles. Au contraire, le Lac de la Lune se montre comme une tache noire isolée et visible du premier coup d'œil. Ceraunius traverse le disque de temps en temps dans le sens Nord-Sud comme une traînée large, mais à peine accusée. Rien de particulier dans les régions de la Mer Acidalienne, affaiblie par l'obliquité, ni dans celle du Palus Mæotis, qu'on n'aperçoit que comme un estompage presque invisible. Les régions australes se montrent blanchâtres au-dessus de Thaumasia; il est à remarquer ici qu'il y a une demi-teinte dans la Mer Australe, au sud de Thaumasia, reconnaissable, surtout sur les dessins du capitaine Molesworth en 1896-1897, ainsi que sur la carte de Proctor (1888), qui lui a donné le nom de « Terre brumeuse ». (Voyez Tome I, p. 401.) Il paraîtrait donc que les blancheurs en question sont des précipitations de la vapeur d'eau de l'atmosphère martienne sous forme de gelée blanche, sur une terre analogue aux autres îles australes qui blanchissent proportionnellement à l'obliquité des rayons solaires.

10^h0^m. $\omega = 109°$. Image un peu meilleure. — Mêmes aspects. On voit toujours les Lacs du Soleil et de la Lune, le premier à peine perceptible, diffus et large, le second tout petit et noir dans le voisinage du limbe occidental. Indépendamment des détails vus jusqu'ici ce soir, on reconnaît maintenant l'arrivée de la Mer des Sirènes, émergeant du terminateur. Il est à remarquer que le Golfe Aonius est absolument invisible. Aucune trace de la Neige Olympique, observée vers 129° de longitude et +21° de latitude, par M. Schiaparelli en 1879.

Ce qu'il y a de plus remarquable actuellement, c'est que *le Lac du Soleil est très pâle,* tandis que *le Lac de la Lune est très foncé.*

20 février, 6^h20^m. Diamètre = 12",3. $\omega = 28°$. $\varphi = +8°,5$. Bonne image, bien que l'air soit agité de temps en temps. — La calotte polaire est toujours assez étendue, quoique sa dimension dans le sens du méridien central soit un peu réduite par suite de la diminution de la latitude boréale du centre. L'objectivité de la bande sombre enveloppant ces neiges est douteuse. Les îles de la Mer Érythrée sont blanchâtres; on ne voit pas la forme particulière de chacune de ces terres, mais bien une blancheur continue, sans limites précises. La Baie du Méridien va se coucher au limbe occidental : elle est bien sombre. Le Golfe des

Perles, beaucoup plus pâle, offre en petit le contour de la Grande Syrte Aromatum Promontorium paraît quelque peu émoussé. Le Golfe de l'Aurore n'est pas très sombre. On voit plusieurs canaux mettre en communication ces mers du Sud avec les régions « maritimes » septentrionales : Gehon, mince;

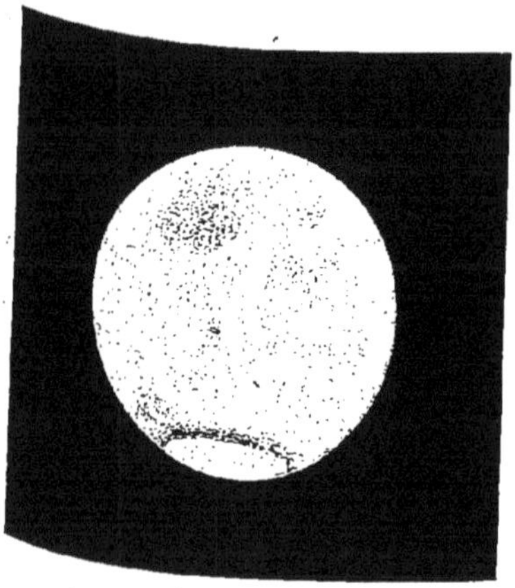

Fig. 280. — 17 février 1899, 8h 0m.

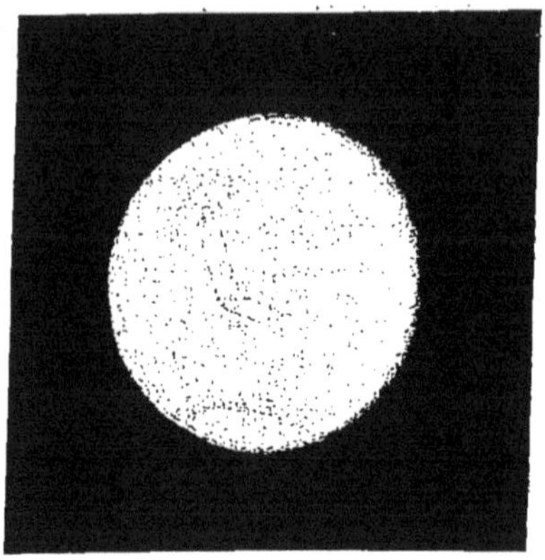

Fig. 281. — 17 février, 8h 32m. Aspect pendant une seconde.

Fig. 282. — 20 février, 6h 20m.

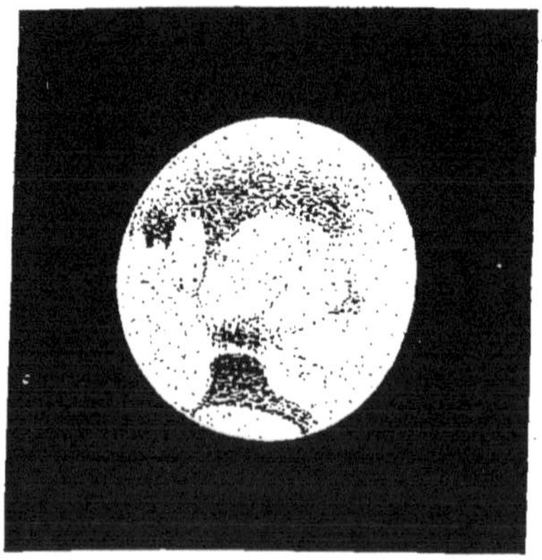

Fig. 283. — 24 février, 9h 45m.

VUES TÉLESCOPIQUES DE MARS PRISES A L'OBSERVATOIRE DE JUVISY.

Indus, large et diffus; Hydaspes, le plus évident de tous; enfin Jamuna et Nilokeras, plus vagues. Les quatre derniers aboutissent au Lacus Niliacus, qui est très nettement séparé de la sombre Mer Acidalienne par le Pont d'Achille (*fig.* 282).

7h 0m. $\omega = 38°$. — Les détails sont moins faciles qu'il y a une demi-heure. Cependant on voit un peu mieux la forme recourbée de Deucalionis Regio, séparée de Thymiamata par la traînée canaliforme bien connue. Indus, Hydaspes, Jamuna et Nilokeras se voient toujours; mais Gehon a disparu. Le Lac Niliacus est assez foncé, la Mer Acidalienne l'est encore davantage. Le Pont d'Achille est tout aussi brillant que n'importe quelle partie « continentale » de la planète; largeur du « pont » estimée à 2° environ. La forme de la Mer Acidalienne est celle d'un parallélogramme, avec appendice à droite (Tanaïs). On n'y voit pas Scheria Insula (1881-1882), la noirceur de cette région étant sensiblement uniforme.

24 février, 9^h45^m. Diamètre $= 11'',8$. $\omega = 42°$. $\varphi = +8°,6$. Mauvaise image. — Aspects analogues à ceux du 20 février : Baie du Méridien sombre à gauche; Golfes des Perles et de l'Aurore plus pâles au centre et à droite. Hydaspes ne se voit guère, bien que Indus, Jamuna, le Gange et Nilokeras soient assez faciles. On voit encore le canal Dardanus, partant du Lac Niliacus pour se diriger vers l'Ouest-Nord-Ouest. Pont d'Achille assez évident; il paraît moins clair qu'il y a quatre jours, probablement par la vision indistincte. La Mer Acidalienne ressemble à une cloche, et son intensité n'est pas bien supérieure à celle du Sinus Sabæus au limbe occidental (*fig.* 283).

10^h30^m. $\omega = 53°$. Détails plus difficiles. — Le Golfe de l'Aurore est plus foncé que celui des Perles. Des canaux précédents on ne voit que l'Indus, le Gange et le Nilokeras. Le Lac de la Lune paraît plus foncé que le Lac Niliacus. Achillis Pons facile. L'aspect de la Mer Acidalienne est très remarquable.

11^h0^m. $\omega = 60°$. — Le disque ne montre que deux estompages confus, l'un en haut, l'autre en bas, entre lesquels on croit apercevoir un triangle aux côtés à peine indiqués : Jamuna-Gange-Nilokeras (*fig.* 284).

25 février, 9^h10^m. Diamètre $= 11'',7$. $\omega = 24°$. $\varphi = +8°,6$. Vent d'est : très mauvaises images. — Les détails sont d'une grande confusion. Les littoraux de Thymiamata et Chrysé sont tout à fait indécis. Le Sinus Sabæus, le Golfe des Perles ainsi que celui de l'Aurore se confondent entre eux et avec les terres de Mare Erythræum. Mêmes aspects de Mare Acidalium, que l'état défavorable de l'atmosphère réunit au Lacus Niliacus. Le centre du disque est traversé par l'Indus et l'Hydaspes, tandis que la Jamuna, on ne peut plus vague, arrive de droite (*fig.* 285).

27 février, 6^h0^m. Diamètre $= 11'',5$. $\omega = 320°$. $\varphi = +8°,6$. Bonne image. — La calotte polaire boréale est assez étendue. Hammonis Cornu est presque au centre, ou plutôt un peu à gauche, ce qui correspond exactement avec la position théorique de l'éphéméride de M. Crommelin. La Mer du Sablier présente la forme qui lui a été donnée par M. Lowell en 1894, c'est-à-dire *avec un léger golfe à l'emplacement de l'ancien Lac Mœris.* Cette mer est très sombre au Nord. La Libye paraît très éclatante au limbe occidental, qui, soit par irradiation, soit par la noirceur de la Mer Tyrrhénienne, visible jusqu'au bord, forme une proéminence en ce point. Hellas, recouverte de vapeurs précipitées, est blanchâtre au Sud. Il y a une autre région insulaire au nord-ouest d'Hellas, correspondant à Yaonis Regio. Le Sinus Sabæus est très foncé, particulièrement vers ses bords, ce qui met en évidence la visibilité de la demi-teinte Xisuthri Regio. Deucalionis Regio, ainsi que toutes les terres au Sud, sont estompées. La Grande

Syrte rayonne deux canaux par sa pointe septentrionale : le canal sombre dirigé vers la Boréosyrtis et la Nilosyrtis, cette dernière aboutissant à Coloe Palus, pour être continuée par le premier segment du Nil (Protonilus). Les estompages de la Boréosyrtis sont évidents au sud de la calotte polaire et tout près du limbe occidental, tandis qu'un estompage isolé, situé vers 0°± de la longitude et de + 35°+ de latitude, paraît répondre à Dirce Fons de M. Schiaparelli.

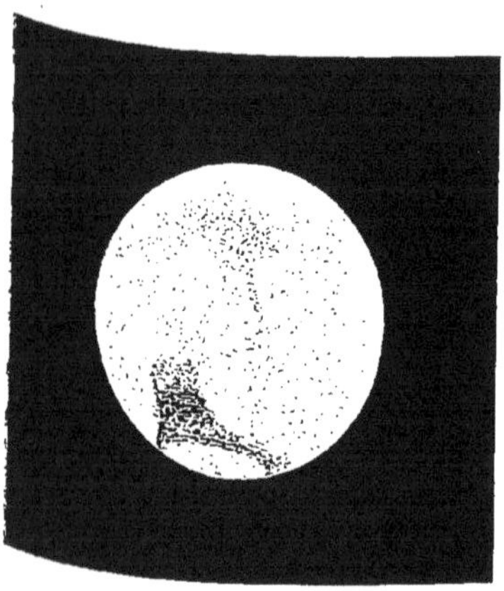

Fig. 284. — 24 février, 11h0m.

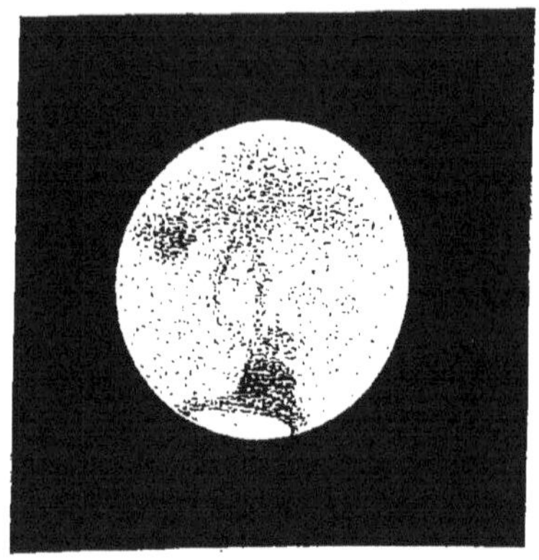

Fig. 285. — 25 février, 9h10m.

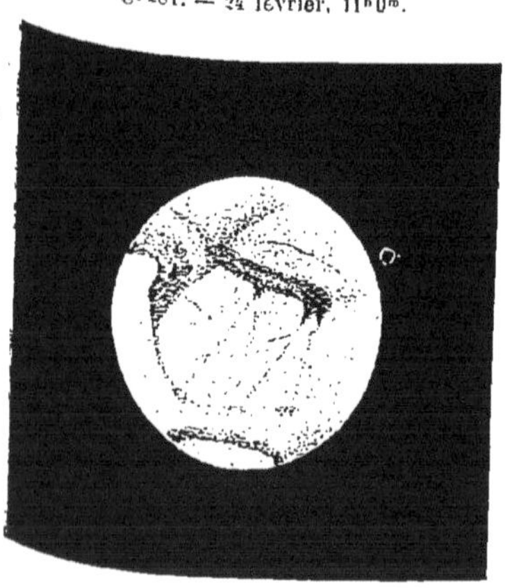

Fig. 286. — 27 février, 7h0m.

Fig. 287. — 14 mars, 6h30m.

VUES TÉLESCOPIQUES DE MARS PRISES A L'OBSERVATOIRE DE JUVISY.

6h30m. $\omega = 327°$. — En plus des détails énumérés dans l'observation précédente, on aperçoit maintenant très bien Œnotria, séparant la Grande Syrte proprement dite de sa partie supérieure (Deltoton Sinus), puis un vague éclaircissement de la teinte « maritime » entre Hammonis Cornu et Hellas (« Solis Pons » de M. Lowell). L'Hellespont est, comme toujours, très foncé. Le seul détail perceptible dans les demi-teintes Deucalionis Regio et Noachis est le détroit au sud de Deucalionis Regio, bras de mer reconnaissable déjà sur les dessins de W. Herschel et de Schrœter (*voir* t. I, p. 57, *fig.* 30, nos 16 et 17, et p. 76, *fig.* 45 et 46). Hellas est plus blanche qu'à l'observation précédente. La forme fourchue de la Baie du Méridien n'est pas très marquée, mais l'embouchure triangulaire de l'Euphrate est évidente. Nilosyrtis-Protonilus portent trois lacs : Colœ Palus, Lacus Ismenius et Dirce Fons, dont le premier est le plus évident. Cydonia paraît estompée. Les canaux Phison et Gehon s'entrevoient très difficilement et à de rares intervalles.

7h0m. $\omega = 334°$. Magnifique image. — On voit incomparablement mieux maintenant le contour des « mers ». Le littoral du Sinus Sabæus est particulièrement net, et paraît blanc par contraste avec les sombres teintes avoisinantes du golfe. Comme d'habitude, la partie la plus foncée du Détroit Herschel II est la Baie du Méridien, dont le caractère fourchu est assez évident. L'approche de la Mer Acidalienne assombrit le limbe droit inférieur. On voit vaguement, mais comme de simples traînées étroites, Typhonius-Oronte, Hiddekel, Gehon, Phison, Euphrate, puis, plus visibles, Nilosyrtis et Protonilus, portant les lacs Colœ Palus, assez net, Ismenius Lacus, plutôt faible, et Dirce Fons un peu plus facile (*fig.* 286).

9h50m. $\omega = 16°$. Très mauvaise image. — Les détails sont mélangés en un fouillis défiant tout essai de représentation.

14 mars, 6h30m. Diamètre = 10",0. $\omega = 189°$. $\varphi = +9°,6$. — La calotte polaire se réduit lentement et progressivement. Les Mers des Sirènes et Cimmérienne sont très vagues dans le haut du disque; cependant, on aperçoit encore Titanum Sinus, à gauche du méridien central (*fig.* 287).

16 mars, 7h0m. Diamètre = 9",9. $\omega = 178°$. $\varphi = +9°,0$. Bonne image. — On ne voit que la calotte polaire en bas, et les Mers des Sirènes et Cimmérienne, confuses en haut.

19 avril, 9h28m. Diamètre = 7",4. $\omega = 254°$. $\varphi = +14°,6$. Assez bonne image. — La calotte polaire boréale se réduit de plus en plus; elle se soustend plus qu'un angle de 30° ±. La Mer Cimmérienne est à gauche; la Grande Syrte, très confuse, arrive de droite (*fig.* 288).

9h58m. $\omega = 261°$. — Les détails sont tout à fait confus.

27 mai, 10h0m. Diamètre = 5",9. $\omega = 257°$. $\varphi = +20°,8$. Mauvaise image. — La vue est identique à la précédente, mais c'est à grand'peine si l'on arrive à soupçonner l'existence des neiges polaires, ou de la Grande Syrte dans le côté droit du disque.

30 mai, 9h15m. Diamètre = 5",8. $\omega = 217°$. $\varphi = +21°,3$. — Malgré l'air agité on voit assez bien la calotte polaire Nord, très réduite (25° ±), puis la Mer Cimmérienne en haut, et le Trivium Charontis au centre et à gauche (*fig.* 289).

10h0m. $\omega = 228°$. — Il ne reste plus que la calotte polaire de visible; encore est-elle mal définie, et presque douteuse.

1er juin, 9h0m. Diamètre = 5",7. $\omega = 194°$. $\varphi = +21°,5$. Air agité. — La calotte polaire commence à devenir douteuse. Il y a une tache très accentuée et très sombre au centre : Trivium Charontis. La vision indistincte lui donne des proportions colossales. En haut, un vague estompage indique l'emplacement des Mers des Sirènes et Cimmérienne (*fig.* 290).

2 juin, 9^h20^m. Diamètre = 5",7. ω = 189°. φ = + 21°,7. Mauvaise image. — On soupçonne encore la calotte polaire Nord. Trivium Charontis et Mers supérieures comme hier.

17 juin, 9^h19^m. Diamètre = 5",3. ω = 44°. φ = + 23°,7. Bonne image. — Pas de calotte polaire. Malgré l'exiguïté du disque on distingue encore la Mer Acidalienne et les estompages au Sud.

9 juillet, 9^h20^m±. Diamètre = 4",9. ω = 189°±. φ = + 25°,6. — On voit que la partie supérieure du disque est grisâtre, à cause de la présence de la Mer des Sirènes (*fig.* 291).

14 juillet, 9^h27^m. Diamètre = 4",8. ω = 143°. φ = + 25°,8. — Même aspect que le 9.

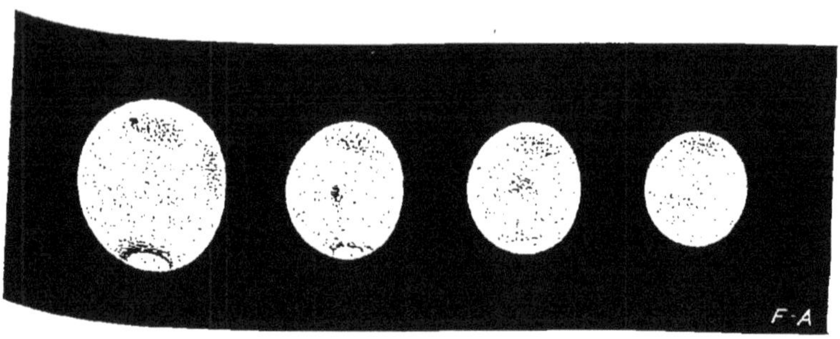

19 avril. 30 mai. 1er juin. 9 juillet.

Fig. 288-291. — Derniers dessins de Mars en 1899.

23 juillet, 8^h45^m. Diamètre = 4",7. ω = 55°±. φ = + 26°±. — La dispersion atmosphérique fait un spectre de Mars, rouge en haut; bleu en bas. Vague tache grise au Sud.

29 juillet, 8^h8^m. Diamètre = $4\frac{2}{3}$. ω = 347°±. φ = + 26°±. — Forte dispersion. Estompage au Sud.

30 juillet, 8^h25^m. Diamètre = $4\frac{2}{3}$. ω = 340°±. φ = + 25°±. — Forte dispersion. — Estompage soupçonné au Sud.

On remarquera le manque de détails de nos derniers dessins, lorsque la disque de la planète était inférieur à 8". Nous ne nous sommes jamais départis du principe de ne dessiner que ce que nous voyions avec une certitude absolue.

Discussion sommaire des Observations.

1° Diminution d'étendue de la calotte polaire boréale.

C'est le 22 octobre 1898 que nous sommes arrivés à voir, pour la première fois à cette opposition, les neiges du pôle inférieur. L'équinoxe de printemps de l'hémisphère nord a eu lieu seize jours plus tard. Les neiges soustendaient au début un arc considérable ; puis, leur étendue a diminué très lentement, à cause de la faible altitude du Soleil au-dessus du pôle nord de la planète. On pourra suivre la marche de la fonte des neiges sur le dessin ci-joint (*fig.* 292), ainsi que sur le Tableau suivant, où α est l'arc aréocentrique soustendu par la calotte, ω la longitude du centre du disque au moment de l'observation, *h* la hauteur du Soleil au-dessus du pôle nord de Mars, et *j* le nombre de jours séparant l'observation du solstice d'été de l'hémisphère nord.

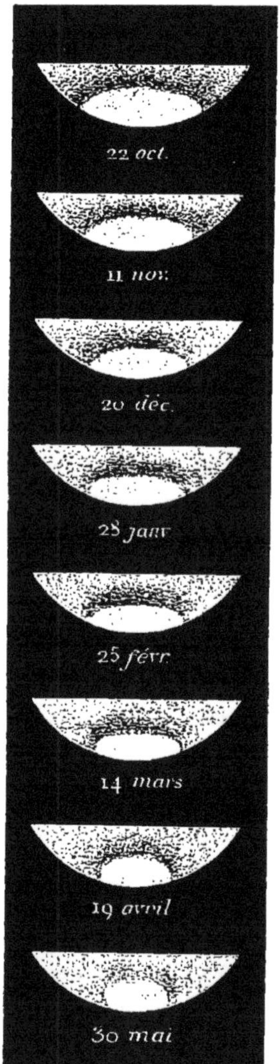

Fig. 292. — Diminution d'étendue de la calotte polaire boréale en 1898-1899.

	Dates.	α.	ω.	*h.*	*j.*
		°	°	°	
1898	22 octob..	60	123	— 3,2	214 jours avant
—	11 nov. ..	55	306	+ 0,7	194 —
—	18 — ...	56	217	2,4	187 —
—	20 déc. ..	42	269	8,8	155 —
—	21 — ...	42	257	9,0	154 —
—	22 — ..	43	277	9,2	153 —
1899	8 janv...	42	101	12,2	136 —
—	9 — ...	56*	85	12,5	135 —
—	25 — ...	50*	328	15,1	119 —
—	28 — ...	43	235	15,6	116 —
—	2 fév....	45	257	16,3	111 —
—	4 — ...	46	225	16,6	109 —
—	10 — ...	41	194	17,5	93 —
—	17 — ..	42	94	18,4	96 —
—	20 — ...	48*	32	18,8	93 —
—	21 — ...	42	42	19,4	89 —
—	25 — ...	40	24	19,5	88 —
—	27 — ...	40	327	19,7	86 —
—	14 mars..	35	189	21,4	71 —
—	15 — ..	36	178	21,6	69 —
—	19 avril..	30	263	24,3	35 —
—	30 mai...	25	217	+ 25,2	6 jours après

* Valeurs probablement exagérées par l'irradiation.

Ainsi, pendant les sept mois de sa visibilité, la calotte polaire a progressivement diminué d'étendue au point de n'avoir, à la fin des observations, que le sixième de la surface qu'elle occupait au début. Il convient d'ajouter ici que le bord de cette calotte s'est toujours montré dépourvu d'irrégularités, formant un arc de petit cercle sensiblement centré au pôle.

2° Esquisse topographique de la planète en 1898-1899.

Nouveaux changements.

(a) *Région du Sinus Sabæus*. ω = 310° à 15°. — La pointe fourchue de la Baie du Méridien ne s'est pas montrée nettement pendant cette opposition. La bande du Sinus Sabæus a été d'un gris à peu près uniforme (*fig.* 274); les bonnes images du 27 février nous permirent de voir très bien Xisuthri Regio (*fig.* 286). La Baie triangulaire de l'Euphrate s'est montrée, comme d'habitude, assez foncée. Tout le littoral d'Aéria et d'Edom était blanc, par contraste, sans doute, avec le ton sombre du Sinus Sabæus.

Le système de canaux des régions continentales, au nord du Sinus, n'a été vu d'une manière satisfaisante que le 27 février.

Le 25 janvier, nous avons pu reconnaître Sirbonis Palus à l'intersection des canaux Typhonius et Oronte. Ismenius Lacus était à peine indiqué; Dirce Fons un peu plus évidente.

Aucune différence de teinte entre Noachis et le fond de la Mer Érythrée: toute cette région était simplement estompée.

(b) *Margaritifer Sinus, Auroræ Sinus, Mare Acidalium*. ω = 15° à 60°. Rien de remarquable dans les Golfes des Perles et de l'Aurore, les demi-teintes qu'ils contiennent étant invisibles. Des canaux sillonnant Chrysé, l'Hydaspes nous a paru le plus large et le plus sombre, son aspect rappelant les dessins de Secchi, en 1858 (¹). Le Lac Niliacus était très nettement séparé de la Mer Acidalienne par le Pont d'Achille. La Mer Acidalienne était encore la région la plus foncée de toute la planète, il est vrai, mais son intensité nous a paru moins accentuée qu'en 1896, bien qu'à cette époque nous la voyions à travers une diffusion lumineuse plus considérable. La forme générale était celle d'une cloche.

(c) *Solis Lacus*. ω = 60° à 120°. — Ce lac s'est montré très pâle en 1898-1899. Le contour d'Aurea Cherso était aussi très vague, de sorte que l'on ne saurait dire si cette péninsule présentait l'aspect de 1864 à 1877 ou bien celui de 1894-1896. Mais ce qui est certain, c'est qu'Aonius Sinus était excessivement pâle, n'offrant guère sa pointe noire classique de 1877, vers l'embouchure du Phasis. Tithonius Lacus a été vu comme une mer intérieure sans communication avec les golfes adjacents. Le Lac de la Lune était le plus foncé et le mieux accusé de tous les estompages de cette région. Ceraunius n'offrait l'aspect que d'une ombre excessivement diffuse, tandis que Palus Mæotis nous a presque échappé.

(d) *Mare Sirenum*. ω = 120° à 180°. — Rien de particulier en ces régions. Sous la faible altitude du Soleil, les précipitations de la vapeur d'eau (sous forme de gelée blanche très probablement) étaient très remarquables sur Phaéthontis, que nous avons trouvée invariablement blanche cette année. Les deux Atlantis se confondaient en un point unique diffus.

Le pays au nord de la Mer des Sirènes était presque complètement dépourvu

(¹) *La planète Mars*, t. I, p. 138.

de détails, les canaux de Gorgon, ou peut-être « Arduenna » de M. Lowell, Tartarus et Orcus venant seuls troubler la monotonie de ces déserts jaunes. Aucune trace de Nix Olympica. Propontis était assez difficile à bien reconnaître.

(e) *Mare Cimmerium et Trivium Charontis.* $\omega = 180^{\circ}$ à 250°. — La Mer Cimmérienne s'est montrée assez sombre en 1898-1899, mais n'a pas présenté de traces de gémination. La Mer Tyrrhénienne était parfois plus foncée au bord du disque qu'au centre. Hesperia plutôt confuse. Comme toujours, Elysium s'est montré plus clair que les régions avoisinantes, surtout vers le Trivium Charontis, au point marqué B sur notre Carte. Nous ne sommes pas arrivés à distinguer la forme triangulaire du Trivium Charontis, signalée par M. Stanley Williams. Ce qu'il y a eu de curieux dans ce lac, c'était sa visibilité sur un disque de 5",7 de diamètre angulaire. Le Styx a offert des traces de gémination le 4 février.

Un des traits caractéristiques de cette opposition a été l'estompage recouvrant tout le pays au nord d'Elysium, depuis l'Hadès jusqu'à la Boréosyrtis, par-dessus Phlegra, Cebrenia et Ætheria. Il est possible que la proximité de la surface claire d'Elysium, agissant de concert avec celle de l'éclatante calotte polaire inférieure, ait produit un effet subjectif de cet ordre. Mais si le phénomène était réel, et non un simple effet de contraste, nous aurions affaire à un changement subordonné à la fonte des neiges polaires.

(f) *Syrtis Major.* $\omega = 250^{\circ}$ à 310°. — Les deux ponts (« Solis » et « Lunæ ») dessinés par M. Lowell en 1894 ont été assez faciles à reconnaître, le dernier surtout. Il en a été de même d'Œnotria, bien visible dans la Syrtis Major. Aucun changement notable ne s'est produit dans la Mer du Sablier depuis 1897, où le Lac Mœris ne figurait que comme une simple baie, avec une Libye brillante. Seulement, le canal Nilosyrtis et la grande bande unissant l'embouchure de l'ancien Astapus à la Boréosyrtis [canal marqué 9 sur notre Carte de 1896-1897 (¹) et 16 sur la Carte ci-jointe], renfermant un espace triangulaire estompé, complétaient la forme en *sablier* de la grande mer, en lui restituant son triangle inférieur. Hâtons-nous d'ajouter cependant que, le triangle septentrional étant incomparablement moins foncé que le méridional, cet aspect en sablier de la Grande Syrte n'était pas très frappant, surtout à un examen superficiel de cette région.

La Nilosyrtis aboutissait nettement au Colœ Palus. En 1896, M. Théodore-E.-R. Phillips, de Yeovil, l'un des meilleurs observateurs de l'autre côté de la Manche, avait signalé la formation d'un lac considérable sur la Boréosyrtis. Nous n'avons pas pu confirmer l'existence de cet estompage à cette époque. Or, le 21 décembre 1896, nos observations constatent, en effet, la présence d'une vaste tache grise recouvrant toute la région connue sous le nom d'Utopia, ainsi qu'une partie d'Uchronia : une grande étendue continentale paraît s'être transformée en région « maritime », et il est probable que la transformation a

(¹) Le 22 décembre, j'étais à Paris, et l'observateur, M. Antoniadi, me signalait de Juvisy, sur deux dessins pris à $9^h 15^m$ et à $9^h 45^m$, la présence d'un lac assez foncé situé au point V** de la Carte, par 270° et 51°.

été subordonnée à la fonte des neiges polaires. En même temps, la Boréosyrtis était tellement sombre, que la diffusion lumineuse atmosphérique ne l'oblitérait pas sensiblement, même dans le cas où la rotation l'amenait au bord de la planète (*fig.* 277).

3° Les terres qui blanchissent avec l'obliquité des rayons solaires.

Ce mystérieux phénomène a été bien observé et à plusieurs reprises différentes. Le Tableau suivant donne les principales de nos observations ayant trait à cet ordre d'apparences :

Dates.	Blancheur au bord.
1898 11 novembre...	Hellas blanchâtre au limbe supérieur.
— 18 — ...	Eridania d'un blanc pâle au limbe supérieur.
— 20 décembre...	Hellas blanche au limbe austral.
— 20 — ..	Aeria-Edom blanchâtres au limbe oriental.
— 21 — ...	Hellas blanche au limbe austral.
— 21 — ...	Aeria-Edom blanches au limbe oriental.
— 22 — ...	Hellas blanchâtre en haut.
1899 8 janvier......	Phaéthontis brillante au bord, au-dessus de la Mer des Sirènes.
— 25 —	Hellas blanchâtre au bord occidental.
— 25 —	Libya-Æthiopis très blanches au bord gauche.
— 25 —	Argyre et Pyrrhæ-Regio d'un blanc brillant au bord oriental supérieur.
— 28 —	Eridania blanche-bleuâtre au bord supérieur.
— 4 février......	Eridania-Ausonia blanchâtres dans le haut du disque.
— 10 —	Electris blanchâtre au limbe supérieur.
— 17 —	Demi-teinte au sud de Thaumasia (« Mist Land », Proctor, 1888), blanche au bord supérieur.
— 20 —	Argyre brillante dans le haut du disque.
— 27 —	Hellas blanche en haut et à gauche.
— 27 —	Libya-Æthiopis brillantes au bord occidental, paraissant ressortir du disque par irradiation.

Quant à l'explication de ces aspects, nous inclinons fortement vers l'hypothèse de Mathieu Williams ([1]), qui y voyait des précipitations de la vapeur d'eau de l'atmosphère de Mars sous forme de gelée blanche. C'est ce qu'il y a de plus simple. Mais... c'est peut-être autre chose.

4° Transparence de l'atmosphère martienne.

Le 25 janvier 1899, nous constatâmes que la Mer Tyrrhénienne se montrait noire jusqu'au bord du disque, observation que nous avons pu confirmer plusieurs fois plus tard, entre autres le 27 février (*voir fig.* 274 et 286). La Boréosyrtis a aussi très souvent présenté des phénomènes semblables. Mais, en nous apprenant que le pouvoir lumineux diffusif de l'atmosphère de Mars peut devenir très

([1]) *Voir* plus haut, p. 161.

faible, ou presque zéro, des observations de ce genre nous montrent cette enveloppe aérienne comme étant presque entièrement gazeuse, sans particules solides ou liquides en suspension. Sur Mars, le ciel doit donc paraître *à peu près noir*, ce qui doit permettre aux habitants de cette planète de *voir les étoiles en plein jour*.

Légende explicative de la Carte.

I. — PRINCIPALES RÉGIONS JAUNES.

A Hellas.
B Ausonia.
C OEnotria.
D Deucalionis Regio.
E Groupe de demi-teintes du Mare Erythræum.
F Thaumasia Fœlix.
G Phætontis.
H Atlantis I et II.
I Hesperia.
K Eridania.
L Libya.
M Elysium.
N** Phlegra.
O* Cebrenia.
P* Ætheria.
Q* Neith Regio.
R Achilis Pons.
S « Lunæ Pons ».

II. — RÉGIONS GRISES.

A Syrtis Major.
B Sinus Sabæus.
C Hellespontus.
D Mare Tyrrhenum.
E Syrtis Parva.
F Mare Cimmerium.
G Mare Sirenum, et *g* Titanum Sinus.
H Aonius Sinus.
*I*** Solis Lacus.
K Auroræ Sinus.
L Margaritifer Sinus.
M Mare Hadriacum.
N Mare Acidalium.
O Niliacus Lacus.
*P*** Lunæ Lacus.
Q Tithonius Lacus.
R Sirbonis Palus.
S Dirce Fons.
T Ismenius Lacus.
U Colœ Palus.
*V*** Nouveau « Lac » sur Utopia.
X Trivium Charontis.
Y Propontis.
Z Ceraunius.

III. — TACHES BLANCHES.

α Calotte polaire boréale, limitée au S. par la bande sombre *a*.
β Tache blanche vers l'extrémité orientale (gauche) d'Elysium.
γ Bordure blanche subjective du Sinus Sabæus.
δ Argyre, très éclatante.

IV. — CANAUX.

1 Læstrygon.
2 Hades.
3 Orcus.
4 Tartarus.
5 Cerberus.
6 Cyclops.
7 Styx.
8 Æsacus.
9 Hyblæus.
10 Eunostos.
11* Æthiops ?
12 Lethes ou Amenthès.
13 Nepenthès.
14** Boréosyrtis.
15* Heliconius?
16 Grand Canal de 1894.
17 Nilosyrtis.
18 Asclepius.
19 Phison.
20 Euphrates.
21 Typhonius.
22 Orontes.
23 « Sitacus ».
24 Hiddekel.
25 Gehon
26 Protonilus.
27 Indus.
28 Hydaspes.
29 Jamuna.
30 Nilokeras.
31 Dardanus.
32 Ganges } doubles
33 Nilus } 17 févr. 1899.
34 Gorgon ou « Arduenna », double??
35 Callirrhoë.
36 Tanaïs.

NOTA. — Un astérisque (*) attaché aux lettres de la Carte indique un changement probable, deux astérisques (**) un changement certain survenu à la surface de la planète.

5° LES CANAUX.

Le nombre de ces lignes observées en 1898-1899 à Juvisy a été de 36. La plupart de celles-ci étaient larges et diffuses. Les plus faciles à voir ont été la grande bande de la Boréosyrtis, le Cerbère et le Styx. Le 25 janvier, nous assistâmes à un phénomène qui nous a donné une impression de subjectivité dans la visibilité de ces lignes, lorsque, après une longue observation des régions continentales au nord du Sinus Sabæus, où l'on ne distinguait aucun détail, la Baie du Méridien est subitement devenue le point d'émanation de trois lignes droites (« Sitacus », Hiddekel et Gehon), qui n'ont duré qu'un instant et auraient pu être considérées comme illusoires.

Quelques-uns des canaux vus par nous ne correspondent pas exactement en position avec ceux des Cartes de MM. Schiaparelli et Lowell. Ainsi, à gauche du lac de la Boréosyrtis, on voyait, vers 50° de latitude boréale, une large bande, dirigée vers l'Est-Sud-Est, qui, certes, n'était pas Heliconius-Anian. Ensuite, la pointe suivante de la Mer Cimmérienne était directement réunie à la Boréosyrtis

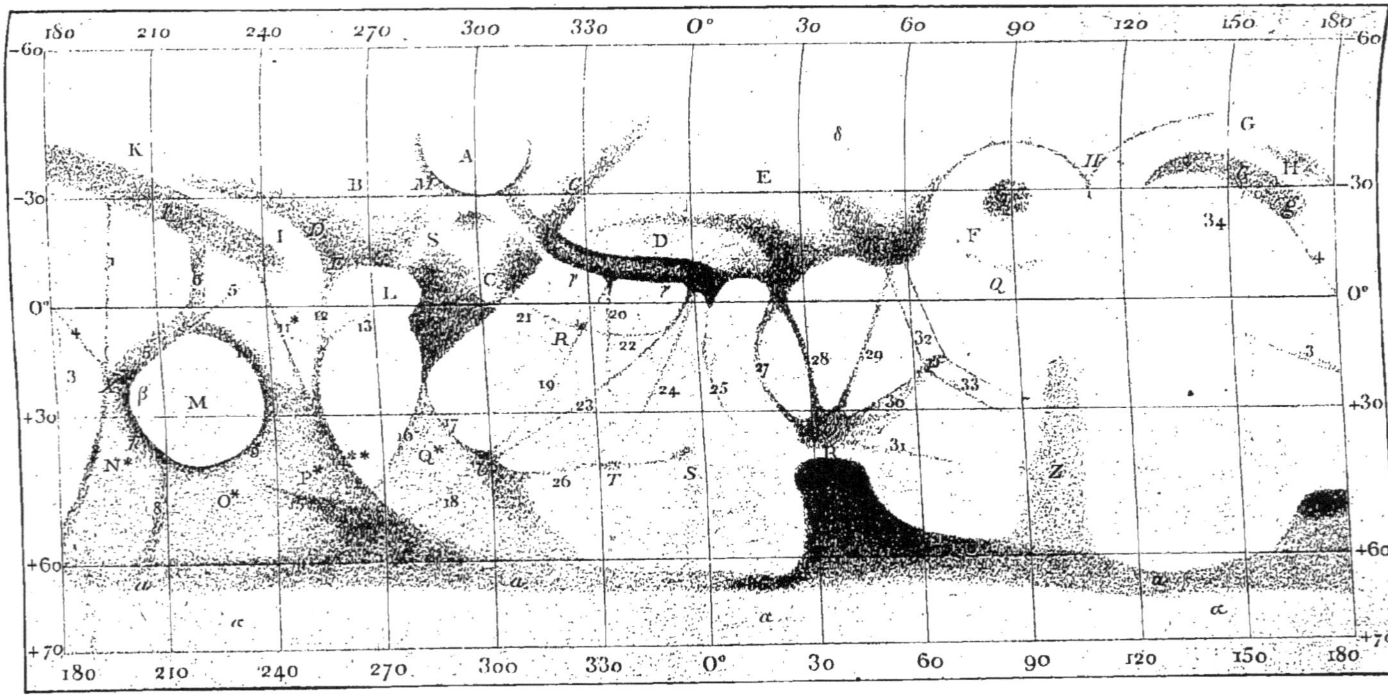

Fig. 293. — Carte de la planète Mars pendant l'opposition de 1898-1899, par MM. Flammarion et Antoniadi, à l'Observatoire de Juvisy.

par une ligne qui ne paraît pas être Æthiops, dirigé sur les Cartes de M. Schiaparelli suivant le 240e degré de longitude. Æsacus aussi ne paraît pas suivre le cours tracé par l'astronome de Milan. Par contre, le grand canal unissant la pointe de la Grande Syrte à la Boréosyrtis n'a pas présenté de changement depuis l'opposition de 1896.

Nous avons réuni sur la Carte ci-dessus (*fig.* 293) l'ensemble de nos observations faites pendant cette opposition. Ces observations, réimprimées ici, ont d'abord été publiées au *Bulletin de la Société astronomique de France*. Nous avons également publié aux *Astronomische Nachrichten* une communication spéciale, mais elle ferait double emploi ici.

M. Léo Brenner, Directeur de l'Observatoire de Lussinpiccolo, en Istrie, écrit que la plupart des points nouveaux signalés dans notre Carte, notamment le lac V_1^{**}, le canal 11* et le canal 15*, ont été découverts par lui en 1896. Il ajoute qu'il a vu, en 1898-1899, le Lac du Soleil très net, et que le Cerbère et le Styx se sont montrés à lui plus foncés que le reste du contour de l'Elysium.

CCXLV. — Cerulli. — Observations faites a l'Observatoire de Teramo (1).

L'auteur, dont nous avons déjà exposé plus haut (p. 313-326) les importantes observations de 1896, commence son intéressant Mémoire par le dilemme suivant :

Deux hypothèses peuvent être faites sur les taches de Mars et sur les phénomènes qu'elles présentent. Ou nous supposons que nous voyons les choses telles qu'elles existent sur la planète, ou nous admettons que les réalités sont inaccessibles à nos instruments et n'apercevons que des amas optiques qui diffèrent selon le degré de la vision. La première de ces interprétations peut être appelée l'hypothèse *physique*, et c'est celle que l'on adopte généralement. La seconde, que l'on peut appeler l'hypothèse *optique*, a été énoncée par moi il y a deux ans et sera présentée sous une forme plus complète dans le présent écrit. Le télescope actuel appliqué à l'étude de Mars est comme un œil qui voit peu. Lorsque j'observe une tache sur Mars, je me demande si c'est là une formation distincte, définie, séparée des voisines, ou s'il ne s'agit plutôt d'une sensation complexe de l'œil donnant l'impression d'une individualité *apparente*. Les aspects changent suivant les observations. Ils ne sont donc pas réels.

Nous pouvons être tout à fait de l'avis de M. Cerulli lorsqu'il dit que nous ne distinguons pas bien la réalité. C'est incontestable, et nul observateur,

(1) *Nuove osservazioni di Marte* (1898-1899), *Saggio di una interpretazione ottica delle sensazioni areoscopiche*. Collurania, 1900.

croyons-nous, n'a jamais prétendu le contraire. Mais entre ne pas voir exactement les choses et supposer que tout ce que l'on voit est faux et mensonger, il y a quelque différence. L'hypothèse optique est bonne, et même fort utile, l'équation personnelle de chaque observateur joue un rôle considérable; mais l'hypothèse physique ne doit pas être éliminée.

Le savant astronome italien a observé comme moi, comme tous les observateurs de Mars, la variation d'étendue des calottes polaires. Que ce soit là un précipité chimique dont la surface est plus grande en hiver qu'en été, c'est ce dont il est assurément difficile de douter. Est-ce de la neige d'eau? Est-ce de la neige d'acide carbonique? Est-ce autre chose? Nous l'ignorons encore. Mais ce que nous n'ignorons pas, c'est sa variation réelle d'étendue, c'est la relation de cette variation avec les saisons et la température. Or, le savant astronome de Collurania écrit que, « dans la théorie optique, les calottes polaires sont des amas clairs dans le genre de ceux que nous voyons à l'œil nu sur la Lune autour du cirque de Tycho » (p. 93). Il me semble que l'obliquité de l'illumination solaire et la perspective ne peuvent pas suffire à rendre compte des variations observées, dont la grande majorité est en relation évidente avec les saisons.

Dans la Science comme dans la politique et comme dans tous les jugements humains, il n'est peut-être pas prudent de poser des dilemmes et d'affirmer d'un ton absolu. Il y a quelques années, un célèbre politicien français déclarait que la Révolution était « un bloc », qu'il faut l'accepter tout entière et ne discuter aucun détail. Cette théorie du bloc a fait sourire plus d'un penseur; elle a disparu comme les modes de l'année, et récemment, à l'inauguration de la statue de Lavoisier, un autre républicain (actuellement ministre de l'Instruction publique) a bien voulu reconnaître (ce dont tout le monde était convaincu depuis un siècle) que l'exécution de Lavoisier a été un crime. Il n'y a ni blanc ni noir dans la nature : il n'y a que des tons et des nuances.

Il y a sûrement des neiges polaires sur Mars, quelle que soit d'ailleurs leur nature chimique; il y a sûrement des variations dans les contours des taches (par exemple la rive gauche de la Mer du Sablier, la Baie du Méridien, le Lac du Soleil, etc.). Ces variations ne sont pas imaginaires.

La description des phénomènes observés par M. Cerulli commence par les aspects de la « Région Érythrée ». Nous reproduisons plus loin (*fig.* 294) la Carte dressée par lui-même d'après l'ensemble de ses observations : il est facile de suivre ses descriptions sur cette Carte. L'Érythrée se trouve entre les méridiens 320° et 20°.

A ma grande surprise, écrit-il, revoyant pour la première fois l'Érythrée, le

31 août 1898, je la trouvai la plus foncée des régions boréales, et il me sembla que le nom de mer pouvait de nouveau lui convenir. En novembre, elle était encore plus sombre.

Une traînée droite, de 4° à 5° de largeur et de 210° de longueur, la traverse de l'Est à l'Ouest. C'est là une énigme fantastique pour l'hypothèse physique (¹). Elle suit le trentième degré de latitude depuis la région Tyrrhénienne jusqu'au Lac du Soleil. Sur le planisphère, elle s'appelle Nectar, Nouveau Nectar, Deucalion et Africum. On voit là, de plus, cinq, six et sept canaux. Argyre parut très blanche. Toute cette région était mieux visible qu'en 1896, le pôle supérieur ou austral étant plus abaissé vers nous d'environ 10°.

En décembre, le diamètre de la planète arrivant à 13″, le Sinus Sabæus présenta la forme curviligne déjà signalée par Mædler en 1830. Sa transformation prouva que ce sont là des embryons optiques et non des taches physiquement définies.

On remarquait là trois endroits plus sombres : Aryn, bouche de l'Euphrate et lac d'Yao. Ce dernier n'a pas paru ovale comme en 1896, mais parfois circulaire et ordinairement de profil incertain. D'autres différences dans la distribution des tons ont été remarquées. La plus importante sensation de ce genre a été celle du 17 décembre. En un moment de pénétration extraordinaire, cette nuit, le Sinus Sabæus a paru se résoudre en une série de petites taches cunéiformes, comme les dents d'une scie. C'était une multiplication sporadique de l'aspect d'Aryn et du Golfe des Perles, et l'on devinait qu'il n'y avait encore là que des formes optiques transitoires et non des taches réelles.

Le 7 septembre, le Phison s'est montré plus gros que d'habitude, se raccordant avec le Sabæus, et constituant ensemble, au milieu du disque (longitude centrale étant 340°) un grand arc éphémère qui ne dura que quelques minutes. Le 20 février (longitude du centre étant 300°), le Sabæus, se raccordant avec le Neudro, montra également un arc éphémère entre le lac d'Yao et la base d'Argyre. Ces sensations étaient manifestement produites par l'imperfection de la vue, et elles s'évanouirent par une atmosphère plus calme. On ne pourrait en dire autant du raccord que le planisphère montre entre le Sabæus et l'Ionius. Cet aspect dura toute la soirée du 2 mars. Le prolongement du Sabæus, d'Ammon à Hellas, doit être la manifestation initiale d'un système de taches.

La Baie du Méridien, près d'Edom, n'a paru fourchue qu'à partir du 11 novembre, le diamètre de la planète étant 9″,8. Aryn paraissait un noyau rond. Après le dédoublement, les deux cornes parurent dans le méridien, comme en 1896. Le 15 novembre, celle de gauche prolongée montra deux pointes orientées sur l'Hiddekel et le Sitacus. Le 17 décembre, il y en avait trois, la troisième marquant la direction du Gehon. L'aspect d'Aryn resta toutefois avec sa forme accoutumée de baie fourchue dans le méridien. Cependant, le 19 février, en le revoyant après deux mois, une transformation inattendue se manifesta dans ces deux cornes : elles n'étaient plus dans le méridien, mais formaient avec lui un

(¹) Très certainement, cette ligne droite n'est pas réelle. L'œil de M. Cerulli a réuni là des aspects divers, et sa théorie est tout à fait applicable ici.

angle très sensible, ne se dirigeant plus vers le Gehon, mais se montrant à peu près parallèles aux cornes de Margaritifer Sinus.

J'ai essayé de traduire aussi exactement que possible, tout en les résumant, les descriptions de M. Cerulli, afin que l'on sente bien tout le soin que l'auteur a mis à analyser les moindres détails de la surface de la planète et à se rendre compte de leur nature. Sa description se continue pour tout l'ensemble du globe martien comme pour la région précédente. Cet ensemble est représenté sur le planisphère aréographique reproduit ici (*fig.* 294).

L'inspection de ce planisphère montre que M. Cerulli n'est pas affranchi d'une équation personnelle, pas plus que les autres astronomes, et elle est même assez marquée. Chacun de nous a vraiment sa façon de voir, au physique comme au moral, comme nous l'avons déjà si souvent répété à propos des curieux dessins de la Lune, et ici, la tendance de M. Cerulli est certainement de voir des lignes, plus ou moins larges, et de les voir arrondies. Comparez sa Carte à toutes les autres, vous aurez absolument cette impression.

Son instrument paraît excellent. C'est un équatorial de Cooke, de 15 pouces et demi, c'est-à-dire de $0^m,39$, armé de grossissements de 400 et 500 diamètres. La situation atmosphérique de son observatoire paraît également excellente. En ayant sous les yeux toutes ces variétés de représentations, notamment celles de MM. Schiaparelli, Lowell et Cerulli, on est vraiment porté à désespérer de ne rien connaître de sûr avant bien longtemps encore.

Et les canaux? Considérons par exemple, sur cette Carte, le Gehon, au-dessous de la Baie du Méridien et comparons-le à celui de nos Cartes classiques (*La Planète Mars*, t. I, p. 440) : c'est à ne pas le reconnaître, ni comme direction ni comme aspect. Ici, il est blanc, et le planisphère est plein de ces canaux blancs.

Le 19 février, écrit l'observateur, par une bonne atmosphère, le Gehon se présentait sous la forme d'une véritable et sûre gémination. Les deux lignes, parfaitement parallèles, se dirigeaient vers les cornes d'Aryn, mais en formant un très grand angle. Le Gehon de gauche s'arrêtait au Deuteronilus; celui de droite allait se perdre près d'Acidalius. On n'apercevait ni l'Hiddekel, ni le Sitacus. Le lendemain 20, les deux Gehon parallèles se voyaient toujours parfaitement. Le 21, spectacle merveilleux! le Gehon, qui d'abord s'était arrêté au Deuteronilus, l'avait dépassé pour aller jusque dans l'Ortygie; l'autre allait jusqu'à Calirrhoë. Entre les deux lignes, le sol était d'un blanc argenté, et parfois les deux Gehon étaient colorés en jaune d'or. Ces deux lignes paraissaient bien réelles, et je n'ai pu les résoudre en points.

C'est là une observation des plus précises et des plus curieuses.

Autres variations :

Lorsque, dans le petit disque du 22 août 1898 (6″), j'ai revu le Gange pour la première fois, mon compagnon d'observation, le professeur de Berardinis, l'aperçut comme moi et remarqua de plus que le milieu du disque était occupé par un V dont le Gange formait la branche de gauche et le Chrysorrhoas celle de droite. Le Gange resta longtemps très large. Le 27 août, il était certainement aussi large que le Lac de la Lune. Le 30 septembre, on remarqua encore un V, mais, au lieu d'être formé par le Gange et le Chrysorrhoas, il l'était par celui-ci et l'Hydraote (*voir* la Carte). Le Gange le divisait par le milieu. Le 11 et le 12 novembre, le Gange parut moins large. Le 13 décembre, au lieu de s'arrêter au Lac de la Lune, il allait jusqu'à Tanaïs. Le 13 février, on le distinguait à peine. Le 19, il est large et splendide et paraît dans un lit d'argent. Il est double. Doubles aussi le Lac de la Lune, le Lac du Soleil, le Nilokeras, le Titonius, l'Iris. Le 20, le Gange toujours double.

La gémination du Sabæus a été observée le 23 février.

Ces observations sont caractéristiques. Tout en sachant fort bien que nos moyens optiques ne sont pas suffisants pour nous montrer les choses telles qu'elles sont, il est impossible de douter qu'il se passe sur Mars des changements incessants et considérables. Et nous nous demandons pourquoi M. Cerulli ne veut pas admettre la réalité de ces variations, qui s'expliquent presque toutes dans l'hypothèse qui voit là des régions de végétation alimentées par les eaux provenant de la fonte des neiges polaires.

Le Lac du Soleil s'est montré double, comme il est représenté sur la Carte. Mais cette gémination n'est pas énigmatique pour l'auteur. « Il lago, écrit-il, è il baricentro ottico degli scuri sparsi entro Taumasia. » Il ajoute qu'en général il est unique, mais qu'il n'y a pas de raison pour qu'on n'en découvre pas plusieurs à mesure que la vision sera plus perçante. On devra distinguer des noyaux d'ombre de plus en plus nombreux.

« Schiaparelli en avait déjà vu deux en 1890; Lowell en a reconnu quatre en 1894; mieux on verra et plus ils seront nombreux. »

D'après ces principes de la théorie optique de M. Cerulli, ce que l'on voit sur Mars, ce que l'on dessine sur les Cartes, ce sont des réunions de points mal définis que notre œil rassemble soit en lignes, soit en surfaces. Un grand nombre des variations signalées ne seraient dues qu'aux différences de vision. Plusieurs sont assurément dans ce cas, mais non pas toutes. Comment douter, par exemple, que le Gange (ou les choses qui le dessinent) n'ait pas été plus large le 22 août que l'Hydraote, et que celui-ci n'ait pas augmenté de largeur à la fin de septembre ?

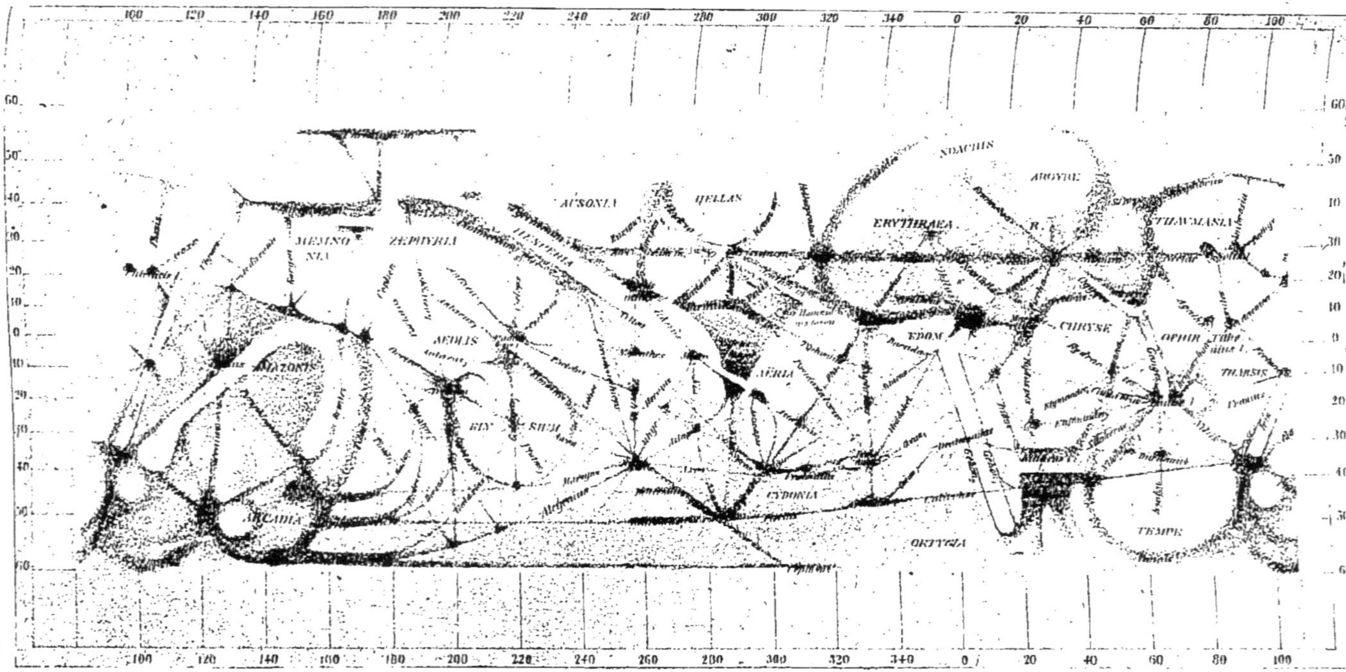

Fig. 294. — Planisphère aréographique dressé par M. Cerulli d'après ses observations de 1898-1899.

La Grande Syrte, écrit l'astronome italien, est l'amas qui plus que les autres semble une forme naturelle et représente une image fidèle de notre Continent africain. La théorie optique ne recherche pas si cette région est une mer ou une terre. Il lui suffit d'admettre que les éléments foncés, individuellement invisibles, sont, à égalité de surface, plus nombreux et plus intenses que dans les contrées environnantes.

Au commencement de septembre, la Grande Syrte présentait un maximum d'ombre à sa pointe, vers la Nilosyrtis. De là, en allant vers le haut ou vers le Sud, la couleur de cette tache se faisait plus claire, jusqu'à devenir presque blanche en approchant de l'Hellas. Cet aspect s'était déjà présenté en 1896, dans des conditions semblables de perspective. Le 7 septembre, entre la Libye et l'Hellas, un canal clair était visible.

Le 28 février, la Grande Syrte apparut pour la première fois parfaitement bien, avec une complexité de choses indéchiffrables. Je touchai de la main que la planète est d'autant moins facile à peindre que la vision est meilleure. La bouche de la Nilosyrtis offrait un maximum d'ombre, mais l'appréciation devint douteuse lorsque, dans un instant de bonne transparence atmosphérique, cette bouche se résolut en trois noyaux. De chaque côté de la Mer du Sablier se montrait un lac. *Celui de gauche était le Lac Mœris* [1]; celui de droite réunissait à leur jonction l'Astusape et l'Astaboras (*voir* la Carte). Puis, la bouche de la Nilosyrtis devint ronde et isolée, et au-dessus une raie blanche argentée la sépara du reste de l'amas. Le planisphère montre les nombreux détails observés.

Le 3 mars, le Lac Mœris ne parut plus séparé de la Grande Syrte : la région intermédiaire était assombrie.

NOUVELLES MESURES DE LONGITUDES.

	°		°
Bouche de l'Hiddekel	256,2	Premier point de la Mer des Sirènes	136,4
Bouche du Gehon	3,8	Golfe des Titans	174,8
Golfe des Perles	23,0	Centre du Trivium	201,4
Lac de la Lune	65,6	Lac Mœris	279,4
Lac du Soleil	87,1	Lac Ismenius	332,9

Nous ne voulons pas reproduire ici tout le Volume de M. Cerulli, mais nous avons tenu à en offrir la substance. En résumé, l'auteur conclut de ses observations que nous ne voyons rien des choses réelles qui existent sur Mars, quelles qu'elles soient, mais seulement des images optiques produites par la réunion de ces choses, claires ou foncées. Les variations observées ne seraient pas réelles, mais le résultat d'une vision plus ou moins pénétrante. Sans l'avouer expressément, il est plutôt porté à admettre que ce n'est pas là un monde vivant, mais plutôt un globe mort, fixe, inaltérable, dans le genre de la Lune.

L'opinion contraire paraît infiniment plus probable, tout en admettant

[1] Cette observation est en désaccord avec les nôtres (*voir* p. 450).

que nous ne distinguons que très imparfaitement les divers aspects martiens.

Je demanderai ici la permission de protester contre une accusation de M. Cerulli, qui suppose que je vois dans Mars une planète identique à la Terre. Cette accusation est très gracieusement présentée dans son Livre [1], mais elle n'est pas fondée. Il ne faut pas prendre à la lettre certains passages descriptifs et les détacher isolément sans tenir compte de l'ensemble des œuvres d'un auteur. Tout en posant en principe que la vie n'existe pas seulement sur notre médiocre planète, j'ai toujours pris soin d'établir que notre globe ne doit pas être considéré comme type de la vie universelle, que la plus grande diversité doit distinguer les différents astres, que le temps est le principal facteur de l'évolution des mondes, que notre époque n'a pas une valeur exceptionnelle, et que certains mondes ne sont pas encore arrivés à la période vitale, tandis que d'autres l'ont passée. Nous pouvons admettre aussi qu'il y a des déserts dans le Ciel aussi bien que sur la Terre. J'ai toujours insisté également sur les *différences* de constitution et de conditions des globes, et je suis même actuellement, je crois, l'un des derniers à refuser à l'analyse spectrale le droit de proclamer l'identité chimique des astres (*voir* notamment *Lumen*, *Uranie*, *Stella*, *Rêves étoilés*, *Excursions dans le Ciel*). Je me suis toujours élevé, au contraire, contre le géomorphisme aussi bien que contre la théorie anthropocentrique de la création. *Mars ne peut pas ressembler à la Terre*. Mais la différence inévitable et nécessaire de la constitution des êtres planétaires avec les êtres terrestres n'empêche pas que ces êtres puissent exister, et elle n'empêche pas non plus qu'ils puissent avoir la faculté de penser. L'espace infini est peuplé de millions de soleils et de mondes. Il y a là le passé et l'avenir comme le présent, et le présent est actuellement représenté par un nombre infini d'humanités inconnues, différentes de la nôtre, mais dans lesquelles nous pouvons saluer nos sœurs de l'immensité. Quant à Mars, en particulier, tout nous conduit à admettre qu'il est plus avancé que la Terre dans son évolution.

Mais non seulement la vie martienne ne peut pas ressembler à la nôtre : il y a plus, nos yeux ne sont pas constitués pour tout voir, et il peut exister là des choses inaccessibles à notre rétine, sur lesquelles nous ne pouvons émettre que les interprétations les plus erronées.

[1] Uno dei migliori servizi fu reso in questo decennio all' areografia dall' illustre Flammarion, con l'aver riunito nell' opera *La Planète Mars*, tutti i designi del pianeta, fatti dal giorno in cui il telescopio ha cominciato a mostrarvi qualche macchia, fino ai di nostri. L'anima poetica del Flammarion è tutta per l'areografia geomorfa. Leggete, per esempio, a p. 591, lo splendido squarcio : « Il y a dans la vie des heures charmantes, etc. » nel quale si parla di Marte come d'un' altra Terra già in parte explorata.

Même ce que nous voyons, nous le voyons différemment. Comparer entre elles nos deux Cartes, faites à Juvisy et à Teramo (*fig.* 293 et 294) : quelles stupéfiantes dissemblances !

Les observations de M. Cerulli sont faites avec le plus grand soin et ont une grande valeur intrinsèque. C'est là l'essentiel, et elles serviront à accroître notre connaissance de cette planète voisine, encore si énigmatique. Travaillons, comparons, discutons.

Le même astronome a publié les remarques suivantes au *Bulletin de la Société astronomique de France* du mois d'août 1899 :

Le développement de la Boréosyrtis, signalé à Juvisy [1], est bien un de ces phénomènes que l'on observe mieux à quelque distance du méridien central que pendant la culmination. Je vous envoie trois de mes derniers dessins. Dans le premier, la Boréosyrtis est à droite et ressemble à un lac double ; dans le second, la Boréosyrtis est au milieu, montrant deux lignes à angles obtus, bien foncées ; dans le troisième enfin, la Boréosyrtis, à l'extrémité gauche, prend l'aspect d'un éventail. Quant à la Mer du Sablier, elle offre bien, comme on l'a vu à Juvisy, la forme de Lowell, mais cela tient à la difficulté de séparer le Lac Mœris de la pointe de la Grande Syrte (embouchure de la Nilosyrtis).

Dans les soirs très calmes, cette séparation s'est effectuée presque totalement, et le Mœris est réapparu tout à fait semblable à la *cuiller* de Dawes. Entre le Mœris et la Grande Syrte il ne restait qu'une sorte de voile peu épais.

Je crois que nombre de variations que l'on observe sur Mars peuvent s'expliquer par de légères différences dans l'état de notre atmosphère. Si peu que l'air change, l'équation personnelle varie beaucoup. Il ne s'ensuit pas qu'il soit indispensable de dessiner Mars seulement dans des conditions atmosphériques excellentes. Il est même instructif de l'observer dans les circonstances les plus diverses. Il est très intéressant, en effet, de découvrir la manière dont les amas estompés de taches, correspondant à un état médiocre de l'air, se résolvent lorsque l'air s'améliore. Car si, l'air étant amélioré, nous apercevons encore des détails ressemblant à ceux que nous avions vus dans l'image médiocre d'auparavant, tout en étant plus fins et déliés, nous devons en conclure que ces détails eux-mêmes, dans un état encore plus parfait de l'atmosphère et dans un télescope plus puissant que le nôtre, se résoudraient en des taches séparées et indépendantes. En septembre 1898, je vis sûrement l'Euphrate sur des images matinales fort médiocres : en 1899, les images de Mars étant devenues magnifiques, l'Euphrate n'était plus visible, et l'on n'apercevait à sa place que quatre noyaux d'ombre échelonnés entre l'embouchure de l'Euphrate dans le Sinus Sabæus et la calotte boréale. J'ai donc non seulement le droit de considérer l'Euphrate comme n'étant qu'un système de taches, mais même de soupçonner que d'autres canaux encore peuvent être segmentés dès à présent de la même manière.

(1) *Voir* plus haut, p. 443, l'observation du 21 décembre 1898.

Les plus fins et les plus intéressants parmi ces canaux (le plus admirable pour moi a été le Gehon) sont des sensations linéaires très simples à l'apparence, mais bien complexes en réalité. Décidément, ce ne sont pas des lignes physiques, mais des lignes optiques, c'est-à-dire des lignes de plus grande ombre nous ré-

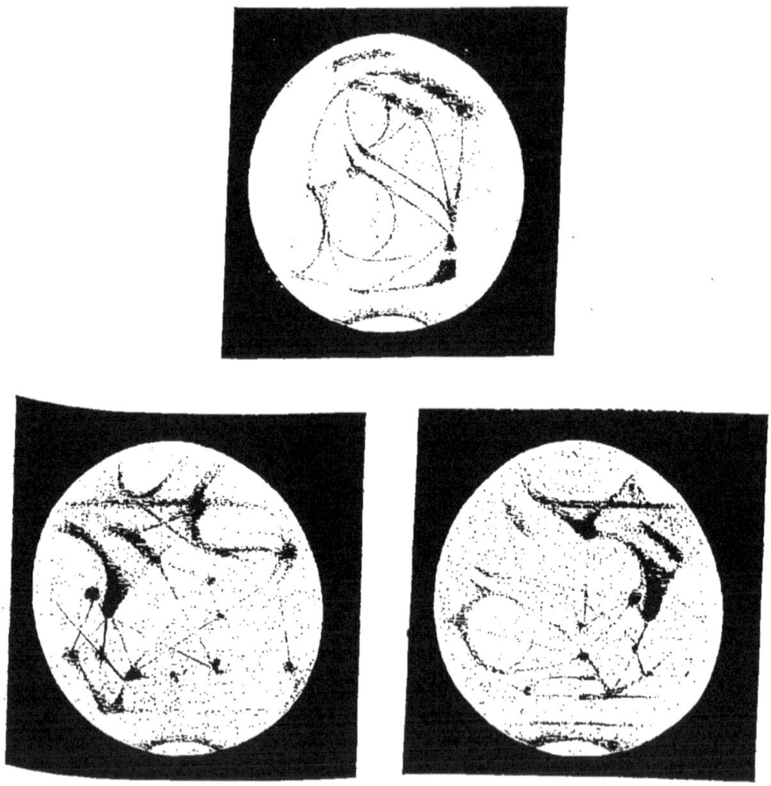

Fig. 295-297. — Dessins de la planète Mars par M. Cerulli, en 1899.

vélant *schématiquement* l'existence de tous ces détails de la surface de Mars qui surpassent le pouvoir du télescope actuel.

Le soir du 16 mars, j'ai vu à maintes reprises le Læstrygon se résoudre en trois taches, nettement séparées. Elles ne semblaient pas affecter la forme circulaire. Le Tartare est disparu, après avoir été l'un des canaux les plus évidents de 1896.

Toutes ces différences d'appréciations montrent combien nous sommes loin encore de connaître les détails de la géographie martienne. Mais, quant à l'ENSEMBLE, il n'est pas douteux; et nous ne pouvons douter non plus des *variations*, indiquant une vitalité planétaire fort intense.

CCXLVI. — Observations de M. Comas Sola, a Barcelone.

Pendant cette opposition, les nuits sereines n'ont pas été nombreuses, mais elles ont été parfois très belles. La valeur des images n'a pas coïncidé avec la tranquillité ni avec la pureté de l'air, mais avec la plus grande humidité, phénomène que j'observe toujours dans nos climats. Plus élevé était l'hygromètre et plus tranquille était l'image. Les vents les plus favorables pour nous sont donc ceux du Sud et de l'Est, lesquels ont le plus soufflé dans notre région pendant cet hiver. Le 31 janvier, par exemple, jour où l'image fut tout à fait irréprochable (on pouvait observer la région comprise entre Trivium Charontis et Syrtis Major), nous avions sur notre Observatoire le centre d'une forte dépression cyclonique; le baromètre était à 746^{mm} et un vent fort du Sud soufflait.

Si l'on ajoute à ces circonstances favorables la grande élévation de Mars, on comprend que j'aie pu utiliser toute la puissance de l'équatorial Mailhat de 0^{m},22. Les grossissements employés n'ont presque jamais été inférieurs à 300 fois, et ont varié entre 300 et 400, quelquefois 500, le plus souvent 320. D'autre part, avec mon 4 pouces de Bardou, j'ai pu confirmer la plupart des observations faites au grand équatorial.

Dans le planisphère ci joint (projection cylindrique orthogonale avec une latitude du centre = + 15°) j'ai résumé mes principales observations, qui ont commencé le 31 août 1898 et fini le 23 février 1899, mais qui n'ont donné des résultats effectifs dans les détails qu'à partir de décembre. Les premières observations se rapportent principalement à l'extension des calottes polaires.

A. Je n'ai trouvé, en général, aucune modification notable dans l'aspect de la Grande Syrte par rapport aux oppositions dernières. Son plus grand obscurcissement était vers l'embouchure de la Nilosyrtis et le long des côtes de l'Aeria et de la région d'Isis. Ce que j'ai vu de plus notable dans cette contrée, c'est la Nilosyrtis et un autre canal qui paraît avoir la même embouchure que l'Astapus, mais qui est loin de suivre le même cours. En premier lieu, la Nilosyrtis a paru assez faible et je n'ai pas pu reconnaître la courbure ou coude si caractéristique de ce canal. J'ai souvent observé cette région pendant cette opposition, surtout à la fin de janvier, et je peux garantir l'exactitude du tracé qu'on voit sur ma Carte. Quant à l'autre canal, son existence et sa position sont aussi certaines. Il avait la même intensité que la Nilosyrtis. Ces deux canaux débouchent dans deux taches rondes, très foncées et légèrement estompées, qui semblent se trouver sur Boréosyrtis. Le 31 janvier, avec une vision oblique, la Grande Syrte offrait l'aspect de deux entonnoirs superposés, un pour chaque canal, comme on le voit sur ma Carte. Si leurs tracés n'eussent été divergents, on eût dit que la Nilosyrtis était double. Ce canal, par exception, était assez foncé le 23 décembre.

Les deux taches de Boréosyrtis ne correspondent à aucun détail des Cartes de M. Schiaparelli. Les deux taches connues qu'on en pourrait rapprocher sont Alcyonius et Palus Coloe, mais il faudrait rectifier leurs positions. D'ailleurs, j'ai vu Palus Colœ admirablement, comme un petit point noir, en 1896, et il se trouvait alors, comme le dessine M. Schiaparelli, dans l'extrémité coudée de la Nilosyrtis. Le plus probable est que ces taches boréales sont variables et que tantôt le liquide de fusion des glaces polaires *remplit un bassin ou un autre*, par suite de circonstances que nous ignorons.

On verra dans ce récit d'autres cas analogues.

L'Aeria, comme toujours, a été très claire; le Phison, très difficile et vague : il semblait plutôt la limite de la région claire de l'Aeria. Typhonius et Orontes, invisibles. Protonilus était très faible et estompé; faibles aussi Lacus Ismenius et Jordanis. Sinus Sabæus n'a présenté aucune modification sensible. Le Promontoire Edom, très clair et très net. Deucalionis Regio peu accusée, et les terres australes Hellas, Iaonis, Noachis, etc, apparaissent près du limbe austral comme des taches blanchâtres et mêlées sans doute avec des nuages. La Baie du Méridien, très foncée, comme d'habitude; l'Hiddekel et le Gehon ont été bien

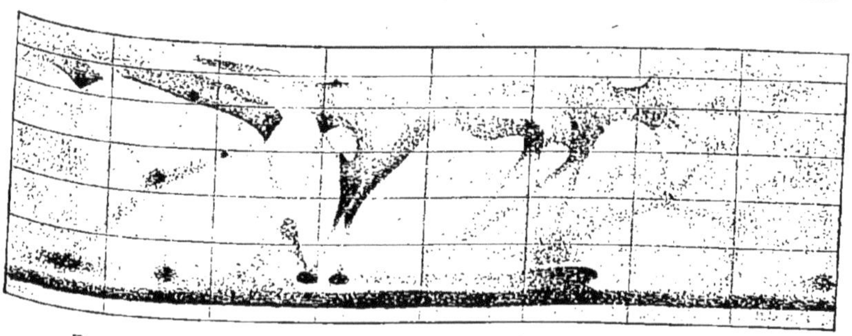

Fig. 298. — Planisphère de la planète Mars en 1898–1899, par M. J. Comas Sola.

visibles, mais assez faibles, surtout le premier. Je n'ai vu non plus aucune courbure dans le Gehon; il se dirigeait en ligne droite au Lac Niliacus. L'Indus avait la même intensité et la même rectitude que le Gehon.

L'embouchure de l'Oxus était très visible, mais le canal était à peine marqué dans l'intérieur du continent, vers Lacus Ismenius. L'aspect fourchu de Margaritifer Sinus lui donnait beaucoup de ressemblance avec la Baie du Méridien.

Mare Acidalium a été presque toujours noire, ce qui contrastait beaucoup avec le ton de pénombre de Lacus Niliacus. Cependant, celui-ci s'est montré assez foncé le 18 janvier. Les deux bassins étaient visiblement séparés par le Pont d'Achille; ce pont produisait l'effet d'un massif montagneux empêchant l'eau, ou autre liquide, de la mer Acidalienne de s'étendre par le Lac Niliacus. La Mer Acidalienne se trouvait en relation indubitable avec la bordure noire de la calotte boréale, c'est-à-dire avec l'eau de fusion des glaces; on pouvait cependant constater parfois que la bordure de la calotte était très légèrement plus foncée que celle-là. Les bords du Lac Niliacus et de la Mer Acidalienne, dans le Tempé, étaient très nets; la Mer Acidalienne présentait une protubérance très visible dans cette contrée. La région du Tempé, très claire, surtout à côté de la Mer

Acidalienne et du Lac Niliacus. J'ai vu le Nilokeras presque toujours très large, sombre et diffus vers le Sud; il paraissait simplement un éclaircissement du Lac Niliacus qui se prolongeait jusqu'au Lac de la Lune; le 19 janvier seulement, je pus voir le Nilokeras assez mince et net, mais entouré d'un estompage.

Jamuna, très faible et estompée. La région de Chrysé très claire. Le Gange, large et peu foncé; le Lac de la Lune, pâle, rougeâtre et de grandes dimensions. Si l'on compare mon planisphère avec les dernières Cartes aréographiques de M. Schiaparelli, on verra tout de suite que dans cette région et d'autres il y a de très sensibles changements de position. Pour ma part, je dirai seulement que dans le tracé de mon planisphère, à part les positions aréographiques de quelques points fondamentaux que j'ai pris à M. Schiaparelli, j'ai suivi exclusivement mes dessins et sans aucune idée préconçue. Je crois qu'il faut beaucoup éviter dans ces observations les erreurs de système, lesquelles sont, comme on le sait, les plus redoutables dans la Science. Dans cette pensée, j'ai adopté toujours la règle de ne jamais regarder une Carte aréographique avant d'avoir fait d'abord mon dessin.

Dans la Mer Érythrée, on voit des bandes blanchâtres quelquefois assez brillantes : ce sont des terres australes.

Nous arrivons maintenant à une région étendue dans laquelle presque tous les détails ont été extrêmement difficiles. J'ai pu heureusement profiter d'images excellentes, mais bien insuffisantes certainement pour déceler avec précision ces ombres qu'un œil exercé a peine à saisir. Telles ont été Thaumasia (sombre), Agathodœmon, le lac Tithonius, le lac du Phénix, Nectar, Chrysorrhoas, Nilus, Ceraunius, etc., et même le *Lac du Soleil, extrêmement difficile aujourd'hui*, et si foncé et si facile autrefois! La plupart de ces détails sont des estompages faibles et mieux visibles en position excentrique.

En revanche, les régions d'Ophir et Tharsis blanchissaient en s'approchant du méridien central, ce qui, dans ce cas, indiquerait que cette blancheur est particulière au terrain et non pas due à un effet de nuages.

La grande région continentale, comprise entre le méridien d'Aonius Sinus et celui du Trivium Charontis, a été aussi d'une observation très difficile, malgré les images très belles que j'ai eues quand cette face fut visible (commencement de février). Le Nodus Gordii a été un estompage impossible à définir, malgré tous mes efforts. Par moments, j'ai soupçonné dans ces régions de très petits détails foncés, mais si fugitifs qu'on ne pouvait les préciser. Tous les canaux de cette vaste contrée étaient très faibles, très diffus et très larges; on ne voyait plus que de grandes bandes estompées. Sous cet aspect j'ai vu le Sirenius, le Gorgon, l'Eumenides (?), le Pyriphlegethon, l'Orcus, le Titan, le Tartare.

Trivium Charontis ne s'est pas montré aussi foncé qu'en 1896-1897, mais toutefois assez sombre et avec un point noir central; Cyclops très pâle. Devant l'embouchure du Cyclops, dans Mare Sirenum, on voyait, par moments, une très petite tache noire; cette mer n'offrait aucune particularité notable. J'ai vu Atlantis avec sûreté une fois seulement, le 6 septembre, lorsque le diamètre apparent de la planète était de 6″,6. Le canal Cerberus était très foncé et large jusqu'à l'intersection avec l'Aethiops, dans laquelle on voyait un petit point noir, et, à partir de ce lac, le Cerberus s'amincissait jusqu'à Mare Cimmerium. Aethiops, faible. J'ai vu le polygone de l'Elysium avec la grandeur et la forme que représente mon planisphère; je doute si le canal du milieu est Galaxias. En tout cas, c'est un canal extrêmement difficile et que je n'ai pu distinguer que, par moments et partiellement, le 29 janvier. L'Eunostos était très faible; Hyblaeus, Fretum Anian et Boreas se confondaient dans un grand estompage. L'Elysium n'a pas été aussi clair qu'autrefois; il blanchissait à mesure qu'il s'approchait du méridien central; mais la partie plus claire était tout contre le Trivium Charontis, à côté duquel on voyait une tache blanche.

L'Hephaestus est un grand estompage, mais il m'a paru plus haut en latitude boréale que ne l'indiquent les Cartes. On voit un tronçon de canal reliant Hephaestus avec la tache noire du canal gauche de Syrtis Major. Ce tronçon est diffus dans le bord gauche et très net dans le bord droit. Le Léthé bien visible, mais faible; Triton, invisible; Hespérie, très blanche et très nette. Phaetontis, Electris, Eridania, etc., tout se confond dans le limbe; on ne voit guère que des régions blanchâtres, peut-être neigeuses, impossibles à bien dessiner.

La Libye a repris son ton sombre, après l'aspect si clair qu'elle offrait en 1896-1897. Je continue à trouver son étendue et sa forme égales depuis mes premières observations de 1890; seulement sa pointe boréale m'a paru plus émoussée en 1898 1899, *ce qui transforme le Lac Mœris en un golfe*, qu'en vision oblique j'ai vu tout à fait noir. La Libye, près des bords de la planète, était bien plus claire, notamment le 31 janvier. On voyait une très faible traînée reliant la Petite Syrte avec le lac Mœris. Dans la région d'Isis, très claire, on pouvait constater une ombre faible le même jour (Thot?). Dans l'Ausonia sont visibles deux taches rondes très blanches avec une baie absolument noire entre elles; c'est sans doute l'embouchure de l'Euripe. Elle était plus foncée en vision oblique.

Les côtes continentales ont été très claires et les contrées intérieures, en général, jaunâtres, teintées légèrement de rouge. Dans les régions foncées, mais pas très sombres, j'ai pu constater seulement une faible coloration bleuâtre. La calotte boréale a été constamment bordée par une bande très foncée, variable, plus ou moins étroite et tout à fait noire.

B. Dans toute la durée des observations, la calotte blanche boréale a été bien visible. Vers le pôle austral, j'ai vu, pendant les premières et dernières observations, des régions aussi blanches, plusieurs fois, que dans l'autre calotte, surtout pendant les mois d'août, septembre et octobre 1898 et février 1899. La diminution de ces régions neigeuses ou nuageuses australes a coïncidé avec l'augmentation de la latitude boréale du centre du disque de la planète. D'après un grand nombre de dessins faits avec tout le soin possible, j'ai déduit les diamètres en arcs aréocentriques de la calotte boréale pour une série de jours. Chaque résultat est la moyenne d'une à deux dizaines de dessins. Une cause de perturbation dans ces mesures se trouve dans les nappes de nuages qui se forment sou peut-être constamment dans les régions polaires. J'ai observé des chang brusques de forme et d'étendue de la calotte qui ne semblent avoir d'autre que les nuages.

	Arc aréocentrique.
	°
9 novembre 1898....................	36
20 janvier 1899........................	32
7 février 1899........................	23
17 février 1899........................	24

D'après quelques séries d'observations de l'angle de position de la calotte bo réale en des longitudes aréographiques différentes, avec le cercle de po du micromètre, j'ai trouvé que cette calotte est centrée sur le pôle.

Dans les premiers jours de février surtout, cette calotte a présenté des asp notables, dus sûrement en bonne partie à des nuages. J'ai fait sur ce point qu dessins spéciaux. Dans le premier, on voit le bord de la calotte irrégulier et clair que la partie centrale, aspect qui me rappelait beaucoup les observati

24 janvier, 9h.

9 février, 10h30m.

10 février, 6h.

10 février, 7h.

Fig. 299-302. — Dessins de la calotte boréale de Mars.

de la calotte australe que je fis en 1892, époque à laquelle j'eus la chance sister à la débâcle des neiges australes, qui commença par la partie intér de la calotte, laissant depuis une barrière presque circulaire de glaçons dislo et brillants; ce grand changement s'effectua en quelques jours.

Le 24 janvier 1899 (premier dessin) on voyait de plus, dans la calotte blanc une région plus éclatante, indiquée par un cercle dans le dessin et qui se trou à peu près dans la prolongation du canal gauche de la Grande Syrte.

Le dessin du 9 février montre de remarquables irrégularités dans les bords la tache polaire.

Dans le troisième dessin, fait le 10 février, à 6h, on voit la calotte plus p et bordée d'une région très sombre, puis un filet blanc; il y avait encore tache blanche en haut et une autre tache blanche courbée dans le limbe avec région sombre intérieure.

Le dernier dessin, fait une heure plus tard que le précédent, montre les variations arrivées dans ce court espace de temps. On remarquait aussi, dans le centre de la calotte, une région plus brillante.

C. Un phénomène des plus frappants pendant cette opposition a été le grand nombre de taches blanches que j'ai observées sur les bords et le terminateur. En général, les côtes et les îles ont paru très blanches sur les bords, surtout en dedans ou auprès du terminateur, sans doute par un effet de contraste. Les régions les plus remarquables à cet égard ont été : Isidis Regio, Amenthès, Aeria, Edom, Chrysé, Tempé, Icaria, Tharsis, etc., et les terres australes. Parfois, surtout les 9, 10 et 11 février, j'ai vu le terminateur bordé d'un chapelet de taches blanches et de même dans le bord opposé, quoique en moins grand nombre. Dans le centre du disque il y avait alors les régions de Nodus Gordii et Titan. Du reste, j'ai pu voir souvent, même en culmination, des taches blanchâtres entre les canaux. Près des taches foncées où aboutissent les deux canaux de la Grande Syrte, j'ai pu constater, le 31 janvier, en vision oblique, quelques points brillants d'une blancheur extraordinaire.

Ces observations de M. Comas Sola mettent également en évidence les *différences* attribuables aux observateurs, quoique le fond du canevas reste sensiblement le même. Le dédoublement de la pointe de la Mer du Sablier est sûrement un phénomène optique. La pâleur du Lac du Soleil s'accorde avec nos observations.

CCCXLVII. — Douglass. — Observations faites a l'Observatoire Lowell, a Flagstaff, Arizona (1).

Pendant un récent voyage dans les États de l'Est, j'ai visité plusieurs Observatoires, entre autres celui de Chamberlain à Denver, l'Observatoire Yerkes à William's Bay, l'Observatoire naval de Washington, l'Observatoire Flower à Philadelphie et l'Observatoire Harvard à Cambridge, en faisant, en chacun d'eux, des observations de Mars, le matin, de bonne heure. C'est à Washington que j'ai obtenu les meilleures images, lorsque Mars nous montrait la Mer du Sablier et les régions avoisinantes. Quelques-uns des canaux étaient très distincts, et plusieurs se montraient doubles, ainsi qu'on l'a observé maintes fois. En contemplant des images si belles, il m'a semblé qu'après tout, notre prétention d'une atmosphère exceptionnelle à Flagstaff pourrait ne pas être bien fondée; car nous avons été à même de distinguer nettement plusieurs canaux en un point de l'est des États-Unis où l'on ne saurait s'attendre à découvrir les détails les plus délicats des planètes. Mais, peu après mon retour à cet Observatoire,

(1) Lettre du 11 février 1899. *Société astronomique de France*, 1899, p. 261.

nous avons eu, malgré ce temps d'hiver, une bonne nuit, et l'aspect de Mars s'est montré tellement supérieur à la meilleure image de Washington, que la visibilité des détails semblait non seulement améliorée d'une manière quantitative, mais même avoir été d'une qualité entièrement différente. *La planète restait de son fond sombre comme une magnifique chromolithographie*, où l'on voyait une grande quantité de détails et un splendide mélange de vert doux et pâle, de gris léger, de jaune foncé et de blanc pur. Le travail sur un objet comme celui-ci devient alors un véritable plaisir, du moins au point de vue artistique.

L'image à Washington paraissait d'une qualité autre que celle de Flagstaff. Les couleurs n'étaient pas nettement définies et distinctes entre elles, et l'on aurait dit qu'une teinte jaunâtre recouvrait toute la planète. Il est possible que ce phénomène ait été une conséquence de l'état atmosphérique au moment de l'observation. Ce qui est curieux cependant, c'est que M. Anderson a trouvé cette nuit mauvaise, tandis qu'à l'Observatoire Flower, où les détails planétaires ne se voyaient pas facilement, la nuit était meilleure. Le désaccord provient de ce que les qualités atmosphériques nécessaires pour permettre la visibilité des détails délicats ne sont pas les mêmes que celles qui régissent de bonnes mesures micrométriques d'étoiles doubles ou de diamètres planétaires et sont invariablement plus difficiles à obtenir.

Les dessins qui accompagnent cette Note donnent l'aspect actuel de la planète. Ils ont été faits à différentes reprises depuis le dernier jour de décembre, étant reproduits des originaux aussi exactement que possible. On verra que la planète est pratiquement circulaire par son voisinage de l'opposition, qui a eu lieu le 18 janvier. Toutes les observations antérieures au 9 janvier ont montré le terminateur un peu plus sombre que le limbe. Mais, à la date du 9, il parut au moins aussi brillant que le bord, bien que sa coloration fût jaune, et non blanche. J'ai rapproché cette teinte jaunâtre du terminateur du fait que *les régions de la planète où le Soleil est déjà passé au méridien paraissent en général brumeuses* et dépourvues de contraste dans leurs détails. Ainsi, par analogie avec nos propres régions équatoriales, où l'air est calme le matin, mais en mouvement violent l'après-midi, je conclus qu'il en est de même sur Mars, l'aspect brumeux étant dû à *de la poussière* dans l'air, et sa couleur au fait que c'est bien de la poussière et non point de l'humidité. Le blanc des régions du matin sur Mars provient de l'air plus pur de cette heure et, peut-être aussi, d'un dépôt de gelée blanche.

Tous les détails de l'hémisphère nord sont bien développés, et les mers du voisinage de la calotte polaire se montrent très sombres.

Si nous comparons l'aspect actuel de la planète avec les Cartes et dessins donnés dans le grand Ouvrage de Flammarion sur Mars, nous trouvons que nous voyons maintenant aussi loin dans les régions boréales de la planète qu'en 1881-1882. Cependant, on distingue maintenant plus de canaux dans la région comprise entre les mers équatoriales et la calotte polaire nord que sur les dessins de cette période. Mais la configuration est bien la même. L'aspect des grands canaux ou taches sombres près de la calotte polaire offre plusieurs points de ressemblance frappante avec les dessins de Perrotin et Thollon faits en 1886, et aussi avec la Carte générale de Schiaparelli établie sur ses observations de 1877 à 1888.

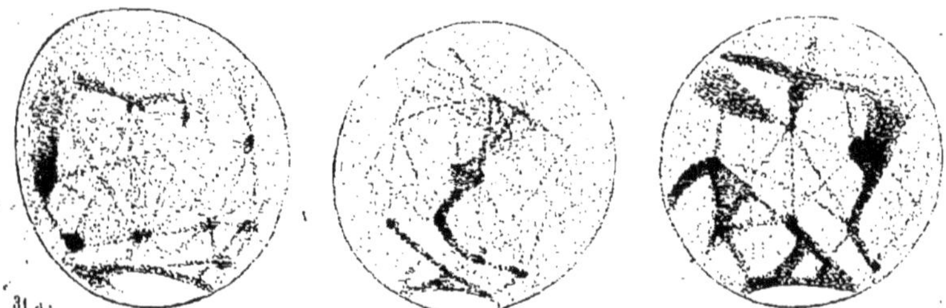

31 décembre 1898. Longit. 342°. 4 janvier 1899. Longit. 298°. 5 janvier. Longit. 260°

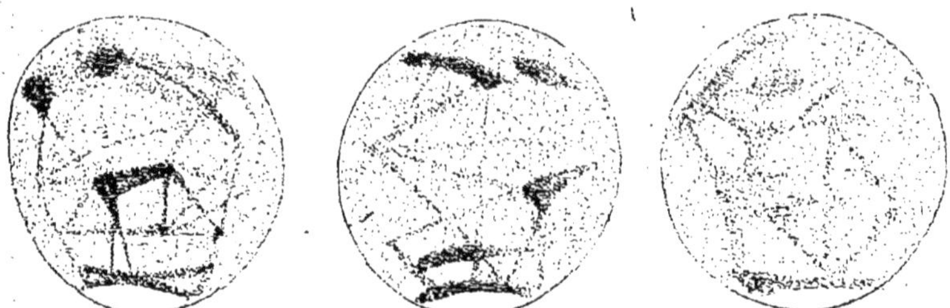

9 janvier. Longit. 208°. 18 janvier. Longit. 173°. 21 janvier. Longit. 187°.

Fig. 303-308. — Observations de Mars. Dessins de M. E. Douglass.

Il y a eu, toutefois, d'évidents changements d'une grande importance, dont le plus considérable est celui survenu dans le contour oriental ou gauche de la Mer du Sablier. Les changements dans cette région paraissent être séculaires plutôt que subordonnés aux saisons, et, quoique variant probablement avec la saison, il existe néanmoins une différence marquée dans l'aspect, à la même saison des diverses années. De pareilles modifications ont été observées dans cette partie de la planète depuis longtemps déjà. Flammarion a attiré l'attention sur la différence existant entre les dessins de Dawes en 1864 et ceux de Schiaparelli embrassant la période 1879 à 1888. Les oppositions de 1864 et de 1879 étaient semblables en ce qui concerne les saisons, et l'aspect des taches aurait dû être le même dans les deux cas. Schiaparelli lui-même parle des changements dont ce littoral a été le siège pendant sa longue série d'observations (*La planète Mars*, p. 439). Il montre qu'en 1877 la Mer du Sablier était très étroite dans le sens est-ouest, à la latitude du Lac Mœris. De 1879 à 1882 la largeur avait doublé. De 1884 à 1888 elle avait presque triplé. Mes observations me permettent, en plus, d'annoncer que *de* 1892 *à* 1896 *la largeur de cette mer était devenue quatre fois plus grande qu'en* 1877. Il est à remarquer que ce phénomène se passait dans une opposition présentant les mêmes saisons que celles de 1877 à 1881, lorsque la Grande Syrte était à son minimum de largeur. *Pendant l'opposition actuelle de* 1898-1899, la grande mer paraît avoir *la même configuration que de 1879 à 1882.* Comme déduction de ces faits, nous pouvons dire qu'en général les variations de la Grande Syrte, dues aux saisons, correspondent à un dessèchement; en 1894 et 1896, ce dessèchement est arrivé plus tard, car il y a eu, en ces années, une abondance extraordinaire d'humidité, qui s'est traduite par une teinte sombre persistante de la végétation. Cette hypothèse de l'abondance de l'eau aux deux dernières oppositions est confirmée par le fait qu'en 1894 les projections sur le terminateur dues à des nuages ont été extrêmement nombreuses.

La Libye, qui était autrefois si remarquable par son éclat, a été encore vue cette année très brillante. J'ai observé une bande blanche, presque continue, s'étendant de la Libye, à travers la région de la Neige Atlantique de Schiaparelli, jusqu'au nord de Nilosyrtis. En un point situé près de l'extrémité boréale de ce canal, j'ai aperçu une tache brillante, sur son bord méridional. Le promontoire Edom s'est montré avec sa visibilité habituelle. J'ai en plus aperçu une fois une ligne longue, très étroite et brillante, vers la limite méridionale extrême de la calotte polaire, aux longitudes de la Mer du Sablier et de la Baie du Méridien.

Elysium se présente comme dans les anciens dessins d'il y a vingt ans, c'est-à-dire entouré d'un cercle de taches sombres, résolubles cependant en canaux et oasis. Au lieu des canaux doubles du côté sud-est, j'ai eu l'impression d'un système de canaux inclinés sous des angles faibles et formant des triangles; ainsi Cerbère est apparu comme un triangle isoscèle étroit, avec son sommet pointu vers le Sud-Ouest, et il en est de même de Hadès dont la pointe est dirigée vers le Sud.

Indépendamment des canaux observés sur les régions continentales, les dessins nous en montrent quelques-uns dans les parties sombres de la planète aux mêmes positions à peu près que ceux notés en 1894 et 1896. En vertu de l'éclaircissement ou du dessèchement notable de la région de la Grande Syrte, nous avons pu distinguer des détails d'un puissant intérêt, surtout dans les parties les plus sombres de la grande mer. Sans doute, l'étude de ces régions est rendue ingrate par l'inclinaison au delà de nous du pôle sud, ce qui ne nous permet de les voir que sous une obliquité considérable. Les mers plus australes que la Grande Syrte montrent dans leur système canaliforme une analogie très grande avec ce que nous avons observé pendant les deux dernières oppositions.

D'autre part, les régions boréales, telles que la Mer Acidalienne, le Lac Niliacus, le Ceraunius, etc., se voient avantageusement, montrant une structure de canaux semblable à celle des taches sombres de l'hémisphère austral.

Nous pourrions rapprocher ici de notre sujet quelques points d'une importance historique. En 1862, Lockyer et d'autres ont pris quelques dessins montrant des traînées mal définies et sans importance dans les régions sombres. En 1877, Van Ertborn, se servant d'un instrument d'un peu plus de 4 pouces d'ouverture, a dessiné des traînées canaliformes émergeant de la Grande Syrte dans la direction du Sud et du Sud-Ouest. La première de ces traînées est probablement le canal vu plus tard par M. Pickering en 1892, et auquel il a donné le nom générique de « Système fluvial ».

C'est le 24 juin 1892 que M. Pickering a dessiné pour la première fois un canal dans une région sombre. Les 16 et 17 du mois suivant, il revit le même canal s'étendre de la Grande Syrte vers la calotte polaire australe en envoyant des branches de part et d'autre, ce qui lui fit donner à cette configuration la dénomination de « Système fluvial ». Ces résultats ont été publiés dans l'automne de la même année. Du 16 juillet au 22 septembre, M. Pickering et moi, nous avons été à même de prendre six dessins montrant ce genre particulier de canaux. M. Schæberle, de l'Observatoire Lick, en a dessiné un certain nombre, en les notant comme des « aspects distincts » de la planète, et en appelant l'attention sur les traînées de la région sombre.

Nous n'avons pas pu faire jusqu'à présent des observations d'irrégularités au terminateur pendant l'opposition actuelle. En 1892, nous en avons vu un nombre considérable; en 1894, elles étaient extrêmement nombreuses; en 1896, il y en avait encore plusieurs, tandis qu'à présent elles semblent très rares. Ces protubérances sont intéressantes et importantes au point de vue de notre étude de la météorologie de la planète.

A propos de ces observations, M. Lowell a publié une nouvelle Carte des résultats obtenus à son Observatoire, pendant l'opposition de 1896-1897, plus approchée et plus nette que celle publiée plus haut (p. 303), et que nous offrons à nos lecteurs en tirage à part [1]. La première a été réduite d'après une épreuve, tirage sépia, que l'auteur nous avait remise lui-même en même temps que celles de 1898-1899 et de 1900-1901, dont il nous a été impossible de tirer des épreuves satisfaisantes en typographie. Nous sommes d'autant plus heureux de reproduire cette nouvelle Carte, que la reproduction de la première a été très défectueuse.

CCXLVIII. — Observateurs de la British astronomical Association.

Nous avons vu que la Société astronomique de France compte une sœur laborieuse dans la British astronomical Association, fondée en 1890 « dans le but d'associer les observateurs, surtout les possesseurs d'instruments de moyenne puissance, et d'en organiser le travail ». Notre voisine d'outre-Manche possède déjà plusieurs Commissions fort actives, publiant régulièrement des Mémoires sur le Soleil, la Lune, les planètes,

[1] La place chronologique de cette Carte est page 303.

les comètes, les météores, etc. Ces travaux sont exécutés par un grand nombre d'observateurs, munis d'instruments excellents et peu coûteux, et disséminés un peu sur toute la Terre. Les résultats acquis jusqu'ici sont des plus encourageants.

La direction de la Section pour l'observation de la planète Mars a été confiée à M. Antoniadi, dont nous avons déjà remarqué le Rapport exposant les travaux de la Commission pendant l'opposition de 1896-1897. Voici un résumé du Rapport concernant l'opposition de 1898-1899 (1).

La visibilité des différents détails de la surface martienne a été classée dans l'ordre suivant à l'Observatoire Lowell, pour un diamètre de 10″ à 18″ de la planète et un instrument de 24 pouces :

Par M. Lowell.	Par M. Douglass (2).
0. Image sans contour bien défini.	0. Planète large et confuse.
1. Limbe ondulant. Caps polaires et taches foncées reconnaissables, mais troubles.	1. Limbe indéfini à 1″ près. Mers visibles. Pôles blanchâtres.
2. Limbe calme. Taches foncées assez bien définies. On croit par moments distinguer les canaux.	2. Limbe indéfini à 0″,5 près. Les canaux larges, tels que le Gange, Agathodæmon, sont visibles.
3. Canaux mieux définis. Les doubles se voient comme rubans larges.	3. La baie fourchue du Méridien se devine.
4. Canaux évidents. On devine que plusieurs sont doubles.	4. La baie fourchue est distincte.
5. Lignes des côtes absolument nettes.	5. Contours du Sinus Sabæus bien distincts.
6. Oasis visibles.	6. On devine par moments le Phison et l'Euphrate.
7. De plus petits détails se manifestent.	7. Le Phison et l'Euphrate bien distincts.
8. Les canaux doubles se montrent bien séparés.	8. On devine Daix par moments.
9. Tous les détails approchent de la netteté de la gravure.	9. Daix distinct.
10. Image absolument calme et nette.	10. Daix, les oasis et les autres canaux parfaitement distincts.

Tous les observateurs accoutumés à l'étude de Mars remarqueront l'identité de ces deux échelles.

(1) Published february 1901.

(2) A.-E. Douglass, *Scales of seeing* (*Popular Astronomy*, juin 1898).

La région du Sinus Sabæus n'a pas présenté de modifications bien remarquables en cette opposition : Xisuthri Regio s'y voyait parfois, mais le promontoire d'Edom s'est montré très blanc, comme en 1896-1897. La région au nord de la baie du Méridien, comprise entre les canaux Hiddekel et Gehon, a paru légèrement estompée. Le lac Ismenius, dont le déplacement en longitude a été

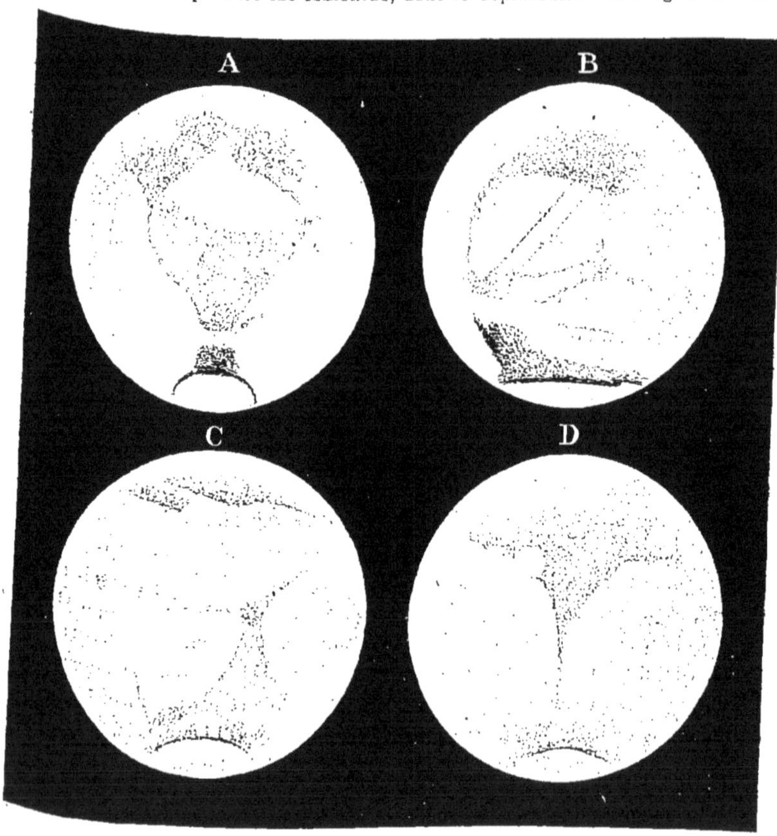

A. 21 février 1899. Longitude = 35°. Latitude = + 9° (P.-H. Xempthorne).
B. 23 février 1899. Longitude = 57°. Latitude = + 9° (Stanley Williams).
C. 31 décembre 1898. Longitude = 180°. Latitude = + 14° (T.-E -R. Phillips).
D. 25 janvier 1899. Longitude = 292°. Latitude = + 11° (A. Mee).

Fig. 309-312. — Dessins de Mars pris pendant l'opposition de 1899 par les Membres de la *British Astronomical Association*.

si étonnant en 1888, *semble être retourné à sa position primitive*, car une moyenne des déterminations de position le place vers 335°, ce qui est sa situation normale. Il en a été de même du lac Aréthusa, observé à Ceylan avec un télescope de 12 pouces de Calver, par M. Molesworth. Les régions de Cydonia, Dioscuria et Arabia ont paru estompées, les canaux au sud formant la lisière de ces demi-tons.

Rien de particulier dans le golfe des Perles, dont la surface a paru uniformément grise; mais le golfe de l'Aurore a offert plus de détails. M. Molesworth l'a vu traversé par des canaux, tandis que M. Atkins y a distingué certains demi-tons, correspondant au *Caicus* de M. Lowell et à l'*Ogygès* de M. Cerulli. M. Hall a même dessiné ce dernier avec un instrument de 4 $\frac{5}{8}$ pouces d'ouverture seulement. Quant au lac Niliacus, il était distinctement séparé de la mer inférieure par le pont d'Achille. D'autre part, M. Phillips semble avoir observé Siloe Fons un peu plus à l'est. La mer Acidalienne a toujours paru la tache la plus foncée de la planète en 1898-1899. Toutefois, son intensité semble avoir été moindre qu'à l'opposition précédente. Les îles de la mer Érythrée ont été bien reconnues; Pyrrhæ Regio, Protei Regio et Argyre étaient faciles à distinguer.

Le blanchissement de cette dernière avec l'obliquité a été tout à fait remarquable. « Toutes les fois qu'Argyre était au limbe, dit M. Phillips, elle était absolument comparable en éclat aux neiges polaires. »

Le lac de la Lune était plus facile à distinguer que celui du Soleil. Tithonius a été vu dédoublé par M. Molesworth, le dédoublement étant en taches rondes. Il est possible que le canal d'Agathodæmon soit constamment double, bien que cette manière de voir ne soit pas entièrement justifiée par certaines observations antérieures. Un faible demi-ton semblait recouvrir la région de Thaumasia. Comme en 1896-1897, on n'est pas arrivé à percevoir la péninsule Dorée aussi bien que le golfe Aonius (¹). Le lac du Phénix est signalé comme une tache « petite et ronde, visible sans difficulté pendant toute la durée des observations », par M. Molesworth. Tempé a été vue blanche par plusieurs observateurs, et il est intéressant de rapprocher cette observation des dessins antérieurs de Kaiser et de Schiaparelli (t. I, p. 181, *fig.* 118, et p. 541, *fig.* 263). Mæotis Palus est un marais très pâle. Enfin, Ogygis Regio a été vue unie au promontoire des Aromes par un ligament clair. Au sud de Thaumasia, il paraît exister une terre vague, à laquelle le nom de Dia a été donné.

Les mers des Sirènes et Cimmérienne n'ont rien offert de frappant en 1898-1899, et, comme d'habitude, les terres au sud de ces taches, Phæthontis, Electris et Eridania, semblaient être très blanches près du limbe. Le Nœud Gordien s'est présenté comme un estompage des plus vagues. MM. Molesworth et Phillips sont arrivés à bien distinguer les lacs parsemant le canal Eumenides-Orcus. Propontis était simple, non double à cette opposition.

Hesperia s'est montrée légèrement estompée. La mer Tyrrhénienne a présenté

(¹) Le rapporteur fait remarquer les auto-suggestions fréquentes des observateurs de Mars, en signalant que M. Léo Brenner a dessiné, en 1894, la péninsule Dorée et le golfe Aonius, tels que ces aspects ont été représentés sur les Cartes de M. Schiaparelli, et cela à une époque où ils étaient invisibles. « Les planètes, dit l'auteur, ne doivent pas être dessinées telles qu'elles devraient être, mais telles qu'elles sont. » Nous nous rangeons volontiers à cette remarque. Mais nous avons constaté plus haut, à propos du lac Mœris, combien il est difficile d'être affirmatif, l'un voyant ce que l'autre ne voit pas. Ce qu'il y a de plus sûr, comme variation, pendant cette opposition, c'est l'affaiblissement du lac du Soleil et l'assombrissement du lac de la Lune.

son aspect habituel. Un des traits caractéristiques de cette opposition de Mars a été la grande blancheur d'Elysium. Comme en 1896-1897, l'extrémité précédente ou occidentale de cette immense surface polygonale était excessivement blanche; mais les observations de la Commission tendraient à prouver que cette blancheur a été variable.

Parmi les observations les plus curieuses, signalons celle de M. Stanley Williams sur le Trivium Charontis. Il n'a pas paru double, mais semblait avoir une forme triangulaire, avec intérieur plus clair, comme s'il eût été composé de plusieurs canaux enlacés.

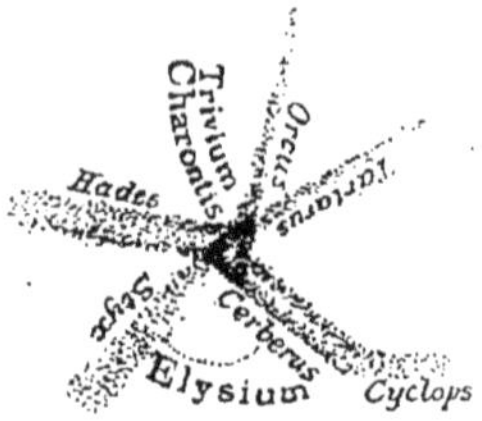

Fig. 313. — Le Trivium Charontis en mars 1899. Dessin de M. Stanley William.

Hephæstus ne paraît pas avoir eu l'intensité que l'on remarque sur les dessins de M. Schiaparelli. Les terres de Phlegra, Cebrenia et Ætheria étaient toutes estompées. Les deux *Ponts* de M. Lowell, réunissant Libya et Hammonis Cornu respectivement à Hellas, étaient vaguement indiqués. Il en a été de même des demi-tons Iapygia et Œnotria. Les observateurs ne sont pas d'accord sur la forme de la Grande Syrte, dont la pointe inférieure a été vue émoussée, par M. Molesworth, et très effilée, par les autres observateurs. Une traînée grise canaliforme, corres-

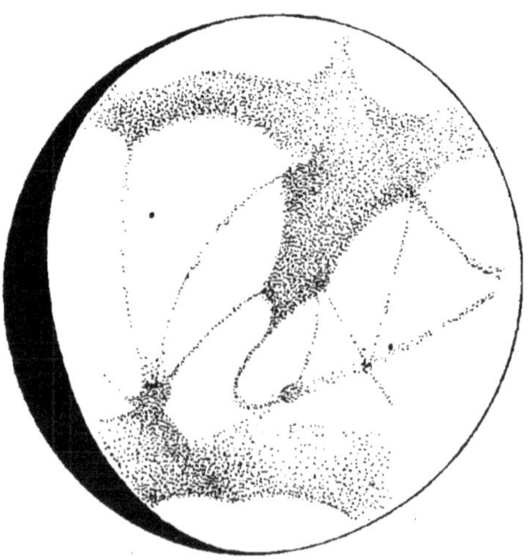

Fig. 314. — La mer du Sablier en novembre 1898. Dessin de M. Molesworth.

pondant au Dosaron de M. Lowell, a été vue traversant l'étendue grise de la mer du Sablier, par MM. Attkins et Molesworth. M. Phillips a répété son observation de 1896-1897 relativement au *pont* séparant la Grande Syrte du Nilosyrtis. Le lac Mœris a été vu comme un simple golfe de la mer du Sablier; en même temps, la Libye n'était pas estompée, mais brillante. Colœ Palus a été bien observé. Enfin les régions de Neith et Utopia étaient recouvertes d'un estompage des plus faibles.

M. Molesworth a pu redécouvrir, le 9 novembre 1898, la célèbre Neige Atlantique observée par M. Schiaparelli, à Milan, de 1877 à 1882, et disparue depuis.

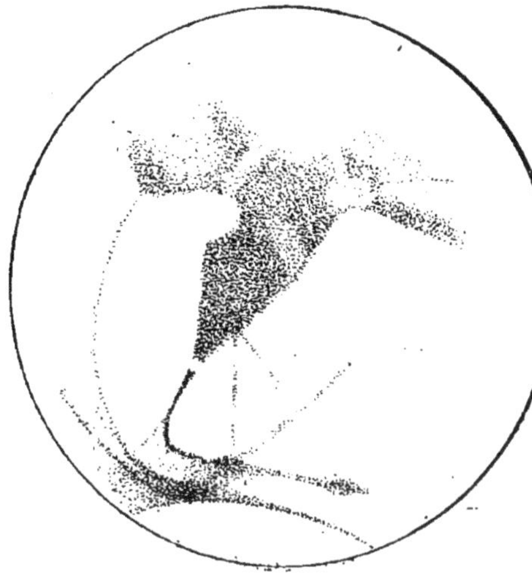

Fig. 315. — La mer du Sablier en janvier 1899
Dessin de M. Philips.

Cette petite tache blanche est intermittente. C'est, sans doute, une montagne, rarement couverte de neige.

La décroissance de la neige polaire boréale est ensuite discutée longuement dans ce Rapport. Au moment du solstice d'été boréal, les neiges sous-tendaient encore un arc de 25°. M. Molesworth croit avoir vu cette calotte recouverte de nuages en 1898. Le contour du cap n'était pas régulier, mais échancré sur plus d'un point.

On a vu, en tout, 99 canaux en 1898-1899, dont 84 appartenant aux Cartes de M. Schiaparelli. Les voici :

Adamas, Æsacus, Æthiops, Agathodæmon, Alcyonius, Amenthès, Anthæeus, Anubis, Arnon, Asclepius, Astaboras, Astapus, Astusapes, Athyr, Boreas, Boréosyrtis, Callirrhoe, Ceraunius (double), Cerbère (double), Chaos, Chrysorrhoas, Clarius, Cyclops (double), Dardanus, Deuteronilus, Eosphoros, Érebus, Eumenides-Orcus, Eunostos, Euphides, Euripus, Eurotas, Fevos, Fortuna, Galaxias, Ganges (double), Gehon (double), Gigas, Gorgon, Granicus, Gyndes, Hades (double), Hebrus, Heliconius, Hiddekel, Hyblæus, Hydaspes, Hydraotes, Iamuna (double), Iaxartes, Indus, Iordanis, Iris, Issedon, Kison, Læstrygon, Lethes. Nectar, Nepenthés, Nilokeras (double), Nilosyrtis, Nilus (double), Orontes, Oxus, Pactolus, Phasis, Phison, Phlegethon, Pierius, Plutus, Poros, Protonilus, Pyriphlegethon, Sirenius, Styx, Tanaïs, Tartarus, Thoth, Titan, Triton, Typhonius, Uranius, Xanthus, Xenius; six autres canaux appartenant à la Carte de M. Lowell : Arosis, Brontes, Cantabras, Elison, Eulæus, Hypsas; cinq canaux déjà vus en 1896-1897 pour la première fois; enfin, quatre nouvelles lignes inidentifiables.

M. Kempthorne a constaté que, le plus souvent, les canaux lui apparaissaient comme formant le bord de demi-tons.

On a découvert également dix nouveaux lacs.

M. Molesworth a observé des projections sur le terminateur, surtout dans Baltia, le 15 août 1898. Le même observateur relate que les mers, qui étaient très pâles en août 1898, *n'ont commencé à s'assombrir qu'en septembre* (112 jours après le solstice et 48 jours avant l'équinoxe). « Cette pâleur des mers, dit l'observateur de Ceylan, n'était pas due à des nuages..., c'était un changement dans les mers elles-mêmes. »

Ce Rapport se termine par les considérations suivantes :

1° Nous ne saurions préciser l'âge de Mars. Si la planète était jeune et sa surface encore chaude, il n'y aurait pas de condensations aux pôles, tandis que d'un autre côté, l'observation ne fait pas précisément un glacier de Mars.

2° L'atmosphère est beaucoup plus transparente qu'on ne le croit d'habitude, permettant, quelquefois, aux taches d'être visibles avec toute leur intensité jusqu'au limbe. Il est probable que sa densité est aussi très faible. On ne saurait affirmer qu'il flotte des nuages dans un pareil milieu. Mais des condensations superficielles (comme de la gelée blanche) sont hautement probables.

3° En admettant la théorie de M. Johnstone Stoney, sur l'absence de vapeur d'eau à la surface de Mars, on arrive à la conclusion que la température moyenne de la planète serait basse, et cela conformément aux exigences de la loi du carré de la distance. Mais si, au contraire, les calottes polaires représentent de la neige ordinaire, la température moyenne ne semblerait pas bien éloignée du zéro centigrade. Toutefois, dans ce cas, l'atmosphère de Mars devrait contenir quelque gaz, bien diathermane à la chaleur lumineuse du Soleil, mais fortement athermane pour la chaleur sombre réfléchie de la surface. C'est dans ce cas seulement que la planète pourrait être habitée par des êtres analogues à ceux qui peuplent la Terre.

4° Étant donné que le contraste doit nécessairement accroître l'éclat des régions approchant le limbe (ce qui, sur Mars, se traduit par un changement de couleur de l'ocre au blanc), le phénomène des terres qui blanchissent avec l'obliquité doit être, en partie du moins, subjectif. S'il était essentiellement objectif, nous aurions alors la preuve, pour ainsi dire, que les rayons solaires subissent une absorption considérable dans l'atmosphère martienne, du moment que, sous une épaisseur atmosphérique croissante, la chaleur du Soleil est beaucoup trop atténuée pour empêcher la condensation.

5° Nous savons aujourd'hui qu'un nombre considérable de canaux forment les limites de faibles demi-tons. Le fait est significatif, bien qu'il soit dangereux, à présent, de généraliser sur ce point et de considérer *tous* les canaux comme des bords d'estompages.

6° Indépendamment des changements affectant les calottes neigeuses, l'évidence en faveur de l'objectivité des changements observés sur Mars est très grande. Pour n'en citer qu'un cas, remarquons qu'en 1883-1884 la Boréosyrtis a offert l'aspect d'une *bande étroite* entourée d'une surface brillante. Or, pendant l'opposition analogue de 1898-1899, une immense quantité de matière sombre recouvrait *au moins dix fois* la surface occupée par la bande de 1883-1884. De pareilles divergences semblent bien en dehors des erreurs d'observation. Et si des changements sur une échelle aussi gigantesque se produisent en un point donné de la planète, ils sont à même d'affecter, sous une forme plus ou moins atténuée, toute autre partie du sol martien.

7° Enfin, les phénomènes observés sur les « mers » nous font voir que celles-ci ne sont probablement pas des mers, car la variabilité en contours et en intensité n'est pas la caractéristique des surfaces liquides.

CCXLIX. — J. Gledhill. — Observations faites a l'Observatoire Crossley, Bermerside, Halifax, pendant l'opposition de 1898-1899 (1).

Ces observations ont été faites avec l'instrument décrit précédemment (p. 348), du 19 décembre 1898 à la fin de mars 1899, en quarante nuits. Dans ses descriptions, l'auteur continue d'adopter les dénominations de la Carte de Green.

La Kaiser Sea ou mer du Sablier a souvent paru s'éclaircir lorsque la rotation l'amenait dans le voisinage du bord. Sa région boréale s'est toujours montrée très foncée. La mer Campani (mer Acidalienne) a paru très foncée. Il en a été de même du détroit d'Herschel II (Sinus Sabæus), de la mer Delambre (Boréosyrtis), ainsi que la baie fourchue du Méridien; la Passe de Nasmyth (Protonilus) et la mer Lassell (Ismenius Lacus) n'ont été aperçues que dans les cas de conditions atmosphériques parfaites.

La bordure australe du cap polaire a paru foncée (21 février). En général, les continents ont présenté un ton chaud, surtout le continent Beer (Aeria, Arabia).

Une projection brillante a été observée et étudiée avec soin le 24 janvier, vers $9^h 30^m$, sur le terminateur, aussi évidente qu'un satellite de Jupiter lorsqu'il se trouve en contact avec le bord de la planète. Son diamètre était d'environ 0",5, et l'angle de position, compté du centre du cap polaire nord, était d'environ 150°, c'est-à-dire qu'elle se trouvait dans le quadrant sud suivant, vers le pôle sud. Elle resta visible pendant une heure environ. Cette nuit du 24 janvier a été la meilleure de toutes comme définition. Il est probable que ces projections ont été plus fréquentes, mais effacées dans l'imprécis du terminateur.

(1) *Monthly Notices*, mai 1899, p. 493.

CCL. — Observateurs de la Société astronomique de France.

MM. Quénisset, Rudaux, Libert ont fait une série d'observations qui concordent bien avec les précédentes.

Le 2 février 1899, M. Quénisset a obtenu une photographie qui, agrandie 5 fois, mesure 9mm de diamètre. La mer du Sablier y est visible, triangle très large, ainsi que la calotte polaire boréale, fort blanche, et ressortant du disque par irradiation. Nous avons essayé de reproduire cette photographie pour l'impression, par photogravure, mais sans pouvoir obtenir de résultat satisfaisant.

« J'ai noté pendant cette opposition, écrit M. Rudaux, la grande visibilité des détails entourant immédiatement la calotte polaire boréale, entre autres un petit lac que j'ai dessiné le 19 décembre 1898. Ce jour-là, la Grande Syrte, au centre du disque, se montrait très sombre, comme toujours, dans sa pointe boréale, et sans trace aucune du lac Mœris. L'Amenthès, prolongeant la Boréosyrtis, se montrait comme un vague estompage, pourvu d'un petit lac grisâtre à sa rencontre avec le nouveau canal qui a été découvert en 1896-1897 à l'Observatoire de Juvisy. En haut du disque, Hellas fait l'effet d'une tache polaire.

» Cette observation se trouve en tous points conforme à celles qui ont été faites simultanément à Juvisy.

» Le 6 janvier 1899, l'image étant encore excellente, j'ai observé la région située vers le méridien 100°. Les régions polaires boréales étaient, naturellement, les plus facilement visibles, mais avec un certain aspect confus et grisâtre qu'il faut attribuer à la grande quantité de canaux qui sillonnent cette région.

» C'est le Tanaïs qui limite la calotte polaire, qui paraît s'étendre sur Nerigos.

» Le Ceraunius monte au milieu du disque et les estompages qui le coupent paraissent répondre à Phlegeton, Dardanus-Acheron, avec un *lac* à leur rencontre. De ce *lac* part, vers Tanaïs, un estompage gris qui, se reliant confusément avec la base de Ceraunius, change l'aspect de cette région, faisant ainsi une sorte de mer de ce grand golfe. »

M. Libert remarque, de son côté, que l'Hellas se voyait fort bien et que sa couleur était sensiblement moins rouge que celle du reste de la planète.

» La Libye était particulièrement jaune; c'était la partie la plus rouge du disque de la planète.

» La Grande Syrte ou mer du Sablier était très foncée, surtout dans sa partie centrale. Elle semblait avoir encore augmenté d'étendue. Le Nilosyrtis, bien visible, m'a semblé rejoindre le Colœ Palus presque invisible; Aeria ou continent Copernic était très foncé; c'était une des parties sombres de la planète. Le Sinus Sabæus, ou golfe Kaiser, avait son aspect ordinaire; la baie du Méridien était nettement fourchue; la région de Deucalion était très nettement délimitée.

» Nous avons aperçu une seule fois le lac du Soleil. Quant au Trivium Charontis, je l'ai plusieurs fois reconnu; son centre avait la forme d'une tache très noire. »

CCLI. — Fauth. — Observations faites en 1899 [1].

M. Ph. Fauth adresse, de son observatoire de Landstuhl, le résumé de ses études sur la planète.

Mes observations pendant l'opposition de 1898-1899 ont été surbordonnées aux photographies lunaires que j'avais entreprises, et j'ai dû choisir, d'autre part, les heures où la planète avait une position favorable. Il y eut 17 recherches fructueuses entre le 23 février et le 28 mars, avec un objectif Pauly de 7 pouces, presque toujours avec un agrandissement de 233. Pour ne subir aucune influence, je pris soin de ne pas consulter la Carte de Mars avant les observations et d'ignorer les Éphémérides.

Malgré ces circonstances difficiles, je soumets ci-joint deux dessins sur lesquels il m'a été possible d'identifier les détails avec les aspects de la Carte de Brenner de 1896-1897 (publiée p. 331).

Voici les aspects qui paraissent différer des dessins de cette Carte, et qui pourront faire l'objet de comparaisons ultérieures. (Les chiffres entre parenthèses indiquent les numéros de la Carte de Brenner.)

1. Le 23 et le 25 février, on remarqua sur le terminateur un aplatissement très distinct. Peut-être occupait-il la place du Sinus Auroræ, entre les plaines claires d'Argyre et de Chrysé, et s'explique-t-il simplement par des causes aréographiques et physiques.

2. D'une clarté spéciale brillèrent : le 23 février, Hellas et Argyre; le 26 février, Libye et Hellas; le 28 février, Hellas; le 5 mars, Thylé II; le 13 mars, la région d'est de Ceraunius, arrondie; le 15 mars, de nouveau ces derniers, mais en forme conique jusqu'au Lacus Fucinus; de plus Elysium, arrondi; le 16 mars, peut-être Tharsis; les 25 et 28 mars, Argyre et Ogygis.

3. Ausonia borealis apparut les 26 et 27 février et le 5 mars, extraordinairement étroite, mais allongée vers l'est-ouest; le canal Euripus (58) était très large.

4. Japygia était dirigé vers Ausonia borealis et réunie à Terranova; Oenotria sembla aussi adhérente aux précédents. (Dessins des 23, 26, 28 février.)

5. Yaonis Regio de Schiaparelli s'est montrée en forme de langue longue et large jusque vers Noachis, mais plus terne que les régions avoisinantes (26, 27, 28 février).

6. Achillis Pons (194) a toujours été visible, avec le Lacus Niliacus et Acidalium, les 23 et 25 février; même tout à fait semblable aux dessins de Schiaparelli des 4 février et 14 mars 1884 et du 9 juin 1890.

(1) *Astronomische Nachrichten*, n° 3586, 7 août 1899.

7. Xisuthri Regio (209) était clairement visible les 23, 25, 26 et 27 février.

8. Je perdis de vue Jason (81) le 5 mars, à mon grand étonnement, et il fut redessiné les 12 et 13 mars.

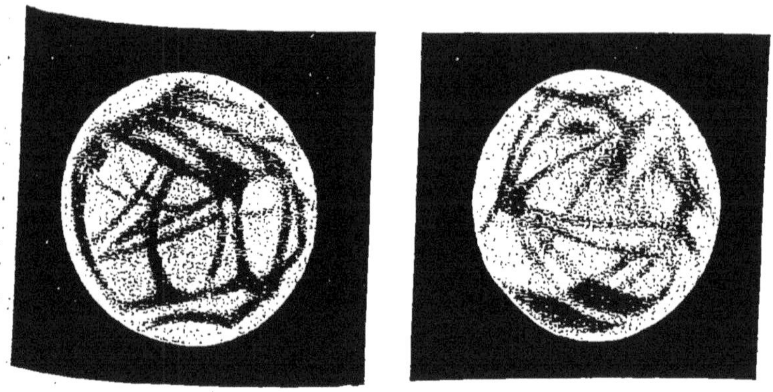

23 février 1899, à $6^h 30^m$ $\alpha = 351°$. 15 mars 1899, à $6^h 55^m$. $\alpha = 174°$.

Fig. 316-317. — Dessins de Mars, par M. Fauth.

9. Hiddekel (74) manque aussi d'une manière frappante sur le dessin du 23 février, où Géhon (66) se voit, mais fort pâle : le 25 février, il en est apparu quelque indice ; le 26 février, il fut distinct et foncé.

10. Cerberus (36), qui a été vu les 5 et 12 mars avec certitude, ne l'a été le 6 mars que faiblement et d'une manière incertaine.

11. Nilokeras (114) manqua le 25 mars, tandis que Jamuna (79-80) était visible.

12. Tithonius Lacus (182) n'a pas été remarqué.

13. Il arriva plusieurs fois que je pris des parties de deux canaux pour un seul, telles que les 26, 27 et 28 février Phison et Typhon, le 23 février Hydraotes et Zarathustra, le 28 février Asclepius et Astapus, le 25 mars Asclepius et Athyr, qui semblaient être reliés en forme de courbe. Le 23 février, m'apparut un canal qui commençait au Sinus Sabæus et s'étendait en courbe vers la pointe Aéria, vers Japygia. Ce canal est peut-être nouveau.

14. Également nouveau serait un canal qui reliait, le 28 février, les embouchures de Phison et Astusapes.

15. Il se pourrait que, le 25 mars, un canal dans la direction de 35° de longitude aurait été parallèle avec Hydaspes (77).

16. Cantabras (33ª), qui jusqu'à présent n'a été mentionné que par Brenner et Cerulli, a été distinctement visible le 23 février.

Toutes ces remarques nous donnent l'impression de *variations* importantes arrivant à la surface de la planète.

CCLII. — William H. Pickering. — Météorologie martienne, d'après les photographies.

M. William H. Pickering a publié en 1905, au Tome LIII des *Annales de l'Observatoire de Harvard Collège*, un Mémoire sur les caractères de la Météorologie martienne, qui peuvent être conclus des photographies de la planète prises à Cambridge en 1888 et au Mont Wilson en 1890, à l'aide du télescope Boyden, de 13 pouces (nous en avons déjà parlé au Tome I, p. 464). Tout d'abord, l'auteur a pris soin de représenter la forme du disque martien avant et après l'opposition, par la figure ci-dessous, dans laquelle les lettres S en haut et N en bas indiquent respectivement le Sud et le Nord, la lettre P à gauche, le côté précédant et S à droite, le côté suivant. Rappelons que le côté précédant indique l'Ouest, dans le sens astronomique, et l'Est, dans le sens géographique terrestre. La tête de flèche tracée au centre de la figure du milieu indique la direction de la rotation de la planète, et les trois nombres 90°, 0° et 270°, la direction dans laquelle les méridiens sont comptés. Avant l'opposition, nous voyons le terminateur du coucher du Soleil, et après celui du lever. Ces esquisses peuvent s'ajouter comme complément à nos figures 256, 257 et 258 du Tome I.

Dans les premières photographies, faites au printemps de l'année 1888, les régions polaires de Mars ne manifestent aucune trace de blancheur, quoique des nuages soient visibles dans les régions équatoriales. Le pôle nord de la planète était alors tourné vers nous. Des nuages se montrèrent au pôle nord, à une date de la saison martienne correspondant au 27 juillet terrestre, l'étendue couverte mesurait environ 600 miles en diamètre.

L'auteur signale un grand nombre de cas de nuages étendus dans le voisinage des deux pôles.

Le terminateur occidental s'est montré le plus nuageux, ce qui s'explique parfaitement par la fraîcheur correspondant au coucher du Soleil.

Le terminateur oriental est moins nuageux, mais il l'est aussi, ce qui fait supposer que, dans la rareté de l'atmosphère martienne, la condensation pourrait bien durer toute la nuit.

Les hivers sur Mars sont plus nuageux que les étés. C'est assez naturel.

En 1890, on a vu la neige atteindre 36° de latitude australe et une date martienne qui correspond à notre 21 août. Le pôle nord était à peu près libre de nuages.

Immédiatement après le solstice d'été, le pôle paraît libre de nuages comme de neige. Mais il est possible que le cap polaire soit trop exigu pour être photographié.

La zone tempérée australe a souvent des nuages le matin, et devient très claire dans l'après-midi. C'est, sans doute, plutôt de la gelée blanche que des nuages, laquelle fondrait au Soleil.

Une tache blanche assez grande a été photographiée en 1890 et 1892, par 215° de longitude et 30° de latitude australe, sur Boreas, à l'est de Propontis. Elle a

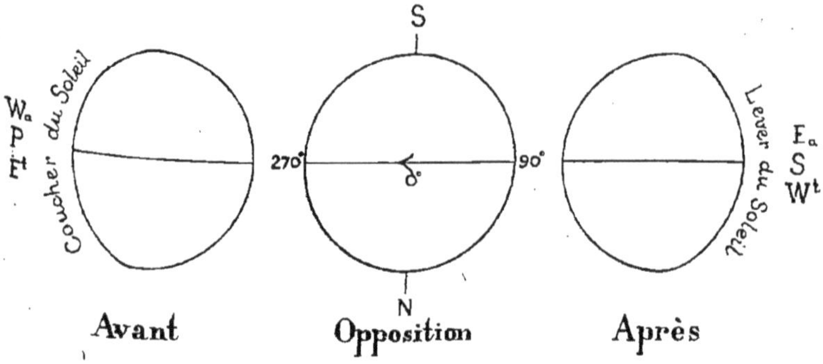

Fig. 318. — Phases de Mars, terminateur, orientation.

duré plus d'un mois. M. Pickering l'attribue à une tempête, à un cyclone. — Je pencherais plutôt vers de la neige.

Selon l'auteur, les nuages de Mars sont jaunes. La mesure de leur hauteur a donné 15 miles, ou 24000m.

Les neuf photographies du disque martien publiées dans ce Mémoire ne valent guère que par leur interprétation et sont trop confuses pour être reproduites ici.

CCLIII. — DIAMÈTRE ET APLATISSEMENT (1).

Nous avons déjà signalé plus haut (p. 350) les mesures prises par M. W. Schur, à l'Observatoire de Gottingen, pendant l'opposition de 1896-1897. A l'époque de l'opposition de 1899, arrivée le 18 janvier, des mesures prises également à l'héliomètre de Repsold, par le mouvement vertical et horizontal des images, à l'aide d'un oculaire à prisme renversant, ont donné à l'auteur les résultats suivants :

	Diamètre équatorial.	Diamètre polaire.	Différence.	$\frac{a-b}{a}$
21 janvier.....	6,370	6,275	0,095...	$\frac{1}{67}$
23 —	6,185	6,082	0,103...	$\frac{1}{60}$
26 —	6,285	6,145	0,140...	$\frac{1}{45}$

(1) *Monthly Notices*, mars 1899, p. 330.

Ces mesures confirment celles de 1896. L'aplatissement serait $\frac{1}{57}$, ce qui est considérable, comme déjà nous l'avons fait remarquer pour les mesures précédentes.

La moyenne des deux séries [1] donne, pour la distance 1 :

Diamètre équatorial..........................	9",55
— polaire..........................	9",35
Aplatissement..........................	$\frac{1}{50}$

M. Ernst Hartwig a contesté (*Monthly Notices*, mai 1899) la valeur de ces nombres, en faisant remarquer que l'observateur n'a pas tenu compte des erreurs probables qui, dans ces mesures, s'élèvent assez haut. Au mois de septembre suivant, il a publié (*Astr. Nachr.*, 3594) les mesures héliométriques exécutées par lui-même à l'Observatoire de Strasbourg en 1879, et à l'Observatoire de Bamberg en 1890, 1894 et 1899, avec l'axe vertical, l'axe horizontal et l'axe incliné. Elles se résument ainsi :

	Diamètre polaire.	Diamètre équatorial.	Aplatissement.
1879.........	9,364	9,445	$\frac{1}{116}$
1890.........	9,303	9,435	$\frac{1}{71}$
1899.........	9,270	9,370	$\frac{1}{94}$

Ces diamètres sont réduits à l'unité de distance. L'auteur conclut que la valeur d'aplatissement la plus probable est $\frac{1}{96}$.

CCLIV. — J. Hartmann. — Éclat relatif de Mars et de Jupiter [2].

Lors de la conjonction de Mars avec Jupiter, au mois d'octobre 1883, Lohse, à Potsdam, avait essayé de photographier les deux planètes et trouvé pour leur rapport d'éclat

$$\frac{\text{Jupiter}}{\text{Mars}} = 1,677.$$

En d'autres termes, Jupiter était photographiquement d'une grandeur 0,561 plus brillant que Mars (24 octobre 1883).

(1) *Astr. Nachr.*, 3569, 20 mai 1899.

(2) *Sitzungsberichte der kgl. Akademie der Wiss. zu Berlin*, juillet 1899.

On peut admettre, en principe, que deux sources de lumière sont photographiquement également brillantes lorsqu'elles produisent sur la même plaque un noircissement égal dans un temps égal.

Si des rayons de même longueur d'onde venant de la lumière des deux sources sont comparés entre eux, comme dans le cas du photomètre spectral, ce théorème est un axiome. On peut admettre, d'autre part, que deux rayons homogènes de différentes longueurs d'onde produiront un noircissement égal dans le même temps.

Par d'ingénieux dispositifs, M. Hartmann a réussi à prendre des photographies comparables de la Lune, de Jupiter et de Mars, pendant les mois de mars et de mai 1899, et a trouvé les différences suivantes, suivant les diverses longueurs d'onde :

	Mars — Lune.	Jupiter — Lune.	Mars — Jupiter.
476 — 451 μμ	+ 1.42	+ 1.27	+ 0.15
448 — 428	1.48	1.41	0.07
423 — 411	1.61	1.47	0.14
		Moyenne	+ 0.12

C'est-à-dire que Jupiter est de 0,12 grandeur plus brillant que Mars dans la région bleue et violette du spectre. Si nous réduisons ce résultat à la distance moyenne des deux planètes au Soleil, Jupiter n'est plus que de 0,02 grandeur plus brillant que Mars, de sorte que l'éclat de la surface des deux planètes est sensiblement le même. D'après cela, le rapport de l'albedo de Mars à celui de Jupiter peut être estimé à 1 : 11,9.

La comparaison de l'albedo relatif ci-dessus, avec les résultats des autres observateurs, est intéressante. Si l'on prend pour unité l'albedo de Mars on a :

D'après les mesures photométriques de Müller de la partie visuelle du spectre :

Albedo de Jupiter = 2,8.

D'après les mesures ci-dessus entre λ 476 et λ 411 :

Albedo de Jupiter = 11,9.

D'après les clichés photographiques de Lohse, dans lesquels, outre la région bleue et violette des mesures précédentes, les rayons ultra-violets ont également ajouté leur action :

Albedo de Jupiter = 18,8.

Ces nombres montrent que l'albedo de Jupiter surpasse de plus en plus celui de Mars, à mesure que décroissent les longueurs d'onde.

CCLV. — A.-M. MATTOON (¹). — LA VITESSE DE ROTATION DE MARS EST-ELLE VARIABLE?

Les considérations originales qui suivent sont dignes de trouver place ici. Ne négligeons rien pour réunir et comparer tous les éléments possibles de la connaissance de cette voisine du Ciel.

Aux oppositions favorables, la planète Mars descend à 56 millions de kilomètres de nous. Les occasions de bonnes observations sont assez fréquentes pour que les astronomes aient quelque idée de la surface et des climats des portions diverses du globe. On en connaît assez sur les caps polaires pour les considérer comme formés de neige ou de glace et rejeter comme inutile toute hypothèse contraire. Ils ont un diamètre presque identique avec celui des zones glaciales et sont approximativement centrés, dit l'auteur, sur les pôles de la planète. Quand l'hémisphère nord est dans une position analogue à celle qui, sur la Terre, produit l'été, le cap boréal disparaît et le cap austral croît graduellement jusqu'à sa pleine étendue. Mais, quand une demi-année martienne s'est écoulée, le cap septentrional devient très étendu, tandis que le cap sud diminue lentement. L'équateur de la planète est incliné de 24°50′ sur le plan de son orbite, d'où il résulte que ses zones glaciales sont semblables à celles de la Terre, sauf qu'elles sont un peu plus étendues.

L'année a une longueur un peu supérieure à vingt-deux de nos mois; de là, l'hiver arctique doit durer environ onze mois. La planète est plus éloignée que nous du Soleil, et ce fait doit produire des hivers plus froids et plus longs, par rapport à l'année, que ceux que nous subissons sur la Terre.

Les Cartes représentent Mars comme n'ayant qu'un océan de quelque réelle étendue, situé presque complètement dans l'hémisphère sud. Pendant que le cap neigeux septentrional se forme, la plus puissante influence du Soleil se fait sentir, précisément au sud de l'équateur, dans cette partie de l'océan située dans la zone torride. Donc, la vapeur, qui finalement se convertit en neige et forme le cap, doit venir principalement, sinon entièrement, de l'hémisphère sud. Maintenant, ce grand volume d'eau est transporté aux régions polaires par le moyen de l'atmosphère. Ici, sur la Terre, les nuages, qui véhiculent l'humidité entre des lieux très éloignés, ne paraissent pas agir le moins du monde sur le mouvement de rotation. Quels que soient les résultats produits par ce fait, s'ils sont négligeables, ils doivent être plus ou moins assimilables au frottement des marées et pourraient difficilement accélérer la rotation.

Quand l'eau, qui vient de l'océan au voisinage de l'équateur, quitte la place qu'elle occupait sur la sphère, la vitesse du mouvement de la planète en ces régions lui avait donné un moment considérable; qu'une partie de son énergie se dissipe ou non pendant le long parcours vers le Nord, toujours est-il que

(¹) *Astronomical Society of the Pacific*, 1899.

lorsqu'elle se pose de nouveau sur la planète elle occupe une position beaucoup plus rapprochée de l'axe de la sphère tournante, et le bras de levier qu'elle avait pour agir sur ce corps est si réduit qu'elle ne peut pas rendre la force qu'elle a emportée. Ici, dans sa nouvelle position, son mouvement dû à la rotation du globe est très lent.

L'hiver martien, dans les régions polaires, n'a guère moins de onze mois de longueur, près de deux fois celles des saisons correspondantes des zones glaciales de la Terre.

Acceptant l'estimation de M. Campbell, que l'atmosphère de Mars n'a pas une densité supérieure au quart de celle dans laquelle nous vivons et, en même temps, tenant compte du fait que la surface occupée par l'eau sur la planète n'est, toutes proportions gardées, que les $\frac{2}{3}$ de la surface océanique de la Terre, on peut estimer que la *hauteur moyenne de la neige,* quand le cap boréal est à son maximum, ne surpasse certainement pas $0^{m},60$. Séjournant pendant un temps aussi long, sans être aucunement déplacée, la neige se tasse et devient extrêmement dure. Même en tenant compte de ce que la pesanteur à la surface n'est qu'une fraction de ce qu'elle est sur la Terre, le volume de l'eau produite représentera une grande proportion du volume d'une telle neige, quand le printemps amènera sa fusion. Des expériences, faites sur de la neige comprimée modérément, montrent que le volume de l'eau produite est environ les $\frac{40}{100}$ de celui de la neige. Le professeur Pickering, en 1892, signalait que le cap a couvert les régions polaires jusqu'à 65° de latitude nord. C'est une zone d'un rayon de 25° et approximativement centrée sur le pôle.

La Géométrie montre qu'une telle aire est égale à la hauteur de la zone multipliée par la circonférence d'un grand cercle. Posant les nombres pour une planète dont le rayon est de 3380^{km}, nous trouvons que l'aire du cap égale à peu près 6700000^{km^2}. Cette surface, multipliée par la hauteur moyenne de la neige, estimée à $0^{m},60$, donne un volume de 4 trillions de mètres cubes, qui produiront 1600 billions de mètres cubes d'eau. Nous sommes habitués, dans nos expériences de laboratoire, à regarder l'eau comme pesant 1000^{kg} le mètre cube. Mais, sur Mars, la pesanteur n'est seulement que les $\frac{38}{100}$ de ce qu'elle est ici; c'est pourquoi 1^{m^3} d'eau pesé là, à l'aide d'un peson à ressort, n'accuserait qu'un poids de 380^{kg}. *Le cap entier pèse donc 608 trillions de kilogrammes.*

La planète est un ellipsoïde aplati, dont le diamètre équatorial est d'environ 6760^{km}, le diamètre polaire étant moindre d'une trentaine de kilomètres. Le calcul montre que le volume d'un tel solide est d'environ 160 billions de kilomètres cubes. La densité moyenne de la Terre est 5,58. Celle de Mars n'en est que les $\frac{73}{100}$, et, l'intensité de la pesanteur n'y étant que les $\frac{38}{100}$ de ce qu'elle est sur la Terre, il en résulte que 1^{m^3} de la matière constituant cette planète pèse à sa surface $5580 \times 0,73 \times 0,38 = 1548^{kg}$. En multipliant ce nombre par le volume exprimé en mètres cubes, nous trouvons que *Mars pèse un peu moins de 248 sextillions de kilogrammes.*

Maintenant, si nous voulons déterminer l'influence du cap neigeux sur la planète, nous devons séparer leurs poids l'un de l'autre. Les chiffres que nous venons de donner représentent le poids total de la sphère. Si l'on retranche le cap polaire, on trouve environ 247 680 quintillions de kilogrammes.

D'après la Mécanique, le moment est le produit de la masse par la vitesse. Mais la vitesse de Mars due à la rotation n'est pas celle de la particule la plus rapide située sur l'équateur, ni celle d'une particule située sur l'axe où la vitesse est nulle; c'est celle d'une particule moyenne située quelque part entre ces deux extrêmes. Or, les hémisphères nord ou sud peuvent être considérés comme engendrés par la révolution d'un quart d'ellipse autour du demi-petit axe. La particule moyenne de ce quart d'ellipse sera nécessairement située à son centre de gravité. L'hémisphère opposé à celui considéré le premier donnerait la même distance que l'autre, du centre de gravité au petit axe, et la particule moyenne de toute la planète serait située au milieu de la ligne joignant les deux centres de gravité. Ainsi, pour Mars, le rayon de giration aurait une longueur égale à la distance de ce point à l'axe polaire de la planète. Par le calcul, nous trouvons que le rayon cherché est de 1434^km^,2; c'est le rayon du cercle décrit pendant une rotation de Mars par la particule moyenne, rotation produisant le jour martien qui, actuellement, est de 88642^s^,67. Un simple calcul arithmétique montre que la vitesse de cette particule est de 101^m^,661763784 par seconde. Puisque le moment est le produit de la masse par la vitesse et que ces deux facteurs nous sont connus, *la planète, à l'exclusion du cap, a un moment de 25180 sextillions de kilogrammètres*, nombre composé de 26 chiffres.

Or, à son maximum, le cap couvre une zone, centrée sur le pôle, d'un rayon de 25°. Concevons deux méridiens opposés et un plan coupant la sphère suivant ces méridiens; le cap sera partagé en deux moitiés et sa section présentera la forme d'un croissant, bissecté par l'axe de la planète. Un de ces deux demi-croissants peut être considéré comme un triangle, dont deux des côtés sont des arcs de cercle de 25° de long et décrits par des rayons un peu plus grands que le *demi-grand* axe de la planète. Le calcul montre que ce rayon a presque exactement 3395^km^ de longueur. Le troisième côté du triangle est une ligne droite dont la longueur est égale à la hauteur de la neige au pôle. Cette demi-section de la glace polaire n'est pas un triangle dans la commune acception du terme, mais elle s'en rapproche assez pour que la loi introduite soit applicable. D'après la Mécanique, le centre de gravité de ce quasi-triangle se trouve sur la médiane (ici c'est un arc) au tiers de la distance de la base au sommet. Ceci la place à 8°20′ du pôle. La Trigonométrie montre que la distance de ce point à l'axe de la planète est de 492^km^. La vitesse du cap neigeux due au mouvement de rotation de la planète est celle de ce point qui, dans un jour martien, à la vitesse actuelle, décrit un cercle de 492^km^ de rayon en 88642^s^,67. Il en résulte que la vitesse par seconde est de 34^m^,87. Les facteurs nécessaires pour trouver le moment du cap sont maintenant connus, et leur produit nous donne 21200 *trillions de kilogrammètres pour les matériaux composant le cap gisant dans les régions arctiques.*

Un très grand nombre de canaux se dirigent directement des régions polaires nord à l'océan. M. LOWELL émet l'hypothèse que ces lignes sont des étendues de pays recouvertes de végétation luxuriante et que le sol est rendu productif par un cours d'eau central. Il conclut que ces canaux conduisent le fluide produit par la fonte des neiges du cap, fluide retournant à l'océan. Que cette explication soit la véritable ou non, si la vapeur qui devient neige et va former ces caps provient de l'océan, elle doit trouver un chemin pour y retourner; autrement il ne faudrait pas un grand nombre d'années pour le vider de tout son contenu. Comme cette masse d'eau est presque entièrement située dans l'hémisphère sud, le courant annuel d'eau provenant des régions arctiques doit croiser l'équateur pour atteindre l'océan. Quand elle est à ce point de croisement, cette neige fondue atteint, par suite du mouvement de rotation, une vitesse égale à celle de la plus rapide particule de la planète.

Quand le cap nord est en voie de formation, l'hémisphère sud est en été, et l'évaporation de l'eau qui forma la matière composant le cap se produit au sud de l'équateur, principalement dans la zone torride. On peut admettre que la vapeur vient d'une distance moyenne de 20° au sud de l'équateur. Pour que l'équilibre soit conservé, elle doit nécessairement retourner aux points d'où elle est partie. Alors, tout ce qui influence le courant d'eau, dans son parcours de l'équateur à 20° au Sud, peut être contrebalancé dans le parcours de 20° de latitude nord à l'équateur. Par conséquent, l'effet total serait produit à 20° de latitude nord. Là, le rayon de giration est de 3173^{km},9; la vitesse de la surface à cet endroit, trouvée comme ci-dessus, est, actuellement, de 224^{m},97 par seconde. Alors, le moment du cap, quand ses matériaux sont retournés à leur place primitive dans le lit de l'océan, est de 136 780 trillions de kilogrammètres. Mais, le moment du cap gisant dans la zone glaciale était de 21 200 trillions de kilogrammètres. D'où l'accroissement du moment a été de 115 580 trillions. Cet accroissement l'a été au détriment du moment de la planète, et ce que le cap a gagné, la planète l'a perdu.

Il est évident que la quantité totale des matériaux composant la planète et le cap n'est pas variable : elle est constante. Or, puisque le moment est le produit de la masse par la vitesse, si le moment décroît, il doit en résulter une diminution de vitesse. Pour trouver ce que ce facteur devient dans ces nouvelles conditions, nous devons diviser le nouveau moment par la masse totale. En employant les chiffres précis, et effectuant la division indiquée, le quotient est de 101^{m},661 694 187 par seconde. Or, c'est la vitesse de la particule moyenne, qui est, comme nous l'avons montré plus haut, à 1434^{km},2. Quand des particules décrivent le même cercle à des vitesses différentes, les temps sont inversement proportionnels aux vitesses. D'où la nouvelle vitesse est à l'ancienne comme l'ancienne période est à la nouvelle. En posant les valeurs, nous avons la proportion

$$101,661\,694\,187 : 101,661\,763\,784 :: 88642,67 : 88642,76.$$

Cela nous montre que le jour est allongé de 0^{s},09 par le transport des matières formant le cap, de l'océan au pôle nord, et retour. Sans doute, le cap sud influence d'une certaine quantité le mouvement de rotation, mais les conditions dans lesquelles il agit sont très différentes de celles du cap nord et ne peuvent pas être discutées ici. Si le cap nord produit l'effet que nous venons d'indiquer, il suffirait de 680000 années martiennes, soit 1 275 000 des nôtres, pour changer la longueur du jour de 17 heures. Cela équivaut à dire qu'il y a environ 1 275 000 années terrestres, le jour martien avait pu n'avoir qu'une durée de $7^h 37^m 22^s,67$, durée plus courte que celle de *Phobos*, le satellite intérieur de Mars.

Il y a sans doute une certaine influence exercée par la vapeur en suspension dans l'atmosphère, pendant qu'elle effectue son voyage vers le Nord, du lit de l'océan à son emplacement de long séjour dans les régions polaires. L'impulsion que la rotation lui aurait donnée rendrait son mouvement plus rapide que celui des terres situées au-dessous d'elle, quand elle approcherait de la zone glaciale, et un vent de Nord-Est en résulterait. Quoique les vents alizés ne paraissent pas avoir influence sur la rotation de la Terre, il serait possible que le frottement de cette atmosphère chargée de vapeur accélérât légèrement le mouvement de rotation de Mars.

Tous les auteurs de systèmes cosmogoniques s'accordent pour admettre que les planètes ont commencé leur existence indépendante à une température très élevée, et se sont refroidies graduellement par le rayonnement de leur chaleur. Quand, pour la première fois, Mars vit une chute de neige au pôle, la quantité tombée dut, en vérité, être tout à fait insignifiante. La hauteur de $0^m,60$ qui a été employée dans notre estimation n'a pas été atteinte avant que ces chutes de neiges se soient produites pendant peut-être un million d'années ou plus. Ce fait n'est cependant pas un argument contre nos déductions. Il montre simplement que les forces qui ont été employées à ralentir le mouvement de rotation de la planète ont eu besoin d'un temps plus long pour accomplir leurs résultats.

Maintenant, on peut dire que les matériaux formant le cap neigeux ne viennent pas de l'océan, mais de quelque autre source. Sûrement il faut qu'ils viennent de *quelque part*. L'évaporation de l'eau doit se produire où il y a assez de chaleur pour la causer. La neige ne peut pas provenir du pôle, ni d'une source située sous le cap. Elle descend de l'atmosphère. Elle doit provenir de quelque masse d'eau située plus près de l'équateur que le cap. Dans ce cas, la valeur du calcul précédent reste entière, car l'eau doit retourner aux régions d'où elle provient, sans quoi l'océan serait bientôt épuisé.

Comme les influences contraires totalisées sont insuffisantes à rétablir ce qui a été enlevé, la vitesse de rotation doit être diminuée et le jour de Mars doit, lentement mais sûrement, croître en longueur.

Ces considérations sont intéressantes. Quoique l'auteur paraisse plutôt un abstracteur de quintessence, elles sont assez curieuses pour n'être pas passées sous silence. Étudions tout.

CCLVI. — Schiaparelli. — Considérations sur la planète Mars (¹).

M. Schiaparelli, dont les vues sur Mars sont toujours si intéressantes à suivre, a publié, en 1899, un article à propos du premier Volume des *Annals of the Lowell Observatory*, que nous avons examiné plus haut en détail (p. 108-135). En voici le résumé :

Commençant par les caps polaires, il remarque d'abord que leur mode de formation et les phases de leur développement nous sont entièrement inconnus, et nous le resteront sans doute, car ils s'accomplissent pendant la longue nuit qui enveloppe alors chaque pôle. Mais le procédé de leur désagrégation peut être suivi sans trop de difficultés, sans que l'inclinaison de l'équateur de la planète, relativement à notre ligne de vision, approche du maximum de sa valeur, ce qui est arrivé en 1894.

C'est par l'étude persévérante que nous arriverons à la connaissance de la nature physique de la planète et à l'interprétation de ses singuliers phénomènes. Le cap polaire boréal est encore plus instructif que l'austral, car il se développe à une large étendue sur les régions jaunes que nous avons coutume d'appeler « continentales ». La bande formée adhérente à son bord est en relation directe avec le système de canaux et de lacs du voisinage. A mesure que la tache blanche diminue sous l'action des rayons solaires, il se produit là des variations considérables, dont la connexion avec les phases successives du cap est évidente.

Arrivant aux canaux, M. Schiaparelli avoue que leur nature nous reste encore absolument inconnue, malgré toutes les théories ingénieuses qui ont été émises. Les géminations du Gange, du Nectar, de l'Euphrate, du Phison et du lac du Soleil sont particulièrement remarquables.

Mars nous donne plutôt en ce moment un embarras de richesses. Imaginons trois ou quatre cents lignes, tracées dans tous les sens, à la surface d'un globe, qui ne mesure que quelques secondes de diamètre apparent. L'identité des lignes vues par différents observateurs, presque aux mêmes endroits, est très souvent douteuse. La difficulté de voir exactement et de localiser avec précision les coordonnées des deux extrémités peut facilement donner lieu à des confusions et à des erreurs. Si nous ajoutons à cela les variations fréquentes que ces lignes présentent, dans leurs aspects et dans leurs degrés de visibilité, étant tantôt fines et étroites et tantôt larges et diffuses, quelquefois doubles, souvent tout à fait invisibles, nous ne serons pas surpris de voir la même ligne observée, par deux hommes différents, d'une manière différente, regardée par eux comme deux objets distincts, ou, à l'opposé, de voir deux objets différents confondus en un seul.

(¹) *Reprinted from Science*, may 5, 1899.

L'auteur arrive ensuite aux lignes foncées qui traversent les régions sombres appelées « mers », et dont il a déjà signalé quelques-unes. A Flagstaff, ces lignes ont été observées et reproduites avec grand soin par M. Douglass, qui paraît avoir un œil très sensible et très exercé pour ces sortes d'aspects.

Les projections peuvent, en général, être attribuées à des illusions d'optique, causées par la proportion différente de l'illumination solaire oblique, qui nous est renvoyée des diverses régions traversées par le terminateur. Toutefois, un certain nombre de ces irrégularités ne peuvent être expliquées que par l'existence d'élévations ou de dépressions, à la surface de Mars, et d'autres, par des nuages très élevés. Ces investigations sont d'un grand intérêt pour notre connaissance de la nature de ce monde et de son atmosphère.

Il nous faudrait sept oppositions consécutives de la planète, ainsi observées, pour mettre sous nos yeux l'ensemble des phénomènes martiens, sept au moins, car les saisons sont encore plus variables et plus différentes, d'une année à l'autre, sur cette planète que sur la Terre.

CCLVII. — Communications avec Mars.

L'une de mes lectrices, ou, pour mieux dire, la mère d'un de mes lecteurs enthousiastes, Mme Guzman, de Bordeaux, a eu la généreuse idée de fonder, en souvenir de son fils, enlevé prématurément à son amour maternel, un prix de 100 000 francs légué à l'Académie des Sciences, dans le but de récompenser celui qui aura trouvé le moyen d'établir une communication entre la Terre et un autre monde.

Malheureusement, M. Guzman suivait avec une telle passion tous mes écrits sur la planète Mars, qu'il était convaincu que notre humanité ne tarderait plus guère à communiquer avec sa voisine du ciel, que le problème était déjà posé et à moitié résolu, et sa vénérable mère a eu l'idée bizarre *d'excepter Mars* de ce magnifique concours !

Avouons que mettre hors de concours la seule planète qui paraisse en situation d'y participer, c'est de la dernière originalité. L'humanité terrestre est vraiment stupéfiante, même dans les classes au-dessus de la moyenne.

Peut-être la fondatrice a-t-elle eu le désir d'immortaliser, d'*éterniser*, le nom de son fils.

L'Académie a accepté le prix, non sans hésitation et sans discussions variées ; et elle a bien fait. Il illustrera *longtemps* le nom de Guzman, car si jamais on parvient à établir une première communication, il est probable que ce sera précisément avec Mars. Heureusement, les intérêts du capital seront appliqués à l'encouragement des progrès de l'Astronomie.

L'Académie a publié, pour la première fois, le 17 décembre 1900, la promulgation de ce prix, dans les termes suivants :

PRIX PIERRE GUZMAN.

« Mme Clara Goguet, veuve Guzman, a légué, à l'Académie des Sciences, une somme de *cent mille francs* pour la fondation d'un prix qui portera le nom de *Prix Pierre Guzman*, en souvenir de son fils, et sera décerné à celui qui aura trouvé le moyen de communiquer avec un astre autre que la planète Mars.

» Prévoyant que le prix de *cent mille francs* ne serait pas décerné tout de suite, la fondatrice a voulu, jusqu'à ce que ce prix soit gagné, que les intérêts du capital, cumulés pendant cinq années, formassent un prix, toujours sous le nom de *Pierre Guzman*, qui serait décerné à un savant français ou étranger qui aurait fait faire un progrès important à l'Astronomie.

» Le *prix quinquennal*, représenté par les intérêts du capital, sera décerné, s'il y a lieu, pour la première fois en 1905 (1). »

OPPOSITION DE 1900-1901.

Retournons un instant au diagramme de la figure 267, p. 440, représentant les relations entre Mars et la Terre, de 1888 à 1903, et nous jugerons exactement des conditions aréographiques de l'opposition à laquelle nous arrivons ici. En voici les principaux éléments :

Date de l'opposition	22 février 1901.
Diamètre à l'opposition	14",2.

Distance = 0,6774 ou 100930000km.

Incliné du pôle boréal : latitude du centre + 20°,9.

Équinoxe de printemps boréal	25 septembre 1900.	Voir p. 273.
Solstice d'été boréal	11 avril 1901.	
Équinoxe d'automne boréal	11 octobre 1901.	
Aphélie	24 février 1901.	

CCLVIII. — OBSERVATIONS FAITES A L'OBSERVATOIRE DE JUVISY (2).

M. FLAMMARION, Directeur; M. ANTONIADI, Astronome-adjoint.

Cette opposition est la plus défavorable de toutes au point de vue de la distance, car la planète est à son aphélie. Sa distance minimum ne descend

(1) Il a été, en effet, cette année-là, décerné en partie (douze mille francs) à M. Perrotin, Directeur de l'Observatoire de Nice, mort, prématurément, en 1904 (représenté par sa veuve), et pour le reste à M. Fabry, astronome à l'Observatoire de Marseille.

(2) *Société astronomique de France*, février, mars, avril, mai et août 1901.

pas au-dessous de 100 millions de kilomètres, et son diamètre maximum dépasse à peine 14″ (¹).

Mais elle a un avantage : c'est de nous montrer l'axe de la planète très incliné vers nous (de 21°) par son pôle inférieur ou boréal (le moins connu), pendant l'été de cet hémisphère. (Le solstice d'été arrive le 11 avril. Relativement à la Terre, on est donc là en juin.) C'est là une situation intéressante pour l'observateur terrestre.

Un autre avantage, c'est qu'en ces oppositions aphéliques, la planète s'élève fort au-dessus de notre horizon et plane dans la constellation du Lion, tandis qu'en son périhélie elle est très basse (Sagittaire).

L'étude de ce monde voisin est ponctuellement suivie à l'Observatoire de Juvisy. Nous présenterons ici les principales observations. Elles n'ont pu être influencées par aucune autre, car elles ont (au *Bulletin de la Société astronomique de France*) signalé les choses martiennes à mesure qu'elles se sont offertes elles-mêmes à nos constatations.

Équatorial de 0ᵐ,24; grossissements de 218, 300, 400 et 600 (celui de 300 a donné généralement les images les plus nettes). Les meilleures heures d'observations ont été celles qui précèdent le lever du Soleil.

23 octobre 1900, à 5ʰ50ᵐ du matin. Diamètre = 6″,2. ω = 24°. φ = + 19°,7 (²). Air = IV (³). — Planète encore éloignée; disque très petit; on distingue la calotte polaire boréale, qui sous-tend un angle d'au moins 60°. Elle est elliptique; la bande qui l'entoure est très sombre. Mare Acidalium doit être au méridien central, mais les estompages sont trop vagues pour qu'on puisse les identifier avec certitude. La phase est très marquée : 0″,62 (*fig.* 319).

22 décembre 1900, 7ʰ0ᵐ du matin. D = 9″,4. ω = 190°. φ = + 23°,2. Air = II. Vent faible du SSO. Nuages. — La calotte polaire est elliptique. La bande autour est très foncée. Un faible estompage paraît avoir envahi tout l'hémisphère boréal visible, moins Elysium et Amazonis. Cette immense étendue grisâtre est limitée, au Sud, par les canaux Erebus, Styx et Chaos, et aboutit au Trivium Charontis, dont l'intensité n'est cependant pas très remarquable. La région la plus foncée paraît être l'angle formé par l'Hadès et le Styx. La Propontis est

(¹) Les diamètres publiés par la *Connaissance des Temps* continuent d'être inexacts (*voir* p. 441).

(²) Pour abréger, nous désignerons par ω la longitude du centre du disque et par φ la latitude de ce centre.

(³) Nous avons adopté l'échelle suivante pour la qualité des images :

I = Air exceptionnellement calme. Image d'une beauté rare.
II = Air très calme. Très bonne image.
III = Air souvent agité. Bonne image.
IV = Air assez agité. Image ordinaire, plutôt médiocre.
V = Air très agité. Image mauvaise.

La dernière catégorie (V) constitue un ensemble de circonstances météorologiques permettant tout juste la prise d'un dessin de quelque utilité.

aussi évidente que le Trivium, bien qu'enveloppée de toutes parts par la demi-teinte « marécageuse »; les lacs d'Hécate et Stymphale sont visibles, mais avec la plus grande difficulté. De temps à autre, une ligne fine et très noire paraît émerger de la Propontis dans une direction occidentale, et parallèlement à Chaos : c'est Granicus-Gyndes. Le Cerbère est très marqué; le Cyclops moins. Une vague traînée grise descend en courbe du haut du disque; c'est le Titan,

23 octobre 1900, à 5h 50m matin.

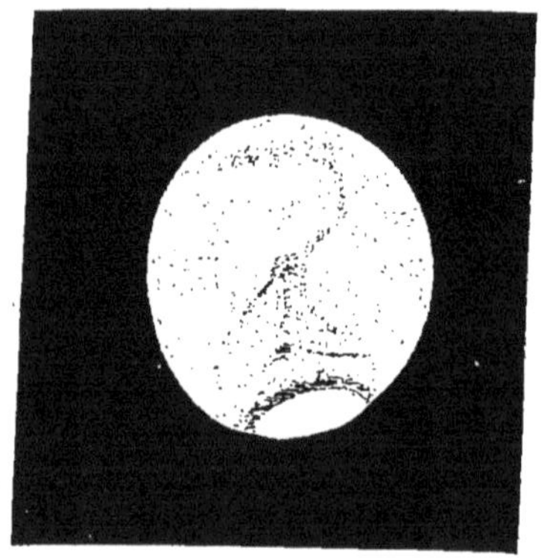

22 décembre, 7h 0m matin.

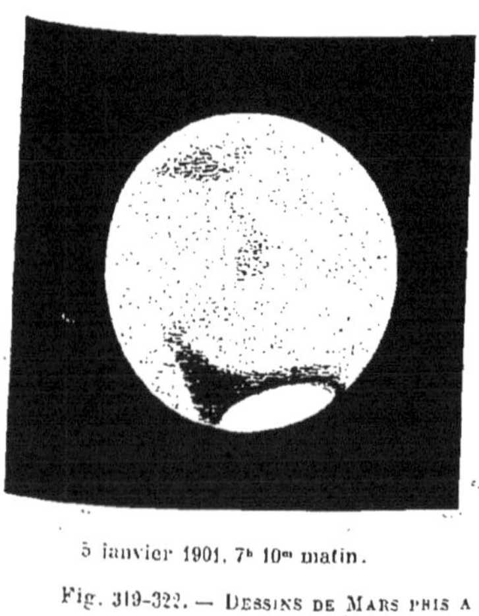

5 janvier 1901, 7h 10m matin.

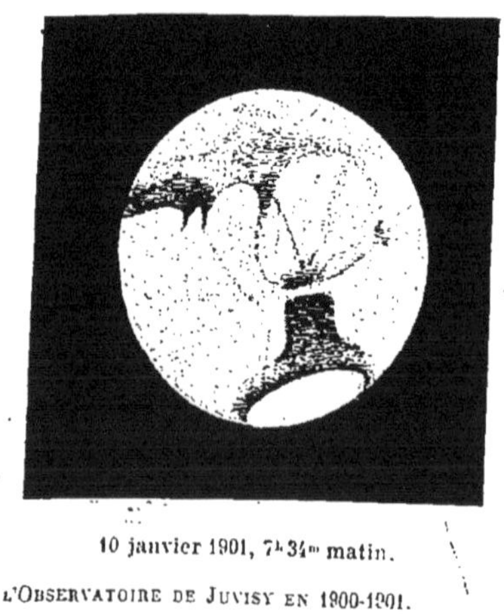

10 janvier 1901, 7h 34m matin.

Fig. 319-322. — Dessins de Mars pris a l'Observatoire de Juvisy en 1900-1901.

selon toute probabilité. La mer Cimmérienne est sombre au Sud; la perspective réduit considérablement sa largeur. Enfin, plus haut encore, Electris est très brillante. Phase : 0",80 (*fig.* 320).

5 janvier 1901, 7h10m. D = 10",6. ω = 62°. φ = + 23°,0. Air = IV, parfois V. Temps froid (— 6°). Brise du N. — La mer Acidalienne paraît moins foncée qu'à la dernière opposition. Elle se confond vaguement au Sud, avec le lac Niliaque,

la mauvaise qualité de l'image rendant le pont d'Achille invisible. Le golfe de l'Aurore est sombre dans le haut du disque, dont le bord sud cependant est marqué par une tache blanche : Protei ou Ogygis Regio. Au centre, le lac de la Lune est confus, ainsi que le Gange et le Nilokeras, larges tous les deux. Phase = 0″,75 (*fig.* 321).

10 janvier, 7^h20^m. — Le bord précédent de la mer Acidalienne, vers 50° de latitude nord, passe à mi-chemin entre le limbe et le terminateur de la gibbosité.

Même jour, 7^h34^m. D = 11″,1. ω = 22°. φ = + 22″,8. Air = III, parfois II. Brouillard. Brise de l'E. — La mer Acidalienne se présente comme un grand carré sombre; mais elle est plus pâle vers le Nord (Baltia). Callirrhoë forme la limite australe des « marécages » polaires. Il en est de même de Tanais, à droite. Le point du bord précédent de la mer Acidalienne, vers 50° de latitude, passe au méridien central en ce moment, ce qui lui donne la valeur de 22°,17, d'après l'excellente éphéméride de M. Crommelin. M. Schiaparelli a trouvé les coordonnées suivantes pour le point en question :

Carte de	1883-1884	20°
»	1886	22
»	1888	21

de sorte que la différence entre l'éphéméride et l'aspect de la planète est insensible, restant tout entière en dedans des erreurs d'observation. Le Pont d'Achille est estompé, probablement à cause de la mauvaise qualité de l'image. Le lac Niliaque nous paraît beaucoup moins foncé que la mer Acidalienne. Il est difficile de décrire exactement sa forme; mais elle serait plutôt elliptique, allongée de l'Est à l'Ouest, avec sa moitié inférieure plus sombre que la moitié supérieure. Le lac de la Lune est bien visible à droite; il est réuni au lac Niliaque par le Nilokeras large et sombre. L'Indus et le Gange sont pâles, Hydaspes un peu plus foncé. Jamuna et Gehon sont encore plus évidents, mais larges et diffus. Ce dernier paraît courir presque en droite ligne à la mer Acidalienne, ainsi que l'a remarqué M. Williams en 1899. La « tête de canard » du Sinus Sabæus est très sombre, presque aussi sombre que la mer Boréale, et le détroit paraît très incliné sur l'équateur. Margaritifer Sinus est également assez foncé, mais bien moins que le Sinus Sabæus. Aromatum Promontorium est plus émoussé que sur les Cartes. Noachis et Argyre s'aperçoivent comme deux taches blanches au bord supérieur. Phase : 0″,70 (*fig.* 322).

Les quatre petites figures 319-322 ont été dessinées à la même échelle (pour le format de ce Livre), afin que l'on juge exactement de la variation du diamètre apparent.

11 janvier, 7^h45^m. D = 11″,2. ω = 16°. φ = + 22°,8. Air = III. Brise du S.-E. Brouillard. — La planète se présente à peu près comme hier, mais avec plus de détails. On voit maintenant qu'au-dessous de l'embouchure de Callirrhoë, la mer Acidalienne se dirige vers le Nord-Ouest (Iaxartes). Baltia aussi est plus évidente qu'hier matin, et il en est de même du pont d'Achille. Le contour pré-

cédent de Mare Acidalium fait un angle de 10° environ avec le méridien. Le lac Niliaque est foncé au Nord, pâle au Sud. Il est précédé d'un autre lac, rond et plus petit : c'est la fontaine de Siloe, où le Gehon arrive en droite ligne du Sinus Sabæus. Pendant un instant, nous avons eu une impression de gémination de ce canal. L'Hiddekel est évident, ainsi que le Jamuna. L'Indus et l'Hydaspe paraissent plus faibles. Deuteronilus ne se distingue que comme le bord d'un estompage très pâle recouvrant Cydonia. La région fourchue du Sinus Sabæus

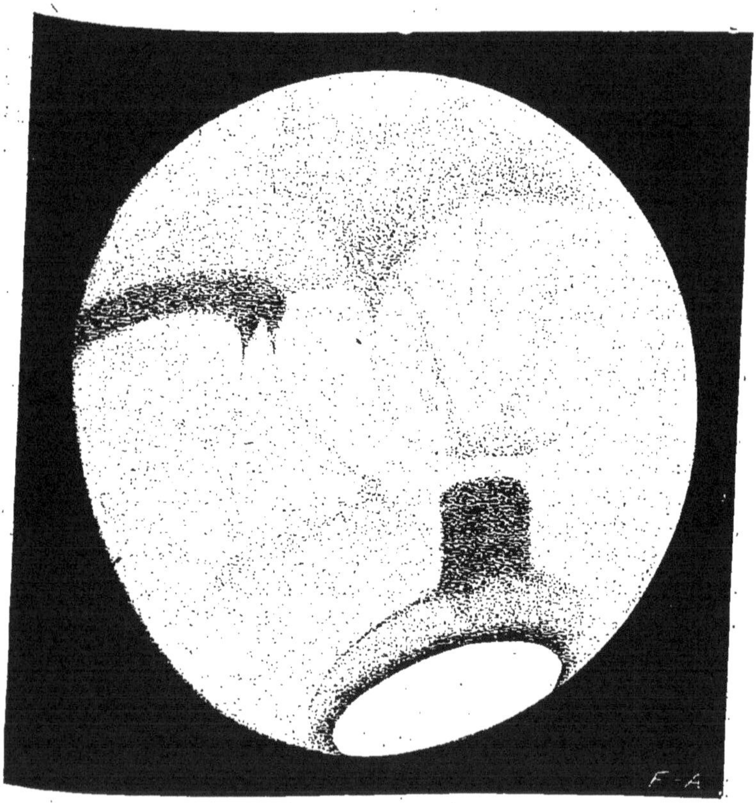

Fig. 323. — Aspect télescopique de la planète Mars, dans l'aurore du 11 janvier 1901.

est aussi foncée que la mer Acidalienne, mais le détroit l'est moins, tandis que le Golfe des Perles est encore plus faible. Comme hier, Noachis et Argyre brillent au limbe austral. Phase = 0″,68 (*fig.* 323).

Nous avons pu identifier vingt canaux jusqu'à la date du 14 janvier : Titan, Cyclops, Cerberus, Erebus, Styx, Chaos, Hades, Granicus, Gyndes, Æsacus, Ganges, Jamuna, Nilokeras, Gehon, Hiddekel, Indus, Hydaspes, Callirrhoë, Iaxartes, Tanaïs. A part le Gyndes, les autres se sont montrés, en général, larges et diffus, visibles avec la plus grande attention seulement.

La fusion de la neige polaire va bientôt se manifester. L'équinoxe du printemps de l'hémisphère boréal de Mars est arrivé le 25 septembre 1900; le solstice d'été arrivera le 11 avril, comme nous l'avons dit, et l'équinoxe d'automne le 11 octobre. Il est à remarquer que, dès maintenant, un estompage gris très prononcé se manifeste depuis le bord de la calotte polaire, le long des canaux, jusqu'à Protonilus et Deuteronilus.

L'état très favorable des conditions atmosphériques pendant cet hiver nous a permis d'obtenir des résultats supérieurs à tous ceux que nous avons pu acquérir pendant les cinq dernières oppositions de la planète, et cela malgré la grande distance à laquelle Mars est passé de nous en cette opposition aphélique. Le fait est d'autant plus important et plus intéressant que l'hémisphère boréal de Mars, actuellement tourné vers nous, est en plein printemps.

Voici la suite des observations :

14 janvier 1901, $7^h 20^m$. Diamètre = 11",5. $\omega = 342°$. $\varphi = +22°,7$. Air = IV et V. Vent faible de l'est. Température = — 4°,5. — La calotte polaire est elliptique. Malheureusement, le vent d'est voile les détails en les confondant. On distingue cependant la mer Acidalienne à droite, tandis que les « marais » ou estompages de la calotte présentent un accroissement d'intensité, à gauche, vers Dioscuria. Le Sinus Sabæus est très confus. Le haut du disque est marqué par une blancheur : Noachis. Chryse est également blanchâtre au bord droit.

15 janvier, $7^h 20^m$. Diamètre = 11",6. $\omega = 333°$. $\varphi = +22°,7$. Air = III. Température = — 5°,5. Les estompages autour de la calotte polaire s'étendent en s'affaiblissant jusqu'à Protonilus et Deuteronilus, où ils sont arrêtés net. Ainsi ces canaux n'apparaissent que comme formant le bord de régions d'*albedos* différents. Mare Acidalium se lève à droite, mais son intensité n'est pas très grande. Les Lacs Ismenius et Arethusa sont très difficiles à reconnaître, le deuxième surtout. Par contre, Coloe Palus est facile. La Grande Syrte se couche au terminateur; elle est séparée du Sinus Sabæus par un ligament clair (« Solis Pons » de M. Lowell). Les fourches du Sabæus, ainsi que son extrémité occidentale [1] sont très sombres, mais le détroit l'est moins, par la présence de Xisuthri Regio. Noachis est blanche en haut, Chryse à droite. — *Canaux* : Nilosyrtis, pâle. — « Sitacus » (Cerulli), très évident. — Gehon, large. — Euphrate-Arnon-Kison apparaissent comme une ligne noire fendant, de temps en temps, le disque en deux. — Protonilus-Deuteronilus, bords d'estompage au Nord. — Pierius et Callirrhoë, très évidents, larges et sombres (*fig.* 324).

Le Sinus Sabæus était complètement séparé de la mer du Sablier par un ligament blanc. En 1892, Schiaparelli a vu la mer des Sirènes ainsi fendue, et il est

[1] Rappelons ici que nous nous servons des termes Est et Ouest dans leur sens aréographique. Ainsi, une tache à gauche d'une autre est à l'est de celle-ci; elle la précède dans le mouvement de rotation diurne.

probable que le phénomène observé ce matin est du même ordre. Un estompage fort remarquable s'étend, dans la partie inférieure du disque, jusqu'à Protonilus et Deuteronilus. Cet estompage n'existe pas sur les Cartes de Schiaparelli, de sorte qu'il est très possible que sa formation soit subordonnée à la fonte des neiges boréales. On voyait ainsi estompée dernièrement toute la région au nord et à l'est d'Elysium, ce que Schiaparelli ne montre pas non plus. Il est à remarquer aussi que plusieurs canaux occupent la place de séparation entre régions de différents *albedos*.

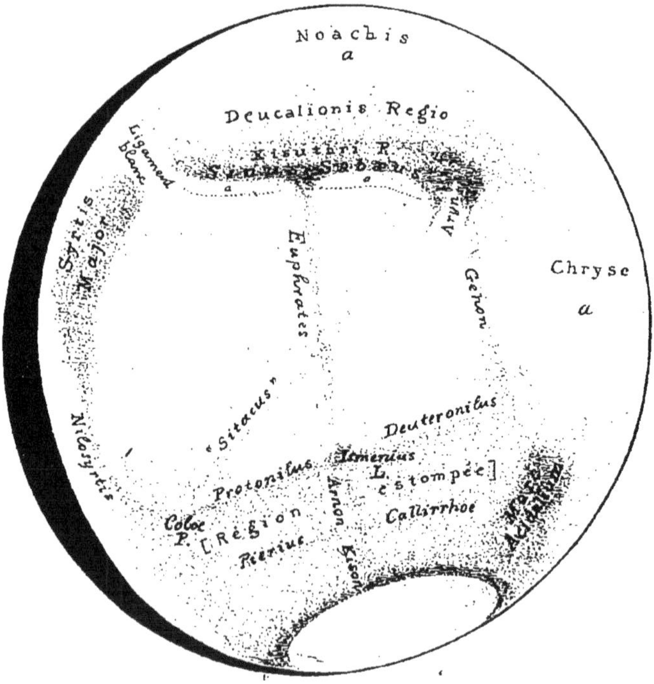

Fig. 324. — Mars dans la matinée du 15 janvier 1901. a, régions claires.

23 janvier, 22^h20^m. Diamètre = $12'',4$. $\omega = 120°$. $\varphi = +22°,4$. Air = II. Image très calme, et pourtant dépourvue de détails. Brise insignifiante de l'Est, mais le courant supérieur vient du Sud-Ouest. — Palus Mæotis se détache à peine de l'estompage polaire. La mer des Sirènes se distingue près du bord austral du disque (*fig.* 325).

25 janvier, 22^h0^m. Diamètre = $12'',6$. $\omega = 98°$. $\varphi = +22°,3$. Air = IV. Vent assez fort du Sud-Sud-Ouest. Cirri à l'Ouest. — Ceraunius se détache très vaguement des estompages polaires. Le lac du Soleil est petit, mais visible au Sud. Le golfe de l'Aurore se couche au terminateur. Image également sans détails (*fig.* 326).

7 février, 23^h15^m. Diamètre $= 13'',7$. $\omega = 1°,2$. $\varphi = + 21°,6$. Air = II. Grande sérénité. L'image est superbe, et les contours des mers se montrent avec une admirable netteté, mais les canaux sont invisibles. On voit bien que la partie fourchue du Sinus Sabæus est la région la plus foncée de la planète, étant plus sombre que la mer Acidalienne. Cette dernière est incontestablement *moins sombre*

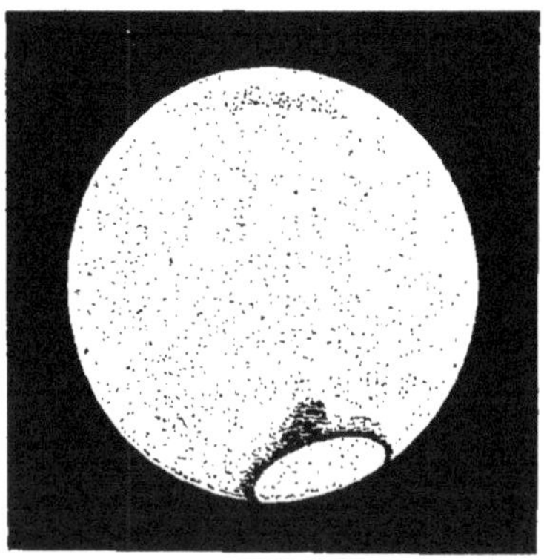

Fig. 325. — 23 janvier, 22^h20^m.

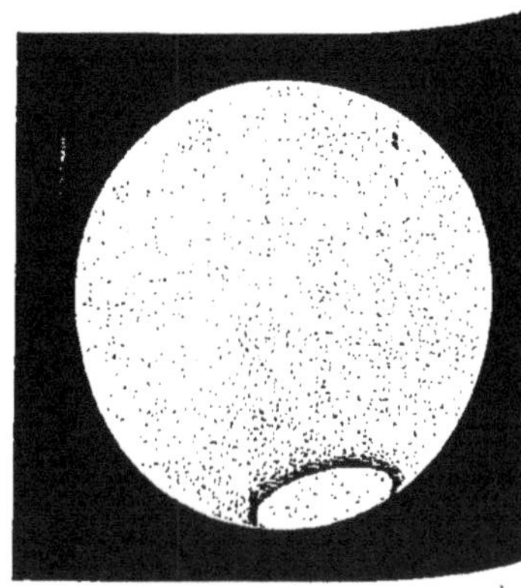

Fig. 326. — 25 janvier, 22^h0^m.

Fig. 327. — 7 février, 23^h15^m.

OBSERVATIONS DE MARS EN 1901, FAITES A L'OBSERVATOIRE DE JUVISY.

qu'en 1899. Le golfe des Perles est assez marqué, tandis que Deucalionis Regio est beaucoup plus foncée que les régions continentales. Chryse est blanche à droite (*fig.* 327).

10 février, 21^h50^m. Diamètre $= 13'',8$. $\omega = 314°$. $\varphi = + 21°,5$. Air I et II. Brume. Quelques cirrus avec légère brise du Nord-Ouest. — La bande sombre qui entoure la calotte polaire a diminué d'intensité, mais un vaste estompage, d'une intensité très faible, s'étend le long des canaux, jusqu'à Protonilus et Deuteronilus, à l'Ouest,

jusqu'à la mer Acidalienne, réduite par la perspective à un arc sombre. Coloe Palus se fait remarquer comme une grande tache grise, de forme elliptique. Un estompage plus étendu, mais plus faible, se voit encore plus au nord, non loin de la calotte polaire. Le lac Ismenius est certain, mais difficile à bien distinguer; c'est une ellipse dont le grand axe est dirigé de l'Est à l'Ouest. Le lac Arethusa est encore plus petit et plus difficile. Il nous semble que la Grande Syrte est séparée de la

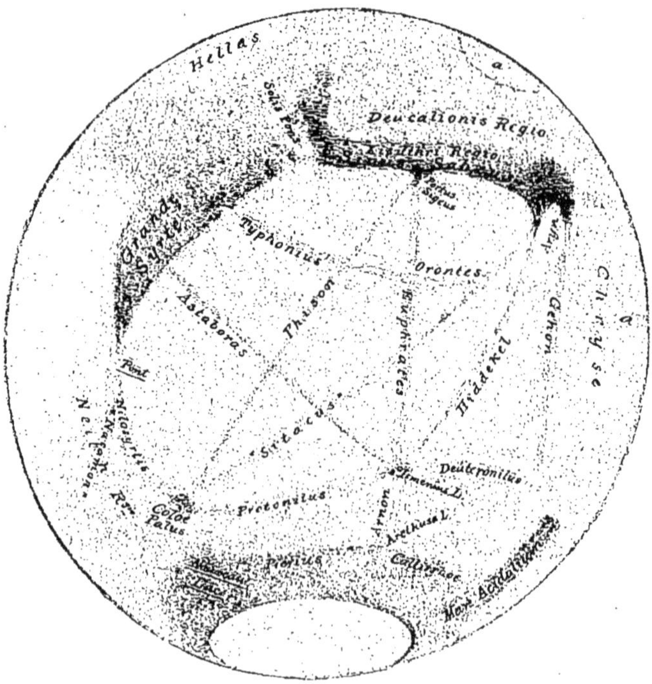

Fig. 328. — Aspect de Mars le 10 février 1901, à $21^h 50^m$.

Déterminations de longitudes :

Tache.	Passage au méridien central.	Longitude déduite.
Portus Sigeus $\odot_2$...........	$23^h\ 5^m$	332° 47′
Lacus Ismenius $\odot_3$........	$23^h 12^m$	334° 18′

Nilosyrtis par un pont lumineux. La forme de la Syrte est bien celle que lui a donnée M. Lowell en 1894, mais la présence d'un estompage entre les canaux Nilosyrtis et « Nasamon » (1) complète sa figure de Sablier, en lui restituant son

(1) Nom donné par nous au grand canal observé à Juvisy en 1896-1897, reliant la pointe nord de la mer du Sablier à la Boréosyrtis, dans une direction N-E. C'est le canal qui porte le numéro 9 de la Carte de 1897 (p. 286), et le numéro 16 de notre Carte de 1899 (p. 459). Les *Nasamons* (Οἱ Νασαμῶνες) étaient une peuplade habitant le sud de la Cyrénaïque, non loin de la Grande Syrte de la mer intérieure.

cône inférieur. Le Sinus Sabæus est très sombre à droite, tandis que son détroit présente la demi-teinte de Xisuthri Regio. Le contour du Sinus paraît à peu près identique à la forme que lui a donnée M. Lohse en 1884 (1). Portus Sigeus n'est pas très évident. Argyre brille au bord supérieur, et Chryse est également blanche au bord suivant. — *Canaux :* Nilosyrtis et « Nasamon », bords d'un estompage dans Neith Regio. — Protonilus et Deuteronilus, bords d'estompage au nord. — Pierius et Callirrhoë, bords d'un estompage plus intense et plus voisin du pôle. — Boréosyrtis, large et sombre. — Euphrate-Arnon, très difficiles. — Gehon, large; bord de la blancheur à droite. + Hiddekel, très difficile. — « Sitacus » (Cerulli), facile. — Typhon-Oronte, très faibles; probablement bords d'un estompage imperceptible au Nord. — Phison, large (pourrait être double). — Astaboras, étroit et faible. Tous ces canaux sont vus isolément, l'un après l'autre, la visibilité de chacun durant à peine une seconde. La plupart ont été ainsi entrevus à plusieurs reprises (*fig.* 328).

Nous remarquons que les faibles demi-tons disparaissent avec les forts oculaires.

Même jour, 23^h0^m. $\omega = 332°$. Air = II. — Nous notons les passages suivants au méridien central :

Tache.	Passage.	Longitude.
Portus Sigeus	23^h5^m	332°,47
Ismenius Lacus..............	23^h12^m	334°,18

La deuxième détermination offre un intérêt spécial, car la longitude de ce lac, qui était de 335°,27 en 1886, s'est élevée à 341°,86 en 1888, différence que M. Schiaparelli considère comme étant bien en dehors des erreurs d'observation. Il résulterait donc de cette mesure que le lac aurait dû retourner à sa première place depuis 1888! Mais ces déterminations ne sont pas sans quelques incertitudes. Comparez Ismenius Lacus et Dirce Fons sur notre globe et sur notre Carte de 1899 : les positions ne sont pas identiques. Vérifications intéressantes à renouveler.

13 février, 22^h0^m. Diamètre = 14",0. $\omega = 291°$. $\varphi = +21°,3$. Air = II-III. Temp. = −7°. Vent du NNE faible. — Les estompages avoisinant la calotte polaire ne sont pas moins remarquables que ces derniers jours, et la vaste tache grise sur la Boréosyrtis est un peu à gauche du centre. Coloe Palus est toujours très marqué. La Grande Syrte présente bien la forme lowellienne; seulement le lac Mœris avance plus profondément dans les terres qu'en ces dernières années. La Libye affecte une forme anormale, présentant une pointe vers le Sud-Ouest et un léger golfe vers le Sud. Syrtis Parva très marquée à gauche, et il en est de même de Hellas au bord sud, dont la blancheur n'est pas cependant frappante. Le pont observé le 10, séparant la Grande Syrte des estompages au Sud, est facile à reconnaître. — *Canaux :* Amenthes, très facile. — « Nasamon » et Nilosyrtis avec Protonilus, bords de l'estompage polaire. — Pierius et Heliconius, facile. L'embouchure de

(1) *La planète Mars*, I, p. 397.

l'Astusapes est au méridien maintenant, ce qui lui donne une longitude de 290°,55 (*fig.* 330).

Remarquons la forme altérée de la Libye. Cette remarquable région présente en ce moment une curieuse corne, *a*, dirigée vers le Sud-Ouest, ayant ensuite subi un renfoncement bizarre en *b*. Elle paraît parfois quelque peu estompée.

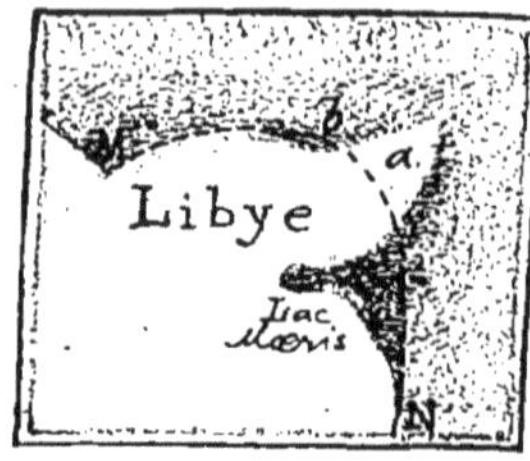

Il est intéressant de comparer ce contour avec le contour moyen habituel MN, ajouté ici en ponctué.

15 février, 0h10m. Diamètre = 14″0. ω = 313°. φ = + 21°,2. Air = III. Vent faible du Nord. Stratus. Temp. = − 7°. — Les estompages autour de la calotte polaire s'étendent toujours jusqu'à Protonilus, etc. La grande tache grise au nord de Coloe Palus est très évidente (¹). Rien de particulier dans l'aspect de la Grande Syrte

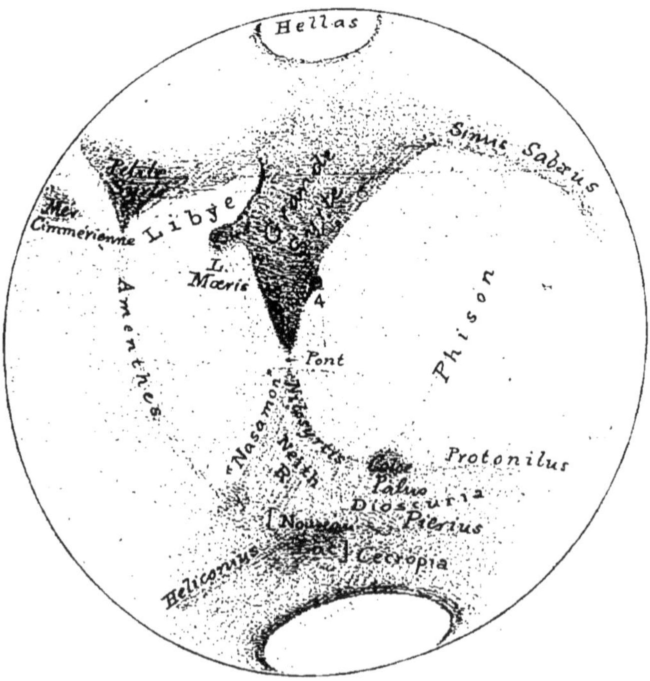

Fig. 330. — Mars, le 13 février 1901, à 22h0m.
D = 14″,0. ω = 291°. φ = + 21°3.

(¹) Est-ce un nouveau lac, une nouvelle oasis, un marécage épaissi? Quelle que soit sa nature, il y a là un nouveau témoignage de variations.

et du Sinus Sabæus, qui se montrent dépourvus de détails. Hammonis Cornu passe au méridien vers 0^h15^m, ce qui donne comme longitude la valeur 314°,68.

Même jour, 21^h30^m. $\omega = 266°$. Air = III. Temp. = — 8°,5. Brise du Nord. — La calotte polaire ne paraît pas sous-tendre plus de 35°. Le grand estompage gris sur la Boréosyrtis est très évidént, et la région grise s'étend toujours jusqu'à Nilosyrtis et « Nasamon », dont la Grande Syrte est cependant séparée par un pont clair. La Libye affecte bien la forme dessinée il y a deux jours, avec pointe au Sud-Ouest. Hespérie est plus étroite que sur les Cartes de M. Schiaparelli. La mer Cimmérienne se termine en cigare. — *Canaux :* « Nasamon », Nilosyrtis, bords d'estompage. — Amenthes et Adamas, larges et diffus (*fig.* 331).

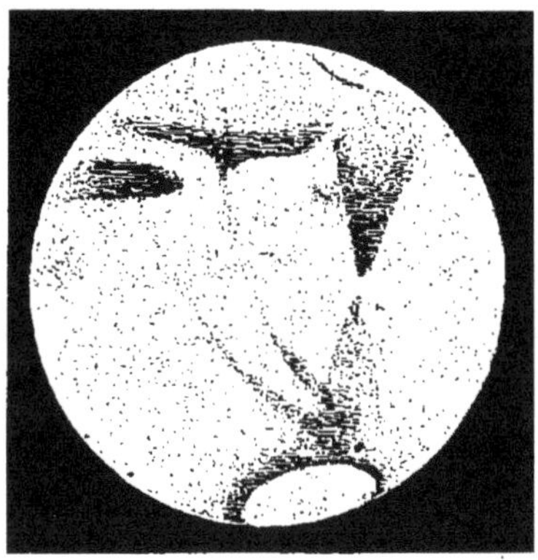

Fig. 331. — 15 février, 21^h30^m.

La Petite Syrte est passée au méridien à 21^h0^m, ce qui porte sa longtitude à 258°,39.

Même jour, 23^h15^m. $\omega = 291°$. Air = IV. — Déterminations de longitude :

Tache.	Passage.	Longitude
Grand estompage sur Boréosyrtis	22^h20^m±	277°,88±
Grande Syrte, pointe nord	22 50	285 ,19
Coloe Palus	23 50	299 ,81

Ces heures peuvent être estimées à 8 minutes près, avec une approximation de 2° aréocentriques.

A la liste précédente des canaux, il faut maintenant en ajouter 19 autres, ce qui porte le nombre de ces lignes vues à Juvisy, jusqu'au 15 février, à 39 : Protonilus, Deuteronilus, Nilosyrtis, Boréosyrtis, « Sitacus » (Cerulli), Euphrates, Arnon, Kison, Pierius, Ceraunius, Phlegethon, « Nasamon », Orontes, Typhon, Phison, Astaboras, Amenthes, Heliconius et Adamas.

Les aspects les plus remarquables de la planète ont été, en février 1901, ainsi que nous venons de le voir, les insensibles demi-tons de l'hémisphère septentrional, sur lesquels on n'a peut-être pas suffisamment attiré l'attention jusqu'ici, le pont séparant la Grande Syrte de la Nilosyrtis, visible déjà depuis 1896, la forme altérée de la Libye et le nouveau « lac » sur la Boréosyrtis. La pâleur relative de la mer Acidalienne est un autre phénomène des plus curieux. En 1896-1897, nous avons vu cette mer noire comme de l'encre;

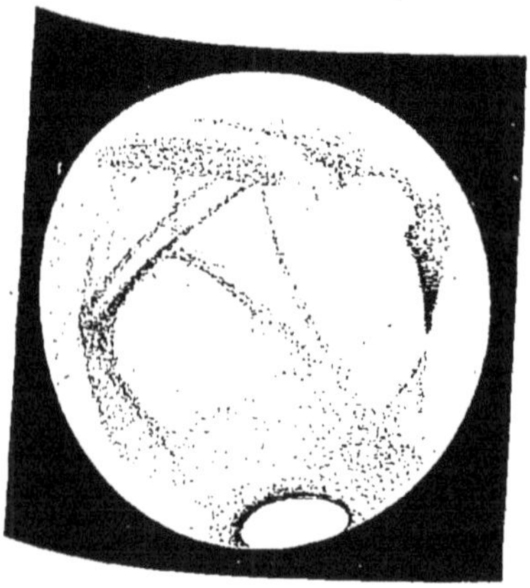

Fig. 332. — 18 février, 21h 25m.

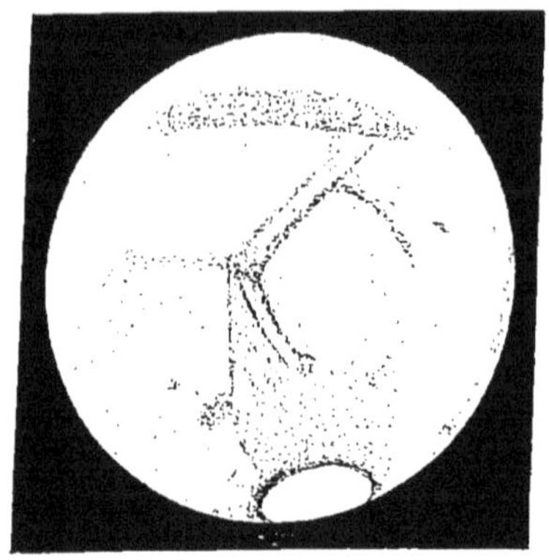

Fig. 333. — 18 février, 21h 0m.

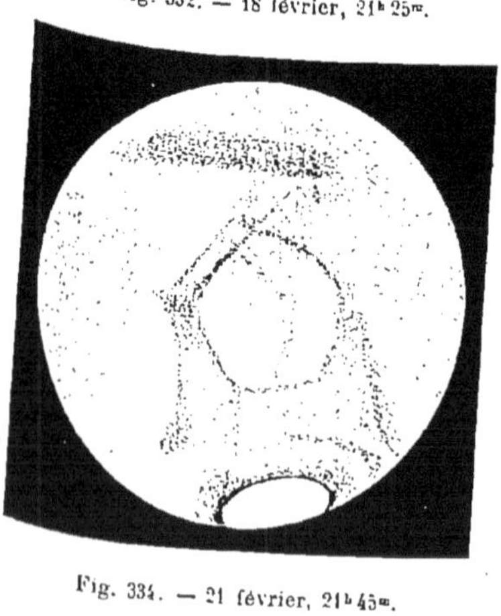

Fig. 334. — 21 février, 21h 45m.

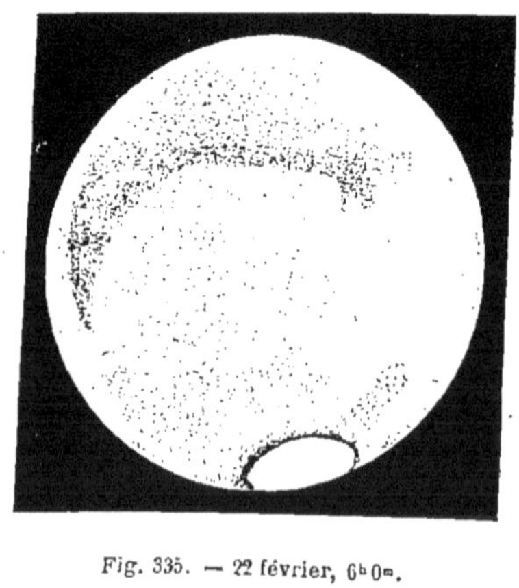

Fig. 335. — 22 février, 6h 0m.

OBSERVATIONS DE MARS EN 1901, FAITES A L'OBSERVATOIRE DE JUVISY.

en 1898-1899, elle était plus pâle; cette année, son intensité a encore diminué. Ainsi, l'idée que nous exprimions il y a deux ans en disant que « l'intensité de cette mer varie inversement avec la hauteur du Soleil au-dessus de son horizon » est pleinement confirmée par l'observation. L'intensité des « mers » paraît donc varier en raison inverse de la hauteur du Soleil au-dessus d'elles, comme si elle était une fonction de la durée de l'insolation.

Ces variations sont faibles dans la zone équatoriale, presque constamment exposée aux rayons d'un soleil vertical. Mais les taches à latitudes élevées, telles que la mer Acidalienne, deviennent plus claires à la suite d'une longue insolation (1). Il y aura là d'importantes remarques à faire sur les saisons martiennes.

Voici la suite des observations :

18 février 1901, 21h25m. Diamètre = 14",1. ω = 238°. φ = +21°,0. Air = II. Vent du nord. — La calotte polaire inférieure se réduit de plus en plus; la bande sombre qui l'entoure est moins marquée qu'en ces derniers temps. Un estompage très faible s'étend des régions polaires jusqu'aux confins méridionaux de Phlegra, Cebrenia et Ætheria; son intensité augmente vers Utopia et Boréosyrtis. *Elysium est moins blanc* qu'en 1896-1897 et 1898-1899, il est jaune; ses limites au Nord (Chaos) et au Nord-Ouest (Hyblæus) sont à peine visibles. Mais Eunostos, Styx et Cerberus, le dernier surtout, sont évidents au premier coup d'œil. Rien de particulier dans l'aspect du Trivium Charontis, si ce n'est sa pâleur relative. En effet, ce lac paraît aussi avoir été affecté par la décoloration des taches grises de l'hémisphère septentrional. Mare Cimmerium est assez foncée et Hesperia paraît étroite et estompée. Aeria est blanche au limbe droit, et il en est de même d'Eridania au Sud, de Zephyria et Amazonis à gauche. La Grande Syrte est très sombre. *Canaux :* Cerbère, double; contrairement à ce qui a été observé jusqu'ici, *les deux branches se continuent jusqu'à la mer Cimmérienne*; ces branches ne sont pas d'égale intensité : celle du Nord est plus intense que celle du Sud. — Cyclops, large et diffus. — Eunostos, très marqué. — Æthiops, pâle. — Adamas (« Pseudoæthiops » de M. Cerulli), facile. — Boréosyrtis, foncée. — « Nasamon », évident. — Styx, marqué. — Æsacus, faible. — Hades paraît comme le bord d'un estompage dans Phlegra. — Læstrygon, bord d'une blancheur voisine du limbe (*fig.* 332).

20 février, 21h25m. Diamètre = 14",2, ω = 221°. φ = +20°,9. Air = III. Vent du Nord-Est. — L'estompage sur Boréosyrtis et Utopia est marqué, mais moins peut-être qu'en 1899. La région faiblement ombrée s'étend jusqu'à Ætheria, Cebrenia et Phlegra, et paraît limitée par des canaux. Elysium est bien limité au Nord-Est, au Sud-Est et au Sud-Ouest. Mais c'est à peine si l'on distingue ses confins Nord et Nord-Ouest. Le pentagone est légèrement blanchâtre vers Trivium Charontis. La mer Cimmérienne est assez sombre en haut et elle est surmontée par la brillante Eridania. A droite, Libya est blanche. On voit encore Propontis, Hecates Lacus, « Pambotis Lacus » (Cerulli) et Hephæstus, le dernier à peine indiqué. *Canaux :* Cerbère, double. — Cyclops, diffus. — Eunostos, facile, Hyblæus et Chaos, à peine indiqués. — Æsacus, large. — Styx, double, bord d'estompage dans Phlegra. — Hades, bord d'estompage dans la même région. — Læstrygon, très mince. — Orcus, large et indécis (*fig.* 336).

(1) Voir aussi l'observation de M. Wislicenus en 1890 : *La planète Mars*, I, p. 481.

21 février. 21h0m. Diamètre = 14",2. ω = 206°. φ = + 20°,8. Air = II. Pas de vent; calme absolu. — Les ombres dans Phlegra et Cebrenia sont difficilement visibles; Trivium Charontis et Propontis, sombres. Hecates Lacus passe à peu près au méridien central, ce qui lui donne une longitude de 206°,48. La mer Cimmérienne présente sa forme habituelle. Elysium est légèrement blanc à gauche, tandis qu'Eridania et Libya brillent au limbe. *Canaux :* Cerbère, double jusqu'à Cyclops. — Cyclops, faible. — Eunostos, évident. — Chaos, faible. —

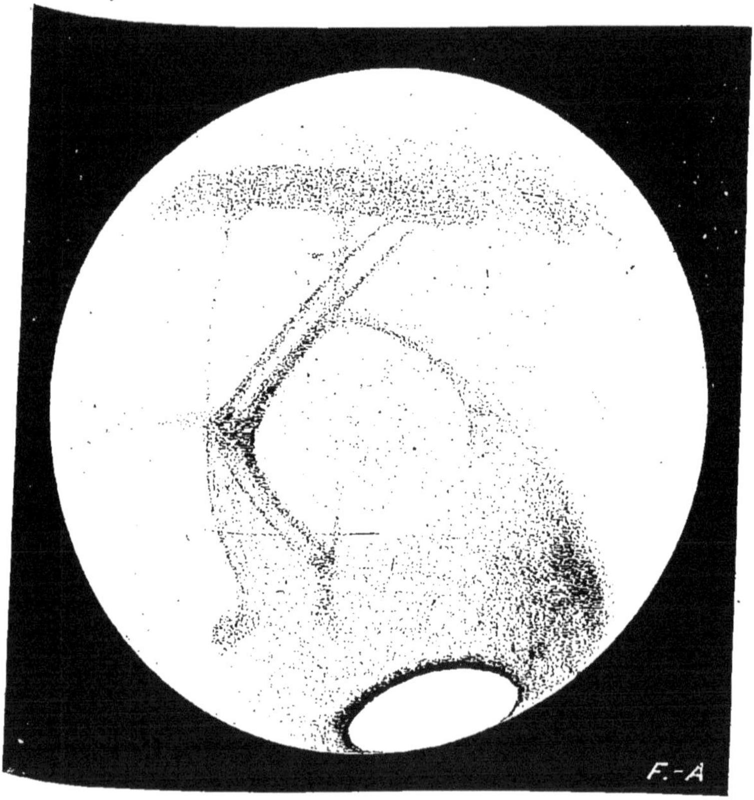

Fig. 336. — Aspect télescopique de la planète Mars, le 20 février, à 21h25m.

Styx et Hades, bords d'estompage; le premier peut être double. — Orcus, large. — Un autre canal paraît relier Propontis à la calotte polaire (*fig.* 333).

Même jour, 21h45m. ω = 217°. Air = II. — Indépendamment des détails énumérés ici, on voit maintenant deux petits lacs contigus à la calotte polaire, l'un à droite dans Uchronia, l'autre à gauche, vers Panchaia (Arsenius Lacus). Elysium paraît fendu en deux par un canal qu'on ne voit pas sur les Cartes de Schiaparelli. *Canaux* à ajouter à ceux de l'observation précédente : Choaspes, large. — Heliconius, noir et mince. — Hyblæus, diffus (*fig.* 334).

22 février, $6^h 0^m$. Diamètre = 14",2. ω = 338°. φ = + 20°,8. Air = IV. — Planète trop voisine de l'horizon occidental. Aussi les détails sont-ils confus et indistincts. La mer du Sablier se couche ; la baie du Méridien s'avance vers le centre (*fig.* 335).

A la liste des trente-neuf canaux vus jusqu'au 15 février, on peut ajouter les six suivants : Eunostos, Æthiops, Læstrygon, Hyblæus, Orcus et Choaspes.

Un phénomène intéressant, révélé par nos dernières observations, est le jaunissement d'Elysium. Cette région, si blanche en 1896-1897 et 1898-1899, s'est montrée, en ces derniers temps, à peine un peu plus claire que les régions jaunes continentales de la planète [1]. Il est probable que l'altitude du Soleil y est pour quelque chose, ainsi que dans la décoloration de la mer Acidalienne. En effet, si les blancheurs des années précédentes étaient dues à des condensations de vapeur (gelée blanche) sur un plateau élevé, par un Soleil assez éloigné du zénith, on peut supposer que le Soleil vertical de 1900-1901 nuit à cette condensation, soit par la faible épaisseur atmosphérique traversée par le rayon incident, soit par l'échauffement du sol à la suite d'une longue exposition au rayonnement de l'astre central.

Cette étude des saisons martiennes devient de plus en plus précise. Le solstice d'été de l'hémisphère boréal arrivera le 11 avril prochain. Déjà nous assistons à la fonte des neiges polaires qui, maintenant, diminuent de jour en jour avec une grande rapidité.

Suite des observations :

14 mars 1901, $21^h 45^m$. Diamètre = 13",4. ω = 34°. φ = + 20°,0. Air = III et IV. Légers nuages. Vent faible de l'Est. — La calotte polaire Nord est beaucoup plus réduite qu'à la dernière observation, sous-tendant à peine 25° de diamètre. La zone autour des neiges est assez marquée. La mer Acidalienne est très frappante au méridien central et ressemble à une poire. Nous sommes très surpris de voir les demi-tons Baltia et Nerigos presque aussi éclatants que les régions continentales, ce qui donne à la mer Acidalienne la forme dessinée par Burton il y a une trentaine d'années et non celle observée par M. Schiaparelli de 1884 à 1890. Le pont d'Achille est évident, tandis que le lac Niliacus est bien plus pâle que la sombre mer Boréale. Les mers au Sud sont légèrement confuses. Régions circompolaires, si peu connues, particulièrement étudiées ce soir. — *Canaux* : Outre l'Iaxartès, très noir et large, visible au premier coup d'œil, signalons Tanaïs, facile. — Nilokeras, très sombre. — Jamuna, diffus. — Indus, Hydaspes et Gehon, très vagues (*fig.* 337).

22 mars, $18^h 50^m$. Diamètre = 12",7. ω = 280°. φ = + 19°,9. Air = IV ou V. Vent du Nord-Nord-Est. — La calotte polaire est un peu plus large qu'à la date du 8

[1] On peut rapprocher de ces aspects ceux qui ont été observés en 1884, par M. Schiaparelli, sur la mer Érythrée et sur la mer des Sirènes, qui se montraient alors plus pâles et comme recouvertes d'une sorte de brume.

et quelque peu indécise. La Grande Syrte est très marquée à droite du centre. La Libye apparaît sous la forme signalée par nous dernièrement. Toute la région au nord de « Nasamon » et Nilosyrtis est estompée, avec une condensation grise sur Utopia. Aeria est blanche au limbe droit.

24 mars, $19^h 10^m$. Diamètre $= 12'',5$. $\omega = 267°$. $\varphi = +19°,9$. Air = III. Sérénité. Brise insensible du Nord. — La calotte polaire présente une étendue bien plus grande qu'il y a quelques jours, avec des bords mal définis. La région avoisinante est faiblement estompée sur une immense surface vers le Sud. Aeria est très blanche à droite, et la Grande Syrte avec la Libye et les mers Tyrrhénienne et Cimmérienne ne présentent rien de particulier. Le Trivium Charontis se couche au limbe. Mais le lac sur Utopia est très marqué, constituant le point de départ d'une gémination grossière au nord-est de la mer du Sablier, gémination qui

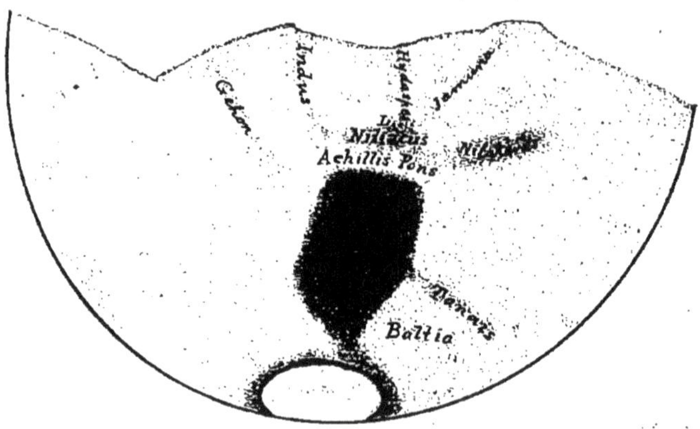

Fig. 337. — Régions circompolaires australes de Mars, le 14 mars 1901.

s'étend jusqu'à la jonction des bandes convergeant du Sud. — *Canaux :* Casius, double; très accentué. — « Pseudoæthiops » de M. Cerulli, facile. — Amenthes, large. — Eunostos, diffus. — Cerberus, très large et noir. — Styx, très large. — Chaos et Hyblæus, bords d'estompage. — « Nasamon » et Nilosyrtis, bords d'estompage dans Neith Regio. — Heliconius, très large. — Boréosyrtis, évidente. — Python, mince et noir.

30 mars, $19^h 20^m$. Diamètre $= 11'',8$. $\omega = 215°$. $\varphi = +20°,1$. Air = V. Tempête violente du Sud-Sud-Ouest. La calotte polaire est toujours grande et mal limitée, ce qui montre que l'agrandissement subi le 22 se maintient. On aperçoit fugitivement Trivium Charontis et Propontis, ainsi que le lac Arsenius et les estompages de l'hémisphère inférieur. Libya brille sur le terminateur.

4 avril, $19^h 20^m$. Diamètre $= 11'',5$. $\omega = 170°$. $\varphi = +20°,2$. Air = V. Nuages. Vent faible du Nord-Ouest. — Malgré la mauvaise qualité des images, on voit clairement que la cause ayant produit l'agrandissement de la calotte polaire des jours derniers a cessé d'agir, la calotte se montrant maintenant plus petite que jamais

et très bien limitée par des estompages sombres. Propontis sur le méridien; mais on ne distingue rien de précis.

7 avril, 19h0m. Diamètre = 11",2. ω = 138°. φ = + 20°,3. Air = II ou III. Calme. — La calotte polaire est extrêmement blanche et ressort superbement sur le fond jaune blé mûr de la planète; le bord des neiges est assez net. Ceraunius et Propontis avec Trivium Charontis se détachent vaguement des grisailles entourant la calotte polaire. En haut, mer des Sirènes. Le canal Titan traverse le disque du Nord au Sud.

L'agrandissement subit des neiges du 22 au 30 mars est un phénomène très curieux. Il est possible que nous ayons eu là sous les yeux, soit une formation de légers nuages voilant les régions sombres situées au-dessous, soit une précipitation superficielle de vapeur, telle que de la gelée blanche, sur une grande étendue autour de la calotte polaire. Le solstice d'été est arrivé le 11 avril, et les neiges polaires diminuent avec une très grande rapidité. Leur diamètre ne dépasse pas maintenant une vingtaine de degrés, 10° de part et d'autre du pôle.

18 avril 1901, 19h40m. Diamètre = 10",2. ω = 46°. φ = + 21°,0. Air = IV. Ciel brumeux. Brise très faible du Sud-Ouest. — La calotte polaire paraît très réduite. La mer Acidalienne est bien visible, un peu à gauche du méridien central; mais sa partie australe et orientale est seule foncée; Baltia et Nerigos sont à peine plus grises que Tempé. Les mers au Sud sont confuses, et il en est de même des canaux dans les régions centrales du disque (*fig.* 338).

20 avril, 19h40m. Diamètre = 10",0. ω = 27°. φ = + 21°,2. Air = V. Vent d'Est faible. Nuit très transparente. — L'aspect est comparable à celui du 18, mais l'air est plus agité et les taches moins avancées sur le disque. Gehon assez facile de temps en temps.

21 avril, 20h0m. Diamètre = 10",0. ω = 23°. φ = + 21°,2. Air = V. Vent d'Est; nuit brumeuse. Température très élevée. — Il y a très peu de détails.

23 avril, 19h50m. Diamètre = 9",8. ω = 2°. φ = + 21°,4. Air = I et II. Calme. Légers cirrus. Excellente image à travers les nuages. — La calotte polaire sous-tend encore 25°. Elle est très blanche, et se voit du premier coup d'œil. Malgré l'exiguïté du disque, les détails sont très visibles. Ainsi, la mer Acidalienne affecte la forme d'une poire, à droite du méridien central. Toute la région à l'Est (Cydonia, Dioscuria et Cecropia) est estompée jusqu'à Protonilus. Le lac Ismenius est très facile, comme une petite ellipse noire. La fontaine Siloë est un peu plus difficile à distinguer. Les fourches du Sinus Sabæus sont très marquées, et la baie du Méridien est plus foncée que la mer Acidalienne. On voit encore le petit Portus Sigeus, comme une légère entaille du littoral inférieur du Sinus Sabæus. Deucalionis Regio est très estompée. On reconnait distinctement les canaux suivants : *Hiddekel, Gehon, Indus, Deuteronilus et Callirrhoë* (*fig.* 339).

19 mai, 21h30m. Diamètre = 8",0. ω = 141°. φ = + 23°,7. Air = IV. — La calotte

polaire est encore grande : 20" au moins. On ne voit que des estompages très vagues (*fig.* 340).

2 juin, 22^h0^m. Diamètre = 7",3. ω = 14°. φ = + 24°,8. Air = IV. — La calotte polaire inférieure sous-tend encore 20° de diamètre. Mer Acidalienne très confuse à gauche.

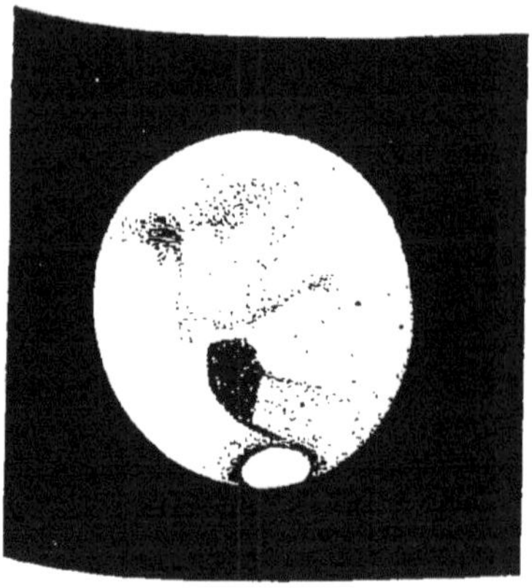

Fig. 338. — 18 avril 1901, à 19^h40^m.

Fig. 339. — 23 avril, à 19^h50^m.

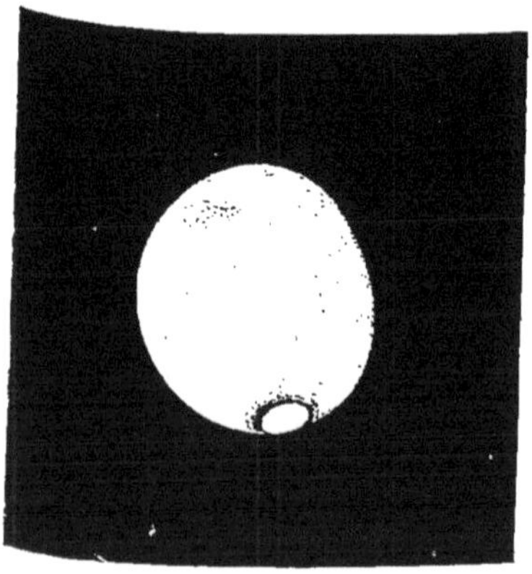

Fig. 340. — 19 mai, à 21^h30^m.

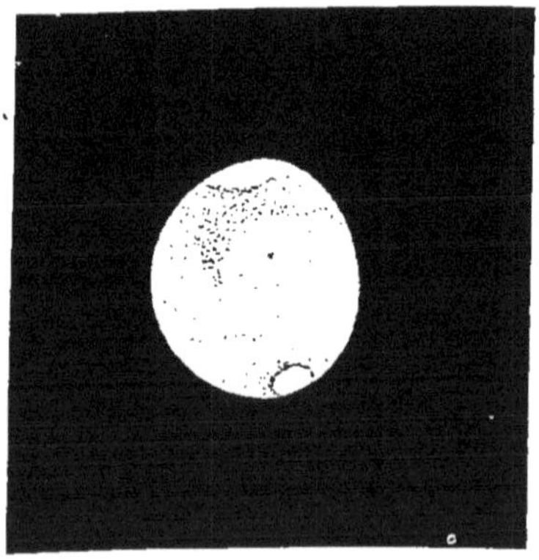

Fig. 341. — 9 juin, à 22^h0^m.

OBSERVATIONS DE MARS EN 1901, FAITES A L'OBSERVATOIRE DE JUVISY.

9 juin, 22^h0^m. Diamètre = 7",0. ω = 307°. φ = + 25°,2. Air = III. Vent de l'Ouest très faible. Quelques éclairs à l'horizon. — La calotte polaire sous-tend encore 20°. Le « radical » formé par la Grande Syrte et le Sinus Sabæus est très marqué, malgré l'éloignement. Il y a une blancheur au pôle sud, due à la présence d'Hellas (*fig.* 341).

On remarquera que ces derniers dessins ne montrent pas beaucoup de détails.

Résumé général. — Les deux Cartes annexées à ce travail représentent l'ensemble des dessins pris à Juvisy pendant cette apparition aphélique, et montrent que l'éloignement de la planète et la petitesse de son disque n'ont pas autant nui qu'on aurait pu le craindre aux recherches aréographiques.

Carte de Mars en 1900-1901.

Discussion succincte des observations.

La nouvelle Carte de la planète, dressée sur la projection de Mercator, que nous offrons ici à nos lecteurs, résume les dessins de Mars pris à Juvisy du 12 octobre 1900 au 10 juillet 1901.

Comme les pôles sont rejetés à l'infini dans la projection de Mercator, et étant donné que la déformation des taches à haute latitude y est considérable, nous avons tenu à représenter la zone boréale de la planète, de + 30° de latitude au pôle, par la projection stéréographique (*fig.* 342).

I. — Influence de la direction du vent sur la qualité des images télescopiques.

Nous avons eu soin de noter, à chaque observation de la dernière opposition, la direction et la force du vent, la transparence du ciel, ainsi que tous les phénomènes météorologiques susceptibles d'avoir quelque rapport avec la qualité de l'image dans la lunette.

On verra, par le Tableau suivant, où la définition optique, correspondant aux diverses directions du vent, est exprimée sur une échelle de 0 à 10 (10 représentant une image idéale, et 0 la plus mauvaise image possible), que c'est lorsque nous observions Mars à travers le brouillard, par un temps calme, que nous avons eu les meilleures vues en 1900-1901, et que c'est bien le vent d'Est, avec ses images troublées, qui nous a donné les résultats les plus défavorables pendant cette période.

Direction du vent.	Qualité moyenne des images télescopiques (échelle de 0 à 10).
Calme; planète vue dans le brouillard	8,5
Calme; planète vue à travers des cirrus	8,0
Calme absolu au niveau du sol, avec ciel pur	7,5
Vent du Nord faible	5,4
» Nord-Nord-Est faible	3,8
» Nord-Est faible	4,5
» Est faible	2,2
» Sud-Est faible	4,0
» Sud-Sud-Ouest faible	4,5
» Sud-Ouest faible	3,1
» Ouest faible	5,0
» Nord-Ouest faible	3,8
Éclairs dits *de chaleur*	5,0
Tempête du Sud-Sud-Ouest, lors du calme relatif au moment de l'éclaircie du maximum de la dépression	0,0

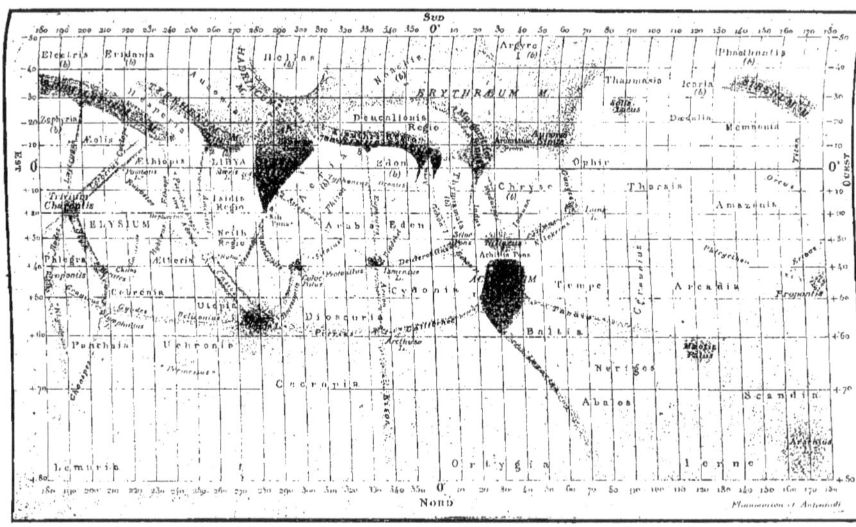

CARTE SYNOPTIQUE DE LA PLANÈTE MARS, D'APRÈS LES OBSERVATIONS DE 1900-1901 A L'OBSERVATOIRE DE JUVISY.

Jamais les images n'ont été bonnes pendant une tempête, ou même un vent un peu fort. Et comme l'équatorial est parfaitement abrité, il est impossible d'attribuer les ondulations optiques pendant les grands vents à des mouvements de l'instrument.

William Herschel a cependant écrit : « Le vent ne nuit pas à la netteté des images télescopiques. Par des vents violents on peut se servir de pouvoirs

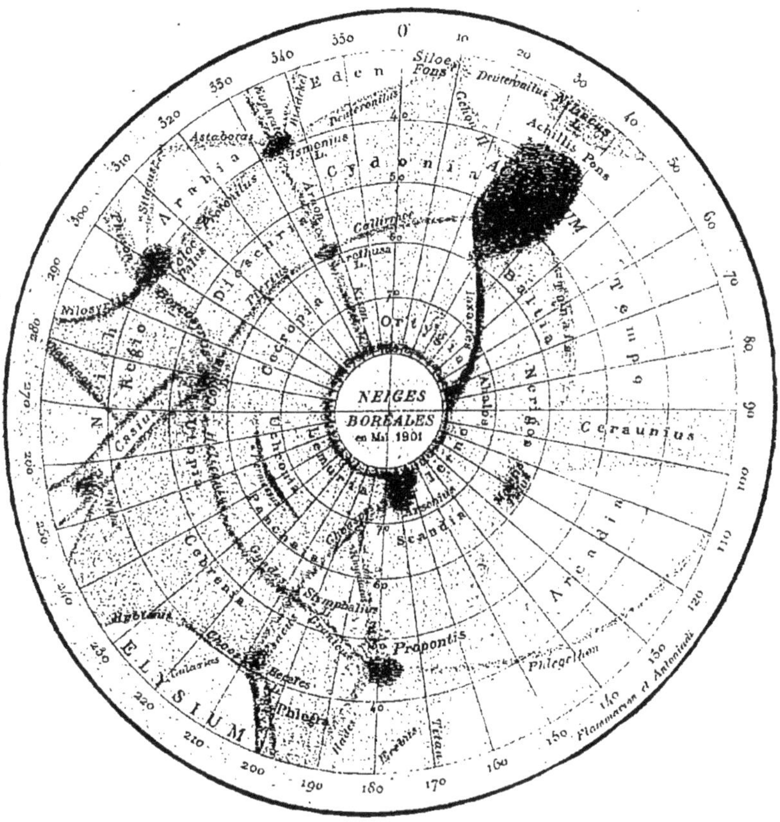

Fig. 342. — Les latitudes boréales de Mars après le solstice d'été (1901).

amplificatifs très considérables, pourvu que le *pied* de l'instrument ne soit pas ébranlé. » C'est avec raison qu'Arago a contesté la valeur de cette affirmation, en disant que « le vent doit produire un mauvais effet, en mêlant entre elles des couches atmosphériques de différentes températures » (¹).

(¹) *Analyse historique et critique de la Vie et des Travaux de sir William Herschel.*

II. — Diminution d'étendue de la calotte polaire boréale.

Les neiges sous-tendaient, au début, un arc considérable, puis leur étendue a diminué assez régulièrement jusqu'à la dernière observation, en juillet. On pourra suivre la marche de la fonte des neiges sur la figure suivante, complétée par le Tableau, où la deuxième colonne représente l'arc aréocentrique sous-tendu par la calotte, la troisième la longitude du centre du disque au moment de l'observation, la quatrième, la hauteur du Soleil au-dessus du pôle nord de Mars, et la cinquième, le nombre de jours séparant l'observation du solstice d'été de l'hémisphère nord.

Date.		Largeur du Cap polaire.		Longitude du centre du disque.	Hauteur du Soleil.	Jours avant ou après le solstice.
		°	km	°	°	
1900. Octobre	12.......	70 ±	4200 ±	125	+ 3,7	—181
»	23.......	65 ±	3900 ±	24	+ 5,9	—170
Décembre	22.......	46	2760	190	+16,4	—110
1901. Janvier	5.......	42	2520	62	+18,4	— 96
»	10.......	46	2760	22	+19,0	— 91
»	11.......	46	2760	16	+19,2	— 90
»	14.......	43	2580	342	+19,5	— 87
»	15.......	42	2520	333	+19,7	— 86
»	23.......	43	2580	120	+20,6	— 78
»	25.......	40	2400	98 / 109	+20,8	— 76
Février	7.......	38	2280	1	+22,2	— 63
»	10.......	37	2220	314 / 332	+22,4	— 60
»	13.......	38	2280	291	+22,7	— 57
»	15.......	34	2040	313 et 278°	+22,9	— 55
»	18.......	32	1920	238	+23,1	— 52
»	20.......	29	1740	221	+23,3	— 50
»	21.......	31	1860	206 / 217	+23,4	— 49
»	22.......	31	1860	338	+23,4	— 48
Mars	14.......	25	1500	34	+24,6	— 28
»	22.......	25	1500	280	+24,9	— 20
»	24.......	30	1800	267	+25,0	— 18
»	30.......	32	1920	215	+25,1	— 12
Avril	4.......	22	1320	170	+25,2	— 7
»	7.......	30 ±	1800 ±	138	+25,2	— 4
»	18.......	25	1500	46	+25,2	+ 7
»	20.......	25	1500	27	+25,1	+ 9
»	21.......	23	1380	23	+25,1	+ 10
»	23.......	25	1500	2	+25,1	+ 12
Mai	19.......	22	1200	141	+24,1	+ 38
»	26.......	22	1320	14	+23,5	+ 45
Juin	9.......	20	1200	307	+22,4	+ 59
»	24.......	16	960	149	+26,0	+ 74
Juillet	6.......	14	840	33	+26,2	+ 86

Si l'on compare ce Tableau à celui que nous avons publié pour 1898-1899, on trouve que la marche du phénomène a été comparable pendant les deux oppositions successives. *Au solstice d'été, les neiges boréales sous-tendent encore plus de 20" de diamètre.* Seulement, eu égard à l'exiguïté du disque en 1900-1901, l'irradiation peut avoir exagéré les dimensions des neiges un peu plus à la dernière opposition qu'à l'avant-dernière.

Nos observations de 1896 ont déjà mis en évidence le phénomène que, pendant leur fonte, les neiges lancent parfois autour d'elles des blancheurs éphémères, en recouvrant, en partie ou intégralement, le bord de la véritable calotte (¹). Or, cette année, ce phénomène s'est produit environ une quinzaine de jours avant le solstice d'été boréal, et a duré une semaine. Le bord des neiges qui, le 22 mars dernier, était très net, est resté indéfini du 24 mars aux premiers jours d'avril. En même temps, le diamètre de la condensation polaire avait grandi, et son éclat a paru diminué, ce qui tendrait à prouver que l'albedo de ces blancheurs serait inférieur à celui de la véritable calotte polaire.

Si la bande sombre qui entoure les neiges est un sol continental, on peut attribuer les blancheurs en question à une vaste précipitation de gelée blanche. Dans le cas contraire, nous pourrions les considérer comme des formations de brouillards, ou même de nuages.

III. — Déterminations de position de certains points de la surface de Mars.

Nous avons pu obtenir les neuf mesures suivantes de quelques points de la planète :

N°.	Nom de la tache.	Longit.	Latit.
1.	Bord précédent de la mer Acidalienne.	22°	+50°
2.	Pointe de la Petite Syrte............	258	— 8
3.	Centre approximatif de « Copaïs Lacus ».	278	+57
4.	Pointe nord de la Grande Syrte.......	284	+19

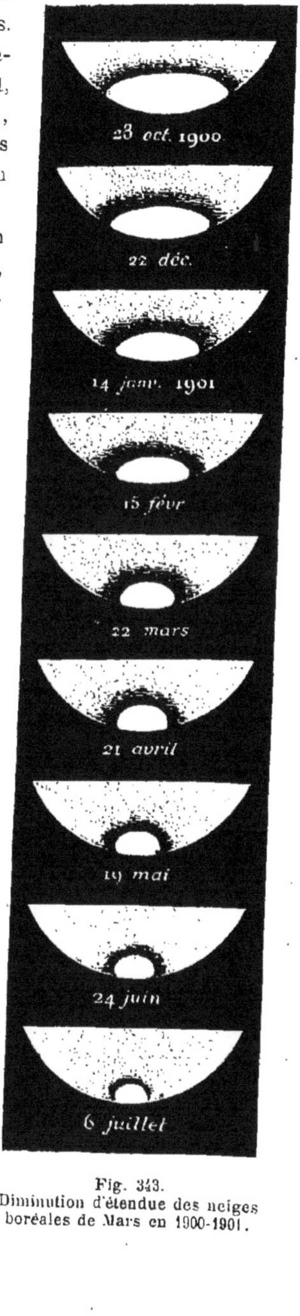

Fig. 343.
Diminution d'étendue des neiges boréales de Mars en 1900-1901.

(¹) *Voir* plus haut, p. 289.

N°.	Nom de la tache.	Longitude.	Latitude.
		°	°
5.	Embouchure de l'Astaboras..................	291 (1)	+11
6.	Centre de Coloe Palus.......................	299	+41
7.	Pointe de la Corne d'Ammon.................	313	—13
8.	Pointe du Port Sigée.........................	333	— 8
9.	Centre du Lacus Ismenius....................	334	+39

Ces mesures, dont l'erreur maximum ne saurait dépasser 3°, montrent : 1° la grande précision des Cartes de Schiaparelli, et 2° l'exactitude des éphémérides de M. Crommelin.

IV. — Esquisse topographique de la planète en 1900-1901. Nouveaux changements.

(*a*) *Région du Sinus Sabæus*. — La baie fourchue du Méridien s'est montrée excessivement nette et accusée à la dernière opposition. Elle constituait *la tache la plus foncée de la planète,* comme au temps où Beer et Madler construisirent leur carte. Xisuthri Regio est restée assez vague. Le littoral du Sinus Sabæus vers Edom Promontorium était gracieusement recourbé en arc de grand rayon. Ismenius Lacus n'était pas un objet très difficile, mais il n'en a pas été de même d'Arethusa Lacus.

(*b*) *Margaritifer Sinus, Auroræ Sinus et Mare Acidalium*. — Le golfe des Perles était plus foncé peut-être qu'en 1898-1899. Deucalionis Regio aussi nous a paru plus sombre que d'habitude. La fontaine de Siloë était d'une observation assez facile. Le pont d'Achille a toujours été visible, mais le lac Niliacus s'est montré beaucoup plus pâle que la mer Acidalienne. Cette dernière était un peu moins foncée qu'en 1899, ce qui corrobore l'hypothèse d'un changement de ton *subordonné aux saisons* de la planète. Nos récentes observations nous ont confirmé dans l'idée que l'intensité de cette mer varie inversement avec la hauteur du Soleil au-dessus d'elle. Les observations de 1903 seront précieuses à cet égard. La forme de la mer Acidalienne rappelait celle d'une poire, la pointe en bas. Baltia et Nerigos étaient à peine plus grises que Tempé, ce qui isolait en quelque sorte la mer Acidalienne dans les régions continentales de l'hémisphère nord.

(*c*) *Lac du Soleil*. — Ce lac a été d'une observation très difficile, et la position inclinée de la planète ne contribuait guère à accroître sa visibilité. Le Palus Mæotis était aussi une tache faible. Toute cette région de Mars a été observée dans des conditions très désavantageuses.

(*d*) *Mare Sirenum*. — Rien de particulier ici. Atlantis presque invisible.

(*e*) *Mare Cimmerium et Trivium Charontis*. — Aucune trace de Cimmeria

(1) En 1879, M. Schiaparelli a trouvé pour ce point la valeur 299°, 16, supérieure de 8° à la nôtre. Nous pensons que c'est là une erreur typographique, au lieu de 292°, 16, car, sur sa Carte de 1879, l'astronome de Milan place l'embouchure de l'ancien Astaboras (devenu plus tard Astusapes) vers 292°, et non à 299°.

Insula. Hesperia est restée vague pendant toute l'opposition. Elysium, mal limité au Nord et au Nord-Ouest, nous a semblé bien moins blanc qu'en 1896-1897 et 1898-1899, probablement à cause de la plus grande élévation du Soleil *s'opposant aux condensations nuageuses*. Trivium Charontis a participé, d'autre part, à la décoloration des taches de l'hémisphère boréal, car il n'était pas plus foncé que Propontis.

(*f*) *Grande Syrte*. — Les deux ponts dessinés par M. Lowell en 1894 étaient assez difficiles à distinguer, celui de gauche surtout. Il en a été de même d'Œnotria, Iapygia, et d'autres demi-tons de ces parages. En même temps, Hellas n'était peut-être pas aussi blanche que l'exigeait sa position si élevée dans le disque.

Le lac Mœris a toujours paru former une baie avancée de la mer du Sablier, bien qu'il soit parfaitement possible qu'il en fût séparé par un ligament clair que nous n'aurions pas distingué. La Grande Syrte était, en outre, complètement détachée de Nilosyrtis par un pont blanc, auquel nous avons donné le nom de « *Nili Pons* », vu qu'il recouvre une partie de la grande artère du Nil, la plus importante peut-être de toute la planète (¹). Ainsi que nous l'avons observé en 1898-1899, le canal Nilosyrtis et notre « Nasamon » (²) formaient ensemble les côtés d'un autre triangle grisâtre, semblable à la Grande Syrte, mais renversé, ce qui restituait à la mer du Sablier son affluent inférieur.

Les estompages signalés par M. Phillips, dès 1896, au nord de ces régions, étaient très bien placés pour l'observation en 1901, et nous constatâmes que le « nouveau lac sur Utopia », dont nous parlions à la dernière opposition, avait une existence objective certaine. Son centre semblait situé vers 278° et + 57°. Nous avons donné à cette vaste étendue grise le nom de « Copais Lacus » (³). On a ici affaire à un *changement certain* survenu dans ces régions depuis 1888 et 1890, car, si ce demi-ton avait existé réellement pendant ces oppositions, il ne serait pas resté inaperçu par un observateur aussi habile que M. Schiaparelli.

La grande intensité de la Boréosyrtis en 1898-1899 s'est maintenue, quoique atténuée en 1901.

Conclusion générale : *La surface de la planète varie constamment*. Effets de l'eau ? végétation ? marécages ? Les saisons y entrent pour une large part.

V. — Les demi-tons de l'hémisphère boréal.

Nos Cartes actuelles diffèrent sur un point fondamental de celles de M. Schiaparelli : c'est que toute la calotte polaire de l'hémisphère nord, depuis + 45° de

(¹) On se rappelle qu'en 1877 M. Schiaparelli a baptisé du nom de *Nil* l'immense canal unissant la pointe de la Grande Syrte à Ceraunius, et formé aujourd'hui des cinq segments de *Nilosyrtis, Premier Nil, Deuxième Nil, Corne du Nil* et *Nil* proprement dit.

(²) *Voir* plus haut, p. 509.

(³) A cause de sa proximité du canal *Heliconius*.

latitude moyenne jusqu'au pôle, nous a paru recouverte d'un insensible demi-ton, limité au Sud partout par des canaux [1].

Il convient d'ajouter que nous ne sommes pas les premiers à voir Mars de la sorte, et que MM. Green, Knobel et Lohse nous ont précédés dans cette voie. Les divergences sur ce point sont-elles réelles ou subjectives? Tel observateur peut voir des lignes très fines, tandis que tel autre les manquera, tout en y soupçonnant des estompages invisibles au premier. Il nous paraît probable que ces insensibles demi-tons sont réels.

VI. — Les terres qui blanchissent avec l'obliquité.

Ce beau phénomène a été bien observé, et à plusieurs reprises différentes, en 1900-1901. Le Tableau suivant contient les principales de nos observations ayant trait à cet ordre d'apparences :

Dates.			Blancheur au bord.
1900.	Décembre	22	Electris blanche au bord sud.
1901.	Janvier	5	Ogygès Regio blanche au Sud.
	»	10	Noachis blanche au Sud.
	»		Argyre blanche au Sud.
	»		Edom blanchâtre au terminateur
	»	11	Noachis blanche au Sud.
	»		Argyre blanche au Sud.
	»		Edom blanchâtre au terminateur.
	»		Tempé blanchâtre au limbe droit.
	»	14	Chryse blanchâtre à droite.
	»	15	Noachis blanche en haut.
	»		Chryse blanchâtre au limbe suivant.
	»	23	Icaria blanche au terminateur.
	Février	7	Chryse blanche à droite.
	»	10	Thymiamata blanche au limbe.
	»		Argyre éclatante en haut.
	»	13	Hellas, légèrement blanchâtre au Sud.
	»	15	Aeria blanche à droite.
	»	18	Ausonia blanchâtre en haut.
	»		Aeria blanche à droite.

(1) Comme conclusion de ses observations de 1886, M. Schiaparelli indiquait déjà les points suivants :

La calotte polaire boréale, du 60e degré au pôle, montre des régions d'aspects différents :

1° Surfaces jaunes continentales, s'étendant du 260e degré de longitude au 40e sur une longueur de 140°;

2° Taches grises comparables aux mers de l'autre hémisphère, telles que la mer Boréale et le lac Hyperboreus;

3° Demi-teintes analogues aux terres de Mare Erythræum, telles que Baltia-Nerigos, Lemuria, Panchaia, Uchronia, et entourées d'estompages plus ou moins larges (Lacus Arsenius, Cephissus, Gyndes). Toutes ces régions sont assujetties à de très grandes variations de tons.

Mais on voit qu'il n'y est guère question des demi-tons insensibles envahissant les régions continentales de l'hémisphère nord.

Dates.		Blancheur au bord.
1901. Février	18..........	Zephyria blanchâtre à gauche.
»	....	Amazonis blanchâtre à gauche.
»	20..........	Libya blanche au limbe droit.
»	....	Eridania blanche en haut.
»	21..........	Libya blanche à droite.
»	....	Eridania blanche au Sud.
Mars	22..........	Aeria blanche à droite.
»	24..........	Aeria blanche à droite.
»	30..........	Libya blanche au terminateur.
Juin	9..........	Hellas très brillante au Sud.

Les principales terres qui ont été vues blanchissant avec l'obliquité sont indiquées par un *b* sur la Carte.

VII. — Les canaux.

Le nombre de ces lignes vues à Juvisy en 1900-1901 est de 50, dont 46 correspondent à des canaux de M. Schiaparelli, une à ceux de M. Cerulli, tandis que les trois autres sont nouvelles.

I. Carte de M. Schiaparelli.

1. Adamas « Pseudo-Æthiops ».
2. Æsacus.
3. Æthiops.
4. Amenthes.
5. Arnon.
6. Astaboras.
7. Boréosyrtis.
8. Callirrhoë.
9. Casius.
10. Ceraunius.
11. Cerberus.
12. Chaos.
13. Choaspes.
14. Cyclops.
15. Deuteronilus.
16. Erebus.
17. Eunostos.
18. Euphrates.
19. Galaxias.
20. Ganges.
21. Gehon I.
22. Gehon II.
23. Granicus.
24. Gyndes.
25. Hades.
26. Heliconius.
27. Hiddekel.
28. Hyblæus.
29. Hydaspes.
30. Iamuna.
31. Iaxartes.
32. Indus.
33. Kison.
34. Læstrygon.
35. Nilokeras.
36. Nilosyrtis.
37. Orcus.
38. Orontes.
39. Phison.
40. Phlegethon.
41. Pierius.
42. Protonilus.
43. Styx.
44. Tanaïs.
45. Titan.
46. Typhonius.

II. Carte de M. Cerulli.

47. « Sitacus ».

III. Nouveaux canaux.

48. « Nasamon ».
49. « Permessus » (1).
50. « Rhyndacus » (2).

(1) Ὁ Περμησσός, fleuve de Béotie, tout près du mont Hélicon.
(2) Ὁ Ῥύνδακος, fleuve de Bithynie, qui se jette dans la Propontide.

Ainsi qu'on le voit, pour le baptême des nouveaux canaux nous nous sommes inspirés de la nomenclature des contrées voisines.

Environ un quart des canaux observés à Juvisy formait le bord et comme la lisière de demi-tons d'une intensité très faible.

Nous avons remarqué trois géminations seulement, dont deux frappantes, celle du Cerbère, dont les deux traits se prolongeaient jusqu'à la mer Cimmérienne, et celle du Casius, visible sans difficulté. Le Styx a été soupçonné double à plusieurs reprises, mais il ne s'est jamais présenté composé de deux traits parallèles nets et bien espacés, comme les deux canaux doubles dont nous venons de parler.

Telles sont les principales observations que nous avons pu faire à Juvisy pendant cette opposition.

Dans le Tome XXXII des *Annales de l'Observatoire de Harvard Collège*, M. William Pickering a discuté longuement les observations faites à l'Observatoire de Juvisy par M. Antoniadi et par moi sur cette curieuse et énigmatique planète Mars, et se déclare préparé à adopter l'explication optique de la gémination des canaux, fondée sur une mise au point de l'oculaire un peu différente du foyer, mise au point qu'on serait porté à continuer, lorsqu'on a observé une gémination, précisément dans l'idée que le dédoublement est réel et doit être vu. M. Pickering fait remarquer, néanmoins qu'il y a sûrement des objets doubles, par exemple le dédoublement du Trivium Charontis dont j'ai observé les préludes le 5 novembre 1896 et que M. Antoniadi a vu ensuite nettement double cinq jours plus tard (*voir* plus haut, p. 280). Or, M. Pickering déclare avoir constaté la même duplicité à Arequipa. Elle ne paraît donc pas plus douteuse que celle de la baie du Méridien, quoique variable.

L'explication optique des géminations, quoique fort ingénieuse, ne doit pas être acceptée à la légère. Ne nous pressons pas.

CCLIX. — Millochau. — Observations faites a l'Observatoire de Meudon (¹).

M. Millochau a pu observer Mars, cette année, à plusieurs reprises, avec la grande lunette de $0^m,83$ de l'Observatoire de Meudon; mais il n'y a eu, dans le mois de février, que quatre nuits où l'état des images ait permis de distinguer de petits détails. Voici le résumé des observations :

12 février, $0^h 0^m$. — Air un peu agité, assez bonnes images par instants. Employé un oculaire donnant le grossissement 430.

(¹) *Société astronomique de France*, octobre 1901.

Les bords de la Grande Syrte, du Sinus Sabæus et de la baie du Méridien, côté nord, sont nets et bien tranchés; des deux pointes de la baie du Méridien se détachent deux prolongements faibles et estompés (Hiddekel et Gehon). La région séparant Margaritifer Sinus de la baie du Méridien est faiblement teintée. Coloe Palus, Ismenius Lacus et Dirce Fons ont leur partie centrale assez foncée et leurs bords flous et estompés; Protonilus et Deuteronilus les réunissent. Ca-

Fig. 344. — 12 évrier, 0^h0^m.

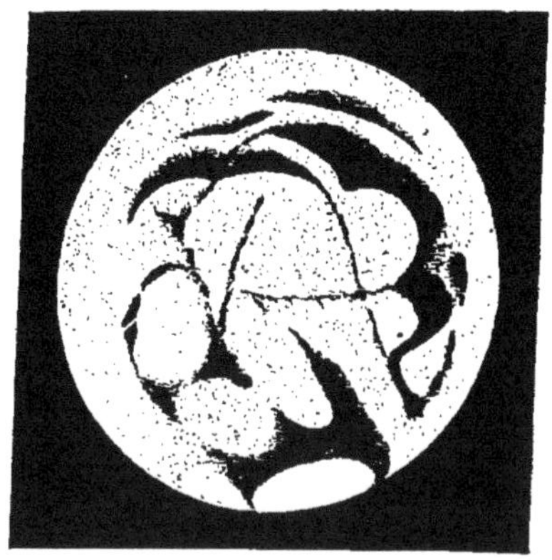

Fig. 345. — 22 février, 0^h0^m.

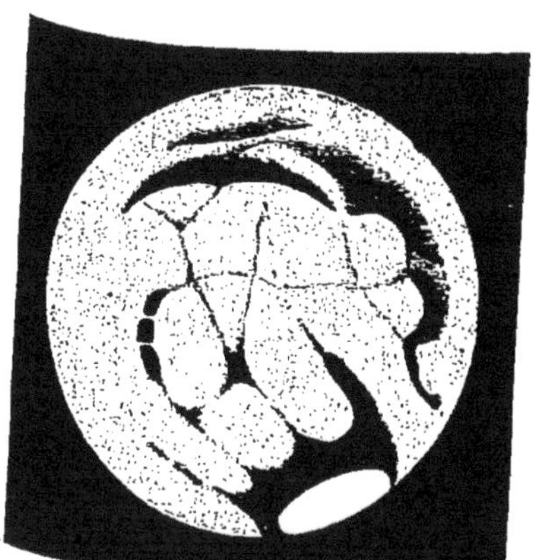

Fig. 346. — 22 février, 23^h35^m.

Fig. 347. — 18 avril, 21^h35^m.

OBSERVATIONS DE MARS EN 1901, FAITES AVEC LA GRANDE LUNETTE DE L'OBSERVATOIRE DE MEUDON.

lotte polaire forte à bords nets; à l'Est, Achillis Pons et Lacus Niliacus (*fig.* 344).

22 février 0^h0^m. — Air calme, assez bonne netteté, avec moments de vision excellente; ciel un peu brumeux; grossissement 430. Je vois d'une manière continue, et très nettement, deux ponts blancs, étroits, dont un très court, sur Cerberus qui est large, avec des bords nets et tranchés. L'Elysium est blanchâtre.

Mare Cimmerium est traversée par un canal très sombre, en forme de virgule renversée, et qui rejoint Mare Tyrrhénum en traversant l'Hespérie. La Grande Syrte semble être limitée par les mêmes rivages qu'en 1896. Coloe Palus, Psebos Lacus et Astusapes sont visibles près du bord nord-est (*fig.* 345).

22 février $23^h 35^m$. — Grossissement 430. Netteté moins bonne que le jour précédent; on voit encore bien les détails.

Cerberus étant plus près du méridien central, le pont qui semblait très court le 21 février paraît, maintenant, presque aussi long que l'autre.

Le canal traversant Mare Cimmerium est toujours bien visible, l'aspect général est d'ailleurs absolument le même que la veille (*fig.* 346).

18 avril $21^h 35^m$. — Grossissement 320, air agité. L'état des images ne permettait pas de voir de canaux. Phase marquée. La calotte polaire est très petite, ses bords du côté est sont mal définis.

A l'Ouest le Pont d'Achille et Niliacus Lacus, au Sud Auroræ Sinus, Solis Lacus et Tithonius Lacus; dans la partie nord-est du disque se voit une sorte de grisaille mal définie, produite par Lunæ Lacus et les canaux voisins (*fig.* 347).

L'observateur ajoute qu'il a eu nettement cette année l'impression que les observations de 1899, avec la même lunette, lui avaient déjà produite. Il a vu les canaux comme une sorte de chapelet de petites masses sombres, irrégulières, ayant, en plus faible, l'aspect signalé le 12 février pour Ismenius Lacus.

Le grossissement de 430 correspond à une image d'une grande intensité lumineuse, l'objectif ayant $0^m,83$ de diamètre et 16^m de distance focale.

Les deux ponts traversant le Cerbère sont remarquables. L'auteur (qui se trouve auprès de moi au moment où j'écris cette page) s'en déclare absolument sûr, ainsi que de la configuration au-dessus de l'Elysium.

CCLX. — Observations de M. J. Comas Sola, a Barcelone [1].

Ces observations continuent dignement celles que nous avons publiées plus haut.

Elles ont commencé, écrit l'auteur, aux premiers jours de décembre 1900, pour finir en mai 1901; elles ont été faites avec l'équatorial Grubb de 6 pouces armé de grossissements variant entre 350 et 500 fois; presque toujours j'ai employé des oculaires négatifs, mais, quelquefois, me servant du micromètre pour déterminer l'angle de position de la calotte boréale, j'ai fait usage d'un oculaire positif grossissant 350 fois, qui donne de très belles images. Les nuits d'observation ont été de 36, dont 10 environ tout à fait splendides.

La baie du Méridien, de même que Sinus Sabæus, par l'effet de l'inclinaison

(1) *Société astronomique de France*, nov. 1901, et *Real Academia de Ciencias y Artes de Barcelone*, février 1902.

de Mars, n'ont pas offert de détails aussi marqués que pendant les bonnes oppositions, mais leur intensité était bien accusée. Je n'ai jamais pu bien définir la bifurcation pointue de la baie du Méridien : j'ai vu seulement, comme dans les précédentes oppositions, la baie allongée et diffuse vers le Gehon, tandis que l'Hiddekel présentait l'aspect d'une ombre vague à peine perceptible. D'ailleurs, je vois toujours le Gehon suivre une direction différente de celle indiquée dans les cartes courantes de la planète Mars. A l'intersection de l'Oxus (?) avec le Gehon, j'ai remarqué, le 10 février, une petite tache foncée.

Deucalionis Regio bien visible; Indus (court et droit); Jamuna et Gange faibles. Acidalium Mare, séparée du lac Niliacus par le pont d'Achille, est bien plus foncée que Niliacus; son ton était presque noir. Le 10 février, on voyait un point brillant dans Acidalium Mare, sûrement Scheria I de Schiaparelli. Lacus Ismenius, très facile et foncé, de même que Deuteronilus, qui apparaissait, le 12 février, sous l'aspect d'une bande bleuâtre bien accusée, se continuant à gauche par le Protonilus.

Nilokeras est apparu presque toujours comme une bande pénombrale très large, sorte de prolongation estompée du lac Niliacus, le reliant avec le lac de la Lune; mais, le 26 décembre, on le soupçonnait double, et, le 3 février, avec une image splendide, on voyait doubles le Nilokeras, le Nilus et le Ceraunius, et, de plus, formés de points noirs, le lac de la Lune et l'intersection du Ceraunius avec le Gigas, offrant en tout un aspect très semblable à quelques dessins de Schiaparelli. Mais je dois remarquer que ces dédoublements étaient très difficiles à voir, vagues et mal définis. Ils consistaient en une légère augmentation d'obscurité de ces canaux, très larges, avec des bords diffus. En même temps, on voyait le lac Tithonius assez foncé et le lac du Phénix petit, et, comme des traînées estompées extrêmement difficiles, Chrysorrhoas, Fortuna et Iris. On soupçonnait le lac du Soleil comme une faible tache grise près du bord austral.

Toute la grande région continentale qui suit maintenant a été, comme toujours, d'une grande difficulté. La carte (*fig.* 348) qui accompagne cette Note donnera une idée de tout ce que j'ai pu voir dans cette immense région. Les canaux tels que Titan, Orcus, Gigas, Tartarus, etc., sont simplement des estompages très faibles, compliqués et difficiles; Nodus Gordii est une ombre diffuse. Dans l'intersection du Titan et d'Orcus (?), j'ai pu observer plusieurs fois un petit point noir. Mais ce qu'il y a de plus remarquable dans cette région, c'est Propontis. A part sa grande extension et son obscurcissement, j'ai pu voir, toutes les fois que l'image était bonne, deux points noirs vers son centre, entourés d'une sorte de pénombre foncée.

Dans le Trivium Charontis on voyait, comme toujours, un point noir à son centre, mais cette observation exige une image parfaite. Quant à l'Elysium, j'ai pu l'observer dans de très bonnes conditions atmosphériques, sans voir jamais double aucun des canaux qui l'entourent. Ces canaux ont été, en général, très larges et bien visibles. Dans l'intersection du Cerbère et d'Eunostos on distinguait un lac, conformément à ce que j'avais observé déjà en 1899 avec un équatorial de

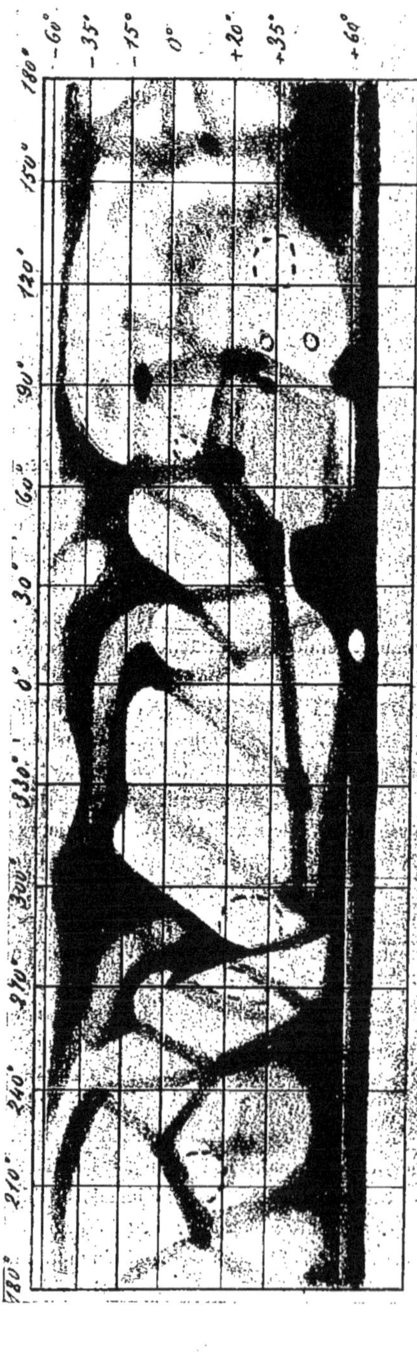

Fig. 348. — Planisphère de Mars, construit par M. Comas Sola, sur ses observations de 1901.

9 pouces. On voyait aussi une tache grisâtre au milieu de l'Elysium, qui correspondait, peut-être, à Galaxia, mais qui n'avait pas le moindre aspect d'un canal ; elle présentait plutôt un aspect radial vers les lacs (26 février). Enfin, la région de l'Elysium apparaît dans mes dessins avec une grandeur bien plus considérable que dans la plupart des autres dessins que j'ai pu voir.

Cyclops, Æthiops et Léthé à peine visibles. Hesperia, facile et paraissant se continuer avec Ausonia. Alcyonus est très foncé, de même que le canal le reliant avec Hephæstus, qui apparaît comme une tache ronde très sombre.

Nous arrivons maitenant à la région de la Grande Syrte. Cette vaste mer a offert l'aspect habituel, avec la bifurcation que j'ai signalée depuis 1899. Mais les deux canaux bifurqués, l'un, le Nilosyrtis et l'autre, celui que MM. Flammarion et Antoniadi ont nommé Nasamon, sont très faibles et moins accusés qu'en 1899. Cependant, les lacs auxquels ils aboutissent continuent à être très foncés. Celui de gauche est Alcyonus, déjà cité, et celui de droite, Colœ Palus, qui est tout à fait noir, ressortant dans l'image télescopique comme un point d'encre de Chine. La présence de ce point a été signalée par moi depuis l'opposition de 1897.

La Grande Syrte et tous ses environs sont actuellement très différents des cartes courantes de Mars.

La Libye est petite et peu claire, et le lac Mœris très difficile. Thoth (?), Phison et Euphrate sont très faibles. On voyait aussi Œnotria. Vers le bord sud de la planète, Noachis, généralement claire, se détachait par sa blancheur.

Projections brillantes. — Elles n'ont pas été si nombreuses qu'en 1899. Le 23 janvier, à 22h30m, on aperçut deux petits points éclatants au terminateur et placés dans l'Arcadie. Près du Pyriphlegethon et dans l'Arcadie aussi on pouvait remarquer, le 23 janvier, une tache très brillante vers le milieu du disque; le 25 janvier, cette tache se détachait sur le terminateur avec une très intense blancheur.

Entre autres régions très brillantes, il faut citer Ophir, partie nord de l'Aeria, partie sud-ouest de l'Elysium, Isidis Regio et, en général, les bords des mers. Dans le planisphère, les régions les plus brillantes sont indiquées par des lignes pointillées.

Calotte polaire boréale. — Cette calotte a présenté presque toujours, comme d'habitude, un rebord très foncé, surtout dans la période de plus rapide diminution ou fusion des glaces. Dans ce rebord obscur j'ai vu quelquefois (les 23 et 25 janvier) des points noirs, au nord de Propontis. Mais le rebord avait presque disparu quand la calotte neigeuse s'est transformée en une petite tache blanchâtre, peut-être formée de nuages seulement.

Je donne ci-dessous la Table des dimensions de la calotte déduite de mes dessins faits avec tout le soin possible. A partir du 28 mars, on remarque une subite augmentation, qui n'est pas due à de véritables neiges ou glaces, mais, probablement, à des nuages. A partir de ce même jour, la calotte fut sujette à de grandes variations d'étendue: sa blancheur n'était pas si intense qu'auparavant.

Dates.	Étendue.	Dates.	Étendue.	Dates.	Étendue.	Dates.	Étendue.
	°		°		°		°
3 décemb.	45	13 janvier.	38	25 février.	25	1 avril...	15
9 — ..	48	18 — ..	36	26 — ..	22	4 — ...	10
11 — ..	48	20 — ..	38	27 — ..	18	10 — ...	8
12 — ..	49	23 — ..	35	7 mars...	15	15 — ...	12
13 — ..	48	25 — ..	34	10 — ..	15	18 — ...	12
20 — ..	38	3 février.	28	15 — ..	13	21 — ...	12
26 — ..	36	4 — ..	29	17 — ..	11	2 mai....	20
3 janvier..	37	10 — ..	28	19 — ..	10	9 — ...	15
8 — ..	35	12 — ..	30	21 — ..	10		
11 — ..	36	19 — ..	25	28 — ..	20		

Angle de position de la calotte boréale. — Afin de confirmer le centrage polaire de la calotte quand elle était petite, j'ai déterminé son angle de position les 15, 17, 19, 21, 22 et 28 mars et 1, 4 et 10 avril. En comparant les résultats que j'ai obtenus avec les angles donnés par l'éphéméride de M. Crommelin, je ne trouve aucune différence systématique, sinon de simples erreurs accidentelles;

c'est-à-dire que la calotte boréale a été sensiblement centrée au pôle, en admettant les éléments adoptés par M. Crommelin.

Considérations générales. — Les considérations générales que je pourrais faire sur mes observations seraient exactement les mêmes que celles que j'ai faites dans d'autres oppositions et, par cette cause, je n'y reviendrai pas.

Mais je crois devoir insister sur deux questions importantes : les changements et les canaux.

Sur les changements, je dois dire, comme impression personnelle, qu'après les sept oppositions de Mars que j'ai observées avec toute assiduité, et laissant à part toutes les variations imputables aux atmosphères de Mars et de la Terre, à la différence des instruments employés et à l'inclinaison du rayon visuel sur le plan de l'équateur de Mars, je n'ai remarqué *aucun changement certain* dans les détails topographiques de cette planète. Je crois que l'impression d'un même observateur a beaucoup plus de poids que la comparaison des observations faites par des observateurs différents, affectées toutes d'une sorte d'équation personnelle qui doit fausser la comparaison de ce genre de travail.

Ce n'est pas notre opinion. Pour nous, les changements sont réels.

Voici les explications données par l'auteur sur les canaux (¹) :

Depuis l'opposition de 1890 jusqu'à celle de 1896 inclusivement, j'ai étudié Mars dans toutes les occasions possibles avec une excellente lunette de 108^{mm}, et, pendant l'opposition de 1899, j'ai suivi la même planète au moyen d'un très bon réfracteur équatorial de $0^m,22$. Avec ce dernier instrument, j'ai mesuré des étoiles doubles jusqu'à $0'',40$ d'écartement, et le premier a donné des preuves de sa grande perfection. Ces instruments sont donc comparables avec ceux qu'ont employés d'autres observateurs dans les études de Mars.

L'observation des canaux de Mars ayant toujours été l'objet de mon attention, je me permettrai d'exprimer mes idées personnelles sur ces canaux, sans aucun préjugé, dans l'espoir qu'elles seront utiles à la Science.

L'impression principale que m'ont faite les canaux, c'est qu'ils sont, en général, larges, estompés, et le plus souvent très faibles, quoique la plupart semblent suivre des tracés géométriques. Il y a parfois des canaux très foncés et minces (j'en ai vu quelques-uns); mais l'immense majorité des canaux qu'on peut voir avec un huit pouces, par une image parfaite, le diamètre apparent de Mars étant de $14''$ environ, ou avec un quatre pouces et un diamètre apparent double, sont faibles, larges et estompés. M. Schiaparelli et bon nombre d'observateurs ont fait, d'ailleurs, la même remarque. Maintes fois, tandis que je voyais les limites des continents avec une netteté irréprochable, les canaux étaient vagues, diffus, ce qui prouve que ces aspects étaient objectifs.

A mon avis, presque tous les dessins de Mars, surtout depuis les très célèbres

(¹) *Bulletin de la Société astronomique de France*, 1901, p. 122.

et belles observations de M. Schiaparelli, nous donnent une fausse idée de la réalité; je crois que, ces derniers temps, on a dessiné *trop de lignes minces et géométriques sur le disque de cette planète.* C'est sans doute inévitable; mais il faut reconnaitre que, dans les dessins, presque tout est plus accusé qu'on ne le voit. D'autre part, on dessine des détails dans un disque qui est 4, 6, 10 fois plus gros, à la distance de la vision distincte, que l'image télescopique de Mars vue avec un fort grossissement. Il en résulte que l'idée que nous nous faisons de la planète par rapport aux petits détails est alors tout à fait contraire à la réalité. Nous examinons souvent un dessin ou une carte aréographique dans lesquels on pourrait apprécier les détails jusqu'à $0^{mm},2$ d'étendue, et, dans ce cas, nous oublions fréquemment que cette étendue représente dans la réalité une valeur angulaire de $0'',02$ ou $0'',03$ tout au plus. J'ai vu bon nombre de canaux dessinés qui, par rapport au disque de la planète, n'avaient pas plus de $0'',07$ de largeur, les observations étant faites avec des télescopes de $0^{m},16$ à $0^{m},25$, et quelques-uns qui ne dépassaient pas $0'',03$ observés avec un miroir d'un peu plus de 9 pouces. C'est absolument impossible, et je crois que ce serait suivre une mauvaise route que de construire des hypothèses sur l'inspection de ces dessins.

Il me semble donc que si nous envisageons la question des canaux en observant directement la planète et tenant compte de toutes les causes qui peuvent affecter ces apparences, la question change complètement et se simplifie beaucoup.

Mon idée a toujours été que la plus ou moins grande régularité que peuvent présenter les canaux n'a d'autre origine que la petitesse des détails observés et les imperfections de la vue. Du reste, la même opinion a été exprimée par M. Cerulli dans son récent travail sur Mars. Cependant, j'accepte, comme on verra plus loin, que les grandes lignes ou bandes martiennes qui sortent des baies, quoique très imparfaitement vues, sont des unités physiques. Pour me convaincre des idées exposées plus haut, j'ai fait diverses expériences. J'ai dessiné d'une manière capricieuse et à grande échelle des détails quelconques, mais ayant soin que les esquisses générales fussent semblables à certaines régions de Mars, comme, par exemple, la Grande Syrte ou le polygone de l'Elysium; puis, j'ai regardé dans la chambre obscure ces dessins en réduisant l'image jusqu'à ce qu'elle paraisse de la même grandeur que l'image télescopique. Le résultat, comme on pouvait le prévoir, fut absolument frappant, et chacun peut facilement le répéter. Malgré la grande netteté de l'image donnée par l'objectif photographique, netteté bien supérieure à celle de l'image télescopique, puisque dans le premier cas on supprime l'atmosphère et l'amplification, la tendance des détails à se régulariser et à prendre des aspects géométriques est tout à fait manifeste. De cette façon, j'ai reproduit, avec une ressemblance extraordinaire, différents aspects de Mars.

Arrêtons-nous un moment sur les grands détails martiens. Tout observateur de Mars connaît bien les lignes régulières que dessinent les contours de cette planète, ronds comme ceux de Chryse, Memnonia, ou doucement ondulés comme ceux d'Aeria; droits comme ceux de Mare Sirenum et Mare Cimmerium, que, dans certains dessins, on représente comme des rectangles; droits aussi comme Atlantis ou légèrement courbés comme Hesperia : tout, dans Mars, semble géométrique. De même les terres circulaires ou elliptiques comme Hellas et Thaumasia, les lacs ronds comme ceux du Soleil, de la Lune, ou rectangulaires comme Propontis (dans quelques dessins); les ponts absolument droits aussi, comme ceux d'Achille, du Soleil, des Étoiles, etc. : bref, dans la planète Mars, tout paraît plus ou moins régulier, aussi bien le tracé des canaux que les contours aréographiques! La raison est toujours la même : tout provient d'une visibilité imparfaite. Nous voyons seulement une esquisse optique de la planète, c'est-à-dire les *grandes lignes moyennes* de tous les détails de Mars.

Ces idées sont confirmées par d'autres faits. M. Schiaparelli a dessiné sur Mercure des détails semblables à des canaux; M. P. Lowell a dessiné sur Vénus des canaux tout à fait semblables à ceux de Mars: M. Douglass a vu aussi des canaux sur le premier satellite de Jupiter.

On pourrait citer d'autres exemples, mais cela suffit sans doute pour montrer que la régularité des détails planétaires peut être parfaitement une conséquence de leur petitesse et des difficultés de la visibilité. Cette régularité pourrait avoir pour origine une ou plusieurs lois naturelles, malgré les variations ou perturbations que celle-ci comporte dans son développement. Si, à ces considérations, nous ajoutons les exagérations presque inévitables des dessins, on comprendra bien l'aspect prodigieux de cet inextricable réseau de lignes qui apparaît dans les Cartes de Mars.

Partant de ces principes, l'explication des canaux martiens peut être naturelle, sans avoir recours à des hypothèses gratuites ou très problématiques. Je ne prétends développer aucune théorie, car nos connaissances sur Mars sont encore trop insuffisantes pour cela; je ne ferai qu'exposer une suite d'idées qui, jusqu'à présent, ne semblent pas en contradiction avec ce que nous savons et qui réunissent sous une même doctrine quelques opinions déjà émises sur cette question.

Je noterai, d'abord, que, dans le disque de Mars, il faut tenir compte de trois espèces de taches : taches claires (blanches, jaunes, rosées, ocrées, etc.); taches foncées, formant la plus grande partie des régions appelées « mers », et enfin les taches très foncées et noires. Celles-ci se trouvent principalement dans les baies et lacs, suivent en général les côtes et forment *toujours* les extrémités des canaux. Je crois qu'on doit regarder les régions claires comme des terrains élevés, souvent couverts de brume, de brouillard, de neige ou bien de glace dans les caps polaires. Ces terrains élevés seraient stériles par le froid et la rareté de l'atmosphère. Pour les régions foncées, on peut les supposer basses et peuplées de végétation; enfin, les régions noires seraient des bassins pleins d'eau (ou autre liquide), laquelle serait devenue très rare déjà, comme conséquence naturelle de l'ancienneté de la planète. En tout cas, l'hypothèse cosmogonique de M. du Ligondès, qui assigne à Mars une formation beaucoup plus récente, n'apporterait aucun obstacle sérieux à la rareté de l'eau martienne, présomption qui, d'un autre côté, confirmerait toutes les observations. La classification que j'ai faite des taches de Mars correspond, en quelque sorte, à celle de M. Lowell, mais je n'accepte aucune intervention artificielle dans la distribution des eaux, et je suppose que toute l'eau martienne se trouve, par voie naturelle, en communication superficielle, souterraine ou atmosphérique.

Quant à la particularité que les mers présentent (le mot *mer* est employé ici par convention) d'être en général plus foncées près des côtes claires, je crois que cet effet, qui n'est pas sûrement de contraste, serait un résultat d'une des lois de Guyot et Dana, modifiée par M. de Lapparent et appliquée à Mars, c'est-à-dire qu'à côté des grandes altitudes se trouvent les plus profondes dépressions, dans lesquelles se serait réunie la faible quantité d'eau qui reste sur la planète. Ce phénomène peut aussi être influencé par le ton foncé des eaux de filtration des montagnes ou hauts plateaux voisins, etc. Ces mêmes raisons expliquent sans doute la teinte sombre des taches près des calottes polaires, pendant la période de fusion des glaces, et la bordure très foncée qui suit celles-ci à mesure qu'elles se rétrécissent, bordure indiquant la présence de terrains inondés.

Quoique la visibilité de cette planète soit très défectueuse, il faut avouer cependant qu'il existe certaines unités physiques qui, vues imparfaitement, affectent des formes plus ou moins linéaires ou des bandes relativement régulières. Ce sont, du moins, les grands canaux qui sortent des baies et relient celles-ci avec des lacs ou mers, comme, par exemple, le Nilosyrtis, l'Indus, le Gange, etc., canaux faciles à voir, en général, et dont la plupart avaient été observés avant M. Schiaparelli. Dans la même catégorie d'unités physiques, il faut placer quelques canaux qui sont sans doute des vallées intérieures étendues comme le Nilokeras, le Styx, le Cerbère, l'Eunostos, l'Hyblaeus, ces derniers entourant la région de l'Elysée, qui est probablement un plateau très élevé, de même que les canaux qui sont de simples détroits, comme Ascanius, Scamandre, Xanthus, Euripe, etc. Ces *canaux* (je souligne ce mot, car ce sont sûrement des unités physiques) pourraient être dus à des affaissements du terrain, par suite de la contraction continue, au long des lignes de moindre résistance. Par cette raison, on voit les *canaux* relier de préférence les pointes des baies des mers et des bassins lacustres. Comme conséquence de l'affaissement du terrain, la vie végétale pourrait se développer dans les vallées, il pourrait aussi pénétrer de l'eau dans quelques-unes de celles-ci; ces dernières seraient les *canaux noirs* (souvent par intermittences) et les premières les *bandes faibles*, bien que dans celles-ci il puisse couler de l'eau, mais en trop faible quantité pour être visible d'ici.

Il semble, en effet, que Mars a dû être le siège de plissements ou contractions analogues à ceux de la Terre. D'un autre côté, sur notre planète, nous voyons se manifester aussi quelques lois géométriques, quoique très bouleversées dans les détails; par exemple, les continents sont pointus vers le Sud et les mers pointues vers le Nord, et l'on voit une certaine opposition diamétrale des mers et continents (de même que sur la planète Mars), sorte de déformation tétraédrique tendant à former des facettes polyédriques. Il semble donc que la géologie martienne doit être comparable à celle de la Terre, mais considérablement plus avancée.

Toutefois, à l'heure actuelle, l'explication géologique de ces apparences est, à mon avis, secondaire; c'est l'affaire des géologues de rechercher la cause la plus probable de la morphologie martienne. L'important, en premier lieu, est de démontrer qu'une loi géologique peut être l'origine des aspects des canaux, malgré la régularité que dans certains cas ils peuvent présenter.

Il reste à expliquer encore les canaux secondaires, ce réseau compliqué de lignes que chaque opposition augmente davantage. Ces lignes, à mon avis, peuvent avoir, en partie, la même origine que les *canaux*, c'est-à-dire être des grandes failles du terrain; mais la plupart n'ont pas d'autre origine, je crois, que les petits détails topographiques que, par une vision imparfaite, l'œil relie entre eux. On pourrait encore admettre comme origine de ces canaux les nuances du terrain ou de l'atmosphère, les limites des régions claires et, très souvent, des images subjectives, le tout beaucoup exagéré dans les dessins. Une preuve de la vision imparfaite et du caractère douteux du plus grand nombre de ces détails si délicats se trouve dans les énormes divergences qu'on remarque entre les dessins d'observateurs différents faits au même instant. Par une illusion explicable aussi, on voit fréquemment, dans les intersections de ces canaux, des nœuds ou lacs. Les canaux, tels que nous les voyons, sont donc, pour la plupart, des images fausses, fantasmagoriques, qui disparaîtraient sûrement si nous pouvions voir la surface de Mars à quelques centaines de kilomètres de nous.

Quant aux variations qu'on a observées, avec sûreté, dans les terres, mers, canaux, etc., elles peuvent avoir une facile explication dans les nuages, brouillards, pluies et, surtout, dans l'état des glaces polaires, c'est-à-dire dans les variations climatologiques et météorologiques qui influeraient, en dernier lieu, sur le régime hydrographique et sur la végétation. En ce qui concerne les canaux dans les mers, on peut faire les mêmes réflexions que pour les canaux continentaux. Les taches blanches, près du limbe, seraient des nuages ou brouillards, et la grande visibilité des canaux et autres détails qu'on observe quelquefois loin du méridien central pourraient s'expliquer par l'effet de contraste plus accusé des environs nuageux et plus blancs en vision oblique; on pourrait encore les expliquer par le raccourcissement des canaux, qui aurait pour effet de montrer comme des lignes déliées des zones ou bandes larges et estompées.

Je crois que, dans tout cet exposé, il n'y a pas de contradiction avec aucun principe scientifique reconnu, et il donne pleine et facile explication des phénomènes observés jusqu'à ce jour. Reste cependant une difficulté qu'on rencontrera toujours dans toutes les hypothèses imaginables : c'est la gémination. Peut-être cet étonnant phénomène est-il dû à des bandes de nuages qui se disposent au long des vallées; peut-être est-il dû à des phénomènes de double réfraction, ou à des vallées voisines sensiblement parallèles, ou simplement, en partie, à la fatigue oculaire et à des illusions? Sur ce phénomène de la gémination, je n'ai aucune impression personnelle, puisque jamais je n'ai pu observer quelque gémination avec sûreté (je soupçonnai double, seulement, le Gange, en 1892), mais il me semble qu'il pourrait bien naître des modifications atmosphériques ou végétales de Mars, vues très imparfaitement d'ici et donnant l'effet de lignes minces et parallèles à ce qui ne serait que des formations irrégulières; mieux encore, je crois que les géminations des *canaux* peuvent avoir pour origine un effet de constraste qui ferait voir les bords d'une bande large et faible plus foncés que la partie intérieure.

En résumé, on doit avouer que du monde de Mars nous avons une connaissance si superficielle encore qu'il est impossible de déchiffrer, avec quelque sûreté, les conditions afférentes à l'état propre de la planète. Nous pouvons seulement aborder le problème et donner des solutions générales plus ou moins probables. Seules, les observations impartiales et continues pourront peut-être élucider complètement, et d'une manière précise, les points obscurs que nous avons sur ce monde voisin.

J'ajouterai que ce que nous pourrions désirer de mieux, ce serait des *photographies* enregistrant ces fameux canaux. On y arrivera peut-être un jour.

CCLXI. — Observatoire Lowell, a Flagstaff (Arizona).

J'ai déjà signalé, avec la satisfaction la plus vive et avec admiration, les magnifiques travaux de l'Observatoire fondé à Flagstaff par mon savant et énergique ami M. Percival Lowell, et plusieurs Chapitres (CLXIII-CLXXVI-CCI-CCXV-CCXVI-CCXVII-CCXLVIII) ont été consacrés aux observations des oppositions précédentes. J'ai également résumé plus haut (p. 108 et 297) les deux premiers Volumes, publiés en 1898 et 1900, des Annales de cet observatoire.

Le Tome troisième de cette publication est paru en 1905. C'est là une œuvre considérable. Uniquement dédiée à notre planète de prédilection, elle ne contient pas moins, dans ces trois Volumes in-quarto, de 391 pages pour le premier, 523 pages pour le deuxième et 353 pages pour le troisième, illustrés de plusieurs milliers de croquis, dessins, cartes et plans. Il y a là un véritable musée cartographique martien sans égal.

Dans le troisième Volume, nous trouvons, présentées sous une autre forme, les observations faites pendant les oppositions de 1894, 1896, 1898, déjà examinées ici, plus celles des oppositions de 1901 et de 1903. Résumons celles de 1901.

M. Lowell a commencé ses observations le 31 mars. L'équatorial de 24 pouces ($0^{m},60$) a été généralement utilisé avec toute son ouverture, mais quelquefois réduit à 12 et même à moins, non pas que les qualités optiques de l'objectif fussent meilleures au centre que sur les côtés, mais pour réduire les effets malheureux des vagues de l'air. Les meilleures heures d'observation ont été celles qui suivent le coucher du soleil (ce que j'ai depuis longtemps signalé), et « la crème de la crème », *the cream of the cream*, c'est une demi-heure après le coucher du soleil. Il s'agit ici de l'observation faite après l'opposition. Avant l'opposition, ce serait une demi-heure avant le lever du soleil qui offrirait les meilleures images.

Le Phison et l'Euphrate se sont toujours montrés doubles. Leur largeur n'a pas varié avec la réduction de l'ouverture de l'objectif, pas plus que celles de l'Hiddekel, du Géhon et du Djihoun, également mesurés. On peut voir cette duplication même lorsque l'objectif est réduit à 6 pouces. L'observateur donne le Tableau suivant de ses mesures :

	24 pouces. Largeur moyenne.			12 pouces. Largeur moyenne.			6 pouces. Largeur moyenne.		
	Sur les dessins.	En secondes d'arc.	En degrés sur Mars.	Sur les dessins.	En secondes d'arc.	En degrés sur Mars.	Sur les dessins.	En secondes d'arc.	En degrés sur Mars
Phison......	$1^{mm},27$	$0'',22$	$3^\circ,6$	$1^{mm},37$	$0'',23$	$3^\circ,9$			
Euphrate....	$1^{mm},57$	$0'',35$	$4^\circ,5$				$1^{mm},20$	$0'',27$	$3^\circ,4$
Hiddekel....	$1^{mm},42$	$0'',25$	$4^\circ,1$	$1^{mm},50$	$0'',26$	$4^\circ,3$	$1^{mm},50$	$0'',26$	$4^\circ,3$
Géhon......	$1^{mm},60$	$0'',28$	$4^\circ,6$				$1^{mm},60$	$0'',28$	$4^\circ,6$
Djihoun.....	$1^{mm},10$	$0'',19$	$3^\circ,1$	$1^{mm},20$	$0'',21$	$3^\circ,5$			

Sur la Carte de Lowell 1901, qui est malheureusement d'un ton trop pâle pour pouvoir être reproduite par la photogravure (une autre Carte, en bistre, n'a pas donné de meilleurs résultats), il n'y a de doubles que les canaux qui viennent d'être cités, plus l'Amenthès. Tous les autres sont simples.

De brillantes taches blanches ont été observées dans les régions équatoriales. La plus importante s'est montrée au bord sud-est de l'Élysée; une autre sur Aeria, rivage de la mer du Sablier. Elles ont duré plusieurs mois. C'était pourtant à l'époque du solstice d'été.

Plusieurs projections ont été vues pendant cette opposition de 1900-1901. Les *Astronomische Nachrichten* publièrent dans leur n° 3676, du 12 décembre 1900, la dépêche suivante :

> « *Douglas, Lowell Observatory, telegraphs : Last night, projection north edge Icarium Mare, lasted seventy minutes.* » PICKERING.
> Kiel, 9 dec. 1900.

« La nuit dernière, projection sur le rivage nord d'Icarium Mare, dura 70 minutes. »

Sur la Carte de M. Lowell, le nom de Mer Icarium a été donné à la bande grise adjacente à la droite de la Mer du Sablier, de 326° à 345° de longitude et de 10° à 16° de latitude australe, c'est-à-dire à la moitié du Sinus Sabæus. Il y a là, comme on le voit sur mon globe de Mars de 1898 (p. 433), une bordure blanche presque permanente, indiquant probablement l'existence de nuages. J'ai souvent remarqué cette bordure claire. Il me paraît donc très probable que ces « projections » sont dues à des nuages élevés restant éclairés après le coucher du soleil, ou illuminés avant son lever, car elles se produisent toujours près du terminateur.

Cette dépêche, interprétée par les journaux avec force commentaires, n'a pas tardé à répandre dans le public l'idée de *signaux faits par les habitants de Mars* à la Terre. On me pria d'en parler à la séance mensuelle de la Société astronomique de France, du 9 janvier 1901, et ce soir-là la grande salle des Sociétés savantes fut beaucoup trop petite pour contenir le nombre des auditeurs. Ils ont été un peu déçus lorsque j'eus expliqué qu'il s'agissait là non pas de signaux des habitants de Mars, mais de cimes de montagnes neigeuses ou de nuages éclairés par le soleil levant ou le soleil couchant, suivant les dates et les positions sur le terminateur.

Fig. 349. — Projection martienne du 8 décembre 1900.

Après avoir résumé nos connaissances actuelles sur la planète et sur son habitabilité, j'ai rappelé les projections et points lumineux déjà observés en 1896 (*voir* p. 349, 347, 311, 301); en 1894 (*voir* p. 231), ainsi que celle que j'ai observée moi-même le 23 août de cette dernière année (*voir* p. 194, *fig.* 155).

La projection du 8 décembre 1900, signalée par M. Douglas, s'est présentée sous la forme indiquée à la figure ci-dessus, que j'ai *projetée* moi-même sur l'écran à la conférence dont je viens de parler, et ce dessin s'est trouvé, en effet, si exact, qu'on peut l'identifier sur quinze croquis imprimés trois mois plus tard par M. Lowell dans la Revue américaine *Popular Astronomy* du mois d'avril 1901, croquis montrant les aspects successifs de la projection dans les nuits du 7 et du 8 décembre 1900. Elle était probablement due aux nuages dont nous avons parlé tout à l'heure (¹).

A propos des moyens de communication imaginés entre les planètes par quelques savants terrestres ingénieux, j'ai rappelé à cette conférence, outre ceux dont j'ai parlé autrefois dans *La Pluralité des mondes habités*, le projet de Ch. Cros, sur lequel je l'avais prié moi-même de faire une conférence en 1869.

L'auteur proposait de diriger sur Mars un puissant jet de lumière électrique à l'aide d'un réflecteur parabolique (ou d'une série d'instruments semblables). Pour ne pas confondre ce signal, s'il restait immobile, avec un phénomène naturel, il indique de lui faire subir des modifications montrant son origine *voulue*. Ces modifications, d'après Ch. Cros, seraient des intermittences rythmées donnant, par exemple, la notion d'une *numération*. Il faudrait se servir d'un très petit nombre de signes élémentaires et en utiliser tous les arrangements possibles (²).

Un autre moyen de signaler notre existence à Mars a été indiqué en 1891 par notre collègue M. Schmoll. Il proposait de placer de puissants foyers lumineux en des points dessinant une constellation remarquable (*Ex.* : Bordeaux, Marseille, Strasbourg, Paris, Amsterdam, Copenhague, Stockholm dessineraient la Grande Ourse). Comment ne pas reconnaître un signal *voulu* dans une telle représentation lumineuse ?

Projets imaginaires ! L'humanité terrestre est absorbée par des besoins matériels trop impérieux pour pouvoir « s'amuser » à de pareilles tentatives. Elle n'a pas de temps à « perdre ». Le ventre est trop exigeant.

CCLXII. — W.-H. PICKERING. — LA GÉMINATION DES CANAUX DE MARS.

A propos des mesures précédentes, M. W.-H. Pickering écrit :

Il y a quelques années, la gémination des canaux de Mars était admise par les astronomes comme un fait exact. Depuis quelque temps, des doutes se sont élevés

(¹) M. Lowell a calculé que ce nuage a dû se former le 6 décembre sur Icarium Mare, vers 21000^{m} de hauteur, et se transporter vers le nord-est, au taux de 43^{km} à l'heure, pour aller se dissiper sur le désert d'Aeria, après une durée de 3 à 4 jours. (*Proceedings of the Amer. Philosoph. Society*, 6 décembre 1901).

(²) J'ai publié en détail ce projet original dans mon petit livre *Excursions dans le Ciel*.

à ce sujet. J'ai montré, dans les *Annales de Harvard* (t. XXXII, p. 149), qu'en acceptant les résultats adoptés, les canaux doubles avaient la curieuse propriété suivante : leur écartement était inversement proportionnel au diamètre de l'objectif et directement proportionnel à la distance de la planète.

Je suggérai alors l'idée qu'un observateur capable de dédoubler les canaux (je n'ai jamais pu arriver à ce résultat) fît des mesures de leur écartement, pendant la même nuit, en modifiant l'ouverture de son instrument. Cela vient d'être fait par M. Lowell (¹), et un examen de son travail m'a montré quelques résultats très instructifs.

D'abord, l'écartement des canaux, s'ils sont réels, est évidemment indépendant de l'ouverture du télescope employé. D'autre part, M. Lowell a trouvé que le dédoublement des canaux pouvait être observé avec des ouvertures extraordinairement petites. Ainsi avec $0^m,15$, il dédouble Euphrate, Heddekel et Gehon dont les écartements sont $0'',27$, $0'',26$ et $0'',28$ respectivement.

Dawes a trouvé qu'un objectif de $0^m,025$ de diamètre pouvait séparer deux étoiles égales espacées de $4'',56$. Un objectif de $0^m,15$ séparera donc deux étoiles six fois plus rapprochées, c'est-à-dire situées à $0'',76$. Des expériences faites à Cambridge avec une ouverture de $0^m,38$ établissent que, pour distinguer deux lignes faites à l'encre sur du papier blanc, il faut qu'elles soient séparées par $0'',42$; avec un objectif de $0^m,15$, l'écartement serait de $1'',05$.

Une expérience analogue peut être aisément répétée sans instrument. Tracez deux lignes à l'encre sur papier blanc et distantes de 1^{mm}. Placées à 3 mètres, elles seront juste séparées à l'œil nu, pour une vue parfaite; leur distance angulaire sera de $70''$. Le diamètre de la pupille de l'œil, dans un endroit brillamment éclairé, est d'environ $2^{mm},5$; si nous multiplions par 60, cela nous donne $0^m,15$ et correspond à une distance angulaire de $1'',15$.

En résumé, si nous ramenons les résultats ci-dessus à l'ouverture de $0^m,15$, nous trouvons, d'après les expériences de Dawes, universellement confirmées par les astronomes, que deux étoiles ne peuvent être séparées que si leur écartement dépasse $0'',76$. Plus le contraste est faible, plus la séparation est difficile; c'est pourquoi, dans le cas de lignes noires sur papier blanc, il nous faut un plus grand écartement que dans le cas des étoiles. Nos expériences télescopiques sur des lignes noires indiquent que l'angle doit mesurer $1'',05$. Nos expériences à l'œil nu indiquent un angle de $1'',15$. Dans le cas de Mars, M. Lowell affirme voir la gémination quand l'écartement n'est que de $0'',26$. Cela équivaudrait à observer deux lignes écartées de 1^{mm} et situées à 12^m. Le lecteur peut se rendre compte que c'est tout à fait impossible.

J'hésite à croire que M. Lowell puisse séparer deux lignes si rapprochées, et je pense que ce qu'il voit doit résulter de quelque illusion optique.

Nous aurons lieu de revenir sur ces discussions.

(¹) *Voir* plus haut, p. 540.

CCLXIII. — Observateurs de la Société astronomique de France.

Nous signalerons d'abord les observations faites à l'Observatoire de la Société par MM. Georges et Valentin Fournier à l'équatorial de 108^{mm}.

L'état de l'atmosphère a été assez favorable, en général, pour permettre d'employer couramment le grossissement de 180 fois.

Résumé, par M. Georges Fournier. — Nous avons pu souvent distinguer très nettement la forme elliptique de la calotte polaire boréale. Très étendue au début de nos observations, elle nous a paru sensiblement diminuée dans les derniers dessins. Elle était complètement entourée d'une large bande sombre, plus foncée dans certains endroits, et très noire dans son voisinage immédiat. Cependant, dans les dessins du 14 février à 2^{h}30^m et à 4^{h}30^m, il est des endroits où cette teinte devient très pâle.

La Grande Syrte, toujours très noire en son centre, était en général assez bien définie dans sa forme. Pourtant elle est méconnaissable dans les dessins du 11 février, 21^h, et du 13 février, 21^{h}45^m, faits dans de mauvaises conditions atmosphériques, et avec le grossissement de 120 fois seulement. Dans chacun d'eux, elle semble s'élargir à sa partie inférieure, contrairement à la réalité. Mais, au contraire, elle était admirablement visible le 11 février à 22^{h}45^m (*fig.* 350), le 13 à 24^{h}45^m et le 15 à 21^{h}15^m (*fig.* 351); jamais je n'ai mieux distingué qu'à la première de ces dates la *couleur vert bleuté* des taches de Mars; l'image était excellente, d'une netteté et d'une limpidité parfaites.

J'ai été très étonné, pendant quelque temps, d'apercevoir sous la Grande Syrte une tache de première importance, très étendue et assez foncée, que je ne connaissais pas. Après quelques recherches, j'ai constaté que cette tache avait été observée à l'opposition de 1898-1899 par MM. Flammarion et Antoniadi, qui l'ont appelée « le Nouveau Lac sur Utopia ». Dans nos dessins, cette tache se confond avec la Boréosyrtis, et peut-être même avec Coloe Palus. La Boréosyrtis est bien visible, très noire dans les dessins du 15 et du 18; elle forme la bordure de la tache d'Utopia. Souvent elle paraît se prolonger très loin sur le disque.

Le Sinus Sabæus n'a pas toujours été très facile à voir, sans doute à cause de son peu de largeur; le 11 février, à 22^{h}15^m, il était marqué par un pâle ruban ondulé. Une demi-heure après (*fig.* 350), il était beaucoup mieux visible, mais pas plus foncé que les taches avoisinantes.

Quant à la baie du Méridien, elle était très foncée et m'a fait l'effet, le 11, d'un petit point fort noir sur le bord de la planète; mais sa forme était très indéterminée.

A l'est de cette région du globe de Mars, dans les dessins du 14 février à 2^{h}30^m et 4^{h}30^m, peu de détails sont visibles; le disque paraît coupé à sa partie supérieure par une bande sombre d'intensité inégale. Fait surprenant, c'est du côté du Sinus Sabæus que cette bande est le plus pâle.

Cependant, le 14 février, à 1^{h}15^m, j'ai fait une observation curieuse en ce qui concerne le Golfe des Perles. Le centre du golfe avait la forme d'une tache arrondie et, au-dessous, j'ai distingué très nettement une toute petite tache de forme triangulaire qui, je crois, n'était autre que la pointe du golfe.

La Mer Acidalienne était, comme d'habitude, l'une des taches les plus évidentes

Fig. 350. — 11 février, 22h 45m.

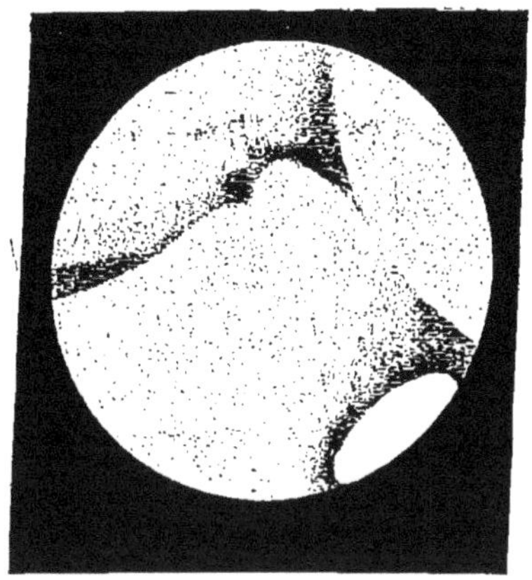

Fig. 351. — 15 février, 21h 15m.

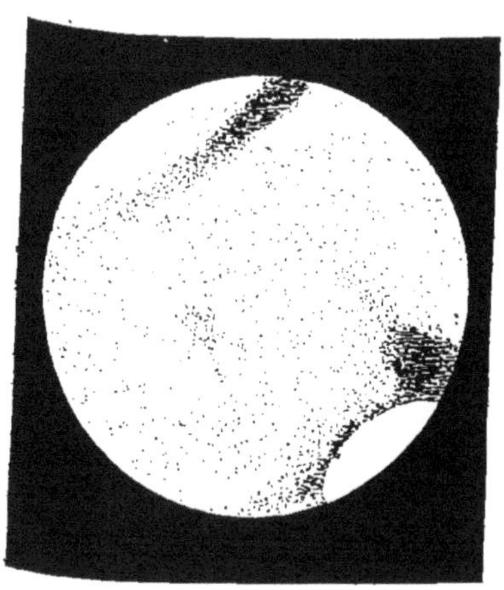

Fig. 352. — 21 février, 21h 45m.

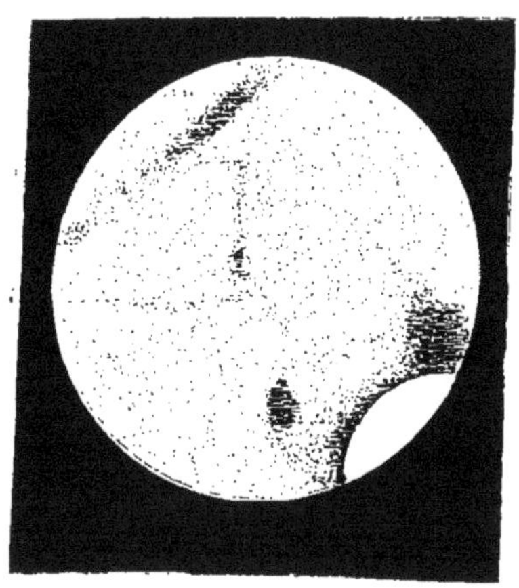

Fig. 353. — 22 février, 21h 15m.

Observations faites a la Société astronomique de France, par M. G. Fournier.

de la planète, mais nous n'avons pu distinguer sa véritable forme, telle que la représentent les dessins qu'on en fait ordinairement. Dans un dessin du 12 février et dans un autre du 13 à 23h 45m, on la voit apparaître sur le limbe, son bord occidental est très net, et pourtant, lorsqu'elle arrive au méridien central, comme dans les dessins du 14 février, le bord oriental seul se distingue bien.

La Mer des Sirènes était fort difficile à voir ou plutôt à distinguer des taches environnantes; on l'aperçoit cependant dans le dessin du 22 février (*fig.* 353).

La Mer Cimmérienne était très foncée, toujours plus que la Mer Tyrrhénienne; je l'ai trouvée plus noire en son centre le 20 février et j'avais fait la même

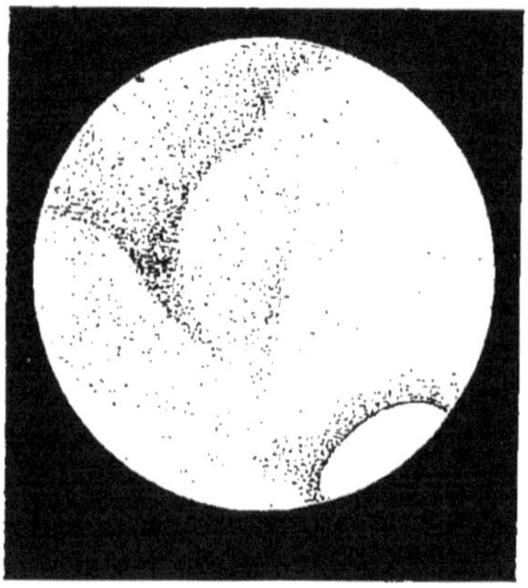

Fig. 354. — 11 février, 22h 30m.

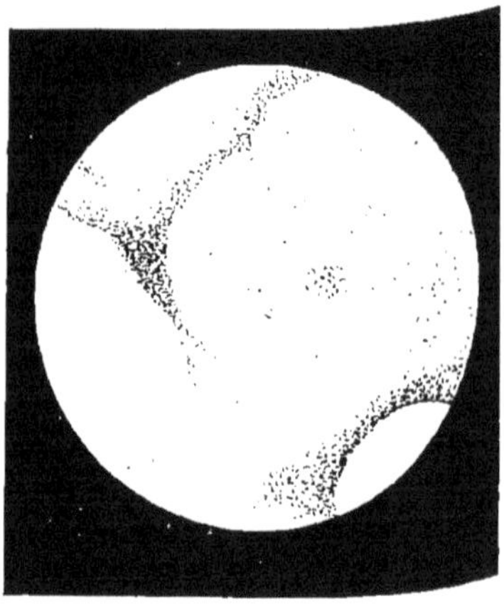

Fig. 355. — 12 février, 22h 0m.

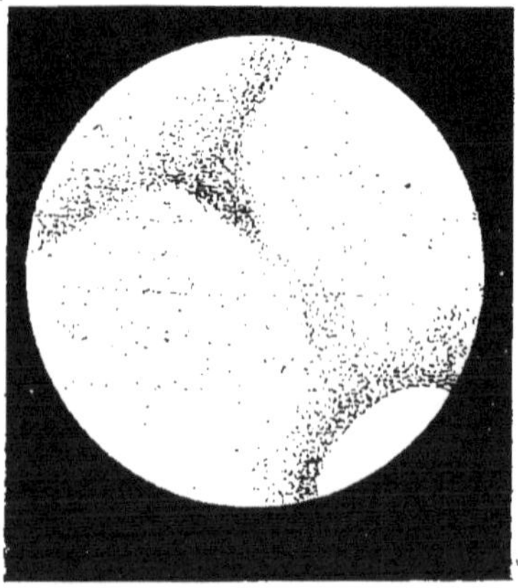

Fig. 356. — 15 février, 21h 30m.

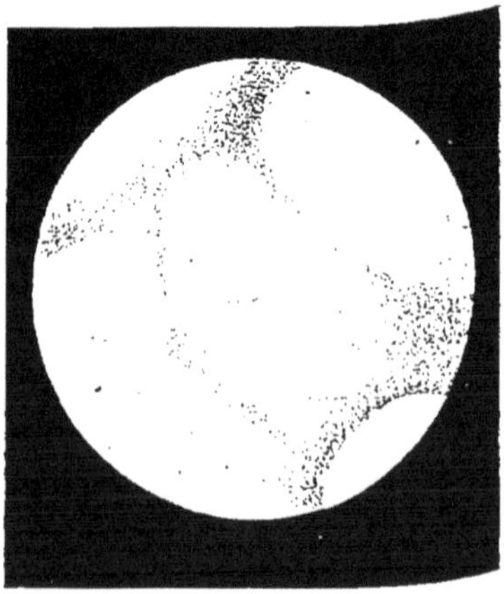

Fig. 357. — 20 février, 21h 45m.

Observations faites a la Société astronomique de France, par M. V. Fournier.

observation le 18 pour la Mer Tyrrhénienne. Enfin, le 15, j'ai pu apercevoir très nettement la Petite Syrte, un peu plus foncée que le reste de la Mer Tyrrhénienne.

J'ai trouvé Propontis assez facile à voir et même à dessiner avec quelque précision, mais mon frère ne l'aperçoit qu'avec plus de difficulté.

Trivium Charontis était très pâle et assez difficile à distinguer; cependant, dans de courts moments où l'image était excellente, on pouvait l'apercevoir assez facilement. Il m'a toujours semblé un peu allongé dans le sens de la ligne des pôles; il ne m'a jamais fait l'effet d'un point nettement déterminé, mais plutôt il semblait émettre des prolongements de même teinte que lui-même, qui, je crois, ne sont autres que la première partie des canaux qui en partent : le Cerbère, le Styx, l'Hadès. Cette observation a été particulièrement nette le 20 février. Mon frère a vu ces traînées sur toute leur longueur.

Le lendemain, l'Hadès était relativement très facile à apercevoir tout entier sous la forme d'une traînée large, pâle et diffuse; le Cerbère et le Styx n'étaient qu'amorcés.

Enfin, le 22 (*fig.* 353), j'ai distingué nettement une traînée rectiligue partant du Trivium Charontis et rejoignant la Mer Cimmérienne dans la direction du Cerbère et du Cyclops. Ce soir-là l'Hadès était très évident : un de mes amis, M. Henri Bourdillat, qui n'avait jamais jusqu'alors regardé dans une lunette, a pris de la planète un dessin fait certainement sans aucune idée préconçue; en le comparant au mien, on reconnaît qu'ils se rapportent très bien l'un à l'autre; les mêmes détails y sont visibles (Mer Cimmérienne; Propontis; grisaille polaire; taches d'Utopia). Sur l'un et l'autre figure l'Hadès; c'était donc un détail presque de premier ordre.

Outre ces traînées, mon frère en a observé plusieurs autres, en particulier celle qui unit la Boréosyrtis à la mer Tyrrhénienne (*fig.* 357). J'ajouterai que très souvent il m'a semblé aussi que ces deux régions étaient reliées entre elles; je devinais en quelque sorte le canal, mais je n'ai jamais pu l'apercevoir assez sûrement pour le dessiner.

Enfin nous avons noté quelques régions très blanches sur le globe de la planète, en particulier au centre d'Elysium et sur le bord inférieur de la Mer Cimmérienne.

Observations de M. Marius Honnorat, a Aix-en-Provence.

J'ai pu constater, avec ma lunette Mailhat de 75mm (oculaire 150), que les taches les plus sombres, telles que la Grande Syrte et la Mer Acidalienne, sont très visibles, même avec de mauvaises images. Sinus Sabæus, Margaritifer Sinus et Syrtis Parva sont également évidents et se montrent souvent jusqu'au bord du disque, lorsque l'atmosphère est calme. Le Sinus Sabæus est si foncé, qu'il m'a paru plus proéminent que Margaritifer Sinus. Les estompages qui se montrent au nord de la Grande Syrte, depuis Colœ Palus jusqu'à Phlegra, ont dû beaucoup s'assombrir, de même que la Boréosyrtis. Le 13 février, ils paraissaient presque aussi foncés que la Grande Syrte, qui est la tache la plus intense de la planète.

J'ai observé d'autres grisailles beaucoup plus faibles; mais je n'ai dessiné que celles dont j'étais absolument certain et dont j'ai constaté le déplacement avec les taches les plus évidentes.

Je résume ici les observations faites pendant le mois de février :

5 février, 22h 15m. Diamètre = 13",4. Latitude centre = + 21°,7. Longitude centre = 4°. — Image superbe. La mer Acidalienne est visible au premier coup d'œil, mais le pont d'Achille est difficile à distinguer. Le Sinus Sabæus est très foncé et semble plus proéminent que Margaritifer Sinus (*fig.* 358).

6 février, 21h 7m. Diamètre = 13",5. Longitude centre = 338°. — Très bonne définition. L'aspect du Sinus Sabæus et de Margaritifer Sinus est le même que le 5. La Grande Syrte est confuse au bord occidental. De faibles estompages partent du Sinus Sabæus et de Margaritifer Sinus.

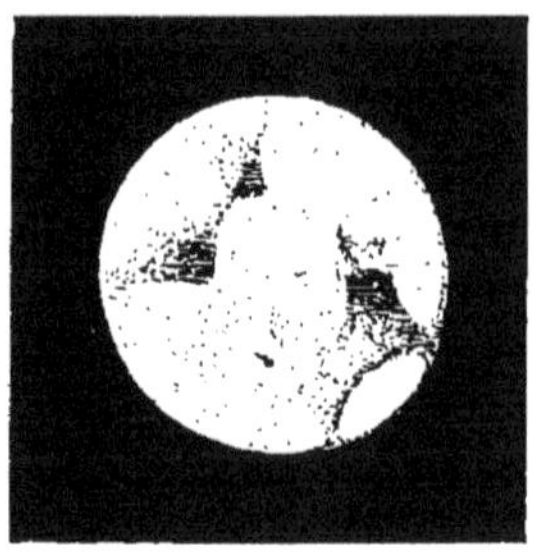

Fig. 358. — 5 février, 22h 15m.

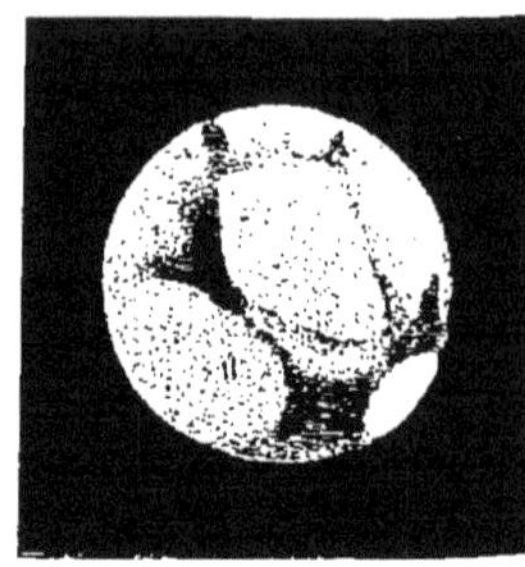

Fig. 359. — 9 février, 21h 0m.

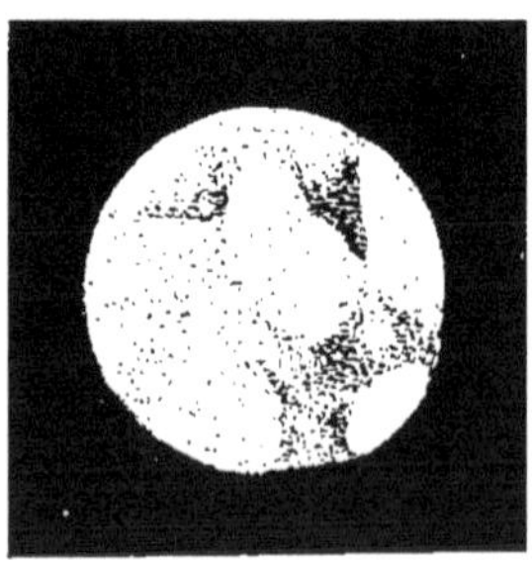

Fig 360. — 15 février, 21h 0m.

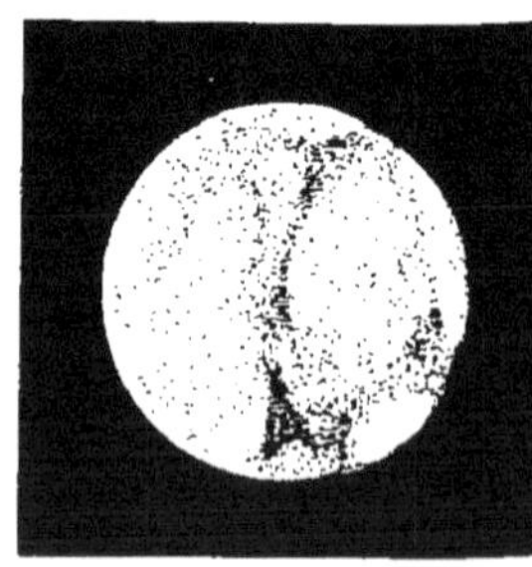

Fig. 361. — 21 février, 20h 0m.

Observations faites a Aix-en-Provence par M. Marius Honnorat.

9 février, 21h 0m. Diamètre = 13",7. Longitude centre = 307°. — Image superbe. La Grande Syrte est d'un gris foncé et Sinus Sabæus est très net, quoique au bord du disque. Un vaste estompage recouvre les régions d'Utopia et de Neith depuis Colœ Palus jusqu'à Ætheria. Une vague traînée part du Sinus Sabæus vers le Nord. Deucalion est très blanc, de même que Libia (*fig.* 359).

11 février, 21h 0m. Diamètre = 13",8. Latitude centre = + 21°,4. Longitude centre = 292°. — Image onduleuse, bonne par moments. L'aspect est à peu près le même que le 9, sauf la faible différence de longitude. La Petite Syrte apparaît faiblement à gauche de la Grande Syrte. Ætéria est bien visible, ainsi que la traînée qui joint le Sinus Sabæus au Colœ Palus. La Libye est très brillante.

13 février, 20h 45m. Diamètre = 13",9. Longitude centre = 272°. — Bonne image. Les estompages au nord de la Grande Syrte paraissent par moments presque aussi foncés

que cette dernière. La Petite Syrte est très évidente et la Boréosyrtis est assez facile à voir. Colœ Palus est très foncé et semble prolongé au Sud par une faible demi-teinte. La Libye est très brillante, ainsi que le bord austral de la planète.

15 février, 21h0m. Diamètre = 14",0. Latitude centre = + 21°,2. Longitude centre = 258°. — Image onduleuse, mais bonne définition. Les estompages au nord de la Grande Syrte sont très sombres, la Petite Syrte et Boréosyrtis sont assez nets. Elysium, très blanc, apparait à gauche de la Libye, presque aussi brillant que la calotte polaire. Il semble faire saillie sur la Grande Syrte, sans doute par contraste, mais peut-être aussi par la présence de la baie du lac Mœris (*fig.* 360).

19 février, 20h45m. Diamètre = 14",1. Longitude centre = 219°. — Image onduleuse. On n'aperçoit que des demi-teintes très vagues. Amazonis brille autant que la calotte polaire et fait saillie au bord du disque.

21 février, 20h0m. Diamètre = 14",1. Longitude centre = 191°. — Image superbe. La Propontis est évidente et le centre du disque est assombri par le Trivium Charontis et le Cerbère. Elysium et Amazonis sont très blancs (*fig.* 361).

Il sera intéressant de comparer ces aspects, vus avec un faible instrument, avec ceux observés à Juvisy avec un instrument beaucoup plus puissant. Les dessins que j'adresse à la Société sont la reproduction exacte de ce que j'ai pu observer, le plus souvent par un air calme, notre ciel provençal étant bien favorisé à ce point de vue.

OBSERVATIONS DE M. L. RUDAUX, A DONVILLE (MANCHE).

Les régions polaires Nord tournées vers nous sont très aisément observables (lunette de 108mm). Cependant, en ce qui concerne le reste du disque, il m'a semblé d'une observation plus aisée que lors de l'opposition précédente, et j'ai pu compléter ou confirmer bon nombre de remarques que j'avais faites en 1894 et 1896-1897.

Parmi les grandes configurations bien évidentes se place Mare Acidalium, qui le 18 avril me parut marbrée de taches sombres. Les golfes équatoriaux, Sinus Sabæus, etc., voisins du limbe austral, assez sombres également, Lacus Niliacus faible parfois.

J'ai encore revu bon nombre de grands estompages qui sont plus ou moins définis et correspondent à des canaux déterminés. J'ai nettement confirmé cette année une impression de mes précédentes observations : c'est qu'ils sont la limite de régions de tonalités différentes. Ces régions sont, du reste, nombreuses, très nombreuses, sur le disque de Mars, et pour moi, qui ai l'œil extrêmement sensible aux couleurs, j'y vois une notable quantité de nuances différentes, généralement de mêmes valeurs relatives, qui ainsi peuvent échapper à bien des yeux. Aussi, en d'excellentes circonstances, le disque de Mars m'est-il souvent apparu entièrement marbré d'une infinité de vagues détails, impossibles à saisir sûrement d'ailleurs. Il en est cependant qui, parmi eux, se sont montrés assez nettement pour pouvoir être dessinés : ce sont de grandes et vagues traînées blanches, un voile imperceptible s'étendant sur des régions entières, notamment le 12 janvier et le 4 février.

Le 4 février, on voyait une de ces traînées partant d'une petite tache blanche qui, par irradiation sans doute, semblait déborder du terminateur. Mon impression a été que ce devaient être des nuages.

Le 1er janvier, la Terre Deucalion, très blanche, me parut aussi déborder du terminateur par son extrémité occidentale.

CCLXIV. — Observateurs de la British astronomical Association.

Comme pour les précédentes oppositions, le rapporteur, M. Antoniadi, a résumé les observations faites par les membres de l'Association (¹). Le capitaine Molesworth, à Ceylan, s'est montré un des observateurs les plus habiles (télescope de 12,5 pouces $= 0^m,31$). Il remarque d'abord que l'aspect de la planète par une bonne atmosphère et à l'aide d'un puissant instrument est toute une révélation. Les continents comme les « mers » se montrent diversifiés par une variété infinie de configurations inextricables. Cette impression rappelle celle du P. Secchi à Rome dont nous avons parlé au Tome I. Mais résumons l'ensemble des observations.

Tous les yeux ne voient pas les couleurs de la même façon. Pour M. Molesworth, les mers martiennes sont *bleues* ou *vertes* selon les cas, surtout la mer du Sablier et le golfe de l'Aurore. Pour M. Kibbler elles sont grises, sans nuance de coloration. Pour M. Killip, elles se sont montrées bien *vertes* en février et mars 1901.

M. Molesworth conclut de ses meilleures observations que les canaux ne sont pas des lignes continues, mais des taches séparées, que l'œil croit réunir. C'est l'opinion exprimée plus haut par M. Cerulli et par M. Millochau. Chaînes de chapelet.

La gémination de ces « canaux » n'en serait pas moins réelle. « Elle est due, écrit l'astronome de Ceylan, à l'existence et à la visibilité variables de deux canaux distincts, presque parallèles ; quelquefois on n'en voit qu'un, et parfois on les distingue tous les deux. C'est ce qui expliquerait l'anomalie apparente que différents observateurs voient, en même temps, les uns deux canaux, les autres un seul. Lorsqu'on voit les deux, l'espace qui les sépare est généralement foncé, comme s'il n'y avait qu'un seul canal large et diffus. »

Pendant cette opposition, 111 canaux ont été observés et dessinés ; 11 seulement se sont montrés doubles. L'hypothèse énoncée par Green, en 1879, que les canaux sont les bords de rubans foncés prend de plus en plus consistance.

16 taches blanches ont été remarquées sur le disque.

(¹) Published july 1903.

Fig. 362. — 5 janvier 1901, à $3^h 0^m$. Long. = 4°.

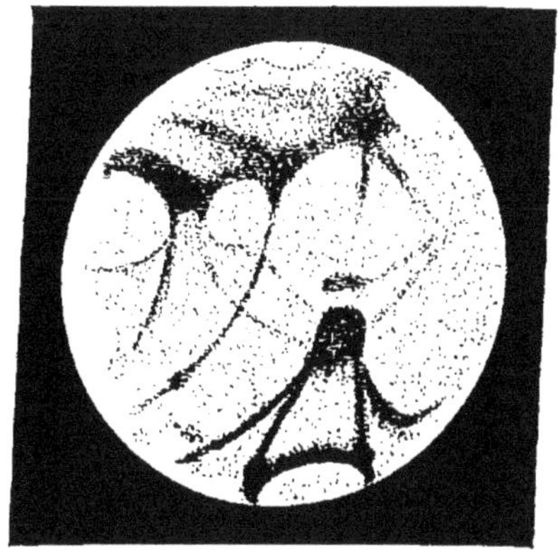

Fig. 363. — 7 mars, à $17^h 2^m$. Long. = 28°.

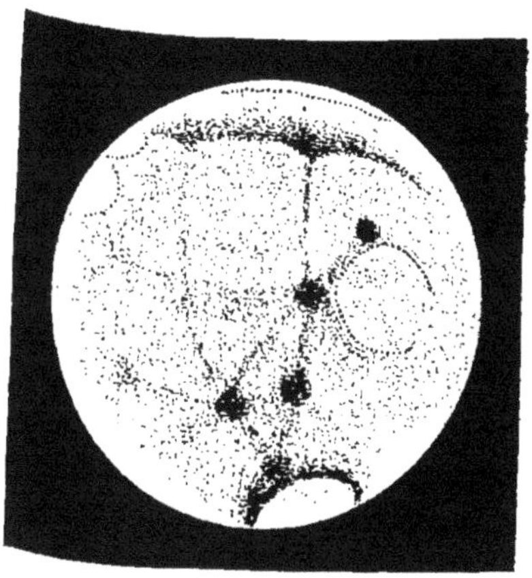

Fig. 364. — 17 février, à $17^h 7^m$. Long. = 189°.

Fig. 365. — 5 avril, à $22^h 30^m$. Long. = 209°.

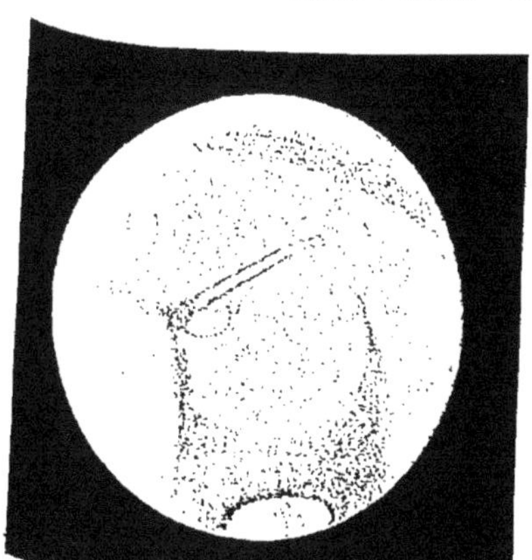

Fig. 366. — 30 mars, à $19^h 30^m$. Long. = 220°.

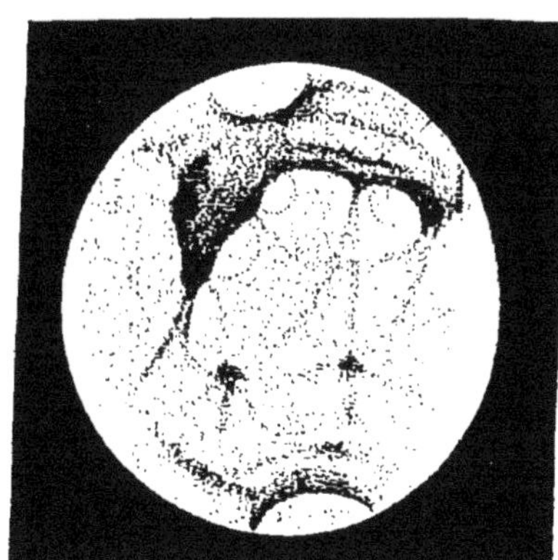

Fig. 367. — 14 mars, à $16^h 6^m$. Long. = 312°.

DESSINS DE MARS EN 1901, PAR MM. PHILLIPS, MOLESWORTH, KIBBLER ET ATTKINS.

Parmi les dessins des observateurs, nous en choisirons six pour être conservés ici. Ils sont placés dans l'ordre des longitudes. Le premier est de M. Phillips (télescope de $0^m,23$); le deuxième et le troisième sont de M. Molesworth ; le quatrième est de M. Kibbler (télescope de $0^m,23$) et le cinquième de M. Attkins (télescope de $0^m,16$). Ces deux dessins sont remarquables par leur ressemblance et par le dédoublement du Cerbère, distinct sur l'un, confus sur l'autre, indiquant la réalité foncière des configurations martiennes. Mais quelle exagération d'étendue pour l'Elysium ! Le sixième est de M. Molesworth : les trois points noirs de Syrtis Major sont assez curieux; remarquons aussi les régions claires de Xisuthri et Deucalion, l'Hiddekel, l'Oronte, l'Euphrate, le Phison, l'Astusape, le Nilosyrtis et le Nasamon.

CCLXV. — Joseph Gledhill. Observations faites a Halifax (1).

M. Gledhill a poursuivi ses observations faites à l'Observatoire Crossley, à l'aide de l'équatorial Cooke de 9 pouces ($0^m,23$) muni de grossissements de 240 et 330.

Les observations sont des 11, 13, 17 février, 12, 16, 21, 25, 26, 28, 31 mars, 1, 10, 11, 13, 23, 25, 26 et 30 avril. Voici les principales. Dans ses descriptions, l'auteur continue d'employer la nomenclature de la Carte de Green.

11 février. — La mer Kaiser est centrale et forme une image remarquable. Son extrémité nord, qui joint l'ouest de Nasmyth Inlet n'a pas été vue. Nasmyth Inlet et la mer Lassell bien marquées. La mer Knobel, foncée, est au bord oriental. Le cap polaire boréal saute aux yeux. Le continent Beer présente une belle couleur rouge. Pas de canaux, ni détails.

17 février. — Mêmes aspects que le 11, avec la différence que le continent Beer ne présente pas sa belle couleur chaude.

11 mars. — Mer Knobel sombre et marquée. La bande courbe des mers autour du pôle sud paraît verdâtre.

16 mars. — La baie fourchue de Dawes et la baie Burton sont foncées, comme d'habitude. Le bord occidental est beaucoup plus brillant que l'oriental. La mer Knobel, à l'est du méridien central, s'étend presque du pôle nord à l'équateur. Elle a été, pendant toute cette opposition, l'une des configurations les plus marquées du disque.

21 mars. — Le bord occidental est très brillant, presque autant que le cap polaire nord; cette blancheur s'étend jusqu'à un cinquième du rayon. Le bord oriental l'est beaucoup moins. Le bord nord du détroit d'Herschel II est foncé.

(1) *Monthly Notices of the Royal astronomical Society*, juin 1901.

La fine ligne joignant l'extrémité boréale de la mer Kaiser à l'extrémité ouest de Nasmyth Inlet a été aperçue par moments. Le continent Beer est d'une couleur rouge uniforme. Pas de détail sur ce continent.

26 mars. — La différence d'éclat entre le limbe précédent et le limbe suivant est moins marquée que le 21.

28 mars. — Le bras de la mer Delambre se voit bien au nord de la mer Kaiser. Le limbe précédent est brillant, le suivant moins.

31 mars. — Même différence entre les deux bords. La terre de Fontana, la mer Oudemans, la mer Delambre bien visibles.

1er avril. — La blancheur du bord précédent s'étend jusqu'au cinquième du rayon. Terre de Fontana au centre, ronde et blanche.

23 avril. — La mer Knobel, sombre, s'étend depuis le cap polaire boréal jusqu'au centre du disque. La baie fourchue est bien marquée.

26 avril. — La bande verdâtre des mers et des terres au nord du pôle sud frappe l'attention. La baie fourchue est foncée.

30 avril. — La mer Kaiser est au méridien central. La mer Delambre et la terre Lockyer se voient bien. La mer Flammarion est très foncée et on la distingue jusqu'au bord précédent. L'océan Dawes s'étend presque jusqu'au bord suivant.

Nous voyons que, dans ces observations, l'une des remarques faites le plus souvent a été la différence de ton entre le bord précédent et le bord suivant, le premier s'étant presque toujours montré beaucoup plus blanc, plus lumineux. Or, le bord précédent, dans tout disque planétaire, celui qui passe le premier dans le champ de la lunette astronomique, est le bord occidental, le mouvement apparent du ciel s'effectuant de l'Est vers l'Ouest. C'est le bord droit si l'image n'est pas renversée, et le bord gauche si l'image est renversée, comme dans tous les réfracteurs. D'autre part, le mouvement de rotation de la planète s'effectue de la droite vers la gauche pour les mêmes instruments. Le bord précédent est donc le méridien qui arrive au soir, qui a reçu le soleil toute la journée. C'est ce bord-là qui est le plus brillant. Si c'était le contraire, nous pourrions penser que, sortant du froid de la nuit, cette région est couverte de gelée blanche. Mais telle n'est pas l'explication. Le 21 mars et le 1er avril, la blancheur a été observée jusqu'à une distance du bord égale au tiers du rayon du disque. Dans le premier cas, la mer du Sablier est au méridien central, et, dans le second cas, c'est l'Elysium. Ce sont donc des régions toutes différentes qui arrivaient au soir dans les deux circonstances.

On pourrait penser à la poussière du jour et aux vapeurs élevées par la chaleur solaire.

Ce fait d'une plus grande luminosité des contrées occidentales est en désaccord avec la théorie de la basse température exposée plus haut par Matthieu Williams (p. 160-169).

Remarquons que ces contrées occidentales, vues de la Terre, sont orientales pour la planète. Un planisphère martien qui a le sud en haut a l'est à gauche et l'ouest à droite. Un point est à l'orient d'un autre, quand il passe au méridien avant lui : Vienne est à l'orient de Paris et passe au méridien avant lui. Quand il est midi à Paris il est 1^h à Vienne, 2^h à l'isthme de Suez, 3^h à Téhéran, 4^h à Boukhara, 5^h à Madras, 6^h à Calcutta. C'est sur ces derniers méridiens que la blancheur est plus forte à la surface de Mars. Ils ont reçu toute la chaleur du jour.

Dans la théorie générale de la gelée blanche développée plus haut, c'est sur les régions qui sortent les premières de la nuit que la blancheur devait être la plus marquée; c'est-à-dire, par exemple, sur la France relativement à l'Asie. Quand il est 6^h du matin à Paris, il est midi à Calcutta. Or, c'est le contraire qu'on observe. Ce n'est pas sur les méridiens équivalents à ceux de la France que la blancheur est plus intense, mais sur ceux de l'extrême Orient.

Toutefois, nous avons remarqué au Tome I (p. 519) que le limbe oriental du disque a été observé plus clair que l'occidental.

CCLXVI. — Léo Brenner. Observations faites a Lussinpiccolo (Istrie).

M. Léo Brenner a publié dans *Astronomische Rundschau*, n° 36 (juin 1902) ses observations de Mars faites à Manora-Sternwarte, dans l'île de Lussin-

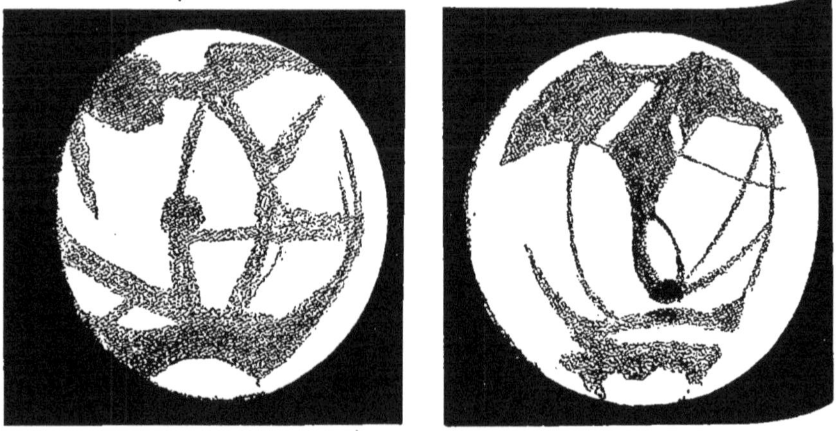

Fig. 368-369. — Observations de M. Léo Brenner, en 1900-1901, à Lussinpiccolo.

piccolo, pendant l'opposition de 1900-1901. Ces observations s'étendent du 26 décembre au 21 avril et continuent celles du même observateur publiées plus haut. Huit dessins accompagnent cette relation. Nous en reproduisons

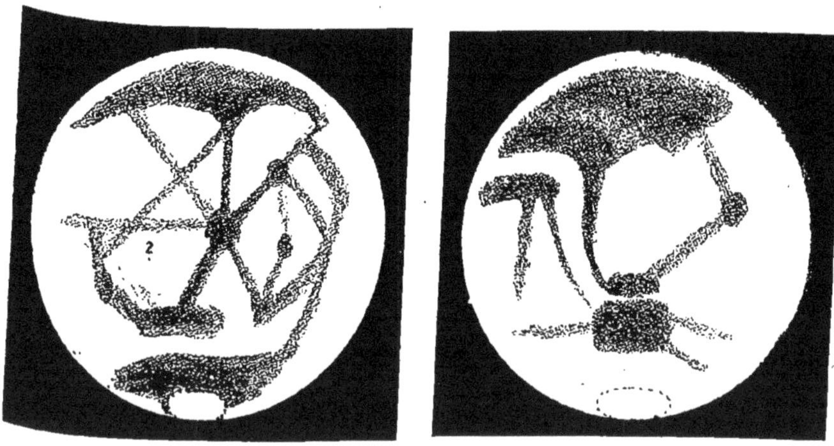

Fig. 370-371. — Observations de M. Léo BRENNER, en 1900-1901, à Lussinpiccolo.

quatre ici, ceux des 26 décembre (long. = 105°), 14 février (long. = 295°), 22 février (long. 196°) et 12 mars (long. = 30°). Ce qui frappe dans ces croquis, c'est la largeur des canaux. Il y a dans tous ces dessins une exagération singulière. Vraiment, chacun a ses yeux, chacun a son cerveau, et chacun a sa main.

CCLXVII. — COLONEL DELAUNEY. UNE EXPLICATION DES CANAUX (1).

On a émis diverses suppositions à l'égard des canaux de la planète Mars. Sont-ce des cours d'eau, de la végétation ou de simples illusions d'optique? Ces diverses hypothèses expliquent bien difficilement les curieuses particularités que les canaux offrent à l'observation.

Ces canaux peuvent paraître simples pendant plusieurs mois, ensuite doubles, et de nouveau simples; un canal peut paraître simple sur une partie de son parcours et dédoublé sur l'autre; une ligne se dédouble, tandis que sa voisine reste simple.

Comment pouvons-nous expliquer les changements de position des canaux, changements qui ont lieu dans des limites assez étroites, mais qui cependant sont encore sensibles à nos moyens d'observation? Et les géminations qui sont

(1) *Société astronomique de France*, 1901, p. 415.

courtes et larges dans les espaces appelés *lacs* et qui peuvent prendre des directions très différentes?

L'hypothèse que nous allons formuler n'a pas la prétention de donner la raison de tous les phénomènes qu'on observe sur Mars; néanmoins, elle aura l'avantage de fournir peut-être une explication simple des plus importants d'entre eux et, en particulier, de la gémination, qui est de beaucoup le plus énigmatique.

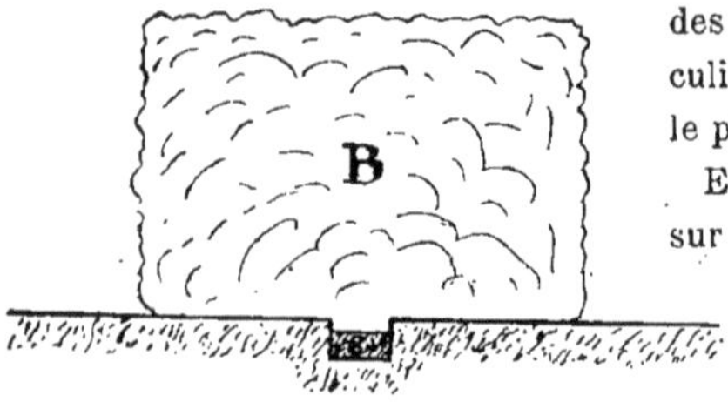

Fig. 372.
Section d'un canal et de sa brume.

Elle consiste à dire que ce que nous voyons sur Mars ne se passe pas à sa surface solide, mais bien dans son atmosphère.

Les mers et les canaux liquides de la planète seraient recouverts de *brumes persistantes et variables d'intensité*, dont les déformations, variables elles-mêmes, donneraient lieu aux phénomènes extraordinaires qui sont offerts à notre observation.

Nous ne verrions ni les mers, ni les canaux réels, mais seulement les humides écrans qui les recouvrent en exagérant leurs dimensions et en diversifiant leurs formes. Et l'on ne saurait méconnaître que les transformations qui nous apparaissent ont bien le caractère instable et changeant de masses brumeuses, sensibles aux influences extérieures.

La brume, du reste, ne semble pas chose étrangère à la planète; dans la seconde moitié de novembre 1896, notamment, le pôle nord se montra, sur un rayon de 30°, entouré d'une vaste étendue de brouillards.

L'hypothèse de brumes persistantes au-dessus des mers et des canaux peut se justifier par diverses circonstances : la légèreté de l'atmosphère ayant pour effet de favoriser l'évaporation; ou bien encore la température élevée de la surface solide de la planète, température produisant l'ébullition du liquide; enfin, il se peut que le liquide régnant sur Mars ne soit pas de l'eau et soit beaucoup plus volatil.

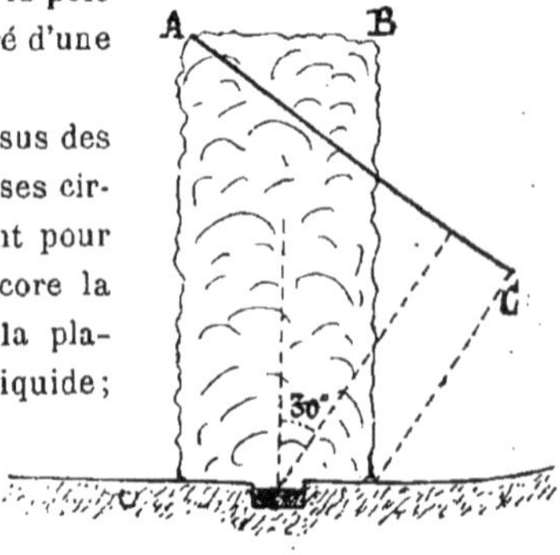

Fig. 373. — Brume d'un canal vue normalement (A B) et à trente degrés (A C).

Nous nous bornerons à appliquer notre hypothèse à l'explication des phénomènes suivants :

1° On s'est étonné de la grande largeur des canaux de Mars, largeur atteignant plusieurs centaines de kilomètres. De pareils canaux sont totalement inconnus sur notre globe.

Cet étonnement disparaît avec notre hypothèse.

C'est la brume seule qui a de grandes dimensions et qui correspond à des canaux de largeur incomparablement plus faible. Ainsi les choses peuvent se passer comme le montre la figure 372, qui représente une section du canal et de la brume correspondante; c est le canal et B est la brume. Le fleuve de la ville de Londres, la Tamise, donne un exemple de cette disproportion lorsqu'elle se met à dégager des brouillards qui s'étendent bien au delà de ses rives. Il en est de même quelquefois de la Manche, dont les brumes envahissent le littoral à de grandes distances.

2° On a cru observer que les mers et les canaux martiens étaient d'autant plus accusés que l'action solaire se faisait sentir davantage dans l'hémisphère auquel ils appartiennent. Ce phénomène s'expliquerait naturellement avec notre hypothèse, puisque le surcroît de chaleur solaire a pour effet de fournir à l'hémisphère une plus grande quantité de liquide provenant de la fusion des neiges polaires et, de plus, de favoriser l'évaporation des canaux et des mers. Les brumes qui en résultent doivent être plus denses et plus volumineuses.

Fig. 374.
Inflexion de la brume d'un canal.

3° On a observé que des canaux, tels que le Titan, par exemple, se montrent moins larges en passant par le méridien tourné vers notre œil qu'à trente degrés en deçà ou au delà. Et ce fait a semblé au plus haut point extraordinaire.

Mais, avec l'hypothèse de la brume, l'explication est des plus simples. La brume que nous voyons peut fort bien avoir plus de hauteur que de largeur. En ce cas, lorsqu'elle vient à passer par le méridien tourné vers nous, elle ne nous présente que sa largeur, tandis qu'à 30° en deçà ou au delà, nous la voyons surtout sur sa hauteur. Dans le premier cas, elle paraît avoir la largeur AB (*fig.* 373) et dans le second la largeur AC, qui est plus considérable.

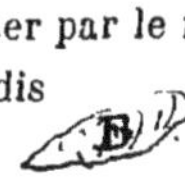

4° Nous expliquons la gémination par un accroissement se produisant dans la masse brumeuse. On a, en effet, observé que peu avant qu'un canal se dédouble il prend une teinte plus foncée. Or, si la brume d'un canal vient à s'accroître pour une cause quelconque, qu'adviendra-t-il? C'est que cette masse tendra à se développer et horizontalement et verticalement. Mais il est à remarquer que, si la masse vient à s'élever, les particules qui la composent ne pourront se mouvoir suivant la verticale, puisqu'elles n'auront que la vitesse de rotation de la surface solide de la planète, surface d'où elles proviennent. Faute d'un surcroît de vitesse, toutes ces particules devront donc s'infléchir au fur et à mesure de leur ascension, et la masse brumeuse sera déformée et inclinée dans le sens opposé au mouvement de rotation de la planète. Un canal, dont la direction générale ferait un certain angle avec celle de l'équateur et des parallèles,

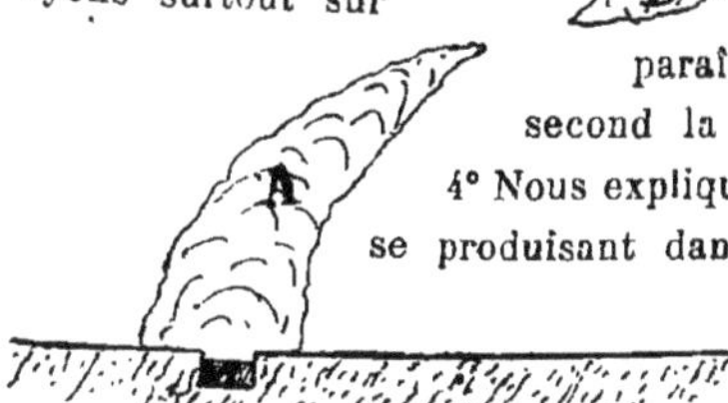

Fig. 375.
Sectionnement de la brume ou gémination.

devra donc fournir une brume dont la section affectera la forme donnée par la figure 374.

Or, le retard des particules de l'extrémité supérieure de la brume sur celles inférieures ne pourra qu'augmenter avec le temps; il en résultera un étirement de la brume et, en définitive, un sectionnement inévitable. Et alors, au lieu d'une seule ligne brumeuse, il y en aura deux qui se montreront sensiblement parallèles. La figure 375 représente une brume ainsi géminée; l'une des parties, A, demeure en contact avec le canal; l'autre, B, en est complètement détachée. Cette seconde brume B, livrée à elle-même et ne pouvant se renouveler à l'aide du liquide du canal, est évidemment appelée à se dissoudre dans l'atmosphère ambiante. Lorsque ce moment sera venu, A subsistera seule et la gémination aura disparu. Mais il est clair que A pourra se sectionner de nouveau et c'est ainsi que peut être expliquée la succession des canaux tantôt simples, tantôt doubles.

5° M. Schiaparelli a signalé que le grand canal Euphrate-Arnon-Kison lui avait paru se géminer en deux parties qui n'étaient pas parallèles. Ce canal, qui s'étend sensiblement le long d'un méridien, avait ses deux branches plus distantes l'une de l'autre à l'équateur que dans le voisinage du pôle.

Cette observation est une vérification éclatante de notre théorie. Il est évident, en effet, que, par suite de la diminution de la vitesse de rotation à la surface de la planète, quand on va de l'équateur vers le pôle, l'extrémité supérieure de la brume d'un canal, dirigé suivant un méridien, devra rester de moins en moins en arrière à mesure que la latitude sera plus considérable. C'est à l'équateur que le retard sera le plus grand et il serait nul au pôle même. Si la brume vient à se sectionner, la partie détachée devra donc faire forcément un angle avec celle restée en place. Et cet angle sera ouvert vers l'équateur.

6° M. Schiaparelli signale que l'intervalle entre deux canaux géminés lui avait paru avoir la couleur jaune rougeâtre du reste de la planète. Quelquefois cependant il a cru apercevoir une sorte de voile blanc entre les deux canaux. Si l'on se reporte à la figure 375, on voit, en effet, qu'un rayon visuel engagé entre les masses brumeuses A et B ne peut rencontrer que la surface ordinaire de la planète, et l'observation de M. Schiaparelli devient toute naturelle.

Quant au voile blanc quelquefois observé, il doit évidemment se produire au moment où la gémination prend naissance, lorsque l'étirage tend à sectionner l'extrémité supérieure de la brume.

En m'adressant cette explication, M. le colonel Delauney me priait de la discuter. Or, il semble bien que, si les lignes que nous observons sur Mars étaient atmosphériques, elles n'auraient pas la régularité toute géométrique qu'elles nous présentent : les courants aériens inévitables devraient les disloquer, les enrubanner, les modifier irrégulièrement. Le problème ne paraît pas encore résolu par cette ingénieuse hypothèse.

CCLXVIII. — L. KANN. MARS, MONDE OCÉANIQUE A L'ÉPOQUE HOUILLÈRE (1).

L'auteur commence par poser en principe que Mars est un monde plus jeune que la Terre et qu'il est *recouvert d'un océan sur toute sa surface*. Il en résulte qu'il règne un climat océanique et une température modérée sur toute la planète, ni trop froide en hiver, ni trop chaude en été, sans chaleur excessive aux tropiques, ni froid rigoureux aux régions polaires, dont la calotte de neige fond presque entièrement en été. Quant à l'atmosphère, il paraît très probable qu'elle est formée des mêmes gaz que celle de notre terre, mélangés dans la même proportion, mais raréfiés à peu près comme sur nos montagnes élevées, avec plus de vapeur d'eau. Cette moindre densité de l'air doit avoir pour Mars le même effet que celui que nous constatons sur nos montagnes : c'est d'absorber très peu les rayons solaires. Comme conséquence, la planète doit posséder une plus grande quantité de chaleur que ne le ferait supposer son éloignement du Soleil.

La ténuité et l'intensité plus grande des rayons solaires auront encore un autre effet, c'est d'empêcher la formation de nuages pendant le jour, mais, après le coucher du soleil, la température baissera, des brouillards apparaîtront et des nuages se formeront, qui se trahiront pour l'observateur terrestre par des projections lumineuses près du terminateur. Bien souvent l'Océan martien sera arrosé par ces nuages d'une pluie abondante, laquelle se changera en neige dans la nuit hivernale qui enveloppe les régions polaires.

L'atmosphère de Mars, n'étant ni échauffée ni refroidie par le rayonnement d'aucun continent, reste toujours calme; les tempêtes et même les vents sont inconnus sur la planète. Naturellement, l'Océan martien, bien loin d'être agité comme ceux de la Terre, s'étendra lisse comme un miroir, et il se formera une végétation d'algues (algues unicellaires gélatineuses), qui, en se développant, recouvrira toute sa surface comme un tapis. Les régions de l'Océan martien qui sont ainsi recouvertes par une végétation unie et épaisse, montreront, vues de la Terre, une couleur rouge jaunâtre : ce sont les prétendus *continents*.

La température des différentes régions de l'Océan martien sera réglée par des courants maritimes, qui, n'étant détournés par aucun obstacle, se dirigeront tout droit à leur but et, en enlevant les algues dans leur parcours, *dessineront* des *canaux dans la couverture végétale*. A l'endroit où des courants, en arrivant à leur but, s'élargissent et à celui où des courants à leur origine ne sont pas encore rétrécis, la surface de l'Océan sera agitée sur une grande étendue, et la couverture végétale sera désagrégée ou éloignée plus ou moins, en proportion de l'intensité du mouvement; les taches sombres, qui en résulteront, seront les prétendues *mers*. Les régions non agitées dans l'intérieur de ces courants élargis garderont leur couverture végétale : ce sont les *îles*. Tout autour des points où deux

(1) *Neue Theorie über die Entstehung der Steinkohlen und Lösung des Mars — Rätsels*, von LUDWIG KANN. Heidelberg, 1901.

courants se croisent, la couverture végétale est plus ou moins enlevée et les taches obscures qui en résultent sont les prétendus *lacs*. Les lacs étant naturellement le siège d'un nouveau mélange d'eau, deviennent par cela même des points radiants de nouveaux canaux et de compensation pour l'eau de différente densité.

Lors de la fonte des neiges aux régions polaires, on voit apparaître, à côté des courants, des contre-courants, et l'on a nommé ce phénomène *la gémination des canaux*. La bande claire entre les canaux géminés est constituée par de l'eau non mouvementée qui a conservé sa couverture végétale. Les géminations des lacs et des mers s'expliquent de manière semblable. Les mers n'étant autre chose que des courants élargis et diffus, on conçoit que dans le cas d'un contre-courant de même nature la région non mouvementée entre les deux courants conserve sa couverture végétale et apparaisse par sa couleur comme de la terre ferme.

Enfin, les changements si continuels et si variés que montre, au grand étonnement des observateurs, la planète Mars, et qui défiaient jusqu'à présent toute théorie, s'expliquent tout naturellement de la même manière par la plus ou moins grande densité de la couverture végétale de l'Océan martien. Ainsi, on conçoit que les canaux ne se voient jamais tous en même temps et apparaissent et disparaissent selon la saison, car les courants marins se chargent de l'échange de l'eau froide et de l'eau chaude, de l'eau salée et de l'eau douce, et ne se manifestent que dans les régions où se produisent des différences de densité. Ces différences dans la constitution de l'eau ne se montreront jamais partout en même temps; c'est tout particulièrement l'influence de la neige polaire fondante qui se fera sentir, en refroidissant et adoucissant l'eau de ces régions. C'est alors qu'il y aura entre les régions tropicales et les régions polaires, qui sont entrées dans leur printemps, l'échange d'eau le plus énergique, et les courants qui se chargent de cette besogne, en écartant dans leur chemin le tapis végétal, seront visibles de la Terre s'ils ont une largeur suffisante. Dès que le courant cesse, le tapis végétal se rejoint et le canal devient invisible.

Les mêmes phénomènes météorologiques se renouvelant chaque année, on conçoit qu'en général les mêmes canaux reparaissent toujours de nouveau; mais, comme sur notre terre, il y aura sur Mars des variations climatologiques entre les différentes années; il y aura, en outre, des périodes d'années où les courants marins, qui en subissent l'influence, changeront leur direction, ou ne reparaîtront pas, tandis que de nouveaux courants surgiront, et voilà l'explication des changements miraculeux dans la direction des canaux.

Les régions polaires de Mars se couvrent de neige en hiver, sur une grande étendue, et, par le fait que les taches foncées se colorent également en blanc, il est démontré que l'Océan martien gèle en hiver dans ces parages. L'eau provenant de la fonte des neiges polaires, avant de s'être réunie en courants, agite l'Océan martien tout autour des pôles, et la couverture végétale peu dense des prétendues mers est encore plus ramollie et même écartée plus ou moins, ce qui donne naissance à l'obscurcissement des mers; mais la végétation plus dense qui représente les îles et la terre ferme environnante est également souvent ramollie ou écartée; alors la terre paraît se changer en mer. Après la concentration et le départ des courants, l'océan se calme peu à peu, se couvre de nouveau de végétation, et comme par enchantement les terres disparues reparaissent de nouveau, les mers prennent un ton plus clair et paraissent même se changer partiellement en terres.

Ainsi, tous les changements si variés observés sur la planète Mars, qui ont frappé les astronomes et ont paru tout à fait inexplicables, proviennent sans exception de la densité plus ou moins grande de la couverture végétale de l'Océan martien. Les régions de l'océan recouvrant la planète Mars, qui par l'influence de courants intenses sont libres de toute végétation, apparaissent comme les plus foncées et en conséquence il se conçoit que la noirceur ne soit pas une qualité constante d'une mer, mais que, tout au contraire, une mer très obscure peut devenir plus claire et une autre s'assombrir, suivant que l'océan est plus ou moins agité en tel ou tel point. Entre un mouvement très vif et une tranquillité absolue il y a une longue série de gradations; c'est la cause de la grande variété de ton et de couleur des mers et du phénomène de la métamorphose des terres en mers, dont l'exemple le plus saillant a été offert par la mer du Sablier envahissant la *Libye*. Les découvertes surprenantes de l'Observatoire Lowell en Amérique de canaux traversant les mers, qui ont conduit Lowell à nier l'existence de mers sur Mars et à regarder les taches obscures comme des plaines cultivées, s'expliquent également sans difficultés d'après cette théorie. Les prétendues mers étant des régions plus ou moins agitées de l'Océan martien et plus ou moins recouvertes d'une végétation rare, il est clair que les courants concentrés (les canaux) peuvent s'y dessiner en écartant toute végétation, de même que dans la couverture plus dense des prétendus continents, seulement beaucoup moins distinctement, et le fait que l'Océan martien est rarement dénué de toute végétation explique également l'observation de Lowell que la lumière réfléchie des mers de Mars n'est pas polarisée. Quant aux *ponts* dans les mers, ce sont les intervalles d'eau calme entre deux contre-courants concentrés.

Voilà donc les conditions qui règnent actuellement sur la planète Mars, et voilà les événements qui s'y déroulent, et, comme cette « *Nouvelle théorie sur le mode de formation de la houille* » nous enseigne qu'à l'époque carbonifère la Terre se trouvait dans les mêmes conditions, nous pouvons en déduire que Mars est à présent dans la même période d'évolution que la Terre à l'époque carbonifère; ou en d'autres mots, que Mars se trouve maintenant dans son époque carbonifère. L'observateur qui étudie au télescope voit donc la Terre comme elle était il y a des millions d'années, non en image morte, mais avec toute la vie qui y régnait et avec les événements qui s'y déroulaient alors. D'autre part, les couches de l'époque carbonifère de la Terre pourront nous apprendre maintes choses sur Mars que l'instrument le plus perfectionné de l'avenir ne nous fera probablement jamais voir. D'abord il paraît très probable que, quoique les continents manquent sur Mars, il y existe, comme à l'époque carbonifère terrestre, des îles et des groupes d'îles de grandeurs diverses, mais qui par leur petitesse, ou parce qu'ils se confondent avec la couverture végétale de l'océan, se laisseront distinguer difficilement ou pas du tout. Cependant, on peut les soupçonner là où la neige reste plus longtemps, ou apparaît plus tôt, ou isolément dans les régions tropicales (*Nix Atlantica* et *Nix Olympica*), et où les canaux, au lieu de se diriger en ligne droite, contournent une région en courbe, ce qui paraît dénoter un obstacle s'opposant au courant direct (p. ex. *Elysium*). D'après cette « nouvelle théorie sur le mode de formation de la houille », la Terre a été couverte à l'époque carbonifère, comme la planète Mars de nos jours, par un océan peuplé d'algues. Dans les endroits à l'abri des courants marins, surtout dans les golfes, fjords, détroits et lacs des îles, cette couverture végétale se développa en tourbière flottante, qui se couvrit de forêts en s'élevant de plus en plus au-dessus du niveau de la mer. Peu à peu, la surface de cette tourbière sécha et les arbres tombant, au lieu de se transformer en tourbe, se décomposèrent à l'air, et leurs résidus minéraux formèrent au-dessus de la tourbe une couche d'argile, qui en grandissant de plus en plus, enfonça à la fin la terre flottante sous l'eau et la fit couler au fond de l'océan. Pendant qu'une nouvelle tourbière se formait à la surface, la vie microscopique de l'océan couvrit de ses dépouilles siliceuses l'ancienne au fond de la mer, et c'est ainsi que dans le cours de milliers de siècles se déposèrent des tourbières les unes au-dessus des autres, séparées par des couches de sédiments, et c'est de ces tourbières flottantes superposées au fond de l'eau, que les couches de houille se sont développées.

Il nous est permis de supposer avec beaucoup de vraisemblance que, de notre temps, la même chose se passe sur Mars, et qu'une grande partie des prétendus continents est formée par des *tourbières flottantes* nées du développement de la couverture végétale.

Au premier abord, il peut paraître téméraire de vouloir se faire une idée des organismes vivant sur un astre; mais, puisqu'il y a sur Mars de l'eau et une atmosphère comme sur la Terre, il paraît tout à fait hors de doute qu'il y existe aussi des plantes et des animaux; en outre, les conditions sur Mars paraissant être à peu près les mêmes que sur la Terre à l'époque carbonifère, on peut supposer que les organismes aussi ressemblent plus ou moins à ceux qui vivaient sur la Terre à cette époque. C'est donc en étudiant les organismes si admirablement conservés dans les dépôts de ces temps reculés que nous pourrons nous faire une idée de la flore et de la faune vivant actuellement sur Mars, la voir de nos yeux et la toucher de nos doigts. Nous verrons dans l'Océan martien presque tous les principaux types des mers terrestres d'aujourd'hui, les reptiles et les mammifères exceptés; nous verrons les terres flottantes couvertes de forêts épaisses, composées principalement de calamites élancées, de fougères arborescentes magnifiques et d'une grande variété de formes, de lépidodendrons, de sigillaires gigantesques, dont les racines puissantes et ramifiées contribueront à consolider la tourbière. Au bord des lacs d'eau douce, qui au milieu des forêts s'étendent sur la terre flottante au-dessus de l'Océan, nous verrons s'étaler la vie animale : des blattes, des scorpions, des myriapodes et des araignées de forme étrange courent sur le sol, des éphémères et des libellules superbes de couleur, et d'une grandeur énorme, traversent les airs. Le fond du lac est tout couvert de petites moules (anthracosia), et des poissons cuirassés (ganoïdes) y font la chasse aux larves d'insectes et aux crustacés d'espèces diverses. Tout ce monde est noyé dans l'éclat d'une lumière éblouissante, qui rayonne d'un ciel sans nuages. Pas le moindre souffle, un silence absolu règne partout, l'homme n'a pas encore paru; aucun mammifère, ni aucun oiseau n'est encore créé sur la planète Mars. Seuls des batraciens cuirassés à formes bizarres (stégocéphales) représentent les quadrupèdes sur la terre flottante et forment ici la couronne de la création. Mais tôt ou tard une catastrophe arrivera, et cette terre heureuse avec tout son monde vivant se noiera et trouvera son tombeau au fond de l'Océan, puis, dans un avenir lointain, l'Homme apparaîtra sur Mars et fera ressusciter la tourbière noyée et devenue houille, pour en chauffer ses maisons, ses fabriques et ses machines.

Telle est la nouvelle théorie de Mars présentée par le savant d'Heidelberg. Elle est d'une grande témérité et fort imprévue, et se heurte à plus d'une objection. On s'expliquerait difficilement, entre autres, que si le globe de Mars est recouvert d'un océan sur toute son étendue, les courants maritimes qui devraient nécessairement résulter de la différence des températures de l'équateur aux pôles eussent pu permettre la formation stable des configurations qui, telles que la mer du Sablier, la mer Cimmérienne, la mer des Sirènes, etc., sont observées depuis deux siècles. Comment une couche superficielle d'algues pourrait-elle rester aussi stable que le sont, dans leur ensemble, les continents ou régions claires? On peut, il est vrai, donner en exemple, la mer des Sargasses de notre Océan Atlantique; mais cette formation paraît être et avoir toujours été une exception, et il semble que d'une saison à l'autre les courants maritimes devraient varier de direction sur un globe privé de continents. D'autre part, comment les canaux, formés par une route de balayage des algues due aux courants océaniques, seraient-ils *rectilignes* et entrecroisés en réseau géométrique? Tout cela est bien régulier pour être flottant. Sans doute, les variations si considérables, si fréquentes, observées sur la planète, trouvent là une sorte d'explication qui n'est pas sans grandeur. Mais c'est peut-être chercher bien loin. Il semble que la cause soit hors de proportion avec l'effet. Et si le climat de la planète est celui de la houille et des fougères arborescentes retrouvées jusqu'en Sibérie, comment expliquer les neiges polaires? A cette époque, la Terre ne les connaissait pas. L'originalité de cette théorie et son aspect pittoresque n'en intéresseront pas moins nos lecteurs. Les astronomes la discuteront : *Tradidit mundum Martis disputationibus eorum.*

CCLXIX. — Otto Dross. Mars, un monde en lutte pour l'existence (¹).

L'auteur considère d'abord le problème de la pluralité des mondes habités, et ne doute pas un instant qu'il y a d'autres mondes d'habitables que le nôtre. Puis, après avoir examiné la surface de Mars et sa nature physique, il discute longuement la question des canaux et croit voir des preuves évidentes que le réseau canaliforme est d'origine artificielle. Par d'incessants progrès en science et en industrie, les Martiens sont arrivés à une civilisation très avancée; mais ils ne sont pas des dieux ou des géants.

La planète a peu d'eau, et il a fallu transporter le précieux liquide loin dans les steppes. Voilà l'idée première des canaux. Mais l'imagination recule devant les dimensions des canaux : 1000 kilomètres de longueur et 10 kilomètres de largeur! Cependant ce qui paraît romanesque aujourd'hui peut très bien être dans les limites de la possibilité demain. Les lacs intérieurs sont autant de réservoirs, naturels ou artificiels, pour garder l'eau. Les inondations artificielles doivent être fréquentes sur cette planète, et l'auteur croit que les observations de Schiaparelli en 1883-1884 et 1886, au sud du golfe des Perles et de l'Aurore, constituent un exemple frappant des prodigieux travaux hydrauliques de nos voisins dans l'espace. Une zone de végétation semble longer les canaux des deux côtés.

Enfin, si les Martiens nous voyaient construire nos petits canaux, avec les énormes difficultés que nous avons toutes les peines du monde à surmonter, ils éclateraient de rire.

CCLXX. — J. Plassmann. Mars est-il un monde habité (²)?

L'auteur attire l'attention sur l'analogie existant entre les canaux de Mars et les rayons blancs émergeant de Tycho, Copernic, Kepler, Petavius et autres cirques à la surface de notre satellite. En effet, et les canaux de Mars et ces rayons brillants sont dirigés en arcs de grands cercles de la sphère, et il est évident que les rayons lunaires ne sont pas d'origine artificielle. Nasmyth et Carpenter les ont déjà depuis longtemps expliqués par une dilatation du noyau lunaire qui aurait fendu l'écorce en arcs de grands cercles. « M. Plassmann pense avec raison que nous ne sommes pas encore en mesure d'affirmer quoi que ce soit sur les phénomènes martiens, et que

(¹) *Mars, eine Welt im Kampf ums Dasein*, 1 vol. de 171 pages. Wien, Pest, Leipzig, 1901.

(²) *Ist Mars ein bewohnter Planet*, 1 br. de 32 pages. Francfort, 1901.

nous devons attendre avec patience l'accumulation, toujours croissante, des observations, qui, seules, pourront nous conduire à des déductions sûres. » L'auteur est agnostique et « conclut qu'on ne peut rien conclure ».

CCLXXI. — Edward Holden. Seneca Jones. La vie sur Mars est-elle possible?

Dans le numéro de mars 1901 de *Mc Clure's Magazine,* M. Edward S. Holden a publié un article sur « Ce que nous savons de la planète Mars », article qui a dû être certainement très lu, et considéré, en général, comme une exposition des vues des astronomes éminents, concernant cette planète, et, par conséquent, comme un échec arrivant à temps sur la masse très sensationnelle de littérature fantaisiste qui a coulé en abondance de sources moins responsables.

Pour le public, la question suprême en ce qui concerne Mars est de savoir si cette planète est propre ou impropre à soutenir la vie humaine. C'est à ce point de vue que M. Holden traite son sujet. Il arrive à la conclusion que la planète est inhabitée et inhabitable pour deux raisons excellentes, sinon pour d'autres : premièrement, parce que la température de Mars est si basse, qu'un homme terrestre, transporté là par miracle, « se congèlerait en solide dans un temps très court »; ensuite, pour la raison, tout aussi bonne, que « dans tous les cas, il n'y a pas assez d'air (sur la planète) pour soutenir la vie humaine ».

Nous sommes d'avis, au contraire, que la plupart des astronomes sont loin de risquer sur ce point des hypothèses aussi tranchées que celles émises par l'auteur de l'article. M. Seneca Jones a discuté dans les termes suivants les affirmations de M. Holden (¹) :

Après avoir énuméré l'origine de plusieurs erreurs populaires concernant Mars, M. Holden arrive à la question des calottes polaires, et explique comment Sir William Herschel s'est confirmé dans l'opinion que ces calottes représentent des dépôts de neige. Herschel observa qu'elles varient en étendue avec les changements des saisons martiennes, étant les plus vastes en hiver et disparaissant, ou à peu près, en été. Il supposait qu'elles fondaient en devenant de l'eau.

« Cette explication était correcte, dit M. Holden, pour les connaissances de cette époque. Nous connaissons maintenant deux faits qui la rendent impossible. En premier lieu, d'après tout ce que nous savons, la température de Mars est *toujours* au-dessous de zéro. L'eau ne peut jamais se dégeler sur Mars. Ensuite, il y a très peu d'eau, ou pas du tout. Les observations faites à l'Observatoire

(¹) *Popular Astronomy,* mai 1901.

Lick ont démontré ce fait d'une manière concluante, et le résultat en est généralement accepté.

» Cependant, les calottes polaires existent. Que sont-elles? C'est ce que nous ne savons pas encore. Il est très probable qu'elles soient composées de dioxyde de carbone. Ce gaz s'évapore (et devient invisible) à la température de — 78°,4 centigrades. A une température inférieure à celle-là, l'acide carbonique se condense sous forme de « neige » blanche. Une couche ayant l'épaisseur d'un pouce (deux centimètres et demi) ou même moins, expliquerait tous les phénomènes observés. Cette interprétation peut ne pas être vraie, mais elle mérite un examen sérieux. Qu'elle soit exacte ou fausse, il est certain que les calottes polaires de Mars ne sont pas composées de « neige ». La neige est de l'eau, et il n'y a pas d'eau, à proprement parler, sur cette planète. D'ailleurs, les calottes polaires fondent et la température des régions arctiques de Mars est toujours inférieure à celle de la glace fondante. Donc ces calottes polaires ne sont pas de la neige. »

Ces diverses assertions sont bien affirmatives, remarque très justement M. Seneca Jones. Elles ne le seraient pas davantage si l'auteur avait été réellement sur Mars et avait pu trancher la question par une inspection personnelle des lieux. Le lecteur sera naturellement curieux de savoir sur quelle base solide sont établies des conclusions d'une telle importance. L'hypothèse que les calottes polaires de Mars pourraient être de l'acide carbonique n'est pas nouvelle. Elle est basée sur un simple fait seulement, c'est-à-dire qu'à la distance de Mars au Soleil, le rayonnement solaire en lumière et chaleur a moins de la moitié — environ les quatre neuvièmes — de l'intensité qu'il a à la distance de la Terre. C'est là la seule raison (car le spectroscope est impuissant à décider la question) qui a conduit certains astronomes à douter de la nature neigeuse de ces calottes, ainsi qu'on l'avait pensé jusqu'à ce jour (¹). Sur ce point, l'auteur cite l'astronome Young, qui, faisant allusion à la diminution de la radiation due à la distance, remarque que « la température de Mars doit être terriblement basse, si basse que l'eau, si elle y existait, ne saurait y être que sous forme de glace ». M. Newcomb est également cité comme assurant qu'il n'est pas prouvé que les calottes polaires soient de la glace.

Il y a dix ans, et moins peut-être, cette objection était réellement très sérieuse contre l'habitation de Mars. Il semblait que la température devait y être excessivement basse, et l'on ne voyait guère comment résoudre la difficulté. Mais nous disposons maintenant d'au moins deux voies de raisonnement, par lesquelles nous pouvons aborder la question de la température martienne; la première est

(¹) Probablement, M. Holden avait en vue les études publiées plus haut de M. G. Johnstone Stoney sur la théorie cinétique des gaz, concluant qu'en vertu de la faible pesanteur à la surface, Mars a perdu les éléments les plus légers de son atmosphère, y compris la vapeur d'eau, et que les calottes polaires sont probablement de l'acide carbonique. La théorie des atmosphères planétaires de M. Stoney a reçu un coup violent par la démonstration du fait, par MM. Liveing et Dewar, que l'atmosphère terrestre contient de l'hydrogène et de l'hélium en quantités appréciables.

basée sur une découverte récente dans la chaleur rayonnante, en diminuant de beaucoup l'improbabilité de l'existence de l'eau sous la forme liquide sur Mars, tandis que l'autre se rapporte au retour réglé par les saisons de certains phénomènes remarquables qu'on ne saurait expliquer d'une manière satisfaisante que dans l'hypothèse que les calottes polaires sont de la neige (ou de la gelée blanche, ce qui est plus probable) avec toutes les conséquences que cette supposition entraîne avec elle.

La déduction que la température de Mars doit être « terriblement basse », comparée à celle de la Terre, est fondée sur l'hypothèse que la puissance calorifique du Soleil aux distances des diverses planètes est diminuée dans la même proportion que sa force rayonnante, c'est-à-dire en raison du carré de la distance. Mais nous avons des raisons de considérer cette hypothèse comme inexacte. La loi de Stéfan, formulée il y a une vingtaine d'années, a été soumise à des contrôles expérimentaux dans ces quatre ou cinq dernières années par Paschen et d'autres savants, et elle a été trouvée valide au moins entre les limites de 100 degrés de température de l'échelle absolue (— 173° centigrades) jusqu'à 1700 degrés absolus. Cette loi consiste en ce que la radiation effective d'un « radiateur parfait », tel que le Soleil, est proportionnelle, non pas à la température du corps rayonnant, mais à la quatrième puissance de cette température. Un corps chauffé par la radiation devient lui-même un corps rayonnant, sa température s'élevant jusqu'à ce que sa radiation (la chaleur qu'il dégage) égale exactement la quantité de chaleur reçue. Ceci nous permet d'établir une comparaison, par la loi que nous venons d'énoncer, entre la force chauffante du Soleil sur la Terre et sur Mars, de la façon suivante : Supposons, afin de considérer un cas aussi simple que possible, deux petits corps, parfaitements noirs, de « parfaits radiateurs », situés l'un sur l'orbite de la Terre, l'autre sur celle de Mars. Chacun de ces corps est chauffé par le Soleil, jusqu'à ce que sa radiation égale la radiation solaire à sa distance du Soleil. Appelons la température du corps intérieur T, celle de l'extérieur T_1. D'après la loi de Stéfan, les quatrièmes puissances de T et de T_1 sont proportionnelles aux radiations des corps intérieur et extérieur respectivement. Nous savons que la radiation du corps extérieur n'est que les quatre neuvièmes de celle de l'intérieur, et nous voyons facilement que la température du corps extérieur est bien égale aux 0,82 de celle de l'intérieur, cette décimale étant la quatrième puissance approximative de la fraction $\frac{4}{9}$. C'est-à-dire que la force chauffante effective à la distance de Mars, au lieu d'être inférieure de moitié, ainsi qu'il a été supposé jusqu'ici, est bien égale aux 0,82 de sa force calorifique à la distance de la Terre. Une diminution permanente de 18 pour 100 dans la provision annuelle de la chaleur solaire produirait, certes, de grands changements climatériques sur la Terre; mais il est douteux qu'elle entraînât la destruction totale de la vie terrestre, et la congélation permanente de l'eau à la surface de la Terre.

La deuxième argumentation, à laquelle nous avons déjà fait allusion, peut être le mieux présentée dans une analyse des observations martiennes pendant ces huit dernières années. Le 4 août 1892 a eu lieu une des oppositions les plus favorables de Mars, au moins en ce qui concerne la distance à la Terre; mais, malheureusement, la planète était trop « basse » pour les observateurs de l'hémisphère boréal, se trouvant située dans la partie du ciel que traverse le Soleil au milieu de l'hiver. M. Holden était en ce moment-là Directeur de l'Observatoire Lick, et dans un article publié dans *Astronomy and Astro-Physics* pour octobre 1892, intitulé « Notes sur les Observations de Mars au Mont Hamilton », il dit :

« Bien que la situation de Mars pendant cette opposition fût très défavorable, il était important d'obtenir le plus d'observations possible. L'altitude de la planète varie de 28° à 32° au-dessus de l'horizon, ce qui est une position trop basse pour des images satisfaisantes d'un objet si difficile, même au Mont Hamilton ». Mais, malgré les conditions défavorables, les astronomes y ont fait des observations excellentes en été, ainsi qu'en témoigne l'accord qui existe entre les dessins publiés de la planète d'une part entre eux, et d'autre part avec ceux obtenus à l'Observatoire de M. Percival Lowell à Flagstaff, Arizona, deux ans plus tard.

Parmi les phénomènes notés par les observateurs du Mont Hamilton, en cette circonstance, il convient de citer quelques changements surprenants dans l'aspect général de la planète. M. Holden y fait allusion dans les termes suivants :

« Il n'est pas possible de décrire les changements remarquables survenus à la surface de la planète sans donner les dessins qui les concernent. Il y a eu un grand nombre de changements. De profondes modifications se sont produites en certains endroits pendant l'opposition actuelle (notamment dans la calotte polaire, la région au nord et à l'est du Lac du Soleil, dans la Fontaine de Jeunesse, etc.). Dans plusieurs cas, un aspect particulier est resté sensiblement constant pendant toute l'opposition, bien que sa forme et sa coloration aient subi un changement remarquable depuis les années précédentes.... Dans certains cas, nous n'avons que des changements de forme seulement; dans d'autres, des changements de couleur; parfois, les altérations de forme et de couleur semblent associées.

M. Holden ajoute en conclusion :

« Je puis exposer brièvement mes impressions personnelles, déduites de mes propres observations de Mars faites en 1875, ainsi qu'à toutes les oppositions suivantes. Les modifications surperficielles de la planète, telles que nous les connaissons actuellement, ne sont probablement pas capables d'être expliquées par des analogies terrestres. Que devons-nous penser du lac nommé *Fontaine de Jeunesse*, par exemple, qui a été vu simple en 1877, pour disparaître en 1879, et réapparaître simple et double cette année-ci? Il est possible que les taches grises de Mars représentent de l'eau, et les rouges de la terre; mais comment expliquer les surfaces à demi-tons comme Hesperia ou Deucalionis Regio? Sont-elles de vastes bancs de sable tels que le grand banc de Terre-Neuve? Sont-elles de la terre solide, ou bien de l'eau? Est-il concevable qu'un observateur sur Mars, examinant la Terre dans n'importe quelle partie de son histoire récente, puisse être témoin de changements topographiques aussi étonnants que ceux auxquels nous avons assisté cette année, pour ne rien dire des modifications survenues entre les diverses oppositions? »

Il est surprenant que dans le dernier article de M. Holden, écrit dans le but d'instruire le public en général, et prétendant, par son titre, présenter l'état actuel de nos connaissances aréographiques, les « changements étonnants » observés au Mont Hamilton, et ailleurs, comme ayant lieu à la surface de la planète en 1892, et qui ont été répétés et observés à chaque opposition subséquente, soient passés entièrement sous silence. Il serait intéressant de savoir comment M. Holden explique ces témoignages frappants d'activité, en quelque sorte, à la surface d'une planète où il déclare que tout est éternellement gelé.

De semblables changements, quoique moins étendus, ont été observés auparavant par Schiaparelli et par d'autres. En admettant que tout ce qui sur Mars offre une couleur grisâtre ou verdâtre représente de l'eau, on pensait que les modifications étaient l'œuvre d'inondations produites par la libération d'un grand volume d'eau par la fonte des neiges polaires.

La véritable solution de l'énigme martienne, la plus importante des découvertes récemment faites concernant Mars (découverte que les astronomes du Mont Hamilton ont manquée par suite des mauvaises conditions de 1892), a été donnée à la même opposition par les observateurs plus favorisés de la branche d'Aréquipa (Pérou) de l'Observatoire d'Harvard College. Cet observatoire d'Aréquipa est situé à une hauteur presque double au-dessus du niveau de la mer de celle de l'Observatoire Lick, au sein d'une atmosphère excellente en ce qui concerne la pureté et le calme des images. De plus, en 1892, la planète Mars passait au méridien d'Aréquipa presque au zénith. Il n'est pas étonnant que M. W.-H. Pickering, l'astronome chargé de la Direction de l'Observatoire, et son assistant, M. A.-E. Douglass, bien que ne se servant que d'un réfracteur de 13 pouces d'ouverture, aient fait des observations de haute valeur. Ce qu'ils ont vu et ce qu'ils ont conjecturé peut être compris par les extraits suivants d'un article écrit par M. Pickering en date du 1er août 1892, et publié dans le même numéro d'*Astronomy and Astro-Physics* qui contient le Rapport du Mont Hamilton auquel nous avons déjà fait allusion :

« Les modifications survenues (à la surface de la planète) pendant la présente opposition ont été tellement frappantes et sensationnelles qu'on aurait facilement pu les apercevoir avec des instruments de 6 pouces d'ouverture. On a pu observer les canaux facilement tous les soirs. Plusieurs des canaux observés correspondent à ceux dessinés par Schiaparelli, tandis que d'autres sont nouveaux. Quelques-uns, très développés, traversent les océans. Si ce sont vraiment là des canaux contenant de l'eau, et si les océans sont de même nature, il y a contradiction. Lorsque la neige fond, il semble qu'elle devrait donner naissance à des étendues d'eau, à des mers. Nous avons étudié avec soin la tache sombre située sur la pointe septentrionale de la Grande Syrte. Bien que parfois d'un gris foncé, lorsque l'image est satisfaisante et la tache centrale, elle apparaît, dans la grande majorité des cas, d'une couleur bleue nettement définie. Une autre tache présentant des aspects semblables se manifeste dans le Sinus Sabæus ou Détroit Herschel II.... J'ai l'impression que ces deux surfaces représentent réellement de l'eau.... Mais les autres « mers » sont sans doute simplement des plaines humides. »

Dans des communications antérieures au même journal, M. Pickering a donné un compte rendu d'une étude des couleurs présentées par la planète Mars, étude qu'il a commencée à l'Observatoire d'Harvard College en 1890, et qu'il a continuée à Aréquipa, au printemps de 1892. En voici le résumé :

« Lorsque la Grande Syrte est centrale, avant l'équinoxe d'automne de l'hémisphère Nord, la région à l'Est paraît distinctement plus verdâtre que celle à l'Ouest. Au fur et à mesure que la saison avance, la différence devient moins marquée, et la couleur verdâtre est limitée dans la région la plus voisine du bord oriental de la Grande Syrte.... Au début de l'année 1890, toute la région comprise entre les deux bras de la Grande Syrte, aussi loin que la calotte polaire, était d'une couleur verte brillante. Le 27 juin, cependant, onze jours avant l'équinoxe de printemps de l'hémisphère austral, on a vu une tache jaune au point septentrional extrême de l'aire triangulaire. Avec l'avance de la saison, cette tache jaune a augmenté d'étendue, jusqu'à ce qu'elle eût recouvert toute la région au Sud, aussi loin qu'il était possible de voir. Cette année, lorsque la tache en question a été observée pour la première fois, elle était tout à fait verte, mais le 9 mai, ou 17 jours avant l'équinoxe de printemps, la tache jaune ou peut-être rougeâtre est apparue au même endroit, et il serait intéressant de déterminer si, avec le progrès des saisons, cette coloration s'avance vers le pôle. » Deux autres grandes surfaces verdâtres sont encore mentionnées comme ayant subi de semblables modifications de couleur.

Depuis, remarque M. Seneca Jones, les observations se sont accumulées, notamment la splendide série obtenue par M. Percival Lowell et ses assistants, à Flagstaff, en 1894 et plus tard, et l'énoncé en question tient toujours bon, car on n'a pas observé de faits contraires à l'idée que les modifications de couleur sur Mars qu'on a vues se répéter à des saisons correspondantes de l'année martienne sont dues, en grande partie du moins, au développement et au déclin de la végétation. Il est certain maintenant qu'il n'existe pas de grandes surfaces d'eau sur Mars. Une évidence convaincante en est fournie par le fait observé que beaucoup de « canaux » traversent les surfaces grises, autrefois prises pour des mers. Quelques-unes des plus petites et plus foncées des surfaces sombres qui apparaissent simultanément avec la fonte des calottes polaires peuvent bien être dues à une augmentation dans la dimension des lacs trop petits pour être ordinairement visibles, ou à la formation de lacs temporaires par l'eau libérée; mais, pour la plus grande partie des changements de couleur observés, la théorie de l'inondation ne fournit pas d'explication satisfaisante de tous les faits, tandis que la théorie de la végétation en rend compte admirablement. Les changements sont, à vrai dire, exactement semblables à ceux qu'un astronome hypothétique lunaire pourrait constater sur les régions tempérées de la Terre, s'il observait notre planète continuellement pendant une année [1].

[1] Ceci est vrai en ce qui concerne les modifications de couleur. Mais les variations de contour des mers, la formation de nouveaux lacs, la disparition de grandes surfaces grises (Aonius Sinus) ou jaunes (Aurea Cherso), les changements de position des canaux, la scission ou la duplication du lac du Soleil, sont autant de phénomènes martiens dont l'observateur lunaire ne verrait pas la moindre image sur notre globe, même en supposant que notre dense et lumineuse atmosphère lui permette de distinguer vraiment les configurations géographiques. C. F.

Les surfaces toujours foncées de Mars (les « mers » d'autrefois), et celles qui varient de couleur, doivent être considérées, d'après les dernières observations, comme étant probablement les terrains bas de la planète, où l'on doit rencontrer ses forêts et ses prairies (si forêts et prairies il y a), tandis que les surfaces jaune orangé, ses « continents », sont probablement des régions d'une élévation plus grande, qui semblent être, en vertu du manque de pluie sur la planète, des déserts arides.

Si nous acceptons cette hypothèse de la végétation martienne, nous avons des raisons pour formuler une conjecture sur le caractère de la végétation? Ici, écrit l'auteur, on peut dire que l'amplitude de la spéculation concernant la vie sur les autres mondes a été bien rétrécie par le progrès des Sciences naturelles dans ces dernières années, et encore davantage par les découvertes spectroscopiques de notre temps. On sait aujourd'hui, grâce au spectroscope, que la matière composant les divers mondes de l'univers est partout la même. On peut admettre avec confiance que les propriétés de la matière sont aussi les mêmes partout. Nous devons donc conclure que la chimie (inorganique du moins) est partout la même, de même que nous croyons que la loi de la gravitation est d'une application universelle. La chimie organique admet, sans doute, plus de latitude spéculative, en vertu de la plus grande variété de formes auxquelles elle peut donner lieu; mais nous pouvons croire que ses principes sont partout essentiellement les mêmes, et nous pouvons également conjecturer qu'elle produit partout essentiellement les mêmes résultats et que nos types vitaux terrestres sont des types universels [1]. Le temps est passé où l'on pouvait conjecturer raisonnablement qu'il existe des mondes où le silicium peut prendre la place de la chaux dans la formation des os, ou des mondes où une légère modification de composition rend la chlorophylle rouge au lieu de verte, ou bien que la vie végétale ou animale soit possible à la température de l'eau bouillante. Tout en n'étant pas autorisés à conclure de ces prémisses que la flore et la faune martiennes offrent la même série d'espèces et de genres que sur la Terre ou substantiellement les mêmes, une telle supposition n'est cependant pas improbable. Nous savons, dans tous les cas, que la végétation martienne est verte, comme celle de la Terre, et non rouge, ainsi qu'on l'a supposé possible, et c'est là un point de gagné.

Mais, quelles que soient les vues maintenues sur les points soulevés, aucun naturaliste ne risquerait sérieusement l'hypothèse que la vie soit possible dans des conditions qui la rendraient impossible sur la Terre, qu'une sorte quelconque de vie, par exemple, pourrait exister sur Mars si la température y était constamment au-dessous de zéro. Ceci devrait décider la question de la nature des calottes polaires. L'eau sous forme de neige ou de gelée est la seule substance à laquelle on pourrait les assimiler jusqu'à ce que nous arrivions à une température

(1) Ce mode de raisonnement me paraît beaucoup trop étroit. C'est supposer que la vie terrestre est nécessairement le type de l'univers. Raisonnement de poissons s'imaginant naïvement que la vie est impossible hors de l'eau.

C. F.

de — 78°,4 centigrades; et un degré de froid aussi intense que celui-là, même local et temporaire, sur une planète capable de maintenir la vie à sa surface, est à peine admissible.

Ayant décidé que les calottes polaires de Mars sont, suivant toute probabilité, réellement des calottes de neige, nous sommes ensuite amenés à une conclusion qui est presque une surprise, considérant notre point de départ, c'est-à-dire que la température moyenne sur Mars, au lieu d'être plus basse, est réellement *plus élevée que celle de la Terre*. Ceci est indiqué par le fait que les calottes polaires n'atteignent jamais une latitude aussi faible que les neiges hivernales de la Terre, 65° environ de latitude aréographique étant la ligne la plus basse à laquelle on a vu descendre la calotte polaire australe, et qu'en été, elles fondent parfois presque entièrement. Inutile de dire que cela n'arrive jamais aux calottes polaires de la Terre; et cependant, du moment que l'axe de Mars et celui de la Terre ont à peu près la même inclinaison à l'écliptique, l'obliquité des rayons solaires en différentes latitudes à des saisons différentes est pratiquement la même pour chacune des planètes. L'explication complète de la température plus élevée de Mars est ainsi clairement indiquée par ces thermomètres naturels [1]. Certes, comme tous les autres phénomènes météorologiques, elle est complexe. Un des facteurs qui rentrent pour beaucoup, sans doute, dans la solution du problème réside dans le fait qu'il n'existe pas d'océans étendus sur Mars, comme on en voit sur la Terre, océans capables d'absorber une grande partie de la radiation solaire sans en être fortement échauffés, et que toute la force calorifique des rayons solaires est employée à surchauffer une surface continentale, une surface dont la plus grande partie n'est pas protégée par de la végétation, surface qui est une sorte de Sahara. Comment cette seule circonstance affecte la température moyenne annuelle de toute la planète, c'est ce qui est difficile de décider. Son effet pendant la saison estivale de chaque hémisphère peut facilement constituer une température *bien supérieure à la température moyenne estivale* de la Terre, quoique la force calorifique du Soleil y soit moindre que chez nous.

Quelques mots, comme conclusion, sur l'atmosphère de Mars. Cette atmosphère est bien moins dense que celle de la Terre. Très probablement, elle est, ainsi que nous l'assure M. Holden, « moindre en quantité que celle qui entoure les sommets des pics les plus élevés de l'Himalaya ». En ce qui concerne la composition de cet air, la présomption (d'après ce que nous savons des matériaux composant les mondes) est qu'elle est essentiellement la même que l'atmosphère de la

(1) S'il y a peu d'eau sur Mars, les calottes polaires ne sauraient avoir une grande épaisseur. Dans tous les cas, cette épaisseur doit être bien inférieure à celle des calottes glaciales de la Terre. Mais alors il faut moins de chaleur solaire pour fondre une mince couche de neige qu'une épaisse couche de glace, de sorte que l'argumentation de l'auteur ne parait pas tout à fait justifiée sur ce point. — D'autre part, les *neiges* hivernales descendent souvent assez bas en latitude sur la Terre, et la France presque entière en est couverte, comme la Suisse, le Tyrol, la Roumanie, etc.

C. F.

Terre. Nous savons, dans tous les cas, qu'elle contient de l'acide carbonique; autrement, il ne saurait exister de végétation sur Mars, et nous savons de même qu'elle contient également de l'oxygène et qu'elle doit contenir de la vapeur d'eau, car, sans cela, il ne saurait exister de neiges ou de gelées sur la planète. Si elle renferme aussi de l'azote, et dans quelles proportions ses divers constituants sont mélangés, il est impossible de le deviner. Eu égard cependant à ce que nous savons de la question, l'incertitude sur ces points est à peine assez grande pour justifier la déclaration que « il est plus que probable que l'air qui existe sur Mars est incompatible avec la vie humaine ». Au contraire, nous jetterions la probabilité dans l'autre plateau de la balance. De même, la ténuité excessive de l'atmosphère martienne n'est pas aussi capitale au point de vue vital que M. Holden voudrait nous le faire croire. Toujours est-il que sur la Terre les limites de densité atmosphérique entre lesquelles les êtres humains peuvent exister sont assez larges. Des ouvriers employés aux constructions sous-marines peuvent être enfermés pendant des heures à la fois dans des caissons où l'air est comprimé à une densité plus de deux fois supérieure à celle où ils respirent d'habitude. D'autre part, les ascensionnistes ne sont pas très opprimés pour la respiration à la hauteur du sommet du Mont Blanc, où l'atmosphère a à peine plus de moitié de la densité qu'elle a au niveau de la mer, pas plus que les aéronautes ne sont sérieusement affectés par la rareté de l'atmosphère jusqu'à 8000 mètres d'altitude, c'est-à-dire à la hauteur des pics les plus élevés de l'Himalaya.

Devant de tels faits, il paraît probable que, si l'atmosphère de la Terre décroissait lentement de densité à travers les siècles successifs, les animaux terrestres existants, qui respirent avec des poumons, y compris l'homme, se seraient adaptés aux conditions, et que l'atmosphère peut atteindre un état de raréfaction bien plus grand que celle de Mars même, avant de devenir insuffisante en quantité pour maintenir la vie humaine, même si nous restions toujours constitués comme nous le sommes actuellement.

L'évidence que la planète possède une végétation, qui croît et décroît, comme celle de la Terre, avec des changements dus aux saisons, est presque aussi concluante qu'elle peut l'être. Si la planète a de la végétation, nous pouvons à peine douter qu'elle possède aussi une vie animale.

Ces arguments de M. Seneca Jones nous paraissent de valeur incontestable. Il est certain que la planète Mars se présente à nos observations avec tous les caractères d'une active vitalité. Des variations perpétuelles s'opèrent à sa surface. Il y a là un élément liquide et une atmosphère. Ce sont là des faits. Ils sont plus importants que nos pauvres explications. Ne soyons pas trop terrestres dans nos hypothèses, et n'ayons pas la prétention d'enfermer en un cadre étroit l'immensité des puissances de la nature.

CCLXXII. — P. Lowell. Enseignement de Mars sur les époques glaciaires (1).

M. Lowell a étudié ce sujet dans un travail spécial qu'il est de notre devoir d'examiner ici.

L'auteur commence par établir que la théorie de Croll (que l'excentricité orbitale, combinée avec l'inclinaison de l'axe, a produit nos époques glaciaires) n'est pas applicable à Mars, puisqu'il n'existe pas de prépondérance de neiges dans l'hémisphère que la glace devrait recouvrir. Ainsi, l'excentricité de l'orbite est incapable d'affecter l'étendue des glaces polaires (2).

M. Lowell constate ensuite que la théorie de l'acide carbonique solide n'est pas applicable aux pôles de la planète, parce que l'état liquide de ce corps n'est jamais permanent : l'acide carbonique passe, dans les conditions ordinaires, presque instantanément de l'état solide à l'état gazeux, de sorte qu'il ne saurait jamais constituer un liquide permanent, à n'importe quelle température. Or, un des traits caractéristiques des calottes polaires de Mars, c'est précisément la manifestation d'un liquide semblable. Dès qu'une calotte commence à décroître, elle est entourée d'une bande bleue sombre, et, plus la diminution est rapide, plus la bande s'assombrit et se développe, tout en suivant le retrait des neiges, de façon à en encadrer toujours le bord. Il est difficile de concevoir comment une substance pourrait se proclamer avec plus d'évidence le produit liquide de la fonte de la calotte. Ce ruban bleu semble bien être la substance H^2O.

L'astronome américain examine ensuite les objections à cette dernière hypothèse et trouve : 1° que la grande pureté du ciel martien, permettant à la radiation solaire d'atteindre le sol sans perte, compense la distance au Soleil, car notre atmosphère nuageuse intercepte 50 pour 100 de la radiation ; et 2° que, quant à la raréfaction de l'air sur Mars, il ne faut pas oublier que c'est la vapeur d'eau, et non l'air, qui nous protège contre le rayonnement dans l'espace.

Quelle que soit l'humidité de l'air sur Mars (et il doit y exister de l'eau, étant donné qu'aucun des changements subordonnés aux saisons ne saurait s'y accomplir sans cet agent, changements certains d'après l'observation), elle devrait y être plus efficace que sur la Terre, à cause de deux particularités du climat martien, la condition du ciel le jour et sa condition pendant la nuit. En plein jour, le ciel sur Mars est presque perpétuellement clair, de sorte que, s'il y a de la vapeur d'eau, la chaleur y serait emmagasinée pendant la journée. D'autre part,

(1) *Mars on glacial epochs. Proceedings of the American Philosophical Society*, novembre 1900.

(2) *Voir* la discussion que j'en ai donnée au tome I, p. 522-546.

le ciel martien étant couvert pendant la nuit, suivant l'auteur, il y aurait une protection additionnelle contre le rayonnement vers l'espace.

Ainsi, les calottes polaires nous montrent que le matériel nécessaire à une période glaciaire est là, tandis que l'orbite nous assure que les conditions cosmiques nécessaires sont également remplies.

En ce moment, l'excentricité de l'orbite de Mars est cinq fois et demie plus considérable que la nôtre. L'inclinaison de son axe est aussi d'accord avec les conditions d'un criterium, car elle est presque semblable à celle de la Terre, 25° au lieu de 23° ½. Ce petit écart ne ferait qu'accroître d'autant l'effet théorique de l'excentricité.

Comparant ensuite les calottes neigeuses de Mars avec celles de la Terre, M. Lowell trouve que ces dernières sont plus grandes, s'étendant, en hiver, jusqu'à 45° de latitude et ayant, par suite, un diamètre de 90°. Au moment du minimum, la calotte polaire terrestre sous-tend encore un angle de 40°. Or, ces dimensions sont plus restreintes sur Mars. Le diamètre de la calotte n'y dépasse jamais 70°, et il se réduit à 3° seulement au moment du minimum.

Beer et Mædler ont remarqué que la variation de la calotte australe de Mars est plus accentuée que celle de la boréale. La calotte australe est plus grande que l'autre en hiver et plus petite en été. M. Lowell considère que la variation des dimensions des calottes suit à peu près le cours suivant :

Jours avant le solstice d'été.	Calotte	
	sud moyenne.	nord moyenne.
92 à 80	50°	30°
80 à 70	39°	32°
70 à 60	34°	25°
60 à 50	28°	26°
50 à 40	25°	25°
40 à 30	27°	18°

La chaleur totale reçue du Soleil varie inversement avec le petit axe de l'orbite, et est, par conséquent, une fonction de l'excentricité. Mais la quantité relative de chaleur reçue en passant d'un équinoxe à l'autre ne varie pas. Ainsi, la chaleur reçue à n'importe quel angle est indépendante de l'excentricité. Mais elle n'est pas indépendante de l'inclinaison de l'axe. La quantité de chaleur (h) reçue à un point donné, par suite de l'inclinaison de l'axe, dépend de la position de ce point. Au pôle terrestre, elle varie de zéro pour les six mois autour du solstice d'hiver à

$$\int \frac{1}{r^2} \sin\delta \, dt = \int \frac{\sin\theta \sin\varepsilon \, d\theta}{h}$$

pour les autres six mois du solstice d'été (r étant le rayon de la planète, δ la déclinaison du Soleil, et ε l'inclinaison de l'axe sur l'orbite).

Pour un hémisphère pris dans son ensemble, l'insolation estivale totale dépasse de beaucoup l'insolation en hiver.

Soit $2H$ la quantité de chaleur tombant sur une section égale à la Terre à la distance 1 et pendant l'unité admise de temps; puis soit δ la déclinaison du Soleil. La quantité reçue par un hémisphère à la distance r et au temps dt sera

$$\frac{H}{r^2}(1+\sin\delta)\,dt$$

et par l'autre

$$\frac{H}{r^2}(1-\sin\delta)\,dt.$$

De même, comme $\sin\delta = \sin\theta\sin\varepsilon$, où ε = obliquité de l'écliptique, ces valeurs deviennent, d'équinoxe à équinoxe,

$$\int_0^{\pi}\frac{H}{h}(1+\sin\varepsilon\sin\theta)\,d\theta = \frac{H}{h}(\pi+2\sin\varepsilon)$$

et pour l'autre hémisphère

$$\frac{H}{h}(\pi-2\sin\varepsilon).$$

Avec $\varepsilon = 24°52'$, nous avons la proportion 63 à 37.

Mais, bien que l'insolation estivale et hibernale diffèrent ainsi, elles sont les mêmes pour chaque hémisphère. Par conséquent, ce que nous venons de développer ne saurait être la cause des différences en question entre les maxima et minima relatifs des calottes polaires.

Il paraît donc que ce n'est pas la quantité de chaleur, mais la manière dont elle est reçue, qui est responsable de la différence que nous observons. Des variations opposées présentées par les deux calottes polaires, la plus difficile à découvrir est la plus facile à expliquer. La différence des maxima paraît due à la grande longueur de la nuit antarctique. La nuit polaire arctique compte 306 de nos jours; mais la nuit antarctique en compte 381. Ainsi, pendant 75 jours de plus, le pôle austral ne voit jamais le Soleil. Il s'ensuit que sur Mars le pôle nord a moins de neige que le pôle sud.

L'action des minima est différente. La force présidant à la fonte des neiges est plus grande sur l'hémisphère dont l'été est plus intense.

Il semblerait aussi que, sur Mars, l'excentricité n'a non seulement aucune tendance à favoriser la conservation d'une grande calotte de glace au pôle qui a son solstice d'été près du périhélie, mais que l'accumulation permanente y est moindre qu'au pôle opposé.

Une augmentation uniforme de précipitation sur toute la surface de la planète augmenterait les dimensions de la calotte australe plus que celles de la calotte boréale.

Sur la Terre, cet accroissement de précipitation est rendu possible par la plus grande quantité d'eau à la surface. Ainsi, une période glaciaire pourrait parfaitement avoir lieu chez nous dans des conditions qui l'empêcheraient sur Mars. Elle arriverait surtout par suite de l'excentricité orbitale, mais non pas précisément en vertu de cette excentricité. Croll insiste sur ce que c'est l'effet indirect, non direct de l'excentricité, qui amène une période glaciaire. Cet effet indirect, il le trouve dans un accroissement de précipitation, un changement des vents et une modification analogue des courants océaniques. Ce que l'examen actuel du problème paraît démontrer, c'est qu'un simple accroissement de précipitation, provenant d'une cause quelconque, est bien capable de produire une période glaciaire.

Nous avons ainsi un renversement remarquable des conditions arctiques, de glaciaires à quelque chose d'opposé, dû directement, non à la différence d'excentricité, mais à une plus ou moins grande abondance d'eau. Et l'eau joue un rôle dans cet acte, soit à l'état gazeux, liquide ou solide. Sur Mars, elle est en faible quantité.

Nous sommes déjà arrivés à la conclusion que ce que l'on considérait jusqu'ici comme des océans, les taches d'un gris bleu verdâtre, ne sont pas des mers, mais de vastes étendues de champs ou de forêts. Diverses observations sont venues confirmer cette manière de voir : canaux traversant ces régions, changements de tons suivant la saison, la couleur verte du printemps devenant jaune doré en automne, etc. Ces modifications impliquent l'existence de l'air et de l'eau.

La calotte polaire blanche de l'hémisphère nord de Mars est bien centrée sur le pôle. Mais on sait que la calotte sud est excentrique à son pôle d'environ 7°, dans le sens de 54° de longitude. On a attribué cette excentricité à une montagne qui retiendrait les neiges. Mais M. Lowell n'adopte pas cette manière de voir pour les raisons suivantes : le froid augmente avec la hauteur parce que l'enveloppe de vapeur d'eau s'amincit de plus en plus. Sur la Terre, une élévation de 3000^m vers 45° de latitude amène l'observateur dans la région des neiges éternelles. Mais, sur Mars, il n'en peut être ainsi. C'est la masse d'une planète qui régit la densité de son enveloppe atmosphérique. L'air diminue de densité par une loi qui dépend directement de la masse de la planète. Cette loi, la voici :

La densité de l'air variant d'abord avec la pression, nous avons

$$\frac{dp}{dx} = \frac{c\,dD}{dx} = -ap = ag\,D,$$

où D est la densité, p la pression et g la pesanteur. Il s'ensuit que

$$\frac{dD}{D} = ag\,dx.$$

Le signe moins dénote que x diminue avec l'augmentation de D.

Si a = 1, nous avons

$$\frac{dD}{D} = -g\,dx,$$

d'où

$$\int \frac{dD}{D} = \log D = -gx,$$

où

$$D = e^{-gx}.$$

Pour une autre planète, nous avons également

$$D = e^{-gx}.$$

Ainsi la hauteur nécessaire pour amener la même densité relative sur deux atmosphères planétaires varie inversement à la pesanteur superficielle. Il s'ensuit que, pour arriver à un résultat pour lequel une ascension moyenne suffirait sur la Terre, il faudrait une grande ascension sur Mars. Comme la pesanteur n'y est que de 0,376, et que $g = 3^{m},69$ à l'équateur, il faudrait une hauteur presque triple sur Mars. Un Gaurisankar n'y serait qu'un Etna. S'il y avait des pics de cette hauteur, ils ne sauraient échapper à l'observation télescopique. Les projections du terminateur paraissent n'être que des nuages, tellement leur aspect est variable. Mars se présente donc à nous comme un monde essentiellement plat.

D'autre part, l'hémisphère sud seul est recouvert de grandes taches grises, et ces estompages sont les plus étendus entre 300° et 90° de longitude. C'est au milieu de ces régions que se trouve la calotte polaire australe. Pour qu'elle ait cette situation excentrique, il est évident qu'il y a une cause déterminante.

Il n'y a pas de doute, pour M. Lowell, que les surfaces bleu verdâtre sont des bas-fonds recouverts de végétation. Bien que la cavité soit certainement faible, elle doit être cependant suffisante pour recevoir l'écoulement de l'humidité venant du voisinage. Or, comme la calotte australe est située dans une région grise, il s'ensuit que sa survie est produite surtout par des bas-fonds et non pas par des élévations. C'est le contraire de ce qui se passe pour les neiges terrestres.

L'auteur examine ensuite comment ce résultat pourrait être atteint. De même que ce n'est pas la hauteur, mais la profondeur, qui détermine le dépôt, c'est encore la profondeur qui produit le phénomène en question. Mais c'est par son effet indirect plutôt que par son efficacité immédiate que la profondeur agit ici. L'humidité de l'air s'écoule, il est vrai, dans ces « bas-fonds atmosphériques », remplis de vapeur d'eau ; car ce gaz, quoique plus léger que l'air, se rencontre avec le plus d'abondance près de la surface, parce qu'il se raréfie avec la hauteur beaucoup plus vite que l'air. Il s'ensuit que la dépression n'est pas un facteur aussi négligeable que l'élévation. Mais, même dans ce cas, la différence de niveau n'effectue qu'une partie du travail. Indirectement, les dépressions font quelque chose de plus : elles donnent naissance à de la végétation. La végétation elle-même commence alors à agir, produit de l'humidité et en renforce l'action. Elle pompe l'eau, afin d'absorber les substances tenues en solution dans ce liquide; puis, en libérant le résidu, elle lui permet de s'évaporer. Ainsi, l'humidité attirée par les terrains boisés retourne à l'atmosphère et est prête à se déposer de nouveau.

Ces dépôts d'humidité ne s'effectuent sans doute pas là comme ici. La raréfaction de l'air sur Mars est si grande, qu'une précipitation sous forme de pluie ou neige ne semble pas aussi probable que celle du contact, c'est-à-dire de la rosée ou de la gelée blanche. Dans ce cas, le dépôt doit se produire non loin des points d'origine. Étant dans une vallée, le vent aura moins d'action et l'accroissement des plantes empêchera son cours encore davantage; puis, telle humidité prise ici n'aura plus beaucoup de chances d'être précipitée ailleurs. Elle retournera pour recommencer son travail sur les plantes. Nous arrivons ainsi à la conclusion que la plus grande accumulation de gelée blanche aura lieu quelque part, non loin des réservoirs généraux d'humidité, autrement dit des taches sombres. Et c'est là précisément que nous observons le centre de la calotte neigeuse.

Le fait que le petit reste de la calotte polaire sud, à la fin de l'été, se trouve à quelque distance du pôle prouve que sa survie n'est pas due au hasard de sa position, mais à sa propre épaisseur, qui est assez grande pour le préserver contre la radiation solaire. D'autre part, ce qui reste des neiges boréales d'année en année ne doit sa conservation qu'à sa latitude. Ainsi, la survie de la petite neige qui est laissée au pôle sud, au lieu de démontrer l'action de l'excentricité, ne fait qu'accentuer son impuissance. Sans la présence des bas-fonds et sans l'accroissement d'humidité dont nous venons de parler, il n'y aurait pas de neiges éternelles autour du pôle austral.

Ainsi, cette seconde caractéristique des taches polaires, le centrage de l'une et l'excentricité de l'autre, confirme et renforce le témoignage fourni par les maxima et les minima, car elle montre que les minima sont réellement plus accentués qu'ils ne paraissent l'être. Le petit minimum au pôle sud disparaîtrait complètement tous les ans, sans l'action de causes locales.

Cette recherche sur les calottes polaires, conclut M. Lowell, nous conduit à certaines curieuses conclusions. Elle débute par une contradiction apparente de la théorie de Croll, pour se terminer dans une confirmation finale. Elle montre, de plus, que l'excentricité orbitale, non seulement ne produit pas de période glaciaire universelle par elle-même, mais donne lieu parfois, au contraire, à un résultat opposé, l'effet du voisinage estival faisant plus que contre-balancer celui de la distance hivernale. L'excentricité demande de l'eau, et une grande provision d'eau, pour déterminer une période glaciaire. Si notre Terre pouvait se débarrasser de ses océans, nous aussi, nous pourrions avoir des régions tempérées s'étendant jusqu'aux pôles.

En résumé, sur Mars, la nuit polaire arctique occupe 306 de nos jours et la nuit antarctique 381. Elle est donc de 75 jours plus longue pour le Sud que pour le Nord, et c'est ce qui explique que le pôle sud de cette planète a plus de neige que le pôle nord. Mars est un monde sans montagnes; les grandes taches sombres ne sont pas des mers, à proprement parler, mais des terrains bas couverts de plantes et recevant l'écoulement des eaux. La neige polaire australe, qui subsiste après le solstice d'été, n'est pas due à l'excentricité de l'orbite, mais à un dépôt de gelée blanche restant dans ces régions humides.

La théorie des époques glaciaires est traitée sous une forme plus générale dans le Mémoire suivant.

CCLXXIII. — Charlier. — La théorie astronomique des époques glaciaires sur la Terre et sur Mars.

L'Observatoire de Lund, en Suède, a publié en 1901 un remarquable travail de M. Charlier sur la théorie astronomique des époques glaciaires, appliquée à la Terre et à Mars. Ce travail peut se résumer comme il suit :

Dans un intéressant petit Livre publié en 1891, Sir Robert Ball a exposé la théorie de Croll sous une forme très claire, dont voici le sommaire :

1° De la quantité totale de chaleur reçue du Soleil sur un hémisphère de la Terre dans le cours d'une année, 63 pour 100 sont reçus pendant l'été et 37 pour 100 pendant l'hiver ;

2° Le seul agent qui altère les conditions climatériques des saisons, au point de vue astronomique, est la différence entre la longueur de la demi-année d'été et de la demi-année d'hiver.

Ces propositions contiennent toute la théorie sous une forme condensée. Il y a toutefois certains détails importants qu'il paraît nécessaire d'examiner plus complètement qu'on ne l'a fait jusqu'ici.

Mon intention n'est pas d'exposer et de soutenir ici la célèbre théorie de Croll, et je ne puis mieux faire que de renvoyer au Livre de M. Ball. Mais je dois d'abord relever une objection faite à cette théorie par M. Flammarion dans son grand Ouvrage sur la planète Mars, objection à laquelle s'est rallié M. Ekholm dans un savant Mémoire sur les variations du climat de la Terre (*Quarterly Journal of the Royal Meteor. Society*, 1901). Il me semble qu'une analyse plus serrée des faits montrera que plusieurs circonstances relatives à cette planète fournissent un fort argument en faveur d'une explication astronomique de l'âge glaciaire.

Le seul élément astronomique agissant dans cette théorie est la variation de longueur des différentes saisons. C'est ce fait que je vais discuter. Toutefois il y a quelques remarques à faire sur l'aspect physique du sujet, c'est-à-dire sur la quantité de chaleur reçue du Soleil aux différentes latitudes de la Terre, suivant les saisons.

Cette question a été complètement traitée par Meech et par Wiener. En intégrant les formules assez compliquées qu'ils ont calculées, on arrive comme conclusion aux valeurs suivantes pour la quantité de chaleur reçue de l'équinoxe de printemps à l'équinoxe d'automne (saison d'été) et de l'équinoxe d'automne à celui du printemps (saison d'hiver).

Il s'agit de la quantité de chaleur reçue du Soleil par la Terre pendant le temps mesuré par la variation de la longitude du Soleil, sur une unité de surface de la Terre située à la latitude φ.

QUANTITÉ DE CHALEUR.

Latitude.	Été.	Hiver.	Somme.	Différence.
0°	175,4	175,4	350,8	0,0
10	185,6	160,2	345,8	25,4
20	190,6	140,8	331,4	49,8
30	190,3	117,7	308,0	72,6
40	185,2	91,7	276,9	93,5
50	175,6	64,1	239,7	111,5
60	162,7	36,7	199,4	126,0
70	151,5	14,7	166,2	136,8
80	146,9	3,5	150,4	143,4
90	145,4	0,0	145,4	145,4

Il est remarquable que la *différence* entre la chaleur de l'été et celle de l'hiver peut être exprimée par une formule très simple. Rigoureusement parlant, cette différence de chaleur entre l'été et l'hiver est égale à

$$\frac{2\pi h}{\sqrt{a(1-e^2)}} \sin\varepsilon \sin\varphi,$$

formule dans laquelle ε représente l'obliquité de l'écliptique et φ la latitude, c'est-à-dire que la chaleur de l'été moins la chaleur de l'hiver égale $145,4 \sin\varphi$.

Pour obtenir la quantité totale de chaleur sur une étendue déterminée de la surface du globe il faut une autre intégration. M. Ball a trouvé pour l'hémisphère nord :

$$\text{Chaleur de l'été} = \mathrm{E}\,\frac{\pi + 2\sin\varepsilon}{2\pi},$$

$$\text{Chaleur de l'hiver} = \mathrm{E}\,\frac{\pi - 2\sin\varepsilon}{2\pi},$$

formules dans lesquelles 2E représente la chaleur totale reçue en une année du Soleil par la Terre entière. Le résultat numérique est 0,627 E pour l'été et 0,373 E pour l'hiver.

De ces expressions il suit que, lorsque l'obliquité de l'écliptique augmente, la chaleur reçue pendant l'été s'accroît, tandis que celle reçue pendant l'hiver diminue. Or, d'après Stockwell, l'obliquité de l'écliptique n'oscille que de 1°, 31, de part et d'autre de sa valeur moyenne 23°, 29. La variation qui en résulte ne s'élève qu'à 0,67 pour 100, quantité insignifiante si on la compare à l'effet causé par la variation de longueur des saisons.

Nous arrivons maintenant au *calcul de la longueur des saisons terrestres*: saison d'été, de l'équinoxe de printemps à l'équinoxe d'automne; saison d'hiver pour l'autre section de l'orbite.

On a

$$\text{Longueur de l'été} = \mathrm{T}\left(1 + \frac{4e}{\pi}\sin\lambda\right),$$

$$\text{Longueur de l'hiver} = \mathrm{T}\left(1 - \frac{4e}{\pi}\sin\lambda\right),$$

$$\text{(A)} \qquad \text{Différence été} - \text{hiver} = \frac{8\mathrm{T}}{\pi} e \sin\lambda,$$

$$\text{Le temps T} = \frac{365,24}{2} = 182,62.$$

La différence été moins hiver est donc de $465,2 \times e \sin\lambda$.

Si l'on exprime par γ la longitude du point où la Terre passe à l'équinoxe de printemps et par π la longitude du périhélie de la Terre, on a

$$\lambda = \gamma - \pi.$$

En comptant les longitudes de la position du point équinoxial en 1850, on a

$$\lambda = 180° - 50'',236(t - 1850).$$

Et la formule définitive est

$$\text{Été} - \text{hiver} = 465,2 \times e \sin(180° - 50'',236\,t - \pi),$$

le temps étant compté de 1850.

Par cette formule, la différence en jours entre la longueur de la saison d'hiver et celle de la saison d'été peut être obtenue pour quelque époque que ce soit.

Pour obtenir la différence entre la longueur des saisons chaude et froide il importe de connaître les variations séculaires de l'excentricité de l'orbite terrestre et de la longitude du périhélie. Les voici, pour 400 000 ans, d'après Le Verrier et Stockwell :

Années.	Excentricité.	Périhélie.	Années.	Excentricité.	Périhélie.
		°			°
−300 000	0,0373	−433	− 90 000	0,0392	−124
−290 000	0,0337	−402	− 80 000	0,0343	− 99
−280 000	0,0262	−373	− 70 000	0,0269	− 76
−270 000	0,0163	−355	− 60 000	0,0181	− 59
−260 000	0,0093	−377	− 50 000	0,0110	− 61
−250 000	0,0161	−403	− 40 000	0,0110	− 83
−240 000	0,0271	−388	− 30 000	0,0157	− 79
−230 000	0,0370	−366	− 20 000	0,0192	− 59
−220 000	0,0437	−340	− 10 000	0,0195	− 31
−210 000	0,0471	−315	0	0,0168	0
−200 000	0,0470	−291	+ 10 000	0,0115	+ 36
−190 000	0,0442	−269	+ 20 000	0,0055	+ 92
−180 000	0,0395	−244	+ 30 000	0,0049	+206

Années.	Excentricité.	Périhélie.	Années.	Excentricité.	Périhélie.
−170000	0,0334	−232°	+ 40000	0,0077	+225°
−160000	0,0283	−222	+ 50000	0,0134	+297
−150000	0,0254	−218	+ 60000	0,0145	+325
−140000	0,0266	−214	+ 70000	0,0134	+345
−130000	0,0307	−206	+ 80000	0,0113	+354
−120000	0,0356	−190	+ 90000	0,0110	+349
−110000	0,0394	−170	+100000	0,0143	+348
−100000	0,0408	−148			

Ces valeurs sont graphiquement représentées sur les deux figures ci-dessous.

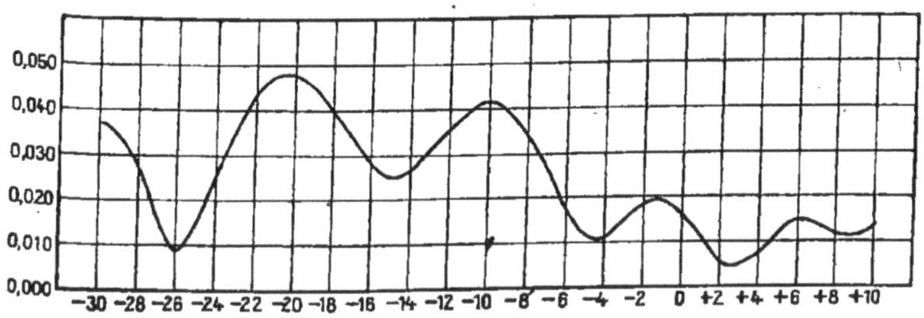

Fig. 376. — Variations de l'excentricité de l'orbite terrestre, depuis 300000 ans avant notre époque jusque dans 100000 ans.

La longitude du périhélie est comptée de la position en 1850. Elle était alors de 100° 21′.

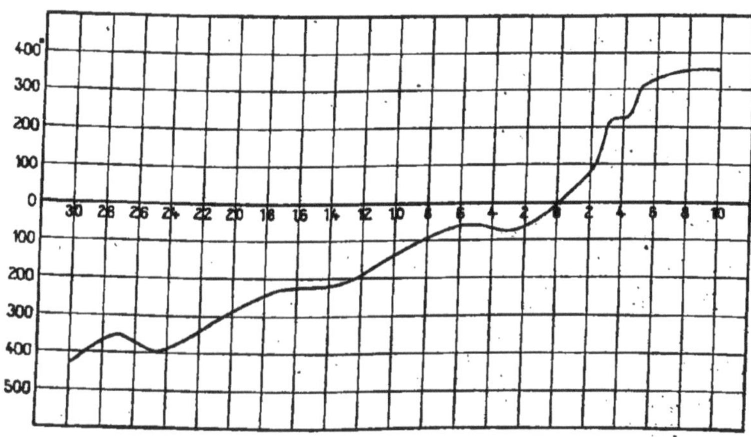

Fig. 377. — Longitude du périhélie de l'orbite terrestre, depuis 300000 ans avant notre époque jusque dans 100000 ans.

D'après les nombres qui précèdent, on peut calculer les périodes de maxima et de minima et les valeurs correspondantes de la différence entre la longueur de la saison d'été et celle de la saison d'hiver. Voici le résultat :

DIFFÉRENCES ENTRE LA LONGUEUR DES SAISONS D'ÉTÉ ET D'HIVER SUR LA TERRE, DEPUIS 300000 ANS et JUSQUE DANS 600000 ANS.

Années.	Différence en jours.	Années.	Différence en jours.	Années.	Différence en jours.
—291000	—15,8	—163000	+14,0	—47000	+5,1
—279000	+11,6	—152000	—12,1	—36000	—6,0
—268000	— 7,0	—140000	+12,6	—24000	+8,4
—256000	+ 5,6	—129000	—14,4	—13000	—8,8
—245000	—10,2	—117000	+17,2	— 1000	+7,9
—233000	+15,8	—105000	—18,6	+11000	—5,1
—221000	—20,0	— 94000	+18,6	+22000	+2,3
—210000	+21,9	— 82000	—16,3	+34000	—2,8
—198000	—21,4	— 71000	+13,0	+45000	+5,1
—187000	+20,0	— 59000	— 7,9	+57000	—6,5
—175000	—16,7				

Ces valeurs sont traduites en diagrammes sur la figure 3. On y constate que

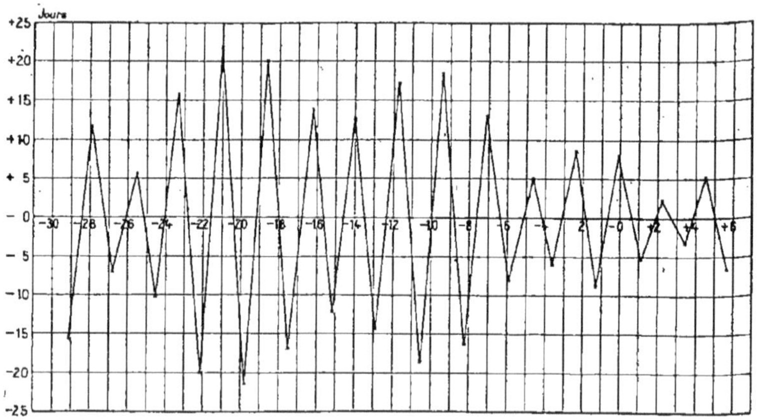

Fig. 378. — Diagramme schématique montrant les différences de longueurs en jours entre les saisons d'été et d'hiver, depuis 300000 ans jusque dans 60000 ans.

depuis 300000 ans il y a eu 13 maxima et autant de minima de la différence entre la longueur des saisons d'été et d'hiver. Des époques glaciaires sont arrivées sur la Terre alternativement dans les hémisphères sud (maxima) et nord (minima), si d'autres circonstances ne sont pas intervenues.

L'influence des variations dans la longueur des saisons a été la plus prononcée entre les années — 240000 et — 70000. La plus grande différence entre les longueurs des saisons chaude et froide est arrivée en — 200000 et — 210000 : elle s'est élevée à près de 22 jours.

Le calcul précédent n'est qu'approché. On y a supposé que le périhélie de l'orbite terrestre se déplace d'un mouvement uniforme. Mais on peut porter ce calcul à une plus grande précision en tenant compte de la variation de ce déplacement. On trouve alors que la plus grande différence entre la saison chaude et la froide peut s'élever à 31 jours et demi.

Voici le calcul pour le temps compris depuis 100000 ans et jusque dans 10000 ans de la différence précise de 5000 en 5000 ans et de 1000 en 1000 ans :

Années.	Différence en jours.	Années.	Différence en jours.	Années.	Différence en jours.
—100000	— 0,5	—30000	— 4,7	— 2000	+7,2
— 95000	+18,4	—25000	+ 5,4	— 1000	+7,9
— 90000	+ 5,4	—20000	+ 7,4	0000	+7,7
— 85000	—15,1	—15000	— 4,0	+ 1000	+6,7
— 80000	— 8,8	—12000	— 9,1	+ 2000	+5,2
— 75080	+10,5	—11000	— 9,1	+ 3000	+3,3
— 70000	+ 9,4	—10000	— 8,4	+ 4000	+1,2
— 65000	— 4,6	— 9000	— 7,1	+ 5000	—0,8
— 60050	— 7,8	— 8000	— 5,2	+ 6000	—2,8
— 55000	+ 0,7	— 7000	— 3,0	+ 7000	—4,2
— 50000	+ 4,0	— 6000	0,0	+ 8000	—5,1
— 45000	+ 4,0	— 5000	+ 2,2	+ 9000	—5,5
— 40000	+ 0,4	— 4000	+ 4,5	+10000	—5,4
— 35000	— 5,7	— 3000	+ 6,2		

Actuellement, la saison froide est de $7^{j},666$ plus courte que la saison chaude pour l'hémisphère nord. La différence va en décroissant et atteindra 0 dans 4500 ans. Dans 9000 ans nous aurons une période froide pour notre hémisphère boréal, car alors la saison d'été y sera de 6 jours plus courte que la saison d'hiver. En ce moment nous avons passé le maximum de la longueur de la saison d'été, qui est arrivé il y a environ 900 ans, alors qu'elle était de 8 jours plus longue que l'hiver. D'après la théorie astronomique des époques glaciaires, l'hémisphère austral devrait avoir une période froide depuis plusieurs siècles. Mais cette conséquence paraît tempérée par la présence des océans.

La dernière époque des longs hivers pour l'hémisphère nord a eu lieu il y a 11500 ans, lorsque la longueur de la saison froide était de 9 jours plus grande que celle de la saison chaude.

Une autre époque de longs hivers est arrivée il y a 33000 ans (différence de 6 jours), une autre vers l'an —62000 (différence de 9 jours) et une beaucoup plus marquée vers l'an —84000, où la saison d'été était de 17 jours plus courte que la saison d'hiver.

Ces données sont graphiquement représentées sur la figure 379.

Essayons maintenant de faire les mêmes recherches pour la planète Mars.

L'obliquité de l'axe de rotation de Mars sur l'écliptique est actuellement de 24°,87; elle varie, comme celle de la Terre, entre des limites très étroites. La distribution de la chaleur sur les différentes latitudes de Mars doit par conséquent être à peu près égale à ce qu'elle est sur la Terre. M. Flammarion l'a calculée à 0,634 E pour la saison d'été et à 0,366 E pour la saison d'hiver, 2 E représentant la quantité totale de chaleur reçue sur les deux hémisphères de

Mars pendant une année martienne. On voit que la proportion est à peu près la même que pour la Terre.

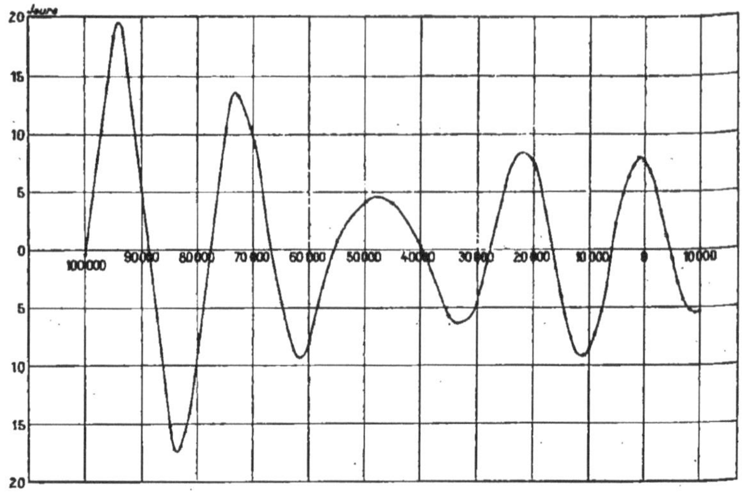

Fig. 379. — Différence entre les longueurs de la saison d'été et de la saison d'hiver, depuis 100000 ans jusque dans 10000 ans.

Il reste à calculer la longueur des saisons sur Mars et leurs variations.

Les variations séculaires de l'excentricité et de la longitude du périhélie de Mars sont données par les formules de Stockwell, et nous pouvons écrire, comme nous l'avons fait plus haut pour la Terre [formule C A],

$$\text{Différence été} - \text{hiver} = \frac{8\,T}{\pi}\, e \sin\lambda.$$

Mais il faut calculer la précession de l'axe de Mars (γ).

Cette précession est causée par l'attraction du Soleil et des satellites sur le renflement équatorial de la planète. Contrairement à ce qui arrive pour la Terre, l'influence des satellites peut être négligée : leur masse est insignifiante, et ils n'ont exercé aucune action sur la durée de rotation de la planète. La circonstance remarquable que cette durée est plus longue que celle de la révolution du premier satellite doit être attribuée, comme l'a établi M. Darwin, à l'influence de marée du Soleil sur la planète. Si l'influence de marée des satellites, qui est proportionnelle à leur influence sur la précession de l'axe de rotation, était de même grandeur ou plus grande que celle du Soleil, aucun ralentissement du temps de rotation de la planète n'aurait pu se produire. D'autre part, les satellites gravitent à peu près dans le plan de l'équateur de Mars et par conséquent ne peuvent exercer aucune action importante sur le mouvement de l'axe de rotation. Ils ne pourraient produire qu'un retard sur la précession des équinoxes causée par le Soleil.

La précession causée par le Soleil peut être exprimée par la formule

$$\text{Précession} = -\frac{3}{2}\frac{n'^2}{n}\cos\varepsilon\frac{C-A}{A}t,$$

dans laquelle

n' = le moyen mouvement de Mars,
n = son moyen mouvement de rotation,
ε = l'obliquité de l'axe,

$\frac{C-A}{A}$ = l'ellipticité de la planète.

De ces quantités, l'ellipticité est imparfaitement connue. Sa valeur ne doit pas beaucoup différer de $\frac{1}{220}$. Pour les autres éléments, j'adopterai, d'après Flammarion, les valeurs suivantes :

$$n' = 689\,000'',$$
$$n = 464\,600\,000'',$$
$$\varepsilon = 24^\circ{,}87.$$

L'unité de temps est l'année tropique.

Par ces valeurs on obtient

$$\text{Précession des équinoxes de Mars} = -6''{,}321\,t.$$

La longitude du point de l'orbite de Mars à l'équinoxe de printemps martien est, d'après Flammarion, 86°,8. Nous avons donc

$$\gamma = 86^\circ{,}8 - 6''{,}321\,t.$$

Ces valeurs de γ, e et π doivent être substituées dans la formule (A) pour la différence entre la longueur de l'été et de l'hiver de l'hémisphère nord de Mars :

$$\text{Différence} = \frac{8\,T}{\pi}e\sin(\gamma-\pi).$$

La révolution de Mars a pour valeur

$$2\,T = 686{,}93 \text{ jours solaires moyens};$$

d'où

$$\text{Différence} = 875{,}0\sin(\gamma-\pi).$$

On trouve, en effectuant le calcul, que la différence de durée entre la saison chaude et la saison froide de Mars peut s'élever à 122 jours.

On voit par là qu'il y a environ 10000 ans l'hiver et l'été sur Mars étaient d'égale longueur. Depuis cette époque, l'été de l'hémisphère nord s'est accru aux dépens de l'hiver. Actuellement la différence s'élève à 75 jours et elle va continuer à s'accroître jusqu'à 86 jours, ce qui arrivera dans 4000 ans. Après 17000 ans la longueur des deux saisons sera égale de nouveau [1].

Il est clair d'après cela, selon la théorie astronomique des époques glaciaires, que les habitants supposés de Mars se trouvent au milieu d'une époque glaciaire dans l'hémisphère austral, l'hiver y étant de 75 jours plus long que l'été.

Que nous apprennent les observations astronomiques faites sur les deux hémisphères de cette planète au point de vue climatologique? Herschel, Schrœter, Beer et Mädler, Lassell, Lockyer, Schiaparelli et Flammarion concluent de leurs observations attentives que les dimensions des neiges polaires présentent la même étendue sur les deux hémisphères, ainsi que des variations analogues. Flammarion, qui a discuté le sujet avec un grand soin, assure que « les variations des deux pôles sont comparables entre elles » et ajoute que « la théorie de la variation séculaire des climats terrestres fondée sur l'excentricité de l'orbite, proposée par Adhémar et reprise par James Croll sur d'autres bases, n'est pas confirmée par l'examen de Mars ».

Je ne partage pas sur ce point l'opinion du célèbre astronome français. D'après la théorie de Croll, le climat d'un hémisphère sur une planète dépend de la longueur des saisons. Il en résulte que le climat de l'hémisphère austral de Mars, sur lequel l'hiver est de 75 jours plus long que l'été, doit être plus rude que celui de l'hémisphère boréal, soumis à un régime contraire, en admettant que les conditions physiques et géologiques des deux hémisphères soient les mêmes. Tel n'est pas le cas de Mars. L'hémisphère nord est presque entièrement continental, tandis qu'une surface égale à 60 pour 100 en moins de l'hémisphère sud est couverte d'eau. Une telle distribution de terres et de mers doit nécessairement contre-balancer l'effet des longs hivers sur l'hémisphère austral. Si la longueur des saisons était sans influence sur les climats (la quantité de chaleur pendant chaque saison étant inaltérée), la distribution des terres et des mers sur Mars aurait nécessairement pour résultat que la glace sur l'hémisphère nord, principalement continental, ne pourrait pas en une année fondre autant que sur l'hémisphère sud. Cependant c'est ce qui arrive en réalité. De là il me semble logique de conclure que la théorie astronomique des époques glaciaires est

[1] Étant donné que la planète Mars, contrairement à la Terre, possède un moyen mouvement de son périhélie, la formule précédente est applicable à un temps plus long pour Mars que pour la Terre. La valeur annuelle de ce mouvement moyen est

$$+17'',784,$$
$$\pi_0 = 333°,8,$$
$$\gamma - \pi = 113°,0 - 24'',105\,t$$

et

$$\text{Différence} = 875{,}0\,e \sin(113°,0 - 24''.105\,t).$$

Il résulte de cette formule que les périodes de maxima se suivent à des intervalles de 53800 ans. La différence entre les saisons devient zéro aux époques auxquelles

$$113°,0 - 24''105\,t = n\,180°,$$

n étant une quantité arbitraire, positive ou négative.

valable et explique d'une manière satisfaisante les conditions climatériques de notre planète voisine.

Le géologue suédois Holst a récemment montré que les variations du niveau de la mer dans les derniers temps géologiques peuvent s'expliquer par la pression exercée par le poids de la glace. Cette théorie complète la précédente et permet d'expliquer pourquoi les environs du pôle sud de Mars ont reçu leur caractère actuel.

Il y a dix mille ans, les saisons sur Mars étaient d'égale longueur, l'été et l'hiver ayant chacun 343ʲ,5. Depuis cette époque, l'hiver de l'hémisphère sud a augmenté en longueur et le climat de cette moitié de la planète est devenu plus rude. La distribution des terres et des mers ayant peut-être été alors plus uniforme sur l'ensemble de la planète que de nos jours, une masse de glace grandissante a dû s'accumuler pendant plusieurs siècles autour du pôle sud. Avec le temps, le poids de cette calotte de glace a été si considérable, que le continent sous-jacent s'enfonce lentement, l'eau des autres régions de la planète transporte au pôle la chaleur des régions équatoriales, la glace fond peu à peu et l'état actuel d'équilibre est atteint.

Quelle que soit l'origine de la distribution actuelle des terres et des eaux sur Mars, c'est assez pour la théorie astronomique de rendre compte de l'état présent des conditions climatologiques de la planète.

C.-V.-L. Charlier,

Observatoire de Lund.

En réponse à ce savant Mémoire, publié par l'Observatoire de Lund, je ne puis que répéter ce que j'ai écrit au premier Volume de cet Ouvrage : c'est que les neiges polaires sud fondent autant que les neiges polaires nord, que ce climat ne paraît pas rigoureux, comme il devrait l'être d'après la théorie astronomique des époques glaciaires, et que, par conséquent, les observations de la planète Mars n'appuient pas cette théorie.

M. Charlier invoque l'inégale distribution des terres et des mers, dans les deux hémisphères de Mars, pour expliquer l'analogie climatérique de ces deux hémisphères : la moitié sud, maritime, étant tempérée relativement à la moitié nord, continentale. Il peut se faire que cette répartition ait une influence sur les températures, mais nous ne sommes pas en droit de l'affirmer, car nous ne sommes pas même sûrs que les taches grises de Mars représentent des eaux. Il devient même de plus en plus probable que ce sont des plaines végétales. Dans tous les cas, l'eau n'est pas en grande quantité. Les surfaces liquides ou humides peuvent être vastes, mais le volume total de l'eau doit être faible, relativement à celui des mers terrestres.

Par une circonstance plutôt fâcheuse, le cap polaire sud fond même plus complètement que le cap polaire nord. Nous l'avons bien vu en 1894, où il a presque disparu. Il est plus réduit que le nord à son minimum et, d'autre part, il est plus étendu à son maximum, où il atteint 50° et davantage, de diamètre, tandis que le nord ne dépasse guère 40°.

Ainsi le froid ne persiste pas sur l'hémisphère austral de Mars, les neiges polaires même y fondent; il n'y a pas là d'époque glaciaire, et les mers martiennes ne suffisent pas pour corriger l'action de l'excentricité de l'orbite: la longueur des hivers ne sert qu'à donner un peu plus d'extension au maximum.

CONCLUSION DE CE DEUXIÈME VOLUME.

Les observations faites sur la planète Mars ont pris un tel développement depuis la publication de notre premier Volume, que la synthèse que nous avons entreprise est devenue une véritable *encyclopédie martienne*. Voici ce deuxième Volume arrivé aux limites raisonnables d'une dimension normale, aux 600 pages du premier Volume, et dans notre désir de rester aussi complet que possible, de ne rien omettre de tout ce qui peut avancer notre connaissance de ce monde voisin, nous n'avons pas dépassé l'opposition de 1900-1901. Un troisième Volume est donc exigé par les observations récentes, non moins importantes que les précédentes, et de plus en plus avancées.

Nous ne pouvons mieux faire, pour compléter ce Volume-ci, que de l'illustrer par une Carte générale représentant l'ensemble de toutes les observations au point où nous sommes arrivés. Cette Carte, que nous avons construite à la fin de l'année 1901 et publiée au *Bulletin* de mars 1902 de la Société astronomique de France, est aussi complète que possible; nous en avons préparé, étudié et discuté tous les détails avec le plus grand soin, et elle a été dessinée par M. Antoniadi avec une habileté dont seront agréablement frappés tous ceux qui se donneront le plaisir d'examiner ce beau travail.

Les Cartes de M. Schiaparelli se complètent les unes les autres; mais l'astronome de Milan n'a pas réuni toutes ses observations et toute sa nomenclature aréographique, si gracieuse et si charmante, sur une seule Carte. Aussi, le besoin de rassembler tous les travaux les plus dignes de foi en une seule étude topographique de la planète s'imposait-il en quelque sorte. La présente Carte comble cette lacune. Elle contient toutes les observations faites par M. Schiaparelli, celles que nous avons faites à l'Observatoire de Juvisy, M. Antoniadi et moi, plus une partie des détails vus par MM. Lowell, Cerulli et Molesworth, et confirmés par les membres de la Commission aréographique de la British astronomical Association.

Tous les détails indiqués sur cette Carte nous paraissent suffisamment observés depuis 1877 pour être considérés comme certains.

Les observations ont établi que la surface de Mars est soumise à de profondes et rapides transformations. On ne saurait donc prétendre construire une Carte *permanente* de la planète. Dans ces conditions, cette Carte est, en quelque sorte, *un état moyen* des sensations aréoscopiques.

Les canaux qui ont été vus le plus souvent doubles y sont représentés doubles (Cerbère, Casius, Gyndes, Heliconius, Protonilus, Phison, Jamuna, Hydraotes, Nilokeras, Gange, Nilus, etc.); les autres sont simples. La tonalité des mers est entièrement basée sur les observations que nous avons faites à Juvisy, de 1894 à 1901. Les contours des mers sont, de préférence, ceux de M. Schiaparelli. Les noms entre guillemets se rapportent à des noms donnés par MM. Lowell et Cerulli, aussi bien que par nous-mêmes [1].

Les régions continentales sont invariablement désignées par des lettres droites ou romaines.

Tout ce qui rappelle l'eau, à l'état solide ou liquide, est écrit en italiques. Les détails topographiques douteux sont accompagnés d'un point d'interrogation.

La Carte principale est dressée sur la projection de Mercator, et va jusqu'à 70° de latitude de part et d'autre de l'équateur. On remarquera que les canaux paraissent s'élargir aux latitudes lointaines, résultat inévitable de la projection.

Les deux calottes polaires complètent cette représentation de la surface de Mars, de 70° de latitude boréale ou australe jusqu'aux pôles. On y a représenté les neiges aux époques de leur minimum : la neige australe en 1879; la neige boréale en 1888. On voit par là que la fonte des neiges s'est montrée ici plus accentuée dans l'hémisphère austral que dans l'hémisphère boréal.

Ainsi, la Carte ci-contre représente ce que nous pourrions appeler l'état moyen des aspects de la planète, si variables en eux-mêmes. Des *changements certains* s'opèrent presque constamment sur ce monde voisin.

Ces changements, que j'ai signalés comme certains depuis l'année 1876 (*voir* t. I, p. 241), malgré les objections présentées par les sceptiques, indiquant les divergences d'appréciations, de vues et de dessins des divers observateurs, les différences d'instruments, les variations possibles de transparence de l'atmosphère martienne, les nuages et brumes de cette

[1] Deucalionis Regio est séparée de Noachis par un chenal dont l'intensité est, parfois, très grande, qui est soumis à de fortes variations, et qui, resté anonyme, ne pouvait être indiqué que par des périphrases. Nous lui avons donné le nom de « *Pandoræ Fretum* » ou Détroit de Pandore, par égard à la nomenclature de la région avoisinante. (On n'a pas oublié que Pandore, l'Ève des Grecs, avait été envoyée pour femme à Prométhée par Jupiter.) — Ce chenal a été observé et dessiné dès le XVIIIe siècle par William Herschel et par Schrœter. Nous avons donné le nom de *Nasamon* au canal qui descend de la pointe de Syrtis major au Casius et que nous avons observé en 1896, 1898 et 1901; le nom de *Permessus* à celui qui traverse de l'Est à l'Ouest une partie de l'Uchronia, de 220° à 265° de longitude, et le nom de *Rhyndacus* à celui qui descend de Propontis au Choaspes (lat. + 50° à + 72°), tous deux observés à Juvisy en 1901 (*voir* plus haut, p. 286, 379, 509 et 527).

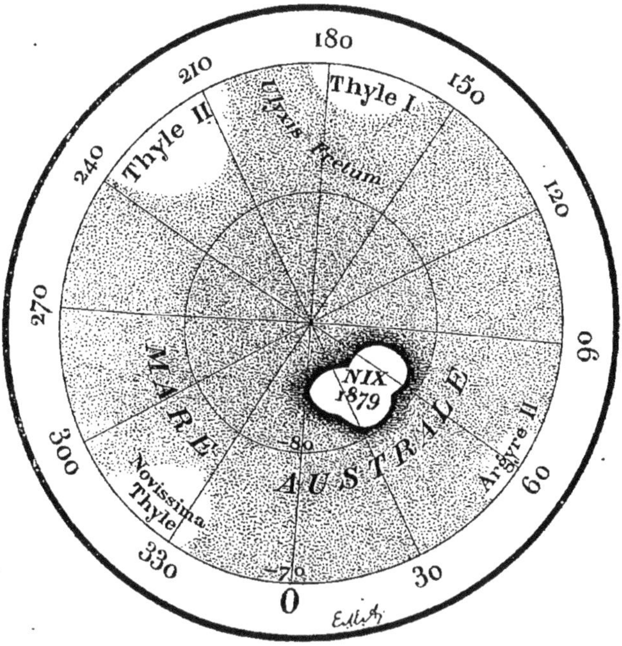

180
210
150
Thyle I.
Thyle II
Ulyxis Fretum
240
120
270
90
MARE AUSTRALE
NIX 1879
-80
Argyre II
300
60
Novissima Thyle
330
-70
30
0

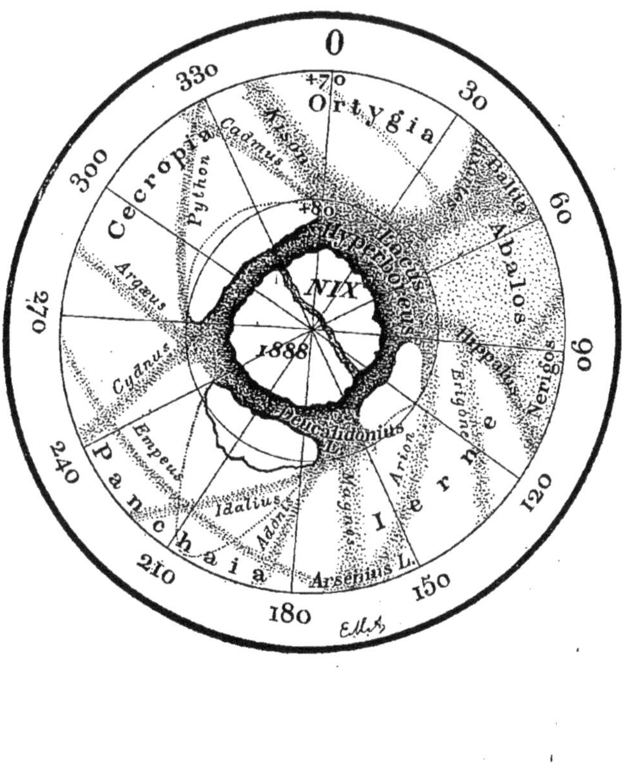

0
330
+70
30
Ortygia
Cecropia
Cadmus
Kison
Baltia
300
Python
60
+80
Lacus Hyperboreus
Abalos
270
Argæus
NIX
1888
90
Hippalus
Cydnus
Erigone
Nerigos
Deucalidonius L.
Empeus
Arion
240
Panchaia
Idalius
Adonis
Magnes
Ierne
120
210
Arsenius L.
150
180

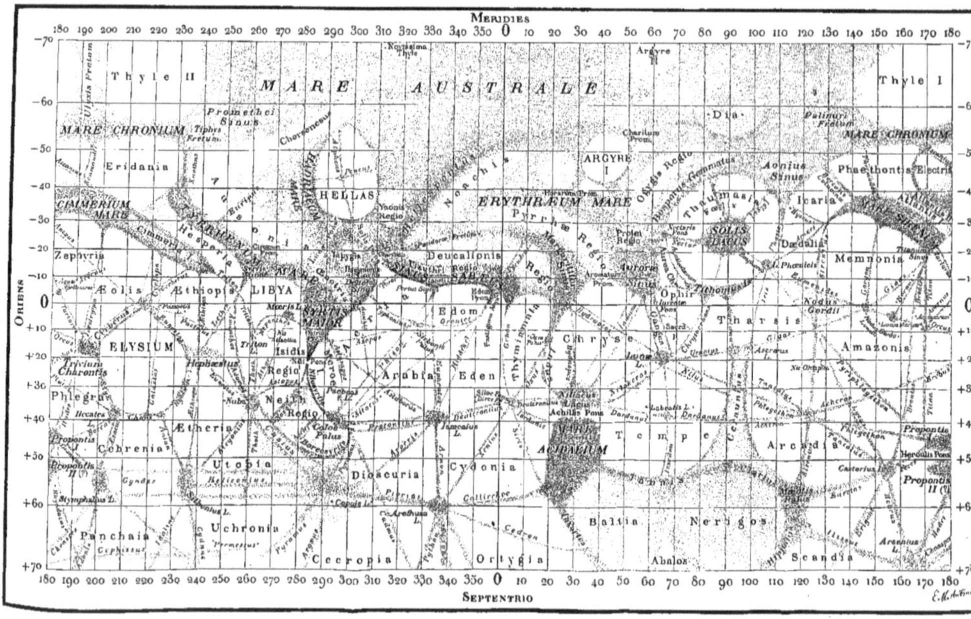

CARTE GÉNÉRALE DE LA PLANÈTE MARS, PAR MM. FLAMMARION ET ANTONIADI.

atmosphère, etc., sont encore le fait qui ressort avec le plus de certitude de la comparaison des observations réunies ici, comme il ressortait déjà de celle des observations réunies au premier Tome. Je ne veux pas revenir sur le Chapitre de ce Volume (p. 547-578) consacré à l'examen des principaux changements constatés, tels que ceux du bord oriental de la mer du Sablier ou Grande Syrte, du lac Mœris, de la Libye, de la baie du Méridien, du Sinus Sabæus, du lac du Soleil, du Nil, du Phison, ainsi que de la direction apparente des canaux, comme de leurs tons, de leur largeur et de leur gémination; mais nous pouvons conclure aujourd'hui comme alors que ces variations sont incontestables et peuvent être appliquées à presque toutes les configurations martiennes. En reproduire des témoignages serait répéter tout ce Volume-ci, de la première à la dernière page.

Il résulte de ce nouvel ensemble d'observations que les lignes sombres désignées sous le nom de *canaux* existent avec certitude, sans qu'il nous soit encore possible de savoir au juste en quoi elles consistent exactement, eaux, infiltrations d'eau, végétation, ou autre chose inconnue à la Terre. Le liquide provenant de la fusion des neiges polaires y est toutefois associé, suivant le cours des saisons.

La gémination de ces lignes existe aussi; ce n'est pas une illusion d'optique, ne doit pas être attribuée aux yeux des observateurs, à un défaut de mise au point : elle est réelle; mais son explication est encore plus difficile à trouver que la première. Il ne serait pas impossible qu'une double réfraction atmosphérique, rappelant celle du spath d'Islande, et analogue, sous une autre forme, à celle qui, dans notre propre atmosphère, produit les parhélies, soit en jeu dans ces dédoublements.

Quant à conclure sur l'état actuel de l'habitation martienne, les manifestations de la vie intense fournies par toutes les observations ne suffisent pas pour autoriser aucune hypothèse sur ce genre de vie. Légèreté de poids et de densité, raréfaction de l'atmosphère, climat un peu plus froid que celui de notre planète, neiges et eaux probablement de même nature chimique que sur notre globe, jours et nuits un peu plus longs, années et saisons près de deux fois plus longues : tels sont les éléments essentiels qui ont agi dans l'évolution des êtres vivants.

Nous aimons toujours chercher l'explication des choses. C'est peut-être un peu naïf, un peu anthropomorphique. Nous voulons absolument que tous les autres mondes nous ressemblent. C'est enfantin. Il est probable, toutefois, que Mars et Vénus ressemblent plus à la Terre que les planètes des systèmes de Sirius, d'Antarès ou d'Aldébaran. Le voisinage n'est pas une circonstance négligeable. Or, si nous essayons d'appliquer à Mars nos connaissances terrestres, nous ne voyons guère que la végétation et l'eau pour expliquer des variations rapides dans les aspects d'une planète observée à distance. L'examen attentif de toutes les variations martiennes donne bien l'impression de changements dus à la circulation de l'eau, s'infiltrant dans les terres et accroissant les étendues vertes. L'eau est un élément mobile, extrêmement mobile, cherchant constamment son niveau. Le globe de Mars paraît assez uni. Les choses se passent comme si c'était là un monde plat à la surface duquel les eaux s'étendraient le long d'une multitude de canaux, d'abord tracés par leur cours normal, et peut-être rectifiés pour en faciliter la distribution, débordant néanmoins assez souvent sur des étendues assez vastes pour être visibles d'ici ou verdissant plus ou moins les prairies en bordure. La multitude des canaux fait qu'ils nous semblent parfois changer de place, les uns étant tantôt à sec et invisibles, tandis que les autres sont remplis et débordent même. Ils peuvent varier de coloration, comme nos fleuves et nos lacs. Les inondations paraissent faciles et fréquentes. Il n'y aurait d'absolument sec sur la planète que les contrées tout à fait jaunes. Des prairies bordant les canaux peuvent varier de tons avec l'humidité. Les lignes que nous observons sont, sans doute, ces prairies. J'ai rappelé depuis longtemps qu'un jour, passant en ballon au-dessus de Cologne, à 2500^{m} de hauteur, le Rhin ne paraissait qu'un mince filet, tandis que la vallée du Rhin semblait dessiner le fleuve lui-même. Les infiltrations de l'eau peuvent faire varier là une végétation quelconque. L'humidité de l'air à la surface du sol peut également exercer une action considérable sur la végétation. Ajoutons que l'évaporation doit y être facile et rapide, le point d'ébullition doit être voisin de 50°, au lieu de 100°, et la pression, au niveau de la mer, voisine de 140^{mm}.

Ces variations sont, d'ailleurs, en rapport avec la fusion des neiges polaires et avec les saisons. Tout en étant des plaines végétales, les « mers » peuvent être traversées de canaux et de cours d'eau plus ou moins longs et très variables, et même être formées en bien des points d'étendues d'eau peu épaisse et assez transparente pour nous permettre d'en apercevoir le fond. L'eau provient surtout de la fusion des neiges polaires, occupe les mers, qui ne sont guère que des plaines marécageuses, en déborde et s'infiltre dans les canaux. Elle laisse facilement certaines régions à sec, telles que les plages de Deucalion, la zone centrale du Sinus Sabæus, le Pont du Soleil, etc. A la fusion plus ou moins uniforme des neiges polaires peuvent s'ajouter des marées, quoique très faibles, produites par les deux satellites et le Soleil, modifiant légèrement le volume de l'eau sur un point et sur un autre, et la forçant à envahir les plages, pour se retirer ensuite. Mars serait comme une plage immense tour à tour envahie et abandonnée, un peu comme les grèves du mont Saint-Michel, mais avec une épaisseur incomparablement moindre et avec une eau plus légère; il y aurait là surtout des marécages couverts de plantes, dont le ton varierait avec l'humidité. Il me semble que cette hypothèse expliquerait tout.

Elle a contre elle une objection. Si la surface d'eau est si considérable, occupant, plus ou moins, tout cet immense réseau d'innombrables canaux, de prairies à demi maritimes, ne devrait-elle pas donner lieu à une forte et constante évaporation? Or, les nuages sont rares, très rares, ainsi que les brumes et brouillards. Nous répondrons que la vapeur d'eau peut rester à l'état invisible, comme il arrive d'ailleurs, généralement, dans l'air que nous respirons. Il faut des conditions spéciales pour que la vapeur d'eau soit visible. Ces conditions peuvent n'être pas réunies sur Mars, pour le plus grand plaisir de ses habitants.

La vapeur d'eau atmosphérique joue sur la Terre un rôle beaucoup plus important qu'on ne le croit en général. Toute la verdeur des pelouses, des prairies, n'est entretenue que par elle pendant les mois secs de l'été. Il suffit de passer la main sur le gazon, au lever du Soleil, pour trouver cette vapeur à l'état d'eau. (J'ai mesuré jusqu'à 32^{cm^3} d'eau par mètre carré.) Sur Mars, elle peut se condenser en gelée blanche pendant la nuit et redevenir liquide, puis gazeuse, après le lever du Soleil. C'est un monde où de vastes et minces nappes d'eau peuvent se produire sans pluies. Les gelées blanches sont très fréquentes sur Mars, notamment dans les régions de l'Elysium et d'Hellas.

Mais il me semble que, dans toutes ces interprétations, je suis moi-même un peu terrestre. Il y a sans doute là d'autres éléments, non terrestres, mais *martiens*, ou, tout au moins, des conditions toutes différentes de celles de notre habitation.

Que cette planète voisine soit actuellement le siège de la vie, c'est ce dont témoignent toutes les observations. Mais il nous est encore impossible de nous former aucune idée judicieuse sur les formes que cette vie a pu revêtir, formes assurément différentes des nôtres. Un mystère impénétrable enveloppe encore aujourd'hui ce passionnant problème, qui est, en définitive, quoi qu'on en pense, le but, peut-être inaccessible, de toutes les recherches de l'astronomie planétaire.

Mais ne désespérons jamais! Qui sait ce qui sommeille dans l'inconnu de l'avenir?

FIN DU DEUXIÈME VOLUME.

ERRATA AU TOME I.

Page 72, ligne 12, *au lieu de* 24 mars, *mettre* 24 mai, et *au lieu de* 30 jours avant l'opposition, *mettre* 30 jours après.

Page 95, à la note, après 1781, les figures 14 et suivantes d'Herschel appartiennent à l'année 1783.

Page 97, à la note, 1783, *au lieu de* à eux de l'inclinaison, *mettre* à cause de l'inclinaison.

Page 128, ligne 2, *ajouter :* Par une observation de Mädler du 14 septembre 1830 et une de lui du 30 août 1845, Mitchel trouva pour la rotation $24^h37^m20^s,6$.

Page 220, ligne 9, *au lieu de* p 184, *mettre* p. 164.

Page 287, ligne 9, *mettre* à l'aide de l'héliomètre de Breslau.

Page 308, ligne 24, *au lieu de* décimètres, *mettre* dix-millioniêmes de millimètre.

Page 329, au titre, *au lieu de* 1877, *mettre* 1879.

Page 376, ligne 14, *ajouter :* Premier globe de la planète Mars, publié par M. Flammarion, ayant pour canevas fondamental sa Carte de 1876, mais avec certaines différences indiquées par les observations plus récentes (*voir* l'*Astronomie*, 1884, p. 352).

Page 413, à la note, *au lieu de* p. 1034, *mettre* p. 1304.

Page 441, la 6e ligne doit être lue ainsi : qui arrive jusqu'à la mer Sirenum. Cette région présenta... etc.

Page 472, les notes 4 et 5 doivent être transposées.

Page 509, ligne 25, *au lieu de* 1,26 à 1, *mettre* 1,03 à 1.

Page 517, ligne 21, *au lieu de* graduation, *mettre* gradation.

Page 520, ligne 29, *au lieu de* au-dessus, *mettre* au-dessous.

Page 537, ligne 6, *au lieu de* maximum, *mettre* minimum.

Page 539, Cartes polaires : *au lieu d'être inscrits* 90° à 50°, les cercles de latitude *doivent l'être* 80° à 40°.

Page 544, ligne 18, *au lieu de* 324 kilomètres vers 28°, *mettre* 340 kilomètres vers 30°.

Page 601, ligne 29, *au lieu de* Huygens, *mettre* Huggins.

ERRATA AU TOME II.

Page 109, ligne 7, *supprimer* sur le mont Arequipa, et *mettre* à Flagstaff.

Page 111, Carte du lac du Soleil, *au lieu de* d'après M. Lowell, *mettre* d'après M. Douglass.

Page 166, ligne 31, *au lieu de* Terre, *mettre* terre.

AUTEURS ET NOMS CITÉS.

TABLE DES MATIÈRES

DU TOME II.

OPPOSITION DE 1898-1899.

OPPOSITION DE 1900-1901.

FIN

16278. Paris, Imp. Gauthier-Villars, 55, quai des Grands-Augustins.

www.ingramcontent.com/pod-product-compliance
Ingram Content Group UK Ltd.
Pitfield, Milton Keynes, MK11 3LW, UK
UKHW031830260826
14628UKWH00001B/300